湖北省气候业务技术手册

主　编：周月华
副主编：刘　敏　万素琴　郭广芬　高正旭

气象出版社
China Meteorological Press

内容简介

本书以提高气候预测、气候评估和气候服务人员的业务服务能力为目的，内容主要涉及省、市、县气象及相关部门业务人员开展气候预测、评估和服务必备的知识和技能。全书分三篇共13章，重点介绍了气候特征、气候资源、气象灾害监测及影响评估、气候预测、气候应用服务等业务技术、流程和实际应用案例。

本书可供气象、水文、农业、地理、能源、环境、规划等部门的业务工作者以及相关行业的业务科研人员和相关专业的大学师生参考使用。

图书在版编目(CIP)数据

湖北省气候业务技术手册 / 周月华主编. — 北京：气象出版社，2019.9

ISBN 978-7-5029-7008-6

Ⅰ.①湖…　Ⅱ.①周…　Ⅲ.①气象-工作-湖北-技术手册　Ⅳ.①P468.263-62

中国版本图书馆 CIP 数据核字(2019)第150026号

湖北省气候业务技术手册

周月华　主编

出版发行：气象出版社

地　　址：北京市海淀区中关村南大街46号　　**邮政编码**：100081

电　　话：010-68407112(总编室)　010-68408042(发行部)

网　　址：http://www.qxcbs.com　　**E-mail**：qxcbs@cma.gov.cn

责任编辑：陈　红　林雨晨　　**终　　审**：吴晓鹏

责任校对：王丽梅　　**责任技编**：赵相宁

封面设计：博雅思企划

印　　刷：三河市君旺印务有限公司

开　　本：787 mm×1092 mm　1/16　　**印　　张**：35

字　　数：902千字　　**彩　　插**：14

版　　次：2019年9月第1版　　**印　　次**：2019年9月第1次印刷

定　　价：160.00元

《湖北省气候业务技术手册》
编写组

主　编： 周月华

副主编： 刘　敏　万素琴　郭广芬　高正旭

成　员： 刘可群　李　兰　史瑞琴　王　凯　吴　瑶
梁益同　秦鹏程　万　君　叶丽梅　方思达
熊开国　肖　莺　张　灵　杜良敏　邓爱娟
王　苗　洪国平　向　华　张礼平　刘志雄
成　驰　许　杨　温泉沛　吕桅桅　柳晶辉
邓　环　高　媛　汤　阳　孙　晨　方　怡
许沛华　崔　杨　梁之辰

前 言

气候是影响人类生存、经济和文化发展的重要基础资源，是气候系统（大气圈、水圈、冰雪圈、岩石圈和生物圈）内部各圈层之间相互联系、相互作用下所形成的一种自然环境因子。

湖北省地处中国中东部的长江中游，地貌类型复杂多样，省内河流纵横，湖泊众多。是我国南北气候过渡带，除西部高山地区外，大部为亚热带季风气候，具有冬冷夏热、四季分明、降水充沛、雨热同季的特点。由于季风气候的年际变异，气象灾害呈现种类多、发生频率高、影响范围广、危害程度重的特征，每年因气象灾害及其次生灾害造成的直接经济损失占到全省自然灾害损失的85%以上。因此，需要我们科学认识气候、主动适应气候、合理利用气候、努力保护气候。

近十年来湖北省气象局全面落实《现代气候业务发展指导意见》，深化现代气候业务的改革与发展，在努力推进气候预测客观化、气候评估定量化和气候服务精细化等方面有了良好进展，《湖北省气候业务技术手册》就是近十年来湖北省气象局开展的气候监测、预测、评估和应用方面科研和业务能力建设的总结，重点介绍了气候特征、气候资源、气象灾害监测及影响评估、气候预测、气候应用服务等业务技术、流程和实际应用案例。

《湖北省气候业务技术手册》分为三篇，第一篇湖北气候和气象灾害，第二篇气候预测业务，第三篇气候应用服务。各篇章节的编著者如下，第一篇由周月华、刘敏、万素琴、刘可群、李兰、张礼平、梁益同、王凯、史瑞琴、万君、秦鹏程、方思达、叶丽梅、温泉沛、刘志雄、吕桅桅、柳晶辉、邓环、高媛、汤阳、向华、梁之辰编写，第二篇由郭广芬、熊开国、肖莺、张灵、吴瑶、杜良敏、周月华、孙晨、张礼平编写，第三篇由高正旭、王凯、邓爱娟、万君、王苗、洪国平、向华、成驰、许杨、方怡、许沛华、崔杨、刘敏编写。

中国气象局预报与网络司、国家气候中心、沈阳区域气候中心、福建省气候中心、重庆市气候中心在本手册的编制过程中给予的指导和大力支持，谨表示衷心感谢。

在本手册编写过程中，参考了他人许多研究成果，参考论著和文献中所列成果可能不太齐全，请有关作者谅解，谨表示衷心感谢。

由于气候业务技术涉及面广，本手册编写人员水平有限，加上时间仓促，故错、漏之处在所难免，恳请读者批评指正。

编写组

2019年2月

目　录

第二篇　湖北省气候预测业务

第三篇 气候服务

第一篇　湖北气候与气象灾害

湖北气候与气象灾害为起始篇，共分为五章，既有第二篇短期气候预测业务和第三篇气候服务所需的气候基础知识，也可看作是气候影响评价业务的一部分。第1—3章是基于历史气象资料作的湖北气候分析，其中第1章描述了一幅地形地貌复杂多样、气候资源丰富、变化多端、灾害性天气多发的湖北特征性气候画面，第2章给出了气候学意义上的四季划分，可以清晰地看出湖北省每年气候间的差异；第3章从五大气象要素出发(气温、降水、日照、风向风速、相对湿度)描述了湖北省各主要气象要素的时空演变特征以及极端情况。

气候影响评价定量化是现代气候业务的显著标志之一。气象灾害的定量评估是气候影响评价的重要内容，第4章以占据本篇近三分之二的版面，系统给出了湖北省气象灾害的基本概念和主要特征，分十个灾种(暴雨、干旱、高温、低温冷害、低温雨雪冰冻、连阴雨、湿渍害、强对流、大风、雾霾)，对各类灾害的定义、灾害的单一或综合监测指标以及灾害对农业、交通、电力、人体健康及其他行业的影响评估方法、历史上典型的灾害事件进行了逐一解析，图文并茂，实用性强。本章内容不仅给初学者提供了一个学习各项灾害监测指标和灾害影响评估方法的良好平台，而且可以让人们更多地了解到湖北省的气象灾害特征以及这些灾害给各行业带来了怎样的影响。

本篇的最后一章，是在前四章基于历史资料分析的基础上，结合实时监测分析需求，归纳的气候评价实时业务流程，主要从基本气象要素特征描述、主要事件及其影响评估、专题评估、预测及建议等几个部分进行阐述，目的是为了规范气候评价内容，提高气候评价质量，更好地为防灾减灾服务。

第 1 章　气候概况

1.1　自然地理概况

湖北省地处中国中东部，位于长江中游，地跨 29°01′53″—33°16′47″N，108°21′42″—116°07′50″E，东西长约 740km，南北宽约 470km，总面积 18.59 万 km^2。西、北、东三面环山，依次为武陵山、齐岳山、巫山、大巴山、武当山、桐柏山、大别山、幕阜山，中间环抱着平坦的江汉平原，构成了南部向洞庭湖敞开的不完整盆地。在江汉平原的西、北、东边缘地带为海拔 100～500m 的岗地和丘陵，地形较破碎；丘陵以外的鄂东南、鄂东北和鄂西的东部为海拔 500～800m 的低山区，在鄂西的低山区以西为海拔 1000m 以上的中山和高山区，这里山高谷深，不少山峰高于 2500m。省内最高处为神农顶，海拔 3105.4m，最低处在江汉平原及鄂东沿江地区，海拔 30m 左右。全省山地占 56％，丘陵占 24％，平原湖区占 20％。湖北境内河流纵横，湖泊众多。长江自西向东贯穿全省，境内流程 1061km，汉水从陕西白河进入湖北，省内流程 878km，在武汉汇入长江。湖北省还有 10km 以上的河流 1707 条，50km 以上的 135 条，100km 以上的 38 条。这些河流呈枝状，流向汉水、长江，其中集雨面积较大的有：清江、府澴河、堵河、沮漳河、南河、汉北河等。湖泊之多为全国之首，1km^2 以上的湖泊 275 个，总面积 2762km^2，其中接近或超过 100km^2 的重点防汛湖泊有：洪湖、长湖、斧头湖、梁子湖、汈汊湖等。由于湖北省处于我国南北气候的过渡地带，且地貌类型复杂多样，因而形成具有地区差异且变化多端的天气气候。

1.2　基本气候特征

季风是以一年为周期，大范围地区的盛行风随季节而有显著改变的现象。季风气候主要是由于太阳辐射的季节变化和海陆的热力差异导致气压场的季节变化（章基嘉，1994）。在地面气压场上，表现为冬季西伯利亚—蒙古冷高压与夏季印度季风热低压的季节转换，使得地面盛行风向相应地产生周期性的转换，具有这种特征的大气环流称为季风环流，在季风环流影响下形成的气候称为季风气候。湖北省正处于典型的季风气候区内，具有显著的季风气候特征。

1.2.1　盛行风随季节更替

冬季，由于大陆冷源作用和海洋热源作用最强，大陆上的蒙古高压和海洋上的阿留申低压都发展到鼎盛时期，盛行强劲的偏北风。湖北省正处于冷高压中心的东南方，受南伸的高压脊控制，吹东北风。冬季风来自高纬大陆内部的蒙古人民共和国和俄罗斯的西伯利亚，寒冷、干燥。这是造成湖北省冬季气温低、降水少的主要原因。夏季，大陆热源作用和海洋冷源作用达到最强，盛行从海洋吹向大陆的偏南风。湖北省处于印度低压的东北部，吹西南风。由于夏季风来自南方的海洋，故温暖、湿润。这是造成湖北省夏季高温、多雨的主要原因。冬季（1 月）偏北风占了统治地位，夏季（7 月）盛行偏南风（图 1.1）。冬夏盛行方向相反的风向，反映了季风的季节转变。

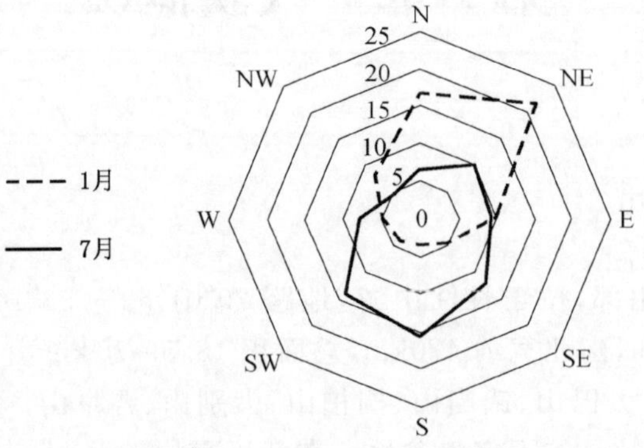

武汉	1 月		7 月	
	主导风向/风频	静风风频	主导风向/风频	静风风频
	NE/21.5	28	S/15.5	20

图 1.1　武汉站地面风向的季节变化

1.2.2　冬冷夏热

冬季，影响湖北省的冷空气主要来源于亚洲大陆腹地的西伯利亚和蒙古人民共和国，那里气温经常在 −20℃ 以下，有时可降到 −50℃ 且近地面层空气中的水汽含量极少，比湿常低于 1g/kg。冷空气在源地堆积到一定程度，在高空引导气流的引导下，向南爆发。虽然冷空气在南下途中，经沿途的增温、增湿作用而发生了变性，但控制湖北省的变性极地大陆气团，基本属性仍是干而冷的。

由于亚欧大陆是最大的大陆，加上青藏高原的存在，迫使冷高压沿着高原东侧南下，使得包括湖北省在内的我国东部地区的冬季气温明显低于同纬度的平均值。湖北省各地 1 月平均气温比同纬度平均值约低 8～10℃，显出冬冷的特点。武汉 1 月平均气温比纬度相近的阿加迪尔和新奥尔良分别低 10.6℃和 9.1℃。摩洛哥的阿加迪尔位于非洲大陆西岸，属地中海气候，冬季来自大西洋的暖湿气流使得阿加迪尔的冬季温暖多雨；美国的新奥尔良位于北美大陆东岸，因北美大陆比亚欧大陆小，冬季风没有东亚季风明显，加上受墨西哥暖流的影响，冬季温度也高。

冬冷对作物、果树越冬不利，容易造成冻害。在欧洲，柑橘的经济栽培区可以种到 40°N。但在湖北省 30°N 附近的江汉平原就不适宜种植柑橘，这与冬冷是密切相关的。

与冬季相反，湖北省夏季气温又高于同纬度平均值。7 月平均气温比同纬度平均值高 2℃ 左右。武汉 7 月比阿加迪尔高 6.7℃，比新奥尔良高 1.5℃（表 1.1），显示夏热的特点。众所周知，湖北省的夏热与盛夏季节受副热带高压控制有关。夏热对水稻、棉花等喜温作物的生长十分有利。

表 1.1　武汉与纬度相近的两个地点的气温比较

地名	纬度	海拔高度（m）	1 月平均气温（℃）	7 月平均气温（℃）	气温年较差（℃）
武汉（中国）	30°38′N	22.8	3.2	28.8	25.1
阿加迪尔（摩洛哥）	30°23′N	25	13.8	22.1	8.3
新奥尔良（美国）	约 30°N	16	12.3	27.3	15.0

1.2.3　冬干夏雨

湖北省冬季在变性极地大陆气团控制之下，空气中的水汽含量很少。如武汉地面 1 月平均比湿为 3.4g/kg，只有 7 月平均比湿的 18%，空气相当干燥。冬季南下冷空气前沿冷锋过境时所产生的雨雪天气，降水量一般不大。冷锋过境后，受冷空气的控制，天气又晴朗无雨，因此，冬季是全年降水最少的季节，各地 12 月至翌年 2 月降水量为 30～200mm，仅占年平均降水量的 4%～13%。如武汉冬季平均降水量约为 146mm，约占年总量的 11%。

6 月中下旬，夏季风到达长江中下游，随后继续北上，7 月下旬到 8 月上旬是夏季风势力最强、到达的位置也最北的时期。9 月中下旬，夏季风又南撤到长江以南。由于湖北省地处我国中东部，夏季风最为盛行，受夏季风影响的时间约有 3 个月。来自孟加拉湾、印度洋和我国南海的夏季风，空气中水汽含量丰富，武汉 7 月的地面比湿 19.2g/kg，是 1 月比湿的 5.6 倍。湖北省各地夏季（6—8 月）降水量在 350～500mm，占年平均降水量的 35%～50%，与世界上同纬度地区相比降水量较多。6 月中下旬至 7 月上中旬，夏季风活跃于长江中下游的沿江两岸。此时中纬度西风带的环流形势，有利于引导地面冷空气不断南下，到长江中下游与暖湿的西南气流相遇，形成了包括湖北省在内的江淮梅雨期。各地梅雨期平均降水量一般为 200～300mm，占年平均降水量的 18%～23%，显示出梅雨期降水在年降水量中的重要地位。7 月中旬到 8 月下旬为盛夏期，它虽然是湖北省夏季的一个相对少雨期，但平均降水量仍有 130～170mm。

1.2.4　雨热同季

在夏季，大陆为热低压区，我国大部分地区处于高温期，此时正值夏季风盛行期，由东南季风和西南季风带来丰富的水汽，降水集中，形成高温期与多雨期同步，即“雨热同季”（图 1.2）。夏季高温、多雨是一种十分有利的气候资源，对农业、林业的发展非常有利，适宜栽培喜温喜湿的水稻、棉花等作物。在湖北省，不论是平地或山坡，单靠自然降水，林木就能生长良好。

与武汉同纬度的大陆西岸摩洛哥的阿加迪尔，是非季风区，雨热不同季。夏季高温期的降水量极少，6—8 月平均降水量仅有 1mm。由于降水量的巨大差别，湖北省发达的农业和郁郁葱葱的森林景观，与阿拉伯半岛和北非的荒漠情景形成了强烈的对比，更显示出东亚季风气候的优越性。

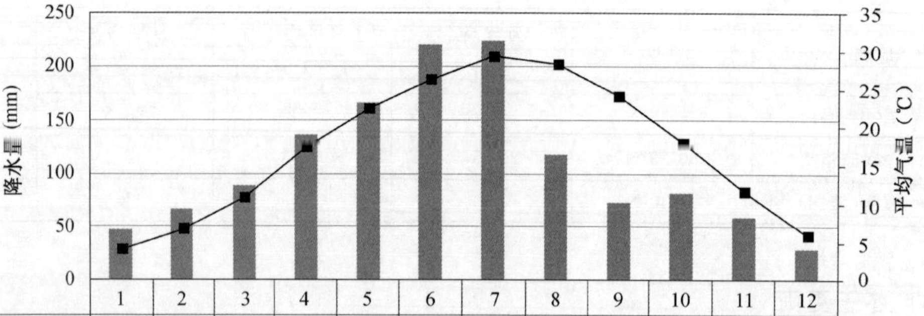

	1	2	3	4	5	6	7	8	9	10	11	12
降水量	49	67.6	89.5	136	167	220	225	117	74.3	81.3	59.1	29.7
平均气温	4.0	6.6	10.9	17.4	22.6	26.2	29.1	28.4	24.1	18.2	11.9	6.2

图 1.2　武汉逐月气温、降水变化图

1.2.5　气象灾害发生频繁

受季风进退以及季风气候变异的影响，湖北省气象灾害种类多、发生频繁，我国大陆常见的 18 种气象灾害除沙尘暴外，湖北省均有发生。泥石流、滑坡、洪水、城市内涝、农田渍涝、道路结冰、空气污染、森林火灾、生态环境恶化等次生灾害多发。从时间范围看，气象灾害四季均有发生，春季有低温阴雨、春季大风强对流，初夏有暴雨洪涝、雷电，盛夏有高温、干旱，秋季有寒露风以及连阴雨，冬季有低温冻害、雾霾等(温克刚等，2007)。

全球气候变暖，大气环流异常，厄尔尼诺、拉尼娜事件周期缩短，极端灾害性天气频发多发已演变成常态，对全球社会经济可持续发展造成严重威胁，也给湖北社会经济发展带来严峻挑战。

第 2 章　气候学意义的四季监测

湖北省属于典型的亚热带季风气候区，季节的转换与冬、夏季风的进退时间密切相关，因此，每年的季节进程差异较大，也就有了气候学意义上的季节定义。气候学意义上的季节主要是根据温度的变化来确定的，这样可以清晰地表达出每年气候间的差异，即气候学意义上的春、夏、秋、冬季四季平均长度是不一样的。每年、每季的季节长度不固定，同一季节每年的入季时间和长度也不固定。

2.1　季节监测标准

按照中国气象行业标准《QX/T 152—2012　气候季节划分》，春季为日平均气温或滑动平均气温大于或等于 10℃且小于 22℃。

常年春季起始日：当常年滑动平均气温序列连续 5d 大于或等于 10℃，则以其所对应的常年气温序列中第一个大于或等于 10℃的日期，作为春季起始日。

某年春季起始日：当某一年滑动平均气温序列连续 5d 大于或等于 10℃，第一个大于或等于 10℃的日期，为春季起始日初次判断日。当初次判断日比常年春季起始日偏早 15d 以内或偏迟，则初次判断日为该年春季起始日；若初次判断日比常年春季起始日偏早 15d 以上，需要进行二次判断：初次判断日到常年起始日之前 5d 滑动平均气温均满足季节指标，则初次判断日即为该年春季起始日；如果初次判断日到常年起始日之前，有 5 日滑动平均气温不满足季节指标，则需计算序列再次连续 5d 满足季节指标，即二次判断日，初次判断日与二次判断日之间满足季节指标的累计天数大于或等于不满足的天数，则以初次判断日作为该年春季起始日，否则以二次判断日作为该年春季起始日。

同样方法，可以确定夏季起始日。从春季起始日到夏季起始日前 1 日之间的天数，为春季长度。

按照《QX/T 152—2012　气候季节划分》，夏季为日平均气温或滑动平均气温大于等于 22℃，秋季为日平均气温或滑动平均气温小于 22℃，冬季为日平均气温或滑动平均气温小于 10℃。其余判断同入春标准。

2.2　季节开始时间及季节长度

通常我们用季节的开始时间、结束时间、季节长度，以及最早、最晚的入季时间、历史最长季节出现的年份等特征量来描述气候学意义上的季节特点（[彩]图 2.1）。

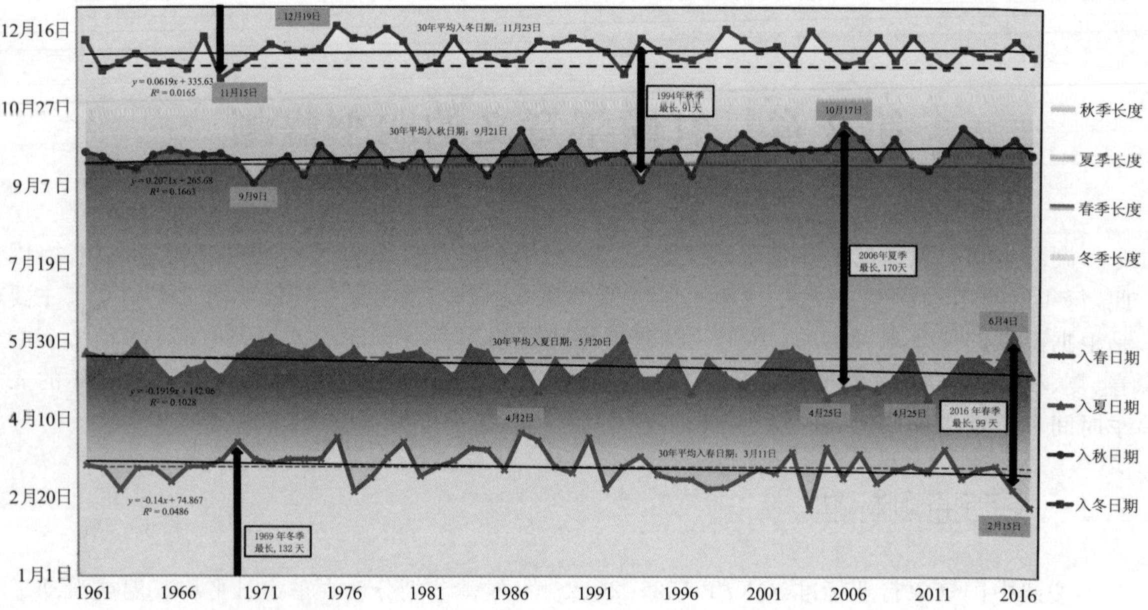

图 2.1　1961—2017 年湖北省四季入季时间和季节长度逐年变化曲线

平均而言，湖北省夏季最长、冬季次之，分别为 139d 和 98d；春、秋季较短，分别为 63d 和 65d。

2.2.1　入春时间及春季长度

通常从 3 月开始，随着南方暖空气开始北上，气温逐步上升，湖北省从南向北逐渐步入春天（图 2.2）。春季是冬季风向夏季风转换的季节，冷暖气流南来北往，气旋、锋面活动频繁，天气多变。湖北省典型的入春类型有气温平稳上升入春型、震荡上升入春型等，其中震荡上升入春型由于气温变化剧烈，需要进行二次判断，将阶段性回暖造成的升温与季节性升温进行区分。

湖北省常年入春时间为 3 月 11 日（图 2.2）。1961—2017 年湖北省入春时间整体呈提前趋势，平均每 10 年提前 1.4d。最早入春年为 2017 年（2 月 15 日），最晚入春年为 1987 年（4 月 2 日）。空间上，全省各地入春时间的差异是四个季节中最为明显的，最早入春的是鄂西南的巴东、秭归一带及鄂东南的中部地区，于 3 月初入春，最晚入春的是鄂西高山半高山地区，于 3 月下旬入春；其他大部地区均在 3 月中旬步入春季。

湖北省常年春季长度 63d，在四季中最短，其长度不足夏季长度的一半。1961—2017 年湖北省春季长度整体变化趋势不明显，20 世纪 60 年代至 70 年代中期、90 年代至 21 世纪初以及近几年春季长度较长，最长年为 2016 年（99d）；20 世纪 70 年代中后期至 90 年代初及进入 21 世纪后的部分年份春季长度偏短，最短年为 1988 年和 2005 年（32d）。

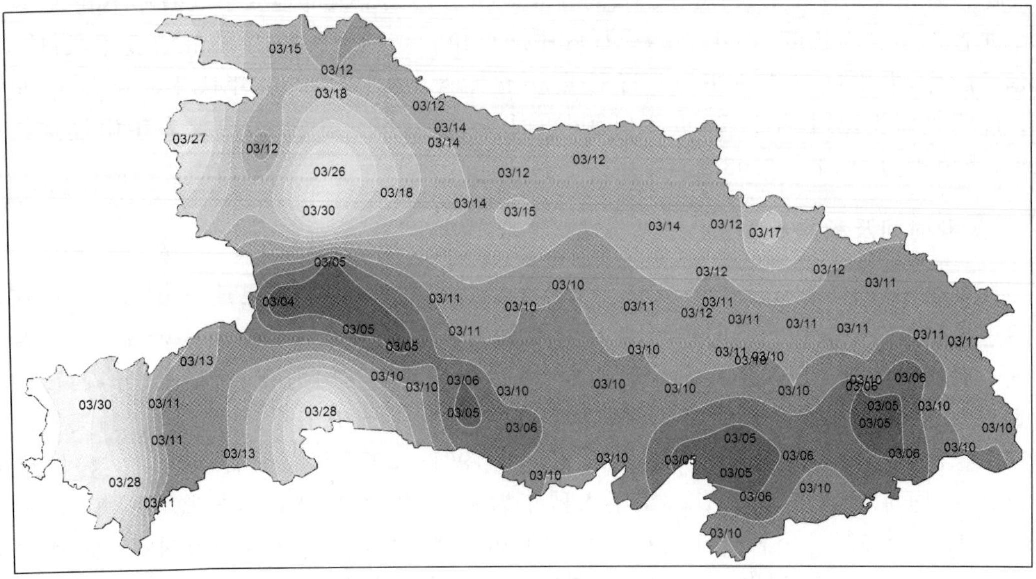

图 2.2　湖北省各地平均入春时间空间分布图

2.2.2　入夏时间及夏季长度

春季通常到 5 月中旬后期结束，随后步入夏季(图 2.3)。梅雨结束后，西太平洋副热带高压控制湖北大部地区，这时湖北将进入一年中最热的时段—盛夏季。

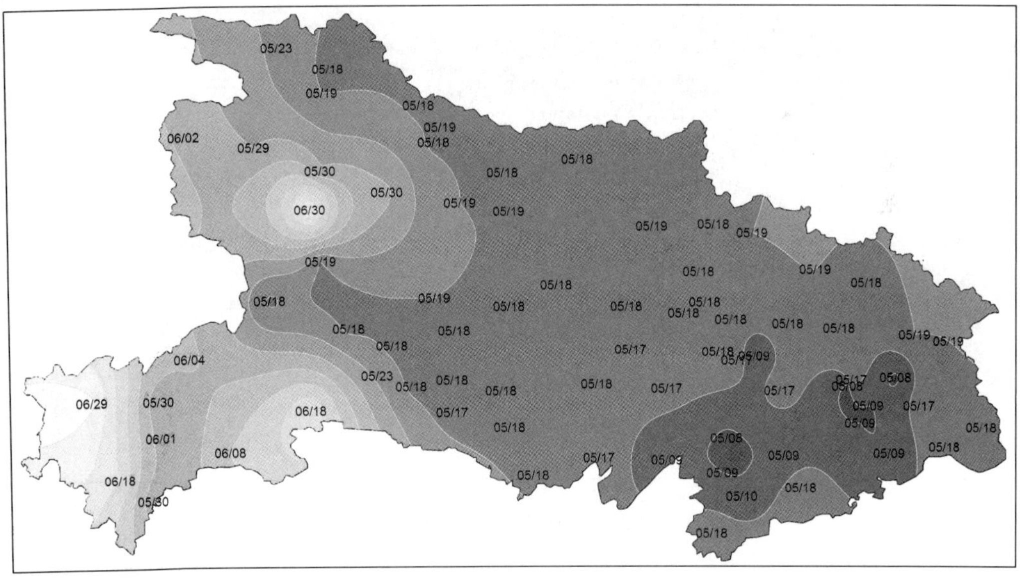

图 2.3　湖北省各地平均入夏时间空间分布图

湖北省常年入夏时间为 5 月 20 日(图 2.3)。1961—2017 年湖北省入夏时间整体呈明显提前趋势，平均每 10 年提前 1.9d。最早入夏年为 2005 年和 2011 年(4 月 25 日)，最晚入夏年为 2016 年(6 月 4 日)。空间上，全省入夏最早的为鄂东南的大冶、黄石、嘉鱼、赤壁等地(5 月上旬末)，最晚的为鄂西的神农架、利川、咸丰、鹤峰等地(6 月)，其他大部地区于 5 月中下旬入夏。

湖北省常年夏季长度 139d，在四季长度中居首位。1961—2017 年湖北省夏季长度整体呈明显延长趋势，平均每 10 年延长 4d，特别是 20 世纪 80 年代中期、90 年代中后期及 21 世纪初夏季长度明显偏长，最长年为 2006 年(170d)；而 20 世纪 60—80 年代的大多年份夏季长度持续偏短，最短年为 1971 年(103d)。

2.2.3　入秋时间及秋季长度

当夏季结束，影响长江流域的冷空气又开始活跃起来，温度下降迅速，9 月中下旬，湖北各地先后进入秋季(图 2.4)。此时由于西太平洋副热带高压的减退东撤高空慢于低空，南下的冷空气一般比较浅薄，当高空暖高压脊比较强或因台风在华东沿海转向、华南沿海西行使得高空暖高压稳定时，低层冷空气的南下带来凉爽的偏北风，形成中东部"秋高气爽"的天气。

湖北省常年入秋时间为 9 月 21 日(图 2.4)。1961—2017 年湖北省入秋时间整体呈明显推后趋势，平均每 10 年推后 2.1d。最早入秋年为 1971 年(9 月 9 日)，最晚入秋年为 2006 年(10 月 17 日)。空间上，全省大部均在 9 月中下旬入秋，西部入秋时间早于中东部，其中最早入秋的为鄂西的神农架、利川(8 月中旬)，最晚入秋的为鄂东南大部(9 月底)。

湖北省常年秋季长度 65d，在四季中仅略长于春季。1961—2017 年湖北省秋季长度呈变短趋势，但趋势不明显，平均每 10 年缩短 1.5d，秋季长度偏长较为明显的是 20 世纪 70 年代、90 年代以及 2010 年后几年内，最长年为 1994 年(91d)，最短年为 2006 年(38d)。

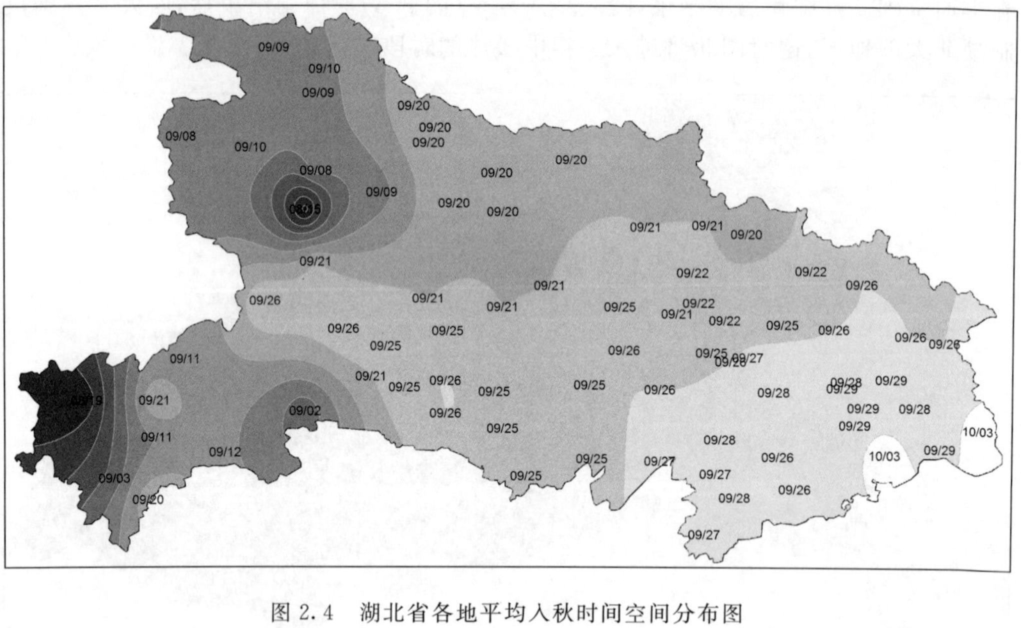

图 2.4　湖北省各地平均入秋时间空间分布图

2.2.4　入冬时间及冬季长度

当夏季风在秋季转换完成，每年 11 月冬季风随着西伯利亚冷空气的入侵开始影响湖北省，湖北省从北向南逐步迈入冬季(图 2.5)。冬季不仅较为寒冷，且持续时间较长，一直可持续到次年 2 月，即使到了 3 月中下旬，也常有倒春寒天气发生。

湖北省常年入冬时间为 11 月 23 日(图 2.5)。1961—2017 年湖北省入冬时间整体呈略有推迟趋势,但变化趋势不明显,平均每 10 年推后 0.6d。最早入冬年为 1969 年(11 月 15 日);最晚入冬年为 1976 年(12 月 19 日)。空间上,湖北省北部入冬时间早于南部,北部大部于 11 月上中旬入冬,其中入冬最早的是鄂西北西部的房县、神农架、竹溪等地及鄂西南的利川(11 月上旬);南部大部于 11 月下旬入冬,入冬最晚的是三峡河谷的秭归(12 月初)。

湖北省常年冬季长度 98d,在四季中长度仅次于夏季。1961—2017 年湖北省冬季长度呈变短趋势,平均每 10 年缩短 2.3d,冬季长度偏长较为集中的时段为 20 世纪 60 年代中期至 80 年代中期,最长年为 1969 年(132d);冬季长度偏短较为集中的时段为 20 世纪 60 年代初期、70 年代中后期、90 年代中期至 21 世纪前几年,最短年为 1976 年和 2016 年(66d)。

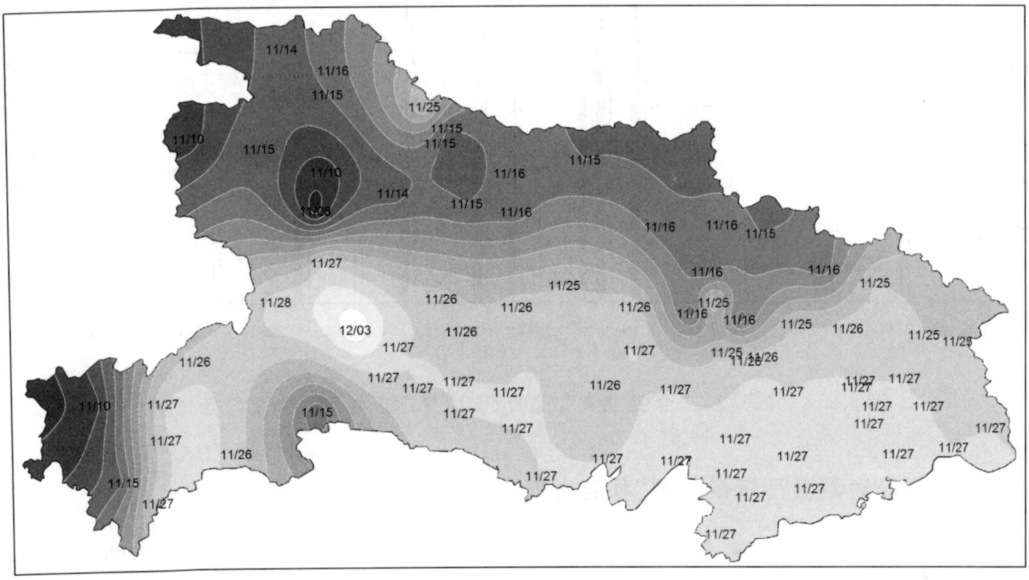

图 2.5　湖北省各地平均入冬时间空间分布图

2.3　季节异常标准及其监测

2.3.1　凉夏标准及其监测

凉夏监测依据湖北省地方行业标准《DB 42/T 1197—2016　凉夏等级》进行。标准规定如下:

单站夏季平均气温距平(ΔT)小于或等于-1.0σ(标准差)为单站凉夏。当全省凉夏站点数超过站点总数的 50%为全省凉夏。

单站凉夏划分为强和弱两个等级,见表 2.1。

表 2.1　单站凉夏等级划分

等级指标	等级名称
$-1.5\sigma<\Delta T\leqslant-1.0\sigma$	单站弱凉夏
$\Delta T\leqslant-1.5\sigma$	单站强凉夏

湖北省凉夏亦划分为强和弱两个等级。在湖北省凉夏年，全省范围内强凉夏站点数超过站点总数的50%为湖北省强凉夏年，否则为弱凉夏年。

1961—2017年，湖北省有7年为凉夏年，集中出现在20世纪80年代前后，分别为1980年、1982年、1983年、1987年、1989年、1993年和1999年，其中1980年、1982年和1983年达强凉夏标准。1980年全省强凉夏站点覆盖范围达84.2%，强凉夏站点覆盖范围最广（洪国平等，2018），见图2.6。

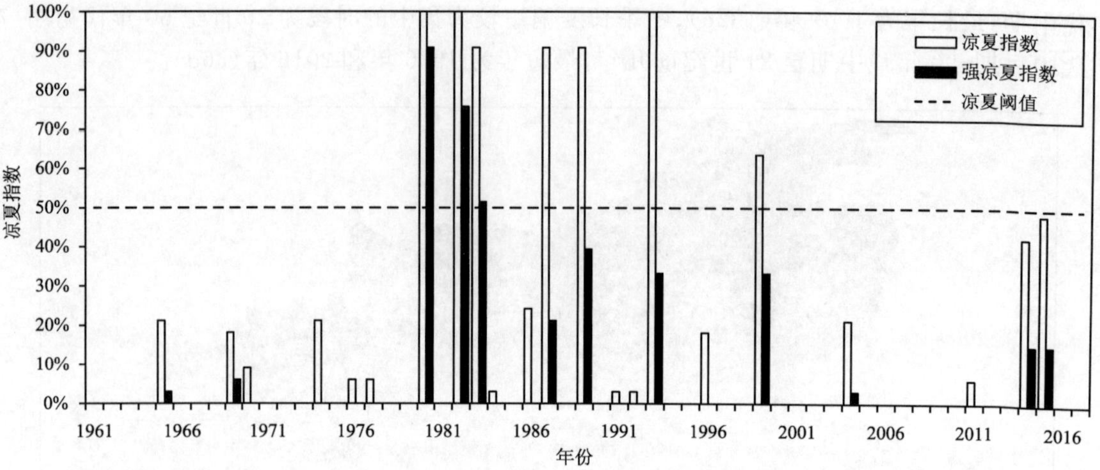

图2.6 1961—2017年湖北省弱凉夏、强凉夏出现站点比例逐年变化图

2.3.2 夏秋交替时期典型气候现象“秋老虎”

“秋老虎”实际上出现在夏季。“秋老虎”在气象学上是指三伏出伏以后（亦即立秋节气之后）的短期回热（日最高气温在35℃以上）天气。由于我国地域辽阔，“秋老虎”出现的时间段各有不同。地处在长江中游地区的湖北一般是指处暑节尾期后（亦即8月底9月初以后）短期回热天气。地面气象观测资料统计分析显示，历史上湖北出现“秋老虎”最晚的一年是1959年，当年10月9日全省有4县市出现了日最高气温≥35℃，10月10日达10县市。多数情况下“秋老虎”出现在气候学意义的入秋日之前，有些年份发生在入秋日的前2、3d，如1967年、1985年、2005年、2008年和2010年武汉在入秋日2～3d前出现了日最高气温≥35℃的高温天气，高温之后才出现大幅度的降温天气过程，由此拉开秋季的序幕。综上所述，绝大多数“秋老虎”出现时夏季并未结束，并非出现在气候学意义上的秋季。

秋高气爽，昼夜温差大。表2.2是武汉站1951年以来立秋前后（7—9月）各旬平均最高、最低及温度日较差情况，表2.3是武汉站立秋前后日最高气温≥35℃天气下的各时段的平均最高、最低及温度日较差情况。可以看出，9月的温度日较差明显大于8月，8月大于7月。进一步对高温天气下的温度日较差统计分析，8月上旬末立秋，8月上旬及之前高热天气下的温度平均日较差低于8.6℃，8月下旬之后日较差在9.5℃左右，较8月上旬及其之前相比增加1℃左右。由此可见，同样在高温天气下入秋后夜间温度较入秋前低1℃左右。

表 2.2　武汉立秋前后最高、最低及温度日较差比较

项目	7 月			8 月			9 月		
	上旬	中旬	下旬	上旬	中旬	下旬	上旬	中旬	下旬
平均最高(℃)	32.1	32.8	34.0	33.9	32.5	31.7	30.2	28.1	26.7
平均最低(℃)	25.1	25.7	26.3	26.1	25.0	23.8	22.1	20.0	18.2
日较差(℃)	7.0	7.1	7.7	7.8	7.5	7.9	8.0	8.2	8.6

表 2.3　武汉立秋前后日最高气温≥35℃天气下的最高、最低及温度日较差比较

项目	7 月			8 月			9 月以后
	上旬	中旬	下旬	上旬	中旬	下旬	
平均最高(℃)	36.0	36.2	36.2	36.3	36.1	36.2	35.8
平均最低(℃)	27.8	27.8	27.7	27.7	27.0	26.7	26.4
日较差(℃)	8.2	8.4	8.5	8.6	9.1	9.5	9.4

2.3.3　暖冬标准及其监测

根据《GB/T 21983—2008　暖冬等级》：

单站标准：暖冬划分为弱和强两个等级。0.5℃≤单站冬季平均气温距平＜1.0℃为弱暖冬，≥1.0℃为强暖冬；

分区标准：分区范围内暖冬站数超过总站数 50%，定义为分区暖冬；

全省标准：全省范围内暖冬站数超过总站数 50%，定义为全省暖冬。

1961—2017 年，湖北省共出现 14 个暖冬年，其中 6 个强暖冬年均出现在 1998 年以来的冬季中，1998/1999 年、2001/2002 年、2016/2017 年冬季强暖冬站点均占全省的 90%以上。

2.3.4　冷冬标准及其监测

根据《DB 42/T 805—2012　冷冬等级》：

单站标准：冷冬划分为弱和强两个等级。－1.0℃＜单站冬季平均气温距平≤－0.5℃为弱冷冬，≤－1.0℃为强冷冬；

分区标准：分区范围内冷冬站数超过总站数 50%，定义为分区冷冬；

全省标准：全省范围内冷冬站数超过总站数 50%，定义为全省冷冬。

1961—2017 年，湖北省共出现 13 个冷冬年，其中有 9 次强冷冬，且均发生在 20 世纪 60—80 年代；近十年来仅出现一次弱冷冬年(表 2.4)。程度上而言，1967/1968 年冬季和 1976/1977 年冬季全省冷冬程度最甚，强冷冬站点均达全省的 90%以上。

表 2.4　1961—2017 年湖北省历年冷(暖)冬监测表

年份	类型	弱等级站数	强等级站数	年份	类型	弱等级站数	强等级站数
1961/1962	正常年			1990/1991	弱暖冬	51	0
1962/1963	正常年			1991/1992	弱暖冬	38	3
1963/1964	强冷冬*	6	65	1992/1993	正常年		
1964/1965	弱暖冬*	48	2	1993/1994	正常年		
1965/1966	正常年			1994/1995	弱暖冬	50	4
1966/1967	强冷冬**	12	60	1995/1996	正常年		
1967/1968	强冷冬**	0	73	1996/1997	正常年	36	37
1968/1969	强冷冬**	8	59	1997/1998	正常年		
1969/1970	正常年			1998/1999	强暖冬	2	71
1970/1971	正常年			1999/2000	正常年		
1971/1972	强冷冬	10	62	2000/2001	弱暖冬	45	21
1972/1973	正常年			2001/2002	强暖冬	3	70
1973/1974	强冷冬	35	39	2002/2003	正常年		
1974/1975	正常年			2003/2004	强暖冬	16	55
1975/1976	弱冷冬	49	0	2004/2005	弱冷冬	46	24
1976/1977	强冷冬	1	73	2005/2006	正常年		
1977/1978	正常年			2006/2007	强暖冬	7	66
1978/1979	弱暖冬	40	32	2007/2008	弱冷冬	41	30
1979/1980	正常年			2008/2009	正常年		
1980/1981	正常年			2009/2010	正常年		
1981/1982	正常年			2010/2011	正常年		
1982/1983	正常年			2011/2012	弱冷冬	40	28
1983/1984	强冷冬	15	59	2012/2013	正常年		
1984/1985	强冷冬	13	61	2013/2014	正常年		
1985/1986	正常年			2014/2015	强暖冬	26	50
1986/1987	弱暖冬	40	17	2015/2016	弱暖冬	56	2
1987/1988	正常年			2016/2017	强暖冬	2	74
1988/1989	正常年			2017/2018	正常年		
1989/1990	正常年						

注：* 当年共 72 站；** 当年共 73 站。

第 3 章　主要气象要素特征

湖北省的气温、降水、风、相对湿度、日照等主要气象要素具有典型的东亚季风特征。

3.1　气温

地面气温是指离地约 1.5m 百叶箱内的温度。

通常表征一地气温变化的常用特征量有不同时间尺度(如年、月、日)的平均最高、最低和平均气温,极端最高、极端最低,日较差、年较差等。

湖北省常年年平均气温、年平均最高气温、年平均最低气温分别为 16.4℃、21.3℃和 12.8℃(图 3.1)。冬冷、夏热,春、秋季温度波动剧烈,高低温差大。省内既有酷暑,又有严寒,鄂西北的竹山县极端高温可达 43.4℃,而同样位于鄂西北的谷城县极端低温曾低至 −19.7℃,从极端情况来说,湖北省的年内气温变幅可超过 60℃。

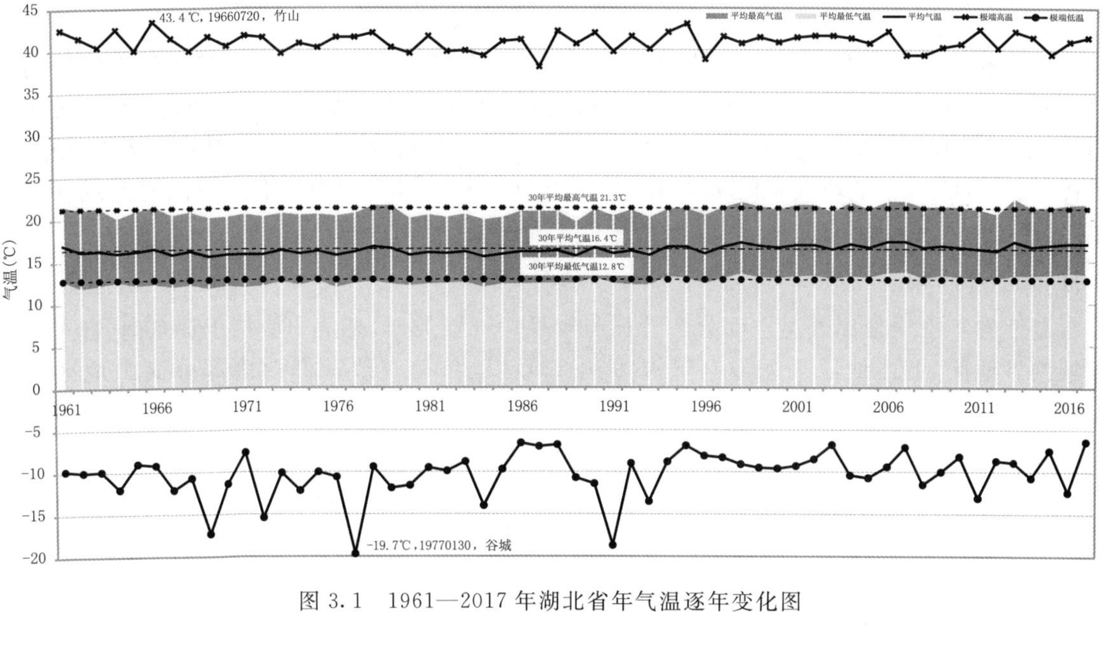

图 3.1　1961—2017 年湖北省年气温逐年变化图

3.1.1　年气温

3.1.1.1　年平均气温

受东亚季风和地形的影响,湖北省年平均气温呈现北低南高、西低东高的空间分布特征(图 3.2)。除鄂西中、高山地区外,年平均气温一般为 15～17.5℃,鄂东南和三峡河谷为 16.5

～17.5℃,江汉平原和鄂东北为16～17℃,其他地区为15～16℃,南北相差1～2.5℃。在鄂西山地,气温受地形影响较大,河谷暖,高山冷。三峡河谷是湖北省年平均气温最高的地区,在17℃以上;清江河谷亦较暖,主要是清江流域多山,冬季受寒流影响轻。

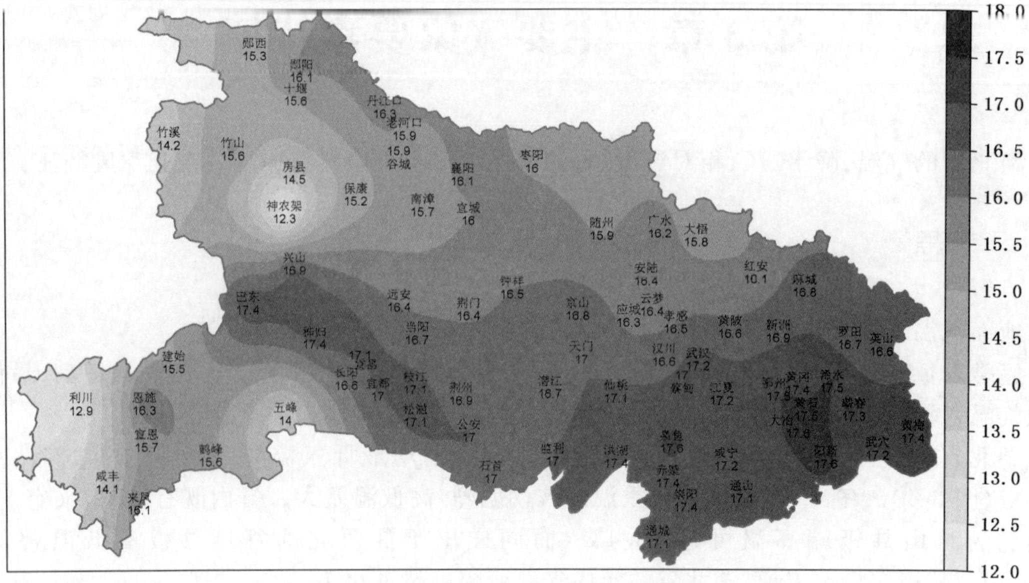

图3.2　湖北省年平均气温(℃)空间分布图(1981—2010年)

湖北省年平均气温年际间差异较大。最暖年份的年平均气温为17.3℃,最冷的年份为15.5℃。20世纪60—80年代,湖北省年平均气温变化趋势不明晰,90年代开始呈明显的上升趋势,上升速率达0.25℃/(10a),1961年以来共8年年平均气温超17℃,其中7年出现在90年代后。空间上,年平均气温的最高值出现在秭归,为18.9℃(1978年),最低值出现在神农架,为11.2℃(1984年)。

3.1.1.2　年平均最高气温

湖北省年平均最高气温空间分布特征与年平均气温类似,高值中心位于鄂东南、鄂东北及三峡河谷地区,上述地区平均最高气温可达22℃以上;神农架及鄂西南部分高山地区不足19℃(图3.3)。

年平均最高气温的年际变化趋势与年平均气温相似,20世纪90年代至2017年上升速率达0.28℃/(10a)。全省年平均最高气温的最高值为22.7℃,最低值为19.9℃。空间上,年平均最高气温的最高值出现在兴山,为24.4℃(2013年),最低值出现在利川,为16.1℃(1989年)。

3.1.1.3　年平均最低气温

湖北省年平均最低气温空间分布特征与年平均气温类似,高值中心位于鄂东南,低值中心位于神农架及鄂西南部分高山地区(图3.4)。

全省年平均最低气温的最高值为13.7℃(2007年),最低值为11.8℃(1969年)。20世纪90年代以来湖北省年平均最低气温的上升速率为0.29℃/(10a)。空间上,年平均最低气温的最高值出现在大冶,为15.7℃(2007年),最低值出现在神农架,为7.2℃(1976年)。

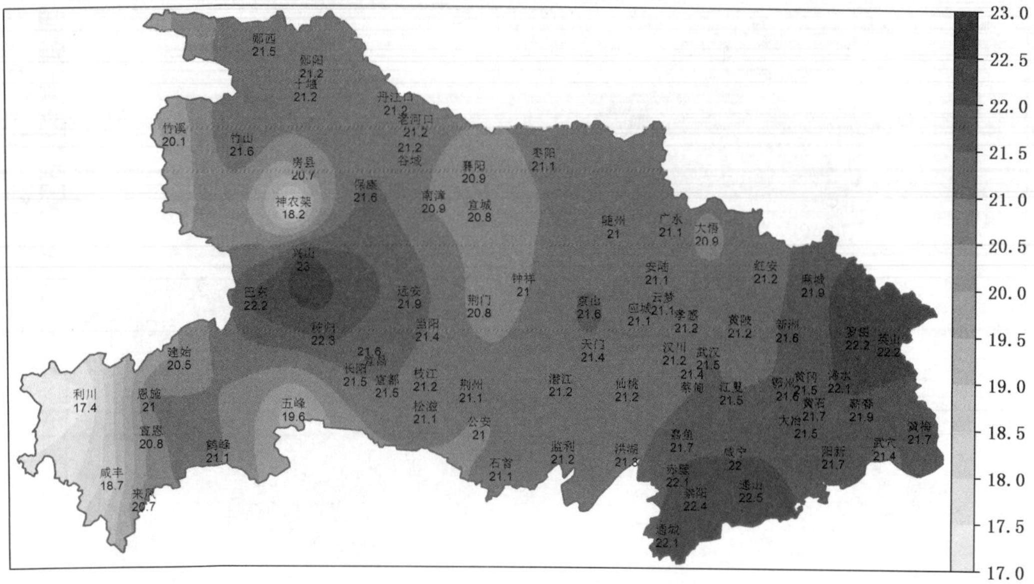

图 3.3 湖北省年平均最高气温(℃)空间分布图(1981—2010 年)

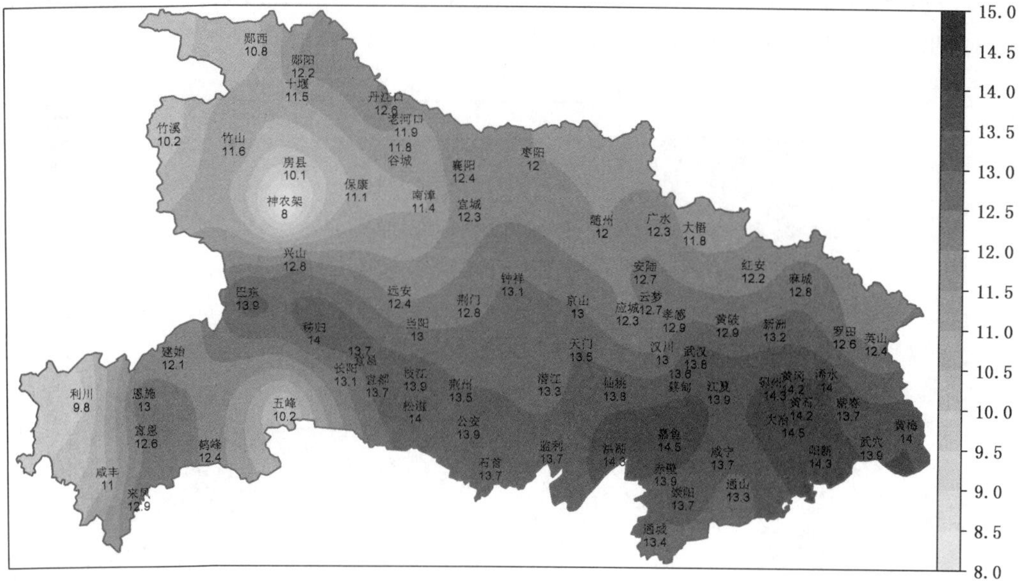

图 3.4 湖北省年平均最低气温(℃)空间分布图(1981—2010 年)

3.1.1.4 极端气温

1961—2017 年湖北省极端最高气温为 35.6～43.4℃。从空间分布看,鄂西北大部、三峡河谷一带极端最高气温可达 42℃以上,鄂西南西部、江汉平原南部及神农架林区为 35～39℃,其他地区为 39～42℃。全省极端最高气温为 43.4℃,出现在竹溪(1966 年 7 月 20 日)(图 3.5)。

1961—2017 年湖北省极端最低气温为－19.7～－8.3℃。从空间分布看,鄂西南大部、鄂

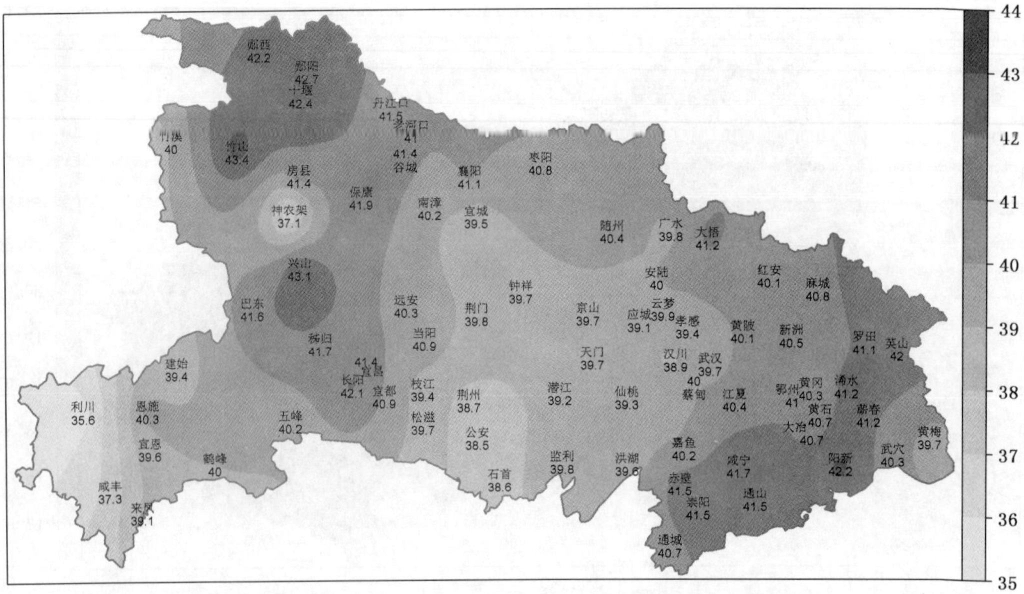

图 3.5　1961—2017 年湖北省极端最高气温(℃)空间分布图

东大部及三峡河谷地区为－8.3～－13℃，其他地区为－13～－19.7℃。全省极端最低气温－19.7℃，出现在谷城(1977 年 1 月 30 日)(图 3.6)。

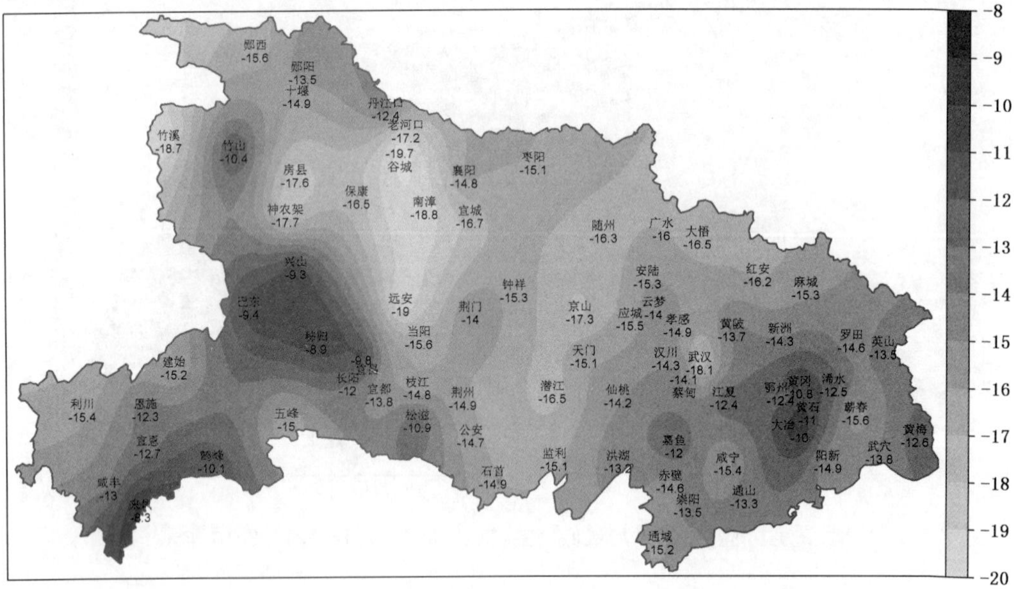

图 3.6　1961—2017 年湖北省极端最低气温(℃)空间分布图

3.1.1.5　气温日较差

日较差(连续 24h 时段内最高气温与最低气温的差值)反映了气温日震荡幅度的特征。

湖北省大部地区常年气温日较差为 7～10℃，从空间分布看，北部大于南部(图 3.7)。鄂西北的郧西、房县、神农架、兴山、保康等地气温日较差超过10℃，是全省日较差最大的地方。

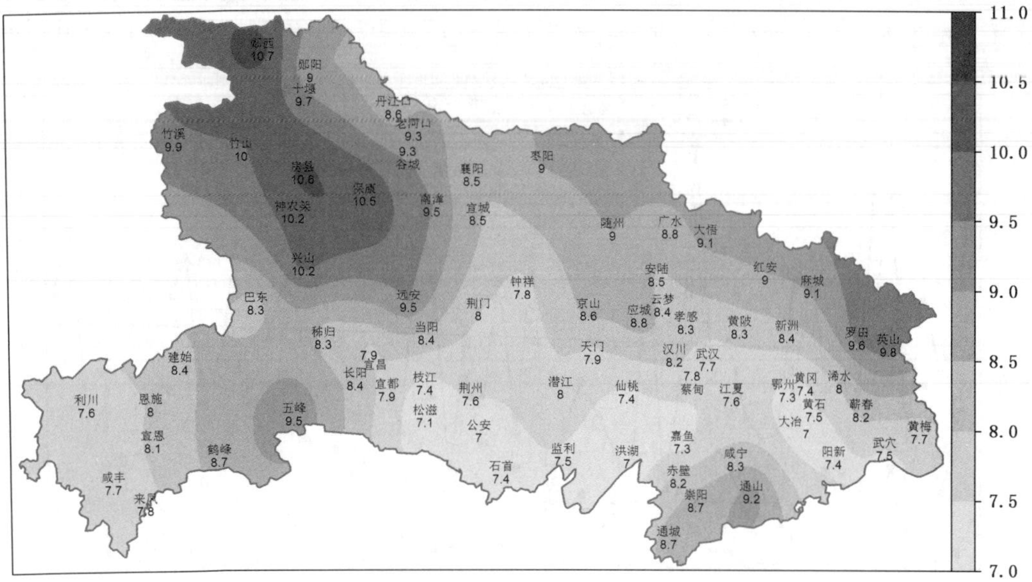

图3.7　湖北省气温日较差(℃)空间分布图(1981—2010年)

3.1.1.6　高温日数

高温是夏季常出现的天气现象，在春秋季节也时有发生。湖北省常年平均高温日数(日最高气温≥35℃的日数)为17.9d，各地平均高温日数为0d(利川)～39.9d(兴山)。其中鄂东南南部、三峡河谷局部为30～39.9d，鄂西南大部、江汉平原北部、鄂西北西部及神农架林区在10d以下，呈现明显的平原多、中高山少的空间分布特征(图3.8)。

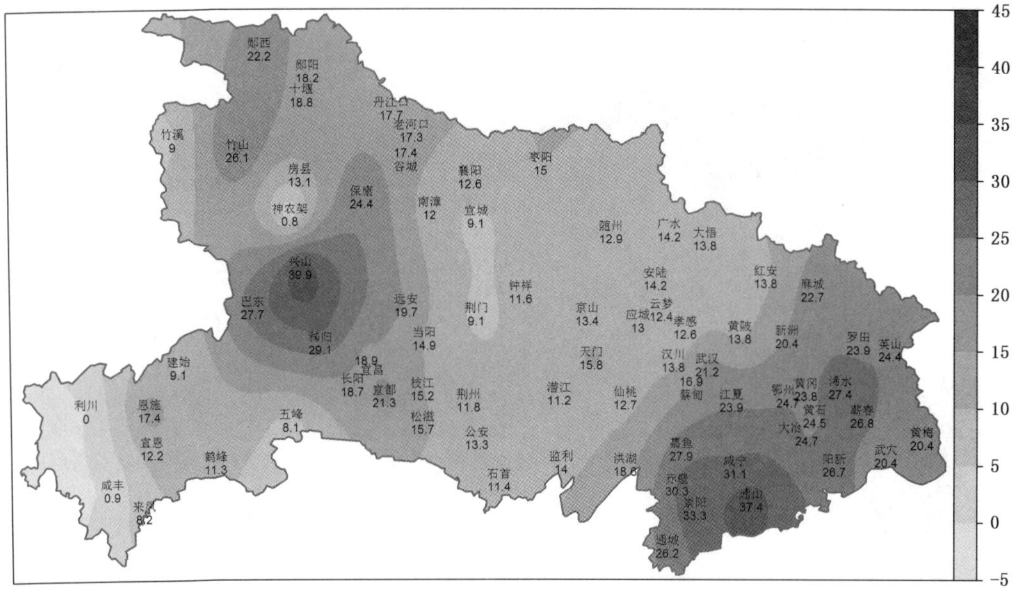

图3.8　湖北省年平均高温(日最高气温≥35℃)日数(d)空间分布图(1981—2010年)

1961—2017 年湖北省全省平均年高温日数呈震荡上升趋势(图 3.9)，上升幅度为 0.5d/(10a)，20 世纪 60 年代及 2000 年后为高温日数较多时期。全省平均年高温日数最多为 38.2d(2013 年)，最少为 5.6d(1987 年)。此外，最高气温≥37℃、≥39℃的日数分别为 4.6d 和 0.5d。

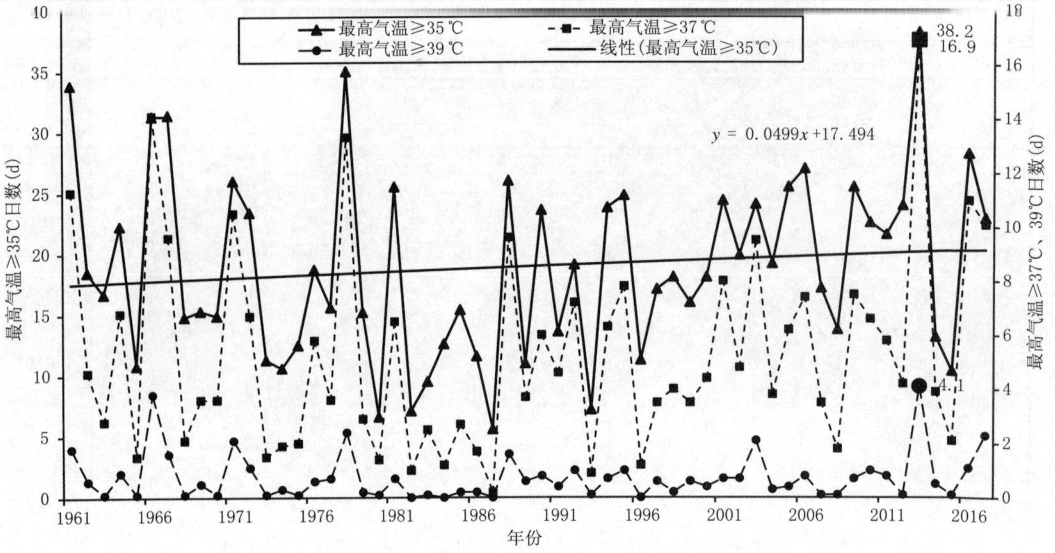

图 3.9　1961—2017 年湖北省平均年高温日数逐年变化图

3.1.1.7　低温日数

湖北省常年全省平均低温日数(日最低气温≤0℃的日数)为 29.2d。各地平均低温日数为 3.8d(巴东)～78.5d(神农架)，呈北多南少分布特征，北部为 35～78.5d，其中鄂西北及鄂北岗地大部地区在 45d 以上，南部为 3.8～25d，三峡河谷部分地区不足 10d(图 3.10)。

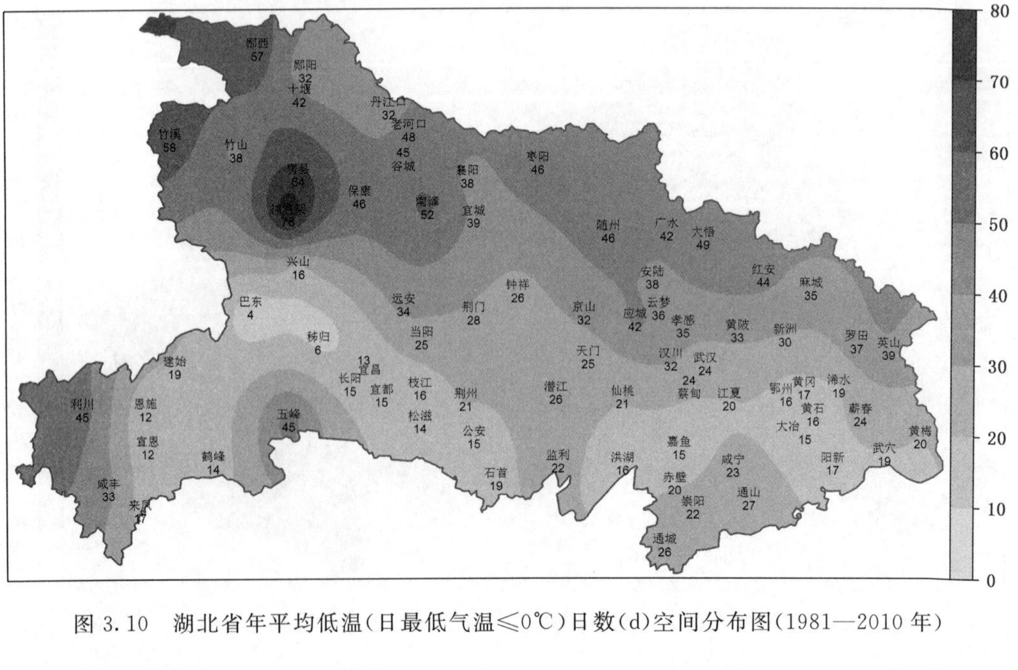

图 3.10　湖北省年平均低温(日最低气温≤0℃)日数(d)空间分布图(1981—2010 年)

1961—2017 年湖北省全省平均年低温日数呈显著下降趋势(图 3.11),下降幅度为 3.7d/(10a),低温日数最多为 60.4d,出现在 1969 年,最少为 2007 年的 14.3d。此外,最低气温≤-5℃、≤-7℃的平均日数分别为 1.4 和 0.3d。

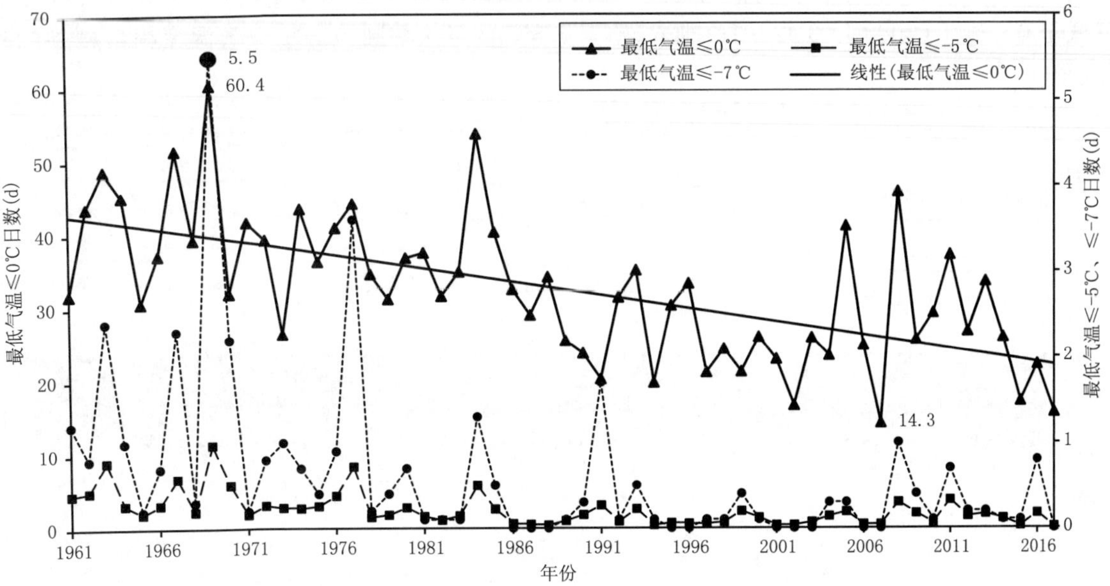

图 3.11　1961—2017 年湖北省平均年低温日数逐年变化图

3.1.2　四季气温

湖北省四季分明,气温以夏季(6—8 月)最高、秋季(9—11 月)次之、春季(3—5 月)再次、冬季(12 月—翌年 2 月)最低(图 3.12)。在季气温最高的夏季中,盛夏气温(27.4℃)较梅雨期(26.1℃)高 1~2℃。

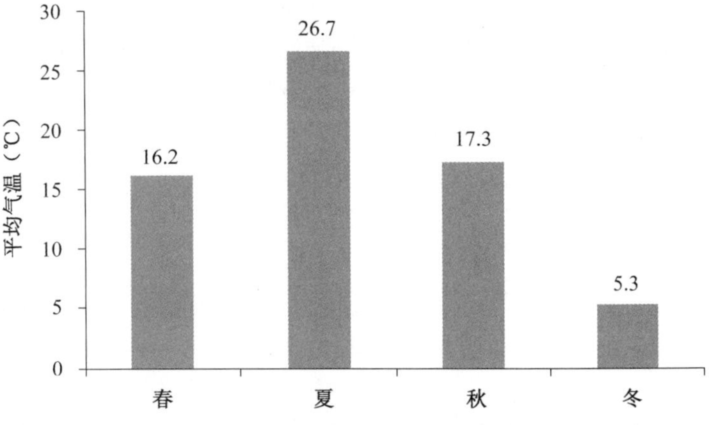

图 3.12　湖北省各季常年平均气温(1981—2010 年)

3.1.2.1　春季气温

春季是冬季与夏季的过渡季节，冷暖空气势力相当，而且都很活跃，导致湖北省春季气温变化幅度大。春季常年(1981—2010 年)平均气温为 16.2℃，常年平均最高气温为 21.2℃，最低气温为 12.0℃。春季极端高温可达 35℃以上(1988 年 5 月 3 日，秭归，40.8℃)，极端低温可低至 0℃以下(2003 年 3 月 6 日，神农架，－6.3℃)，与秋季同为一年中气温变幅最剧烈的季节(图 3.13)。

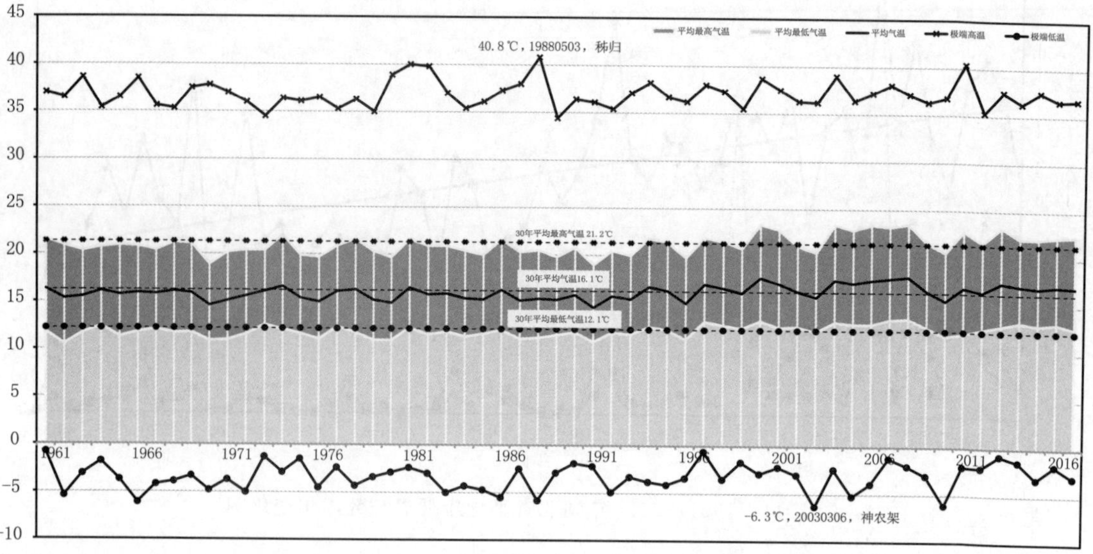

图 3.13　1961—2017 年湖北省春季气温逐年变化序列图

(1)平均气温

湖北省春季常年(1981—2010 年)平均气温为 16.2℃，各地为 12.4～17.3℃，从西、北向东、南递增，鄂西北大部、鄂西南大部为 12.4～16.0℃，其余大部为 16.0～17.3℃(图 3.14)。从单月来分析，3 月湖北省气温回升明显，到了 5 月，除鄂西山地外，大部地区平均气温已回升到 20℃以上。

1961—2017 年湖北省春季平均气温呈明显的升温趋势，年代际变化特征也较明显。20 世纪 90 年代以前，平均气温变幅不大，90 年代以后出现明显的上升趋势，但冷暖变幅明显增大。春季平均气温历史最高前 10 位均出现在 2000 年后，最高的是 2008 年，其次为 2000 年和 2007 年；最低的是 1991 年(14.5℃)，其次为 1970 年(14.6℃)和 1980 年(14.9℃)。空间上，春季平均气温的最高值出现在武穴，为 21.2℃(1968 年)，最低值出现在利川，为 11.0℃(1996 年)。

(2)平均最高气温

湖北省春季平均最高气温为 21.2℃。从空间分布看，各地为 17.4～23.3℃，其中神农架林区、鄂西南西部为 17.4～20℃，鄂西北北部、鄂西南东部、鄂东南局部为 22～23.3℃，其余大部为 20～22℃(图 3.15)。

1961—2017 年湖北省春季平均最高气温具有明显增温趋势和年代际变化特征。20 世纪 90 年代初以前，平均最高气温呈现微弱的下降趋势，90 年代中期之后，出现明显的升高趋势，但起伏变大。历史最高前 10 位均出现在 21 世纪后。春季平均最高气温最高值是 23.5℃

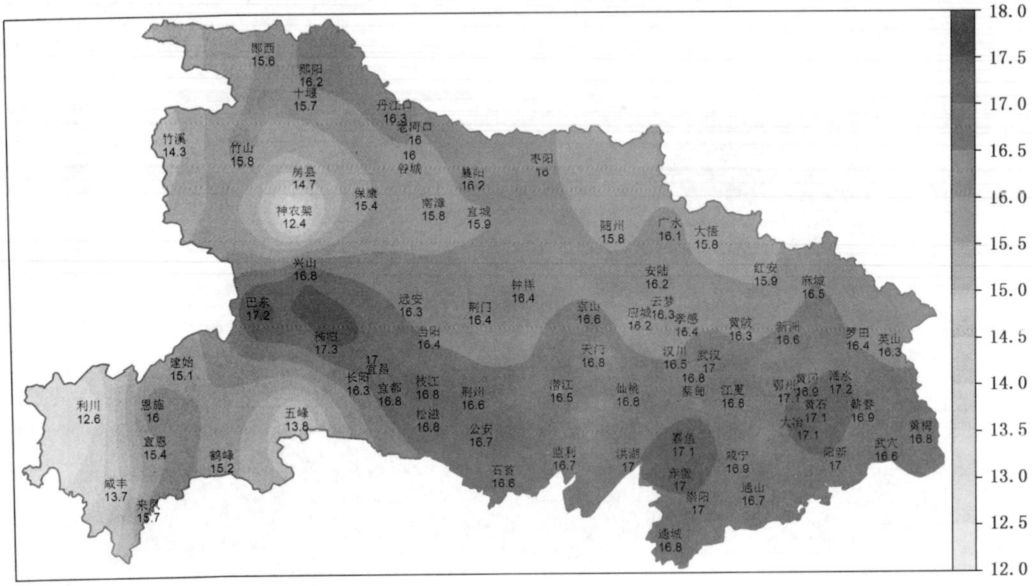

图 3.14　湖北省春季平均气温(℃)空间分布图(1981—2010 年)

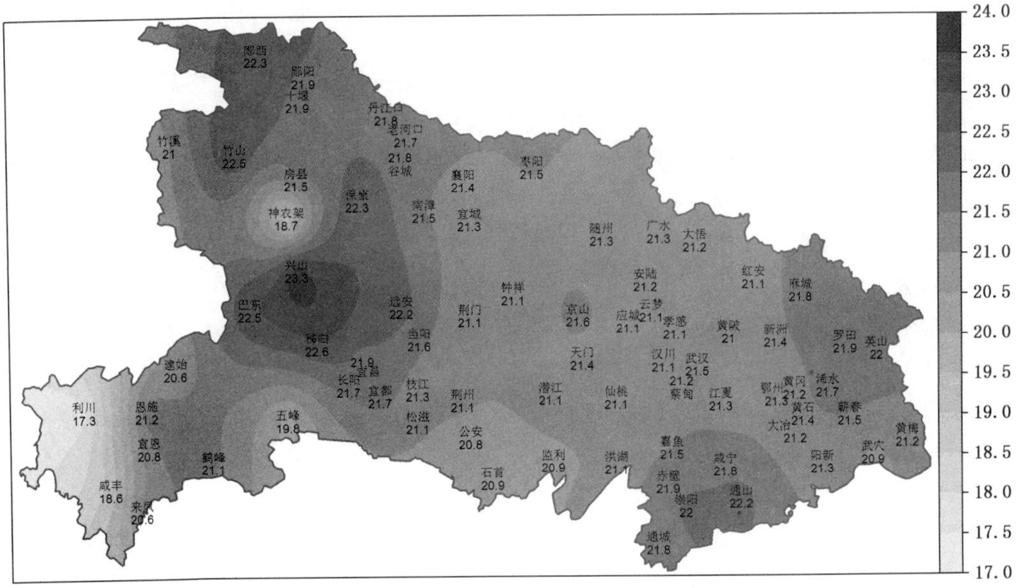

图 3.15　湖北省春季平均最高气温(℃)空间分布图(1981—2010 年)

(2008 年),其次为 23.4℃(2000 年、2006 年和 2004 年);最低值是 18.9℃(1970 年),其次为 19.0℃(1991 年)。空间上,春季平均最高气温的最高值出现在兴山,为 25.8℃(2013 年),最低值出现在利川,为 15.4℃(1996 年)。

(3)平均最低气温

湖北省春季平均最低气温为 12.1℃。从空间分布看,各地常年平均最低气温为 7.4～

13.8℃，其中鄂西北大部、鄂西南西部为 7.4～11.0℃，江汉平原南部、鄂东南大部为 13.0～13.8℃，其余大部为 11.0～13.0℃（图 3.16）。

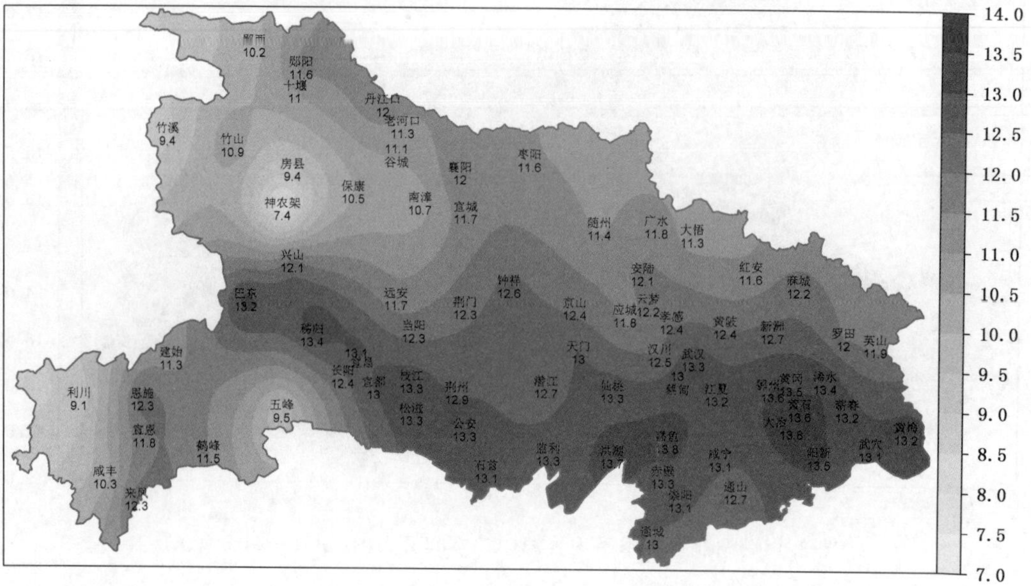

图 3.16　湖北省春季平均最低气温（℃）空间分布图（1981—2010 年）

与春季平均气温、平均最高气温类似，1961—2017 年湖北省春季平均最低气温也具有明显升温趋势和年代际变化特征。20 世纪 90 年代以前，平均最低气温变化趋势不明显，90 年代以后出现明显的上升趋势。历史最高前 4 位均出现在 2000 年后。春季平均最低气温的最高值是 13.5℃（2008 年），其次为 13.4℃（2007 年）；最低值是 10.5℃（1962 年），其次为 10.9℃（1991 年）。空间上，春季平均最低气温的最高值出现在武穴，为 17.8℃（1968 年），最低值出现在神农架，为 6.4℃（1996 年）。

（4）极端气温

1961—2017 年湖北省春季极端最高气温为 33.1～40.8℃（图 3.17）。从空间分布看，鄂西北大部、三峡河谷一带春季极端最高气温在 39.0℃以上，全省春季极端最高气温为 40.8℃，出现在秭归（1988 年 5 月 18 日），长阳、兴山、郧阳次之，分别达 40.4℃、40.3℃、40.2℃；鄂西南西部山区、神农架林区为 33.1～35.0℃，其他地区为 35.0～39.0℃。春季极端高温事件常有发生，主要出现在 5 月，高温事件最多的是 2011 年，有 140 多站次发生极端高温事件，其次是 1967 年，有 78 站次发生极端高温事件。

1961—2017 年湖北省春季极端最低气温为－6.3～－0.1℃（图 3.18）。从空间分布看，鄂西北大部、鄂东北北部、鄂西南山区低于－3.0℃，全省春季极端最低气温－6.3℃，出现在神农架林区（2003 年 3 月 6 日）；三峡河谷一带、鄂东沿江一带高于－2.0℃，其他大部地区为－3.0～－2.0℃。2005 年湖北省春季极端低温事件最多（63 站次），其次是 1986 年（61 站次）。

3.1.2.2　夏季气温

夏季是湖北省全年气温最高的季节，易出现高温天气现象，尤其是从梅雨结束到 8 月底这段盛夏时期。夏季全省平均气温常年值为 26.7℃，高、低温均值分别为 31.3℃和 23.1℃。全

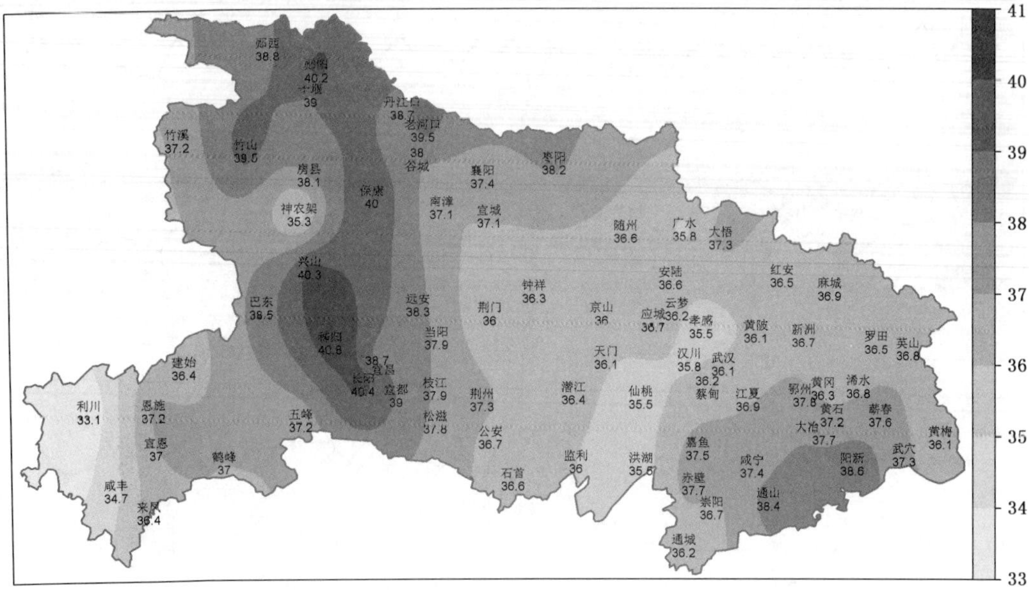

图 3.17　1961—2017 年湖北省春季极端高温(℃)空间分布图

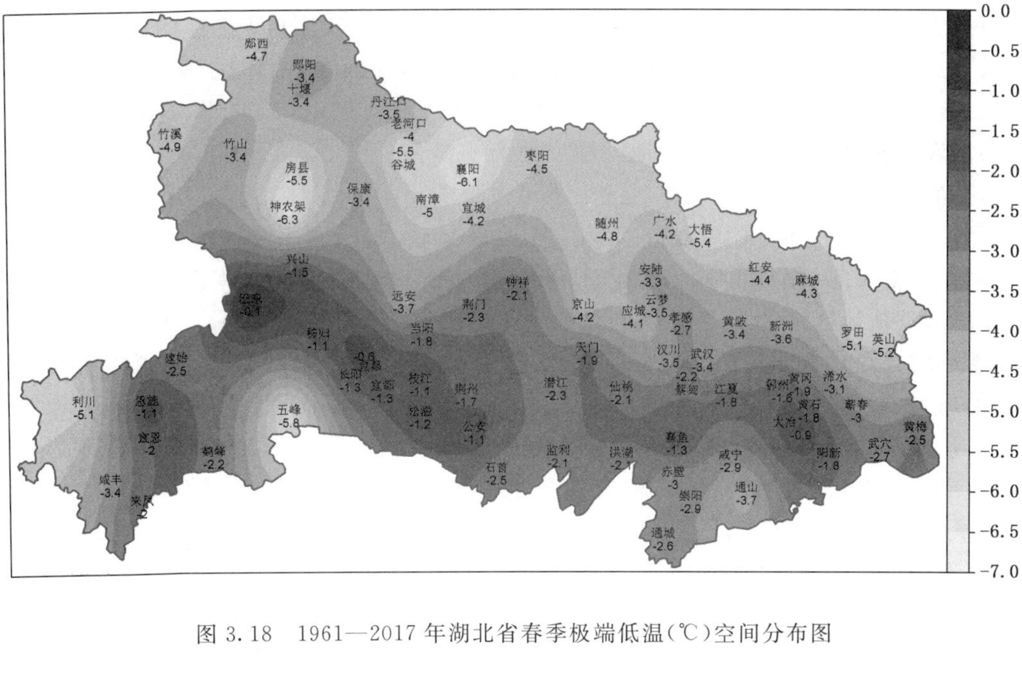

图 3.18　1961—2017 年湖北省春季极端低温(℃)空间分布图

省大部地区常年平均气温为 23～28℃，自西向东递增，鄂西南温度最低，大部低于 26℃；鄂东最高，大部在 27℃以上，其余地区为 25～27℃(图 3.19)。

夏季可为两个时段：一为梅雨期(6 月 1 日至 7 月 20 日)，一为盛夏期(7 月 21 日至 8 月 31 日)。梅雨期，副高北抬并维持在长江以南，暖湿气流交汇于此，导致雨热同季。出梅后，西太平洋副热带高压控制了湖北大部地区，长江中游地面气压场呈现出明显的南高北低形势。江

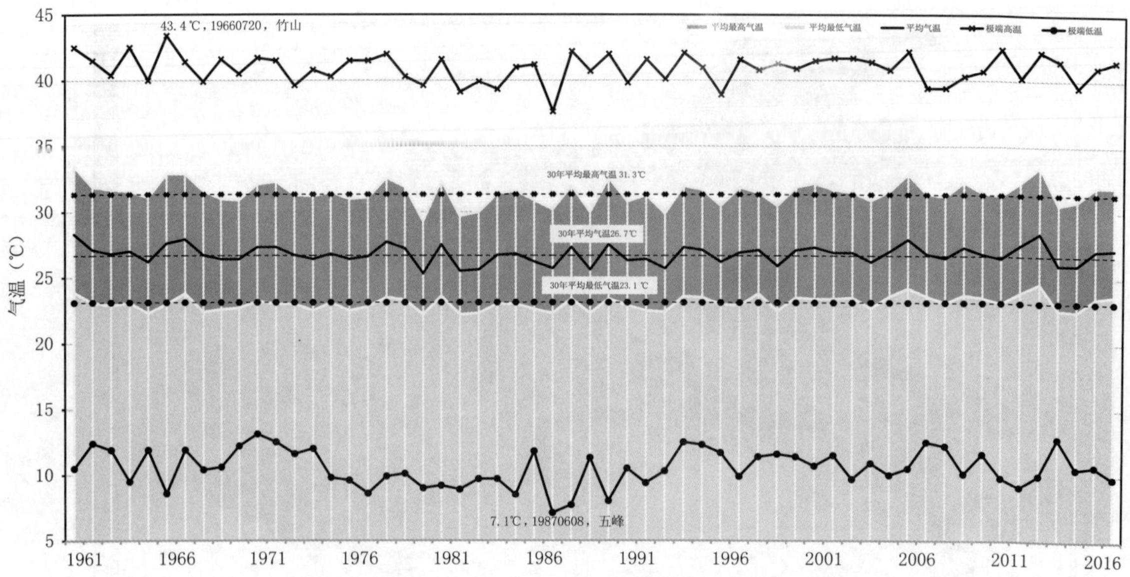

图 3.19　1961—2017 年湖北省夏季气温逐年变化图

南在副高脊线附近，下沉运动明显而出现增压增温天气；而在黄淮流域则是低压发展的辐合上升运动带。因而气压梯度在长江沿岸加强，使江南高温高气压下的空气迅速输送到黄淮辐合区，从而构成了明显的经向环流，所以在近地层的长江中游产生了持续性的“南洋风”。由于“南洋风”的空气来自江南下沉运动中的高温、干燥区域，因而在“南洋风”影响下，经常出现晴热天气。盛夏期气温高于梅雨期 1～2℃，鄂东最为明显，均在 1.5℃之上，这是因为进入盛夏期后，鄂东降水明显减少，使得这一地区增温尤为明显。

(1)平均气温

湖北省常年夏季平均气温为 26.7℃。各地差异较大，为 21.8℃(神农架)～28.1℃(嘉鱼)，其中鄂西南大部、鄂西北中西部为 21.8～26℃，鄂东南、鄂东北东南部及江汉平原大部为 27～28.1℃，其他地区为 26～27℃。气温最高值出现在 7 月(图 3.20)。

夏季平均气温具有明显的年代际变化特征。20 世纪 60—70 年代，气温基本保持在常年均值以上，80—90 年代气温变幅较大，2000 年以后气温呈现明显的上升趋势。夏季平均气温最高值出现在 2013 年，为 28.4℃，最低值出现在 1980 年，为 25.2℃。空间上，夏季平均气温的最高值出现在赤壁，为 30.4℃(2013 年)，最低值出现在神农架，为 20.6℃(1983 年)。

(2)平均最高气温

湖北省夏季平均最高气温为 31.3℃，各地为 26.7℃(利川)～32.9℃(兴山)，其中鄂西南西部及鄂西北局部为 26.7～30℃，鄂东南中南部、鄂东北东部及三峡河谷为 32～32.9℃，其他地区为 30～32℃(图 3.21)。

湖北省夏季平均最高气温同样具有明显的年代际变化特征。20 世纪 60—70 年代，气温大多高于常年均值，80 年代后出现明显的上升趋势，且起伏较大。夏季平均最高气温最高值出现在 1961 年和 2013 年，为 33.5℃，最低值出现在 1980 年，为 29.2℃。空间上，夏季平均最高气温的最高值出现在兴山，为 35.7℃(1961 年)，最低值出现在利川，为 24.9℃(1983 年)。

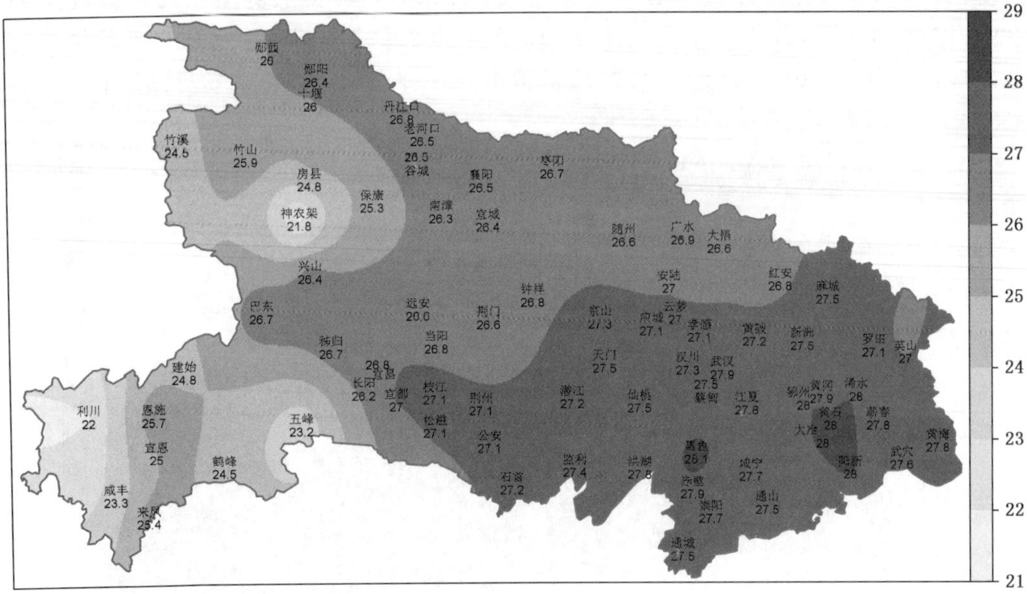

图 3.20　湖北省夏季平均气温(℃)空间分布图(1981—2010 年)

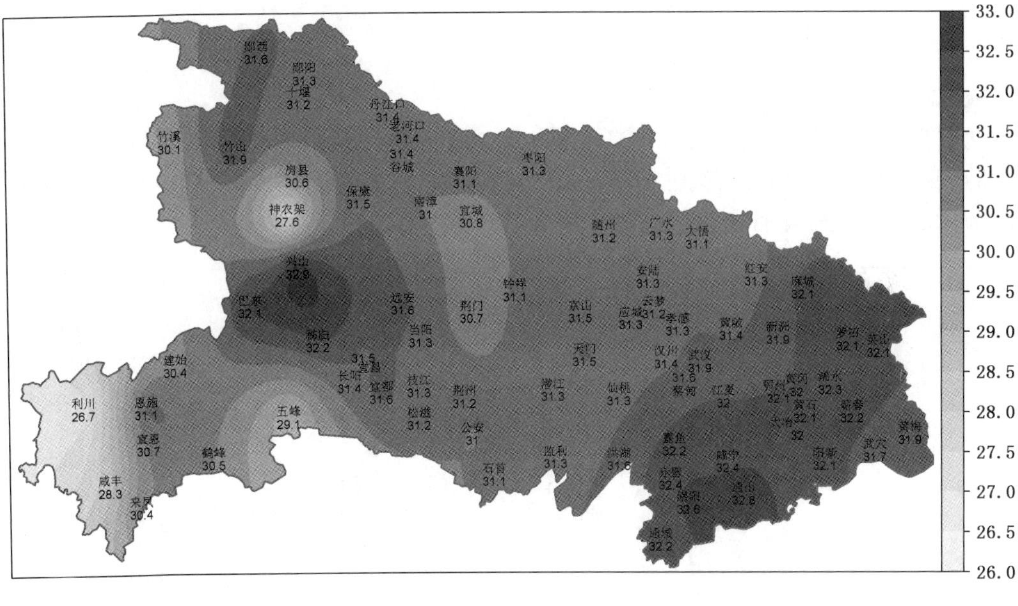

图 3.21　湖北省夏季平均最高气温(℃)空间分布图(1981—2010 年)

(3)平均最低气温

湖北省夏季平均最低气温为 23.1℃，各地为 17.4℃(神农架)～25.0℃(嘉鱼)，其中鄂西南西部及鄂西北局部为 17.4～20℃，鄂东南大部、鄂东北南部及江汉平原东南部为 24～25℃，其他地区为 20～24℃(图 3.22)。

湖北省夏季平均最低气温也具有明显的年代际变化特征。20 世纪 90 年代以前，平均最低气温变化趋势不明显，90 年代以后呈现明显的上升趋势。历史上夏季平均最低气温的最高值为 2013 年的 24.6℃，最低值为 1980 年和 1982 年的 22.2℃。空间上，夏季平均最低气温的最高值出现在赤壁，为 26.9℃(1961 年)，最低值出现在神农架，为 16.3℃(1992 年)。

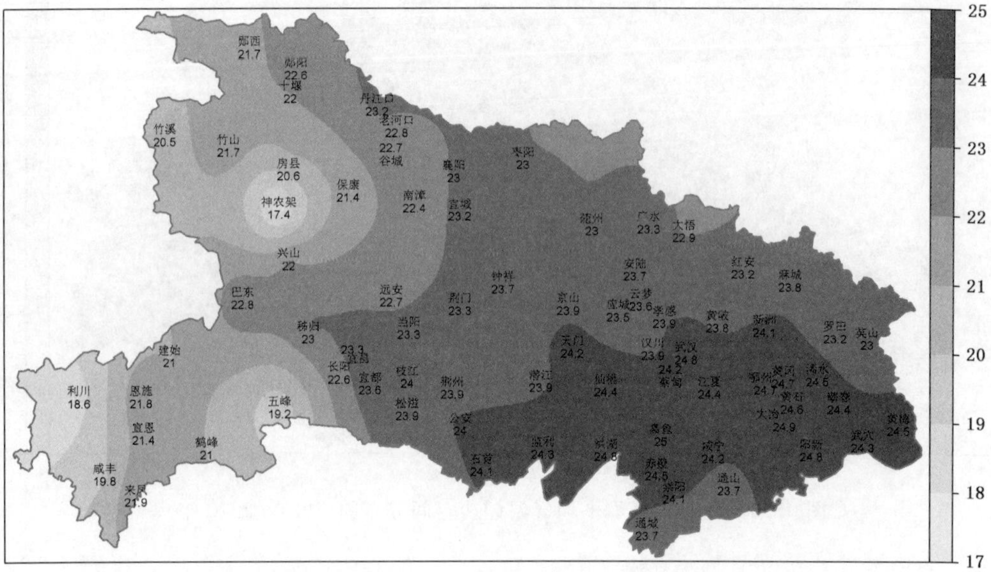

图 3.22　湖北省夏季平均最低气温(℃)空间分布图(1981—2010 年)

(4)极端气温

湖北省夏季极端最高气温为 35.6℃(利川)～43.4℃(竹山)，其中江汉平原大部、鄂西南西部、鄂东北西部及鄂西北局部为 35.6～40℃，其他地区为 40.0～43.4℃。全省夏季极端最高气温为 43.4℃，出现在竹山(1966 年 7 月 20 日)(图 3.23)。

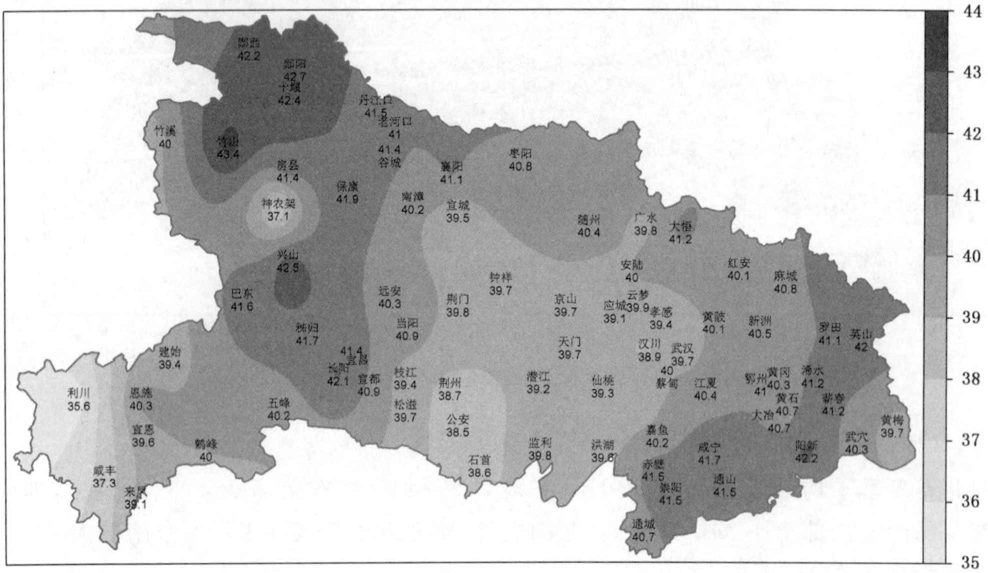

图 3.23　1961—2017 年湖北省夏季极端高温(℃)空间分布图

湖北省夏季极端最低气温为 7.1℃（五峰）～15.9℃（秭归），三峡河谷至宜昌地区、鄂东南及鄂西北北部为 13～15℃，其他大部地区为 11.0～13℃。全省夏季极端最低气温为 7.1℃，出现在五峰（1987 年 6 月 8 日）（图 3.24）。

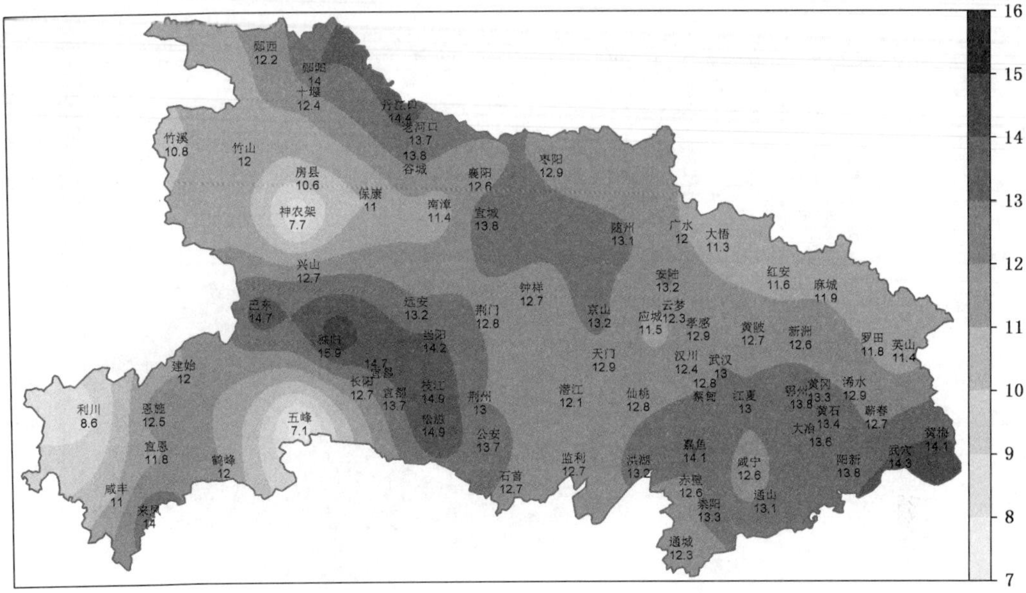

图 3.24　1961—2017 年湖北省夏季极端低温（℃）空间分布图

3.1.2.3　秋季气温

秋季是夏季风向冬季风转变的过渡期，大陆冷高压重新建立并不断南下影响长江流域。但由于西太平洋副高的减退东撤，高空慢于低空，南下的冷空气一般比较浅薄。秋季常年平均气温为 17.3℃，从单月分析，除部分地区外，9 月温度大部都在 20℃以上，从 10 月开始温度迅速降低，到 11 月，平均温度已降至 10～13℃，开始向冬季转换（图 3.25）。

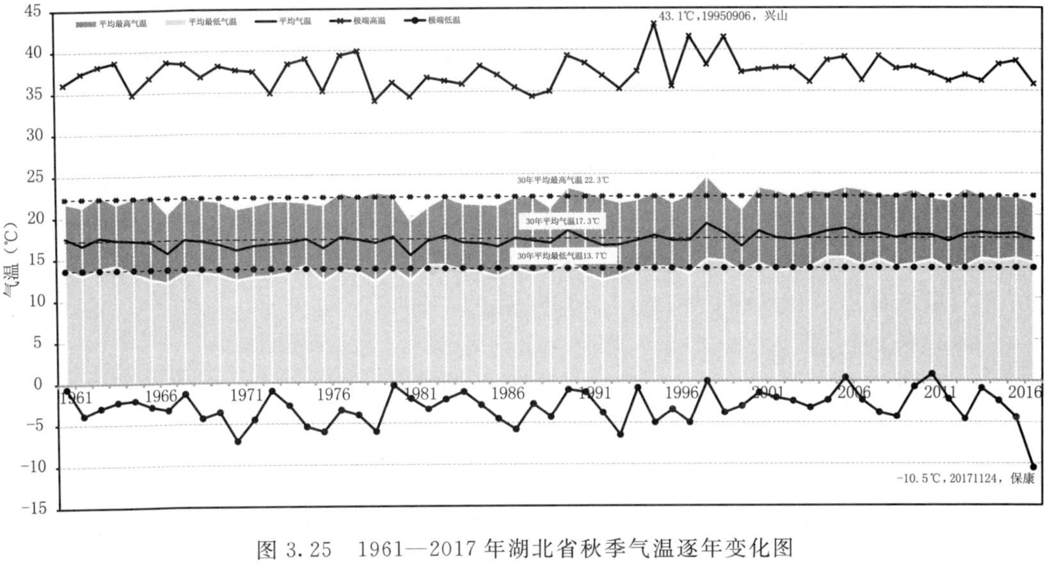

图 3.25　1961—2017 年湖北省秋季气温逐年变化图

(1)平均气温

湖北省秋季平均气温为 17.3℃，各地气温为 12.7℃（神农架）～18.7℃（大冶、黄梅、阳新），呈西低东高分布，低值区主要位于鄂西北和鄂西南，鄂东南大部及江汉平原局部高于 18℃（图 3.26）。

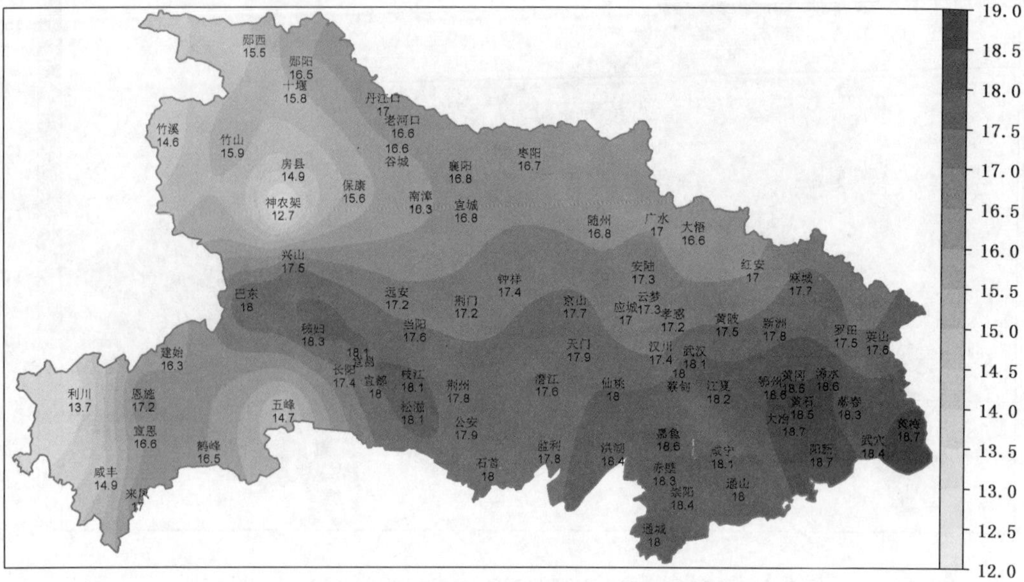

图 3.26　湖北省秋季平均气温(℃)空间分布图(1981—2010 年)

1961—2017 年湖北省秋季平均气温年际变化波动较大，呈显著上升趋势，变化速率为 0.18℃/(10a)，最高值出现在 1998 年，为 18.9℃，最低值出现在 1981 年，为 15.3℃，且 2000 年后平均值为 17.5℃，较 2000 年前高 0.5℃。空间上，秋季平均气温的最高值出现在大冶，为 20.7℃（1998 年），最低值出现在神农架，为 10.7℃（1981 年）。

(2)平均最高气温

全省秋季平均最高气温为 22.3℃，各地秋季平均最高气温为 18.3℃（利川）～23.7℃（崇阳、罗田、英山），鄂西北和鄂西南为低值区，鄂中大部地区为 22～23℃，鄂东东部及南部在 23℃以上，武汉秋季平均最高气温为 22.7℃（图 3.27）。

1961—2017 年湖北省秋季平均最高气温呈现上升趋势，其增加速率为 0.19℃/(10a)，最高值出现在 1998 年，为 24.8℃，最低值出现在 1981 年，为 19.4℃，且 2000 年后平均值为 22.5℃，较 2000 年前高 0.5℃。空间上，秋季平均最高气温最高值出现在英山，为 26.2℃（1998 年），最低值出现在秭归，为 14.7℃（1961 年）。

(3)平均最低气温

湖北省秋季平均最低气温为 13.7℃，各地为 8.7℃（神农架）～15.6℃（大冶），呈现西北低东南高的分布，鄂西北及鄂西南大部地区在 13℃以下，江汉平原大部及鄂东南均高于 14℃（图 3.28）。

1961—2017 年湖北省秋季平均最低气温呈上升趋势，其增加速率较平均气温、最高气温相比更为显著，为 0.26℃/(10a)。最高值出现在 2005 年，为 14.8℃，最低值出现在 1979 年，

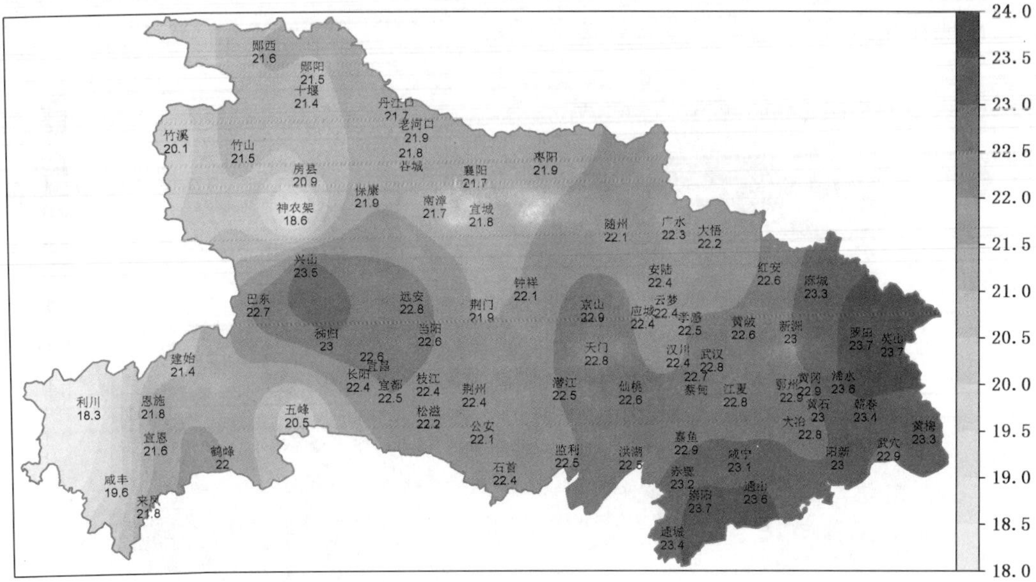

图 3.27　湖北省秋季平均最高气温(℃)空间分布图(1981—2010 年)

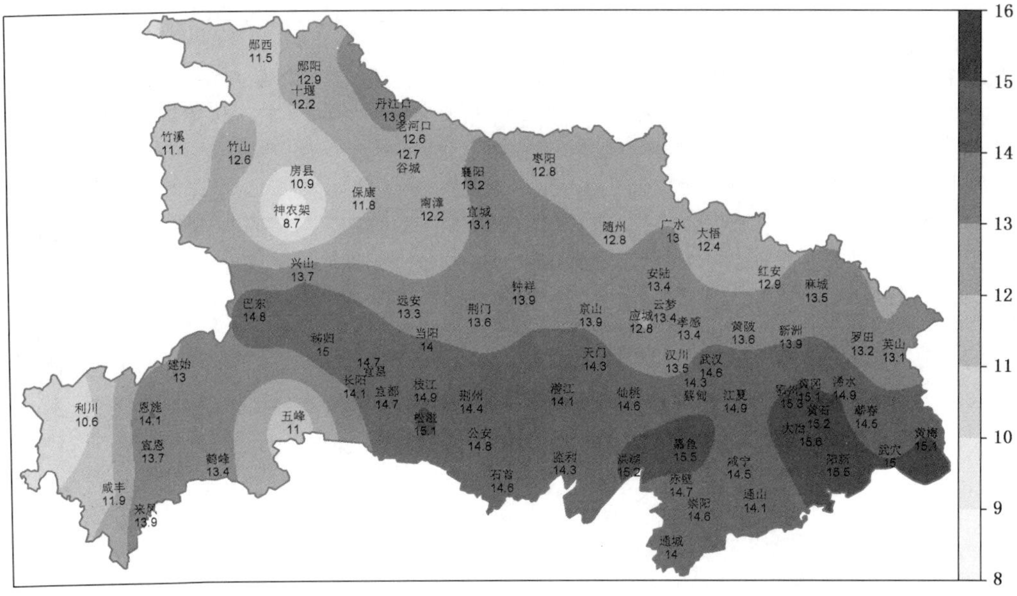

图 3.28　湖北省秋季平均最低气温(℃)空间分布图(1981—2010 年)

为 12.1℃。湖北省秋季平均最低气温波动起伏变化较大，尤其体现在 2000 年前，2000 年后平均值为 14.1℃，较 2000 年前偏高 0.9℃。空间上，秋季平均最低气温最高值出现在阳新，为 17.4℃(2014 年)，最低值出现在神农架，为 7.3℃(1992 年)。

(4)极端气温

湖北省秋季极端最高气温 33.2℃为(利川)～43.1℃(兴山)，全省大部为 37～40℃，三峡河谷、鄂西北部分及鄂东局地 40℃以上，鄂西南西部为 33～35℃。全省秋季极端最高气温为 43.1℃，出现在兴山(1995 年 9 月 6 日)(图 3.29)。

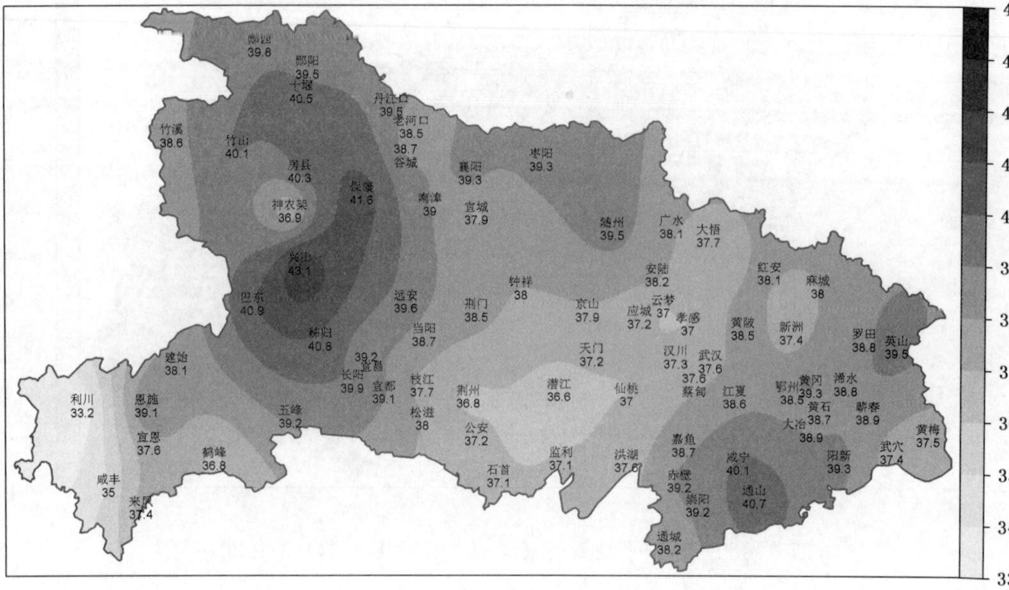

图 3.29　1961—2017 年湖北省秋季极端高温(℃)空间分布图

湖北省秋季极端最低气温为－10.5(保康)～0.4℃(秭归)，全省大部为－5～－3℃，三峡河谷、鄂西南东部为－1～0℃。全省秋季极端最低气温为－10.5℃，出现在保康(2017 年 11 月 24 日)(图 3.30)。

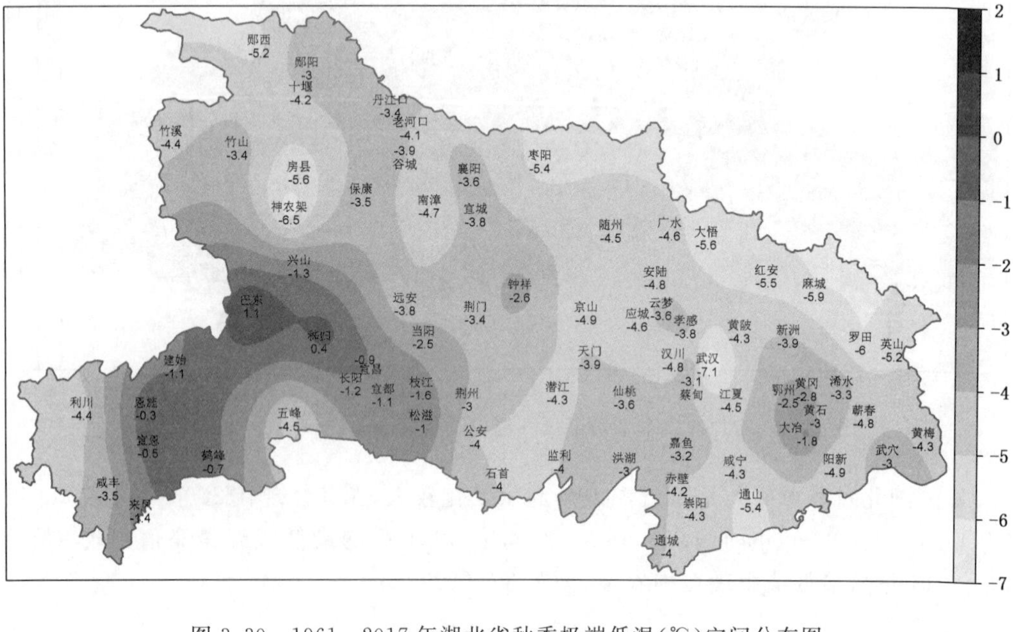

图 3.30　1961—2017 年湖北省秋季极端低温(℃)空间分布图

3.1.2.4　冬季气温

冬季是全年气温最低的季节，大多数年份的1月都是最冷的月份，年极端最低气温往往也出现在1月份，极端最低气温出现在1977年1月30日，谷城达−19.7℃（图3.31）。2月湖北省气温逐渐开始回升，极端高温甚至超过30℃，如2009年2月12日，咸宁日最高气温高达30.3℃。

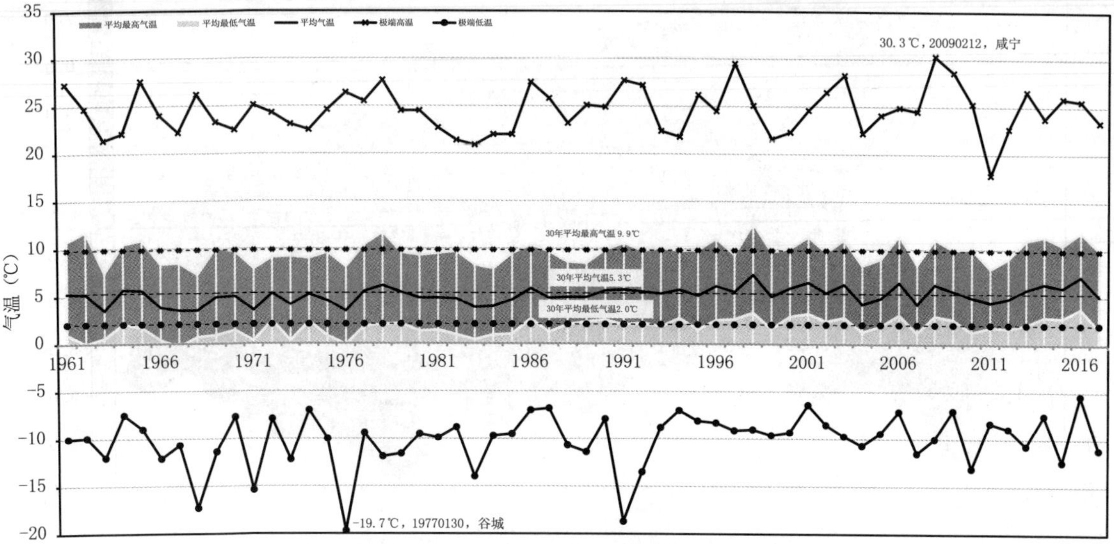

图3.31　1961—2017年湖北省冬季气温逐年变化图

全省各地冬季年平均气温在3～7℃，南部高于北部，鄂西南气温最高，为6℃左右，由于地形影响，鄂西南山区不利于冷空气侵入，导致峡谷温度较其他地区略高；鄂北气温最低，为4℃左右；其他地区在5～6℃。

冬季寒潮是对国民经济危害最大的灾害性天气之一。寒潮指的是大范围的冷空气活动，伴随寒潮而来的是剧烈降温、大风、雨雪和冰冻天气。1977年1月底的强寒潮带来低温、大雪和冰冻，造成鄂西山区公路交通中断5天，大批农作物、经济作物冻伤、冻死，全省23万亩柑橘树，遭受冻害达21.25万亩，占92.4%。

（1）平均气温

湖北省常年冬季平均气温为5.3℃。各地为2.2℃（神农架）～7.4℃（巴东），由南向北逐渐降低，其中南部大部为5～7℃，北部为3～5℃（图3.32）。

1961—2017年湖北省冬季平均气温总体呈上升趋势，变化速率为0.25℃/(10a)。20世纪80年代中后期至世纪末增温速率最大，21世纪前10年呈现下降趋势。1961年以来全省冬季平均气温最高为7.3℃，出现在1998/1999年冬季，平均气温最低为3.4℃，发生于1976/1977年冬季。冬季平均气温的最高值出现在秭归，为9.8℃（1978年），最低值出现在神农架，为0.3℃（2007年）。

（2）平均最高气温

湖北省常年冬季平均最高气温为9.9℃。各地为7.1℃（利川）～12.0℃（兴山），其中，三峡河谷、鄂东南南部为11～12℃，鄂西南西部、神农架林区为7～8℃，其他大部地区为9～11℃（图3.33）。

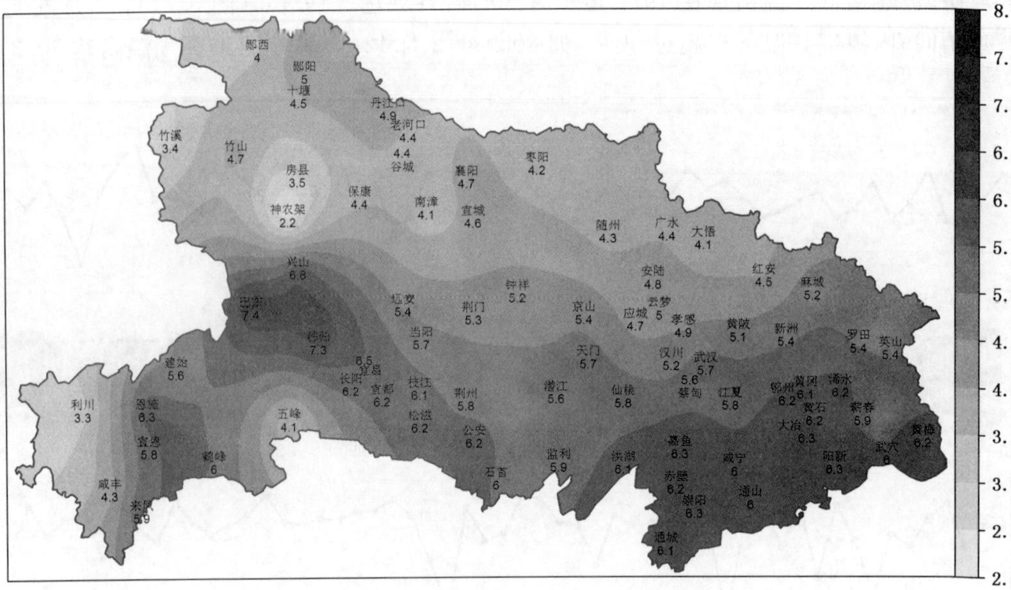

图 3.32 湖北省冬季平均气温(℃)空间分布图(1981—2010 年)

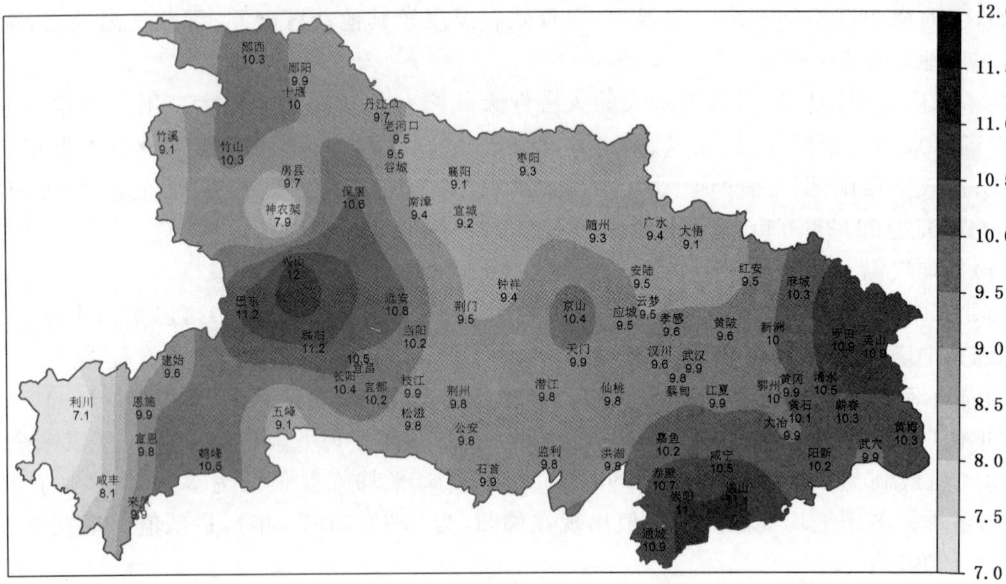

图 3.33 湖北省冬季平均最高气温(℃)空间分布图(1981—2010 年)

1961—2017 年湖北省冬季平均最高气温总体呈上升趋势，变化速率为 0.20℃/(10a)。1961 年以来冬季全省平均最高气温的最高值为 12.7℃，出现在 1998/1999 年冬季，最低值为 7.3℃，发生于 1968/1969 年冬季。冬季平均最高气温的最高值出现在秭归，为 14.6℃(1978 年)，最低值出现在利川，为 4.3℃(2011 年)。

(3)平均最低气温

湖北省常年冬季平均最低气温为 2.0℃，各地为−1.7℃(神农架)～4.5℃(巴东)。南高北低，其中南部大部为 2～4.5℃，北部大部为 0～2℃(图 3.34)。

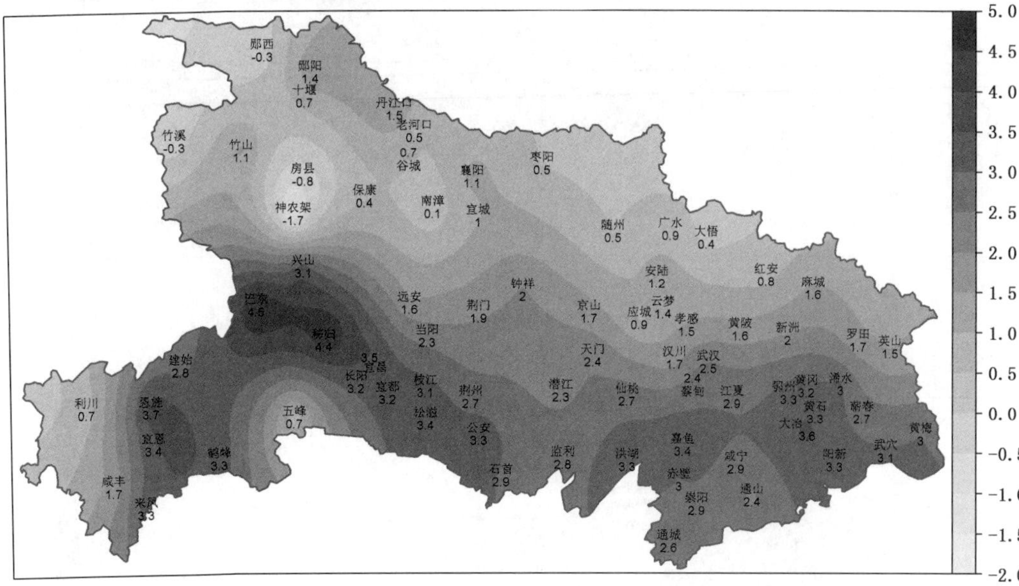

图 3.34　湖北省冬季平均最低气温(℃)空间分布图(1981—2010 年)

1961—2017 年湖北省冬季平均气温上升主要是由于最低气温的大幅上升，其上升速率为 0.35℃/(10a)。1961 年以来冬季全省平均最低气温的最高值为 3.8℃，出现在 1998/1999 年冬季，最低值为−0.3℃，发生于 1967/1968 年冬季。冬季平均最低气温的最高值出现在巴东，为 6.3℃(2016 年)，最低值出现在神农架，为−3.8℃(1976 年)。

(4)极端气温

湖北省冬季极端最高气温为 21.9℃(利川)～30.3℃(咸宁)，全省大部为 25～28℃，鄂东南为 29～30℃，鄂西北北部、鄂西南西部为 24～25℃。全省冬季极端最高气温的最高值为 30.3℃，出现在咸宁(2009 年 2 月 12 日)(图 3.35)。

湖北省冬季极端最低气温为−19.7℃(谷城)～−8.3℃(来凤)，鄂西南大部、鄂东南大部及三峡河谷地区为−8～−13℃，其他地区为−13～−18℃。全省极端最低气温的最低值为−19.7℃，出现在谷城(1977 年 1 月 30 日)(图 3.36)。

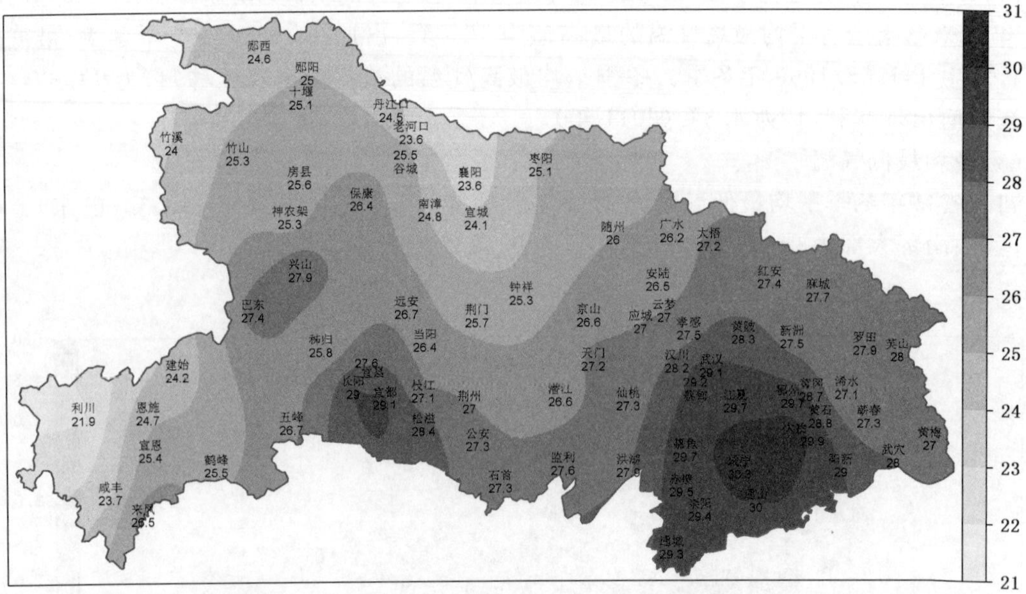

图 3.35　1961—2017 年湖北省冬季极端高温(℃)空间分布图

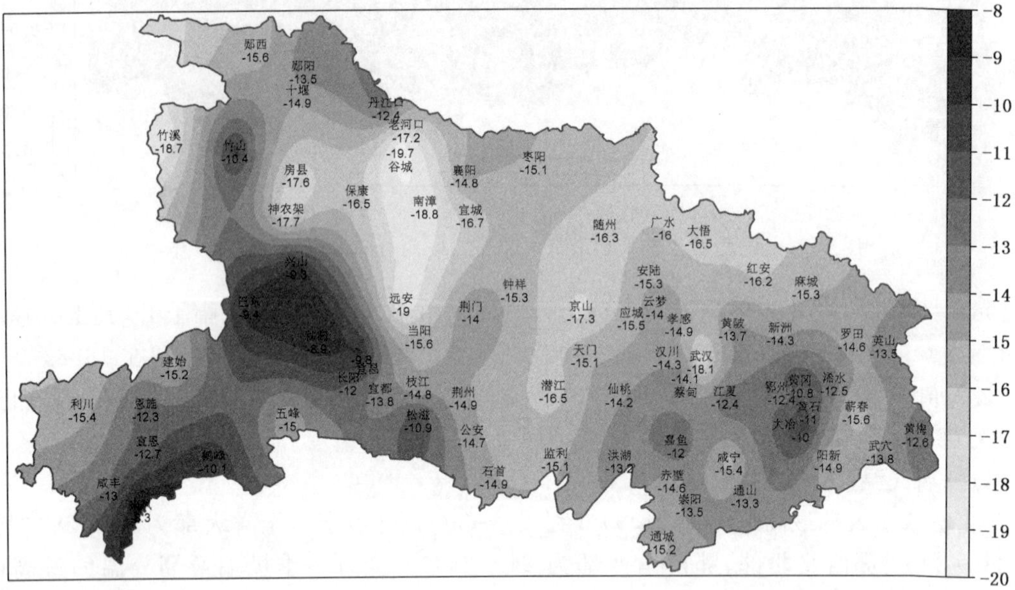

图 3.36　1961—2017 年湖北省冬季极端低温(℃)空间分布图

3.2　降水

湖北省具有季风气候特征，冬季是全年降水最少的季节，夏季受来自南部孟加拉湾、印度洋和我国南海的夏季风影响，降水十分丰富，是降水最多的季节。

3.2.1　年降水

3.2.1.1　年降水量

降水年际变化较大，每年季风进退迟早、雨带停留时间长短的不同，都会导致年降水出现差异。1961—2017 年湖北省年平均降水量呈上升趋势，其上升速率为 8.4mm/(10a)。降水最多年份为 1983 年，年降水量为 1617.9mm；降水最少年份为 1966 年，年降水量为 815.6mm，仅为最多年份的一半（图 3.37）。最大年降水量出现在通城，为 2559.4mm（1995 年），最小年降水量出现在郧西，为 437.1mm（1976 年）。

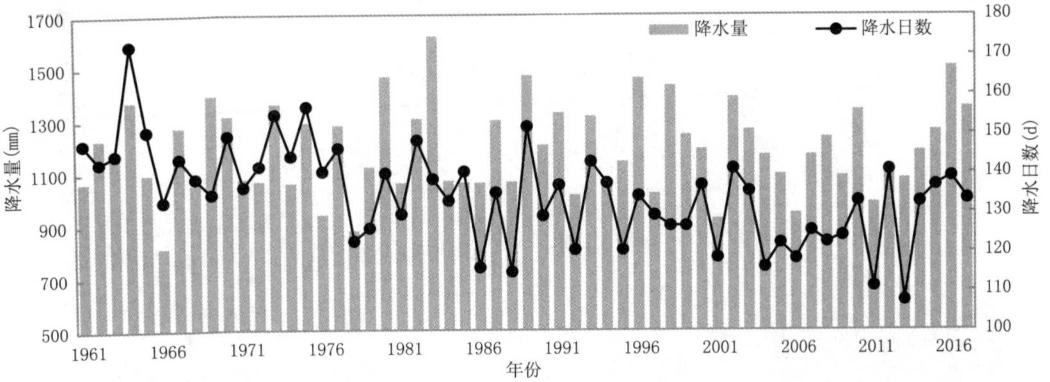

图 3.37　1961—2017 年湖北省年平均降水量、降水日数逐年变化图

受东亚季风的影响，湖北省降水呈现两多一少的分布特征，即鄂西南、鄂东南两个多雨区，其年均雨量达 1500mm；鄂西北为少雨区，年均雨量不足 1000mm；其余地区年均雨量为 1000～1200mm（图 3.38）。江汉平原和鄂西南、鄂东南地处同一纬度，其年雨量明显少于鄂西南和鄂东南，这主要是因为山区地形抬升使辐合上升运动加强所致。

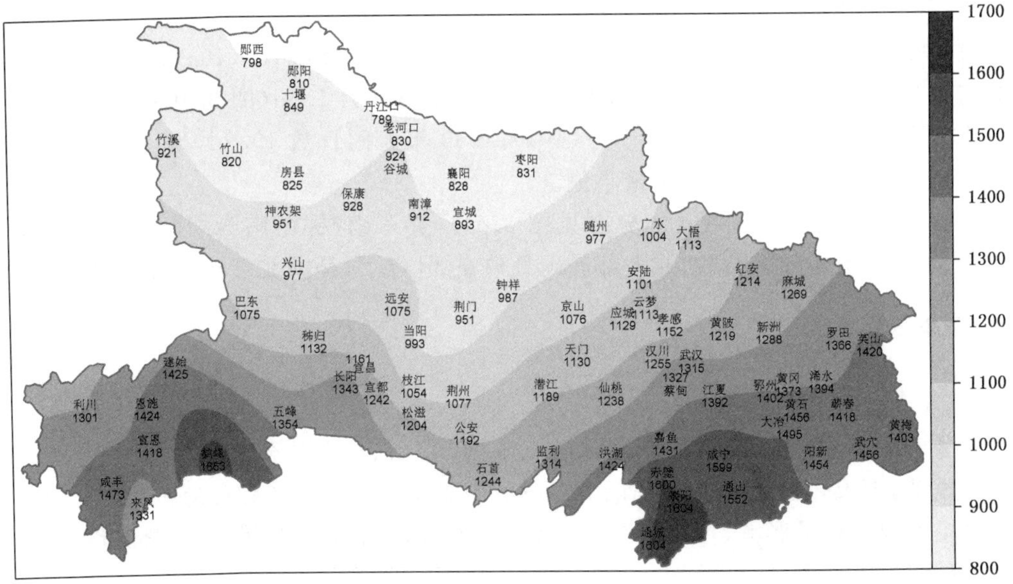

图 3.38　湖北省年平均降水量(mm)空间分布图(1981—2010 年)

3.2.1.2　年降水日数

1961—2017 年湖北省年降水日数呈下降趋势，下降速率为 4.1d/(10a)。1964 年降水日数为 172.4d，为 1961 年以来同期最多，其次是 1975 年、1973 年；2013 年降水日数为 107.5d，为同期最少，其次是 2011 年、1988 年。

湖北省年降水日数为 108d(丹江口)～182d(鹤峰)，空间分布不均，降水日数较多的地区主要分布在鄂西南南部，较少地区分布在鄂北以及江汉平原北部(图 3.39)。

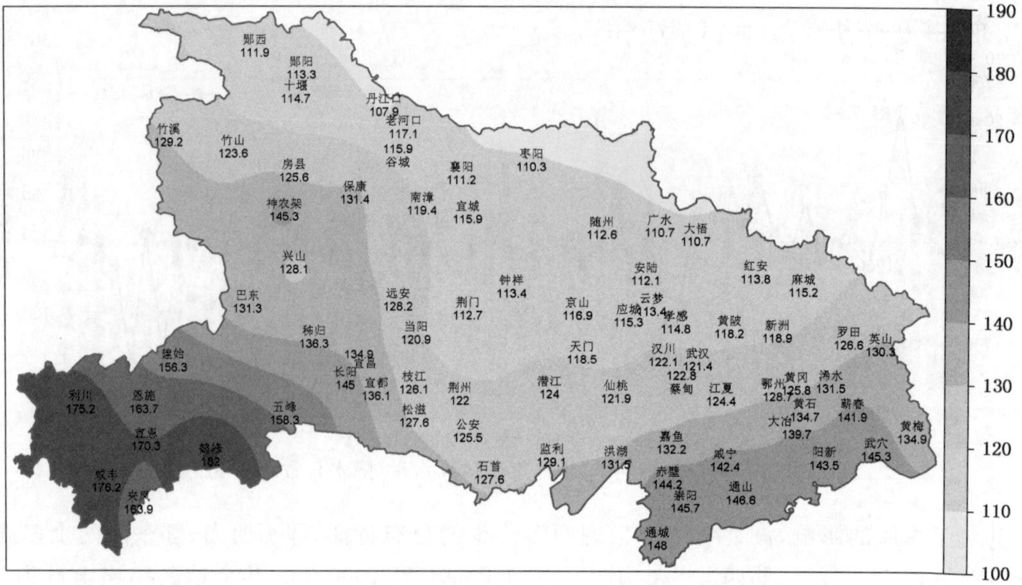

图 3.39　湖北省年平均降水日数(d)空间分布图(1981—2010 年)

3.2.1.3　暴雨日数

1961—2017 年湖北省暴雨日数呈上升趋势，其上升速率为 0.1d/(10a)。全省平均暴雨日数最大值出现在 1983 年，为 6.8d，最小值出现在 1966 年，为 1.5d(图 3.40)。全省平均大雨日数也呈上升趋势，其上升速率为 0.3d/(10a)，1983 年大雨日数 19.9d，为 1961 年以来最大值，1966 年为 7.4d，为 1961 年以来最小值。

湖北省常年平均暴雨日数空间分布见图 3.41。鄂东南、鄂西南为湖北省的两个暴雨中心，鄂东北暴雨日数也较多，鄂西北大部暴雨日数在 2d 以下，是湖北省暴雨最少的区域。

3.2.2　四季降水

3.2.2.1　春季降水

湖北省春季(3—5 月)降水频繁，种类多(雨、雪、雷雨、暴雨都有发生)，概率高(是全年雨日最多的季节，雨天大部地区达 50%以上)，对生产建设和人类活动有直接影响。受地面东北季风和高空西风带低槽影响，主要雨带位于湖北省长江以南，尤其以鄂西南、鄂东南最为突出。

(1)降水量

1961—2017 年湖北省春季降水量呈弱减少趋势，其下降速率为 3.3mm/(10a)。2002 年

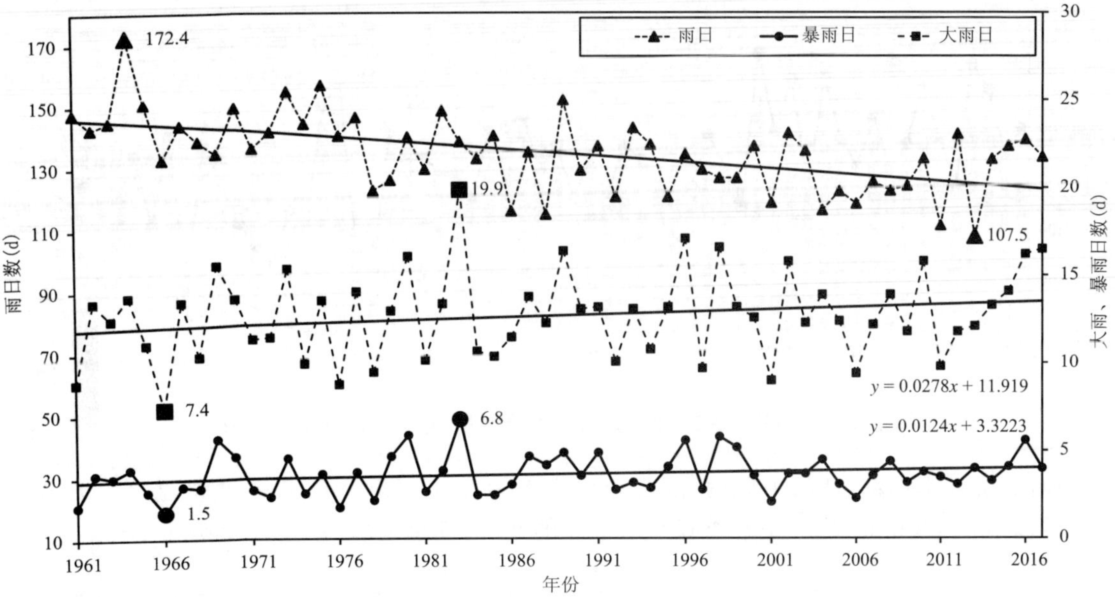

图 3.40　1961—2017 年湖北省年平均降水日数、大雨日数、暴雨日数(d)逐年变化图

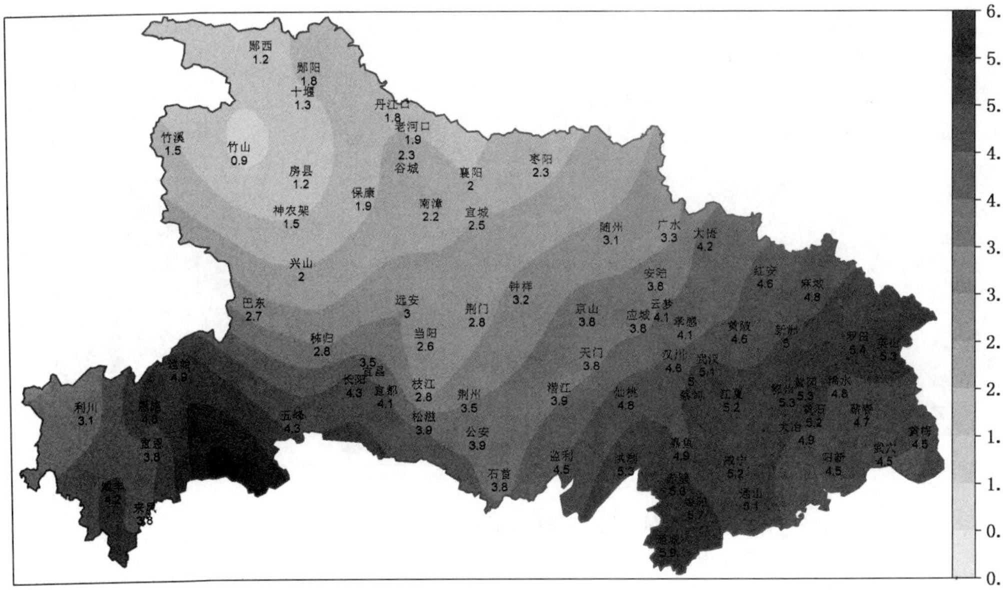

图 3.41　湖北省年平均暴雨日数(d)空间分布图(1981—2010 年)

春季降水量 535.7mm，为 1961 年以来同期最多，其次是 1977 年、1973 年，降水量分别为 514.9mm、498.7mm；2011 年春季降水量为 167.7mm，为同期最少，其次是 2000 年、1997 年，分别为 220.5mm、225.4mm(图 3.42)。空间上，最大春季降水量出现在通城，为 1003mm(1967 年)，最小春季降水量在大悟，为 65.6mm(2000 年)。

湖北省春季降水量为 173mm(郧西)～564 mm(通城)，自南向北减少，鄂西北北部、鄂东北西部为 173～250mm，其中郧西、郧阳、丹江口、枣阳一带不足 200mm，是全省春季降水量最

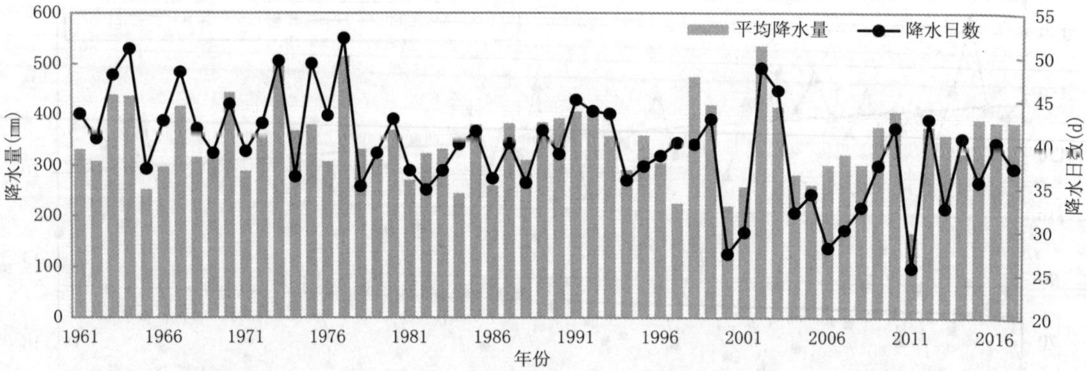

图 3.42　1961—2017 年湖北省春季降水量、降水日数逐年变化图

少的地区；鄂西南南部、江汉平原南部、鄂东南大部为 350～564mm，其中洪湖、嘉鱼、大冶、蕲春一线以南在 450mm 以上，是春季降水量最多的地区；其余地区为 250～350mm(图 3.43)。

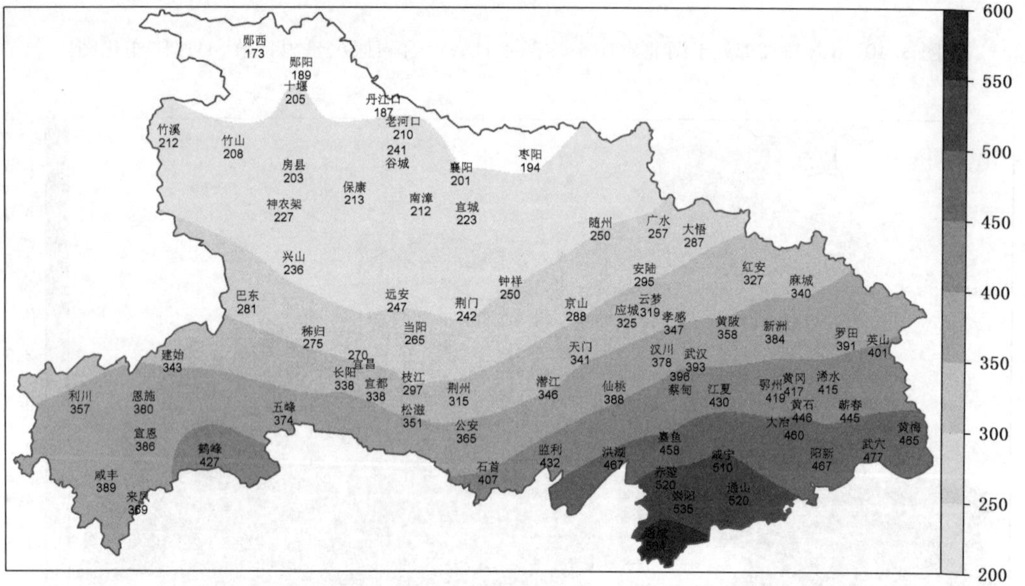

图 3.43　湖北省春季降水量(mm)空间分布图(1981—2010 年)

(2)降水日数

1961—2017 年湖北省春季降水日数呈减少趋势，其下降速率为 1.7d/(10a)，尤其是 2000 年后降水日数明显减少。1977 年春季降水日数为 52.1d，为 1961 年以来同期最多，其次是 1964 年、1973 年；2011 年春季降水日数为 25.7d，为同期最少，其次是 2000 年、2006 年。

湖北省春季平均降水日数为 27.8d(丹江口)～49.8d(鹤峰)，呈南多北少的空间分布特征。鄂西北、鄂东北大部为 27.8～35d，其中郧西、郧阳、丹江口、枣阳一带不足 30d，是全省春季降水日数最少的地区；鄂西南、江汉平原南部、鄂东南大部为 40～50d，其中鄂西南南部、咸宁南部在 45d 以上，是春季降水量最多的地区；其他地区为 35～40d(图 3.44)。

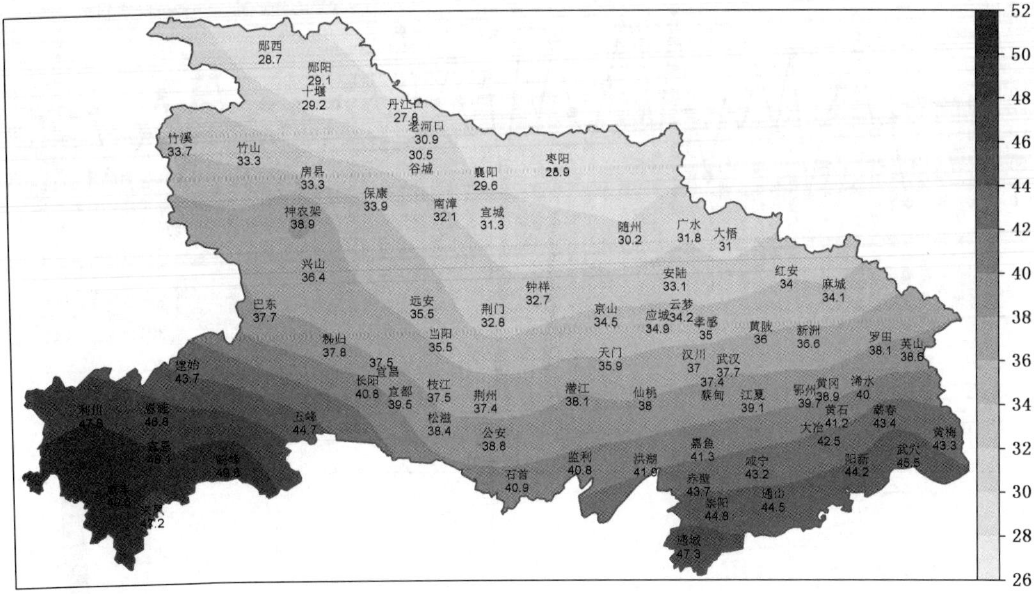

图 3.44　湖北省春季降水日数(d)空间分布图(1981—2010 年)

3.2.2.2　夏季降水

把夏季分为两个时段：一为梅雨期(6 月 1 日至 7 月 20 日)，一为盛夏期(7 月 21 日至 8 月 31 日)。梅雨期，东亚夏季风开始推进到江淮流域，此时西太平洋副热带高压从海洋伸向大陆并稳定在长江以南，鄂西南、江汉平原中南部到鄂东大部地处在副高西、北边缘西南暖湿气流之中，在江淮流域通常有一个准静止的梅雨锋，700hPa 或 850hPa 四川盆地或云贵高原有低涡环流沿准静止梅雨锋扰动东移，导致鄂西南地区、江汉平原中南部和鄂东地区出现连续大到暴雨天气，形成大范围洪涝灾害。盛夏期，随着东亚夏季风进一步向北推进到华北地区，此时副高完全控制湖北省江汉平原及以东地区，鄂西山区正好位于副高西北边缘西南暖湿气流之中，形成鄂西山区多雨带。从单月来分析，6 月是夏季降水比较集中的月份；7 月降水时空分布很不均匀，局地强降水明显，多数洪涝年易在 7 月上中旬出现连续降水过程；8 月是湖北省主汛期中降水最少的月份，一般情况下鄂东大部为副高控制，晴热少雨，而西部地区平均雨量往往接近或超过东部。

(1)降水量

1961—2017 年湖北省全省平均夏季降水量整体呈增加趋势，其上升速率为 12.1mm/(10a)，具有明显的年代际变化特征。20 世纪 60—70 年代降水量大多少于常年均值，而 80—90 年代降水量一般多于常年均值，同时变幅增大。1980 年夏季降水量 840.7mm，为 1961 年以来同期最多，而 1972 年仅 240.9mm，为同期最少(图 3.45)。夏季最大降水量出现在通城，为 1003mm(1967 年)，最小降水量出现在大悟，为 65.6mm(2000 年)。

湖北省夏季降水量为 357mm(丹江口)～801 mm(鹤峰)，高值区主要位于鄂西南、鄂东，夏季雨量 500mm 以上，低值区主要位于鄂西北，不足 400mm(图 3.46)。

(2)降水日数

1961—2017 年湖北省夏季降水日数没有明显的线性变化趋势，但 20 世纪 80—90 年代降

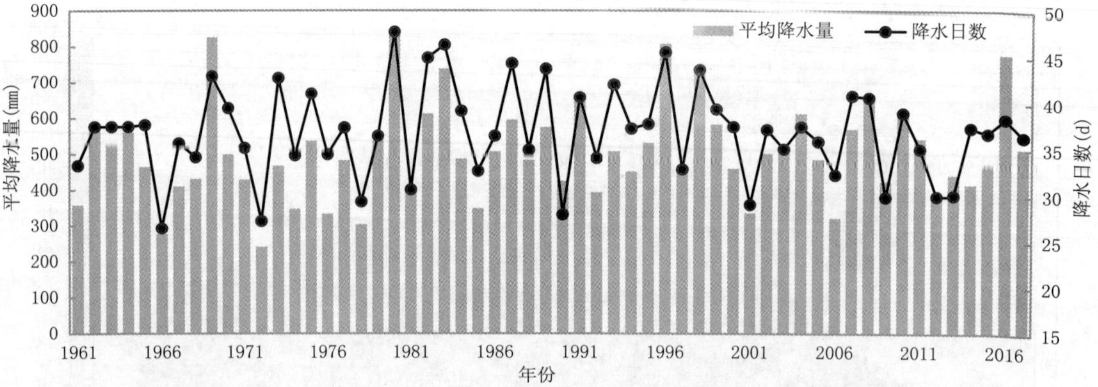

图 3.45　1961—2017 年湖北省夏季降水量(mm)、降水日数(d)逐年变化图

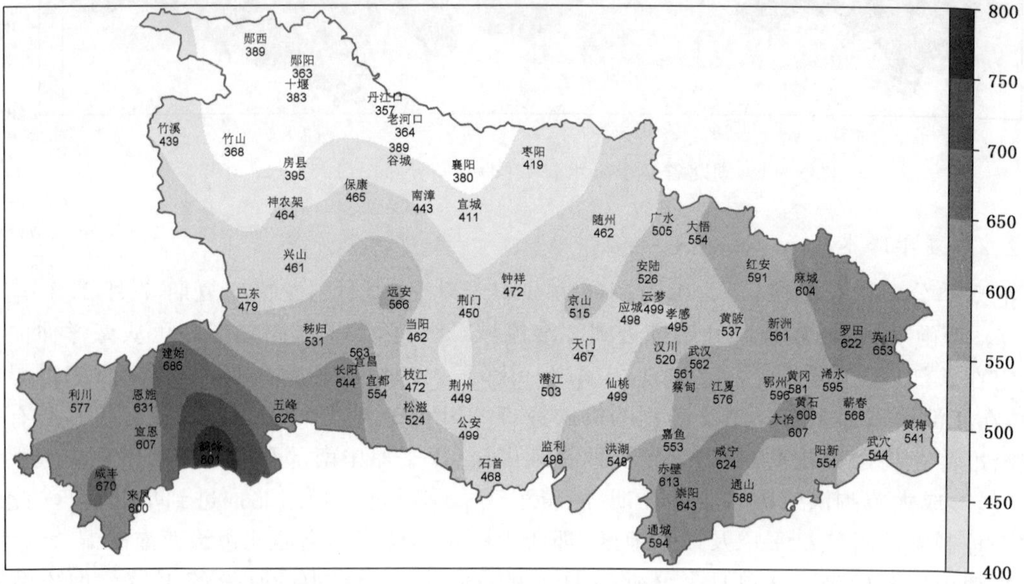

图 3.46　湖北省夏季降水量(mm)空间分布图(1981—2010 年)

水日数增多,2000 年后降水日数有所减少。1980 年降水日数为 47.7d,为 1961 年以来同期最多,最少年为 1966 年,仅 26.4d。

湖北省夏季降水日数为 30.9d(仙桃)～55.2d(鹤峰),高值区位于鄂西南大部和鄂西北南部,雨日高达 40d 以上(图 3.47)。

3.2.2.3　秋季降水

秋季(9—11 月),随着大陆冷高压的重新建立并不断南下,极地冷气团快速南侵,但由于高空东亚季风东撤缓慢,导致南下的冷空气一般比较浅薄,使江汉平原及其以东地区受副高控制而形成秋高气爽晴朗少雨天气。但当湖北省处于副高边缘或高空环流变平直时,常由于南下冷空气的坡度平缓易形成静止锋,加上冷空气的频繁南下而形成连阴雨天气。秋季阴雨对湖北省晚稻、棉花的生长收获影响很大,尤其是连绵十天以上的长连阴雨对生产上的危害更大,如 1964 年秋季,鄂西连阴雨长达两个月之久,鄂东、江汉平原虽有间歇,阴雨分成几段,但最

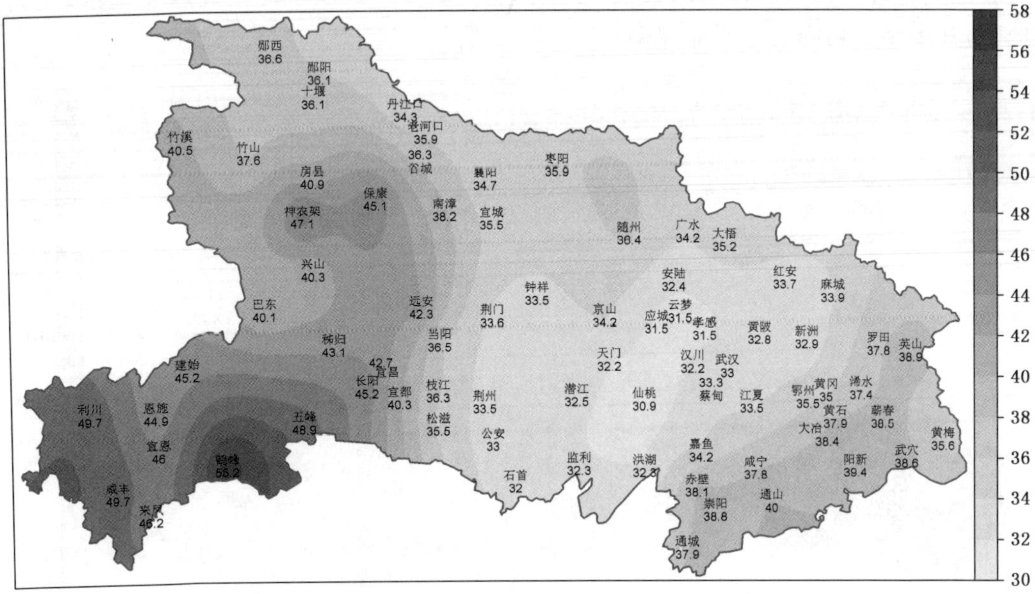

图 3.47 湖北省夏季降水日数(d)空间分布图(1981—2010 年)

长的一段阴雨也有 21d。因受长阴雨的影响,对当年秋收作物尤其是棉花影响十分严重。从单月分析来看,9 月和 10 月均是鄂西南降水最多,11 月向冬季雨量分布型转换,为北少南多。

(1)降水量

1961—2017 年湖北省秋季降水量呈下降趋势,其下降速率为 3.5mm/(10a)。1961 年以来全省平均降水量最大值出现在 1983 年,为 478.5mm,20 世纪 80 年代平均降水量为 268.9mm,为降水丰沛期,进入 90 年后有转少的趋势,最低值出现在 1991 年,为 99.4mm(图 3.48)。秋季最大降水量出现在宜都,为 704.4mm(1983 年),最小降水量在麻城,为 21mm(1991 年)。

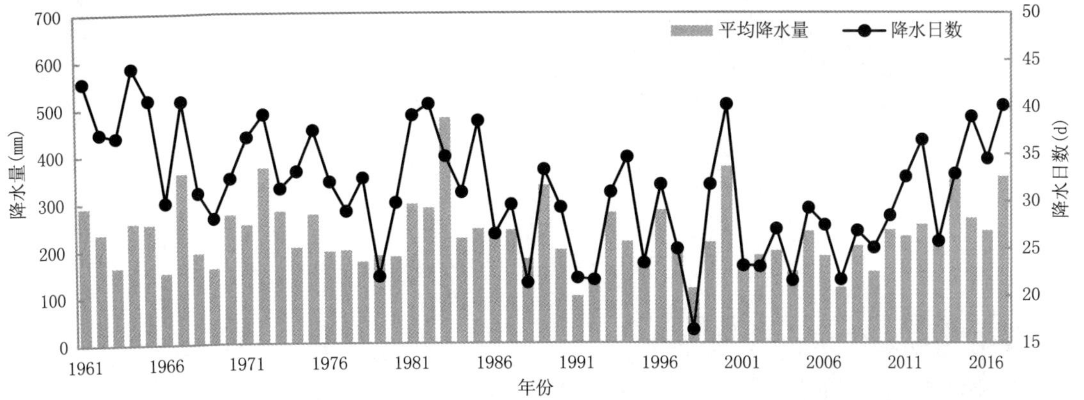

图 3.48 1961—2017 年湖北省秋季降水量(mm)、降水日数(d)逐年变化图

湖北省各地秋季降水量为 159mm(枣阳)～321 mm(鹤峰),自北向南增加。鄂西南最多,超过 300mm,鄂北中部地区最少,不足 200mm(图 3.49)。这是因为鄂西山区处在副高西北边

缘西南暖湿气流之中易形成连阴雨天气，导致雨量明显多于江汉平原及其以东地区，尤其是鄂西南地区，其多年平均降雨量明显偏多。

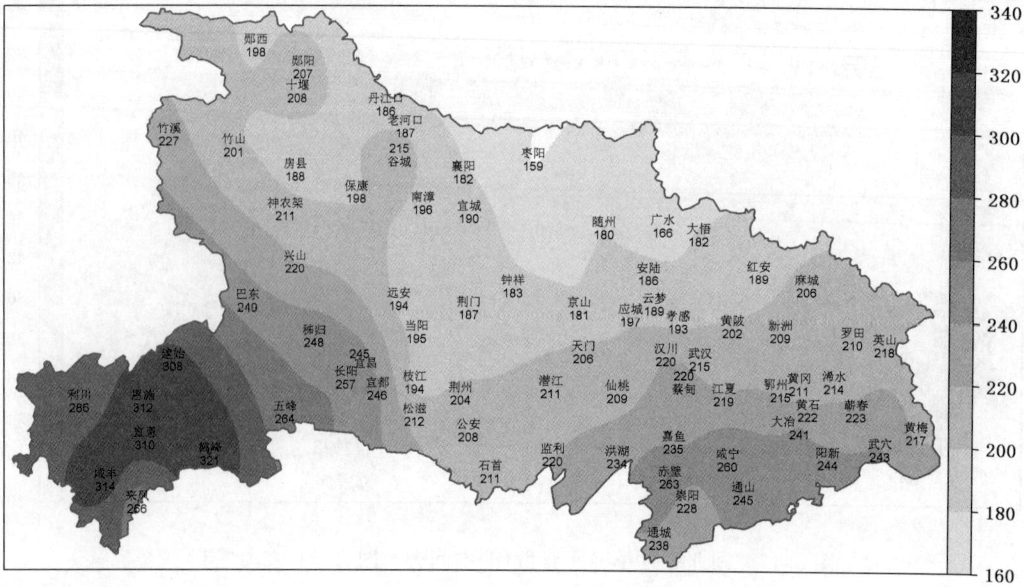

图 3.49　湖北省秋季降水量(mm)空间分布图(1981—2010 年)

(2)降水日数

1961—2017 年湖北省秋季雨日呈下降趋势，其下降速率为 1.4d/(10a)。1961 年以来全省平均雨日最大值出现在 1964 年，为 44.3d，20 世纪 60—70 年代雨日较多，进入 90 年后雨日有所减少，最低值出现在 1998 年，为 16.4d。

湖北省各地秋季雨日为 23.1d(麻城)～40.8 d(鹤峰)，呈现西南多东北少的分布型，鄂西南大部地区在 35d 以上，鄂东北不足 25d，武汉秋季平均雨日为 24.5d(图 3.50)。

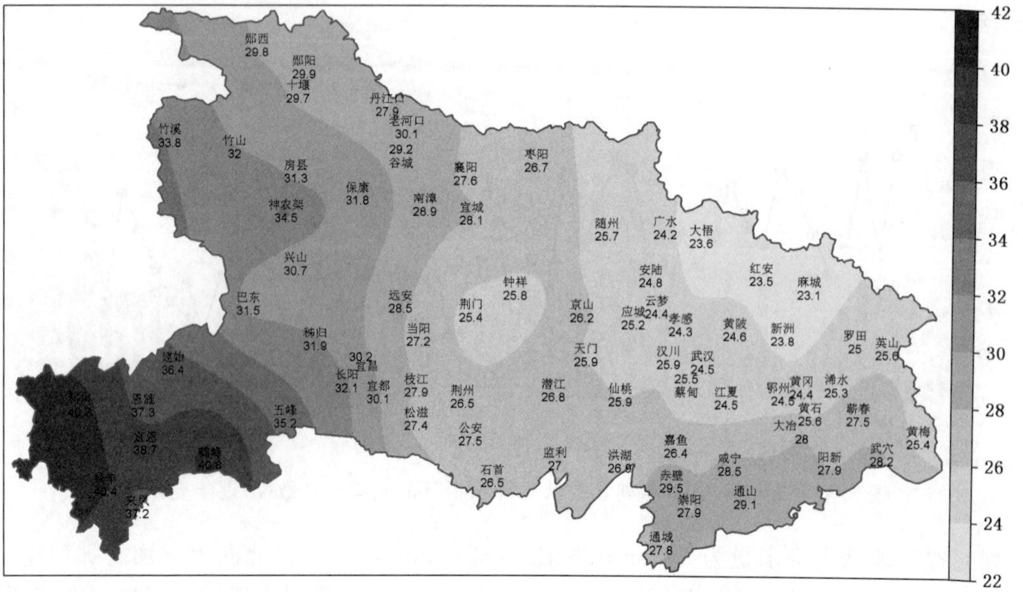

图 3.50　湖北省秋季降水日数(d)空间分布图(1981—2010 年)

(3)华西秋雨

华西秋雨是我国华西地区秋季(9—11 月)特殊天气现象。秋季频繁南下的冷空气与暖湿空气在该地区相遇,使锋面活动加剧,湖北西部位于华西秋雨区的东端,易产生较长时间的阴雨天气。鄂西秋雨的降水量虽然少于夏季,但持续降水也易引发秋汛。

1)秋雨开始时间

湖北省秋雨常年开始时间为 9 月 30 日。1961—2017 年秋雨开始时间呈提前趋势,为 0.51d/(10a)。20 世纪 60 年代至 70 年代初,秋雨开始时间以偏早为主;70 年代中期至 90 年代初期,开始时间呈年际振荡变化;90 年代中期至 21 世纪初,开始时间偏晚;21 世纪 10 年代,开始时间以偏早为主(图 3.51)。

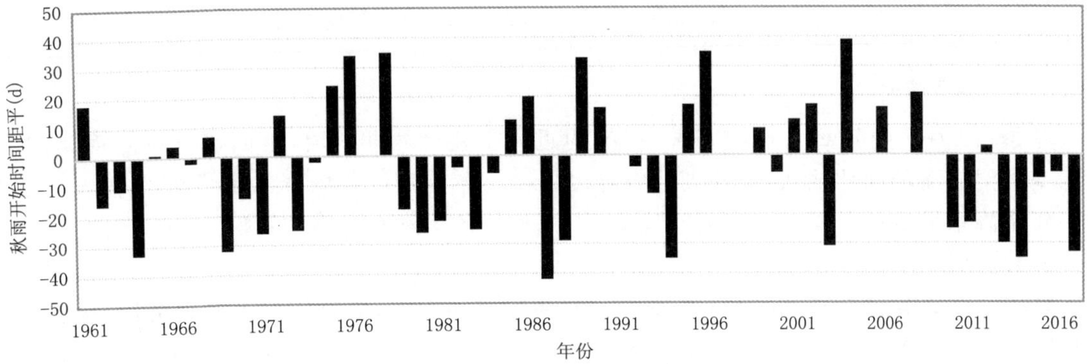

图 3.51　1961—2017 年湖北省秋雨开始时间距平值逐年变化图

2)秋雨结束时间

湖北省秋雨常年结束时间为 10 月 21 日。1961—2017 年秋雨结束时间呈推后趋势,为 2.24d/(10a)。20 世纪 60 年代至 90 年代初,秋雨结束时间呈年际振荡变化;90 年代中期至 21 世纪,结束时间以偏晚为主(图 3.52)。

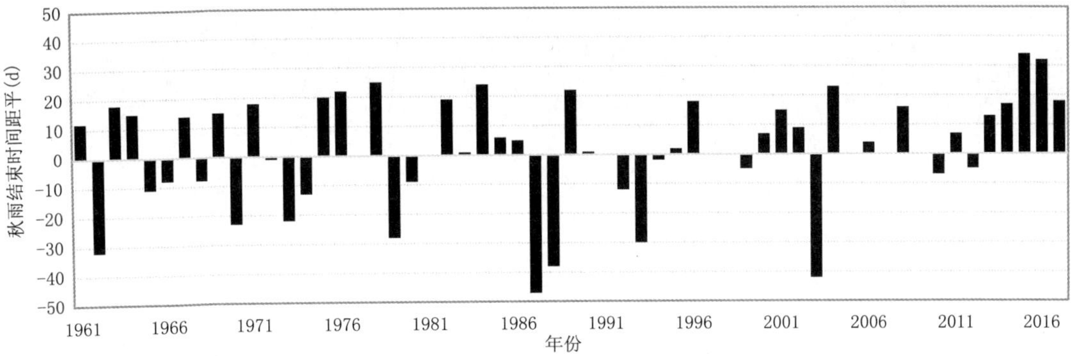

图 3.52　1961—2017 年湖北省秋雨结束时间距平值逐年变化图

3)秋雨强度

20 世纪 60 年代至 80 年代初,秋雨强度呈年际振荡变化;90 年代中期至 21 世纪初,秋雨强度以略偏弱为主;21 世纪 10 年代以来,秋雨强度以偏强为主(图 3.53)。

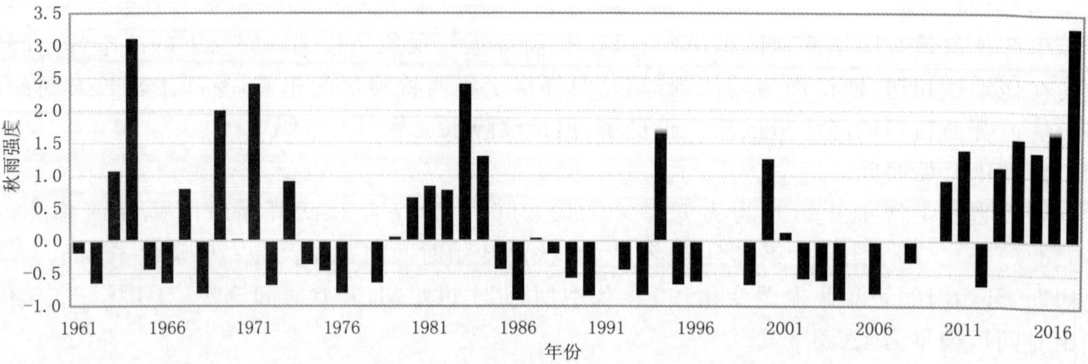

图 3.53　1961—2017 年湖北省秋雨强度逐年变化图

3.2.2.4　冬季降水

冬季(12 月—翌年 2 月)，湖北省 30°N 附近高空盛行西北气流，地面盛行东北季风，阻截了西南暖湿气流的向北输送，致使湖北省降水偏少。冬季为一年中降水量最少的季节。12 月是一年中降水最少的月份，1 月降水开始增多，2 月是冬季降水最多的月份。

(1)降水量

1961/1962 年至 2017/2018 年冬季降水量年际波动较大，但总体呈上升趋势，变化速率为 3.1mm/(10a)，20 世纪 80 年代中后期至 21 世纪初增幅明显，2006 年以来明显减少。降水最多的年份降水量达 190.1mm(1989/1990 年)，最少的年份只有 45.7mm(1967/1968 年)(图 3.54)。最大冬季降水量出现在通山，为 422.8mm(2002/2003 年)，最小降水量在郧西，为 8.4mm(1998/1999 年)。

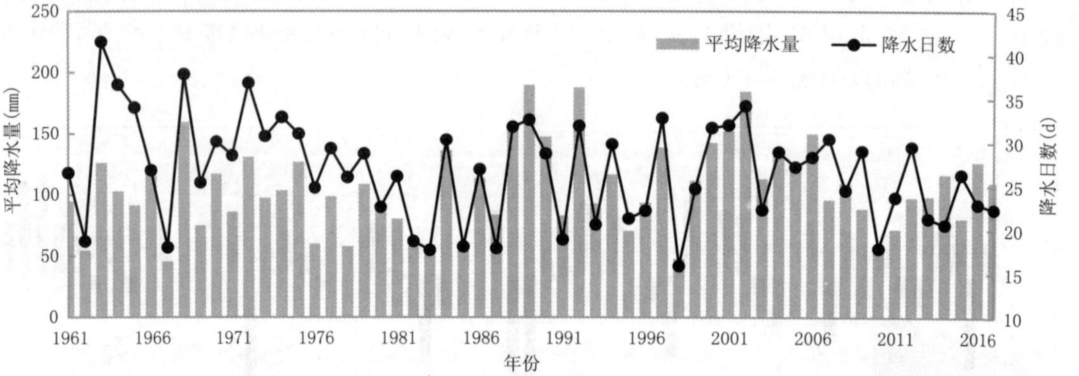

图 3.54　1961/1962—2017/2018 年湖北省平均降水量(mm)、降水日数(d)逐年变化图

各地冬季降水量为 38mm(郧西)～211 mm(通城)，由东南向西北逐渐减少，鄂东南最多，为 180～211mm，鄂西北西部最少，不足 60mm，其他大部为 60～180mm(图 3.55)。

(2)降水日数

1961/1962 年至 2017/2018 年湖北省冬季降水日数呈下降趋势，下降速率为 1d/(10a)。1963/1964 年冬季降水日数为 41.5d，为 1961 年来同期最多，其次是 1968/1969 年、1972/1973 年；1998/1999 年冬季降水日数为 15.9d，为同期最少，其次是 1983/1984 年、2010/2011 年。

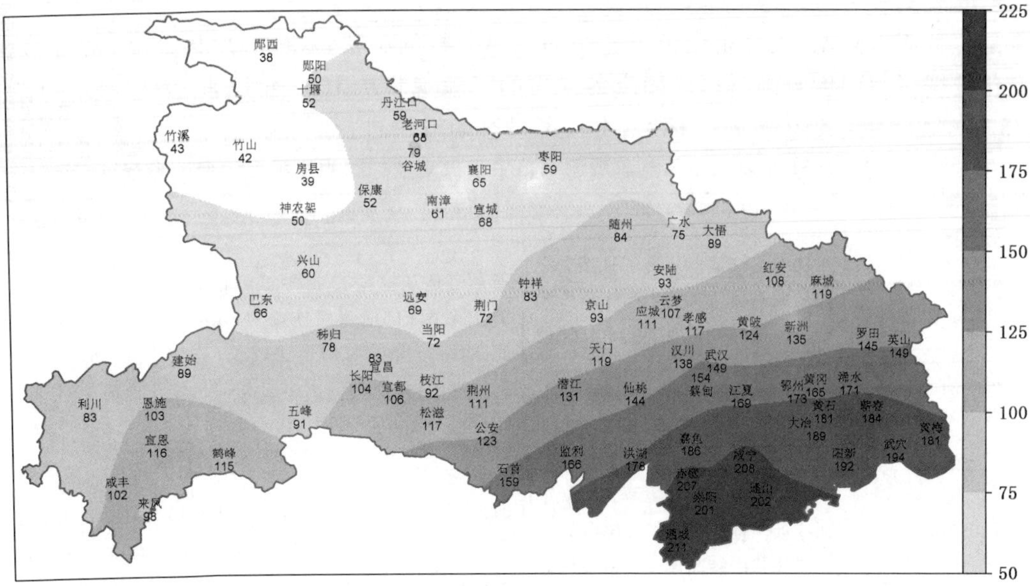

图 3.55 湖北省冬季降水量(mm)空间分布图(1981—2010 年)

各地冬季雨日为 16.9d(郧西)～37.5 d(宣恩),南多北少,降水日数较多的地区分布在鄂西南、鄂东南,较少的地区分布在鄂北以及江汉平原北部(图 3.56)。

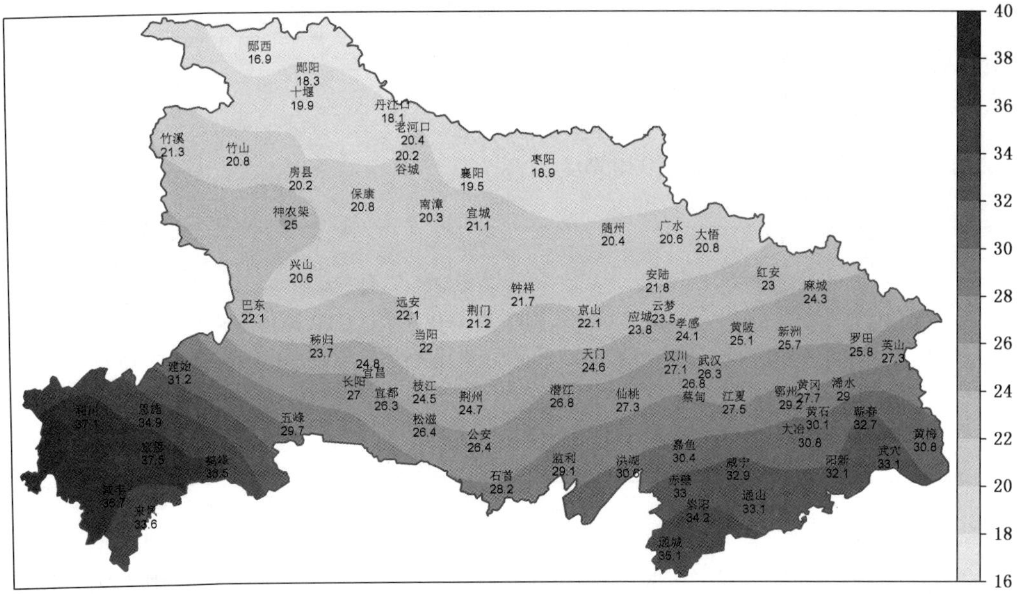

图 3.56 湖北省冬季降水日数(d)空间分布图(1981—2010 年)

(3)降雪日数

1)雪的观测

雪是一种固态降水,大多是白色不透明的六出分枝的星状、六角形片状结晶,常缓缓飘落,强度变化较缓慢。温度较高时多成团降落。雪的气象观测从1951年以来,大概经历过5次变化(表3.1),观测主要是依据判别标准,由人工目测的方法进行。

表3.1 1951年以来地面气象观测规范中天气现象(雪)观测项目演变一览表

时间	分类	定义或特征描述	判识依据	观测方式
1951年1月1日 | 1953年12月31日	降水现象	水汽在空气低温环境下直接凝结而成的固体降水,为六角形的片状或柱状的结晶体,下降时强度没有什么变化。 相关项目:雨夹雪、阵雪、阵性雨夹雪、霰、米雪、冰粒。	通常都是从雨层云或高层云底下降的。雪下降的时候是连续的,或纵有间歇,而下降的时间也比较长(连续雪),当时,天空的云大多是均匀地密布全天	人工目测;每次观测时间一律定为正点前10分钟开始
1954年1月1日 | 1960年7月31日	降水现象	水汽在空气低温环境下直接凝结而成的固体降水,为六角形的片状或柱状的结晶体。降雪强度无急剧变化。 相关项目:同上	通常这种从雨层云(或高层云甚至卷层云)下降的雪是连续的,或虽略有间断,而其下降时间也比较长(连续雪)。降雪时,天空大多是满布密云	人工目测;天气现象观测定时观测前一时次52~55分钟
1960年8月1日 | 1979年12月31日	降水现象	大多是六出分枝的星状、六角形片状或柱状晶体的固体降水,有时夹有针状结晶;不很冷的时候,很多雪花融合成团像棉絮。 相关项目:同上	这种通常从雨层云(或高层云甚至卷层云)下降的雪是连续的,或略有间断,下降时间较长,降雪强度没有急剧变化。降雪时,天空大多是均匀密布的云层	人工目测;天气现象观测定时观测前一时次40~56分钟
1980年1月1日 | 2003年12月31日	降水现象	固态降水,大多是白色不透明的六出分枝的星状、六角形片状结晶,常缓缓飘落,强度变化较缓慢。温度较高时多成团降落。 相关项目:同上	同上	同上
2004年1月1日 | 至今	降水现象	同上	直径:大小不一; 外形特征:白色不透明六角或片状结晶,固体降水; 下降情况:飘落,强度变化较缓; 一般降自云层:雨层云、层积云、高层云、高积云、卷云; 天气条件:气层稳定	同上

2)雪日的统计

雪的天气日数的统计方法20世纪80年代前后有所不同。区别在于对雨夹雪、阵性雨夹雪的区分,80年代前需按降水量的多少,判别是雨日还是雪日,而80年代后则分别记作一个雨日和一个雪日(表3.2)。

表 3.2　1951 年以来地面气象观测规范中雪日/初(终)日期统计规定一览表

时间	雪日/初(终)日期	备注
1951 年 1 月 1 日 | 1953 年 12 月 31 日	雪日:降水量不足 0.1mm 或有降水而不能测得其量时,记为 T。降水量为 T 之日,不得算做雪日。 一日中有雪、阵雪、霰、米雪、冰粒、雨夹雪、阵性雨夹雪单独出现,其量达 0.1mm 者,各算一雪日;如有两种或两种以上并见,其量合计达 0.1mm 或以上,只算一个雪日。雨夹雪、阵性雨夹雪只能算一个雨日或一个雪日,不能算雨日和雪日。雨量多算雨日,雪量多算雪日;其量无法分辨时,规定算雪日。 初(终)雪:但初次或末次降雪的时候,如雪量不足 0.1mm,虽不算雪日,却应算作初雪或终雪。	天气日数统计如下:雷暴、远雷暴、大风、雨日、雪日、雹日、雾日、风沙、浮尘、吹雪、露、霜、积雪、结冰
1954 年 1 月 1 日 | 1960 年 7 月 31 日	雪日:一日中有雪、阵雪、雨夹雪、阵性雨夹雪、霰、米雪、冰粒其中的任一种现象出现,降水量达 0.1mm 或以上,该日统计为雪日;一日中有其中两种或两种以上的现象出现,其降水量合计达到 0.1mm 或以上时,该日也只统计为一个雪日。雨夹雪、阵性雨夹雪这两个天气现象,只能统计为一个雨日或一个雪日。不能同时算雨日又算雪日。有雨夹雪、阵性雨夹雪现象出现时,应根据雨、雪量的多少来定,雨量多算雨日,不算雪日;雪量多算雪日,不算雨日;如果雨量雪量一样多或分辨不出哪一个量多时,规定算雪日,不算雨日。如该日有单独的雨或雪出现,另计算雨日或雪日。 初(终)雪日:7 月 1 日以后第一次出现雪、阵雪、阵性雨夹雪、霰、米雪、冰粒中任一种现象的那一天,不管降水量是多少(自微迹至 0.1mm 或以上),该日应算作初雪日;6 月 30 日以前最末一次出现雪、霰、雨夹雪、阵雪、阵性雨夹雪、米雪、冰粒中任一种现象的那一天,不管降水量是多少,该日应算作终雪日。	天气日数统计如下:雨日、雪日、雷暴日、雹日、雾日、吹雪日
1960 年 8 月 1 日 | 1979 年 12 月 31 日	雪日:一日中有雪、阵雪、雨夹雪、阵性雨夹雪、霰、米雪、冰粒其中的任一种或几种现象出现,降水量达 0.1mm 或以上,该日统计为雪日。雨夹雪、阵性雨夹雪这两个天气现象,只能统计为一个雨日或一个雪日。不能同时算雨日又算雪日。有雨夹雪、阵性雨夹雪现象出现时,应根据雨、雪量的多少来定,雨量多算雨日,不算雪日;雪量多算雪日,不算雨日;如果雨量雪量一样多或分辨不出哪一个量多时,规定算雪日,不算雨日。如该日有单独的雨或雪出现,另计算雨日或雪日。 初(终)雪日:如系第一次降雪(或最末一次降雪),量虽不到 0.1mm 不能算雪日,但应作为初雪(或终雪)日。年度初、终日为上年度 7 月 1 日至本年度 6 月 30 日。	天气日数统计如下:雨日、雪日、雷暴日、雹日、雾日、雾凇日
1980 年 1 月 1 日 | 2003 年 12 月 31 日	雪日:一日中凡有雪、阵雪、霰、米雪、冰粒其中的一种或几种现象出现时,不论其量大小,天气现象摘要中均摘雪符号。一日中凡有雨夹雪、阵性雨夹雪或其中的一种现象出现时,不论其量大小,均摘雨、雪符号。雪日从天气现象“摘要”栏中统计。 初(终)雪日:年度初、终日为上年度 7 月 1 日至本年度 6 月 30 日。	天气日数统计如下:雨、雪、冰雹、冰针、雾、轻雾、露、霜、雨凇、雾凇、吹雪、龙卷、积雪、结冰、沙尘暴、扬沙、浮尘、烟幕、霾、尘卷风、雷暴、闪电、极光、大风、飑等
2004 年 1 月 1 日 | 至今	同上	同上

3)降雪等级标准

降雪等级标准通常是指在规定时间段内持续降雪或降雪量折算成降水量为等级划分的标准。该标准一般采用持续时间 12h 和 24h 两种标准。

以 24h 降水量为划分标准,其中,降水量 0.1～2.4mm 为小雪,1.3～3.7mm 为小到中雪,2.5～4.9mm 为中雪,3.8～7.4mm 为中到大雪,达到 5.0～9.9mm 为大雪,7.5～14.9mm 为大到暴雪,降水量达到或超过 10mm 为暴雪。

以 12h 降水量为划分标准,其中,降水量 0.1～0.9mm 为小雪,0.5～1.9mm 为小到中雪,1.0～2.9mm 为中雪,2.0～4.4mm 为中到大雪,达到 3.0～5.9mm 为大雪,4.5～7.4mm 为大到暴雪,降水量达到或超过 6mm 为暴雪。

4)雪日的年际变化特征

1961—2017 年湖北省雪日年际变化波动较大,总体呈缓慢下降趋势,变化速率为－1.4d/(10a)。湖北省常年平均雪日 12.6d,1974 年为 1961 年以来同期最多,达 32.2d,1999 年最少,仅 3.1d(图 3.57)。

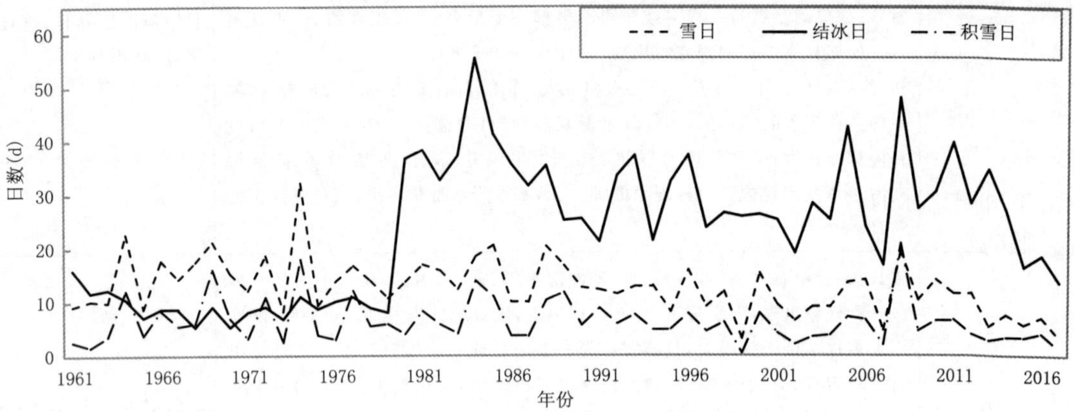

图 3.57　1961—2017 年湖北省平均雪日数、积雪日数、结冰日数(d)逐年变化图
(年结冰日数因观测方法变化,1980 年前后序列不连续)

(4)积雪日数

1961—2017 年湖北省积雪日数年际变化波动较大,总体呈缓慢下降趋势,变化速率为－0.4d/(10a)。湖北省常年平均积雪日数为 6.6d,2008 年为 1961 年以来同期最多,达 20.9d,1999 年最低,仅 0.4d。

(5)结冰日数

1)观测演变

结冰自 20 世纪 50 年代中后期观测范围从附近自然水体扩展到观测场内蒸发器中(表 3.3)。

表3.3 1951年以来地面气象观测规范中天气现象(结冰)观测项目演变一览表

时间	分类	定义或特征描述	判识依据	观测方式
1951年1月1日 | 1953年12月31日	其他现象	凡看见有结冰的现象	水面结冰	人工目测;每次观测时间一律定为正点前10分钟开始
1954年1月1日 | 1960年7月31日	其他现象	凡露天水面有结冰的现象	由于测站观测场附近少水,规定以小型蒸发器的水作为观测标准	人工目测;天气现象观测定时观测前一时次52～55分钟
1960年8月1日 | 1979年12月31日	其他现象	同上	如果台站观测场附近少水,可用小型蒸发器里的水作为观测标准	人工目测;天气现象观测定时观测前一时次40～56分钟
1980年1月1日 | 2003年12月31日	—	指露天水面(包括蒸发器的水)冻结成冰	露天水面(包括蒸发器的水)结冰	同上
2004年1月1日 | 至今		同上	同上	同上

2)年际变化特征

由于道路结冰的特征描述和判别依据发生变化,分两个时间段分析。1961—1979年以小型蒸发器的水作为观测标准,湖北省平均结冰日数为5.3～16d,变幅较小;1980—2017年以露天水面(包括蒸发器的水)结冰作为观测标准,湖北省平均结冰日数为13.7 d(2017年)～55.4 d(1984年),年际变化波动较大,呈显著下降趋势,变化速率为－3.5d/(10a)。

(6)积雪深度

1)观测演变

积雪的观测项基本分为积雪深度和雪压。积雪深度的观测从1951年以来变化不大(表3.4),自20世纪60年代以来,取消了固定点观测,观测时间从50年代的07时、09时变为60年代至今的08时。雪压自20世纪60年代开始观测,方法未变,一直延续至今,80年代以前称为积雪密度,之后固定为雪压。

表3.4 1951年以来地面气象观测规范中积雪观测项目统计规定一览表

时间	日观测记录	月(年)报表
1951年1月1日 | 1953年12月31日	积雪深度:每日定时观测一次,取平均值。 最大积雪深度:记一日中积雪最深的数值;降雪时,观测员应随时观测积雪深度,以期测得最大积雪深度。某日地面有积雪,但该日并未降雪,则不量记最大积雪深度。	积雪深度月(年)极值及其出现时间由日记录(月报表)中挑取
1954年1月1日 | 1960年7月31日	同上	同上

续表

时间	日观测记录	月(年)报表
1960 年 8 月 1 日 | 1979 年 12 月 31 日	积雪深度:每日定时观测一次,取平均值。 积雪深度超过 5cm,雪压定时观测一次,取平均值。	积雪深度、雪压月(年)极值及其出现时间由日记录(月报表)中挑取
1980 年 1 月 1 日 | 2003 年 12 月 31 日	同上	同上
2004 年 1 月 1 日 | 至今	同上	同上

雪深、雪压月(年)极值及出现日期的挑选方法未发生变化(表 3.5)。

表 3.5　1951 年以来地面气象观测规范中雪深和雪压观测项目演变一览表

时间	观测项目	观测内容	测量工具	测量内容与方法	观测时次
1951 年 1 月 1 日 | 1953 年 12 月 31 日	雪深	雪深指地面积雪的深度;积雪指台站四周过半以上的地方,有雪覆盖	普通米尺	垂直插入地面平坦的积雪内量取;若地面不平或积雪不均,应选平整开旷处,多次测量,取均值,以 cm 为单位,取一位小数。	雪深:每日 9 时观测,多次测量,取平均值 最大雪深:雪停时须测量 1 次
1954 年 1 月 1 日 | 1960 年 7 月 31 日	积雪	积雪深度:雪深同上;积雪指视区内面积一半以上被雪掩盖;视区内仅一半或不到一半的地方被雪覆盖;积雪不全面	固定量雪尺 (木质,100cm ×6cm×2.5cm)	固定安置:观测区域内地面平整;3 根雪尺编号后应呈等边三角形安插在场地中央,且彼此相距≥10m;雪尺用螺钉固定在石块上,保持垂直竖立,零线与地面相接。	雪深每日 7 时观测,3 次以上测量,取平均值 最大雪深:雪停时须测量 1 次。如 1 日内降雪不停,则在最后 1 次(19 时)观测时,量取最大雪深;如 1 日雪时降时停或随降随溶时,在每次雪停后测量雪深 1 次,以其中最大 1 次作为当日最大雪深
				观测进行:观测员距雪尺距离为 2～3m;眼睛尽可能接近积雪表明;按厘米小数位四舍五入取整;雪深取 3 次平均值。按厘米整数读数(即厘米的小数用四舍五入法),深度小于 1/2cm 的时候,应记上“0”。	
			轻便量雪尺 (木质,100cm ×4cm×2cm)	其他情况:在不能或不适安置固定量雪尺的地区,可使用轻便量雪尺或普通米尺。测量时应在观测场或其附近(距周围地物>10m),选择不同地点(彼此相距≥10m,测量过后作标记,下次测量要避开)作 3 次以上测量,记其平均深度。如地面积雪深度不足 0.05cm 则记 0,以和没有积雪时该栏空白相区别。	
		积雪状态:记录积雪表面状态的性质及观测时的全部补充报道		人工目测	每日 7 时定时观测后

续表

时间	观测项目	观测内容	测量工具	测量内容与方法	观测时次
1960 年 8 月 1 日 | 1979 年 12 月 31 日	积雪深度	与《气象测报简要》(1951 年)相同	轻便量雪尺	与《气象观测暂行规范——地面部分》(1954 年)相同。如积雪平均深度不足 0.5cm 记“0”；没有积雪时积雪深度栏空白。	每日 8 时观测 如 8 时无积雪，随后降雪，估计次日 8 时前可能完全融化，在 14 时或 20 时补测 1 次 3 次测量，取平均值
	积雪密度	积雪深度＜5cm，不作测量 补测：规定日期内积雪深度＜5cm，随后某日≥5cm，则在该日补测；因降雪或积雪融化，致使雪深在 1 日内增加或减少 5cm 以上的某日	称雪器(圆筒高度 60cm、截面 50cm^2；杆秤 1 个刻度单位为 50g)	准备工作：观测前半小时置于室外，使其温度与环境一致；调校零点。 观测进行：用力下压将圆筒锯齿形一端向下垂直插入雪中，直到地面，截取样本并读出雪柱高度(准确到 cm)。拨开圆筒一边的雪，把小铲伸入圆筒底沿下面，连筒一同拿起并翻转，拭去筒外的雪，把筒挂在称钩上称重并读数(取一位小数)。 如积雪深度超过圆筒高度，需分多次来切取整个雪柱；如雪下有水或冰层，样本不包括水或冰层，但需测量其深度或厚度(准确到 mm)；每次测 2 个样本。 结果计算：密度＝称杆刻度/样本高度(g/cm^3)，求 2 个样本平均值。	每日 8 时观测，每 5 天测量 1 次(每月 5、10、15、20、25 和最后 1 天)
		体积量雪器 (圆筒截面 100cm^2)		准备工作：同上，无调校。 观测进行：同上，另将圆筒中的雪盛入容器，在室内融化后，用量杯测定样品融成的水量。 结果计算：密度＝融化后的水量/样本高度/100(g/cm^3)	
1980 年 1 月 1 日 | 2003 年 12 月 31 日	雪深	同上	量雪尺	同上	同上
	雪压		称雪器 体积量雪器	单位改为 g/cm^2，公式中删去样本高度	
2004 年 1 月 1 日 | 至今	雪深	同上	量雪尺	同上	同上
	雪压		称雪器 体积量雪器		

2)年际变化特征

1961—2017 年湖北省积雪深度年际变化波动较大，总体呈缓慢下降趋势，变化速率为 −1.8cm/(10a)。湖北省常年平均积雪深度为 20.4cm，2008 年为 1961 年以来同期最高，达

99.5cm,1999 年最低,为 0.5cm(图 3.58)。

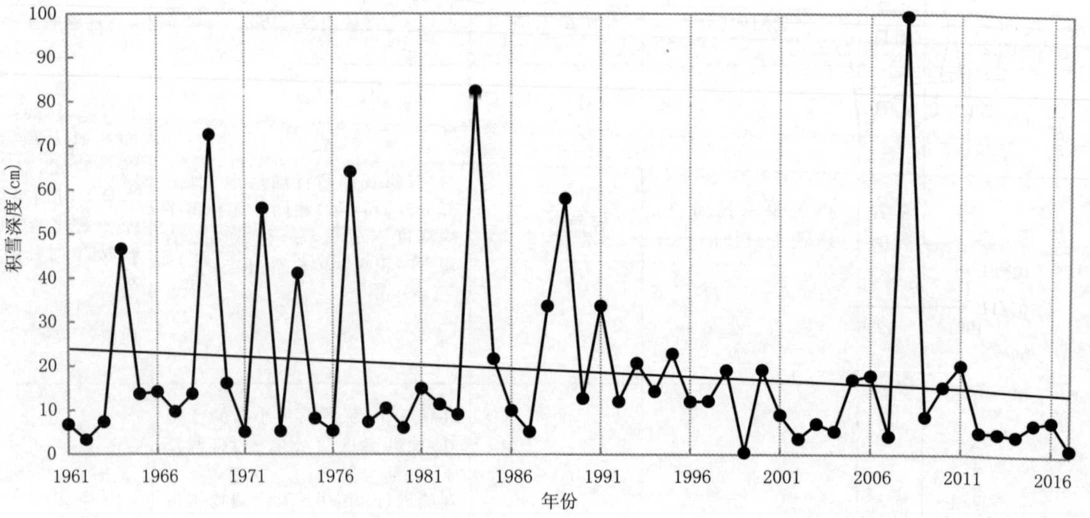

图 3.58　1961—2017 年湖北省平均积雪深度(cm)逐年变化图

(7)初雪日(终雪日)

年度初、终雪日的统计时段为本年度 10 月 1 日—翌年 4 月 30 日,规定 10 月 1 日以后第一次记录雪符号的那一天,为初雪日;4 月 30 日以前最末一次记录雪符号的那一天,为终雪日。

从 1961/1962—2017/2018 年总体变化趋势看,湖北初雪日自 1961 年以来有所推迟,变化速率为 3.6d/(10a)。湖北省常年平均初雪日为 12 月 16 日,最早出现在 2009 年 11 月 16 日,最晚出现在 2014 年 2 月 1 日(图 3.59)。

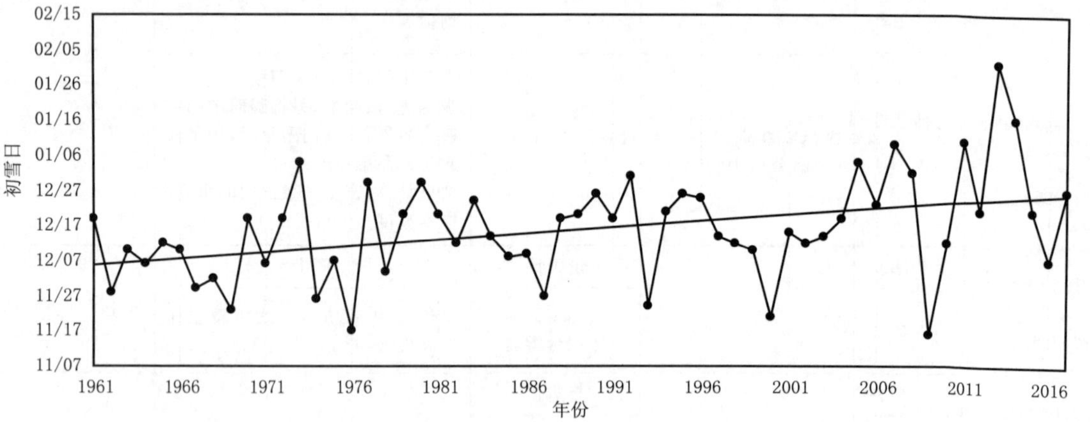

图 3.59　1961/1962—2017/2018 年湖北省平均初雪日期逐年变化图

从 1961/1962—2017/2018 年总体变化趋势看,湖北终雪日自 1961 年以来有所提前,变化速率为 4.3d/(10a)。湖北省常年平均终雪日为 2 月 27 日,最早出现在 2004 年 1 月 17 日,最晚出现在 1963 年 3 月 29 日(图 3.60)。

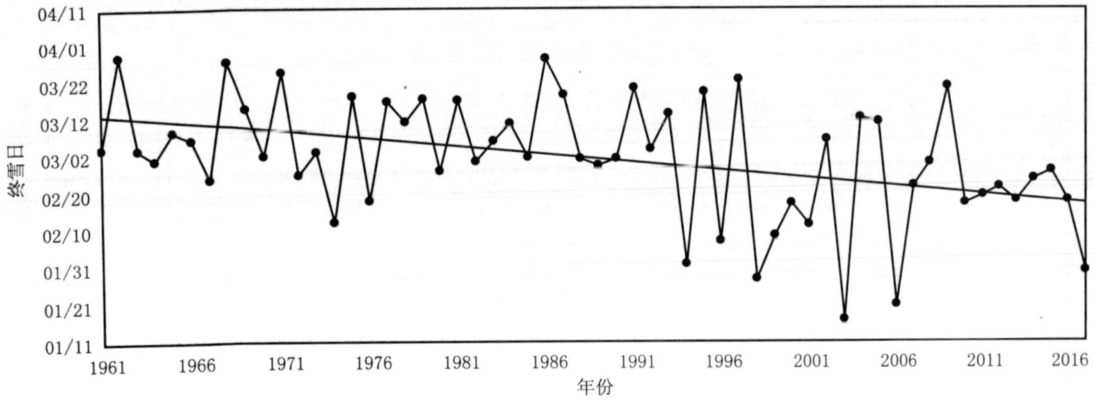

图 3.60　1961/1962—2017/2018 年湖北省平均终雪日期逐年变化图

(8)电线结冰

电线结冰观测：电线积冰的观测自 20 世纪 80 年代开始，观测内容和方法未有变化（表 3.6，表 3.7），沿用至今。电线积冰月（年）极值及出现日期的挑选方法也未有变化，前后一致。只是 2008 年南方发生大范围低温雨雪冰冻过程之后，观测站电线结冰观测导线由 4mm 改为 28.6mm 导线。

表 3.6　1981 年以来地面气象观测规范中电线积冰观测项目演变一览表

时间	定义	测量工具	测量内容与方法	观测方式与时次
1981 年 1 月 1 日 | 2003 年 12 月 31 日	雨凇、雾凇凝附在导线上或湿雪冻结在导线上的现象。附着在导线上的霜、干雪花和黏附的雨滴，因气温下降至零下而冻结少量的冰，不作为电线积冰。	积冰架（两组支架组成，分别呈南北向和东西向） 合页箱、量杯 卡钳、米尺	从积冰架上的导线开始形成积冰起，至积冰消失止，为一次积冰过程。 台站须视机测定每一次积冰过程的最大直径和厚度（单位 mm，记录取整），当所测的直径达到以下数值时，须测定一次积冰最大重量（单位 g/m³，记录取整）。 单纯的雾凇 15mm 雨凇、湿雪冻结物或包括雾凇在内的混合积冰 8mm 每次测定积冰重量后，随即应观测气温和风向风速（1min 平均）一次。 积冰直径和厚度：直径是垂直于导线的切面上冰层积结的最大数值线，厚度是指在导线切面上垂直于积冰直径方向上冰层积结的最大数值线，厚度≤直径。一般情况下，应在导线的中央部分测量。 积冰重量：指 1m 长导线上冰层的重量。	人工器测，观测时间不固定，以能测得一次过程的最大值为原则； 积冰开始形成时，记录冻结现象和开始时间；完全消失，应记下终止时间。当积冰延续至次日时，当日终止时间记至 20 时止，并于次日“记事”栏再一次记上冻结现象，开始时间记为 20 时起。
2004 年 1 月 1 日 | 2008 年	同上	同上	同上	同上

表 3.7　1981 年以来地面气象观测规范中电线积冰观测项目统计规定一览表

时间	月(年)报表
1981 年 1 月 1 日至今	电线积冰直径、厚度、重量的月极值及出现日期，按南北、东西方向分别挑取。有重量记录时，从各日记录中挑取重量值最大者，并抄其相应的直径、厚度值和现象符号、气温、风向、风速；若全月无重量记录时，则从各日记录中挑取“直径＋厚度”总值最大者，并抄其相应的现象符号、气温、风向、风速。两个方向月极值的现象符号、气温、风向、风速(或其中任一项)，凡相同者，不重复填写；有两个时，按南北、东西方向顺序并记；有三个或以上时，均记个数。

3.3　日照

3.3.1　年日照

湖北省常年年日照时数为 1700h，最高值为 2040h(1978 年)，最低值为 1431h(1989 年)。年日照时数呈现明显下降趋势，下降速率为 51.9h/(10a)。

湖北省各地常年日照时数为 1056 h(咸丰)～2030 h(麻城)(图 3.61)。从空间分布看，年日照时数自北向南逐渐减少。除鄂西南为 1056～1350h 外，南部为 1600～1800h，北部为 1800～2030h(图 3.62)。

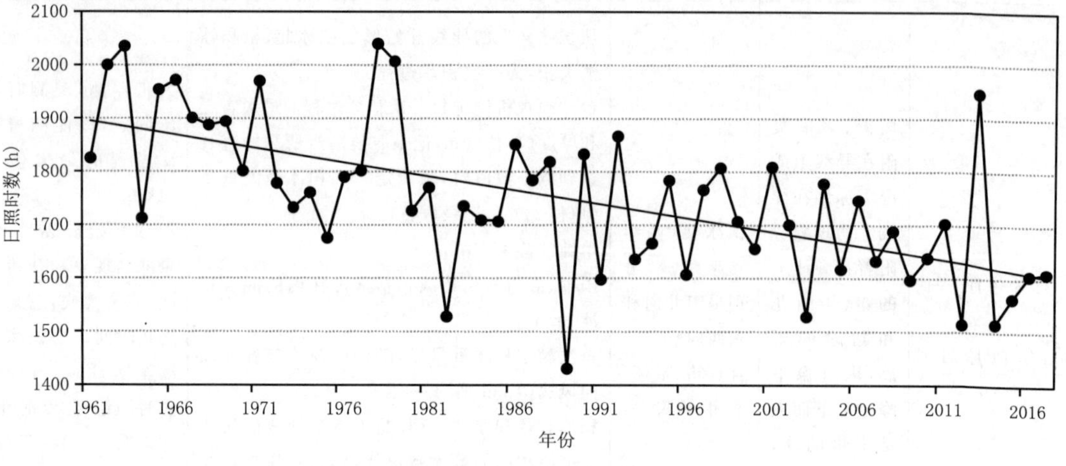

图 3.61　1961—2017 年湖北省年日照时数(h)年际变化图

3.3.2　四季日照

湖北省春、夏、秋、冬四季日照时数分别为 426h、557h、418h、302h(图 3.63)，夏季最多，春秋次之，冬季日照时数最少。1961—2017 年除春季变化趋势不明显外，夏、秋、冬三季日照时数整体上呈减少趋势，其中夏季减少最显著，变化速率达－31.8h/(10a)(图 3.64—图 3.67)。

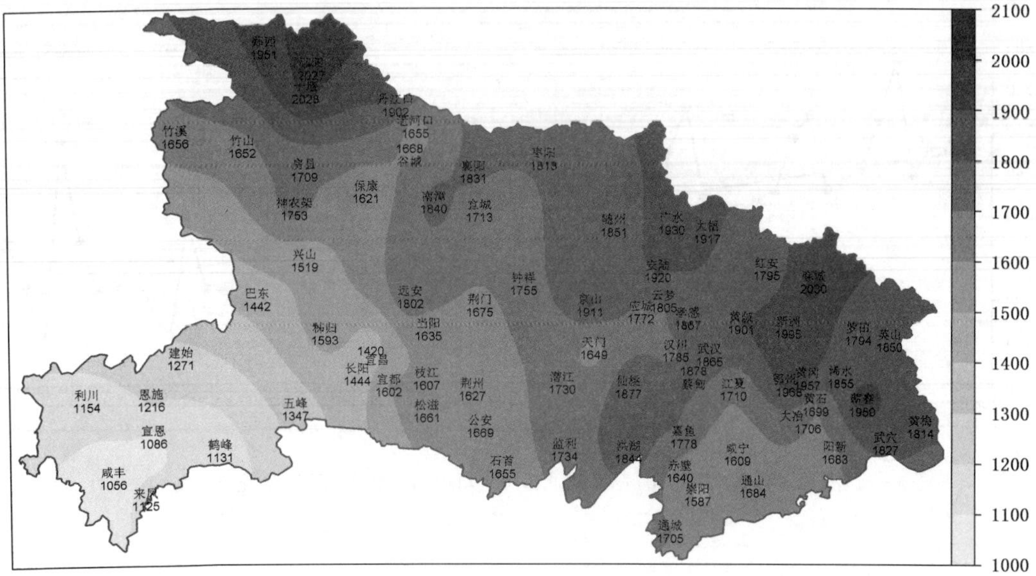

图 3.62　湖北省年日照时数(h)空间分布图(1981—2010 年)

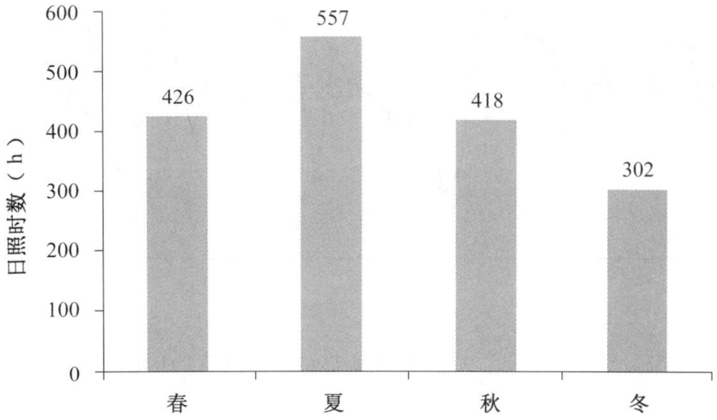

图 3.63　湖北省常年四季日照时数(1981—2010 年)

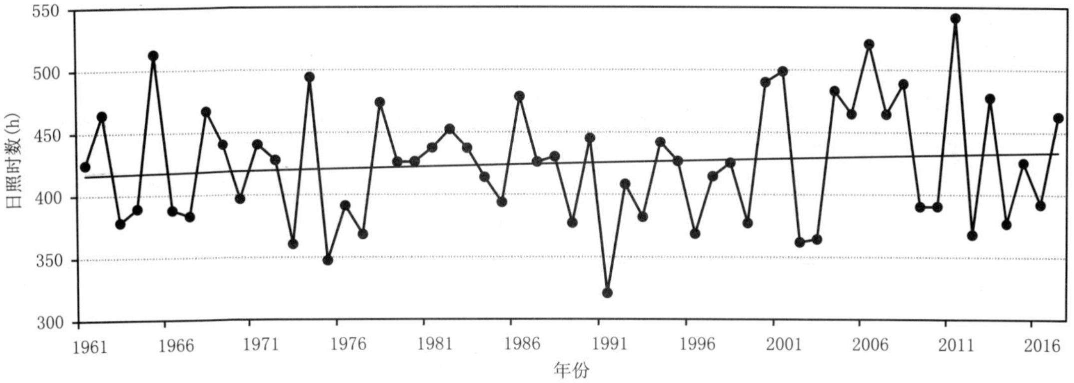

图 3.64　1961—2017 年湖北省春季日照时数(h)逐年变化图

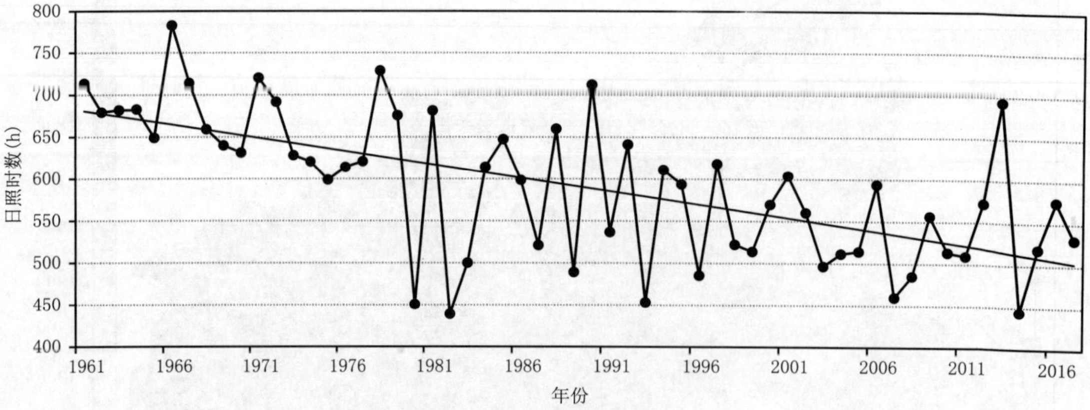

图 3.65　1961—2017 年湖北省夏季日照时数(h)逐年变化图

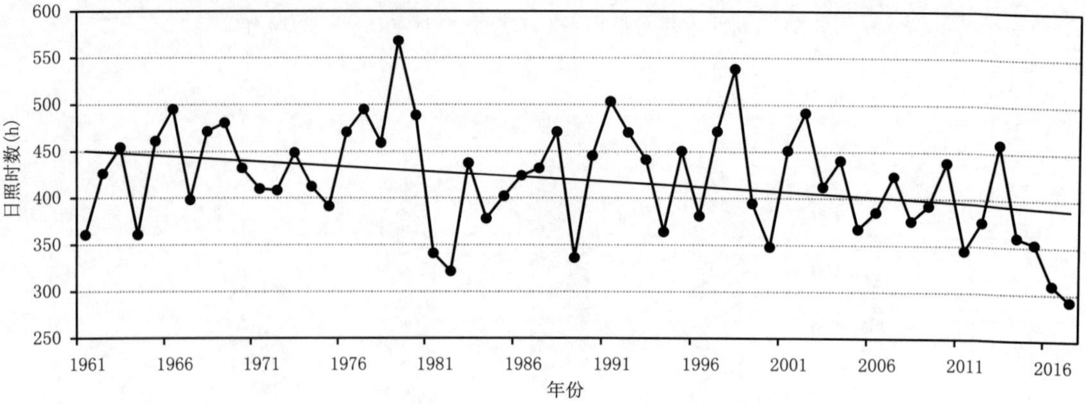

图 3.66　1961—2017 年湖北省秋季日照时数(h)逐年变化图

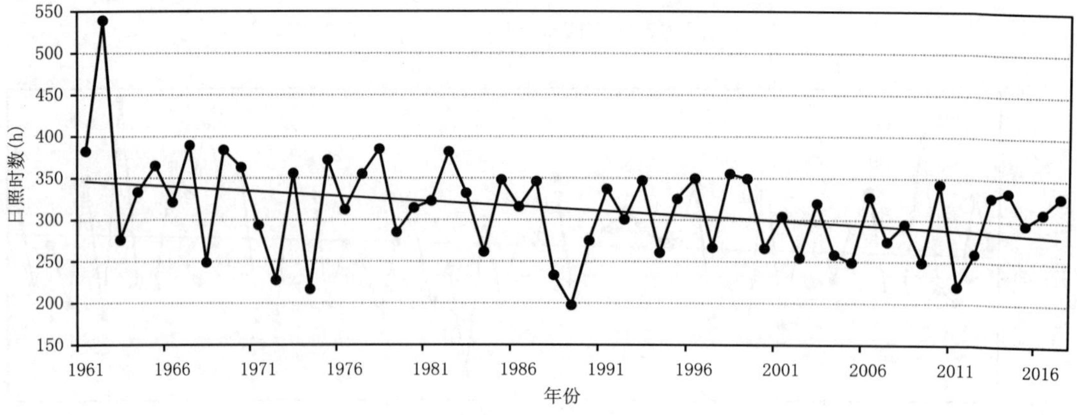

图 3.67　1961—2017 年湖北省冬季日照时数(h)逐年变化图

3.3.2.1 春季日照

湖北省春季常年日照时数为264h(咸丰)～554 h(十堰)。自北向南逐渐减少。鄂西北北部、鄂东北北部为450～554h,其中郧阳、郧西、十堰、丹江口500h以上,是全省春季日照时数最多的地区;恩施州南部为260～300h,是春季日照时数最少的地区;其他地区为300～450h(图3.68)。

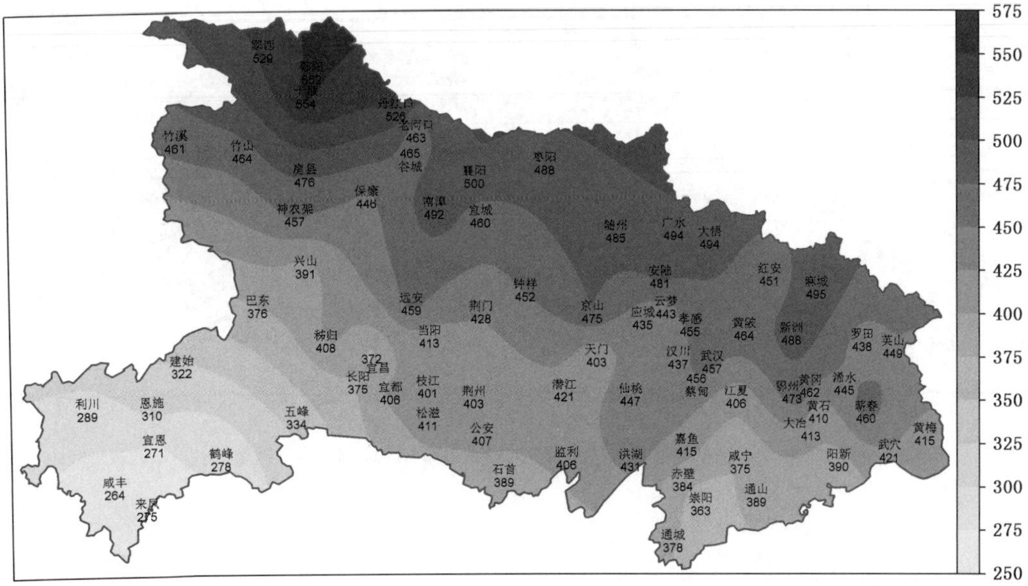

图3.68 湖北省春季日照时数(h)分布图(1981—2010年)

3.3.2.2 夏季日照

湖北省夏季常年日照时数为408h(咸丰)～653 h(鄂州),其中鄂西南大部和鄂西北局部为500h以内,江汉平原南部、鄂东南东部、鄂东北中南部及鄂西北北部为600h以上,其他大部地区为500～600h(图3.69)。

3.3.2.3 秋季日照

湖北省秋季常年日照时数为250h(咸丰)～523 h(麻城),呈东多西少的分布,鄂西南、三峡河谷、鄂西北南部为250～400h,其他大部地区为400～500h,鄂东北局部地区秋季平均日照时数超过500h(图3.70)。

3.3.2.4 冬季日照

湖北省冬季常年日照时数为124h(宣恩)～413 h(郧阳),呈东北向西南逐渐减少的分布,鄂西南为124～250h,其他大部地区为250～413h(图3.71)。

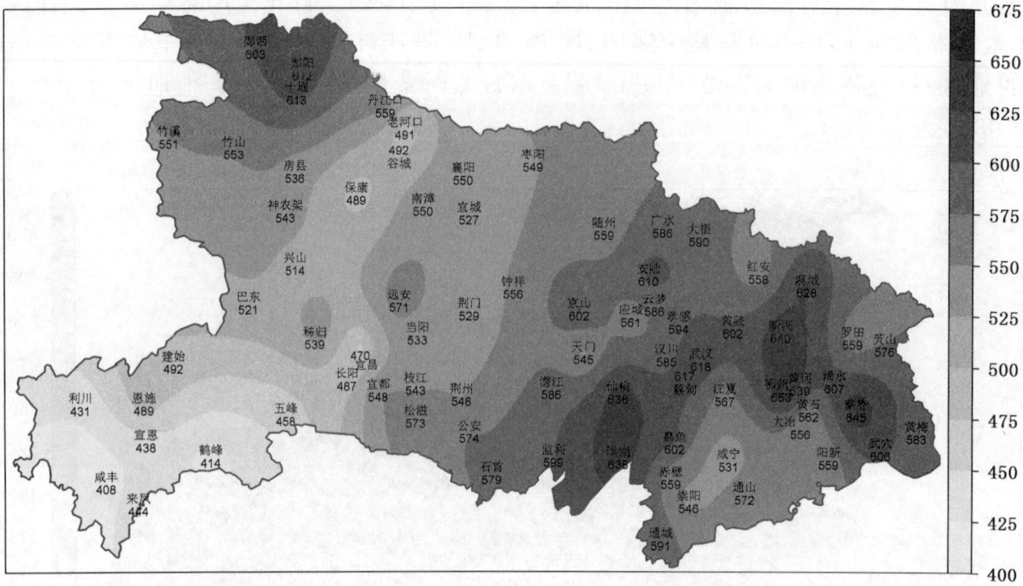

图 3.69　湖北省夏季日照时数(h)分布图(1981—2010 年)

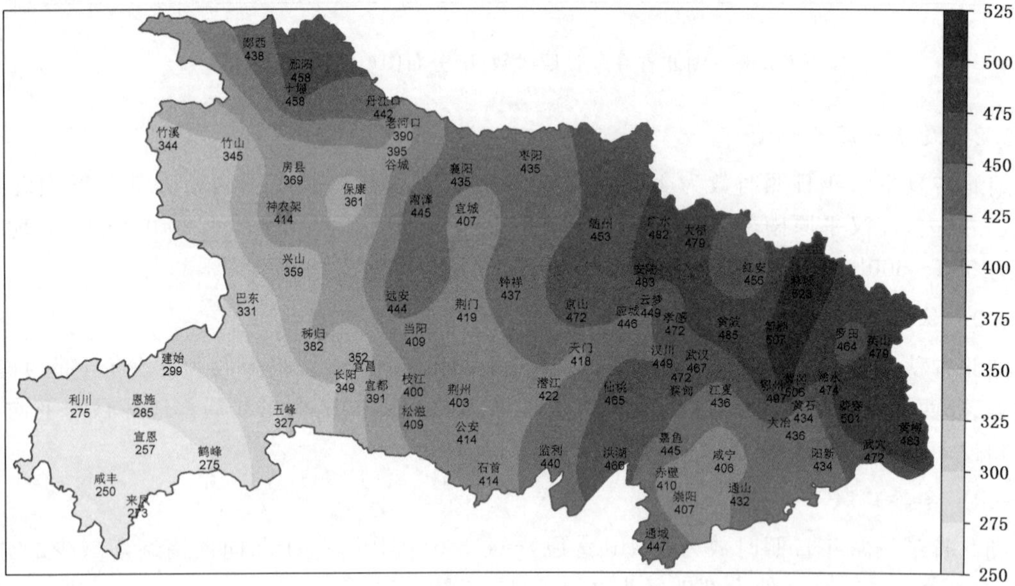

图 3.70　湖北省秋季日照时数(h)分布图(1981—2010 年)

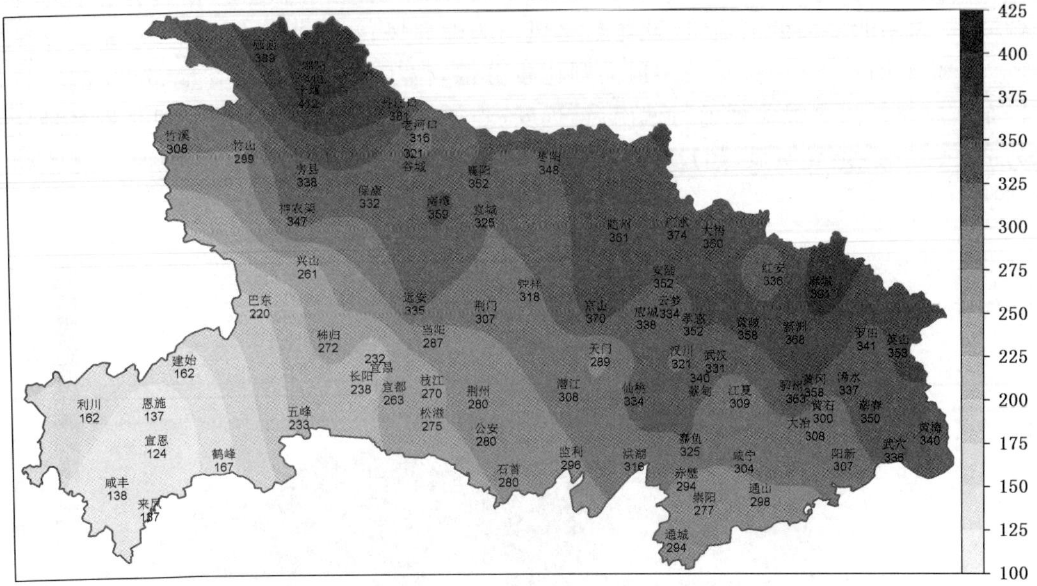

图 3.71　湖北省冬季日照时数(h)分布图(1981—2010 年)

3.4　风向风速

3.4.1　年风向风速

(1)风速

湖北省常年平均风速为 1.62m/s。年平均风速大于 2m/s 的区域,主要集中在两个南北向的冷空气通道和一个开阔平原区。一是鄂北岗地和鄂东北的部分地区,主要包括枣阳、随州、广水、大悟、红安以及汉川、应城、孝感、黄陂、安陆等地。该区域虽然有呈西北一东南走向大别山和桐柏山对北来气流的阻挡,但两山海拔多在 1000m 以下,且山体较为破碎,形成了许多与主导风向一致的南北向通道,因此风速相对较大。二是位于汉江中游河谷的南北向通道,冷空气自南阳盆地进入湖北省襄阳、宜城,随后通过“宜钟狭道”的地形狭管效应加速,使得钟祥、荆门成为我省除高山测站外,年平均风速最大的区域,在 2.5m/s 以上。三是江汉平原南部,由于地势开阔,湖泊众多,下垫面摩擦力小,因此该地区的风速相对也较大,年平均风速均在 2.0m/s 以上。

湖北省的小风区主要出现在鄂西地区。鄂西山区由于山脉海拔较高,且多呈东西走向,对南北向的气流形成明显的阻挡作用,因此河谷盆地的风速明显减少,年平均风速大多在 1.5m/s以下,其中鄂西南的建始、恩施、宣恩、鹤峰、来凤等地在 1.0m/s 以下。但海拔较高的山地风速比较大。

湖北省其他大部地区年平均风速 1.5～2.0m/s(图 3.72)。

(2)风向湖北省地形复杂,境内有山地、丘陵、平原,且湖泊众多,河流纵横,主导风向除受大的环流背景的影响,还受地形影响,因此,最多风向同时具有局地性特点。鄂西北和鄂东南因山脉和河流走向多是东西走向或东南一西北走向，故年最多风向为偏东风；鄂北和鄂东北因山脉较低，又多南北走向的河流，因此年最多风向为偏北风；江汉平原地势平坦，是冷空气南下的通道，故多偏北风。鄂西南年最多风向则比较分散，位于长江三峡河谷地带的宜昌、秭归等地盛行东南风，鹤峰、来凤等地盛行偏南风，远安、建始等地则盛行偏北风。湖北省各地年静风频率为 7%～71%，差异明显，超过 40%的静风频率出现湖北省西部地区，鄂西南恩施州部分县市高达 70%。

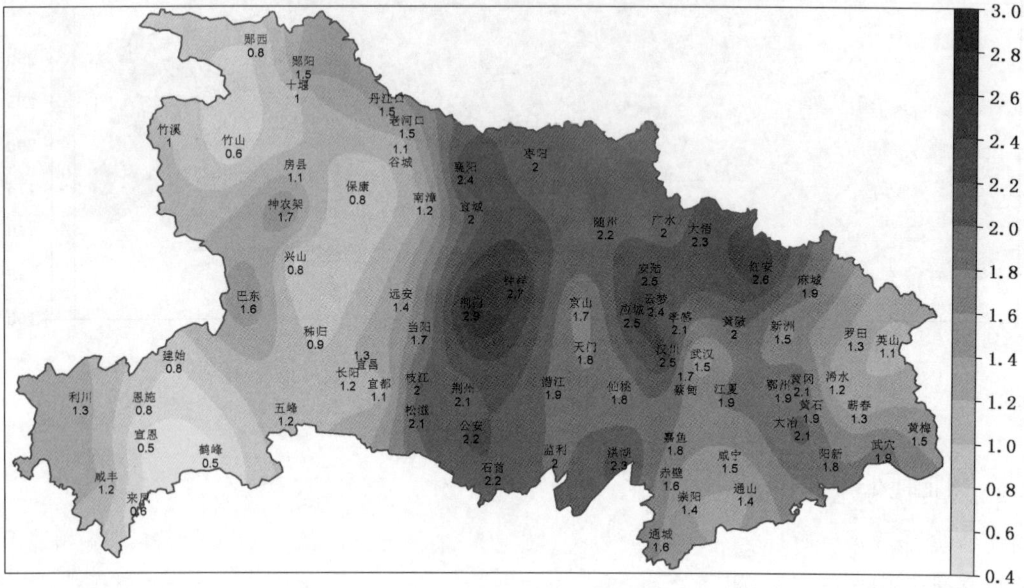

图 3.72　湖北省年平均风速(m/s)空间分布图(1981—2010 年)

3.4.2　四季风向风速

由于湖北省处于东亚季风区，随着季节变换，主导风向也存在明显的变化。总体而言，冬季盛行偏北风，夏季盛行偏南风，春、秋转换季节风向多变，但全年仍以偏北风为主。风向空间上的特点主要是受地形影响，西部四季均无统一的主导风向，鄂东沿江地区四季以东风为主导风向。夏季在江汉平原地区出现大范围的南风为主导风向，其他时段湖北省中东部大部均以北风为主导风向。

湖北省春季平均风速最大，秋季最小。四季平均风速空间特征上类似于年平均风速。省内 2 条冷空气南下通道上四季平均风速均较其他地区偏大。

3.4.2.1　春季风向风速

湖北省春季静风频率为 6%～67%，各地差异明显，超过 40%的静风频率出现在西部地区。春季主导风向和年主导风向差异较小，自西向东变化明显，鄂西山区受地形影响没有统一的风向，鄂东沿江地带以东风为主，其他地区以北风为主。

湖北省春季常年平均风速为 0.6m/s(鹤峰、宣恩)～3.0m/s(荆门)。从空间分布看，春季平均风速西小东大。鄂西大部、黄冈东北部为 0.6～1.5m/s，其中鄂西南南部是全省春季平均风速最小的地区；鄂西北东部、鄂东北西部、江汉平原大部为 1.5～3m/s，其中鄂北岗地、江汉平原北部、鄂东北红安等地，是春季平均风速最大的地区（图 3.73）。

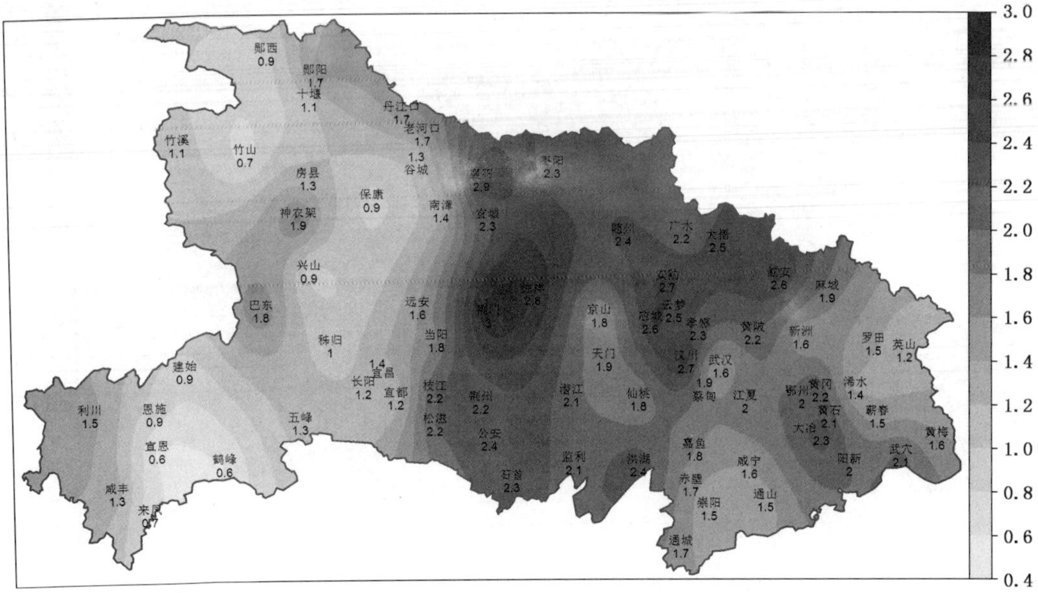

图 3.73　湖北省春季平均风速（m/s）空间分布图（1981—2010 年）

3.4.2.2　夏季风向风速

湖北省夏季静风频率为 5%～71%，各地差异明显，超过 40%的静风频率出现湖北省西部地区。夏季鄂西山区受地形影响没有统一的主导风向，鄂东沿江地带以东风为主。江汉平原夏季主导风向和年主导风向差异较大，受夏季风加强北上影响，大部地区以南风为主，部分地区以北风为主导风向，仅 7 月主导风向为南风。

湖北省夏季常年平均风速为 0.5m/s（鹤峰）～2.8m/s（荆门）。从空间分布看，夏季平均风速西小东大。鄂西、黄冈东北部为 0.5～1.5m/s，其中鄂西南南部是全省春季平均风速最小的地区；鄂西北东部、鄂东北西部、江汉平原大部为 1.5～2.8m/s，其中鄂北岗地、江汉平原北部、鄂东北红安等地，是夏季平均风速最大的地区（图 3.74）。

3.4.2.3　秋季风向风速

湖北省秋季静风频率为 7%～77%，各地差异明显，超过 40%的静风频率出现在西部地区。秋季鄂西山区受地形影响没有统一的主导风向，其他地区大部以北风为主导风向，鄂东沿江地区局部仍以东风为主导风向。

湖北省秋季常年平均风速为 0.4m/s（宣恩、鹤峰）～2.8m/s（荆门），呈现中部大西北小的分布型，江汉平原及鄂东大部在 1.5m/s 以上，鄂西大部地区为 0.5～1.6m/s（图 3.75）。

3.4.2.4　冬季风向风速

湖北省冬季静风频率为 7%～73%，各地差异明显，超过 40%的静风频率出在湖北省西部地区。冬季主导风向和年主导风向差异较小，自西向东变化明显：鄂西山区受地形影响没有统一的风向，鄂东沿江地带以东风为主，湖北省其他地区以北风为主。

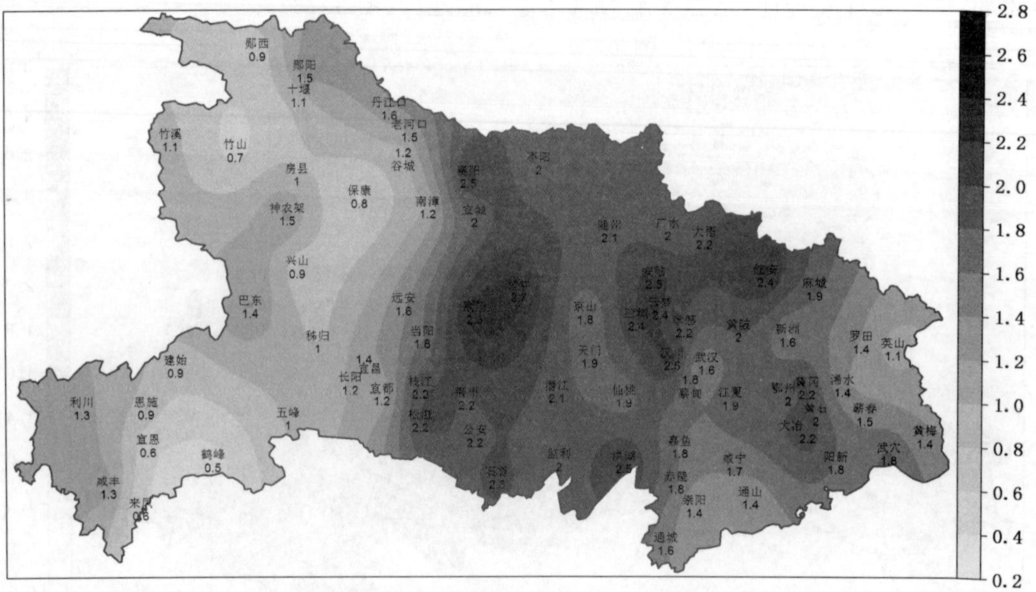

图 3.74 湖北省夏季平均风速(m/s)空间分布图(1981—2010 年)

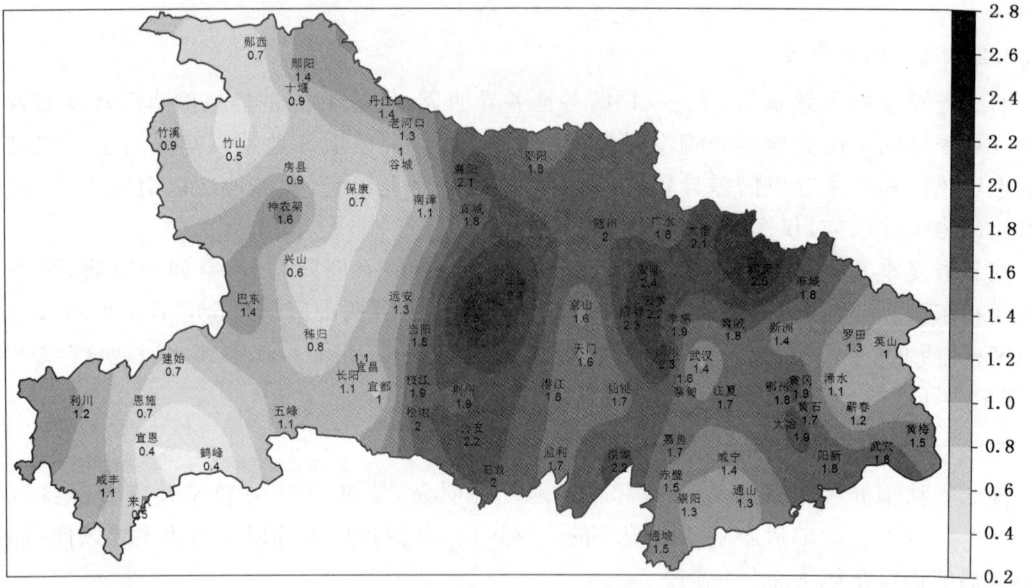

图 3.75 湖北省秋季平均风速(m/s)空间分布图(1981—2010 年)

湖北省冬季常年平均风速为 0.4m/s(宣恩)～2.9 m/s(荆门)。从空间分布看,冬季平均风速西小东大。鄂西大部、黄冈东北部为 0.4～1.5m/s,其中鄂西南南部是全省冬季平均风速最小的地区;鄂西北东部、鄂东北西部、江汉平原大部为 1.5～2.9m/s,其中平均风速大于 2m/s的地区主要分布在省内两条冷空气南下通道上,鄂北岗地、江汉平原北部、鄂东北红安等地,是冬季平均风速最大的地区(图 3.76)。

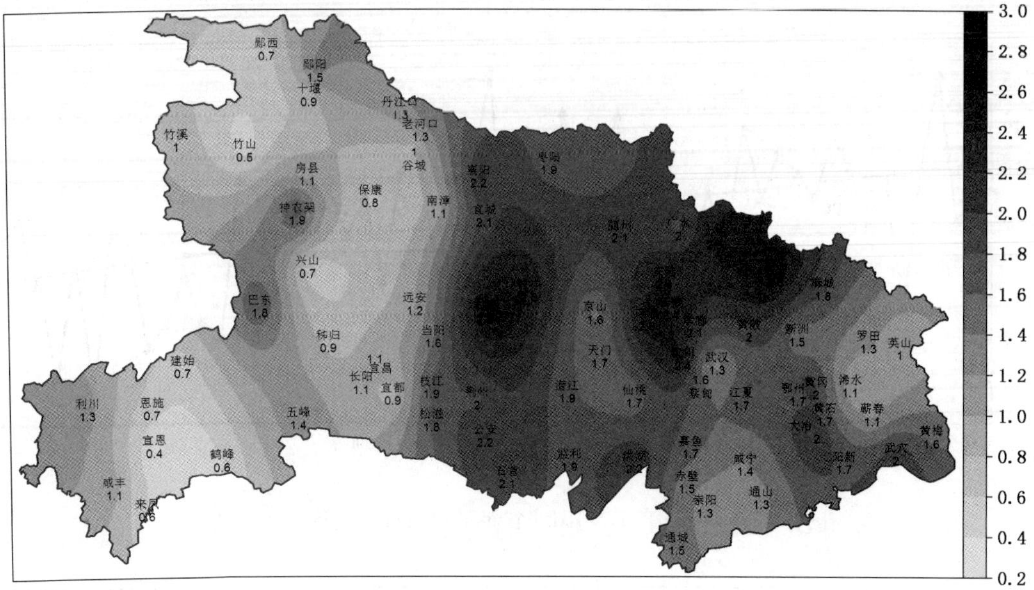

图 3.76　湖北省冬季平均风速(m/s)空间分布图(1981—2010 年)

3.5　相对湿度

空气相对湿度是表征大气物理状态的一个重要因素。相对湿度是指空气中实有水汽含量与同样温度条件下饱和水汽含量的比值，用百分比表示。相对湿度能说明空气中的干湿程度，对人们的生活和健康有很大影响。如气温日变化大于 3℃，气压日变化大于 10hPa，相对湿度大于 10%时，关节炎的发病率显著增加。另外，其与建筑、交通、纺织、运输、储藏等也有着密切的关系。

3.5.1　年相对湿度

1961—2017 年湖北省年平均相对湿度呈减小趋势，其下降速率为 0.5%/(10a)。1961 年以来，相对湿度最高值出现在 1964 年，为 80.3%，20 世纪 60—90 年代相对湿度较大，进入 2000 年后相对湿度有所减小，最低值出现在 2011 年，为 72.8%(图 3.77)。

湖北省年平均相对湿度为 71.3%(郧阳)～84%(咸丰)，鄂西北最低，大部为 72%～76%；江汉平原东南部、鄂西南南部最高，大部为 78%～84%(图 3.78)。

3.5.2　四季相对湿度

冬季受北方强大的干冷气团控制空气相对干燥，是一年中相对湿度最小的季节，全省平均相对湿度为 74.7%。春季，东南季风尚未到来，地面盛行变性极地大陆气团，水汽含量少，平均相对湿度为 76.0%，略高于冬季。夏季，来自海洋的热带气团控制长江中下游地区，且受南方暖湿气流的影响，水汽含量充沛，相对湿度全年最高，为 78.8%。秋季，长江中下游地区在大陆高压控制下，晴空少云，相对湿度日变化非常大，平均相对湿度为 77.6%，为四季中相对

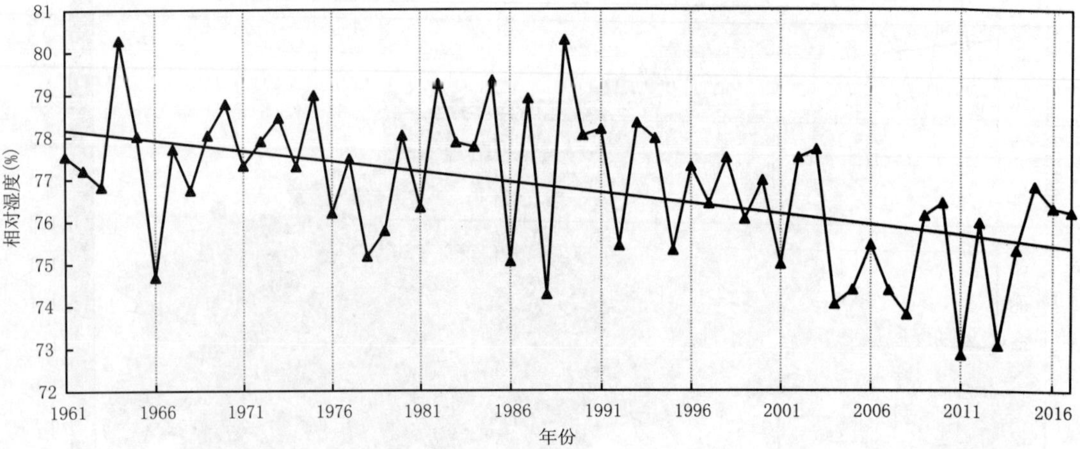

图 3.77　1961—2017 年湖北省年平均相对湿度逐年变化图

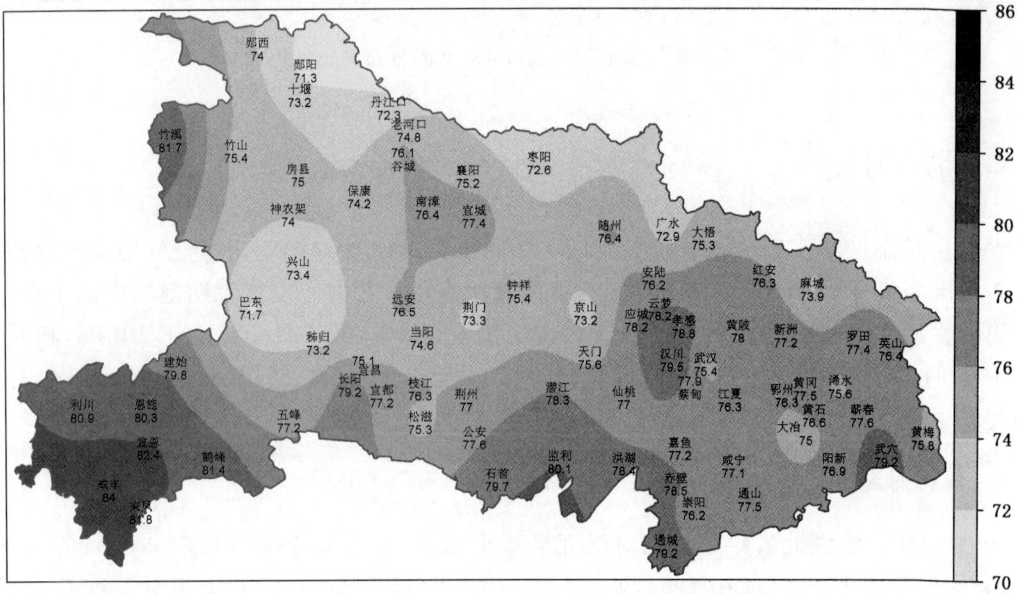

图 3.78　湖北省年平均相对湿度(%)空间分布图(1981—2010 年)

湿度第二高的季节。四个季节中,鄂西南的相对湿度均高于其他地区,这与当地的地形有关。鄂西南为一河谷,水汽蒸发量大,周围又有山区阻挡,空气流通相对较缓慢,导致该地区相对湿度较大。

3.5.2.1　春季相对湿度

1961—2017 年湖北省春季平均相对湿度呈减小的趋势,其下降速率为 1.2%/(10a)。20 世纪 80 年代以前平均相对湿度较大,而 1995 年以后平均相对湿度变幅增大,2011 年春季平均相对湿度仅 65.2%,是 1961 年以来最低的一年(图 3.79)。

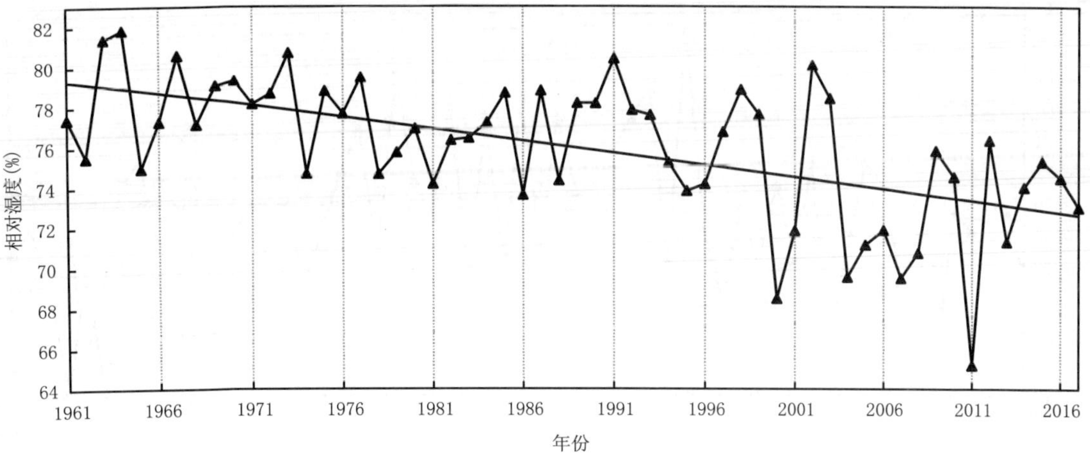

图 3.79 1961—2017 年湖北省春季平均相对湿度逐年变化序列图

湖北省春季平均相对湿度为 67.3%(郧阳)～82.9%(咸丰),空间上呈北部小、南部大的分布型。鄂西北、江汉平原北部、鄂东北为 67%～74%,是全省春季平均相对湿度最低的地区;鄂西南大部、江汉平原南部、鄂东南部为 74%～83%,是春季平均相对湿度最高的地区(图 3.80)。

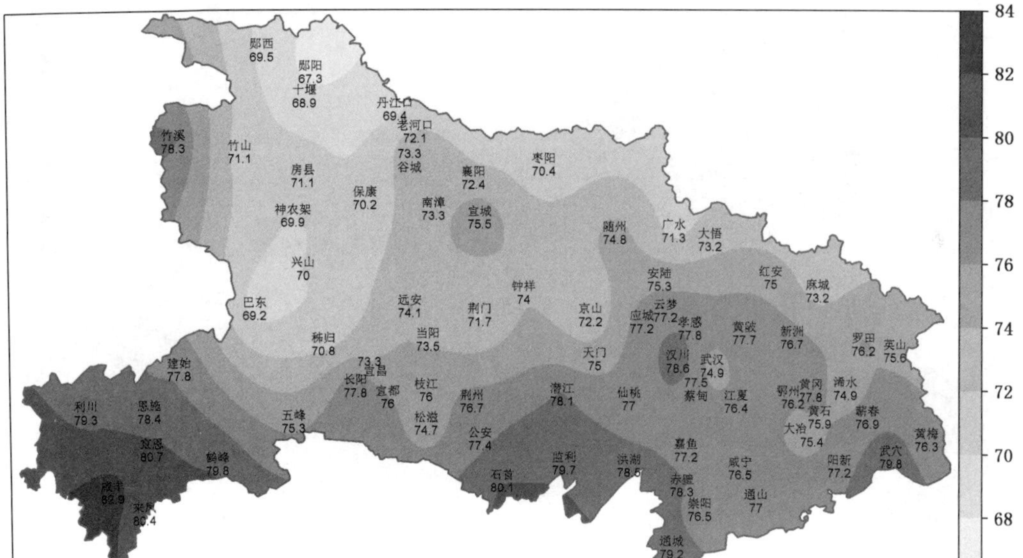

图 3.80 湖北省春季平均相对湿度(%)空间分布图(1981—2010 年)

3.5.2.2 夏季相对湿度

1961—2017 年湖北省夏季平均相对湿度呈微弱增加的趋势,其上升速率为 0.1%/(10a)。20 世纪 80 年代、90 年代相对湿度较大,60 年代、70 年代及 2000 年后相对湿度较小,1980 年相对湿度 84.4%,是 1961 年以来最高的一年,1966 年相对湿度 73.8%,是 1961 年以来最低的一年(图 3.81)。

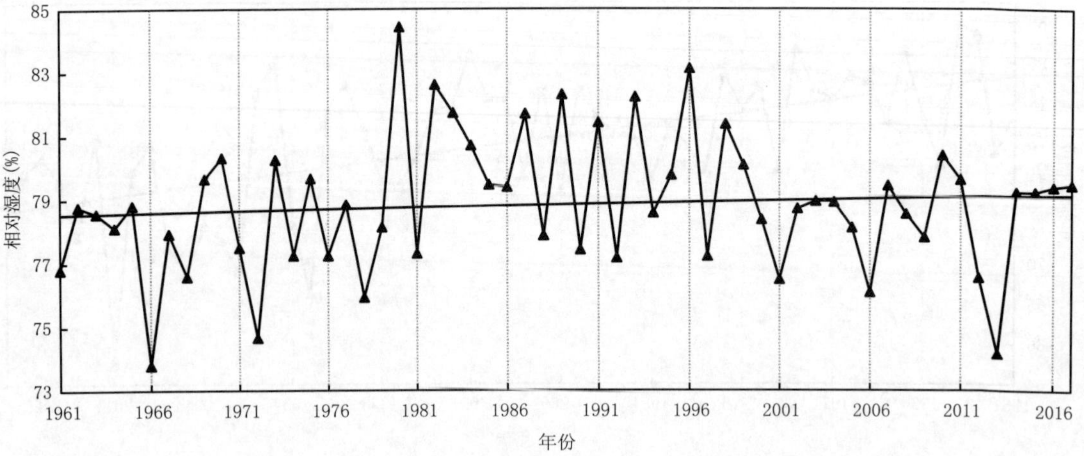

图 3.81　1961—2017 年湖北省夏季平均相对湿度逐年变化图

湖北省夏季平均相对湿度为 74.4%(巴东)～84.8%(咸丰),其中鄂西南南部、江汉平原南部及鄂东北西部相对湿度为 80%～85%,是夏季相对湿度最高的地区,其他地区为 74%～80%(图 3.82)。

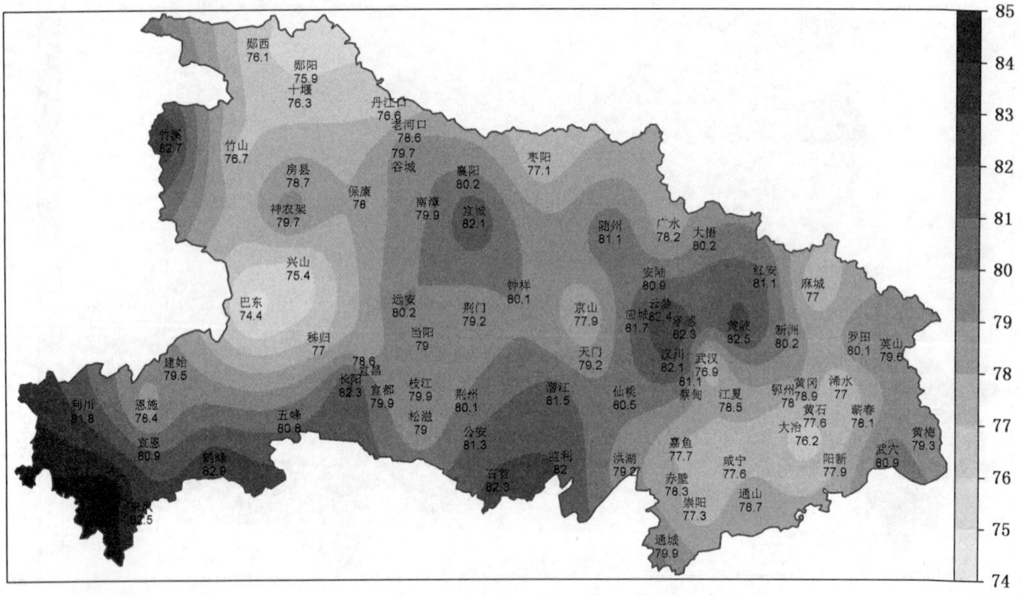

图 3.82　湖北省夏季平均相对湿度(%)空间分布图(1981—2010 年)

3.5.2.3　秋季相对湿度

1961—2017 年湖北省秋季平均相对湿度呈下降趋势,其下降速率为 0.4%/(10a)。近 57 年全省平均相对湿度最高值出现在 1982 年,为 82.2%,最低值出现在 1966 年,为 70.9%(图 3.83)。

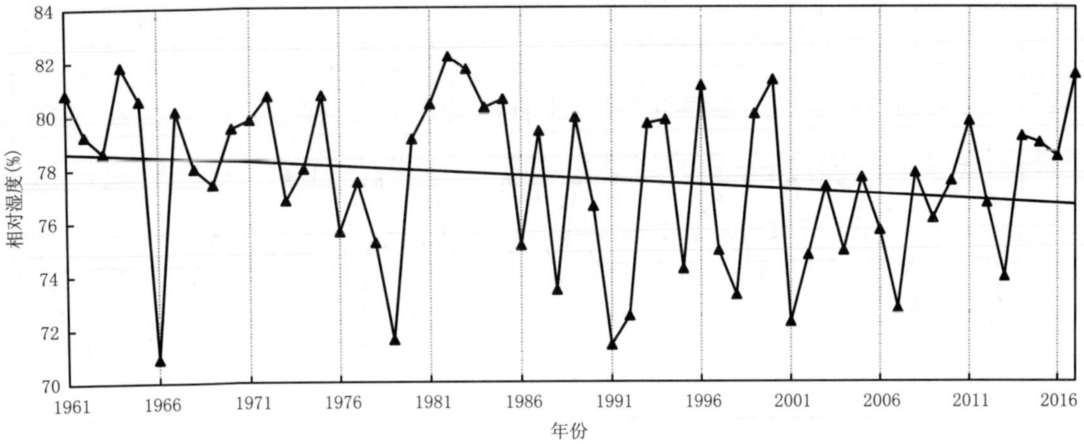

图 3.83 1961—2017 年湖北省秋季平均相对湿度逐年变化图

湖北省秋季平均相对湿度为 72.3%(广水)~85.5%(竹溪),呈西多东少的分布,鄂西西部为 80%~85%,其他大部地区为 70%~80%,其中武汉秋季平均相对湿度为 75.2%(图 3.84)。

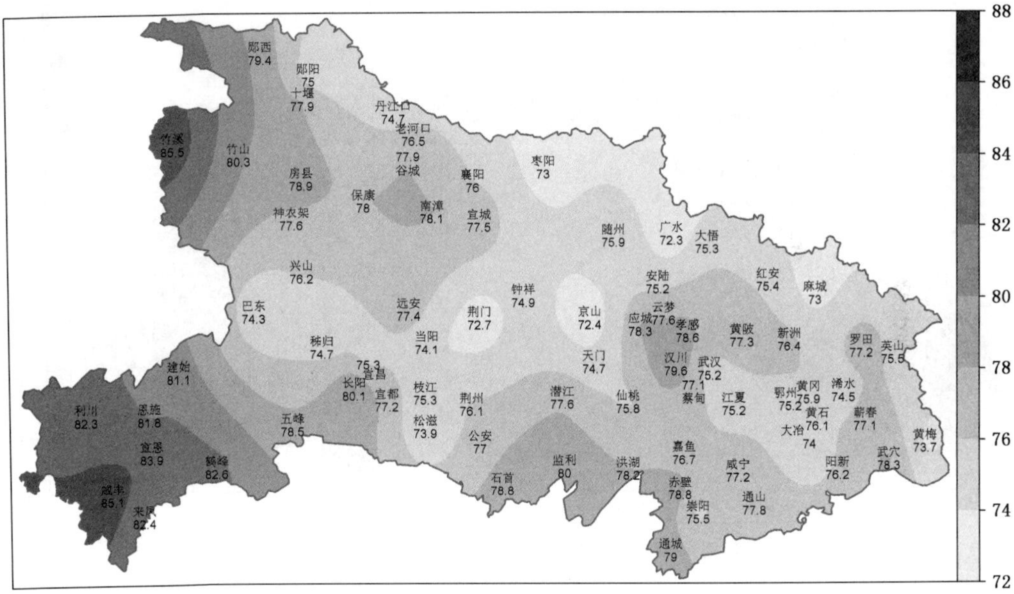

图 3.84 湖北省秋季平均相对湿度(%)空间分布图(1981—2010 年)

3.5.2.4 冬季相对湿度

1961—2017 年湖北省冬季平均相对湿度呈下降趋势,其下降速率为 0.6%/(10a)。全省平均相对湿度最高值出现在 1989 年,为 83.8%,最低值出现在 2010 年,为 66.1%(图 3.85)。

湖北省冬季平均相对湿度为 68.7%(神农架)~84.1%(宣恩),呈南多北少的分布特征,鄂西南、江汉平原南部、鄂东南为 75%~84.1%,是相对湿度最高的地区(图 3.86)。

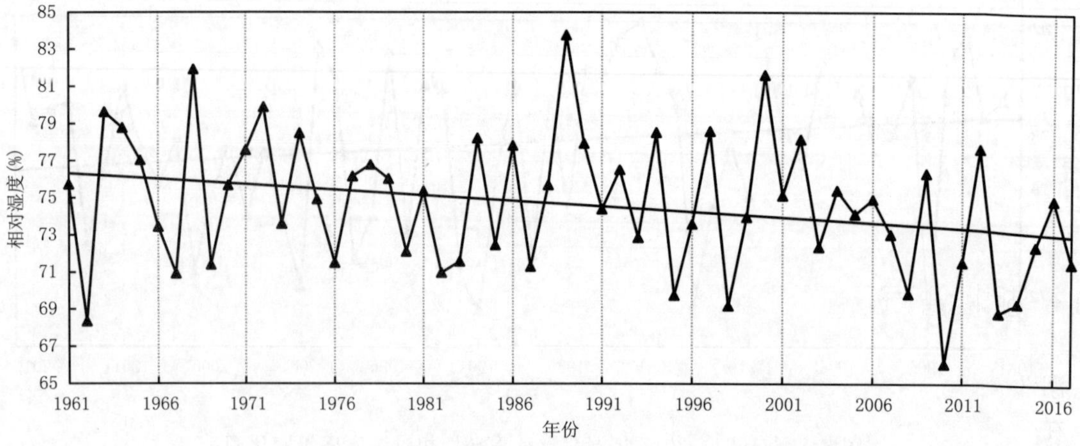

图 3.85 1961—2017 年湖北省冬季平均相对湿度逐年变化图

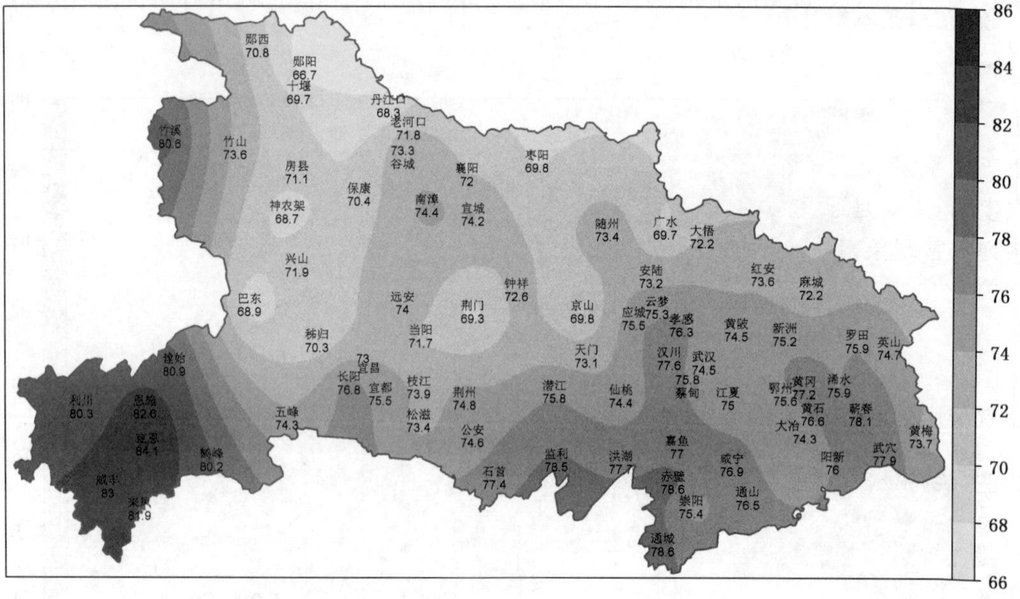

图 3.86 湖北省冬季平均相对湿度(%)空间分布图(1981—2010 年)

第 4 章　湖北省气象灾害监测与评估

4.1　湖北省气象灾害概况

湖北省特殊的地理位置、地形地貌，加上复杂多变的气象条件，导致气象灾害易发多发频发。在全球气候变暖背景下，以及随着湖北省社会经济发展进程的加快，气象灾害不断给国家安全、经济社会可持续发展、生态环境以及人类健康带来严重威胁。掌握了解气象灾害发生机理及其时空变化规律，可为防灾减灾、适应气候变化提供科学的参考依据。

4.1.1　定义和基本概念

气象灾害是由于气象原因造成人员伤亡与人类社会财产损失的自然灾害。根据对人类社会产生的影响，气象灾害可分为原生灾害和次生灾害，原生灾害属于狭义的气象灾害，次生灾害是由于气象原因引发的其他自然灾害，也称为广义的气象灾害。衍生灾害不属于原生的，也不是次生的，主要是通过灾害链的传递产生的灾害。由于某种致灾因子或生态环境变化引发的一系列灾害现象，称为灾害链。

灾害性天气和气象灾害的概念既有区别又有联系。灾害性天气一般指对人类具有潜在破坏和危险的大气状况。如果灾害性天气造成了生命伤亡与人类社会财产损失的，属于气象灾害的范围，如果未造成，则不是气象灾害(许小峰，2012)。灾害性天气或异常气候是造成气象灾害的直接原因，其发生特征及其规律直接影响气象灾害的特征或规律。

4.1.2　主要特征

(1)气象灾害种类多、危害重

湖北省气象灾害种类多、出现频率高、影响范围广、危害程度重，主要气象灾害为暴雨洪涝、干旱、雷电、高温、低温冻害和冷害、连阴雨、大风冰雹、雾、霾等。从空间分布上来看，北部干旱灾害多、影响大，南部和西部山区暴雨洪涝、山洪地质灾害多发，危害重。湖北省每年因气象灾害及其次生灾害造成的直接经济损失占到全省自然灾害损失的 85%以上。近 16 年湖北省气象灾害年均损失 164 亿元，占全省年 GDP 的 1%左右(图 4.1)。

(2)旱涝灾害是造成湖北经济损失最严重的两种灾害

旱涝灾害面积占湖北气象灾害总面积的 71%。湖北省暴雨主要发生在 5—9 月，尤其是 6—7 月的梅雨季节，因境内降水集中，强度大，又常遭遇客水过境，暴雨洪涝灾害高发。2006—2018 年，湖北省暴雨洪涝灾害损失平均占各类气象灾害总损失的 63%左右。1998 年 6—8 月，湖北省出现 13 次较大范围暴雨过程，加上湘、赣、川、黔等省同期暴雨频繁，产生大量洪水汇注长江，使长江中游发生了 1954 年以来最为严重的组合型洪水，造成经济损失达到

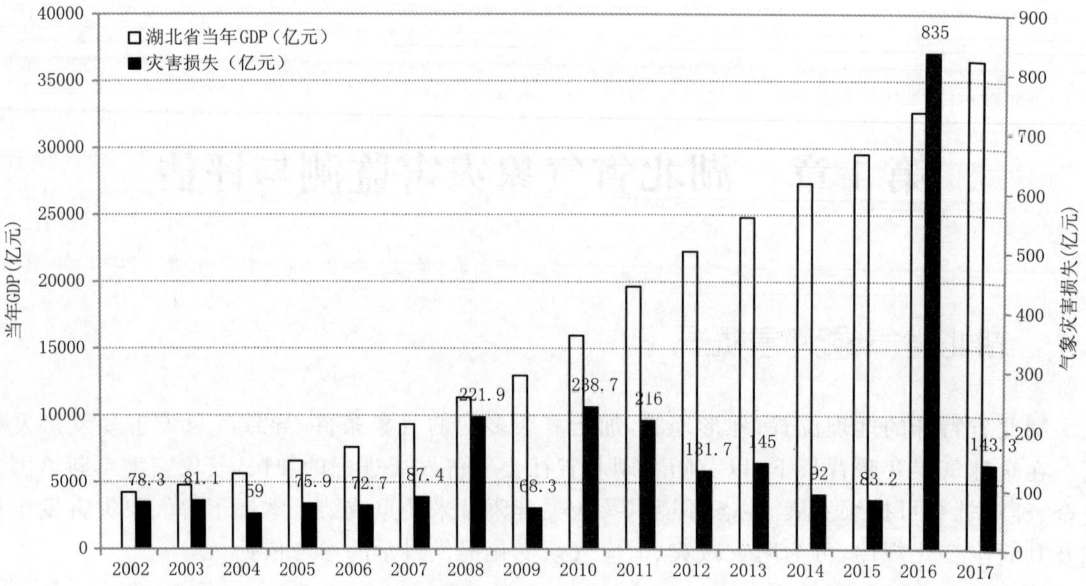

图 4.1　2002—2017 年湖北省气象灾害直接经济损失与当年 GDP 对比图

500 多亿元。2016 年梅雨期雨量大，鄂东北大部地区、江汉平原中北部共 25 站梅雨期间总降水量较 1998 年整个夏季偏多，暴雨袭击了全省所有行政区，直接经济损失 835 亿元，占各类气象灾害总损失的 93%。

湖北省各地、各季均有干旱出现，其中以伏秋干旱次数最多，时间最长，范围最大，危害最重。严重干旱可造成农作物减产，人畜饮水困难，发电量减少和航运受阻等。2000 年湖北省大部春旱、鄂东伏旱，农业损失逾 128 亿元。2001 年湖北省出现严重干旱，1 月 1 日至 10 月 5 日大部地区降水偏少 2～5 成，特别是从 5 月 1 日至 10 月 5 日全省有 28 个县市降水总量为建站以来最少，春夏秋连旱持续时间之长，受旱范围之广，受旱程度之重，均为历史同期罕见。

(3)气象灾害具有群发性、继发性和连锁性(温克刚，2007)

气象灾害群发性表现为同一时段内多种灾害同时发生，或同一种灾害多处发生，或多种灾害在多处发生。春夏季暴雨(可以引发洪水、泥石流、滑坡等灾害)、冰雹、雷暴大风、龙卷等强对流天气常常有群发现象。夏季持续高温热浪，同时常常发生干旱、干热风以及病虫害、森林草原火灾等灾害。

气象灾害继发性表现为同一种灾害具有连续发生的特征。如 1959—1961 年、1970—1972 年，2011—2014 年湖北省干旱频发；1954—1955 年、1980—1983 年、1996—1999 年暴雨洪涝较为集中。

气象灾害连锁反应显著。2008 年低温雨雪冰冻灾害以雨雪和低温引发的冰冻为核心串发性灾害链为主，17 种次生灾害，25 条灾害链，链条较长，使灾情层层放大，形成巨灾。破坏力最强的次生灾害集中在对整个城市生命线系统的完全破坏，导致社会生产生活全面瘫痪。气象灾害在一系列链性反应下造成人员伤亡、财产损失的灾情，主链不同，串并发机制也不同，次生灾害种类数量以及破坏力也有很大不同。一种气象灾害发生后，常常引起其他灾害的发生发展。如暴雨引发山体滑坡、泥石流灾害，干旱、高温、大风、雷电引发森林火灾，气象灾害还衍生农作物病虫害、流行病、水土流失等。

(4)随着气候变化和社会经济迅速发展，社会经济对气象灾害反应敏感，经济损失增大

在气候变化背景下，湖北省一些极端天气气候事件频繁发生，导致致灾因子危险性的强度、频率、空间分布和范围均会不断发生变化，因此而造成的气象灾害程度、损失量也随之改变。另一方面，随着社会经济不断发展，其暴露度及脆弱性的不断变化也对气象灾害损失产生影响和变化。如随着各行业的关系日益密切，气象灾害连锁效应造成的气象灾害损失强度及影响范围等方面日益突出；城市化发展造成人口、财产的高度集中，许多生命线工程如能源电网、基础建设、交通运输等受气象条件影响越来越大，暴露度明显增加，也变得易损脆弱，同等危险程度的灾害性天气造成的气象灾害损失会显著增加，城市成为气象灾害高风险区；人类生存发展的需要，破坏自然环境，进一步加剧了致灾危险性。如1998年长江流域发生了1954年以来最为严重的组合型洪水，造成湖北省经济损失达到500多亿元，而2016年中下游只是发生了区域性大洪水，湖北省损失就高达800多亿元。

4.2 暴雨洪涝监测及影响评估

暴雨洪涝是湖北省主要的气象灾害之一，发生频率高，影响范围广，危害强度大，灾害损失重。暴雨及以上等级的强降雨极易引起江河库湖洪水泛滥，冲毁堤坝、房屋、道路、桥梁，淹没农田、城镇等，还可诱发山体滑坡、泥石流及山洪等灾害，造成重大国民经济损失，并威胁人民生命财产安全。洪涝灾害严重程度除与降水有关外，还与地理位置、地形、土壤结构、河道的宽窄和曲度、植被以及农作物的生育期、承灾体暴露度、防洪防涝设施等有密切关系。

湖北省暴雨洪涝成因主要有：一是大气环流异常。湖北省处在东亚季风气候区，若夏季风在长江中下游长时间停留，冷暖空气在湖北上空稳定对峙，便会造成长时间集中降水，引起暴雨洪涝灾害。二是特殊的地形地貌。湖北省地处长江中游，承接长江、汉水和湖南“四水”流域下泄水量，而境内西、北、东三面环山，一遇暴雨，三面来水全部汇流到江汉平原，造成外洪内涝。三是山地抬升。由于山区迎风坡对东移的暴雨天气系统有阻滞和强迫上升的作用，造成武陵山地的东南侧、幕阜山地的西北侧以及大别山地的西南侧成为暴雨多发区。

4.2.1 暴雨洪涝监测指标

目前气候业务中使用的暴雨洪涝监测指标主要为经验指标，通过对不同时间尺度上（日、月、季）和空间尺度上（单站、区域、全省）的历年暴雨洪涝情况进行反推，从而得出不同等级的暴雨洪涝监测指标。

4.2.1.1 基于雨量和降雨天数的1～3d暴雨洪涝监测指标

雨涝等级依据前期1d、2d、3d总雨量逐站评定，具体见表4.1。

表4.1 雨量划分范围及其确定的雨涝等级

天数(d)	总雨量 R(mm)	雨涝等级
1	$80 \leqslant R < 100$	渍涝
	$100 \leqslant R < 150$	一般洪涝
	$150 \leqslant R < 200$	较重洪涝
	$R \geqslant 200$	严重洪涝

续表

天数(d)	总雨量 R(mm)	雨涝等级
2	$100 \leqslant R < 150$	渍涝
	$150 \leqslant R < 200$	一般洪涝
	$200 \leqslant R < 250$	较重洪涝
	$R \geqslant 250$	严重洪涝
3	$150 \leqslant R < 200$	渍涝
	$200 \leqslant R < 250$	一般洪涝
	$250 \leqslant R < 300$	较重洪涝
	$R \geqslant 300$	严重洪涝

4.2.1.2　基于降水距平百分率的月暴雨洪涝监测指标

100%≤月降水距平百分率≤200%，为一般洪涝；

月降水距平百分率>200%，为严重洪涝。

4.2.1.3　基于降水量和降水距平百分率的季暴雨洪涝监测指标

春季(4—5月)：降水量 R>150mm，较常年偏多2倍，春涝；

初夏(6月)：降水量 R>300mm，较常年偏多3倍，初夏涝灾；

夏季(7—8月)：降水量 R>600mm，较常年偏多1.5倍，夏涝；降水量 R>700mm，较常年偏多1.8倍，为重涝。

4.2.1.4　基于有效降水指数(EP)的单站和区域暴雨洪涝监测指标

基于有效降水指数(EP)构建单站和区域暴雨洪涝监测、评估指标(秦鹏程等，2016)，有效降水指数计算公式为

$$EP = \sum_{t=0}^{N} a^{t} P(t) \tag{4.1}$$

式中，EP 为有效降水指数；a 为降水衰减参数，取值0～1；$P(t)$ 为 t 时刻降水量，t 为距离当前的日数，$t=0$ 表示当日，$t=1$ 表示前一日，以此类推；N 为前期降水对当前影响的有效时长，理论上可以取无穷大(即考虑距当前无穷日前降水的影响)，但由于随着距离当前日数的增加，降水的权重衰减迅速，距当前14d时降水权重已不足5%($a \leqslant 0.8$时)，因此，在暴雨洪涝的监测评估中取14，即可满足需求，同时也降低了资料收集和计算要求。从上式可以看出，EP 实际上相当于加权累积降水，因此与降水量具有相同的量纲，EP 数值越小，表示有效降水越少，偏旱；EP 数值越大，表示有效降水越多，偏涝。

(1)单站暴雨洪涝识别与评估

通过对降水资料序列进行滚动计算，建立 EP 指数的时间序列，根据暴雨洪涝致灾阈值，当 EP 指数超过暴雨洪涝致灾阈值时确定发生一次暴雨洪涝过程，过程起始日期为第1天 EP 指数大于致灾阈值的日期，结束日期为最后1次 EP 指数大于致灾阈值的日期。过程强度以过程内的 EP 指数累积值表示，即

$$S(t) = \sum_{i=1}^{t} EP(i) \qquad EP(i) > EP_{\text{thr}} \tag{4.2}$$

式中，$S(t)$为 t 时刻暴雨洪涝强度；$EP(i)$为自过程起始日起第 i 日的有效降水；EP_{thr}为暴雨洪涝致灾阈值。

(2)区域暴雨洪涝识别与评估

区域性暴雨洪涝的确定通常要求发生暴雨洪涝的站点数达到一定数量或百分比，湖北省区域性暴雨天气过程判定的最低站点数量为 7～10 个，约占总站点数的 10%。为了综合考虑暴雨洪涝过程的发生范围和强度，首先对单站建立 EP 指数序列，依据单站暴雨洪涝致灾阈值，确定单站的暴雨洪涝过程，然后对每日发生暴雨洪涝的单站 EP 指数进行累加，作为区域暴雨洪涝的监测指标，为了避免监测站数不同及过程内数据缺失造成的误差，将累加值除以总站数，参照单站暴雨洪涝过程的识别和评估方法确定起止时间和强度，其中区域暴雨洪涝过程的阈值为单站暴雨洪涝致灾阈值与区域性过程判定最低站数(百分比)的乘积。

区域暴雨洪涝监测指数用公式表示为

$$RFI = \frac{1}{n}\sum_{i=1}^{n} EP_i(t) \tag{4.3}$$

其中

$$EP(t) = \begin{cases} EP(t) & EP(t) > EP_{\text{thr}} \\ 0 & EP(t) \leqslant EP_{\text{thr}} \end{cases} \tag{4.4}$$

式中，$RFI(t)$为 t 时刻区域暴雨洪涝监测指数；n 为区域内观测站的总个数；EP_{thr}为暴雨洪涝致灾阈值。

区域暴雨洪涝的综合强度 RSI 表示为

$$RSI = \frac{1}{n}\sum_{i=1}^{n} S_i(t) \tag{4.5}$$

式中，$S_i(t)$为第 i 个站点 t 时刻暴雨洪涝强度。

区域暴雨洪涝站次比 RPI 定义为当日发生暴雨洪涝的站数(n_{flood})与区域内总站数(n)的比值，即

$$RPI(t) = 100 \times \frac{n_{\text{flood}}}{n} \tag{4.6}$$

(3)参数率定及洪涝等级划分

降水衰减参数和洪涝致灾阈值通过遗传算法优化确定。以湖北省历年农作物洪涝受灾面积与该年暴雨洪涝过程累积强度的相关系数作为遗传算法的目标函数，在预先设定的参数取值空间，当降水衰减参数和洪涝致灾阈值的组合使洪涝受灾面积与过程累积强度的相关系数达到最大时即为最优参数。暴雨洪涝等级划分为轻度、中度和重度洪涝 3 级。轻度洪涝等级划分阈值直接采用上述优化后的致灾阈值，中度洪涝和重度洪涝等级通过对 76 站 1961—2017 年历次暴雨洪涝过程的最大 EP 值进行概率分布拟合计算重现期，分别以 1a 一遇和 5a 一遇对应的 EP 指数值作为等级划分依据。概率分布拟合基于超定量法的广义帕累托分布。经率定后的降水衰减参数 a 取值 0.825，暴雨洪涝致灾阈值及等级划分见表 4.2。

表 4.2　基于 *EP* 指数的暴雨洪涝等级划分标准

等级	1	2	3	4
类型	正常	轻度洪涝	中度洪涝	重度洪涝
EP	<70	70～140	140～220	≥220

(4)夏季暴雨洪涝监测

利用上述监测指标对湖北省夏季暴雨洪涝进行监测，结果表明，鄂西北地区年均发生一次暴雨洪涝；鄂西南、鄂东南年均发生两次；其余地区约两年发生三次。重度洪涝主要集中在江汉平原南部和鄂东南。1969 年、1980 年、1983 年、1991 年、1996 年、1998 年、1999 年和 2016 年夏季湖北省均发生了大范围的严重暴雨洪涝，其中 20 世纪 90 年代洪涝发生较为频繁，尤其是 1998 年和 2016 年洪涝最为突出(图 4.2，图 4.3)。

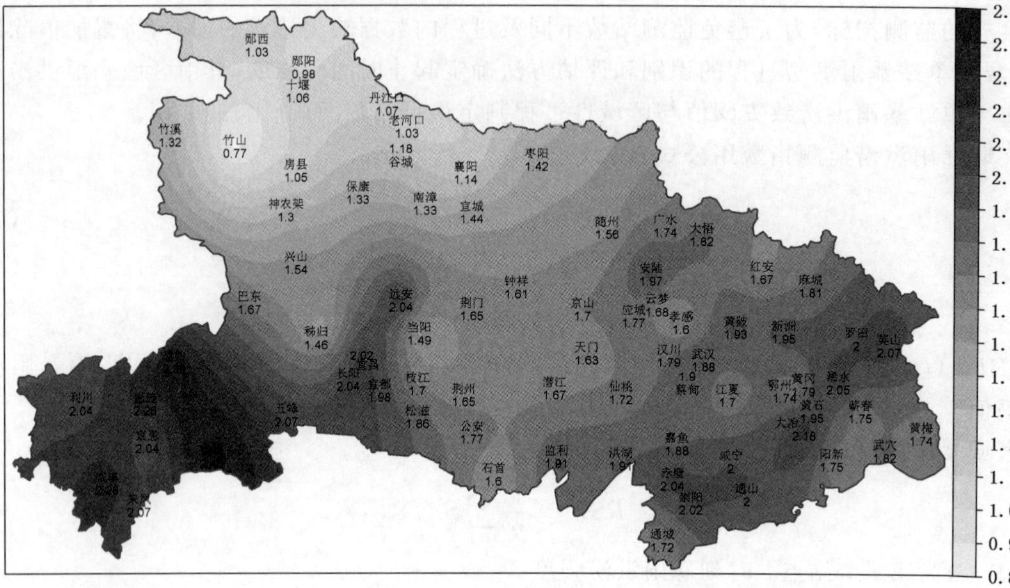

图 4.2　1961—2017 年湖北省夏季暴雨洪涝发生频率(次/年)空间分布图

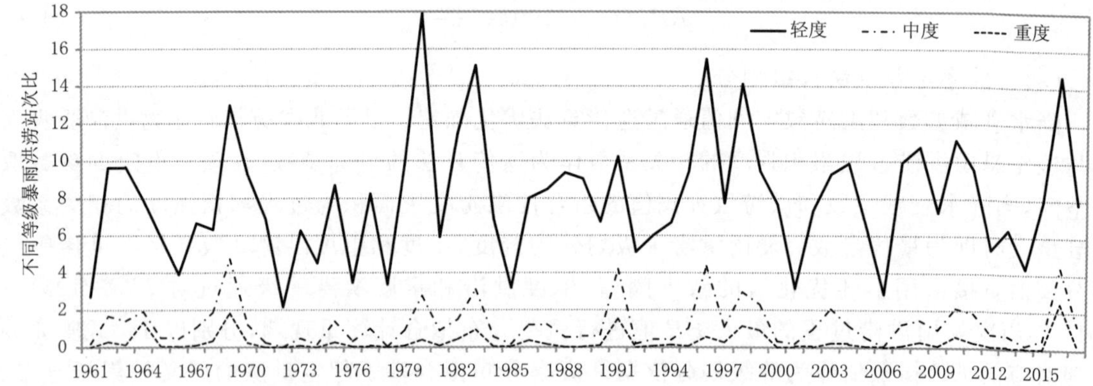

图 4.3　1961—2017 年湖北省夏季不同等级暴雨洪涝的站次比逐年变化图

4.2.1.5　基于降雨强度、范围和时间三要素的区域性暴雨洪涝监测指标

依据气象行业标准《QX/T 341—2016　降雨过程强度等级》，并结合湖北省实际情况，对可能对社会经济、环境、群众生活等造成一定影响的降雨过程进行评估，降雨过程开始定义为出现 24h 雨量达到暴雨强度(能造成一定影响)的测站数大于或等于评估区测站总数的 5%；

降雨过程结束定义为出现 24h 雨量达到暴雨强度(能造成一定影响)的测站数小于评估区测站总数的 5%。

根据降雨过程的定义,选取降雨过程的日降雨强度、覆盖范围和持续时间三个因子作为降雨过程的主要评估指标。

(1)日降雨强度(IR)

降雨过程中,日降雨强度一是要考虑降雨过程日平均降雨量,二是要考虑过程日最大降雨量,降雨过程的日降雨强度(IR)定义为评估区域按照降雨过程定义选取测站的日最大雨量平均值和过程雨量平均值的加权平均,权重取 0.5。

$$R = \frac{\sum_{i=1}^{n}(r_{\max})_i + \sum_{i=1}^{n}\left(\frac{\sum_{d=1}^{m} r_d}{m}\right)_i}{2n} \tag{4.7}$$

式中,n 为按照降雨过程定义选取的所有测站数(个),i 取值范围是$[1,n]$;$(r_{\max})_i$ 为第 i 个选取测站日最大雨量值(mm);m 为降雨过程开始到结束的持续时间(d),d 取值范围是$[1,m]$;r_d 为按照降雨过程定义选取测站第 d 天日雨量(mm)。

按照本标准降雨过程定义,选取对当地造成一定影响的降雨过程,首先要确定日降雨强度范围。利用国家标准《降水量等级》对于单个测站日降雨强度划分,确定了湖北省降雨区日降雨强度指数划分依据(表 4.3)。

表 4.3　日降雨强度(IR)指数划分

指数(IR)	24h 雨量(mm)	指数(IR)	24h 雨量(mm)
1	≥80.0	3	40.0～59.9
2	60.0～79.9	4	20.0～39.9

(2)覆盖范围(IC)

$$C = \frac{n}{N} \times 100\% \tag{4.8}$$

式中,n 为按照降雨过程定义选取的所有测站数(个);N 为评估区测站总数(个)。

对降雨覆盖范围进行指数划分,见表 4.4。

表 4.4　覆盖范围指数(IC)划分

覆盖范围	指数(IC)	占评估区域比例	覆盖范围	指数(IC)	占评估区域比例
特大范围	1	≥70%	较大范围	3	20%～40%
大范围	2	40%～70%	部分地区	4	<20%

(3)持续时间(IT)

从降雨过程开始到降雨过程结束的时间定义为降雨过程持续时间。

对降雨过程持续时间进行指数划分,见表 4.5。

表 4.5　持续时间指数(IT)划分

指数(IT)	连续降雨日数(d)	指数(IT)	连续降雨日数(d)
1	≥4	3	2
2	3	4	1

(4)降雨过程综合强度评估

降雨过程综合强度是日降雨强度、覆盖范围和持续时间三个指标共同作用的结果,在评估降雨过程综合强度时三个评价指标缺一不可,采用自然灾害风险的数学计算方法,建立降雨过程综合强度评估模型,计算得出降雨过程综合指数。

湖北省降雨过程综合指数(RPI)计算方法如下:

$$RPI = IR \times IC \times IT \tag{4.9}$$

式中,I 为日降雨强度指数;C 为覆盖范围指数;T 为持续时间指数。

降雨过程综合强度等级划分,见表 4.6。

表 4.6　降雨过程综合强度等级划分

评估区	降雨过程综合指数范围	降雨过程综合强度等级
降雨区	$1 \leqslant RPI \leqslant 6$	特强(Ⅰ级)
	$6 < RPI \leqslant 16$	强(Ⅱ级)
	$16 < RPI \leqslant 36$	较强(Ⅲ级)
	$36 < RPI \leqslant 64$	中等(Ⅳ级)

(5)监测结果

依据湖北省区域性暴雨洪涝事件定义及评估方法,利用 1961—2017 年湖北省 71 站资料,对湖北省区域性暴雨过程强度事件进行统计。

1961—2017 年,湖北省共发生区域性暴雨事件 860 次,其中较强区域性暴雨事件最多,共 494 次,占 57.44%,其次为强区域性暴雨事件 148 次和中等区域性暴雨事件 144 次,分别占 17.21% 和 16.74%,特强区域性暴雨事件最少 74 次,占 8.61%(图 4.4)。

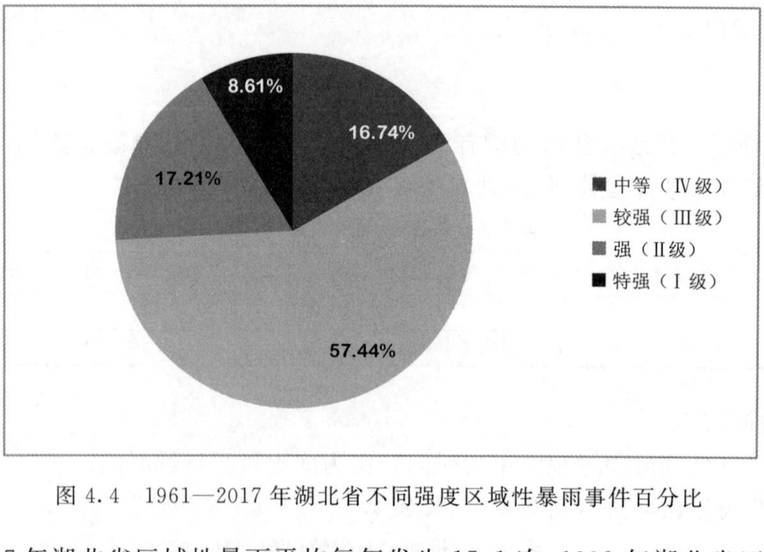

图 4.4　1961—2017 年湖北省不同强度区域性暴雨事件百分比

1961—2017 年湖北省区域性暴雨平均每年发生 15.1 次,1998 年湖北省区域性暴雨事件最多,共 24 次,1983 年特强区域性暴雨事件最多,共 5 次(图 4.5)。

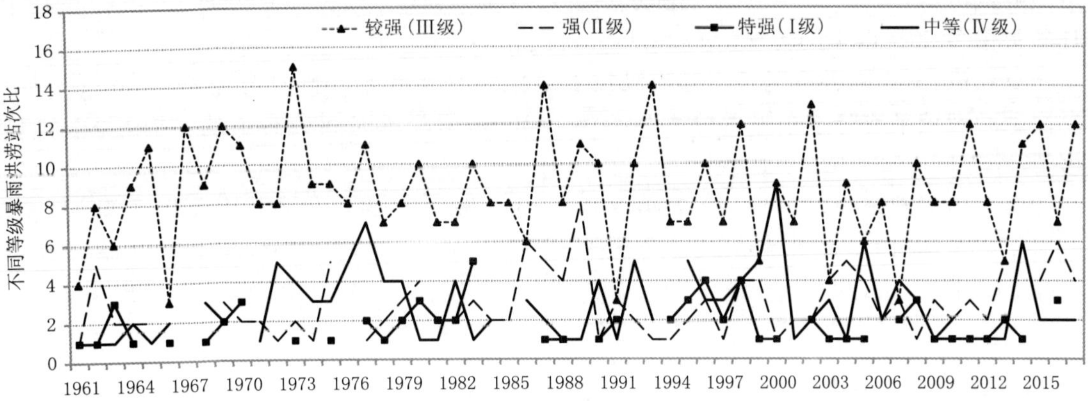

图 4.5　1961—2017 年湖北省不同强度区域性暴雨事件逐年变化

1961—2017 年，湖北省共出现 74 次特强区域性暴雨事件，前 14 位（*RPI*≤2）列于表 4.7。历史上最强的三次区域性暴雨过程分别为 2016 年 6 月 30 日至 7 月 4 日、1991 年 6 月 30 日至 7 月 12 日及 1983 年 7 月 4—7 日。其中 2016 年 6 月 30 日至 7 月 4 日最突出的特点是综合雨强大，综合雨强指数达 96.33，而 1991 年 6 月 30 日至 7 月 12 日特点为持续时间长，达 13d。

表 4.7　湖北省特强区域性暴雨事件前 14 位（*RPI*≤2）

序号	年份	开始日期	结束日期	综合雨强	覆盖范围（%）	持续时间（d）	*RPI*
1	2016	06—30	07—04	96.33	88.2	5	1
2	1991	06—30	07—12	88.64	94.7	13	1
3	1983	07—04	07—07	84.91	81.6	4	1
4	1998	07—21	07—23	90.77	71.4	3	2
5	1996	07—14	07—18	80.14	68.8	5	2
6	1999	06—26	06—29	79.26	80.5	4	2
7	1996	07—02	07—05	71.06	90.9	4	2
8	1980	07—30	08—02	70.32	92.1	4	2
9	2010	07—08	07—14	69.4	88.1	7	2
10	1980	07—16	07—20	66.01	90.8	5	2
11	2003	06—22	06—26	65.67	90.1	5	2
12	2004	07—16	07—19	65.19	79	4	2
13	1991	08—04	08—07	64.28	85.5	4	2
14	1963	08—19	08—22	60.14	90.3	4	2

4.2.1.6　秋汛监测指标

受华西秋雨影响，9—10 月是汉江流域秋汛期。如果 9—10 月汉江上中游地区出现持续性较强降水天气，特别是 9 月下旬至 10 月上旬汉江上游出现强降水过程，往往造成汉江流域出现秋汛和洪涝灾害。

秋汛等级分为一般秋汛和严重秋汛两级，具体定义如下：

一般秋汛：当汉江上游区域平均降水距平百分率为 20%～50%，且分月看，不存在其中一个月异常偏多 70%以上的情况。

严重秋汛：分为两种情况。一是当汉江上游区域平均降水距平百分率在 50%以上；二是当汉江上游区域平均降水距平百分率为 20%～50%，但降水时间分布不均，其中一个月异常偏多 70%以上。

按照上述标准统计，1961—2017 年汉江上游一般秋汛的年份有 5 次，分别为 1968 年、1970 年、1973 年、1985 年和 1996 年；严重秋汛的年份有 11 次，分别为 1964 年、1974 年、1975 年、1983 年、1984 年、2000 年、2003 年、2005 年、2011 年、2014 年和 2017 年。平均为 3～4 年出现 1 次。

4.2.1.7　洪涝遥感监测

江河、湖泊和水库等水体范围的变化可反映洪涝或干旱等信息，利用气象卫星遥感水体信息可以客观地反映区域水体面积变化，为评估洪涝灾害影响提供依据。

(1)洪涝遥感监测原理

水体与植被和土壤等地物在可见光和近红外的反射光谱特性有着较大差异。这是因为水体对 0.4～2.5μm 电磁波的吸收明显高于绝大多数其他地物，其在近红外及中红外波段的反射能量很少，而植被和土壤在这两个波段吸收能量较小，这使得水体在这两个波段与植被和土壤有明显区别。

晴空条件下，利用近红外通道为主的资料，建立不同区域、不同季节水体判识阈值，通过计算机自动判识和人机交互可以准确提取水体信息。当遥感监测的地表水体受到云、雾等因素影响时，必须排除这些干扰因素，才能准确提取水体信息。

许多湖泊及河流的水体范围随季节及降水的影响变化较大，某一时期水体范围的相对增大并不一定是洪涝泛滥所致。通过对不同时次卫星图像监测水体的比较，可以区分水体的变化部分。

估算洪涝水体面积即为计算洪涝水体所有单个像素面积的总和。通过在图像上附加经纬度、行政边界信息，可以确定水灾影响的地理范围和所在的行政区域，估算某一行政区划内的水淹面积占其土地总面积的百分比，反映受灾面积和程度。

(2)洪涝遥感监测案例

2016 年湖北省梅雨期(6 月 18 日至 7 月 21 日)降水异常偏多，出现了六轮区域性强降水过程，导致湖北省大部分出现严重洪涝灾害([彩]图 4.6)。

利用 2016 年 6 月 17 日、7 月 22 日、7 月 28 日等多天卫星遥感资料对湖北省洪涝受淹面积监测分析发现，湖北省因暴雨洪涝受淹面积达到 3833.83km^2，占全省面积的 2.07%；其中鄂州、武汉受灾最重，受淹面积分别占各市面积的 10.90%和 8.77%，孝感、咸宁、仙桃、天门、荆州、荆门、黄石、黄冈等中东部地区 8 个市受淹面积百分比均在 2.0%以上([彩]图 4.7，表 4.8)。截至 2016 年 7 月 28 日，湖北省受淹面积较受灾最重的 7 月 22 日消退了 2338.02km^2，消退了近三分之二；除鄂州、武汉、荆州 3 个市受淹面积百分比仍在 2%以上外，其他大部地区已降至 1%以下(图 4.8)。

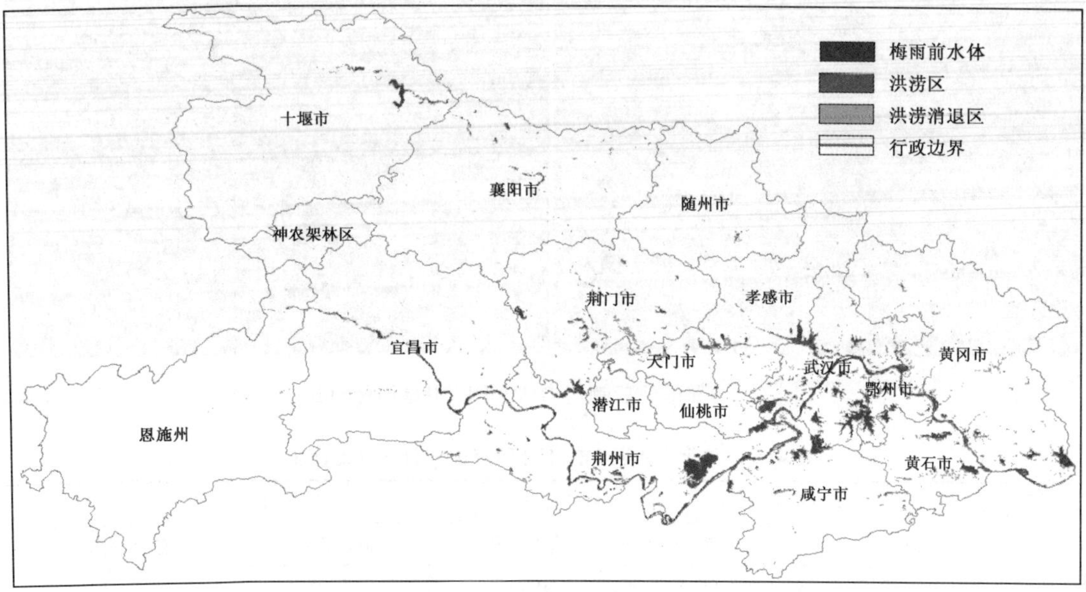

图4.6 2016年7月28日湖北省梅雨期洪涝面积变化卫星遥感监测空间分布图

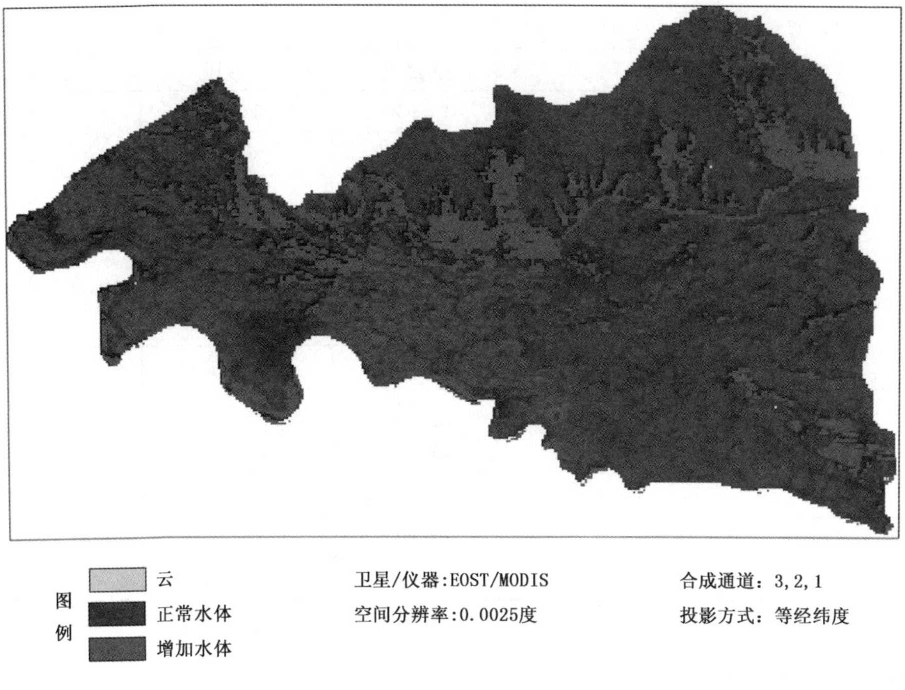

图4.7 2016年7月22日天门市洪涝面积卫星遥感监测空间分布图

图 4.8 暴雨前后荆门市 MODIS 卫星影像对比

表 4.8 湖北省各县(市、区)受淹面积(km^2)统计表

县	7 月 22 日		7 月 28 日		
	淹没面积	淹没比例(%)	消退面积	淹没面积	淹没比例(%)
宜昌	190.98	0.88	107.99	82.98	0.38
孝感	269.37	2.99	151.55	117.81	1.31
襄阳	80.20	0.39	61.40	18.80	0.091
咸宁	270.88	2.93	178.17	92.71	1.00
仙桃	59.92	2.32	37.20	22.72	0.88
武汉	771.79	8.77	438.6	333.16	3.78
天门	137.41	5.11	104.96	32.44	1.20
随州	26.33	0.27	20.87	5.46	0.05
十堰	99.57	0.41	57.77	41.79	0.17
神农架	0.0	0.0	0.0	0.0	0.0
潜江	17.85	0.87	14.82	3.03	0.14
荆州	669.79	4.92	316.41	353.37	2.59
荆门	335.95	2.64	248.05	87.90	0.69
黄石	167.97	3.86	136.42	31.55	0.72
黄冈	539.34	3.264	337.89	201.45	1.22
恩施	19.67	0.08	18.15	1.52	0.01
鄂州	176.75	10.90	107.69	69.06	4.26
合计	3833.83	2.07	2338.02	1495.81	0.81

4.2.2 暴雨洪涝对农业的影响评估

4.2.2.1 评估方法

(1)水稻受灾面积评估方法

利用实时雨量,基于暴雨洪涝淹没模型模拟获得湖北省范围受淹分布及淹没水深,利用遥感提取的水稻分布图，提取水稻田的淹没水深，根据水稻洪涝损失减产率曲线（[彩]图 4.9），估算洪涝灾害导致中稻减产率，然后统计减产率分别为 10%（受灾）、30%（成灾）、70%（绝收）以上的格点数占总格点数的比例，乘以水稻种植面积，得到水稻受灾面积、成灾面积、绝收面积。

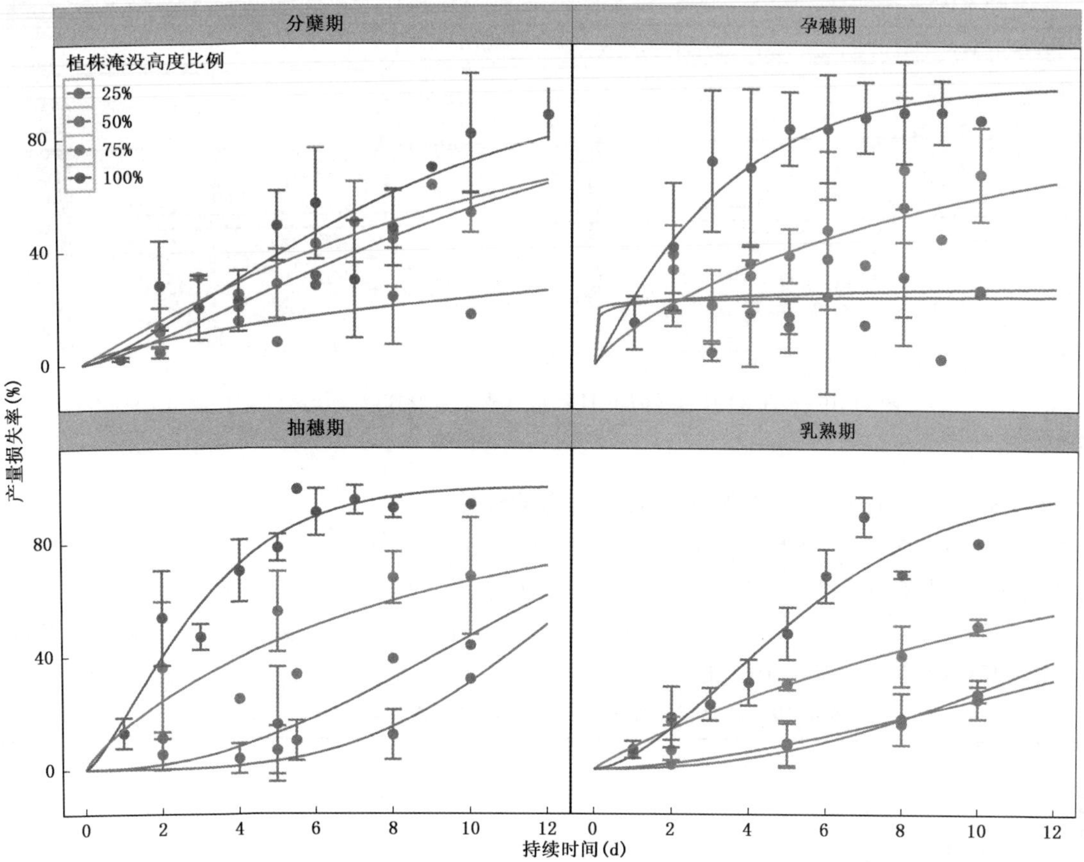

图 4.9　水稻暴雨洪涝淹没水深、历时与减产率的关系（脆弱性曲线）

（2）旱作物受灾面积评估方法

根据淹没模型模拟的淹没范围和水深，分别统计淹没深度 30cm（受灾）、50cm（成灾）和 70cm（绝收）以上的格点数占总格点数的比例，乘以旱作物种植面积，得到受灾面积和绝收面积。

4.2.2.2　评估案例

（1）2016 年 6 月 30 日至 7 月 6 日暴雨对农业的影响评估

通过统计减产率分别为 10%（受灾）、30%（成灾）、70%（绝收）以上的网格点比例，结合 2016 年作物种植面积统计资料，估计全省水稻受灾 272.5 万亩[①]（10.9%），成灾 137.5 万亩（5.5%），绝收 67.5 万亩（2.7%），旱作物受灾 354.2 万亩（16.1%），成灾 202.4 万亩（9.2%），

① 1 亩 $=1/15\text{hm}^2$

绝收 123.2 万亩(5.6%)(表 4.9,[彩]图 4.10)。

表 4.9 湖北省农作物受灾面积占播种面积的百分比(%)

作物类型	受灾面积比例	成灾面积比例	绝收面积比例
水稻	10.9	5.5	2.7
旱作物	16.1	9.2	5.6

注:受灾:减产 10%以上;成灾:减产 30%以上,绝收:减产 70%以上。

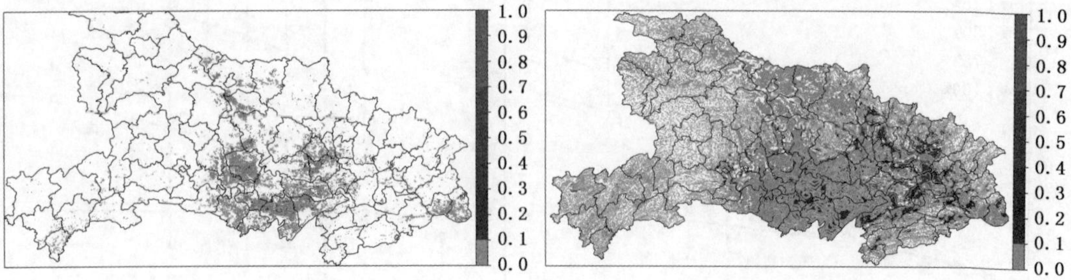

图 4.10 6 月 30 日至 7 月 6 日降水过程全省农作物受淹减产率估算
(左)水稻,(右)旱作物

(2)2016 年 7 月 17—20 日暴雨对农业的影响评估

通过统计减产率分别为 10%(受灾)、30%(成灾)、70%(绝收)以上的网格点比例,结合 2016 年作物种植面积统计资料,估计全省水稻受灾 80.5 万亩(3.2%),成灾 32.0 万亩(1.3%),绝收 10.9 万亩(0.4%),旱作物受灾 103.1 万亩(4.7%),成灾 53.6 万亩(2.4%),绝收 33.0 万亩(1.5%)(表 4.10,[彩]图 4.11)。

表 4.10 湖北省农作物受灾面积占播种面积的百分比(%)

作物类型	受灾面积比例	成灾面积比例	绝收面积比例
水稻	3.2	1.3	0.4
旱作物	4.7	2.4	1.5

注:受灾:减产 10%以上;成灾:减产 30%以上,绝收:减产 70%以上。

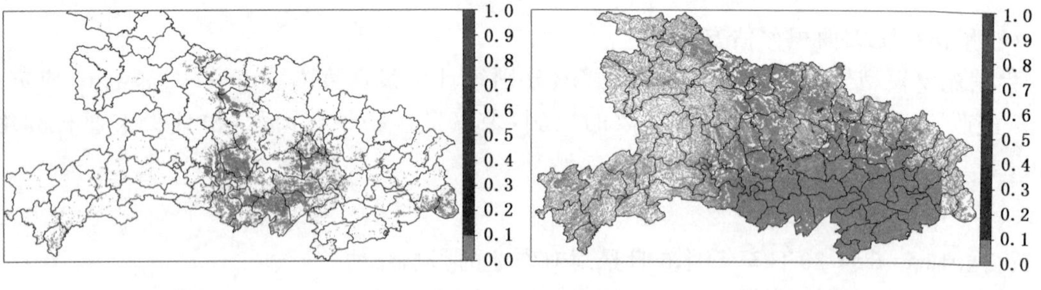

图 4.11 7 月 17—20 日降水过程全省农作物受淹减产率估算
(左)水稻,(右)旱作物

综合评估 6 月 30 日至 7 月 6 日、7 月 17—20 日两次强降水过程对农业的影响,累计造成全省农作物受灾 810.3 万亩,成灾 425.5 万亩,绝收 234.6 万亩。其中水稻受灾 353.0 万亩,成灾 169.5 万亩,绝收 67.5 万亩,旱作物受灾 457.3 万亩,成灾 256.0 万亩,绝收 156.2 万亩。

4.2.3　强降水引发的中小河流洪水风险评估

4.2.3.1　中小河流洪水临界(面)雨量确定

(1)资料

基础资料的收集整理主要依托于暴雨洪涝灾害风险普查工作,用于分析致灾临界雨量的资料可分为气象、水文、地理、隐患点、灾情等类别的数据及文字资料。要求参照《暴雨洪涝灾害风险普查技术规范》(2013)。

(2)临界(面)雨量确定方法

1)致灾条件识别

将中小河流洪水水位分为三个等级:警戒水位(三级)、保证水位(二级)、漫坝时水位即堤坝高度(一级)。

当河道有水库时,考虑水库的重要特征水位及大坝高度,作为不同洪水等级的标准。水库上游一定时效的降雨量使水库水位达防洪高水位时的面雨量称之为四级洪水临界面雨量;水库上游一定时效的降雨量使水库水位达设计洪水位时的面雨量称之为三级洪水临界面雨量;水库上游一定时效的降雨量使水库水位达校核洪水位时的面雨量称之为二级洪水临界面雨量;水库上游一定时效的降雨量使水库水位达漫坝水位时的面雨量称之为一级洪水临界面雨量。

2)方法流程(图 4.12)

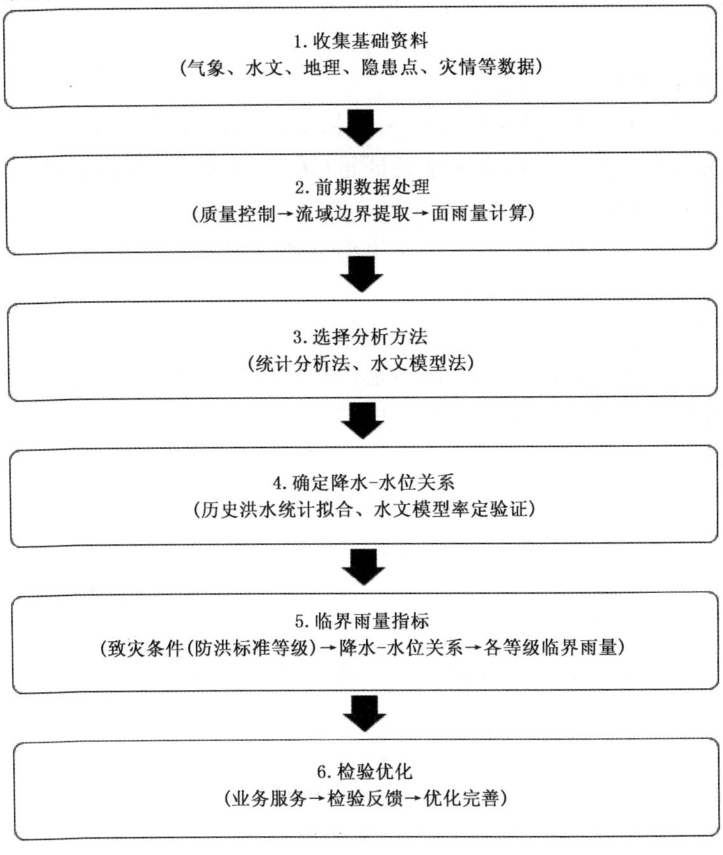

图 4.12　中小河流洪水临界(面)雨量确定方法流程

步骤一:收集基础资料

根据研究需要,收集气象、水文、地理、隐患点、灾情等各类资料。

步骤二:前期数据处理准备

①对收集资料进行质量检查和控制;

②提取流域边界,确定研究区范围,流域边界的提取方法参见附录1;

③确定流域面雨量算法,计算形成面雨量历史序列。

步骤三:分析方法

主要方法包括统计分析法和水文模型法两种。

统计分析法:通过分析洪水水文特征量(水位上涨)与水位站以上流域的面雨量及其他有关变量的关系,并建立统计模型。根据历史洪水的洪水水位或洪水水位上涨量和这个统计模型,便可以得到不同洪水等级(水位上涨量)的临界(面)雨量。或者通过建立土壤饱和度、面雨量点聚图,在图中确定一条临界线,其上为出现某级洪水,其下未出现该级洪水。所采用的主要统计方法包括:统计回归、非线性拟合、聚类分析等。

水文模型法:水文模型是以流域为系统,模拟流域上降雨径流形成过程。系统的输入是降雨量和蒸发量,输出为流域出口断面的流量过程。

方法选择的一般原则:在选择方法前,首先需要考虑资料完整度,当资料完整度较高时推荐采用水文模型进行临界面雨量分析。此外,还需要分析流域特点,例如流域面积、汇流时间等,如流域面积较大,汇流时间长,要考虑前期降水的影响和降水时效问题,应当采用动态临界雨量指标进行表征。

步骤四:确定降雨量与水位关系

①统计分析法的一般步骤:基于研究区和资料情况确定统计方法→根据所选用方法对资料进行整理→利用历史洪水过程建立水文特征量(水位、流量等)与降水量的定量关系。

②水文模型法的一般步骤:选择水文模型→准备输入和验证数据→基于历史水文数据率定和验证模型→得到适用于研究区的最优化模型参数→根据率定后的水文模型和流量—水位关系→最终确定降水与水位的定量关系。

步骤五:确定临界雨量

根据历史灾情或者防洪标准(警戒、保证水位和超堤防高度)等,利用所建立的降雨量—水位定量关系最终确定不同等级的临界(面)雨量。

步骤六:检验优化

通过实际业务服务应用对临界(面)雨量指标的合理性进行检验评估,并根据检验反馈情况不断进行优化完善致灾临界(面)雨量指标。

3)湖北省主要中小河流域临界雨量

根据《中小河流洪水、山洪、泥石流、滑坡灾害临界(面)雨量确定技术指南》(0.1版本,2013),求取了湖北省主要中小河流域致灾临界雨量(表4.11)。

表 4.11 湖北省主要中小河流的致灾临界雨量

序号	中小河流名称	三级		二级		一级	
		时效(h)	致灾临界雨量(mm)	时效(h)	致灾临界雨量(mm)	时效(h)	致灾临界雨量(mm)
1	巴河	24	398	24	487	24	550
2	渔洋河	24	81.6	24	98.4	24	110
3	堵河	24	38	24	78	24	80
4	富水	24	411	24	600	24	754
5	陆水	24	80	24	101	24	155
6	天河	24	64	24	78	24	90
7	黄柏河	24	47	24	191	24	320
8	漳河	24	285	24	512	24	526
9	香溪	24	34	24	59	24	70
10	浠水	24	614	24	752	24	800
11	举水	24	90	24	120	24	130
12	酉水	24	110	24	130	24	144
13	郁江	24	100	24	128	24	140
14	唐岩河	24	110	24	130	24	144
15	忠建河	24	110	24	128	24	140
16	娄水	24	100	24	125	24	135
17	蕲水	24	90	24	120	24	130
18	倒水	24	90	24	120	24	130
19	竹竿河	24	90	24	123	24	135
20	滠水	24	90	24	123	24	135
21	澴水	24	100	24	128	24	140
22	应山河	24	100	24	136	24	145
23	漳水	24	110	24	137	24	148
24	大富水	24	110	24	136	24	145
25	华阳河	24	100	24	128	24	140
26	滚河	24	100	24	128	24	140
27	蛮河	24	110	24	132	24	144
28	沿渡河	24	100	24	127	24	138
29	县河	24	100	24	127	24	138
30	官渡河	24	100	24	127	24	138
31	马栏河	24	110	24	130	24	144
32	夹河	24	90	24	123	24	135
33	滔河	24	90	24	123	24	135
34	野三河	24	115	24	129	24	142
35	霍河	24	100	24	127	24	138
36	南河	24	110	24	130	24	144
37	马水河	24	115	24	130	24	144
38	万江河	24	100	24	127	24	138
39	泉河	24	100	24	127	24	138
40	玛瑙河	24	120	24	138	24	150
41	溆水	24	110	24	130	24	144
42	汉北河	24	110	24	130	24	144
43	府澴河	24	110	24	130	24	144

4.2.3.2　评估案例

(1)中小河流洪水风险评估

荆门市地处汉江中下游,境内流域面积 100km² 以上的河流 46 条,过境河流主要有汉江、漳河和富水河,入境河流主要有蛮河、长寿河,出境河流主要有京山河、天门河、西荆河,汉江荆门段河道长 154km,汉江皇庄站多年平均过水流量 1710m³/s。境内有大小湖泊 87 个,其中水面面积百亩以上的有 46 个(46 个湖泊均被列入全省湖泊保护名录),较大湖泊为长湖,借粮湖、南湖次之。

2016 年 7 月 18 日荆门市开始梅雨期第六轮强降雨,连续两天出现暴雨到大暴雨、局部特大暴雨天气,尤其从 18 日夜间开始,雨势猛、强度大,且持续稳定,多站连续出现 100mm 以上的小时雨强。截至 2016 年 7 月 19 日 24 时统计,此次强降水造成全市 435949 人受灾,因灾倒塌房屋 45 户 89 间,严重损坏房屋 53 户 126 间,一般损坏房屋 8218 户 17794 间,紧急转移安置 32637 人,其中集中转移安置 9350 人,分散安置 23287 人,农作物受灾面积 56121.8hm²,其中成灾面积 7637.8hm²。全市直接经济损失 72039.65 万元,其中农业损失 35797.75 万元,工矿企业损失 20 万元,基础设施损失 1410 万元,家庭财产损失 903 万元。

1)基本情况

过程雨量大,超临界致灾雨量。2016 年 7 月 19—20 日,湖北荆门地区出现强降水,强降水中心位于荆门地区的中西部,大部自动站累计雨量在 200mm 以上,其中有 13 个站出现 500mm 以上降水,最大出现在沙洋马良 880mm(图 4.13)。

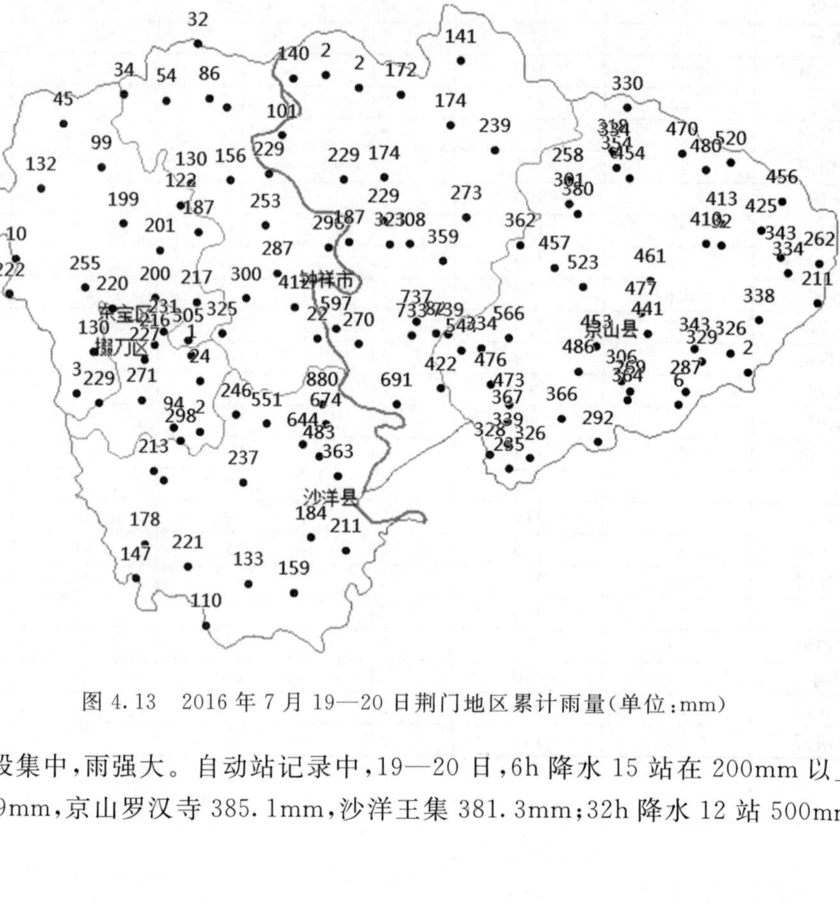

图 4.13　2016 年 7 月 19—20 日荆门地区累计雨量(单位:mm)

降水时段集中,雨强大。自动站记录中,19—20 日,6h 降水 15 站在 200mm 以上,其中沙洋马良 519.9mm,京山罗汉寺 385.1mm,沙洋王集 381.3mm;32h 降水 12 站 500mm 以上,其中沙洋马良 874.6mm，京山长滩办事处 729.1mm。沙洋县马良镇 6h、12h、32h 累计雨量均突破了湖北省有气象记录以来的历史极值。

汛情严峻。受强降雨影响，21 日 08 时省内大型水库共 19 座水库超汛限，超汛限较多的分布在荆门、孝感、黄冈、武汉等地，荆门先后有 10 座大中型水库超历史最高。

2)淹没分析

基于实况降水数据及地形数据，运用二维水动力洪涝淹没模型对荆门市 7 月 19—20 日强降水过程的淹没进行模拟计算，得到淹没水深空间分布图([彩]图 4.14)。如[彩]图 4.14 所示，淹没区域主要位于河道附近及地势低洼地区，水深大部 0.2～2.0m。

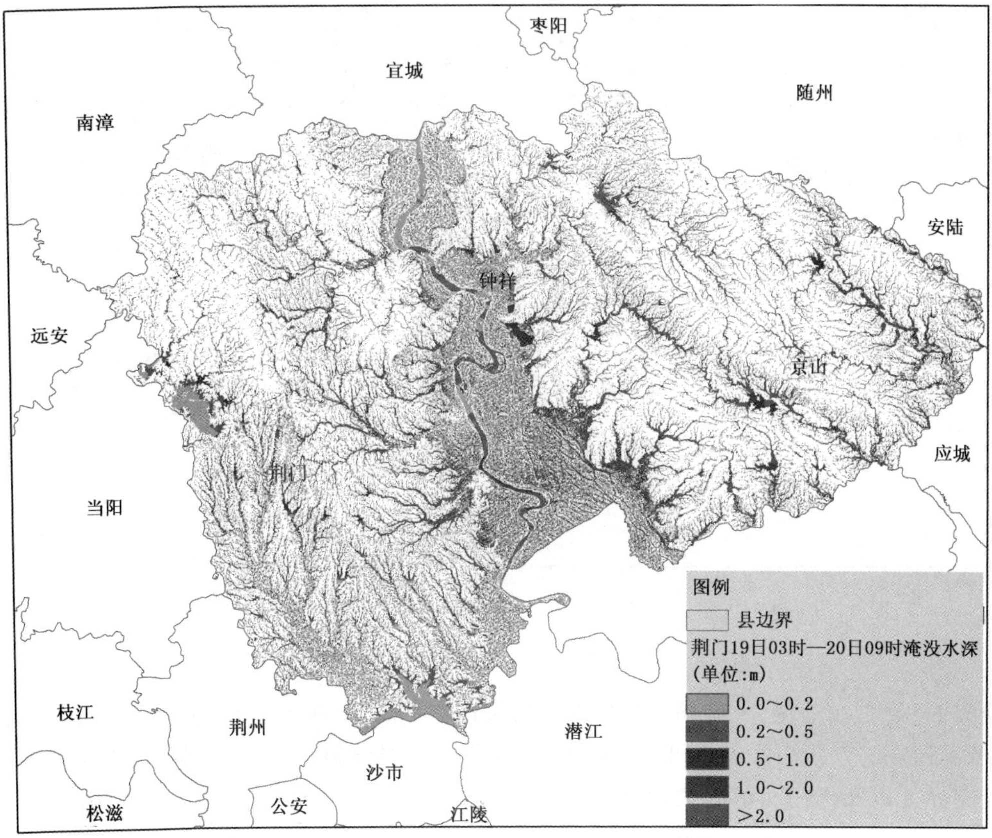

图 4.14　2016 年 7 月 19—20 日荆门淹没水深分布图

3)中小河流风险评估

中小河流风险预警产品 19 日 20 时显示“未来 24 小时内省内澴河、敖水、浰河、大富水、南支河、汉北河、东荆河、金水河、四湖总干渠、富水、府河、漳水、漳河等 13 条中小河流有极高洪水气象风险；应山河、滠水、倒水等 3 条中小河流有较高洪水气象风险”。

根据湖北省防办收集到的水情信息：汉北河天门 21 日 08 时水位 31.35m，超保证 1.35mm，超历史 0.74m(7 月 7 日历史最高水位 30.61m)；大富水应城 08 时水位 32.78m，超警戒 3.78m，21 日 03 时，洪峰水位 33.01m；21 日 08 时，省内其他中小河流滠水黄陂水位 27.91m，超警戒 1.91m；富水河阳新水位 22.21m，超警戒 0.71m。环水孝感水位 32.01m，超保证 1.01m；府环河卧龙潭水位 30.95m，超保证 1.26m。

(2)中小河流洪灾实地调查与结果检验

1)基于采集系统 APP 实地灾情核实

7 月 20—21 日武汉区域气候中心灾情调查组赴荆门市进行了实地灾情核实，区域强降水导致荆门市内涝严重(图 4.15)。发现灾害有如下特点：

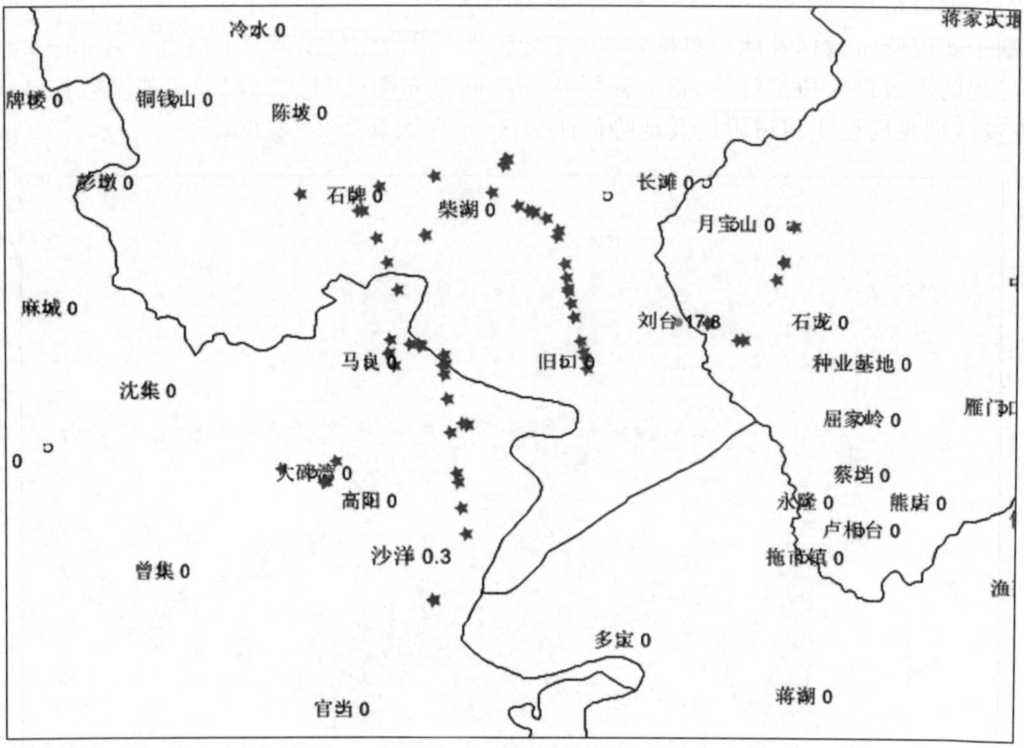

图 4.15　基于灾情采集系统 APP 传回的 7 月 20—21 日荆门市实地核灾点

(图中五角星为核灾点)

受灾面积大：在马良、大碑湾、高阳、石牌、柴胡、旧口、长滩等乡镇，随处可见被淹没的农田、水产养殖场。7 月 9 日和 22 日的 MODIS 卫星影像对比显示，荆门市的沙洋县、钟祥、京山县三县交界处以及天门北部有大片洪涝严重区(图 4.16)。

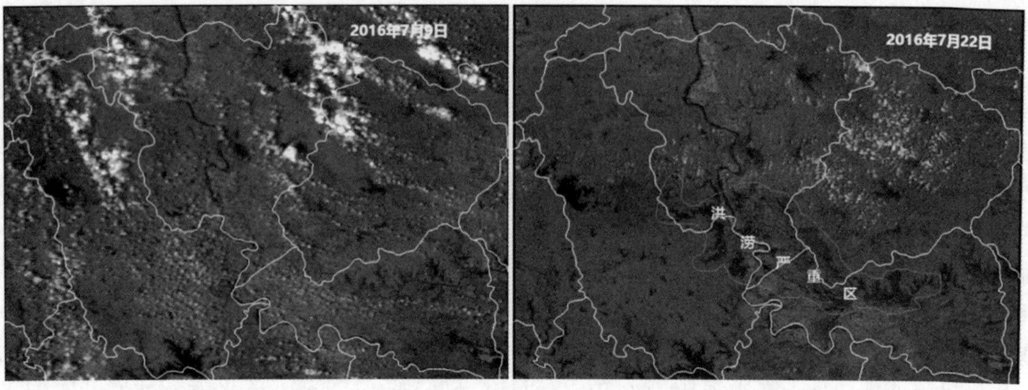

图 4.16　暴雨前后荆门市 MODIS 卫星影像对比

农业、水产养殖业损失惨重：核灾发现，沿途大片农田和水产养殖场被淹。大部分农田水深最高时有 1m 以上，主要受灾的农作物有水稻、玉米、豆类等（图 4.17，图 4.18）。在沙洋县高阳镇的黄荡湖看到，原本是水产养殖基地的湖区全部淹没（图 4.19），水产几乎绝收；京山县石龙镇何集一乌龟养殖场全部淹没，损失惨重（图 4.20）。

图 4.17　钟祥市柴湖镇大片玉米受灾

图 4.18　沙洋县马良镇大片水稻受灾

大批民众生活受影响：沙洋县高阳镇的黄荡湖区，是一个大型水产养殖基地，由于地势低洼，暴雨后湖区涨水 4～5m，约 12000 群众被紧急转移安置。通过卫星地图、地理高程、实地核灾估算，淹没区面积约为 10.3km^2（图 4.21）。

由于特大暴雨加上上游水库溢洪，屈家岭管理区的何集、长滩、罗汉寺、易家岭、屈家岭办事处等区域严重受灾（图 4.22）。实地核灾发现，淹没区内房屋倒塌、群众被困、农田被淹、村镇孤立，急需救援。

图 4.19　黄荡湖区全部淹没，水产养殖损失惨重

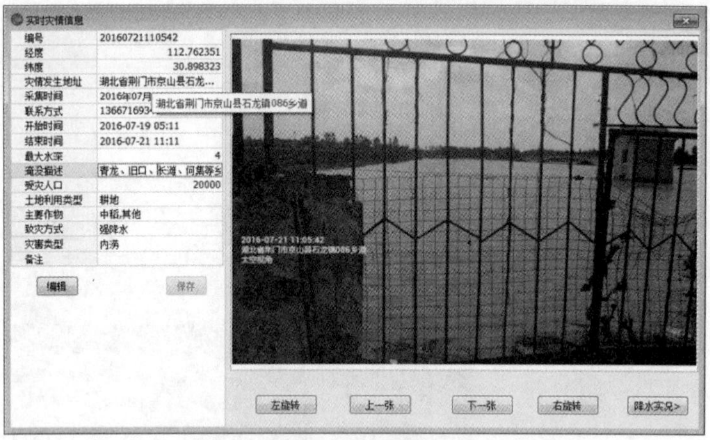

图 4.20　京山县石龙镇何集一乌龟养殖场全部淹没

图 4.21　黄荡湖淹没区示意图

图 4.22　屈家岭管理区何集刘台大片农田、村庄、道路淹没

利用气象灾情采集手机 APP 传回的 65 个实地调查的灾情点位，与淹没水深进行叠加分析，可以看到与模拟的淹没区域匹配准确，匹配率达到 89%（表 4.12）。

表 4.12　2016 年 7 月 19—20 日暴雨洪涝淹没模拟与灾情采集水深(m)比较

地址	经度(°E)	纬度(°N)	水深	主要作物	灾害类型	模拟水深
钟祥市柴湖镇 G42 沪蓉高速	112.6178	31.01312	1.3	其他	内涝	0.795
钟祥市旧口镇 216 省道	112.655	30.96066	1.5	中稻，油菜，小麦，棉花，蔬菜，其他	内涝	1.031
钟祥市旧口镇 216 省道	112.6385	30.97838	0.6	中稻，油菜，蔬菜，其他	内涝	0.24
沙洋县沙洋监狱管理局 001 县道	112.5837	30.79023	1.1	中稻，其他	内涝	0.84
钟祥市旧口镇 216 省道	112.6631	30.92315	1	其他	内涝	0.793
沙洋县沙洋监狱管理局上筲箕湖	112.5879	30.82638	1.2	其他	内涝	1.097
沙洋县马良镇中国电信门前	112.5593	30.88156	1.5	中稻，蔬菜	内涝	1.434
沙洋县沙洋镇洪岭大道南	112.5676	30.69795	2.2	其他	内涝	2.251
沙洋县马良镇潘师傅老面馒头马良店	112.5577	30.88251	0.5	其他	内涝	0.63
沙洋县沙洋监狱管理局 001 县道	112.5868	30.76436	1.2	中稻，其他	内涝	1.434
钟祥市旧口镇 216 省道	112.6479	30.97393	1	中稻，其他	内涝	1.318
钟祥市柴湖镇 081 乡道	112.5625	30.96192	1.1	中稻，其他	内涝	1.556
沙洋县马良镇 011 县道	112.5363	30.87612	2	其他	内涝	2.559

2)基于无人机航拍影像检验

7 月 21 日武汉区域气候中心使用无人机对荆门市沙洋县高德镇黄荡湖洪涝情况进行灾情核实。无人机航拍图片显示（图 4.23），东南部与西北部洪涝淹没严重，与模拟的淹没区域对比可见，淹没区域与实际淹没区域较吻合（[彩]图 4.24）。

图 4.23　2016 年 7 月 21 日荆门沙洋县高阳镇黄荡湖无人机航拍图片(浅色为淹没区域)

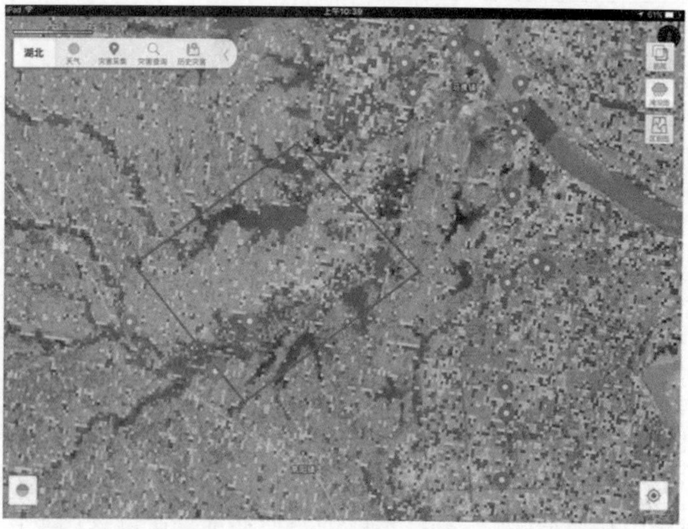

图 4.24　2016 年 7 月 19—20 日荆门沙洋县高阳镇、马良镇淹没水深叠加实际调查点分布图
(绿色为高德地表影像,蓝色为淹没水深,红色点为灾情调查系统 APP 传回的灾情点,
红色区域为黄荡湖附近区域)

4.2.4　城市内涝灾害风险评估

4.2.4.1　致涝临界面雨量的计算(洪国平,2018)

致涝临界面雨量是开展城市内涝区划和内涝预警的重要参数,对于精细化的内涝预警,还要开展子区域致涝临界面雨量的计算,子区域管网泵站抽排能力越高,管网越高效,致涝临界面雨量也越大,越不容易内涝,反之,致涝临界面雨量越小,越容易内涝。

不同历时径流系数不相等,则渍涝临界雨量也不相等。

设子区域致涝临界面雨量为 R_b(m),流域泵站设计排水能力为 C(m^3/s),雨污混排的泵站平均排污量为 C_0(m^3/s),流域面积为 S(m^2),时长 t(s),径流系数 K,则可根据下式求各历时的致涝临界面雨量:

$$(C - C_0)t = K \cdot R_b \cdot S \tag{4.10}$$

根据式(4.10),求出短历时 1h、2h、3h、6h 和 12h 各区域(包括主城区)的致涝临界面雨量,理论上当实际面雨量 $R < R_b$ 时,不会形成渍涝,但当 $R \geqslant R_b$ 时,区内降水会依据重力势能从低洼地方开始逐步形成内涝,降水越强,时间越长,渍涝面积增大,深度加深。

日常为城市排涝部门服务中,当预报面雨量大于临界面雨量时,应当发布内涝点(路段)、内涝等级预警。

根据各泵站抽排能力设计参数、平均污水排量、集水面积、各历时径流系数、时长,计算得出武汉城区各主要汇水区域及主城区各历时的致涝临界面雨量(表 4.13)。

表 4.13　武汉市主城区各泵站不同历时致涝临界面雨量(单位:mm)

泵站点	1h	3h	6h	12h
后湖	34.6	45.8	64.9	127.1
常青	35.1	50.8	66.2	126.5
罗家路	34.1	51.1	65.6	116.8
新生路	34.8	50.8	52.2	100.4
前进路	34.6	50.4	56.0	99.4
鹦鹉洲	34.7	50.7	65.9	100.0
天津路	34.6	75.6	141.5	271.4
主城区	29.5	49.3	66.9	122.8

由表 4.13 可见,随时间增长,致涝面雨量增大,按 6h 平均,主城区 1h 平均渍涝雨量约 11mm,按 12h 平均,主城区 1h 平均渍涝雨量约 10mm,当未来 6h 降水预报超过 66mm,12h 降水预报超过 120mm 时,城区将会出现内涝。

4.2.4.2　评估案例

2016 年 7 月 6 日武汉大部出现大暴雨—特大暴雨,最大雨强 20～40mm/h,局部 40～80mm/h(图 4.25,图 4.26)。武汉城市渍涝监测表明,7 月 6 日武汉市降水达临界致灾雨量,有渍涝灾害发生。

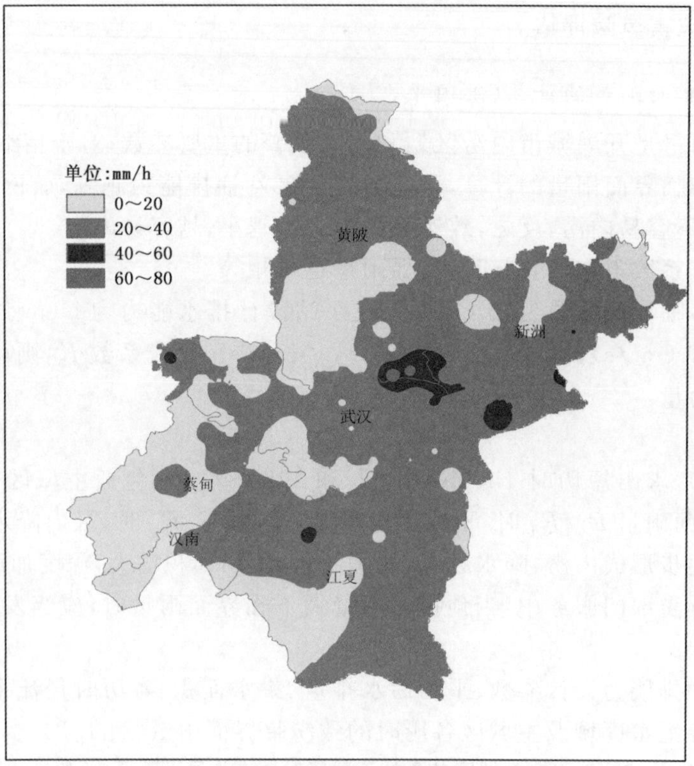

图 4.25　2017 年 7 月 6 日武汉市最大小时雨强分布图

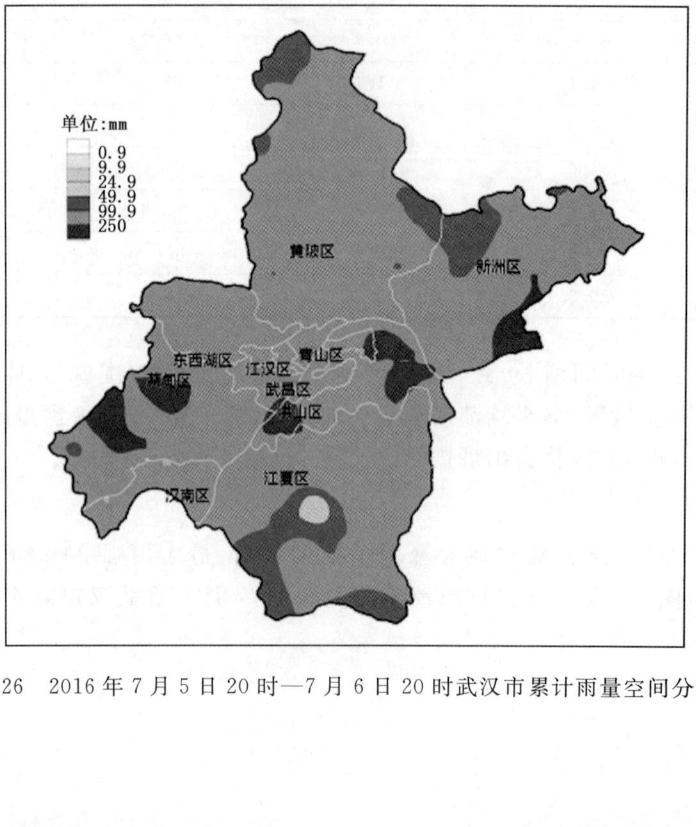

图 4.26　2016 年 7 月 5 日 20 时—7 月 6 日 20 时武汉市累计雨量空间分布图

图 4.27　7 月 6 日武汉洪山区珞狮南路交通严重受阻

7 月 6 日全市因渍水导致车辆无法通行的路段共计 187 处，113 条公交线路已经停运(图 4.27，[彩]图 4.28)。武汉市的长江隧道门口临时树起封闭牌。过江的汽轮、汽渡停航。武汉地铁 2 号线中南路、4 号线武昌火车站、梅苑小区站等由于进水，为确保乘客安全，临时封闭，造成大量乘客滞留。武汉市武昌公正路上的一处涵洞，积水最深处已经没过道路中央近 1m 高的隔离栏。中国农业银行武昌支行门口，大门紧闭，该行工作人员介绍说，由于暴雨造成市区严重渍水，运钞车无法按时到达网点，因此，暂时停止所有柜台业务。市区汉口解放大道黄浦大街至三阳路、红旗渠路、武昌雄楚大道等多条道路出现渍水堵塞。部分地势低洼道路及社区内，大量小轿车浸泡在水中，一些汽车甚至被积水没过车顶。在武汉市南湖区文馨街附近，积水最深处已至大腿部位，多辆涉水经过的轿车在水中熄火抛锚，大型工程车辆现场进行救援。

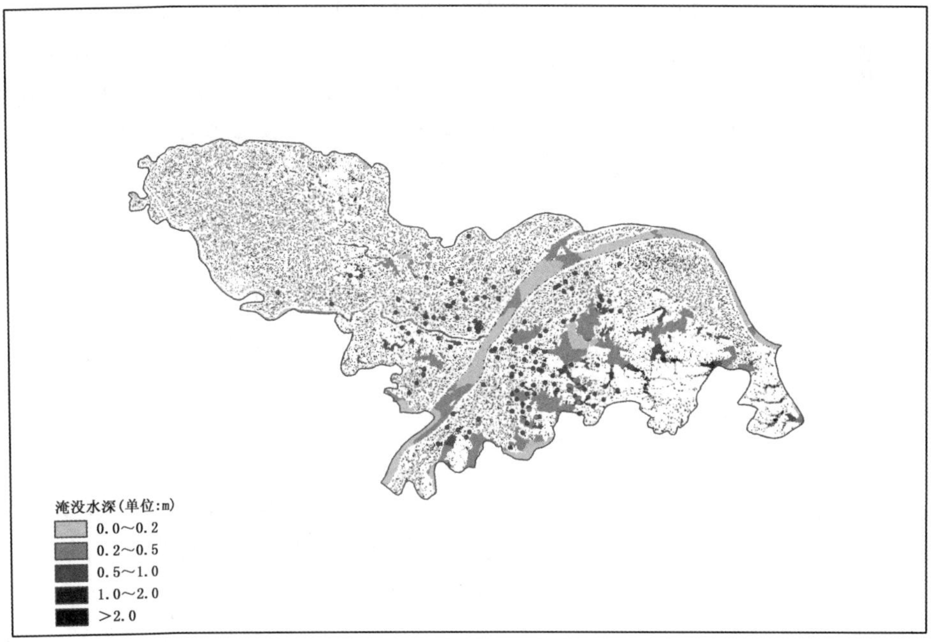

图 4.28　2016 年 7 月 6 日武汉城区淹没水深空间分布图

基于实况降水数据及地形数据，运用暴雨洪涝淹没模型对武汉城区 7 月 6 日强降水过程进行淹没水深模拟计算（叶丽梅，2016），得到淹没水深空间分布。如图 4.28 所示，武汉城区淹没水深大部在 0.2～2m。图 4.28 中淹没水深叠加城区渍水点，大部渍水点位于淹没区域内（表 4.14）。

表 4.14　2016 年 7 月 6 日武汉城区主要淹没路段水深

F1	编号	地址	水深(m)
洪山	1	青菱河路	1.05
洪山	7	野芷湖桥下掉头处	1.32
东新	18	民族大道新竹路口	1.31
洪山	24	书城路文治街	1.14
洪山	47	卓刀泉北路	1.74
汉阳	68	琴台大道华园路	1.18
桥口	89	建设大道双墩	1.74
洪山	97	欢乐大道杨春湖上桥处	1.19
江汉	118	红旗渠路	1.23
东西湖	125	金山大道三店路口	1.89

4.2.5　降水对地质灾害的影响评估

4.2.5.1　滑坡灾害临界雨量指标确定

(1)鄂西滑坡灾害临界雨量指标确定

结合年降雨量、暴雨频次分布等气候因素，按照各站点气候背景及地质条件，可将湖北省西部分为 3 个滑坡灾害气象预警区，即Ⅰ区为鄂西北的竹山、竹溪、郧西、郧县、十堰、房县、丹江口、谷城、南漳、神农架、保康和宜城等 12 个县市，共有 22 次滑坡个例，占总次数 11.3%；Ⅱ区为秭归、兴山、巴东、宜昌、远安、当阳、长阳、宜都、枝江等 9 个县市；Ⅲ区为恩施、建始、鹤峰、利川、五峰、咸丰、宣恩和来凤等 8 个县市，对其夏季发生的滑坡事件进行定量分析，其大降雨型滑坡临界雨量判据及预报模型为：

$$\min R_0 = R_{(\text{当日})} + R_{(\text{前1日})} + R_{(\text{前2日})} + R_e \tag{4.11}$$

式中，R_0 为各区发生大降雨型滑坡最小雨量值作为区域临界雨量；$R_{(\text{当日})}$ 为滑坡发生当天 24h 雨量，实际业务中用当日预报值代替；$R_{(\text{前1天})}$ 和 $R_{(\text{前2天})}$ 分别为滑坡发生前第 1 天和第 2 天 24h 雨量；R_e 为滑坡发生前第 3 天至第 18 天有效雨量，其经验公式为：

$$R_e = \sum_{k=3}^{18} \alpha^{k-2} \cdot R_k \tag{4.12}$$

式中，R_k 为滑坡发生前第 k 日的雨量，$k=3,4,\cdots,18$，α^{k-2} 为衰减系数，α 近似取 0.8。

各区选取发生滑坡 30%、50%、70%的概率作为可能性较大、可能性大、可能性很大临界值，则各区大降雨型滑坡可能性临界值如表 4.15 所示。

表 4.15　各区大降雨型滑坡临界雨量

分级	最小临界雨量(mm)	可能性较大(mm)	可能性大(mm)	可能性很大(mm)
Ⅰ	54	64	87	114
Ⅱ	35	44	61	90
Ⅲ	39	80	119	191

(2)基于土壤侵蚀模型的强降雨引发地质灾害临界雨量的确定(梁益同等,2017)

1)基本原理

基于土壤侵蚀 USLE 模型式(4.13),可以推算研究区域不同土壤特性下各栅格点发生滑坡需要的降水量。

$$E_q = R \cdot K \cdot L \cdot S \cdot V_{eg} \cdot P \tag{4.13}$$

式中,E_q 为土壤侵蚀量[t/hm^2];R 为降雨侵蚀力因子[$(MJ \cdot mm)/(hm^2 \cdot h)$];$K$ 为土壤可蚀性因子[$MJ \cdot mm/(hm^2 \cdot h)$];$L$,$S$,$V_{eg}$和 P 分别为坡长、坡度、植被覆盖和土地利用类型因子(无量纲)。

对滑坡发生有贡献的有效雨量经验公式:

$$P_j = k^j \cdot r_j \tag{4.14}$$

式中,P_j 和 r_j 分别为滑坡当天倒数第 j ($j=0,1,\cdots,14$)天的有效降雨量和实际雨量;k 为有效雨量系数,一般取 0.84。有效降水日雨量大于等于 12mm,否则以 0 计算。

15 天侵蚀力模型定义如下:

$$M = \alpha \sum_{j=0}^{14} (P_j)^{\beta} \tag{4.15}$$

式中,M 为半月时段的降雨侵蚀力值[$(MJ \cdot mm)/(hm^2 \cdot h)$];$P_j$ 为滑坡当天倒数第 j 天的侵蚀性日雨量,要求日雨量大于等于 12mm,否则以 0 计算。

栅格化滑坡灾害点分布,按照地形植被分布,将研究区域分割成小的区域,每个小区域中至少包含一个滑坡点灾情信息,利用 USLE 模型计算每个滑坡点灾害发生时的土壤侵蚀量,同一区域的滑坡点侵蚀度平均值作为该区域滑坡需要的侵蚀度。

以分区的土壤侵蚀值作为基础,提取每个栅格点坡长、坡度、植被覆盖和土地利用类型,利用 USLE 模型,反推栅格点地质灾害临界雨量,绘制不同等级地质灾害临界雨量分布图。

2)滑坡临界雨量估算技术流程(图 4.29)

4.2.5.2　利用鄂西滑坡灾害临界雨量指标进行评估案例

2016 年 7 月 18—21 日,运用湖北省鄂西强降水引发滑坡临界雨量评估模型监测可知,除鄂西Ⅰ区未达到滑坡临界有效雨量,滑坡可能性较小外,其他各区均超过滑坡临界有效雨量,其中鄂西Ⅱ、Ⅲ区分别在在 7 月 18 日和 19 日达到滑坡高风险并持续到 21 日(图 4.30)。

2016 年 7 月 18—21 日,经国土部门统计,全省以持续性强降雨引发的滑坡共发生 266 起左右,发生区域主要分布在鄂西南(宜昌、恩施等地),其中鄂西Ⅰ区 3 起,鄂西Ⅱ区 76 起,鄂西Ⅲ区 74 起。

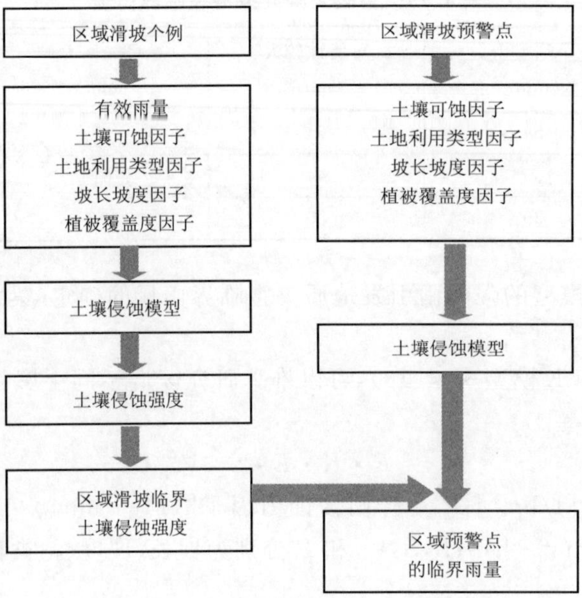

图 4.29　滑坡致灾临界雨量估算技术流程

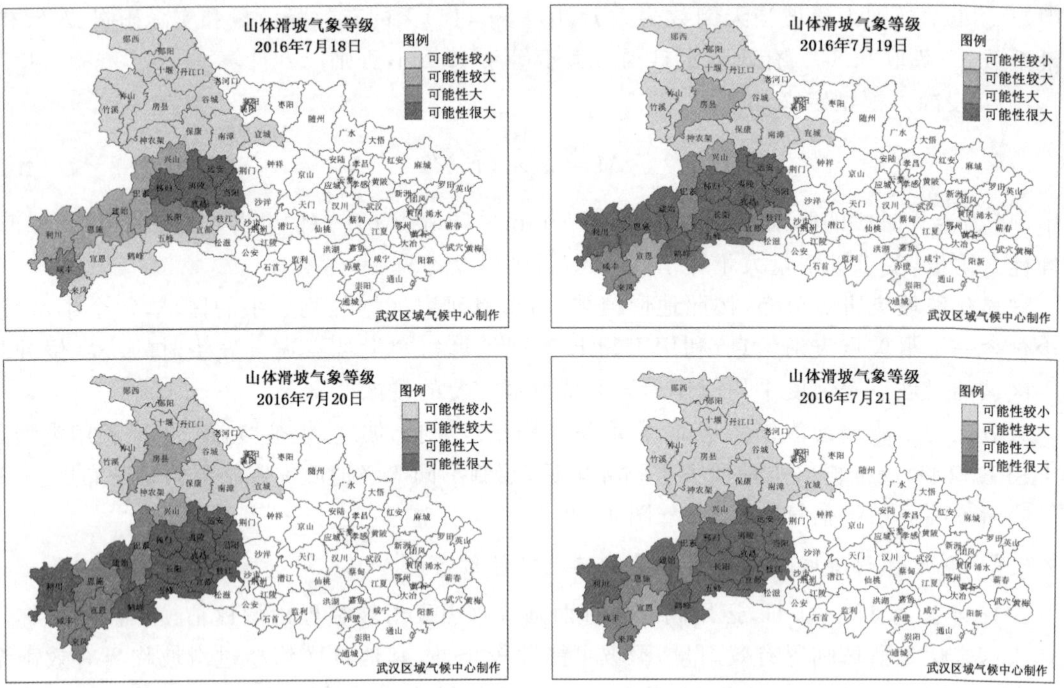

图 4.30　2016 年 7 月 18—21 日鄂西山体滑坡气象等级分布图

4.2.5.3　基于土壤侵蚀模型对地质灾害进行评估案例

根据国土资源部和中国气象局“地质灾害气象风险预警业务”规定，地质灾害气象风险预警的等级由弱到强依次分为四级、三级、二级、一级，分别表示气象因素致地质灾害发生有一定风险、较高风险、高风险、很高风险。按 USLE 模型算法，计算 21 个滑坡个例的土壤侵蚀模数，取其中最小值为 58.2t/km^2 为该区域的滑坡气象风险预警等级四级的临界土壤侵蚀模数。若分别选取发生滑坡 30%、50%、70%的概率为三级、二级、一级的预警等级，同样计算出秭归县各滑坡预警等级的临界土壤侵蚀模数分别为 115.7 t/km^2、162.5 t/km^2 和 284.5t/km^2（表 4.16）。

表 4.16　秭归县不同滑坡气象风险预警等级临界土壤侵蚀模数

预警等级	临界土壤侵蚀模数(t/km^2)	预警等级	临界土壤侵蚀模数(t/km^2)
四级(有一定风险)	58.2	二级(高风险)	162.5
三级(较高风险)	115.7	一级(很高风险)	284.5

表 4.17　秭归滑坡临界雨量的验证

时间	地点	不同滑坡气象风险预警等级临界雨量(mm)				实际有效雨量(mm)
		四级	三级	二级	一级	
2008 年 8 月 15 日	宜巴公路卜文段肖胡子岭	32.3	40.3	48.5	62.5	60.0
2008 年 8 月 23 日	郭家坝镇郭家坝村	34.5	46.9	52.3	66.5	52.1
2008 年 8 月 30 日	归州镇二碑湾	25.3	32.9	38.9	50.4	69.3
2008 年 8 月 30 日	归州集镇政府宾馆屋后	38.2	46.9	54.8	70.2	69.3
2008 年 8 月 30 日	沙镇溪镇集镇香山路	35.0	46.7	52.5	66.6	69.3
2008 年 8 月 31 日	水田坝乡下坝村三组	46.2	58.9	69.0	82.4	57.3
2008 年 9 月 10 日	沙镇溪镇乐丰村委会	28.4	36.2	43.6	52.2	58.6
2008 年 9 月 12 日	沙镇溪镇树坪村委会	25.2	33.8	39.9	48.8	37.8

将 2008 年 8 个滑坡预警点临界雨量进行验证，发现 8 个样本的实际有效雨量中，全部超过了临界雨量，其中 1 个为四级，2 个为三级，2 个为二级，3 个为一级（表 4.17）。验证结果表明各滑坡预警点临界雨量均有较强的预警效果。

4.2.6　湖北省历史典型暴雨洪涝事件

湖北省历史典型暴雨洪涝事件见表 4.18。

表 4.18　典型暴雨洪涝事件

时间	事件	描述
1954 年	夏季长江流域及湖北省特大洪涝	自 4 月下旬始，湖北省大部地区绵雨不断，尤其是西太平洋副热带高压脊线从 6 月 3 日到达 20°N 以后，一直滞留在 20°—25°N，长达 57d 之久，直至 7 月 31 日才北跳到 29°N，湖北省于 6 月 2 日入梅，7 月 31 日出梅，梅雨期长达 58d。梅雨期间强降水不断发生，致使江河水位暴涨，湖泊满溢，河堤溃决，为保卫武汉、黄石，从沙洋至黄梅的范围内分洪后一片汪洋，酿成百年来未有的特大洪涝灾害。据统计，全省受灾田地 2223 万余亩；受灾人口 1034.7 万；全省灾情以荆州、孝感、黄冈 3 个专区最为严重；截至 8 月底，全省共死亡 9132 人。

续表

时间	事件	描述
1964 年	6 月下旬至 7 月初暴雨和严重秋汛	湖北省 6 月 24 日入梅，7 月 2 日出梅，梅雨期仅 9d。这 9d 连降大到暴雨，总量在 300mm 以上的有 20 个台站。6 月 23—30 日，除鄂西北外，湖北省出现了大范围持续强降水过程，暴雨范围遍及鄂西南、江汉平原和鄂东。有 38 个县市受灾，其中重灾县 12 个；受灾农田 75 万余亩，其中 350 万亩无收(粮食 300 万亩，棉花 50 万亩)；死亡 81 人，伤 148 人；倒房 5 万余间；冲坏小水库 24 处、塘堰 1.44 万口，山河民堤溃口 3700 处。 汉江上游自 8 月下旬至 10 月上旬连续四、五十天阴雨连绵。10 月 2—5 日，陕南、丹江、唐白河以及南河、堵河、滚河、蛮河雨势加强，汉江上游雨量大都在 100mm 以上。洪水产流区主要在石泉至丹江段，10 月 4 日黄龙滩最大流量达 7520m³/s，5 日白河洪峰流量达 18400m³/s，加上汉江其余支流洪水汇入，致使丹江口水位急涨，5 日黄家港水位达 96.45m。又因前期汉江河道底水高，故造成汉江中下游洪水峰高、量大。10 月 7 日，碾盘山最高水位 52.31m，相应流量达 33000m³/s；9 日岳口水位 40.62m，仙桃水位 36.22m；10 日杜家台水位 35.58m，均破当地历史纪录。据水文资料记载：这次汉江干流出现了 1935 年以来的最大洪水。这次洪水造成堵河、南河流域山洪暴发，汉江沿岸洪涝成灾。洪涝灾害涉及襄阳、荆州、孝感 3 个专区 16 个县、市，共有 4670 个生产队 12.6 万多户 58.6 万多人受灾；受灾农作物面积 78 万多亩，损失、冲走、霉烂粮食 1405.5 万多公斤、棉花 340 万多公斤、油料 165 万多公斤；冲走、倒塌房屋 3.3 万多间，损坏 2.1 万多间；死亡 72 人，伤 114 人；死大耕畜 276 头；其他如水利设施、河岸沟坝、木材、家禽、家畜以及衣被等损失也很严重。
1969 年	6 月下旬至 7 月中旬梅雨期持续性暴雨	6 月 23 日至 7 月 16 日，湖北省出现 23d 的梅雨期。这一期间，几乎每天都出现大范围的大到暴雨过程，其强度之大、范围之广为历史少见。其中有 5d，每天降暴雨的县数均在 20 个以上。7 月 11 日降雨强度最大，降暴雨县数达 50 个，包括有 27 个县下了 100mm 以上的大暴雨，云梦、京山、应城的雨量分别为 265 mm、248mm、207mm，出现特大暴雨。据调查统计，全省受灾县 50 余个，洪涝成灾面积 1540 余万亩，其中颗粒无收的约 750 万亩，占 50%左右；受灾生产队 2.3 万个，人口 665 万，死亡 927 人；倒塌房屋 21 万间(栋)。
1980 年	6 月中旬至 8 月下旬暴雨洪涝	头梅是 6 月 16 日入梅，7 月 18 日出梅，梅雨期长达 43d。二度梅于 7 月 28 日入梅，8 月 28 日出梅，长度为 31d。自 6 月 16 日至 8 月 12 日湖北省共经历了 6 次强降水过程，7 月 16—20 日、7 月 30 日至 8 月 4 日这两次过程尤为突出。7 月 16—20 日，湖北省出现一次大范围的暴雨到大暴雨、局地特大暴雨过程，共有 84 县次出现暴雨，其中 14 个县出现大暴雨，大悟(206mm)、云梦(200mm)出现特大暴雨。这次大暴雨过程造成湖北省洪涝面积达 730 万亩，其中基本无收和需要改种的约 200 万亩；冲毁、倒塌房屋 1.6 万余间。7 月 30 日至 8 月 4 日这次强降水过程，全省共有 92 县次出现暴雨，其中 22 个县市为大暴雨，鹤峰县(230.5mm)为特大暴雨。过程雨量以鄂西南和江汉平原最大，以恩施地区受灾最重。这是湖北省自 1954 年以来盛夏季节强度最大、时间最长、范围最广的一次暴雨过程。全省受灾面积达 895 万亩，其中无收或改种的有 256 万亩；倒塌和损坏房屋 3.5 万多间。
1982 年	梅雨期连续暴雨洪涝	7 月 10—27 日，湖北省内发生了区域性暴雨过程 6 次 8d，大雨过程 3d。其中，7 月 10 日、11 日、27 日鄂西南降特大暴雨，16 日鄂西南降大暴雨，17—20 日鄂东北降连续性大到暴雨。暴雨多数集中在山区，引起山洪暴发，山崩滑坡，耕地冲毁，公路塌方，交通中断，房屋倒塌，人畜伤亡；平原低洼地区河水横溢，村庄进水，群众被水围困，农田淹没，受灾严重。据不完全统计，全省受灾 39 个市 389 个公社 470 多万人，重灾 185.98 万多人；农田受灾面积达 315.60 万亩，成灾 159.97 万亩，无收 60.27 万亩；因灾死亡 126 人，伤 294 人；死大牲畜 210 头，死猪、羊 472 头；倒塌房屋 2.13 万余间，损坏房屋 4.87 万余间；冲毁耕地 15.17 万余亩。

续表

时间	事件	描述
1983 年	梅雨期暴雨洪涝和严重秋汛	自 6 月 11 日入梅到 7 月 23 日出梅，共发生了 11 次较大范围的暴雨天气过程，其中连续 3d 以上的暴雨过程 3 次，大暴雨和特大暴雨过程 4 次。梅雨期 43d 中，全省 76 个县、市日降雨量 50mm 以上的有 65 个县市 240 次，其中日雨量 100mm 以上的有 33 个县市 50 次。此次梅雨期雨量之大、范围之广、暴雨日数之多、洪水危害时间之长均为历史罕见。湖北省内的江、河、湖、库水位普遍显著偏高，长湖从 7 月 6 日超过警戒水位后一直持续到 8 月上旬，其最高水位达 33.21m，已超过 1954 年最高水位。全省受灾县、市 62 个，其中重灾 34 个，农作物受灾面积 1933.2 万亩，其中基本无收面积 689.4 万亩；受灾人口 1855 万，其中重灾人口 860 万，需要转移安置的灾民有 65.6 万多人，因灾死亡 375 人，伤 5430 人；倒塌民房 20.59 万间，损坏房屋 44.6 万间。水毁交通、电力、邮电、水利工程设施情况相当严重；国营企事业和社队企业均遭受了很大损失。 10 月，西太平洋上台风活动频繁，接连出现 5 个台风，促使副热带高压持续偏强，暖湿气流异常活跃，加上北方不断有冷空气南侵，降雨带停滞在汉江流域和长江中游，形成大范围强降雨和连阴雨天气过程，10 月 4—6 日的暴雨，16—23 日的连续降水过程带来的损失突出。7 日库区最高水位已达 160.07m，超过历史最高水位 2.37m。为了确保丹江水库及下游地区的安全，被迫先后在邓家湖、小江湖、杜家台分洪，在东荆河分流。16—23 日又连续发生强降水，7d 内大部地区雨量达 100～150mm。使得丹江水库重处险恶状态，不得不再次在东荆河分流在杜家台分洪。先后两次分洪，给分洪区所带来的损失却是巨大的。沿江地区有 63 个公社，681 个大队受灾，因灾转移 20.65 万人；冲倒房屋 20 万间；死亡 16 人；淹没农田 138 万亩，损失粮食 1.1 亿 kg、棉花 3586 担、存粮 0.55 亿 kg；损失折款 4.2 亿元。这次洪灾淹没农田：荆州地区 68 万亩，襄阳市 41 万亩，丹江库区 7.3 万亩，汉阳 22 万亩，沔阳 18.2 万亩。
1991 年	梅雨期连续暴雨、大暴雨、局地特大暴雨	6 月 21 日入梅后，由于西太平洋上空的副热带高压稳定少动，暴雨过程频繁，尤其是 6 月 29 日至 7 月 12 日，在较强的江淮切变线和梅雨锋带影响下，湖北大部地区下了 6～8 天的暴雨或大暴雨，江汉平原和鄂东几乎是天天下暴雨或大暴雨，部分县市的过程总降雨量、日降雨强度、过程中的暴雨、大暴雨日数等突破了历史气象记录。强暴雨集中在粮棉油主要产区和经济发达的江汉平原、武汉市和鄂东，造成了极为严重的洪涝灾害。据统计，湖北省有 67 个县市受灾，重灾 41 个县市，其中特重灾 21 个县市；受灾人口达 2600 万，其中成灾人口 2000 万，重灾人口 900 万，特重灾人口 550 万，死亡 438 人；农作物受灾面积达 3100 多万亩，成灾面积 2000 多万亩，绝收面积 820 万亩；因灾倒塌房屋 38.6 万间，其中民房 33 万间，倒光户 4.16 万户 12.66 万间；损坏房屋 65 万间；直接经济损失达 105 亿元以上。
1996 年	6—8 月湖北严重洪涝	6 月至 8 月上旬，长江中游上空暖湿气流旺盛，北方冷空气经常分股南下，从而造成湖北省暴雨天气过程频繁发生，在不到 70d 时间内，省内发生了 9 次较大范围的暴雨过程，其中连续暴雨过程 2 次，大暴雨 5 次，特大暴雨 1 次。由于暴雨频繁，量大面广，造成江、河、湖、库水位猛涨，汛情危急，外洪内涝严重，部分县市还因暴雨产生山洪暴发，泥石混流，山体滑坡等灾害，有的暴雨中伴有大风、冰雹袭击，使湖北的工农业生产和水利、交通等基本设施，受到很大破坏，人民生命财产遭到严重损失。湖北 71 个县市全部受灾，累计受灾人口 3980 万，成灾人口 3140 万，重灾人口 1300 万，因灾死亡 667 人，特重灾民 775 万人；全省农作物累计受灾 4100 万亩，成灾 2175 万亩，绝收 817 万亩；各类直接经济损失达 311 亿元。

续表

时间	事件	描述
1998年	6—8月长江流域及湖北省特大洪涝	5月至9月，长江流域上空暖湿气流持续强盛，中高纬度常有低压槽东移，并引导北方冷空气分股南下，形成切变线，低涡徘徊于长江沿岸和江南，造成湘、鄂、赣、川、黔等省暴雨天气频繁，产生大量洪水注入长江中游，使长江流域发生了1954年以来最为严重的组合型洪水。水位之高，高水位持续时间之久，抢排险情之多，物资消耗之大，均为历史之最。湖北省遭受了特大洪涝灾害，全省共出现13次区域性暴雨过程。整个汛期，湖北省有66个县市受灾，受灾人口3688万，成灾2039万，因灾死亡345人，伤病88.9万人；死亡大牲畜27万头；农作物受灾3810万亩，成灾2796万亩，绝收883万亩；冲毁耕地159万亩；因灾倒房122万间，损坏房屋293万间；湖北省共有545个民垸堤溃或扒口行洪，淹没面积307万亩，涉及受灾人口545万；被水围困589.6万人，紧急转移安置477.8万人；损失陈粮4.6亿kg，因灾损失粮食产量48.6亿kg；造成经济损失500多亿元。
1999年	6月下旬连续暴雨	6月下旬，受长江中下游上空切变线和西南暖湿气流共同影响，湖北省22—30日发生了连续暴雨和大暴雨，期间省内出现暴雨128县市次，大暴雨25县市次，咸宁出现了日雨量228mm的特大暴雨，鄂东北和鄂东沿江有18个县市连续两天降暴雨或大暴雨。雨量较大的地区在江汉平原中部和南部及鄂东北、鄂东南，6月22—30日9d累积雨量在300mm以上，比常年同期偏多2～4倍。由于暴雨强度大，持续时间长，湖北省当年灾情损失更加严重。据统计，此次暴雨过程使59个县(市、区)受灾，受灾人口1809万，成灾人口1235.8万；受灾面积1546.3万亩，成灾面积1080.7万亩，因灾绝收331万亩；被水围困38.6万人，紧急转移安置33.4万人，无家可归28.7万人；因灾伤病2.1万人，死亡40人；倒塌房屋18.3万间，损坏房屋25.9万间；直接经济损失46亿元。
2010年	7月梅雨洪涝	7月8—16日鄂西南、江汉平原南部、鄂东南及鄂东北地区连续9d出现强降水，其中1日10站以上降水量大于25mm日数持续7d，持续时间仅次于1991年和1964年，排历史第三；降水区域集中，鄂东、江汉平原南部反复遭受暴雨袭击；强度大，英山、广水日最大降水量超百年一遇；过程雨量特大，江夏、洪湖、嘉鱼、咸宁、赤壁、崇阳6站过程雨量达到极端气候事件标准。强降水造成鄂东、江汉平原出现严重洪涝灾害。鄂西南、鄂东南等地出现山洪、滑坡等地质灾害，农作物受淹，湖泊、河流水位上涨，电力通讯受损、城市渍涝严重发生，交通严重受阻。梅雨期集中降水造成湖北省17个市州、省直管市、林区991万人受灾，因灾死亡74人，失踪4人；农作物绝收15.27万hm^2；倒塌房屋2.14万户7.48万间；直接经济损失117.3亿元。
2016年	6—8月强降水洪涝	夏季(6—8月)先后出现了8场区域性强降水过程，强降水覆盖范围广、降水强度大、极端降水事件多。其中6月30日至7月6日和7月17—20日两场降水过程为特强降水过程，特别是6月30日至7月6日的降水过程累计出现4d区域性大暴雨，为湖北省有观测记录以来最强暴雨过程之一。宜昌龙泉山村1h高达158.8mm。麻城、大悟等6县市(区)日降水量、荆门、京山等6县市(区)3日降水量、武汉、荆门等9县市(区)周降水量突破历史极值。中东部地区遭受暴雨反复侵袭，多条湖泊、中小河流水位超保证、超历史，长江中游出现历史第5位洪水，暴雨洪涝共造成湖北省2080.2万人受灾，死亡108人，失踪16人；农作物受灾面积187.3万hm^2，绝收面积32万hm^2；倒塌房屋7.8万间，损坏房屋25.1万间；直接经济损失835亿元。

4.3　干旱监测及影响评估

干旱指因一段时间内少雨或无雨，降水量较常年同期明显偏少而致灾的一种气象灾害。衡量一个地区是否发生旱灾是非常复杂的，它与许多因素有关，如降水、蒸发、气温、土壤底墒、灌溉条件、种植结构，作物的抗旱能力以及工业和城市用水等。因而不同应用领域所定义的各类旱灾不尽相同，衡量干旱的指标也有区别。干旱主要分为以下四类：一是气象干旱，指某时段内，由于蒸发量和降水量的收支不平衡，水分支出大于水分收入而造成的水分短缺现象。二是农业干旱，在作物生育期内，由于土壤水分持续不足而造成的作物体内水分亏缺，影响作物正常生长发育，进而导致减产或失收的现象。三是水文干旱，由于降水的长期短缺而造成某段时间内，地表水或地下水收支不平衡，出现水分短缺，使江河流量、湖泊水位、水库蓄水等减少的现象。四是社会经济干旱，由自然系统与人类社会经济系统中水资源供需不平衡造成的异常水分短缺现象。在以上四类干旱中，气象干旱是一种自然现象，最直观的表现在降水量的减少，是其他三种类型干旱的基础。当气象干旱持续一段时间，就有可能发生农业、水文和社会经济干旱，并产生相应的后果。经常是在气象干旱发生几周后，土壤水分不足导致农作物受旱才表现出来。几个月的持续气象干旱才导致江河径流、水库水位、湖泊水位、地下水位下降，出现水文干旱。当水分短缺影响到人类生活或经济需水时，就发生社会经济干旱。

湖北省干旱成因主要有：一是大气环流异常。当夏季风在长江中下游停留时间短，就会出现空梅或梅雨不明显，夏季高温少雨，造成干旱发生。二是气温高、蒸发大，降水和蒸发不平衡造成水分短缺。三是地形地貌影响。由于武当山、大洪山等山脉的阻挡，冷暖气流在鄂北地区不易交汇产生降水，同时鄂北岗地和鄂西北地区土层薄，森林覆盖较少，也不利于蓄水保水，“旱包子”由此而形成。

4.3.1　干旱监测指标

干旱指标是干旱监测的重要工具，在湖北省干旱监测业务中，常用包括“降水量距平百分率”“相对湿润指数”“Z 指数法”“SPI 指数”“土壤相对湿度”“K 指数”“连续无雨日数”“综合干旱指数”等 8 种常规干旱监测指标和地温日较差法、植被供水指数法、云参数法等三种遥感监测指标。

4.3.1.1　基于降水距平百分率的 1～3 个月干旱监测指标

采用降水距平百分率来监测月干旱情况，见表 4.19。

表 4.19　基于降水距平百分率的干旱监测指标

旱期	一般干旱	重旱(大旱)
连续 3 个月以上	−25%～−50%	≤−50%
连续 2 个月	−50%～−80%	≤−80%
1 个月	≤−80%	

4.3.1.2　基于降水量的季节干旱监测指标

利用降水量(R)进行监测：

春季(4 月至 5 月上旬)：$R\leqslant 50$mm，为轻旱；$R<25$mm，为重旱；

初夏(5 月下旬至 6 月中旬)：$R\leqslant 40$mm，为干旱；

盛夏(7—8 月)：$R\leqslant 200$mm，为干旱；

夏秋季 R(8—10 月)$\leqslant 250$mm 或 R(7—9 月)<300mm，为夏秋连旱。

4.3.1.3 基于降水量和可能蒸散量的相对湿润度干旱监测指标

相对湿润度指数是某时段降水量和同一时段最大可能蒸散量差值与最大可能蒸散量相比的百分比，适用于作物生长季节旬以上尺度的干旱监测和评估。计算方法如下：

$$M=\frac{P-PE}{PE} \tag{4.16}$$

式中，P 为某时段的降水量；PE 为某时段的最大可能蒸散量，可用 FAO Penman-Monteith 或 Thornthwaite 方法(秦鹏程等，2014)计算。结果见表 4.20。

表 4.20 基于相对湿润度的干旱等级划分

等级	类型	相对湿润度
1	无旱	$-0.40<M$
2	轻旱	$-0.65<M\leqslant -0.40$
3	中旱	$-0.80<M\leqslant -0.65$
4	重旱	$-0.95<M\leqslant -0.80$
5	特旱	$M\leqslant -0.95$

4.3.1.4 基于降水量的 Z 指数干旱监测指标

由于某一时段的降水量一般并不服从正态分布，假设服从皮尔逊(Pearson)－Ⅲ型分布(P－Ⅲ)，通过对降水量进行正态化处理，可将概率密度函数 P－Ⅲ型分布转换为以 Z 为变量的标准正态分布，公式为：

$$Z=\frac{6}{C_s}\left[\frac{C_s}{2}x_i+1\right]^{1/3}-\frac{6}{C_s}+\frac{C_s}{6} \tag{4.17}$$

式中，x_i 为降水的标准化变量；C_s 为偏态系数，即约翰逊(Johnson)偏度系数，由样本数为 n 的降水量(R_i)资料及其均方差(S)即可求得，计算公式为：

$$C_s=\frac{\sum_{i=1}^{n}(R_i-\bar{R})^3}{nS^3} \tag{4.18}$$

根据湖北省的气候特点确定的 Z 指数干旱等级指标如表 4.21 所示。

表 4.21 基于 Z 指数的干旱等级划分

等级	Z 值	类型
1	$Z>0.84$	湿润
2	$-0.84<Z\leqslant 0.84$	正常
3	$-1.44<Z\leqslant -0.84$	轻旱
4	$-1.96<Z\leqslant -1.44$	中旱
5	$Z<-1.96$	重旱

4.3.1.5　基于降水量的 SPI 干旱监测指标

由于不同时间、不同地区降水量变化幅度很大，直接用降水量很难在不同时空尺度上相互比较，而且降水分布是一种偏态分布，故降水分析中，采用 Γ 分布概率来描述降水量的变化。

假设某一时段的降水量为 x，则其 Γ 分布的概率密度函数为

$$f(x)=\frac{1}{\beta^{\alpha}\Gamma(\alpha)}x^{\alpha-1}\mathrm{e}^{-x/\beta}\quad(x>0) \tag{4.19}$$

$$\Gamma(\alpha)=\int_0^{\infty}x^{\alpha-1}\mathrm{e}^{-x}\mathrm{d}x \tag{4.20}$$

式中，α 为形状参数，β 为尺度参数，x 为降水量，$\Gamma(\alpha)$ 为伽玛函数（Gamma function）。最佳的 α，β 估计值可采用极大似然估计法求得

$$\hat{\alpha}=\frac{1+\sqrt{1+4A/3}}{4A} \tag{4.21}$$

$$\hat{\beta}=\bar{x}/\hat{\alpha} \tag{4.22}$$

$$A=\lg\bar{x}-\frac{1}{n}\sum_{i=1}^{n}\lg x_i \tag{4.23}$$

式中，x_i 为降水量资料样本，$\bar{x}$ 为降水量气候平均值，n 为计算序列的长度。于是给定时间尺度的累积概率可计算如下

$$F(x)=\int_0^{\infty}f(x)\mathrm{d}x=\frac{1}{\hat{\beta}^{\hat{\alpha}}\Gamma(\hat{\alpha})}\int_0^{x}x^{\hat{\alpha}-1}\mathrm{e}^{-x/\hat{\beta}}\mathrm{d}x \tag{4.24}$$

由于 Gamma 方程中不包含 $x=0$ 的情况，而实际降水量可以为 0，所以累积概率表示为

$$H(x)=q+(1-q)\,F(x) \tag{4.25}$$

式中，q 是降水量为 0 的概率。如果 m 表示降水时间序列中降水量为 0 的数量，则 $q=m/n$。

累积概率 $H(x)$ 可以通过下列转换为标准正态分布函数

$$H(x)=\frac{1}{\sqrt{2\pi}}\int_{-\infty}^{x}\exp(-t^2/2)\mathrm{d}t \tag{4.26}$$

对其进行近似求解得以下结果：

当 $0<H(x)\leqslant 0.5$ 时：

$$SPI=-(t-\frac{c_0+c_1t+c_2t^2}{1+d_1t+d_2t^2+d_3t^3}) \tag{4.27}$$

$$t=\sqrt{\ln[\frac{1}{H(x)^2}]} \tag{4.28}$$

当 $0.5<H(x)<1$ 时：

$$SPI=(t-\frac{c_0+c_1t+c_2t^2}{1+d_1t+d_2t^2+d_3t^3}) \tag{4.29}$$

$$t=\sqrt{\ln\{\frac{1}{[1.0-H(x)]^2}\}} \tag{4.30}$$

式中，$c_0=2.515\ 517$；$c_1=0.802\ 853$；$c_2=0.010\ 328$；$d_1=1.432\ 788$；$d_2=0.189\ 269$；$d_3=0.001\ 308$。据此可求的 SPI，结果见表 4.22。

表 4.22 基于 *SPI* 指数的干旱等级划分

等级	类型	SPI
1	无旱	$-0.5<SPI$
2	轻旱	$-1.0<SPI\leqslant-0.5$
3	中旱	$-1.5<SPI\leqslant-1.0$
4	重旱	$-2.0<SPI\leqslant-1.5$
5	特旱	$SPI\leqslant-2.0$

4.3.1.6 基于土壤相对湿度的干旱监测指标

土壤相对湿度干旱指数是反映土壤含水量的指标之一，适合于某时刻土壤水分盈亏监测预测。土壤相对湿度计算公式为

$$R=\frac{w}{f_c}\times100\% \tag{4.31}$$

式中，R 为土壤相对湿度(%)，w 为土壤重量含水率(%)，f_c 为土壤田间持水量(%)。旱地农作区采用 10～20cm 深度的土壤相对湿度为干旱监测指标，划分干旱等级标准如表 4.23。

表 4.23 基于土壤相对湿度的干旱等级划分

等级	类型	10～20cm 土壤相对湿度	干旱影响程度
1	无旱	$60\%<R$	地表湿润或正常，无旱象
2	轻旱	$50\%<R\leqslant60\%$	地表蒸发量较小，近地表空气干燥
3	中旱	$40\%<R\leqslant50\%$	土壤表面干燥，地表植物叶片有萎蔫现象
4	重旱	$30\%<R\leqslant40\%$	土壤出现较厚的干土层，地表植物萎蔫、叶片干枯，果实脱落
5	特旱	$R\leqslant30\%$	基本无土壤蒸发，地表植物干枯、死亡

4.3.1.7 基于降水量和不同减墒系数的 K 指数干旱监测指标

K 指数是用于监测 3—10 月期间一次透墒雨过程后发生的干旱。K 指数计算公式如下：

$$K=R_0+\sum_{i}^{n}R_i-an \tag{4.32}$$

当第一次出现 $K<0$ 时，表示干旱露头，可发布干旱警报(干旱预警)；当连续 5d 出现 $K<0$ 时，表示干旱出现。其中有关透墒雨过程及式中的参数定义如下：

(1)透墒雨过程：3 月、4 月和 10 月，过程降雨量≥25mm，或 5—9 月过程降雨量≥30mm 的降水过程即为一次透墒雨过程，该过程仅允许有一天降水量≤0mm。

(2)R_0：为一次透墒雨过程的总雨量。其中，透墒雨过程中，某日降水量超过 30mm 时，则该日降水以 30mm 计；透墒雨过程总雨量＞80mm 时，则 $R_0=80$。

(3) $\sum R_i$：为透墒雨过程后的累积雨量，若某一日雨量 $R_i>30$mm 时，按 30mm 计。

(4)n：为透墒雨结束后至统计日的天数。

(5)a：为减墒系数，不同地区，不同季节各不相同。3—4 月：鄂西南 $a=1.5$，江汉平原、鄂东南 $a=2.0$，鄂东北、鄂西北 $a=2.3$；5—6 月：江汉平原、鄂东南、鄂西南 $a=3.0$，鄂东北、鄂西北 $a=4.0$；7—8 月：江汉平原、鄂东南、鄂西南 $a=3.4$，鄂东北、鄂西北 $a=4.0$；9—10 月：江

汉平原、鄂东南、鄂西南 $a=2.2$，鄂东北、鄂西北 $a=3.0$。

K 指数通过不同地方不同季节设置不同减墒系数的方法监测干旱，充分考虑了湖北省不同地区因地形地貌、植被覆盖、地下水位等影响土壤水分的地理因子，比较符合湖北省情。

4.3.1.8　基于连续少雨日数的干旱监测指标

在 3—5 月及 9—11 月，一场透墒雨(≥30mm)后，连续 30d 降水总量小于 30mm 可能出现干旱，连续 30～50d 为轻旱，连续 50～70d 为中旱，连续 70d 以上为重旱；

在 6—8 月一场透墒雨后，连续 20d 内降水总量小于 30mm，就可能出现干旱，连续 20～40d，为轻旱，连续 40～60d 为中旱，连续 60d 以上，为重旱。以连续少雨日数划分干旱等级如表 4.24 所示。

表 4.24　基于连续少雨日数的干旱等级划分

等级	伏旱	春旱、初夏旱、秋旱
轻旱	20～40	30～50
中旱	40～60	50～70
重旱	>60	>70
统计标准	期间降水量≤30mm	

4.3.1.9　基于气象干旱综合指数(MCI)的干旱监测指标(秦鹏程等，2014，2015)

目前业务中多采用气象干旱综合监测指数(MCI)作为干旱监测指标，计算公式如下

$$MCI = a \times SPIW_{60} + b \times MI_{30} + c \times SPI_{90} + d \times SPI_{150} \tag{4.33}$$

$$SPIW_{60} = SPI(WAP) \tag{4.34}$$

$$WAP = \sum_{n=0}^{60} 0.95^n P_n \tag{4.35}$$

式中，$SPIW_{60}$ 为近 60d 标准化权重降水指数；MI_{30} 为近 30d 湿润度指数；SPI_{90}、SPI_{150} 分别为 90d 和 150d 标准化降水指数，标准化处理计算方法参考国标《GB/T 20481—2006　气象干旱等级》；a，b，c，d 为权重系数，长江中下游地区冬半年(11 月至翌年 3 月)取值分别为 0.3、0.5、0.3、0.2，夏半年(4—10 月)取值分别为 0.5、0.6、0.2、0.1。MCI 干旱等级划分见表 4.25。

表 4.25　*MCI* 干旱等级划分

等级	类型	*MCI*	干旱影响程度
1	无旱	>−0.5	地表湿润，作物水分供应充足；地表水资源充足，能满足人们生产、生活需要
2	轻旱	−1.0～−0.5	地表空气干燥，土壤出现水分轻度不足，作物轻微缺水，叶色不正；水资源出现短缺，但对人们生产、生活影响不大
3	中旱	−1.5～−1.0	土壤表面干燥，土壤出现水分不足，作物叶片出现萎蔫现象；水资源短缺，对人们生产、生活产生影响
4	重旱	−2.0～−1.5	土壤水分持续严重不足，出现干土层，作物出现枯死现象，产量下降；河流出现断流，水资源严重不足，对人们生产、生活产生较重影响
5	特旱	≤−2.0	土壤水分持续严重不足，出现较厚干土层，作物出现大面积枯死，产量严重下降，甚至绝收；多条河流出现断流，水资源严重不足，对人们生产、生活产生严重影响

(1)干旱过程确定

干旱过程的确定参考《GB/T 20481—2006　气象干旱等级》,当综合气象干旱指数连续10d为轻旱以上等级,则确定为发生一次干旱过程。干旱过程的开始日为第1天MCI指数达轻旱以上等级的日期。在干旱发生期,当MCI指数连续10天为无旱等级时干旱解除,同时干旱过程结束,结束日期为最后1次MCI指数达无旱等级的日期。

(2)干旱过程评价

1)干旱过程强度

单站干旱过程的强度通常采用干旱等级的累计值来表示,然而干旱是一个区域事件,具有时间和空间双重属性,为此,采用"时间面积函数"的形式综合反映过程强度,其表达式如下

$$MD(t) = \sum_{i=0}^{n} S_i T_i(t) \tag{4.36}$$

式中,S_i为第i个观测站所代表的面积,可通过泰森多边形对区域进行分割确定,T_i为第i个观测站t时刻达到干旱标准(或某一干旱等级)连续天数的累计值,n为研究区域内观测站的个数。

由于不同季节干旱发生的特点具有显著差异,如冬旱通常发展缓慢、持续时间较长,而夏旱则发展迅速,解除也较快,因此,以累计日数作为强度的表征,可能导致年内不同时段干旱程度评价的偏差,同时,以不同干旱等级(轻、中、重、特旱等)累计日数反映干旱强度,将产生多个评价指标,对同一干旱事件的评价可能产生多个不一致的结果,造成评价结果难以取舍的矛盾。为此,将时间面积函数中的干旱日数替换为干旱指标绝对值的累积值,公式改写如下

$$RSI(t) = \sum_{i=0}^{n} S_i \sum_{j=0}^{t} |DI_{ij}| \tag{4.37}$$

式中,DI为干旱过程期间各站逐日的干旱指标值,RSI即区域动态气象干旱强度指数。结合综合气象干旱指数的干旱等级划分,1个单位RSI相当于区域范围中旱持续1d或区域范围轻旱持续2d。

2)干旱演变特征诊断

区域极端事件的认定通常基于特定的截断水平,如区域内三分之一范围发生暴雨认定为一次区域性暴雨过程,截断水平的确定往往具有较大的主观性,而干旱的发生、发展是一个相对缓慢的过程,一般从局部开始,随着干旱强度的加剧,范围逐步扩大,从监测和服务的角度,干旱开始在局部出现至发展为区域性事件前的时段同样需要关注,此外,当局部旱情已经发展到相当严重的程度,但其覆盖范围尚未达到截断水平时,也是不容忽视的。因此,对干旱发生和结束时间节点的认定,除设定截断水平外,还应补充其他诊断依据。本书采用干旱站次比(RPI)达三分之一以上作为截断水平,并以区域平均干旱强度(RDI)达轻旱以上等级作为补充依据,当两者任一出现时确定为区域干旱开始,当两者同时结束时确定为干旱过程结束。

干旱站次比定义为当日发生干旱的站数与区域内总站数的比值

$$RPI(t) = 100 \times \frac{n_d}{n} \tag{4.38}$$

式中,n_d为发生干旱的站数,n为研究区域内观测站的总个数。

干旱强度用当日区域平均的干旱指标值表示

$$RDI(t) = \sum_{i=0}^{n} S_i \cdot DI_i(t) \tag{4.39}$$

$$DI(t) = \begin{cases} DI(t) & DI(t) < \text{干旱阈值} \\ 0 & DI(t) \geqslant \text{干旱阈值} \end{cases} \tag{4.40}$$

干旱发展速度定义为区域气象干旱平均强度与干旱持续日数的比值

$$DDI(t) = \frac{RSI(t)}{D(t)} \tag{4.41}$$

式中，DDI 为干旱过程的发展速度，D 为干旱发生以来至 t 时刻的持续日数。

气象干旱评估的一般流程如下：基于干旱监测指标建立单站干旱指标序列；基于干旱阈值确定单站干旱过程；从时间和空间上进行干旱特征变量的综合分析，并进行可视化表达。

(3)干旱监测

利用气象干旱综合监测指数(MCI)对湖北省 1961—2017 年气象干旱进行了统计(图 4.31，图 4.32)。结果表明：鄂中丘陵和鄂北地区年平均干旱日数在 50d 以上，鄂西南、鄂东南及江汉平原南部 30～50d。按季节划分，湖北省有春旱、初夏旱、春夏连旱、伏旱、秋旱、伏秋连旱等，其中以伏秋连旱影响最大(图 4.33)。鄂中丘陵及鄂东北西部为重旱区，重旱或中旱几乎每年发生；鄂西北以春旱为主，中等以上春旱约 2a 一遇；鄂东南以伏秋干旱为主，中等以上伏秋干旱 2～3a 一遇。1961 年以来典型气象干旱年份有 1966 年、1978 年、1979 年、1981 年、1988 年、1992 年、2000 年、2001 年和 2011 年等(图 4.33，图 4.34)。其中 2011 年冬春夏连旱，1981 年、1988 年和 2000 年春夏连旱，1966 年、1978 年和 2001 年伏秋连旱，1992 年是秋冬连旱。

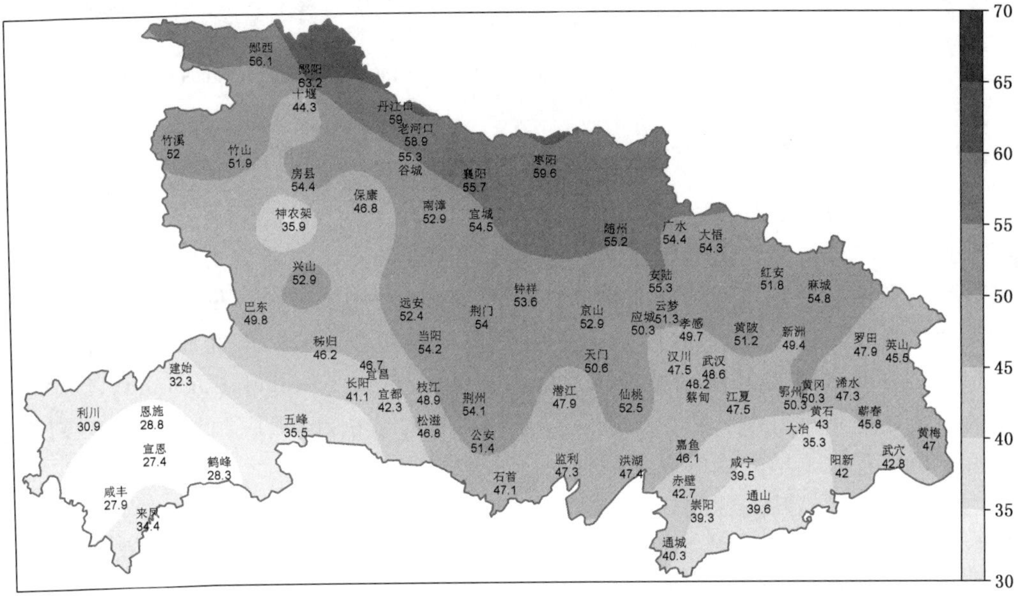

图 4.31　1961—2017 年湖北省平均干旱日数(d)空间分布图

4.3.1.10　干旱遥感监测

近年来卫星遥感干旱监测技术尤其是可见光、近红外和远红外波段干旱监测技术取得了很大进展，为区域旱情动态监测提供了有效手段。

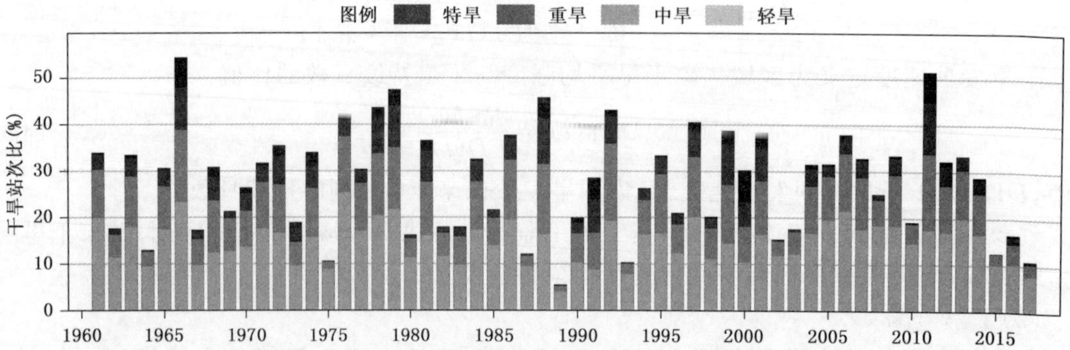

图 4.32 1961—2017 年湖北省气象干旱发生站次比逐年变化图

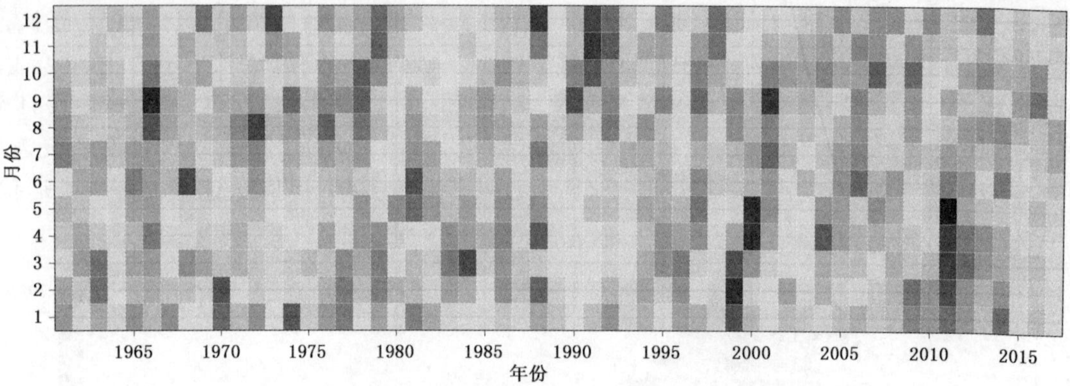

图 4.33 1961—2017 年湖北省气象干旱季节分布特征

(1)干旱遥感监测原理

可见光到远红外的多光谱遥感监测土壤水分和干旱的方法主要分为以下三类：

第一类是利用可见光和近红外波段进行检测。主要利用植被在可见光波段的强反射和近红外波段的强吸收光谱特征，水分胁迫条件下使得植被指数下降，如：植被状态指数（vegetation condition index，VCI）和距平植被指数（difference anomaly vegetation index，DAVI）。这类方法的不足之处是只有水分胁迫严重阻碍作物生长时才引起 NDVI 的变化，NDVI 对短暂水分胁迫不敏感且对干旱的响应有滞后性。

第二类是基于远红外波段的热惯量方法。热惯量是地物阻止其温度变化的一种特性，土壤热惯量与土壤水分呈正相关关系，即土壤湿度增加，热惯量增大，使得土壤昼夜温差变小。热惯量法从土壤本身的热特性出发反演土壤水分，要求获取纯土壤单元的温度信息，适用于裸土或稀疏植被条件下。植被覆盖条件下，植被会改变土壤的热传导，模型的应用受到限制。

第三类是综合利用可见光、近红外和远红外资料。如作物缺水指数（crop water stress index，CWSI），通过计算实际蒸发和潜在蒸发的比值来评估全植被覆盖下的土壤水分状况。近年许多研究将植被指数和温度综合起来构造干旱监测指标。因为温度对水分胁迫的反映更敏感，但仅以温度作为指标，在不完全植被覆盖条件下，土壤背景温度会干扰旱情信息。因此，将植被指数和陆面温度综合监测区域旱情更为有效。国内外学者利用遥感方法获取地表温度和

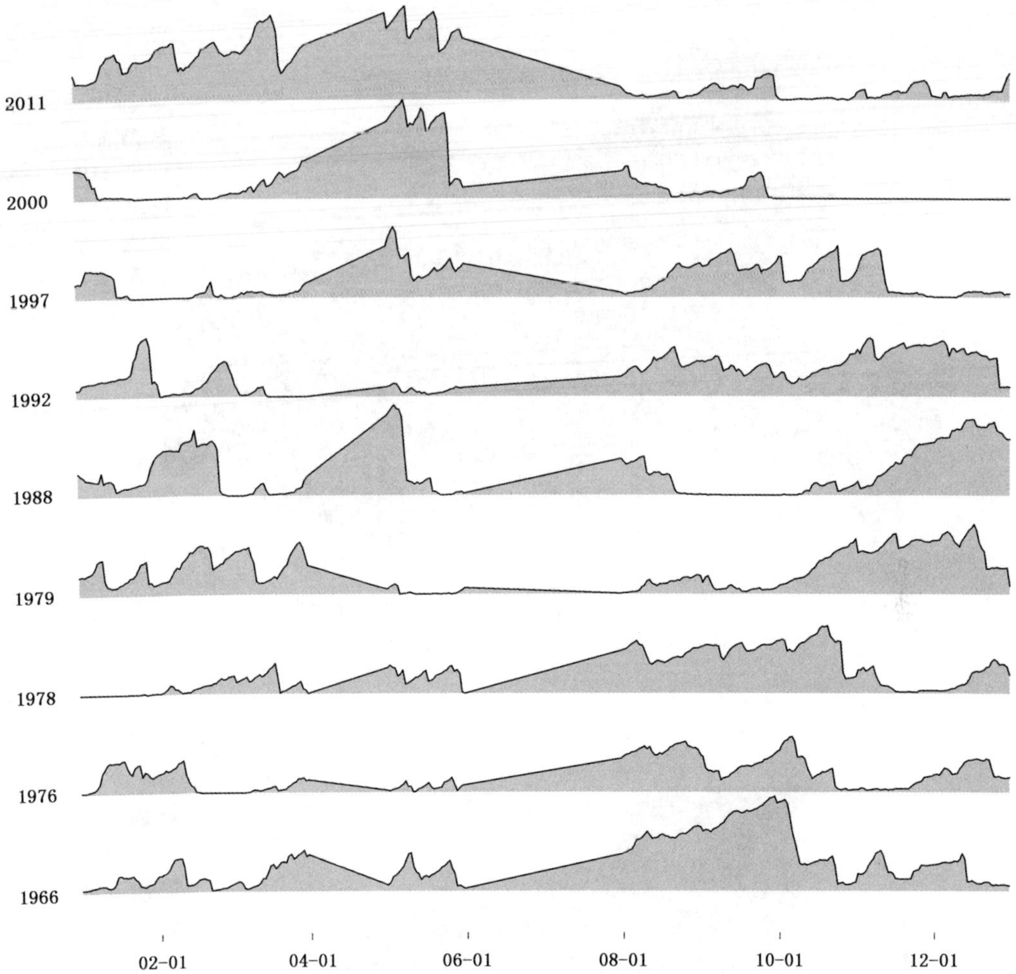

图 4.34　1961—2017 年湖北省典型干旱年气象干旱过程

植被指数构成的特征空间，进行了土壤水分和干旱监测的研究。

在日常业务服务中，综合分析气象卫星数据反演的地表参数，选取与干旱监测相关的主要因子（地表温度、植被指数等），结合近期天气气候、土壤墒情监测等信息，建立基于人机交互方式的多因素的干旱监测综合分析模型；建立卫星遥感干旱监测等级划分标准；开展干旱监测的业务服务。

（2）干旱遥感监测案例

2013 年 7 月 30 日至 8 月 21 日，湖北省出现了一次高温干旱的天气过程，利用 NOAA－18 卫星资料，通过热惯量模型，连续反演了湖北干旱程度监测图，8 月 7 日显示湖北干旱主要分布在鄂北岗地和鄂东南地区（[彩]图 4.35）。随着高温干旱天气过程的加剧，干旱地区呈现蔓延趋势，到 8 月 17 日，湖北大部地区都呈现中度以上旱情（[彩]图 4.36）。

图 4.35　2013 年 8 月 7 日湖北干旱程度遥感监测图

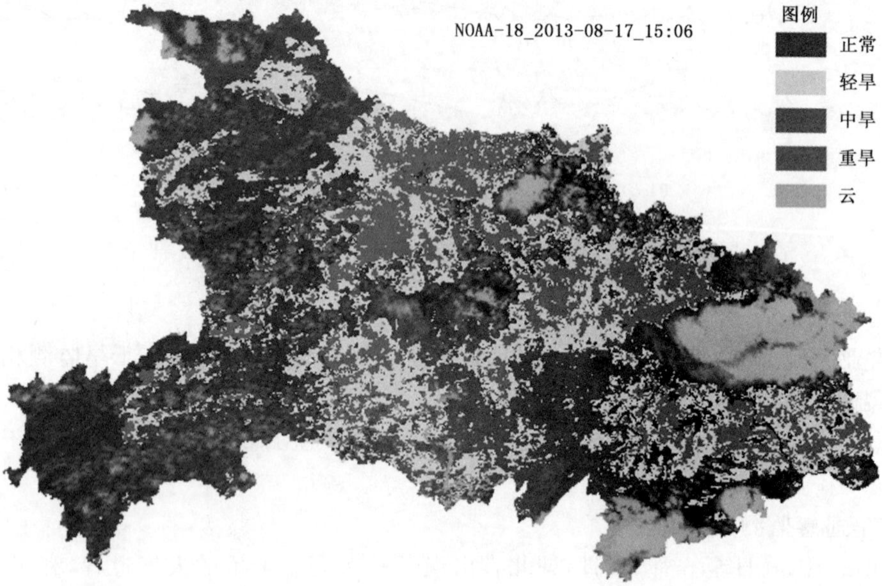

图 4.36　2013 年 8 月 17 日湖北干旱程度遥感监测图

4.3.2　干旱对农业的影响评估

干旱是湖北省发生频次高、范围大、影响重的气象灾害之一。春旱主要发生在北部地区，小麦拔节、油菜抽薹开花会受到影响。春末夏初干旱导致堰塘缺水，会影响早稻育秧和泡田。秋旱影响油菜、小麦播种出苗。夏季中稻、夏玉米、棉花、花生等秋粮作物正处于生殖生长关键期，夏旱、伏旱对湖北省农业生产影响最大。持续干旱对农作物产量形成影响较大，可造成严重减产甚至的绝收。

4.3.2.1　评估方法

利用湖北省农村统计年鉴分县确定全年在田主要作物，通过文献调研分生育期确定主要作物对干旱的敏感性系数，依据农气报表获得各地主要作物生育期，并依据生育期赋予相应的敏感性系数，通过线性插值获得全年逐日敏感性系数(K_a)，依次建立湖北省 84 个常规站干旱对农业影响的敏感性系数，通过与 MCI 干旱指数叠加，评估农业干旱程度，并利用作物分布图提取农作物受灾面积。

4.3.2.2　评估案例

2014 年夏季湖北省中部地区发生严重干旱(图 4.37，图 4.38)，据 8 月 4 日湖北省民政部门统计，干旱造成湖北省襄阳、荆门、孝感、随州、十堰、宜昌、仙桃、天门、潜江、荆州、黄冈等 11 市的 45 个县市区 52.34 万 hm^2 农田受旱，重旱 10.41 万 hm^2，65.4 万人、12.8 万头大牲畜饮水难，其中枣阳、大悟、潜江城关 17.5 万人。基于农业影响敏感性系数 K_a 订正的 MCIA 指数和作物分布图提取农作物受灾面积(表 4.26)，统计显示：农田受旱面积 257.66 万 hm^2，中旱以上面积约 121.46 万 hm^2，重旱面积 34.09 万 hm^2，评估结果较民政统计灾情面积偏大，这可能与指标等级及耕地面积统计方法有关。

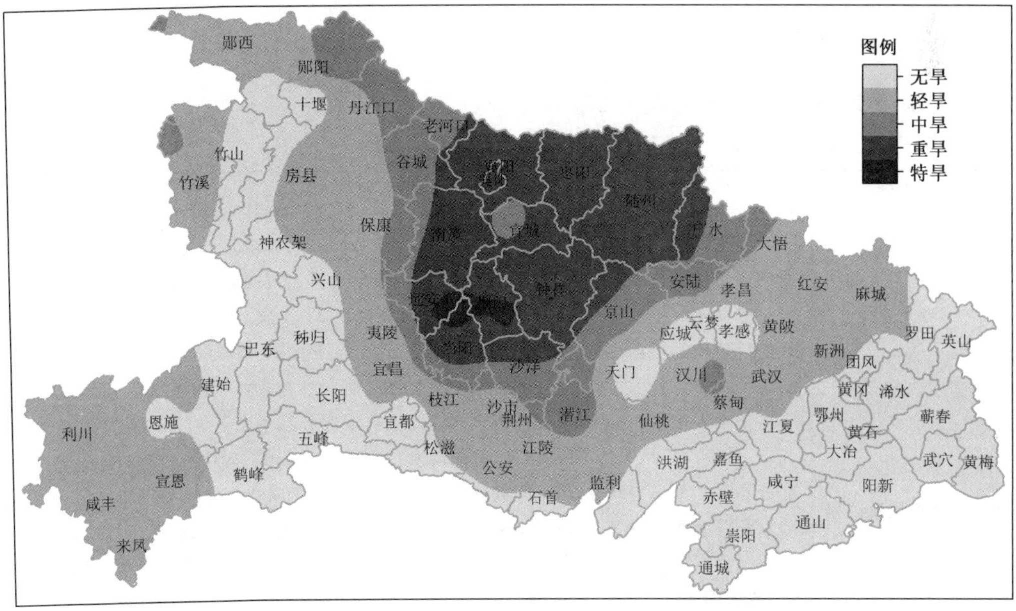

图 4.37　2014 年 8 月 2 日湖北省气象干旱监测图

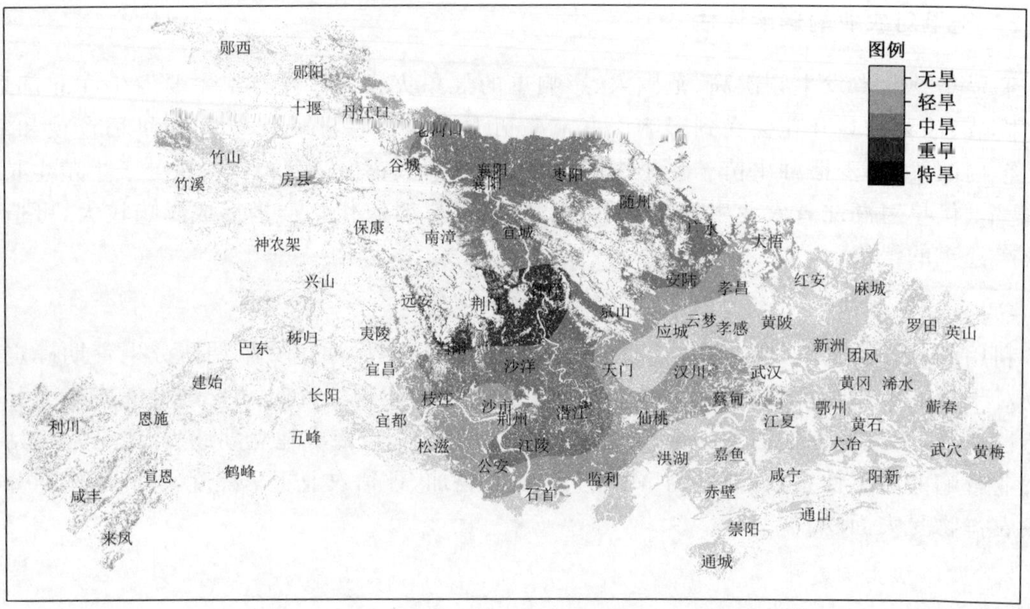

图 4.38　2014 年 8 月 2 日湖北省农业干旱监测图

表 4.26　2014 年 8 月 2 日农作物受旱面积统计(单位:万 hm^2)

作物	无旱	轻旱	中旱	重旱	特旱
旱田	60.14	43.98	54.22	14.70	0
水田	82.20	58.12	67.24	19.38	0
所有	142.34	102.10	121.47	34.09	0

4.3.3　湖北省历史典型干旱事件

湖北省历史典型干旱事件见表 4.27。

表 4.27　历史典型干旱事件

时间	事件	描述
1961 年	湖北省大部春夏连旱	春季,湖北省大部地区发生了较严重的春旱,鄂北、鄂东北、江汉平原北部 4—5 月降水量较常年偏少 4～6 成。初夏降水继续偏少,又出现了大范围初夏旱,鄂东北、江汉平原和鄂西北盛夏还发生了伏旱,6—8 月降水总量大多偏少 3～4 成。由于大部地区降水持续偏少,致使旱情较为严重,全省受旱面积 2951.40 万亩,成灾面积 2045.47 万亩。
1966 年	湖北省伏秋连旱	旱期大多从 7 月中、下旬持续到 10 月上旬,大部分县市连旱 70～90d,孝感、红安、新洲、英山、黄梅等地旱则达 100d 以上,其间降水量仅 50～80mm。7 月中旬至 8 月除鄂西和鄂北部分县降水量偏少 6 成以下外,其他地区一般偏少 6～8 成,9—10 月鄂东和江汉平原北部的降水量还继续偏少 5～7 成。干旱期间,日最高气温在 35℃以上的高温天气持续 32d,小暑以后又盛行 4～5 级的西南风,因而空气湿度小,蒸发量大。湖北省全年受旱面积 2540.60 万亩,成灾面积 1219.90 万亩,绝收 380 万亩。

续表

时间	事件	描述
1972年	湖北省伏秋连旱	全省受旱县数53个，受旱面积1927.61万亩，成灾面积1048.74万亩。其中棉花因旱垮杆134.40万亩，杂粮干死97.26万亩，水稻干死190万亩。盛夏虽然很旱却不热，7月的平均气温一般为27～28℃，较常年偏低1℃左右，对旱情的发展有一定抑制。
1978年	湖北省特大伏秋连旱	鄂西北自8月中旬至11月初，80余天未下透雨，十堰、郧西、郧县84d中降水不足80mm，比常年同期偏少5～7成，伏秋干旱程度与1966年相似。湖北省受旱县68个，受旱面积达3614.90万亩，成灾面积2117.63万亩，不少地区塘堰干枯，河渠断流，人畜吃水发生困难。同时，由于塘、堰、水库蓄水严重不足，对来年的农业生产也造成了影响。
1981年	4月下旬至7月末湖北省春夏连旱	4月下旬至7月底，湖北大部地区100余天未下过透墒雨，雨量显著偏少，发生了严重的春夏连旱灾害，全省累计受旱面积3321.70万亩，成灾面积1328.40万亩，尤以襄阳地区灾情最重。从4月19日开始到6月8日，在农作物需水量较大的关键时节，全省50d基本无雨。6月24日入梅后，沿江附近旱情缓解，但江北大部地区旱情一直维持到8月初，连旱100余天，其中襄阳地区干旱一直持续到9月上旬，连旱达130余天。4—8月，全省受旱面积常在2000多万亩徘徊，其中水稻受旱900多万亩，棉花受旱500多万亩，其他作物受旱近400万亩。干旱最严重期间，有150多万人，30多万头大牲畜饮水困难。襄阳全地区大小河流485条中有420条断流，1450座大、小水库有1260座无水，20多万口塘堰干涸16万多口；全区775万亩秋季作物受灾严重的有547万亩，其中基本无收的172万亩。
1985年	6—8月全省干旱	6月至8月，在春季少雨的基础上，湖北省入夏以后又发生了空梅加伏旱。这个时段内降水过程少，降水量更少，致使部分地区旱情发展。特别是7月下旬后，旱情迅猛蔓延，鄂东地区尤为严重。1985年的夏伏连旱，仅次于1950年以来的1966年、1972年、1978年。梅雨期总降水量大部地区不足200mm，属明显的“空梅”年，江汉平原及以东地区有21个县市降水量比历年同期偏少3成以上。尤其是在6月5—30日这25d中，除鄂西外，其他大部地区降水不足30mm，比历年同期偏少7～9成。盛夏降水仍然偏少，出现了明显的盛夏干旱。7月中旬到8月底，除鄂西南和江汉平原南部外，其他大部地区没有下过一场透墒雨。8月湖北东部的降水不足50mm。到8月底，全省受旱面积达2567.60万亩，成灾面积1430.10万亩，其中有300万亩无收。部分地区河塘干枯，人畜饮水困难。许多田块受旱龟裂，农作物成片干死。
1988年	夏伏连旱	7月到8月，受稳定的副热带高压控制，湖北省中东部地区出现了严重的夏伏连旱和持续高温天气。6月29日至8月8日，湖北大部地区未下过透墒雨，这40d的总降雨量除鄂西南在100mm以上外，大部分县市只有50～80mm，比常年同期偏少6～8成；尤其是鄂北，干旱发生时间之早、持续时间之长、受害之重为历史罕见。湖北省农作物受旱面积达到4300万亩，占整个可耕地面积的76%以上。由于正值抢插、抢种、抢管的关键时刻，鄂东及江汉平原300万亩水稻无水插秧，已插的1000万亩缺水管理。全省有302万人、180万头牲畜饮水发生困难。

续表

时间	事件	描述
1992 年	湖北省伏秋连旱	这次伏秋连旱范围广、灾情重。据民政部门反映，全省 14 个地、市、州 71 个县市，均遭受不同程度干旱危害，农作物受旱面积 3500 多万亩，成灾面积 2300 多万亩，基本无收面积 450 多万亩。 干旱高峰期正是中稻抽穗、灌浆，棉花开花坐桃，晚稻抢插，秋杂粮结实的关键时期，对秋季农作物形成“卡脖子”旱。全省 1600 多万亩中稻，有 1100 多万亩断水龟裂，抽穗灌浆受到严重影响，千粒重普遍减少，其中有 100 多万亩为迟熟品种基本无收。全省计划栽插晚稻 1200 多万亩，只栽了 1100 多万亩，有 750 多万亩是靠提水抢插的，其中有 360 多万亩在“立秋”以后才插下，还有 80 多万亩无法插秧；在已插的面积中，800 多万亩断水龟裂，其中有 500 多万亩未能分蘖，因无水可提使 100 多万亩绝收。全省 730 万亩棉花，因旱有 548 万亩减产，其中 370 多万亩单株成桃比正常年减少 3～5 个，严重减产，垮杆无收的有近 30 万亩。全省 540 多万亩苞谷，受灾 260 多万亩，其中有 180 多万亩迟熟苞谷天花干死，不能授粉结实。红苕、豆类等旱杂粮受灾更为严重，因旱受灾面积 260 多万亩，成灾 205 万亩，基本无收 64 万亩，占播种面积的 20%；多种经济作物如花生、烟叶、茶叶、柑橘以及水产也受到了严重影响。全省因旱损失粮食产量 20 亿 kg，其中中稻 8 亿 kg，晚稻 8.5 亿 kg，玉米 1.4 亿 kg，杂粮 1.8 亿 kg，损失棉花 147 万担，直接经济损失达 33 亿多元。
1997 年	湖北大部地区伏秋连旱	7 月下旬开始，湖北省持续晴热高温，雨量显著偏少，大部地区出现严重干旱。从 7 月下旬到 9 月底，全省有 40 个县市这 72d 累计降雨量在 150mm 以下，大部比历年同期偏少 5～8 成，其中有 20 个县市不足 100mm。8 月平均气温大部为 28～29℃，比常年同期偏高 1～2℃，加上太阳辐射强，日照时间长，蒸发量大，旱情发展加剧。截至 9 月底，全省有 52 个县(市)遭受干旱袭击，农作物因旱受灾 2800 万亩，成灾 1560 万亩，绝收 510 万亩，有 330 万人、250 万头大牲畜饮水困难，因饮水困难紧急转移安置灾民 8.5 万人。受干旱影响，棉花棉铃虫普发，全省因病虫灾害损失皮棉 5300 万 kg，直接经济损失达 3.5 亿元。
2000 年	湖北大部地区春旱和鄂东伏旱	2 月至 5 月，湖北大部地区在头年冬季少雨的基础上，降雨量连月偏少，气温偏高，发生了历史罕见的严重春旱。在 2 月 1 日至 5 月 23 日的 110 多天里，除湖北南部下过一场大雨外，大部地区没下过透墒雨，旱期达 100 多天。这 113d 的累计降水量，鄂西北与江汉平原北部只有 50～100mm，比常年同期偏少 6～8 成，鄂东北 100mm 左右，偏少 7 成。截至 5 月 24 日，湖北农作物受旱面积达到 4180 万亩，成灾 2279.6 万亩，各类农业经济损失达 66.8 亿元。 入夏后，鄂东地区发生了严重的伏旱，表现为如下几点：降雨异常偏少、气温持续偏高、蓄水异常不足、危害异常严重；此次伏旱直接经济损失 62 亿元，其中农业直接经济损失 54 亿元。
2001 年	湖北省北部春旱和夏秋连旱	2001 年湖北省出现严重干旱，干旱持续时间之长，范围之广，程度之重，均为历史同期罕见；先是出现在鄂北岗地和鄂东北大部的春旱，造成春播作物出苗率低，冬小麦高温逼熟，千粒重下降，中稻移栽推迟；接着是夏秋连旱，5 月 1 日至 10 月 5 日有 28 个县市降水总量为建站以来最少，在田作物中仍有 1858 万亩农作物受旱，其中重旱 735 万亩，干枯 256 万亩。夏秋连旱导致湖北近 20 个县市出现重度干旱，全省农作物受旱面积达 204 万 hm^2，直接经济损失 94 亿元。
2007 年	湖北省中东部严重秋旱	7 月 27 日出梅以后，尤其是 9—10 月下旬中期，由于持续温高少雨，湖北省中东部旱情逐渐发展，10 月中下旬旱情达到最盛，干旱程度为近 50 多年来罕见，11 月大部旱情有所缓解，但咸宁、黄石、武汉等地旱情仍然严重，甚至出现人畜饮水困难。干旱给农业生产造成较严重损失，并影响了作物秋播。

续表

时间	事件	描述
2011 年	湖北省冬春连旱	2010 年 11 月至 2011 年 5 月 31 日，湖北省降水异常偏少，出现历史少见的冬春连旱，北部降水量在 100～200mm，南部大部地区降水量在 200～360mm。与历史同期相比，湖北省北部和东部偏少 5 成以上，68 县市创有记录以来历史同期降水最少记录。干旱具有少雨程度重、持续时间长，分布范围广，影响大等特点。干旱使春播、春管生产严重受阻，水产养殖遭到重创；受降水持续异常偏少，地表水资源减少，江、河、湖、库水位均接近历史最低，地下水位明显下降。冬春连旱共造成全省 1701 万人受灾，农作物受灾面积 130 万 hm^2，直接经济损失近 88 亿元。
2013 年	盛夏严重伏旱	7 月下旬至 8 月中旬，全省大部降水偏少 6 成～1 倍，该时段与历史罕见持续高温天气叠加，8 月 20 日气象干旱监测显示，全省有 68.4%的县市(52 个)发生重度以上气象干旱，其中 30 个县市达特旱，直至 8 月下旬台风“潭美”带来的区域性强降水，才结束了长达一个多月的 35℃以上酷热高温，极大缓解了全省性的高温伏旱。主要分布在鄂西北中南部、鄂北岗地、鄂中丘陵以及鄂东东部，并快速蔓延至全省。旱灾共造成全省 97 个县(市、区) 1579.53 万人受灾，380.31 万人出现饮水困难，279.97 万人因旱需饮水和口粮等生活救助；农作物受灾 197.692 万 hm^2，绝收 30.4 万 hm^2；直接经济损失 100.57 亿元。

4.4　高温监测及影响评估

高温是一种天气现象。一般把日最高气温达到或超过 35℃时称为高温。当出现持续性的高温天气过程时就会对农业、人体健康、交通运输、水库蓄水、电力生产等各行各业及公共安全构成了极大的影响，我们称之为高温热害或者高温热浪。1949 年后，武汉市就出现过两次中暑人数超过千人的酷暑年，发生在大旱的 1971 年(1232 人)和 1988 年(1436 人)，中暑集中出现期是 7 月中旬至 8 月上旬，这时也正值高温期。

高温热害或者高温热浪形成的原因主要是：一是夏季西太平洋副热带高压、大陆高压持续稳定、偏强控制湖北，不容易产生云雨，太阳直射，导致光照足、气温高。二是湖北江河湖库多，高温导致蒸发加剧，容易形成闷热难当的酷热天气。三是城市热岛效应导致城区气温比郊区高出 2℃甚至更多。

4.4.1　高温监测指标

4.4.1.1　高温监测指标

高温日数一般定义为日最高气温≥35℃的天数。湖北省各地高温日数平均为 16.2d。从空间分布来看，鄂东大部、三峡河谷及鄂西北局部 20～34d，鄂西南西部、江汉平原局部及鄂西北局部 10d 以下，其余地区 10～20d。

4.4.1.2　炎热监测指标

炎热日数定义为日最高气温≥37℃的天数。湖北省各地炎热日数平均为 4.3d。从空间分布来看，鄂东南南部、三峡河谷 10～17.3d，其余大部 5d 以下，其中江汉平原、鄂北岗地及鄂西南小于 3d。

4.4.1.3　酷热监测指标

酷热日数定义为日最高气温≥40℃的天数。湖北省各地酷热日数平均为0.13d。从空间分布来看，除鄂东大部、鄂西北及宜昌地区偶有酷热天气发生(年平均酷热日数<1d)，湖北省大部地区未出现过酷热天气。省内酷热天气出现最多的为兴山县。

4.4.1.4　高温热浪监测指标

(1)高温热浪等级

根据国标《GB/T 29457—2012　高温热浪等级》HI，确定湖北省主要高温时段(6月1日至9月30日)高温热浪特征(表4.28，图4.39)。

表4.28　高温热浪等级划分及说明用语

等级	指标	说明用语
轻度热浪	2.8≤HI<6.5	轻度(闷)热天气过程，对公众健康和社会生产活动造成一定影响
中度热浪	6.5≤HI<10.5	中度(闷)热天气过程，对公众健康和社会生产活动造成较为严重的影响
重度热浪	HI≥10.5	重度(闷)热天气过程，对公众健康和社会生产活动造成严重不利的影响

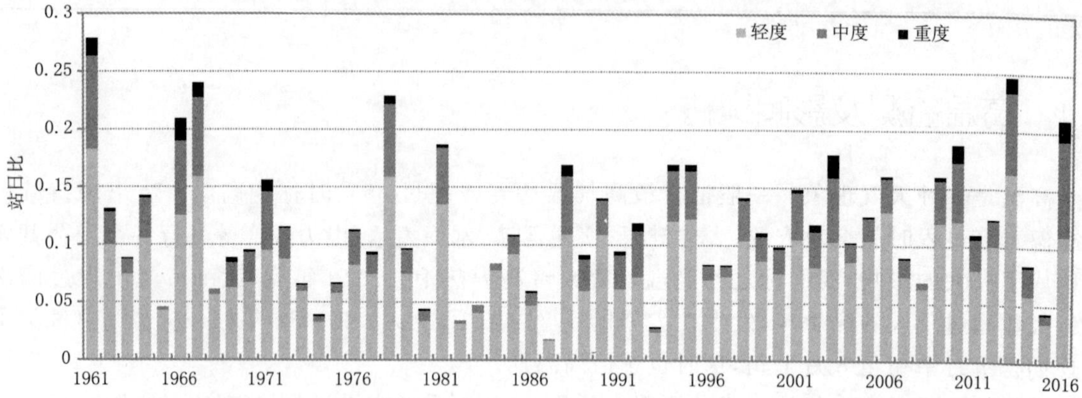

图4.39　湖北省主要高温时段(6月1日至9月30日)高温热浪出现站日比逐年变化图
(站日比为出现高温热浪的站高温热浪总日数占所有台站统计时段总日数)

(2)高温热浪监测

1961—2017年，湖北省高温热浪较严重的年份有1961年、2013年、1967年、1978年和2016年，其中2016年中度以上热浪等级站日出现最多。1961—2017年湖北省年平均高温热浪日数为0.1d(利川)～26.5 d(兴山)，三峡河谷、鄂东大部、鄂西北北部为15～26.5d，恩施州大部在10d以下，其他地区为10～15d(图4.40)。

4.4.1.5　高温热害监测指标

(1)水稻高温热害等级

持续高温对植物的生长发育和产量，以及畜、禽、水产等动物养殖都可能造成损害，故在农业气象上又称其为高温热害。水稻高温热害过程等级是以日平均气温≥30℃或日最高气温≥35℃为判别指标，将符合以上指标且持续3d及3d以上记为一次高温热害过程，具体划分标准见表4.29。

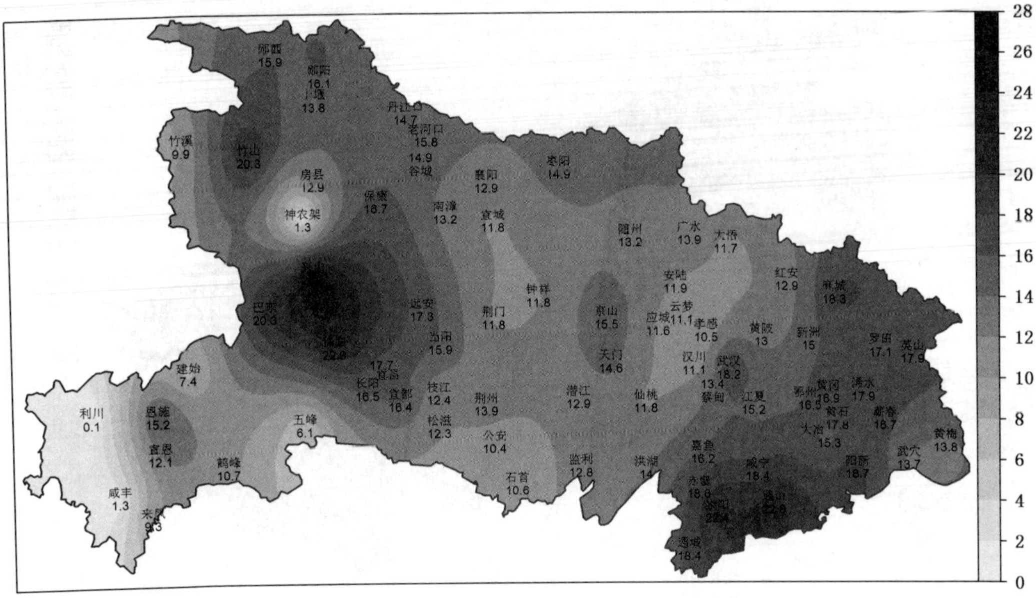

图 4.40　湖北省高温热浪(轻度热浪及以上)年平均日数(d)空间分布

表 4.29　水稻高温热害过程等级划分表

等级	轻度	中度	重度
日平均气温≥30℃ 或日最高气温≥35℃ 持续时间(d)	3～5	6～8	>8

(2)水稻高温热害监测

湖北省除鄂西局部高山地区外,大部地区水稻生产中每年均有高温热害发生。鄂西北西南部、鄂西南大部每 10 年发生 6～8 次,其它地区每 10 年发生 9～10 次(图 4.41)。1961 年、1964 年、1966 年、1967 年、1971 年、1978 年、1995 年、2001 年、2003 年、2012 年、2013 年和 2016 年均发生了大范围高温热害(图 4.42)。

4.4.1.6　城市热岛遥感监测

城市热岛效应(urban heat island effect,UHI))是指城市之中的气温显著高于周围郊区的现象。随着我国城镇化的迅速发展,热岛效应已变成一种城市公害,加重了城区污染,易造成城市气候失常,极端天气事件增多,直接影响到人们的生产与生活,逐渐成为人们关注的重要环境问题。目前,利用卫星遥感手段反演的地表温度(land surface temperature,LST)等参数被广泛应用于城市热岛效应研究。

(1)城市热岛遥感监测原理

气象学研究表明近地层大气气温升高主要是与下垫面进行热交换的结果,地表温度与真实气温关联密切,借助热红外遥感技术可广域地反演地表温度,有效地对城市热岛进行监测。

卫星资料对地表温度(LST)的反演主要是基于热红外辐射传输方程。由于传感器所接收到的热辐射主要由三部分组成:地表发射经大气衰减后的热辐射、大气向上发射的热辐射以及

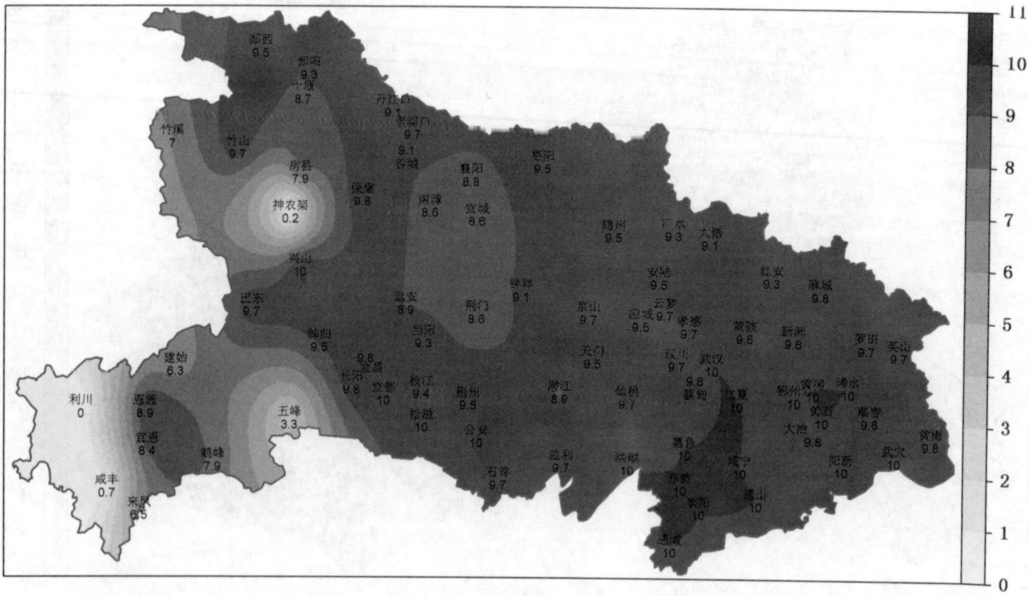

图 4.41　1961—2017 年湖北省水稻高温热害发生频率(次/(10a))

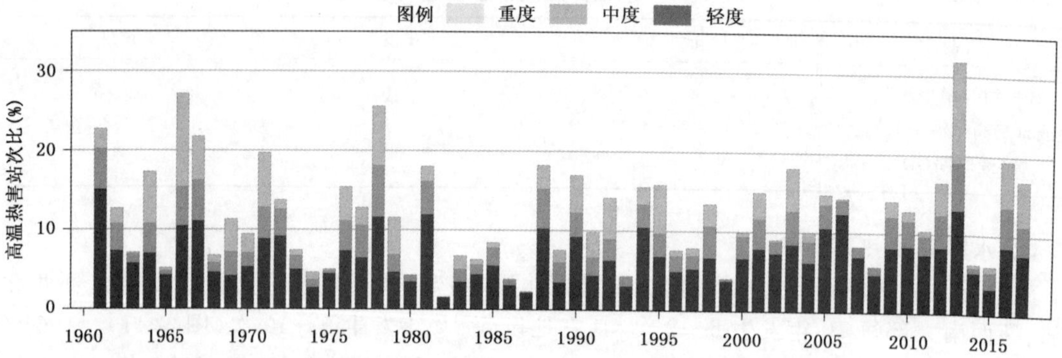

图 4.42　湖北省 1961—2017 年水稻高温热害发生站次比逐年变化图

大气向下热辐射经地表反射后又被传感器所接收的热辐射。因此,根据大气和地表对传感器所接收的热辐射强度的影响,可推导出各种地表温度的反演算法。

劈窗算法是目前地表温度反演较为成熟的方法,利用两个相邻热红外通道(11μm 附近和 12μm 附近)来进行反演。如 NOAA/AVHRR 卫星的第 4(10.5～11.3μm)、第 5(11.5～12.5μm)热红外通道,EOS/MODIS 卫星的第 31 通道(10.780～11.280μm)和 32 通道(11.770～12.270μm),FY－3 卫星 VIRR 第 4、5 通道或 MERSI 第 5 通道。而中高分辨率卫星资料往往只有一个热红外通道,则主要应用单窗算法,如 Landsat TM(ETM)、CBERS(中巴资源卫星)、HJ 卫星等。

(2)本地化热岛强度指标

本地化热岛强度指标主要有 2 种。热岛强度日监测指标主要反映当日实际的热岛效应;热岛强度年代际变化指标考虑了气候背景年际差异,进行了标准化处理,主要反映热岛效应的年际变化趋势。

①热岛强度日变化监测指标

以武汉市郊区地表温度的平均值作为城市热岛强度的比较基准，将城郊地表温度差分成不同等级反映武汉市夏季热岛效应的强弱，并分别用不同颜色表示城市热岛效应的强弱。当城郊地表温度差大于7℃时，用红色表示强热效应；当城郊地表温度差在5～7℃之间时，用粉红色表示较强热效应；当城郊地表温度差在3～5℃之间时，用黄色表示弱热效应；当城郊地表温度差小于3℃时，用绿色表示无热岛效应。

②热岛强度年代际变化监测指标

利用密度分割等技术手段对标准化后的热岛强度分布进行等级划分。具体将热岛强度从低到高划分为5个等级，分别为1级（2℃以下）、2级（2～4℃）、3级（4～6℃）、4级（6～8℃）和5级（8℃以上）。

（3）武汉城市热岛遥感监测案例

2016年武汉市夏季热岛效应的面积为2050.78km^2，占武汉市总面积的24.1%（[彩]图4.43）。其中，强热岛效应的面积为763.18km^2，占热岛效应面积的37.2%；较强热岛效应的面积为451.94km^2，占热岛效应面积的22%；弱热岛效应的面积为835.66km^2，占热岛效应面积的40.7%。

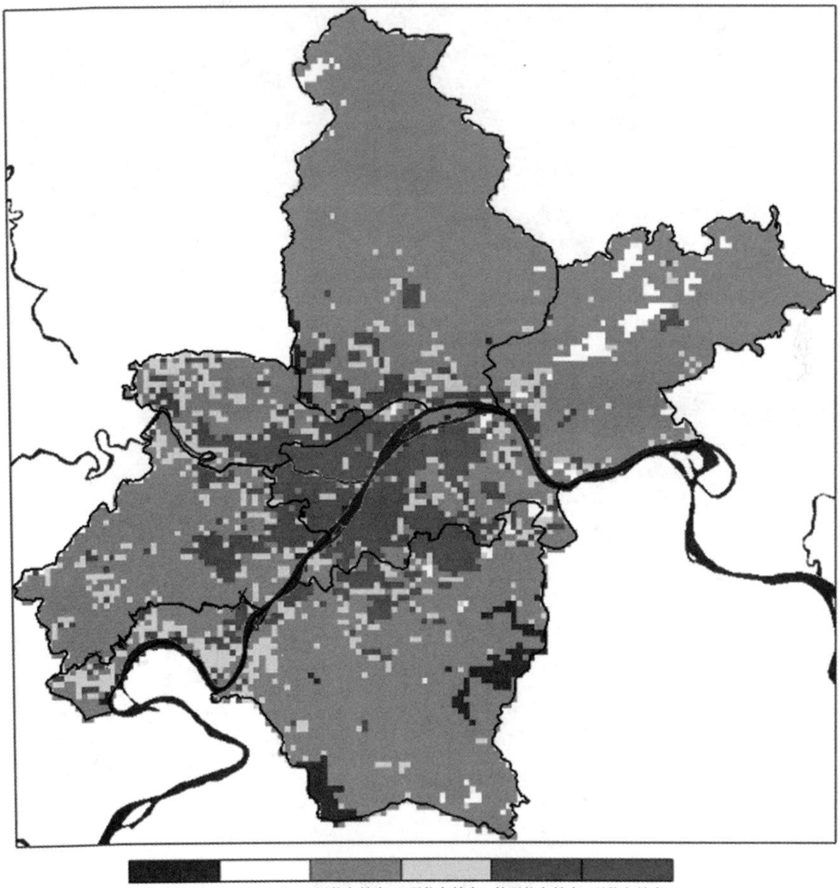

图4.43　2016年武汉市夏季热岛强度分布

(4)武汉城市热岛格局演变监测(梁益同等,2010)

利用3个时期的Landsat TM卫星遥感影像定量地研究武汉城市热岛效应近30年来的格局演变。监测结果显示,武汉市最强热岛面积从1987年的35km^{2}增加到2005年的132km^2,面积增加了近4倍。

从增长的分布格局来看,武汉市城市热岛的空间增长表现为以沿江地带为中心,以西北和东南两个方向为主向外扩展。1987年,最强热岛主要分布在江汉区、江岸区、武昌区、汉阳区等四区的沿江地带,中南路到武昌火车站一带以及青山区武钢厂房一带,东西湖区、硚口区和洪山区基本无强热岛([彩]图4.44);1994年,沿江地带的热岛效应进一步变强,并且向岸边纵深发展,同时硚口区的古田路一带也出现5级热岛([彩]图4.45);2005年,最强热岛已基本覆盖江汉区、江岸区、武昌区、硚口区和青山区,洪山区的光谷广场周边地带、东西湖区的吴家山一带也开始出现最强热岛,并且青山区和武昌区的热岛基本连为一体([彩]图4.46)。

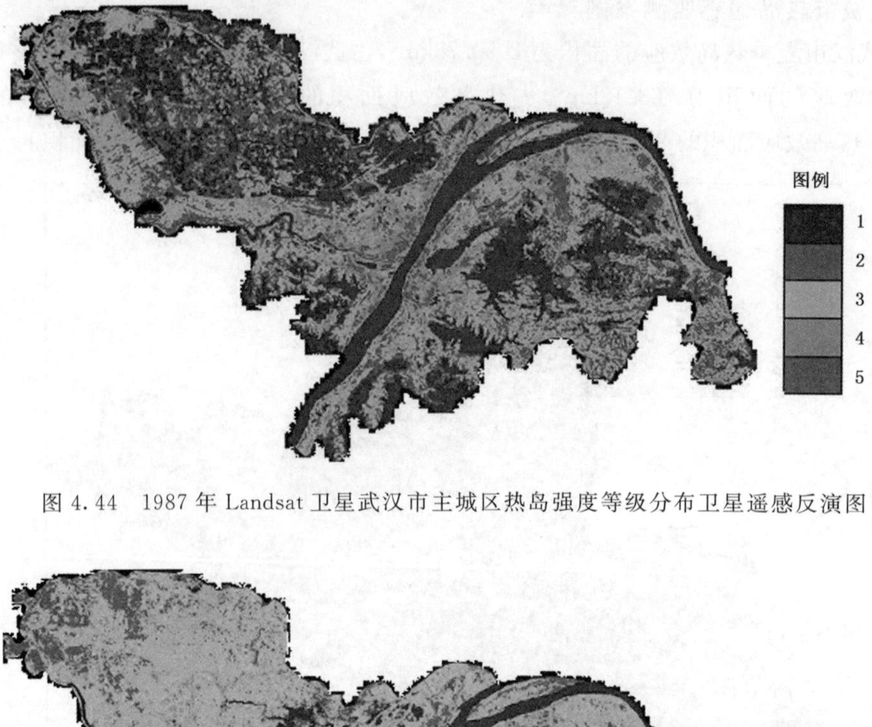

图4.44　1987年Landsat卫星武汉市主城区热岛强度等级分布卫星遥感反演图

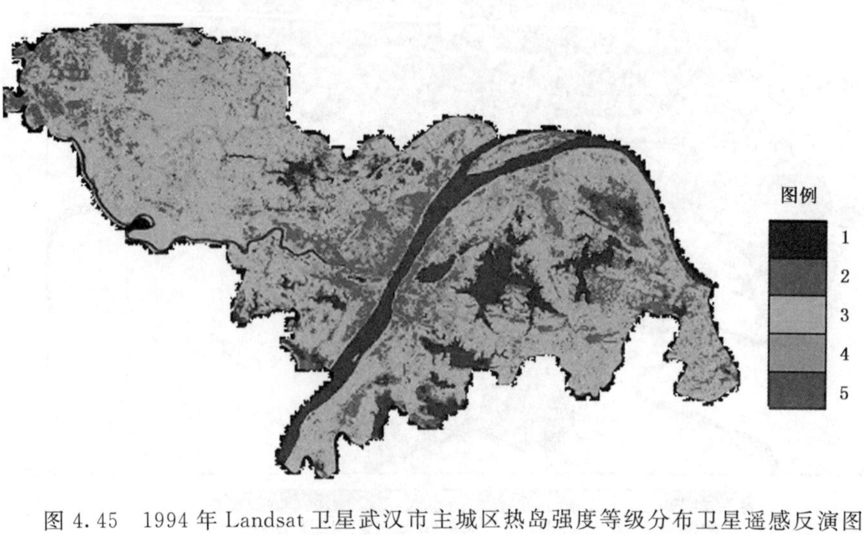

图4.45　1994年Landsat卫星武汉市主城区热岛强度等级分布卫星遥感反演图

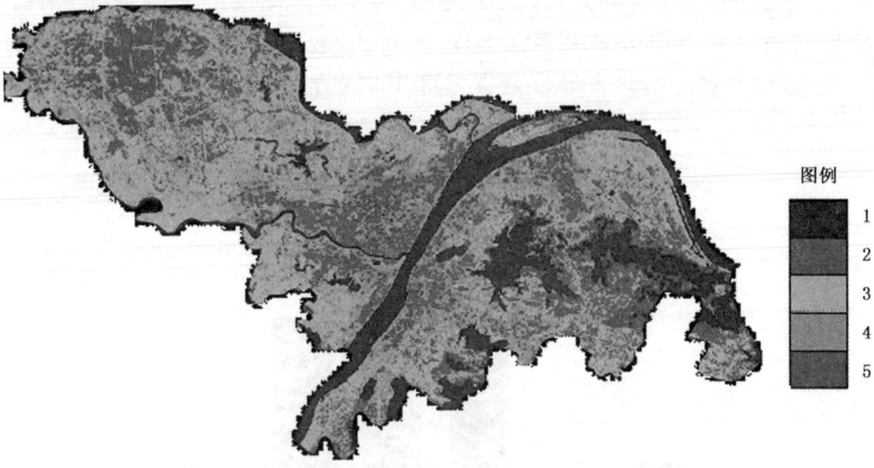

图 4.46　2005 年 Landsat 卫星武汉市主城区热岛强度等级分布卫星遥感反演图

4.4.2　高温热害对农业的影响评估

4.4.2.1　高温热害对中稻的影响评估

盛夏期间湖北省中稻处于孕穗抽穗期，在 7 月下旬至 8 月中旬，水稻抽穗扬花期遭遇高温热害，会影响开花授粉，导致空壳率增加，结实率下降，进而导致减产。2003 年、2013 年和 2016 年湖北省曾出现大范围严重高温热害，造成中稻产量大幅减产。

(1)评估方法

高温热害影响评估一般包括发生范围、程度、对产量的影响三个方面。

发生范围和程度：根据湖北省 86 个气象站逐日气温监测资料和高温热害分级指标，每个气象站资料代表 1 个县，判断该县是否出现高温热害及严重程度，绘制全省高温热害色斑图，就可以得出高温热害的发生范围和程度。

高温热害对产量的影响：采用调查分析的方法，由武汉区域气候中心牵头，联合省农业厅及湖北省中稻农业气象观测站(18 个地市县)，在中稻收获前(9 月上旬)，开展中稻产量结构调查，通过分析空秕率与高温的关系，评估高温对中稻影响。

(2)评估案例

以 2016 年为例，7 月 21 日梅雨期结束后，湖北省进入盛夏期，受副热带高压控制，7 月 22 日至 8 月 2 日、8 月 10—25 日先后出现两段晴热高温天气，除鄂西南西部、神农架林区外，全省基本上都出现了高温热害，其中鄂东南、江汉平原、鄂东北大部、鄂西南的东部，两次高温热害日数累计达 15d 以上，比较严重。

据 2016 年中稻高温热害灾害调查(图 4.47)，全省中稻抽穗期主要是 7 月 21 日至 8 月 28 日，其中 7 月第 5～6 候第一段高温时抽穗的样本占 8.5%，8 月第 1～2 候抽穗的样本占 23.7%，8 月第 3～5 候第二段高温抽穗的样本占 66.1%，8 月第 6 候抽穗的样本占 1.7%。进一步分析表明(图 4.48)，74.6%调查点中稻抽穗扬花期遭遇了高温热害，23.7%调查点在 8 月上旬抽穗，抽穗期未遭遇高温热害，但灌浆期遭遇了不同强度的高温热害。根据调查结果，7 月下旬抽穗的早熟中稻结实率 73%～78%，此部分占样本总数的 8.5%；8 月中旬—下旬前期抽穗的中迟熟中稻结实率69%～89%，且其中约一半的中稻样本结实率低于80%；8月上旬抽穗、未遭遇抽穗期高温的中稻结实率多在80%～94%，较遭遇抽穗期高温的中稻结实率偏高5%～10%。抽穗期遭遇高温热害导致全省大部中稻空壳率增加，结实率普遍下降。

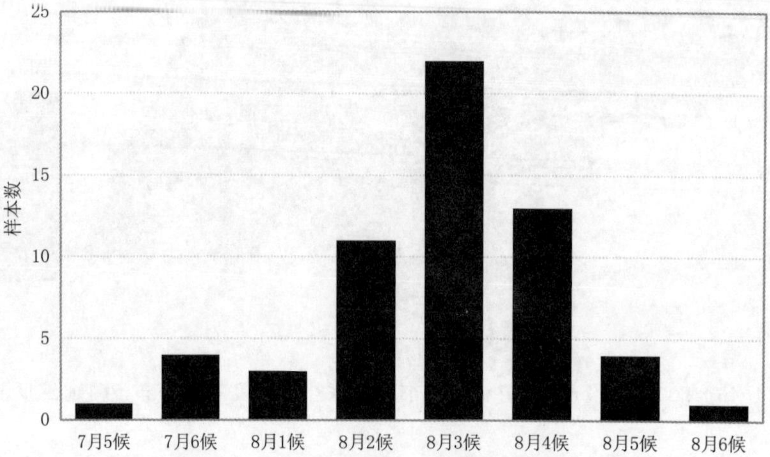

图4.47 调查的中稻样本抽穗期分布

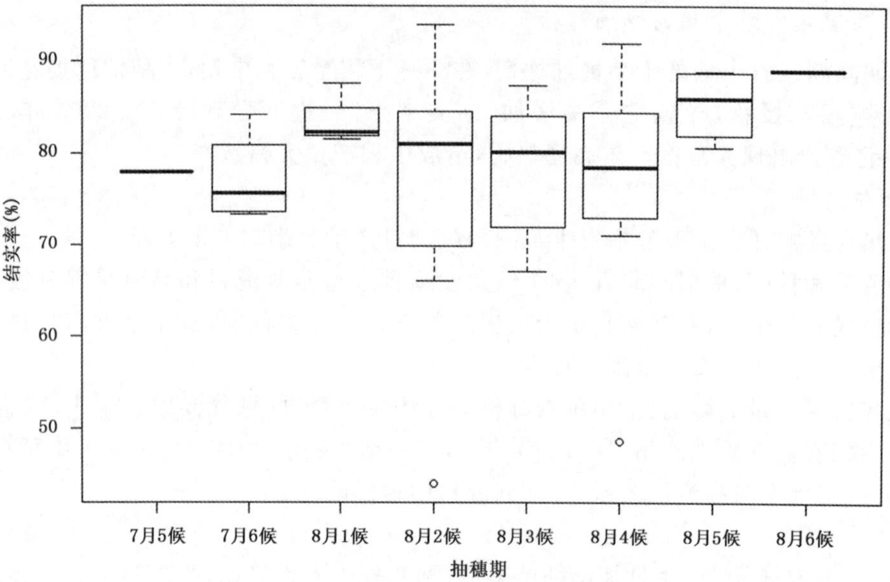

图4.48 不同抽穗期的中稻结实率情况箱线图

4.4.2.2 高温热害对早稻的影响评估

早稻灌浆期遇到日最高气温35℃以上的高温天气，可造成根系早衰，叶片功能下降，使成熟期缩短，灌浆不饱满，千粒重下降，同时却增加了植株呼吸强度，消耗较多的有机物质，减少干物质的积累。叶温增高，也会加强蒸腾失水，破坏体内水分代谢的平衡，削弱籽粒灌浆能力，促使籽粒在尚未达到饱满时就很快成熟，造成瘪粒。湖北省早稻通常于6月下旬抽穗开花，随后进入灌浆期，于7月下旬成熟收获，期间常遭遇高温热害，导致千粒重下降而减产。

(1)评估方法

发生范围和程度：评估方法，同4.4.2.1。

高温热害对产量的影响(秦鹏程,2016):以作物生长模型为工具,以 1981—2010 年早稻生长季气象资料为基础,以 0.5℃为步长,对历年灌浆期 6 月 26 日至 7 月 20 日逐日最高气温、最低气温进行敏感性分析,获得灌浆期平均气温在±5℃情景下的产量结果,绘制早稻减产率与灌浆期不同气温距平的散点图,建立灌浆期平均气温距平与减产率的回归方程(图 4.49),以此开展早稻灌浆期高温影响损失评估。

(2)评估案例

2013 年 7 月湖北省出现持续性高温天气,利用实时气象观测资料和未来 7d 城镇天气预报资料,结合上述评估模型,预估早稻因高温逼熟减产率在 2.5%～10%,经与 2013 年实际产量比较,早稻减产趋势预估一致,损失评估结果略偏重(图 4.50)。可能是由于在高温天气下,农民采取深水灌溉及喷施叶肥等措施可以部分缓解高温热害,在损失评估模型中未考虑防御措施。

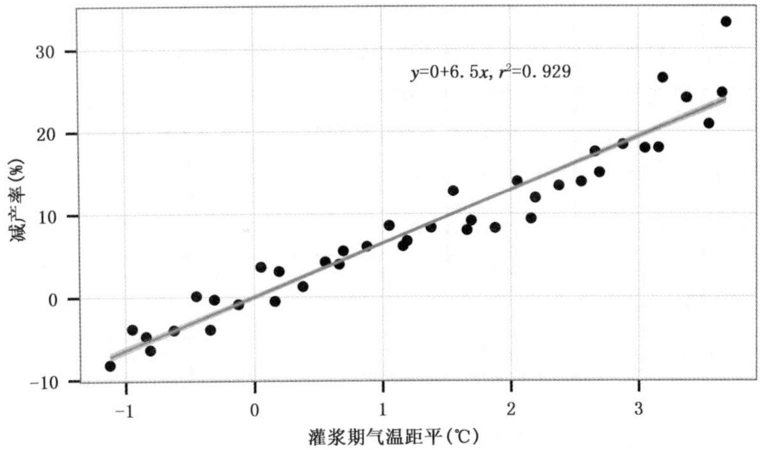

图 4.49　早稻减产率与灌浆期气温距平的关系图

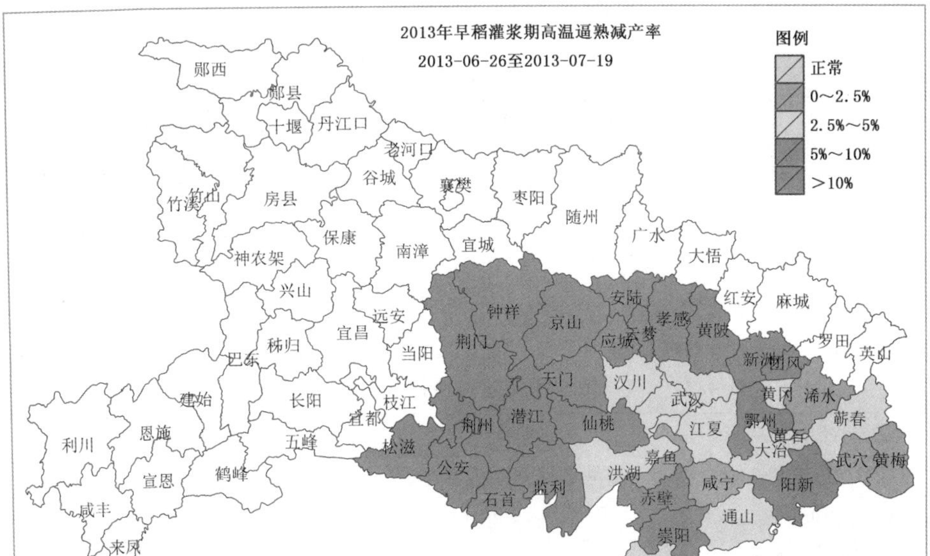

图 4.50　2013 年早稻灌浆期高温热害影响评估

4.4.3 高温对电力的影响评估

4.4.3.1 气象敏感负荷条件指数及等级划分

气象敏感负荷条件指数(*MSLI*)的计算公式如下：

$$MSLI = T + \frac{U-35}{15} - \frac{V-2.0}{3.0} \qquad T \geqslant 35.0℃ \tag{4.42}$$

$$MSLI = T + \frac{U-40}{15} - \frac{V-2.0}{3.0} \qquad 25.0℃ \leqslant T < 35.0℃ \tag{4.43}$$

$$MSLI = T - \frac{V-2.0}{3.0} \qquad 15.0℃ \leqslant T < 25.0℃ \tag{4.44}$$

$$MSLI = T - \frac{U-60}{30} - \frac{V-2.0}{3.0} \qquad T < 15.0℃ \tag{4.45}$$

式中，*MSLI* 为任意时刻气象敏感负荷条件指数；*T* 为对应时刻气温(℃)；*U* 为对应时刻相对湿度(%)；*V* 对应时刻风速(m/s)。具体见表 4.30。

表 4.30 气象敏感负荷条件指数等级(MSLI)的划分

级别	名称	强度解释	气象敏感负荷条件指数范围	表征颜色
一级	低敏感负荷条件指数	基本负荷，或低敏感负荷	[7.0,30.0]	蓝
二级	较高敏感负荷条件指数	较高敏感负荷	[−4.0,6.0]或[31.0,33.0]	黄
三级	高敏感负荷条件指数	高敏感负荷	[−17.0,−5.0]或[34.0,36.0]	橙
四级	尖峰敏感负荷条件指数	最高敏感负荷	⩽−18.0，或⩾37.0	红

4.4.3.2 气象敏感用电量条件指数的计算

气象敏感用电量条件指数(*MSPI*)的计算公式如下：

$$MSPI = \overline{T} + \frac{7.5}{T_{max} - T_{min}} + \frac{\overline{U}-50}{15} - \frac{\overline{V}-2.0}{3.0} \qquad \overline{T} \geqslant 31.0℃ \tag{4.46}$$

$$MSPI = \overline{T} + \frac{\overline{U}-60}{15} - \frac{\overline{V}-2.0}{3.0} \qquad 21.0℃ \leqslant \overline{T} < 31.0℃ \tag{4.47}$$

$$MSPI = \overline{T} - \frac{\overline{V}-2.0}{3.0} \qquad 11.0℃ \leqslant \overline{T} < 21.0℃ \tag{4.48}$$

$$MSPI = \overline{T} - \frac{\overline{U}-60}{30} - \frac{\overline{V}-2.0}{3.0} \qquad \overline{T} < 11.0℃ \tag{4.49}$$

式中，*MSPI* 日气象敏感用电量条件指数；$\overline{T}$ 为日平均气温(℃)；$\overline{U}$ 为日平均相对湿度(%)；$\overline{V}$ 为日平均风速(m/s)；Tmax 为日最高气温(℃)；Tmin 为日最低气温(℃)。具体见表 4.31。

表 4.31 气象敏感用电量条件指数等级(*MSPI*)的划分

级别	名称	强度解释	气象敏感用电量条件指数范围	表征颜色
一级	低敏感用电量条件指数	基本用电量，或低敏感用电量	[10.0,26.0]	蓝
二级	较高敏感用电量条件指数	较高敏感用电量	[−1.0,9.0]或[27.0,29.0]	黄
三级	高敏感用电量条件指数	高敏感用电量	[−14.0,−2.0]或[30.0,33.0]	橙
四级	尖峰敏感用电量条件指数	最高敏感用电量	⩽−15.0，或⩾34.0	红

4.4.3.3　武汉市周年逐日电力指标对气温的响应(李兰等,2008)

(1)评估方法

以武汉市 2005—2006 年波动日电量、最大负荷、最小负荷资料与同期日平均气温、最高气温、最低气温为基础,建立电力指标与气温的非线件模型。计算表明,波动电力指标与气温呈非线性,为二次曲线(抛物线)关系。说明存在一个气温临界值,在其附近电力指标对气温变化不敏感,一旦气温大于(小于)该值,气温越高(低),对电力指标影响就越大;日平均气温的临界值为 14～15℃;电力指标的 1℃效应量不是固定不变的,而是随气温变化而变化的。

(2)波动电力因子与气温关系模型

波动电力因子与气温关系模型见表 4.32。

表 4.32　温度与波动日电量、最大负荷、最小负荷拟合方程

因变量(y)	独立变量(x)	拟合方程		复相关系数
波动日电量	日平均气温	$y=9.725x^2-296.95x+1295$	(a)	$r=0.89$
波动最大负荷	日平均气温	$y=4.497x^2-141.08x+672$	(b)	$r=0.87$
波动最小负荷	日平均气温	$y=2.634x^2-75.594x+265.8$	(c)	$r=0.86$
波动日电量	日最低气温	$y=9.773x^2-237.5x+507$	(d)	$r=0.87$
波动最大负荷	日最低气温	$y=4.457x^2-112.08x+292$	(e)	$r=0.85$
波动最小负荷	日最低气温	$y=2.747x^2-62.164x+75.7$	(f)	$r=0.88$
波动日电量	日最高气温	$y=8.554x^2-325.14x+2147.7$	(g)	$r=0.83$
波动最大负荷	日最高气温	$y=3.977x^2-154.71x+1083$	(h)	$r=0.83$
波动最小负荷	日最高气温	$y=2.261x^2-81.151x+463.2$	(i)	$r=0.80$

* 表中方程均通过了 0.0001 的信度检验。

(3)1℃效应量

由于电力指标与气温是曲线关系,即不同阶段气温的变化造成的电量或负荷变化量是不同的,利用温度与波动日电量、最大负荷、最小负荷拟合方程,就可以很方便地计算出日平均气温每增加 1℃(或减少 1℃)造成的日电量、最大负荷、最小负荷的变化量,也就是 1℃效应量(表 4.33)。

表 4.33　不同平均气温下日电量、最大负荷、最小负荷的 1℃效应量

日平均气温(℃)	日电量(万 kW·h /℃)	日最大负荷(MW/℃)	日最小负荷(MW/℃)	日平均气温(℃)	日电量(万 kW·h /℃)	日最大负荷(MW/℃)	日最小负荷(MW/℃)
−3.00	−345.58	−163.57	−88.76	17.00	43.44	16.32	16.59
−2.00	−326.13	−154.57	−83.50	18.00	62.89	25.31	21.86
−1.00	−306.68	−145.58	−78.23	19.00	82.34	34.30	27.13
0.00	−287.23	−136.58	−72.96	20.00	101.79	43.30	32.40
1.00	−267.77	−127.59	−67.69	21.00	121.24	52.29	37.66
2.00	−248.32	−118.60	−62.42	22.00	140.69	61.29	42.93
3.00	−228.87	−109.60	−57.16	23.00	160.14	70.28	48.20
4.00	−209.42	−100.61	−51.89	24.00	179.59	79.27	53.47

续表

日平均气温(℃)	日电量(万 kW·h /℃)	日最大负荷(MW/℃)	日最小负荷(MW/℃)	日平均气温(℃)	日电量(万 kW·h /℃)	日最大负荷(MW/℃)	日最小负荷(MW/℃)
5.00	−189.97	−91.61	−46.62	25.00	199.04	88.27	58.73
6.00	−170.52	−82.62	−41.35	26.00	218.49	97.26	64.00
7.00	−151.07	−73.63	−36.09	27.00	237.94	106.26	69.27
8.00	−131.62	−64.63	−30.82	28.00	257.39	115.25	74.54
9.00	−112.17	−55.64	−25.55	29.00	276.84	124.24	79.81
10.00	−92.72	−46.64	−20.28	30.00	296.29	133.24	85.07
11.00	−73.27	−37.65	−15.01	31.00	315.74	142.23	90.34
12.00	−53.82	−28.66	−9.75	32.00	335.19	151.23	95.61
13.00	−34.37	−19.66	−4.48	33.00	354.65	160.22	100.88
14.00	−14.92	−10.67	0.79	34.00	374.10	169.21	106.15
15.00	4.53	−1.67	6.06	35.00	393.55	178.21	111.41
16.00	23.98	7.32	11.32	36.00	413.00	187.20	116.68

4.4.3.4　评估案例

2013 年 7 月 22 日—8 月 22 日长达 1 个月的持续高温过程袭击湖北省，其中 8 月 11 日为入夏以来全省高温范围最大、强度最强的一天。此次过程高温日数多、范围广、持续时间长、强度大，给人民生产生活带来不利影响。

依据用电需求气象条件等级行业标准，武汉市 2013 年 7 月 22 日至 8 月 22 日期间除了 8 月 20 日、22 日为较高敏感用电量外，其他均达高敏感用电量及以上，其中有 5d 达极高敏感用电量，出现在 7 月 29 日、8 月 1 日、6 日、10 日、13 日和 14 日(图 4.51)。

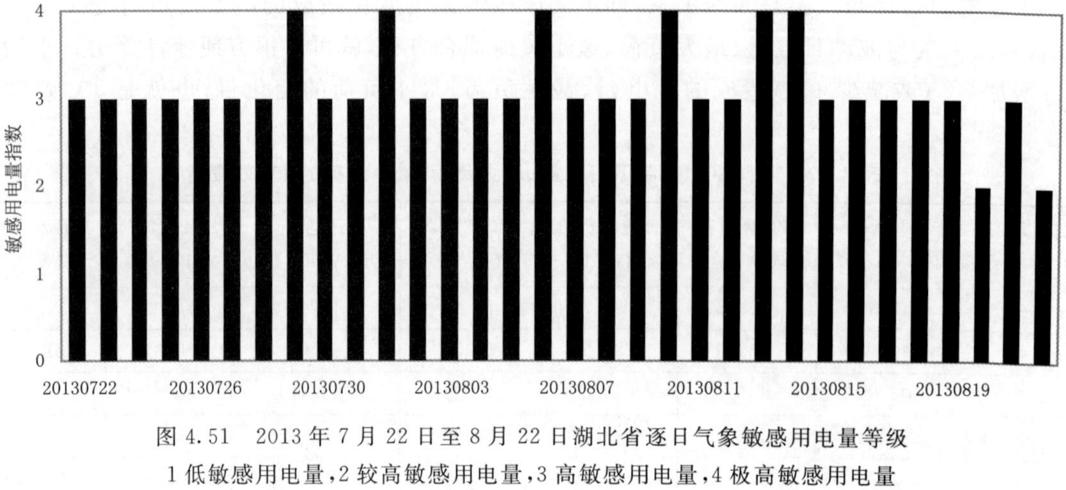

图 4.51　2013 年 7 月 22 日至 8 月 22 日湖北省逐日气象敏感用电量等级
1 低敏感用电量，2 较高敏感用电量，3 高敏感用电量，4 极高敏感用电量

高温影响下，武汉的用电负荷连创新高。8 月 14 日全省最大日用电量达到 5.73 亿 kW·h。入夏以来，全省最大用电负荷先后 8 次刷新历史记录，全省最大日用电量先后 11 次创历史新高，这种现象历年少见。同时，8 月 8 日以来湖北省电网最大负荷已连续一周突破 2600 万

kW,处在高位。

4.4.4 高温对人体健康的影响评估

4.4.4.1 高温中暑气象指标的计算(陈正洪等,2008)

高温中暑指数的计算公式如下:

$$Y=-19.745+2.68X_{25}+0.71X_{11} \qquad (R=0.734, F=101.901) \qquad (4.50)$$

式中,Y 为高温中暑指数;X_{25} 为当日前若干天日最高气温持续大于 36℃的累积温度;X_{11} 为当日平均气温(℃)。

高温中暑指数的等级划分和命名见表 4.34。

表 4.34 高温中暑指数的等级划分和命名

等级	名称	指数	是否预警	预警色标
1	不会发生中暑	<1.0	否	
2	可能发生中暑	[1.0~3.0)	是	蓝
3	较易发生中暑	[3.0~5.0)	是	黄
4	易发生中暑	[5.0~7.0)]	是	橙
5	极易发生中暑	≥7.0	是	红

4.4.4.2 评估案例

依据改进的武汉中暑气象模型,统计武汉 2013 年 7 月 22 日至 8 月 22 日高温中暑指数,武汉 14d 极易发生中暑,2d 易发生中暑,6d 较易发生中暑(图 4.52)。

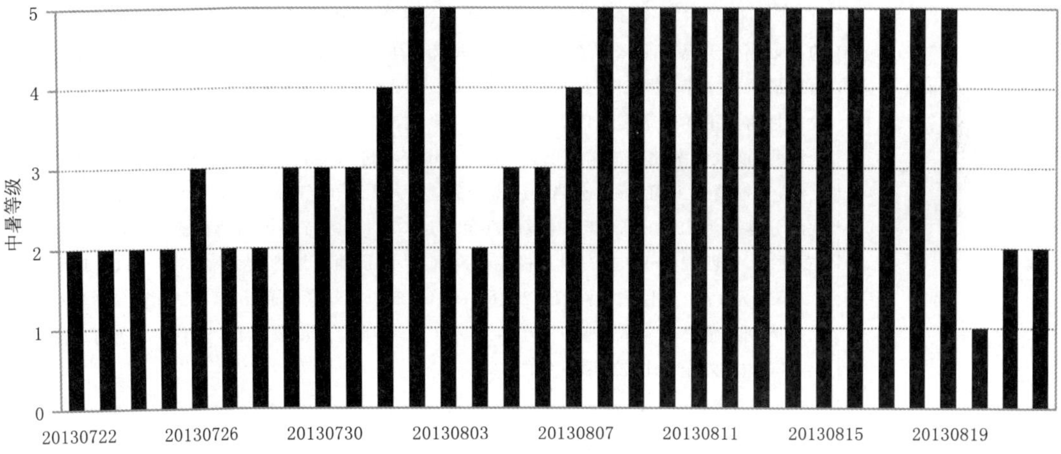

图 4.52 2013 年 7 月 22 日—8 月 22 日武汉逐日高温中暑指数等级

1 不会发生中暑,2 可能发生中暑,3 较易发生中暑,4 易发生中暑,5 极易发生中暑

4.4.5 湖北省历史典型高温事件

湖北省历史典型高温事件见表 4.35。

表 4.35　历史典型高温事件

时间	事件	描述
1961 年	湖北省 夏季高温	1961 年 6 月以来湖北省出现全省性大范围高温天气，武汉市 6 月最高气温 37.8℃，出现在 1961 年 6 月 23 日，为 1951 年以来最高，武汉 6 月 35℃以上高温天气达到了 9d。6—8 月鄂东大部分站点高温日数超过了 30d，湖北省大部分地区从 6 月中下旬开始持续出现晴热高温天气，一直到夏季结束，而湖北省西部的巴东、兴山日最高气温≥35℃日数更是达到了 55d 和 65d。
1966 年	湖北省 伏秋高温	7 月中、下旬到 10 月上旬，日最高气温在 35℃以上的高温天气持续 32d，小暑以后又盛行 4～5 级的西南风，因而空气湿度小，蒸发量大，如武汉市 7 月 13 日至 8 月 7 日的蒸发量达 311.5mm，江河湖泊水位也比常年低 2～3m，有些涵闸引不进水，沿湖抽水机站无水可抽。
1967 年	湖北省 盛夏高温	7 月中旬至 8 月底 9 月初，湖北大部分地区出现晴热高温天气，高温中心主要位于鄂东和鄂西北地区，日最高气温超过 35℃的日数普遍在 40d 左右，特别是通山站超过了 50d。与常年同期相比，湖北省大部站点偏高 1℃以上，鄂东东部和鄂西北的部分站点偏高 2℃以上。
1978 年	湖北省 伏秋高温	大部分地区先后从 6 月底或 7 月初开始，出现晴热高温天气，持续时间超 70d，高温中心位于鄂东。鄂东日最高气温在 35℃以上的日数多达 40～60d，特别是英山站竟达 66d 之多(6 月 27 日至 9 月 7 日)。湖北大部地区极端最高气温也在 39℃以上，部分县高达 40～42℃。日最高气温高于 35℃的日数，鄂东大多数县超过 1959 年、1966 年和 1971 年，鄂西仅次于 1959 年，是 1950 年以来较热的一年。同时 6 月底至 7 月中旬，大部分地区都刮了 12～15d 强劲的西南风(俗称“南洋风”)。“南洋风”出现时间之早、风速之大、气温之高、湿度之小，胜过盛行的 1959 年、1961 年、1964 年和 1966 年，相似于 1971 年。
1988 年	湖北省二次 高温热浪	5 月初，7 月初至 8 月中湖北省先后受到两次热浪冲击，5 月初湖北省有相当一部分县市的日最高气温已有 1～3d 达到了 35℃，武汉 5 月 2—3 日，日最高气温达 35℃，是 1950 年以来出现最早的一年。秭归 4 月 30 日，日最高气温达 37.5℃，为该县有记录以来同期最高值。进入 7 月西太平洋热带高压以其今年主体偏弱，控制范围偏大，西伸脊点偏西之强势稳定地控制湖北省，致使湖北省梅雨不明显，提前 10d 左右进入盛夏。从 7 月初一直持续高温到 8 月上旬，天气晴热少雨，第二次热浪冲击全省。7 月月平均气温，除清江河谷在 27.5℃左右，其大部分县市为 29～31℃，其中黄石、嘉鱼均达 31.3℃。与常年同期相比，江汉平原以东偏高 2℃左右，以西偏高 1℃左右。月极端最高气温，除鄂西山地外，大多在 38～40℃，其中兴山达 42.2℃，为 1967 年以来最高值。房县 41.4℃，枣阳 40.7℃，通山 40.8℃均为有气象纪录记载以来同期的最高值。武汉从 7 月初至 8 月 15 日出现了 26d 高温日，其中有 24d 的最低气温高于 27℃，出现酷热日占高温日数的 92%。
2003 年	湖北省 盛夏高温	梅雨期过后，副高稳定控制湖北省，自 7 月 23 日开始，高温天气从鄂东南向鄂西北蔓延，到 8 月 10 日部分地区高温天气已持续 18d。除鄂西半高山地区外，湖北省高温日数 11～18d，其中鄂东大部均在 18d 左右。7 月 23 日至 8 月 10 日湖北省平均气温大部居历史同期前 3 位；最高气温鄂西北居历史同期前 10 位，其他地区居历史同期前 5 位，最低气温大部居历史同期首位。江汉平原、鄂东平均气温、最高气温、最低气温均居历史同期首位。武汉市日平均气温大于 33℃天数、最高气温大于 37℃天数、最低气温大于 30℃天数分别为 12d、13d 和 11d；尤其是 8 月 1 日武汉市日平均气温、最高气温、最低气温分别为 35.7℃、39.6℃和 32.3℃，均为 1951 年以来最高，实属罕见。

续表

时间	事件	描述
2013 年	湖北省夏季持续高温	7 月 22 日—8 月 22 日高温日数为 24d，位居历史同期第一。75 个县市高温日数超过 20d，其中鄂州的高温日数达 31d；鄂州、崇阳等地 28 个县市的高温日数突破历史极值，通山、宜昌等 7 个县市的高温日数达到历史极值。 全省 71 县市出现强高温过程，有 21 站连续 39℃以上高温日数居历史首位，其中，赤壁、阳新、通山、江夏等 17 站刷新历史纪录；有 13 站连续 40℃以上高温日数居历史首位，其中，阳新、通山等 7 站刷新历史纪录。29 个县市日最高气温突破 40℃。鄂州、崇阳、宜都等 16 个县市最高气温，通城、钟祥等 8 个县市的平均气温，通城、广水等 6 个县市的最低气温突破历史极值。其中，阳新 8 月 7 日最高气温达到 42.2℃，比历史极值高 0.8℃。全省夏季高温日数（日最高气温≥35℃）为 38d，较常年夏季偏多 21d，居历史首位，与 1959 年持平。对农业、电力供应、人体健康等较大影响，加剧干旱发展。
2016 年	湖北省盛夏高温	出梅后湖北省气温迅速上升，先后在 7 月 22 日至 8 月 2 日、8 月 11—25 日出现了两段高温天气，期间大部地区最高气温维持在 35℃以上，鄂西北部分县（市、区）还持续出现日最高气温≥40℃的酷热天气，枝江、利川日最高气温以及五峰、建始持续高温日数突破历史极值。高温天气使得用电量大幅攀升，高温中暑指数等级高，造成中迟熟中稻结实率下降、早熟中稻灌浆不饱满。

4.5 低温冷害监测及影响评估

低温冷害主要包括春播期低温、倒春寒、五月寒、盛夏低温和秋季寒露风。湖北倒春寒多出现在 3—4 月，其中江汉平原南部、鄂东南西部、鄂北岗地发生最多。盛夏低温以鄂西北发生频率较高，五月寒和寒露风，以江汉平原西北部发生频率最高，沿东南方向逐渐降低。近 50 年来，倒春寒明显减少、寒露风减少、五月寒却有加重趋势。

低温冷害多出现在强冷空气南下引起的降温后，发生持续 3d 及以上低于作物适宜发育所需的下限气温，造成作物发育迟缓或减产。

4.5.1 春播期低温

4.5.1.1 春播期低温监测指标

湖北省春播期主要在 3 月下旬至 4 月下旬，该时段出现的低温，并导致早稻、棉花烂秧死苗的灾害称为春播期低温。

以 3 月下旬平均气温低于 10℃或最低气温低于 6℃，4 月平均气温低于 12℃或最低气温低于 8℃为判定指标。按低温阴雨持续时间可分为三级（表 4.36）。

表 4.36 湖北省春播期低温阴雨分级

低温阴雨等级	轻度	中度	重度
持续天数	$3<D<5$	$6<D<9$	$D>10$

4.5.1.2 春播期低温监测

利用上述监测指标对湖北省历史上春播期低温进行分析，结果表明，湖北省春播期低温发生日数空间分布差异较明显，鄂西南西部山区、鄂西北山区、鄂东北北部平均每年出现 4～11d，鄂东南大部、鄂西南东部平均每年发生 1～2d，其他地区平均每年发生 2～4d(图 4.53)。

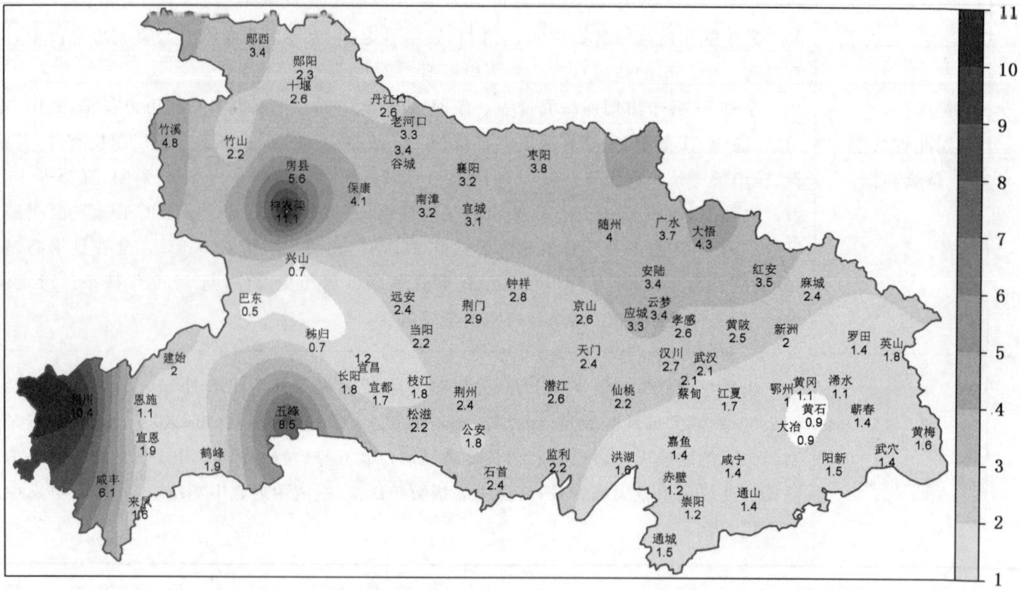

图 4.53　1961—2017 年湖北省春播期低温日数(d)空间分布

从时间分布来看(图 4.54)，湖北省 1961—2017 年春播期低温发生范围和严重程度，20 世纪 60 年代、90 年代、1980 年前后及 21 世纪 2010 年前后，发生较为频繁、范围广、程度重。1987 年、1996 年重度低温发生范围最大，占总站数的 10%以上；1962 年、1964 年、1980 年、1991 年、1992 年和 1998 年重度春播期低温占次比 6%以上。进入 21 世纪后，春播期低温发生范围和程度都有所减轻。

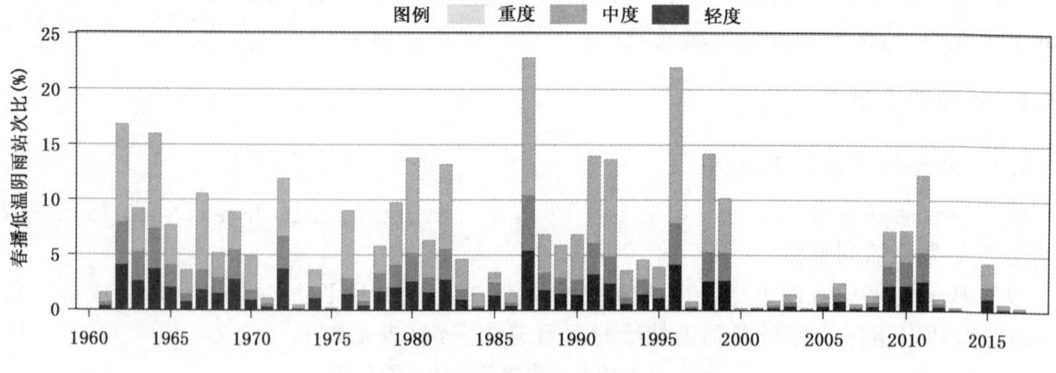

图 4.54　1961—2017 年湖北省春播期低温范围、程度逐年变化

4.5.1.3　春播期低温对农业的影响评估

(1)评估对象

评估对象为早稻。

(2)早稻播种出苗期低温评估指标

通过试验得出，早稻播种出苗期平均气温 8℃的低温作用 2d，或平均气温 9～10℃的低温作用≤4d，为轻度冷害；平均气温 9～10℃的低温作用 5d 以上，或平均气温 8℃的低温作用 3d，或平均气温 6～7℃的低温作用 1d，为中度冷害；平均气温 8℃的低温作用 4d，或平均气温 6～7℃的低温作用 2d，为重度冷害(表 4.37)。

表 4.37　双季早稻播种出苗低温冷害指标及分级

冷害程度	1d	2d	3d	4d	5d
6℃	中度	重度			
7℃	中度	重度			
8℃	轻度	轻度	中度	重度	重度
9℃	无	无	轻度	轻度	中度
10℃	无	无	轻度	轻度	中度

在业务中使用早稻播种出苗低温冷害等级判别模型，用播种出苗期冷害积温作为评价指标，冷害积温用 TCOL1＝ $\sum(12-T_i)$ 表示，即低温过程中逐日冷害温度$(12-T_i)$的和值，i 表示一次低温过程日平均气温≤12℃的天数，当日平均气温高于 12℃时，该日冷害温度为 0℃。

用观测试验数据建立冷害积温与相对出苗率的关系模型。分析计算当相对出苗率为 80%、60%时对应的冷害积温分别为 6℃·d、12℃·d。由此分析得到：当冷害积温 TCOL1≤6℃·d，影响不大(出苗率 80%以上)；当冷害积温 6℃·d≤TCOL1≤12℃·d，为轻度冷害(出苗率 60%～80%)；当冷害积温 TCOL1≥12℃·d，为中度冷害(出苗率小于 60%)(表 4.38)。

表 4.38　双季早稻播种出苗低温冷害分级判别模型

冷害等级	无	轻度	中度
分级指标	TCOL1≤6℃·d	6℃·d<TCOL1≤12℃·d	TCOL1>12℃·d
相对出苗率	>80%	60%～80%	<60%

(3)早稻三叶期烂秧死苗低温冷害指标

通过试验数据分析得出，双季早稻三叶期平均气温 10～12℃处理 2d，平均气温 6～9℃的低温处理 1d，死苗率在 5%以下，无不利影响；平均气温 11℃处理 3d、12℃处理 4d，死苗率在 15%以下，产生轻度影响；平均气温 9℃处理 2d、10℃处理 3d、11℃处理 4d、12℃处理 5d，死苗率在 15%～30%，产生中度影响；平均气温 6℃处理 2d、7～9℃处理 3d、10℃处理 4d、11℃处理 5d，死苗率都在 50%以上，产生重度影响(表 4.39)。

表 4.39　双季早稻三叶期烂秧死苗低温冷害指标及分级

冷害程度	1d	2d	3d	4d	5d
6℃	轻度	重度	重度		
7℃	轻度	中度	重度		
8℃	轻度	中度	重度		
9℃	轻度	中度	重度		

续表

冷害程度	1d	2d	3d	4d	5d
10℃	无	无	中度	重度	
11℃	无	无	轻度	中度	重度
12℃	无	无	轻度	轻度	中度

在业务中使用早稻三叶期烂秧死苗冷害积温作为评价指标，冷害积温用 TCOL2 $=\sum(15-T_i)$ 表示，即低温过程中逐日冷害温度 $(15-T_i)$ 的和值，i 表示一次低温过程日平均气温≤15℃的天数，当日平均气温等于或高于15℃时，该日冷害温度为0℃。

用观测试验数据建立冷害积温 TCOL2 与烂秧死苗率的关系表 4.40、表 4.41，当冷害积温 TCOL2≤9℃·d 时，死苗率均在5%以下，无冷害影响；当冷害积温 9℃·d＜TCOL2≤12℃·d 时，死苗率为5%～15%，为轻度冷害；当 12℃·d＜TCOL2≤16℃·d 时，死苗率为15%～30%，为中度冷害；当冷害积温 TCOL2＞16℃·d，死苗率大于30%，为重度冷害。

表 4.40　双季早稻三叶期烂秧死苗低温冷害积温与冷害等级对应

冷害等级	无冷害							轻度				中度				重度							
TCOL2(℃·d)	3	4	5	6	6	8	9	9	10	12	12	12	15	15	16	18	18	20	20	24	25	27	30
烂秧死苗率(%)	0	0	0	2	0	0	1	8	0	8	10	21	22	24	23	92	96	86	63	100	97	95	100

表 4.41　双季早稻烂秧死苗低温冷害分级判别模型

冷害等级	无	轻度	中度	重度
分级指标	TCOL2≤9℃·d	9℃·d＜TCOL2≤12℃·d	12℃·d＜TCOL2≤16℃·d	TCOL2＞16℃·d
死苗率	＜5%	5%～15%	15%～30%	＞30%

(4)湖北省历史上早稻低温烂秧死苗典型年评估

利用双季早稻历年苗期农业气象观测资料分析表明，一般情况下，苗期平均气温18℃以上，或平均最低气温14℃以上，且期间连续5日滑动平均气温12℃以上，或日平均气温≤10℃连续日数2d之内，苗期无烂秧现象，对苗期生长有利。利用湖北灾情大典对早稻苗期低温阴雨(烂秧)典型年进行了评估(表 4.42)。

表 4.42　早稻出苗—三叶期低温阴雨烂秧指标验证(湖北灾情大典)

年份	地点	烂秧百分率	符合指标	评估结果
1976年	荆州	30%	日平均气温连续5d≤10℃，期间平均气温13.4℃	符合
1978年	石首	50%	日平均气温连续3d≤10℃	符合
1980年	当阳	20%	日平均气温连续3d≤10℃ 期间平均气温13.7℃	符合
1980年	石首	40%	日平均气温连续9d≤10℃	符合
1987年	枝江	35%	日平均气温连续8d≤10℃	符合
1991年	荆州	30%	日平均气温连续9d≤10℃	符合
1996年	荆州	45%	日平均气温连续9d≤10℃	符合
2002年	钟祥	20%	5日滑动平均气温≤10℃	符合

4.5.2 倒春寒

4.5.2.1 倒春寒监测指标

“倒春寒”是一个气候学概念，指入春后（日平均气温稳定通过 10℃），出现的前期暖后期冷，且后期气温明显低于正常年份的现象。由于湖北省南北、东西气候差异大，各地稳定通过 10℃的日期差别很大，从气候概率进行统计，倒春寒发生时段确定为春季 3—5 月。

依据国家标准《GB/T 34816—2017 倒春寒气象指标》，倒春寒气象指标由前期偏暖程度 δT_1、后期偏冷程度 δT_2、持续天数 L 三个因子组成，计算公式为：

$$K = \delta T_1/4 - \delta T_2/2 + L/10 \tag{4.51}$$

式中，K 为倒春寒气象指数；δT_1 为前期偏暖程度，确定方法：春季某偏冷时段之前连续 10 日平均气温距平，δT_1 的值必须大于或等于 0，表示前期气温为偏暖；δT_2 为后期偏冷程度。确定方法：3—5 月平均气温较常年同期偏冷期间偏冷程度最大的连续 10 日平均气温距平。达到倒春寒标准的 δT_2 的值必须小于 0，表示后期气温为偏冷。L 为倒春寒过程持续的天数，用倒春寒起始日期到终止日期之间的天数。达到倒春寒标准的 L 值必须大于 3，表示倒春寒天气持续天数超过 3d。

倒春寒起始日期：在前期气温偏暖的条件下，春季出现的日平均气温与以此日为中点的连续 5 日平均气温气候平均值的差值≤－1℃且持续 3d 以上，且此日所在时段满足 δT_1 和 δT_2 确定的倒春寒标准的日期。

倒春寒终止日期：出现倒春寒现象时，气温回暖的日期，“气温回暖”指“日平均气温与以此日为中点的连续 5 日平均气温气候平均值的差值＞－1℃且持续 3d 以上”。

基于 K 指数的倒春寒等级标准见表 4.43。

表 4.43　基于 K 指数的倒春寒等级标准

倒春寒等级	轻度倒春寒	中度倒春寒	重度倒春寒
K	$K \leqslant 3$	$3 < K < 5$	$K \geqslant 5$

4.5.2.2 倒春寒监测

利用上述监测指标对湖北省历史上倒春寒进行分析，结果表明，湖北省倒春寒平均发生日数空间分布差异较明显，呈现中部多、东西少的特征。鄂西大部平均每年发生倒春寒日数 14～17d，鄂北岗地、江汉平原大部、鄂东南西部 17～23d，鄂东的东部 16～18d（图 4.55）。

从湖北省 1961－2017 年倒春寒发生范围和严重程度看（图 4.56），几乎每年均有发生但程度不同。20 世纪 60 年代、80 年代、90 年代及 21 世纪初，发生范围广、程度重，典型年份有 1962 年、1967 年、1977 年、1980 年、1987 年、1993 年、1996 年、2002 年等。2004 年以来发生范围和程度都有所减轻，仅 2010 年、2015 年倒春寒范围较大。

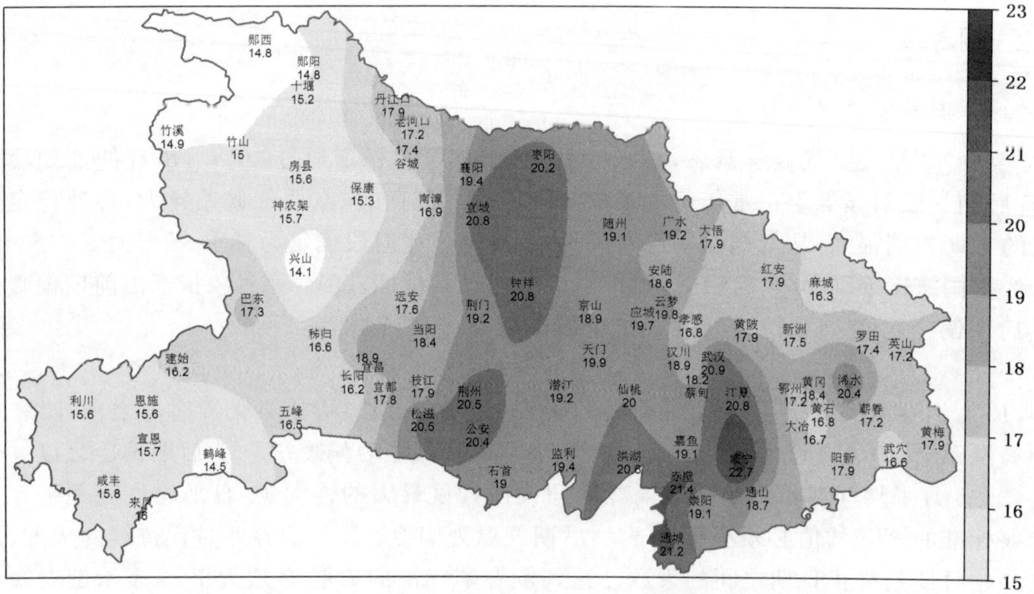

图 4.55　1961—2017 年湖北省倒春寒日数(d)空间分布

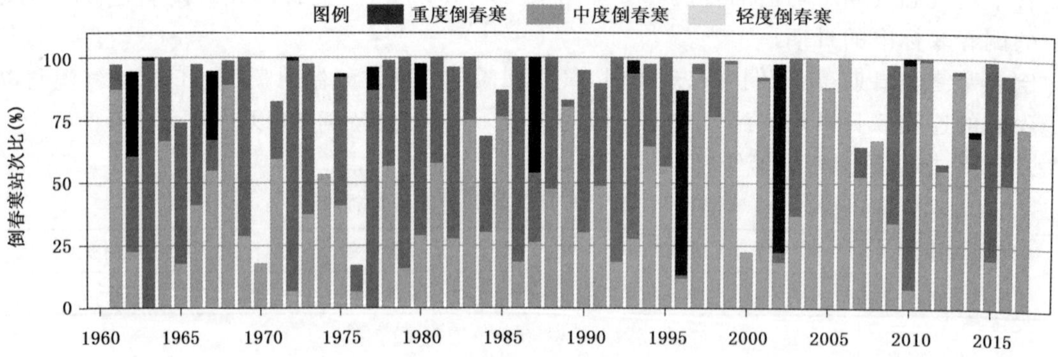

图 4.56　1961—2017 年湖北省倒春寒范围、程度逐年变化

4.5.2.3　倒春寒综合指数及等级划分

(1)倒春寒综合指数(马德粟等,2011)

用倒春寒指数(lower temperature in spring index,LTSI)对倒春寒过程进行评估。

按照倒春寒标准,选取 9 个代表站 1951—2010 年 3 月和 4 月倒春寒个例建立序列,选取最大降温幅度(X_1)、最低日平均气温(X_2)和持续天数(X_3)作为主要影响因子。通过主成分分析法建立倒春寒过程评估模型。

3 月：
$$\mathrm{LTSI}=0.62X_1-0.64X_2+0.45X_3 \tag{4.52}$$

4 月：
$$\mathrm{LTSI}=0.69X_1-0.72X_2+0.28X_3 \tag{4.53}$$

倒春寒指数与过程最大降温幅度、过程持续天数成正相关关系,即过程最大降温幅度越大,持续天数越长,倒春寒指数越大;而倒春寒指数与过程日平均气温最低值成反比,即过程日平均气温最低值越小，倒春寒指数越大。3 月和 4 月倒春寒评估模型揭示的意义是，入春后倒春寒发生期间，过程降温幅度越大、过程日平均气温最低值越小、持续天数越长，倒春寒指数越大，倒春寒越严重。

评估倒春寒发生程度的三个因子中，最大降温幅度和过程日平均气温最低值这两项系数绝对值较大，起主要作用；倒春寒过程一般平均持续 4d 左右，在过程之初，温度急剧下降，当过程日平均气温达到作物的临界致灾温度时，作物受灾甚至死亡，故此两项在倒春寒过程评估中起着决定性作用，同时这与实际生产生活相符合。

用 LTSI 值结合倒春寒的影响程度，对 3 月和 4 月倒春寒进行分级(表 4.44)。

表 4.44 3 月、4 月倒春寒指数等级划分标准

时段	倒春寒指数	等级
3 月 (3 月入春以后至 4 月 5 日)	≤5	轻
	5～7	中
	>7	重
4 月 (4 月 6 日至 5 月 1 日)	≤2	轻
	2～5	中
	>5	重

(2)评估案例

2010 年 4 月 12—15 日，受北路冷空气影响，湖北省出现明显的倒春寒天气，大部地区持续 3～4d 日平均气温小于 12℃，鄂西北、鄂东北、鄂西南西部和东部、江汉平原北部的过程最低气温在 −1～3℃，江汉平原南部、鄂东大部 2～5℃(图 4.57)，西部二高山地区出现积雪。全省达到倒春寒标准的县市有 35 个，主要分布在鄂北和江汉平原，小麦、油菜、水稻、茶叶主产区都受到较大影响。

利用倒春寒等级划分标准对这次倒春寒过程进行评估，与历史上倒春寒序列进行对比排位，可以看出，此次倒春寒指数 9 个代表站中有 8 个排历史前 5 位，其中恩施排历史首位，荆州、房县、钟祥排历史第 2 位，仅次于 2006 年 4 月 12—14 日的倒春寒过程。从等级上看，此次倒春寒过程 9 个代表站中 5 个代表站出现中度倒春寒，4 站出现轻度倒春寒(表 4.45)。

根据民政和农业部门信息，此次倒春寒天气过程中的低温雨雪和风雹灾害共造成湖北省 18 县区 116.55 万人受灾；农作物受灾 89.12 万 hm^2，其中绝收 4632hm^2；直接经济损失 19675 万元。这与该模型评估出的等级基本吻合。

表 4.45 2010 年 4 月 12—15 日 9 个代表站倒春寒指数及历史排位

站名	倒春寒指数	排位	等级	站名	倒春寒指数	排位	等级
房县	3.58	2	中	麻城	1.48	4	轻
枣阳	1.65	7	轻	恩施	2.28	1	中
钟祥	3.78	2	中	荆州	2.04	2	中
宜昌	0.35	3	轻	老河口	0.30	5	轻
武汉	2.30	3	中				

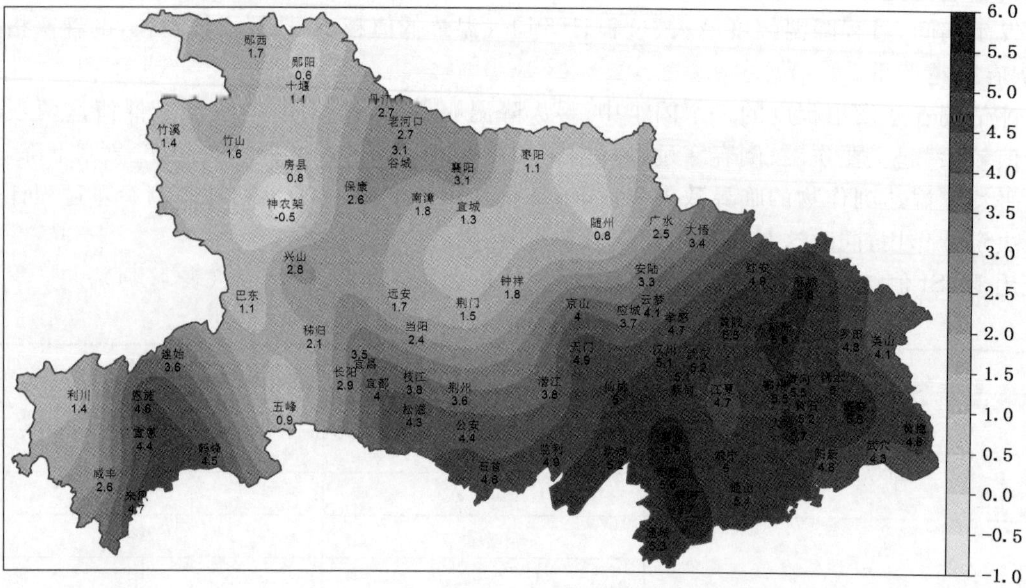

图 4.57　湖北省 2010 年 4 月 14 日全省最低气温(单位:℃)

4.5.2.4　湖北省历史典型春播期低温和倒春寒事件

湖北省历年 4 月发生的典型春播期低温和倒春寒及影响见表 4.46。

表 4.46　湖北省历年 4 月发生的典型春播期低温和倒春寒及影响

年份	起始日期	影响
1960 年	11—14 日	4 月 8—13 日,应山县小麦扬花期遇低温,11—13 日连续 3d 日平均气温低于 10℃,最低气温低于 6℃,全县 7 万亩小麦不孕,夏粮减产 3 成,宝林乡小麦南大 2419 不实率 82%。
1963 年	5—8 日	麻城从 3 日的 20.7℃下降至 7 日的 3.8℃,有 3 万亩早稻损失 20%,棉花、花生死苗严重,28 万亩夏粮受损。应山县连续 3d 日平均气温低于 10℃,全县 7 万亩小麦不孕,夏粮减产 3 成。4 月上旬,武汉平均气温从 21.1℃下降到 4.7℃,最低气温为−0.3℃,对早稻播种很不利,烂秧严重,烂秧率为 30%。
1976 年	5—12 日	武穴、宣恩两地 3 月 18 日—4 月 4 日出现了连续 19d 日平均气温低于 12℃的低温,致使早稻烂秧严重。据调查:全省烂秧率 20%～30%,损失种子 0.6 亿 kg,荆州地区由于烂秧而少插 10 万亩早稻。江陵县烂秧严重的达 67%。
1980 年	13—14 日,24—25 日	鄂西北和鄂东北降雪,14 日晨最低气温大部地区为 0～3℃,对正在抽穗扬花的大、小麦危害较大,早稻秧田有死苗发生,棉花播种推迟 5～7d。应山县二麦麦芒有 80%被冻坏,造成严重减产;麻城县大雪,气温骤然下降到−4～−5℃,小麦冻坏 2.58 万亩,倒伏 9635 亩,油菜受损 1.33 万亩,桑树冻死 766 亩;郧西县农田受灾面积 9350 亩,成灾 8150 亩。光山、秭归、长阳、五峰、宜昌、当阳等县 4 月 12 日降大雪,对土豆嫩芽和刚出土的早玉米危害很大。宜昌县有 9500 亩土豆遭受冻害。当阳县中稻秧损失 10%～20%。据省民政部门统计,全省遭低温、霜冻危害的夏粮达 85 万亩,减产 3.3 亿 kg,油菜减产 22%。

续表

年份	起始日期	影响
1987 年	11—14 日	据省民政厅统计，受灾的 35 个县、市农作物受灾面积 925 万亩，其中粮食作物 794 万多亩；成灾面积 617 多万亩，其中粮食作物 491 多万亩。柑橘、香菇、黑木耳等经济作物损失很大。灾情严重的有郧阳地区、襄阳市和鄂西自治州。郧阳地区 87 万亩小麦减产 3 成，13 万亩晚发油菜损失较大，45 万亩玉米（地膜覆盖 15 万亩）出现部分断苗、烂种、烂芽；襄阳市小麦倒伏 300 万亩，油菜受灾 30.4 万亩，蚕豆 21 万亩；4 月中旬初的这场大雪，仅长阳就损失存粮 1000 万 kg、油料 2 万担，折合人民币 600 万元。
1991 年	1—4 日	4 月 8—19 日的持续低温阴雨，与冬小麦抽穗扬花期相遇，影响正常授粉，还滋生病虫害。全省小麦赤霉病达 800 多万亩，主要分布在沿江滨湖地区，损失夏粮 1.5～2.0 亿 kg；小麦锈病、纹枯病、白粉病、麦园蜘蛛病共有 700 多万亩，预计损粮 1.5 亿 kg 左右。
1996 年	8—13 日	受长期低温阴雨影响，小麦和油菜生育期推迟 10d 以上，双季早稻和棉花（营养钵）播种期推迟一周以上。平原湖区麦田进水，渍害严重。阴雨天气和渍害还造成小麦幼穗分化和油菜花芽分化障碍，导致小穗和花芽退化或发育不良。小麦白粉病、油菜菌核病呈中等偏重发生，据荆沙市调查，低平洼地小麦白粉病病叶率高达 70%，湖区病叶率达 60%。黄冈地区农作物受灾面积 225.56 万亩，成灾面积 67.66 万亩，基本无收面积 12.1 万亩。恩施州遭受阴雨低温灾害的达 133.8 万亩，占总播种面积的 40%；成灾面积 77.6 万亩，占受灾面积的 58%；基本无收面积达 18.6 万亩，占受灾面积的 14%，占成灾面积的 24%。夏粮损失 0.6 亿 kg，比 1995 年减产 0.6 亿 kg；夏油损失 0.26 亿 kg，比 1995 年减产 0.23 亿 kg。据省民政厅统计，全省农作物受灾面积 1960 多万亩，成灾 890 万亩，基本无收 80 多万亩，因灾损失粮食近 5 亿 kg。
2001 年	20—22 日	9—10 日降温大风范围广，降温幅度大，致使夏秋农作物和多种经济作物严重受损。据省民政厅初步统计，这次灾害涉及到湖北省十堰、荆门、孝感、黄冈、武汉、荆州等地市的 26 个县（市、区）。全省农作物受灾 580 万亩，成灾 470 万亩，直接经济损失 9 亿多元。其中 4 月 9—10 日十堰市气温急剧下降，并遭受不同程度的晚霜冻害，竹溪、竹山、房县的气温由两天前的近 20℃降至 0℃。晚霜冻害使该市 67 个乡镇受灾，农作物受灾 84.35 万亩，正处于拔节、抽穗期小麦受雪积压；较为严重的地方，大面积的小麦折断、倒伏；全市粮油作物预计损失产量 0.59 亿 kg；其他多种经济植物如魔芋、烟叶、茶叶、蔬菜、朝天椒等，受灾 30 万亩，各种林果、苗木亦受灾严重。全市预计因灾损失 2.26 亿元。
2002 年	25—28 日	低温阴雨使湖北省春季在田作物遭受严重渍涝灾害，导致夏收作物倒伏、发芽、霉烂，千粒重和品质下降，并使夏收作物不能及时收割、晾晒；影响春播作物播种、移栽，使春播作物弱苗、僵苗、病苗、死苗现象严重，导致春播作物基本苗严重不足，大部地区需补播、补插；湖北省主要夏收作物因灾减产严重。
2010 年	13—15 日	截至 4 月 14 日 17 时，4 月 12 日以来的低温雨雪和风雹灾害共造成湖北省 18 县区农作物受灾 8.91 万 hm^2，其中绝收 0.46 万 hm^2；直接经济损失 19675 万元。此次"倒春寒"过程对农业不利影响主要为：小麦的穗全部或部分延迟，抽穗结实率降低、穗粒数减少。半高山地区小麦受冻较重，十堰、恩施、宜昌等山区的油菜花、角果受冻，不能正常结角。荆州市、咸宁市部分地方的直播早稻受冻损种、烂芽、死秧。暴雨冰雹灾害吹倒瓜果棚架，造成大田蔬菜渍害、冻害，部分积雪较厚地区，蔬菜拱棚被雪压塌等。春茶普遍受冻，鱼苗孵化受害。
2013 年	19—22 日	50 站达到倒春寒标准，其中 19 站发生重度倒春寒，是一次出现时间最晚，范围较广，强度较大的倒春寒过程。造成早中稻秧苗素质下降，部分棉苗和已移栽的早稻出现青枯死苗。

4.5.3 五月寒

4.5.3.1 五月寒监测指标

5月下旬至6月中旬双季早稻产区连续3d及以上日平均气温低于20℃(籼稻)或18℃(粳稻),对早稻幼穗分化产生危害。

4.5.3.2 五月寒监测

利用上述监测指标对湖北省历史上五月寒进行分析,结果表明,湖北省五月寒主要发生在江汉平原及其以东双季稻产区,五月寒以江汉平原西部发生频率最高(图4.58),约3～5a一遇,其他地区5～10a一遇,发生严重的典型年有1978年、1990年、1991年、2009年、2011年和2016年。近57年来,五月寒有加重趋势(图4.59)。

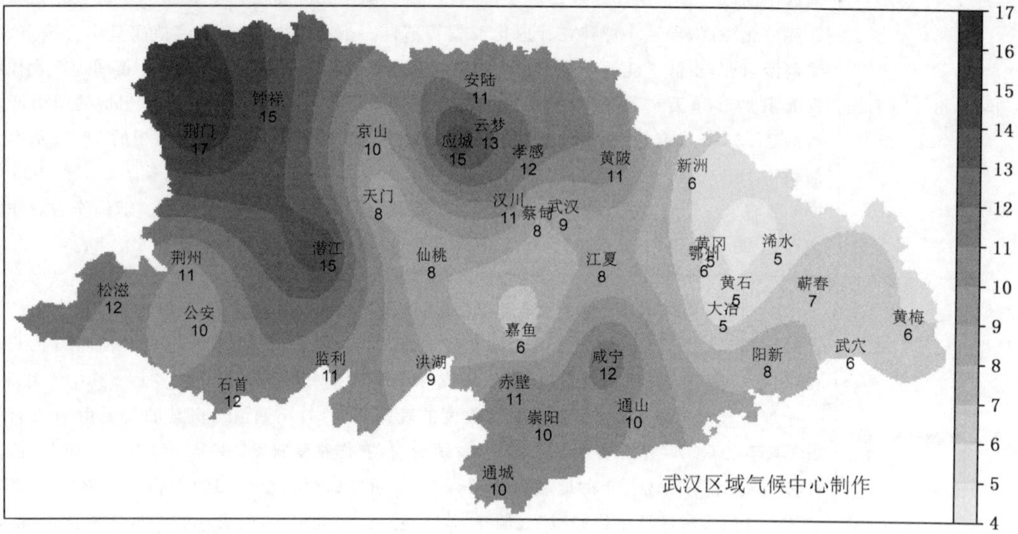

图4.58 1961—2017年湖北省双季稻产区五月寒发生总次数空间分布图

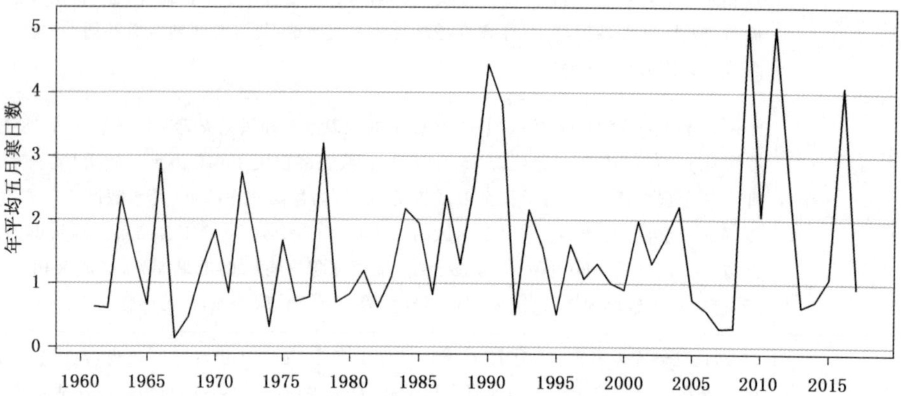

图4.59 1961—2017年湖北省双季稻产区五月寒日数(d)变化趋势图

4.5.3.3　五月寒对农业的影响评估

(1)评估指标

五月寒也称“芒种寒”，主要指在早稻孕穗—抽穗开花期，日平均气温小于 20℃连续三天以上会对早稻幼穗分化产生危害。一般用日平均气温连续小于 20℃（籼稻）、或小于 18℃（粳稻）的日数评估五月寒的等级（表 4.47）。

表 4.47　早稻五月寒等级评估指标

作物	无	轻度	中度	重度
籼稻（日平均气温连续小于 20℃日数）	4d 以下	5～6d	7～9d	10d 以上
粳稻（日平均气温连续小于 18℃日数）	4d 以下	5～6d	7～9d	10d 以上

(2)评估时段

根据湖北省多年早稻发育期观测资料，一般在 5 月中旬左右进入拔节孕穗期，6 月上中旬抽穗开花。湖北省五月寒的评估时段主要是早稻孕穗—抽穗期，即 5 月到 6 月中旬。

(3)评估方法

评估内容：包括发生范围、程度、对早稻结实率或产量的影响。

发生范围、程度：利用 86 个气象站逐日最低气温监测资料和表 4.47 中指标，每个气象站资料代表 1 个县，判断该县是否达到五月寒指标及持续天数，分别针对籼稻、粳稻，绘制全省早稻五月寒色斑图，得出五月寒的发生范围和程度（图 4.60）。

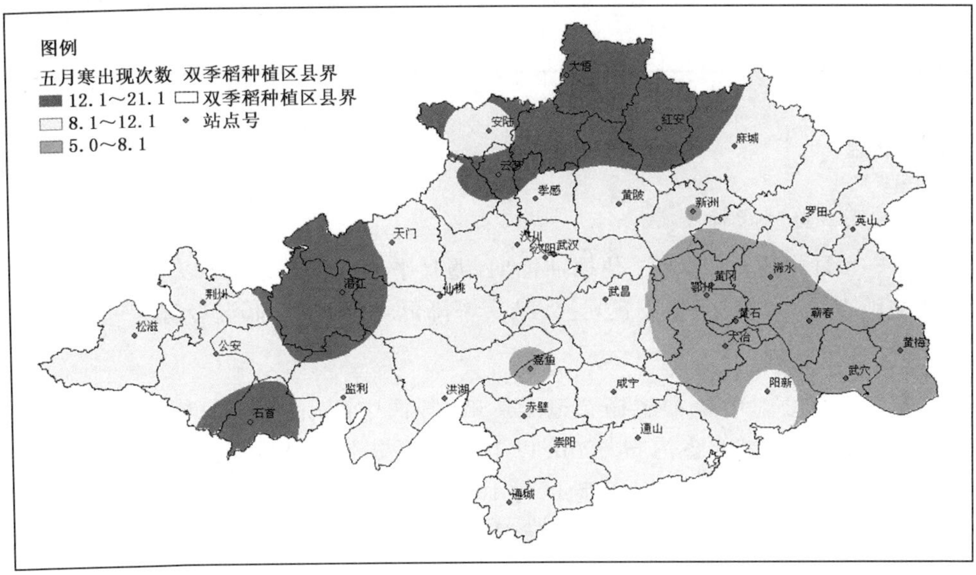

图 4.60　1961—2017 年湖北省双季稻种植区五月寒出现次数空间分布图

(4)评估结果

结果表明，湖北省 1959 年、1978 年、1990 年、2009 年和 2011 年均遭遇大范围五月寒灾害，双季稻种植区几乎都受到影响；1963 年、1972 年、1987 年、1991 年、1993 年、2002 年和 2003 年有 1/3 县（市）受到五月寒过程影响。

五月寒出现频次自西北向东南逐渐递减，西北部大悟、红安、孝昌、云梦、潜江及天门西部出现次数在12～21次，为2～4a一遇；东南部黄梅、武穴、黄石、大冶、鄂州、黄冈及浠水和蕲春西部出现次数在5～8次，为7～10年一遇；其他大部地区出现次数在9～11次，为5～6a一遇。

4.5.3.4　湖北省历史典型五月寒事件

湖北省历史典型五月寒事件见表4.48。

表4.48　湖北省历年典型五月寒事件

年份	时间	影响
1993年	5月	5月全省平均气温为19.1℃，比常年同期偏低1.6℃。武汉市郊各县的5月平均气温也比常年偏低1.2～1.7℃，显示出5月寒的特点。与此同时，出现了多雨、寡照的天气。据武汉市气象局调查，早稻迟发14d左右，5月底每亩总苗数比常年减少10万多苗。棉花9万多亩缺苗和死苗，补种10万多斤，同时病害蔓延，全市发生枯黄萎病面积11万亩。夏粮油收割打场困难，并出现霉烂现象
2002年	5月	湖北省5月月平均气温是近10年来最低的，也是20世纪80年代以来仅次于1991、1993年的低温年，特别是5月上旬湖北省东部连续5d左右，西部连续近9d日平均气温低于18℃，出现了典型的5月寒天气
2009年	5月中下旬	5月中下旬低温阴雨天气多，26开始早稻主产区平均气温连续3d低于18℃，遭遇五月寒的危害，对分蘖造成了较大影响，分蘖慢、分蘖数比常年明显偏少，总苗数与一般要求的最高苗数相差其远

4.5.4　盛夏低温

4.5.4.1　盛夏低温监测指标

7月下旬至8月中旬，中稻处于孕穗抽穗期，遇日平均气温连续3d以上≤22℃的低温，会引起部分颖花败育，因授粉、受精不良，导致结实率降低，称为盛夏低温冷害。

4.5.4.2　盛夏低温监测

由于盛夏低温主要对中稻抽穗扬花造成影响，鄂西中高山地区中稻种植面积小，影响较小，利用上述监测指标对湖北省海拔500m以下台站历史上盛夏低温进行分析，结果表明，湖北省盛夏低温发生频次总体较低，大部地区每10年发生不足1次，鄂西北地区约每10年发生1～3次(图4.61)。1961年以来典型盛夏低温年有1989年、1993年、2002—2005及2014年等，主要出现在近20年(图4.62)。

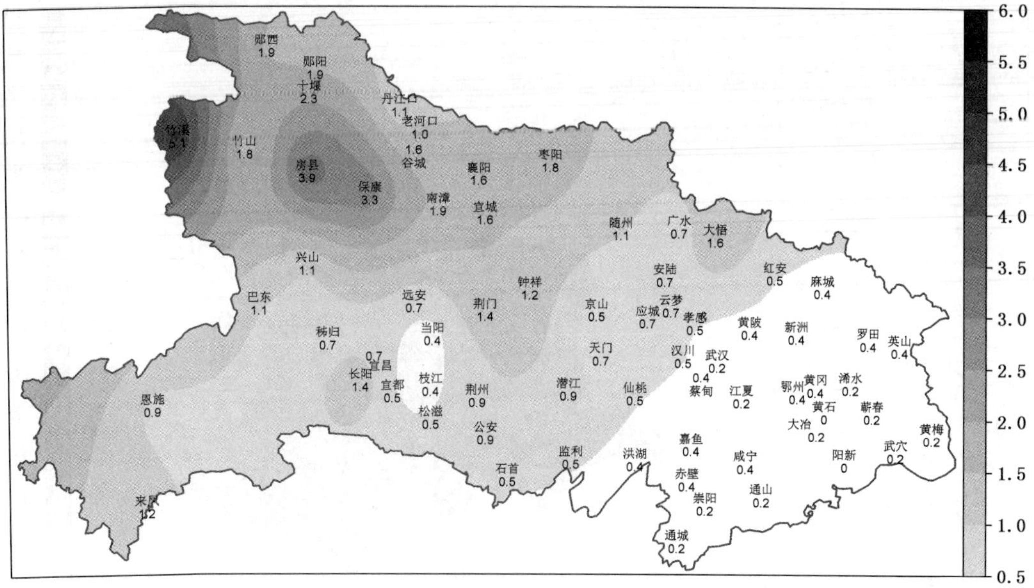

图 4.61　1961—2017 年湖北省盛夏低温发生频率(次/10 年)空间分布图

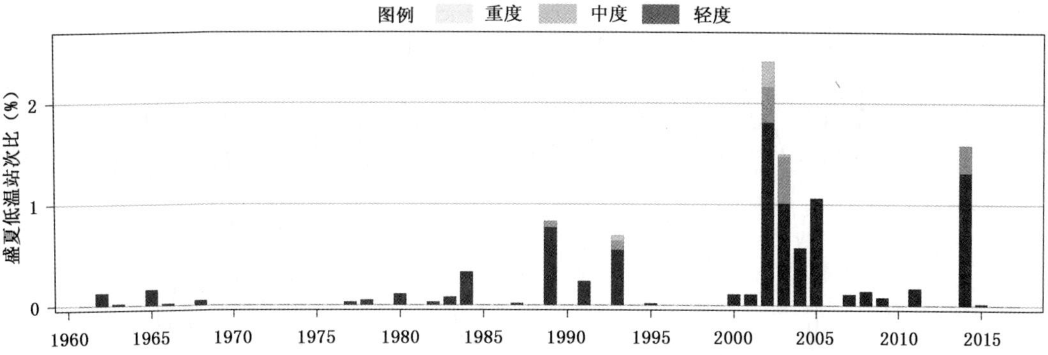

图 4.62　1961—2017 年湖北省盛夏低温发生站次比

4.5.5　秋季寒露风

4.5.5.1　秋季寒露风监测指标

晚稻抽穗扬花期(9 月上中旬)连续 3 天以上日平均气温 23℃(籼稻)、22℃(粳稻)以下,造成结实率降低。

4.5.5.2　秋季寒露风监测

利用上述监测指标对湖北省历史上寒露风进行分析,结果表明,寒露风主要发生在江汉平原及其以东双季稻产区(图 4.63),发生频率江汉平原大部 3a 两遇,其他地区约 2a 一遇,发生严重的典型年有 1965 年、1967 年、1973 年、1981 年、1982 年、1994 年、2006 年和 2011 年。近 57 年来,寒露风有减少趋势(图 4.64)。

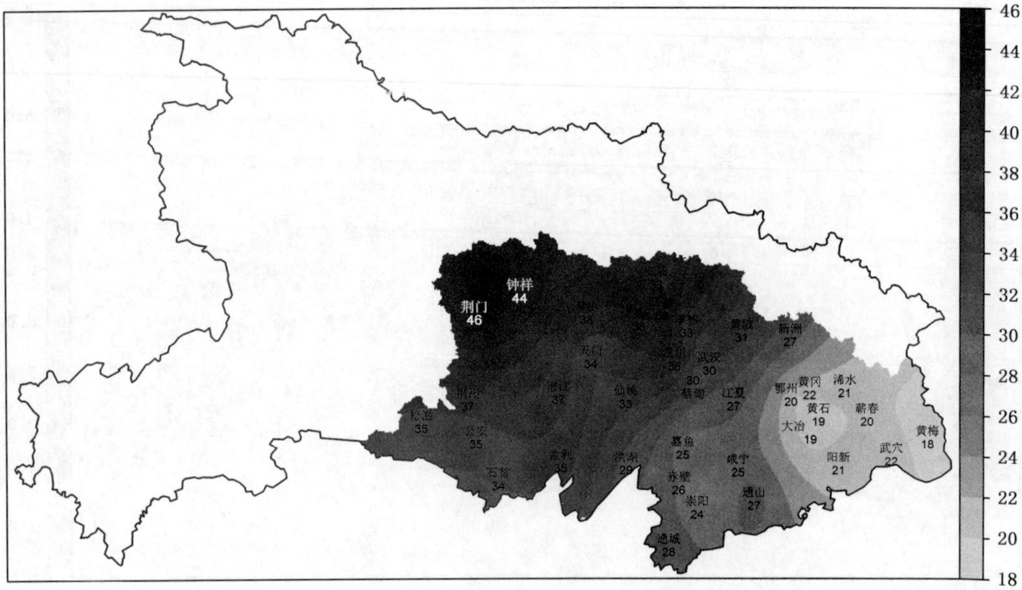

图 4.63　1961—2017 年湖北省双季稻产区寒露风发生次数空间分布图

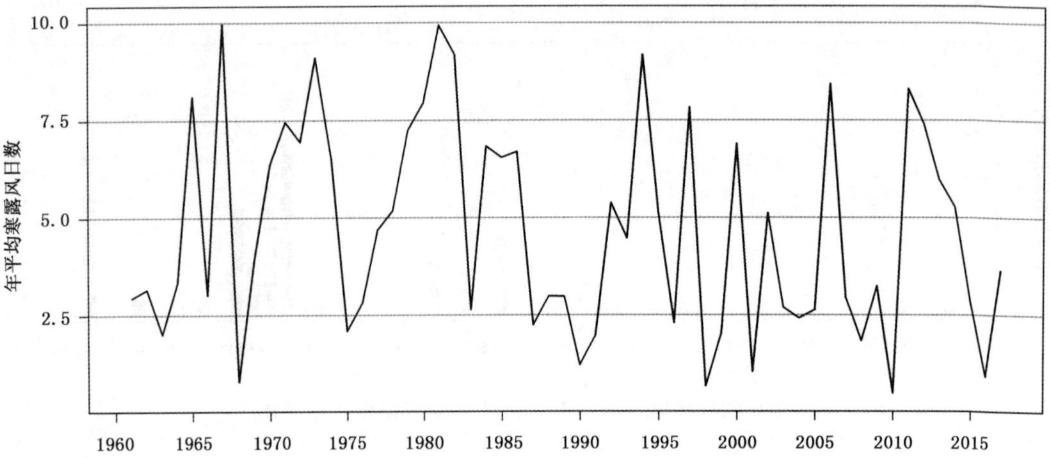

图 4.64　1961—2017 年湖北省双季稻产区寒露风日数(d)变化趋势图

4.5.5.3　秋季寒露风对农业的影响评估

(1)评估对象

评估对象为晚稻。根据前人研究籼稻抽穗开花期遇日平均气温连续 3 天<22℃出现寒露风。寒露风发生程度与<22℃持续日数相关。寒露风影响评估包括寒露风对某一点的影响评估和寒露风对某一区域的影响评估。前者评估指标包括寒露风发生程度，寒露风对该点可能造成的损失；后者评估指标包括寒露风发生范围、寒露风发生程度，寒露风对该区域可能造成的损失。

(2)评估内容

寒露风发生范围：寒露风发生范围需要在明确晚稻面积和晚稻生育期的基础上，结合寒露风指标进行判断。寒露风发生范围为区域内处于抽穗扬花期的晚稻遭遇寒露风天气的面积。

寒露风造成损失：寒露风主要影响晚稻抽穗扬花，导致空粒增加、产量降低。对某点进行寒露风评估时评估指标为空壳率。对某区域进行寒露风评估时评估指标为区域内各点产量损失之和。

寒露风发生程度：根据寒露风发生天数、寒露风发生期间天气情况及造成的损失综合确定寒露风发生程度。

(3)评估方法

1)寒露风单点损失

寒露风单点损失评估模型以田间试验为基础，通过当地主要种植品种不同寒露风天数处理实验，分析建立寒露风损失评估模型(图 4.65)。湖北省采用荆州农试站试验结果，分析得到晚稻抽穗开花期气温连续<22℃天数与空壳率为显著线性关系，<22℃天数连续天数越长，其空壳率越高，线性损失方程为

$$y = 2.6775x + 13.124 \tag{4.54}$$

式中，x 为<22℃天数连续天数。

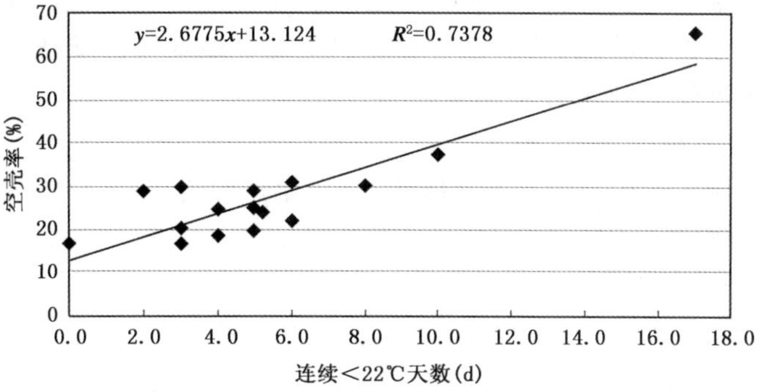

图 4.65　空壳率损失评估模型

2)晚稻种植面积遥感反演方法

利用 MOD09A1 产品计算晚稻生长期内增强型植被指数（enhanced vegetation index, EVI)时间序列，并利用 S－G 滤波对受云覆盖或大气效应等不利天气条件的影响造成的植被指数突降值和缺失值进行去噪平滑。以湖北省监利县、公安县、江夏区等成片晚稻样地为典型晚稻种植区，确定湖北省晚稻 MODIS 提取阈值提取晚稻面积。参照 Global30 产品各土地利用类型分布，剔除提出结果中非农田像元，得到最终湖北省晚稻面积提取结果。

3)晚稻关键生育期遥感识别方法

根据水稻移栽后 EVI 变化规律，即稻田秧苗在短时间内返青、分蘖期，水稻根系和叶系的生长导致 EVI 会快速增加，一直到抽穗期时水稻的营养生长达到了顶峰，EVI 达到最大值，随后开始进入生殖生长阶段，水稻植株内的养分逐渐转入到籽粒中，在成熟期时水稻叶片逐渐衰老枯黄导致植被指数下降速度最快，直到水稻收获，稻田植被指数几乎降到最低。

将 EVI 曲线峰值对应的时相作为水稻抽穗开花期(图 4.66)，查找晚稻生长期内 8dEVI 时序内最大值，将其对应的 8d 时相作为抽穗开花期的时间，结合水稻像元提取结果，可得到像

元级晚稻抽穗开花期。

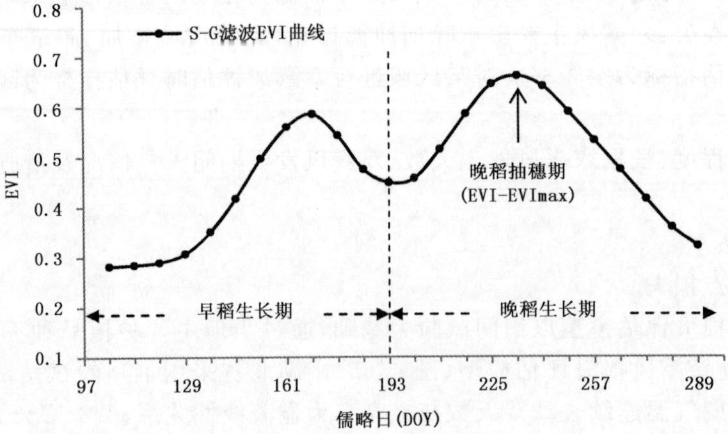

图 4.66　晚稻抽穗开花期 EVI 指数

4)逐日气温栅格插值方法

利用逐日气温与经、纬度、海拔、坡向因子建立多元线性回归方程,在此基础对回归方程残差利用反距离插值方法进行插值,然后进行叠加得到逐日最低气温栅格。

5)寒露风发生程度综合评定方法

① 单点寒露风发生程度评定

寒露风造成单产损失 5%～10%为轻度寒露风,单产损失 10%～15%为中度寒露风,单产损失 15%以上为重度寒露风。

② 区域寒露风发生程度评定

对区域内各点寒露风造成总产损失进行累加计算累计损失,如果区域内晚稻总产累计损失 5%～10%为轻度寒露风,损失 10%～15%为中度寒露风,损失 15%以上为重度寒露风。

(4)评估案例

2013 年 9 月 2—7 日,湖北省晚稻主产区的江汉平原和鄂东出现了连续 3～6d 寒露风天气,日最低气温 17℃以下,出现在 9 月 5 日(图 4.67—图 4.70)。

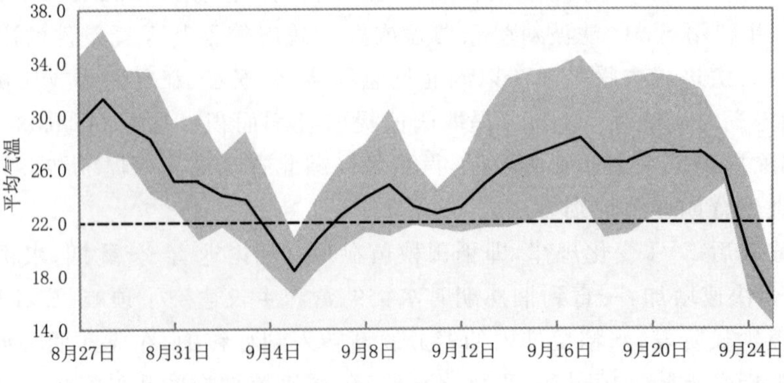

图 4.67　湖北省晚稻主产区 2013 年 8 月 27 日—9 月 25 日平均气温(℃)逐日变化图

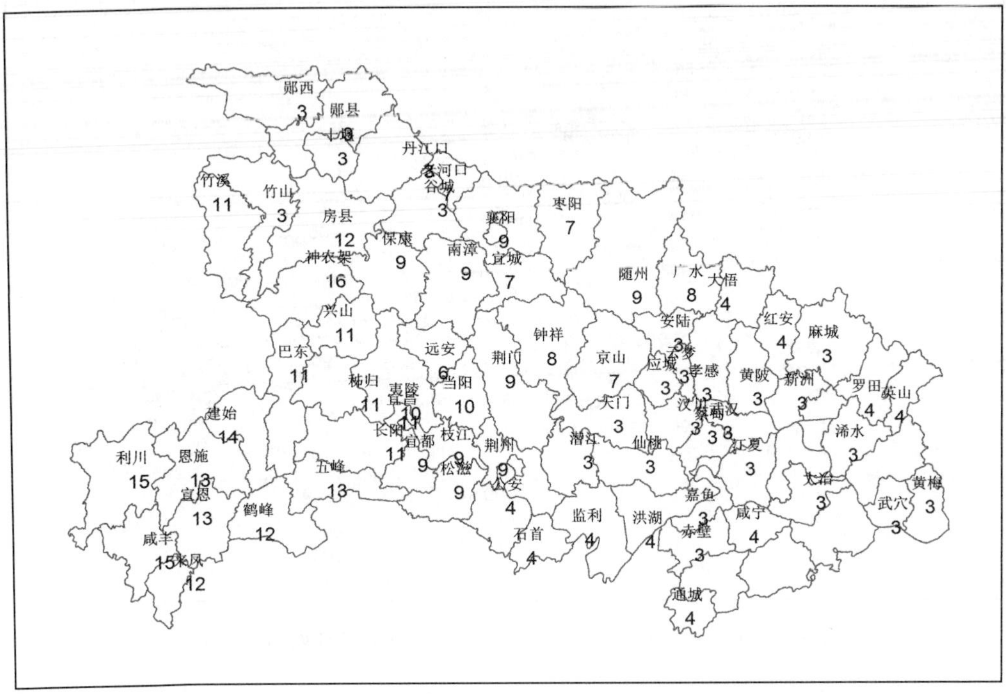

图 4.68　2013 年 9 月上旬日平均气温 22℃以下连续天数(d)

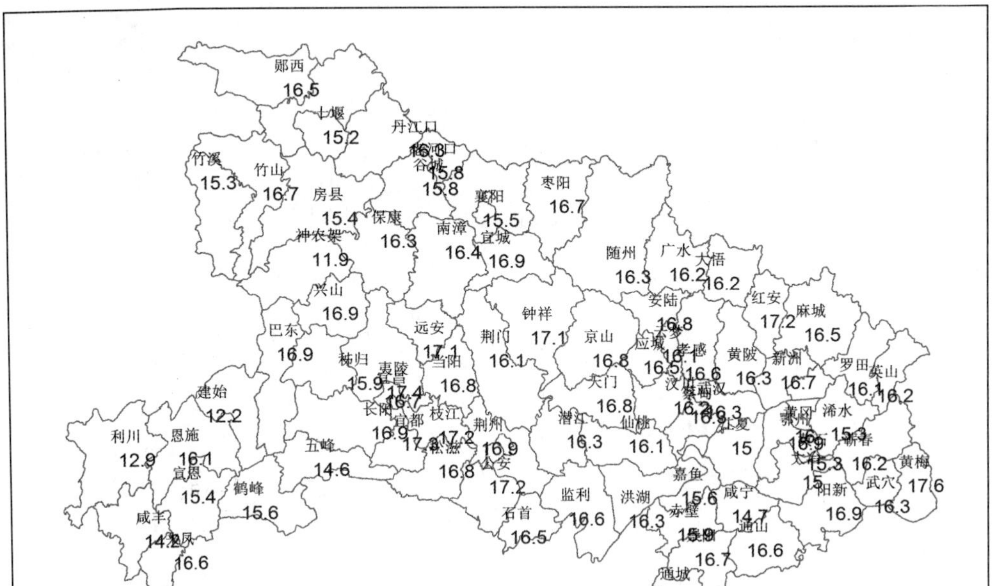

图 4.69　2013 年 9 月上旬极端日最低气温(℃)

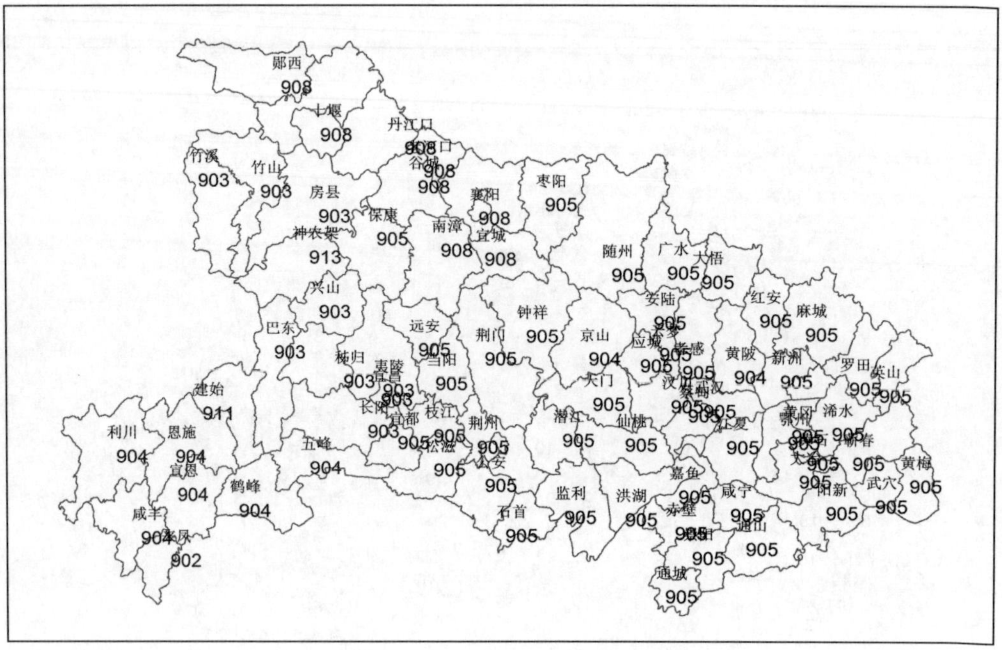

图 4.70 2013 年 9 月上旬极端最低气温出现日期(月日)

晚稻生长发育监测：根据遥感监测，2013 年晚稻面积 30.9 万 hm^2，主要分布在江汉平原南部、鄂东南、鄂东北南部，大部 8 月底至 9 月上中旬处于抽穗开花期([彩]图 4.71)。

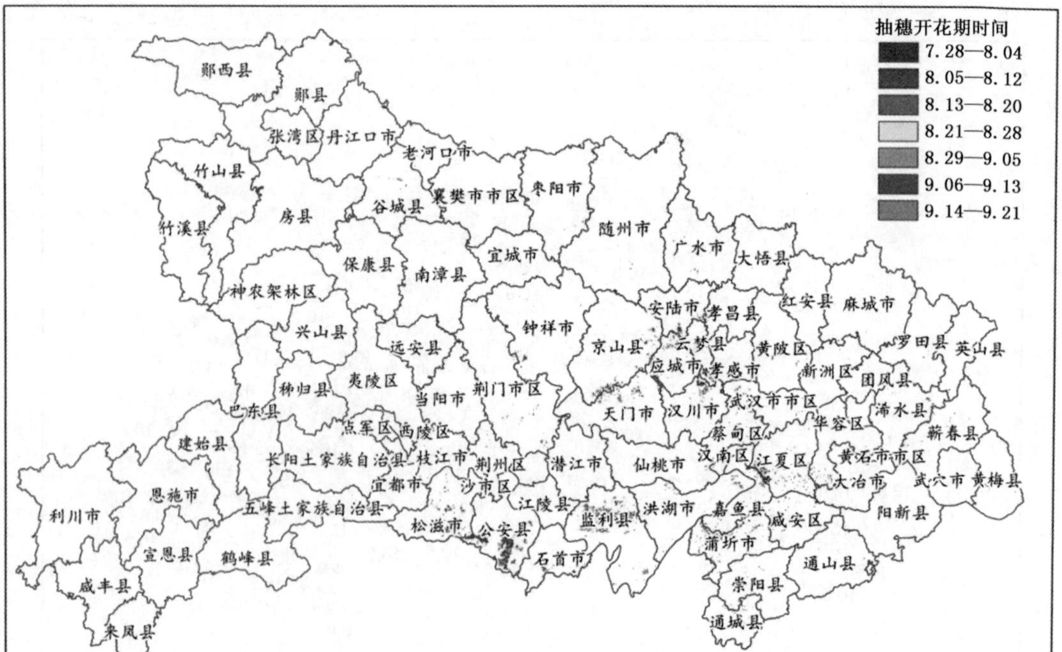

图 4.71 2013 年晚稻生育期监测

根据晚稻种植分布和进入抽穗期日期，湖北省 2013 年晚稻遭受寒露风日数鄂东大部 3～4d，江汉平原西部 6d 左右（[彩]图 4.72）。根据寒露风单点损失评估模型，预计鄂东大部空壳率增加 5%～10%，为轻度寒露风；江汉平原大部空壳率增加 10%～15%，为中度寒露风（[彩]图 4.73）。

图 4.72　2013 年晚稻种植区抽穗扬花期遭遇寒露风天数(d)

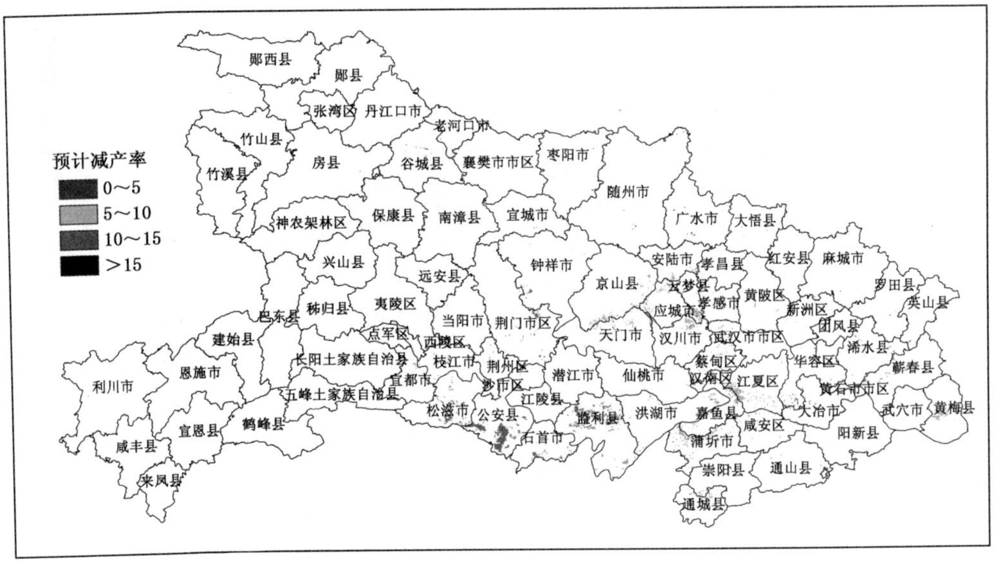

图 4.73　2013 年寒露风评估结果

4.6 低温雨雪冰冻监测及影响评估

低温雨雪冰冻是由于温度过低，常伴随雨雪天气，造成地表、植物或生产生活设施表面的水分冷却冻结成冰引发的灾害，主要由强冷空气南下引发的寒潮天气造成，对电力、交通、农业等行业及人民生产生活的各个方面影响较大。一般包括冻害、雪灾、冻雨(雨凇)、雾凇等，经常这几种灾害同时出现，形成低温雨雪冰冻综合灾害。历史上出现严重低温冰冻灾害的有 1954 年 12 月至 1955 年 1 月、1957 年 1—2 月、1964 年 2 月、1969 年 1—2 月、1977 年 1—2 月、1984 年 1 月、2008 年 1 月中下旬等。

4.6.1 寒潮

4.6.1.1 寒潮监测指标

根据中国气象局《冷空气过程监测业务规定(试行)》，单站寒潮按照 24h 或者 48h、72h 日最低气温降温幅度($\Delta T_{24} \geqslant 8$℃ 或 $\Delta T_{48} \geqslant 10$℃ 或 $\Delta T_{72} \geqslant 12$℃)且日最低气温 $T_{\min} \leqslant 4$℃ 来判断。

4.6.1.2 寒潮监测

湖北省寒潮过程每年均有，以鄂东北和鄂东南发生频率最高，约 2a 三遇，鄂中丘陵、江汉平原约 1a 一遇，鄂西山区 2～3a 一遇(图 4.74)。年内分布上，以 11 月出现频率最高，其次是 3 月，最早出现日期在 10 月 15 日(1962 年，郧西等 3 站)，最晚出现日期在 4 月 25 日(1968 年，竹山等 3 站)。寒潮过程较重的年份有 1962 年、1966 年、1969 年、1970 年、1979 年、1992 年和 2016 年。近 57 年来寒潮过程有明显减少趋势(图 4.75)。

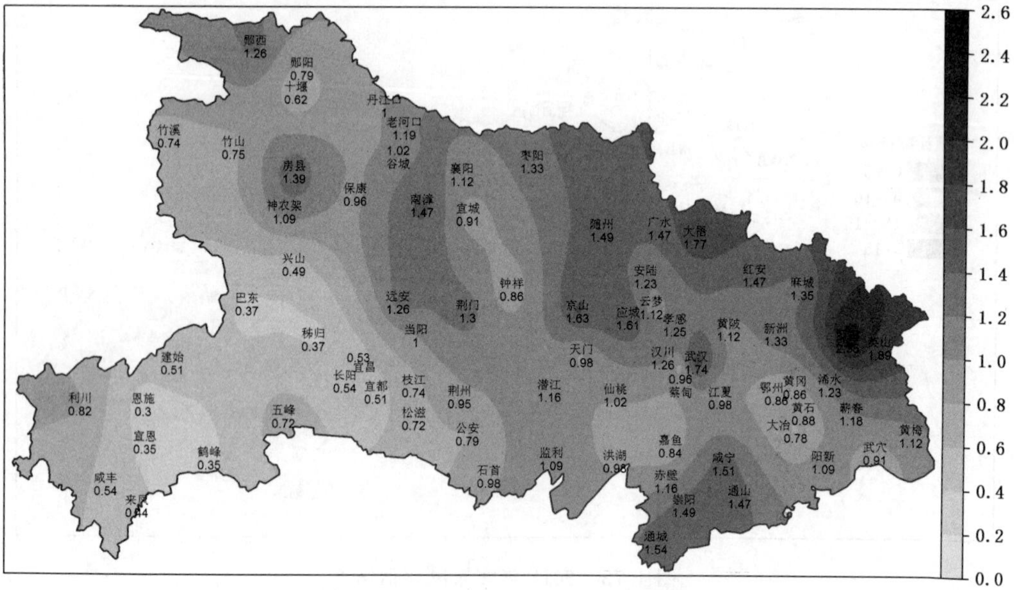

图 4.74　1961—2017 年湖北省年平均寒潮过程空间分布图

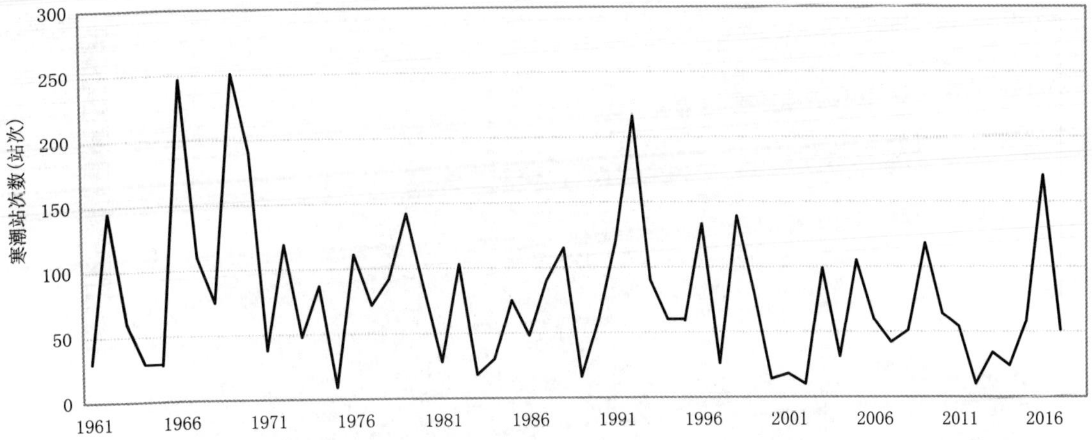

图 4.75　1961—2017 年湖北省寒潮发生站次数变化图

4.6.2　冻雨(雨凇)、雾凇

雨凇是指过冷却雨滴碰到冰点附近的地面或地物上，立即冻结而成的坚硬冰层；雾凇是指在空气层中，水汽直接凝华，或过冷却雾滴直接冻结在地物迎风面上的乳白色冰晶。

4.6.2.1　雨凇监测

1961—2017 年，湖北省平均年雨凇日数呈显著减少趋势，减少趋势为 0.3d/(10a)(图 4.76)。20 世纪 90 年代初以前，平均年雨凇日数总体较常年偏多，90 年代中后期以后总体较常年偏少。2017 年湖北省平均年雨凇日数为 0.1d，较常年(1981—2010 年)偏少 0.5d。

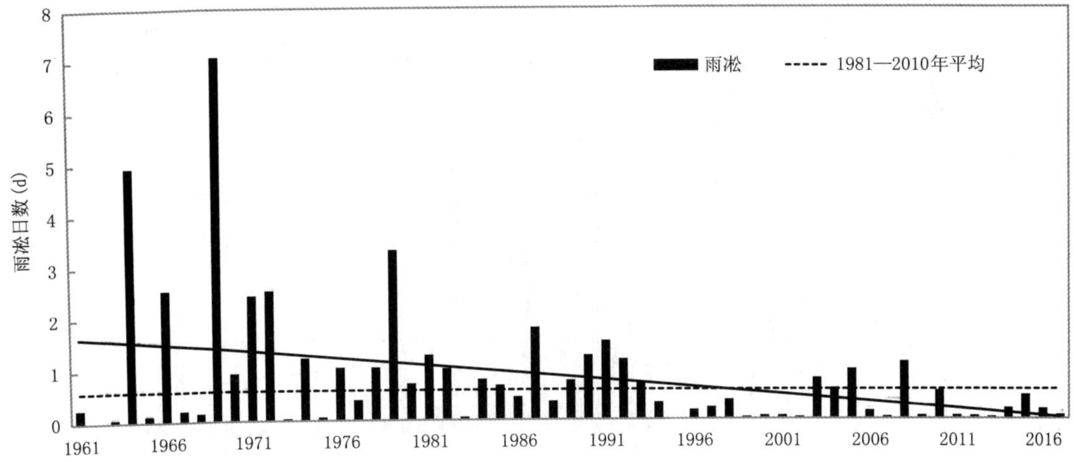

图 4.76　1961—2017 年湖北省平均年雨凇日数逐年变化

1961—2017 年，湖北省平均年雨凇日数空间上表现为中部多东西部少。全省大部地区平均年雨凇日数在 1.5d 以下，江汉平原中部、鄂西南西部在 2.0～2.5d。全省平均年雨凇日数最多为 2.5d(钟祥)，鄂西部分地区未出现过雨凇(图 4.77)。

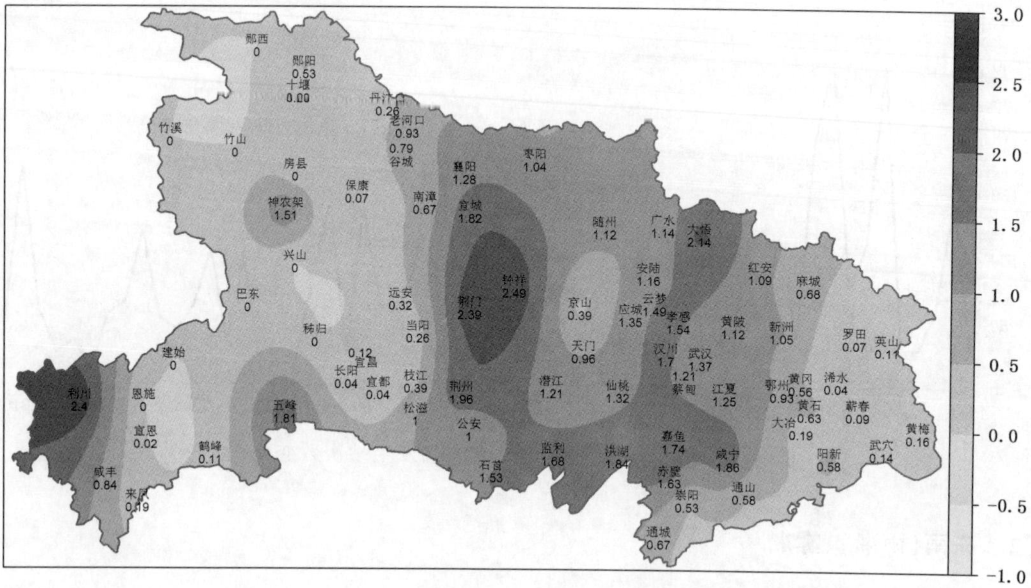

图 4.77　1961—2017 年湖北省平均年雨凇日数(d)空间分布

4.6.2.2　雾凇监测

1961—2017 年,湖北省平均年雾凇日数呈显著减少趋势,减少趋势为 0.1d/(10a)(图 4.78)。20 世纪 90 年代初以前,平均年雾凇日数总体较常年偏多,90 年代中后期以后总体较常年偏少。2017 年湖北省未出现雾凇。

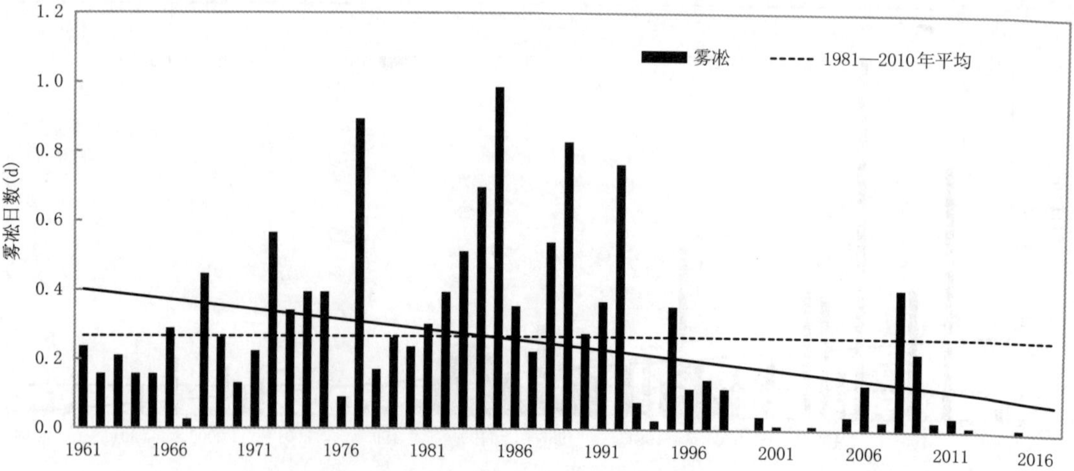

图 4.78　1961—2017 年湖北省平均年雾凇日数逐年变化

1961—2017 年,湖北省平均年雾凇日数空间上表现为中北部多东西部少。全省大部地区平均年雾凇日数在 0.5d 以下,鄂北岗地为 1.0～2.0d。全省平均年雾凇日数最多为 1.8d(老河口),鄂西部分地区、鄂东南局部未出现过雾凇(图 4.79)。

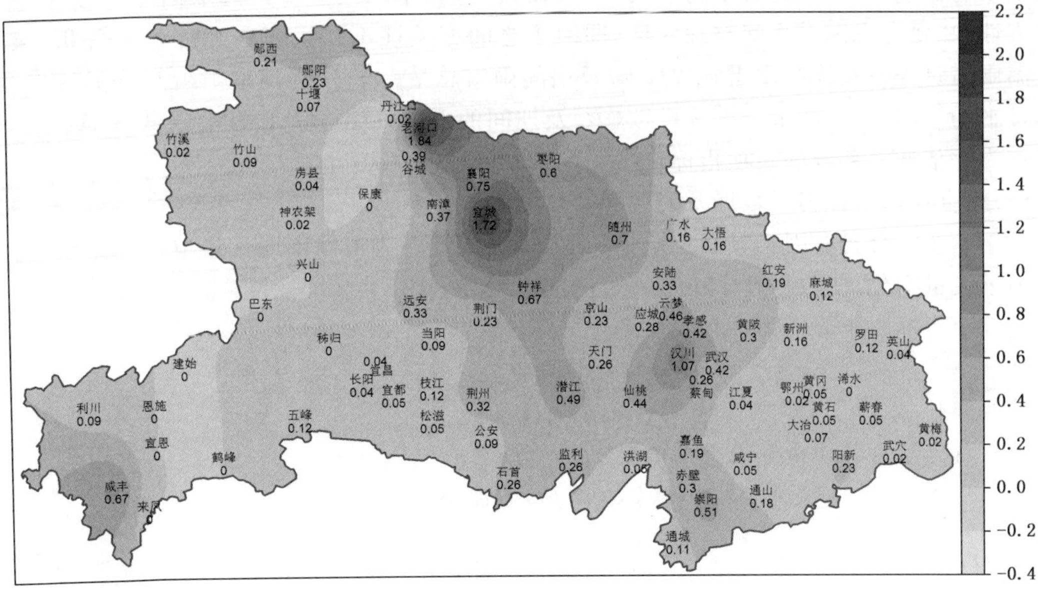

图4.79 1961—2017年湖北省平均年雾凇日数空间分布

4.6.3 持续低温雨雪冰冻过程监测

4.6.3.1 持续低温雨雪冰冻过程监测指标(万素琴等,2008)

(1)持续低温雨雪冰冻过程的界定、识别和筛选

分析历史上持续低温雨雪过程,有的是先降雪,再降温,也有的过程是先降温,再降雪,还有的过程是降雪和低温同时发生。共同特点是都有连续多日日平均气温≤0℃和连续多日雨雪天气。持续低温雨雪过程是指在一次连续5d以上雨雪过程的同时或之前或之后期也出现连续多日日平均气温≤0℃的连续低温过程,且连续雨雪过程和连续低温过程有至少1d的重叠(否则可能为两个不同过程)。把连续雨雪和连续低温两个开始日最早的日期,到两个结束日最晚的日期的这段时间,认为是一次持续低温雨雪冰冻过程。

对于持续雨雪天气,给出如下定义:

连续5d及以上的雨雪天气(允许期间有1d间歇),

连续7d及以上的雨雪天气(允许期间有2d间歇),

连续10d及以上的雨雪天气(允许期间有3d间歇)。

根据以上定义,先统计出每年最长的连续雨雪天气时段,再将开始日 $ts1$ 前推10d,将结束日 $ts2$ 后推10d,即在($ts1-10$)日到($ts2+10$)日这段时间内选取日平均气温连续≤0.5℃的时段,从连续雨雪或连续低温开始日中最早的日期($tdw1$),到两个结束日中最晚的日期($tdw2$)为一次持续雨雪低温冰冻过程。

选取低温时段时,在 $tdw1$ 到 $tdw2$ 之间≤0.5℃日数计入连续低温日数。

由此统计出湖北省各地建站至2008年的最长持续雨雪低温过程起始日。

(2)低温雨雪冰冻过程综合评估指标因子的选取

能表征降雪程度的因子有总雨雪量、持续雨雪时间长、积雪深度、积雪时间等,表征低温程度的因子有极端最低气温、日平均气温≤0℃连续时间、平均气温等。选取因子一要考虑各自有代表性，二要考虑因子之间有独立性(即因子之间相关性不宜太高)，经过相关分析，采用持续低温雨雪过程最长连续雨雪日数(dx)及期间雨雪总量(px)作为评估雨雪部分的两项指标，选出日平均气温≤0℃的最长连续日数(dt)及期间的平均气温(tm)和极端最低气温($t_{\min}$)三个要素作为评估低温部分的三项指标。

(3)综合评估指标因子数据系列的无量纲处理

由于5个综合指标因子量纲不同，数据的可比性差。为消除不同计量单位的影响，将5个指标因子无量纲化，使数据趋于稳定。方法如下。

设5个指标因子分别为：

$$y_i = \{ dx_i, px_i, dt_i, tm_i, t_{\min i} \} \quad (i = 1, 2, \cdots, n) \tag{4.55}$$

式中，i 为年份。

首先计算各项指标的平均值：

$$y_0 = \{ dx_0, px_0, dt_0, tm_0, t_{\min 0} \} \tag{4.56}$$

式中 $dx_0 = \frac{1}{n}\sum_{i=1}^{n} dx_i, px_0 = \frac{1}{n}\sum_{i=1}^{n} px_i, dt_0 = \frac{1}{n}\sum_{i=1}^{n} dt_i, tm_0 = \frac{1}{n}\sum_{i=1}^{n} tm_i, t_{min0} = \frac{1}{n}\sum_{i=1}^{n} t_{\min i}$

则无量纲化后指标因子值为：

$$ki = \left\{ \frac{dx_i}{dx_0}, \frac{px_i}{px_0}, \frac{dt_i}{dt_0}, \frac{tm_i}{tm_0}, \frac{t_{\min i}}{t_{\min 0}} \right\} \quad (i = 1, 2, \cdots, n) \tag{4.57}$$

式中，i 为年份。

经过无量纲化处理，原始数据均转换为无量纲化指标评估值，即各指标值都处于同一个数量级别上，使所有指标对评估方案的作用力同趋化，可以直接进行算术或加权平均，进行综合评估分析。

(4)持续低温雨雪冰冻过程综合指数计算模型

采用等权重方案计算综合指数。持续低温雨雪过程综合指数用 Z_i 表示，计算模型如下：

$$Z_i = \frac{dx_i}{dx_0} + \frac{px_i}{px_0} + \frac{dt_i}{dt_0} + \frac{tm_i}{tm_0} + \frac{t_{\min i}}{t_{\min_0}} \tag{4.62}$$

式中，i 为年份。

可以看出，当最长连续雨雪日数(dx)越长，期间雨雪总量(px)越大，日平均气温≤0℃的最长连续日数(dt)越长、期间的平均气温(tm)越低、极端最低气温($t_{\min}$)越低，即无量纲化后各项指标值越大，综合指数(Z_i)越大，持续低温雨雪过程越严重。

4.6.3.2　持续低温雨雪冰冻过程等级划分

利用上述持续性低温雨雪冰冻过程综合指数计算模型计算湖北省历史上低温雨雪冰冻过程序列值，为更直接地对低温雨雪冰冻过程造成的影响进行评估，更好地在实际业务中应用，选取《中国气象灾害大典(湖北卷)》和湖北省历年气候影响评价中有关低温雨雪冰冻过程影响的记载，对综合指数进行分级，见表4.49。

表 4.49　低温雨雪冰冻综合指数等级划分标准

综合指数 Z_i	等级
≤3	轻
(3,8]	中
(8,12]	严重
>12	特重

4.6.3.3　持续低温雨雪冰冻监测

由冬季低温雨雪冰冻过程发生站数可见，特重低温雨雪冰冻过程出现在 20 世纪 50—70 年代以及 21 世纪前 10 年；严重低温雨雪冰冻过程以 20 世纪 50—70 年代最多，其次是 90 年代；中度低温雨雪冰冻过程以 70—80 年代最多；轻度低温雨雪冰冻过程在各年代都分布较多（表 4.50）。

表 4.50　分年代统计湖北省冬季不同程度的低温雨雪冰冻过程的发生站数

年代	冬季低温雨雪冰冻			
	轻	中	严重	特重
20 世纪 50 年代	133	150	28	13
60 年代	331	282	92	21
70 年代	268	360	112	16
80 年代	348	374	36	1
90 年代	375	304	76	4
21 世纪前 10 年	437	234	43	34
2011—2017 年	96	129	0	0

注：20 世纪 50 年代前期全省仅有 6 站有气象观测数据。

挑选大部站点冬季低温雨雪冰冻过程属于特重等级的两个典型年份：1954/1955 年冬季和 2007/2008 年冬季。从连续雨雪日数、连续低温日数、过程雨雪量、过程极端最低气温、过程平均气温 5 个要素进行了比较，除了大部站点 2007/2008 年冬季连续雨雪日数超过 1954/1955 年冬季外，其他 4 个要素 1954/1955 年冬季更重，即 2007/2008 年冬季低温雨雪冰冻过程仅次于 1954/1955 年冬季（表 4.51）。

表 4.51　湖北省 6 个代表站 1954/1955 年、2007/2008 年两次低温雨雪冰冻综合指数比较

站点	连续雨雪日数(d)		连续低温日数(d)		过程雨雪量(mm)		过程极端最低气温(℃)		低温过程平均气温(℃)		综合指数	
	1954	2008	1954	2008	1954	2008	1954	2008	1954	2008	1954	2008
武汉	15	19	19	22	75.7	59.0	−14.6	−5.2	−4.72	−1.31	15.65	12.23
老河口	17	13	21	17	52.5	32.5	−13.8	−5.4	−5.17	−1.96	15.60	9.23
钟祥	16	17	20	22	58.7	43.2	−14.4	−8.6	−4.87	−1.70	17.95	13.32
荆州	11	10	16	15	57.0	22.5	−14.8	−4.4	−4.24	−1.35	17.18	9.28
恩施	13	22	6	5	12.2	26.2	−2.2	−2.9	−0.88	−1.46	10.56	15.88
宜昌	16	17	18	10	43.9	28.2	−6.2	−3.5	−2.53	−0.60	15.93	9.70

注：1954/1955 年冬季全省仅有 6 站有气象观测数据。

4.6.4　低温冻害对农业的影响评估

4.6.4.1　农业低温冻害监测指标

农业低温冻害指越冬作物和果树、林木、蔬菜等在越冬期间(包括晚秋和早春),遇到0℃以下低温或剧烈变温,造成植株体死亡或部分死亡的现象,不同作物、不同品种、不同生育期的冻害指标各不相同(表4.52)。

表4.52　越冬作物和果树、林木、蔬菜冻害指标

作物种类	冻害指标	评价标准
越冬期小麦	最低气温≤−9℃	最低气温≤−9℃(暂无分级)
苗期油菜	最低气温≤−5℃	最低气温≤−5℃(暂无分级)
大棚喜温蔬菜	平均气温≤5℃,最低气温≤0℃	平均气温≤5℃,最低气温≤0℃(暂无分级)
露天耐寒蔬菜	平均气温≤−2℃,最低气温≤−5℃	平均气温≤−2℃,最低气温≤−5℃(暂无分级)
露天半耐寒蔬菜	平均气温≤0℃,最低气温≤−2℃	平均气温≤0℃,最低气温≤−2℃(暂无分级)
脐橙	最低气温≤−5℃	轻度冻害:−5.0～−7.0℃;中度冻害:−7.0～−9.0℃;重度冻害:≤−9℃
温州蜜柑	最低气温≤−7℃	轻度冻害:−7.0～−9.0℃;中度冻害:−9.0～−11.0℃;重度冻害:≤−11℃
椪柑	最低气温≤−6℃	轻度冻害:−6.0～−8.0℃;中度冻害:−8.0～−10.0℃;重度冻害:≤−10℃
小叶茶叶	最低气温≤−10℃	轻度冻害:−10.0～−12.0℃;中度冻害:−12.0～−14.0℃;重度冻害:≤−15℃

4.6.4.2　农业低温冻害监测

冻害主要发生在11月至翌年3月,具有自南向北、自东向西增加的特点,其中鄂北岗地、鄂西北和湖北省中高山地区为高发区,三峡河谷、江汉平原南部和鄂西南的清江河谷地区为低发区(图4.80)。这主要是当强冷空气从华北平原南下越过低缓、破碎的桐柏山脉,直冲鄂北岗地、江汉平原,因阻挡少、强度大、移速快,在此区域大风和降温都最明显而容易产生冻害。而鄂西山区的河谷地区由于高大山脉屏障作用,比同纬度其他地区气温高3℃以上,冻害天气少。20世纪80年代中后期以来,冻害有减少趋势,但近10年来冬季气温波动大,冻害时有发生(图4.81)。

4.6.4.3　低温冻害对农业的影响评估

(1)低温冻害对柑橘、茶叶的影响评估

1)评估方法

建立结合气象台中短期预报结果和柑橘、茶叶冻害评估指标、模型进行低温雨(雪)过程对柑橘、茶叶影响范围、影响程度(等级)预评估的方法。根据未来低温过程逐日气温预报,用致灾因子推算模型推算未来低温过程逐日致灾因子格点分布,结合柑橘、茶叶不同等级冻害致灾评估模型,用GIS空间分析技术,叠加柑橘、茶叶空间分布图,综合考虑承灾体易损性、防灾减灾能力等,预评估未来低温雨(雪)过程对柑橘、茶叶冻害影响范围、影响程度(等级、灾害损失)。

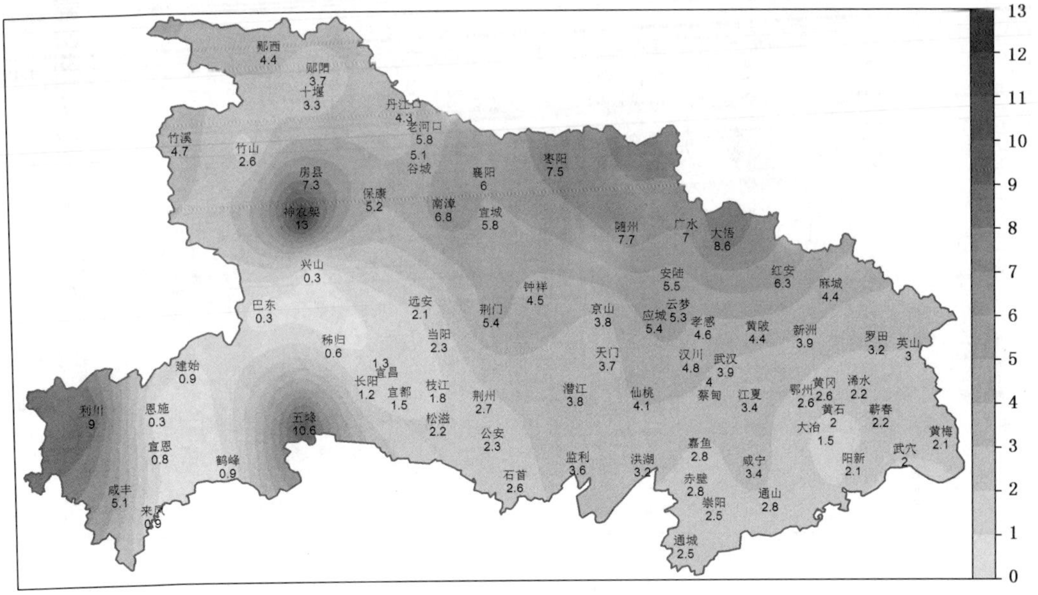

(a) 日平均气温<0℃天数

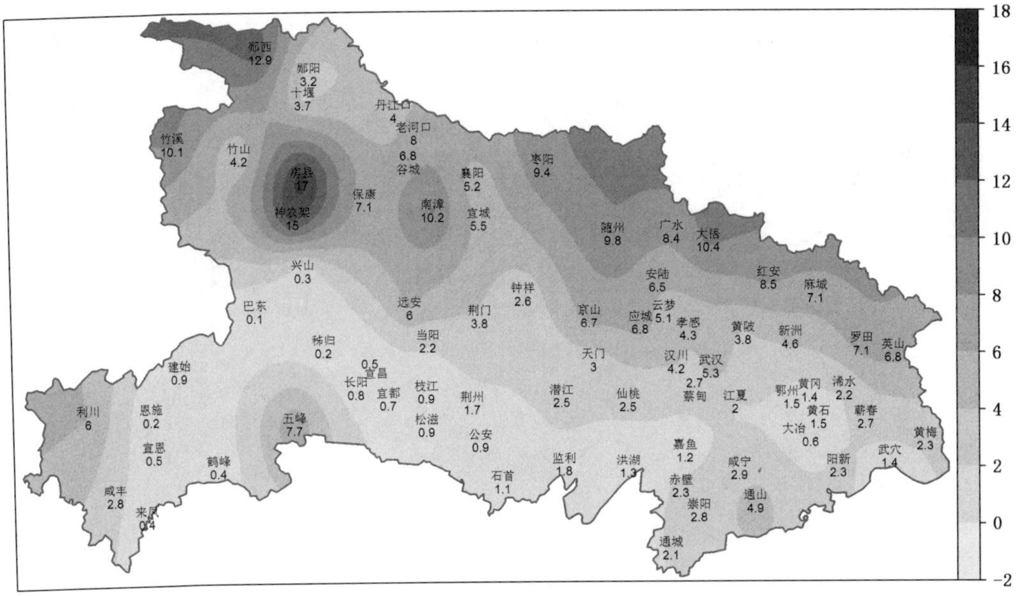

(b) 日最低气温<−3℃天数

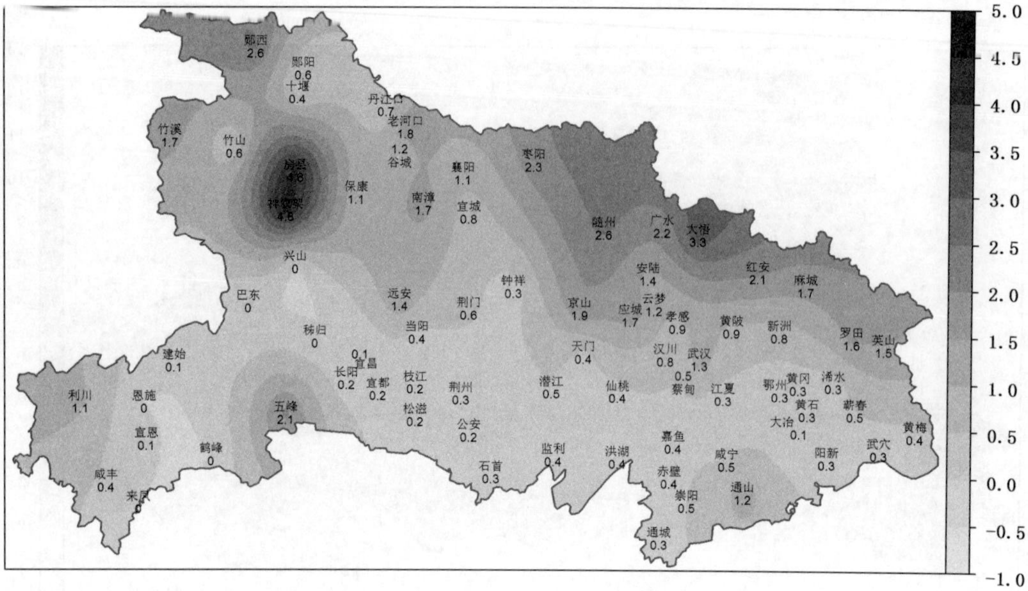

(c) 日最低气温＜－5℃天数

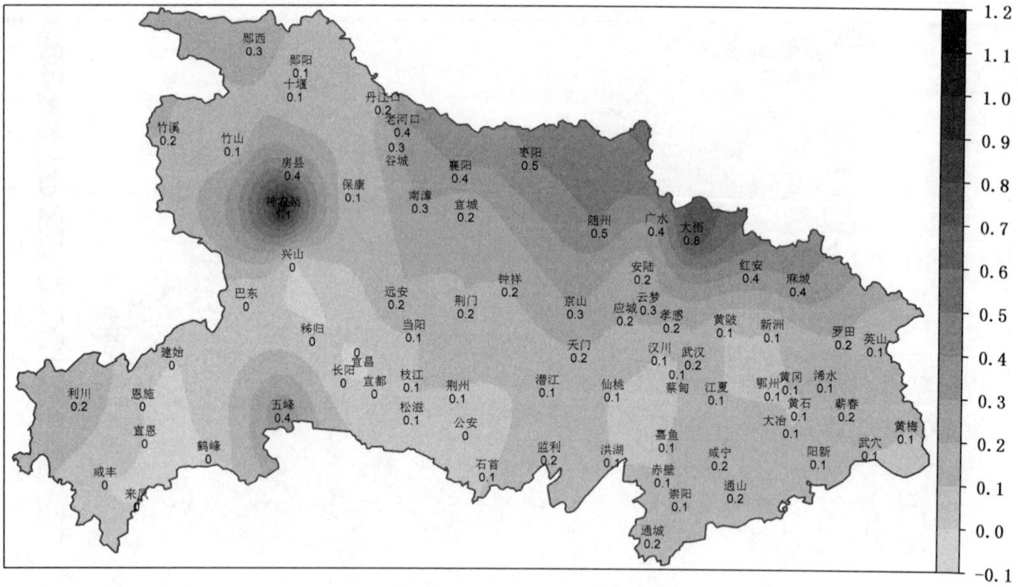

(d) 日最低气温＜－7℃天数

图 4.80　1961—2017 年湖北省各站不同临界温度冻害频率空间分布图

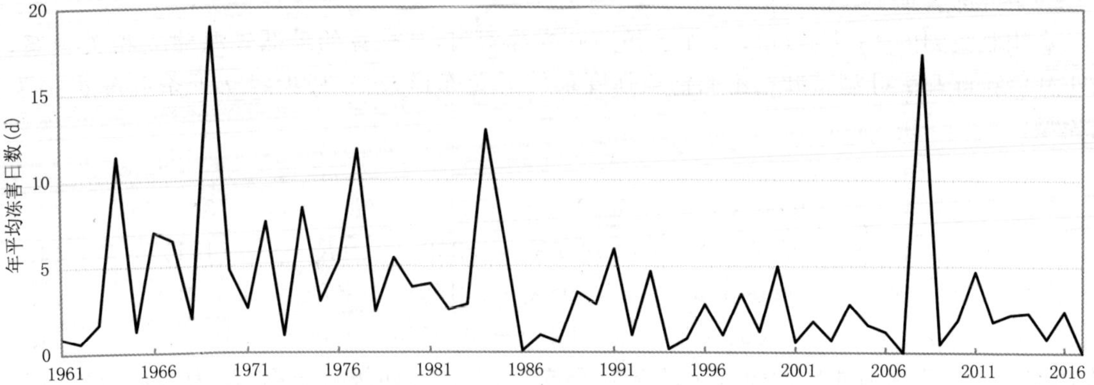

图 4.81　1961—2016 年湖北省日平均气温<0℃日数变化趋势图

2)柑橘冻害损失评估模型

根据收集到的县级历史柑橘冻害资料，建立历史上典型冰冻过程产量损失与低温因子对应序列，分析以低温变动过程可能造成的柑橘产量损失与低温因子关系，建立了柑橘产量冻害损失评估模型(表 4.53，表 4.54)。

表 4.53　温州蜜柑冻害影响评估模型

序号	评估对象	评估模型	复相关系数
1	冻害总百分率(%)	$Y_d=8.4078-7.9295x_1+1.7532x_5+0.8859x_8$	0.7065
2	轻度冻害百分率(%)	$Y_{d1}=8.4993-2.6730x_1+0.5573x_2$	0.5852
3	重度冻害百分率(%)	$Y_{d3}=7.8590-6.6591x_1+8.7612x_3+0.6891x_{10}$	0.5685
4	中度冻害百分率(%)	$Y_{d2}=Y_d-Y_{d1}-Y_{d3}$	
5	产量损失百分率(%)	$Y_{cs}=Y_{d2}\times10\%+Y_{d3}\times20\%$	
6	产量绝对损失(kg)	$YA_{cs}=S_1\cdot P_1\cdot(Y_{d2}\times10\%+Y_{d3}\times20\%)$	
7	全省产量损失	$Y_S=\sum_i YA_{cs}$	

表 4.54　脐橙冻害评估模型

序号	评估对象	评估模型	复相关系数
1	冻害总百分率(%)	$Y_d=21.748-3.9068x_1+2.1392x_2-7.2672x_3$	0.9022
2	轻度冻害百分率(%)	$Y_{d1}=36.5928+3.4046x_1-0.2370x_4$	0.7183
3	重度冻害百分率(%)	$Y_{d3}=-22.45-9.5305x_1$	0.7430
4	中度冻害百分率(%)	$Y_{d2}=Y_z-Y_{z1}-Y_{dzz}$	
5	产量损失百分率(%)	$Y_{cs}=Y_{d2}\times10\%+Y_{d3}\times20\%$	
6	产量绝对损失(kg)	$YA_{cs}=S_2\cdot P_2\cdot(Y_{d2}\times10\%+Y_{d3}\times20\%)$	
7	全省产量损失	$Y_S=\sum_i YA_{cs}$	

注：上两表评估模型中的 x_1、x_2、x_3、x_4、x_5、x_6、x_7、x_8、x_9、x_{10} 分别代表极端最低气温、平均气温≤0℃的日数、平均气温≤0℃期间平均温度、平均气温≤0℃的积温、极端低温≤−3℃的日数、极端低温≤−3℃累积温度、极端低温≤−5℃的日数、极端低温≤−5℃累积温度。

3)茶叶冻害损失评估模型

利用收集到的 13 个县(市)72 个乡镇茶叶受冻资料，与推算的最低气温建立相关关系，得出小叶型茶叶和大叶型茶叶在不同低温强度条件下受冻损失率，初步建立了茶叶冻害损失评估模型。

$$Y_{21} = 0.0032X^2 - 0.0685X + 0.5521 \quad (R^2 = 0.5573) \tag{4.59}$$

$$Y_{22} = -0.0011X^2 - 0.0247X + 0.2024 \quad (R^2 = 0.1481) \tag{4.60}$$

$$Y_{23} = -0.0002X^2 - 0.0398X + 0.1598 \quad (R^2 = 0.4748) \tag{4.61}$$

$$Y_{24} = -0.0000006X^2 - 0.0027X + 0.0726 \quad (R^2 = 0.1015) \tag{4.62}$$

式中，Y_{21}—Y_{24} 分别为非线性模式下的茶叶受冻一、二、三、四级百分率；X 为最低温度；R^2 为相关系数平方值。

4)柑橘冻害损失评估案例

2008 年 1 月湖北省发生了历史罕见的低温雨雪冰冻灾害，全省柑橘遭受严重冻害。丹江口市 1 月中下旬累计降雪量达 38.8cm，连续 18d 日平均温度在 0℃以下，据丹江口气象站记录，低于－4.0℃以下的时间长达 120h 左右，柑橘遭受了不同程度的低温冻害，造成了一定的损失。用表 4.50 中评估方法对 2008 年丹江口市 15 个乡镇柑橘冻害损失进行评估，预计年柑橘平均减产率为 10%，减产幅度最大的乡镇柑橘减产率为 39%，总体上属于中到重度冻害。据当年农业部门调查，全市 26.5 万亩柑橘二级、三级、四级冻害面积分别为 4.1 万亩、1.9 万亩和 0.4 万亩，冻害百分率分别为 14.8%、8.5%和 0.5%，实际减产率 28%左右。

(2)春霜冻对小麦、油菜的影响

春霜冻主要出现在冬末春初、小麦拔节或油菜抽薹后，由于冷空气入侵或辐射冷却，土壤和植物表面温度下降至 0℃以下，引起作物受害或死亡的短时间低温。

1)春霜冻评估指标

春霜冻评估指标见表 4.55。

表 4.55　小麦、油菜霜冻等级评估指标

小麦			油菜		
拔节后天数	轻霜冻(最低气温)	重霜冻(最低气温)	发育期	轻霜冻(最低气温)	重霜冻(最低气温)
1～5d	－2～0.5℃	－5～－3℃	蕾薹期	0℃以下	－3.0℃以下
6～10d	－0.5～0.5℃	－3～－1.5℃	花期	8℃以下开花减少	5.0℃以下分段结荚
11～15d	0.5～1.0℃	－1.5～－0.5℃			
＞16d	1.0℃	0℃			

2)春霜冻评估方法

根据湖北省多年小麦、油菜发育期观测资料，小麦一般在 2 月下旬进入拔节，油菜 2 月份进入蕾薹期、3 月份开花结荚，南北差异较大。一般将 2—3 月作为春霜冻监测评估时段。利用各气象站逐日最低气温监测资料和表 4.52 中指标，每个气象站资料代表 1 个县，判断该县是否达到霜冻指标及持续天数，绘制全省小麦、油菜霜冻色斑图，就可以得出春霜冻的发生范围和程度。

(3)低温雨雪冰冻灾害对蔬菜的影响评估(刘可群等,2011)

1)评估对象

以武汉及其周边为研究区域,根据冬季大棚蔬菜生产特点,将蔬菜分为耐寒型蔬菜(如莴笋)和喜温型蔬菜(如茄果类)两类;根据抗压能力将蔬菜大棚分为弱抗压(简易竹架大棚)、中等抗压(水泥钢筋混制大棚)、高抗压(钢架大棚)。

2)评估方法

①考虑到冰雪灾害对蔬菜和大棚的影响不同,分别分析对蔬菜造成冻害的温度类致灾因子(如平均最低气温、极端最低气温、低温阴雨雪、日照等)和大棚设施间接对蔬菜造成冻害的破坏类致灾因子(如降雪量、积雪、连续积雪时间造成的雪压因子及风向风速、地面大气压造成的风压因子等)。

②利用力学基本原理,气象站日最低气温、平均气温、地面大气压、雨雪量、积雪深度、风向风速等观测资料,建立基于雨雪量、地面大气压等的雪压、风压的推算模型。

③在实际调查、定点观测以及查阅文献的基础上,根据温室大棚增温特点,将冻害分为两种天气类型,即天气晴朗且有明显降温的“晴冷型”(或干冷型)天气型,和低温寡照多雨的“湿冷型”天气型;针对不同天气条件,大棚蔬菜受低温冻害程度,建立不同天气类型大棚蔬菜冻害指标。

④在社会调查和查阅文献的基础上,通过对历史或典型年份蔬菜大棚倒塌灾情资料与气象资料对比分析,研究简易竹架、水泥钢筋混制大棚、钢架等不同类型蔬菜大棚对积雪深度、风向风速等灾害因子的承受能力,确定大棚损毁雪压、风压和积雪深度临界指标。

⑤在分析致灾因子与承灾体评估对象之间关系的基础上,建立大棚蔬菜低温阴雨(雪)预评估指标体系,利用气象台的预报结果,对大棚蔬菜低温冻害等级或大棚破坏程度进行预评估。

3)蔬菜大棚低温雨雪损失预评估模型

通过分析几次典型风灾塌棚损失与瞬间极大风速形成的风压之间的关系,建立了基于风压的大棚塌棚百分率的风压损失模型,并进一步在假定在雪压与风压相同的条件下雪压造成的损失与风压是相同的基础上,建立了雪灾损失模型。通过分析低温过程的有害低温累积量及莴苣受灾情况,建立了莴苣冻害损失评估模型。

①风压损失模型

(a)竹棚

$$R_w = \begin{cases} 226.14v^2/1600 - 10.743 & v \geqslant 8.6 \\ 0 & v < 8.6 \end{cases} \tag{4.63}$$

(b)水泥钢筋大棚

$$R_w = \begin{cases} 122.97v^2/1600 - 6.6689 & v \geqslant 9.0 \\ 0 & v < 9.0 \end{cases} \tag{4.64}$$

式中,R_w 为风压损失百分率;v 为极大风速,单位:m/s。

②雪压损失模型

(a)竹棚

$$R_p = \begin{cases} 3.9891h - 10.743 & h \geqslant 2.5 \\ 0 & h < 2.5 \end{cases} \tag{4.65}$$

(b)水泥钢筋大棚

$$R_p = \begin{cases} 2.2135h - 6.6689 & h > 3.0 \\ 0 & h \leqslant 3.0 \end{cases} \tag{4.66}$$

式中,R_p 为雪压损失百分率;h 为积雪深度,单位:cm。

③莴苣冻害损失模型

$$R_f = -0.1556 \sum T_h - 1.8453 \tag{4.67}$$

$$R_f = -0.1384 \sum T_{0_h} - 2.4236 \tag{4.68}$$

式中,R_f 为冻害损失百分率;T_h,T_{0h}分别为大棚内外小于 0℃的小时气温。

④冬季低温冰雪灾害对大棚蔬菜损失模型

$$R = 100 - (100 - R_w)(100 - R_p)(100 - R_f) \tag{4.69}$$

式中,R_w,R_p,R_f 分别为风压损失百分率、雪压损失百分率、冻害损失百分率。

4)评估案例

2008 年 1 月 12 日至 2 月 3 日,湖北省出现了 1954/1955 年冬季以来最严重的持续低温、雨雪、冰冻天气气候事件,期间共出现 4 次(1 月 11—15 日、18—21 日、25—28 日、1 月 30 日至 2 月 1 日)大范围低温雨雪天气过程,累计雨雪量鄂西 15～50mm,鄂东 50～95 mm,除鄂西南外,全省大部偏多 5 成～1 倍,湖北省大部连续雨雪日数达 17～22d,为历史第一位。由于雨雪量大、积雪深度深、低温冰冻持续时间长,对大棚等设施农业造成了严重影响。据统计,农业因灾直接损失在 80 亿元以上,占全部直接经济损失的 71.7%。受灾最严重的作物是蔬菜,1/3 的蔬菜大棚被大雪压垮,全省 90%的设施蔬菜受到了不同程度的冻害。此过程对大棚蔬菜的不利影响主要有五个方面。一是降雪过大,大棚承受不住积雪的重量,造成大棚的破损或坍塌,从而导致棚内不耐寒蔬菜冻死。二是低温冰雪过程导致光照不足,一方面大棚增温效益减弱,加重冷害冻害发生;另一方面光强明显减弱,棚内蔬菜光合作用差,抗逆能力下降,未完全冻死的蔬菜低温冰雪过程结束后病害严重。三是造成春节前后蔬菜市场供应受到影响,尽管政府及相关部门采取了很多措施,但蔬菜价格仍然一路走高,均价较雨雪前上涨 50%以上。

4.6.5　低温雨雪冰冻灾害对交通的影响评估

4.6.5.1　道路结冰监测

(1)道路结冰监测指标

由于低温雨雪冰冻过程导致的道路、桥梁或机场积雪或结冰,从而使道路封闭或限行、航班停运、交通运输受阻、公交线路改道、交通事故增多、交通损失增大。湖北省冬季道路结冰的致灾气象指标是“平均气温≤1.5℃,当日或前日有降水”。

(2)道路结冰监测

湖北省道路结冰时段主要在冬季。湖北省 1961 年以来平均每年道路结冰日数约为 20.0d,最大为 1974 年的 34.4d,次之为 2008 年的 31.2d,最小为 2014 年的 4.5d(图 4.82)。从空间分布上看(图 4.83),各地每年平均道路结冰日数为 4.9～36.2d,其中鄂西南西南部、神农架林区、五峰山区等地区道路结冰日数每年平均 20d 以上,最高为神农架达 36.2d;三峡河谷、鄂西南中部、鄂东东部不足 10d,最小为兴山的 4.7d;其他地区 10～20d。

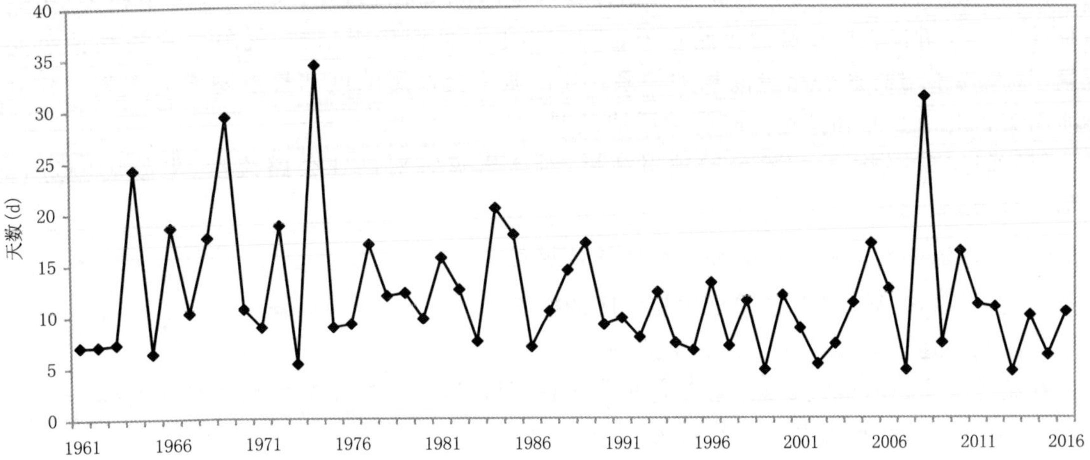

图 4.82　(1961—2016 年)湖北省平均道路结冰日数逐年变化

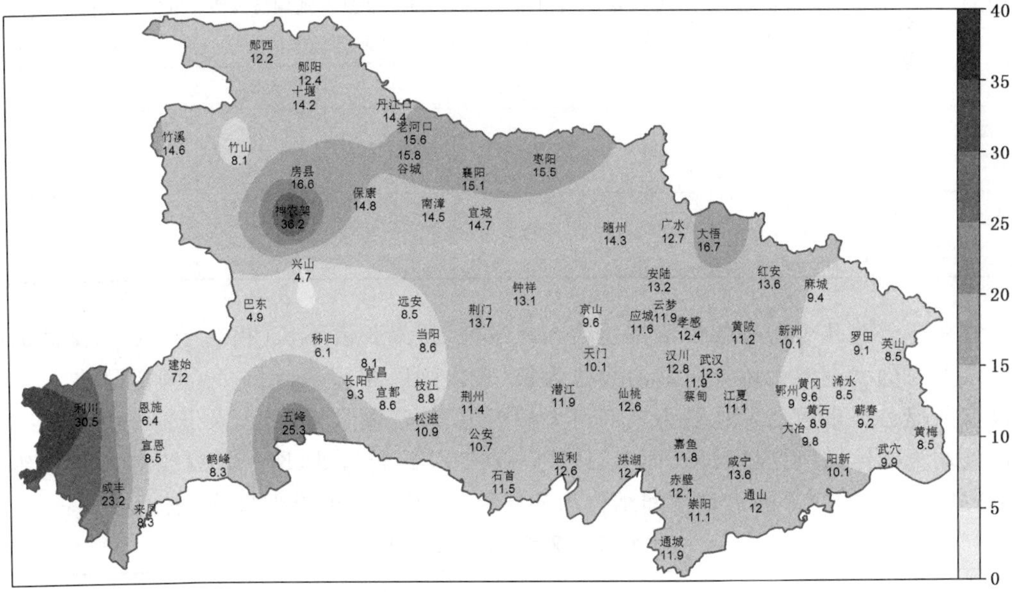

图 4.83　1961—2016 年湖北省年平均道路结冰日数(d)空间分布图

4.6.5.2　代温雨雪冰冻对交通的影响评估方法

(1)运用调查法、类比法及统计检验选用合理、有效的高速公路封闭资料、事故资料、流量资料。

(2)运用统计学方法、个例分析法分析同一区域普通地面(如观测场)、普通柏油路、高速公路、高速公路桥梁、桥梁与公路交界处、涵洞气象要素分布及日变化特征。

(3)利用气象站历史低温雨雪过程,筛选低温雨雪冰冻灾害事故,确定低温冰雪灾害易发区、易发区地理和局地气候特点、路面特征。利用高速公路临近气象站点资料,确定典型路段(如桥梁)、普通路段事故临界气象条件、事故倍增气象条件。

(4)在充分分析城市交通和高速公路各类数据时间变化趋势的基础上,运用相关、关联度等统计方法分析代表区域高速公路封闭时间与当地日低温雨雪指数、气象要素与高速公路车流量、气象要素与高速公路事故相关关系，分析城市交通影响度和气象要素的关系。建立低温冰雪灾害对市交通和高速公路影响评估模型。

(5)通过情景分析及气象台的预报结果,对冰雪灾害对高速公路流量、事故影响进行预评估。

4.6.5.3　低温雨雪冰冻对高速公路影响评估模型

(1)典型区域结冰易发区和事故易发区的确定

1)汉宜高速公路结冰易发区和事故易发区

在统计分析汉宜高速公路、京珠高速公路各路段结冰频次,结冰距离和结冰时间等参数的基础上,得到汉宜高速公路结冰易发区(表 4.56)

表 4.56　汉宜高速公路结冰易发区

千米处	K218～300	K199	K171～172	K49	K138～139	K87	K84～85	K64～65
桥梁名称 长度	多桥	太湖港大桥 130m	丫角大桥 60m	东干渠大桥 112m	东荆河大桥 720m	通顺河大桥 15m	电排河大桥 15m	下查埠大桥 (800)
频次	18	7	6	8	9	12	13	13
结冰距离 (km)	82	0.13	0.06	0.112	0.72	1	1	1
时间 (h)	17～33	1.5～41	12.5～41	1.5～41	1.5～41	5～7	5～10	5～10

汉宜高速公路几乎所有的桥梁都是结冰易发区,桥梁长度不长(相对于京珠),结冰时间以地处江汉平原的太湖港大桥至东荆河大桥为长,频次则以西部 K218～300 段为最多。

汉宜高速公路事故易发地段为东荆河大桥附近、临江溪大桥附近,及 K216 和 K189 处,其中前两处均为结冰易发区域路段,而 K216 为一高速公路转弯处,K189、K127 性质为三级路通(即多条高速公路的交界处),其空间结构为多层结构,有桥梁的类似性质(表 4.57)。

表 4.57　汉宜公路事故易发区

千米处	K290	K216	K189	K138～139	K137	K127
地点特征	临江溪大桥(186m) 花溪路中桥(67.8m)	涵洞 2 处	涵洞 2 处	东荆河大桥 (720m)	东荆河大桥 桥头段	
2004—2009 冬季事故数	10	11	10	17	8	10
路面主要 特征	干燥 积雪	结冰 积雪 湿滑 结冰 干燥	干燥 积水	139 路段主要为结冰 138 路段干燥、结冰		干燥 结冰 湿滑 积雪

从图 4.84 可见,东荆河大桥所在区域为冬季事故高发区域;选择其为研究区域。

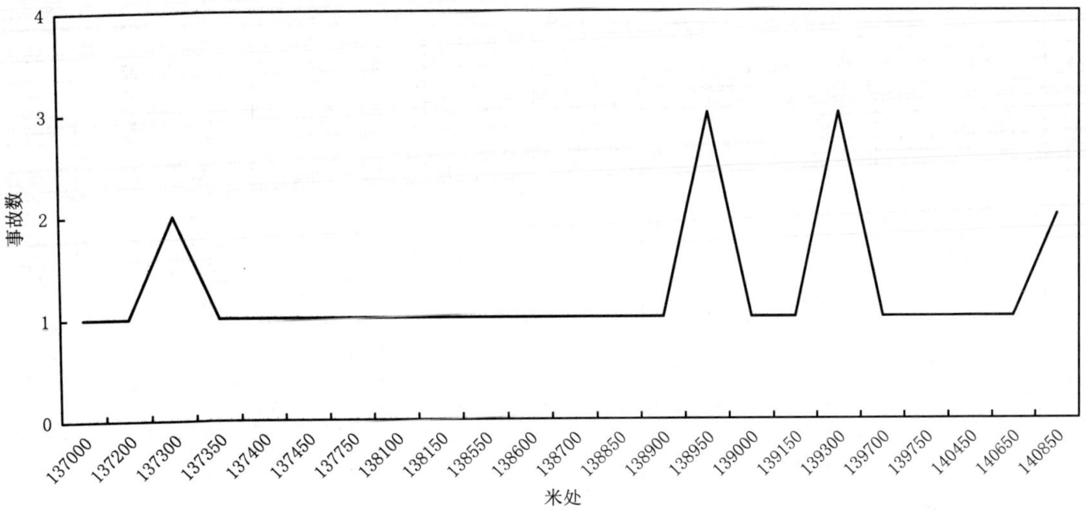

图4.84 东荆河大桥 K138+730～K139+450

2)京珠高速公路结冰易发区和事故易发区

从表4.58可以看出，京珠高速公路，结冰易发区桥梁长度较大，为480～2123m，对比事故易发区路段可以看出，京珠高速公路的事故区不一定位于大桥上而是位于桥头段。如位于东西湖北桥(5797m)的桥头南端、军山长江大桥桥头端(2123m)等。南北桥梁结冰频率差异不大，但北面结冰时间较长(表4.59)。

表4.58 京珠结冰易发区

千米处	38	56～57	141～143	146～148	163～165	170～172	194～195
地点特征	大悟大桥 646m	红河大桥 697m	汉江大桥 1607m	后官湖大桥 1666m	通顺河大桥 1666m	军山长江大桥 2123m	株山大桥 480m
频次	29	28	27	27	27	27	27
结冰距离(km)	0.646	0.697	2	2	2	2	1
时间(h)	5～30	3～28	8～18	7～18	3～18	7～18	3～18

表4.59 京珠结冰易桥梁标识表(黄色标志为易结冰桥梁)

编号	设施名称	桥梁性质	下跨高度(m)	有无过水	长度(m)	起点标桩	终点标桩	路面性质
1	无	桥梁	5	无	44.5	K4+037	K4+081	沥青
2	无	桥梁	8	有	86.5	K4+361	K4+447	沥青
3	望山河大桥	桥梁	8	有	79.92	K5+418	K5+498	沥青
4	乐寺狮大桥	桥梁	8	有	66.54	K10+667	K10+733	沥青
5	上冲河大桥	桥梁	8	有	146.54	K13+347	K13+493	沥青
6	东新河大桥	桥梁	8	有	186.54	K21+787	K21+793	沥青

续表

编号	设施名称	桥梁性质	下跨高度(m)	有无过水	长度(m)	起点标桩	终点标桩	路面性质
7	姚店河大桥	桥梁	8	有	186.54	K23+739	K23+945	沥青
8	高店河大桥	桥梁	8	有	139.46	K29+964	K30+104	沥青
9	田湾中桥	桥梁	8	有	53.38	K31+793	K31+847	沥青
10	大悟大桥	桥梁	8	有	646.89	K38+150	K38+796	沥青
11	朱家河大桥	桥梁	8	有	53.58	K41+698	K41+752	沥青
12	红河大桥	桥梁	8	有	697.76	K56+652	K57+348	沥青
13	沙窝河大桥	桥梁	8	有	126.54	K61+878	K62+004	沥青
14	青山河大桥	桥梁	8	有	246.5	K73+541	K73+748	沥青
15	府沦河大桥	桥梁	6	有	5947.04	K107+650	K122+535	沥青
16	东山大桥	桥梁	6	有	146.54	K125+259	K125+405	沥青
17	东西湖北桥	桥梁	6	有	5797.08	K125+698	K131+496	沥青
18	十一支沟大桥	桥梁	6	无	106.54	K135+143	K135+349	沥青
19	东西湖南桥	桥梁	6	无	4076.64	K134+196	K138+272	沥青
20	汉江大桥	钢结构	10	有	1607	K141+797	K143+403	沥青
21	后官湖大桥	桥梁	6	有	1656.09	K146+997	K148+653	沥青
22	通顺河大桥	桥梁	8	有	1655.75	K163+773	K165+427	沥青
23	军山长江大桥	斜拉悬索桥	24	有	2123.5	K170+134	K172+256	沥青
24	株山大桥	桥梁	6	有	480	K194+860	K195+340	沥青
25	安山大桥	桥梁	6	有	240	K208+002	K208+242	沥青
26	苏公岭大桥	桥梁	6	有	36	K211+198	K211+234	沥青
27	斧头湖大桥	桥梁	6	有	48	K221+904	K221+952	沥青
28	宝塔大桥	桥梁	6	有	600	K233+001	K233+601	沥青
29	向阳湖大桥	桥梁	6	无	30	K235+232	K235+262	沥青
30	汀泗河大桥	桥梁	6	无	15	K242+487	K242+502	沥青
31	陆水河大桥	桥梁	6	有	600	K275+007	K275+607	沥青
32	白墅港大桥	桥梁	6	无	28	K279+664	K279+692	沥青

从表 4.59 可见,京珠最长桥梁府沦河大桥非结冰易发区及事故易发区,同时,北边的部分桥梁结冰频率不如南边的桥梁,事故也不易发,株山大桥以南非结冰易发区和株山大桥以北路段结冰频率差异不大,但北部结冰时间较长。初步分析认为结冰易发的桥梁为长江、汉江及大湖上方的桥梁,而北面的府沦河因为桥下基本无过水而结冰较少。

京珠高速公路事故易发区相对集中,基本位于京珠高速 K132~K181 处,从地理位置看基本位于武汉境内,北到东西湖北桥,南到军山长江大桥南端。首先因为此处流量大,为六车道,事故多发最大处为 K158 处,同时此处为一个三级大路通,为京珠、沪蓉等高速的交接处,为三级桥梁结构。

在省公安厅交警大队的配合下,选定研究的典型区域为:汉宜高速东荆河段,汉宜高速临江溪段，京珠高速后宫湖段，京珠高速 K158 段。

(2)相关气象站的选择

利用 GIS 系统完成典型区域与气象站点的叠加，缓冲区选取以高速公路为中心区域，宽度为正负经纬度 0.1°。首先选取缓冲区内临近常规气象观测站，再选取部分区域自动站(典型区域及气象站点选取见图 4.85)。

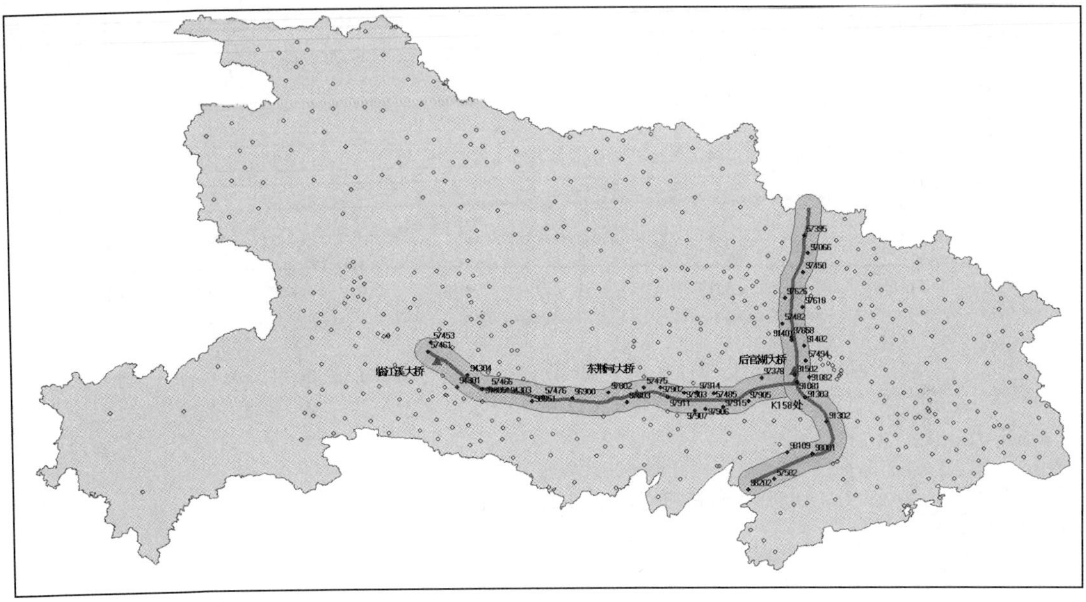

图 4.85　京珠高速公路事故典型区域及气象站点选取

(蓝色三角为典型区域，“5”开头代码为常规气象观测站，“9”开头站点为区域自动气象观测站)

(3)典型区域结冰临界气象条件的初步计算及预估模型的建立

选择部分桥梁事故资料与气象资料进行对比分析，推算了典型区域结冰临界气象条件(表 4.60)。

表 4.60　汉宜高速、京珠高速公路结冰临界气象条件的推算

	临江溪大桥	东荆河大桥	后官湖大桥
平均气温(℃)	3	2.1	2.6
最低气温(℃)	1.6	0.3	1.2
平均极大风速(m/s)	5	7	5.5
其他条件	出现降雪	出现降雪或前日出现降水	出现降雪或前日出现降水

第一步，分别分析了日平均气温、日最低气温两项指标与后官湖低温雨雪不利气象条件下事故损失的相关关系(图 4.86)，分析表明，日平均气温与事故损失呈反相关，平均气温越低，事故损失越大(R=0.33)；日最低气温与事故损失也呈反相关，最低气温越低，事故损失越大(R=0.26)。

第二步，采用日平均气温、日最低气温同时与后官湖低温雨雪不利气象条件下事故损失建立了概念模型。

在满足结冰临界气象条件的前提下，得到：

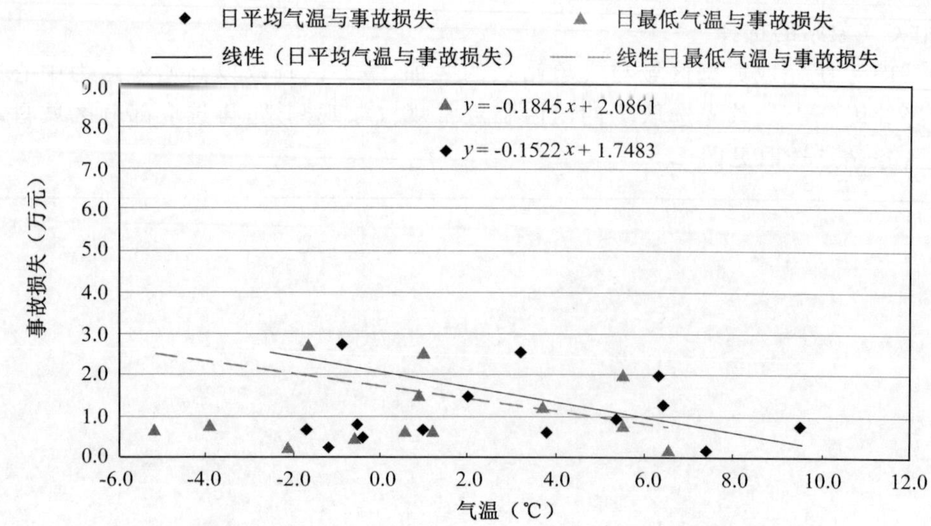

图 4.86　后官湖大桥日平均气温、日最低气温与事故损失的相关关系图

1～3 天：

$T_{平均}<2.6$℃
$T_{最低}<1.2$℃　　事故损失：<10000 元　　(4.70)

3 天以上：

$T_{平均}\leqslant 2.0$℃
$T_{最低}\leqslant 0.9$℃　　事故损失：10000～50000 元　　(4.71)

$T_{平均}\leqslant -2.5$℃
$T_{最低}\leqslant -3.2$℃　　事故损失：>50000 元　　(4.72)

4.6.5.4　低温雨雪冰冻对武汉城市交通的影响评估(李兰,2011)

①评估模型

定义了持续低温雨雪过程城市公共交通影响度，并通过影响度时间变化及其与气象要素的关系分析，揭示该过程对武汉城市交通影响的规律，并建立公交车影响度评估模型(图 4.87—图 4.89)。结果表明，在持续低温雨雪天气过程中，初发时期是公共交通影响的关键时期之一，影响度与积雪深度关系最密切，在公交车、轮渡、汽渡三种交通工具中，公交车影响度与气象要素的相关最密切，持续低温雨雪过程中，对武汉城市公交车造成明显影响的临界气温是 1.7℃。结果用 2009/2010 年城市公交灾情资料进行了验证，效果较好(图 4.90)。

公交车影响度评估模型：

$$D_{公交车}=0.14H-0.106\,T_{-1}+0.137 \tag{4.73}$$

式中，H 为积雪深度，T_{-1} 为前日平均气温。

(2)评估案例

受地面强冷空气南下影响，2009 年 11 月 15—16 日，湖北省大部地区出现较强降温，并伴有中到大雪、局部暴雪天气。15 日武汉区域气候中心制作了一期专题服务产品，预估“今晚开始武汉城市交通可能受到低温雨雪的影响。雨雪天气过程中，武汉城市气温下降到 1.7℃以

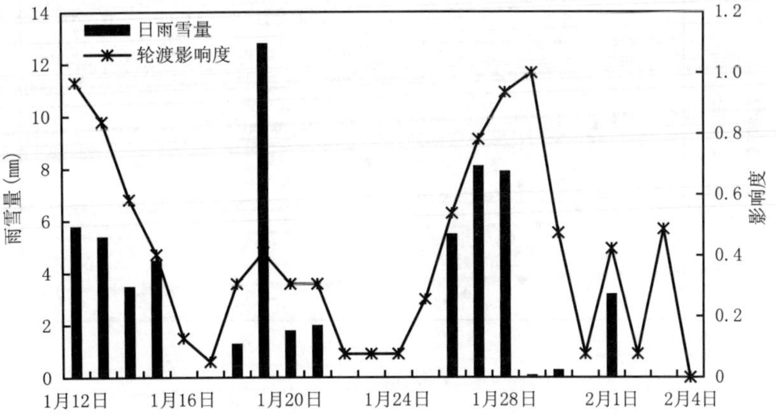

图 4.87　武汉市 2008 年 1 月 12 日至 2 月 3 日逐日雨雪量与轮渡影响度

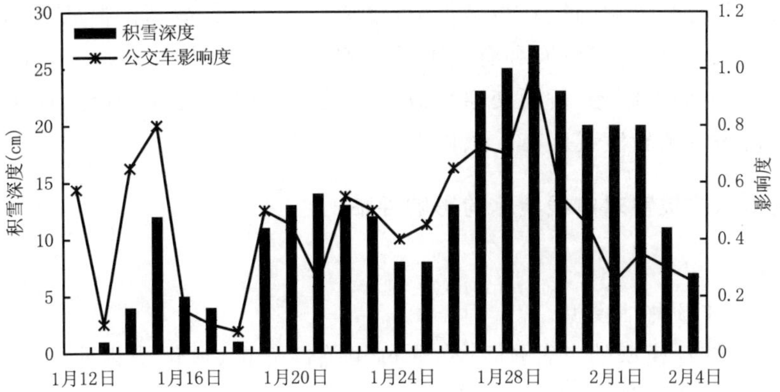

图 4.88　武汉市 2008 年 1 月 12 日至 2 月 3 日积雪深度与公交车影响度

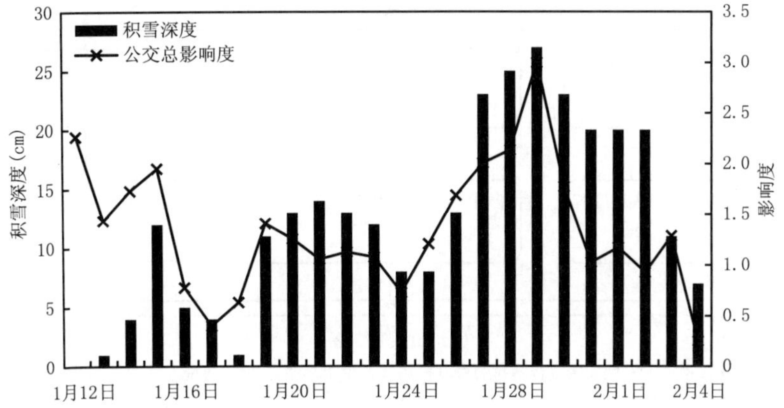

图 4.89　武汉市 2008 年 1 月 12 日至 2 月 3 日积雪深度与公交总影响度

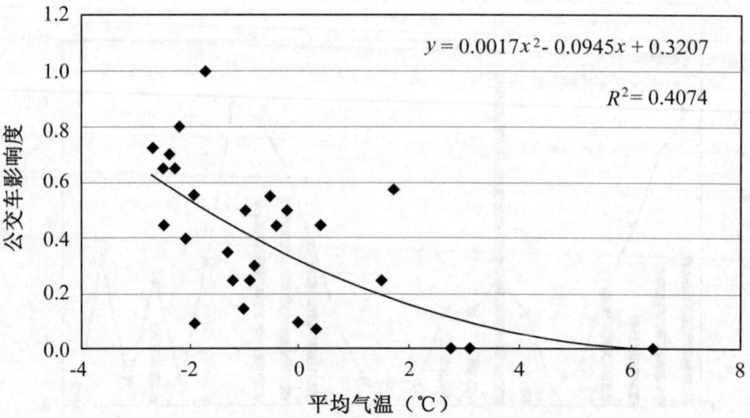

图 4.90　公交车影响度与平均气温趋势图

下时，武汉城市立交桥、武汉长江大桥、汉水桥，电车输电线路将首先出现结冰情况，随着温度的继续下降，城市公交受影响的线路将增加，程度将继续加深，适当的减灾措施则可能减轻灾害的程度。”该产品及时报送省政府和有关部门。实际结果表明，16—17 日，武汉长江大桥、武汉长江二桥等多处桥面上结冰，桥面交通事故频繁发生，公交车正点率受到影响。大雪还造成城市交通拥堵，市内 7 条轮渡线路有 6 条停航。

4.6.6　低温雨雪冰冻灾害对电线覆冰的影响评估

(1)评估方法

1)建立电线覆冰预评估模型。

基于覆冰气象统计模型的灾害预评估：通过相关性分析、最优子集回归、灰色关联度等统计方法建立评估指标或评估模型(图 4.91)；

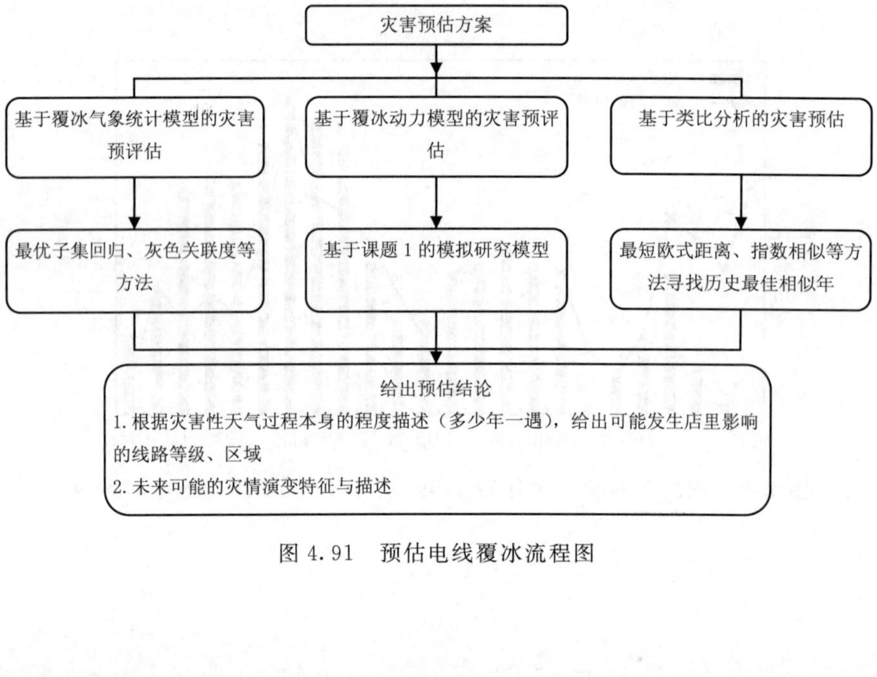

图 4.91　预估电线覆冰流程图

基于覆冰动力模型的灾害预评估：基于模拟研究模型；

基于类比分析的灾害预估：最短欧式距离、指数相似等方法寻找历史最佳相似年。

2）根据灾害性天气过程本身的程度描述（多少年一遇），给出可能发生电力线路灾害的影响等级。

3）根据气象预报预测结果，预估区域未来可能的灾情演变特征。

（2）覆冰厚度预估模型

依据对电线覆冰与不同时间段气象条件关系分析，采用逐步回归的方式进行拟合，分低海拔和高海拔两类建立气象要素与电线覆冰厚度的关系模型，通过地形、地貌等微气象因子的分析，给出订正系数，按照起报时段的不同，输入实况值（前期因子）和预报值，得出相应天气条件下电线覆冰厚度（图 4.92）。

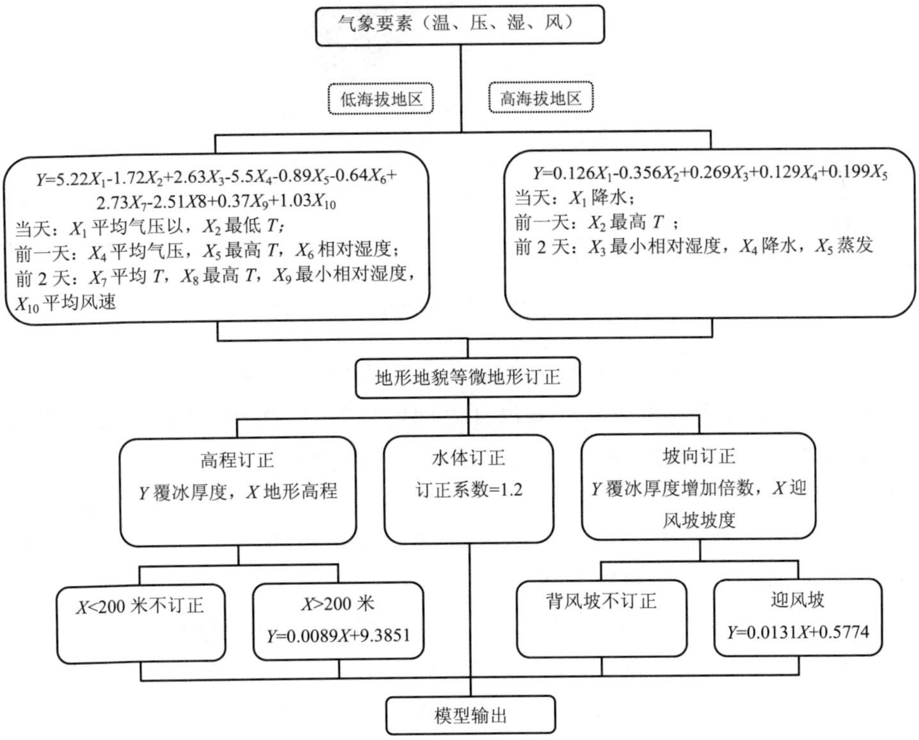

图 4.92　电线覆冰厚度预评估流程图

（3）不同覆冰厚度对电力的影响和电线覆冰灾害评估模型

电线覆冰灾害，主要指因雨雪冰冻天气造成线路和杆塔严重覆冰，超过电网设防标准，输电线路和杆塔无法承受超过设计能力的垂直荷载和纵向张力出现断线、倒塔和受损等。

冰灾对电网的主要危害和后果包括倒塔、断线、导线舞动、覆冰闪络和脱冰跳跃等，而倒塔和断线造成的危害最大，会直接造成电力中断。

2008 年前湖北省有实测冰厚调查资料的电线覆冰灾害 181 例，其中有具体时间记录的 177 例，有具体位置（经纬度）的 81 例。其中导地线碰地 116 例，占 65%，其次为断线 21 例，占 12%，倒塔、冰闪舞动分别占 7%（图 4.93）。

湖北省电线覆冰灾害主要出现在 10 月到翌年 3 月，以冬季 3 个月为主，和湖北省雨凇、雾

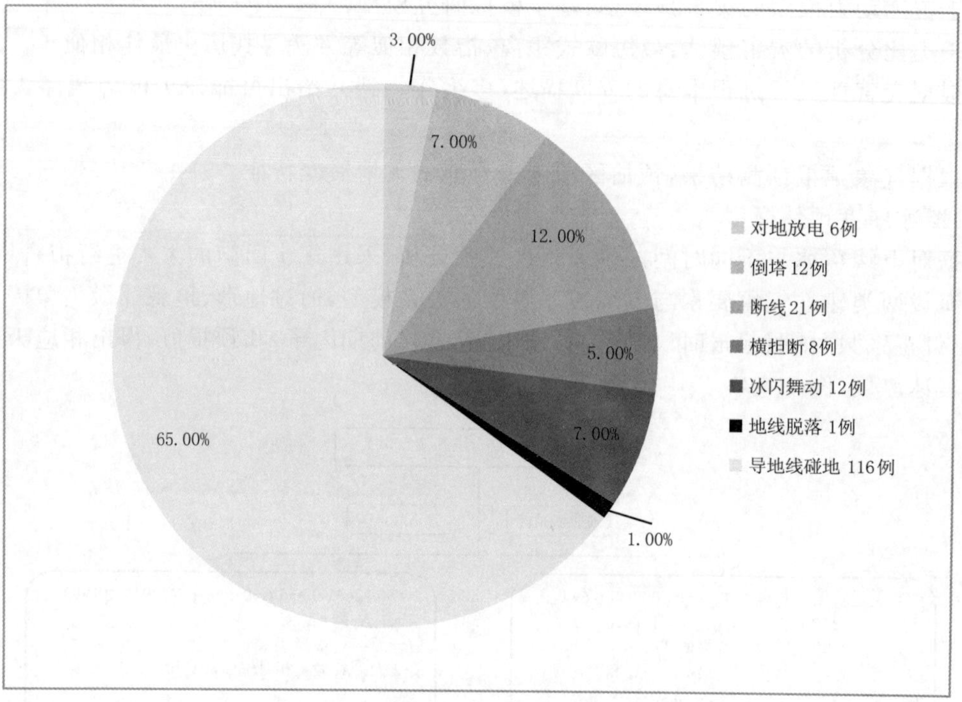

图 4.93　湖北省各类电线覆冰灾害比例图

凇和降雪季节完全吻合，也就是说，电线覆冰灾害主要受雨凇、雾凇和降雪影响。

湖北省电线覆冰灾害主要位于长江和汉江之间的荆门、钟祥到宜昌境内的部分高山地区、幕阜山北坡到江汉平原南部地区，两覆冰区都呈东北—西南走向。

灾害的这种分布特征，一是与湖北的天气气候特点密切相关，即与雨凇、雾凇空间分布密切相关；二是灾害的发生与雨凇、雾凇发生地有无架空线路密切相关，即和湖北电网导线布局和走向有关，这是和时间分布的差异之处。

在冻雨倒塔的 11 次个例中，冰厚从 35～180mm 都会有倒塔事故发生，而冰厚在 40mm 和 75mm 时倒塔事故发生最多，各有 3 次；断线事故 17 次，冰厚为 22～50mm 时都会发生断线事故，冰厚在 30mm 和 50mm 时断线最多；8 次横担断事故发生时冰厚在 30～110mm；在其他覆冰事故中，覆冰 5mm 冰闪舞动、瓷瓶闪烙次数最多；地线脱落时的覆冰厚度 25～30mm；由于覆冰导线离地距离不够对地放电，此故障的覆冰厚度 30～40mm；10～55mm 的覆冰会产生导地线碰地，特别在覆冰厚度 34mm 时导地线碰地最多。

分四个不同覆冰厚度区间（1～5mm、22～50mm、30～110mm 、35～180mm）建立了电线舞动、断线、倒塔等灾害的影响评估模型。

电线舞动灾害评估模型：覆冰厚度 1～5mm 且风速 8m/s 以上，湖北容易出现电线舞动；

断线事故评估模型：冰厚 22～50mm 及以上发生断线的概率较大；

倒塔事故评估模型：冰厚 35～180mm 容易出现倒塔事故，冰厚在 40mm 和 75mm 时倒塔事故发生可能性更大；

横担断事故：冰厚在 30～110mm 易发生横担断事故。

4.6.7 湖北省历史典型低温雨雪冰冻事件(表 4.61)

表 4.61　典型低温雨雪冰冻事件

时间	事件	描述
1955 年	1954 年 12 月下旬至 1 月中旬强寒潮、大雪、冰冻	1954 年 12 月下旬,来自北方的强冷空气入侵湖北省,造成寒潮、大雪和冰冻天气。这种严重天气一直持续到 1 月中旬。期间,湖北大部分地区日平均气温降至 0℃以下,最低气温降至－10℃以下,积雪一般在 10cm 以上。这次范围广、持续时间长、世纪罕见的大雪、冰冻、严寒天气,使湖北省的工农业及人民生命财产遭受巨大损失。
1957 年	1 月中旬鄂东雨凇	1 月 12—17 日,崇阳县连续出现 6d 雨凇。据县气象站实测,12—17 日,降水总量 8.3mm,其中 13 日、14 日分别降雪 3.2mm、9.8mm,15 日降雨 23.8mm,13—17 日,日平均气温均在 0℃以下。
1964 年	2 月中、下旬雨凇	2 月,湖北省出现了持久的雨雪、低温、雨凇天气。2 月 8—12 日,江汉平原出现了一次比较严重的雨凇天气,给电讯、交通和农业部门造成一定的损失。16 日至 20 日又出现了轻度的雨凇。
1966 年	2 月下旬寒潮大风及冻害	2 月 19—23 日,湖北省出现了一次寒潮大风天气过程。寒潮使湖北省发生严重冻害,全省受灾面积达 783 万亩,成灾面积 454 万亩。受冻危害县数达 38 个,主要是北部各县以及江汉平原南部和鄂东南各县。
1969 年	1 月底至 2 月初强寒潮、大雪、冰冻	1 月 28 日至 2 月 2 日,受全国性寒潮侵袭,湖北省除恩施地区外,大部分地区出现大雪、低温天气,连续 6d 日平均气温在－3～－8℃,1 月 31 日大部分地区极端最低气温为－10～－17℃,鄂东的麻城、阳新等地最厚雪深 20cm。平原河谷地区有 6～7 级偏北大风,南部部分县(市)还出现了 3～4d 雨凇。府河冰厚 10cm 多,可以行走人畜,应山县池塘结冰可行人。
1974 年	2 月下旬寒潮、雨雪、大风、冰冻	2 月 22—24 日,湖北省受强冷空气袭击,大部地区日平均气温由 12～14℃降至－3～－4℃,并伴有大风、雨雪和冰冻。尤以鄂东、江汉平原、鄂北的东部降温最为剧烈,3d 日平均气温下降 16～17℃,其中黄石、麻城、广济、蕲春、阳新、通城、英山、京山等地,24 小时内降温达 12～14℃。鄂西气温在 3～4d 内也下降了 13～15℃。鄂东北及鄂北部分县极端最低气温降至－7～－9℃,鄂西河谷地区降至－2～－3℃,其他地区降至－4～－6℃。这次寒潮伴有 6～8 级大风,造成房屋倒塌、人畜受伤,小麦、油菜、蚕豆等农作物遭受冻害,小麦、油菜叶片被冻的达 100%,冻死达 10%。
1976 年	2 月 14 日至 18 日大风、降温、冰雪、雨凇	2 月 14—18 日,受北方强冷空气侵袭,湖北省出现了明显的大风、降温、冰雪天气。钟祥、襄阳 2 月 15 日最大风速分别达到 15.7m/s 和 15.0m/s;大悟过程总降雨(雪)量达 57mm,积雪达 3d,15—18 日还出现了 2～4d 雨凇 ,其中 16、17 日两天最严重。这次过程全省有 27 个县出现雨凇,持续了 2～4d,以荆州、孝感两地区持续时间最长,达 4d 之久,并造成了灾害。

续表

时间	事件	描述
1977 年	1 月 25 日至 30 日强寒潮	受北方强冷空气侵袭，湖北省出现了一次强寒潮大气。由于冷空气来势凶猛，降温剧烈，大部分地区日平均气温由 3～5℃降至－5～－10℃，24 小时降温达 10℃以上，元月下旬平均气温也多为－1～－3℃，较常年偏低 4～5℃。受寒潮影响，大部分地区日最低气温破历史记录，鄂北、江汉平原北部达－15～－18℃，武汉地区达－18.1℃，是 1907 年以来的最低值，全市河湖全部结冰。连冬季比较暖和的三峡河谷地区，最低气温也降到－8～－10℃。
1982 年	3 月 23 日至 27 日春播期寒潮低温	来自西伯利亚的强冷空气经蒙古和华北，于 23 日中午开始自北向南侵入湖北，平原地区北风 6～7 级，阵风 8 级，同时伴有 4～5d 的小到中雨或降雪天气，局部地区下了冰雹；24 日大部地区下了冰粒和小雪，鄂西北下了中到大雪；25～26 日鄂西北再度普降中到大雪，襄阳地区大部积雪 30mm 左右，郧阳地区的高山区出现冰冻。大部地区日平均气温由 23 日的 16℃左右到 25 日降到 4℃左右，日平均气温降温幅度为 11～13℃。24—27 日湖北大部日平均气温在 6℃以下，最低气温为 0～2℃。汉口 24—27 日的逐日平均气温为 4.4～5.4℃，是自 1907 年有记录以来 65 年同期的第二个最低值。
1984 年	1 月中旬大雪、低温冻害	1 月中旬，全省普降大雪，气温下降，电线积冰，茶树受冻，交通受阻，造成较严重的灾害和损失。14—18 日，由于长江中游上空暖湿气流活跃，加上北方冷空气不断入侵湖北使全省出现了一次连续性降雪、降温和大风天气过程。14 日晚至 15 日，湖北大部开始降小到中雪，雪深 1cm 左右，绿葱坡电线积冰直径 17mm，平原地区刮了 5～6 级偏北大风，阵风 7～8 级。16—17 日，鄂东继续降小到中雪，江汉平原和鄂东南有直径 5mm 左右的雨凇和 2～7mm 的电线积冰，绿葱坡电线积冰直径 32mm。17 日晚到 18 日，湖北大部下了大雪，17 日 08 时至 19 日 08 时两天降雪量：鄂西北 10～15mm，江汉平原中部和鄂东为 25～35mm，其余地区 15～25mm；平均积雪深度：武汉市和荆州地区大部、孝感地区南部、黄冈地区北部、宜昌地区东部为 20～30cm，大部为气象站建站以来最大值。
1987 年	11 月下旬寒潮、冻害	来自西伯利亚的强冷空气团，自 11 月 25 日下午入侵湖北，全省由雨转雪，气温陡降，大部地区日平均气温下降幅度为 15～18℃。鄂北由 25 日的 13～15℃到 28 日下降到－2～－3℃；鄂南由 16～18℃下降到 0℃左右。最低气温鄂北降到－4～－5℃，鄂南为－1～－3℃，并出现冰冻。26—27 日，湖北大部地区刮了 6 级北风，阵风 7 级。大风、降雪、冰冻，给农业生产和交通运输造成严重危害。
1988 年	2 月 22 日至 29 日大雪、低温	2 月 22－29 日，西伯利亚上空的横槽不断分裂成小槽东移，地面冷空气从河套或华北分股南下，受其影响，湖北省出现了持续 8d 的雨雪、降温天气。8d 内，有 2 次明显的大雪。第一次是 24 日晚至 25 日白天，鄂北地区下了大雪，平均积雪深度为 10cm，局部达到 16～20cm，打破历史同期记录；鄂西南山地和江汉平原北部及鄂东北西部出现了雨凇，电线结冰直径 20～50mm。第二次是 27 日晚至 28 日白天全省降雪，东部地区发生少见的"雷打雪"现象，鄂东北西部积雪深度为 10cm 左右，武汉市及附近达 15～17cm，大多数地区的积雪深度超过历史同期记录。

续表

时间	事件	描述
1991 年	12 月下旬的低温冻害	受 12 月 23—26 日的一次强冷空气活动影响，湖北省发生大面积雨雪天气，气温急剧降低，出现了明显的冰冻。旬平均气温，鄂北 −2.0℃、鄂西南 3.0℃左右，其他地区 1.0～2.0℃，与历年同期相比，全省偏低 3～4℃。极端最低气温出现在 12 月 28 日或 29 日，鄂西北局部 −15～−18℃，鄂东北、鄂西北大部分 −11～−15℃，鄂西南大部 −4～−7℃，其他地区 −7～−10℃，除鄂西南正常外，其他地区大部为有气象记录以来同期第一低值，也是仅次于 1977 年 1 月的低温。这次过程暴雪量大，积雪深，如黄坡 12 月 26 日雪量 15.7mm 为有记录以来最大值，红安县雪深 15cm 超该县历史记录。由于这次过程各地极端低温普遍低于柑橘的严重受害低温临界值，加之前期干旱使土壤墒内墒不足，造成保湿效果差，从而进一步加重冻害，部分地区柑橘遭到毁灭性打击。如蕲春县 2.5 万亩柑橘苗全部冻死，老橘园嫩枝、新叶全冻死，兴山县柑橘叶片严重卷曲的占 77.4%，咸宁地区因冻减产 90%；三峡河谷地区的巴东，虽然极端最低气温为 −5.9℃，小于 −5.0℃的天气只持续 2d，但自 25—30 日的 6d 中，海拔 300m 以上的地区柑橘冻害程度达 50%的有 5000 亩，河谷地带 1/4 的夏橙受冻落果。冰冻对蔬菜、小麦、油菜等农作物影响也较严重。新洲县冻死蔬菜 503 万 kg；枝城市蔬菜价格较下雪前上涨 1 倍；武汉市蔬菜价格较下雪前上涨 50%以上；嘉鱼小麦受冻面积达 60%，油菜 100%；蕲春茶叶 13400 亩全部受冻，因冻减产 30%～40%。由于积雪和冰冻，致使交通受阻，事故频发，还造成城镇自来水管冻裂，脑血栓类疾病多发等影响。如汉川长途客车中断 5d，停 720 个班次，积压客人 3.6 万多人次。蕲春县 12 月 27—31 日，自来水管有 90%被冻裂，新洲县脑血栓发病率这一期间增高 20%。
2005 年	冬季大范围雨雪冰冻	1 月下旬初受地面东路冷空气和高空西南暖湿气流的共同影响，湖北省出现了连续低温雨雪天气，部分地区出现暴雪天气。其中咸宁市温泉站在 12 小时内，降雪量达 16.2mm，积雪深度达 9cm，严重的雪灾冻害给咸宁市造成了严重的影响，部分重灾区出现了交通中断，通讯中断。咸安区直接经济损失 6000 万元。黄石市阳新县直接经济损失 3000 万元。2 月 5—18 日，受南支波动和冷空气影响，湖北省出现一次历史罕见的持续低温雨雪过程，期间湖北省降水明显偏多，气温显著偏低。鄂西北、宜昌部分县市、江汉平原大部温度之低，仅次于 1964 年。此次过程影响范围广，持续时间长，冰冻、雨凇、暴雨、暴雪、雷暴、冰雹等多种灾害性天气并发。
2006 年	4 月寒潮大风	2006 年 4 月 11—13 日，湖北省出现特大风灾，12 日中东部 27 个县市出现了 8～9 级大风，中北部地区达到寒潮天气；全省 34 县（市、区）遭受灾害，受灾人口 521 万人，因灾死亡 11 人，因灾受伤 743 人；农作物受灾面积 29.7 万 hm^2；直接经济损失 6.8 亿元。
2008 年	冬季历史罕见连续低温雨雪灾害	2008 年 1 月 12 日至 2 月 3 日，湖北省出现大范围持续低温、雨雪、冰冻天气气候事件，期间共出现 4 次低温雨雪天气过程，具有过程雨雪量大、积雪深度深、低温冰冻持续时间长的特点。2008 年初低温雨雪冰冻过程是 1954 年以来最严重的低温雨雪冰冻过程，据统计，低温雨雪冰冻灾害造成全省 2279.8 万人受灾，因灾直接死亡 13 人，伤病 22869 人，转移住危房和倒房灾民 21.65 万人；农作物受灾 162.9 万 hm^2，其中绝收 21.3 万 hm^2；因灾倒塌房屋 9.8 万间，损坏房屋 17.23 万间；因灾造成直接经济损失 329.78 亿元。

4.7 连阴雨监测及影响评估

连续降雨 5～7d 或以上的天气称为连阴雨。春、秋两季处于冬、夏季风转换的过渡时期，冷、暖空气在湖北省交汇，形成持续日久的阴雨天气过程（史瑞琴等，2013）。

4.7.1 连阴雨监测指标

日降水量≥0.1mm 持续 5d 及以上，其中 10d 以内的过程允许期间有一天无降水但该日日照时数小于 2h，10d 以上的过程允许有不连续的 2d 无降水，但日照时数小于 2h。不允许间断的方法只考虑连续降水的雨日，即日降水量≥0.1mm 的持续日数。

4.7.2 连阴雨监测

湖北省春季连阴雨过程发生频次南部高于北部。鄂西北北部、鄂北岗地、鄂东北西北部春季平均每年发生连阴雨 1～2 次，鄂西南南部、咸宁南部平均每年发生 3～4 次，其他地区平均每年发生 2～3 次（图 4.94）。

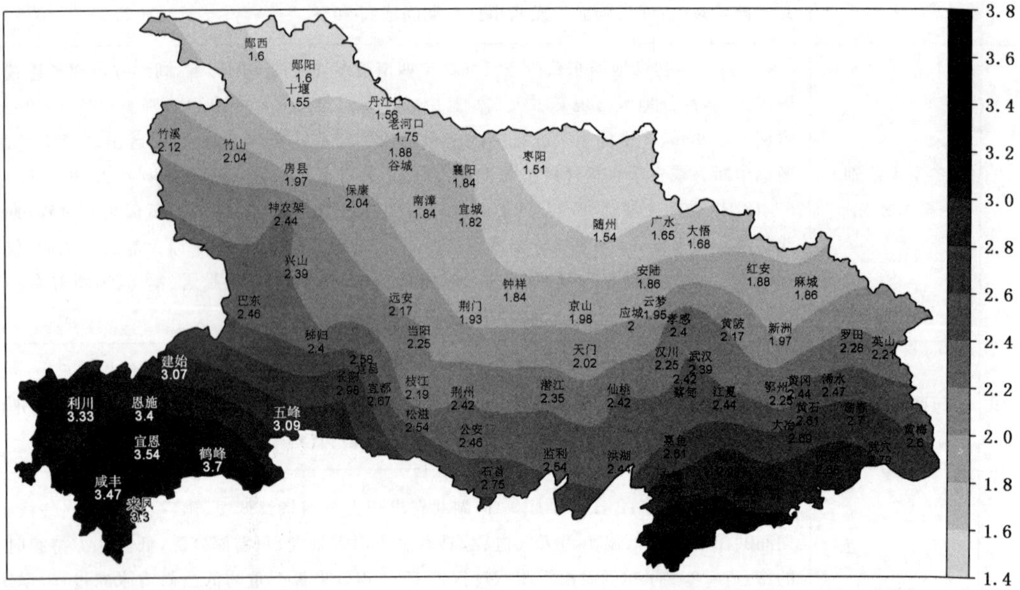

图 4.94　1961—2017 年湖北省春季连阴雨发生频次（次）空间分布图

受华西秋雨的影响，湖北省秋季连阴雨过程发生频次西部明显多于东部，南部则多于北部。最多的地区是鄂西南，平均每年发生 2.5～3.2 次；其次是鄂西北平均每年发生 1.9～2.4 次；最少是鄂东北平均每年发生 1.5～2.0 次（图 4.95）。

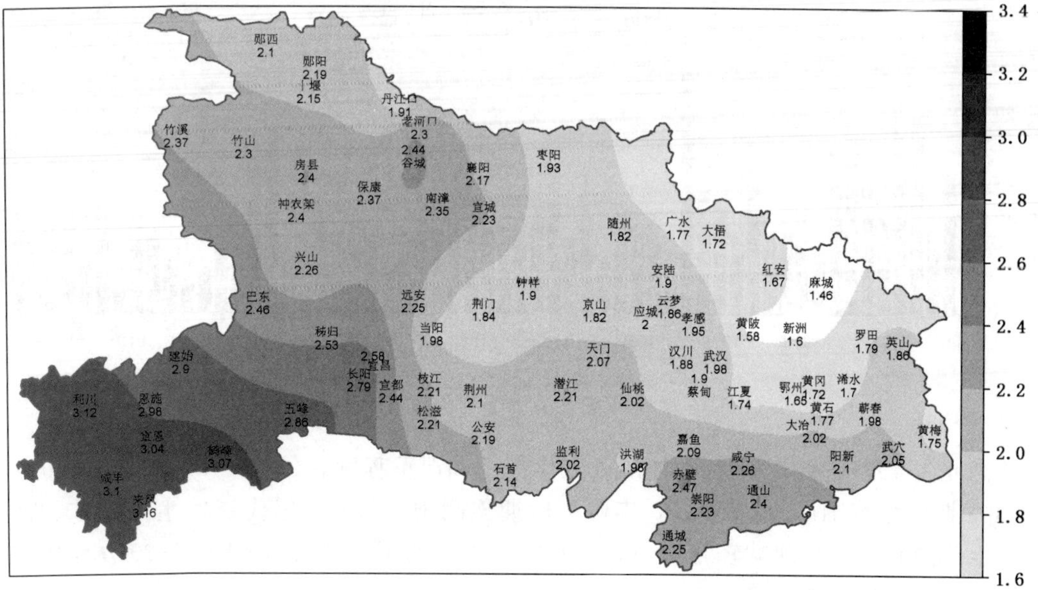

图 4.95　1961—2017 年湖北省秋季连阴雨发生频次(次)空间分布图

4.7.3　连阴雨程度评估

4.7.3.1　评估方法

单站评估：一般用连阴雨过程雨量或持续连阴雨日数对连阴雨过程的强度进行评估(表 4.62)。

表 4.62　单站连阴雨过程分级指标

等级	1	2	3	4
类型	正常	轻度	中度	重度
持续日数(d)	＜5	5～6	7～10	≥11

区域评估：将全省划分为鄂西北、鄂西南、江汉平原、鄂东南、鄂东北 5 个区，同一时期内，某个区域内有三分之一台站出现连阴雨，记为 1 次该区域连阴雨过程；全省有三分之一台站出现连阴雨，定义为一次全省性连阴雨过程。

4.7.3.2　评估结果

从湖北省 1961—2017 年春季连阴雨发生范围和严重程度看(图 4.96)，20 世纪 60 年代至 70 年代前期、90 年代发生范围广、程度重，进入 21 世纪以来，发生范围和程度都有所减轻。发生范围最广的是 1977 年，约有 26％的台站出现连阴雨；其次是 1963 年、1964 年和 1967 年分别有 20％、21％和 19％的台站发生春季连阴雨。

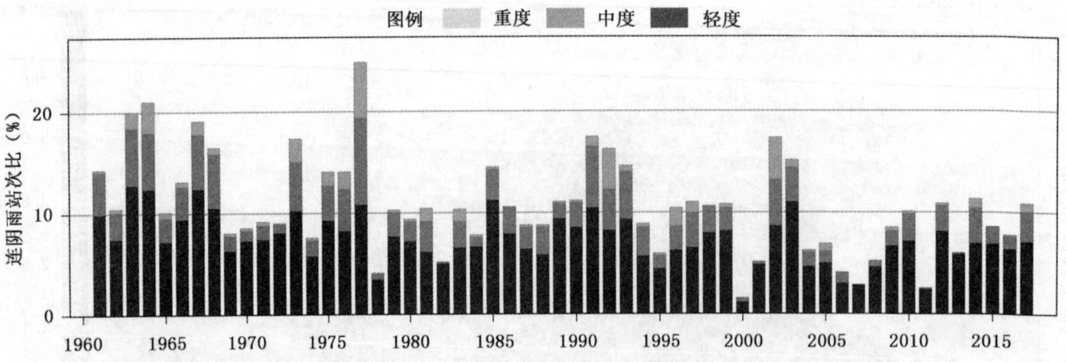

图 4.96　1961—2017 年湖北省春季连阴雨范围、程度逐年变化图

从湖北省 1961—2017 年秋季连阴雨发生范围和严重程度看(图 4.97)，20 世纪 60 年代到 70 年代中期发生范围广、程度重；70 年代中后期连阴雨较轻；80 年代初发生范围广、程度重，之后发生范围和程度呈现减轻趋势，直到 90 年代中后期至 21 世纪前 10 年；2010 年以来发生范围与程度呈现加大加重趋势。

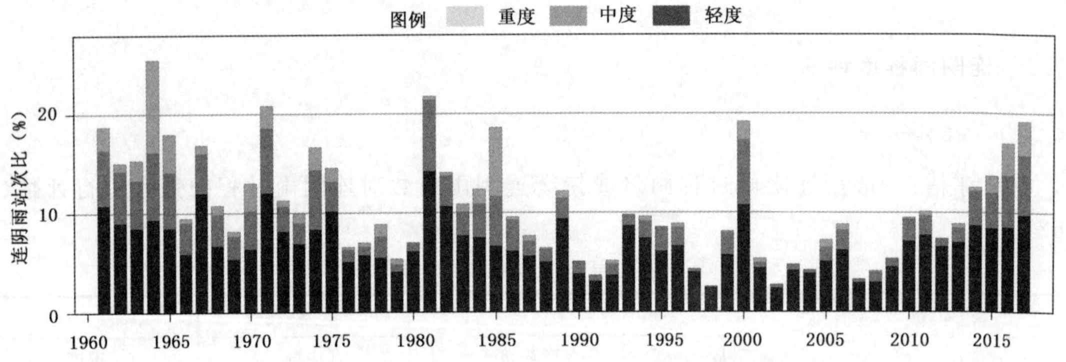

图 4.97　1961—2017 年湖北省秋季连阴雨范围、程度逐年变化

秋季连阴雨发生较重的年份有 1961 年、1962 年、1963 年、1964 年、1965 年、1971 年、1974 年、1981 年、1984 年、1985 年、2000 年、2016 年和 2017 年等，这些年份中度或重度连阴雨的台站数接近 10%，其中 1964 年、1985 年 8%以上台站发生重度连阴雨。

4.7.4　连阴雨对农业的影响评估

4.7.4.1　春季连阴雨对夏收作物的影响评估

小麦、油菜播种—出苗期和幼苗生长时期若出现连续 5d 以上阴雨天气(日降水量≥0.1mm，期间允许一天无降水或有微量降水，但该日日照时数<2h)，将影响其播种的进度、质量和苗情，雨量较大时还容易形成渍害，造成“黄瘦弱”苗。

4 月中旬至 5 月上旬小麦处于抽穗开花期，此间若出现连续 3d 以上的阴雨天气过程(日降水量≥0.1mm，不包括雾、露、霜量)，就会影响小麦扬花灌浆，降低结实率和粒重，还极易诱发赤霉病、锈病的发生和流行。

5 月上中旬油菜成熟时若遭遇一次降雨过程连续雨日≥5d，过程降水量在 50mm 以上；或雨日 3～4d，但过程雨量较大（至少有一个暴雨日）造成油菜倒伏或角果发芽。

5 月下旬麦收期烂场雨评估指标：阴雨日数≥5d，过程降水≥30mm 为轻度烂场雨；≥50mm 为中度烂场雨；≥100mm 为偏重烂场雨；≥150mm 为严重烂场雨。

4.7.4.2 春季连阴雨对农业病虫害的影响评估

（1）油菜菌核病发生气象等级（表 4.63）

表 4.63 单日菌核病发生气象等级

适宜等级	平均气温	空气相对湿度	日降水量	促病指数气象等级
适宜	10～20℃	≥85%	≥10mm	IDEX≥0.70
基本适宜	5～10℃，20～30℃	80%～85%	0.1～10mm	0.30≤IDEX<0.70
不适宜	≤5℃，≥30℃	≤80%	0	IDEX<0.30
权重	0.3	0.4	0.3	

首先计算平均气温（I_t）、空气湿度（I_{rh}）、日降水量（I_r）适宜等级，然后加权平均求出单日菌核病发生气象等级（IDEX）：

$$I_t = \begin{cases} 1 & 10 \leqslant t \leqslant 20 \\ \dfrac{t-5}{5} & 5 \leqslant t < 10 \\ \dfrac{30-t}{10} & 20 < t < 30 \\ 0 & t \leqslant 5 \text{ 或 } t \geqslant 30 \end{cases} \tag{4.74}$$

$$I_{rh} = \begin{cases} 1 & rh > 85\% \\ \dfrac{rh-80}{5} & 80\% < rh < 85\% \\ 0 & rh \leqslant 80\% \end{cases} \tag{4.75}$$

$$I_r = \begin{cases} 1 & r \geqslant 10 \\ \dfrac{r-1}{9} & 1 < r < 10 \\ 0 & r \leqslant 1 \end{cases} \tag{4.76}$$

单日综合气象等级：

$$\text{IDEX} = 0.3\ I_t + 0.4\ I_{rh} + 0.3\ I_r \tag{4.77}$$

一周菌核病气象条件适宜等级见表 4.64。

表 4.64 一周菌核病气象条件适宜等级

菌核病气象等级	评估指标：$Y = \sum \text{IDEX}$
适宜	一周内促病指数相加和值：$Y \geqslant 3.0$
基本适宜	一周内促病指数相加和值：$1.5 < Y < 3.0$
不适宜	一周内促病指数相加和值：$Y \leqslant 1.5$

(2)小麦赤霉病气象等级(表 4.65)

表 4.65　单日赤霉病发生气象等级

适宜等级	平均气温	空气相对湿度	日降水量	促病指数气象等级
适宜	18～22℃	≥85%	≥10mm	IDEX≥0.70
基本适宜	15～18℃,22～25℃	70%～85%	0.1～10mm	0.30≤IDEX<0.70
不适宜	≤15℃,≥25℃	≤70%	0	IDEX<0.30
权重	0.4	0.4	0.2	

计算单日平均气温(I_t)、空气湿度(I_{rh})、日降水量(I_r)适宜等级,然后加权平均求出单日赤霉病发生气象等级(IDEX):

$$I_t=\begin{cases}1 & 18\leqslant t\leqslant 22\\ \dfrac{t-15}{3} & 15\leqslant t<18\\ \dfrac{25-t}{3} & 22<t<25\\ 0 & t\leqslant 15\text{ 或 }t\geqslant 25\end{cases}\tag{4.78}$$

$$I_{rh}=\begin{cases}1 & rh>85\%\\ \dfrac{rh-70}{15} & 70\%<rh<85\%\\ 0 & rh\leqslant 70\%\end{cases}\tag{4.79}$$

$$I_r=\begin{cases}1 & r\geqslant 10\\ \dfrac{r-1}{9} & 1<r<10\\ 0 & r\leqslant 1\end{cases}\tag{4.80}$$

单日综合气象等级:

$$\text{IDEX}=0.4\,I_t+0.4\,I_{rh}+0.2\,I_r\tag{4.81}$$

一周赤霉病气象条件适宜等级见表 4.66。

表 4.66　一周赤霉病气象条件适宜等级

赤霉病病气象等级	评估指标:$Y=\sum \text{IDEX}$
适宜	一周内促病指数相加和值:$Y\geqslant 3.0$
基本适宜	一周内促病指数相加和值:$1.5<Y<3.0$
不适宜	一周内促病指数相加和值:$Y\leqslant 1.5$

(3)小麦赤霉病评估案例

2013 年 4 月 18 日—5 月 9 日全省大部地区累计降水量 50mm 以上,中东部大部地区 100～200mm;阴雨日数东部及南部地区 11～14d,北部地区 7～9d。期间是小麦灌浆乳熟的关键期,阴雨日数过多,极易引起赤霉病的二次侵染与蔓延,对产量造成一定损失。根据赤霉病促病指数模型计算,预估湖北省赤霉病发生的适宜气象等级:江汉平原南部、鄂东南南部为 3 级(较适宜),其他大部地区为 2 级(基本适宜)(图 4.98)。

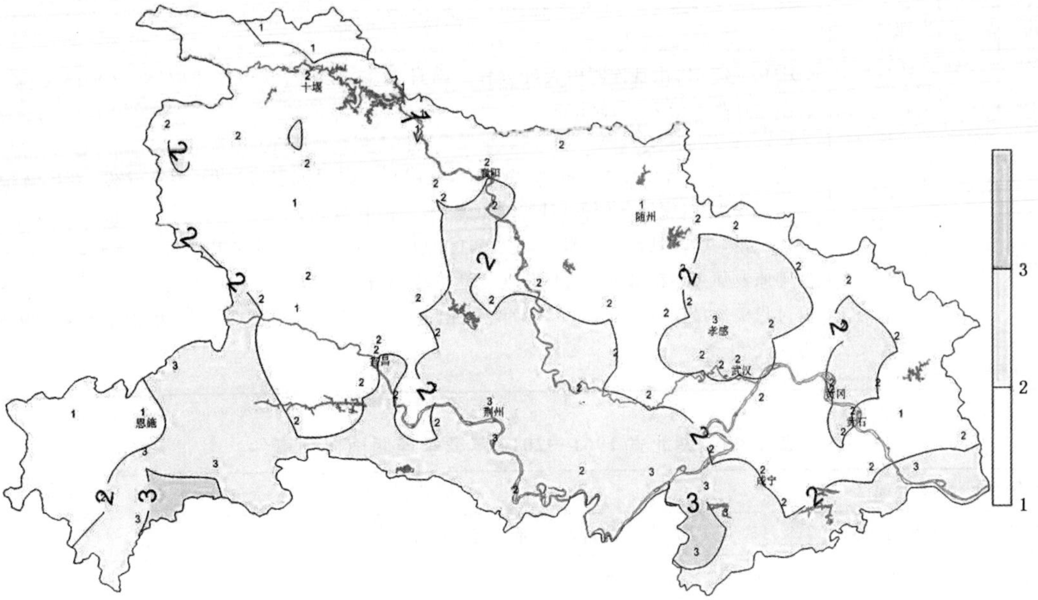

图 4.98　湖北省 2013 年 5 月 8 日赤霉病发生适宜气象等级

4.7.5　湖北省历史典型连阴雨事件

湖北省 1961—2016 年春季、秋季连阴雨年份及实况见表 4.67 和表 4.68。

表 4.67　湖北省 1961—2016 年春季连阴雨年份及实况

年份	发生地区	时段、持续时间
1973 年	鄂东南大部	2 月 24 日开始持续到 3 月 15 日左右，鄂东南大部和江汉平原局部为重度连阴雨，持续 15～19d。
1977 年	鄂东南大部、鄂西	4 月 22 日至 5 月 12 日，鄂东南大部、鄂西部分地区为重度连阴雨，持续 15～20d。
1988 年	鄂东	2 月 22 日开始持续到 3 月 4 日左右，鄂东 8 站为重度连阴雨，持续 11d 左右。
1992 年	鄂东南和江汉平原大部、鄂西	3 月 12—31 日，鄂东南和江汉平原大部、鄂西部分地区为重度连阴雨，持续 16～19d。
1996 年	鄂东南部分地区、江汉平原	3 月 14 日至 4 月 1 日，鄂东南部分地区、江汉平原和鄂西局部为重度连阴雨，持续 16d。
2002 年	全省大部	4 月 22 日至 5 月 10 日，持续 18d 左右，降水总量北部地区 100～150mm，南部地区 150～300mm，鄂西大部和鄂东南大部为重度连阴雨，持续 17～18d。
2003 年	全省大部	2 月下旬至 3 月 18 日出现了两段低温连阴雨天气，鄂西北降雨日数 15～20d，其他地区大部达 17～23d，大部偏多 3～10d。总降水量鄂西北、鄂西南大部 20～100mm，鄂东北西部、江汉平原西北部 100～150mm，其他地区 150～220mm。
2008 年	西部、南部	3 月至 4 月上旬(3 月 4—8 日、15—18 日、28—31 日，4 月 8—15 日)出现 4 次连阴雨。
2009 年	全省大部	2 月 14 日至 3 月 5 日，出现持续低温阴雨(雪)天气。江汉平原、鄂东南偏多 1～3 倍。鄂东、江汉平原大部、鄂西部分地区为重度连阴雨，持续 11～13d。

续表

年份	发生地区	时段、持续时间
2014 年	全省大部	4 月 10—27 日，出现连阴雨天气过程。雨日在 13d 以上，其中鄂西南、江汉平原大部 15～17d，累计降雨量 80～272mm。
2015 年	全省大部	4 月 1—7 日全省出现了强降水、倒春寒、连阴雨和强对流天气过程，多灾并发，发生范围广、降水强度大、气温明显偏低、日照严重偏少、阴雨日数长。41 站过程累计雨量大于常年 4 月总降水量，共 42 站次出现暴雨，为 1961 年以来同期最多。大部雨日达 6～7d，鄂西大部、江汉平原及鄂东北部分地区连阴雨灾害达中度等级。1—9 日全省日平均气温普降 5～17℃，8 日过程极端最低气温 2～6℃，鄂西中高山地区最低气温降至 0℃左右，出现了全省范围的倒春寒天气。

表 4.68　湖北省 1961—2016 年秋季连阴雨典型事件

年份	发生地区	时段、持续时间
1964 年	北部与西部	8 月底至 10 月湖北北部和西部持续了两个多月阴雨天气
1971 年	全省	前后两次：9 月 4—16 日，9 月下旬至 10 月初，阴雨期 8～10d
1974 年	全省	9 月 14—21 日，9 月 29 日—10 月 9 日
1981 年	全省	9—11 月
1984 年	全省	9 月 24 日—10 月 17 日
1985 年	全省	10 月中下旬
2016 年	全省	9 月 22—28 日西部，9 月 28 日—10 月 3 日东部，10 月 10—30 日全省
2017 年	全省	8 月 25 日—9 月 6 日、9 月 23 日—10 月 5 日、10 月 10—19 日

4.8　湿渍害监测及影响评估

从植物生理的角度，湿渍害被界定为土壤水分达到饱和形成嫌气环境，植物根系因氧气亏缺而发生代谢改变，对植株生长发育所造成的危害，其可以抑制油菜生长，并造成产量和品质的下降（周广生等，2002）。在自然条件下湿渍害的产生通常与长时间阴雨寡照的天气条件密切相关，长期阴雨寡照可直接导致光合作用的下降，同时田间湿度大除造成根系呼吸受阻外还可导致菌核病、霜霉病等病害的滋生。因此，部分学者又将湿渍害称为阴湿害（黄毓华等，2000）。

4.8.1　湿渍害监测指标

根据湿渍害主要致灾因子，在相对湿润指数的基础上，将一定时段内逐日有效降水进行加权处理构建湿渍害指标——权重湿润指数（weighted moisture index，WMI）（秦鹏程等，2018），其定义为：

$$\mathrm{WMI} = (\mathrm{WAP} - \mathrm{PET})/\mathrm{PET} \tag{4.82}$$

式中，WAP 为近 90d 加权平均降水量，其物理意义为前期降水经地表截流、下渗、径流等物理过程后的有效降水量，计算公式为：

$$WAP = \sum_{t=0}^{N} w_t P_t \tag{4.83}$$

式中，t 为距离当前的日数；P_t 为 t 日的降水量；w_t 为权重，可近似表示为 $w_t=(1-a)\ a^t$，a 为降水衰减参数，取值 0～1，通过与土壤湿度的相关性分析取值 0.95。

PET 为基于 Penman-Monteith 公式计算的同期作物蒸散量。

当某日监测 WMI＞4.0 则可直接判定为一次湿渍害过程发生；当某日监测 2＜WMI≤4，且该日前已有连续 5d 的 WMI 值处于偏湿以上等级，则判定为一次湿渍害过程发生；当某日监测 1＜WMI≤2，且该日前已有连续 10d 的 WMI 值处于偏湿以上等级，则判定一次湿渍害过程发生（表 4.69）。持续时间 10～20d 定义为轻度湿渍害，对应的 WMI 累积值（CWMI）为 10～30，持续时间 20～30d 为中度湿渍害，对应的 WMI 累积值为 30～60，持续时间 30d 以上的湿渍害过程为重度湿渍害，对应的 WMI 累积值大于 60（表 4.70）。

表 4.69　权重湿润指数 WMI 等级划分表

等级	类型	权重湿润度	湿渍害判定阈值/已经持续日数
1	涝渍	4＜WMI	1
2	湿渍	2＜WMI≤4	5
3	偏湿	1＜WMI≤2	10
5	正常	−0.40＜WMI≤1.0	∞
6	偏干	WMI≤−0.4	∞

表 4.70　湿渍害等级划分表

等级	类型	湿渍害过程强度指数	程度描述
1	正常	CWMI≤10	湿渍持续时间不足 10d
2	轻度	10＜CWMI≤30	湿渍持续时间 10～20d
3	中度	30＜CWMI≤60	湿渍持续时间 20～30d
4	重度	60＜CWMI	湿渍持续时间 30d 以上

4.8.2　湿渍害监测

湖北省作物湿渍害主要发生在秋季和春季，其中以春季发生频率高、影响大。春季湿渍害发生频次各地差异明显，呈现北部少、南部多的特征。鄂西北大部、鄂东北西部发生频次最小，平均每 10 年发生不到 2 次；鄂西南南部、江汉平原南部、鄂东南大部发生频次较大，平均每 10 年发生 5～9 次，其中鄂东南咸宁市平均每 10 年发生 9 次；其他地区平均每 10 年出现湿渍害 2～6 次（图 4.99）。

春季湿渍害日数与频次空间分布特点一致，南部多、北部少。鄂西北大部、江汉平原北部、鄂东北西部湿渍害日数最少，平均每年不到 5d；鄂西南南部、江汉平原东南部、鄂东南湿渍害日数较多，平均每年 20～50d，其中鄂东南咸宁市平均每年 40d 以上；其他地区平均每年出现湿渍害 5～10d（图 4.100）。

从湖北省 1961—2017 年春季湿渍害发生范围和严重程度看（图 4.101），20 世纪 70 年代至 90 年代前期及 21 世纪初，发生范围广、程度重，2004 年以来发生范围和程度都有所减轻。

典型湿渍害年有 1973 年、1977 年、1989—1991 年及 2002—2003 年等，均有 30% 以上台站出现湿渍害，且有连年发生的特点。

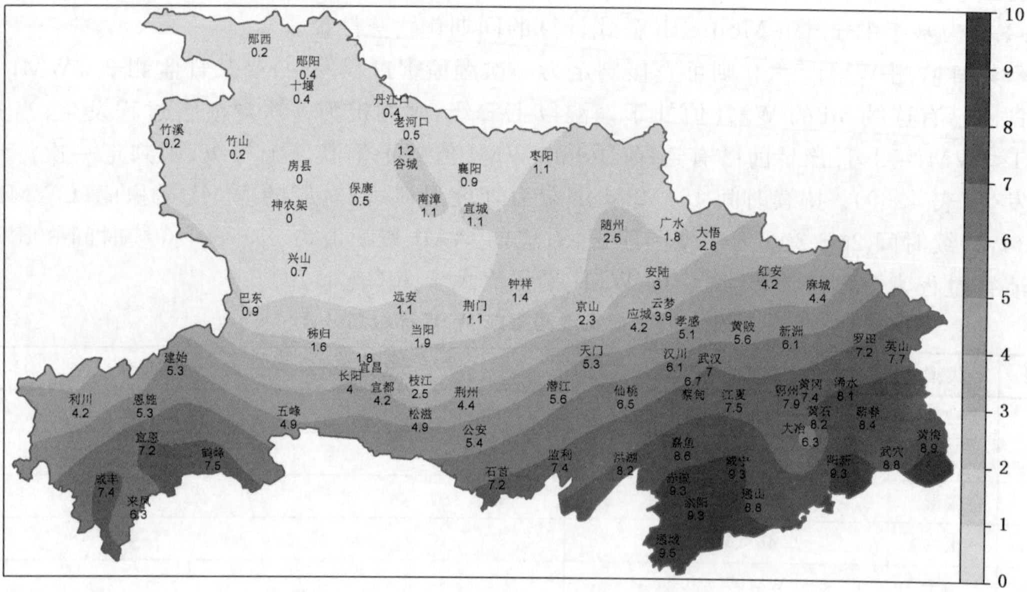

图 4.99　1961—2017 年湖北省春季湿渍害频次空间分布(次/10 年)

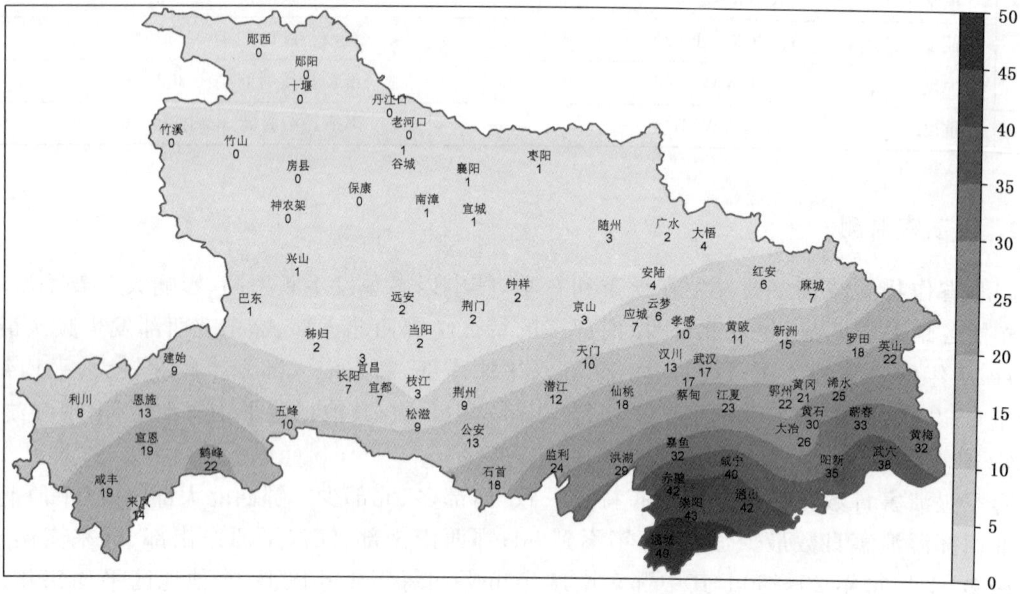

图 4.100　1961—2017 年湖北省春季湿渍害日数(d)空间分布

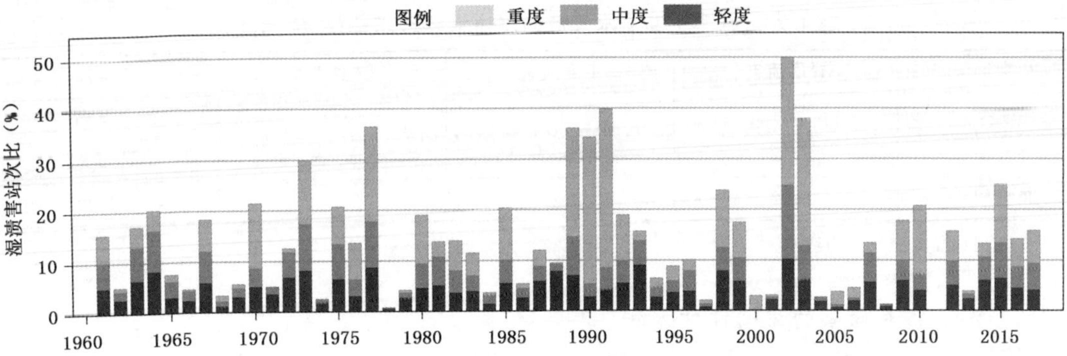

图 4.101　1961—2017 年湖北省春季湿渍害范围、程度逐年变化

4.8.3　湿渍害对农业的影响评估

4.8.3.1　评估对象

油菜。

4.8.3.2　评估指标

(1)基于生物学形态的油菜湿渍害评估指标

何激光(2011)根据油菜湿渍害的发生、分布、危害的严重程度，提出了油菜苗期和花角期湿渍害的形态分级指标(表 4.71,表 4.72)。

表 4.71　油菜苗期湿渍害的形态分级标准

渍害分级	症状描述
0	植株正常生长，无症状
1	全株 1/3 叶片数外叶变红，心叶无皱缩，苗体基本正常
2	全株 1/3～2/3 叶片数外叶变红或变黄，或 1/3 以下叶片数皱缩或局部枯死，心叶开始萎缩，苗体轻度矮缩
3	全株 2/3 叶片数叶片变黄，或 1/3～2/3 叶片数皱缩或局部枯死，心叶停止生长，苗体显著矮缩
4	全株皱缩或局部枯死叶片数达 2/3 以上，植株生长停滞，接近死亡

表 4.72　油菜开花角果期湿渍害的形态分级标准

渍害分级	症状描述
0	全株根、茎、叶、分枝、角果无症状
1	1/4 植株茎秆、叶片发黄
2	1/4～1/3 植株茎秆、叶片发黄，花序下部花蕾、角果开始脱落
3	1/3～2/3 植株茎秆变黄，叶片脱落，脱落的花蕾或角果达 1/5，少量植株出现病害
4	2/3 以上植株烂根死苗或茎秆折断，或 1/4 以上花蕾或角果脱落，病害严重

(2)基于土壤水分的油菜湿渍害评估指标

利用油菜田间渍水时间与作物减产试验资料，以减产 10%以内作为轻度渍害、10%～20%为中度渍害、20%～30%为较重渍害、减产大于 30%为严重渍害，确定油菜各生育期渍害指标(表 4.73)。

表 4.73　基于土壤渍水天数的湿渍害等级指标(单位:d)

生育期	轻度渍害	中度渍害	较重渍害	严重渍害
蕾薹期	≤4	5～9	10～14	>11
开花期	≤2	3～5	6～8	>8
角果期	≤2	3～6	7～11	>11

注:土壤相对湿度≥95%为渍水。

4.8.3.3　*湿渍害对油菜的影响评估方法*

湖北省评估湿渍害对油菜的影响主要基于上述两类指标 4.8.1 中的 WMI 指数,根据资料情况用三种不同的方法。评估时段一般是油菜抽薹到结荚,即 3—5 月。

(1)依据作物形态指标开展大田调查评估,针对调查点,给出湿渍害发生等级;

(2)基于油菜湿渍害土壤水分评估方法,根据逐日土壤水分监测资料,插值到格点上,判断土壤湿度≥95%的持续天数,进行等级划分,绘制分布图。

(3)基于湿渍害指数(CWMI)的评估方法,将逐日降水量、气温、湿度、风速等气象资料插值订正到格点上,再计算格点上日蒸散、湿渍害指数,评估湿渍害过程等级,进行等级划分,绘制分布图。

4.8.3.4　*历史典型湿渍害年评估*

1961—2015 年历年各站点湿渍害过程强度见图 4.102。可以看出,1973 年、1989—1991 年、1998 年及 2001—2003 年湿渍害发生程度较为严重,且有连年发生的特点,此外,总体上春季湿渍害的强度最为突出,其次是秋季和冬季,1973 年前秋和春季湿渍害较为突出,1991 年和 1998 年前冬和春季湿渍害较为突出,1990 年秋、冬、春三季湿渍害均较为突出,而 2001 年主要发生在前秋和前冬,由于作物不同发育期耐渍性的差异,春季湿渍害的发生时段正值作物生殖生长期,对产量的直接影响更大。此外,春季湿渍害还易导致油菜菌核病和小麦赤霉病的发生流行,从而严重影响产量和品质。春季湿渍害发生程度最重的前 10 个年份作物产量均有不同程度减产,其中湿渍害强度最大的 1977 年、2002 年减产在 25%以上(表 4.74)。

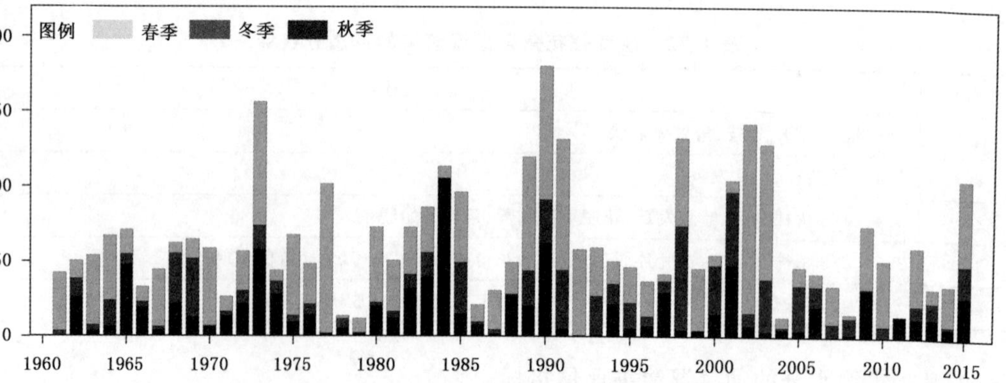

图 4.102　基于 CWMI 指标的历年湿渍害强度

表 4.74　典型湿渍害年及作物减产情况

年份	2002	1977	1990	2003	1991	1973	1989	2015	1998	1992
CWMI	96.7	76.5	73.7	69.8	69.7	63.3	56.9	48.1	47.3	45.0
油菜减产(%)	−33.9	−52.1	−6.1	−19.6	−8.5	−14.6	−15.2	−0.8	−1.8	−16.7

4.9　强对流监测

强对流天气是雷电、雷雨大风、冰雹和龙卷等灾害天气的统称。这种天气的水平尺度一般小于 200km，有的仅有几千米；生命史一般有一小时至十几小时，较短的仅有几分钟至一小时；具有明显的突发性。由于天气变化剧烈，破坏力很强，常常导致房屋倒毁，庄稼树木受到摧残，电信交通受损，甚至造成人员伤亡等。世界上把它列为仅次于热带的气旋、地震、洪涝之后的第四位具有杀伤性的灾害性天气。强对流包括以下多种天气现象：

雷暴：雷暴是积雨云强烈发展阶段时产生的雷电现象，它常伴有大风、暴雨以至冰雹和龙卷，是一种局部的但很猛烈的灾害性天气。

雷雨大风：雷雨大风指平均风力大于等于 6 级、阵风大于等于 7 级且伴有雷雨的天气。一般将瞬时风速大于等于 17.2m/s 的风定义为大风(蒲氏 7 级)。对于一般农作物，瞬时风速大于等于 12m/s 定义为致灾性大风；对于构筑物和建筑物，瞬时风速大于等于 18m/s 定义为致灾性大风。

冰雹：冰雹是从雷雨云中降落的直径大于等于 5mm 的固体降水。

龙卷：龙卷是一种由积雨云底伸展至地面的漏斗状云产生的强烈旋风，其中心风速可达 100～200m/s，直径一般为几米到数百米。龙卷形成后，一般维持几分钟到几十分钟，其袭击范围很小，但破坏力大。

4.9.1　雷暴监测

雷电是当大气层结处于极不稳定时，云与云、云与地面之间电位差达到一定程度后发生的强烈放电现象，常伴有大风、短时强降雨或冰雹。

湖北省年平均雷暴日数在 35d 左右，最多年份达 53d(图 4.103)。春季和夏季是雷暴出现最多的季节，占全年雷暴日数的 88.5%，其中 7—8 月占到全年雷暴日数的 47%；鄂西南、鄂东地区属雷暴高发区。近 50 年来，雷暴日数呈减少趋势(图 4.104)。

4.9.2　冰雹监测

冰雹是一种局地性灾害天气，它的发生与地形、河流走向以及引导气流有关，多发生在山区或丘陵地带。当冷、暖空气在湖北境内交汇时，低层暖平流和中层冷平流增加大气层的不稳定性，形成强对流天气，若不稳定超过一定范围，就会出现冰雹。

湖北省冰雹发生时间以 2—4 月最多，9—12 月最少(图 4.105)；空间分布以鄂西南、鄂西北和江汉平原西部最多，鄂东较少。近 56 年来冰雹发生站次呈减少趋势(图 4.106)。

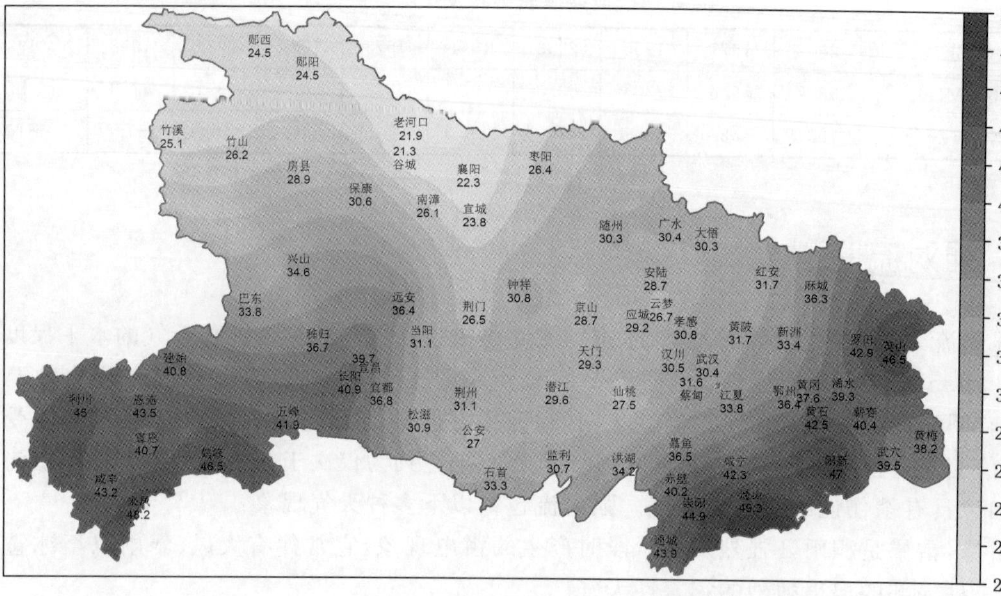

图 4.103　1961—2013 年湖北省年平均雷暴日数(d)空间分布图

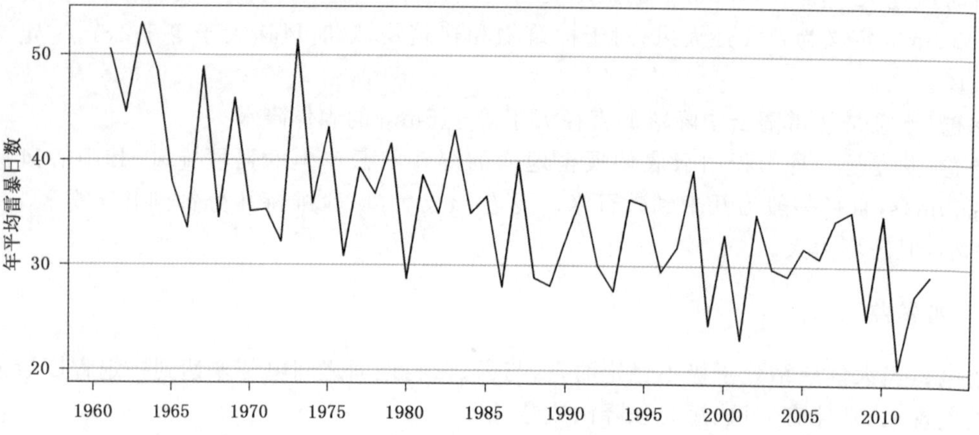

图 4.104　1961—2013 年湖北省年平均雷暴日数(d)逐年变化趋势

4.9.3　龙卷监测

根据湖北省 1950—2017 年有灾情记录的龙卷个例 272 例分析，湖北省龙卷主要发生在沿老河口、宜城到枝江一线以东的区域内，即 30°—32°N ，112°—116°E 所包围的区域内，其中荆州到孝感地区为龙卷的多发区域。这里地势较平坦，江河湖泊纵横，春夏季节，下垫面加热强烈，大量加热空气被迫抬升，使得大气不稳定，产生强烈的上升气流，由于急流中的最大过境气流的影响，它被进一步加强，与在垂直方向上速度和方向均有切变的风相互作用，上升气流在对流层的中部开始旋转，形成中尺度气旋，在这种天气条件下极易产生龙卷。

1950—2017 年期间湖北省龙卷风出现次数最多的地方是天门，达 17 次，荆州、钟祥、黄陂、孝感分别达 15 次、15 次、14 次、11 次，以上五地历史上发生龙卷次数占湖北省龙卷总次数

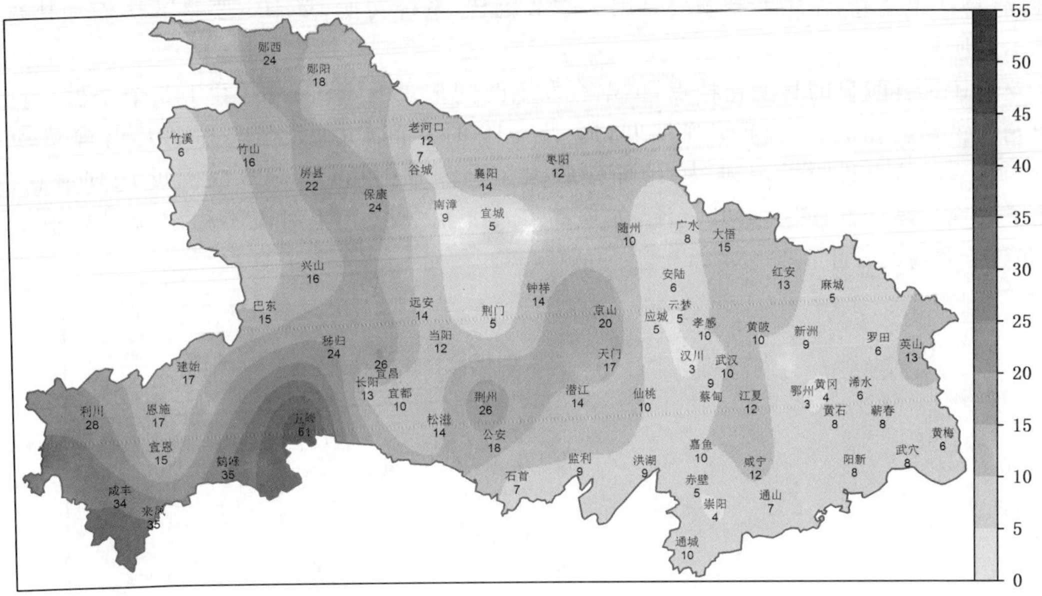

图 4.105　1961—2016 年湖北省各地冰雹累计日数(d)空间分布图

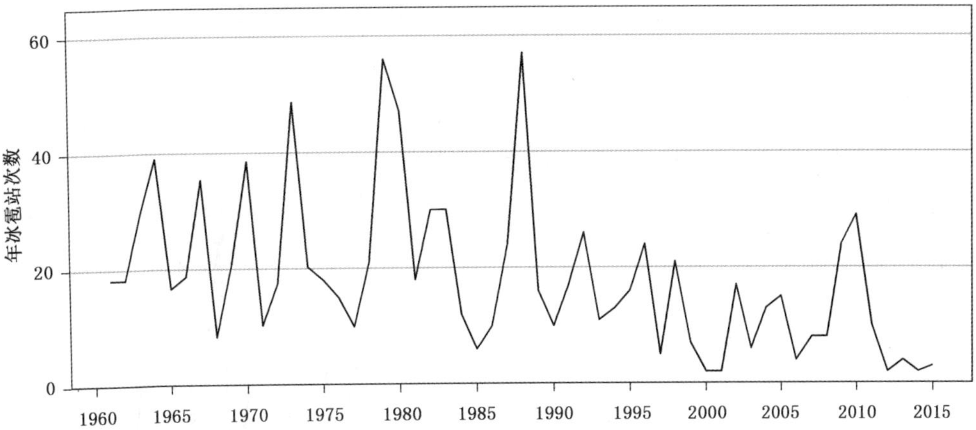

图 4.106　1961—2016 年湖北省冰雹站次数逐年变化图

的 26.5%；其次是广水、京山、荆门、安陆和武汉及周边地区的汉川、黄陂、新洲、江夏、黄冈、仙桃，出现频次为 6～9 次，除以上地区以外的其他地区，历史上发生龙卷的次数都在 5 次以下。鄂西北、鄂西南、神农架林区历史上没有明显龙卷风的记录(图 4.107)。

1980 年以前有记载的龙卷很少，多数年份无龙卷记录；而 1980 年以后，每年出现的龙卷个例明显增加，由平均每年不足一次增加到平均每年 6.9 次，特别是 2002 年和 2005 年湖北省分别出现 23 次、21 次之多，2001—2010 年期间年均发生 10.8 次，2009 年以来除 2013 年、2010 年分别达 12 次、8 次外，其余各年份均不足 5 次(图 4.108)。

龙卷主要出现在春、夏季节，其出现次数占全年总次数的 97.4%，7 月最多(共 85 次)，约占全年总次数的 31.3%，其次是 8 月(共 47 次)。每年的 4 月开始，龙卷发生的次数明显增多，7 月达到一年的峰值，9 月以后，龙卷发生的次数明显减少。分析原因，是因为夏、春季对流强烈，容易产生龙卷，其中春季主要是因为季节更替，系统转换，夏季主要是下垫面加热强烈和受热不均所致。

龙卷还具有明显的日变化特点，根据有发生时间记录的资料分析（共 148 个个例）可知，一天中龙卷主要发生在下午至傍晚期间，即 15—19 时之间（共 87 次），占全天出现总次数的 58.8%。这种特点说明了，一天内，地面接收太阳强烈辐射后，14—15 时温度达到最高，使得近地层空气受热抬升，产生上升气流，如遇高空冷平流就会产生对流不稳定而极易形成雷暴云，有利于龙卷的发生。

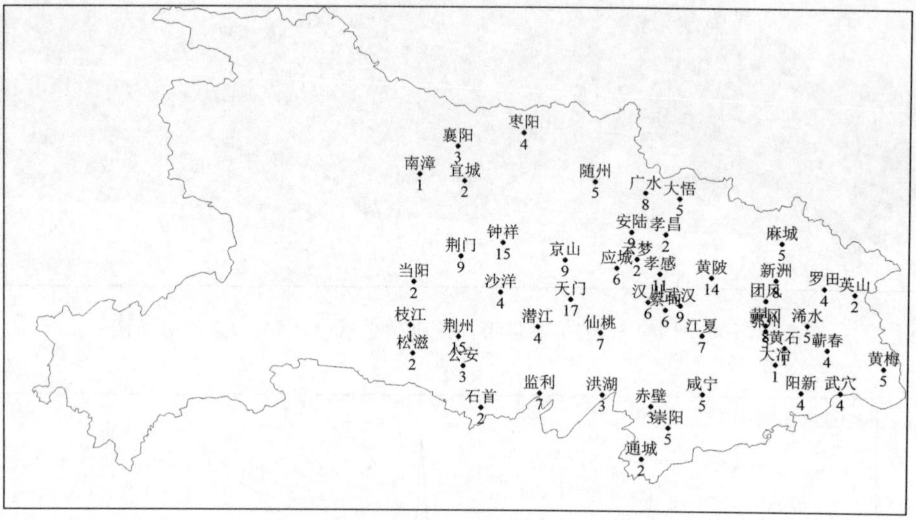

图 4.107　湖北省龙卷的区域分布图

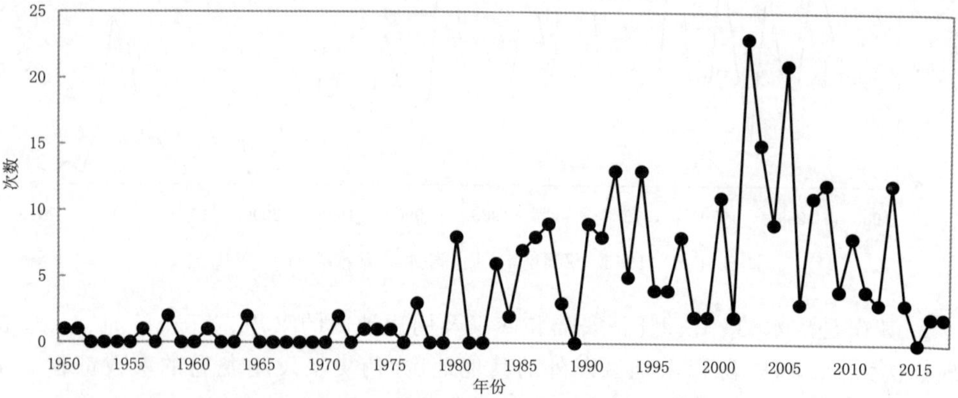

图 4.108　1950—2017 年湖北省龙卷逐年变化图

龙卷属于局地小尺度系统，一般生命史很短，最短 1min。根据 1950—2017 年期间 57 个有起讫时间记录的龙卷个例分析，28 次龙卷持续时间小于 20min，占全部记录的 49.1%，其中 11～20min 的最多，占全部记录的 29.8%。

4.9.4　湖北省历史典型强对流事件

湖北省历史典型强对流事件见表 4.75。

表 4.75　历史典型强对流事件

时间	事件	描述
1964 年	4 月 2 日、5 日鄂东、江汉平原大风、冰雹	4 月 2 日，湖北省东部沿江地区出现大风、冰雹，风力 8～10 级，冰雹一般如鸡蛋大，个别的有 1.5kg 多重。受灾较重的有黄冈、孝感、黄陂、沔阳、英山等县。2 日 6 时，黄冈县但店乡黄家湾遭受了龙卷的袭击，风力极大，塘水吸干，大树连根拔起，石磙吹过一丘田，吹倒房屋 74 间，死亡 15 人，重伤 23 人。
1973 年	6 月 27 日局地冰雹、雷雨大风	6 月 27 日，宜昌、恩施、襄阳、荆州等地区的长阳、宜昌、远安、兴山、巴东、江陵、松滋、公安、潜江、天门、洪湖、黄冈、新洲等 13 个县部分地区出现暴雨、冰雹，孝感、黄冈、咸宁等地出现 6～7 级的雷雨大风，最大风力达 9 级。
1980 年	5 月 13 日湖北局地龙卷、冰雹	5 月 13 日，在四川上空的低槽东移过程中，湖北省从鄂西南到鄂东北一线，下了中到大雷阵雨，局部有暴雨。在当天下午到傍晚，钟祥、天门 2 县局地发生了龙卷，郧西、潜江 2 县局地也有风灾，武汉市、孝感、应山、黄陂、来风、红安局地也发生了风雹灾害。
1983 年	4 月 25 日湖北大范围强风雹	在湖北地面暖低压发展强烈的条件下，来自河西走廊的较强冷空气于 25 日午后自西北向东南入侵湖北。14 时前后，十堰市在冷锋前飑线影响下，首先出现 9 级左右大风并降冰雹，以郧县的降雹强度最大。湖北有 53 个县、市发生大风或局部冰雹灾害，占全省总县数的 74%，范围之广，破坏力之强历史罕见。
1997 年	6 月 6 日荆州市局地龙卷	6 月 6 日下午，荆州市的石首、监利、洪湖等县(市)的部分乡镇遭受龙卷袭击，风力达 7～9 级，伤 266 人(其中重伤 77 人)，农作物受灾 21.5 万亩，直接经济损失 5800 余万元。
1999 年	3 月 16 日枣阳市雷电灾	15 时 53 分至 17 时 16 分有雷暴发生，从西方移至气象站上空又向东方移去。枣阳市的吉河、刘升、环城 3 个乡镇遭雷暴袭击，造成 9 人死亡，20 多人受伤，7 人重伤；有 50 多台电视机、60 多部电话机被烧坏，直接经济损失 20 多万元。
2000 年	6 月 22 日武汉市雷击空难	6 月 22 日 13 时 21 分至 16 时 24 分，位于武汉市东西湖的气象站观测有雷暴自西北方向西方移动，并伴降雨，08 时至 20 时雨量 69mm。当天下午武汉航空公司一架运七客机在武汉市汉江口附近上空遭雷暴袭击坠毁，42 人无一生还；同时在汉江岸边一只水泵船被飞机残骸撞入江中，船上 7 名作业人员也全部遇难。
2015 年	汛期暴雨强对流	汛期湖北省先后出现 11 场区域性暴雨过程，其中 5 月 14—15 日、6 月 1—3 日、6 月 16—17 日和 7 月 14—16 日这四场区域性暴雨过程影响较大，且伴随不同程度强对流天气。6 月 1 日晚间“东方之星”号客船航行至荆州市监利县长江大马洲水道时遭遇强对流天气——飑线伴有下击暴流，瞬间极大风力达 12～13 级并伴有特大暴雨，在强风暴雨作用下客轮失控，倾斜进水并在一分多钟内倾覆，造成 442 人遇难。

4.10　大风监测

大风主要分为冬春季的寒潮大风、春季气旋波大风和春夏强对流大风，在湖北省各地均有发生。寒潮大风出现最多的区域为汉江中游河谷地区和孝感地区，强对流天气造成的大风在鄂西山区发生频率最高。蒙古气旋和江淮气旋南下东移会造成湖北省春季大风，所以春季大风日数比其他季节多 1 倍以上，是大风灾害较为集中的季节。由于湖北地形具有马蹄形分布特征，大风日数整体中部多东西少，鄂中丘陵荆门至鄂北岗地襄阳地区年平均 10～15d，鄂东大别山以西大悟、汉川 10～11d，鄂西局部如兴山 8d 左右，江汉平原南部及鄂西北北部 3～5d，其他大部地区年均 3d 以下(图 4.109)。

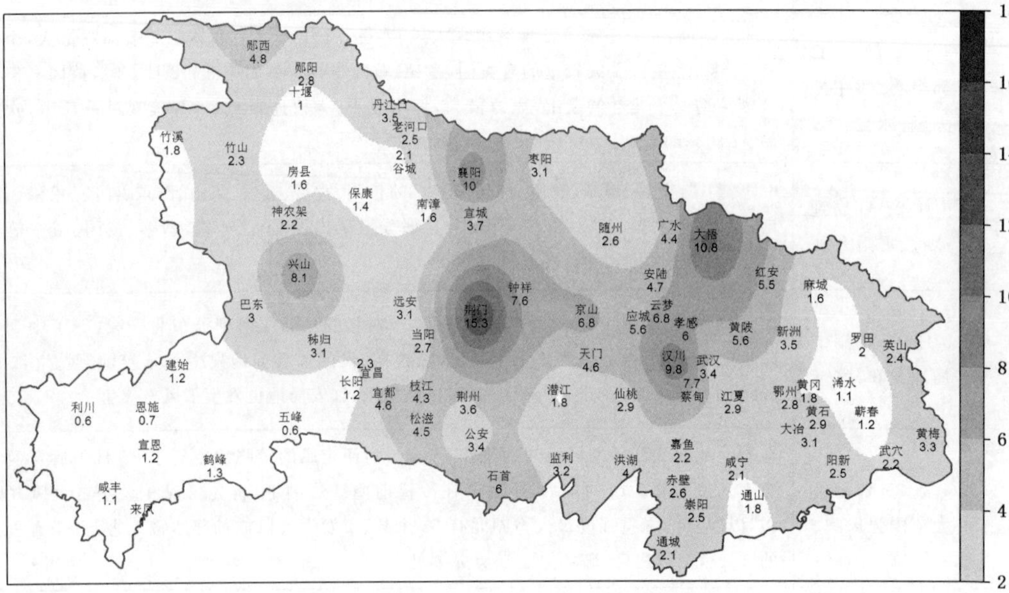

图 4.109　1961—2017 年湖北省年平均大风(17.2m/s)日数空间分布图

湖北省最大风速极值高值中心位于大别山以西大悟至江汉河谷枣阳等地之间，即北方冷空气在湖北省的南下通道，达 22～28m/s，此外，在鄂西山区(含鄂西北西部、三峡河谷、鄂西南局部)、鄂东北西部、江汉平原南部、鄂东南南部为次高值中心，最大风速极值一般在 18m/s 以上(图 4.110)。

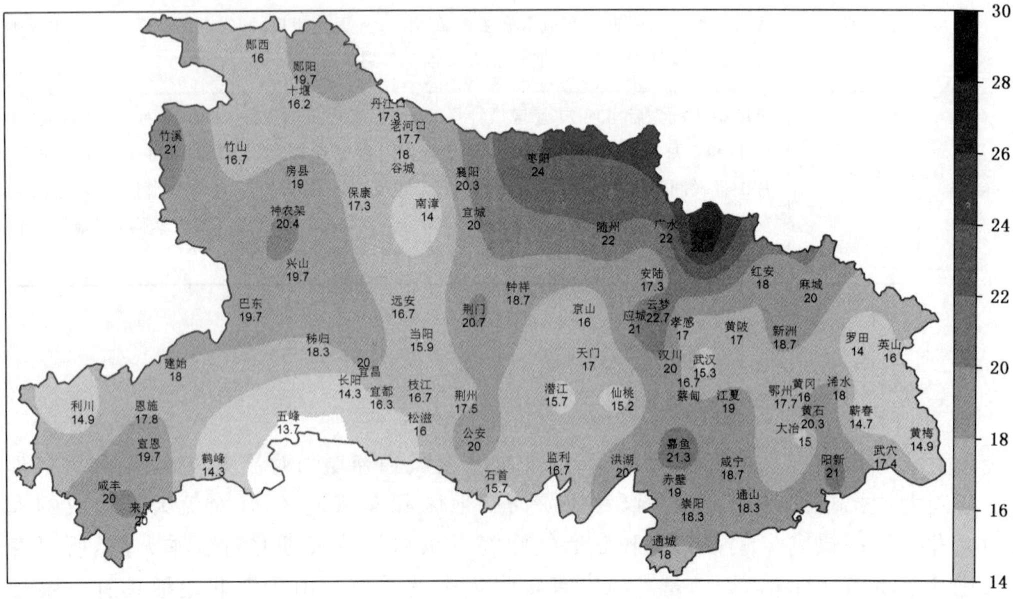

图 4.110　1961—2017 年湖北省最大风速(m/s)极值分布图

1961 年以来，湖北省年平均大风日数呈减小趋势，平均每 10 年减少 1.4d；其中 20 世纪 60 年代至 80 年代初全省年平均大风日数在 3.3～11.2d，且整体呈明显减少趋势，平均每 10 年减少 3d；80 年代后年平均大风日数基本稳定在 1～3d(图 4.111)。

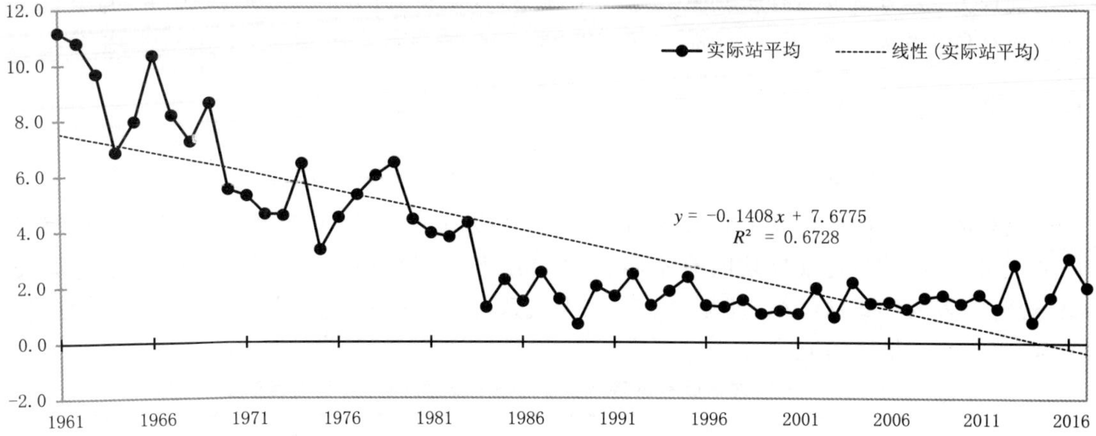

图 4.111　1961—2017 年湖北省年平均大风(17.2m/s)日数逐年变化图

寒潮大风主要由冷空气南下造成。强对流是不稳定大气层中冷暖空气强烈碰撞的天气现象，常伴有雷雨大风、冰雹、龙卷、局部强降雨等。强对流引发的大风具有空间尺度小、生命史短、破坏力强等特点。强对流大风一般水平范围大约在十几千米至二三百千米，有的水平范围只有几十米至十几千米。强对流大风生命史约一小时至十几小时，短的仅有几分钟至一小时。2015 年发生在监利的“东方之星”客轮翻沉事件就是由强对流引发的强风造成的。

4.11　雾和霾监测

雾是由无数悬浮于低空的细小水滴或冰晶组成并使水平能见度小于 1km 的天气现象。雾的形成主要是由于近地面空气冷却造成的，空气冷却到露点以下除因气压降低而产生的绝热冷却外，还有辐射冷却、接触冷却、平流冷却和湍流冷却等方式。由于夜间地表面的辐射冷却而形成的雾称为辐射雾；由于暖湿空气移动到冷的下垫面(地表面、海面、湖面)所形成的雾称为平流雾；湿空气沿斜坡爬升冷却而形成的雾称为上坡雾；在暖水面上蒸发的水汽遇到比较冷的空气时达到饱和(对凝结核而言)形成的雾就是蒸发雾(包括海雾、湖雾、河谷雾)。

霾是一种大量极细微的干尘粒等均匀地浮游在空中，使水平能见度小于 10km 的空气普遍浑浊现象①。霾天气一般形成于近地面层水汽条件较好、大气层结稳定、风力较小的气象条件下。当空气中的污染物不断积累，污染物含量较大时，大气中凝结核较多，如果大气层结较为稳定，污染物不能很快地扩散出去，就会形成霾天气。

霾定义中的干尘粒指的是干气溶胶粒子，当空气中水汽较多时，某些吸水性强的干气溶胶粒子会吸水、长大，并最终活化成云雾的凝结核，产生更多、更小的云雾滴，使能见度进一步降

---

① 霾是一种自然现象，文字最早出现在甲骨文中，在三千多年前的《诗经》中有“终风且霾”的诗句，意思是说大风吹起了尘土。“霾”字的古义就是尘，古籍《尔雅释天》对霾的解释是“风而雨土曰霾”，意思就是刮风落土就是霾。因而，古人所指的霾包括了今天所指的沙尘暴、扬沙、浮尘等天气现象。

低。低于1km时被定义为雾,而能见度在1～10km时则被定义为轻雾。由于干气溶胶粒子和云雾滴都能影响能见度。所以,能见度低于10km时,可能既有干气溶胶的影响(即霾的贡献),也可能有雾滴的影响(即雾的贡献)。霾和雾在一天之中可以变换角色,甚至在同一区域内的不同地方,雾和霾也会有所侧重。一般情况下,人们看到的能见度低于10km的空气普遍浑浊现象被称为"雾－霾"天气(吴兑,2005;2006)。

4.11.1 雾

4.11.1.1 雾监测指标

气象观测中,对雾的定义大致分为两个时期,20世纪50—70年代和80年代至今,每段时期内的定义大致相同,特征描述略有不同。20世纪80年代以来,为方便判别、区分各类天气现象,规范以表的形式从特征、能见度、颜色、天气条件等方面归纳总结了各类天气现象的特征和区别(表4.76,表4.77)。

表4.76 1951年以来地面气象观测规范中天气现象(雾)观测项目演变一览表

时间	分类	定义或特征描述	判识依据	观测方式
1951.01.01 | 1953.12.31	水平视程障碍现象	雾,天顶不可辨:浮游在空气里目力不能分辨的小水滴。按水平能见度次分:0.5～1km以内;0.05～0.5km以内;<0.05km。	水平能见度:<1km; 颜色:多为白色(都市、工厂区可能带土黄或灰色); 天气条件:含水量不易量到,至多只能感觉到潮湿。	人工目测;每次观测时间一律定为正点前10分钟开始
		雾,天顶可辨:这种雾出现时,本站四周水平能见度虽和雾(天顶不可辨)一样。次分同上。	水平能见度:<1km; 天气条件:观测员在雾中可以看见头顶上的青天。	
		相关项目:冰雾、轻雾、浅雾(其他现象)		
1954.01.01 | 1960.07.31	雾的现象	浮游在空气里目力不能分辨的小水滴。按水平能见度次分:0.5～1km以内;0.05～0.5km以内;<0.05km。 相关项目:天顶可辨的雾、轻雾、浅雾、冰雾、蒸汽雾。	水平能见度:<1km; 颜色:呈乳白色(工厂区可能带泥土色或灰色); 天气条件:所含的水量不易量到,至多只能感觉到一些潮湿。	人工目测;天气现象观测定时观测前一时次52～55分钟
1960.08.01 | 1979.12.31	雾的现象	雾(天顶不可辨):为大量浮游在空气中的微小水滴;如无强光照明,这些微小水滴为目力所不能分辨。 相关项目:同上。	水平能见度:<1km; 颜色:呈乳白色(工厂区可能稍微带黄色或灰色); 天气条件:所含的水量不易量到,至多只能感觉到一些潮湿。	人工目测;天气现象观测定时观测前一时次40～56分钟
1980.01.01 | 2003.12.31	/	大量微小水滴浮游空中。高纬度地方出现冰晶雾也记为雾。 相关项目:轻雾。	水平能见度:<1km; 颜色:常呈乳白色。	同上

续表

时间	分类	定义或特征描述	判识依据	观测方式
2004.01.01 | 2013.01.31	视程障碍现象	大量微小水滴浮游空中。高纬度地区出现冰晶雾也记为雾，并加记冰针。 按水平能见度分为三个等级：雾：0.5～小于1.0km；浓雾：0.05～小于0.5km；强浓雾：小于0.05km。 相关项目：同上。	水平能见度：<1km； 颜色：常为乳白色，（工厂区为土黄灰色）； 天气条件：相对湿度接近100%； 大致出现时间：日出前，锋面过境前后。	同上

表4.77　1951年以来地面气象观测规范中雾、霾天气日数表统计规定一览表

时间	雾日	霾日	备注
1951.01.01 | 1953.12.31	如果本站没有雾（四周能见度≥1km），而附近看到有雾；如果本站只某一方向达到雾的标准，不作雾日统计。 雾（天顶不可辨）、雾（天顶可辨）、冰雾初雪日做雾日统计。雾（天顶不可辨）、雾（天顶可辨）在同日出现只算一个雾日，分别出现各算一雾日。	不统计	天气日数统计如下：雷暴、远雷暴、大风、雨日、雪日、雹日、雾日、风沙、浮尘、吹雪、露、霜、积雪、结冰
1954.01.01 | 1960.07.31	一日中只有雾、天顶可辨的雾、冰雾中的任一种现象出现，改日统计为雾日；一日中有其中两种或三种出现，也只统计为一个雾日。	不统计	天气日数统计如下：雨日、雪日、雷暴日、雹日、雾日、吹雪日
1960.08.01 | 1979.12.31	一日中有雾、天顶可辨的雾、冰雾其中的任一种或几种现象出现，该日统计为雾日。 轻雾不做雾日统计。	不统计	天气日数统计如下：雨日、雪日、雷暴日、雹日、雾日、雾凇日
1980.01.01 | 2003.12.31	一日中凡有轻雾和雾出现时，不论连续出现或间断出现，天气现象摘要中该日均摘雾符号。雾日从天气现象“摘要”栏中统计。	霾日从天气现象“摘要”栏中统计。	天气日数统计如下：雨、雪、冰雹、冰针、雾、轻雾、露、霜、雨凇、雾凇、吹雪、龙卷、积雪、结冰、沙尘暴、扬沙、浮尘、烟幕、霾、尘卷风、雷暴、闪电、极光、大风、飑等
2004.01.01 | 至今	同上	同上	同上

4.11.1.2　雾监测

湖北省雾主要发生在冬春季节。湖北省的雾主要为辐射雾、平流雾和团雾。当冷空气中心控制时，夜间长波辐射冷却导致地面温度低于近地层空气的温度，形成逆温，在稳定的空间层结下，水汽凝结形成的雾为辐射雾。冬春时节，当暖湿空气平流移到较冷的下垫面上，下部冷却形成的雾为平流雾。因局地地形、下垫面的不均匀和江河湖库水汽对低层空气增湿作用，造成局地水汽交换及凝结形成的雾为团雾。

受地形因素影响，湖北省雾多发区主要位于鄂西南大部、鄂东南南部，尤其是鄂西南的恩施山区，其中咸丰年雾日数达57d（图4.112）。从大雾四季空间分布特征可以看出，春季除鄂西北地区外其他大部地区均出现雾，雾日数较多地区为鄂西南大部及鄂东北和鄂东南局部，夏季全省雾出现地区较少，仅鄂西南局部地区出现 10～16d 的雾，而秋、冬季节全省大部地区均有雾出现，鄂西南仍为高发区。

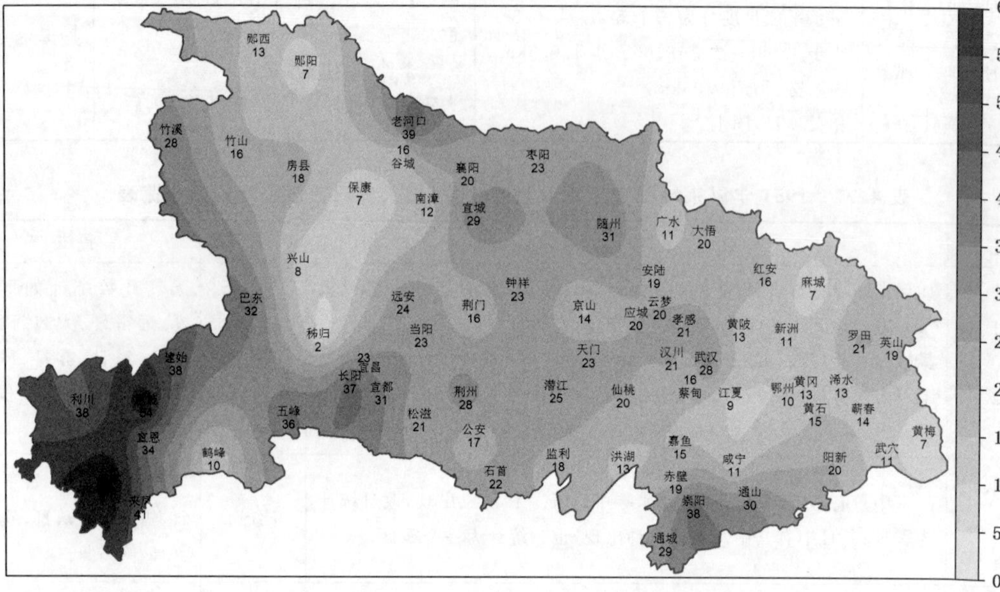

图 4.112　1961—2017 年湖北省年平均雾日数空间分布图

冬季是雾的易发季节。如图 4.113，1961—2017 年湖北省冬季平均雾日年际变化波动较大，总体呈显著增多趋势，变化速率为 4.23d/(10a)，达到 0.001 显著性水平。2016 年为历年最高，达 57.8d，1967 年为历年最低，为 17.2d。2016/2017 年冬季湖北省平均雾日为 57.8d，较常年同期偏多 11.8d。

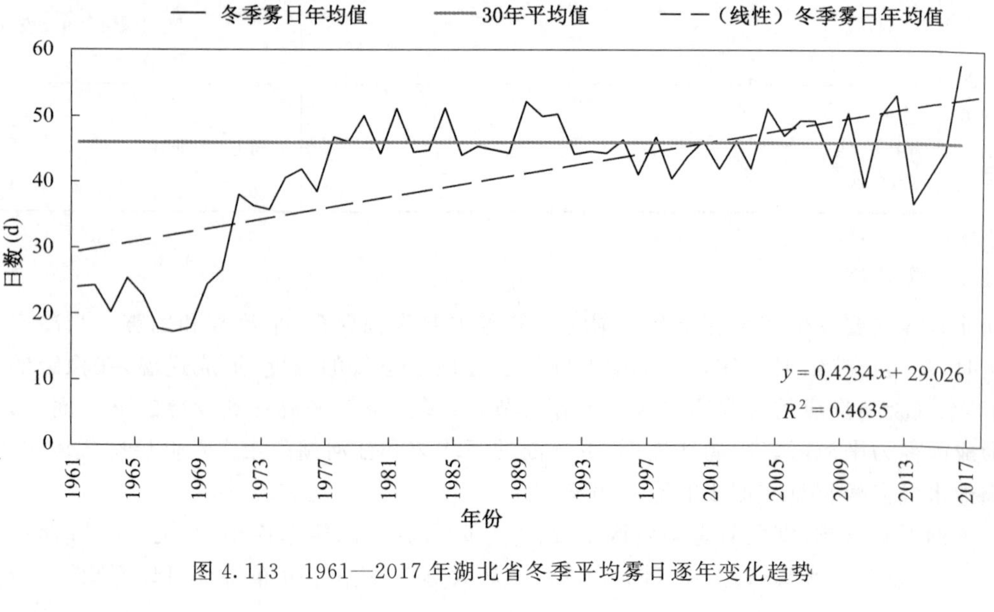

图 4.113　1961—2017 年湖北省冬季平均雾日逐年变化趋势

湖北省年均雾日呈现减少趋势，1987 年为历年最多，为 34d；2011 年为历年最少，为 8d。20 世纪 80 年代均高于常年值，年均雾日数自 80 年代末期开始趋于下降，其中 1981—2010 年整体下降速率为 2.8d/(10a)，通过 $\alpha=0.1$ 的显著性检验，近 26 年为偏少期（图 4.114）。春、夏、秋季均有不同程度的下降，春季下降趋势较其他季节更为明显，下降速率为 0.2d/(10a)。

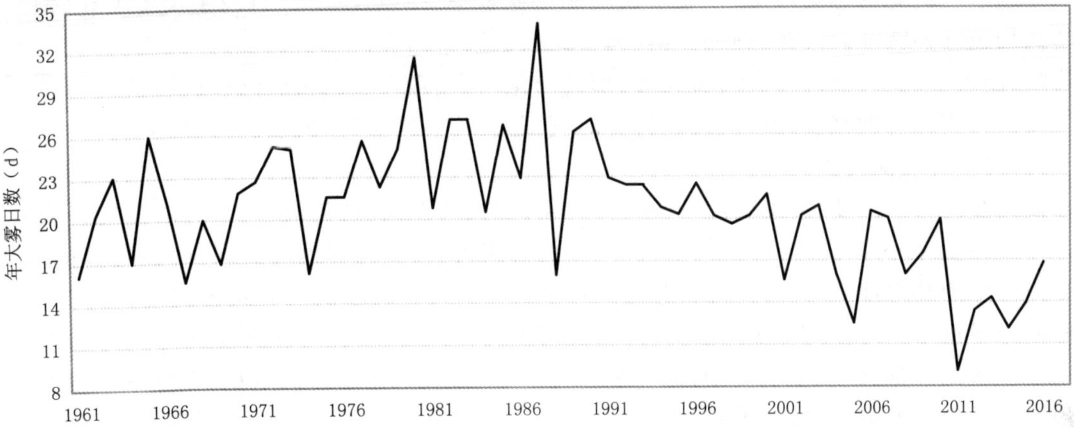

图 4.114 1961—2017 年湖北省平均雾日数逐年变化图

4.11.1.3 雾遥感监测

利用经过预处理的 FY－3 卫星可见光红外扫描辐射计（VIRR）和中分辨率成像仪（MERSI）数据、气象常规观测数据、数值天气预报数据以及地理信息数据，判识确定大雾发生地域、范围；在人机交互条件下，估计大雾水平能见度和总含水量，为城市交通、高速公路管理提供实时监测服务信息，并形成相应的灾情评估分析报告。

(1)雾遥感监测原理

雾的厚度比较小，常见的辐射雾的厚度大约从几十米到一至两百米左右，一般日变化比较明显。雾和云一样，与晴空区之间有明显的边界，雾滴浓度分布不均匀，因而在雾中能见度有比较大的起伏；雾滴的直径变化范围比较大，从几 μm 到 100μm，雾滴的直径大多在 4～30μm，肉眼可以看到空中飘浮的雾滴。

由于卫星可见光和近红外波段主要对太阳光的反射和散射辐射敏感，而雾粒子的大小与可见光和近红外波长接近，故潮湿多雾的天气对米散射的影响较大，进而在一定程度上削弱和影响了卫星对地表面的探测。在红外波段，雾的辐射特性也随波长不同而产生变化。中红外波段（3.7μm 附近）由于位于太阳与地球大气的辐射光谱曲线重叠处，白天雾区不仅自身向上发射辐射，而且还反射太阳辐射；而夜间由于没有太阳照射，所以主要是自身的发射辐射。在长波红外波段（11μm 附近），由于雾的比辐射率接近 1，其辐射性状类似黑体，故主要向上发射辐射。

雾的卫星光谱特征根据气象卫星光谱原理，在可见光波段内，水体、植被、裸土的反射光谱有着较大差异。其中裸土的反射率最高，其次是水体，植被反射率最低。而云雾的反射率又高于水体、植被和裸土。另云和雾相比，云的反射能力更强，其反射能力随云状、云量、高度和厚度的不同而不同。因此，云、雾以及下垫面介质在可见光波段内的不同光谱特性给云雾判别提供了有利条件。

由雾的辐射特性研究分析表明，雾区具有近红外波段反照率低于可见光波段；雾区可见光、近红外波段反照率高于下垫面，低于中、高云；雾区的红外波段亮温通常低于下垫面，高于中、高云，但在天气伴有逆温层情况下（辐射雾）亮温高于下垫面邻近地区；雾区夜间 10.5～11.5 μm 红外波段的亮温要高于 11.5～12.5 μm 波段的亮温等光谱特征。

在卫星可见光遥感图像上，由于雾区反照率低于中、高以及厚云，且粒子尺度变化较稳定，故其结构及红外特征表现为：顶部光滑、厚实，不具透射性，亮度变化不明显，纹理较均匀，边缘较清晰，温度更趋近于周围环境，且纹理、形态与地形、地貌具有较好的相似性，地形特征明显等。而云区则具有低亮温，纹理散乱，边界不规则，常伴有阴影区和高亮区等特点。

(2)夜间雾监测方法

夜间观测大雾主要使用 3.7μm 通道，并经常与 10.7μm 通道结合使用。这是因为水云 3.7μm 的发射率小于 10.7μm。这样对于雾/低云来说，两个通道的亮温值存在明显的不同，而相当黑体的晴空地表，二者则非常接近，中高云在这两个通道上也有不同的反应。因此，通过这两个通道相减可以将低云/大雾与中高云和晴空地表区别开来，但差值大小与雾覆盖区域大气气柱水汽含量、地表覆盖类型都有关，气柱含水量越高，这个差值越小；干旱下垫面上的雾区两个通道间的差值大，海洋下垫面的二者差值小（图 4.115—图 4.117）。但这其中要注意可能混淆的情况，典型的是由冰晶组成的光学厚度大的对流性积雨云。

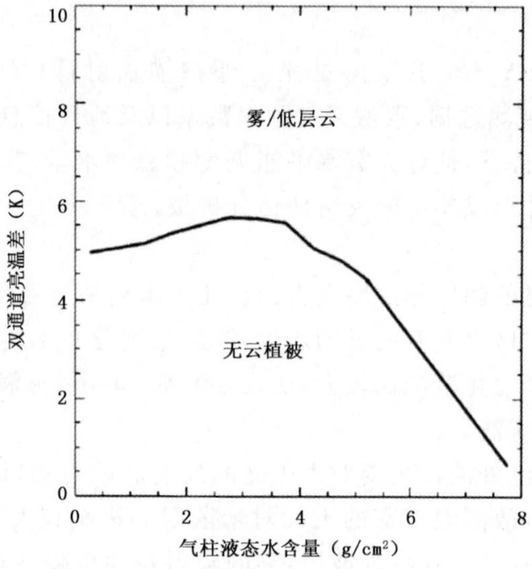

图 4.115　大雾/低云在不同气柱水含量时，其 BT10.7～3.7μm 亮温差与晴空植被下垫面的区分阈值图

(3)白天雾监测方法

对于白天雾的监测除了使用红外和中红外通道外，还可以使用可见光通道。可见光通道对太阳辐射敏感，红外通道对地球自身长波辐射敏感，中红外通道在白天对于二者同样敏感。白天雾可以通过这些通道单独或组合观测到。在卫星可见光通道云图上，雾的纹理均匀，边界整齐光滑，跟地形的高低匹配吻合得很好，因此，白天用可见光通道资料通过人眼就能识别出哪里是雾，哪里是云。除了纹理上加以判识外，因为雾滴比云中的水滴小得多，反射率大，在中红外通道云图上与大粒子的中高水云或冰晶态云相比，则显得发暗，可以从这种差异中判识出

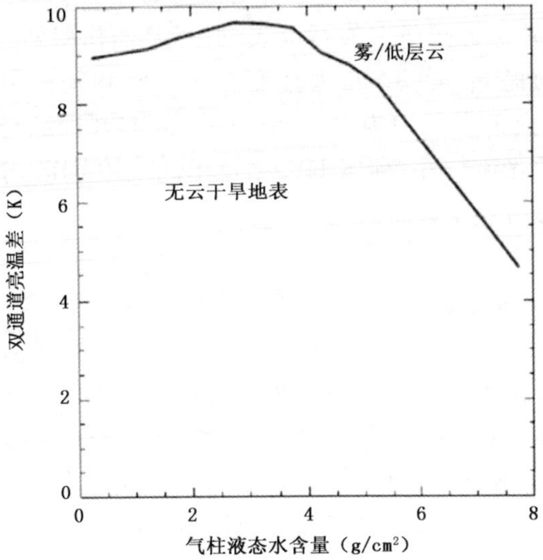

图 4.116 大雾/低云在不同气柱水含量时，其 BT10.7～ 3.7μm 亮温差与晴空干旱地表的区分阈值图

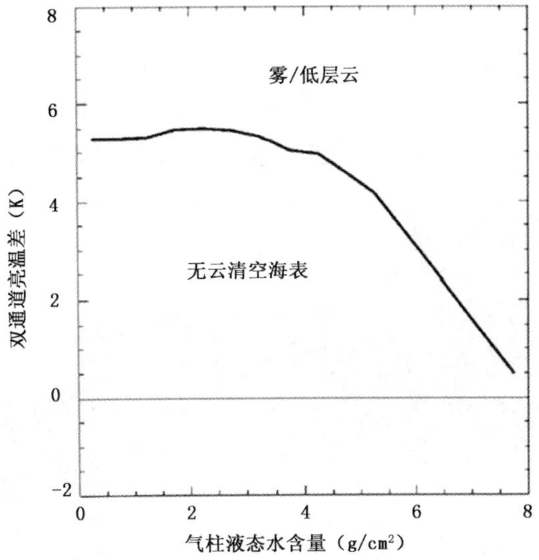

图 4.117 大雾/低云在不同气柱水含量时，其 BT10.7～ 3.7μm 亮温差与晴空海洋下垫面区分阈值图

小粒子水云(雾)存在的地区。在卫星红外通道云图上，由于雾像厚被子捂在地面上，使地面温度不容易发散到空中去，造成雾顶温度与地面温度相近或者略高，不容直接识别地面是否有雾，但红外通道可以应用于中高云和低云或雾的区分。另外，通过可见光云图动画也是区分低层云/大雾的有效手段。因为云系是快速移动的，雾区则是相对静止的。雾和其他中低云的区分问题一直是大雾判识的难点，数值天气预报准确率的提高为遥感判识手段中一些以往不可以克服的难点找到了新的解决方法。大雾/ 层云对于遥感来说是一种目标物，其辐射特性雷

同。从通道特性很难区分，但多数情况下低云温度低于雾，雾的温度则与地表相近，甚至高于地表温度（由于温度高，红外通道图像上相对地表发黑，又叫作黑雾）。应用地表温度预报或实况资料，在资料较准确的前提下，可以在很大程度上区分雾和其他中低云（包括层云），得到了良好的判识效果。以下以白天雾判识为例说明。白天的雾判识综合利用了雾在可见光、近红外、短波红外以及远红外的光谱特性，利用 FY－1D、EOS/MODIS 等卫星的多通道数据，在晴空判识基础上，结合纹理分析等手段来进行的。

（4）云雾分离

为了满足大雾遥感监测业务应用的自动判别需求，根据雾的辐射特征与光谱原理，白天不同太阳高度角和气候条件会对卫星可见光波段的云、雾、下垫面的辐射值和反射率造成差异。云、雾区除了在不同太阳高度角情况下的卫星辐射强度不同外，其反射率还受高度、厚度以及气候条件的影响。即云雾区高度越高、厚度越厚，辐射强度越强，则反射率也越大。另春、夏与秋冬季，晴天与阴天，卫星反射率也会有所不同。春、夏季反射率较高，秋、冬季反射率较低；晴天反射率高，阴天反射率低。而雾区反射率低于云区，但高于下垫面，处于下垫面和云区之间。

鉴于不同太阳高度角和气候条件会对卫星可见光通道辐射值和反射率产生影响，以及每幅卫星可见光图像中云雾和下垫面介质反射特征的差异，造成了雾区判别阈值的不确定性。根据气象卫星可见光波段云雾的反射率特性，雾区反射率随时间发生变化。早晨到上午雾区反射率随时间呈迅速上升趋势，11:30 达到最强；而后随时间迅速减弱。

（5）雾遥感监测案例

通过 2018 年 4 月 30 日 08:43，NOAA－18 卫星监测大雾，利用云雾特征区分技术，制作大雾专题信息图（[彩]图 4.118），其图像分析结果显示：雾区主要分布在江汉平原和鄂北部分地区以及鄂东局部等地，多条高速公路、铁路以及机场都受到大雾天气影响。

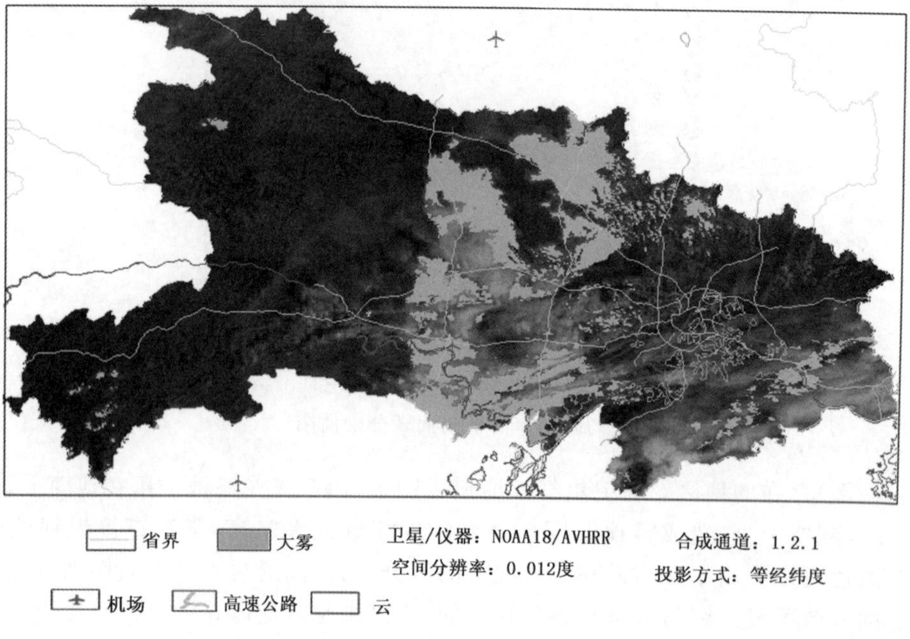

图 4.118　2018 年 4 月 30 日湖北省大雾遥感监测图

4.11.2 霾

4.11.2.1 霾监测指标

中国地面气象观测规范历经 4 次修订完善，自《气象测报简要》(1950 年)、《气象观测暂行规范(地面部分)》(1954 年)到内容完备成熟的《地面气象观测规范》(1961 年，1979 年，2003 年)，直至 2007 年 10 月 1 日以行业标准的形式发布实施。霾的观测定义也由于认识及技术水平的提高而略有不同，总的来说，对霾观测的定义分为 3 个时期，分别为 20 世纪 50—70 年代、80 年代至 2010 年和 2010 年至目前(表 4.78，表 4.79)，每个阶段霾的定义最大的区别在于判识的客观化和定量化。受霾事件的增多增强及其引发的环境污染问题、社会关注度的提高等影响，特别是 2010 年以来，对于霾的观测规定进行了很多调整，因此，对霾观测的影响十分明显。吴兑(2005;2006)指出，使用长期气候资料进行霾的统计时，需统一的定量标准，不能直接使用天气现象记录，这是由于观测业务中区分霾的判据比较混乱，缺乏一致性。

湖北省霾的观测记录也存在上述问题，同时，台站习惯性记录或观测员对霾记录规定的理解偏差，大大降低了观测的准确性。因此，本节利用 1961—2017 年湖北省 76 个气象站逐日霾和轻雾的天气现象观测资料，辅以能见度及相对湿度逐日定时数据，对湖北省霾日序列进行重建，还原天气现象的真实状况。参考标准为《QX/T 45—2007　地面气象观测规范》中天气现象部分和《QX/T 113—2010　霾的观测和预报等级》。为满足资料的一致性，对 1961—1979 年能见度观测资料进行转换，将 10 个能见度等级转换为能见度距离(估算值)。

具体方法为：

(1)气象要素的观测数据取日平均，能见度＜10.0km，相对湿度＜80％；排除降水、沙尘暴、扬沙、浮尘、烟幕、吹雪和雪暴等天气现象造成的视程障碍。

(2)气象要素的观测数据取小时平均，能见度＜10.0km、80％≤相对湿度＜95％同时出现时次达 2 次以上(须含 14 时)；出现露、霜、结冰、烟幕、霾、轻雾及雾等天气现象。

满足上述任一条件，即定义该日为霾日。

表 4.78　1951 年以来地面气象观测规范中天气现象(霾)观测项目演变一览表

时间	分类	定义或特征描述	判识依据	观测方式
1951 年 1 月 1 日 | 1953 年 12 月 31 日	水平视程障碍现象	一种大气普遍浑浊的现象，这是因为在空气中存在着大量的细微的烟、尘或盐粒所造成，但是这些浮游的杂质，来源不明。 按水平能见度次分：2～10km 以内；1～2km 以内；＜1km。	水平能见度：＜10km； 颜色：远物呈浅蓝色或黄色，在有太阳时，特别是当它接近地平线时，则看去呈淡红黄色。	人工目测；每次观测时间一律定为正点前 10 分钟开始
1954 年 1 月 1 日 | 1960 年 7 月 31 日	其他现象	同上	水平能见度：＜10km； 颜色：远物呈浅蓝色或黄色，在有太阳时，特别是当它接近地平线时，则看去呈淡黄色。	人工目测；天气现象观测定时观测前一时次 52～55 分钟
1960 年 8 月 1 日 | 1979 年 12 月 31 日	其他现象	因空气中存在着大量的极细微的肉眼不能见的干性物质颗粒，使气层普遍浑浊的现象。	水平能见度：＜10km； 颜色：黑暗的远物略微带点蓝色；太阳，特别是当它接近地平线时，看去稍微带些土黄或橘红色。	人工目测；天气现象观测定时观测前一时次 40～56 分钟

续表

时间	分类	定义或特征描述	判识依据	观测方式
1980 年 1 月 1 日 | 2003 年 12 月 31 日	—	大量极细微的干尘粒等均匀地浮游在空中，使水平能见度小于 10.0km 的空气普遍混浊现象。	水平能见度：<10km； 颜色：远处光亮物体微带黄、黄色，而使黑暗物体微带蓝色； 天气条件：气团稳定较干燥； 大致出现时间：一天中的任何时候均可出现。	同上
2004 年 1 月 1 日 | 2010 年 5 月 31 日	视程障碍现象	同上	同上	同上

表 4.79　2010 年以来霾观测业务规定的调整

时间	规定或函件	观测规定
2010 年 6 月 1 日 | 2013 年 1 月 31 日	《QX/T 113—2010 霾的观测和预报等级》	定义与描述：霾是大量极细微的干尘粒等均匀地浮游在空中，使水平能见度小于 10.0km 的空气普遍混浊现象。改革开放以来，由于经济规模的迅速扩大和城市化进程的加快，我国区域性霾日益严重的主要因素是人为排放的大量气溶胶，当今的霾已经不是一种完全的自然现象，区域大气经常呈现出灰蒙蒙的混浊现象。 判识条件：能见度<10.0km，排除降水、沙尘暴、扬沙、浮尘、烟幕、吹雪、雪暴等天气现象造成的视程障碍。相对湿度小于 80%，判识为霾；相对湿度 80%～95%时，按照地面气象观测规范规定的描述或大气成分指标进一步判识。当大气成分监测站以下指标超过限值时，可作为判识霾的参考依据。 $PM_{2.5}$(限值 $75\mu g/m^3$)、PM_{10}(限值 $65\mu g/m^3$)、气溶胶散射系数＋气溶胶吸收系数($480Mm^{-1}$)。
2013 年 2 月 1 日 | 2014 年 1 月 23 日	中国气象局综合观测司《观测司关于霾天气现象观测补充规定的函》(气测函〔2013〕17 号)、《观测司关于调整霾观测相对湿度区间规定的通知》(气测函〔2013〕68 号)	一、能见度<10.0km，排除降水、沙尘暴、扬沙、浮尘、烟幕、吹雪、雪暴等天气现象造成的视程障碍，按以下原则记录和处理：(1)在相对湿度小于 80%时，记为霾。但当轻雾处于消散阶段，可能出现相对湿度小于 80%或相对湿度在 80%上下波动，维持在 2 小时以内能见度转好达到 10.0km 或以上，此时仍以记录轻雾为宜。(2)能见度<1.0km，相对湿度大于或等于 95%时，记为雾；若相对湿度大于或等于 80%且小于 95%，应根据测站位置、湿度变化、天气条件、方向均匀性等，再结合颜色特征综合判断，按《地面气象观测规范》规定进行记录，若前面一直记录为雾，则以记录雾为宜，若前面一直记录为霾，则以继续记录霾为宜。(3)能见度在 1.0km 至小于 10.0km，相对湿度大于或等于 80%且小于 95%时，应根据测站位置、湿度变化、天气条件、方向均匀性等，再结合颜色特征综合判断，确属不能确定时，可按本站历年出现概率高的现象记录。 二、山区站有云蔽山，能见度目标物不可见，能见度<10.0km 时，可以不记霾或轻雾，此情况在备注栏中进行说明。
2014 年 1 月 24 日 | 至今	《预报司、观测司关于调整霾天气现象观测规定和对 2013 年雾、霾观测数据订正的通知》(气预函〔2014〕4 号)	观测站停止执行《霾的观测和预报等级》。能见度自动观测的台站将轻雾、霾的能见度判别阈值调整为 7.5km，雾的能见度判别阈值调整为 0.75km，能见度人工观测的台站保持能见度 10km 和 1km 判别阈值不变，空气相对湿度判别阈值恢复到台站历史观测阈值。

4.11.2.2　霾监测

1961—2017 年，湖北省平均年霾日数呈减少趋势，递减率为 0.5d/10 年(图 4.119)。20 世纪 70 年代以前，平均年霾日数总体较常年偏多，20 世纪 80 年代至 21 世纪初期总体较常年偏少，21 世纪前 10 年至 2017 年总体较常年偏多。2017 年湖北省平均年霾日数为 14.0d，较常年偏多 0.8d。

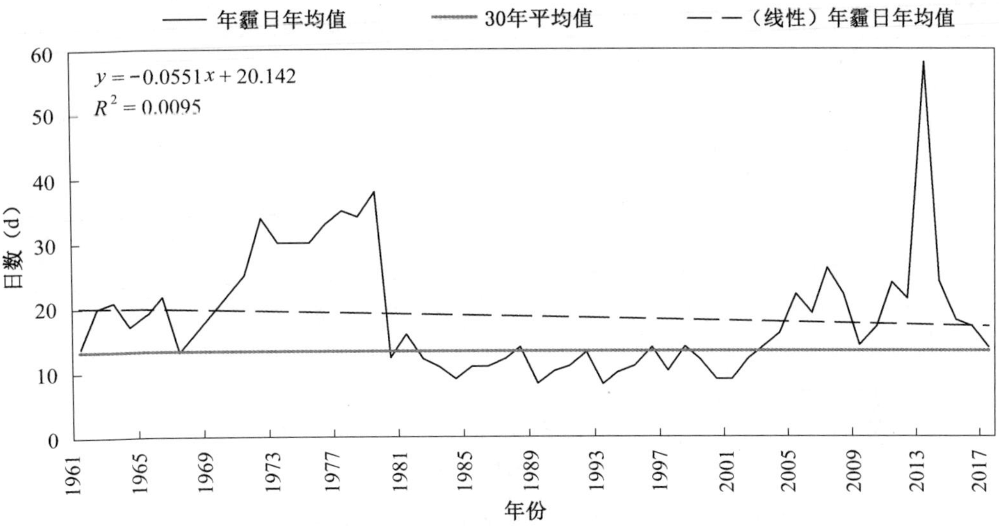

图 4.119　1961—2017 年湖北省平均年霾日数逐年变化

1961—2017 年，湖北省平均年霾日空间上分布不均，大部地区平均年霾日数在 20d 以下，鄂西北北部、江汉平原西部、鄂东南中部在 40d 以上。全省平均年霾日数最多为 74d(宜都)，最少为 1.0d(神农架)(图 4.120)。

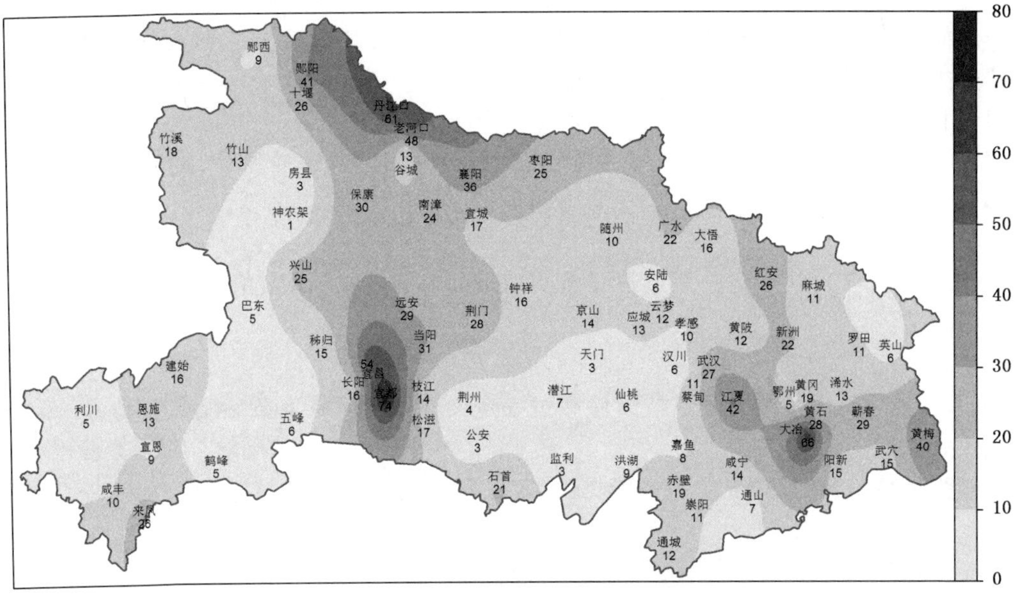

图 4.120　1961—2017 年湖北省平均年霾日数空间分布

冬季是霾最易出现的季节。1961—2017 年湖北省冬季平均霾日总体上在波动中呈减少趋势，递减率为 0.35d/(10a)（图 4.121）。2014 年为历年最高，达 23d，1995 年为历年最低，为 3d。2016 年/2017 年冬季湖北省平均霾日为 7d，较常年同期偏多 0.7d。

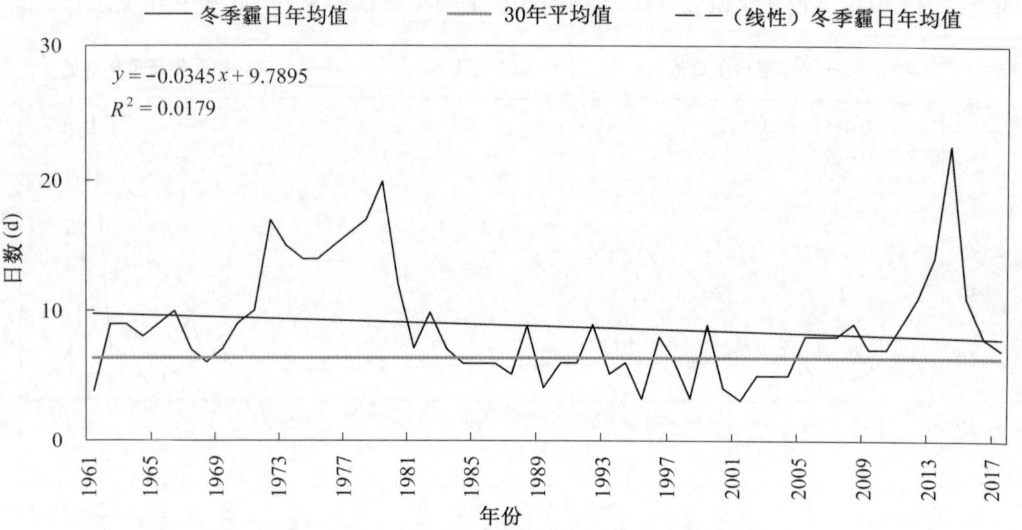

图 4.121　1961—2017 年湖北省冬季平均霾日逐年变化

4.11.2.3　大范围持续性霾过程强度等级评价（王凯等，2016）

大范围持续性霾过程是指影响发生范围广、影响时间长的霾天气气候事件，结合湖北省实际情况，定义：当某日出现霾且 $S_p \geqslant$ 阈值（取 15%），定义为一次大范围霾天气；当大范围霾天气持续 2d 及以上，定义为一次持续性大范围持续性霾过程。

$$S_p = (\text{霾日出现站数} / \text{全省总站数}) \times 100\% \tag{4.86}$$

基于湖北省霾时空分布特征，考虑霾持续时间、发生范围及霾发生时能见度强度，按以下步骤建立大范围霾过程强度等级评价模型。

(1)因子选取

表征霾过程强度的因子主要包括覆盖范围、持续时间以及霾强度等，鉴于湖北省颗粒物监测（$PM_{2.5}$、PM_{10} 等）序列较短，因此，表征霾强度因子采用视程能见度。对 3 个指标因子分别定义如下：

1)持续时间（T）：从大范围霾过程开始到结束的时间定义为大范围霾过程持续时间。

2)覆盖范围（C）

$$C = n/N \tag{4.87}$$

式中，n 为观测时间内按照大范围持续性霾过程定义选取的所有气象站站数（个）；N 为观测时间内气象站总数（个）。

3)霾强度（V_i）：依据霾发生时的能见度，定义霾强度。

$$V_i = \frac{\sum_{i=1}^{n} \left(\frac{\sum_{d=1}^{m} v_d}{m} \right)_i}{n} \tag{4.88}$$

式中，n 为按照大范围霾过程定义选取的所有测站数(个)；m 为大范围霾过程开始到结束的持续时间(d)；V_d 为选取测站第 d 天日能见度(km)。

(2)标准化处理

采用最小—最大(min—max)标准化方法对数据进行无量纲化处理。min—max 标准化方法是对原始数据进行线性变换。将 A 的一个原始值 x 通过 min—max 标准化映射为区间[0,1]中的值 x'。公式为：

$$x' = \frac{x - x_{\min}}{x_{\max} - x_{\min}} \tag{4.89}$$

式中，x 为原始序列中的任意值；$x_{\max}$为原始序列的最大值；$x_{\min}$为原始序列的最小值；x'为原始序列中的任意值的标准化值。能见度的标准化处理如下：由于能见度大小与本文定义的霾强度呈反比，且霾观测定义中能见度在 10km 以内，因此能见度序列按 10—V_i 计算。

(3)综合强度评估指数(LSCHI)

根据大范围持续性霾过程定义，对不同参数分配权重，持续时间、覆盖范围和能见度分别为 0.5、0.4、0.1。

湖北省大范围持续性霾过程指数计算公式为：

$$\text{LSCHI} = 0.5 \times T' + 0.4 \times C' + 0.1 \times V'_i \tag{4.90}$$

式中，T'为标准化处理后的持续时间；C'为标准化处理后的覆盖范围；V'_i 为标准化处理后的霾强度。大范围持续性霾过程指数(LSCHI)等级划分见表 4.80。

表 4.80　湖北省大范围持续性霾过程指数

等级	LSCHI 指数
轻度(Ⅲ级)	≤0.18
中度(Ⅱ级)	(0.18,0.35]
重度(Ⅰ级)	>0.35

(4)大范围持续性霾过程时空特征分析

1961—2017 年湖北省大范围持续性霾过程共出现 434 次，其中轻度占总次数的 62.9%，中度占总次数的 33.2%，重度占总次数的 3.9%。大范围持续性霾过程出现次数年变化趋势明显，总体呈现下降的趋势，速率为 0.46 次/(10a)；2013 年大范围持续性霾过程出现次数最多，为 20 次。

1961—2017 年湖北省大范围持续性霾过程年最长持续日数年变化总体呈现微弱的上升趋势，速率为 0.16d/(10a)(图 4.122)。2013 年大范围持续性霾过程最长持续日数最多，为 35.0d，2005 年次之，为 15.0d，其余年份最长持续日数均为 13.0d 以下。

从年代际变化可知(图 4.123)，1961—2017 年湖北省大范围持续性霾过程年出现次数及最长持续日数在 20 世纪 60 年代末至 70 年代末较多且波动较小，20 世纪 80—90 年代较少；21 世纪以来，大范围持续性霾过程年出现次数及最长持续日数呈显著的上升趋势，速率分别为 5.99 次/(10a)和 2.96d/(10a)，且变化幅度显著。

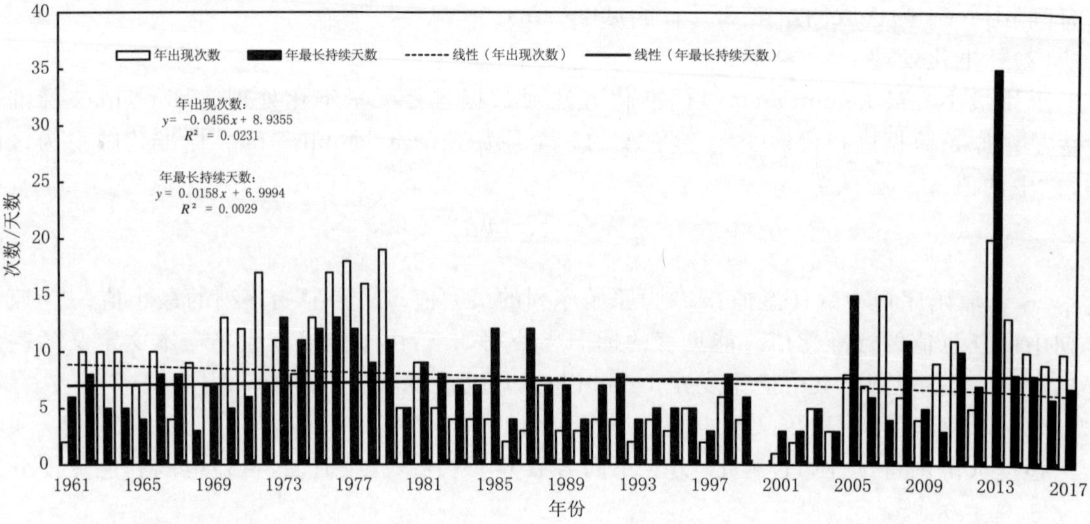

图 4.122　1961—2017 年湖北省大范围持续性霾过程出现次数及最长持续日数

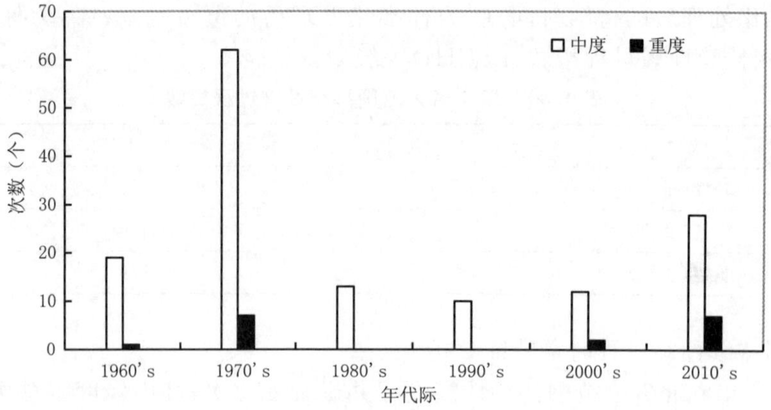

图 4.123　20 世纪 60 年代至 21 世纪初湖北省大范围持续性霾过程中度及重度等级变化

1961—2017 年湖北省重度大范围持续性霾过程共出现 17 次，主要集中出现在 20 世纪 70 年代和 21 世纪初，占总次数的 82.4%。2000 年以后，大范围持续性霾过程共出现 7 次，其中 4 次出现在 2013 年，集中在秋冬季，以 2013 年 12 月 3 日至 2014 年 1 月 6 日的大范围持续性霾过程为历史最强（LSCHI 指数达 0.79）。

4.11.2.4　霾遥感监测

(1)霾遥感监测原理

由于霾主要是由空气中细气溶胶粒子构成，它对太阳光谱的可见光波段有强烈的散射，基于这个特点，利用卫星传感器获取的可见光数据并同时结合其他波段的数据可以对霾进行遥感监测。

根据米散射（Mie scattering）理论，大部分霾的粒子尺度与可见光波段波长相近，因此，霾在可见光波段有较强散射特性，卫星传感器接收到的该波段反射率明显高于晴空反射率。而云雾的粒子尺度一般大于可见光波长，在可见光波段有很强的散射特性，使云雾在该通道上较晴空和霾有更高的亮度，即在该通道上云雾有更高反射率，而且霾对光的散射有随波长增加迅速减小的趋势。因此，根据霾的这种特性，可利用 EOS/MODIS、NOAA/AVHRR 和 FY－3/VIRR 卫星的可见光通道第 1 波段(红光波段)的反射率来进行霾的识别。

由于纯像元的土壤在可见光红光波段的反射率一般都小于 20%；纯像元的水和植被一般都小于 10%，而混合像元在可见光 CH1 下的反射率一般都小于 13%。通过分析多幅霾卫星遥感监测图并对多个像元点统计后发现，当有霾时，可见光 CH1 的反射率大都为 15%～30%，有时出现低云和霾的混合体，其反射率会高达 32%以上。

(2)霾遥感监测案例

2012 年周边省秸秆焚烧对湖北省影响的连续监测：

1)2012 年 6 月 11 日：发现烟霾

2012 年 6 月 11 日湖北省鄂东大部分地区出现了由烟幕和霾混合物形成的烟霾天气。08:57 在 NOAA－16 卫星上观测到安徽北部和山东部分地区有明显热源点([彩]图 4.124)；武汉光谷温室气体观测站(湖北省气象局)也监测到 CO_2 浓度高出正常 10%～15%。

2012 年 6 月 11 日 11:04 的 TEERA 气象卫星遥感监测显示([彩]图 4.125)，从安徽大部、河南东南部，鄂东北至江汉平原一带，被大片烟霾笼罩，导致地表清晰度下降。烟霾中心位于河南商城及河南、安徽和湖北三省交界处。受此影响，湖北省鄂东北至江汉平原一带能见度较差。

综上观测分析表明，这次烟霾可能是由于地面秸秆燃烧引起的烟雾，通过东北气流传输到湖北省，加上湖北省东部地区边界层有逆温存在，大气层结非常稳定，不利于烟霾迅速扩散，导致烟霾长时间维持。

2)2012 年 6 月 12 日：烟霾持续影响

2012 年 6 月 12 日 10 时 47 分 TERRA 卫星资料监测发现在安徽等地出现了大范围秸秆焚烧的热点，产生了大量的烟尘，同时显示湖北省大部被霾覆盖。霾区域在可见光 CH1 的反射率大都为 23%～30%，局部地区反射率高达 32%以上。经分析得知，系黄淮到长江中游上空的东北风将焚烧秸秆产生的烟尘吹到湖北省，致使湖北省中东部地区出现了严重的霾天气，空气质量很差(12 日武汉市全天空气质量指数 AQI 达到监测上限值 500，空气质量排名全国倒数第一)。

3)2012 年 6 月 15 日：烟霾再次影响

根据气象观测资料分析，6 月 15 日湖北省近地面又转为东北气流，受其影响，北方秸秆燃烧的烟雾再度扩散到湖北省上空，同时，鄂东地区边界层有逆温存在，大气层结比较稳定，烟雾大量堆积，难以扩散消失。

2012 年 6 月 15 日 10 时 34 分 TERRA 卫星资料监测表明([彩]图 4.126)，烟雾高浓度区主要位于麻城至武汉一线；武汉光谷温室气体观测站(湖北省气象局)监测表明，15 日上午 CO_2 浓度较 11 日同期略低；武汉气象观测站(东西湖)颗粒物($PM_{2.5}$)浓度从 15 日 09 时起明显上升，11 时为 08 时的 4 倍。东部地区再度出现较严重烟霾天气，但与 11 日相比强度有所减弱。

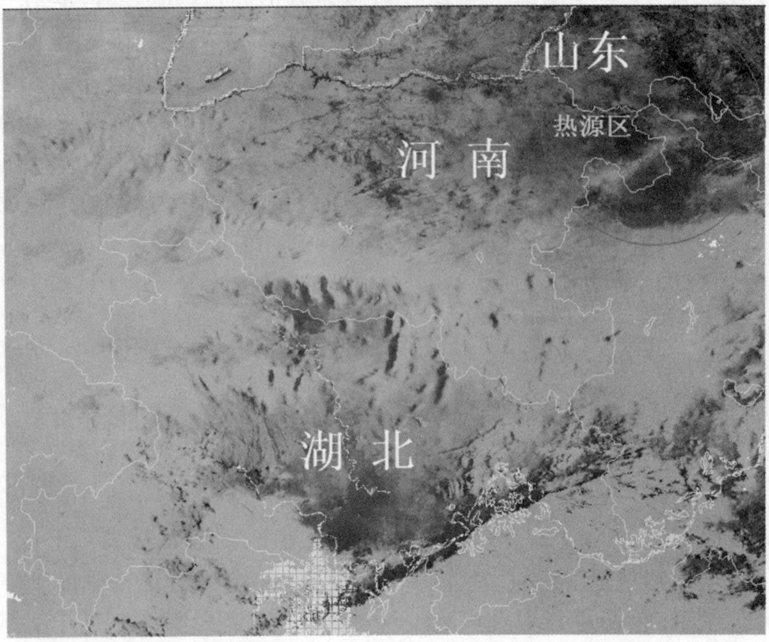

图 4.124　2012 年 6 月 11 日 08:57 热源点卫星遥感监测图

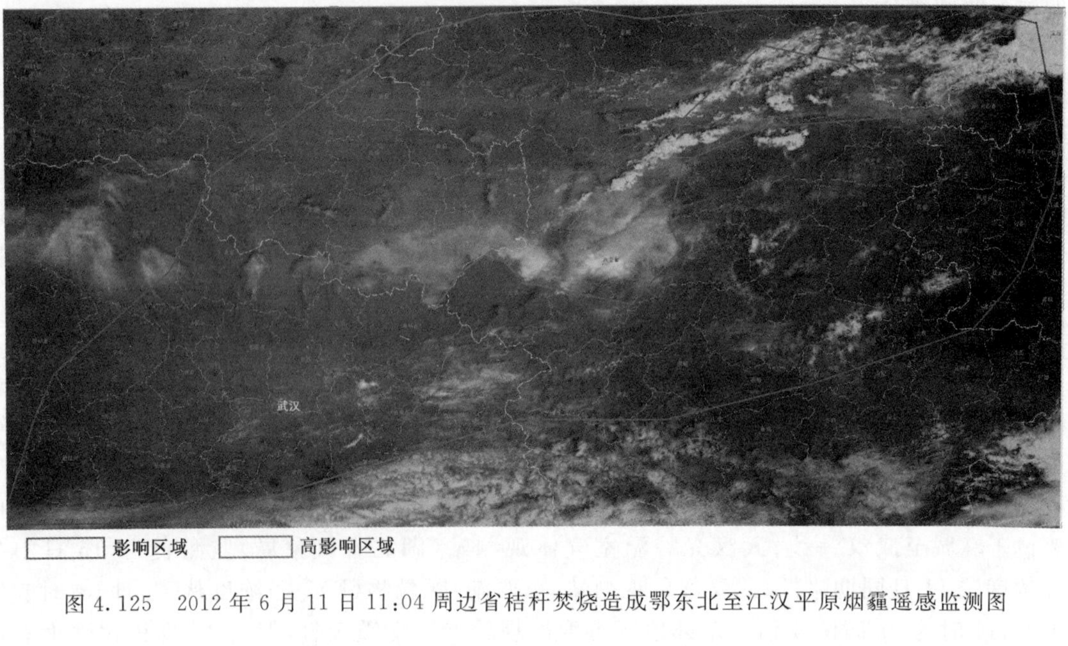

图 4.125　2012 年 6 月 11 日 11:04 周边省秸秆焚烧造成鄂东北至江汉平原烟霾遥感监测图

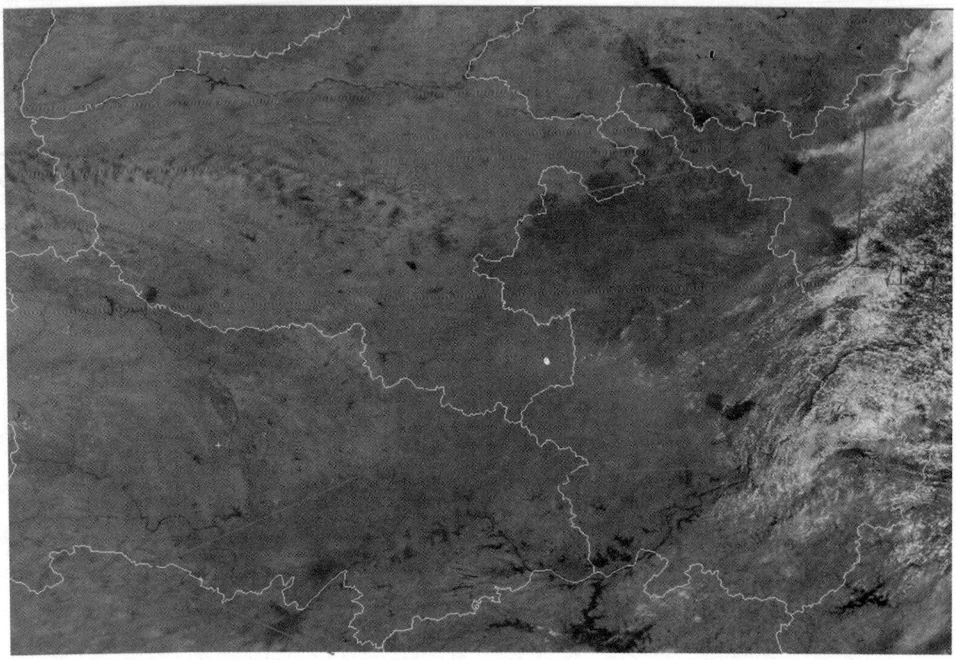

图4.126 2012年6月15日10:34 TERRA卫星湖北省烟霾遥感监测图

4.11.3 湖北省历史典型雾、霾事件

湖北省历史典型雾、霾事件见表4.81。

表4.81 历史典型雾、霾事件

时间	事件	描述
1997年	连续大雾	1997年12月27日至1998年1月1日连续6d出现的大雾,遍布长江南北,历时之长,浓度之大,范围之广,历史罕见,另外,3月上旬雾日也较多。多雾的主要原因是,孟加拉湾上空出现稳定低压槽,致使长江中游空气湿度大,同时长江流域上空大气层结较稳定,冷空气势力较弱,在高层弱高压脊线控制下,出现无风晴朗天气,夜间散热气温下降,有利于大雾的形成。12月27日起的连续大雾,使武汉机场上百架航班客机延误,滞留旅客万余人,近80艘长江客轮不能正确航行,延误时间最长达48小时,公路、公交线也受到影响。
2010年	秋冬大雾	2010年10月3日、10月8—9日、10月15—17日、10月19—23日、11月4—6日、11月16—20日、12月1—5日、12月20—22日、12月26—27日湖北省陆续出现大雾天气。其中,10月8日、11月17日、12月20日区域性大雾对交通安全造成极大影响。 10月8日凌晨,大雾袭击了湖北荆州、潜江等地,受大雾天气影响,荆州、潜江段封闭禁行。8日07时20分,107国道陈家冲汉宜路口处发生一起连环车祸,5辆货车和3辆小车接连相撞。 11月17日凌晨至上午,东部、西部以及江汉平原南部均出现大雾或浓雾天气。武汉岱黄高速、绕城高速和汉蔡高速路面能见度低至20～100m。多段高速公路因大雾采取限制通行措施。 12月20日大雾突袭汉宜高速公路,能见度不足50m,07时30分左右,该高速公路荆州段锣场收费站附近7车连环相撞,致2人死亡、30多人受伤。

续表

时间	事件	描述
2013 年 1—2 月	全省雾、霾	2013 年 1 月 8 日开始至 2 月末，冷空气过程少，同时降水偏少，低层逆温出现频繁，湖北省发生严重雾、霾天气，霾天气分布范围广，持续时间长。进入 1 月之后，共出现 3 次大范围霾天气过程，首次过程出现在 1 月 6—19 日，1 月 10 日及 15 日分别有 41 县市和 40 县市出现霾，为范围最大的一次过程；经过 20—22 日三天的短暂缓解后，1 月 23—30 日再次出现大范围的霾天气过程，1 月 27、28 日分别有 35 和 36 县市出现霾日，覆盖中东部及鄂西北、宜昌东部等地，第三次过程出现在 2 月 10—28 日，虽然此次过程影响范围较上一次小，但持续时间较长。 长期雾、霾天气对交通造成不利影响。机场：1 月 15 日上午天河机场 17 个航班备降周边或延误。23 日三峡机场取消 22 个航班。高速公路：1 月 12 日凌晨 1 时起至中午；23 日全省 19 条高速被迫管制；27 日 07 时，武黄高速鄂州蒲团段出现团雾天气，先后有 13 辆车发生追尾和擦碰，车祸造成 1 人遇难，11 人受伤。轮渡汽渡：1 月 23 日，轮渡和汽渡停航，多条郊县公交线路停开；武汉长江干线水域禁航 12 小时。铁路：1 月 11 日晚，因严重雾、霾引发"雾闪"，导致北京西至武汉站的动车 D2031 在河南信阳段发生故障，致千余旅客滞留。 雾、霾天气导致呼吸系统疾病患者明显增多。10 日，武汉长航医院在一周之内，呼吸道患者特别是老年呼吸道疾病患者增多，比平时多出四成；武汉市中心医院呼吸内科，住院和门诊人数比去年同期增加了近三成；武汉市儿童医院门诊统计显示，就诊量突破 3 千人次，其中约 6 成是呼吸道感染等内科疾病；14 日中南医院儿科呼吸道疾病患者猛增 5 成，武汉市第三医院呼吸科的病人较同期增长了三到五成。
2014 年 1 月	大雾	1 月 14 日、17 日、29—31 日湖北省出现大雾天气。1 月 14 日雾区主要分布在鄂东和江汉平原大部以及鄂西南部分地区；17 日雾区主要分布在鄂北岗地和鄂西南部分地区；29 日影响区域主要在鄂东、江汉平原，30 日雾区覆盖了湖北省大部地区，31 日雾区主要分布在鄂西北大部、鄂西南东部、江汉平原西部以及鄂东南部分地区，大雾天气引起上述地区能见度较低，给交通运输带来不利影响。 1 月 13 日 22 时左右，一场大雾突袭全省大部地区。因部分路段能见度低于 50m，个别路段甚至不足 10m，到 14 日 10 时，省内京港澳、沪渝、沪蓉等多条高速公路被迫实施交通管制，管制路段超过总里程 2/3；14 日 09:07—09:40，沪渝高速公路 1102～1103km 处，因能见度低先后发生 9 起刮擦、碰撞事故，共造成 22 台车辆受损，有 6 人受伤。 1 月 17 日 06 时 04 分，汉十高速老河口仙人渡大桥段发生一起由突发团雾引发的追尾事故，一辆悬挂福建牌照的小轿车遭遇后面一辆挂宁夏牌照的大货车追尾，造成车内 5 人死亡、1 人受伤。 1 月 30 日，受大雾影响，京港澳高速、沪渝高速、杭瑞高速、随岳高速、福银高速湖北段、大广高速黄州至下陆段、武英高速罗田段、福银高速黄梅段、沪蓉高速汉川至当阳段、宜巴高速白河至雾渡河、武麻高速全线通行缓慢。部分路段能见度不足 10m，实行交通管制。此外，30 日浓雾致武汉天河机场一度关闭，约 90 架进出港航班受到影响。

第5章 湖北省气候影响评价业务流程和规范

为扎实推进气候业务发展，提高气候评价质量，规范气候评价内容，更好地为防灾减灾服务，结合极端天气过程评估、灾害定量化评估的应用以及湖北省业务特点，特制定了《湖北省气候影响评价业务流程和规范》。

5.1 湖北省气候影响评价业务流程

5.1.1 业务产品分类与发布

5.1.1.1 业务内容

依据湖北省天气气候特点，完成湖北省月、季、年、汛期、梅雨期气候影响评价，主要从基本要素特征描述、主要事件及其影响评估、专题评估、预测及建议等几个部分进行分析。

5.1.1.2 产品列表

气候影响评价产品列于表5.1。

表5.1 气候影响评价产品列表

产品名称	发布时间	主要内容	承担科室
月气候影响评价	每月2日前	上月气候概况、气候灾害及重大气候事件及其对各行业的影响评价	气候评估室
季气候影响评价	每季度第1个月5日前	上季度气候概况、气候灾害及重大气候事件及其对各行业的影响评价	气候评估室
年气候影响评价	1月10日	上年度气候概况、气候灾害及重大气候事件及其对各行业的影响评价	气候评估室
汛期气候影响评价	10月5日前	汛期气候概况、气候灾害及重大气候事件及其对各行业的影响评价	气候评估室
梅雨期气候影响评价	7月24日前	梅雨期气候概况、气候灾害及重大气候事件及其对各行业的影响评价	气候评估室

5.1.1.3 产品发布流程

(1)Notes发布的服务单位

国家气候中心气候应用与服务室、中国气象局应急办、中国气象局值班室、公共气象服务中心中国天气网等有关职能司、省气象局有关领导和处室、全国各业务相关单位、局内有关直属单位、省内各地市州气象局和相关用户单位。

(2)省级公共气象服务服务器

上传至省级公共气象服务服务器。

ftp 地址为:ftp://qihouzhongxin,3074fd74f076@10.104.129.70

(3)指导产品服务器

上传至省级公共气象服务服务器。

ftp 地址为:ftp://dgd:dgd123@172.20.2.7/bcwh/products/climate/yxpj

5.1.1.4　考核

按武汉区域气候中心业务考核指标考核气候影响评估产品。

5.1.2　产品制作流程

5.1.2.1　资料接收处理

地面气象资料(温度、降水、日照等)、特殊天气(大风、雷电、冰雹、积雪等)、历史气象资料(温度、降水等),逐日气象要素数据加入 storm 业务系统和湖北省气象预报业务服务一体化平台。

5.1.2.2　产品制作

分析本月、季、年、梅雨期、汛期的气温、降水、日照时间的空间基本特征;计算得出气温、降水、日照基本要素与 30 年平均值的距平,并做出偏高(低)的判断;本月、季、年、梅雨期、汛期主要气候事件及其影响,建立主要灾害定量评估模型,对灾害影响进行定量评估;专题影响评价以评价气候对各行业影响为主;根据后期天气气候预测给出建议。

5.1.2.3　产品签发

按照各类产品要求的时间节点,由主班撰稿、副班协助、关键岗审核、首席签发,斟字酌句,及时发送中国气象局及各省(区、市)相关部门。

5.1.2.4　产品发送

评估产品经过审核和签发后,根据规定发送给指定服务单位。

5.2　湖北省气候影响评价规范

5.2.1　气候概况

气候概况主要描述气温、降水、日照等要素变化区间、距平、时空特征、历史排位、极端情况。

5.2.1.1　气温

全省及 5 个自然分区气温变化区间、与常年同期的比较、与上年或典型年同期的比较,可采用文字、时间演变图等表示,对其成因做简单的天气学或气候学描述。极值评述应包括极值出现时间、地点、历史排位及其强度(极端气候事件、重现期)等。气温总体特征可以用“气温整体偏高(低)”“气温持续偏高(低)”“气温前高(低)后低(高)”“气温两头高(低)中间低(高)”“气温西高(低)东低(高)”“冷暖起伏大”“阶段性差异明显”等描述。

(1)气温的分析同时包含对平均气温、最高气温和最低气温偏离程度的分析。

(2)冷暖起伏大可以对升温幅度、降温幅度、变幅的历史排位和极端情况等描述。

(3)四季的分析包括入季日期、与历史比较情况、简要分析其原因。

(4)绘制全省平均气温变化曲线(采用 76 个代表站数据)。

(5)夏季单站日最高气温≥35.0℃定义为高温日,过程阐述包括高温开始时间、持续天数、高温日数、高温程度、高温日数和持续天数排位及其极端气候事件,根据高温日持续天数分为一般高温过程、中等高温过程、强高温过程。

(6)冷空气过程的识别根据中国气象局《冷空气过程监测业务规定(试行)》,将冷空气过程的次数与历史同期进行比较。

5.2.1.2　降水

全省及 5 个自然分区降水变化区间、与常年同期的比较、与上年或典型年同期的比较,可采用文字、时间演变图等表示,对其成因做简单的天气学或气候学描述。极值评述应包括极值出现时间、地点、历史排位及其强度(极端气候事件、重现期)等。主要降水过程。是否出现旱涝,旱涝与前期的联系等。

(1)降水总体特征可以用“降水整体偏多(少)”“降水持续偏多(少)”“降水前多(少)后少(多)”“降水呈多(少)—少(多)—多(少)的阶段性分布特征”“降水东多(少)西少(多)”“降水南多(少)北少(多)”“降水空间分布不均”等描述。

(2)降水偏多、偏少的分析可以采用同期距平、历史排位、极端情况等描述。同时加上降雨日数的同期距平、历史排位、极端情况等一并阐述。

(3)对湖北省 5 个自然分区降水日数、与历史同期比较、与上年或典型年同期的比较进行描述。

(4)夏季降水过程主要描述全省性强降水、区域性强降水、局地强降水出现的时间、站数、强降水中心及范围。区域性强降水以 5 个自然分区中 5 站以上出现暴雨及以上的雨量等级。

(5)降水过程的分析还要考虑前期旱情。鉴于气象干旱与实际旱情之间还有很大差异,识别干旱要结合实际旱情来进行描述。同时,若前期确有旱情,必要时应结合农气工作,适当分析描述降水对前期旱情的影响。降水集中期评价时,还应分析强降水是否产生暴雨洪涝、中小河流涝水、地质灾害等。

(6)梅雨评价中要包括梅雨开始时间、结束时间、持续天数、梅雨强度。阐述梅雨开始、结束时间要与常年开始、结束时间相比较,偏早或是偏晚,梅雨强度指数及其历史排位,强度等级(强、偏强、正常、偏弱、弱)。

(7)强对流过程描述还应该包括局地大风、雷暴、冰雹等出现的时间、地点及次数。

(8)对典型低温雨雪过程从最长连续低温日数、极端低温、雨雪量、最长连续雨雪日数、最大积雪深度等其中一种或多种指标进行分析,综合描述本次低温雨雪过程。

(9)绘制全省总降水量变化曲线(采用 76 个代表站数据)。

5.2.1.3　日照

全省及 5 个自然分区日照时数变化区间、与常年同期的比较、与上年或典型年同期的比较,可采用文字、时间演变图等表示。极值评述应包括极值出现时间、地点、历史排位及其强度(极端气候事件、重现期)等。

(1)日照总体特征可以用“日照整体偏多(少)”“日照持续偏多(少)”“日照前多(少)后少(多)”“日照东多(少)西少(多)”“日照南多(少)北少(多)”“日照阶段性差异明显”等描述。必要时也可结合阴天日数描述。

(2)日照偏多、偏少的分析可以采用同期距平、历史排位、极端情况等描述。必要时可加上阴天日数的同期距平、历史排位、极端情况等一并阐述。

5.2.2 主要气候事件及其影响

主要气候事件包括各个季节的异常气候事件或极端气候事件及出现的气候灾害(低温雨雪冰冻、大风、连阴雨、倒春寒、五月寒、高温、干旱、区域性强降水、强对流、寒露风、大雾、林火、寒潮等),对其天气过程(发生范围、强度、持续时间、天气气候背景成因)历史定位给予评价,对其影响(对象和经济损失等)做出评价。

5.2.2.1 低温雨雪冰冻

低温、雨雪、冰冻过程评估需侧重于从灾害起止时间、灾害演变过程、灾害造成损失等几个方面进行分析。评价对农业、交通、能源、居民生活的影响。

5.2.2.2 系统性大风

系统性大风事件评估,包括致灾性大风(≥12m/s 和≥18m/s)出现时间、主要发生区域、持续时间等;并从大风范围、持续时间及风速几个指标的比较。评价对农作物倒伏、房屋倒塌等不利影响。

5.2.2.3 连阴雨

连阴雨可采用持续降水日数、日照、雨量等指标综合分析,必要时可与去年或历史同期连阴雨过程进行对比分析,包括连阴雨强度、灾害程度的比较。评价对在田作物生长、病虫害发生发展的影响。

5.2.2.4 倒春寒

根据倒春寒指数,定量评估倒春寒过程严重程度及历史定位。评价对农业影响。

5.2.2.5 五月寒

根据五月寒指标,分析发生五月寒的范围、持续时间、历史定位。评价对农作物造成的影响。

5.2.2.6 高温

分析高温开始时间、范围变化、持续天数、高温强度对比评价,同时应结合天气形势分析其成因;过程评价中着重分析高温特点、各段高温间异同、高温强度范围、极端事件等方面。评价高温对人体健康、对电力能源等方面的影响以及高温叠加干旱对农业的影响。

5.2.2.7 干旱

干旱评价应从前期降水追踪溯源,采取降水距平、历史排位、极端事件、MCI 指数等,对旱情露头、旱情发展、旱情缓解等方面详细描述,把握干旱发生发展的特征,分析其成因,必要时与历史相似情况对比异同。评价干旱对农业生产、人畜生活用水、塘库蓄水及江湖水量的影响。

5.2.2.8　区域性强降水

区域性强降水应从开始时间、范围、过程雨量、强度、暴雨及以上站数、极值、极端事件等方面进行对比，并对主要的区域性强降水进行阐述；过程评估包括区域强降水过程特点、极端事件、暴雨引发洪涝程度、暴雨引发的淹没范围及淹没水深。影响评估需评估强降水对农业、生产生活和城市内涝的影响以及由暴雨引发的滑坡、泥石流等地质灾害。

5.2.2.9　强对流

局地强对流天气评价着眼于强对流发生的时间、地点、范围、强度和特点。评价强对流天气对人民生命财产影响。

5.2.2.10　大雾

大雾需指出大范围大雾过程的频次、主要发生区域，同时要分析近年同期情况，并简要分析其原因。主要评价对交通的影响。

5.2.2.11　林火

林火要指出林火的集中发生区域、发生时间，同时要分析近年同期情况，并简要分析其原因。主要评价对林业的影响。

5.2.3　专题影响评价

专题影响评价重点评价那些对气候较敏感的行业，如农业、林业、渔业、水资源、能源、交通运输、生态环境、人类健康和旅游等。逐步建立定量影响评价模式。对各行业的影响评价既要评价天气气候不利的一面，造成的损失和可能的影响，也要评价天气气候有利的一面，造成经济增长和积极的影响。定量分析、模式计算，或几种方法相结合，得出定性化或定量化的客观评价结果。

5.2.3.1　气候与农业

对农业影响的主要气象灾害有高温干旱、强降水、大风、连阴雨、寒露风、倒春寒、低温雨雪等。

5.2.3.2　气候与水

利用年降水经流关系法估算地表水资源，开展水资源评价。气候对江河水位影响主要是长江、汉江汛期湖北省降水与上游客水过境对河道防汛压力，湖北省主要的五大湖泊水位，三峡、丹江口两大水库的流量、水位等。同时关注江河主要控制站的水位变化，提防险情及汛情、工情的变化。

5.2.3.3　气候与交通

气候与交通评价中，着重介绍强降雨、大雾、低温雨雪冰冻等气象灾害给航运、轮渡、高速公路、公共交通、人们日常出行等带来的不便。

5.2.3.4　气候与能源

气候与能源评价中，包括供电、供气等一系列因高、低温和多、少雨造成的能源供应问题。

5.2.3.5　气候与花期

气候与花期评价中，常见的是梅花、樱花开放期的评价，主要气象指标是积温。

5.2.3.6　气候与林火

气候与林火评价中，分析林火主要发生区域、发生时间、林火个数，及与近几年的比较情况，分析气象原因。

5.2.3.7　气候与人体健康

气候与人体健康评价中，常见的是低温、高温、雾、霾等对人体健康造成的影响。

5.2.4　后期预测与建议

根据后期气候预测意见对下月可能出现的气象灾害进行研判，并给出建议。

第二篇　湖北省气候预测业务

短期气候预测是指延伸期、月、季、年时间尺度上的气候趋势预测。新中国成立以来我国短期气候预测技术的发展主要经历了四个阶段。第一阶段为20世纪60年代之前，该时期建立了基本预测业务内容，但由于资料和方法的缺乏，主要是以经验统计分析为主，如单站的历史曲线、周期、韵律、天气图分析和谚语等；第二阶段为20世纪60—70年代，数理统计方法被广泛应用，如多元回归分析、因子相似相关分析、场展开分析等，这阶段奠定了数理统计基础，但是机理分析欠缺；第三阶段为20世纪80—90年代，物理统计分析方法大力发展，该阶段对影响我国气候异常的物理因子有了比较全面而清晰的认识，对影响机理也有了比较深入的理解，开展了海气相互作用、陆气相互作用、低频振荡、遥相关等研究；第四阶段为20世纪90年代末至今，主要是气候动力数值模式预测方法和动力与统计相结合预测方法的全面应用，开发了月动力延伸预报模式、海气耦合全球气候模式、高分辨率区域气候模式，以及利用国内外模式产品的降尺度解释应用。预测方法归纳起来主要有统计预测方法、气候动力数值模式预测方法以及动力与统计相结合的预测方法（李维京，2012）。

当前国际上气候预测技术在动力模式的发展方面取得很大进步。中国国家气候中心（NCC）、美国国家环境预测中心（NCEP）、欧洲中期天气预报中心（EMCWF）、日本东京气候中心（TCC）、英国气象局（UKMO）、亚太经合组织气候中心（APCC）均具有高分辨率和不同时间尺度的模式产品，气候模式预测正成为我们月、季预测业务中的重要参考依据。现阶段国家气候中心发展的以动力气候模式预测为基础，进行动力与统计相结合和多模式集成的客观化预测方法在全国推广应用，动力与统计集成季节气候预测系统（FODAS）（封国林等，2013；李维京等，2013）和多模式气候预测产品解释应用（MODES）（刘长征等，2013）对省级气候预测业务具有较高的指导与参考价值。

省级气候预测业务具有一定的特殊性。一是服务需求更加具体多样、空间分辨率要求更高；二是发展水平不一致，方法、业务系统差异较大；三是业务人员水平参差不齐。因此，省级气候预测技术如何与国际气候预测技术发展趋势相对接、如何与国家级气候预测业务相衔接，在业务中，规范动力模式和客观化预测及检验、预测会商、产品制作与发布、预报质量检验评估和技术总结，归纳出一套适合省级气候预测业务技术流程、方法，是本手册希望探讨的。

湖北省气候预测业务第二篇共分三章。第6章介绍气候预测的基础知识，是作为预报员需要了解的基本内容，包括常用预测方法、常用预测资料与来源和预测业务系统。预报员还需要了解本地区的气候背景，该内容为第一篇的第1至4章。第7章是气候预测业务的工作流程，包括预测业务中的主要预报对象、预测岗位的设置及主要职责、会商的组织等；第8章描述不同时间尺度、不同预测对象的产品制作过程，包括季节预测技术流程、月预测技术流程、延伸期预报技术流程、湖北省特色气候事件预测技术流程、专业专项预报预测流程、预测技术总结流程等。

第 6 章　气候预测基础知识准备

从事省级气候预测工作的预报员，需要熟悉常用的预测资料，掌握主要诊断、预测方法，并熟练操作常用气候业务系统。本章围绕这三个内容，着重介绍了气候预测业务常用预测方法、常用的监测资料和模式资料及来源和常用的国家级及省级本地化预测业务系统。

6.1　常用预测方法

业务中常用的预测方法可分为物理统计方法和基于数值模式的动力学方法及其解释应用两大类。两类方法各有优势和缺陷，总体来看，动力学方法是未来的发展方向，但目前仍未具有全面进入业务应用的能力，普遍的共识是：动力学方法与统计学方法相互借鉴，取长补短，融合发展。

6.1.1　数值模式及其解释应用方法

6.1.1.1　国内外常用的气候预测数值模式

国内外延伸期预报及月预测模式主要有：中国国家气候中心第二代月动力延伸预测模式(DERF2.0)、美国国家环境预报中心第二代气候预测模式（NCEP version 2 coupled forecast system model，CFSv2)(Saha S，et al，2006；2010)、欧洲中期天气预报中心第四代耦合模式(ECMWF4)、东京气候中心(Tokyo Climate Center，TCC)日本气象厅/气象研究所第二代预测系统(JMA/MRI－CPS2)(Japan Meteorological Agency，2007)和亚太经济合作组织气候中心(APEC Climate Center，APCC)等；季节预测模式主要有：中国国家气候中心第 2 代季节预测模式(BCC－CSM)(吴统文等，2013，吴捷等，2017)、美国国家环境预报中心第二代气候预测模式(NCEP version 2 coupled forecast system model，CFSv2)、欧洲中期天气预报中心第四代耦合模式(ECMWF4)、东京气候中心日本气象厅/气象研究所第二代预测系统(JMA/MRI－CPS2)(Tokyo Climate Center，TCC)和亚太经济合作组织气候中心(APEC Climate Center，APCC)、日本海洋研究开发机构(Frontier/JAMSTEC)和世界气象组织(World Meteorological Organization，WMO 等机构的模式产品)。对于月气候预测，模式一般提供有提前 10 天、5 天和 0 天的预报结果，而对于季节预报，通常可采用模式提前 3 个月、2 个月、1 个月和 0 个月的预报结果。由于模式本身的缺陷，加上区域可预报性等问题，导致数值模式在一些区域特别是东亚区域预报技巧普遍不高，实际预测中常常需要根据模式对降水和温度的预报技巧评估，同时配合模式对环流的预报结果进行综合分析应用。

6.1.1.2　数值模式的解释应用方法

各种数值模式解释应用方法则可为减小模式的不确定性提供支撑，目前业务中常用的模式解释应用方法有相似—动力相结合、EOF 迭代、BP 典型相关、SVD、人工神经网络、集合预报等，这些方法都已经在客观化预测系统 FODAS 和 MODES（系统介绍见 6.3）中得到充分应用，并取得了较好的成效。

业务中常用的模式解释应用方法简介如下。

（1）相似-动力相结合预测方法

1）相似-动力的基本原理

一般来讲，数值预报是作为偏微分方程的初值问题提出来的，可表示为

$$\begin{cases}\dfrac{\partial\psi}{\partial t}+L(\psi)=0\\ \psi(x,t_0)=\psi_0(x)\end{cases}\tag{6.1}$$

式中，$\psi(x,t)$为模式预报变量，x 和 t 分别表示空间坐标向量和时间，L 是 ψ 的微分算子，对应于实际的数值模式。t_0 为初始时刻，ψ_0 为初值。$t>t_0$ 时刻的值可由初值进行数值积分得到 ψ 或者其泛函 $P(\psi)$。实际大气所满足的模式表示为

$$\frac{\partial\psi}{\partial t}+L(\psi)=E(\psi)\tag{6.2}$$

式中，E 为模式的误差算子，反映模式中未知的总误差项，即模式误差。从动力学观点来看，我们所掌握的历史资料就是满足式(6.1)的一系列特解。

数值模式是大气实际行为的一种近似，现有的模式离足够精确还相距甚远，多年来人们一直在努力使模式尽可能精确完善。这种努力一般是从正面来进行的，即考虑如何使模式具有更可靠的物理基础及更精确的数值方法，以此来减小模式误差 $E(\psi)$。但无论模式怎样发展，误差仍将是客观存在和相当可观的。实际上，尽管我们无法知道控制大气运动的精确方程，但我们所掌握的大量观测资料实际上是满足大气运动方程的一系列特解。因此，可从反问题的角度利用这些观测资料所提供的信息来弥补模式的缺陷，达到减小模式误差的目的。

大气是一个强迫耗散的非线性系统，存在着系统状态向外源适应。长期业务预报的经验表明，在相似的初始场和边界条件下，大气状况的演变往往也相似。因此，对于任一初值 ψ，可考虑使用与 ψ 相似的历史实况 $\tilde{\psi}$ 所提供的模式误差信息，把预报场视为叠加在历史相似上的一个小扰动，引入历史相似对应的预报误差信息来估计当前的模式预报误差，将动力预报问题转化为模式预报误差的估计问题。

2）研究方案

一般而言，不同地区，降水的形成机制不同，也就是说，影响其降水的因子不一样，而且，即使同一外强迫，由于对物理过程认识不足，物理参数化方案缺陷等内在因素的影响，模式对其响应在不同地区可能也会千差万别，从而导致模式预报误差在不同地区的不同。然而对于同一地区，在外强迫相似的条件下，由于大气有向外强迫适应特征，因此，模式误差也存在一定相似，由此，可以通过相似误差对模式预报结果进行订正，从反问题角度来弥补模式缺陷。基于相似—动力基本原理，旨在对降水模式预报误差进行相似订正，以提高模式预报降水准确率。图 6.1 即是最优多因子动态配置相似—动力汛期降水预测流程。

资料：

实况资料：将美国 CMAP (CPC Merged Analysis of Precipitation）降水分析资料和站点月降水量资料作为实况观测资料。

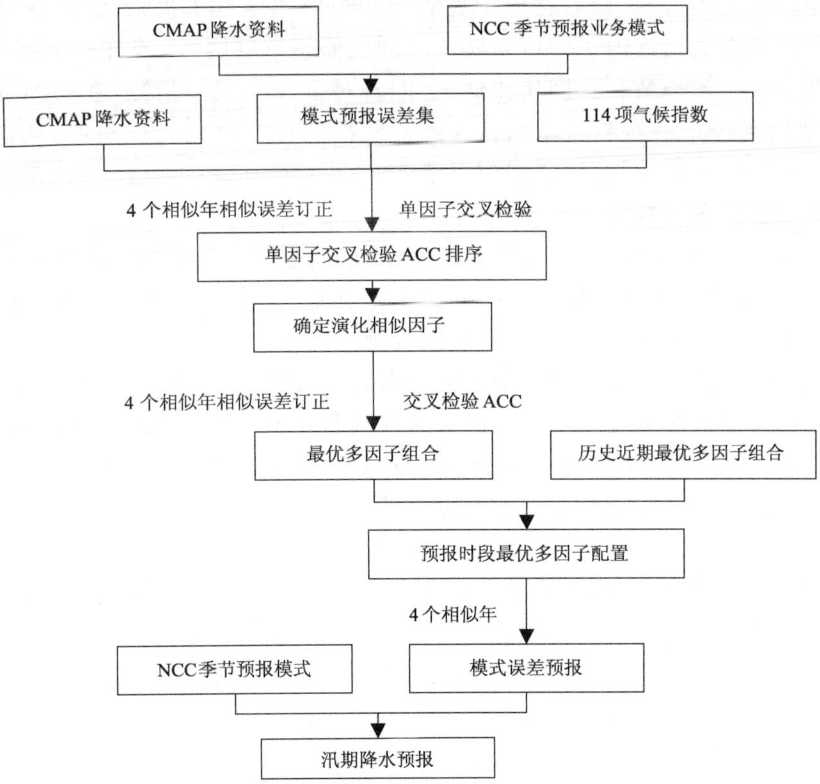

图 6.1　最优多因子动态配置相似一动力汛期降水预报流程(熊开国等,2012)

模式资料:中国气象局国家气候中心海气耦合模式(BCC－CSM)。

预报因子:来自中国国家气候中心的 74 项环流指数及美国国家海洋和大气管理局(NOAA)的 40 项气候指数。

首先,基于 CMAP 资料和 NCC 季节预报业务模式预报结果得到汛期降水模式预报误差集;其后将 114 项指数作为 1368 个影响因子,基于相似一动力基本原理,选取 4 个相似年,对每个影响因子都进行单因子交叉检验预报试验,给出单因子交叉检验 ACC 排序;针对单因子交叉检验 ACC 排序,确定主导因子及演化相似因子集;对存在演化相似因子进行组合配置试验,通过交叉检验 ACC 得到流域预报年前期最优多因子组合,结合历史近期最优多因子组合得到预报时段内稳定关键最优多因子配置,最后进行模式误差预报并对模式预报结果进行订正,给出订正后模式预报结果。以 2009 年汛期降水相似—动力预报为例介绍固定预报因子选取过程:

第一步:单因子交叉检验,选取影响区域汛期降水因子 ACC 排序

针对单因子对 1983—2006 年、1983—2007 年和 1983—2008 年 3 个时段进行交叉检验,给出每个时段单因子交叉检验 ACC 排序;

第二步:主导因子的确定

从 3 个时段单因子交叉检验 ACC 排序中确定至少一个对提高汛期降水预测 ACC 有较大贡献的主导因子;

第三步:确定演化相似因子

首先，在单因子交叉检验 ACC 排序中选取那些相似误差订正预报 ACC 大于系统误差订正预报的因子；然后在选出的因子中搜索属于相同气候指数的因子，若有多个因子同属于一气候指数，则认为这个气候指数存在演化相似，也即若对于一个气候指数，在其所属的因子中有多个因子对提高汛期降水预报有技巧则认为此气候指数存在演化过程相似，从而将对提高汛期降水预报最有技巧的因子视为演化相似因子；

第四步：最优多因子配置的确定

基于每个时段演化相似因子集，寻找最优因子组合，使得此时段交叉检验 ACC 值达到最高。在每个时段最优多因子组合中取相同的因子即交集，建立该区域优化组合因子集确定最优多因子配置，此最优多因子配置即 2009 年固定预报因子。

对于多因子组合的选取，随着因子个数的增多，自由度明显增大，以致计算量显著增长，此外，噪声问题及因子间的相关关系会导致误差的非线性增长，而研究表明通过 EOF 方法能有效压缩自由度同时消除部分噪声的影响，本质上降低了因子场的维度。

对多因子的标准化场 $\psi_{m\times n}$ 进行 EOF 分解记为：

$$\psi_{m\times n}=V_{m\times n}T_{m\times n} \tag{6.3}$$

式中，m，n 分别为时空维度，$V_{m\times n}$ 为标准化正交基(场)，$T_{m\times n}$ 为时间系数(主分量)。为简单起见，可由累积解释方差大于一定阈值的前 $h(h<m)$ 个主分量来反映原变量场变化的大部分信息，以此压缩因子场的维数。取累积方差贡献率达到 80%时的 EOF 主分量个数，即

$$\psi_{m\times n}=V_{m\times n}T_{n\times n}\approx V_{m\times h}T_{h\times n} \tag{6.4}$$

(2)EOF 分析迭代法

该方法是一种场对场的预测方法，该方法能将随时间变化的要素场分解为空间函数场(主分量)和时间系数，空间函数场能反映不同样本之间自然协调的多重关系，时间系数能反映年代际和年际变化。通过 EOF 分析，不需要了解各样本之间复杂的关系，通过不断循环迭代，可以导出所需要站点的预报信息，最终得到包涵了复杂关系在内的预报。

(3)BP 典型相关法

该方法利用 EOF 和典型相关相结合，是一种场对场的统计降尺度方法。在该方法中使用 EOF 分析方法，对原始资料场进行截断处理，保留了方差贡献较大的 k 个主分量信息作典型相关分析，由于前 k 个主分量保留了原始资料场大尺度空间分布的主要信息，滤去了小尺度空间扰动的作用，能够充分反映原始资料场变化的主要特征，因此，可以对预报因子场和预报对象场之间的相关性进行分析，并建立预测模式，对预测对象场的变化趋势进行讨论。而典型相关分析是研究两组变量整体关系的统计方法，它可从两组变量的相关关系中提取主要信息，达到简化分析的目的，最终利用 EOF 和典型相关的结合实现模式产品的降尺度预测结果。

(4)奇异值分解(SVD)

设有 $\boldsymbol{X}$，$\boldsymbol{Y}$ 两个场，称为左场和右场，分别包括 p 和 q 个空间格点，有 n 次经过方差标准化处理的观测值，用矩阵表示为

$$\boldsymbol{X}=\begin{pmatrix} x_{11} & x_{12} & \cdots & x_{1n} \\ x_{21} & x_{22} & \cdots & x_{2n} \\ \vdots & \vdots & \vdots & \vdots \\ x_{p1} & x_{p2} & \cdots & x_{pn} \end{pmatrix} \qquad \boldsymbol{Y}=\begin{pmatrix} y_{11} & y_{12} & \cdots & y_{1n} \\ y_{21} & y_{22} & \cdots & y_{2n} \\ \vdots & \vdots & \vdots & \vdots \\ y_{q1} & y_{q2} & \cdots & y_{qn} \end{pmatrix} \tag{6.5}$$

设左场 $\boldsymbol{X}$ 为预报对象场，右场 $\boldsymbol{Y}$ 为因子场。由 SVD，我们可找到两个正交线性变换矩阵

$\boldsymbol{L}$ 和 $\boldsymbol{R}$，使得

$$\mathrm{cov}(\boldsymbol{L}^{\mathrm{T}}\boldsymbol{X},\boldsymbol{R}^{\mathrm{T}}\boldsymbol{Y})=\max \tag{6.6}$$

式中，$\boldsymbol{L}^{\mathrm{T}}\boldsymbol{X}=\boldsymbol{A}$，称为左场时间系数矩阵，$\boldsymbol{R}^{\mathrm{T}}\boldsymbol{Y}=\boldsymbol{B}$，称为右场时间系数矩阵。$\boldsymbol{L}$ 和 $\boldsymbol{R}$ 的第 k 列向量分别称为第 k 左、右奇异向量。并有

$$\boldsymbol{L}=\begin{pmatrix} l_{11} & l_{12} & \cdots & l_{1p} \\ l_{21} & l_{22} & \cdots & l_{2p} \\ \vdots & \vdots & \vdots & \vdots \\ l_{p1} & l_{p2} & \cdots & l_{pp} \end{pmatrix} \qquad \boldsymbol{R}=\begin{pmatrix} r_{11} & r_{12} & \cdots & r_{1q} \\ r_{21} & r_{22} & \cdots & r_{2q} \\ \vdots & \vdots & \vdots & \vdots \\ r_{q1} & r_{q2} & \cdots & r_{qq} \end{pmatrix} \tag{6.7}$$

$$\boldsymbol{A}=\begin{pmatrix} a_{11} & a_{12} & \cdots & a_{1n} \\ a_{21} & a_{22} & \cdots & a_{2n} \\ \vdots & \vdots & \vdots & \vdots \\ a_{p1} & a_{p2} & \cdots & a_{pn} \end{pmatrix} \qquad \boldsymbol{B}=\begin{pmatrix} b_{11} & b_{12} & \cdots & b_{1n} \\ b_{21} & b_{22} & \cdots & b_{2n} \\ \vdots & \vdots & \vdots & \vdots \\ b_{q1} & b_{q2} & \cdots & b_{qn} \end{pmatrix} \tag{6.8}$$

SVD 同时对左、右场的 p 和 q 个变量实施不同的变换，得到的新变量——时间系数具有这样的优良性质：左场（或右场）时间系数仅与同序号的右场（或左场）时间系数协方差不为 0，其余均为 0，也即左场（或右场）时间系数仅与右场（或左场）同序号时间系数相关系数不为 0，其余均为 0。时间系数是按其成对的协方差大小排列的，且大协方差一般集中在前 $N(N\leqslant \min(p,\ q))$ 对上，余下的协方差较小，因此，我们可选取前 N 对时间系数，这前 N 对时间系数的相互关系就可在很大程度上代表两场的相互关系，分析左、右两场 p 个变量与 q 个变量随时间相互变化的众多关系变为分析这 N 对时间系数随时间相互变化的简单关系，不仅使问题大大简化，且突出了重点。

EOF 能将数据场分解为不随时间变化的空间函数（特征向量）以及只依赖时间变化的时间系数（主分量），利用方差集中在前 N 个主要分量的特征，用前 N 空间函数和时间系数的线性组合构成对原场的估计，略去原场中方差较小分量，保留较大分量，由于正交变换不改变场的总方差，因此估计场保留了原场大部方差，反映了原场的主要特征。若 N 取得足够大，越接近原场格点数 p，越能以高精度逼近原场，特别地，若 $N=p$，则估计场完全等同于原场。

既然 EOF 为 SVD 的特例，它们对原场都是实施的正交线性变换，且在 SVD 中，考虑到右场为因子场，其预测时刻$(n+1)$时间系数可由下式得到

$$\begin{pmatrix} b_{1,n+1} \\ b_{2,n+2} \\ \vdots \\ b_{q,n+1} \end{pmatrix}=\begin{pmatrix} r_{11} & r_{12} & \cdots & r_{1q} \\ r_{21} & r_{22} & \cdots & r_{2q} \\ \vdots & \vdots & \vdots & \vdots \\ r_{q1} & r_{q2} & \cdots & r_{qq} \end{pmatrix}\begin{pmatrix} y_{1,n+1} \\ y_{2,n+2} \\ \vdots \\ y_{q,n+1} \end{pmatrix} \tag{6.9}$$

由简单关系可能实现右场时间系数对左场时间系数预测，由此我们自然想到：能否由右场足够多的时间系数，预测左场时间系数，这些左场时间系数和左奇异向量线性组合构成对原场的估计，从而实现右场对左场的定量预测。

设前 N 对时间系数累积协方差占两场协方差大部，若时间系数间存在线性关系，由

$$a_k=c_{0k}+c_{1k}b_k \quad (k=1,2,\cdots,N) \tag{6.10}$$

式中，c_{0k}，c_{1k} 为待定系数；a_k，b_k 分别为第 k 左场和右场时间系数）实现对 a_k 的预测。另一方面，由 $\boldsymbol{L}^{\mathrm{T}}\boldsymbol{X}=\boldsymbol{A}$，注意到 $\boldsymbol{L}$ 为正交矩阵，则有 $\boldsymbol{X}=\boldsymbol{L}\boldsymbol{A}$，即 $N=p$ 时

$$\begin{pmatrix} x_{11} & x_{12} & \cdots & x_{1n} \\ x_{21} & x_{22} & \cdots & x_{2n} \\ \vdots & \vdots & \vdots & \vdots \\ x_{p1} & x_{p2} & \cdots & x_{pn} \end{pmatrix} = \begin{pmatrix} l_{11} & l_{12} & \cdots & l_{1N} \\ l_{21} & l_{22} & \cdots & l_{2N} \\ \vdots & \vdots & \vdots & \vdots \\ l_{p1} & l_{p2} & \cdots & l_{pN} \end{pmatrix} \begin{pmatrix} a_{11} & a_{12} & \cdots & a_{1n} \\ a_{21} & a_{22} & \cdots & a_{2n} \\ \vdots & \vdots & \vdots & \vdots \\ a_{N1} & a_{N2} & \cdots & a_{Nn} \end{pmatrix} \tag{6.11}$$

当 $N<p$ 时，上式中“=”应改写为“$\subseteqq$”。

若外推(预测)1 个样本，则预报公式为

$$\begin{pmatrix} x_{1,n+1} \\ x_{2,n+2} \\ \vdots \\ x_{p,n+1} \end{pmatrix} = \begin{pmatrix} l_{11} & l_{12} & \cdots & l_{1N} \\ l_{21} & l_{22} & \cdots & l_{2N} \\ \vdots & \vdots & \vdots & \vdots \\ l_{p1} & l_{p2} & \cdots & l_{pN} \end{pmatrix} \begin{pmatrix} a_{1,n+1} \\ a_{2,n+1} \\ \vdots \\ a_{N,n+1} \end{pmatrix} \tag{6.12}$$

将预测得到的 $a_{1,n+1}, a_{2,n+1}, a_{N,n+1}$ 代入上式，即可得到左场预测值 $x_{1,n+1}, x_{2,n+1}, a_{p,n+1}$。

(5)人工神经网络

1)前向网络

人工神经网络是由大量处理单元广泛互连而成的网络，是人脑神经系统的某种模拟。前向网络是人工神经网络的一种，它通过简单非线性处理单元的复合映射以获得处理非线性问题的能力。对于三层前向网络，若 $x_{ij}^{(2)}$ 表示第 2 层(隐层)第 j 个神经元与第 3 层(输出层)第 i 个神经元的连接权，$b_{ij}^{(1)}$ 表示第 1 层(输入层)第 j 个神经元与第 2 层第 i 个神经元的连接权，$N^{(1)}, N^{(2)}, N^{(3)}$ 分别为第 1 层、第 2 层、第 3 层神经元(节点)数，$w_i^{(1)}, w_i^{(2)}$ 分别为输入层到隐层，隐层到输出层的阈值，$x_i^{(2)}$ 为第 2 层输出，则外界输入 $u_j\ (j=1,2,\cdots,N^{(1)})$ 和网络输出 $y_i^{(3)}$ 的关系可表为

$$x_i^{(2)} = \sum_{j=1}^{N^{(1)}} b_{ij}^{(1)} u_j + w_i^{(1)} \qquad (i=1,2,\cdots,N^{(2)}) \tag{6.13}$$

$$y_i^{(3)} = \sum_{j=1}^{N^{(2)}} a_{ij}^{(2)} g(x_j^{(2)}) + w_i^{(2)} \qquad (i=1,2,\cdots,N^{(3)}) \tag{6.14}$$

其中

$$g(r) = \frac{1}{1+e^{-r}} \tag{6.15}$$

2)学习训练

网络结构确定后，我们就要由已知的样本反复调节各层各神经元的连接权和阈值，直至使预先设计的代价函数极小化，这个过程就称为网络的学习训练。BP 算法是前向网络经典的学习算法，它对前向网络的发展起过历史性的推动作用。在众多领域，包括气象科学，BP 算法得到了广泛的应用。然而，对于网络学习训练如此复杂的非线性优化问题，一般不能保证代价函数的正定性，代价函数往往存在多个分布无规则的局部极小点。BP 算法实为一种梯度下降法，算法每次都是向改进解的方向，也即负梯度方向搜索，这是使代价函数值在当前邻域内下降最快的方向，其步长依学习率而定。因此，这种算法不能在全局范围内搜索最优解，易陷入局部极小，对初值依赖较大，不能满足应用的高要求。

为此我们引入遗传算法(genetic algorithms，GA)取代传统的 BP 算法。GA 是近年受生物进化论启发提出的一种基于“适者生存”的高度并行、随机和自适应的新颖优化算法。它的两个最显著的特点就是隐含并行性和全局解空间搜索，为高质量的网络学习训练创造了条件。

3)代价函数设计

实质上，网络学习训练就是确定连接权和阈值，使代价函数极小（或极大）化。因此，代价函数的设计对于网络学习训练起着至关重要的导向作用，直接决定着网络的性能。若代价函数设计不当，还有可能误导网络学习训练过程。因而代价函数的形式，及其参数的确定本身也是一个复杂的优化问题，理论上难以解决，目前只有较多地依赖于经验。一般应用而言，代价函数常取为

$$E = \sum_{i=1}^{n}(z_i - z_i^0)^2 \tag{6.16}$$

式中，z_i 为网络输出，z_i^0 为期望输出，即预测对象值，n 为训练样本个数，也即使人工构造的神经网络输出最大可能地接近预测对象值本身，数值拟合误差最小。但由于现有气候模式技术水平的局限，使我们不可能高精度地预测出气象要素值本身。在这种情形下，区域内距平符号预测正确的站数 N_0 就显得格外重要，它是通用的技巧评分公式

$$S = \frac{N_0 - N'}{N - N'} \times 100\% \tag{6.17}$$

中最重要的参数（其中，N 为总站数，N' 为随机预测正确的站数）。定性预测正确也是各级政府和广大用户对我们业务工作的基本要求。显然，N_0 是关于 $a_{ij}^{(2)}$，$b_{ij}^{(1)}$，$w_i^{(1)}$，$w_i^{(2)}$ 的函数，我们选取 N_0 为代价函数。

注意到 N_0 为不连续函数，无法求得导数。BP 算法需要代价函数的导数（梯度）信息，因此 BP 算法不可能完成这类网络学习训练。而 GA 算法是一种随机优化算法，并不需要代价函数的导数信息，不受其有无导数的影响，仍可完成网络学习训练。这也是我们引入 GA 算法取代 BP 算法的另一个重要原因。

（6）多种定量预测结果集成方法

集合预报是利用算术平均、权重集成和区域最优方式等方法对各种定量预测结果作处理，最终将根据上述集成方法中回报最优的方法提供预报结论。

1）算术平均集成

算术平均集成方法原理：有 k 种原始预报方法，对多种预报方法作算术平均，从而得到集成预报值。

$$P = \frac{\sum_{i=1}^{k} W_i}{k} \tag{6.18}$$

2）权重集成

权重集成方法原理：有 k 种原始预报方法，其可靠程度不同，对每一种预报方法配一个权重，好的预报方法权重大些，差的预报方法权重小些，从而得到集成预报值。

$$P = \sum_{i=1}^{k} W_i y_i \tag{6.19}$$

3）区域最优集成

区域最优集成方法原理：有 k 种原始预报方法，其可靠程度不同，对每个区域（站点）选取回报效果最好的预报结果。

6.1.2 物理统计方法

6.1.2.1 气候特征相似合成法

该方法主要借鉴大气运动的混沌相似理论，即前期与历史的特征一致，后期的趋势在一定时间范围内与历史上后期运行规律具有一致的特性。主要通过长江流域前期异常的气候特征，以欧氏距离等方式作为判定依据，寻找历史上最为相似的年份，做相似年份的组合分析，预估下一个自然月降水量的演变趋势，同时给出通过显著性检验的区域。

欧氏距离方法表示为

$$AI = \left(\frac{\sum_{i=1}^{m} w_i (\varphi'_{ij} - \varphi'_{ik})^2}{\sum_{i=1}^{m} w_i} \right)^{1/2} \tag{6.20}$$

式中，φ'_{ij}和φ'_{ik}分别代表j,k两个时刻的场，w_i为权重。欧氏距离AI越小则说明两场越相似。

例：基于厄尔尼诺发展相似的 2016 年秋汛期及 9 月降水合成分析

相似特征选择：2016 年厄尔尼诺年逐步衰减并于当年结束，选取具有同样发展特征的相似年 1983 年、1988 年、1992 年、1995 年、1998 年、2003 年、2007 年和 2010 年，进行秋汛期及 9 月降水正距平频次合成分析(图 6.2)。

6.1.2.2 要素变化趋势分析方法

要素趋势分析采用一元线性回归拟合其随年份线性变化趋势

$$y_i = a + bt_i \tag{6.21}$$

式中，y_i为样本量为i的某一气候变量；t_i为年份序号，$t_i = 1,2,\cdots$，分别对应 1961 年、1962 年、……；a,b为回归系数，b乘以 10 称为气候倾向率，即每 10 年气象要素的变化值。

b由最小二乘法求得，公式为

$$\begin{cases} b = \dfrac{\sum_{i=1}^{n} x_i t_i - \dfrac{1}{n}(\sum_{i=1}^{n} x_i)(\sum_{i=1}^{n} t_i)}{\sum_{i=1}^{n} t_i^2 - \dfrac{1}{n}(\sum_{i=1}^{n} t_i)^2} \\ a = \bar{x} - b\bar{t} \end{cases} \tag{6.22}$$

其中

$$\bar{x} = \frac{1}{n}\sum_{i=1}^{n} x_i, \quad \bar{t} = \frac{1}{n}\sum_{i=1}^{n} t_i \tag{6.23}$$

利用回归系数b与相关系数之间的关系，求出时间t_i与变量x_i之间的相关系数为

$$r = \sqrt{\frac{\sum_{i=1}^{n} t_i^2 - \dfrac{1}{n}(\sum_{i=1}^{n} t_i)^2}{\sum_{i=1}^{n} x_i^2 - \dfrac{1}{n}(\sum_{i=1}^{n} x_i)^2}} \tag{6.24}$$

在开展气候变化趋势分析中，除了计算气候倾向率，还要对相关系数r进行显著性检验，确定显著性水平α，如果$|r| > r_\alpha$，表明x随着时间t的变化趋势是显著的，否则表明变化趋势是不显著的。

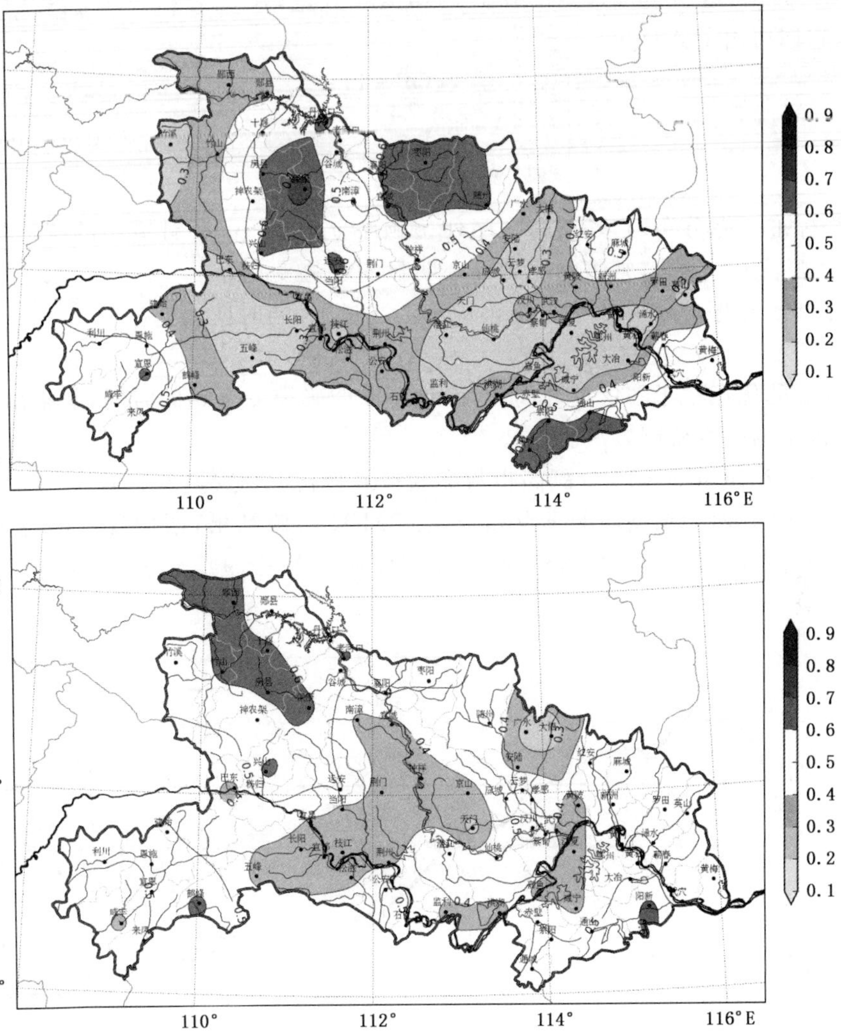

图 6.2 厄尔尼诺发展相似年的秋汛期(上)、9 月(下)降水正距平频次合成

6.1.2.3 突变检验方法

(1)M-K 检验

对于具有 n 个样本量的时间序列 x,构造一秩序列

$$s_k = \sum_{i=1}^{k} r_i \qquad (k=2,3,\cdots,n) \tag{6.25}$$

其中

$$r_i = \begin{cases} +1, 当\ x_i > x_j \\ 0, 当\ x_i \leqslant x_j \end{cases} \qquad (k=2,3,\cdots,n) \tag{6.26}$$

可见,秩序列 s_k 是 i 时刻数值大于 j 时刻数值个数的累计数。

在时间序列随机独立的假定下,定义统计量

$$UF_k = \frac{[s_k - E(s_k)]}{\sqrt{\mathrm{var}(s_k)}} \qquad (k=2,3,\cdots,n) \tag{6.27}$$

式中，$UF_1=0$；$E(s_k)$，$\mathrm{var}(s_k)$是累计数 s_k 的均值和方差，在 $x_1,x_2,\cdots,x_n$ 相互独立，且有相同连续分布，它们可由下式算出

$$\begin{cases} E(s_k)=\dfrac{n(n+1)}{4} \\ \mathrm{var}(s_k)=\dfrac{n(n-1)(2n+5)}{72} \end{cases} \tag{6.28}$$

UF_i 为标准正态分布，它是按时间序列 x 顺序 $x_1,x_2,\cdots,x_n$ 计算出的统计量序列，给定显著性水平 α，若$|UF_i|>U_\alpha$，则表明序列存在明显的趋势变化。

时间序列 x 逆序 $x_n,x_{n-1},\cdots,x_1$，再重复上述过程，同时使

$$UB_k=-UF_k(k=n,n-1,\cdots,1),UB_1=0 \tag{6.29}$$

这一方法的优点在于不仅计算简便，而且可以明确突变开始的时间，并指出突变区域。因此，是一种常用的突变检测方法。

例：1951—2014 年 9—10 月副高指数突变检验分析（吴瑶等，2016）。

分析 9—10 月西太副高西伸脊点和脊线的 M-K 检验结果，西伸脊点的突变发生在 1977 年前后，西伸脊点由偏东转为显著偏西；脊线突变则发生在 1997 年前后，突变后转为明显偏北（图 6.3）。

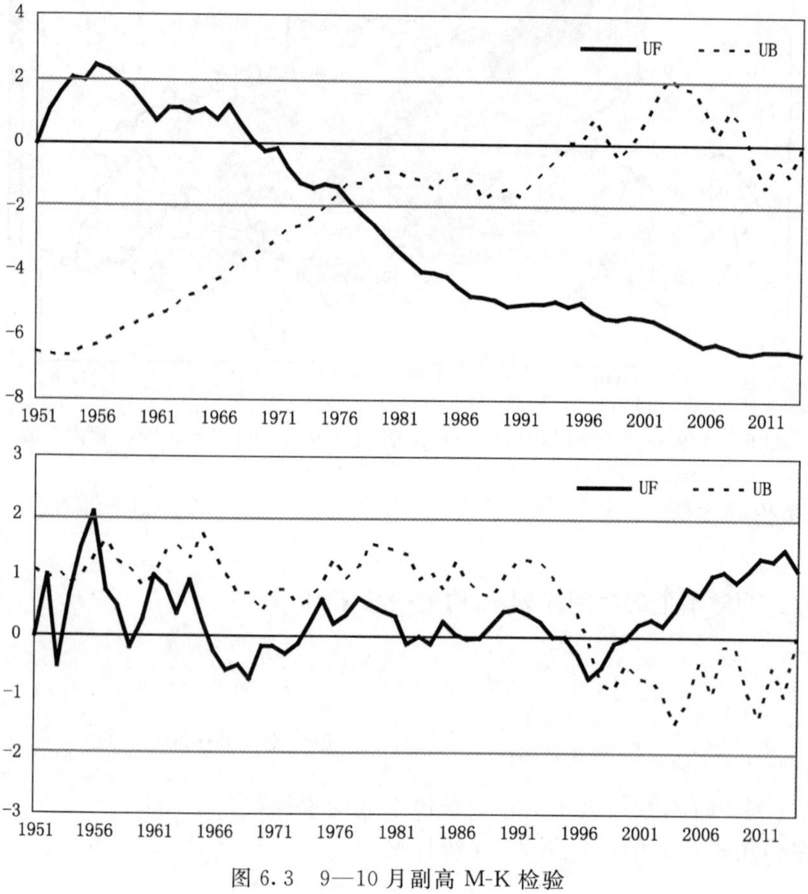

图 6.3　9—10 月副高 M-K 检验

（上）9—10 月西伸脊点指数，（下）9—10 月脊线指数

(2)滑动 t 检验

通过考察两组样本平均值的差异是否显著来检验突变，把气候序列中两段子序列均值有无显著差异看作来自两个总体均值有无显著差异的问题来检验。如果两段子序列的均值差异超过了一定的显著水平，则可以认为有突变发生。

$$t = \frac{\overline{x_2} - \overline{x_1}}{s\sqrt{\frac{1}{n_1} + \frac{1}{n_2}}} \tag{6.30}$$

$$s = \sqrt{\frac{n_1 s_1^2 + n_2 s_2^2}{n_1 + n_2 - 2}} \tag{6.31}$$

6.1.2.4　相关分析

用来描述两个时间序列间相互关系的方法，用相关系数

$$r_{kl} = \frac{1}{n}\sum_{i=1}^{n}\left(\frac{x_{ki} - \overline{x}_k}{S_k}\right)\left(\frac{x_{li} - \overline{x}_l}{S_l}\right) \tag{6.32}$$

式中，S_k，S_l 分别表示第 k、第 l 个变量的标准差，r_{kl} 的绝对值越大，表示两者的关系越密切。

6.1.2.5　经验正交函数分解方法(EOF)

经验正交函数分解(EOF)称为主分量分析，它能将变量的时空特征分离开。由 m 个互相关联的变量，每个变量有 n 个样本构成矩阵 $X_{m\times n}$，对 X 进行线性变换，即由 P 个变量线性组合为一新变量

$$Z_{p\times n} = A_{p\times m}X_{m\times n} \tag{6.33}$$

Z 为原变量的主分量，A 为线性变换矩阵。这一过程将原多个变量的大部分信息最大限度地集中到少数独立变量的主分量上。

将主分量分析在气候变量场上进行，将由 m 个空间点 n 次观测构成的变量 $X_{m\times n}$ 看作是 P 个空间特征向量和对应的时间权重系数的线性组合

$$X_{m\times n} = V_{p\times m}T_{p\times n} \tag{6.34}$$

T 为时间系数，V 为空间特征向量。这一过程将变量场的主要信息集中由几个典型特征向量表现出来。

例：对冬季气温进行 EOF 分析，前 3 个模态的方差贡献率可达 93%。

第一模态为全省一致型分布，体现为全省气温一致偏高或是偏低分布型(图 6.4 左)。

第二模态为中部与东西两端反位相分布，体现为气温中部偏低、东西两端偏高或是中部偏高、东西两端偏低分布型(图 6.4 右)。

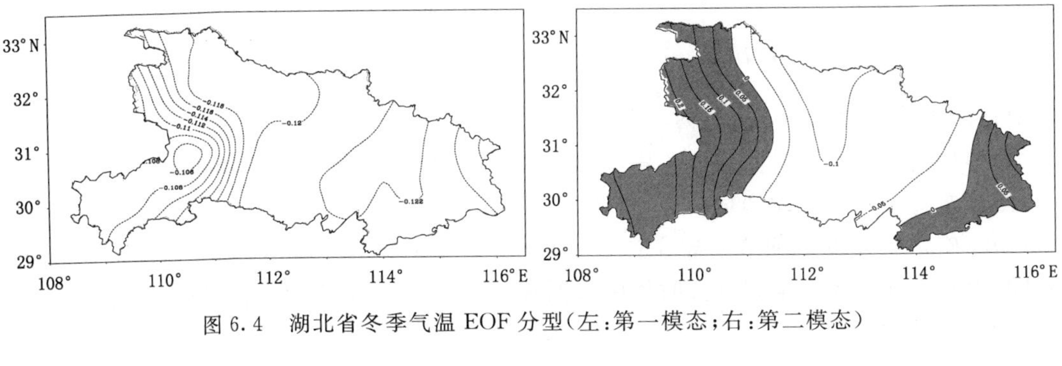

图 6.4　湖北省冬季气温 EOF 分型(左：第一模态；右：第二模态)

6.1.2.6 聚类分析方法

聚类分析方法是研究分类问题的一种多元统计分析方法。凡是具有数值特征的变量和样品都可以通过选择不同的距离和系统聚类方法而获得满意的数值分类效果。

假设有 n 个样品,反映每个样品的指标有 P 个,n 个样品的原始数据就构成了一个 n 行 P 列的数据矩阵。对每个样品可看成 P 维空间中的一个点,可用 P 维空间的距离度量样本之间的接近程度,继而进行聚类分析。对 P 维空间的距离有多种不同的定义,最常用的样本距离为欧氏距离,其定义如下

$$D_{ij} = \left[\sum_{k=1}^{p}(x_{ik} - x_{jk})^2\right]^{0.5} \tag{6.35}$$

样本的指标之间由于使用量纲的不同往往数值级别上差距较大，可通过对数据无量纲化处理以避免量纲不同对结果的影响。求出样本点之间距离后就可构成一个距离矩阵,距离矩阵是对角线为 0 的下三角阵或上三角阵。根据距离矩阵就可对样本进行聚类分析。

6.1.2.7 小波分析法

设 $f(t)$是平方可积函数,记作 $f(t) \in L^2(R)$,$\psi(t)$为基本小波或母小波函数,它一般是时域上以 $t=0$ 为中心的带通函数,在时域和频域都具有局部化,且均值为零,即

$$\int_{-\infty}^{\infty} \psi(t)\,\mathrm{d}t = 0 \tag{6.36}$$

如果 $\psi(t)$满足容许性条件

$$C_{\psi} = \int_{0}^{\infty} \frac{|\hat{\psi}(\omega)|^2}{\omega}\,\mathrm{d}\omega < \infty \tag{6.37}$$

则

$$Wf(a,b) = \langle f, \psi_{a,b} \rangle = \int_{-\infty}^{\infty} f(t)\,\frac{1}{\sqrt{a}}\psi\left(\frac{t-b}{a}\right)\mathrm{d}t \tag{6.38}$$

称为 $f(t)$的小波变换。其中

$$\psi_{a,b} = \frac{1}{\sqrt{a}}\psi\left(\frac{t-b}{a}\right),\ a > 0,\ b \in R \tag{6.39}$$

式中,a 为频率参数,b 为时间参数。

连续小波变换的形式可以写为

$$Wf(a,b) = \int_{-\infty}^{\infty} f(t)\,\frac{1}{\sqrt{a}}\psi\left(\frac{t-b}{a}\right)\mathrm{d}t \tag{6.40}$$

离散小波变换的形式可以写为

$$Wf(2^j, n2^j) = \int_{-\infty}^{\infty} f(t)\,\frac{1}{\sqrt{2^j}}\psi\left(\frac{t-n2^j}{2^j}\right)\mathrm{d}t \tag{6.41}$$

对离散表达式的小波变换计算步骤如下:

(1)根据研究问题的时间尺度确定频率参数 a 的初值及其增长的时间间隔。

(2)选定并计算母小波函数。

(3)将确定的频率 a、研究对象序列 $f(x)$及母小波函数 $\psi(x)$带入 $f(x)$的离散小波变换中,计算出其小波变换。编程计算时做两重循环,一个是关于时间参数 b 的循环,另一个是关于频率参数 a 的循环。

例：对 1961—2014 年 9 月温度距平进行小波分析，结果表明，湖北省温度具有准 2～3a 周期，2011—2013 年湖北省温度以低为主，2014 年至未来 3 年应该转为暖周期中（图 6.5）。

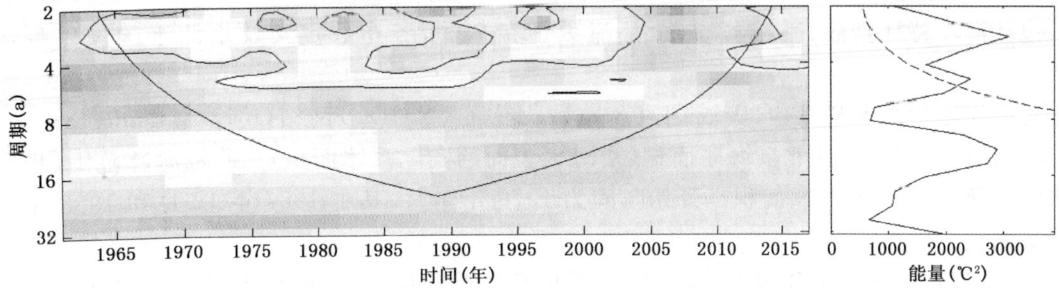

图 6.5　湖北省 9 月降水小波周期分析

6.1.2.8　最优子集法

相关的研究表明，在月时间尺度气候预测中，利用最优子集回归具有相对于其他预测方法不能比拟的预测效果。利用前期 1～3 个月的 74 项环流特征指数，与预报对象（如降水量）建立所有可能的回归，采用双评分准则，从中确定出一个效果最优的子集回归，从而得到未来的月气候趋势预测结果。

最优子集法概述：从自变量所有可能的子集回归中以某种准则确定出一个效果最优回归方法，假设有 m 个自变量，每个自变量有在方程内或不在方程内两种状态存在，因此，所有可能的变量子集有 2^m 个，除去方程一个变量不含的空集外，实际有 2^m-1 个变量子集，$m=10$ 时，则有 $2^{10}-1=1023$ 个变量子集。

气候预测中最优子集采用双评分准则：以 CSC 达最大为标准，有

$$CSC_k = S_1 + S_2 = nR^2 + 2I \tag{6.42}$$

式中，S_1 代表预报误差与气候概率的比值，有

$$S_1 = nR^2 = n(1 - \frac{Q_k}{Q_x}) \tag{6.43}$$

S_2 代表趋势预报正确，有

$$S_2 = 2I = 2\left[\sum_{i=1}^{I}\sum_{j=1}^{I} n_{ij}\ln n_{ij} + n\ln n - \left(\sum_{i=1}^{I} n_i \ln n_i + \sum_{j=1}^{I} n_j \ln n_j\right)\right] \tag{6.44}$$

6.2　预测常用资料及来源

预测常用资料包括气象要素资料、环流指数资料、再分析资料、预测结论资料、常用动力模式及其解释应用产品资料等。

6.2.1　气象要素资料

实况观测资料（地面气温、降水）：湖北省 76 个国家气象观测站气温、降水资料，分为逐日、逐月资料，来源于湖北省气象信息与技术保障中心。

6.2.2　环流资料和再分析资料

(1)大气环流和陆面状况资料

包括海洋特征指数、遥相关指数、环流因子指数等，各指数定义及来源于国家气候中心网站。

北极海冰指数资料，取自美国国家冰雪数据中心(NSIDC)网站(http://nsidc.org/.org/arcticseaicenews/)，包括北极海冰面积(指海水表面的实际浮冰面积)和北极海冰范围(指所有浮冰覆盖超过15%的海冰面积)，开始时间为1979年1月，其中1987年12月和1988年1月资料缺测；

积雪资料，包括北半球积雪、欧亚积雪和北美积雪指数资料，取自于罗格斯大学全球积雪实验室：http://climate.rutgers.edu/snowcover/index.php，开始时间为1968年，逐月资料。青藏高原积雪资料来自于国家气候中心。

(2)再分析资料

NCEP/NCAR再分析的海平面气压、位势高度、uv风场、海温的逐日和逐月资料，水平分辨率为2.5°×2.5°，垂直层数为17层，开始时间为1948年1月(海温资料开始时间为1854年1月)；空间范围为0°—360°，90°S—90°N。

6.2.3　预报结论资料

按照其来源，可分为三类：国家气候中心指导预测意见、周边省份预测意见及本省预报员意见。

6.2.4　常用动力模式与资料

近几十年来随着计算机科学、数学、交叉学科的飞速发展，加上气象工作者的不懈努力，数值模式快速成长。数值预报已经成为人类预报天气气候的主要手段。目前，中国、欧洲、美国、英国、日本、亚太经合组织等国家和机构都建立了自己的数值模式，并有针对性地建立了用于提高模式预报准确率的系统。

6.2.4.1　常用动力模式及系统

针对不同预报时间尺度，常用的模式如下(表6.1)。

表6.1　常用气候模式列表

模式类别	模式名称	空间分辨率	时间分辨率	更新时间	预报时效
延伸期一月模式	DERF2.0	110km	d	0.25d	51d
延伸期一月模式	CFSv2		d	0.25d	45d
延伸期一月模式	ECMWF_SYSTEM5		d	3.5d	28d
季节预报模式	BCC_CSM	1°×1°	d	月	13个月
季节预报模式	CFSv2		d		9个月
季节预报模式	ECMWF_SYSTEM5		d	月	7个月

延伸期及月预报模式主要有：DERF2.0、CPC_CFSv2、ECMWF_SYSTEM、JMA/MRI—cps2和APCC的模式产品等；

季节预报模式主要有：BCC_CSM、CPC_CFSv2、ECMWF_SYSTEM、JMA/MRI－cps2，以及 APCC、IRI、Frontier 和 WMO 等机构的模式产品；

客观化预测系统主要有：MODES、FODAS 和 MAPFS。

6.2.4.2　常用动力模式产品

常用各动力模式及系统资料来源见附录 A。

6.3　现代气候预测业务系统简介

目前业务中常用气候预测业务系统主要有多模式解释应用集成预测系统(MODES)、动力-统计集成的季节气候预测系统(FODAS)、月内重要过程与趋势预测业务系统(MAPFS)以及其他本地业务系统，下面分别进行介绍。

6.3.1　多模式解释应用集成预测系统(MODES)

基于多个国内外气候模式产品的解释应用集成预测平台。目前系统版本为 MODES1.2.2，系统整体界面如图 6.6 所示，系统总共包括三大模块的内容，从下往上依次是系统配置与管理、数据管理与更新、气候监测/预测/分析。其中：

系统配置与管理模块为系统运行前的一些配置准备工作，包括数据库及运行环境配置、站点分类配置、区域图形与站点配置、环境变量写入配置。

数据管理与更新模块具有地面月观测资料的更新功能，包括 CIPAS 月观测数据存放位置(FTP)的设置、MUMON 文件本地存放位置的设置，同时包括下载、追加 MUMON 数据功能。

气候监测/预测/分析模块为整个系统的重点部分，包括常规地面气候要素(如降水、气温等)的监测及合成分析，以及多模式气候资料的降尺度和集合预报功能。

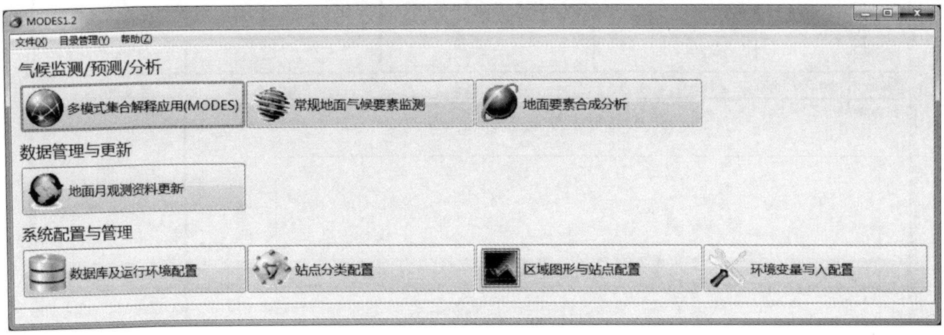

图 6.6　MODES 系统界面

6.3.1.1　常规地面要素监测

"常规地面要素监测"是通过应用服务器从数据库中读取要素数据，根据数据库中的数据以及所给的时段(开始月、开始日、结束月、结束日)生成基于站点信息的日累加降水、气温、高温监测产品以及月降水、气温监测产品，包括气温距平、降水距平、气温多年均值、降水多年均值等，并以图形形式输出。

在主界面中点击"常规地面要素监测"按钮，模块的整体界面如图 6.7 所示。

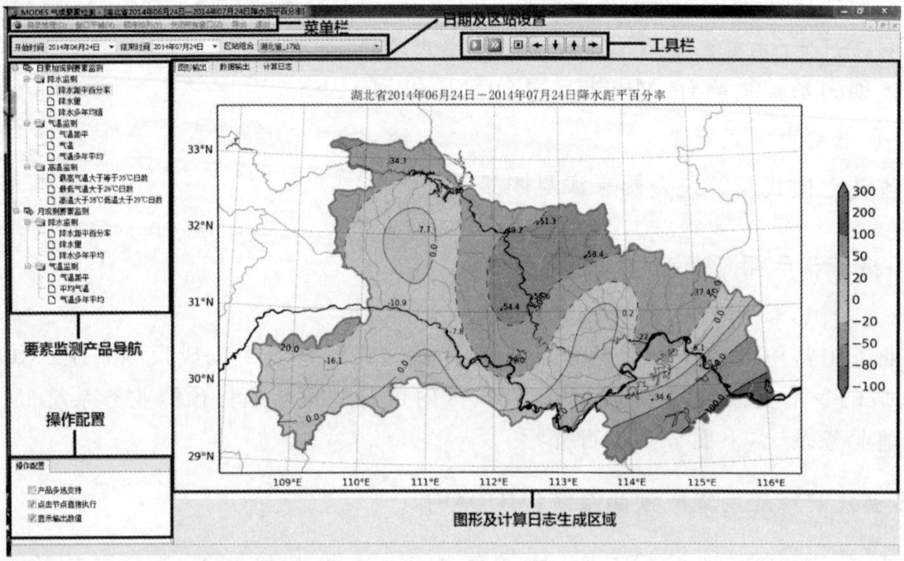

图 6.7　常规地面要素监测模块界面

6.3.1.2　地面要素合成分析

“地面要素合成分析”是对气候状态(如某要素的正、负距平)进行时序合成运算分析,用以反映地面监测要素在特定周期上的平均特征,确定不同气候态造成的影响程度。

在主界面中点击“地面要素合成分析”按钮,模块的整体界面如图 6.8 所示。

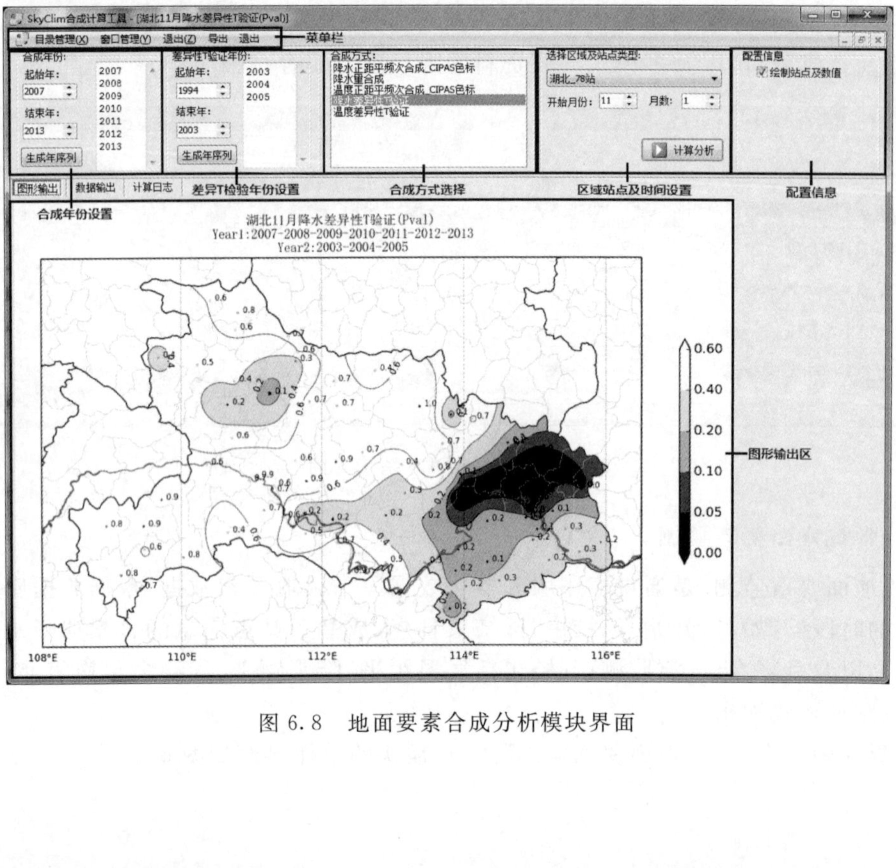

图 6.8　地面要素合成分析模块界面

6.3.1.3　多模式集合解释应用(MODES)

“多模式集合解释应用(MODES)”模块主要实现多模式的预报、诊断、评估工作。在主界面中点击“多模式集合解释应用(MODES)”按钮,模块的整体界面如图 6.9 所示。

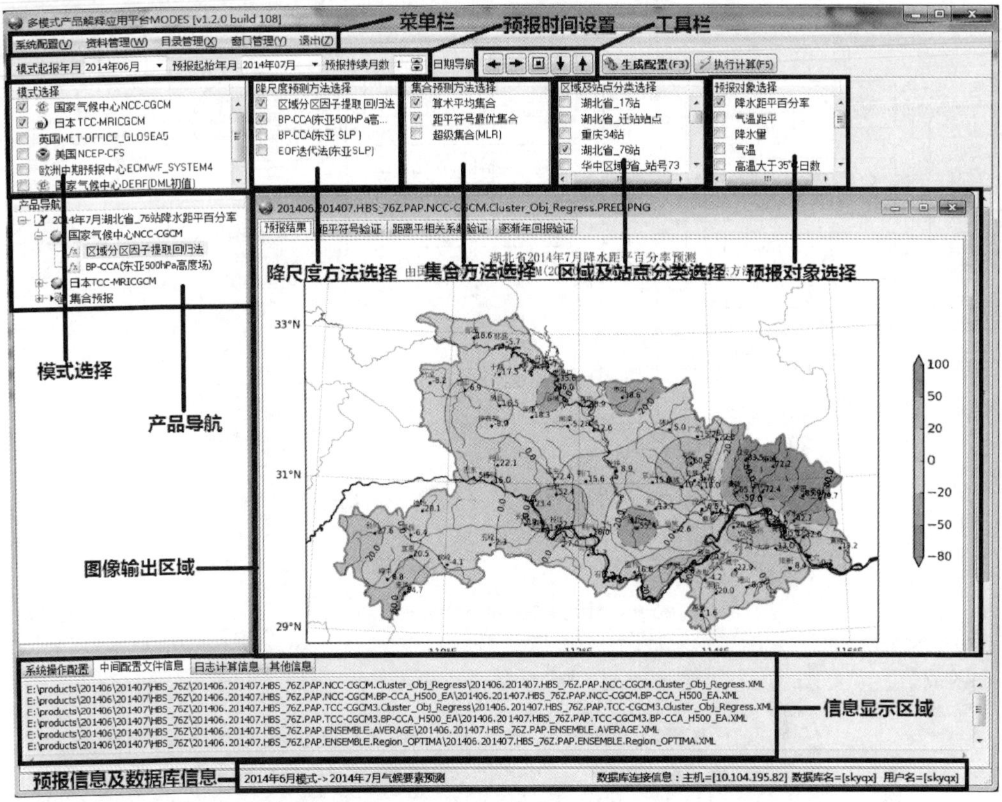

图 6.9　多模式集合解释应用(MODES)模块界面

6.3.2　动力-统计集成的季节气候预测系统(FODAS)

6.3.2.1　功能介绍

FODAS1.0 的功能结构主要包括:数据接收模块、历史检索模块、相似因子客观选取模块、统计相似预测模块、全国降水因子诊断订正模块、区域相似因子订正模块、动力统计客观定量化预测模块、统计相似预测评分模块、动力-统计客观定量化预测评分模块。系统功能结构如图 6.10 所示。

6.3.2.2　系统初始界面

系统初始界面如图 6.11 所示。

6.3.2.3　检索界面

检索界面如图 6.12。因子检索界面如图 6.13。系统预测界面如图 6.14。

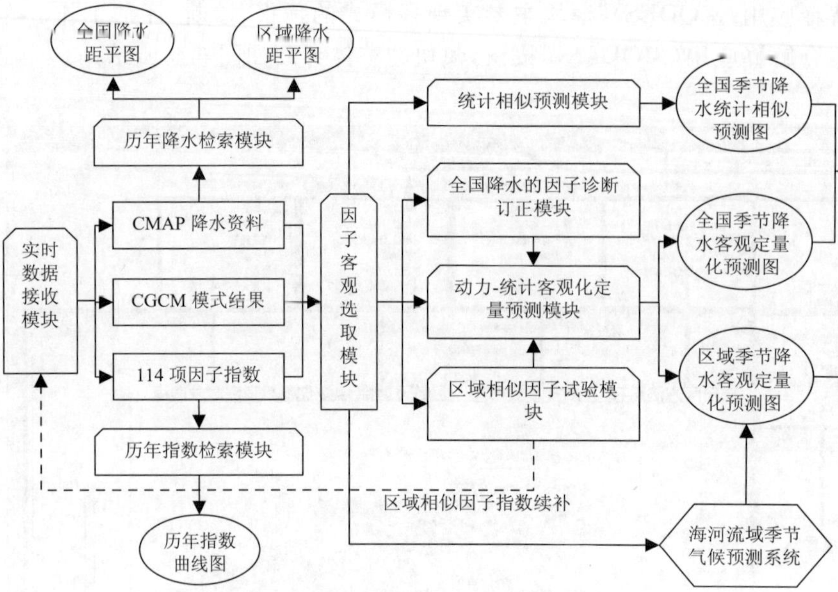

图 6.10　FODAS1.0 系统功能结构图

图 6.11　系统初始界面

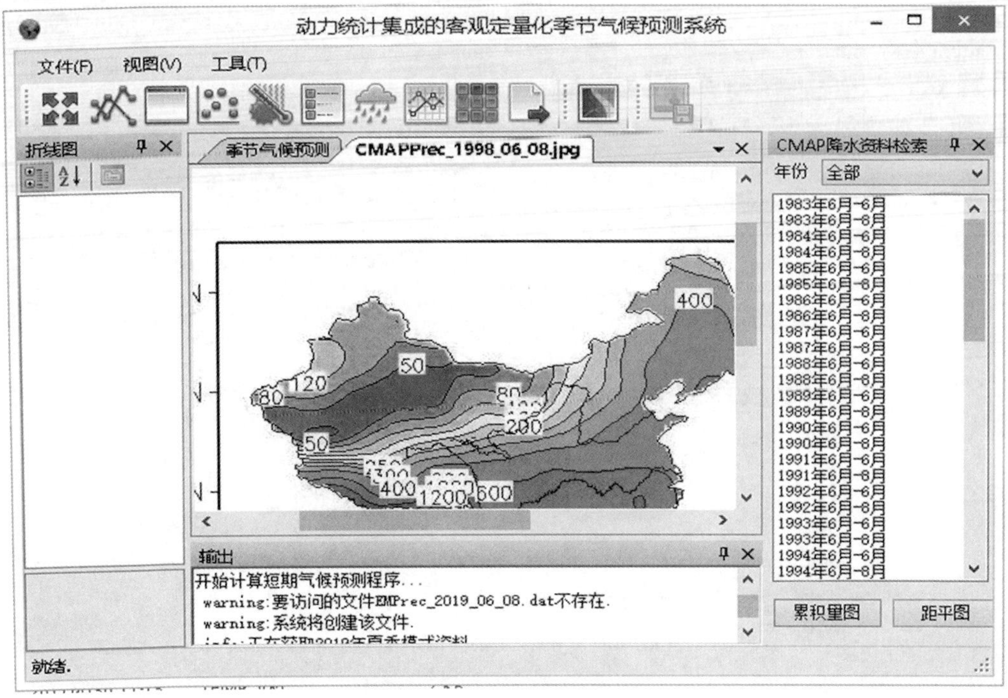

图 6.12　系统检索界面

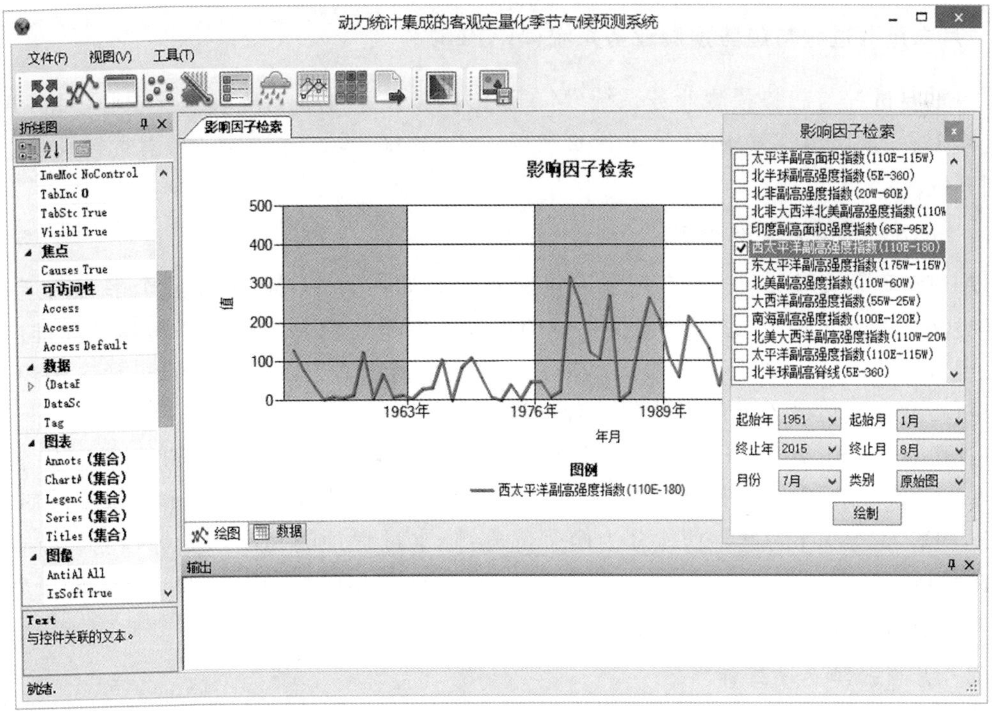

图 6.13　因子检索界面

图 6.14　系统预测界面

6.3.3　月内重要过程与趋势预测业务系统(MAPFS)

月内重要过程与趋势预测业务系统(MAPFS)的整体设计由上海市气候中心承担,并与河北省气候中心、重庆市气候中心、西北区域气候中心、武汉区域气候中心、云南省气候中心等单位共同开发。

6.3.3.1　MAPFS系统整体结构

MAPFS系统采用C++语言开发人机交互式界面作为主程序控制整个平台的运行,制定了各类文件的命名规范,以子目录文件库的形式存储平台数据以方便系统移植和推广。系统绘图用MICAPS 3.3部分软件绘图。核心计算模块采用FORTRAN 90/95语言编程,并编译成可执行文件或以动态库的方式供主程序调用。

系统可在Windows 7.0、Windows XP环境下安装运行,其通用性可确保在不同省(区、市)的本地化推广应用。另外,系统还预留了接口,使得以后进行功能扩充和升级十分便利。

MAPFS系统设计的重要功能分为两个部分:降水过程预测和降水趋势预测。前者包括三个方法模块,即低频图方法模块(孙国武等,2013)、异常相似释用模块和150天韵律方法模块;后者目前只有样本拓展的EOF迭代预测方法模块。

6.3.3.2　月内强降水过程标准

强降水过程定义为预报区域内按一定比例(或数量)要求的台站日雨量X(单位:mm)满足一定的条件(或达到一定的阈值)。降水条件可表述为:$X \geqslant R$或$R_1 \leqslant X \leqslant R_2$,$R$,$R_1$和$R_2$的具体数值依照不同预报区域实际情况确定。

以上海为例，强降水过程是指 11 个地面气象站中，至少 3 个站（含 3 站）日（24h）雨量达到或超过 10mm，即 $X \geqslant 10$。

6.3.3.3　月内强降水过程预报内容

根据近年的实践和中国气象局《月内强降水过程预报业务指导意见》要求，月内重要过程预报主要提供过程发生的时段（起止日期）和强度特征（即前述 R，R_1 和 R_2）（陈伯民等，2013）。

6.3.4　气候与气候变化监测预测系统(CIPAS)

CIPAS 是由国家气候中心开发的集约化业务系统，主要面向国家级和省级气候中心业务科研人员，实现的功能有气候与气候变化监测、预测、预测产品检验、预测产品制作、在线交互式分析等核心业务。

该系统整合集成了动力与统计相结合气候预测系统（FODAS）、多模式集成气候预测系统（MODES）、气候极端事件监测系统、ENSO 监测预测系统等多个原有分散的气候业务系统，实现高度集约化。

系统页面展示“监测”、“预测”、“交互分析”等各模块的统一界面。

6.3.4.1　监测模块

用户登录成功后，进入系统首页，默认显示“监测”菜单，如图 6.15 所示。

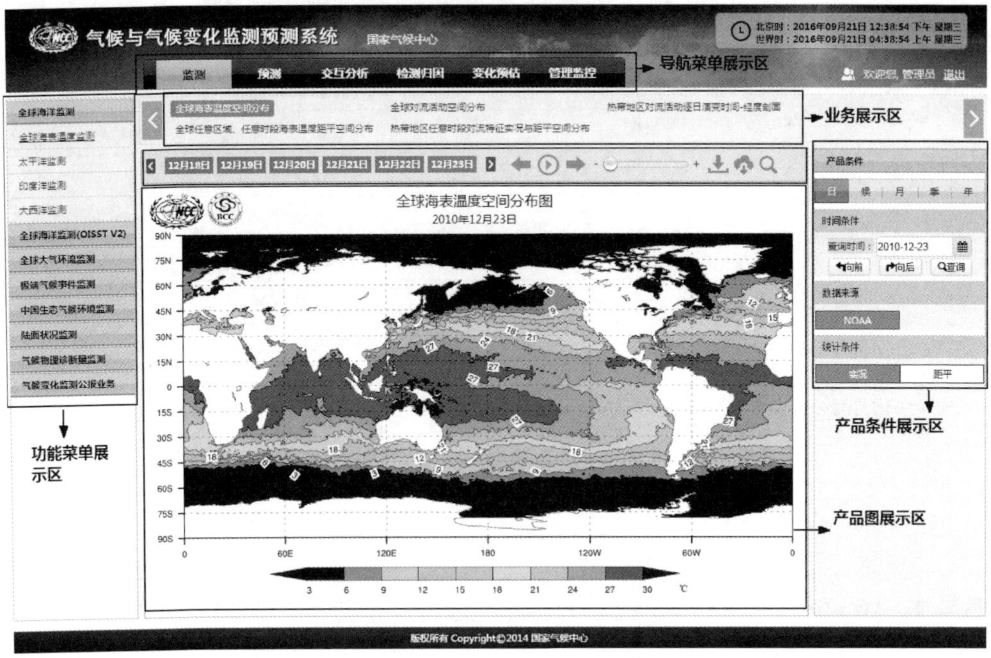

图 6.15　监测界面图

监测模块界面左侧以“一级菜单”、“二级菜单”方式，提供分类的“功能菜单”导航。具体内容如表 6.2 所示。

表 6.2 监测模块中一级菜单和二级菜单的内容

一级菜单	二级菜单
全球海表温度监测	全球海表温度监测
	太平洋监测
	印度洋监测
	大西洋监测
全球大气环流监测	对流层环流和特征量监测
	平流层过程监测
	亚洲季风系统监测
极端气候事件监测	中国气温降水监测
	全球气温降水监测
	单站气温极端气候事件
	单站降水极端气候事件
	中国气候事件监测
中国生态气候环境监测	中国生态气候环境监测
陆面状况监测	中国土壤温度湿度监测
	北半球积雪面积、积雪日数监测
	海冰密集度监测
	中国积雪深度监测
气候物理诊断量监测	气候物理诊断量监测
气候变化监测公报业务	气温变化监测
	海温变化监测
	海平面变化监测
	降水变化监测
	全要素变化监测
	天气现象
	台风变化监测
	季风环流变化监测
	区域性气象干旱变化
	积雪变化监测
	海冰变化监测
	冰川冻土变化监测
	水体面积变化监测
	水资源变化监测
	湖泊水位变化监测
	气候变化驱动因子变化

产品条件选项中包含:时间尺度(如日尺度、月尺度、候尺度、季尺度、任意时间段等)、时间条件选项、数据来源、高度层、统计条件选项和地区范围选择等,如图 6.16 所示。

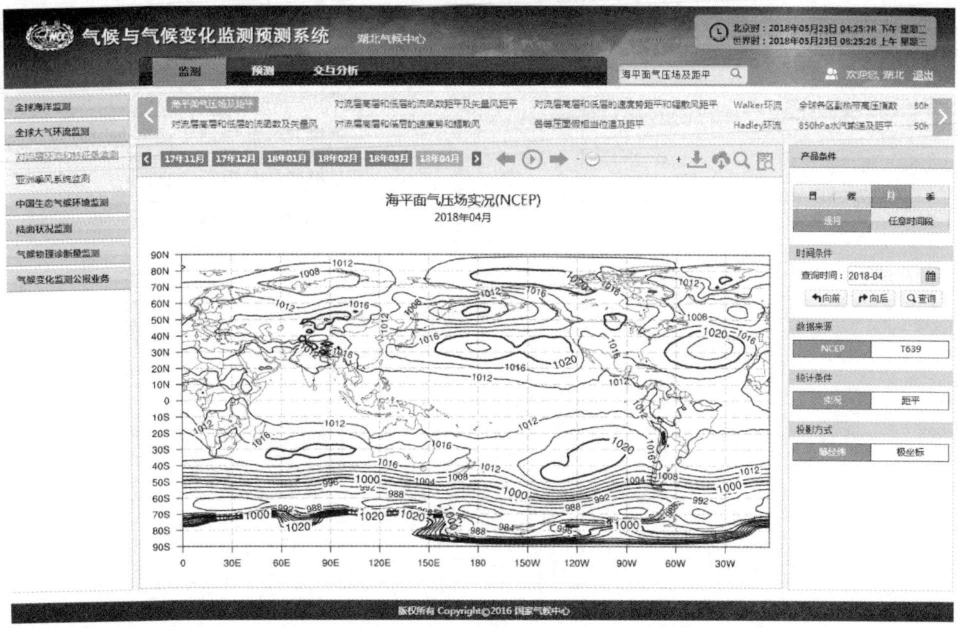

图 6.16　监测查询界面图

6.3.4.2　预测模块

点击“预测”菜单,进入预测系统界面,如图 6.17。

图 6.17　预测界面图

预测模块中所包含的内容如表 6.3。

表 6.3 预测模块中一级菜单和二级菜单的内容

一级菜单	二级菜单
多模式集成	多模式集合确定性预测
	多模式集合概率性预测
	单模式解释应用集成
	多模式解释应用集成
动力-统计集成的月/季预测	常规业务预测
专项气候	季节内过程预测
	初霜冻和终霜冻日期监测
	初霜冻和终霜冻日期预测
	春季沙尘日期监测预测
	春播期气候条件监测
	春播期环流形势分析
	春播期气候类型预测
	台风预测
	气象林火等级气候预测
气候现象预测	气候现象预测
气候事件预测	气候事件预测
预测产品检验	常规业务产品检验
模式数据产品展示	海气耦合模式季节预测(2 代产品)

6.3.4.3 交互分析模块

点击“交互分析”菜单,进入交互分析系统界面,该系统包括预测产品制作和交互诊断分析。预测产品制作界面如图 6.18。

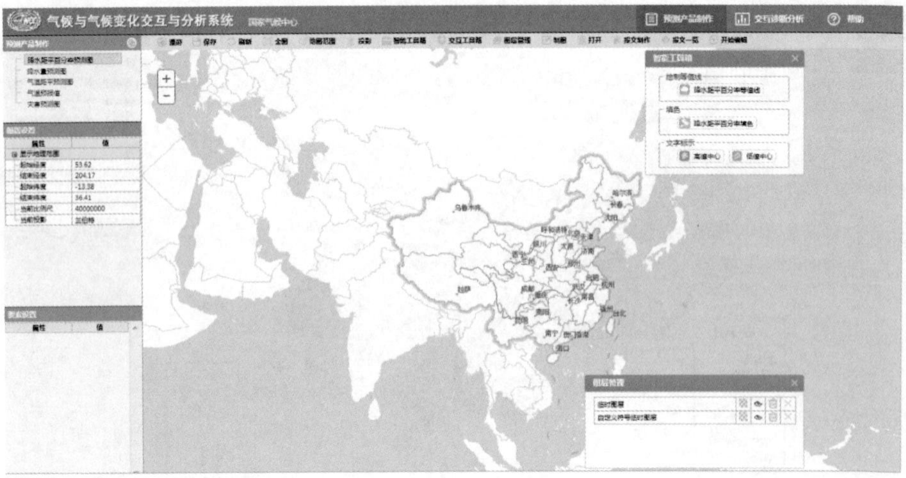

图 6.18 交互分析界面

系统可以制作的产品有降水距平百分率预测图、降水量预测图、气温距平预测图、平均气温预测图，并生成报文。

点击“交互诊断分析”菜单，页面切换至交互诊断分析画面，交互诊断分析包含有合成分析、相关分析、EOF 分析、线性回归分析、奇异值分解五个功能，默认显示为合成分析制作页面。

6.3.5　次季节-季节多模式预测产品可视化系统(S2S)

2014 年，由“世界气象研究计划”和“世界天气研究计划”两大科研团体共同发起的“国际次季节至季节尺度预测计划”正式启动，旨在通过新的气候模式系统将预报尺度由原来的两周提高到 60 天，进而实现“无缝隙”气候预测——即“两周－月－季节－年－年际”尺度的预测。作为国家气象科技创新工程的三大主要项目之一，由国家气候中心承担了“次季节至季节气候预测和气候系统模式”项目，并研发了次季节-季节(sub-seasonal to seasonal，S2S)多模式预测产品可视化系统(肖华东等，2017)。

6.3.5.1　系统模块及功能

各省(区、市)业务用户可通过国家气象业务内网访问 S2S 模式产品专栏。

主页面(图 6.19)：右侧的缩略图按照要素和产品类型分类排列，左侧功能区可按照产品、要素、中心、区域四个维度进行筛选，选择定位具体产品。

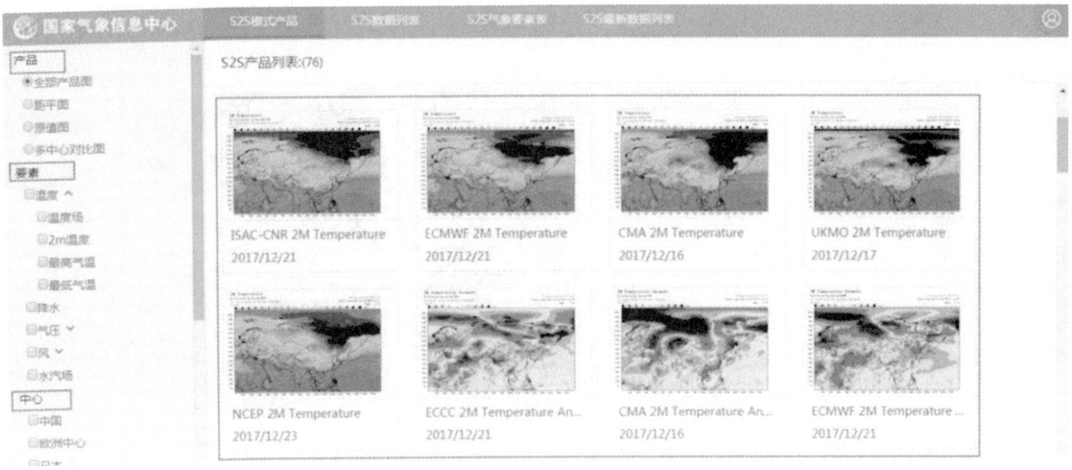

图 6.19　主页面

产品对比(图 6.20)：通过左侧不同维度的选择，可进行图形产品的对比。图 6.20 为通过左侧功能区筛选后，进行中国区域产品图形(2m 温度)对比。

详细展示页面(图 6.21)：点击缩略图进入展示页面，左上角为产品图名称，通过下拉框选择起报时间，可选择区域、层次；中间为产品图，产品图包括名称、数据产生中心、数据起报时间、区域、时效、单位等信息；下侧预报时效可按照候(5 天)、周(7 天)、旬(10 天)展示未来 30 天的均值预测；右上角提供图形下载，登录后可进行数据下载。

用户登录：点击右上角登录获取数据下载权限，登录后可点击退出数据下载权限。

数据下载：用户登录后，可通过下载界面下载数据文件，数据文件为 grib 格式。在线提供

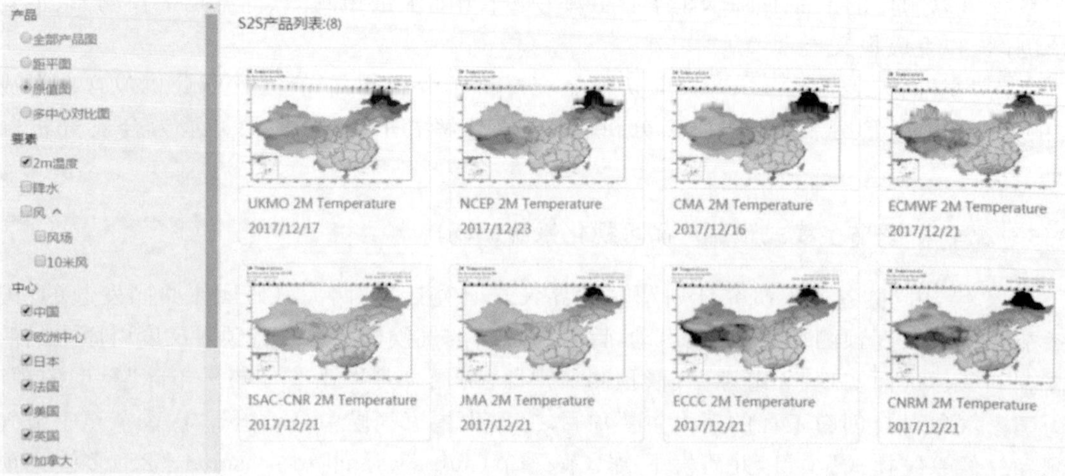

图 6.20　产品对比界面

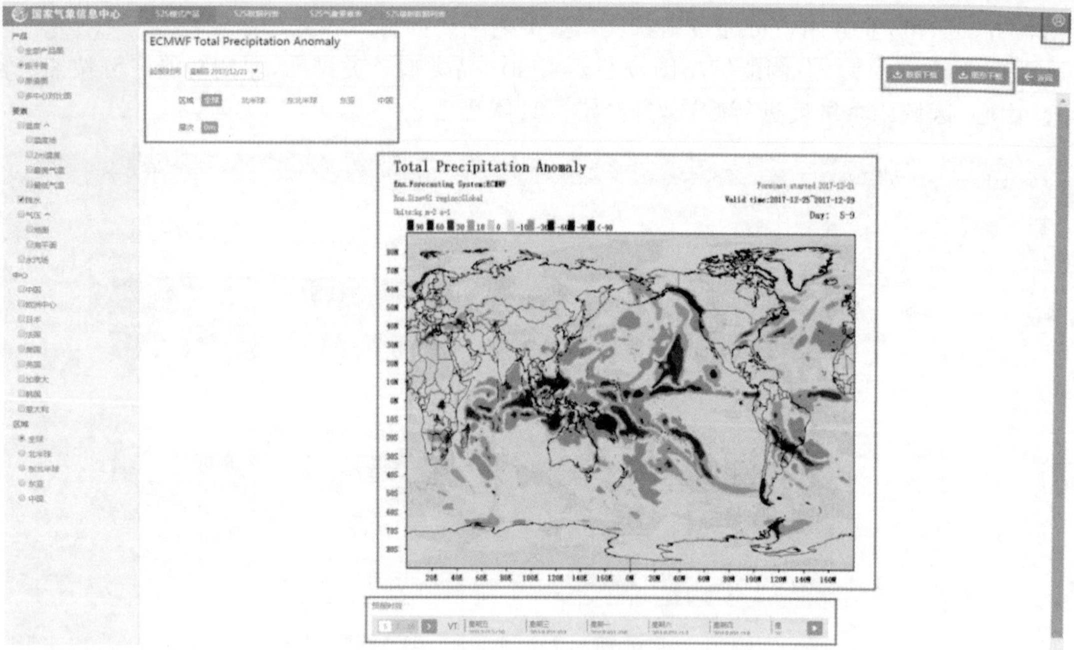

图 6.21　产品详细界面

的数据下载为实时预报数据文件，回算数据文件获取通过离线服务提供。

6.3.5.2　数据情况说明

S2S 可视化系统数据及产品图主要特点有：

(1) 多中心：包括 11 个中心实时预报与回算数据。

(2) 多要素：共 45 种要素。

(3) 多层次：主要包括 500hPa，750hPa，850hPa。

(4) 多区域：包括全球、北半球、东北半球、东亚、中国。

(5) 多时间尺度：候、周、旬尺度，未来 5~30 天预测(部分中心最长可至 60 天)。

S2S 模式数据列表、气象要素表、最新数据列表可通过点击专栏顶端的 tab 页面查看。

6.3.5.3　产品清单

共有中国、欧洲中心、美国、英国、日本、法国、加拿大、韩国、意大利 9 个中心的模式数据产品，包括候、周、旬尺度的未来 30 天产品图(表 6.4，表 6.5)。

表 6.4　S2S 模式产品清单

产品	要素	要素产品图	区域	时间尺度
距平图	温度	200hPa 温度场	全球、北半球、东北半球、东亚、中国	候、周、旬
		500hPa 温度场		
		700hPa 温度场		
		850hPa 温度场		
		2m 温度		
		2m 最高气温		
		2m 最低气温		
	降水	降水距平百分率	全球、北半球、东北半球、东亚、中国	候、周、旬
	气压	地面气压及距平	全球、北半球、东北半球、东亚	候、周、旬
		海平面气压及距平		
	高度场	200hPa 高度场及距平	全球、北半球、东北半球、东亚	候、周、旬
		500hPa 高度场及距平		
		700hPa 高度场及距平		
		850hPa 高度场及距平		
原值图	2m 温度	2m 温度	全球、北半球、东北半球、东亚、中国	候、周、旬
	降水	降水	全球、北半球、东北半球、东亚、中国	候、周、旬
	风	200hPa 风场	全球、北半球、东北半球、东亚	逐日
		500hPa 风场		
		700hPa 风场		
		850hPa 风场		
		10m 风		
多中心对比图	2m 温度	2m 温度距平	全球、东亚	候、周、旬
	降水	降水距平百分率	全球、东亚	候、周、旬

表 6.5　各模式运行及产品更新时间

国家	代码	模式运行时间	产品更新时间
澳大利亚	BoM(ammc)	每周四/周日	—
中国	CMA(babj)	每天	每天 12:00 BJT
意大利	ISAC(isac)	每周四	每周一 12:00 BJT
法国	CNRM(lfpw)	每周四	每周一 12:00 BJT

续表

国家	代码	模式运行时间	产品更新时间
加拿大	ECCC(cwao)	每周四	每周一 12:00 BJT
欧洲中心	ECMWF(ecmf)	每周一/周四	每周一 12:00 BJT
俄罗斯	HMCR(rums)	每周	—
日本	JMA(rjtd)	每周三	每周一 12:00 BJT
韩国	KMA(rksl)	每天	每天 12:00 BJT
美国	NCEP(kwbc)	每天	每天 12:00 BJT
英国	UKMO(egrr)	每天	每天 12:00 BJT

第 7 章　气候预测业务工作流程

7.1　气候预测对象

目前气候预测业务工作内容按预测对象分为常规预测、特色预测和专项预测，下面分别进行介绍。

7.1.1　常规预测对象

常规预测对象包含气温和降水延伸期、月、季不同时间尺度预测。延伸期预报包含未来 11～30 天降水、气温的逐周或逐旬的趋势预测，以及单站未来 11～30 天的主要降温、降水过程可能出现时段、强度。延伸期预报产品需在每旬旬末提供湖北省未来 11～30 天主要降温、降水过程可能出现时段、强度。月气候趋势预测需在上月月末倒数第二天提供下月平均气温分县预测、气温距平分县预测、总降水量分县预测、降水距平百分率分县预测及主要降温、降水出现时段的预测。季气候趋势预测需在上季度的末月提供下季度平均气温分县预测、气温距平分县预测、总降水量分县预测、降水距平百分率分县预测结论。

7.1.2　特色预测对象

湖北省特色气候事件预测对象，包含冷暖冬、持续低温雨雪过程、稳定通过 12℃日期、梅雨、寒露风和汉江秋汛。冷暖冬及持续低温雨雪过程预测，是指在冬季气候趋势预测中，对于冬季温度是否达冷、暖冬标准，以及持续低温雨雪过程发生的可能性的预测。稳定通过 12℃日期的预测，是指在湖北春播期(3—4 月)气候趋势预测中，对稳定通过 12℃日期的早晚趋势的预测。梅雨预测主要包含梅雨开始日期、结束日期、梅雨长度及强度的预测，在每年 5 月的汛期气候趋势及后期的梅雨专题预测中提供湖北梅雨开始日的早晚、结束日的早晚、梅雨的强弱及梅雨期持续的长短趋势预测。寒露风预测，在每年湖北秋汛期(9—10 月)气候趋势预测中，对连续 3 日滑动平均气温稳定低于 23℃/22℃首日的早晚趋势的预测。汉江秋汛预测，指每年 8 月对汉江流域秋汛期(9—10 月)的降水趋势预测及提供有无发生汛情的可能性的预测。

7.1.3　专项预测对象

专项预测对象主要包括华中电力和三峡水库。华中电力服务是根据华中电网服务需求，每月 18 日需提供下月华中区域气温、降水气候趋势预测，产品包含总气候趋势预测及具体的气温、降水量预测。

三峡水库服务包含四部分：降水延伸期预报、月降水趋势预测、关键期降水趋势预测和临时服务。三峡水库服务的月降水趋势预测需每月5日提供下月长江流域降水趋势预测及面雨量预测，每月10日提供未来11—30天延伸期主要降水过程可能出现时段、强度，以及降水趋势预测，每月倒数第二天提供下月长江流域降水趋势预测、分旬降水趋势预测及降水过程预测。长江流域关键期降水趋势预测分为春季面雨量预测、消落期(5月至6月10日)降水趋势预测、汛期(6—8月)降水趋势预测、蓄水期(9—11月)面雨量预测、供水期(11月至翌年4月)降水趋势预测、冬季面雨量预测以及年度面雨量预测，共7种产品。关键期预测中还包含长江上游首场强降水出现时间、金沙江雨季开始时间、长江上游汛末最后一场强降水等特色预报对象。临时性服务是指根据三峡水库调度需求，不定期提供服务会商、临时性服务材料等，主要内容有延伸期降水趋势、过程及面雨量预报，异常气候诊断分析等。

7.2　气候预测岗位要求与会商

湖北省气候预测工作流程主要包括气候预测岗位设置及职责、预测值班业务流程以及气候预测会商。岗位设置规范了各业务值班人员职责范畴及工作流程，气候会商则主要包括国家气候中心组织的会商以及流域、区域中心组织的预测会商、内部会商等。

7.2.1　岗位设置及职责

气候预测业务设置首席岗、关键岗、一般岗三类岗位。主要职责如下：

气候预测首席岗：负责长江流域、华中区域、湖北省所有常规和临时性材料、重要时段各类预报、预测会商及技术把关；主持预测会商，指导主班进行预测工作；参加重要季节值班工作；负责签发预报预测产品及决策服务材料；负责新闻媒体相关内容的采访工作；承担本专业业务发展规划的制定；

气候预测关键岗：负责本室所有常规和临时性材料编写；重要时段和转折性气候会商的预测发言；参加各类业务值班工作；审核预测预报产品及决策服务材料；协助首席、主班订正预报预测结论；完成短期气候预测技术总结。

气候预测一般岗：完成业务值班；参加本室所有常规和临时性材料编写；参加各类气候会商的预测发言；参与研制和完善解释应用预测技术方法；做好业务值班的技术支持和其他相关辅助工作；参与编写预测技术总结。

所有岗位均需参与业务值班，业务值班时分主班、资料班和首席班，制作、发布湖北省/华中区域/长江流域的月/季/延伸期预报预测产品。

值班期间的业务分工如下：

资料班：完成资料收集、处理工作；辅助主班进行预测工作；参与编写预测技术总结。

主班：完成各项规定和临时的预测工作任务，参加全国预测电视会商，完成预测技术总结。主班及资料班的具体工作内容见表7.1。

首席：签发预测材料；主持预测会商；指导主班进行预测工作；负责接待新闻媒体采访；指导主班完成预测技术总结。

表 7.1　业务值班职责一览表

班别	职责
湖北省月预测主班	(1)发布华中电力预报； (2)全国视频会商会发言，上传会商发言评分表； (3)发布湖北省月气候趋势预测产品； (4)上传预测质量评分数据； (5)发布延伸期预测产品； (6)上传中国气象局延伸期预报数据； (7)提供气候公报相关产品； (8)参加旬会商会发言(月底预测、月初延伸期、月中预测总结)； (9)参加中国气象局全国早间会商及其他不定期会商； (10)提供临时预测技术气候分析材料； (11)全国月总结会商会发言。
湖北省月预测资料班	(1)整理并提交上月气候预测质量评估报告； (2)收集整理当月应到的各项监测预测数据； (3)承担月气候趋势预测内部会商会务； (4)收集存档中国局、流域、区域、本省发言 PPT； (5)协助督促当月各类产品的传输； (6)收集整理全科 81 站预测意见，存档当月气候预测产品； (7)记录值班日志。
湖北省季节预测主班	(1)发布季节气候趋势预测产品； (2)上传中国气象局预测质量评分数据； (3)撰写决策服务材料； (4)参加全国视频会商会发言； (5)参加不定期的会商及交流； (6)提供相关临时预测及服务材料。
长江流域月预测主班	(1)发布长江流域月尺度面雨量预测产品； (2)发布长江流域月降水趋势预测产品； (3)转发全国 160 站降水趋势； (4)发布长江流域降水趋势预测评估产品； (5)发布长江流域未来 11～30 天延伸期预报产品； (6)参加与三峡梯调中心的临时联合会商并编写值班记录； (7)提供相关临时材料。
长江流域关键期预测主班	(1)发布长江流域关键期预测产品； (2)参加流域季节会商发言； (3)参加不定期的会商及交流； (4)撰写关键期决策服务材料。

排班规则：月预测资料班与月预测主班不为同一人，资料班一般由上月、季内的月主班承担。

月预测资料班工作内容，主要包括资料收集、数据整理、会商协调、产品分发等，并负责当月的值班日志记录，具体见图 7.1。

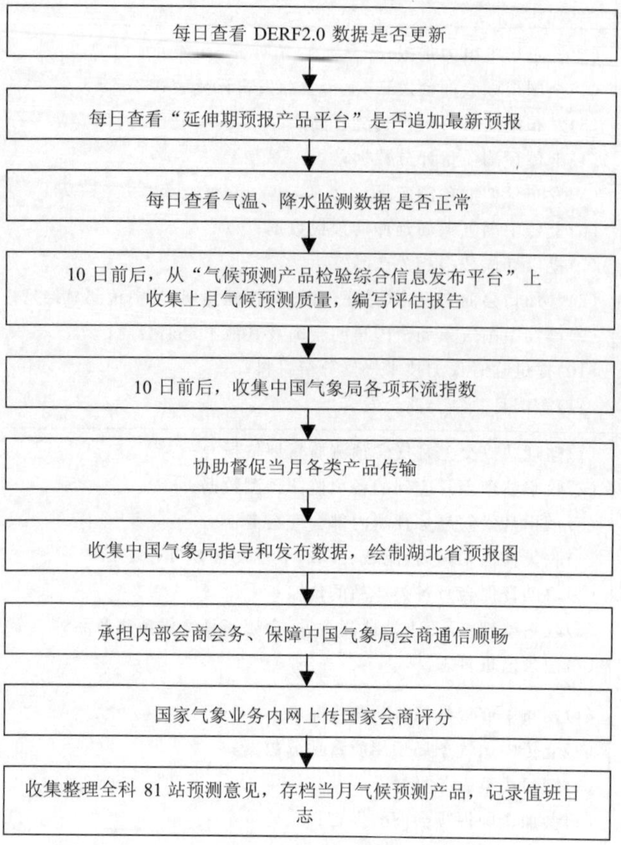

图 7.1　湖北省月预测资料班工作内容与流程

湖北省月/季节、长江流域月/季节预测主班，主要工作内容包括预测分析、会商组织与发言、产品制作及相关数据和材料上传等，具体见图 7.2。

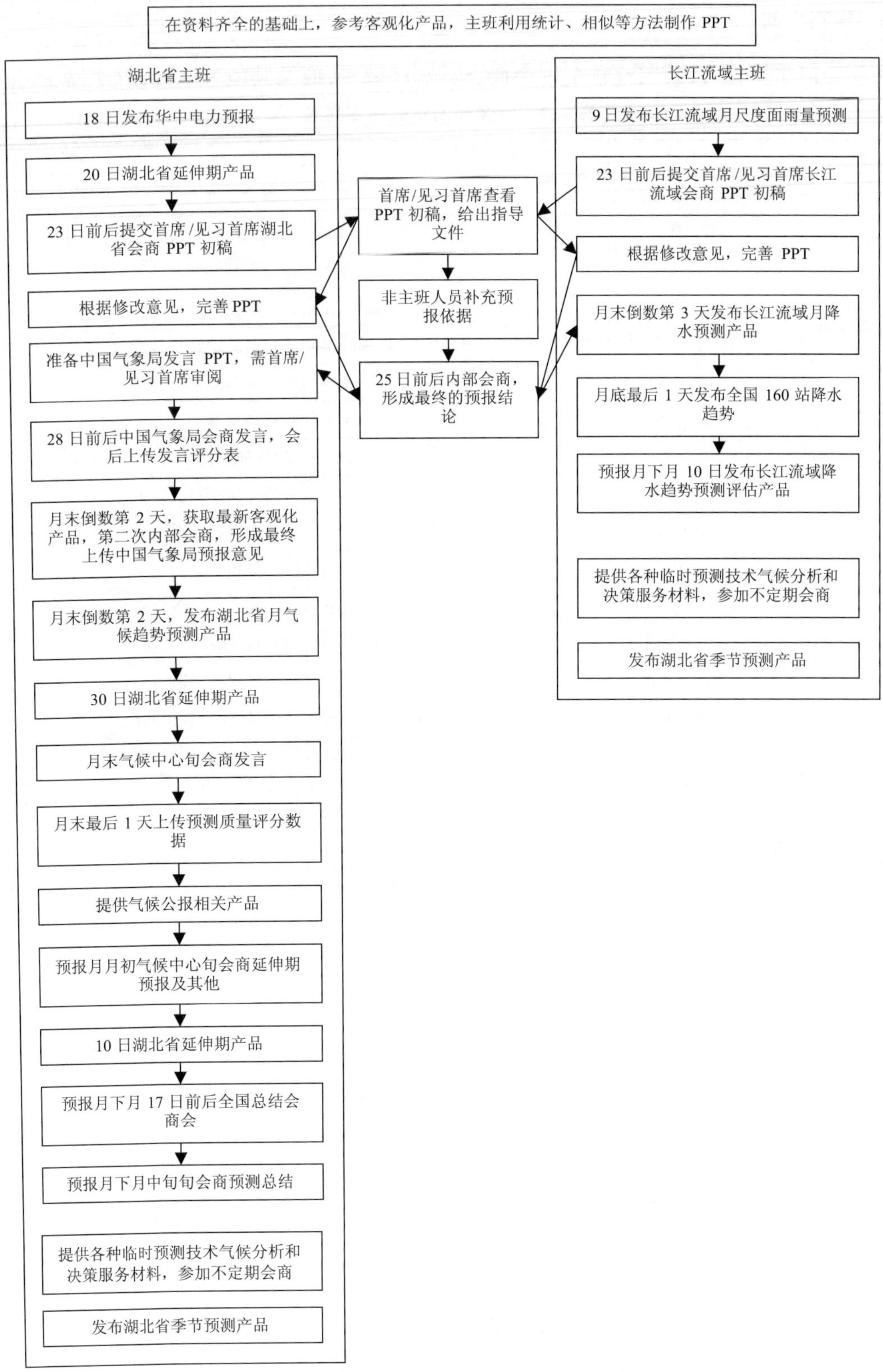

图 7.2　湖北省、长江流域月/季预测主班工作内容与流程

7.2.2　预测会商

预测会商主要包含内部会商、全国会商、流域(区域)会商及其他特殊会商(表 7.2)。

表 7.2　气候预测业务会商列表

会商类别	会商时间	会商主题
内部会商	每月下旬(2次)	下月气候趋势预测
	1月	春运期气候趋势预测
	2月中旬	春季气候趋势预测
	3月中旬	夏季(汛期)气候趋势预测
	4月、5月中旬	汛期气候趋势预测滚动订正
	8月中旬	秋季气候趋势预测
	10月中旬	冬季气候趋势预测
	10月中旬	年度(冬、春、夏)气候趋势预测
全国会商	每月中旬	上月气候趋势预测总结视频会商
	每月下旬	下月气候趋势预测视频会商
	3月	全国汛期气候趋势预测会商
	5月	全国汛期气候趋势预测滚动视频会商
	6月	长江中下游梅雨趋势预测视频会商
	10月下旬	全国年度气候趋势预测会商
流域(区域)会商	3月中下旬	华中区域(长江流域)汛期气候趋势预测会商
	5月中下旬	华中区域(长江流域)汛期气候趋势预测滚动订正
	8月中下旬	汉江流域及湖北省秋汛气候趋势预测会商
	10月中下旬	华中区域(长江流域)年度(冬、春、夏)气候趋势预测会商
其他特殊会商	不定期	三峡气象服务会商(提供长江上游延伸期预报)

7.2.2.1　会商讨论重点

(1)月预测会商讨论重点

月气候总的趋势,气温—降水配置形态(可能是高温多雨、高温少雨、低温多雨或者低温少雨),主要气象灾害。夏半年的月预测还要重点考虑极端降水、流域洪涝、台风影响、地质灾害、高温伏旱;冬半年的月预测则要重点考虑冷空气势力、低温趋势。

月内降水特征,本月降水趋势与前期降水是传承还是转折;降水过程是阶段性还是持续性,有无极端降水出现。

月内气温特征,本月气温趋势与前期气温是传承还是转折;高温(冷空气)过程是阶段性还是持续性,有无极端气温出现。

(2)常规月—季节会商

年度(冬季)预测重点:冷暖趋势、阶段性特征,前冬后冬差异,强降温、区域低温、雪灾、干旱等。

春季预测重点:冬夏季季节转换,干旱,低温,倒春寒、沙尘暴、春播条件。

汛期预测重点：汛期旱涝总体趋势、流域洪涝、地质灾害、高温、伏旱等。

秋季预测重点：夏冬季季节转换，华西秋雨，干旱趋势，寒露风。

(3)气候事件会商

梅雨预测：开始日、结束日、梅雨期长短、强度。

7.2.2.2　内部会商

内部会商由主班首先给出预报意见初稿、主要预测依据，会商重点，关键影响因子的预测及依据。清晰阐述主要预测思路，根据会商重点，给出影响本省气候异常的关键因子和环流系统，需要重点分析和关注的影响因子；重点分析和阐述对本省起关键作用的因子影响本省气候异常的物理机制。提供关键大气、海洋监测和诊断信息；提供基本要素和环流的客观预报产品及检验信息；结合对物理因子的分析以及对客观预报产品检验信息的分析和应用，开展对客观预报产品的订正和分析，给出主要环流特征和影响因子的预测意见及依据；针对不同月份气候特征，提出并分析需重点关注的影响系统、需重点分析的科学问题，综合分析主要影响因子的影响机制，对客观预报产品进行分析和订正，给出综合预报意见。对国家级下发指导预报提出订正意见及主要依据。

其他预报员，就主班预报意见初稿、主要预测依据，会商重点、关键影响因子的预测及依据等讨论补充。重点分析主要影响因子及其不确定性。

首席预报员根据讨论情况，进行综合并形成最终的预测意见。

7.2.2.3　全国会商

全国会商以内部会商的结论为主，主要从全国与本省气候的相互关系、本省月气候异常的主要影响系统、影响因子的特殊性的角度深入讨论本省气候异常的机理成因，对中国气象局指导意见进行补充订正。

7.2.2.4　流域(区域)会商

流域(区域)会商是指每年汛期及秋汛期召开的流域(区域)内省份的预测会商，时间在每年的3月、5月和8月，各省份预报员针对汛期、秋汛期预测意见及依据进行面对面的讨论及交流。

7.2.2.5　其他特殊会商

其他特殊会商主要指与三峡梯调中心的延伸期预报会商以及省局内部临时会商。

第8章　气候预测业务技术流程

湖北省气候预测业务是在充分利用前述章节所介绍的气候系统资料及动力、统计预测方法基础上，集气候监测与诊断、气候预测为一体的业务体系。整个气候预测业务技术流程设计，一是按照时间尺度由长到短的原则，从季节、月预测到延伸期预报，其中包括本省特色气候事件的预测业务和专项预报预测业务；二是根据预测业务流程，从监测、诊断分析、预测、服务至总结的顺序开展的。

季节预测从冬、春、夏、秋四个季节依次展开。在进行各个季节个例预测前，先介绍本省在该季节时段内需要制作的业务产品、预测对象、决策材料以及该季节的气候特征、异常成因诊断及主要影响系统的概念模型。为更好理解各个季节气候预测流程，每个季节都以某一具体年份为例进行详尽介绍。

月预测在业务流程上与季节类似，就不再赘述。延伸期预报业务流程中介绍了本省延伸期预报产品、预报对象、上传数据、所采用的主要技术方法和延伸期业务平台。

本省特色气候事件预测，阐述了包括冷暖冬、持续低温雨雪过程、稳定通过12℃的日期、梅雨、寒露风、汉江秋汛等事件的定义、特征、影响系统或因子以及预测个例。

专项预报预测业务主要有华中电力服务及三峡水库服务，介绍了主要服务所涉及的预测内容、产品及会商。

预测总结包括延伸期过程预报评分，月、季预测评分以及预测着眼点总结，具体有前期监测诊断分析、产品检验评估、环流因子评估、对外强迫响应评估、前兆信号预测评估和预测成败体会等。

预测技术流程设计主要依据以下三个原则(图8.1)。

(1)熟悉所要预测的对象。诊断分析预测对象的基本特征、主要影响因子与机理；

(2)充分应用客观化预测产品。调用多种模式和客观化预测产品，包括环流形势预测结果和要素预测结果。在客观化预测中，首先要对各种预测结果进行检验评估，对多种结果进行有效集合，最终形成以模式和客观化预测为基础的初步预测结论；

(3)综合分析判断订正预测结论。在对当地的气候特色及各阶段预测重点进行分析的基础上，结合客观化预测的历史检验情况，得到综合预测结论。

8.1　季节预测

在制作湖北省季节气候趋势预测产品时，可参照以下流程来实现：

(1)仔细学习预报员基础知识，做好准备工作。

(2)了解当年的前期气候状况。

一是关注外强迫信号。与大气相比，海表温度具有更长时间的可预报性，所以通常利用海

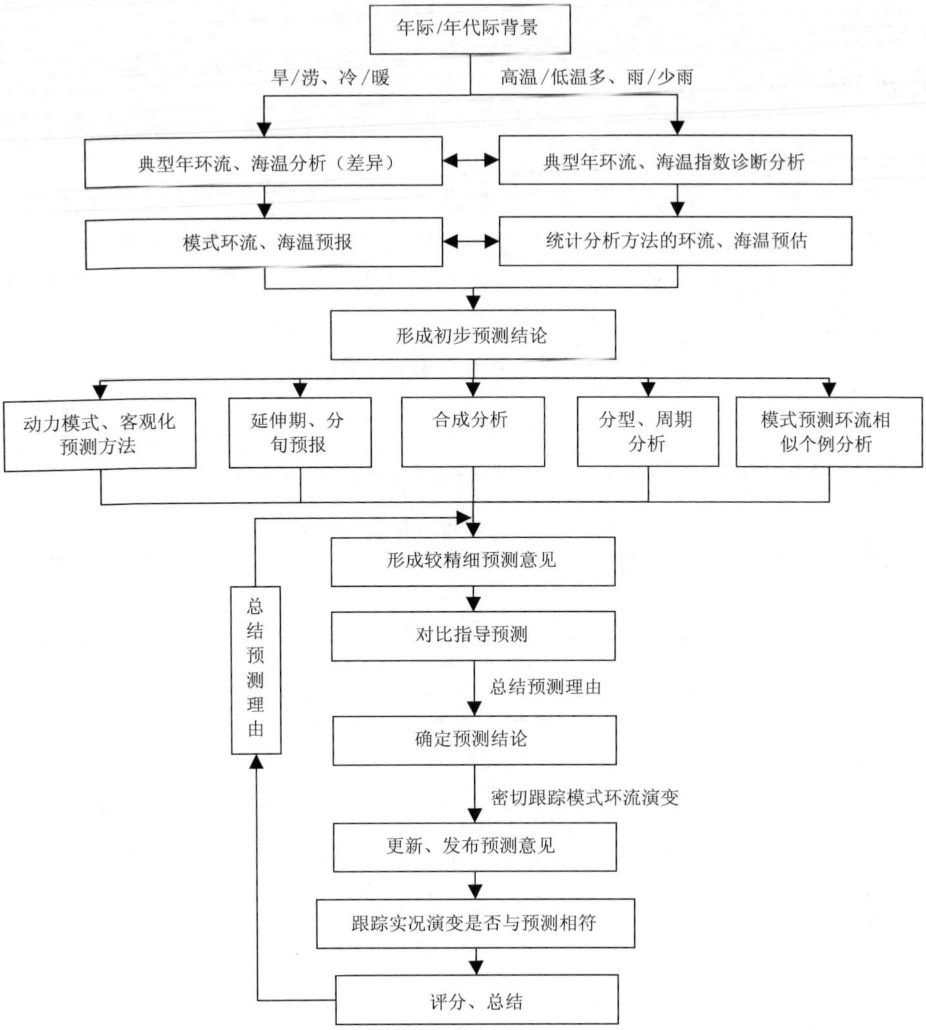

图 8.1　湖北省气候预测技术流程示意图

温强迫来开展季节预报。大气对海洋热力强迫的响应通常有一定滞后时间，那么需关注前期海温异常信号。另外，海冰、积雪等下垫面外强迫因子状况也需关注。

二是分析前期环流、气候要素异常对外强迫信号的响应情况。找出异常的外强迫信号后，与前期环流进行对比分析，查看环流是否对外强迫有响应，是否出现气候要素异常。

(3)综合得到模式的环流预报信息。基于国内外模式的环流预报产品，根据概念模型，对比分析各环流因子的预报情况，综合得到环流预报信息。但在具体的年份中，需要根据当年的特殊情况来斟酌选择环流因子，可适当增减因子，不必完全匹配概念模型。

(4)分析气温/降水的模式预报产品。基于环流要素对气温/降水的可能影响进行分析，得到在预判环流的影响下气温/降水预报结论的订正。

(5)物理统计得到气温/降水等要素预报。统计分析气温/降水的可能演变，主要方法有气候背景、EOF 分析、前期气温/降水特征相似合成等。

(6)综合分析上述结论间的逻辑关系,得到最终的预报结论。

下面分别给出湖北省春季、夏季、秋季和冬季具体预报技术流程。

8.1.1 春季气候预测

8.1.1.1 春季预测产品种类及其传输规定

春季预测指的是3—5月气温、降水趋势预测。在湖北省业务上需制作春播期(3—4月)气候趋势预测产品1份(表8.1),产品需给出预测时段内平均气温分县预测、气温距平分县预测、总降水量分县预测、降水距平百分率分县预测的预测结论,以及稳定通过12℃时间;编写相应决策服务材料1份(表8.2);并上传预测数据(表8.3)。

表8.1 湖北省春季预测业务产品

产品名称	格式	发布时间
湖北省××年春播期(3—4月)气候趋势预测	doc	2月25日

表8.2 湖北省春季决策服务产品

产品内容	产品形式	发布时间
春播期气象服务	重大气象信息专报(或气象服务快报)	2月底至3月初

表8.3 湖北省春季(3—5月)预测数据上传规范

数据类别	区域	站数	要素	文件名	预报时段	格式	上传时间
业务发布产品	湖北	81	气温 降水	Z_SEVP_C_BCWH_y1y1y1y1m1m1ddhhm0m0ss_P_CLFC-SCTF. TXT	春季	txt	2月24日08时至2月28日20时
客观化产品FODAS	湖北	81	气温 降水	Z_SEVP_C_BCWH_y1y1y1y1m1m1ddhhm0m0ss_P_CLFC-SCTF-FODAS. TXT	春季	txt	2月26日20时至2月28日20时
客观化产品MODES	湖北	81	气温 降水	Z_SEVP_C_BCWH_y1y1y1y1m1m1ddhhm0m0ss_P_CLFC-SCTF-MODES. TXT	春季	txt	2月26日20时至2月28日20时

8.1.1.2 春季预测产品的制作

制作春季预测,需在了解春季气候特征及异常成因的基础上,参考季节模式产品,分析外强迫影响(海温、积雪、海冰等),统计前期气候异常对应后期的可能演变,综合得到预测结论。

另外,由于春季是转换季节,所以需关注季节进程的快慢:北方系统的衰减速度快慢、南方系统的加强北推速度快慢,及两者之间的配置。

(1)春季气候特征分析及异常成因诊断

1)春季气温、降水EOF模态

春季气温EOF第一模态为全省一致型(图8.2),方差贡献率86.1%,时间系数反映出2000年以后增暖的年代际背景;第二模态为中部偏冷型,方差贡献率5.3%,这一模态在2000年前后开始转为显著相反的分布型,即中部偏暖、西南部和东部偏冷;第三模态为东西反相型,方差贡献率2.9%,主要表现为西暖东冷,2000年气候变暖之后呈反向特征,即西冷东暖。

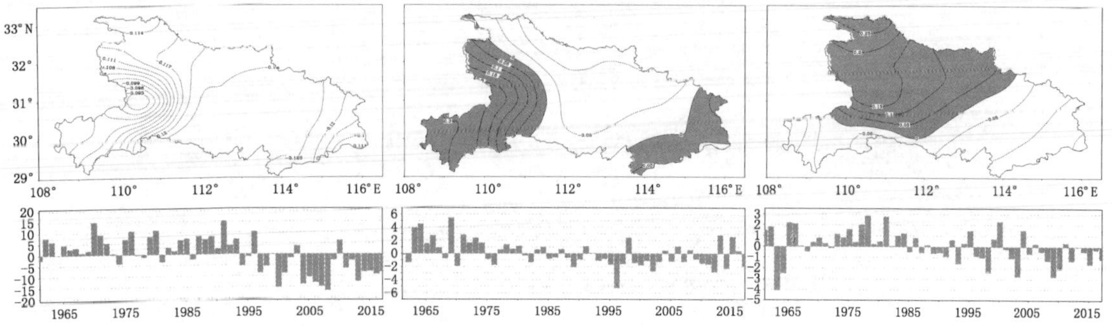

图 8.2　春季气温 EOF 分解第一(左)、二(中)、三(右)模态时间分布及时间系数

春季降水 EOF 第一模态为全省一致型(图 8.3)，方差贡献率 56.7%，时间系数显示近几年有降水增多趋势；第二模态为南北反相型，这一模态方差贡献率为 9.3%，在 2000 年后有较为明显的 5～6a 周期；第三模态为东西反相型，这一模态方差贡献率 5.5%，2000 年之前以反位相为主，即西少东多，2000 年之后多表现出西多东少的特征。

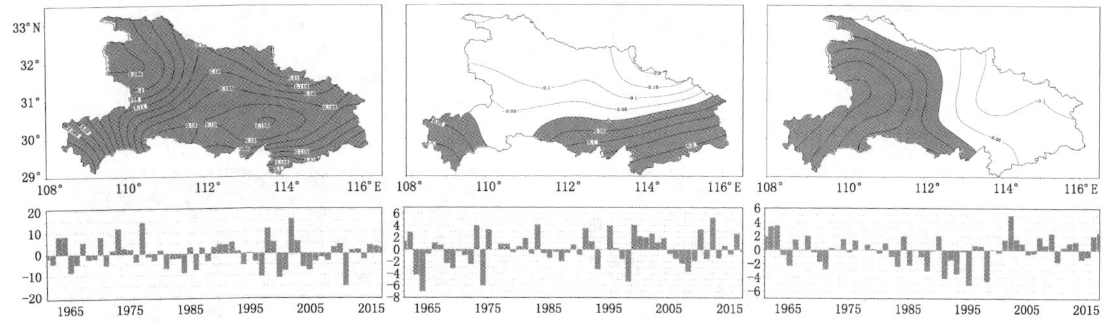

图 8.3　春季降水 EOF 分解第一(左)、二(中)、三(右)模态空间分布及时间系数

2)春季影响系统概念模型

影响湖北省春季气温、降水的主要环流系统有冬季风、西伯利亚高压、副热带高压、高原高度场、东亚大槽、印缅槽等。外强迫上，赤道中东太平洋、北大西洋、印度洋、日本海等海温、冬季高原积雪均对春季环流有明显影响。

春季是过渡季节，各个影响系统的强度和位置都处在调整型状态，极为不稳定。如[彩]图 8.4 所示，中高纬西伯利亚高压标志着冷空气的路径和强弱，但春季南方回暖，高压带着冷空气南下时状态变得不稳定，易随着西风带环流发生改变，当西风带为经向环流时，冷空气南下频繁，但当西风带为纬向环流时，冷空气就会随着环流东移，对湖北影响相对较小，可能只受其南沿的影响；春季东亚大槽处于不稳定状态，在 120°—135°E 之间活动，比冬季偏东，强弱变化大。低纬度上，南支西风活跃但不稳定，高原槽东移增多，这是造成春季降水频繁的主要原因；西太平洋副热带高压显著加强，高压西北侧的西南气流对湖北省影响显著。

3)春季四种气候型及其对应环流分析

春季低温多雨年(图 8.5)，欧亚地区中高纬自北向南为“－＋－”分布型，北正南负的高度距平场利于冷空气南下；新疆北部有负高度距平中心，日本海附近正高度距平，这种西低东高的环流配置下，湖北省处在槽前脊后，南方水汽输送配合北方冷空气，易形成降水。而从海平

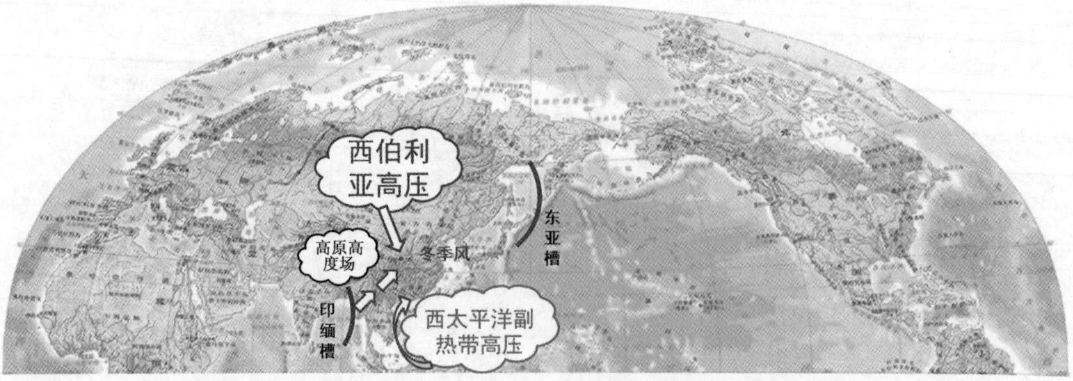

图 8.4 湖北省春季主要影响系统概念模型

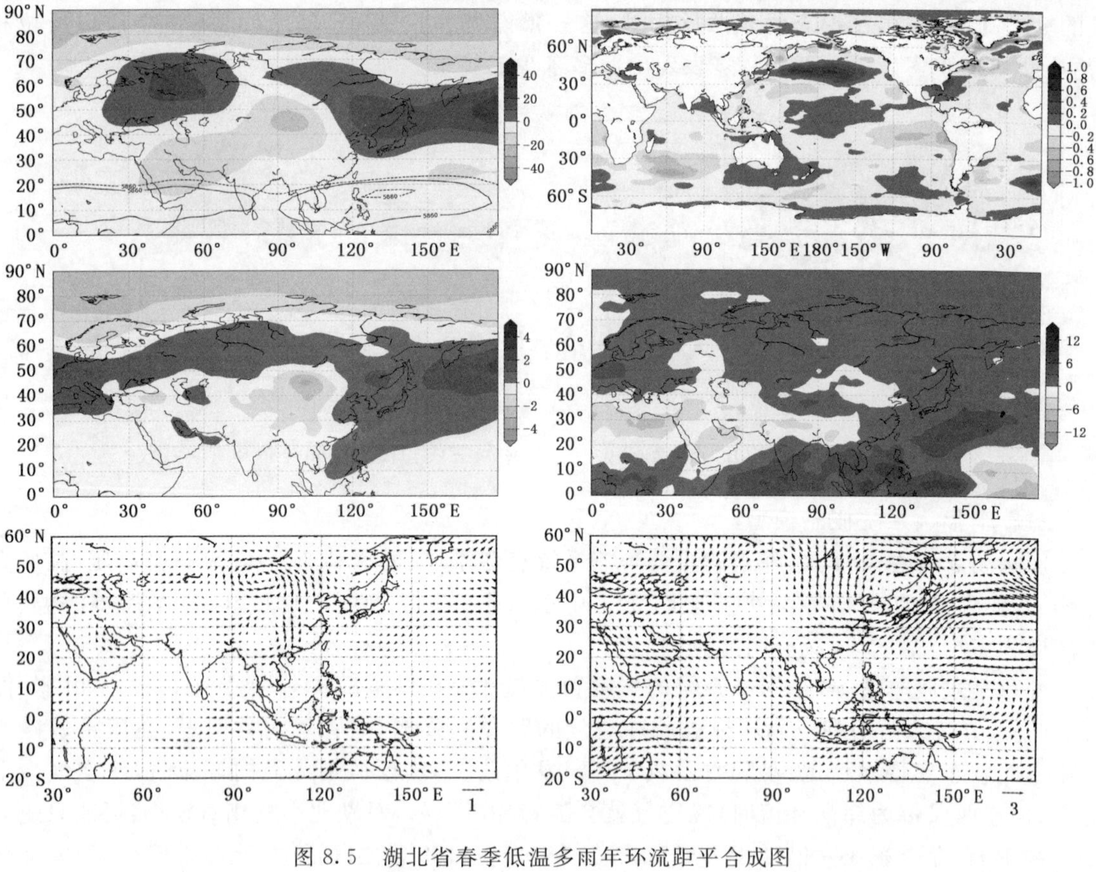

图 8.5 湖北省春季低温多雨年环流距平合成图

500hPa 高度场(左上)、海表温度场(右上)、海平面气压场(左中)、向外长波辐射场(右中)、

850hPa 风场(左下)、200hPa 风场(右下)

(高度距平图中,实线为合成年份高度场平均值,虚线为 1981—2010 年高度场均值)

(图片来源:https://www.esrl.noaa.gov/psd/cgi-bin/data/composites/printpage.pl,下同)

面气压场上看,西伯利亚高压偏强,湖北省易发生低温冷事件。

低温少雨年(图 8.6),低温的主导因子依然是西伯利亚高压偏强,500hPa 高度距平场上,我国大部地区受负高度距平控制，依然是北正南负的低温环流型，海温距平场为拉尼娜型，均利于产生低温；向外长波辐射(outgoing longwave radiation，OLR)接近常年，表明我国主要对流活跃区偏北。

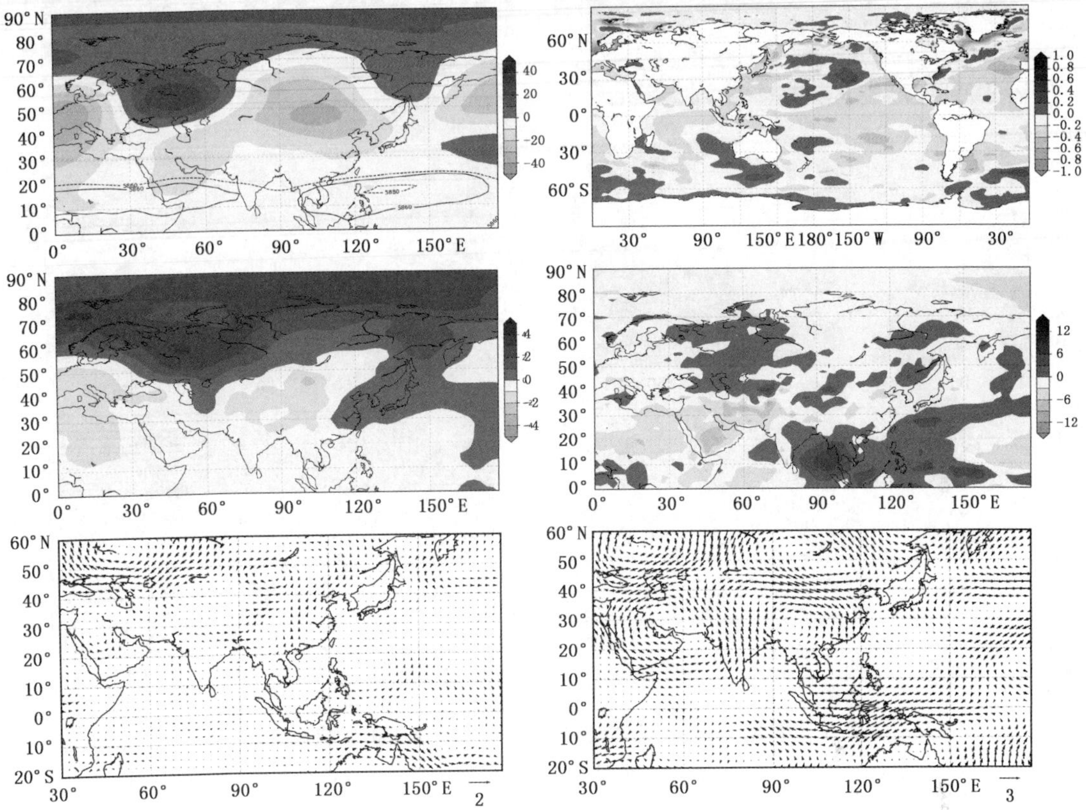

图 8.6 湖北省春季低温少雨年环流距平合成图

500hPa 高度场(左上)、海表温度场(右上)、海平面气压场(左中)、向外长波辐射场(右中)、850hPa 风场(左下)、200hPa 风场(右下)

(高度距平图中，实线为合成年份高度场平均值，虚线为 1981—2010 年高度场均值)

高温多雨年(图 8.7)，海温距平场为厄尔尼诺型，西太副高偏强、偏西、偏北，我国大部受正高度距平控制，西伯利亚高压偏弱，气温易偏高；低层受偏南风影响水汽条件较好，而在印缅槽区域，正高度距平较弱，表明月内有南支槽活动，利于湖北省产生降水。

高温少雨年(图 8.8)，欧亚中高纬环流自西向东为“－＋－”分布，湖北省处在槽后脊前，低层吹偏北风，水汽条件差，不利降水；海平面气压场上，西伯利亚高压明显偏弱，湖北省又受到正高度距平控制，气温偏高。

(2)春季预测个例

为了更详尽地了解春季预测流程，以 2016 年为例，给出具体实施情况，预测产品制作时间为 2016 年 2 月。

1)前期监测

制作预测前，需要了解预测时段前期的大气、海洋状态，以及前期气温、降水实况。

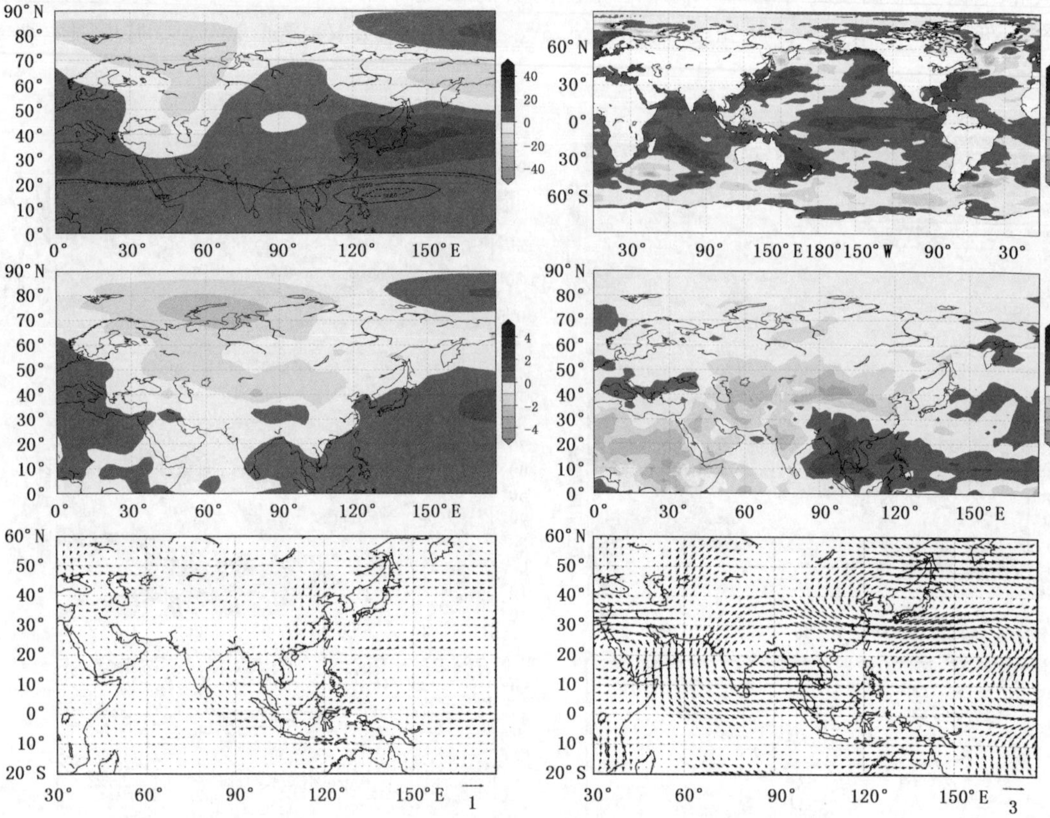

图 8.7 湖北省春季高温多雨年环流距平合成图

500hPa 高度场(左上)、海表温度场(右上)、海平面气压场(左中)、向外长波辐射场(右中)、

850hPa 风场(左下)、200hPa 风场(右下)

(高度距平图中,实线为合成年份高度场平均值,虚线为 1981—2010 年高度场均值)

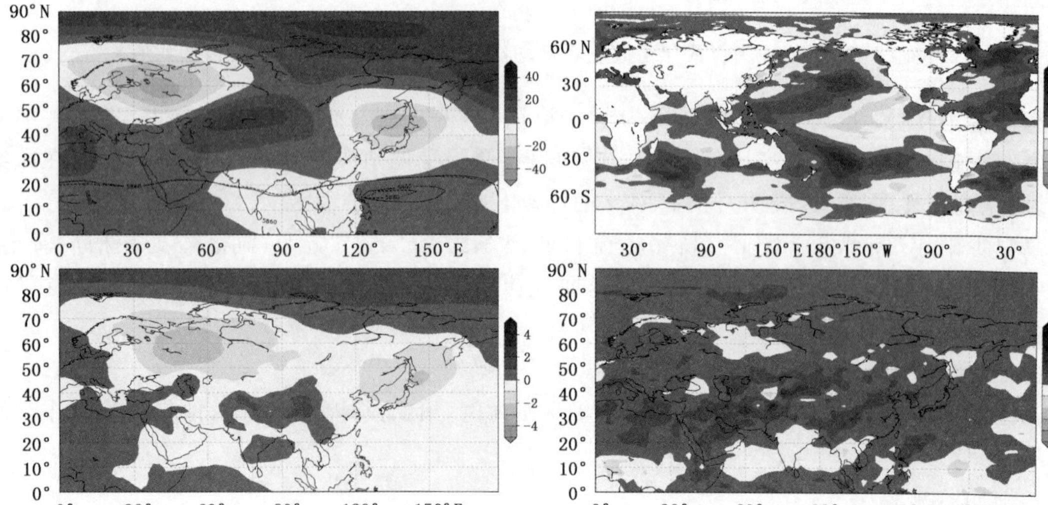

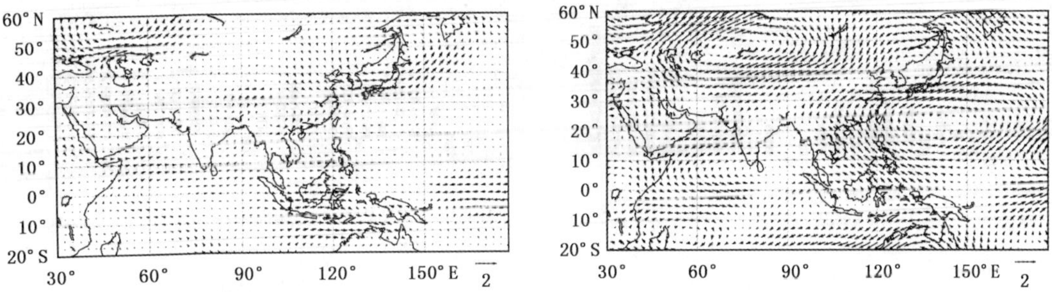

图 8.8　湖北省春季高温少雨年环流距平合成图

500hPa 高度场(左上)、海表温度场(右上)、海平面气压场(左中)、向外长波辐射场(右中)、

850hPa 风场(左下)、200hPa 风场(右下)

(高度距平图中,实线为合成年份高度场平均值,虚线为 1981—2010 年高度场均值)

①外强迫:自 2014 年 9 月发展起来的超强厄尔尼诺事件进入衰减期,赤道中东太平洋海表温度异常偏高状态维持(图 8.9);印度洋海温一致偏暖;黑潮区海温偏暖;北大西洋三极子正位相(自北向南“一十一”);青藏高原积雪前冬 12 月至翌年 1 月偏多(图 8.10)。

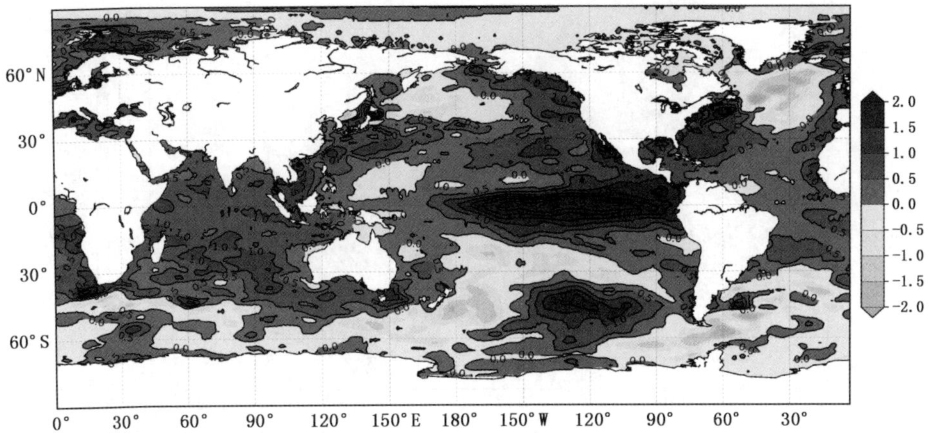

图 8.9　2015/2016 年前冬 12 月至翌年 1 月全球海温距平场(℃)

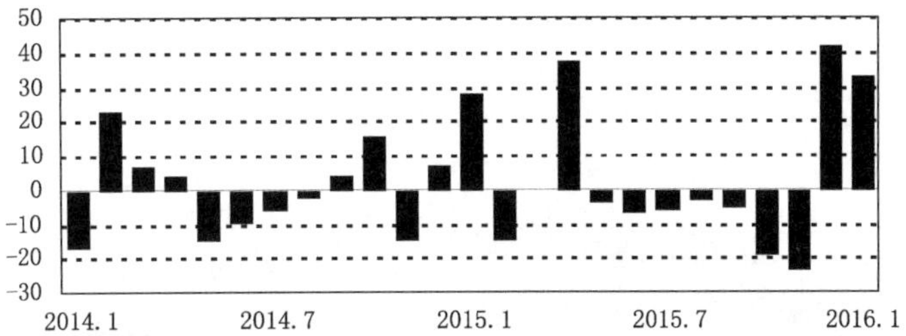

图 8.10　高原积雪指数(74°—104°E,26°—40°N)实况序列

②前期环流特征:1 月西太副高继续维持异常偏强、偏大、偏西、偏南的特征(图 8.11)。

③前期气候特征:前冬气温总体略偏高,受迁站影响,局部站点气温偏低;降水除鄂西南偏多外,其他大部以偏少为主(图 8.12)。

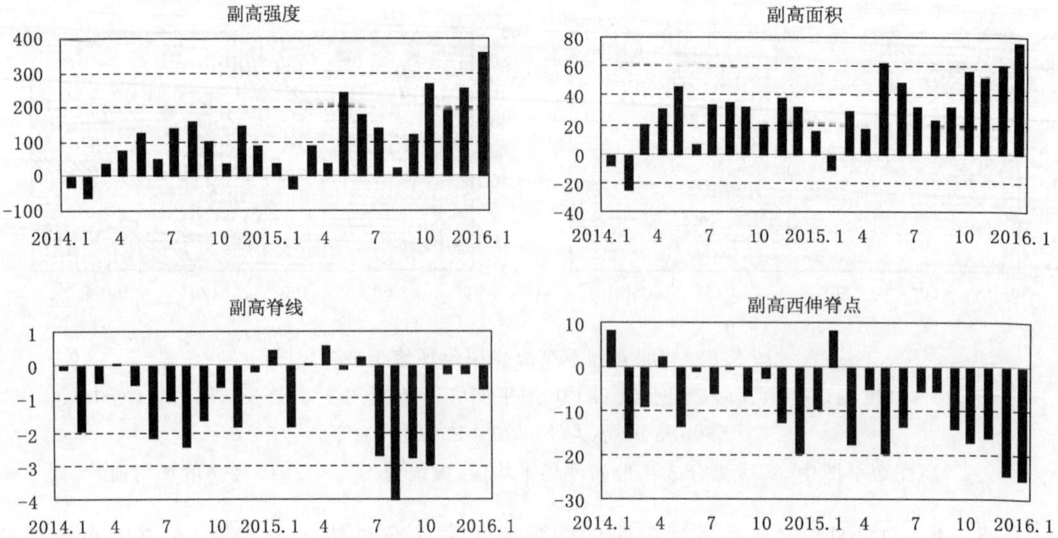

图 8.11　2014 年 1 月至 2016 年 1 月副高特征指数距平值实况

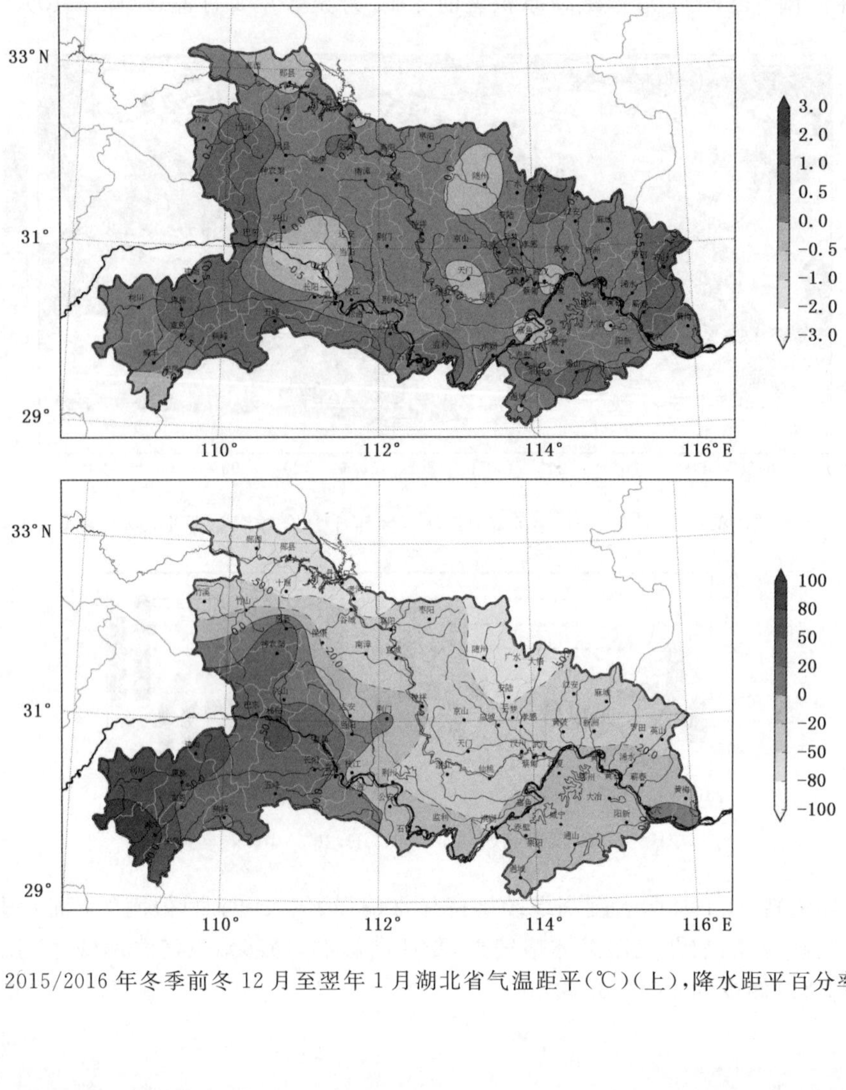

图 8.12　2015/2016 年冬季前冬 12 月至翌年 1 月湖北省气温距平(℃)(上)，降水距平百分率(%)(下)

2)环流预测

①模式产品

除 TCC 模式最长只预测未来 3 个月以外，DERF2.0、CFSv2、APCC 均能在 2015 年末给出 2016 年春季的环流预测结果。另外，TCC 模式还给出海平面气压场的预测。

2016 年 2 月起报的各家模式预测结果较为一致：欧亚中高纬为两槽一脊的环流型，高压脊位于贝加尔湖地区，东亚沿海为浅槽；低纬地区副热带高压略偏强，脊线位置偏北，西伸脊点偏东。TCC 模式给出海平面气压场预测结果为，贝加尔湖附近负距平，表明西伯利亚高压偏弱。

②统计订正

在历史上寻找厄尔尼诺事件相似的年份，对其环流进行合成(图 8.13)。20 世纪 90 年代之后，热带系统增强，对我国影响较为显著的西太副高也明显增强，且位置有所北抬(图 8.14)。根据副高的历史曲线，20 世纪 70 年代末副高转折之后，厄尔尼诺年副高呈现明显的偏大、偏强、偏西、偏北的特点。

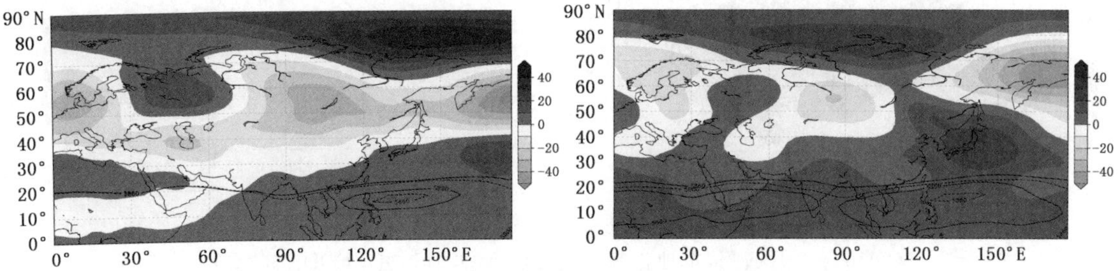

图 8.13　厄尔尼诺衰减年春季 500hPa 高度距平场合成图(左)20 世纪 90 年代之前，(右)90 年代之后

(实线为高度场平均值，虚线为 1981—2010 年高度场均值)

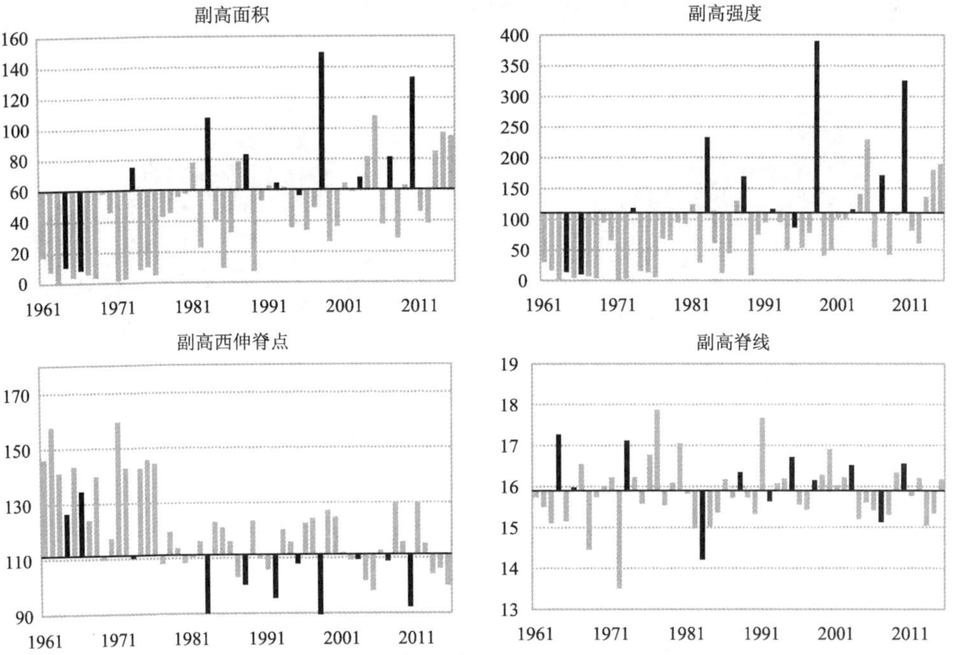

图 8.14　春季西太副高面积(左上)、强度(右上)、西伸脊点(左下)、脊线(右下)序列

(黑色柱状为厄尔尼诺衰减年)

因此，根据统计分析，可以将西太副高的强度预测由略偏强调整为明显偏强，位置偏西、偏北。

③环流预测结论

综合模式及统计，得出最终的环流预测为：欧亚中高纬两槽一脊，高原高度场偏高、东亚大槽偏弱，西太副高偏强、偏西、偏北，西伯利亚高压偏弱。

3)气温预测

①模式及客观化产品

国内外动力模式对 2016 年湖北省春季气温预测较为一致，均预测气温偏高(图 8.15)。本地化 MODES、FODAS 也预测春季气温偏高。

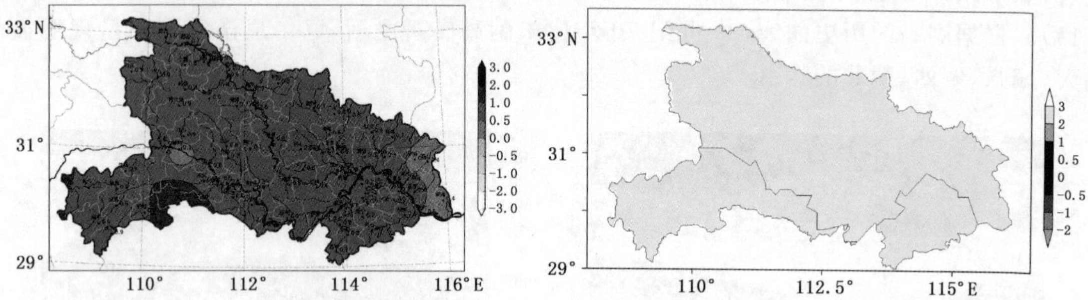

图 8.15　2016 年春季气温距平(℃)预测图

(2016 年 2 月起报，本地化客观化方法 MODES(左)，FODAS(右))

②年代际背景

近 10 年和近 5 年，湖北省春季气温均以偏高为主(图 8.16)。

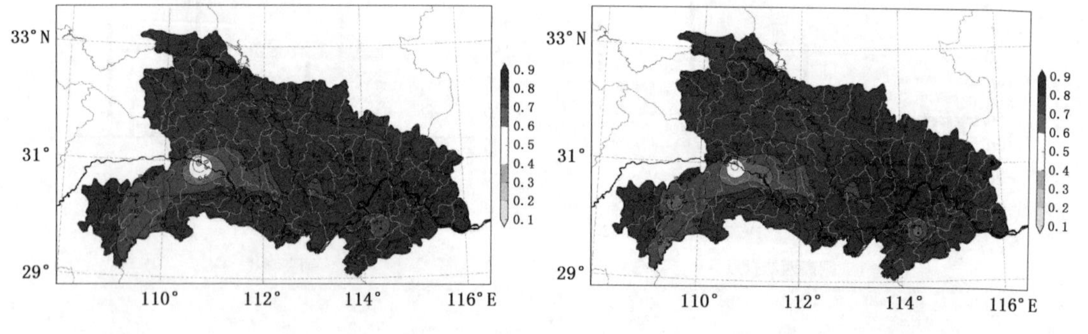

图 8.16　2006—2015 年(左)、2011—2015 年(右)湖北省春季气温正距平频次合成图

③四类配置典型年分析

根据模式对于春季环流场的预测，与春季偏暖年较为相似。

④外强迫—海温影响

影响较为显著的海温有以下几点：强厄尔尼诺事件衰减年、印度洋海温持续偏暖、北大西洋三极子持续正位相，对同时满足这三点的相似年进行合成，结果显示春季气温大部偏高(图 8.17)。

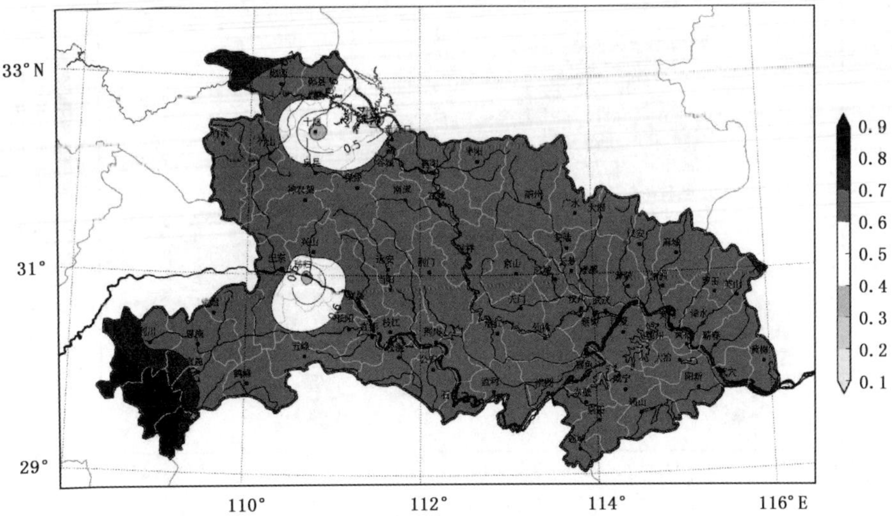

图 8.17　海温相似年湖北省春季气温正距平频次合成图

⑤主要环流因子的影响

根据环流预测，西伯利亚高压偏弱、高原高度场偏高，均有利于气温偏高；而西太副高偏强、偏北相似年则显示气温有偏低可能(图 8.18)。

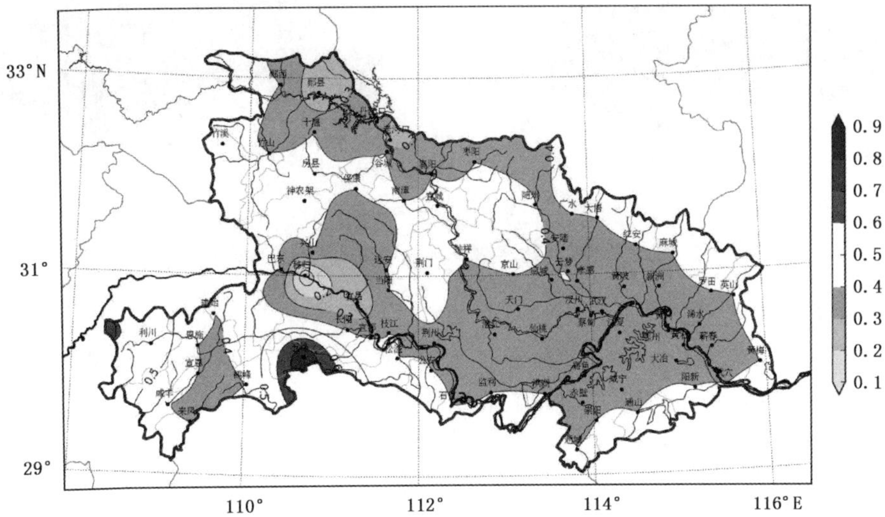

图 8.18　副高相似年湖北省春季气温正距平频次合成图

⑥气温预测结论

综合前面的分析，预计 2016 年春季湖北省气温偏高(图 8.19)。

4)降水预测

①模式及客观化产品

DERF2.0 模式预测春季湖北省东部降水偏多的概率较大；其他几家模式对降水距平百分率的预测较为一致，对湖北省来说主要多雨区位于鄂东南。本地化 MODES 预测鄂西降水偏

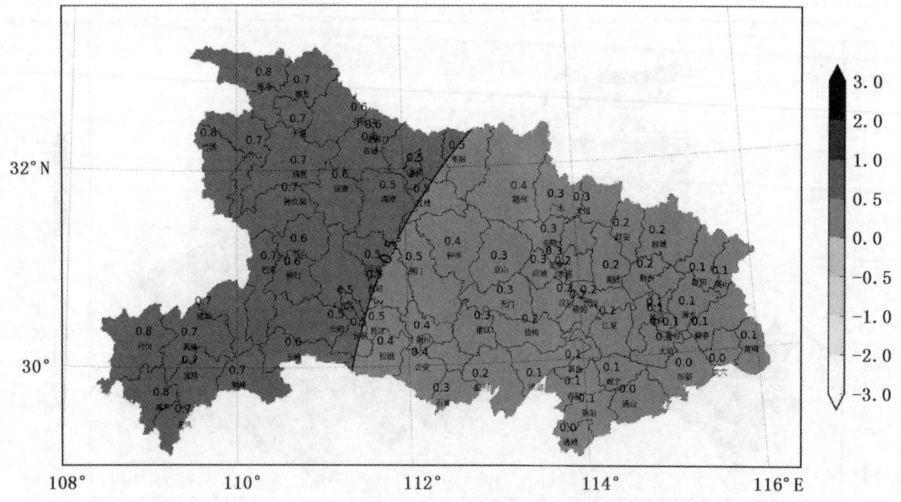

图 8.19　湖北省春季气温距平(℃)预测图

少，其他大部偏多；本地化 FODAS 预测鄂东南降水偏多(图 8.20)。

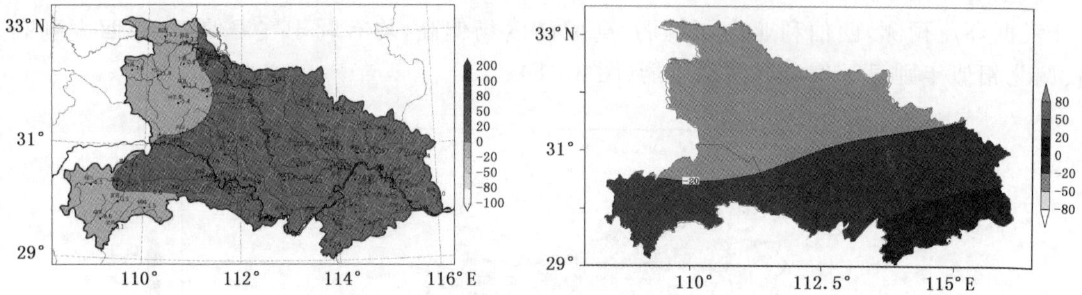

图 8.20　2016 年春季降水距平百分率(%)预测图

(2016 年 2 月起报，本地化客观化方法 MODES(左)，FODAS(右))

②年代际背景

近 10 年，湖北省春季降水西部正常略多、东部偏少；近 5 年，降水减少，仅江汉平原降水正常略多，其他地区降水偏少明显，尤其鄂东南地区(图 8.21)。

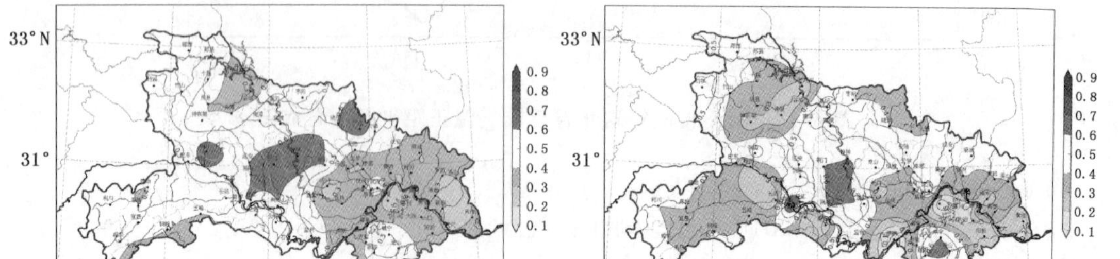

图 8.21　湖北省春季降水正距平频次合成图

(左)2006—2015 年，(右)2011—2015 年

③外强迫—海温影响

影响较为显著的海温有以下几点:强厄尔尼诺事件衰减年、印度洋海温持续偏暖、北大西洋三极子持续正位相,对同时满足这三点的相似年进行合成,结果显示春季降水大部偏多(图 8.22)。

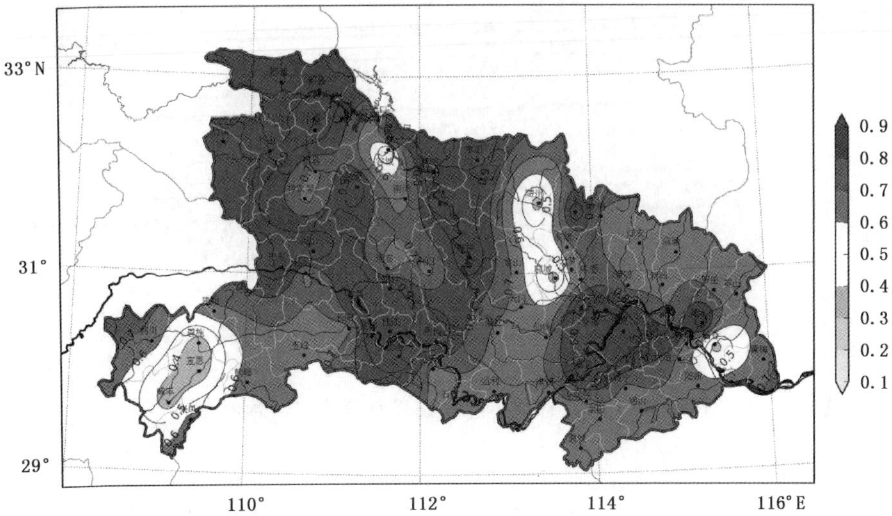

图 8.22　海温相似年湖北省春季降水正距平频次合成图

④主要环流因子的影响

根据前面模式环流预测,2016 年春季副高偏强、偏北。对相似年进行合成,结果显示春季降水大部偏多,鄂西南西部偏少(图 8.23)。

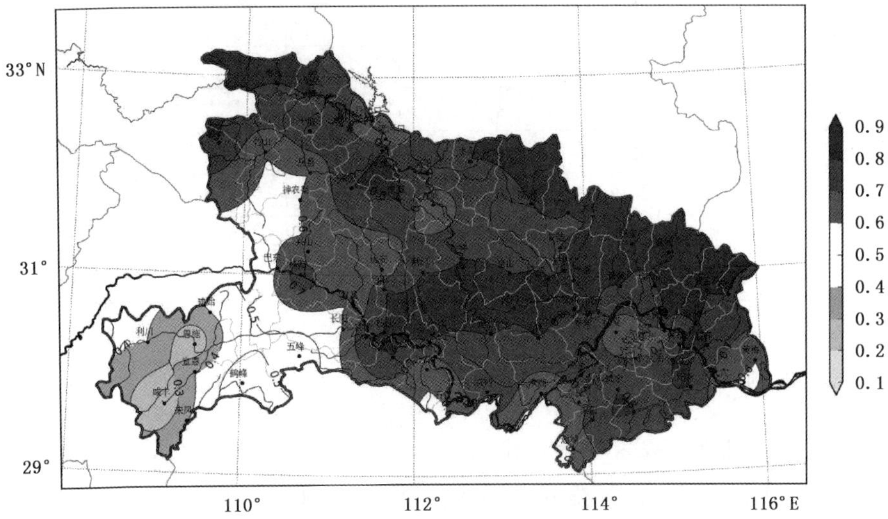

图 8.23　春季副高相似年湖北省降水正距平频次合成图

⑤降水预测结论

综合上述分析,预计 2016 年春季湖北省降水主要多雨区在江汉平原东南部至鄂东大部,鄂西降水接近常年或略偏少(图 8.24)。

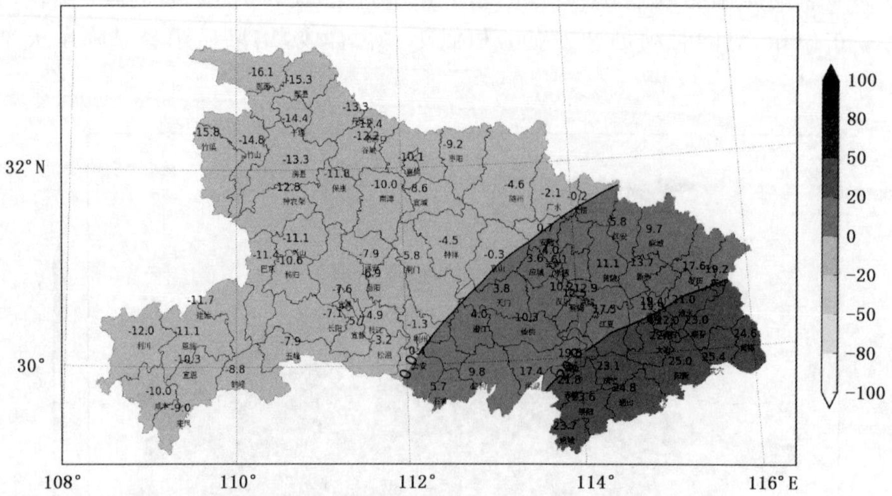

图 8.24　湖北省春季降水距平百分率(%)预测图

5)综合预测结论

综上所述,预计 2016 年春季湖北省气温偏高,鄂东及江汉平原东南部降水偏多,其他地区降水接近常年或略偏少(表 8.4)。

表 8.4　2016 年春季气温、降水预测总结

		气温	降水
模式		高	东南部偏多
客观化方法	MODES	高	中东部偏多
	FODAS	高	东南部偏多
统计分析	年代际背景	高	少
	外强迫	高	多
	西太副高	低	大部多,鄂西南西南部少
	西伯利亚高压	高	—
	高原高度场	高	—
总结		高	鄂东及江汉平原东南部偏多

8.1.2　夏季气候预测

8.1.2.1　夏季预测产品种类及其传输规定

夏季预测指的是 6—8 月气温、降水总趋势预测,包括出现旱涝灾害的可能性、梅雨入出梅时间和强度、盛夏高温等内容。发布产品主要有 4 份:前一年 11 月发布下年 3—9 月气候趋势预测 1 份,其中包含春季 3—4 月预测结论及汛期 5—9 月预测结论;当年 4 月、5 月和 7 月分别发布汛期(5—9 月)、梅雨期、盛夏期气候趋势预测产品各 1 份(表 8.5);编写相应决策服务材料(表 8.6),并上传预测数据(表 8.7)。

表 8.5　湖北省夏季预测业务产品

产品名称	格式	发布时间
湖北省××年 3—9 月气候趋势预测	doc	11 月 25 日
湖北省××年汛期(5—9 月)气候趋势预测	doc	4 月 25 日
湖北省××年梅雨期气候趋势预测	doc	5 月 25 日
湖北省××年盛夏期气候趋势预测	doc	7 月 15 日

表 8.6　湖北省夏季决策服务产品

产品内容	产品形式	发布时间
汛期气候趋势预测	重大气象信息专报 (或气象服务快报)	4 月中下旬
汛期滚动及梅雨期气候趋势预测	重大气象信息专报 (或气象服务快报)	5 月下旬
盛夏期气候趋势预测	重大气象信息专报 (或气象服务快报)	7 月中旬

表 8.7　湖北省夏季(6—8 月)预测数据上传规范

数据类别	区域	站数	要素	文件名	预报时段	格式	上传时间
业务发布产品	湖北	81	气温 降水	Z_SEVP_C_BCWH_y1y1y1y1m1m1 ddhhm0m0ss_P_CLFC-SCTF. TXT	夏季	txt	3 月 26 日 08 时至 4 月 10 日 20 时
客观化产品 FODAS	湖北	81	气温 降水	Z_SEVP_C_BCWH_y1y1y1y1m1m1 ddhhm0m0ss_P_CLFC-SCTF-FODAS. TXT	夏季	txt	3 月 26 日 20 时至 3 月 28 日 20 时
客观化产品 MODES	湖北	81	气温 降水	Z_SEVP_C_BCWH_y1y1y1y1m1m1 ddhhm0m0ss_P_CLFC-SCTF-MODES. TXT	夏季	txt	3 月 26 日 20 时至 3 月 28 日 20 时

8.1.2.2　夏季预测产品的制作

如上所述,提供夏季预测产品有 4 个时间段,针对不同时段的需求,应在前一年 11 月、当年 3 月和 5 月展开会商。根据不同的提前时间,采用的流程不同。

前一年 11 月制作夏季预测时,主要基于年代际背景,考虑年际变化,重点分析海温外强迫(ENSO、南印度洋偶极子等)的影响,给出夏季趋势展望。

当年 3 月制作夏季预测时,参考季节模式产品,分析外强迫信号影响(海温、积雪、海冰等),统计冬季气候异常对应夏季主要环流的可能演变,对夏季主要影响系统进行预判,分析夏季主要影响本地区的系统配置关系,指出夏季预测的不确定性,综合得到预测结论。

当年 5 月制作夏季预测时,跟踪季节模式产品变化,分析春季环流演变与外强迫信号之间的响应关系,考虑夏季雨带变化的可能等细节,指出夏季预测的不确定性,订正 3 月预测结论。由于湖北省处于长江流域梅雨区,5 月的会商和预报则重点考虑梅雨出、入梅时间和梅雨强度,以及后期高温的可能情况。

(1)夏季气候特征分析及异常成因诊断

1)夏季气温、降水 EOF 模态

如图 8.25,夏季气温 EOF 第一模态为全省一致型,方差贡献率 80.9%,时间系数反映出 2000 年后有升温的趋势;第二模态为东西反位相型,方差贡献率 7.1%,这一模态 1980 年之后就以反位相的西冷东暖分布型为主,2000 年后尤为显著;第三模态为东西向三明治型,即东西和中间反位相,方差贡献率 3.2%,这一模态时间系数在 1995 年前后发生突变,1995 年以前主要表现为中间低东西高的特征,1995 年以后呈中间高东西低的空间分布模态。

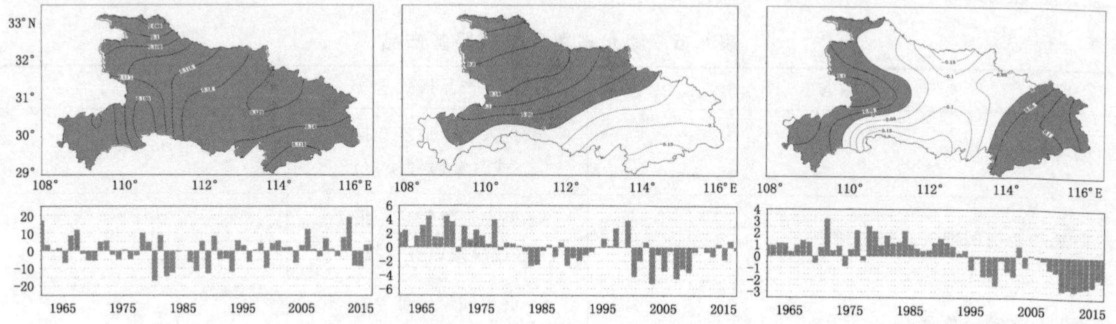

图 8.25　夏季气温 EOF 分解第一(左)、二(中)、三(右)模态空间分布及时间系数

如图 8.26,夏季降水 EOF 第一模态为全省一致型,方差贡献率 49.7%,时间系数显示呈年际变化特征;第二模态为东西反位相型,这一模态方差贡献率为 14.6%,2010 年之后以西少东多为主要特征;第三模态为东西向三明治型,这一模态方差贡献占 5.8%,20 世纪 90 年代以中间少东西多的分布特征为主,2000 年以后相反,主要为中间多东西少的特征。

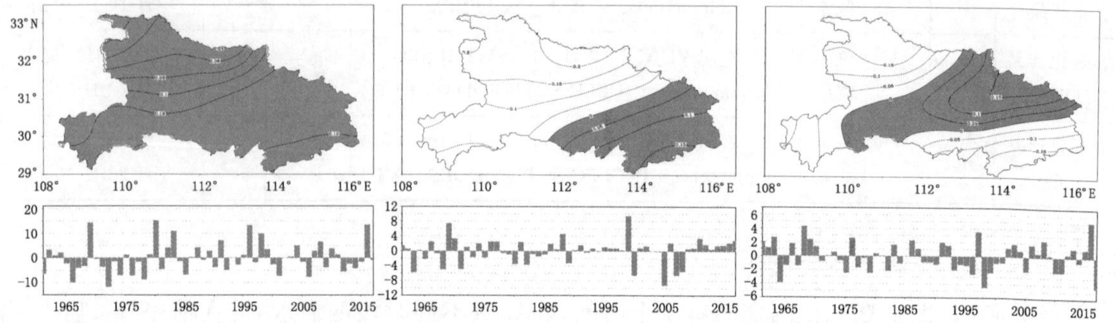

图 8.26　夏季降水 EOF 分解第一(左)、二(中)、三(右)模态空间分布及时间系数

2)夏季旱涝概念模型

影响湖北省汛期降水的因素较多,主要有中东太平洋海表温度异常、高原积雪和欧亚积雪面积、中高纬阻塞高压、西太平洋副热带高压、东亚夏季风、印缅槽、热带对流活动等。

根据湖北省夏季降水主要影响系统概念模型分析([彩]图 8.27),湖北省汛期降水异常偏多年对应的各影响系统的关系为:外强迫特征为厄尔尼诺衰减年,青藏高原积雪面积偏大,欧亚积雪面积偏小;在 500hPa 高度距平场上在东亚沿岸自北向南呈"+－+"波列,即鄂霍次克海有阻塞高压,西太平洋副热带高压偏大、偏强、偏西、偏南;东亚夏季风偏弱,南海至菲律宾对流活动受到抑制,长江流域至日本对流活跃;东亚副热带西风急流偏弱、偏南;在 850hPa 风场上中国南海至菲律宾地区呈反气旋性环流。湖北省汛期降水异常偏少年则与之相反,外强迫特征为拉尼娜衰减年，青藏高原积雪面积偏小，欧亚积雪面积偏大；在 500hPa 高度场上中高纬呈从西向东"－＋－"波列，即鄂霍次克海和乌拉尔山无明显阻塞形势，西太平洋副热带高压偏小、偏弱、偏东、偏北；东亚夏季风偏强；中国南海至菲律宾对流活跃，长江流域至日本岛对流受到抑制；东亚副热带西风急流偏强、偏北；在 850hPa 风场上中国南海和西太平洋呈气旋性环流。

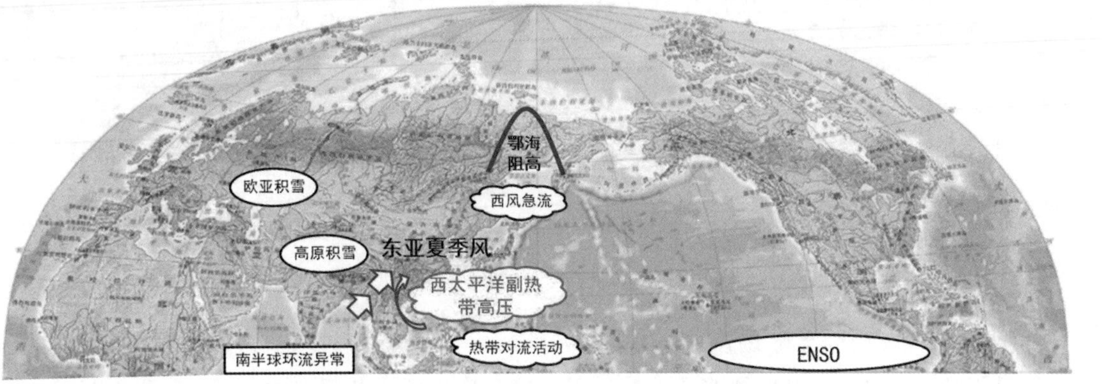

图 8.27　湖北省夏季降水主要影响系统概念模型

3)夏季旱涝分型及其对应环流分析

旱涝年挑选的标准：选取湖北省 76 个代表站，资料年代为 1961—2017 年，当 6—8 月全省平均降水距平百分率小于等于－30%，则定义为大旱年(图 8.28)。满足条件的有 1966 年、1972 年、1974 年、1976 年、1978 年、1985 年、2001 年和 2006 年。当降水距平百分率大于等于 25%即定义为大涝年，满足条件的有 1969 年、1980 年、1983 年、1991 年、1996 年、1998 年和 2016 年。从大涝年的发生时间来看，1961 年以来，60 年代仅 1 次，80 年代 2 次，90 年代 3 次，2000 年以来仅 1 次，而 70 年代没有发生异常多雨的年份，异常涝年主要集中在 20 世纪 80 年代和 90 年代，而旱年发生的时间则主要集中在 20 世纪 70 年代，共发生 4 次大旱，60 年代和 80 年代各有 1 次，2000 年以后发生 2 次，而 90 年代没有发生异常少雨的年份。可见，湖北省汛期降水有着非常明显的年代际变化，其中 70 年代为异常少雨年代，90 年代为异常多雨年代。其他年代则旱涝均有发生，2000 年以来异常少雨年多于异常多雨年。

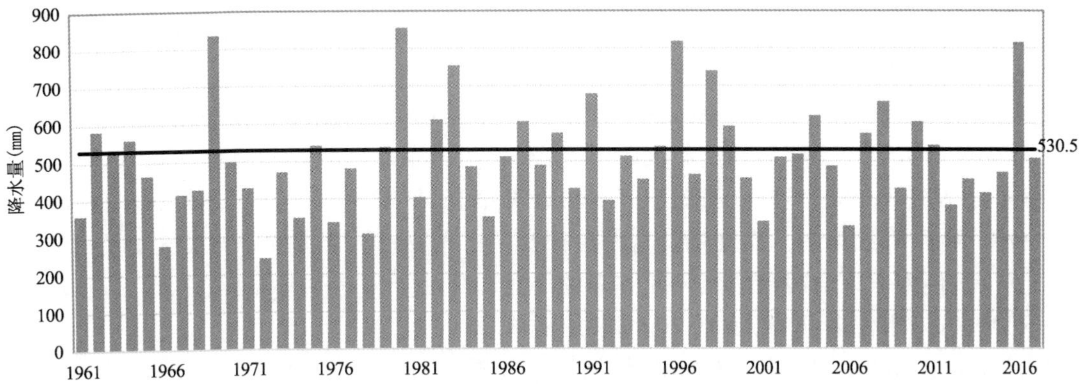

图 8.28　湖北省夏季降水逐年变化直方图(横线为 1981—2010 年 30 年平均值)

对旱、涝年降水正距平频次进行合成(图 8.29)，异常年份，全省一致性偏多或偏少的概率非常高，尤其是旱年全省几乎为一致偏少型，涝年除鄂西北西北部外的大部地区也几乎为一致偏多的特征。

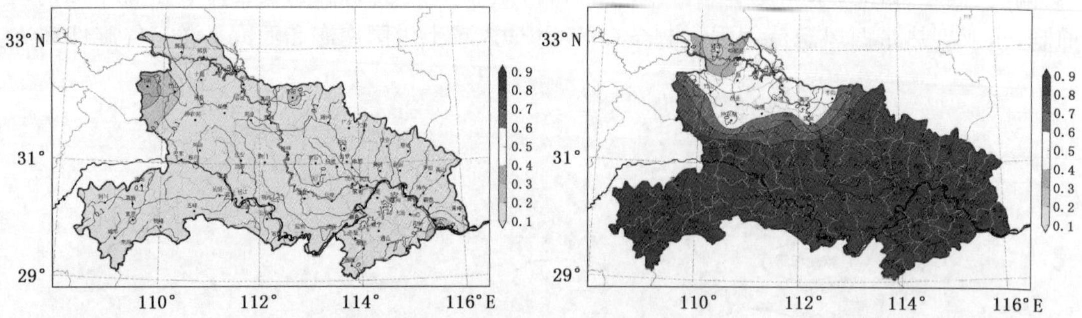

图 8.29 湖北省夏季旱年(左)、涝年(右)降水正距平频次合成图

①旱、涝年 500hPa 高度场对比分析

从旱年的 500hPa 高度距平场看(图 8.30)：(a)北半球为大范围负高度距平所覆盖，表明北半球高度场以偏低为主；(b)东亚地区从高纬到低纬表现为典型的"－＋－"的遥相关距平型；(c)东亚中高纬地区为负高度距平区，表明阻塞高压不显著；(d)西太副高面积偏小、强度偏弱、脊线位置偏北。

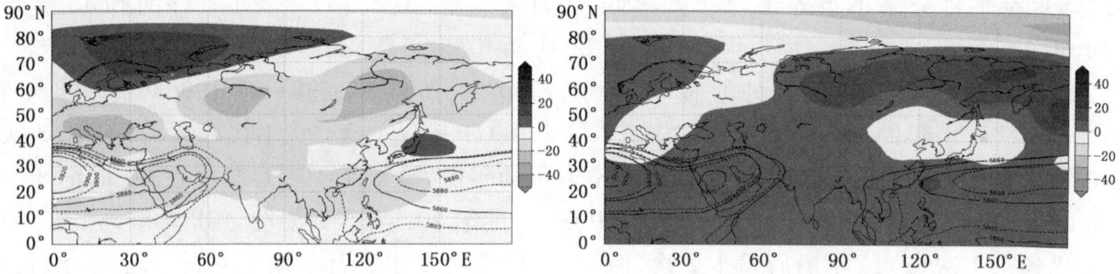

图 8.30 湖北省旱、涝年 6—8 月 500hPa 高度距平场合成图(左：旱，右：涝)
(实线为高度场平均值，虚线为 1981—2010 年高度场均值)

从涝年的 500hPa 高度距平场合成来看，其主要特征与少雨年正好相反：(a)北半球为大范围正高度距平所覆盖，表明北半球高度场整体偏高；(b)东亚地区从高纬到低纬表现为典型的"＋－＋"的遥相关距平型；(c)东亚中高纬地区为很强的正高度距平控制，表明阻塞高压发展，东亚中纬地区是一个明显的负高度距平带，即从我国东北到日本一带高度偏低，表明中纬度低槽十分活跃；(d)30°N 以南的地区高度场显著偏高，说明西太平洋副热带高压偏强、面积偏大、位置偏西、脊线偏南。高度场的这种特征反映出东亚地区低纬异常的反气旋及中纬异常气旋环流型，使南方来的暖湿空气与北方来的冷空气交汇于长江中下游及偏东地区，有利于长江中下游地区降水偏多(柳艳菊等，2008；龚道溢等，2000)。

②旱、涝年 850hPa 风场和 200hPa 风场对比分析

从旱年的 850hPa 风场距平合成图看(图 8.31)，南海至菲律宾地区呈气旋性环流异常，我国北方到日本为反气旋性环流异常，表示西太平洋副热带高压位置偏北偏东。东亚地区的异常环流也具有明显的波列形式。200hPa 中高纬度贝加尔湖到鄂霍次克海地区为气旋性异常

环流(图 8.32)。青藏高原上为异常东风,高原的北面有较强反气旋性环流异常,表明青藏高压位置偏北,强度偏强。而涝年与旱年刚好相反,西太平洋地区有一对距平涡旋(图 8.31),南海至菲律宾地区呈反气旋性环流异常,西北太平洋为气旋性环流异常,湖北省位于两距平涡旋西侧异常偏南气流和异常偏北气流的交汇处。200hPa 青藏高原南部为反气旋环流异常(图 8.32),高原的西北和东北侧各有一较强气旋性环流异常,表明青藏高压位置偏南,强度偏弱,另外,南海和西太平洋与低空相反,呈气旋性环流异常,因此,南海和西太平洋的距平涡旋具有斜压性(杨辉等,2003)。

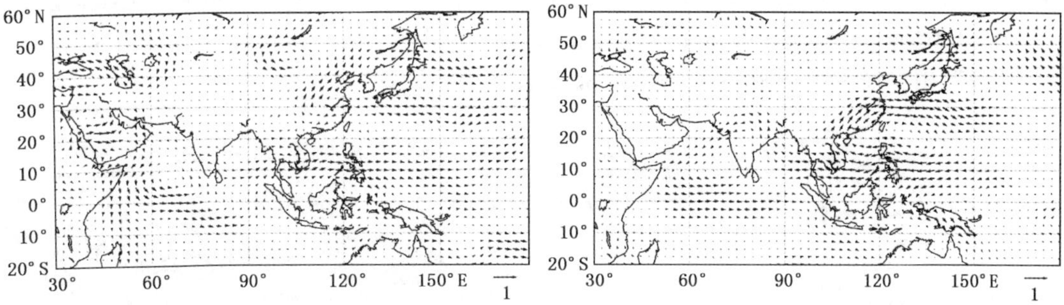

图 8.31　湖北省旱涝年 6—8 月 850hPa 距平风场合成图(左:旱,右:涝)

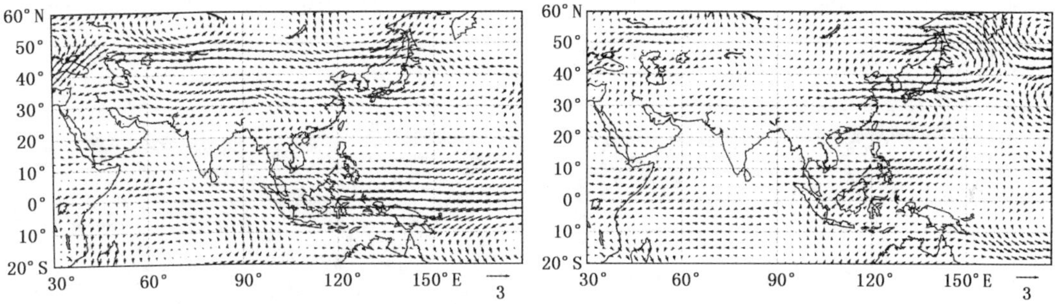

图 8.32　湖北省旱涝年 6—8 月 200hPa 距平风场合成图(左:旱,右:涝)

③旱涝年 OLR 对比分析

从旱年的 OLR 距平合成图看(图 8.33),我国中东部大部分地区的对流活动受到了抑制,我国南海及西太平洋地区对流活跃;而涝年,在长江流域到朝鲜、日本对流活跃,南海至菲律宾及其以东的西太平洋地区对流活动受到抑制(吕俊梅等,2007)。

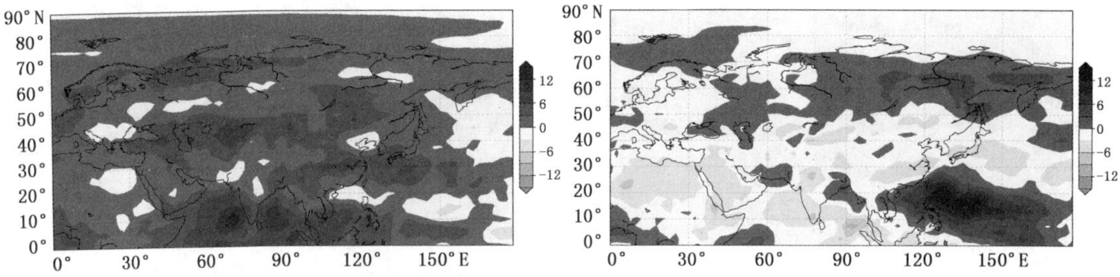

图 8.33　湖北省旱、涝年 6—8 月 OLR 距平合成图(左:旱,右:涝)

④旱涝年海表温度对比分析

对比旱涝年6—8月海表温度距平图(图8.34—图8.36),结合前面对环流异常的分析,在副热带及中纬地区,异常反气旋环流大多与正海表温度异常(sea surface temperature anomaly,SSTA)对应,而异常气旋环流大多与负SSTA对应。即旱年的海表温度距平在印度洋、我国南海和西太平洋暖池地区为负距平,中东太平洋大部为负距平,仅北太平洋的中北部为正距平,而南半球澳大利亚东侧海域也为负距平区。而涝年的海表温度在中东太平洋为异常的正距平,在印度洋及我国沿海的海域至日本东部海域均为异常的正距平,南半球澳大利亚东侧海域也为正距平,仅在西太平洋的暖池地区及北太平洋的中部为微弱的负距平。从时间演变上看,旱年中东太平洋海温由冬季异常偏冷到夏季正常略冷,为拉尼娜衰减年,涝年的中东太平洋海温由冬季异常偏暖逐渐到夏季中性状态,为厄尔尼诺衰减年。

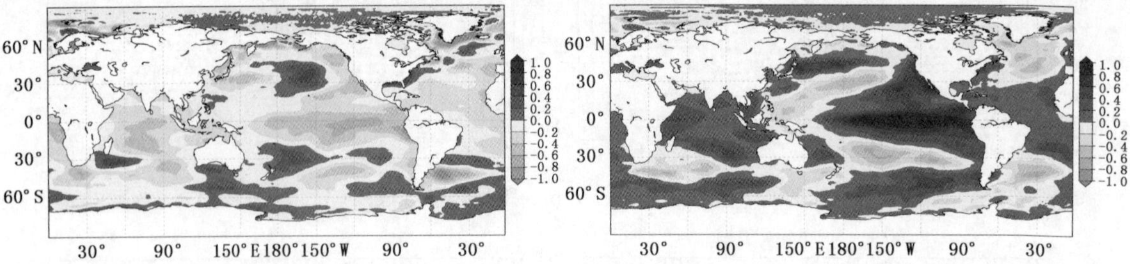

图8.34　湖北省涝年前期冬季12月至翌年2月海表温度距平(℃)合成图(左:旱,右:涝)

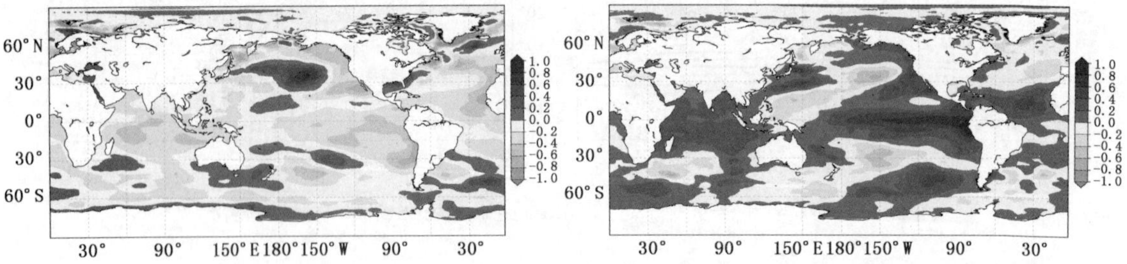

图8.35　湖北省涝年前期春季3—5月海表温度距平(℃)合成图(左:旱,右:涝)

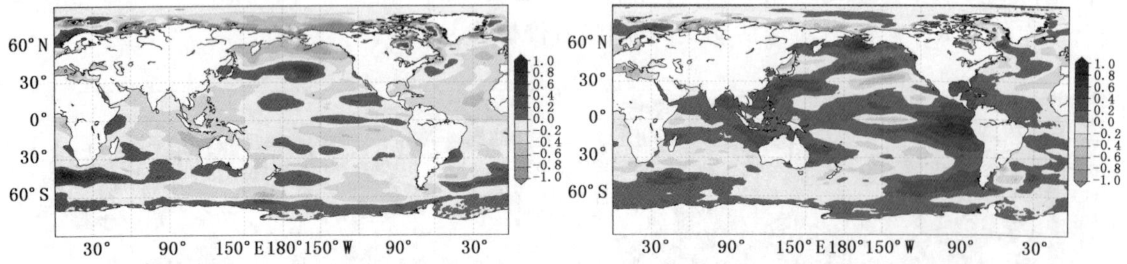

图8.36　湖北省涝年6—8月海表温度距平(℃)合成图(左:旱,右:涝)

(2)夏季预测个例

为了更详尽地了解夏季预测流程。以 2016 年为例，给出具体实施情况。

1)3 月底会商(中国气象局第一次全国大会商)

3 月底参加全国汛期会商会，所用资料一般为下垫面外强迫资料和模式产品，考虑季节的遥相关关系、冬季的主要特征、以及预测湖北省夏季主要影响因子的强度，通过合成、相关、EOF 等方法将各种预测结果进行分析和决策。

①前期大气、海洋监测

2015 年 12 月以来海洋、陆面、大气的主要异常特征表现为：厄尔尼诺事件于 2015 年 11 月达到峰值后开始衰减，冬季 Nino3.4 区海温距平强度排历史第一，为一次超强厄尔尼诺事件；热带印度洋暖海温持续，冬季强度为历史第一；北太平洋海温年代际涛动(Pacific decadel oscillations，PDO)持续正指数；北大西洋三极子模态为正位相，强度较弱，形态不典型(图 8.37，图 8.38)；冬季青藏高原积雪覆盖日数偏多，主要分布在高原北部和东部边缘，但积雪面积小(图 8.39)。东亚冬季风强度偏强，有两次强寒潮影响我国大部地区；冬季西太平洋副热带高压(简称副高)偏强、偏西，尤其副高强度为历史最强，超过 1997/1998 年冬季；冬季我国平均气温接近常年同期，降水较常年同期明显偏多，全国平均降水和华南地区降水均为历史同期最多。

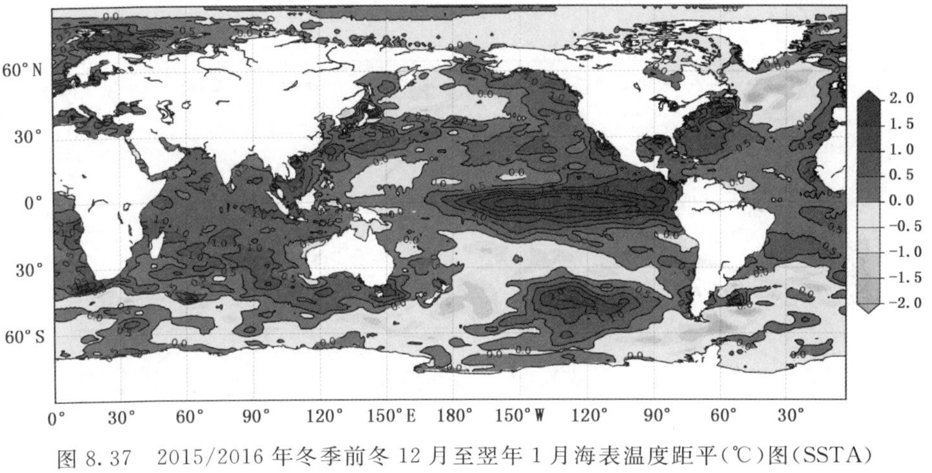

图 8.37　2015/2016 年冬季前冬 12 月至翌年 1 月海表温度距平(℃)图(SSTA)

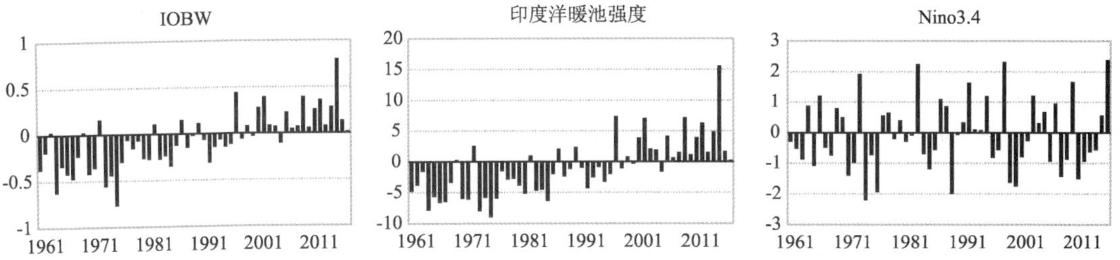

图 8.38　前冬 12 月至翌年 1 月各海区指数(左：IOBW[①]，中：印度洋暖池强度，右：Nino3.4)

① 热带印度洋全区一致海温模态(Indian Ocean basin-wide wamling，IOBW)

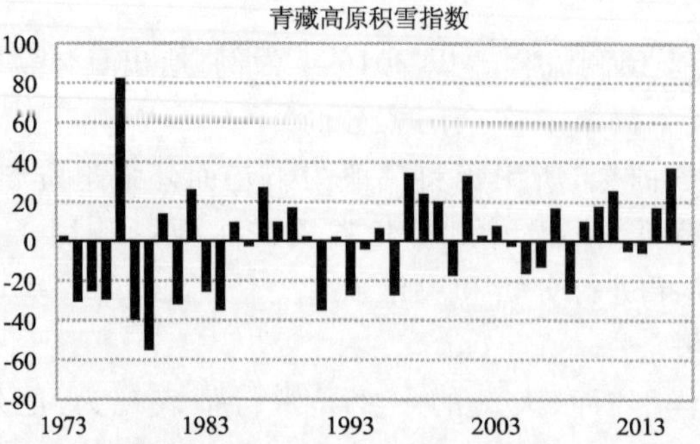

图 8.39　前冬 12 月至翌年 1 月青藏高原积雪指数

2015 年冬季最强信号就是超强厄尔尼诺事件(图 8.40),从 2014 年 5 月开始发展,2016 年 3 月初仍然维持,预计于 2016 年 5 月结束。其特点与历史上 2 次超强厄尔尼诺事件具有高度相似性:一是持续时间长,本次已达 22 个月,而前 2 次分别为 16 个月和 14 个月。二是强度大,海温距平峰值本次为 2.4℃,前两次分别为 2.2℃、2.5℃。三是峰值时间非常典型,3 次超强厄尔尼诺事件峰值均出现在冬季,属于典型的厄尔尼诺事件。四是海温距平累积值高,本次已达 26.9℃,前两次分别为 20.4℃、23.5℃。预测主要针对超强厄尔尼诺的可能影响进行分析,重点分析相似年 1998 和 1983 年(表 8.8)。

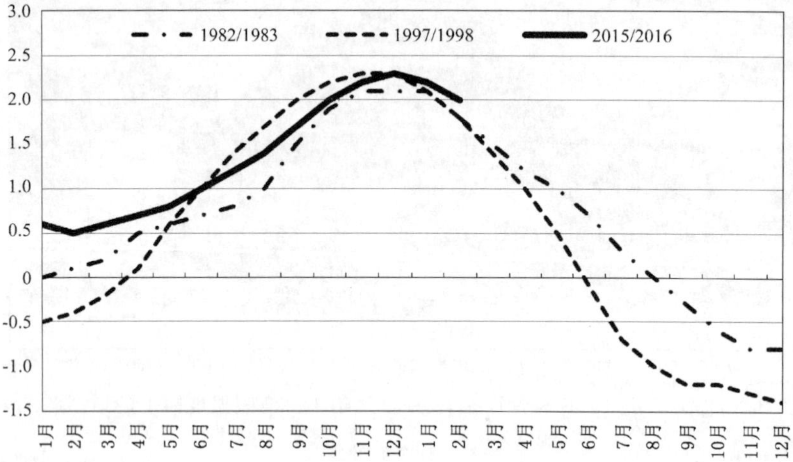

图 8.40　2015—2016 年 Nino3.4 区海温指数与 1982—1983 年、1997—1998 年对比

表 8.8　2015—2016 年前期冬季 12 月至当年 2 月高原积雪面积距平值与 1982—1983 年、1997—1998 年对比

月份	1982/1983 年	1997/1998 年	2015/2016 年
12 月	21.5	53.1	41.9
1 月	32.0	17.0	33.4
2 月	46.9	43.3	−18.3
平均	33.5	37.8	19.0

②模式产品

参照国内外环流模式产品，分析得出预报季节环流形势：(a)欧亚中高纬纬向环流；(b)西太副高偏强偏西；(c)东亚夏季风偏弱。

③外强迫对环流的预测

夏季风指数与海温距平的相关分析表明(图 8.41)，冬季东太平洋海温对夏季风强度的影响最为显著，强厄尔尼诺年夏季风强度弱(图 8.42)。

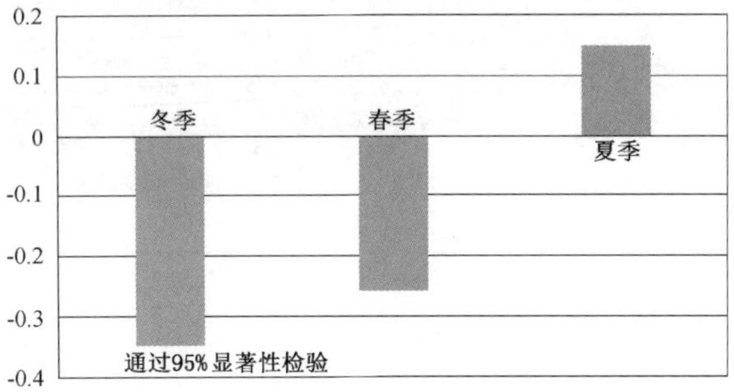

图 8.41　夏季风指数与前期冬季、春季、同期夏季 SSTA 相关系数(来自国家气候中心会商 PPT)

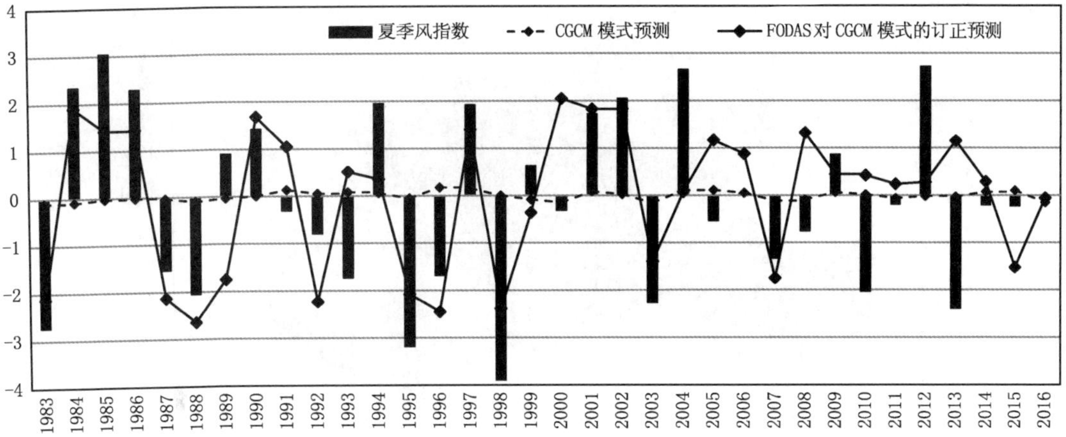

图 8.42　历年东亚夏季风指数序列

(柱状图：夏季风指数；实线：FODAS 对 CGCM 模式的订正预测；虚线：CGCM 模式预测)

④模式对夏季降水预测

各家模式对 2016 年汛期降水预测比较一致，几乎所有的模式都预测长江流域汛期降水偏多(图略)。

⑤主要影响因子分析

超强厄尔尼诺衰减年(图 8.43)：厄尔尼诺与夏季降水的相关表明，厄尔尼诺衰减年夏季易出现江淮雨型和长江雨型，但东部型厄尔尼诺事件下多雨区更易出现长江雨型。

冬季高原积雪(图 8.44)：2015/2016 年冬季高原积雪偏多，有利于夏季风偏弱，高原积雪偏多相似年湖北省夏季降水偏多概率较大。

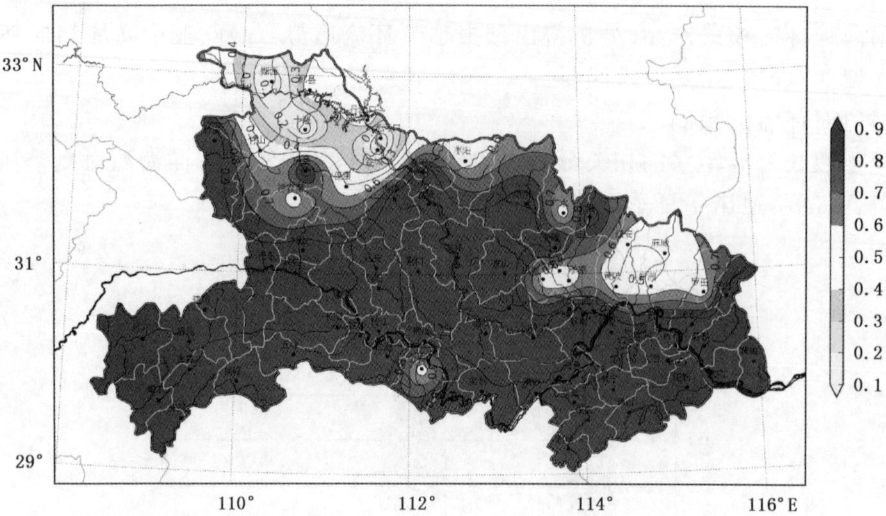

图 8.43　超强厄尔尼诺衰减年湖北省夏季降水正距平频次合成图

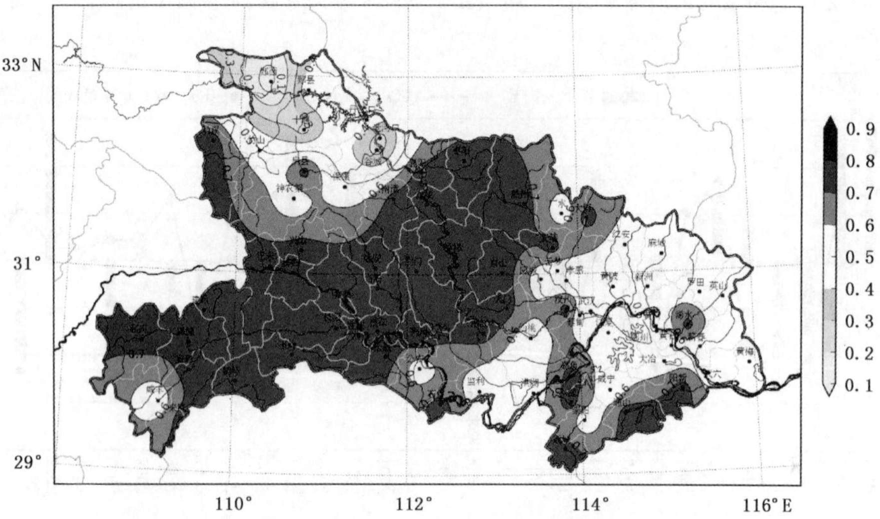

图 8.44　冬季高原积雪偏多年湖北省夏季降水正距平频次合成图

外强迫 IOBW(图 8.45)：2015/2016 年冬季 IOBW 正异常特征明显，相似年湖北省南部降水偏多概率较大。同时考虑厄尔尼诺衰减年，多雨范围略有扩大。

⑥降水预测总结

根据上述海洋、陆面、大气的异常特征以及我国天气气候特点，结合动力气候模式预测结果和物理机制分析，预计 2016 年夏季(6—8 月)，东亚夏季风较常年偏弱；西太平洋副高强度较常年偏强，西伸脊点较常年偏西，南北位置接近常年或偏南；夏季湖北省大部降水偏多，以涝为主，年景差，湖北省汛期降水和气温趋势预测见图 8.46。

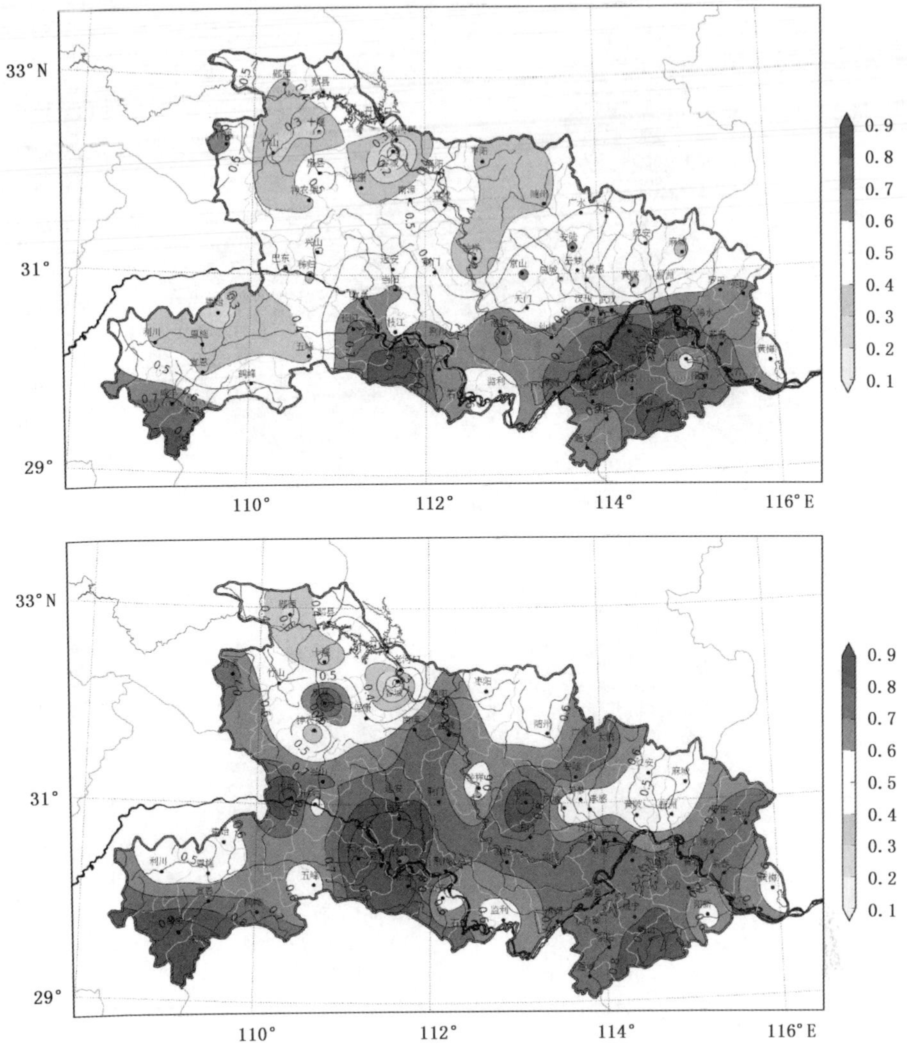

图 8.45　湖北省夏季降水正距平频次合成图

（上：冬季 IOBW 正异常年，下：冬季 IOBW 正异常同时为厄尔尼诺衰减年）

2）汛期滚动预测流程

3 月的会商对外强迫的影响及夏季的主要因子做了详细分析，在后期进行滚动订正时，则需重点关注以下四个方面，一是模式产品的更新，环流形势和雨带是否发生较大的调整；二是外强迫是否发生较大的转变；三是近期大气环流和降水、气温对前期外强迫是否发生预期的响应；四是其他本地特色的指标。仍以 2016 年汛期滚动会商为例进行说明。

①模式产品更新变化

通过多家模式对比，长江中游的雨带仍然维持，且美国 CFSv2 模式预测长江中游降水偏多概率增大，本地客观化方法预测结果显示湖北大部降水偏多（图 8.47，图 8.48）。

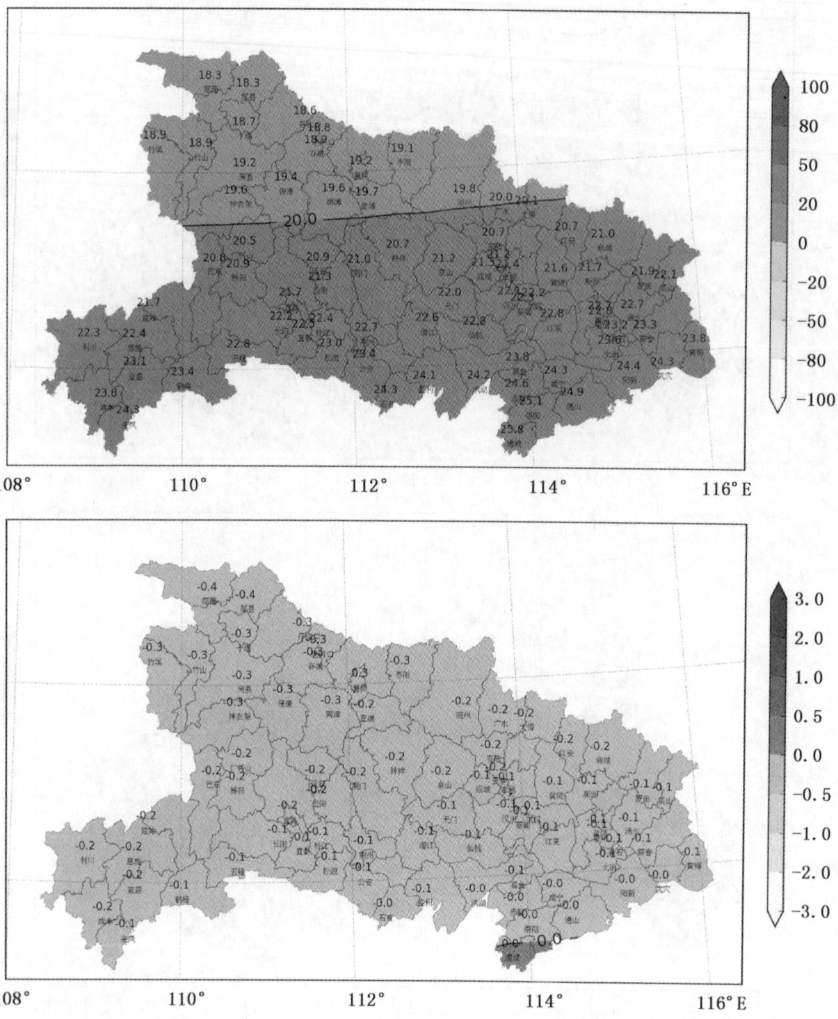

图 8.46　湖北省 2016 年夏季降水距平百分率(%)(上)、气温距平(℃)(下)预测图

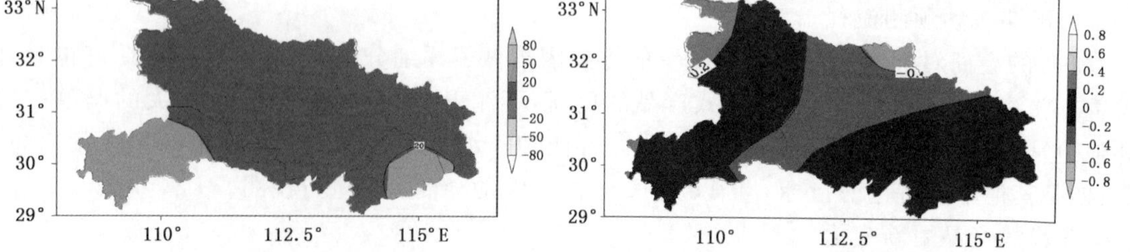

图 8.47　客观化方法 FODAS 对汛期降水的预测结论(左)及回报检验(右)

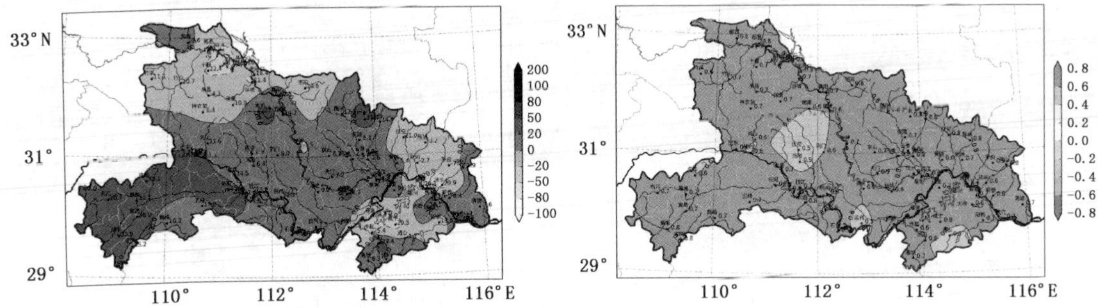

图 8.48　客观化方法 MODES 对汛期降水的预测结论(左)及回报检验(右)

②前期环流及降水对大气的响应

对比分析 2016 年 3 月环流和要素场与典型厄尔尼诺衰减年 3 月的环流和要素场，发现环流对厄尔尼诺的响应并不明显，即环流、气温、降水典型年差异均较大(包括菲律宾地区为气旋性环流)(图 8.49—图 8.51)。

对比分析 2016 年 4 月环流和降水与典型厄尔尼诺衰减年 4 月的环流和降水，发现 4 月无论是降水还是环流都表现出对典型厄尔尼诺的响应，有利于汛期降水偏多(图 8.52，图 8.53)。

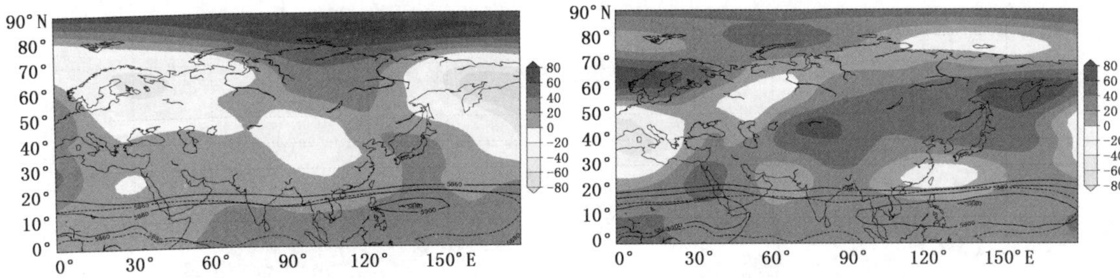

图 8.49　3 月 500hPa 高度距平场(左：厄尔尼诺年合成，右：2016 年实况)
(实线为高度场平均值，虚线为 1981—2010 年高度场均值)

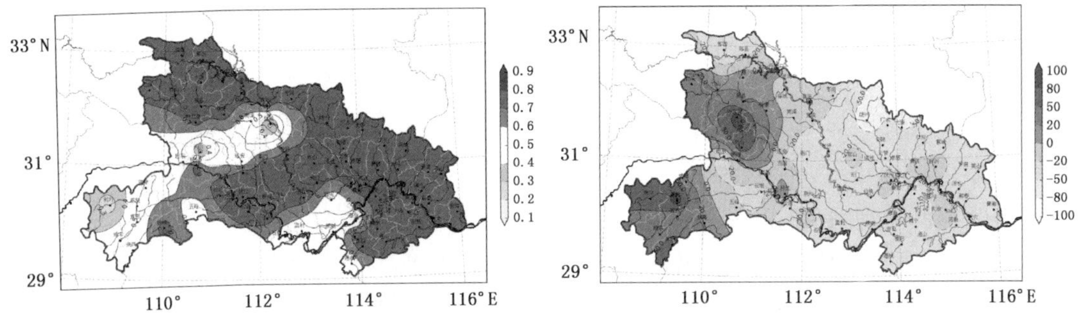

图 8.50　3 月降水距平百分率(左：厄尔尼诺年正距平频次合成，右：2016 年实况)

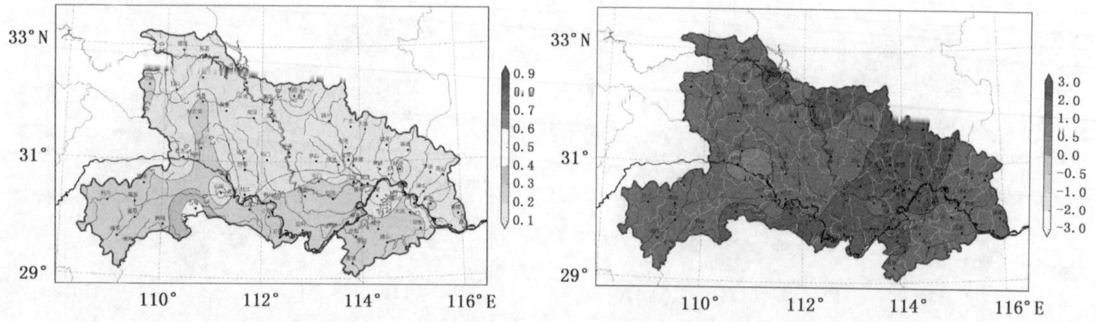

图 8.51　3 月气温距平(左:厄尔尼诺年正距平频次合成,右:2016 年实况)

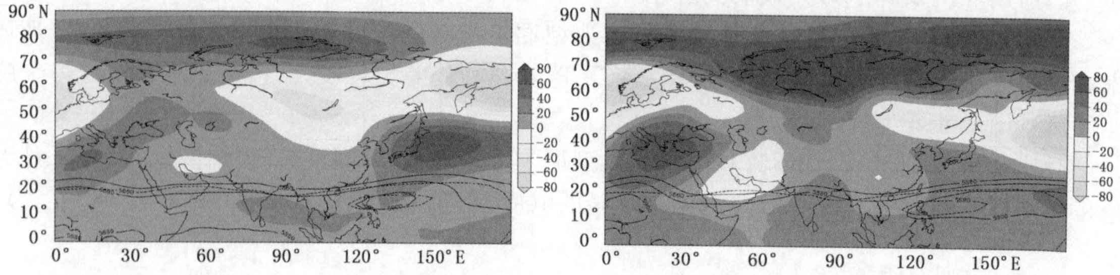

图 8.52　4 月 500hPa 高度距平场(左:厄尔尼诺年合成,右:2016 年实况)
(实线为高度场平均值,虚线为 1981—2010 年高度场均值)

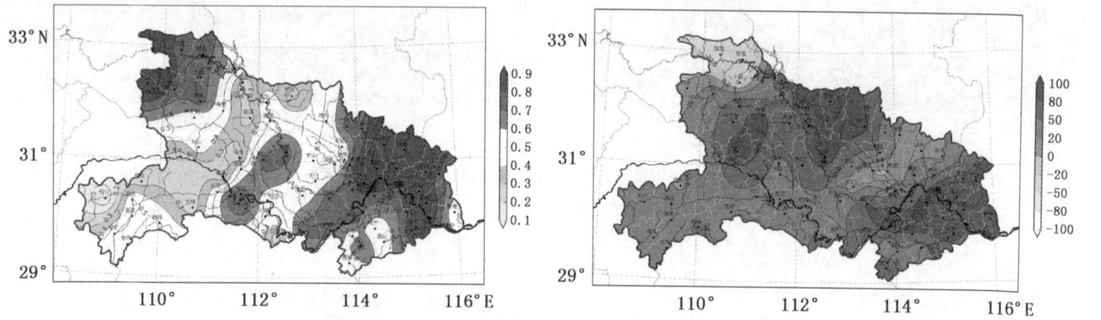

图 8.53　4 月降水距平百分率(左:厄尔尼诺年正距平频次合成,右:2016 年实况)

③预测结论

无论模式还是环流演变都有利于湖北省汛期降水偏多,不确定因素是随着时间的推移雨带是呈现北移的特征,还是会在长江流域维持?具体意见如下:

客观化:多家模式认为长江中游的雨带仍然维持,并且美国 CFSv2 模式预报长江中游降水偏多概率在增大;本地客观化预测结果显示湖北省大部降水偏多;

春季环流演变:3 月环流对超强厄尔尼诺响应不明显,但是 4 月大气环流和气候要素对厄尔尼诺均有所响应,有利于湖北省降水大部偏多;

本地指标一不确定性:长江流域多雨,对应 3 月低温,但 2016 年气温异常偏高虽然不利,但与 2010 年有相似性,考虑雨带的移动性,与 1998 年雨带稳定维持在长江流域不一致;

后期不确定性因子：副高持续偏强偏西与预期一致。夏季副高脊线位置的不确定性大，月际变化可能很大。关注是否出现脊线由偏南向正常转变后，雨带随着时间推移而北移的变化。

8.1.3　秋季气候预测

8.1.3.1　秋季预测产品种类及其传输规定

湖北省秋季预测时段为 9—11 月。主要业务产品有 8 月 25 日发布的《湖北省××年秋汛期(9—10 月)气候趋势预测》(表 8.9)，并于 8 月底之前提供一期气象服务快报(或信息刊物)(《秋季气候趋势预测及可能出现的汉江秋汛、连阴雨、干旱的预测与对策建议》)(表 8.10)，此外，在 8 月 25 日 20 时至 8 月 28 日 20 时上传 MODES 和 FODAS 的秋季预测报文，在 8 月 26 日 08 时至 8 月 30 日 20 时上传省级发布秋季预测报文(表 8.11)。

表 8.9　湖北省秋季预测业务产品

产品名称	格式	发布时间
湖北省××年秋汛期(9—10 月)气候趋势预测	doc	8 月 25 日

表 8.10　湖北省秋季决策服务产品

产品内容	产品形式	发布时间
秋季气候趋势预测及可能出现的汉江秋汛、连阴雨、干旱的预测与对策建议	气象服务快报(或信息刊物)	8 月下旬

表 8.11　湖北省秋季(9—11 月)预测数据上传规范

数据类别	区域	站数	要素	文件名	预报时段	格式	上传时间
业务发布产品	湖北	81	气温 降水	Z_SEVP_C_BCWH_y1y1y1y1m1m1 ddhhm0m0ss_P_CLFC-SCTF. TXT	秋季	txt	8 月 26 日 08 时至 8 月 30 日 20 时
客观化产品 FODAS	湖北	81	气温 降水	Z_SEVP_C_BCWH_y1y1y1y1m1m1 ddhhm0m0ss_P_CLFC-SCTF-FODAS. TXT	秋季	txt	8 月 26 日 20 时至 8 月 28 日 20 时
客观化产品 MODES	湖北	81	气温 降水	Z_SEVP_C_BCWH_y1y1y1y1m1m1 ddhhm0m0ss_P_CLFC-SCTF-MODES. TXT	秋季	txt	8 月 26 日 20 时至 8 月 28 日 20 时

秋季是夏半年向冬半年的转换季节，需关注季节转换进程的快慢：南方系统的衰减速度、北方系统的南移速度及两者之间的配置。

制作秋季预测时，在了解秋季气候特征及异常成因的基础上，参考季节模式产品，分析外强迫影响(海温、积雪、海冰等)，统计前期气候异常对应后期的可能演变，综合得到预测结论。

8.1.3.2　秋季预测产品的制作

(1)秋季气候特征分析及异常成因诊断

1)秋季气温、降水 EOF 模态

湖北省秋季降水距平百分率前 3 个主成分的累计方差贡献率达 80.0%，基本能反映秋季降水的主要特征(表 8.12)。

第一模态为全省一致型，说明全省秋季降水变化总体上具有较好的一致性，即多数年份全省秋季降水普遍偏多或普遍偏少，高值中心集中在湖北中东部，反映出中东部是湖北省秋季降水主要异常分布区。第二模态空间分布表现为东南与西北反位相变化的特征，这种分布表明鄂西降水偏多(少)时，鄂东降水偏少(多)。第三模态呈鄂西南、江汉平原与其他地区反位相分布型。

EOF 分析主要模态对应的时间系数能反映出湖北省秋季降水时间变化特征(图 8.54)。第一模态时间系数中正值对应该年秋季降水多，有 1967 年、1972 年、1983 年、2000 年和 2017 年；负值对应该年秋季降水少，有 1991 年、1992 年、1998 年和 2007 年，从线性趋势来看，秋季降水整体呈略微下降的趋势，且这种分布特点随时间存在年际和年代际变化。21 世纪以前正负系数交替出现，21 世纪以来多为负系数。这说明 21 世纪以来湖北省秋季以旱为主，但近几年降水有所增多。第二模态的时间系数也存在年际和年代际变化，该模态系数正值越大，其所对应年份的降水则越接近于 EOF 第 2 特征场的分布，即西北多东南少的特征，第二时间系数负值越大，其所对应的年份的秋季降水越接近于 EOF 第 2 特征场的反向分布，即西北少东南多的分布特征。从其时间系数的变化可知，20 世纪 80 年代以来，湖北省秋季多雨区域主要位于东南部地区，西北部少雨。第三模态的时间系数演变主要表现为年际变化特征。

表 8.12　湖北省秋季降水 EOF 中各主成分的方差贡献率(%)

主要模态	1	2	3
方差贡献率	56.8	17.3	5.9
累计贡献率	56.8	74.1	80.0

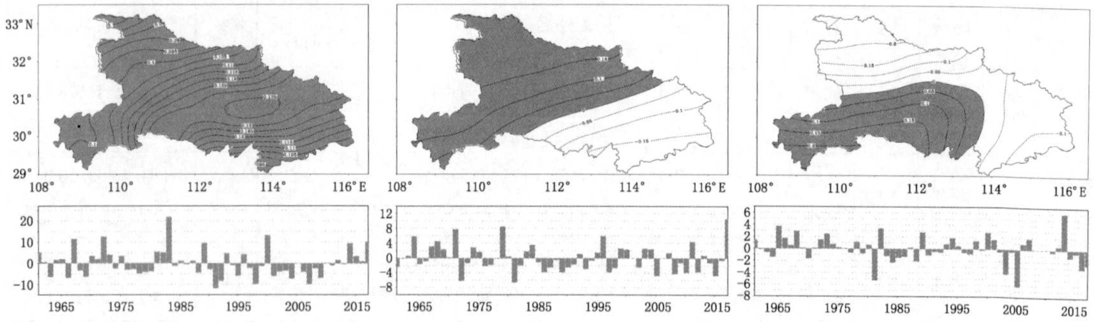

图 8.54　湖北省秋季降水 EOF 分解第一(左)、二(中)、三(右)模态空间分布及时间系数

湖北省秋季气温距平前 3 个主成分的累计方差贡献率达 90.4%，能基本反映秋季气温的主要特征(表 8.13)。

如图 8.55，第一模态为全省一致型，说明全省秋季气温变化总体上具有较好的一致性，即指多数年份全省秋季气温普遍偏高或偏低。第二模态空间分布表现为鄂东与西北反位相的空间分布特征，这种分布表明鄂西气温偏高(低)时，鄂东气温偏低(高)。第三模态呈中部与鄂西、鄂东反位相的三明治分布型。

第一模态时间系数的变化中正值对应该年秋季气温偏低，负值对应该年秋季气温偏高；20 世纪 90 年代中期以后转为偏暖，这之前多为偏冷，也与全球变暖相吻合。第二模态的时间系数也存在年际和年代际变化，2000 年以后主要为负值，即鄂东大部及鄂西南南部温度在 2000 年以后增暖明显，而鄂西北则相反。第三模态时间系数主要表现为明显的减小趋势，90 年代以前为正值，以后为负值，表明 90 年代以后湖北省中部气温偏高明显。

表 8.13　湖北省秋季气温 EOF 中各主成分的方差贡献率(%)

主要模态	1	2	3
方差贡献率	81.0	5.6	3.8
累计贡献率	81.0	86.6	90.4

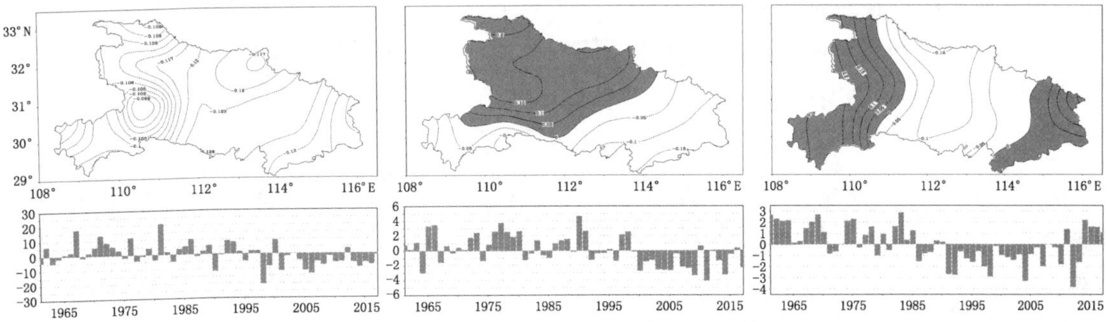

图 8.55　湖北秋季气温 EOF 分解第一(左)、二(中)、三(右)模态空间分布及时间系数

2)秋季影响系统概念模型

影响湖北省秋季气温、降水的主要环流系统有西伯利亚高压、副热带高压、高原高度场、贝加尔湖低槽、印缅槽等。外强迫上，赤道中东太平洋、印度洋、春季高原积雪均对秋季环流有明显影响([彩]图 8.56)。

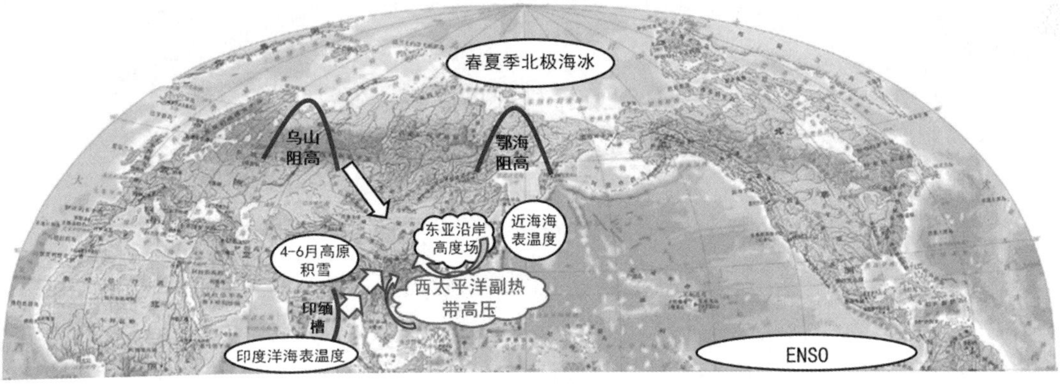

图 8.56　湖北秋季影响系统概念模型

秋季是由夏季风向冬季风转变的过渡时期。随着大陆冷高压的重新建立并不断南下，影响湖北的冷空气又开始活跃起来。由于西太副高南退和东撤的过程在高空慢于低空，南下的冷空气不如冬季深厚，较为浅薄。同时南撤的副热带系统带来的暖湿气流如南下较慢，高空环流较为平直或者湖北省处于副高北边缘时，由于水汽较为充足，与南下的冷空气对峙，易形成降水。

3)秋季典型年及其对应环流分析

①典型旱、涝年对应环流

如图 8.57—图 8.62,湖北省秋季降水典型偏多年,同期的 OLR 分布场上,菲律宾群岛至我国南海、印度洋西部以及西太平洋地区为明显的正异常中心,与之相反的是在印度洋、中太平洋地区以及我国中东部大部为明显的负异常中心,湖北省对流活动较强。对应的典型环流场为自高(500hPa)至低(850hPa)的高度场在欧亚大陆呈现出明显的“北正南负”的距平场分布,中高纬度地区的正异常中心位于欧洲北部至极地地区,负异常中心位于巴尔喀什湖至贝加尔湖地区,这种分布形势有利于高纬度的冷空气南下,为降水的形成提供了较为有利的冷空气条件;对应西太副高接近常年而孟加拉湾地区为负异常,对应 850hPa 风场上中国东南沿海以反气旋环流为主,湖北省同时受西太副高西侧的偏南气流及来自印缅地区的西南气流影响,水汽较为充沛。冷暖空气的配合以及充沛的水汽条件下湖北省降水偏多。

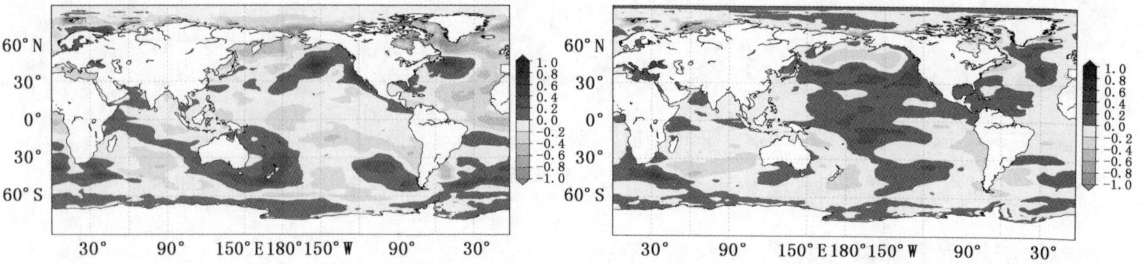

图 8.57　海表温度距平场合成图(左:降水异常偏多年,右:降水异常偏少年)

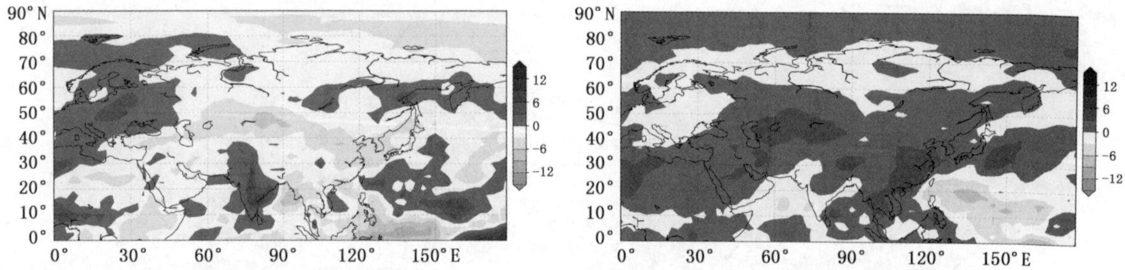

图 8.58　OLR 距平场合成图(左:降水异常偏多年,右:降水异常偏少年)

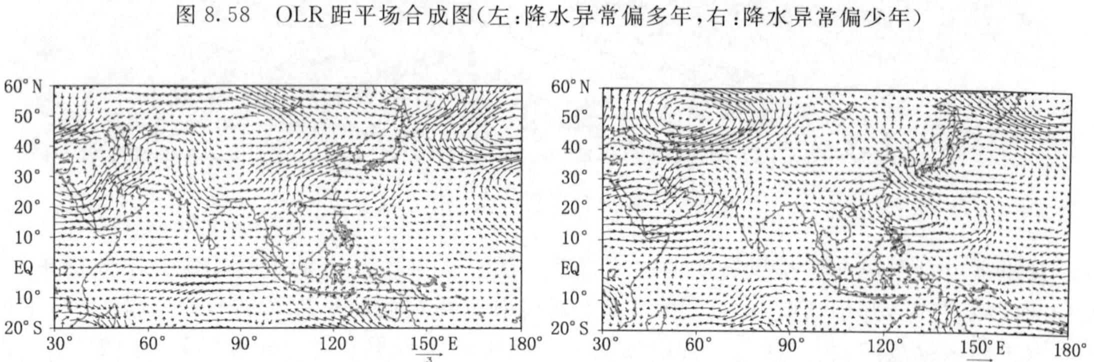

图 8.59　500hPa 距平风场(m/s)合成图(左:降水异常偏多年,右:降水异常偏少年)

如图 8.57—图 8.62，在湖北省秋季降水典型少年，同期 OLR 场在赤道西太平洋地区对流活跃，而在中国大陆地区为明显的正异常中心，湖北省对流以辐散为主。对应的典型环流场最为明显的特征是中高纬度自西向东为“＋－＋”波列分布，以纬度环流为主。中国大陆为负异常中心，且对应的西太副高以偏弱为主，这种特征是在 500～850hPa 都存在，使得 850hPa 风场距平场上西太平洋地区存在着明显的气旋性环流，湖北省盛行明显的偏北气流，最终不利于降水的偏多。

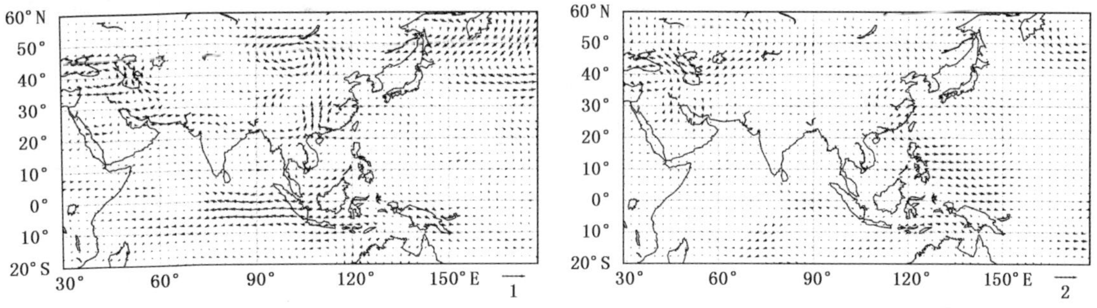

图 8.60　850hPa 距平风场合成图(左:降水异常偏多年，右:降水异常偏少年)

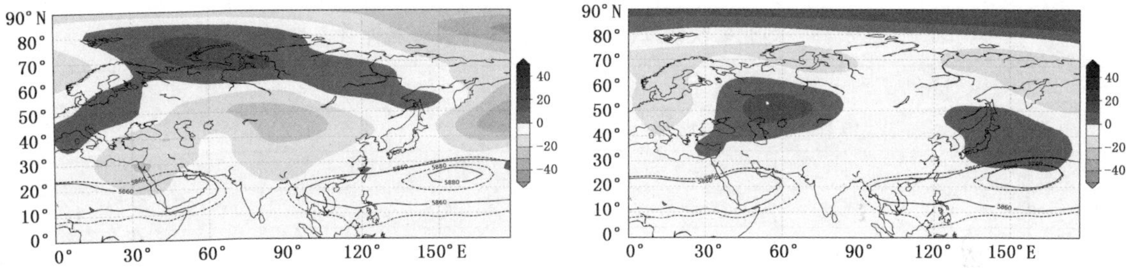

图 8.61　500hPa 高度距平场合成图(左:降水异常偏多年，右:降水异常偏少年)
(实线为高度场平均值，虚线为 1981—2010 年高度场均值)

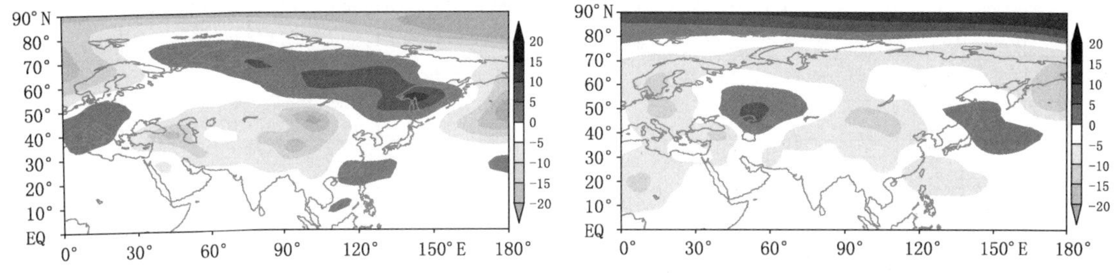

图 8.62　850hPa 高度距平场合成图(左:降水异常偏多年，右:降水异常偏少年)

统计旱、涝年西太平洋副热带高压各特征量(表 8.14，表 8.15)，涝年副高的变化较为一致，而旱年则表现不一致。涝年副高面积、强度一致偏小、偏弱，脊线位置偏南、西伸脊点偏东，但 1983 年副高面积偏大、强度偏强。而旱年副高面积、强度则主要表现为偏大、偏强，但 1963 年、1966 年和 1992 年副高仍然为偏小、偏弱；副高脊线总体表现为偏北，仅 1998 年和 2009 年偏南；西伸脊点一致性较差，4 年偏东、4 年偏西。

表 8.14　湖北省秋季旱、涝年同期副高面积和强度指数

旱年	副高面积				副高强度			
	9月	10月	11月	秋季	9月	10月	11月	秋季
1963	3	−16	−1	−4	23	−29	1	−1
1966	−5	−5	−8	−6	−5	−17	−17	−13
1991	0	−13	2	−3	26	−24	9	3
1992	−11	−5	−7	−7	−33	−20	−7	−20
1998	4	7	1	4	0	2	−3	0
2004	3	−7	5	0	1	−11	14	1
2007	3	1	−4	0	4	1	0	1
2009	10	4	0	4	34	13	−8	13
涝年	9月	10月	11月	秋季	9月	10月	11月	秋季
1967	−15	−9	−15	−13	−33	−17	−29	−26
1972	−12	−1	7	−2	−30	−6	29	−2
1983	1	2	0	1	3	22	9	11
1989	−7	−1	−7	−5	−14	−12	−20	−15
2000	−21	−10	−4	−11	−42	−22	−8	−24

表 8.15　湖北省秋季旱、涝年同期副高脊线和西伸脊点指数

旱年	副高脊线				副高西伸脊点			
	9月	10月	11月	秋季	9月	10月	11月	秋季
1963	1	0	0	0	−15	−3	−3	−7
1966	3	−3	0	0	34	−1	12	15
1991	2	4	1	2	19	43	−3	19
1992	3	1	4	2	4	8	32	14
1998	−2	0	0	−1	−20	−11	−13	−14
2004	0	0	1	0	−15	−6	−3	−8
2007	5	0	2	2	19	−1	22	13
2009	0	−3	0	−1	−15	−1	−8	−8
涝年	9月	10月	11月	秋季	9月	10月	11月	秋季
1967	−7	0	2	−1	49	38	20	35
1972	−1	0	0	−1	14	−11	−3	−1
1983	−2	1	−1	−1	−10	−1	−3	−4
1989	2	−1	−1	0	19	3	0	7
2000	4	3	3	3	39	13	12	21

②典型低温、高温年环流特征

如图 8.63—图 8.65，湖北省秋季典型高温年同期的海温以偏暖为主，其中西北太平洋暖池区至赤道西太平洋、菲律宾群岛偏暖，而赤道中东太平洋则为偏冷的“类拉尼娜”分布，对应的海平面气压场在西伯利亚地区偏低，来自北方的冷空气偏弱，500hPa 高度距平场自北向南呈“＋－＋”的分布，这种分布说明中高纬度地区以纬向环流为主，而副热带系统又偏强，利于

湖北省大部以气温偏高。

如图 8.63—图 8.65，湖北省秋季典型低温年同期海温大部以偏低为主，其中异常低温中心位于中国近海的西北太平洋地区。海平面气压场在欧亚大陆中高纬度地区为明显的正异常，西伯利亚高压偏强，利于冷空气南下。同期的 500hPa 高度场与海平面气压场自北向南呈“－＋－”分布，中国大陆至副热带地区为明显负异常，说明副热带的系统偏弱。这种经向环流分布利于湖北省秋季气温偏低。

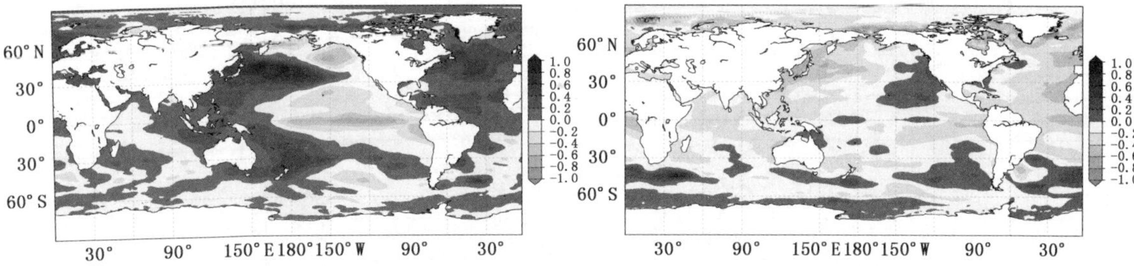

图 8.63　海表温度距平场合成图(左：气温异常偏高年，右气温异常偏低年)

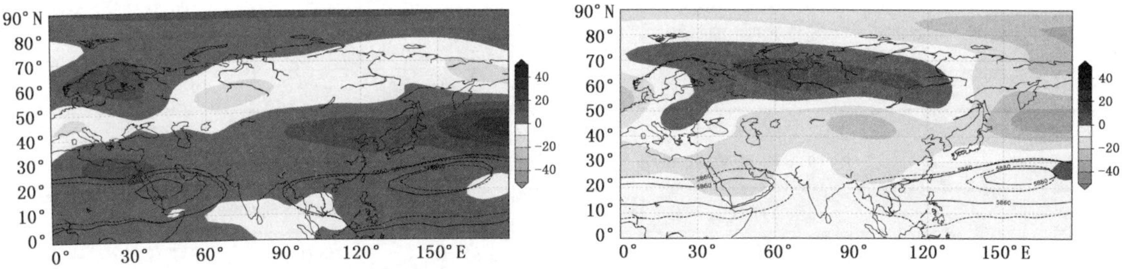

图 8.64　500hPa 高度距平场合成图(左：气温异常偏高年，右：气温异常偏低年)
(实线为高度场平均值，虚线为 1981—2010 年高度场均值)

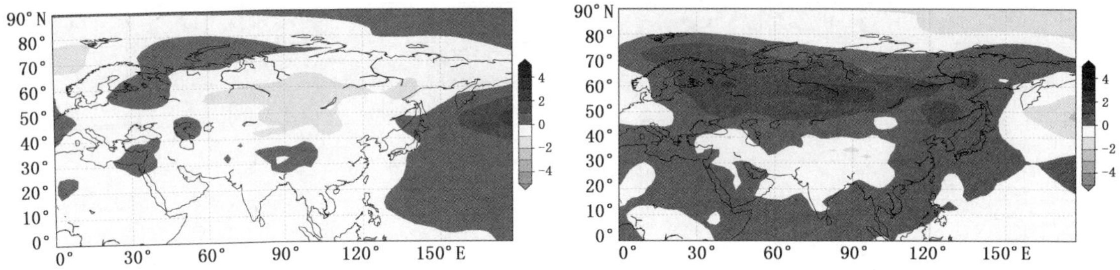

图 8.65　海平面气压距平场合成图(左：气温异常偏高年，右：气温异常偏低年)

统计低温、高温年西太平洋副热带高压各特征量(表 8.16，表 8.17)，典型低温年副高的变化较为一致，而高温年则不一致。低温年副高面积、强度一致偏小、偏弱，脊线位置偏北、西伸脊点偏东，仅 1993 年副高面积偏大、强度偏强、西伸脊点偏西。而暖年副高面积、强度则主要表现为偏大、偏强，但 1990 年、1999 年和 2001 年副高仍然为偏小、偏弱；副高脊线总体表现为偏南，但 1999 年、2001 年和 2005 年略偏北；西伸脊点以偏西为主，1990 年、1999 年和 2001 年略偏东。

表 8.16　湖北省秋季低温、高温年副高面积和强度指数

高温年	副高面积				副高强度			
	9 月	10 月	11 月	秋季	9 月	10 月	11 月	秋季
1990	0	0	−3	−1	15	1	−74	−19
1998	4	7	2	4	0	2	43	15
1999	−10	−5	−4	−6	−14	−13	−84	−37
2001	−13	−2	−1	−5	−22	−12	−31	−22
2005	10	11	2	8	40	17	27	28
2006	4	6	1	4	−8	10	14	5
低温年	9 月	10 月	11 月	秋季	9 月	10 月	11 月	秋季
1967	−15	−9	−4	−13	−33	−17	−88	−46
1971	−11	−6	−4	−8	−27	−3	−87	−39
1976	−15	−4	−1	−8	−32	−10	−14	−19
1981	0	−6	2	−2	0	−12	34	7
1986	−11	3	0	−2	−23	17	11	2
1992	−11	−5	−2	−7	−33	−20	−31	−28
1993	6	6	0	5	9	13	−9	4
2000	−21	−10	1	−11	−42	−22	20	−15

表 8.17　湖北省秋季低温、高温年副高脊线和西伸脊点指数

高温年	副高脊线				副高西伸脊点			
	9 月	10 月	11 月	秋季	9 月	10 月	11 月	秋季
1990	2	−2	1	0	20	−1	9	9
1998	−2	0	−1	−1	−20	−11	−1	−11
1999	4	1	−1	1	9	−1	−1	2
2001	2	0	0	1	−15	−1	11	−2
2005	3	0	−2	0	−20	−1	−15	−12
2006	0	0	−2	−1	−15	−6	−5	−9
低温年	9 月	10 月	11 月	秋季	9 月	10 月	11 月	秋季
1967	−7	0	—	−2	49	38	11	33
1971	1	1	—	1	24	27	29	27
1976	0	−2	3	0	34	7	22	21
1981	0	−1	0	0	−15	−1	−11	−9
1986	1	−1	1	0	24	−1	2	8
1992	3	1	4	3	4	8	22	11
1993	0	0	2	1	4	−11	1	−2
2000	4	3	1	3	39	13	0	17

(2)秋季预测个例

为了更详尽地了解秋季预测流程，以 2015 年为例，给出具体实施情况。

1)前期监测

制作预测前,需要了解预测时段前期的大气、海洋状态及前期气温、降水实况。

①外强迫(图 8.66,图 8.67):前期海洋监测实况显示,赤道中东太平洋仍旧处于暖水位相,厄尔尼诺现象持续,热带印度洋全区一致海温偏暖明显且持续,热带印度洋海温偶极子为正位相,副热带南印度洋偶极子为弱负位相,北大西洋海温三极子为正位相,PDO 维持正位相。

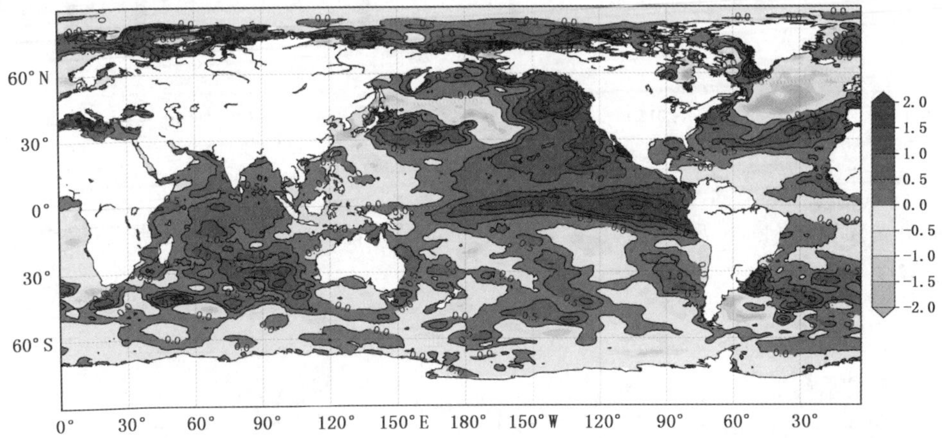

图 8.66　2015 年 7 月海表温度距平(℃)分布图

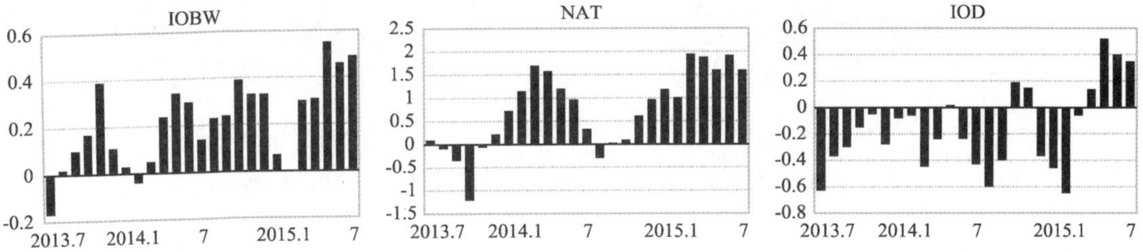

图 8.67　2013 年 7 月—2015 年 7 月逐月海温指数距平(左:IOBW,中:NAT[①],右:IOD[②])

②前期环流特征(图 8.68):前期 3—8 月西太副高持续维持异常偏强、偏大、偏西,7 月转为偏南,且持续至 8 月。

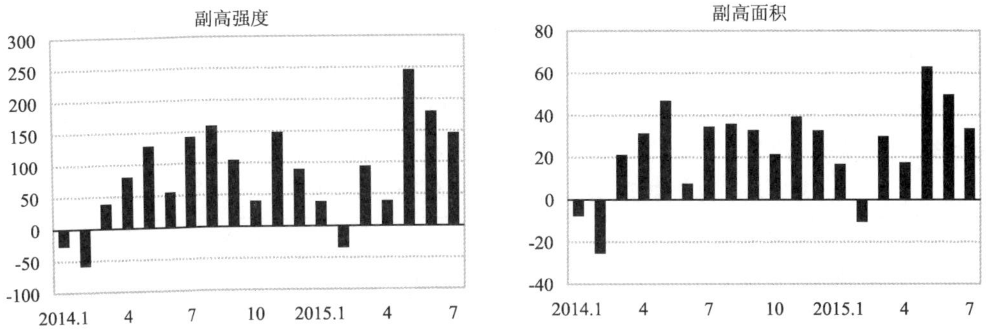

① 北大西洋海温三极子模态(North Atlantic Tripole,NAT)

② 印度洋偶极子(Indian Ocean Dipole,IOD)

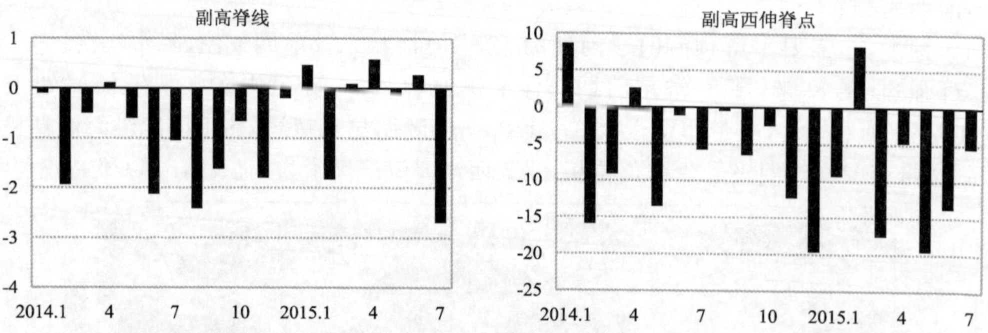

图 8.68　2015 年前期副高监测实况

③前期气候特征(图 8.69):前期夏季气温大部偏低,降水除鄂东西部局部偏多外,其他大部以降水偏少为主。

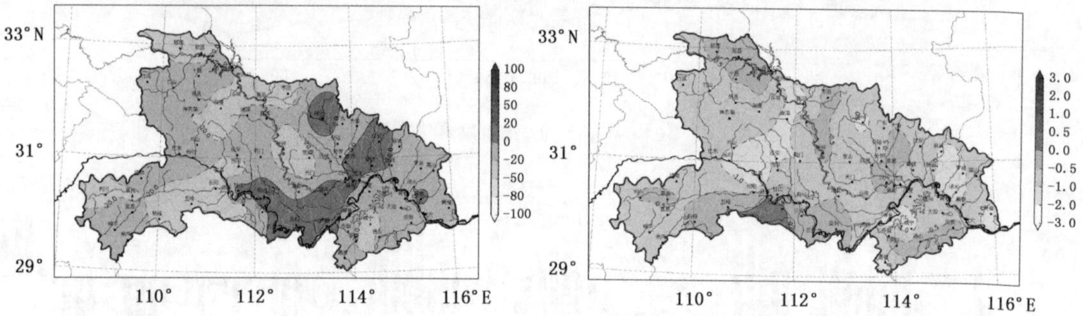

图 8.69　2015 年前期夏季降水距平百分率(%)(左)和气温距平(℃)监测实况(右)

2)环流预测

①模式产品

国内外模式显示欧亚中高纬度以纬向环流为主,但冷空气活跃;副高偏强、偏西、偏北;印缅槽偏弱。

②统计订正

考虑前期夏季副高自身的偏强、偏西、偏南特征对后期秋季副高的影响;2015 年为厄尔尼诺发展年,考虑历史上相似的厄尔尼诺发展年份副高的各种特征、Nino3.4、IOBW 海温外强迫对后期秋季副高的影响,同时结合 IOBW 对不同月份高度场的影响(表 8.18),最终给出结论:印度洋一致偏暖模态对副高的影响在 9 月较为明显,而在 10 月有所减弱(表 8.19)。

表 8.18　秋季副高与夏季各月副高及 Nino3.4、IOBW 相关系数

	夏季各月副高			Nino3.4		IOBW		预测
	6 月	7 月	8 月	7 月	8 月	7 月	8 月	秋季
强度	0.41	0.58	0.63	0.14	0.08	0.63	0.64	偏强
面积	0.43	0.53	0.65	0.04	−0.03	0.64	0.66	偏大
脊线	0.31	−0.02	0.19	−0.43	−0.50	0.15	0.16	偏南
西伸脊点	0.12	0.33	0.36	−0.32	−0.32	−0.45	−0.47	偏西

表 8.19　9 月、10 月印缅槽指数与 6－8 月 Nino3、4 区指数的相关系数(1981—2010 年)

	6 月	7 月	8 月
9 月印缅槽指数	0.59	0.50	0.40
10 月印缅槽指数	0.68	0.69	0.70

③环流预测结论

综合模式结果以及统计订正分析，预计秋季副高偏强、偏西、偏北，其中副高 9 月偏南、10 月偏北，同时印缅槽偏弱。

3)气温预测

①模式产品

国内外动力模式及本地化客观化方法对于秋季气温预测较为一致，为偏高(图 8.70)。

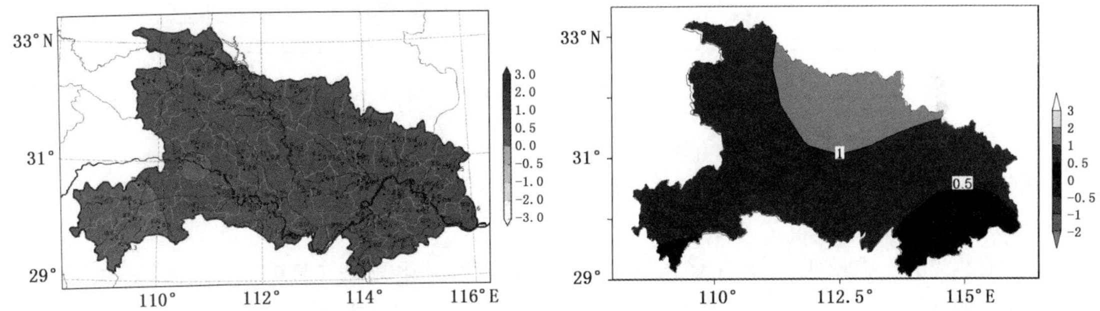

图 8.70　2015 年秋季 9—10 月气温距平(℃)预测图

(2015 年 8 月起报，本地化客观化方法 MODES(左)，FODAS(右))

②厄尔尼诺的影响(海温外强迫)：

厄尔尼诺夏季持续年秋季 9 月和 10 月气温均偏高(图 8.71)。

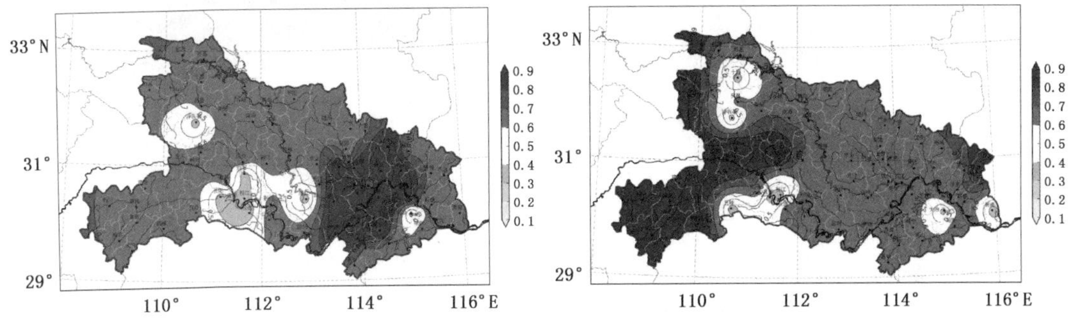

图 8.71　厄尔尼诺夏季持续年 9 月(左)、10 月(右)气温正距平频次合成图

③主要环流因子的影响

西太副高偏强、偏北，利于汉江流域及湖北省秋季气温偏高。

④气温预测结论

综合以上分析，预计 2015 年秋季气温偏高(图 8.72)。

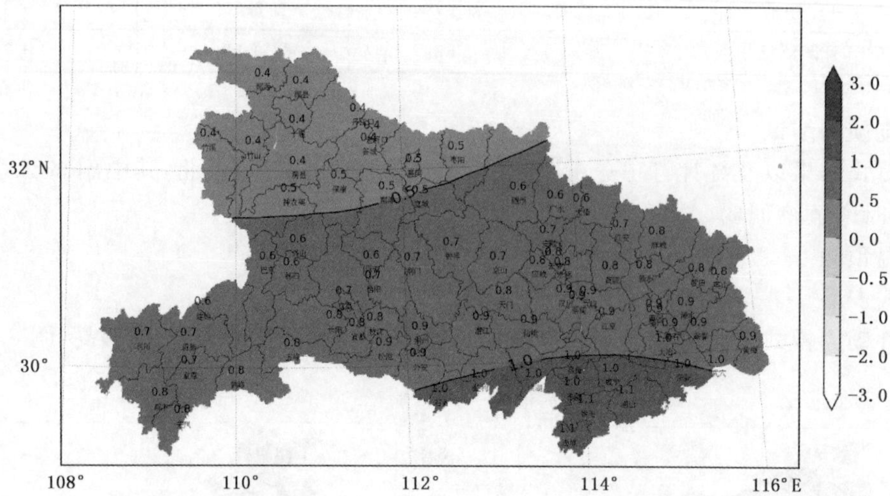

图 8.72　2015 年秋季气温距平(℃)预测图

4)降水预测

①模式及客观化产品

模式预测 2015 年秋季湖北省降水偏多。本地化客观化方法 MODES、FODAS 则报湖北省降水异常偏少(图 8.73)。

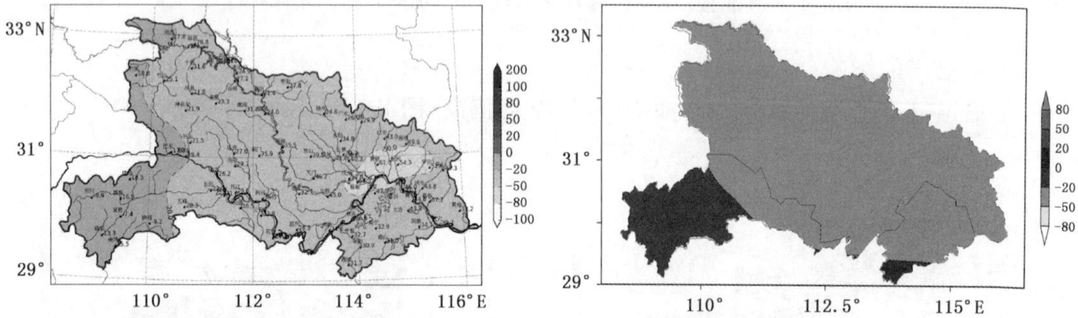

图 8.73　2015 年秋季降水距平百分率(%)预测图

(2015 年 8 月起报，本地化客观化方法 MODES(左)，FODAS(右))

②年代际背景

湖北省秋季处于降水由偏少转为偏多的时段(图 8.74)。

③外强迫影响

PDO 暖位相时发生厄尔尼诺事件的相似年，湖北秋季降水局部偏多概率较高(图 8.75)。

北大西洋三极子在春夏季正位相后期秋季湖北省大部降水偏多(图 8.76)。

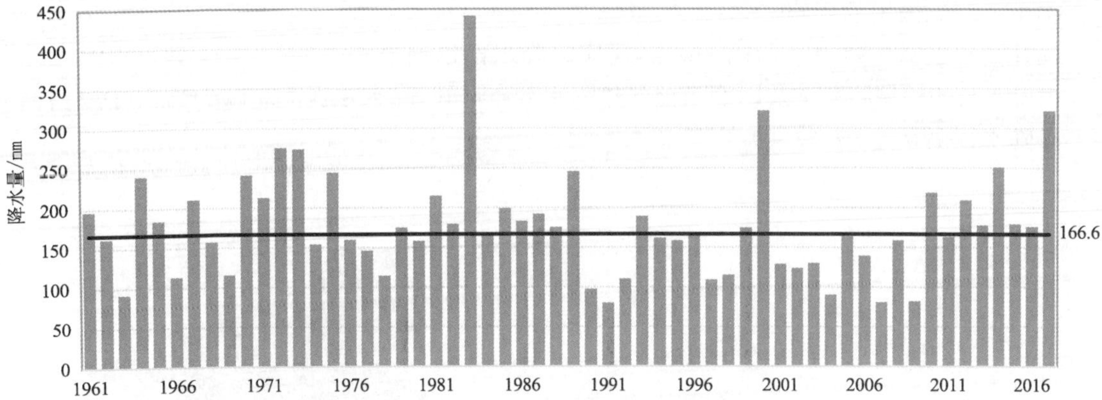

图 8.74　秋季湖北省降水量历史序列(横线为 1981—2010 年平均值)

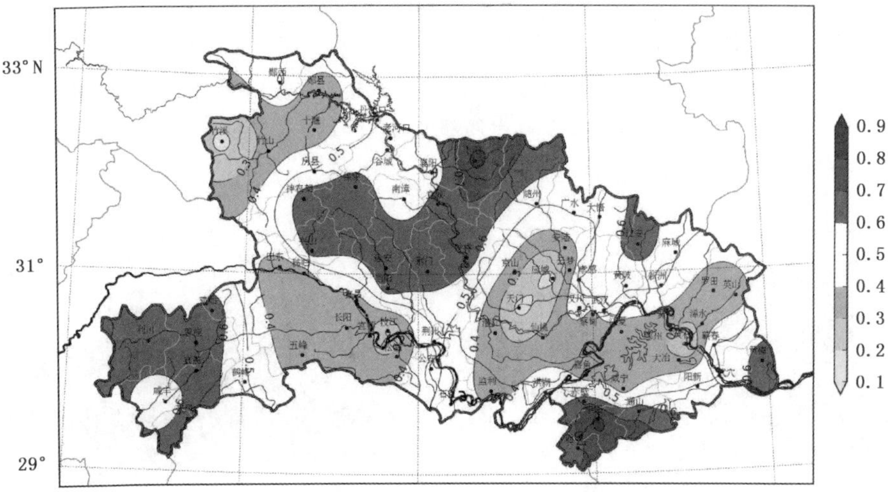

图 8.75　PDO 暖位相和厄尔尼诺年湖北省秋季降水正距平频次合成图

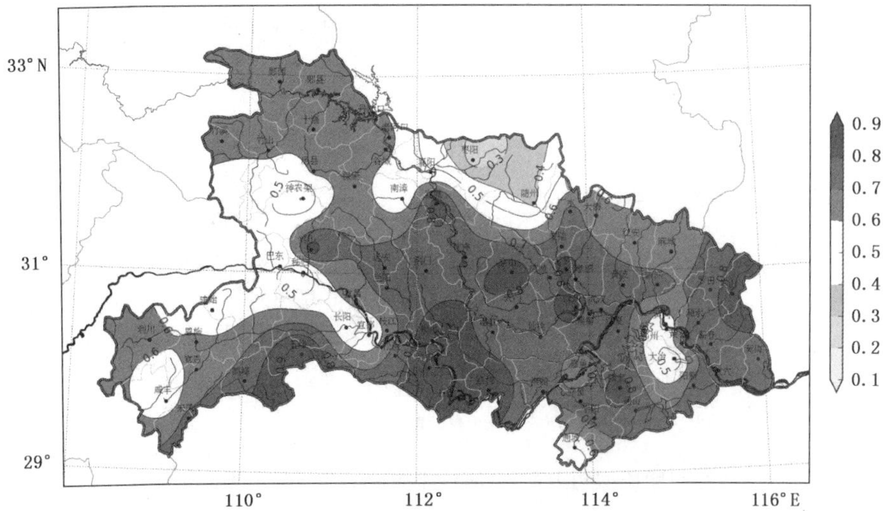

图 8.76　北大西洋三极子春夏持续正位相年湖北省秋季降水正距平频次合成图

④主要环流因子的影响

预计 9 月副高偏南、10 月副高偏北,对应的降水都以偏多为主(图 8.77,图 8.78)。

由降水与印缅槽相关图及印缅槽偏弱年降水分布可知,降水在鄂西北以少为主(图 8.79)。

⑤降水预测结论(图 8.80)

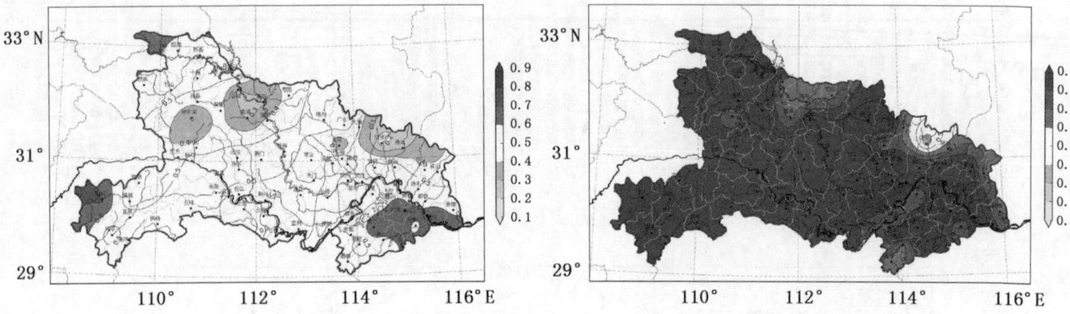

图 8.77　9 月副高偏南年 9 月降水正距平频次合成图

(左:10 年中 7 年降水局部多,右:3 年降水全部多)

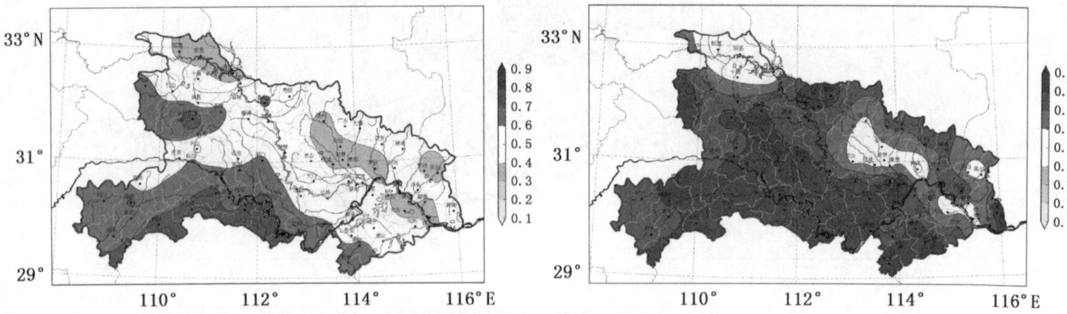

图 8.78　10 月副高偏北年 10 月降水正距平频次合成图

(左:18 年中 11 年降水局部多,右:7 年降水全部多)

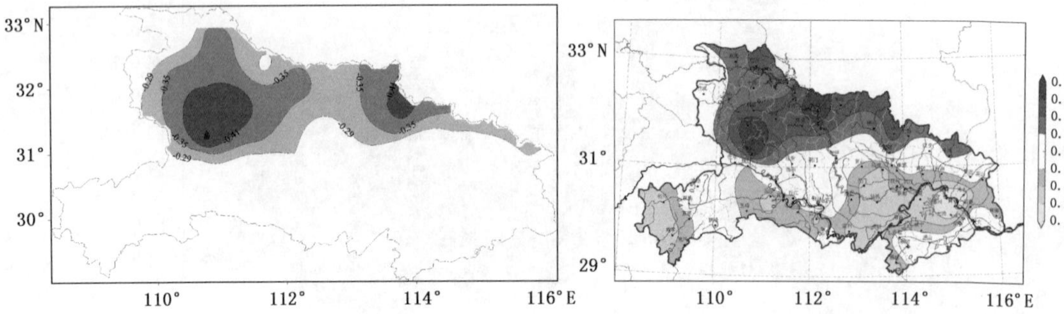

图 8.79　秋季降水与印缅槽相关系数(左),印缅槽偏强年降水正距平频次合成图(右)

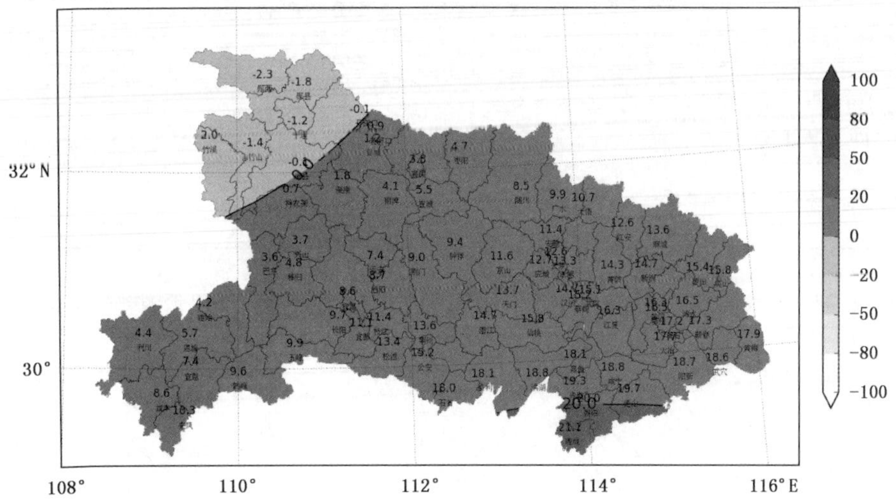

图 8.80　2015 年秋季降水距平百分率(%)预测图

5)预测结论(表 8.20)

表 8.20　2015 年秋季气温、降水预测总结

		降水	气温
模式		湖北省大部多	高
客观化方法	MODES	少	高
	FODAS	少	高
统计分析	年代际背景	湖北省多	高
	外强迫	湖北省大部多	高
	西太副高	湖北省大部多	高
	印缅槽	鄂西北少	
总结		湖北大部多	气温偏高

8.1.4　冬季气候预测

8.1.4.1　冬季预测产品种类及其传输规定

冬季预测指的是 12 月至翌年 2 月气温、降水趋势预测。需制作冬季(12 月至翌年 2 月)气候趋势预测产品 1 份(表 8.21),产品需给出预测时段内平均气温分县预测、气温距平分县预测、总降水量分县预测、降水距平百分率分县预测的预测结论,以及最冷时段、极端最低气温和阶段性低温雨雪冰冻过程时段的预测结论;由于其中还包含春运时段,所以还需编写相应决策服务材料 2 份(表 8.22)。上传预测数据规范见表 8.23。

表 8.21　湖北省冬季预测业务产品

产品名称	格式	发布时间
湖北省××年冬季气候趋势预测	doc	11 月 10 日

表 8.22　湖北省冬季决策服务产品

产品内容	产品形式	发布时间
冬季气候趋势预测及可能出现冻害、冰雪灾害等极端气候事件的预测与对策建议	重大气象信息专报	11月
春运及春节气象服务	重大气象信息专报（或气象服务快报）	春运前及期间

表 8.23　湖北省冬季(12月至翌年2月)及翌年春季(翌年3—5月)预测数据上传规范

数据类别	区域	站数	要素	文件名	预报时段	格式	上传时间
业务发布产品	湖北	81	气温 降水	Z_SEVP_C_BCWH_y1y1y1y1m1m1 ddhhm0m0ss_P_CLFC-SCTF. TXT	冬季、春季	txt	10月26日08时至11月10日20时
客观化产品 FODAS	湖北	81	气温 降水	Z_SEVP_C_BCWH_y1y1y1y1m1m1 ddhhm0m0ss_P_CLFC-SCTF-FODAS. TXT	冬季、春季	txt	10月25日20时至10月28日20时
客观化产品 MODES	湖北	81	气温 降水	Z_SEVP_C_BCWH_y1y1y1y1m1m1 ddhhm0m0ss_P_CLFC-SCTF-MODES. TXT	冬季、春季	txt	10月25日20时至10月28日20时

制作冬季预测时，在了解冬季气候特征及异常成因的基础上，参考季节模式产品，分析外强迫影响(海温、积雪、海冰等)，统计前期气候异常对应后期的可能演变，综合得到预测结论。另外，冬季作为一年中最冷的季节，还需要预测低温雨雪冰冻灾害事件发生的可能性以及发生强度和时段。这一预报结论往往是在11月发布，而延伸期预报时效仅能覆盖到12月。这就意味着，制作该事件预报，尚无客观化产品可参考，仅能从相似年统计上来分析。

8.1.4.2　冬季预测产品的制作

(1)冬季气候特征分析及异常成因诊断

1)冬季气温、降水 EOF 模态

冬季气温进行 EOF 分解模态如下(图 8.81,图 8.82)：

第一模态为全省一致型分布，体现为全省气温一致偏高或是偏低分布型。同期环流特征显示为500hPa欧亚中高纬高度距平场呈现北低南高分布时，有利于湖北省气温一致偏高；反之，欧亚中高纬高度距平场呈现北高南低分布时，有利于湖北省气温一致偏低。

第二模态为中部与东西两端反位相分布，体现为气温中部偏低、东西两端偏高或是中部偏高、东西两端偏低分布型。同期500hPa高度距平场特征显示为贝加尔湖至巴尔喀什湖之间偏高、日本海及以东洋面偏低，这种分布型有利于湖北省气温中部偏高东西两端偏低；反之，贝加尔湖至巴尔喀什湖之间偏低、日本海及以东洋面偏高时，有利于湖北省气温中部偏低东西两端偏高。

第三模态为东、西反位相分布，体现为西部偏高东部偏低或是西部偏低东部偏高分布型。同期环流特征显示为500hPa欧亚高度场呈南北向的"－＋－"分布时，即极地偏低、贝加尔湖至巴尔喀什湖偏高和副热带偏低时，有利于湖北省气温西部偏高东部偏低，反之，呈现南北向的"＋－＋"分布时，即极地偏高、贝加尔湖至巴尔喀什湖偏低和副热带偏高时，有利于湖北省气温西部偏低东部偏高。

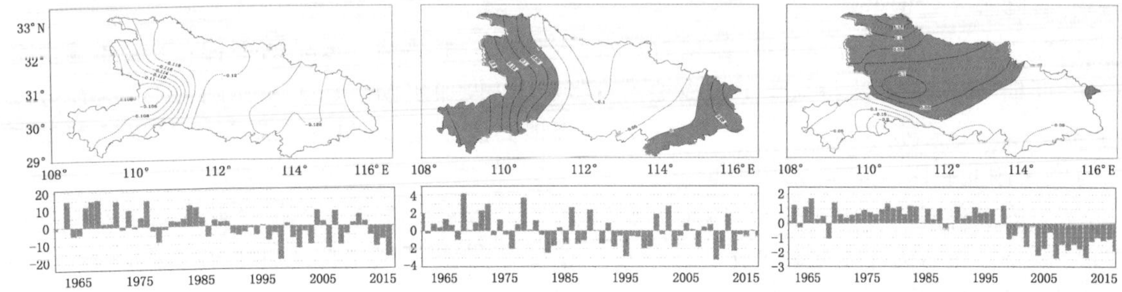

图 8.81　湖北省冬季气温 EOF 分解第一(左)、二(中)、三(右)模态空间分布及时间系数

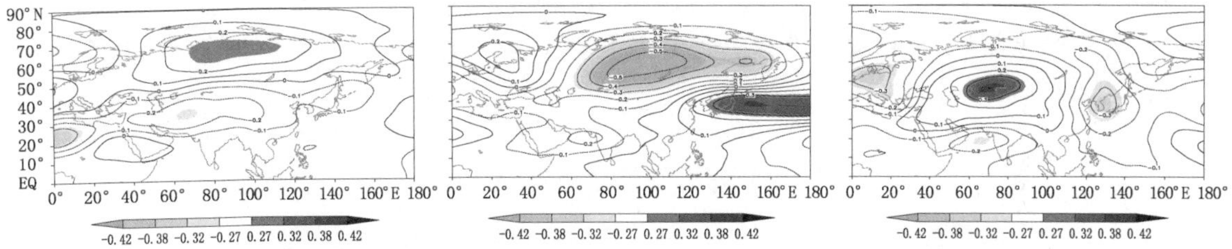

图 8.82　湖北省冬季气温 EOF 模态与 500hPa 高度场相关,第一模态(左)、第二模态(中)、第三模态(右)

冬季降水 EOF 分解前 3 个模态如下(图 8.83,图 8.84):

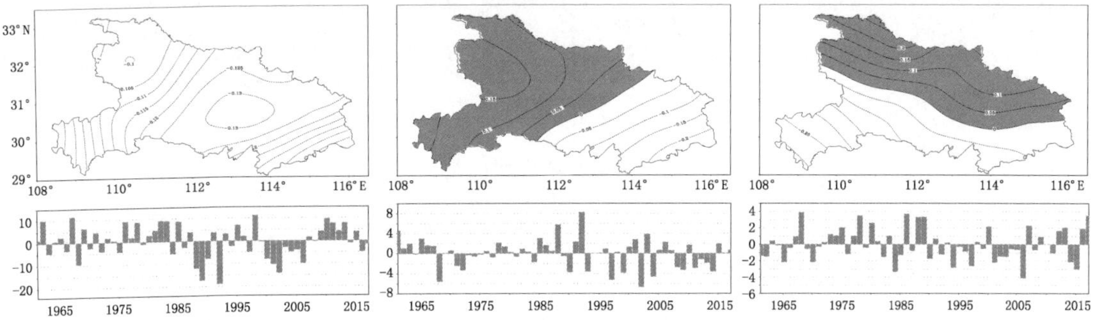

图 8.83　湖北省冬季降水 EOF 分解第一(左)、二(中)、三(右)模态空间分布及时间系数

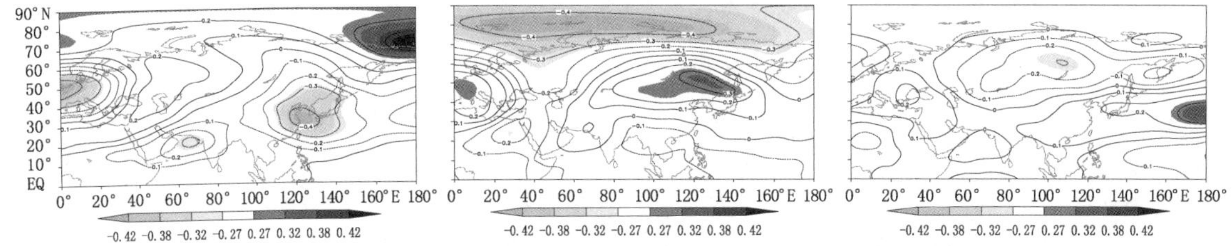

图 8.84　湖北省冬季降水 EOF 模态与 500hPa 高度场相关,第一模态(左)、第二模态(中)、第三模态(右)

第一模态为全省一致型分布,体现为全省降水一致偏多或是偏少分布型。同期环流特征显示为 500hPa 欧亚中高纬高度场呈现东西向“－＋－”分布时,即乌拉尔山脊发展、东亚大槽

加强，不利于湖北省降水一致偏多；反之，欧亚中高纬高度场呈现东西向“＋－＋”分布时，有利于湖北省降水一致偏多。

第二模态为东西反位相分布，体现为降水西部偏少、东部偏多或是西部偏多、东部偏少分布型。同期 500hPa 环流特征显示为极地高度场偏低、贝加尔湖至巴尔喀什湖偏高，这种分布型有利于湖北省降水西部偏多东部偏少；反之，极地高度场偏高、贝加尔湖至巴尔喀什湖偏低时，有利于湖北省降水东部偏多西部偏少。

第三模态为南北反位相分布，体现为南部偏多北部偏少或是南部偏少北部偏多分布型。同期环流特征显示为巴尔喀什湖至贝湖高度场偏低，有利于湖北省降水北部偏多南部偏少，反之，有利于湖北省降水北部偏少南部偏多。

2)冬季影响系统概念模型

影响湖北省冬季气温、降水的主要环流系统有北极涛动、东亚冬季风、西伯利亚高压、副热带高压、高原高度场、东亚槽等。外强迫主要有赤道中东太平洋、北大西洋、印度洋、日本海等区域的海表温度([彩]图 8.85)。

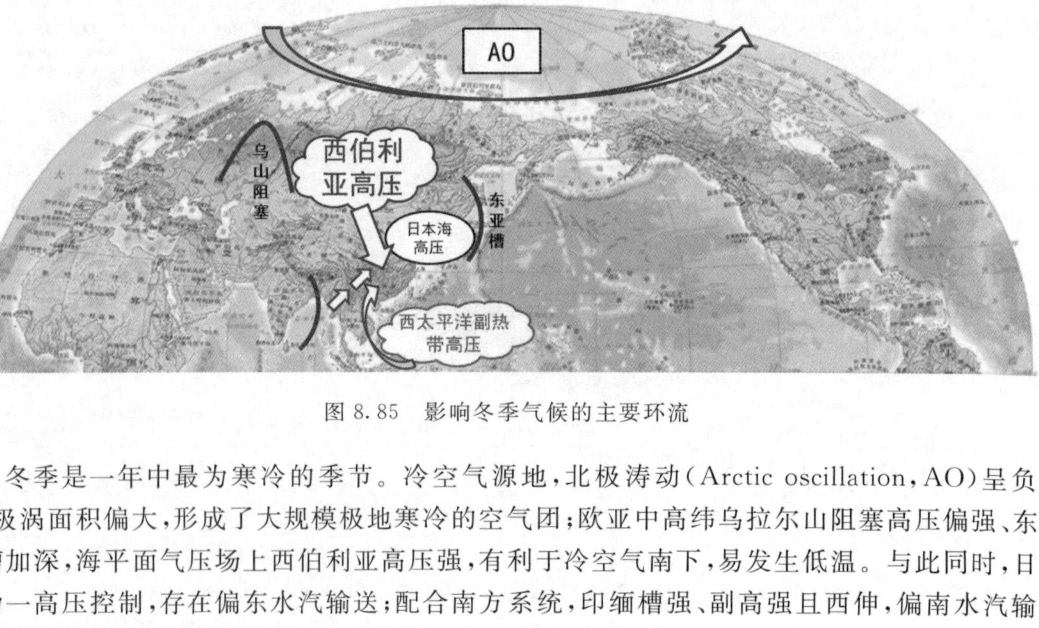

图 8.85　影响冬季气候的主要环流

冬季是一年中最为寒冷的季节。冷空气源地，北极涛动(Arctic oscillation，AO)呈负位相，极涡面积偏大，形成了大规模极地寒冷的空气团；欧亚中高纬乌拉尔山阻塞高压偏强、东亚大槽加深，海平面气压场上西伯利亚高压强，有利于冷空气南下，易发生低温。与此同时，日本海为一高压控制，存在偏东水汽输送；配合南方系统，印缅槽强、副高强且西伸，偏南水汽输送强盛。偏东偏南的强盛水汽与南下的冷空气汇合，带来降水。

3)冬季四种气候型及其对应环流分析

湖北省冬季气温、降水按照正、负距平的不同配置，可分为低温多雨型、低温少雨型、高温多雨型以及高温少雨型 4 类(图 8.86)。1961—2017 年湖北省冬季以低温少雨为主，共 22 年，占总年数的 39%；其他三种类型，低温多雨型、高温多雨型、高温少雨型，分别有 12 年、11 年和 12 年。这其中，低温年共 34 年，占比例高达 60%。从年代际分布看，20 世纪 60—80 年代以低温少雨为主，80 年代末至 90 年代初为调整时期，由低温多雨向高温少雨转换；2000 年后又以高温多雨型为主；近年来，尤其是 2010 年以后，低温少雨的趋势又明显增强。

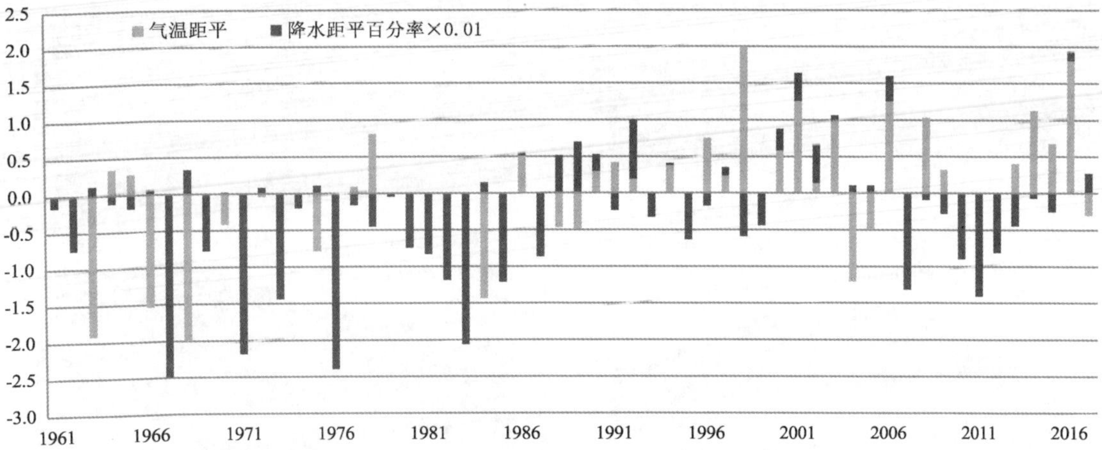

图 8.86　湖北省 1961—2017 年冬季气温距平、降水距平百分率逐年演变

根据上述分型，按照表 8.24 标准选取典型年份。

表 8.24　冬季气温降水分型典型年份

	气温距平	降水距平百分率	典型年份
低温多雨型(共 12 年)	$\Delta T \leqslant -0.5$℃	$\Delta R \geqslant 20\%$	1968,1988,1989
低温少雨型(共 22 年)	$\Delta T \leqslant -0.5$℃	$\Delta R \leqslant -20\%$	1967,1971,1976,1981,1982,1983,1985,1987,2011,2012
高温多雨型(共 11 年)	$\Delta T \geqslant 0.5$℃	$\Delta R \geqslant 20\%$	2000,2001,2006
高温少雨型(共 12 年)	$\Delta T \geqslant 0.5$℃	$\Delta R \leqslant -20\%$	1978,1998,2015

低温多雨年(图 8.87)，欧亚地区自西北向东南方向为“＋－＋”分布型，且高、低中心强度大，利于强冷空气南下；低纬地区负距平，印缅槽较强，利于水汽输送。OLR 场我国南方为较强负距平，对流较强，易形成降水天气。赤道中太平洋为暖海温，西部和东部为冷海温，处于厄尔尼诺发展、拉尼娜衰减状态，仍受冷海温影响，易形成低温天气。风场上看，北太平洋为反气旋控制，欧亚大陆中部为气旋性环流，湖北省为西南风控制，利于水汽输送。从环流指数上看，典型年相同的特征为西伯利亚高压偏强、北半球极涡中心位置偏南，以及西太平洋副热带高压偏北偏东；其他指数大多相反，而出现这一现象的原因可能正是 20 世纪 70 年代后期气候调整，发生明显年代际转折。总体来说，这一型的环流冷空气及水汽条件均较好，易形成低温多雨天气。

低温少雨年的情况下(图 8.88)，AO 负位相，极涡面积偏大、强度偏弱，西伯利亚高压和冬季风均偏强，500hPa 高度距平场北高南低的分布型十分有利于冷空气南下。赤道中东太平洋海温明显偏低，呈拉尼娜状态，易发生低温。低层风场在湖北省上空为反气旋距平，也不利降水形成。总体上这一型易形成低温天气，但降水条件不理想。

高温多雨年的情况下(图 8.89)，AO 以正位相为主，极涡面积偏小、强度偏强，西伯利亚高压和冬季风偏弱，500hPa 高度距平场自北向南为“＋－＋”分布，我国大部由高压控制，冷空气路径偏北，不易南下影响我国；另外北极地区在冬季高温年为负高度距平，低温年则为明显的正高度场距平。海温场上，北太平洋中低纬西高东低，与前面低温年的西低东高正好相反。这一型一般不会出现长时间低温天气，湖北省冬季气温以偏高为主。

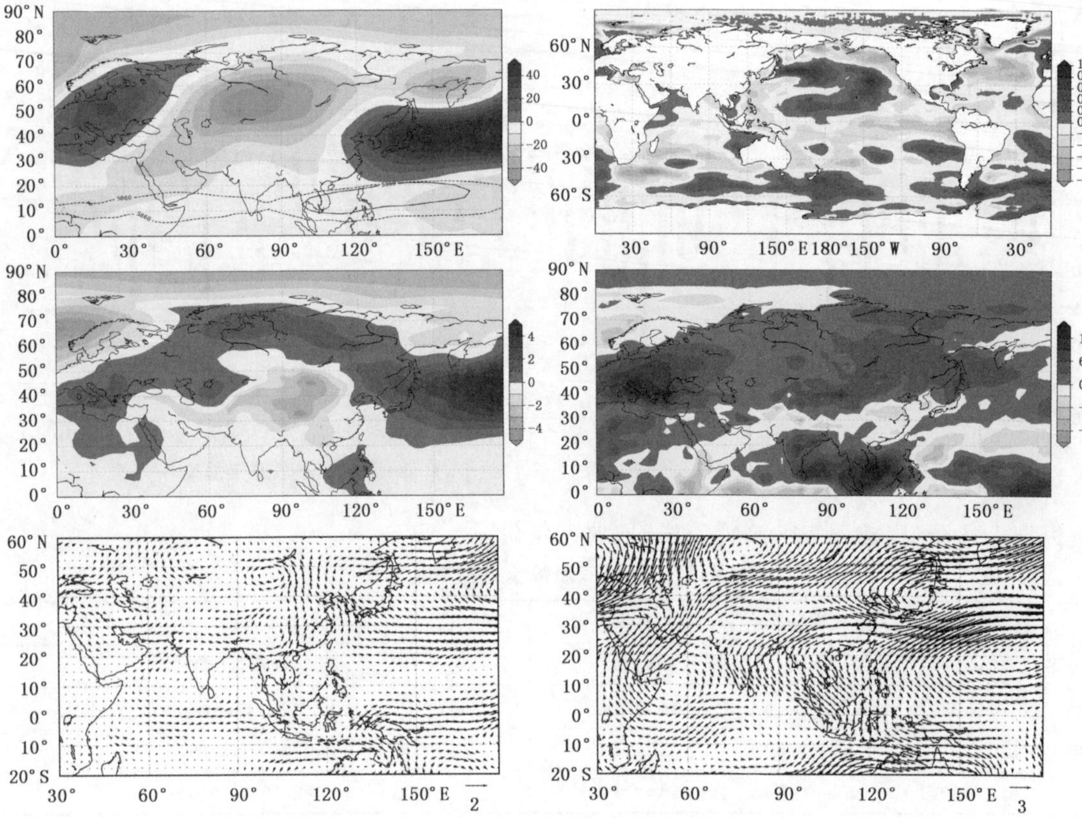

图 8.87　湖北省冬季低温多雨年环流距平合成图

（左上：500hPa 高度场，右上：海表温度，左中：海平面气压场，右中：向外长波辐射，

左下：850hPa 风场，右下：200hPa 风场）

（高度距平图中，实线为合成年份高度场平均值，虚线为 1981—2010 年高度场均值）

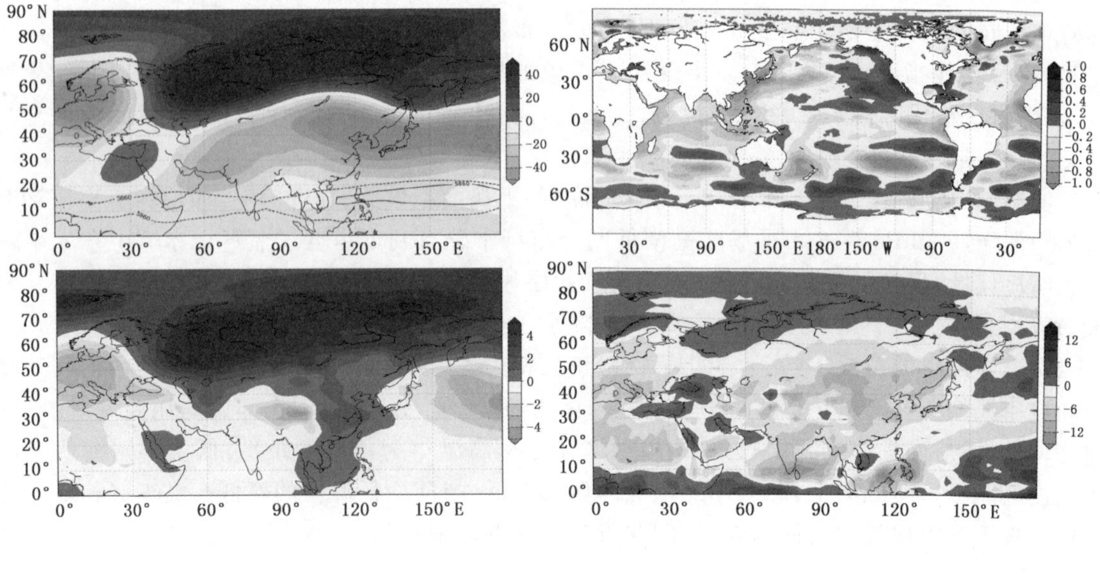

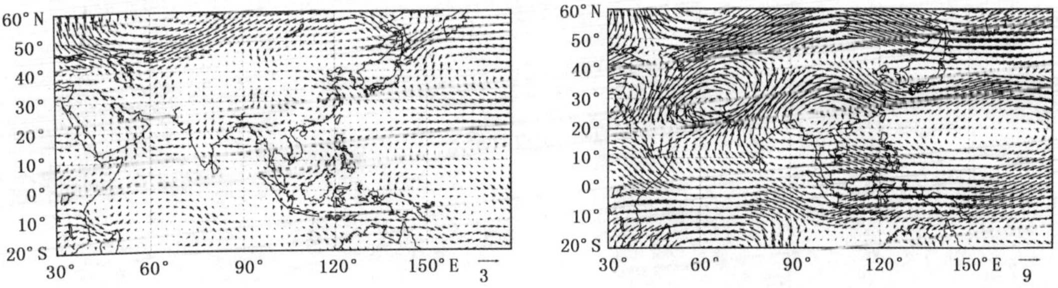

图 8.88　湖北省冬季低温少雨年环流合成图(同图 8.87)
(高度距平图中,实线为合成年份高度场平均值,虚线为 1981—2010 年高度场均值)

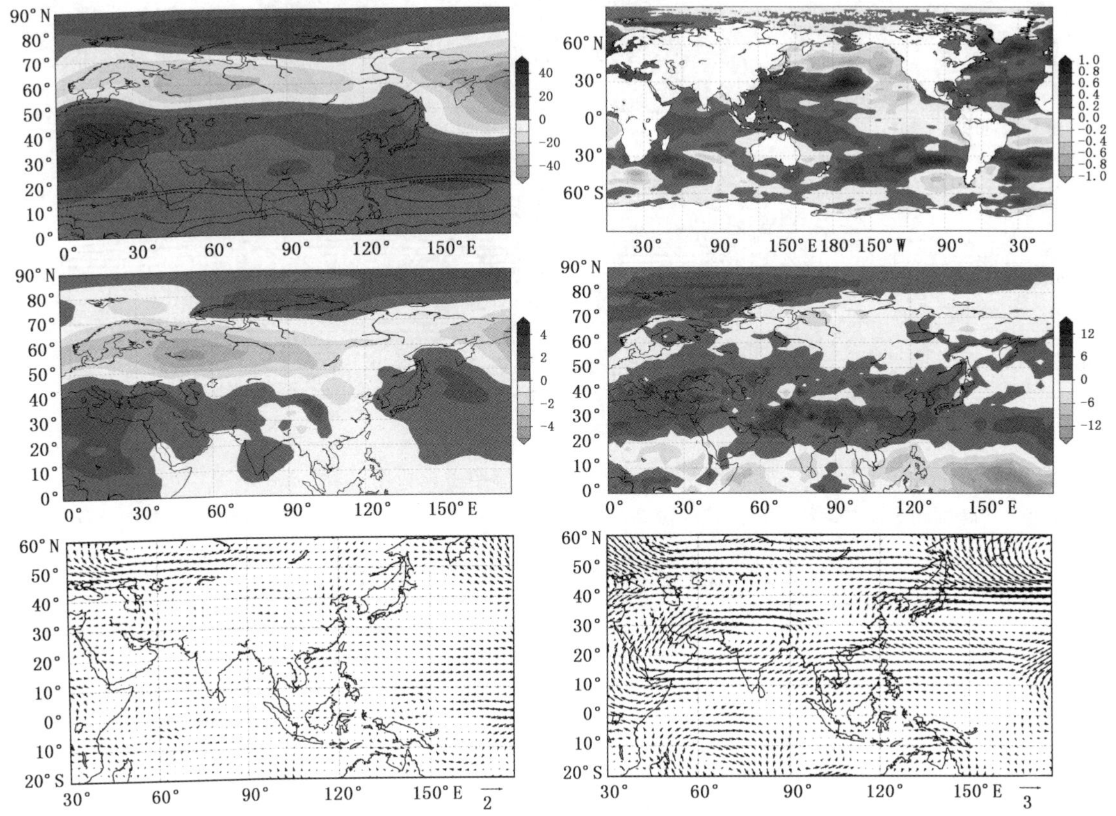

图 8.89　湖北省冬季高温多雨年环流距平合成图(同图 8.87)
(高度距平图中,实线为合成年份高度场平均值,虚线为 1981—2010 年高度场均值)

高温少雨年(图 8.90),极涡偏东、偏强,欧亚大陆 500hPa 高度距平场北负南正,冷空气不易南下。北太平洋的海表温度仍呈西高东低的分布。OLR 场不利降水生成,且极地冷空气供应不足,均是少雨的原因。

归纳前面分析的湖北省冬季不同类型年份主要异同点,列于表 8.25。低温年 AO、AAO(南极涛动,Antarctic oscillation)均为负值,中国地区 500hPa 高度场偏低;其中,多雨年西伯利亚高压偏弱，冬季风偏弱，少雨年均偏强。高温年 AO、AAO 为正，中国地区 500hPa 高度场偏高，OLR 偏弱，极涡偏小偏强，其中少雨年极涡偏东。

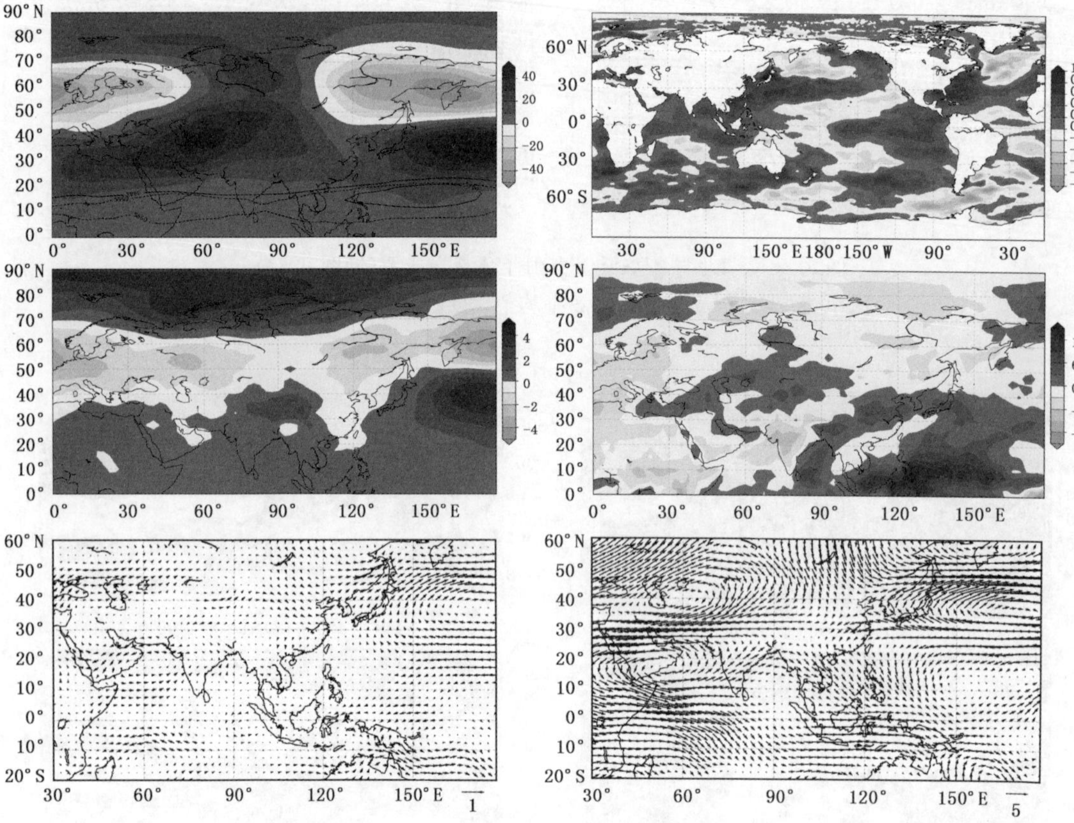

图 8.90　湖北省冬季高温少雨年环流距平合成图(同图 8.87)
(高度距平图中，实线为合成年份高度场平均值，虚线为 1981—2010 年高度场均值)

表 8.25　湖北省冬季气温、降水不同类型主要特点

	低温多雨年	低温少雨年	高温多雨年	高温少雨年
AO		−	+	
AAO			+	+
中国地区 500hPa 高度场	−	−	+	+
中国地区 OLR	−	−	+	+
西伯利亚高压	+	+	−	−
冬季风强度		+	−	−
亚洲区极涡面积		+	−	−
亚洲区极涡强度		−	+	+
北半球极涡面积		+	−	−
北半球极涡强度		−	+	+

(2)冬季预测个例

为了更详尽地了解冬季预测流程,以2015/2016年为例,给出具体实施情况。

1)前期监测

制作2015/2016年冬季气候趋势预测时,关注的外强迫因子有:①厄尔尼诺事件:自2014年5月进入厄尔尼诺状态以来,已达到超强厄尔尼诺事件标准,并仍将持续(图8.91);②印度洋偶极子:9月赤道印度洋海温距平呈现西高东低的分布形势(图8.92);③北极海冰密集度:9月北极海冰密集度为历史第三少([彩]图8.93),仅次于2012年、2007年同期。

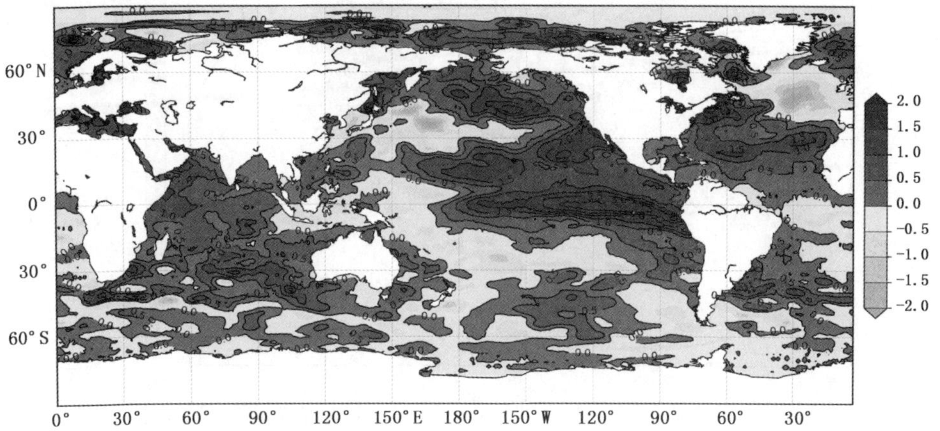

图8.91　2015年9月平均海表温度距平(℃)

(资料来源:气候与气候变化监测预测系统,网址:http://10.1.64.226:8080/WMFS_WEB/index.action)

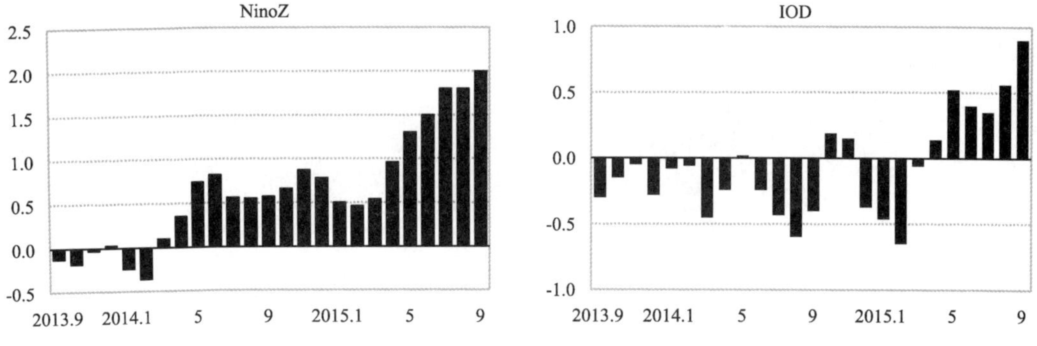

图8.92　各海温指标监测情况(左:Nino Z指数,右:IOD指数)

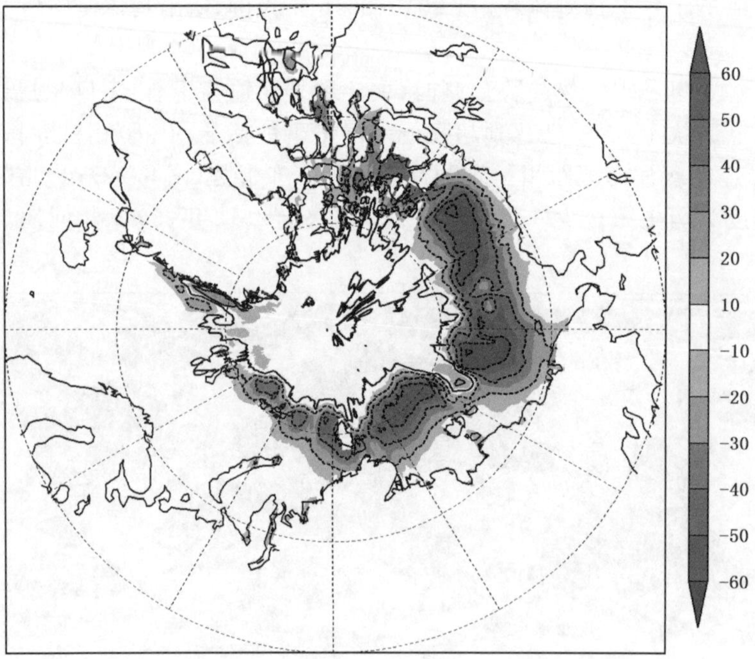

图 8.93　2015 年 9 月北极海冰密集度距平

（资料来源：国家气候中心气候与气候变化监测预测系统）

2015 年夏季湖北省出现了较为罕见的低温少雨现象（图 8.94）。

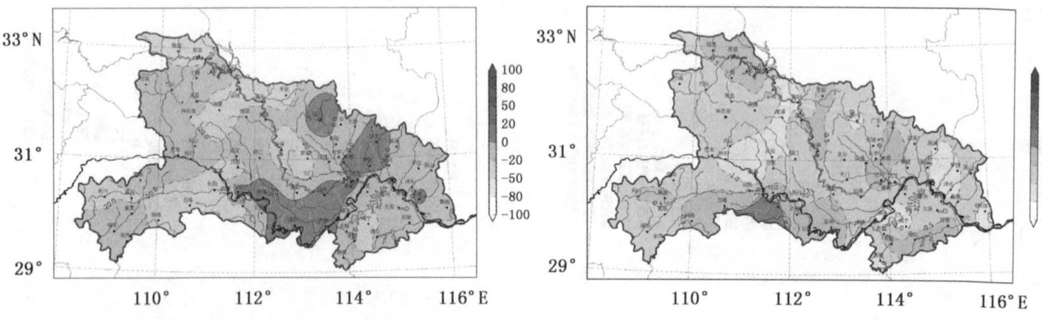

图 8.94　2015 年夏季降水距平百分率（%）（左）和气温距平（℃）（右）

2）环流预测

环流预测主要以国内外模式的预测结果为主，结合物理统计进行订正。

①模式产品：欧亚中高纬以纬向环流为主，东亚槽偏弱，西太副高偏强、偏西；菲律宾附近异常反气旋，东亚东部异常南风；西伯利亚高压偏弱。

②统计订正（[彩]图 8.95）：前期黑潮区海温略偏冷、西印度洋海温偏暖利于西伯利亚高压偏弱；厄尔尼诺年热带海温发展，主要是 Nino3.4 及 IOBW，利于东亚槽偏弱；东北太平洋海温偏暖，利于东亚冬季风偏弱（陈海山等，2002；刘舸等，2013）。

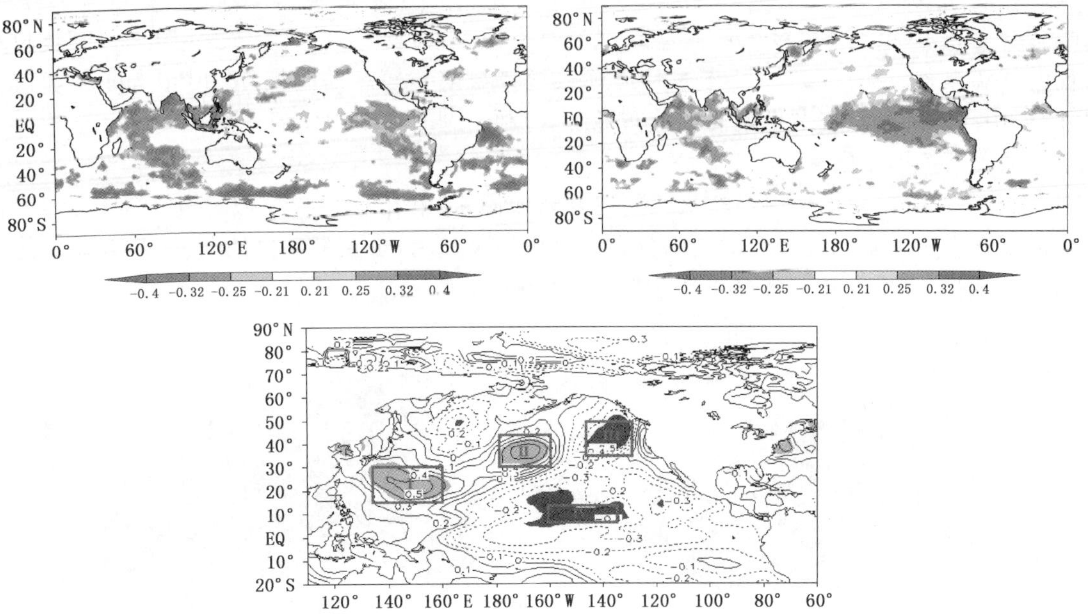

图 8.95　东冬季西伯利亚高压(左上)、冬季东亚槽(右上)、东亚冬季风指数(下)与前期秋季海温相关场

③环流预测结论:综合得到冬季环流预测为,欧亚中高纬以纬向环流为主;东亚冬季风偏弱;西伯利亚高压偏弱;东亚槽偏弱、偏东;对流层底层菲律宾附近异常反气旋环流,东亚东部受异常偏南风控制。

3)气温预测

①模式产品

综合国内外多家模式的气温预报产品,结合模式本地化应用产品,分析各家结论之间的异同。模式及客观化方法预测 2015 年冬季气温偏暖(图 8.96)。

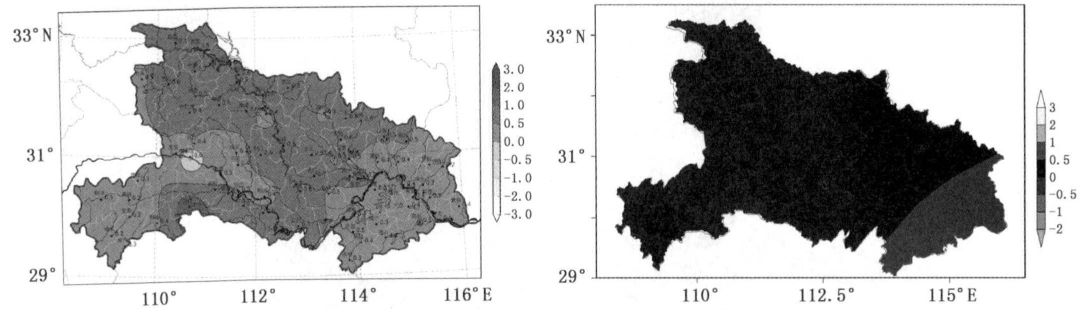

图 8.96　2015/2016 年冬季 12 月至翌年 2 月气温距平(℃)图

(2015 年 10 月起报,本地化客观化方法 MODES(左),FODAS(右))

②年代际背景

从气候背景分析中,得到预报季所在年代际的气候背景。2015 年冬季处在冷冬出现频繁的年代际背景上。

③EOF 分析

结合上述 EOF 分析，对比环流形势预报与各模态的同期 500hPa 高度相关场，寻找可能出现的气温模态。2015/2016 年冬季环流预报形势与第一模态的同期 500hPa 高度相关场类似，欧亚中高纬均是呈现北低南高的分布形态，有利于湖北省出现气温一致性偏高。

④主要环流因子的影响

对照图 8.85 给出的影响冬季气候的主要环流因素，利用相关或相似合成等方法，查看这些环流要素影响下湖北省气温的空间分布。分析结果显示，东亚冬季风偏弱、西伯利亚高压偏弱，有利于湖北省出现冬季气温一致偏高(图 8.97)。

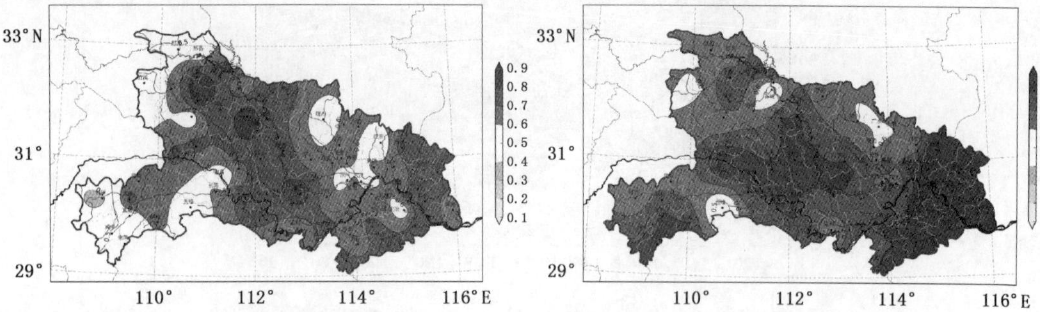

图 8.97　主要环流因子相似年冬季气温正距平频次合成图

(左：冬季风偏弱相似年合成，右：西伯利亚高压偏弱相似年合成)

⑤前期气候异常特征相似

查看前期气温、降水异常特征，寻找历史上类似特征的年份进行冬季气温合成分析。2015 年夏季湖北省出现了低温少雨，1961 年以来，出现类似特征的年份有 1986 年、1992 年、1993 年和 2014 年。这些相似年对应后期冬季气温以偏高为主(图 8.98)。

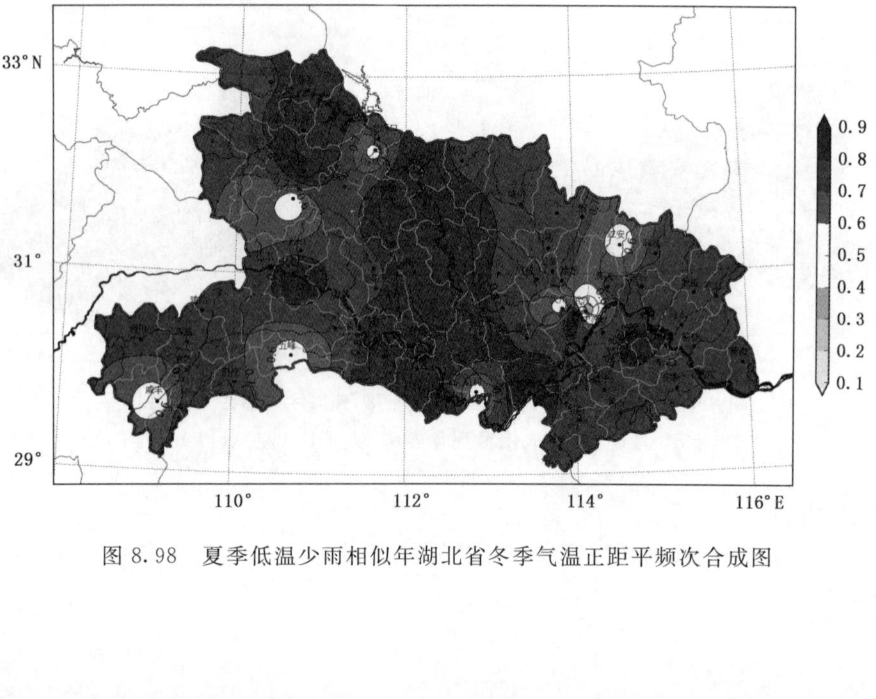

图 8.98　夏季低温少雨相似年湖北省冬季气温正距平频次合成图

⑥气温预测结论

综合上述分析，得到湖北省 2015/2016 年冬季气温趋势预测结论：预计气温大部偏高（图 8.99）。

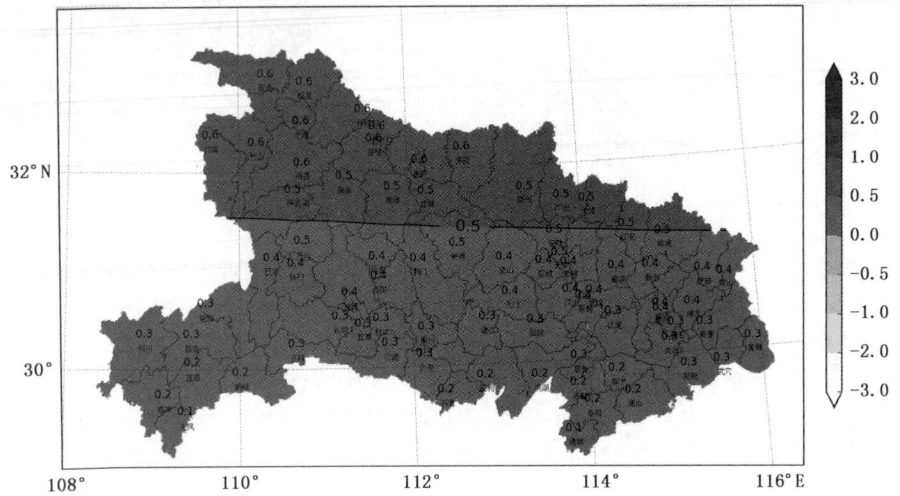

图 8.99　湖北省 2015/2016 年冬季气温距平（℃）预测结论图

4）降水预测

①模式产品

综合国内外多家模式的降水预报产品，结合模式本地化应用产品，分析各家结论之间的异同。模式对于降水预报产品显示，2015/2016 年冬季中国东部降水除 NCC 模式预报的是北多南少外，其他均是预报北少南多；本地化客观化方法预测以少雨为主（图 8.100）。

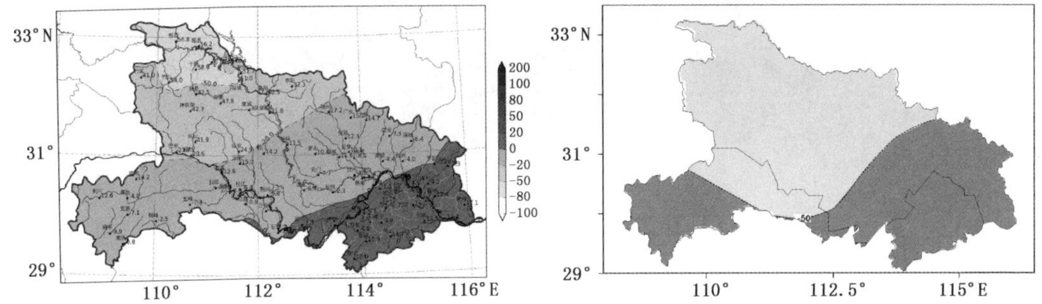

图 8.100　2015/2016 年冬季 12 月至翌年 2 月降水距平百分率（%）预测图

（2015 年 10 月起报，本地化客观化方法 MODES（左）、FODAS（右））

②年代际背景

从气候背景分析中，得到预报季所在年代际的气候背景。2015/2016 年冬季处在降水偏少的年代际背景上。

③主要环流因子的影响

对照图 8.85 给出的影响冬季气候的主要环流要素，利用相关或相似合成等方法，查看这些环流要素影响下湖北省降水的空间分布。结果显示，副高偏强、偏西、偏南和日本海高度场偏高，有利于湖北省东部降水偏多(图 8.101)。

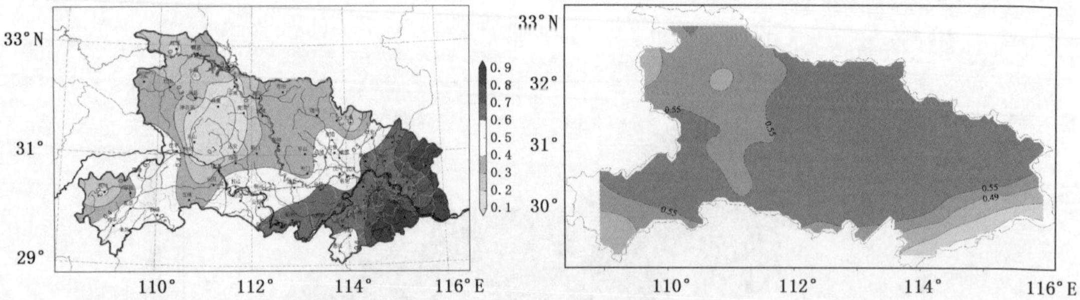

图 8.101　副热带高压相似年冬季降水正距平频次合成图(左)，日本海高度场与冬季降水相关系数图(右)

④前期气候异常特征相似

查看前期气温、降水异常特征，寻找历史上类似特征的年份进行冬季降水合成分析。2015 年夏季湖北省出现了低温少雨，1961 年以来，出现了类似特征的年份有 1986 年、1992 年、1993 年和 2014 年。这些相似年对应后期冬季降水的可能分布见图 8.102，东部降水偏多的概率较大。

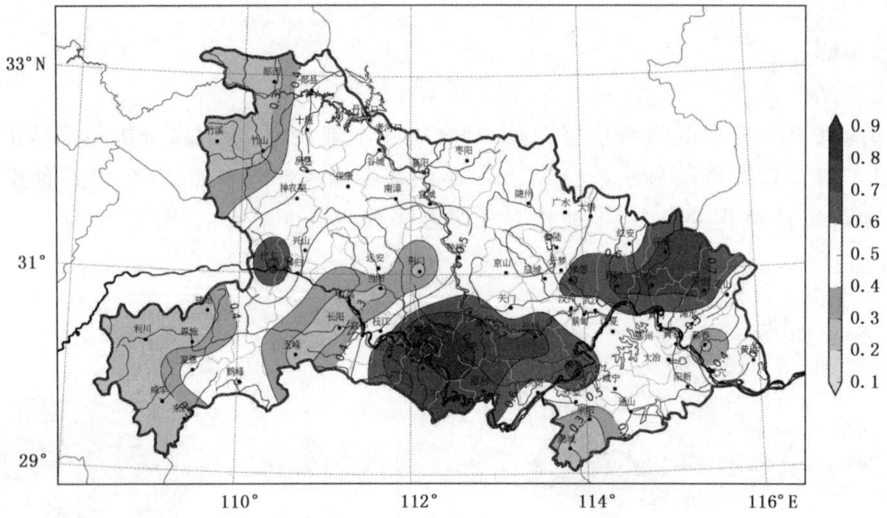

图 8.102　夏季低温少雨相似年湖北省冬季降水正距平频次合成图

⑤降水预测结论

综合上述分析，得到湖北省 2015/2016 年冬季降水趋势预测结论：预计降水中东部偏多、西部偏少(图 8.103)。

5)综合预测结论

综上所述，预计 2015/2016 年冬季湖北省气温偏高；降水中东部偏多、西部偏少(表 8.26)。

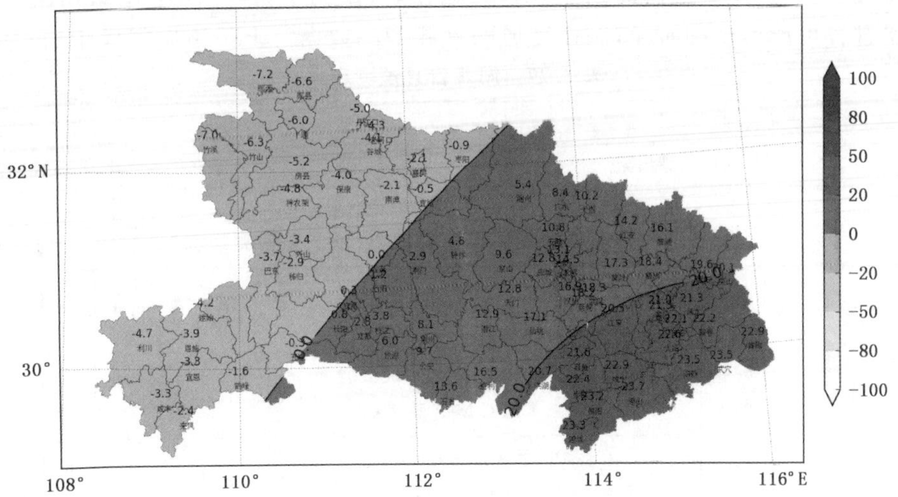

图 8.103　湖北省 2015/2016 年冬季降水距平百分率(%)预测图

表 8.26　2015/2016 年冬季气温、降水预测总结

		降水	气温
模式结果		北少南多	高
客观化方法	FODAS	少	高
	MODES	鄂东南多、其他大部少	高
统计分析	年代际背景	少	低
	EOF 分析	—	高
	冬季风弱、西伯利亚高压弱	—	高
	西太副高	东部多	
	日本海高压强	多	
	典型年前期环流	东部多	高
总结		鄂西偏少其他大部偏多	高

8.1.4.3　春运预测

预报对象建立:由于每年的春运时段不一致,所以预报对象必须每年重建。春运关注重点:阶段性低温雨雪过程发生的可能性及其发生的时段预测,雾、霾等低能见度天气发生的可能时段。

具体预测技术流程参考本章月预测技术流程。

8.2　月预测

8.2.1　月预测产品种类及传输规定

气候预测室每月月末倒数第 2 日发布湖北省下月气候趋势预测产品 1 份(表 8.27),产品需写明当月气候概况、上月气候回顾及分县气温、降水预测结论，产品中还需指明月内冷空气及主要降水过程可能出现的时段；制作完成的预测产品数据需上传国家气候中心(表 8.28)。

表 8.27　湖北省月预测产品

产品名称	格式	发布时间
湖北省××年×月气候趋势预测	doc	月末倒数第 2 日

表 8.28　月气候预测数据上传清单(以 9 月预测为例)

数据类别	区域	站数	要素	文件名	预报时段	格式	上传时间
业务发布产品	湖北	81	气温 降水	Z_SEVP_C_BCWH_2015083002 0000_P_CLFC-MCTF. TXT	9 月	txt	8 月 26 日 20 时至 31 日 20 时
客观化产品 FODAS	湖北	81	气温 降水	Z_SEVP_C_cccc_2015082202 0000_P_CLFC-MCTF-FODAS. TXT	9 月	txt	8 月 22 日 20 时至 24 日 20 时
客观化产品 MODES	湖北	81	气温 降水	Z_SEVP_C_cccc_2015082202 0000_P_CLFC-MCTF-MODES. TXT	9 月	txt	8 月 22 日 20 时至 24 日 20 时

8.2.2　月预测产品的制作

进行月气候趋势预测时，在了解气候特征的基础上，主要参考动力模式结果，以客观化产品和统计结果去订正。在采用动力模式结果时，考虑模式对于要素(温度、降水)的预测，以及模式对于环流的预测。

下面以湖北省 9 月气候趋势预测为例进行介绍。

8.2.2.1　气候特征分析及异常成因诊断

(1)气候特征

从降水量空间分布来看，湖北省 9 月平均雨量在 58～136mm，降水量呈现西多东少，北少南多的态势，其中鄂西西部在 100mm 以上，其他大部不足 100mm(图 8.104)。湖北省 9 月平均气温呈西低东高，北低南高的分布，大部为 18～25℃，其中鄂东南大部在 23℃以上，鄂西除局部(神农架、利川)为 18℃左右外，其他大部为 20～23℃(图 8.104)。

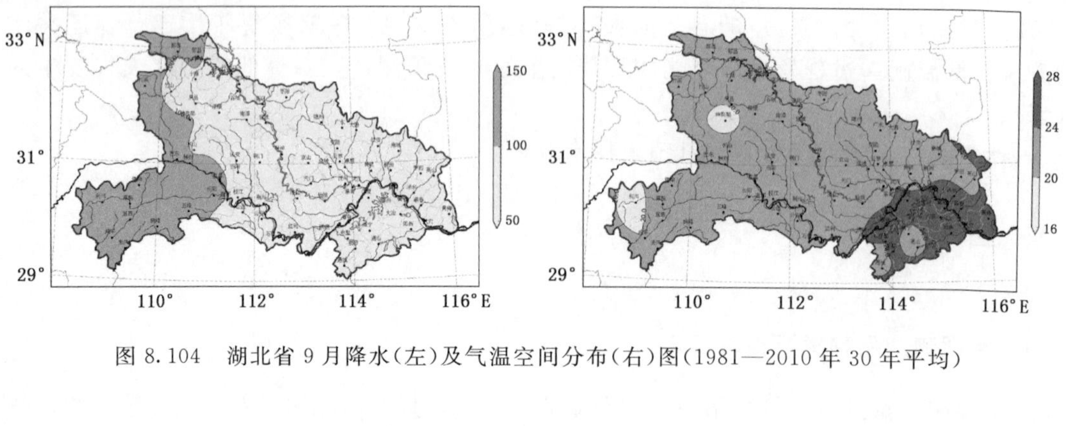

图 8.104　湖北省 9 月降水(左)及气温空间分布(右)图(1981—2010 年 30 年平均)

(2)降水分型

湖北省 76 站 9 月的降水距平百分率前 3 个主模态的累计方差贡献率达 73.7%，各模态的解释方差见表 8.29，第一模态贡献率高达 53.1%，能基本反映 9 月降水时的主要特征(图 8.105)。

表 8.29　湖北省 9 月降水 EOF 中各主成分的方差贡献率(%)

主要模态	1	2	3
方差贡献率	53.1	13.9	6.7
累计贡献率	53.1	67.0	73.7

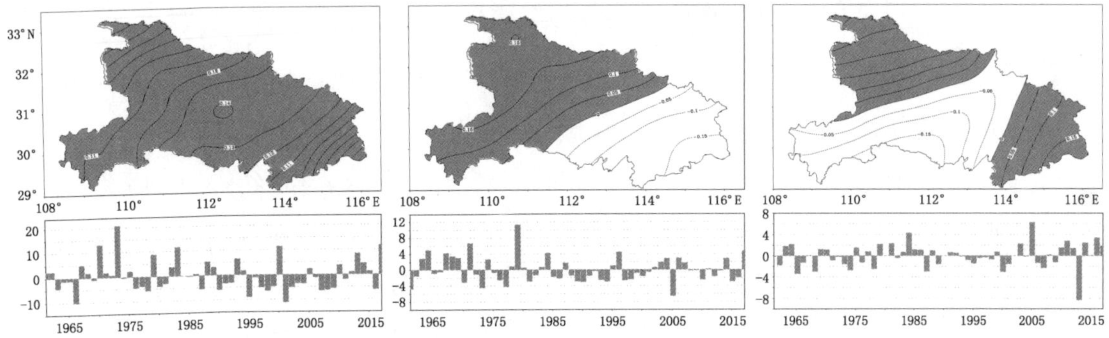

图 8.105　湖北省 9 月降水 EOF 分解第一(左)、二(中)、三(右)模态空间分布时间系数

各模态对应的前期海温差异不大，前期 6—7 月赤道中东太平洋偏暖及澳大利亚东侧海温偏高，湖北省南方降水易偏多。第一模态全省一致多雨型，对应的环流是极地至欧洲地区为正高度异常，乌山至贝湖南部为负高度异常场，西太副高偏强。第二模态时间系数正位相对应的降水西多东少，同期 9 月环流为我国北方地区至日本负异常、西太副高偏强的北“－”南“＋”分布(图 8.106)。

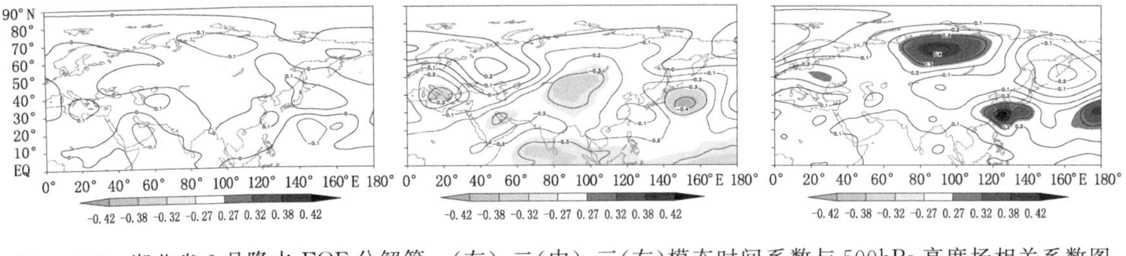

图 8.106　湖北省 9 月降水 EOF 分解第一(左)、二(中)、三(右)模态时间系数与 500hPa 高度场相关系数图

(3)气温分型

湖北省 76 站 1981—2010 年 9 月的气温距平 EOF 分析前 3 个模态的累计方差贡献率达 91.9%，各模态的解释方差见表 8.30，第一模态高达 76.5%，能基本反映 9 月气温的主要特征(图 8.107)。

表 8.30　湖北省 9 月气温 EOF 中各主成分的方差贡献率(%)

主要模态	1	2	3
方差贡献率	76.5	10.6	4.8
累计贡献率	76.5	87.1	91.9

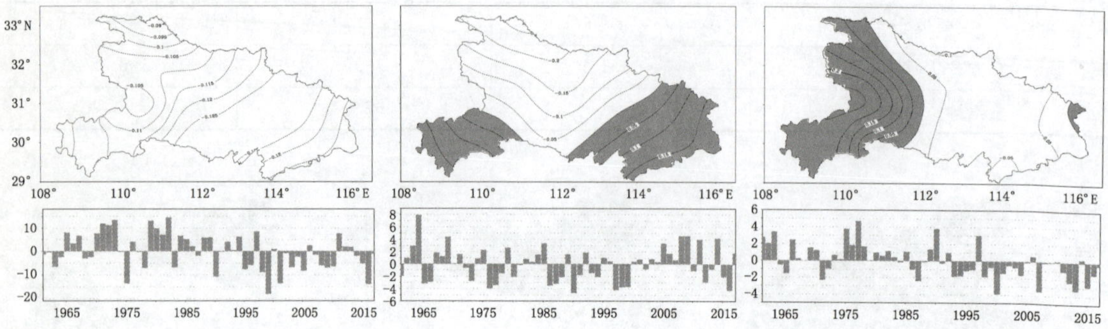

图 8.107　湖北省 9 月气温 EOF 分解第一(左)、二(中)、三(右)模态空间分布及时间系数

当前期 6—7 月暖池区海温偏高时,有利于全省温度一致偏高;而当前期 6—7 月暖池海温偏低时,则相反,即全省温度一致偏低。同期环流特征显示为 500hPa 欧亚中高纬高度场呈现北高南低分布时,有利于湖北省气温一致偏低;反之,欧亚中高纬高度场呈现北低南高分布时,有利于湖北省气温一致偏高(图 8.108)。

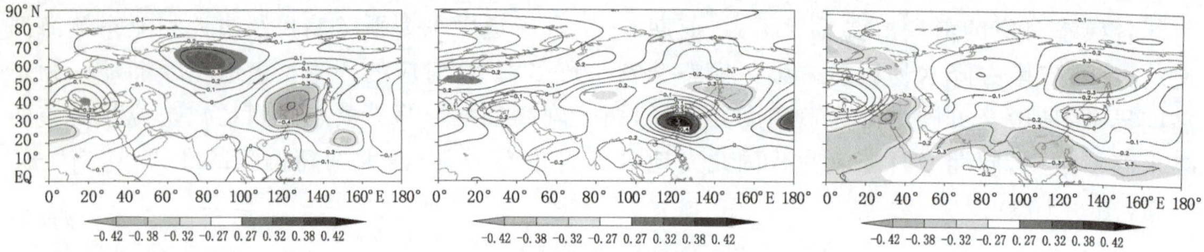

图 8.108　湖北省 9 月气温 EOF 分解第一(左)、二(中)、三(右)模态时间系数与 500hPa 高度场相关系数图

第二模态正位相同期 500hPa 环流特征显示为自西欧至东亚呈现出"+－+"的分布,西欧北部为正异常,巴尔喀什湖至贝加尔湖为负异常,而我国东部沿海为正异常。第三模态为西部与中东部反位相分布,体现为西部偏高中东部偏低或是西部偏低中东部偏高分布型。当前期 6—7 月海温在西太平洋近我国大陆地区的海温偏暖(冷)时,利于西部低(高)而中东部高(低)。同期 500hPa 环流显示为东亚高度场呈北低南高分布时,利于西部气温偏低而中东部气温偏高。

8.2.2.2　月预测个例

(1)环流预测

1)模式环流预测

实际预测时,首先从环流形势的预测出发。首先分析各家模式对于环流的预测,以 TCC、NCC、CFSv2 及 EC 模式对于 2015 年 9 月环流形势预测为例,结果显示自西欧至东亚呈现"－

＋－”高度距平场分布，贝加尔湖地区和西太平洋地区为正高度异常场控制，两者之间存在弱的负异常。

2）环流统计修正

依据海温外强迫来对中低纬度环流进行修订。根据前期 7 月和 8 月的海温变化特征，赤道东太平洋于 2014 年 5 月进入厄尔尼诺状态，历史上春夏季进入厄尔尼诺状态年的 9 月副高表现出偏大、偏南的特征。

由于赤道中东太平洋海温与印度洋海温对印缅槽有较为重要的影响，因此，再详细分析不同海域前期各月海温指数与 9 月印缅槽的关系，当赤道中东太平洋偏暖且印度洋一致偏暖时，利于 9 月印缅槽偏弱（表 8.31）。

表 8.31　9 月印缅槽指数与夏季各月海温指数的相关系数

	Nino3.4			IOBW		
	6 月	7 月	8 月	6 月	7 月	8 月
相关系数(9 月)	0.59	0.50	0.40	0.41	0.62	0.69
相关系数(10 月)	0.68	0.69	0.70	0.70	0.70	0.72
预测	偏弱			偏弱		

结合 CPC 对于 AO 的预测，9 月 AO 呈现弱的负位相。

综合模式结果及统计分析结果，最终预测出西太副高强度偏强、面积偏大、西伸脊点偏西，脊线的南北位置不确定性较大；印缅槽强度较常年同期正常偏弱；欧亚中高纬以纬向型环流为主；AO 呈弱负位相。

（2）降水预测

1）模式及客观化方法降水预测

参考国内外气候模式对降水的预测结果，以 2015 年 9 月为例，CFSv2 以及 EC 对于 9 月主要多雨区位置预测较为一致为偏南；TCC 模式在长江及其以南、我国东北有两个多雨区；DERF2.0 多雨区则分布于我国东部地区。

MODES 本地化的结果显示湖北省大部以少雨为主，而通过其历史回报检验（距平符号一致率）来看，鄂西、江汉平原降水预测可信度较高，因此，9 月降水中西部偏少较为可信（图 8.109）。FODAS 预测结果显示湖北省降水以大部偏多为主，尤其是在湖北省东部（图 8.110）。

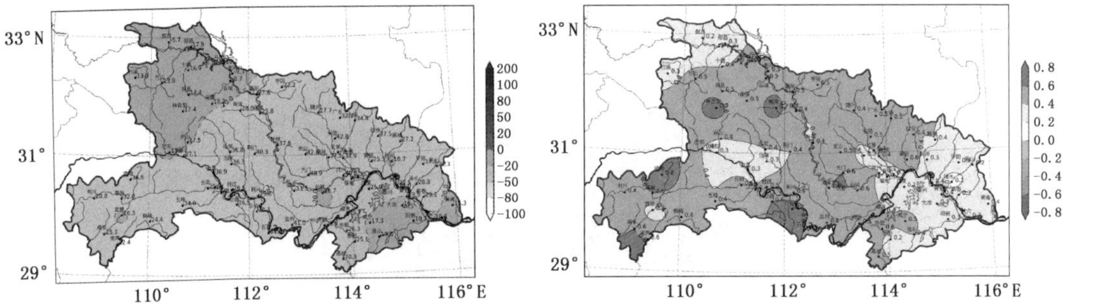

图 8.109　MODES 9 月降水预测结果（左）及回报检验（右）

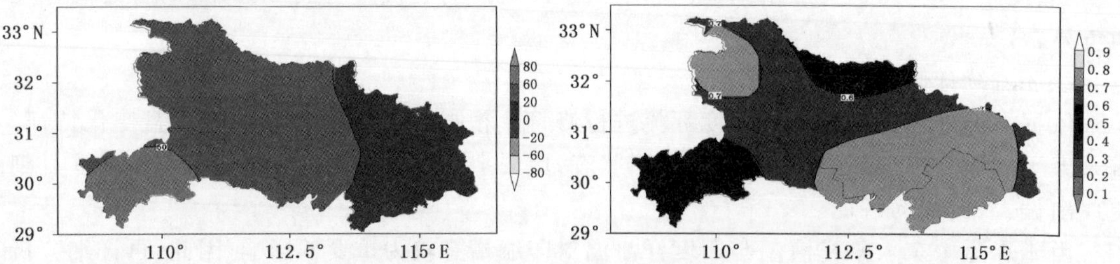

图 8.110　FODAS 9 月降水预测结果(左)及回报检验(右)

2)年代际背景分析

如图 8.111—图 8.113，湖北省 9 月降水处于偏少的年代际背景下，从空间分布来看，2000 年至 2017 年，鄂东北、鄂东南、江汉平原等地降水偏多的概率在加大，通过 M-K 检验显示，

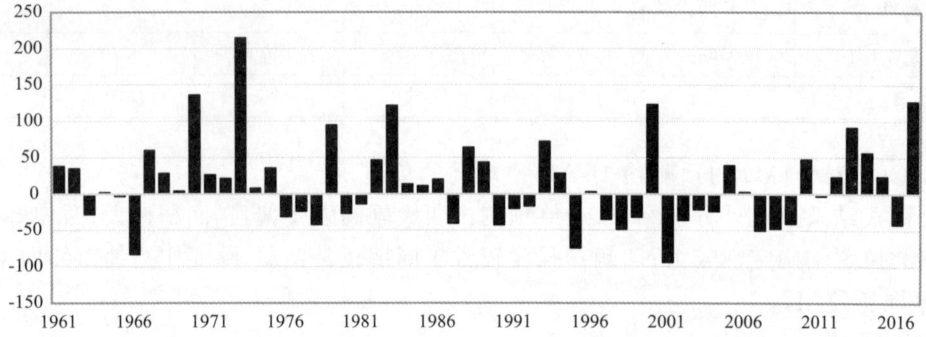

图 8.111　湖北省 9 月降水距平百分率(%)的逐年演变(30 年降水量均值:84.6mm)

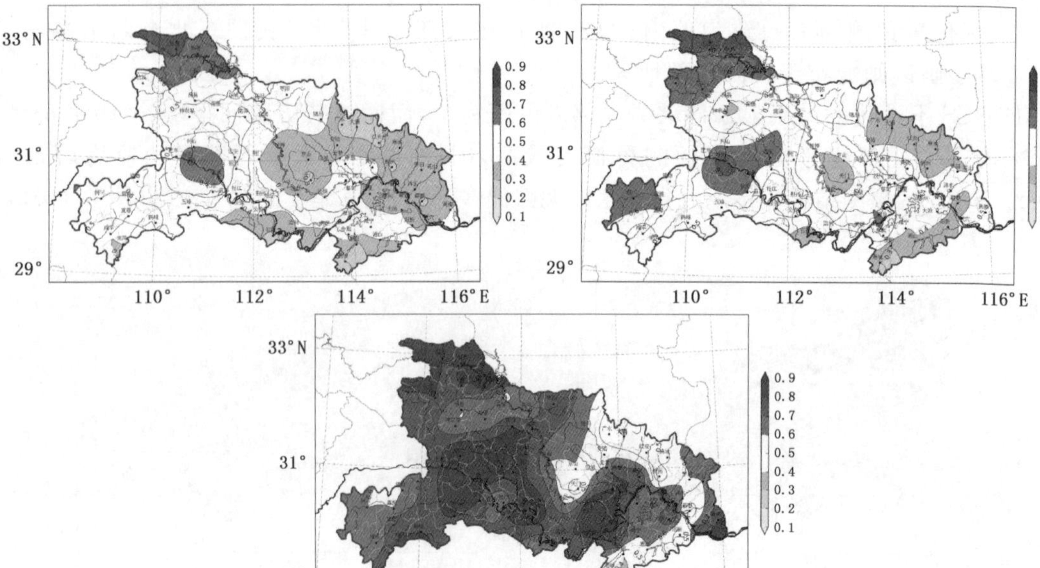

图 8.112　2000 年以来(上左)、近 10 年(上右)、近 5 年(下)降水偏多频次统计

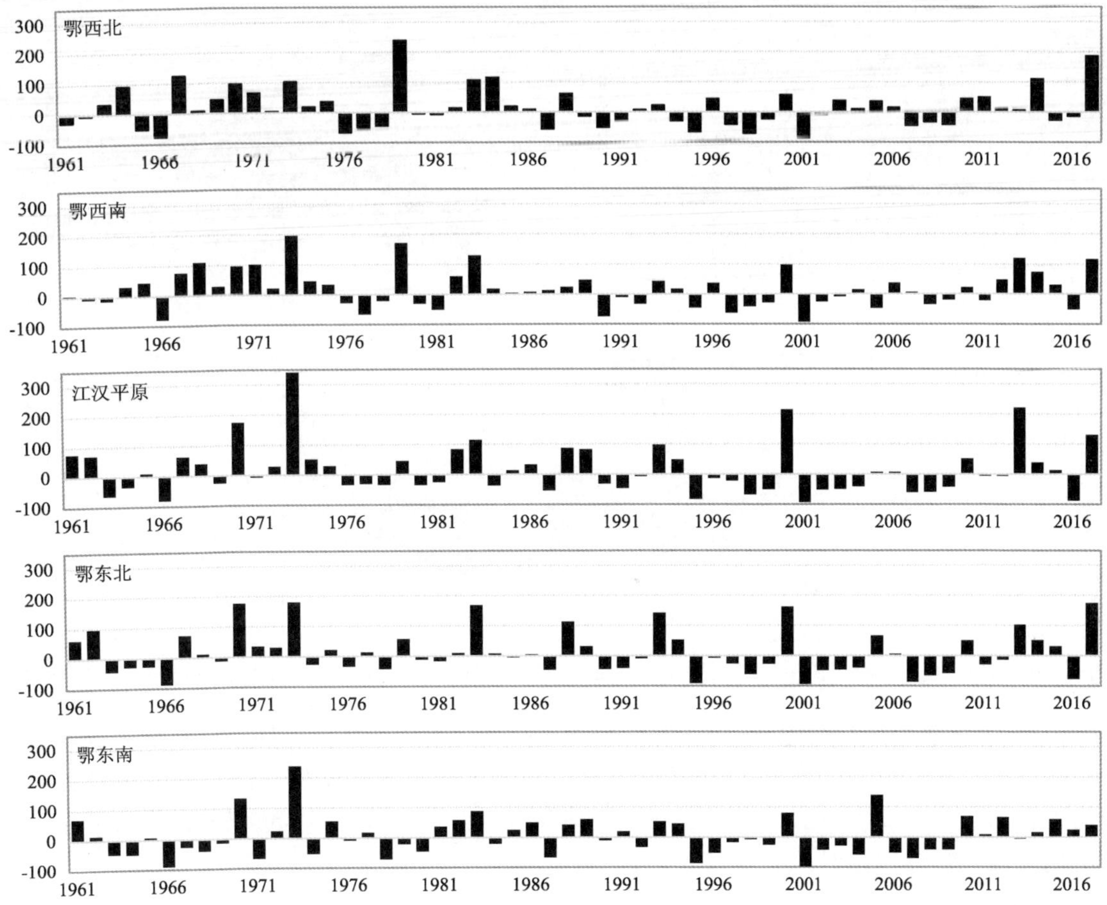

图 8.113 湖北省各地理分区9月降水距平百分率的逐年演变

(30年降水量均值：鄂西北90.5mm，鄂西南111.1mm，江汉平原68.6mm，鄂东南79.7mm，鄂东北73.2mm)

降水目前未出现显著的突变。同时通过周期分析表明，湖北省降水具有准2～3a、4～6a周期，目前处于偏多的周期中。

3)外强迫及环流的影响

外强迫的影响，主要体现在其对大气环流的影响上(图8.114)。前面对9月环流的预测为：西太副高偏强、偏大、偏北、偏西，印缅槽较常年同期正常偏弱；欧亚中高纬以纬向型环流形势为主；AO位相呈弱负位相。下面对各种相似情况进行合成分析。结果显示，副高印缅槽和相似年支持降水偏多，海温相似年支持降水偏少。

4)典型年份差异对比

以0.75个标准偏差为基准，选取9月降水典型偏多年：1967年、1970年、1973年、1979年、1983年、1988年、1989年、1993年、2000年、2010年、2013年和2014年；降水典型偏少年：1966年、1978年、1987年、1990年、1995年、1997年、1998年、2001年、2007年、2008年和2009年。

对比典型多雨年和典型少雨年前期8月的环流可发现，典型多雨年前期8月在东北半球呈现出“－＋－＋”的高度距平波列分布，其中乌拉尔山为高压脊，贝加尔湖为明显的低槽，且

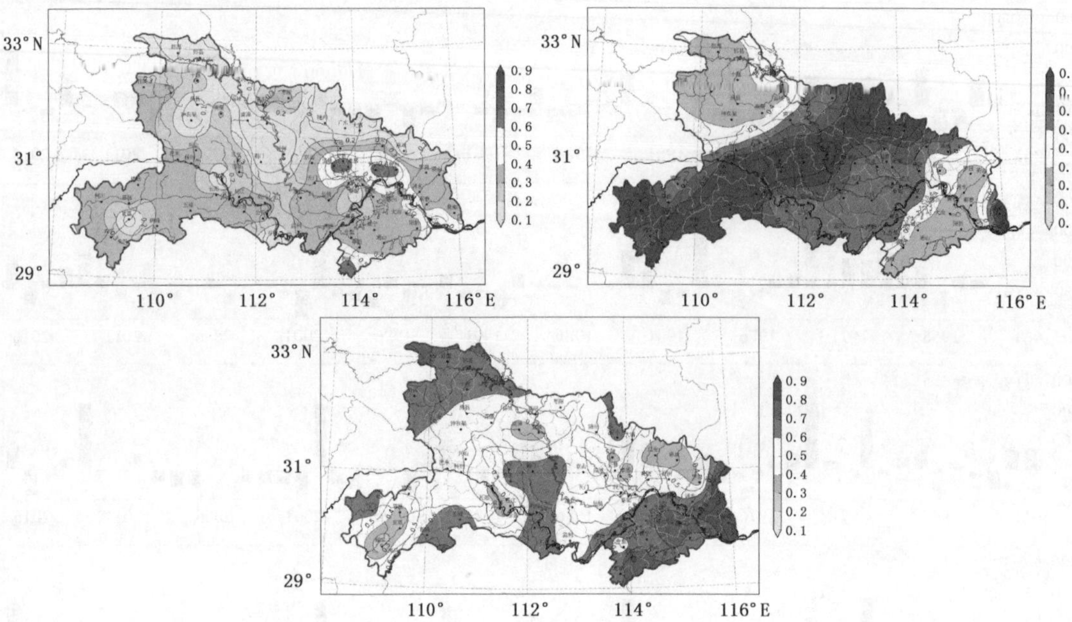

图 8.114　外强迫及环流相似年降水正距平频次合成图(上左:厄尔尼诺,上右:西太平洋副高,下:印缅槽)

低槽较深,延伸至孟加拉湾地区,而东亚沿岸为正高度距平场。东亚低纬地区西低东高的分布有利于水汽输送,乌拉尔山地区的正高度异常提供充足冷空气。典型少雨年前期 8 月的环流则与之相反。对比 2015 年 8 月高度距平实况场(图 8.115,图 8.116),可以看出与典型多雨年的前期环流特征更为相似。

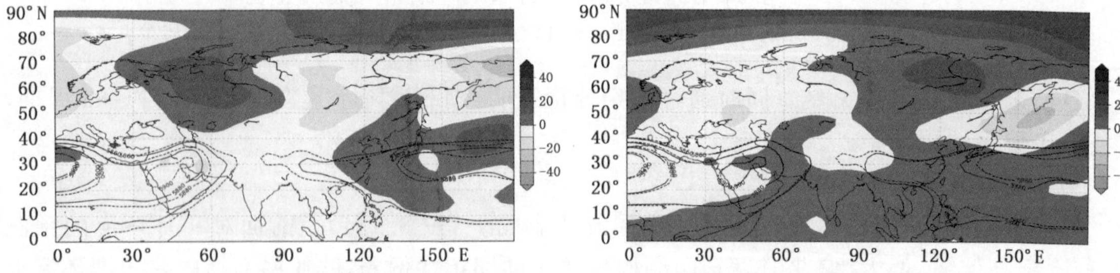

图 8.115　典型多雨年(左)、典型少雨年(右)前期 8 月 500hPa 高度距平场合成图
(实线为高度场平均值,虚线为 1981—2010 年高度场均值)

(3)气温预测

1)模式及客观化方法降水预测

各家模式(TCC,DERF2.0,CFSv2,EC)较为一致预测湖北省 9 月气温以偏高为主,但偏高幅度不大。

根据 MODES 和 FODAS 两种客观化产品的结果,MODES 预测湖北省大部以气温偏高为主、而 FODAS 则给出了气温偏低的可能(图 8.117)。

2)年代际背景分析

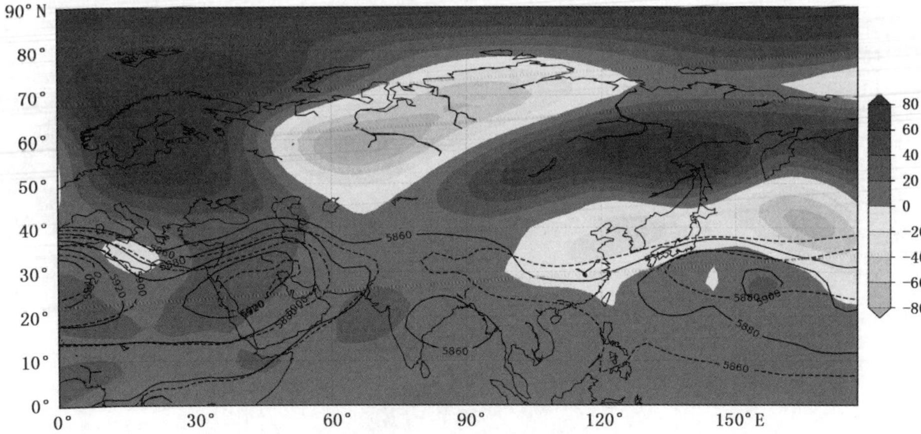

图 8.116　2015 年 8 月 500hPa 高度距平场实况图

(实线为高度场平均值,虚线为 1981—2010 年高度场均值)

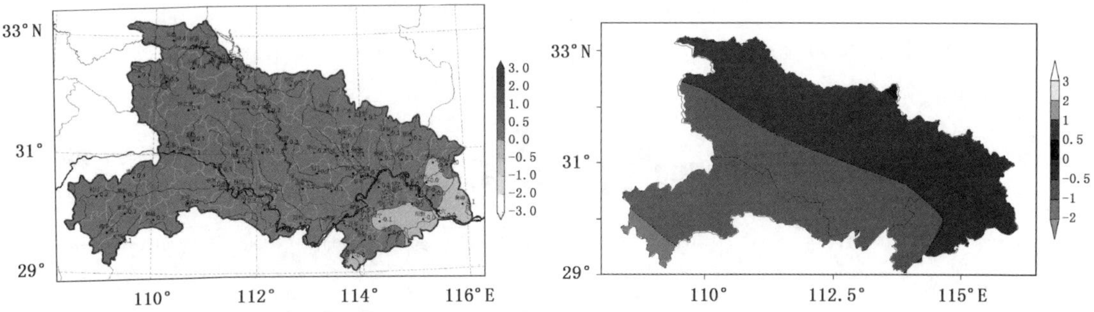

图 8.117　9 月气温预测 MODES(左)、FODAS(右)

如图 8.118—图 8.120,湖北省 9 月气温处于偏高的年代际背景下,但从年际变化来看,近 5 年处于偏暖背景下的冷时段,从空间分布来看,2000 年至 2017 年,鄂东北、鄂东南、江汉平原等地气温偏低的概率在加大,M-K 检验结果表明气温在 20 世纪 90 年代中期以后为明显的

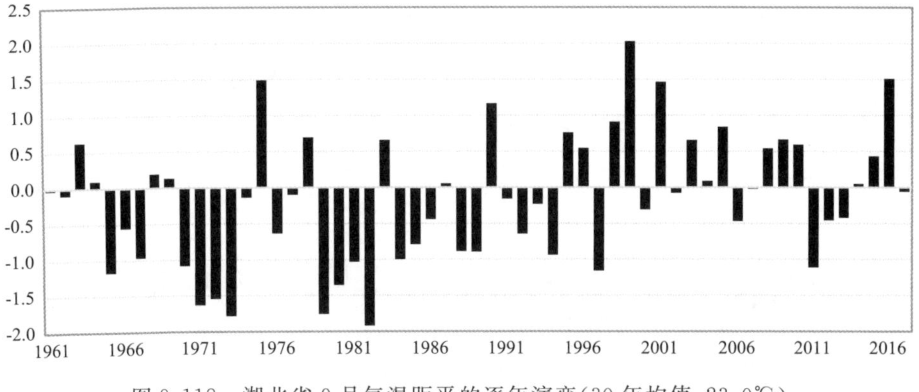

图 8.118　湖北省 9 月气温距平的逐年演变(30 年均值:23.0℃)

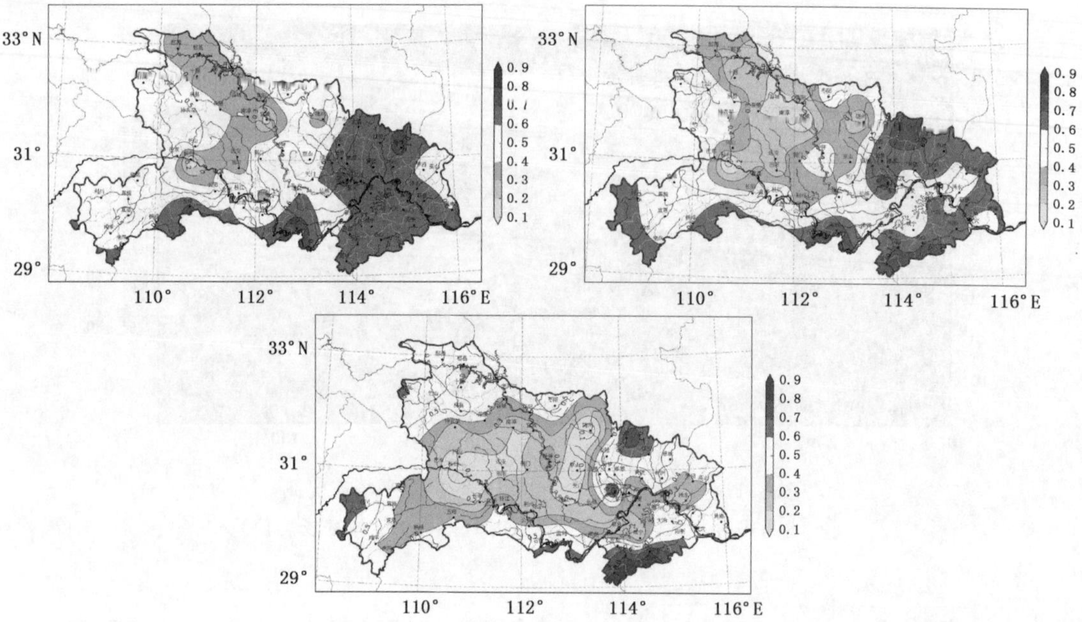

图 8.119　2000 年以来(上左)、近 10 年(上右)、近 5 年(下)气温正距平频次合成

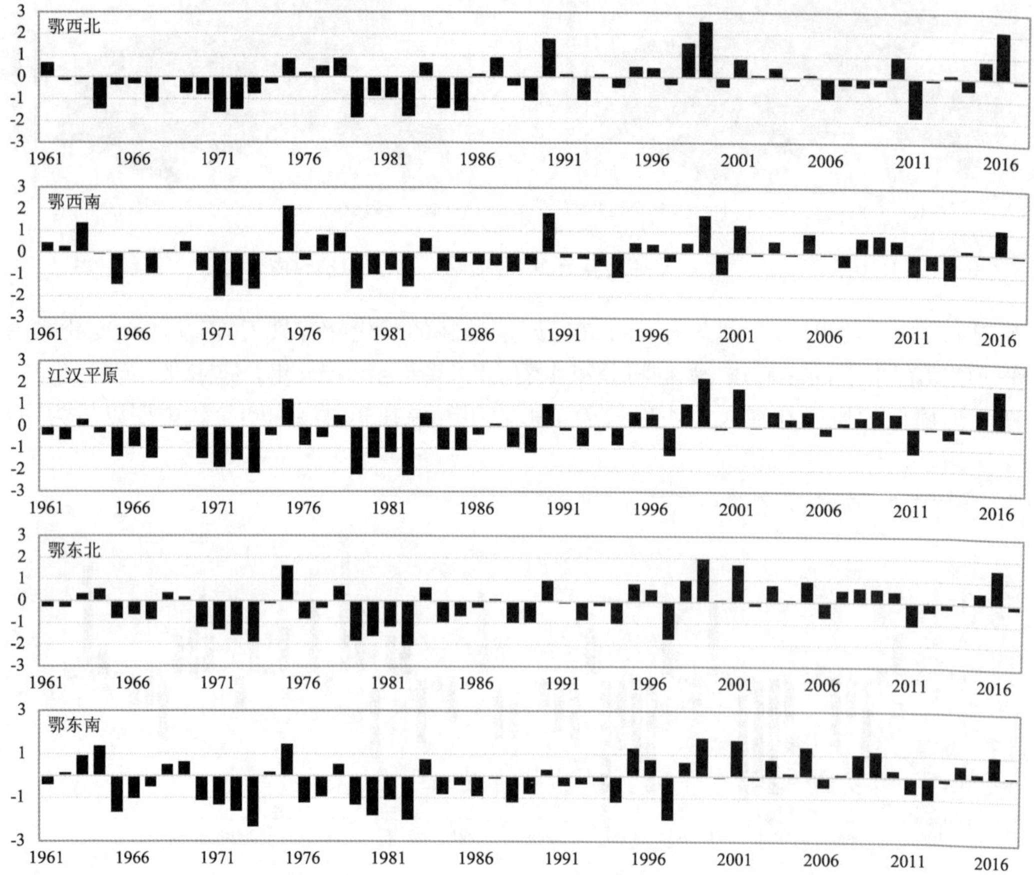

图 8.120　湖北省不同地理分区 9 月气温距平的逐年演变

增暖，且在 21 世纪以来增暖较为显著。同时周期分析也表明，湖北省气温具有准 2～3a 周期，2011—2013 年湖北省气温以偏低为主，2014 年至未来 3 年可能转为暖周期。

3）外强迫及环流的影响

外强迫的影响，主要体现在其对大气环流的影响上。前面对 9 月环流的预测为：西太副高偏强、偏大、偏北、偏西，印缅槽较常年同期正常偏弱；欧亚中高纬以纬向型环流形势为主；AO 位相呈弱负位相。下面对各种相似情况进行合成分析，厄尔尼诺相似年合成结果显示气温偏低，其他均显示湖北省气温以大部偏高为主（图 8.121）。

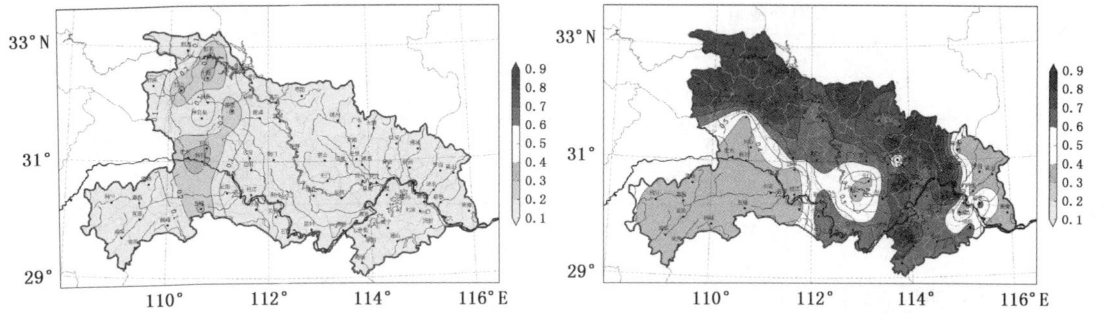

图 8.121　相似年气温正距平频次合成图（左：厄尔尼诺相似年，右：副高相似年）

4）典型年份差异对比

以 1 倍标准差为基准，选择气温典型偏高年：1975 年、1990 年、1998 年、1999 年和 2001 年；气温典型偏低年：1965 年、1967 年、1970 年、1971 年、1972 年、1973 年、1979 年、1980 年、1981 年、1982 年、1984 年、1994 年、1997 年和 2011 年。

对比典型高温年和典型低温年的前期 8 月环流，典型高温年在乌拉尔山地区为负高度距平，贝加尔湖地区为正高度距平控制，而在典型低温年，东亚地区呈现北正南负的高度距平分布，中国大陆为负高度距平控制，为较明显的经向环流型。对比典型高/低温年的差值场与 2015 年 8 月高度距平实况场，与 9 月高温年的前期环流更为相似（图 8.122）。

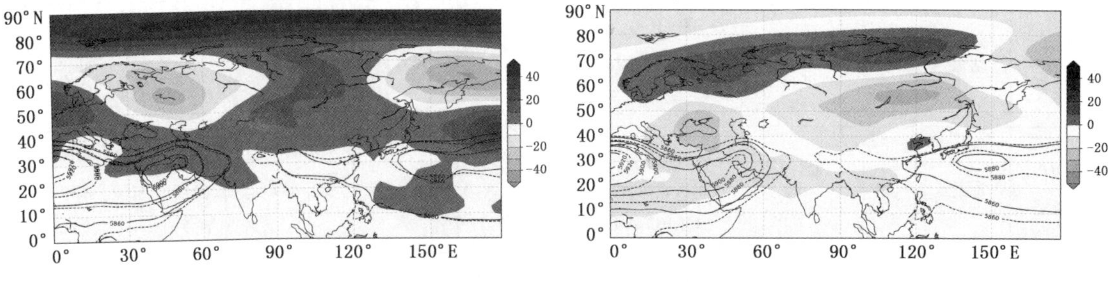

图 8.122　典型高温年（左）、典型低温年（右）前期 8 月 500hPa 高度距平场合成图

（实线为高度场平均值，虚线为 1981—2010 年高度场均值）

(4)预测结论(表 8.32)

表 8.32　2015 年 9 月气温、降水预测总结

		降水	气温
模式结果		大部多,南边偏多可能性更大	高
客观化方法	MODES	少	高
	FODAS	多	低
统计分析	年代际背景	多	低
	周期分析	多	高
	海温外强迫	少	低
	西太副高	多	高
	印缅槽	多	
	典型年前期环流	多	高
总结		大部多,其中南边偏多可能性更大	高

8.3　延伸期预报

气候预测室每月发布湖北省延伸期过程预测产品 3 份,产品要写明预报时段内的主要降温(降水)过程出现时段、影响区域及强度,夏季需增加高温时段预报,并上传预测数据(表 8.33,表 8.34)。

表 8.33　湖北省延伸期预报产品

产品名称	格式	发布时间
湖北省××年×月×旬至×月×旬延伸期过程预测	doc	每旬最后 1 日

表 8.34　延伸期气候预测数据上传清单

数据类别	区域	站数	要素	文件名	预报时段	格式	上传时间
月内强降水	湖北	81	降水过程	Z_SEVP_C_cccc_y1y1y1y1m1m1ddhhm0m0ss_P_CLFC-TCTF.TXT	未来 11～30 天	txt	4—9 月每旬最后一日 20 时(北京时)前
月内强降温	湖北	81	降温过程	Z_SEVP_C_BCWH_y1y1y1y1m1m1ddhhm0m0ss_P_CLFC-ATCTF.TXT	未来 11～30 天	txt	10 月至翌年 3 月每旬最后一日 20 时(北京时)前
延伸期高温过程	湖北	81	高温过程	Z_SEVP_C_BCWH_y1y1y1y1m1m1ddhhm0m0ss_P_CLFC-HTCTF.TXT	未来 11～30 天	txt	5—9 月每旬最后一日 20 时(北京时)前

根据业务服务需求,延伸期一方面要看,后期降水、气温的逐周或逐旬的趋势预报;另一方面看单站降水、降温过程可能出现的时段。

另外，延伸期过程预报在季节预测中也有所体现。冬季关注的“阶段性低温雨雪过程”、春季“稳定通过 12℃日期”、夏季“入/出梅日期”“高温时段”、秋季“寒露风”等，均需要借助延伸期过程预报来进行预测与滚动监测。

目前延伸期预报采用的技术方法主要为模式集合预报以及 MJO 预报模型。

8.3.1 模式集合预报

8.3.1.1 单站过程模式集合预报

模式延伸期集合预报主要利用 CFSv2 模式提供的多初值未来 45 天预报值，采用径向基函数(radial basis functions，RBF)插值法插值到指定站点，并利用线性平均集合法提供未来 11～30 d 逐日降水过程、气温过程、高温过程预报产品([彩]图 8.123—[彩]图 8.125)。各产品均逐日滚动更新，通过跟踪订正，确定未来可能出现的降水时段和高/低温时段等。

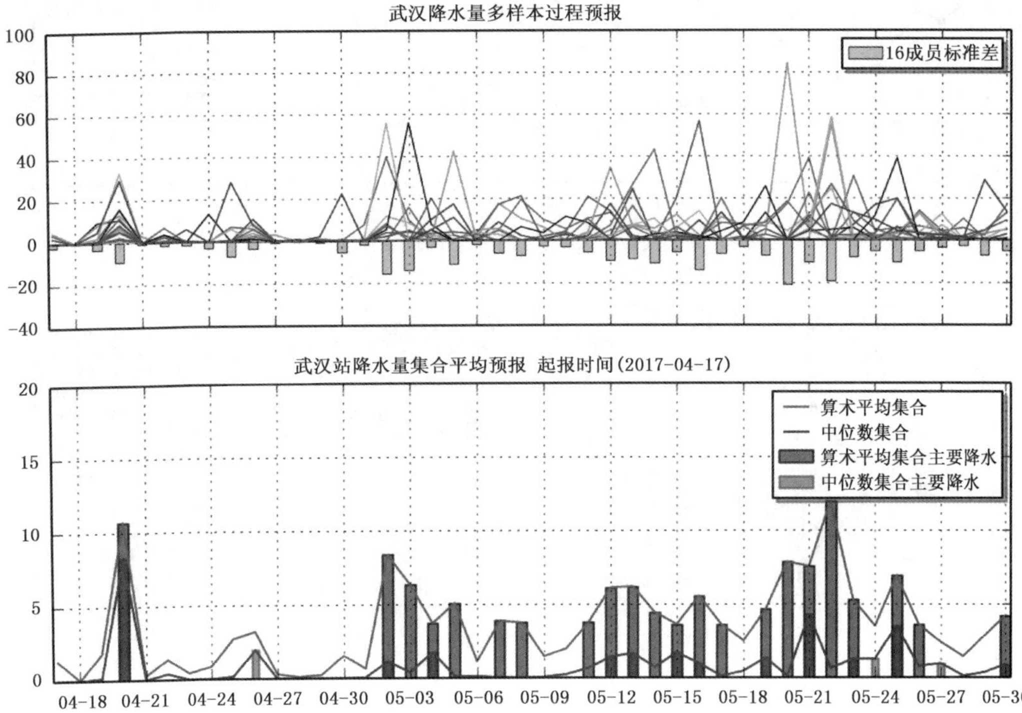

图 8.123 武汉站降水过程延伸期集合预报示例

以 2016 年入梅时间预报为例([彩]图 8.126)。2016 年 6 月 2 日进行全国梅雨会商时，根据前期延伸期模式产品，得到 6 月中旬后期有持续性降水过程，认为 6 月中旬后期入梅的可能性较大。结合趋势预报可以确定降水过程的强度和可能出现的时间。

8.3.1.2 逐周、逐旬趋势模式集合预报

趋势预报主要参考中国 DERF2.0 模式逐日更新的逐旬预报产品、美国 CFSv2 模式逐日更新的逐周预测产品、TCC 网站每周五更新的逐周预报产品、本地化 CFSv2 模式解释应用的逐旬降水趋势预报、欧洲中心 EC 模式每周更新两次的逐周预报产品等。[彩]图 8.127 为 CFSv2 模式解释应用的逐旬降水趋势预报产品示例。

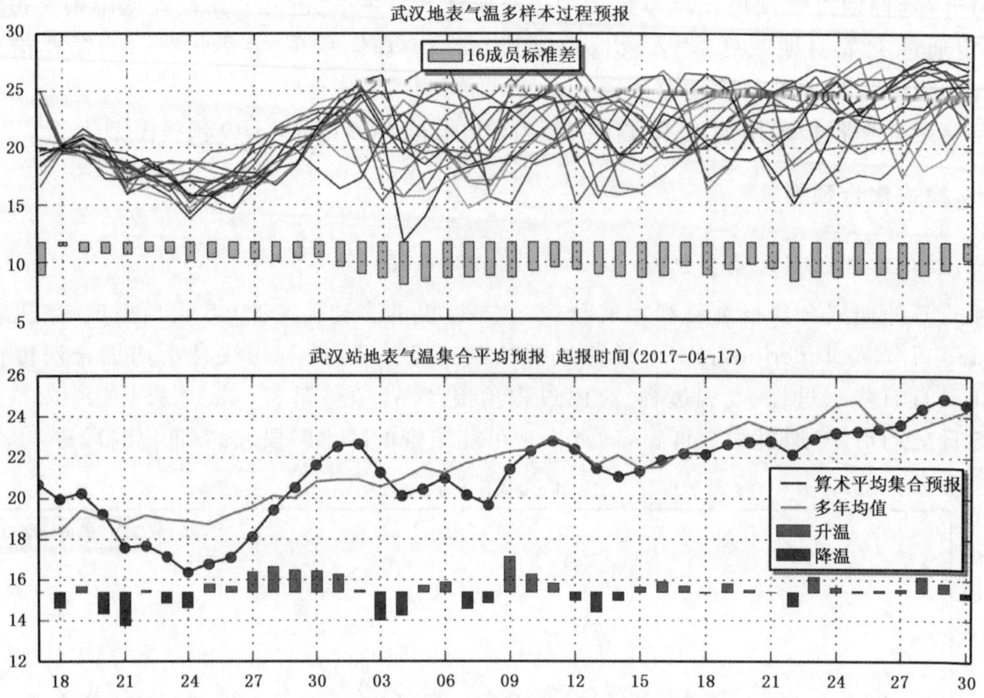

图 8.124　武汉站气温过程延伸期集合预报示例

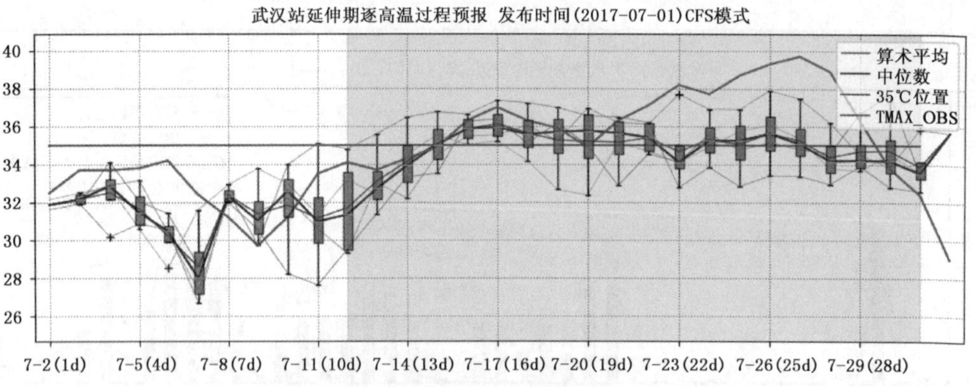

图 8.125　武汉站高温过程延伸期集合预报示例

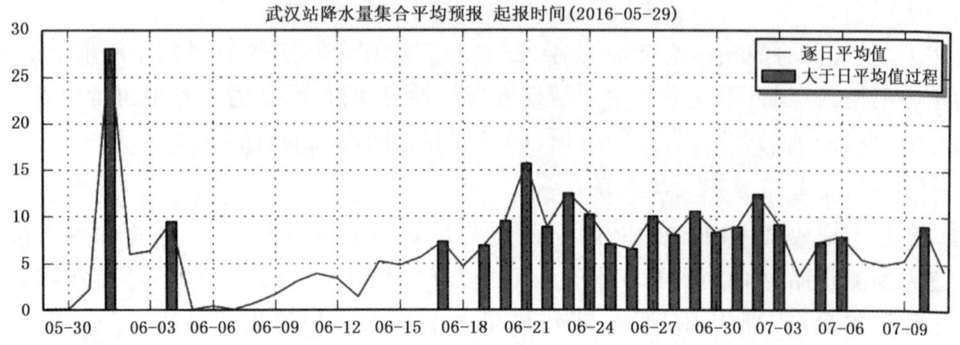

图 8.126　武汉站 2016 年 5 月 29 日起报的 CFSv2 降水过程预报产品

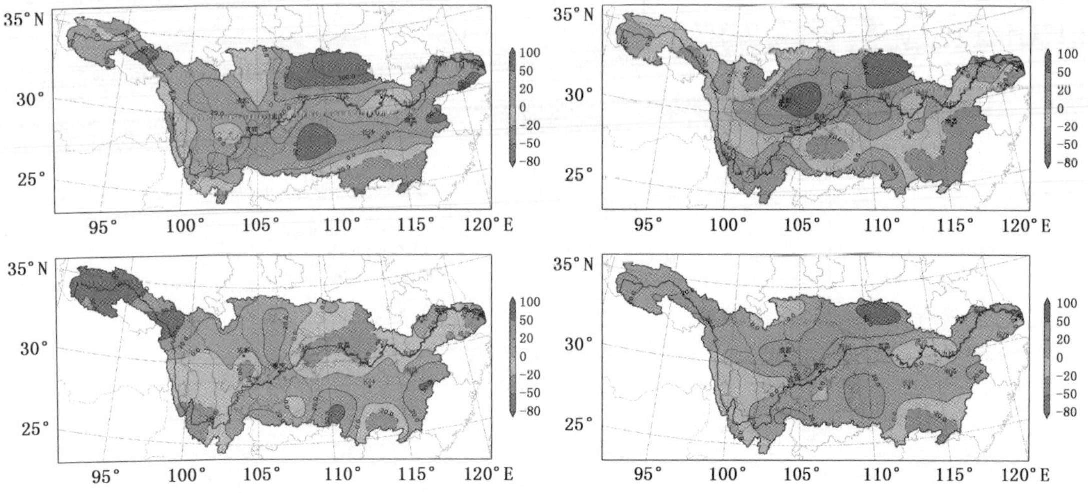

图 8.127　长江流域 1～10d 降水距平百分率预测(上左)、11～20d 的降水距平百分率预测(上右)、21～30d 降水距平百分率预测(下左)、1～30d 的降水距平百分率预测(下右)(%)

8.3.2　MJO 预报模型

8.3.2.1　MJO 指数

延伸期预报的时间尺度为 11～30d，而季节低频振荡一般指时间尺度大于 7～10d 但小于 90d 的准周期变化。

季节内振荡在天气气候的演变中扮演了重要角色。Yasunari(1979)指出印度夏季降水与热带低频振荡有关，促进了国际对季节内振荡与天气气候事件的关系研究。我国关于季节内振荡与天气、气候的关系研究表明，中国各区特别是中国东部地区(如长江中下游、江淮地区)的夏季降水都与大气低频振荡有关。大多数研究主要集中于 30～60d 季节内变率对降水等天气气候事件的影响。

20 世纪 70 年代初，Madden 等(1971)首先发现季节内振荡存在于热带地区，并指出热带低频振荡(Madden-Julian oscillation，MJO)向东传播，周期为 40～50d，具有纬向 1 波的全球尺度特征。MJO 以热带地区对流增强/减弱区的向东传播为主要特征。积云对流首先在东印度洋暖水面上形成，10～20d 后积云对流带和低压区域东移至印尼群岛和西－中太平洋。随着积云对流东移至东太平洋冷水面上空，对流减弱甚至消失。在一定时间之后，东印度洋的对流又重建并向东移动形成新的循环。与热带对流异常相伴随的，近赤道地区(15°N—15°S)纬向风、海平面气压、云量、降水等亦以 30～60d 为主要周期从西向东传播。此外，尽管 MJO 具有全球尺度特征，但在印度洋及西太平洋季风区表现得更为明显。

业务中使用的 MJO 指数来自国家气候中心 ISV/MJO 监测和预测系统(IMPRESS2.1)，该指数由逐日 15°S－15°N 平均的 OLR、850hPa 和 200hPa 纬向风等 3 个变量的前两个联合 EOF 主成分(PC)时间序列来定义，分别被称为 RMM1 和 RMM2，由两个系数定义构成了 MJO 对流从印度洋至太平洋的向东传播(图 8.128)：位相 1 表示 MJO 的对流中心位于西印度洋附近，2～3 位相对流中心位于中东印度洋，4～5 位相对流中心位于中南半岛附近，6～7 位相对流中心位于西太平洋，第 8 位相对流中心位于太平洋的日界线附近。将 $\sqrt{RMM1^2+RMM2^2}<1$ 定义为弱的 MJO。

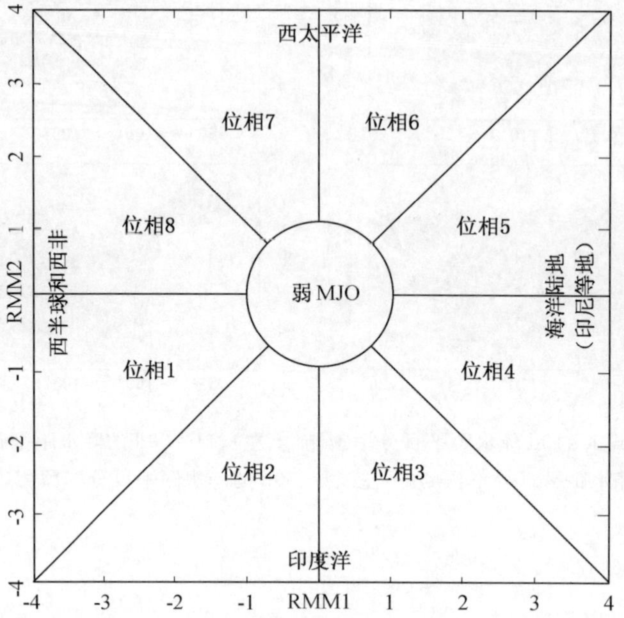

图 8.128　MJO 指数(RMM1 和 RMM2)定义的 MJO 空间位相

以 2013 年 7 月 20 日制作未来 30 天(7 月 21 日至 8 月 19 日)MJO 预报为例：根据 MJO 自回归预报方法，计算未来 30 天 RMM1、RMM2 指数，图 8.129 为预报图。图 8.129 显示未来 30 天，7 月 21 日至 8 月 1 日 MJO 大部偏强，从第 5 位相向传播至第 8 位相；8 月 2—19 日，MJO 大部偏弱，重新进入 1 位相，开始新的循环。

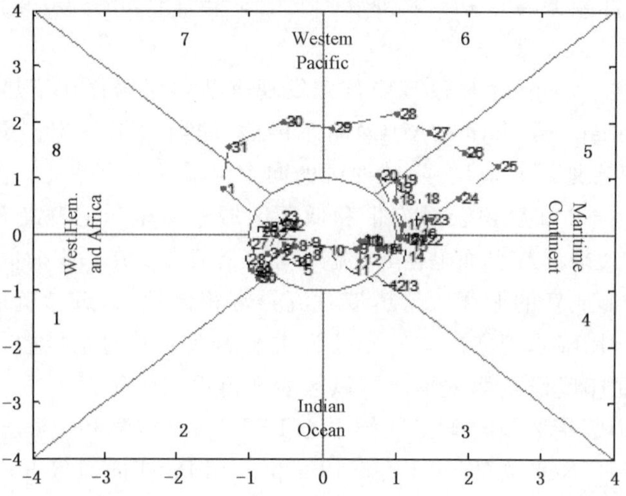

图 8.129　2013 年 7 月 20 日起报的未来 30 天 MJO 传播

(虚线为实况及预报，线上标记数值为日期，中间圆圈为 $\sqrt{RMM1^2+RMM2^2}=1$ 值)

8.3.2.2　MJO 预报

根据 CPC 提供的 MJO 未来 1～15 天预报，利用自回归方法推测出后期（10～20 天）MJO 的可能位相。利用组合相似法，针对各个月，综合考虑 MJO 指数所属位相及强度，进而对降水距平百分率进行合成，得到不同月份下 MJO 传播各位相长江流域降水的异常分布形势。结果表明，MJO 传播中不同阶段对长江流域降水的影响不同，MJO 强度的强弱对长江流域降水的影响也不同。

以 6 月为例（[彩]图 8.130）：

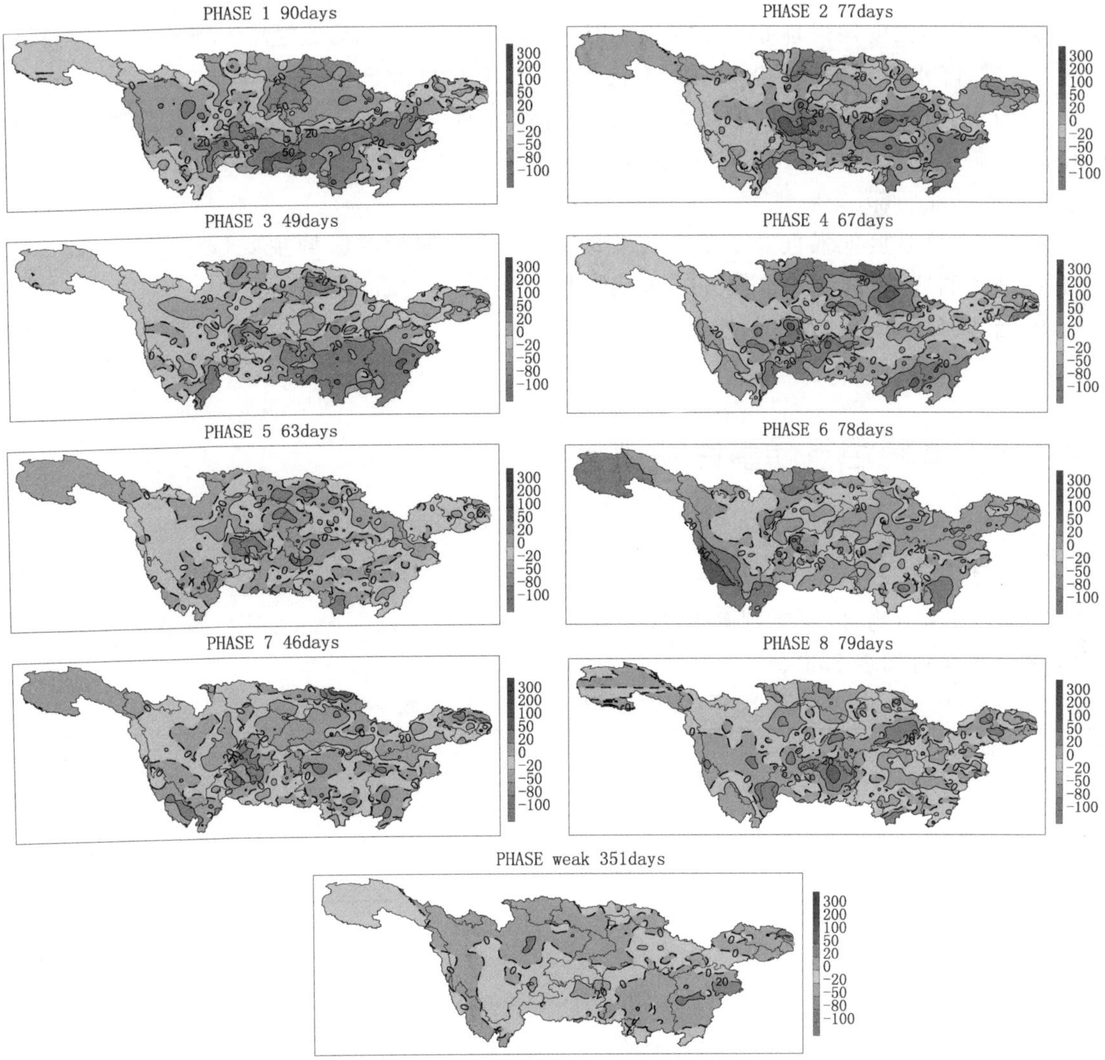

图 8.130　不同 MJO 位相下 6 月降水距平百分率（%）合成（同气候态的百分率）

（1）当 MJO 强度偏强且处于第一位相时：降水异常偏少的区域主要位于汉江流域；降水异常偏多的区域主要位于乌江、洞庭湖。

（2）当 MJO 强度偏强且处于第二位相时：降水异常偏少的区域主要位于汉江流域中下游、长江下游干流区间、三角洲平原区；降水异常偏多的区域主要位于长江上游干流区间、乌江、洞庭湖、鄱阳湖。

(3)当 MJO 强度偏强且处于第三位相时:降水异常偏少的区域主要位于岷沱江、长江流域中下游干流区间和三角洲平原区;降水异常偏多的区域主要位于洞庭湖和鄱阳湖。

(4)当 MJO 强度偏强且处于第四位相时:降水异常偏少的区域主要位于金沙江下游、洞庭湖北部和三角洲平原区;降水异常偏多的区域主要位于汉江、乌江、鄱阳湖和洞庭湖南部。

(5)当 MJO 强度偏强且处于第五位相时:降水异常偏少的区域主要位于中游干流区间的北部至鄱阳湖北部、岷沱江的中部;降水异常偏多的区域主要位于汉江上游、长江上游干流区间、乌江。

(6)当 MJO 强度偏强且处于第六位相时:降水异常偏少的区域主要位于长江上游西部及中下游大部;降水异常偏多的区域主要位于金沙江、嘉陵江北部。

(7)当 MJO 强度偏强且处于第七位相时:降水异常偏少的区域主要位于长江上游干流区间东部、中游干流区间和汉江流域南部;降水异常偏多的区域主要位于汉江流域中游北部、长江上游干流区间西部。

(8)当 MJO 强度偏强且处于第八位相时:降水异常偏少的区域主要位于汉江、金沙江下游、鄱阳湖和洞庭湖;降水异常偏多的区域主要位于乌江、中游干流区间。

(9)当 MJO 强度偏弱时:降水异常偏少的区域主要位于乌江;降水异常偏多的区域主要位于鄱阳湖中部。

8.4　湖北省特色气候事件预测

8.4.1　冷暖冬

在制作冬季预测时,需要判断是否达到冷、暖冬标准。按照湖北省冷、暖冬标准,确定出冷、暖冬对应年份如表 8.35。

表 8.35　湖北省 1961—2017 年冷、暖冬年份

冷冬	弱冷冬	1975,1980,1982,1985,1987,1988,1989,2005,2012
	强冷冬	1963,1966,1967,1968,1971,1973,1976,1983,1984,2004,2007,2011
暖冬	弱暖冬	1978,1986,1991,1994,1996,2000,2003,2008,2013,2015
	强暖冬	1998,2001,2006,2014,2016

1961—2017 年湖北省全省性冷冬共发生 21 次,分别是 1963 年、1966 年、1967 年、1968 年、1971 年、1973 年、1975 年、1976 年、1980 年、1982、1983 年、1984 年、1985 年、1987 年、1988 年、1989 年、2004 年、2005 年、2007 年、2011 年、2012 年,尤其 1960 年代出现 4 次,1970 年代出现 4 次,1980 年代共 8 次,2000 年代以来出现 5 次。在 21 年中,气候变暖以前(以 1985 年为界)出现过 13 次冷冬,气候变暖以后出现过 8 年冷冬。1961—2012 年共出现 12 次强冷冬事件,分别为 1963 年、1966 年、1967 年、1968 年、1971 年、1973 年、1976 年、1983 年、1984 年、2004 年、2007 年、2011 年。

1961—2017 年湖北省全省性暖冬共发生 15 次,分别是 1978 年、1986 年、1991 年、1994 年、1996 年、1998 年、2000 年、2001 年、2003 年、2006 年、2008 年、2013 年、2014 年、2015 年、

2016 年，其中 1998 年、2001 年、2006 年、2014 年及 2016 年为强暖冬。对应的暖冬事件仅有 2 年在 1990 年代年代以前，其余 9 年都发生在 90 年代以后。总体看来，在气候变暖以前（以 1985 年为界）仅有 1978 年为弱暖冬，其他暖冬年份都在气候变暖以后。

[彩]图 8.131 和[彩]图 8.132 给出了冷冬、暖冬预测概念模型：

(1)前期海冰密度对于后期冬季温度的影响，主要是通过影响西伯利亚高压，进而影响冬季风的强弱；

(2)拉尼娜对于冬季温度的指示意义要好于厄尔尼诺，拉尼娜年对应的冬季环流配置为 AO 负位相，AAO 负位相，500 hPa 高度距平场欧亚大陆为北高南低的分布，西太副高偏弱。

(3)高原高度场及 AAO 的强弱是强弱冷冬的差异性因子，AAO 偏弱（南半球高纬度北负南正）通过南北半球经向遥相关，作用于副高及西伯利亚高压，使得副高强，西伯利亚高压强，欧亚西风强，北半球经向度减弱，冬季风减弱；而高原高度场的高低主要体现在对于高纬度冷空气的阻挡作用。

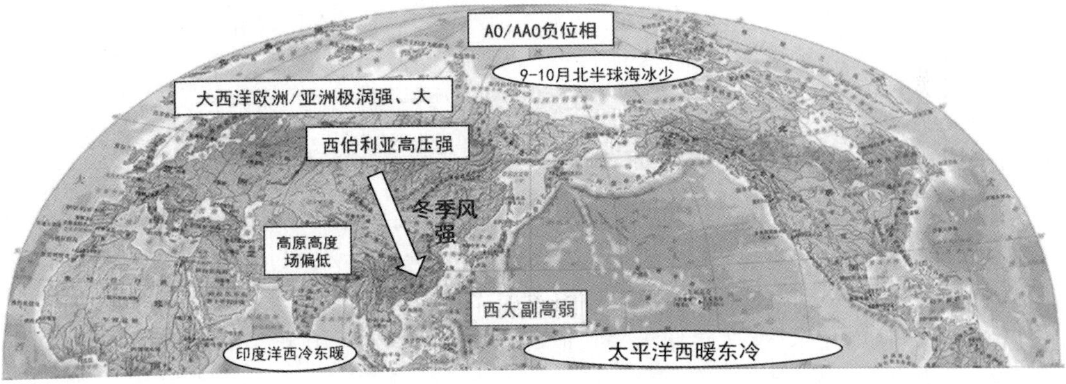

图 8.131　冷冬预测概念模型

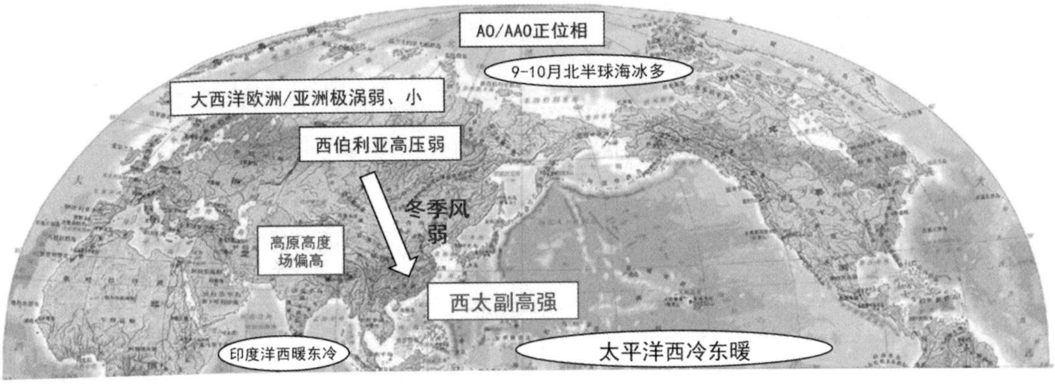

图 8.132　暖冬预测概念模型

8.4.2　持续低温雨雪过程

作为冬季最严重的气象灾害，每年制作冬季预测时都需关注持续低温雨雪过程发生的可能性。下面给出持续低温雨雪过程的预测方法。

8.4.2.1　冷、暖冬与冬季低温雨雪冰冻过程的关系

低温雨雪冰冻过程的定义见 4.6.4.2。统计弱冷冬与低温雨雪冰冻过程的关系(表 8.36),弱冷冬 9 年中,有 5 年发生了持续低温雨雪冰冻现象,占 55.6%,且都只出现了 1 次过程。5 年中,累计日数仅 1 年与历史平均值持平(15d),其他均低于历史值。然而最长过程却是有 3 年等于或高于平均值(12d)。从指数强度来看,仅 1 年偏弱,其他偏强。开始、结束时间没有很好的一致性,2 年开始、结束早,位于 12 月上中旬;2 年开始、结束晚,位于 1 月底。

表 8.36　湖北省弱冷冬年低温雨雪冰冻过程特征

弱冷冬	过程次数	累计日数	最长过程	开始时间	结束时间	指数强度
1975	1	15	15	12 月 3 日	12 月 17 日	4.82
1980	1	12	12	1 月 20 日	1 月 31 日	6.87
1982	0					
1985	1	10	10	12 月 3 日	12 月 12 日	4.08
1987	0					
1988	1	12	12	1 月 4 日	1 月 15 日	4.13
1989	1	6	6	1 月 27 日	2 月 1 日	1.57
2005	0					
2012	0					

统计强冷冬与低温雨雪冰冻过程的关系(表 8.37),强冷冬 12 年中,有 10 年发生了持续低温雨雪冰冻现象,占 83.3%,其中有 2 年出现 3 次过程、5 年 2 次过程、3 年 1 次过程。10 年中,累计日数仅 1 年低于历史平均值(15d),其他均高于历史值。最长过程持续时间均多于历史平均值。指数强度显示,有 3 年低于平均值。开始时间较晚,10 年中有 7 年迟;结束时间同样也偏晚,10 年中有 7 年迟。

表 8.37　湖北省强冷冬年低温雨雪冰冻过程特征

强冷冬	过程次数	累计日数	最长过程	开始时间	结束时间	指数强度
1963	1	21	21	2 月 5 日	2 月 25 日	10.58
1966	2	25	17	12 月 21 日	1 月 6 日	0.91
1967	0					
1968	3	38	16	1 月 24 日	2 月 8 日	6.81
1971	2	17	12	1 月 30 日	2 月 10 日	7.09
1973	3	37	15	1 月 11 日	1 月 25 日	8.49
1976	2	19	10	1 月 25 日	2 月 3 日	11.28
1983	2	16	12	1 月 15 日	1 月 26 日	7.58
1984	2	29	14	12 月 7 日	12 月 20 日	1.16
2004	1	12	12	12 月 21 日	1 月 1 日	2.78
2007	1	24	24	1 月 11 日	2 月 3 日	16.41
2011	0					

统计弱暖冬与低温雨雪冰冻过程的关系(表 8.38),弱暖冬有 10 年中,有 2 年发生了持续低温雨雪冰冻现象,占 20%。可以看到,累计日数均低于历史平均值(15d)。开始和结束时间均偏早,但强度指数略偏强。

强暖冬年,未发生低温雨雪冰冻过程。

表 8.38　湖北省弱暖冬年低温雨雪冰冻过程特征

弱暖冬	过程次数	累计日数	最长过程	开始时间	结束时间	指数强度
1978	0					
1986	0					
1991	1	9	9	12 月 23 日	12 月 31 日	6.07
1994	1	8	8	12 月 29 日	1 月 5 日	3.72
1996	0					
2000	0					
2003	0					
2008	0					
2013	0					
2015	0					

8.4.2.2　冬季低温雨雪冰冻过程的预测概念模型

环流场从低到高配置如下：

(1)海平面气压场：西伯利亚高压偏强，AO 为负位相；

(2)对流层低层：东亚冬季风偏强，冷空气强度偏强；

(3)对流层中层：乌山存在阻塞高压，西太副高强度偏强或正常，脊线位置偏北，水汽输送强；

(4)平流层：平流层极涡强度偏强。

8.4.2.3　2017/2018 年冬季及低温雨雪过程预测

2017 年 8 月以来，赤道中东太平洋海温处于中性偏冷状态，9 月 Nino3.4 区海温距平指数为−0.46℃，预计 2017 年秋季后期至冬季，赤道中东太平洋海温将处于偏冷状态，冬季达到偏冷状态的峰值，根据统计模型及国内外模式预测，2017 年冬季至 2018 年春季可能会形成一次拉尼娜事件。

(1)基于前期 7—9 月 Nino3.4 指数演变特征，预测赤道中东太平洋海温(Nino3.4)在 2017 年冬季(2017 年 12 月至 2018 年 2 月)维持较低温度(图 8.133)。

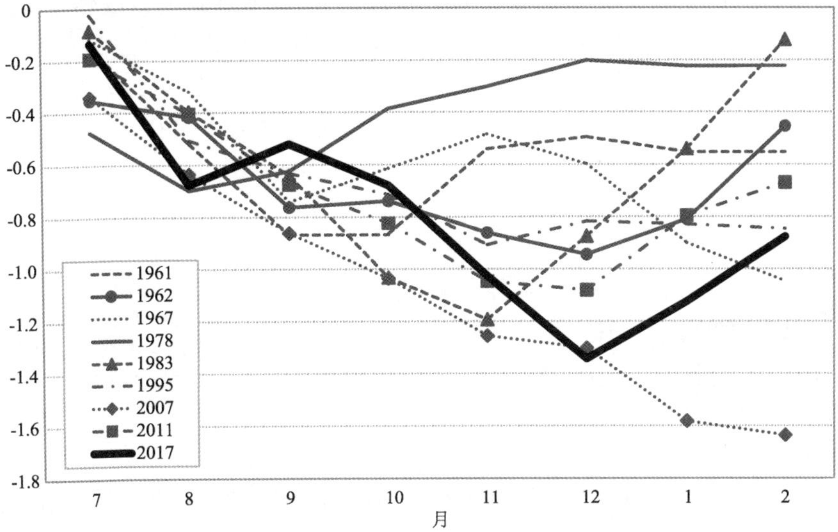

图 8.133　Nino3.4 指数演变相似预测

(2)CPC 对 ENSO 的预测结果显示，拉尼娜将会进一步发展并持续到 2018 年早期([彩]图 8.134)。

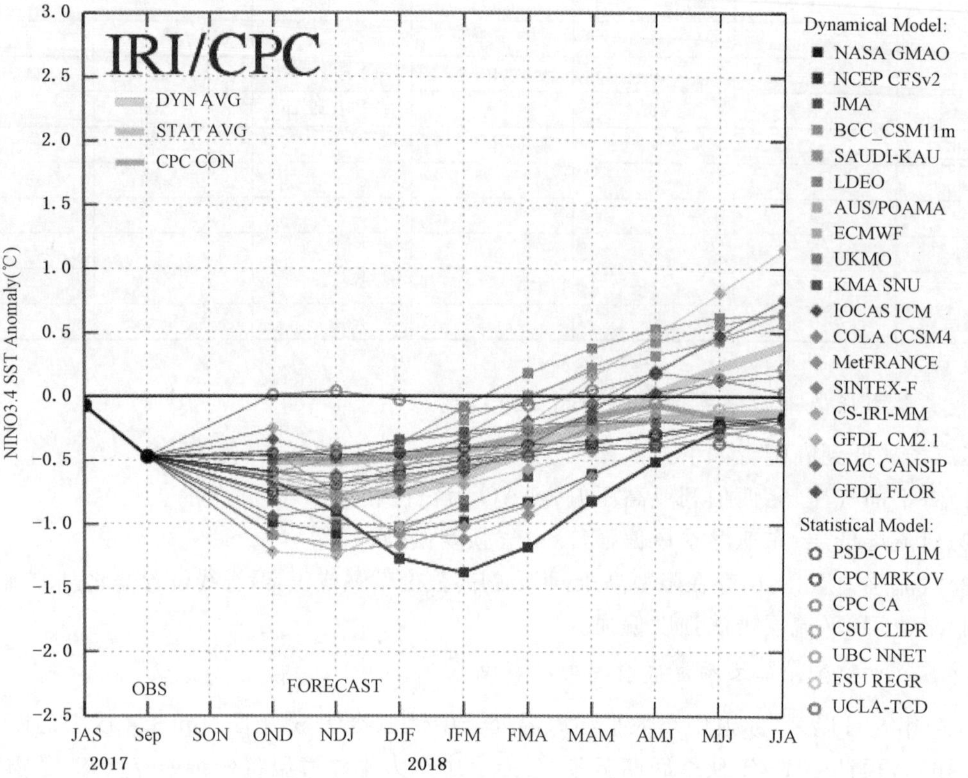

图 8.134　多模式 ENSO 预测(图片来源:CPC 网站)

(3)基于 Nino3.4 发展特征选取相似年，对冬季月气温距平进行合成分析(图 8.135)，拉尼娜事件对温度的影响主要在冬季的后期，即可能导致 1 月和 2 月气温偏低，特别是对 1 月气温的影响尤为显著。由于秋季副高强度和面积异常强大，根据副高的持续性特征，冬季副高仍然维持偏强、偏大特征。综合考虑冷空气和水汽条件，对冬季及期间过程预测如下：湖北省 2017/2018 年冬季(2017 年 12 月至 2018 年 2 月)平均气温接近常年或略偏高，期间冷暖变化幅度较大，有明显的阶段性低温雨雪冰冻过程，最冷时段可能在 1 月中下旬、2 月上旬，极端最低气温北部－9～－8℃、南部－7～－6℃。

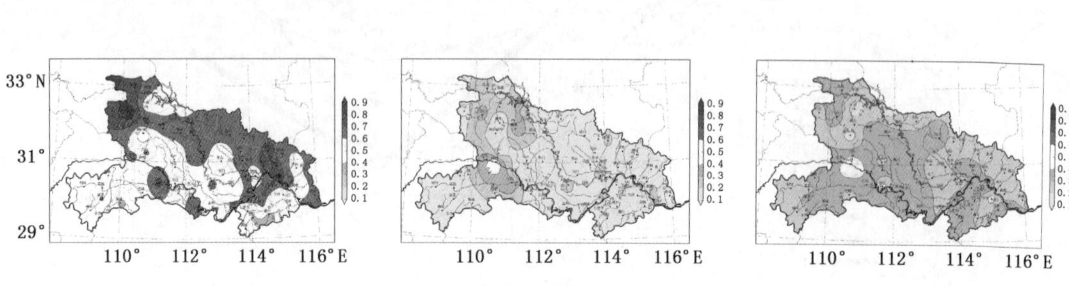

图 8.135　拉尼娜峰值年冬季月气温正距平频次合成,(左)12 月,(中)1 月,(右)2 月

8.4.3　稳定通过 12℃ 日期

湖北省为农业大省，春季关注适播期的早晚。要求在春季预测时，提供稳定通过 12℃ 日期的早晚趋势预测。在春季气温趋势预测结果的基础上，对稳定通过 12℃ 日期的历史序列进行年代际背景、相似年等统计方法分析，再参考延伸期气温过程预报，综合分析得出稳定通过 12℃ 日期预测结论。下面以 2016 年为例给出预测。

(1)平均日期：湖北省 5 个地理分区 1981—2010 年 30 年气候平均态的稳定通过 12℃ 日期分别是：鄂东北 4 月 2 日，鄂东南 3 月 31 日，江汉平原 4 月 2 日，鄂西北 4 月 4 日，鄂西南 4 月 3 日。地理分布上是鄂东南首先稳定通过 12℃，随后向西北延伸，最晚的是鄂西北 4 月 4 日。

从年代际背景上看(图 8.136)，20 世纪 60 年代至 70 年代前期、2000 年之后这两个时段总体以偏晚为主，70 年代中后期、90 年代后期则以偏早为主，2011 年以来呈现出振荡的特征。

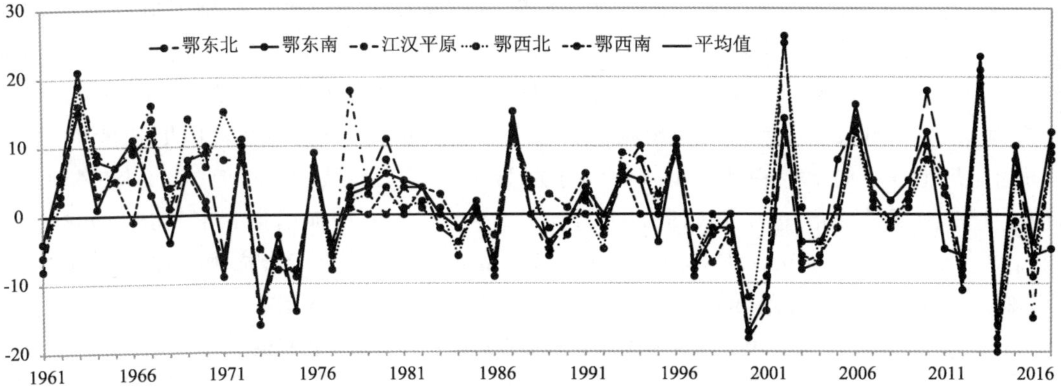

图 8.136　湖北省 5 个地理分区稳定通过 12℃ 日期的距平序列(单位：d)

(2)相似年：2016 年为超强厄尔尼诺衰减年，受该事件影响较大。从历史数据上看，厄尔尼诺衰减年以时间偏晚为主，但超强厄尔尼诺相似的 1983 年及 1998 年则偏早，综合考虑，2016 年偏早可能性更大。

(3)前期环流特征：对湖北省稳定通过 12℃ 日期有指示意义的环流关键区为贝加尔湖地区。暖年时，该地区 3 月上旬后期高度场偏高或增高；冷年时，该地区高度场偏低或减低。根据 2 月下旬的数值模式对 500hPa 高度场的预测，2016 年 3 月上旬，贝加尔湖及其以西地区为正高度距平控制，与暖年更为相似，利于稳定通过 12℃ 日期偏早。

(4)延伸期过程：连续跟踪逐日滚动的延伸期预报，可以看到 3 月 27 日之后平均气温稳定超过 12℃，日期较常年偏早(图 8.137)。

综合以上结论，结合春季湖北省气温偏高，认为 2016 年稳定通过 12℃ 日期偏早。

8.4.4　梅雨

8.4.4.1　梅雨各特征量诊断分析

湖北省梅雨根据国标《GB/T 33671—2017 梅雨监测指标》的定义，分别统计了湖北省入梅时间、出梅时间、梅雨期长度、梅雨期降水量和梅雨强度等监测指标的历史序列。

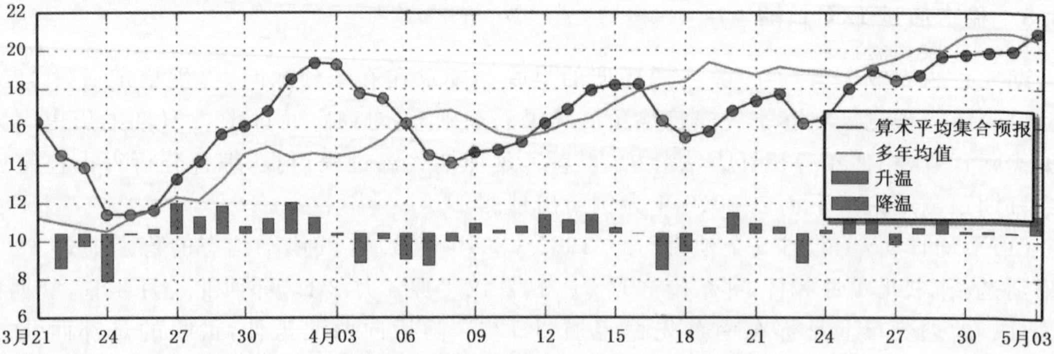

图 8.137　CFSv2 模式 3 月 21 日起报的武汉站气温过程集合预报

(1)湖北省梅雨各特征量气候特征

如表 8.39,湖北省平均(1981—2010 年)入梅时间 6 月 17 日,平均出梅时间 7 月 10 日,梅雨期长度 24d,梅雨期间平均降水量 273.4mm(详细历史序列见附录 B)。历史上最早入梅 5 月 27 日(1972 年和 1996 年),最晚入梅时间 7 月 11 日(1951 年),其次 7 月 10 日(1982 年);最早出梅为 6 月 14 日(2008 年),最晚出梅 8 月 4 日(1998 年)。根据标准梅雨期长度不足 6d 的为空梅年,湖北省历史上空梅年共计 5 年,分别为 1952 年、1958 年、2001 年、2005 年和 2009 年,历史上梅雨期长度最短为 6d(1951 年、1985 年和 2012 年),梅雨期最长 56d(1996 年),梅雨期间降水量最大为 750mm(1954 年),最小降水量 87mm(1985 年),梅雨强度最强年为 1996 年,强度为 3.57,梅雨强度最弱年为 1965 年,强度为－1.7。

表 8.39　湖北省梅雨各特征量历史平均值及历史极值

项目	入梅	出梅	梅雨期长度(d)	梅雨雨强(mm)	梅雨强度
平均值	6 月 17 日	7 月 10 日	23.8	273.4	0
最大(晚)值	7 月 11 日	8 月 4 日	56	750	3.57
最大值年份	1951	1998	1996	1954	1996
最小(早)值	5 月 27 日	6 月 14 日	6	87	－1.7
最小值年份	1972、1996	2008	1951、1985、2012	1985	1965
空梅年	1952、1958、2001、2005、2009				

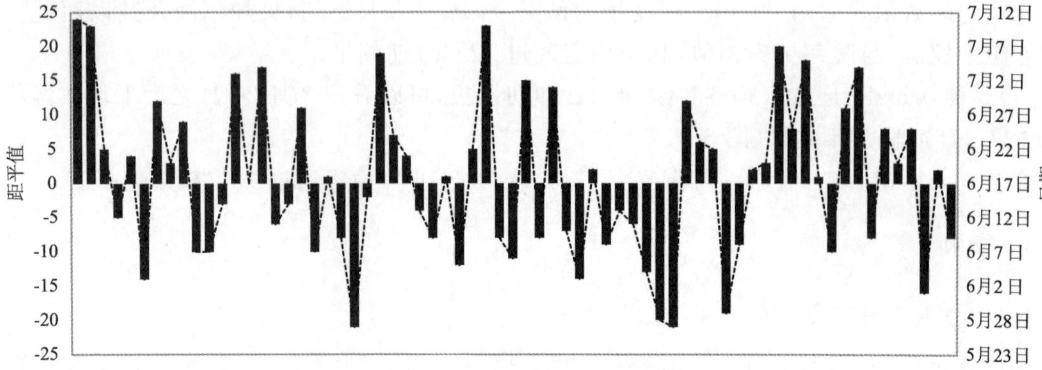

图 8.138　湖北省 1951—2017 年入梅时间及距平历史曲线

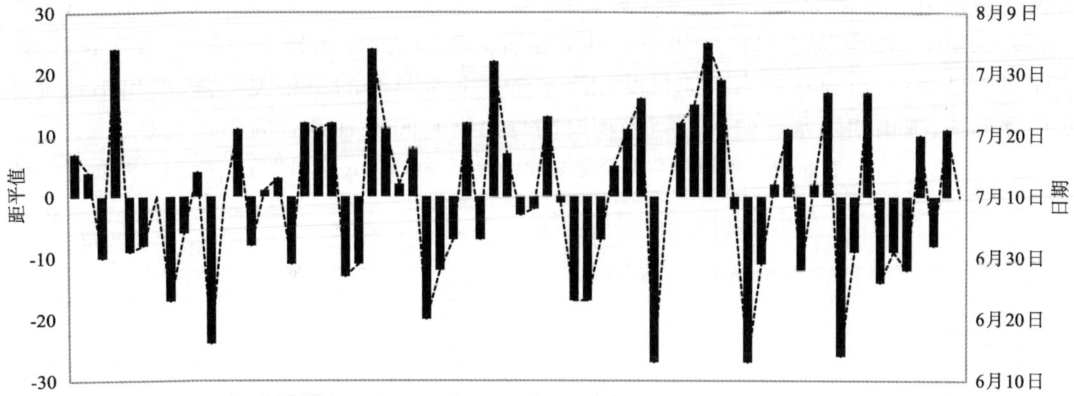

图 8.139 湖北省 1951—2017 年出梅时间及距平历史曲线

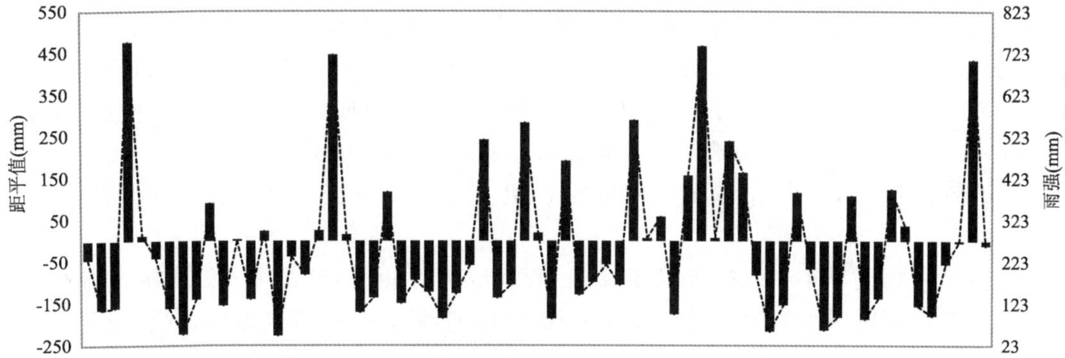

图 8.140 湖北省 1951—2017 年梅雨期雨强及距平

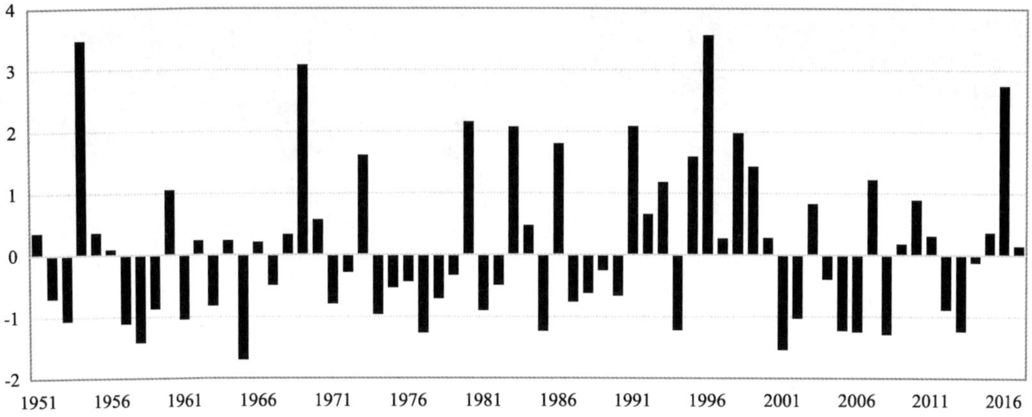

图 8.141 湖北省 1951—2017 年梅雨强度历史序列

由湖北省出、入梅时间变化曲线可见(图 8.138,图 8.139),20 世纪 50 年代变化幅度大,60 年代入、出梅时间普遍偏晚,70—80 年代变幅大,90 年代入梅早、出梅晚,梅雨期长。进入 21 世纪呈现入梅晚、出梅晚、梅雨期短的特征。梅雨强度和雨强的变化趋势有较好的一致性,梅雨强度和雨强在 20 世纪 50—70 年代主要以偏弱为主,80—90 年代则强度偏强,进入 21 世纪则表现为较强的年际变化(图 8.140,图 8.141)。

如表 8.40,入梅与梅雨期长度和降水量呈显著的负相关,即入梅偏早则梅雨期长度偏长,梅雨期降水量偏多;出梅日与梅雨期长度和降水量呈非常显著的正相关关系,即出梅偏晚则梅雨期长度偏长,梅雨期降水量偏多。但入梅时间与出梅时间没有显著的相关关系。

表 8.40　梅汛期各特征量之间线性相关(1981—2010 年)

	入梅日	出梅日	长度	降水量	强度
入梅日	1				
出梅日	0.30	1			
长度	−0.50*	0.67**	1		
梅雨期	−0.37*	0.64**	0.87**	1	
强度	−0.40*	0.66**	0.91**	0.98**	1

注:* 表示通过 0.05 显著性水平;** 表示通过 0.001 显著性水平。

(2)入梅时间与环流、海温的关系

对入梅异常偏早和异常偏晚年的环流和海温进行对比分析,入梅异常偏早年选取入梅偏早 10 天及以上的年份:1956 年、1961 年、1969 年、1980 年、1984 年、1989 年、1994 年、1995 年、1996 年、2000 年和 2015 年,入梅异常偏晚的年份也是选取偏晚 10 天及以上的年份:1951 年、1952 年、1957 年、1963 年、1965 年、1968 年、1974 年、1982 年、1985 年、1987 年、1997 年、2004 年、2006 年和 2010 年,考虑高度场在 20 世纪 70 年代末发生突变,合成分析选取 1980 年以后的年份。

对比分析入梅偏早年和入梅偏晚年 4 月 500hPa 高度距平场(图 8.142),在入梅偏早年,乌拉尔山西侧和鄂霍次克海阻塞高压存在,环流以经向环流为主,副高偏弱,脊线偏北,入梅易偏早。而入梅偏晚年乌拉尔山和鄂霍次克海没有阻塞高压,以纬向环流为主,副高偏强、偏南,入梅易偏晚。

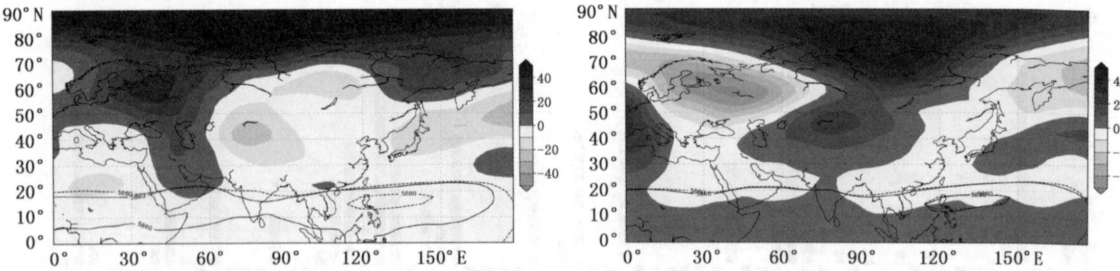

图 8.142　入梅偏早年(左)/偏晚年(右)4 月 500hPa 高度距平场合成图
(实线为高度场平均值,虚线为 1981—2010 年高度场均值)

通过对比分析入梅偏早年和入梅偏晚年 6 月 500hPa 高度距平场(图 8.143),入梅偏晚年东亚高纬到低纬呈现"－＋－"的经向波列,鄂霍次克海地区为负距平,乌山至日本东部为正距平,我国东部及沿海地区为负距平;入梅偏早年则与之相反。

从入梅偏早年和入梅偏晚年前期冬季和春季的海温合成图可以看到(图 8.144,图 8.145),在入梅偏早年,赤道中东太平洋海表温度为负距平,且春季负距平减弱,为拉尼娜衰减年,北大西洋海温由北向南呈"－＋－"分布,类似于大西洋三极子正位相特征,印度洋海温为负距平;入梅偏晚年则相反。

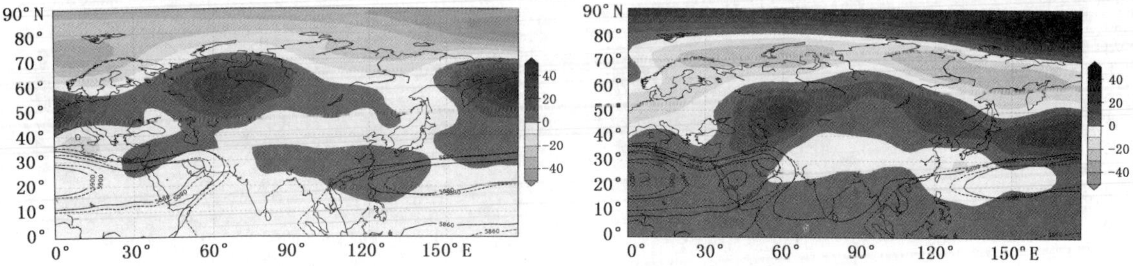

图 8.143　入梅偏早年(左)/偏晚年(右)6 月 500hPa 高度距平场合成图

(实线为高度场平均值,虚线为 1981—2010 年高度场均值)

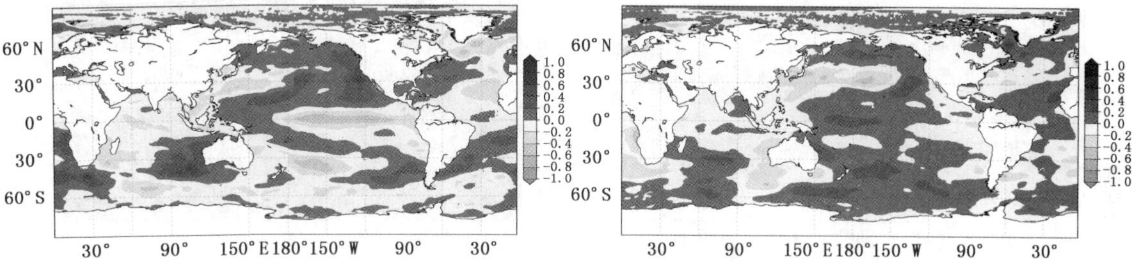

图 8.144　入梅偏早年(左)/偏晚年(右)冬季海表温度距平合成图

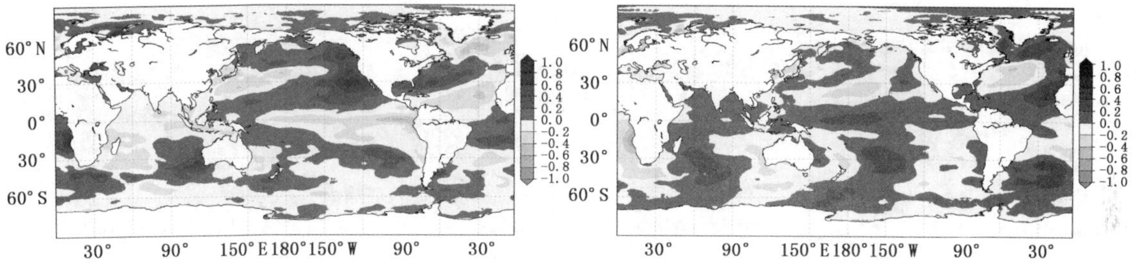

图 8.145　入梅偏早年(左)/偏晚年(右)春季海表温度距平合成图

(3)出梅时间与环流、海温关系分析

出梅异常偏早年选取出梅偏早 15 天及以上的年份:1961 年、1977 年、1988 年、1989 年、1994 年、2008 年和 2011 年,出梅异常偏晚的年份也是选取偏晚 15 天及以上的年份:1954 年、1973 年、1982 年、1998 年、1999 年、2007 年和 2010 年,考虑高度场在 20 世纪 70 年代末发生突变,合成分析选取 1980 年以后的年份。

从出梅偏早年和出梅偏晚年 4 月和 6 月 500hPa 高度距平场合成图可见(图 8.146,图 8.147),出梅与副高有较好的持续正相关关系,即副高偏强、偏西、偏南且持续至夏季,同时,东亚高纬到低纬呈现“＋ －＋”的经向波列,贝加尔湖至鄂霍次克海为正距平,长江流域为负距平,南海及西太地区为正距平,则出梅易偏晚;反之出梅偏早。

从出梅偏早年和偏晚年前期冬季及春季的海温合成图可见(图 8.148,图 8.149),在出梅偏早年,赤道中东太平洋海表温度为负距平,且春季负距平减弱,即表现为拉尼娜衰减年的特征,而出梅偏晚年则与之相反,即赤道中东太平洋海表温度为正距平,且春季正距平减弱,表现为厄尔尼诺衰减年的特征。

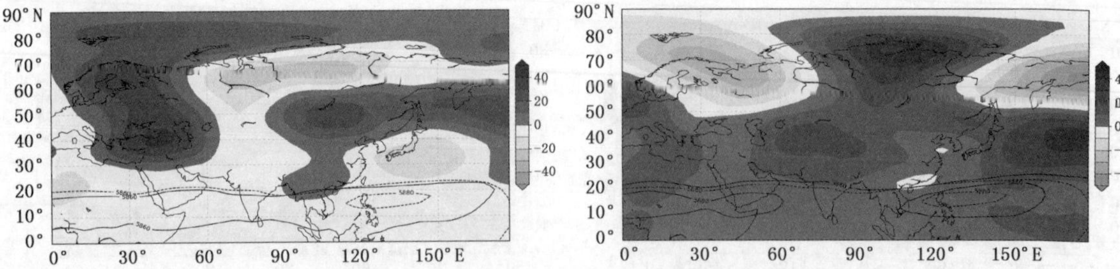

图 8.146　出梅偏早年(左)/偏晚年(右)4 月 500hPa 高度距平场合成

(实线为高度场平均值,虚线为 1981—2010 年高度场均值)

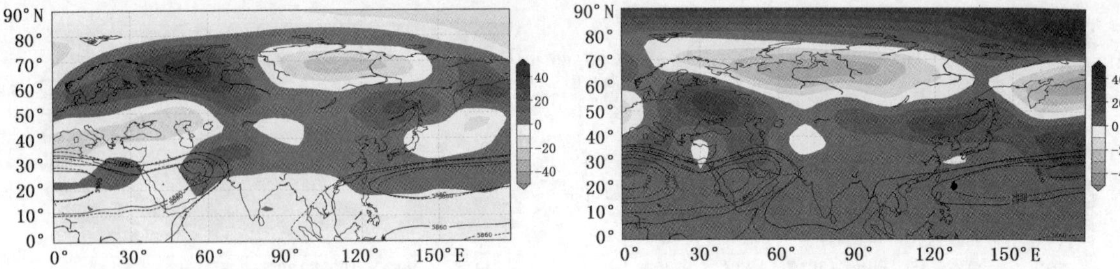

图 8.147　出梅偏早年(左)/偏晚年(右)6 月 500hPa 高度距平场合成

(实线为高度场平均值,虚线为 1981—2010 年高度场均值)

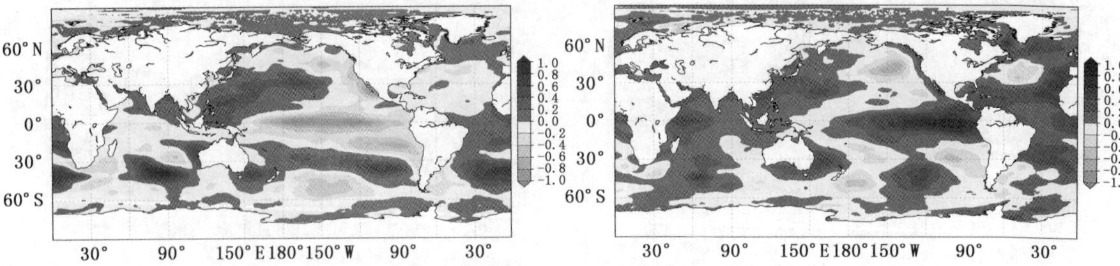

图 8.148　出梅偏早年(左)/偏晚年(右)冬季海表温度距平合成图

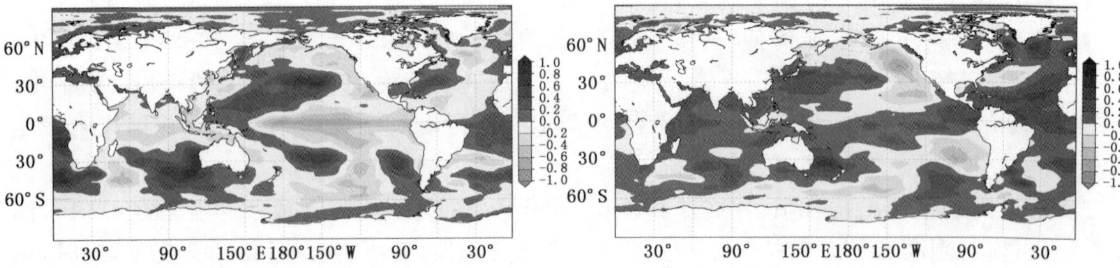

图 8.149　出梅偏早年(左)/偏晚年(右)春季海表温度距平合成图

(4)梅雨强度与环流、海温相关

选取梅雨强度指数大于 1.8 的年份为强梅雨年:1996 年、1954 年、1969 年、2016 年、1980 年、1991 年、1983 年、1998 年和 1986 年,强度指数小于－1.2 的年份为弱梅雨年:1965 年、2001 年、1958 年、2008 年、1977 年、2006 年、2013 年、1985 年、2005 年和 1994 年,考虑高度场

在 20 世纪 70 年代末发生突变，合成分析选取 1980 年以后的年份。

强梅雨年和弱梅雨年 4 月和 6 月 500hPa 高度场合成图可见(图 8.150，图 8.151)，强梅雨年 4 月东亚高纬到低纬呈现“＋ － ＋”的经向波列，贝加尔湖以北为正距平，贝加尔湖至鄂霍次克海为负距平，我国东部及沿海地区为正距平，且 6 月环流与 4 月较为一致，仅位置略偏南，表明副高偏强、偏西、偏南持续至夏季，梅雨强度易偏强，反之梅雨强度易偏弱。

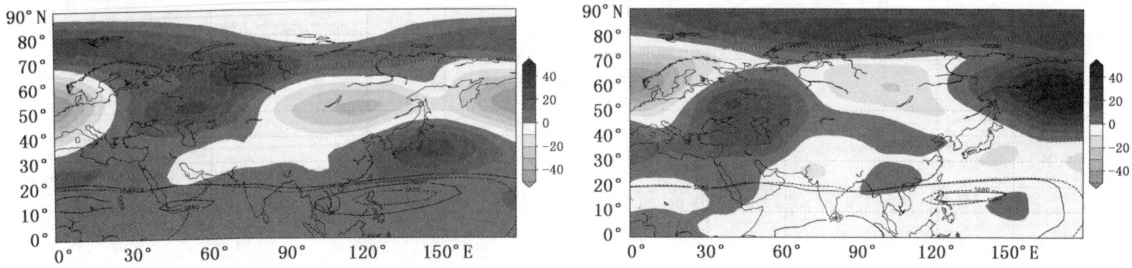

图 8.150　强梅雨年(左)/弱梅雨年(右)4 月 500hPa 高度距平场合成
(实线为高度场平均值，虚线为 1981—2010 年高度场均值)

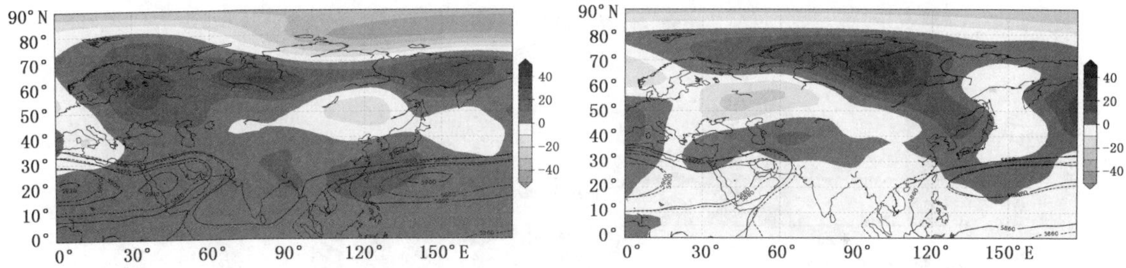

图 8.151　强梅雨年(左)/弱梅雨年(右)6 月 500hPa 高度距平场合成
(实线为高度场平均值，虚线为 1981—2010 年高度场均值)

从强梅雨年和弱梅雨年前期冬季及春季的海温合成图可以看到(图 8.152，图 8.153)，在梅雨偏强年，即赤道中东太平洋海表温度为正距平，且春季正距平减弱，即表现为厄尔尼诺衰减年的特征。而弱梅雨年则与之相反，赤道中东太平洋海表温度为负距平，且春季负距平减弱，即表现为拉尼娜衰减年的特征。

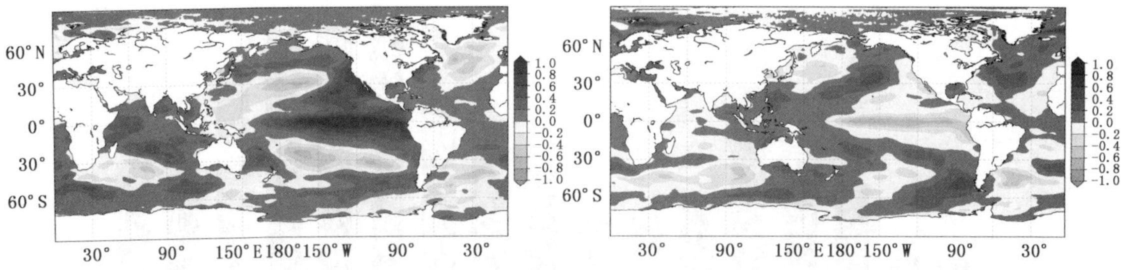

图 8.152　强梅雨年(左)/弱梅雨年(右)冬季海表温度距平合成图

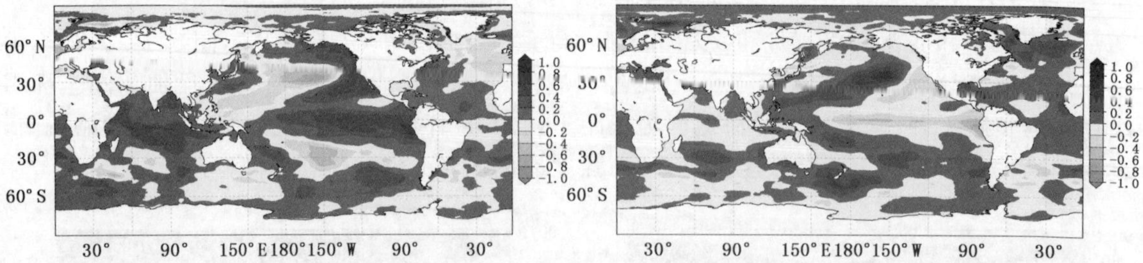

图 8.153　强梅雨年(左)/弱梅雨年(右)春季海表温度距平合成图

8.4.4.2　预测方法

以 2015 年梅雨预测为例,给出梅雨预测分析过程。

(1) 前期海温的影响

根据 ENSO 监测预测,2014 年 10 月爆发的厄尔尼诺事件持续发展并增强(图 8.154),国内外模式预测厄尔尼诺事件可能持续到 2016 年初,因此,根据厄尔尼诺的发生事件和强度以及 PDO 的正位相选取相似年(图 8.155),判断梅雨各特征量(表 8.41)。

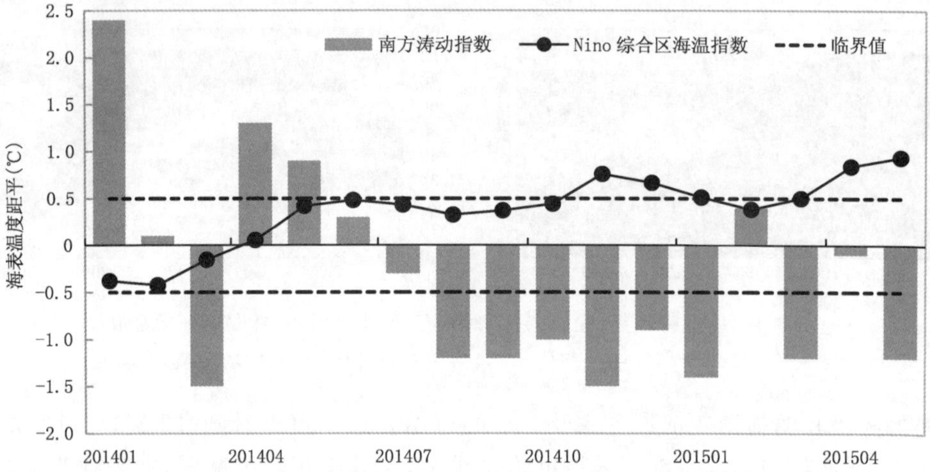

图 8.154　2014/2015 年厄尔尼诺事件相关指数

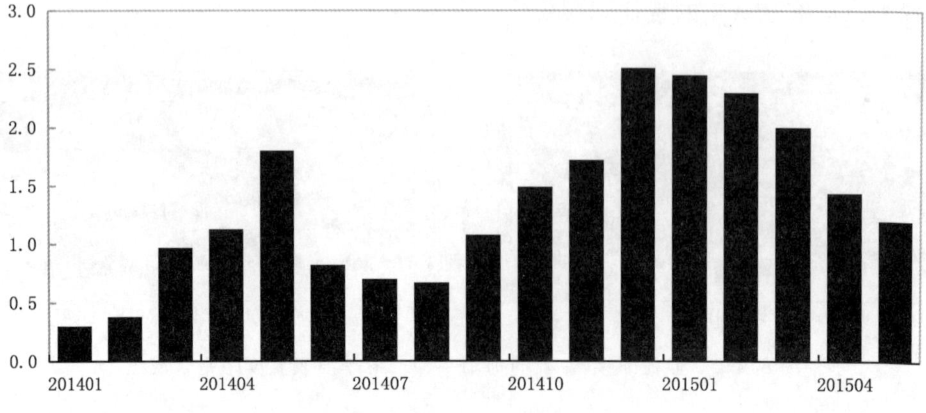

图 8.155　2014—2015 年 PDO 指数

表 8.41 ENSO 和 PDO 相似年梅雨各指标列表

年	强度	类型	入梅	出梅	梅雨期长度(d)	梅雨雨强(mm)	梅雨强度
1958	中	E+C	6 月 20 日	6 月 23 日	3	50.5	−1.4
1983	极强	C	7 月 10 日	8 月 1 日	22	168.8	−0.5
1987	强	C	7 月 1 日	7 月 9 日	8	144.5	−0.8
1992	中	C	6 月 13 日	7 月 21 日	38	280.2	0.7
1995	弱	C	5 月 28 日	7 月 10 日	43	430.1	1.6
1998	极强	E+C	6 月 23 日	8 月 4 日	42	512.3	2.0
平均值	—	—	6 月 17 日	7 月 11 日	24 天	273	0
早(弱)/晚(强)			2/4	3/3	2/4	3/3	3/3
预测			晚	—	长	—	—

(2)前期环流特征相似预测

将 2015 年前期 4 月、5 月和 6 月环流实况与梅雨典型年份合成结果进行对比，结果表明，2015 年与入梅偏晚年的环流更为相似，出梅与异常偏晚年相似，梅雨期长度与梅雨期偏长年相似。

(3)副高强度、面积、脊线和西伸脊点相似预报

根据 5 月副高偏强、偏大、偏南、偏西的特征和 5 月与 6 月副高的持续性相关分析(表 8.42)，预测 6 月副高将持续偏强、偏大、偏南、偏西。根据副高特征选取相似年，分析梅雨特征，见表 8.43。

表 8.42 5 月和 6 月副高相关系数

	副高面积	副高强度	脊线	西伸脊点
5 月与 6 月相关	0.88	0.82	0.30	0.59
6 月预测	偏大	偏强	偏南	偏西

表 8.43 6 月副高偏强、偏南、偏西年对应梅雨各特征量

年	入梅日	出梅日	长度(d)	降水量(mm)	强度
1979	6 月 18 日	7 月 3 日	15	214.7	−0.3
1983	6 月 9 日	7 月 17 日	38	556.1	2.1
1998	6 月 23 日	8 月 4 日	42	512.3	2.0
2003	6 月 20 日	7 月 12 日	22	389.6	0.8
2010	7 月 4 日	7 月 27 日	23	397.4	0.9
平均值	6 月 17 日	7 月 11 日	24 天	273	0
预测	晚	晚	正常	多	强

(4)南海夏季风爆发相似预报

根据监测，国家气候中心宣布 2015 年南海夏季风于 5 月第 5 候爆发(图 8.156)，选取相似年，分析梅雨特征(表 8.44)。

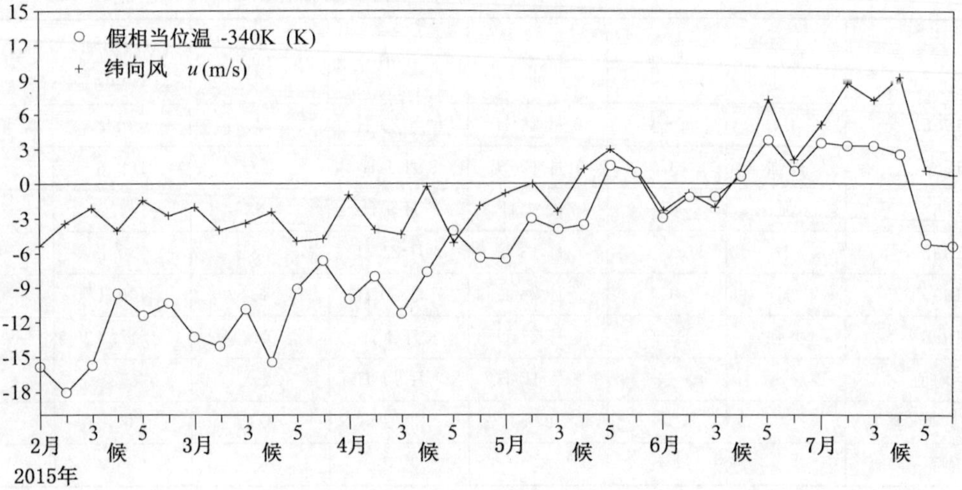

图 8.156 2015 年南海监测区纬向风和假相当位温逐候变化

(连续 2 候稳定大于 0 即南海夏季风爆发)

表 8.44 南海夏季风 5 月 5 候爆发相似年梅雨各特征量

	年	入梅	出梅	梅雨长度(d)	梅雨雨强(mm)	梅雨强度
1980 年以后的年份	2010	7 月 4 日	7 月 27 日	23	397.4	0.9
	2007	6 月 18 日	7 月 27 日	39	381.5	1.2
	2003	6 月 20 日	7 月 12 日	22	389.6	0.8
	1988	6 月 10 日	6 月 23 日	13	174.7	−0.6
	1983	6 月 9 日	7 月 17 日	38	556.1	2.1
结论		晚	晚	长	多	强
1980 年以前的年份	1978	6 月 9 日	6 月 28 日	19	147.9	−0.7
	1975	6 月 24 日	7 月 12 日	18	179.2	−0.5
	1965	7 月 4 日	7 月 11 日	7	47.1	−1.7
	1967	6 月 14 日	6 月 29 日	15	192.2	−0.5
	1968	6 月 28 日	7 月 22 日	24	298.6	0.3
结论	平均值	6 月 17 日	7 月 11 日	24 天	273	0
	早(弱)/晚(强)	4/6	3/7	7/3	5/5	5/5

(5)模式产品对副高脊线的逐日预报

利用 DERF2.0 模式预报副高脊线位置(110°—130°E),由图 8.157 可见,副高脊线将在 6 月中旬初稳定北抬至 19°N。

(6)延伸期过程预报

结合最新的延伸期降水过程预报在 6 月中旬后期有明显的降水过程(图 8.158)。

CFSv2 模式逐周降水趋势预报在第二周 6 月 7—13 日和第四周 6 月 21—27 日在长江流

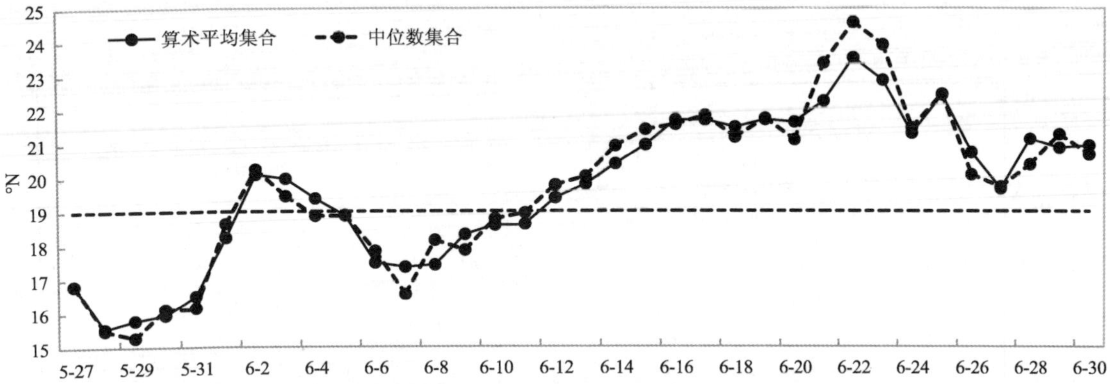

图 8.157　5 月 28 日起报的 DERF2.0 逐日副高脊线过程预报

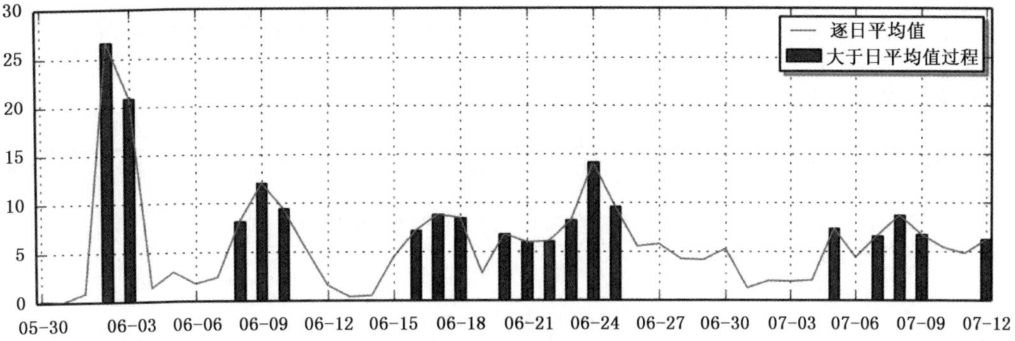

图 8.158　2015 年 5 月 30 日起报的 CFSv2 单站降水过程预报

域有一条明显的雨带，可能有明显的降水过程。

(7)预测结论

入梅：较常年略偏早，在 6 月 10 日以后；出梅：接近常年，在 7 月中旬前期；梅雨期：正常；降水量：正常略偏多；梅雨强度：正常。

8.4.5　寒露风

秋季针对双季稻种植区(图 8.159)需进行寒露风早晚预测，此外关注秋季连阴雨。

寒露风定义为连续 3d 滑动平均气温稳定低于 23℃(籼稻)/22℃(粳稻)的首日。在秋季气温距平预测的基础上，利用统计方法对时寒露风日期序列进行分析，如年代际背景、相似年等，再参考模式延伸期气温过程预报，综合考虑后给出秋季寒露风预测。

以 2015 年秋季寒露风的预测为实例：

(1)平均状态：连续 3d 低于 22℃的首日自西北至东南逐渐偏晚，江汉平原东部及鄂东地区寒露风首日平均日期为 9 月 17—23 日(图 8.160)。

(2)年代际背景：1985 年前寒露风处于偏早的状态，而 1985 年后以偏晚为主，但会出现阶段性的略偏早。2011 年以来呈现偏早态势(图 8.161)。

(3)前期气温过程相似年：通过前期 7 月 21 日至 8 月 19 日气温变化相似的 6 年来看，后期的主要降温时段在 9 月中旬中期左右(图 8.162)。

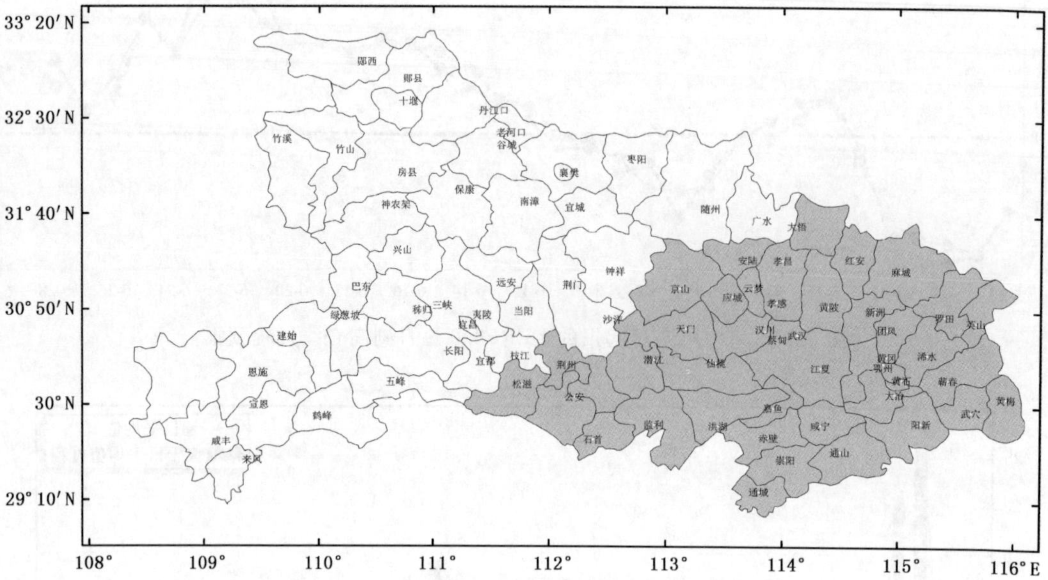

图 8.159　湖北省双季稻种植区示意图

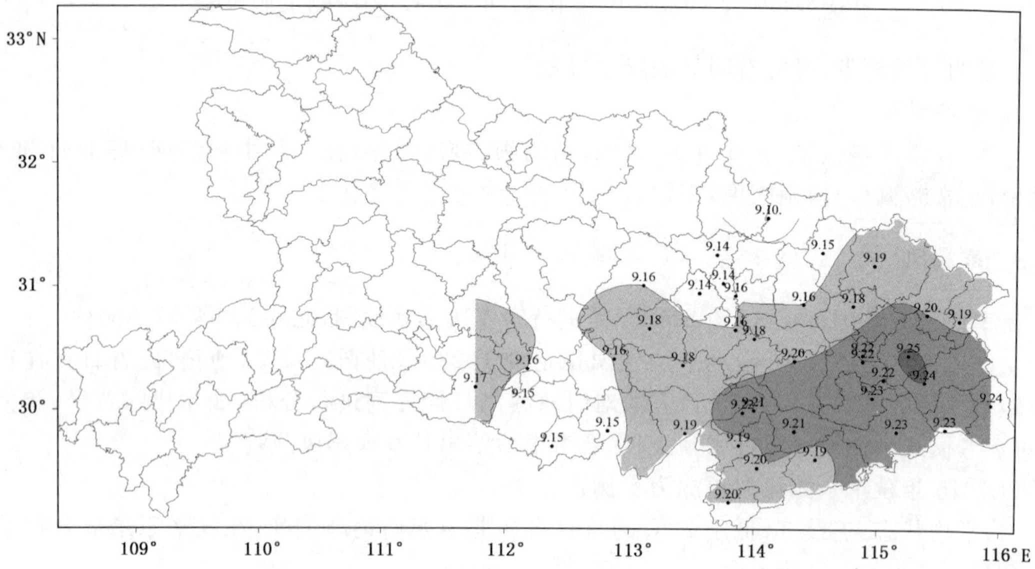

图 8.160　1981—2010 年寒露风平均时间

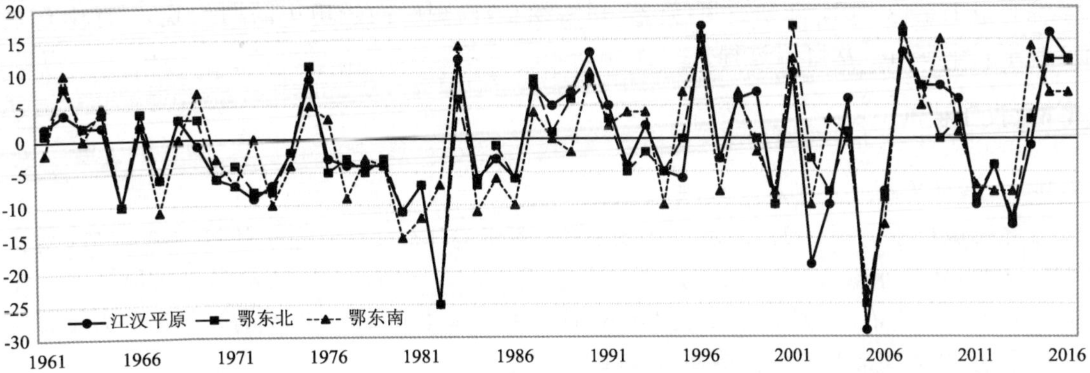

图 8.161 1961—2016 年寒露风江汉平原、鄂东南、鄂东北平均时间

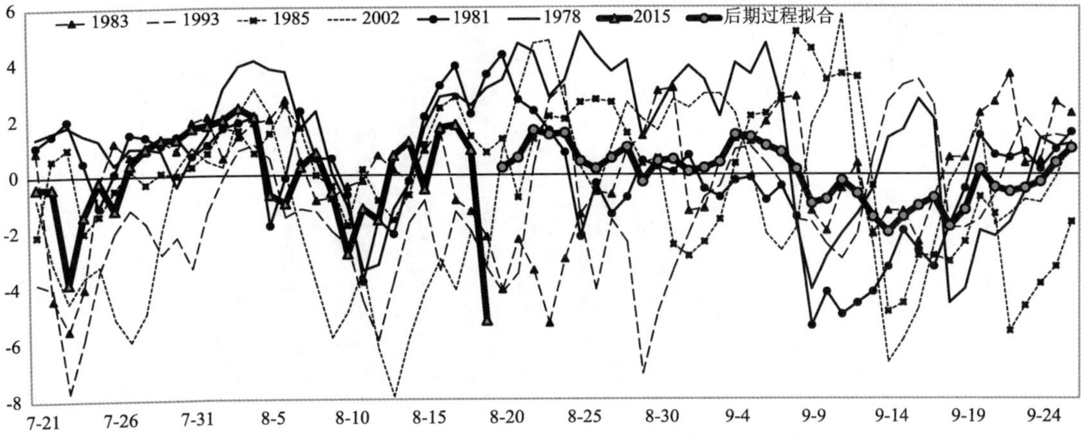

图 8.162 7 月 21 日至 8 月 19 日气温前期变化相似年后期过程拟合

(4)前期环流特征:对寒露风有指示意义的环流关键区为贝加尔湖地区及长江中下游上空高度场。偏早时,9 月贝加尔湖地区为正高度异常而中国大陆上空为负高度异常;偏晚时,则相反。根据 8 月下旬的数值模式对 500hPa 高度场的预测,2015 年 8 月,贝加尔湖及其以东地区为负高度距平控制,与偏晚年更为相似,利于寒露风日期偏晚。

(5)延伸期预报:通过 8 月 19 日起报的未来 40d 的预报可以看出来,在 9 月上中旬无明显的强降温过程(图 8.163)。

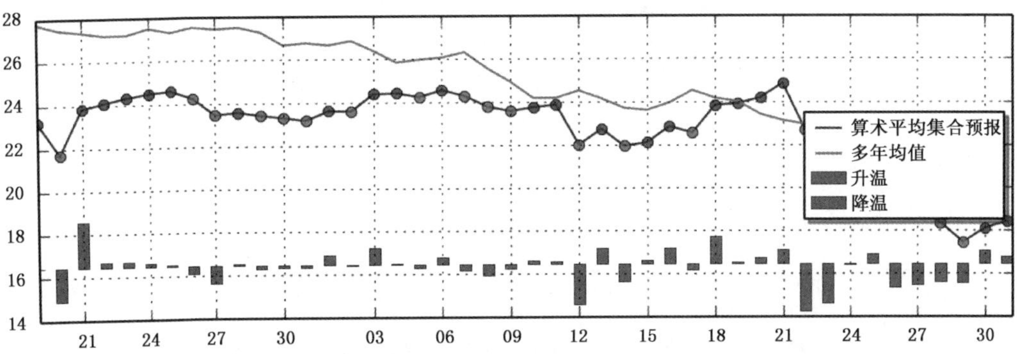

图 8.163 2015 年 8 月 19 日起报的 CFSv2 气温过程预报

综合以上结论:2015 年寒露风(连续 3d≤22℃)出现时间较历史同期偏晚,9 月中旬后期至 9 月下旬中期有一次降温过程。

8.4.6 汉江秋汛

8.4.6.1 汉江流域秋汛期降水特征

汉江流域秋季(9—11 月)降水仅次于夏季,多于春季,为当地降水的第二个峰值,雨量达 214mm,占全年降水量 25%。从分月雨量图上看(图 8.164),11 月降水已显著减少,仅为 10 月降雨量的一半左右;且候雨量大于 20mm 时段主要集中在 19～58 候,故秋汛期选取时段为 9—10 月,这也是日常业务中秋汛期预报的时段。

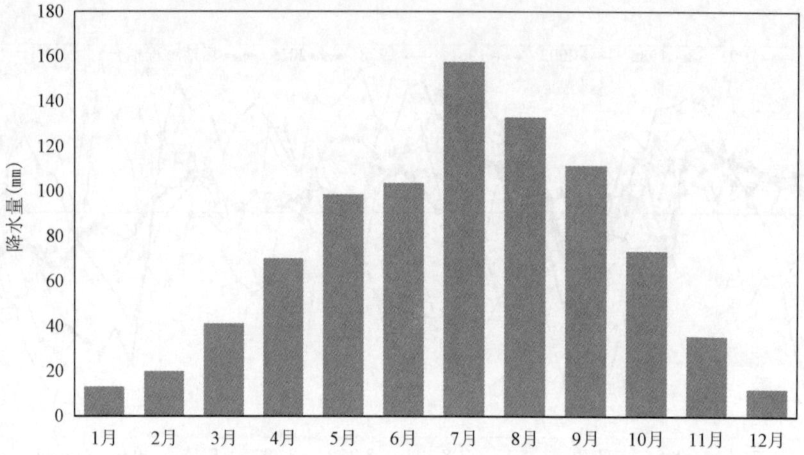

图 8.164　汉江流域 16 站点 1961—2017 年逐月平均降水量

从降水量空间分布来看(图 8.165),汉江流域秋汛期平均雨量为 120～240mm。降水量由西向东逐渐减少,上游大部在 160mm 以上,中下游大部不足 150mm。

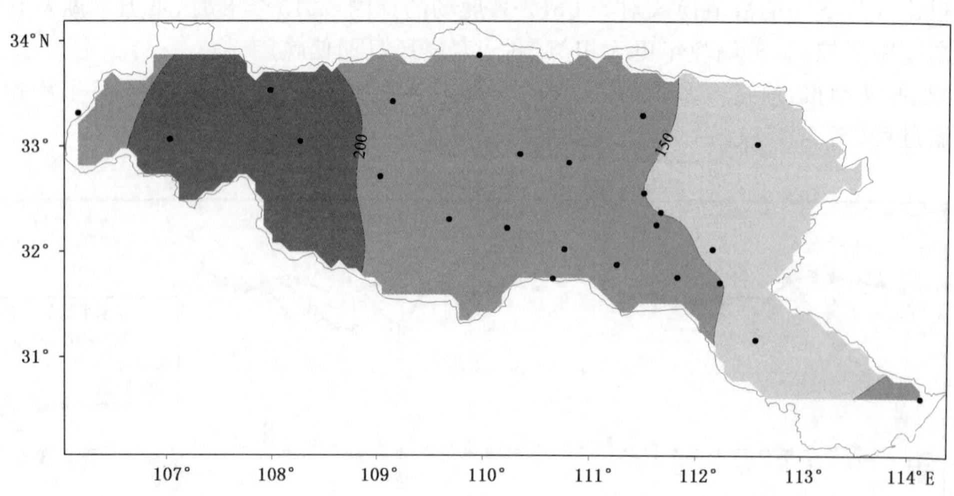

图 8.165　汉江流域 1981—2010 年 30 年平均秋汛期降水量空间分布

8.4.6.2　汉江流域秋汛期降水分型及典型环流

汉江流域秋汛期降水第一模态的方差贡献率为66.3%，为全流域一致为正值，全流域秋汛期降水变化具有一致性，即全流域普遍偏多或偏少(图8.166)。第二模态的方差贡献率为12.8%，其空间型表现为上游与中下游反位相变化的分布特征，即上游降水偏多(少)时，中下游降水偏少(多)(图8.166)。

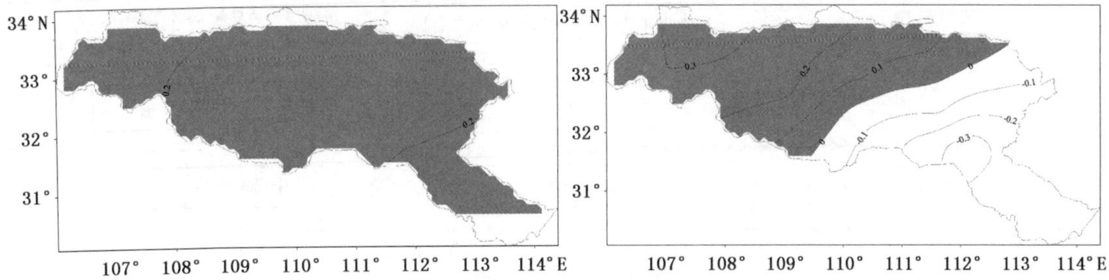

图8.166　汉江流域EOF分解第一(左)和第二(右)模态空间分布图

在汉江流域多雨年(图8.167左)，中国东部沿海至西北太平洋存在一个反气旋距平，其西侧的异常偏南气流，将南海水汽向北输送；热带北印度洋为一致的西风异常控制，这支强劲的越赤道西风气流在马来半岛转向北上，将孟加拉湾水汽向北输送。两股强偏南异常气流源源不断地把南海、孟加拉湾水汽输送至汉江流域，给该地区带来丰沛的水汽，为降水提供有利条件。少雨年(图8.167右)，在中国东部沿海至西北太平洋存在一个气旋距平，其西侧为异常偏北气流；热带印度洋越赤道气流没有大范围的明显差异，孟加拉湾北上暖湿气流无显著加强或减弱。与多雨年相比孟加拉湾水汽输送来看不明显，南海水汽输送明显减弱。

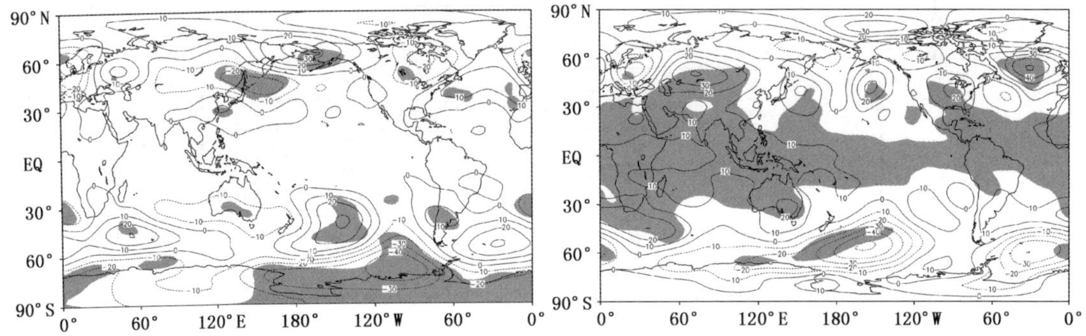

图8.167　汉江流域秋汛期多雨年(左)、少雨年(右)9—10月500hPa高度距平场合成图

8.4.6.3　汉江流域秋汛期影响系统概念模型

影响汉江流域秋汛期降水的主要环流系统有西伯利亚高压、副热带高压、东亚大槽、印缅槽等。外强迫上，赤道中东太平洋、印度洋、北极海冰、前期4—6月高原积雪均对秋汛期环流有明显影响(图8.168，图8.169)(肖莺等，2013)。

冬、春季青藏高原东部多雪年环流特征表现为，南支槽活跃，印缅槽强，4—6月青藏高原积雪面积指数与9—10月印缅槽相关系数可达−0.37。北极海冰的影响具有持续性，可对后

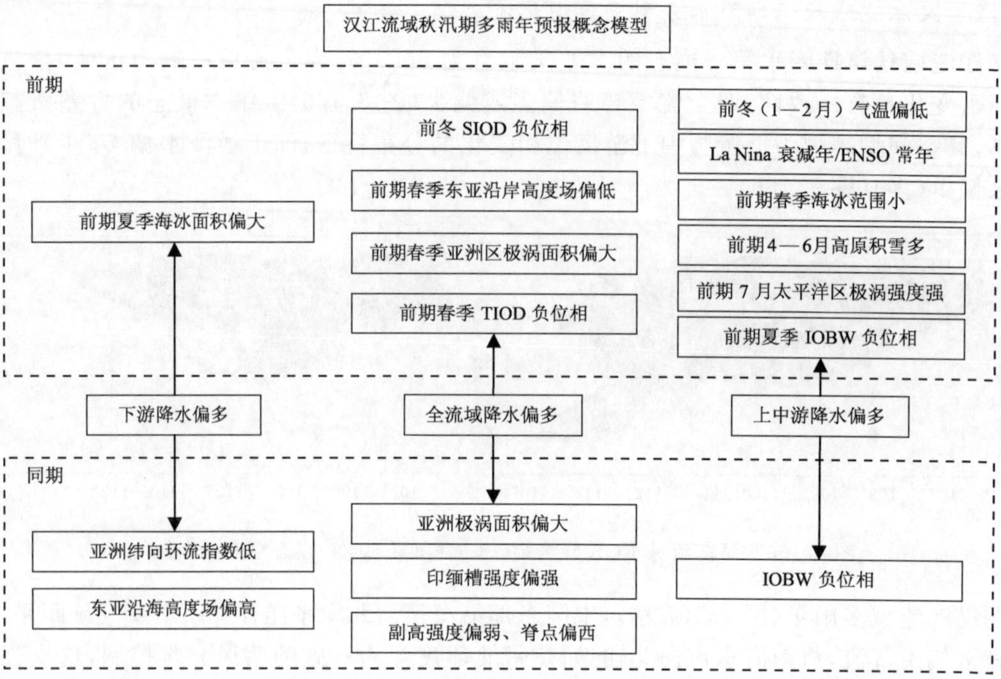

图 8.168　汉江秋汛多雨年预报概念模型

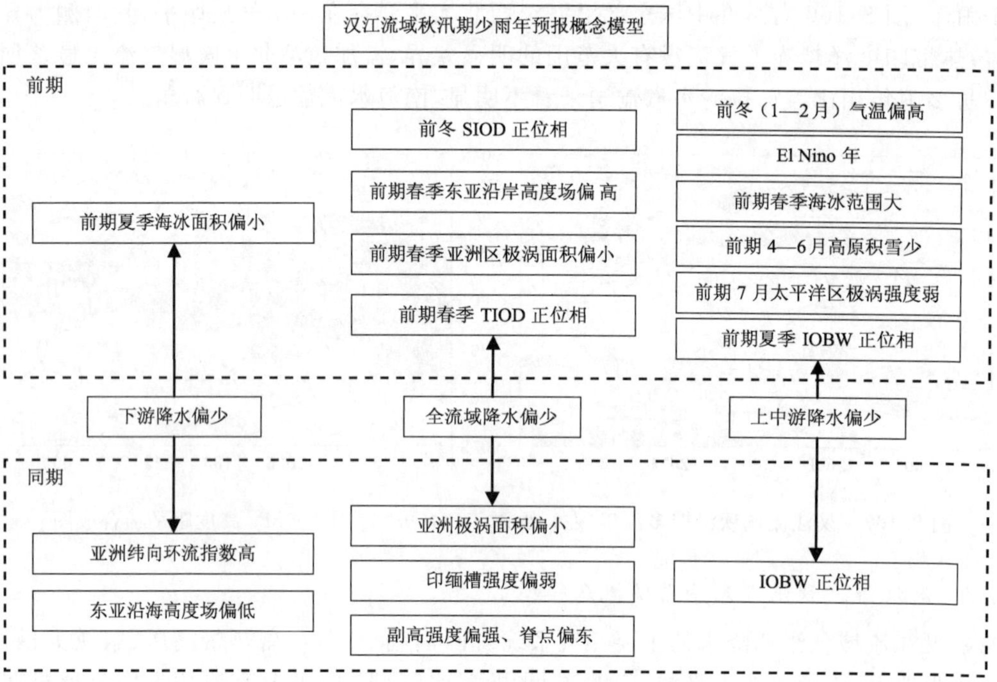

图 8.169　汉江秋汛少雨年预报概念模型

期环流带来持续影响。冬季巴伦支海海冰偏多(少)时，春季(4—6 月)北太平洋中部海平面气压升高(降低)，阿留申低压减弱(加深)，有利于春季白令海海冰偏少(多)；而夏季，亚洲大陆热低压加深(减弱),500hPa 西太平洋副热带高压位置偏北(南)、强度偏强(弱),东亚夏季风易偏强(弱)。同时,它对秋季的影响不仅仅局限于秋季降水,对秋季气温也有一定的影响。

8.4.6.4　汉江流域秋汛期预测个例

为了更详尽地了解预测流程,以 2015 年汉江秋汛期为例,给出具体实施情况。其中秋汛期监测情况以及环流预测、降水模式及客观化预测情况与 8.1.3.2 节秋季监测预测流程一致,此处不再重复。

(1)降水预测

1)外强迫影响

PDO 暖位相时发生厄尔尼诺事件的相似年,汉江流域下游降水偏多,上中游偏少(图 8.170)。

北大西洋三极子在春夏季正位相,对应秋汛期汉江流域下游偏多的概率大(图 8.171)。

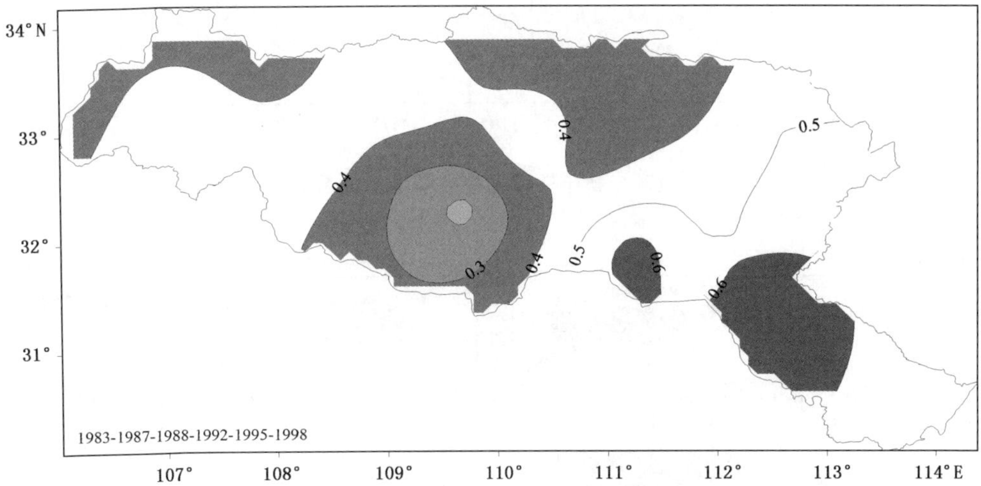

图 8.170　PDO 暖位相下的厄尔尼诺年汉江流域降水正距平频次合成图

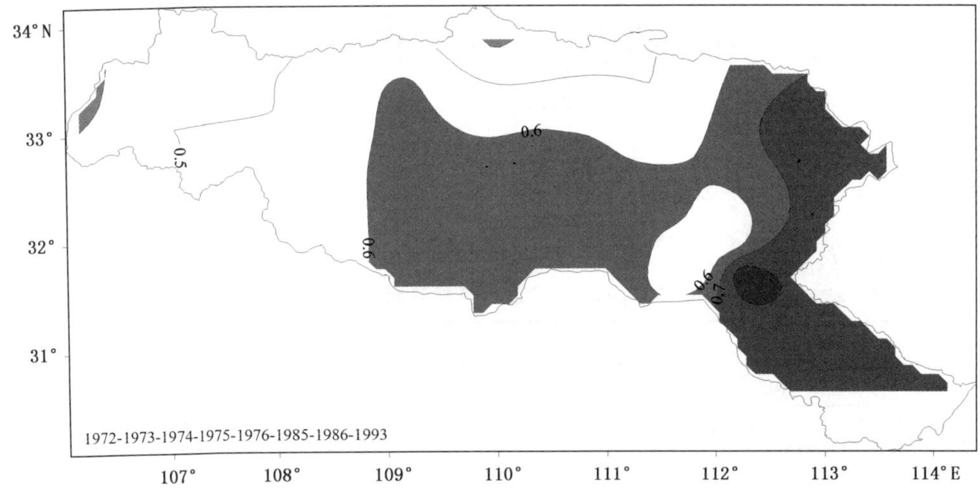

图 8.171　北大西洋三极子春夏持续正位相年汉江流域降水正距平频次合成图

2)主要环流因子的影响

由印缅槽与降水相关性(图 8.172)及西太副高不同配置下的降水分布(图 8.173)分析,印缅槽偏强利于汉江中下游降水偏多、西太副高偏强利于汉江流域降水大部偏多。

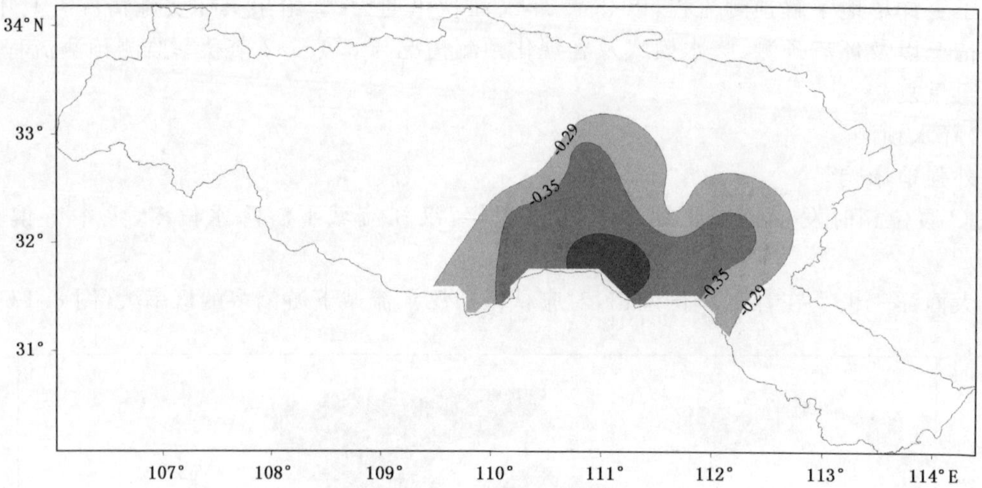

图 8.172　秋汛期印缅槽与降水相关系数

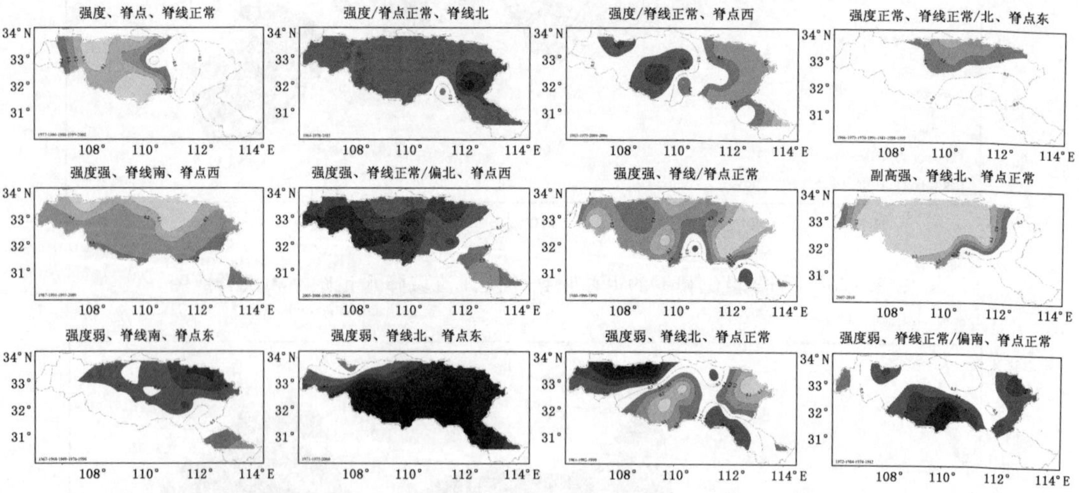

图 8.173　副高 3 种特征指数(强度、脊线、西伸脊点)不同配置下对应汉江流域降水正距平频次合成图

(2)预测结论(表 8.45)

表 8.45　2015 年汉江秋汛期降水预测总结

		降水
模式结果		汉江下游多的可能更大
客观化方法	MODES	少
	FODAS	多

续表

统计分析	年代际背景	汉江流域少
	外强迫	汉江下游多
	西太副高	汉江流域大部多
	印缅槽	汉江中下游多
总结		汉江下游多,上中游少

8.5　专业专项预报预测

8.5.1　华中电力服务

根据华中电网服务需求,每月 18 日需提供下月华中区域气温、降水气候趋势预测,产品要写明总气候趋势预测及具体的气温、降水量预测(表 8.46)。

表 8.46　华中电网区域预报产品

产品名称	格式	发布时间
华中电网区域××年×月气候趋势预测	doc	每月 18 日

由于发布时间与我们常规的业务预测发布时间存在差异,预测的资料和方法会有所不同。主要参考模式产品,借鉴月尺度技术流程,得到预测结论。

8.5.2　三峡水库服务

作为长江流域气象中心,针对三峡水库的调度需求,气候预测室每月还需进行流域气候服务,主要内容为发布服务产品以及各类临时性服务。

常规月预测产品有长江流域面雨量预测 1 份、长江流域降水趋势预测 1 份、全国降水趋势预测 1 份,内容主要是下月降水趋势及面雨量趋势预测,其中月末产品还包含上月降水实况、下月分旬降水趋势及主要降水过程预测;每月 10 日,需发布长江流域延伸期预报产品 1 份,以及长江流域降水预测产品评估 1 份,对上一月的长江流域降水趋势预测产品进行评分,以检验服务效果(表 8.47)。

与湖北省预测产品一样,每季度需制作发布季节预测产品,在长江流域蓄水关键期还需制作关键期专项预测,分别是长江流域春季、消落期(5 月至 6 月 10 日)、汛期(6—8 月)、蓄水期(9—11 月)、供水期(11 月至翌年 4 月)、冬季以及年度预测,共 7 份产品(表 8.47)。其中关键期预测还包含长江上游首场强降水出现时间、金沙江雨季开始时间、长江上游汛末最后一场强降水等特色预报对象。

临时性服务包含不定期服务会商、临时性服务材料等,主要内容有延伸期降水趋势、过程及面雨量预报,特殊过程分析诊断等。

表 8.47　长江流域业务产品列表

序号	产品类型	产品名称	格式	发布时间
1	延伸期预测	长江流域××年×月下旬至××年×月上旬降水延伸期预测	pdf	每月 10 日
2	月预测	××年×月长江流域面雨量预测	pdf	每月 5 日
3		长江流域××年×月降水趋势预测	pdf	每月倒数第 3 日
4		××年×月全国降水趋势预测	pdf	每月最后 1 日
5	季节预测	长江流域××年春季面雨量预测	pdf	2 月 10 日
6		长江流域××年冬季面雨量预测	pdf	11 月 10 日
7	关键期专项预测	××年 5 月至 6 月 10 日长江流域降水趋势预测	pdf	3 月 10 日
8		××年长江流域汛期(6—8 月)降水趋势预测	pdf	4 月 10 日
9		××年 9—11 月长江流域面雨量预测	pdf	8 月 1 日
10		××年 12 月至××年 4 月长江流域降水趋势预测	pdf	10 月 10 日
11		长江流域××年年度面雨量预测	pdf	8 月 1 日
12	月预测评估	××年×月长江流域降水预测产品评估	pdf	每月 10 日

决策服务产品见表 8.48。

表 8.48　决策服务产品列表

序号	产品内容	产品形式	发布时间
1	三峡水库消落期气候趋势预测及对策建议	长江流域重要气象报告	3 月
2	长江流域汛期气候趋势预测		4 月
3	三峡水库蓄水期气候趋势预测及对策建议		8 月
4	三峡水库供水期气候趋势预测及对策建议		10 月

流域产品的制作技术流程与湖北省产品制作流程一致。特色指标预测产品，主要是参考年代际背景、最优子集回归和前期气候特征相似等 3 种方法(表 8.49)。

月末倒数第三天提供预测产品的客观化方法见表 8.50。

表 8.49　每月 5 日提供预测产品的客观化方法列表

序号	预测产品	预测范围	产品形式	制作时间
1	最优子集回归统计预测方法	长江全流域	雨量色斑图/降水距平百分率图	每月 5 日
2	前期气候特征相似组合法			每月 5 日
3	多方法最优集合预报			每月 5 日

表 8.50　月末倒数第三天提供预测产品的客观化方法列表

序号	预测产品	预测范围	产品形式	制作时间
1	最优子集回归统计预测方法	长江全流域	雨量色斑图/降水距平百分率图	月末倒数第三天
2	前期气候特征相似组合法			月末倒数第三天
3	动力模式降尺度法			月末倒数第三天
4	多方法最优集合预报			月末倒数第三天

8.6　预测总结

在预测实况资料更新后，需对预测产品进行评分。

业务上主要对延伸期过程预报、湖北省月预测以及湖北省季节预测进行评分。延伸期过程预测检验评分采用 Zs、Cs 方法；月预测、季节预测检验评分主要采用 Ps 方法，月预测还需参考 Pc、Acc、Pg 方法(图 8.174)。

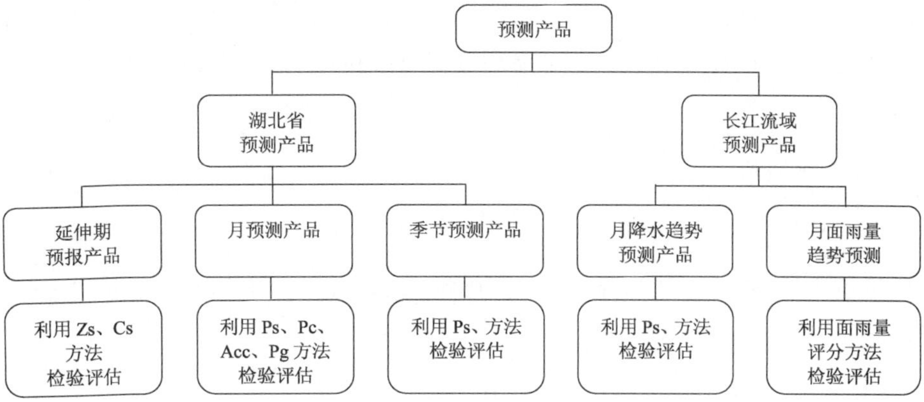

图 8.174　预测产品检验流程

预测总结时要对预测月的气候异常及成因进行分析，并对预测技术进行总结分析，分析预测成败原因，总结预测经验。

8.6.1　气候异常成因分析

8.6.1.1　寻找气候异常特征

(1)月气候异常分析

可以从以下三方面着手：

1)降水/气温异常：与同期历年值比较，给定判定标准，通过计算，查看是否达异常级；

2)局地性气候要素异常：以湖北省为例，局地性气候因子有梅雨开始日期、梅雨强度、梅雨结束日期、寒露风等，以排序或是距平等方法判断是否存在异常；

3)月内尺度变化异常：主要是针对持续气温偏低、强降水等信号。

(2)季节(年度)气候异常分析

季节(年度)气候异常分析所分析的时段相对月更长，与月分析相同之处是要对季节气温/降水异常、局地气候要素异常进行分析。同时也需要发布湖北省年度气候监测公报产品 1 份(表 8.51)，产品中主要包含前一年各季节气候概况、异常气候诊断及相应数据、图表。

表 8.51　湖北省气候监测公报产品

产品名称	格式	发布时间
××年湖北省气候监测公报	doc	1 月底

8.6.1.2 分析诊断气候异常成因

针对上述气候异常特征，利用诊断方法，分析其成因。

(1)年代际气候变化。对照预报月所处年代际背景，判断预报月的实况与年代际气候背景的差异。

(2)主要环流因子。首先需通过相关或合成方法，找出不同季节影响本地气候的主要环流因子(阻高、冷涡、副高、季风、水汽等)。查看预报月时段，这些环流因子的异常情况，并将因子匹配在一起，形成预报月气候异常的环流因子物理概念模型。

(3)外强迫。找出显著的外强迫异常信号(海温、海冰、高原热源、热带对流等)，统计历史上环流对外强迫的响应情况，对照上面主要环流因子分析结果，找出影响预报月气候异常的主要外强迫信号。

8.6.2 预测与实况对比

8.6.2.1 降水/气温预测结论对比

根据质量检验评估方法，计算降水/气温预测产品评分。对比预测结论和实况的空间分布情况，找出异同。

8.6.2.2 依据对比

列出制作预报时的各项预报依据(模式产品预测结论、环流因子预测、前兆信号预测)，与实况进行对比，找出成功之处和不足之处。

8.6.2.3 技术总结

将上述情况整理分析，总结以下几方面结论：

(1)监测诊断分析：气候异常特征描述。分析气候异常主要影响因子，给出预报月气候异常的环流因子物理概念模型。

(2)产品检验评估：预报产品质量检验评估和其他客观化产品的检验评估。

(3)环流因子预测评估：查看制作预测时对各项环流因子的预测情况，与环流因子实况进行对比，探讨成败。

(4)对外强迫响应评估：与一般经验情况下气候要素对外强迫的响应情况进行对比，找出异同，结合环流分析造成异同的原因。

(5)前兆信号预测评估：前兆信号相似年的合成图与实况对比，判断是否具有指示意义。

(6)分析预测成功和失败原因，详细列出，为后期预测提供参考。

8.6.3 预测案例总结分析

8.6.3.1 2016年汛期预测总结

(1)预测与实况对比

2016年汛期湖北省省级发布预测降水得分为90.5分，明显高于全国31省(区、市)平均的63.3分。

从3月份发布产品与实况对比(图8.175)分析，2016年汛期降水预测把握住了湖北省汛期降水偏多的主要特征，特别是降水异常偏多的分布和实况基本一致。唯一的不足是预测鄂西北降水偏多 1～2 成，实况是偏少 1～5 成。

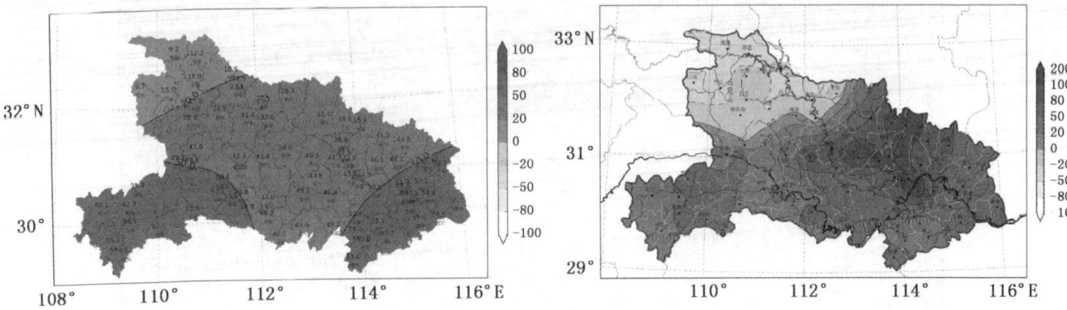

图 8.175　2016 年汛期湖北省降水距平百分率(%)预测(左)与实况(右)

(2)气候异常成因

从 2016 年湖北省梅雨监测图中可以看出(图 8.176)，2016 年湖北省汛期降水主要集中在梅雨期，湖北省 6 月 19 日入梅，比常年入梅时间稍晚(6 月 17 日)；7 月 21 日出梅，较常年出梅时间(7 月 10 日)偏晚 11 天；梅雨期长度 32d，较常年梅雨期长度(23.8d)偏多 8d。期间总降水量 63～1084mm，其中鄂西北 63～227mm，鄂东北、鄂东南北部和江汉平原北部 700～1084mm，其他地区 300～700mm；2016 年梅雨强度指数为 2.75，排历史第四位，仅次于 1996 年、1954 年和 1969 年。2016 年梅雨期间 500hPa 高度及距平场上([彩]图 8.177)，中高纬梅雨形势较为典型，乌拉尔山西部和鄂霍次克海以东地区存在着较为明显的高压脊，巴尔喀什湖西部及贝加尔湖东北部为槽区，对冷空气南下有利。西太副高强度偏强、面积偏大、西伸脊点偏西，其外围西南暖湿气流强盛，与沿乌拉尔山高压脊前引导气流南下的冷空气交汇，造成了湖北梅雨期降水异常偏多。2016 年 6 月 19 日至 7 月 20 日 1000—300hPa 整层积分水汽输送及辐合辐散距平场见[彩]图 8.178。

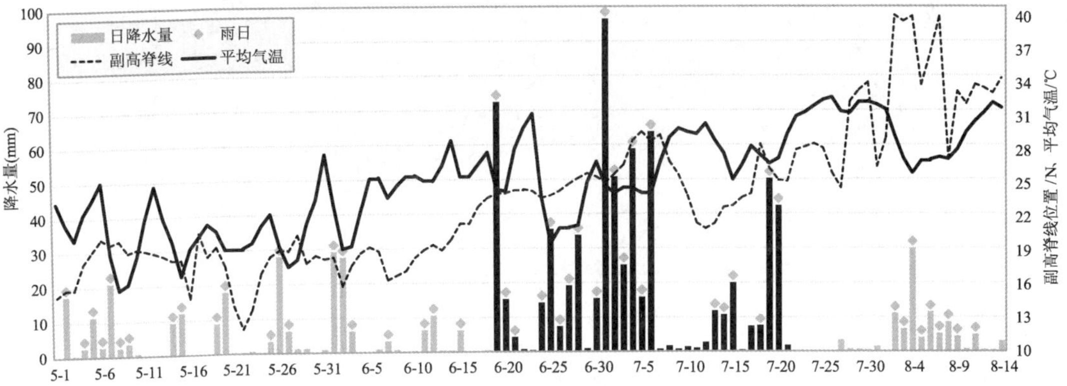

图 8.176　2016 年湖北省梅雨监测

(3)预测思路回顾及与实况对比

3 月份预测汛期降水时，主要参考外强迫的作用机制、动力模式、客观化方法的预测结果以及物理概念模型和数理统计方法。从长江流域涝年概念模型分析上来看，超强厄尔尼诺翌年、冬季青藏高原积雪偏多等外强迫及预测东亚夏季风偏弱，夏季西太副高偏强、偏西、偏南，菲律宾对流活动弱等大部分因素指示，长江流域 2016 年为涝年的可能性大，湖北大部降水可

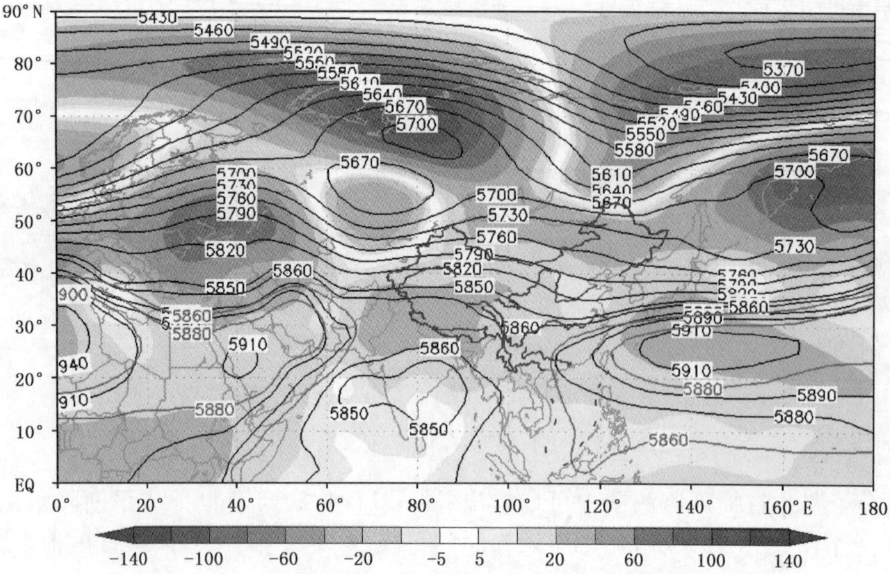

图 8.177　2016 年 6 月 19 日至 7 月 20 日 500hPa 高度场及距平场
(黑色等值线为高度场,红色等值线为历史平均,填色区为距平,单位:gpm)

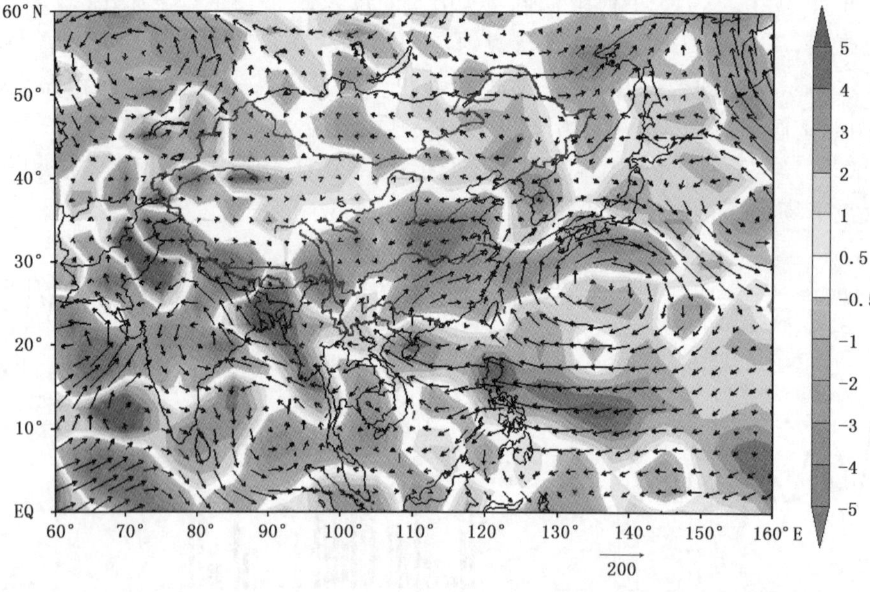

图 8.178　2016 年 6 月 19 日至 7 月 20 日 1000—300hPa 整层积分水汽输送及辐合辐散距平场
(矢量为水汽输送 qV 距平,单位:kg/s · m;阴影区为水汽输送辐合辐散 div(qu,qv)的距平场,
单位:10^{-5} kg/s · m^2)

能偏多;模式及客观化预测结果中多数结果支持长江中下游多雨,特别是客观化预测产品中 FODAS 预测结果指示当年主雨带位于长江中下游。统计方法上从大气环流系统的演变以及前期气候特征相似,特别针对历史上两次超强厄尔尼诺事件进行分析,全方位地评估了 2016 年出现类似 1998 年洪水的可能性。由于模式对于中高纬环流系统预测的不确定性,模式预测

及前冬、春季北大西洋三极子的弱位相特征并不利于中高纬两脊一槽这种典型梅雨形势的维持，因此，认为 2016 年发生 1998 年洪水的可能性不大，实际情况为 2016 年湖北省汛期降水量超过了 1998 年同期。从前面成因诊断可以看出，2016 年汛期热带及副热带环流形势的预测和实况基本一致，降水异常程度的差异主要在于对中高纬乌拉尔山阻塞和鄂霍次克海阻塞形势的把握不足。

(4)预测总结

总体上，2016 年汛期预测是成功的。其主要原因是对于主导因子的把握正确，一方面抓住了超强厄尔尼诺这一主要信号，另一方面客观地对这一信号产生的可能影响进行了全面细致的诊断分析。

预测经验归纳为以下几点：①抓住主要矛盾，有主要异常信号，以主要信号的分析为主，其他信号的分析围绕主要信号开展；②在季节预测层面上，注重客观化预测方法的本地化应用及模式预测产品的解释应用。

8.6.3.2　2014 年 9 月预测总结

(1)预测与实况对比

2014 年 9 月湖北省省级发布预测得分较低，降水、气温分别为 53.4 分、46.9 分，相对于国家气候中心指导预测的 81.9 分、70.7 分，为明显负订正。

从预测(图 8.179)与实况(图 8.180)对比情况看，降水预测仅报了湖北省西部多雨，而实况为全省大部降水异常偏多；气温预测湖北省除鄂西北北部气温偏高。其他大部气温偏低，实况为鄂西北、鄂北岗地、鄂西南东部及江汉平原低温，其他地区气温偏高；无论降水还是气温，在前期制作预测时抓住了多雨及低温信号，但对于影响范围及强度估计明显不足。

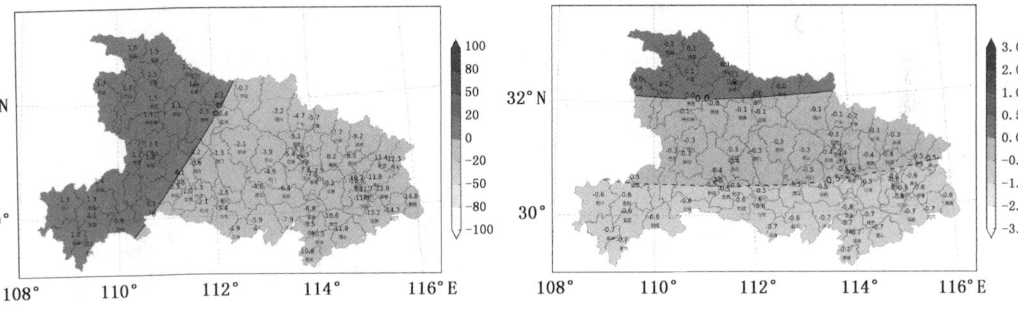

图 8.179　2014 年 9 月湖北省降水距平百分率(%)(左)、气温距平(℃)(右)预测图

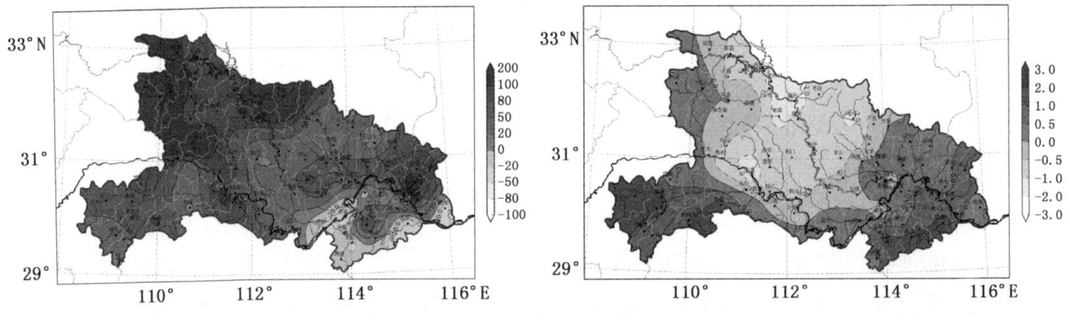

图 8.180　2014 年 9 月湖北省降水距平百分率(%)(左)、气温距平(℃)(右)实况图

(2)气候异常成因

9 月以来,500hPa 高度距平场([彩]图 8.181)在欧亚中高纬维持两脊一槽“+－+”分布,贝加尔湖西侧宽广的槽区内冷空气南下频繁;另外,鄂霍次克海高压南侧冷空气也不断向南输送。低纬地区,西面的印缅槽偏强,能提供充足的水汽;东面的副高也稳定维持偏强、偏西,脊线位置前期偏南、中旬开始北抬,外围水汽也为持续性降水提供了有利条件。总体上,月内北方冷空气、南方水汽条件均有利于降水形成及持续。以鄂西北的襄阳站为例(图 8.182),月内冷空气过程 4 次,其中两次为强降温过程,强降温配合持续性降水,使得气温难以回升。

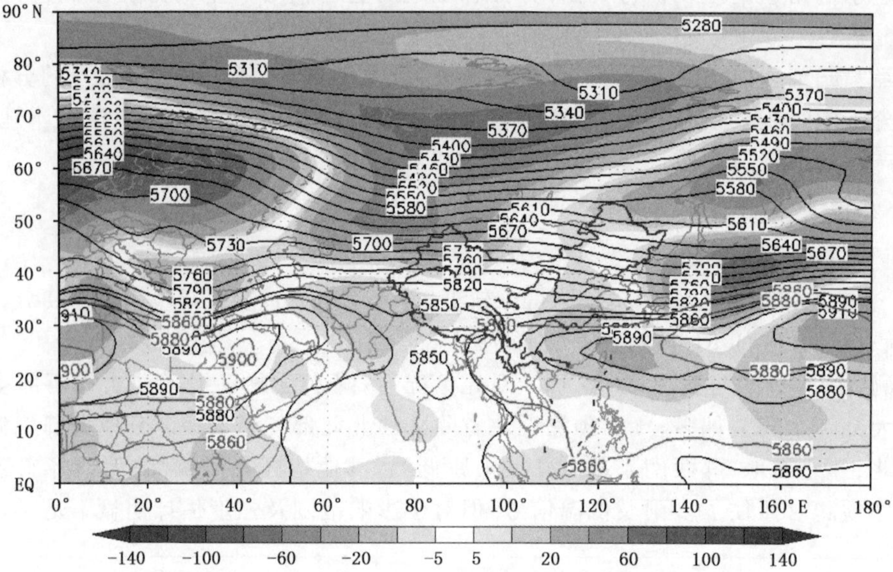

图 8.181　2014 年 9 月东北半球 500hPa 高度距平场

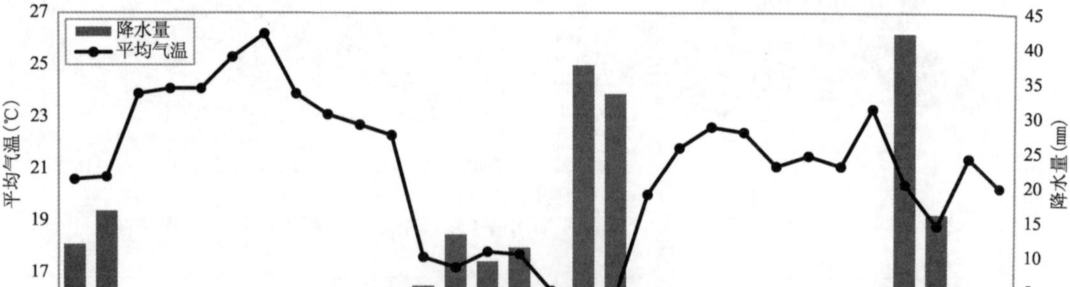

图 8.182　2014 年 9 月襄阳站逐日气温、降水实况

(3)预测思路回顾及与实况对比

在前期预测降水时,主要参考动力模式、客观化方法预测结果,以及统计方法订正。其中,模式及客观化预测结果中仅有 DERF2.0 模式及客观化方法 FODAS 预测与实况较为一致,其他大部分模式及客观化方法 MODES 均报少雨。统计方法主要考虑海洋外强迫、主要大气环流系统的影响以及前期气候特征相似,从统计结果上看,前期对大部分因子的实况及因子预测

结论均支持湖北降水偏少，主要降水在长江以南，这些因子包括：中等及以下厄尔尼诺事件发展、印度洋海温偏暖、北大西洋三极子正位相、南海夏季风爆发晚、入梅晚且有两个雨期、7 月北方干旱、东亚夏季风略偏强、预计印缅槽偏弱、预计西太副高偏南等。所有因子中，仅有一个前期因子，8 月台风异常偏少，能报出全省大部多雨。而前面成因诊断已经指出，9 月印缅槽偏强及副高阶段性北抬是主要水汽来源，而这两个主要因子在前期预测时均报反，因而给预测带来极大干扰，后期重新进行分析表明，印缅槽偏强、副高偏北的环流相似年，湖北省降水以偏多为主。

气温预测方面，与降水类似，考虑模式、海洋、大气、前期气候特征几方面，与降水不同的是，气温各个模式及统计方法均给出了局部低温的可能，但低温区位置差别较大：前期海洋状况、预计副高偏南等因子支持北部气温低；而美国 CFSv2 模式、客观化方法 MODES 以及前期气候特征相似则支持南部低温；DERF2.0 模式及 APCC 模式报西部低温；客观化方法 FODAS 则报中东部低温。最终确定预测结论时，主要考虑湖北省降水偏少，主要降水在长江以南，因而主要低温区报的偏南。实际上，9 月受冷空气影响较为明显，主要表现出冷空气通道的中部型低温，并且后期受持续降水的影响，气温难以回升。

(4)预测总结

总体上，对这份 9 月预测，成功之处在于抓住了低温信号，但更多的是不足，由于对印缅槽强度及副高南北位置的估计不足，使得降水预测极其失败。

后期预测应吸取的经验教训归纳为以下几点：①需关注副高的月内振荡，月内西太副高的阶段性北抬可以带来明显降水过程，而这一点在月平均副高位置上无法体现，后期需要加强这方面的分析；②当前期发生极端异常的气候事件(例如本次预测中为 8 月台风异常少)时，应分析其成因，提取有意义的信息后再考虑对后期的影响，简单地将因子合成得到结果因为没有进行分析往往容易将其忽略；③本地化客观化方法的结论不能盲目采信，后期需在结果检验上加强研究，此外，客观化方法报异常的区域需重点关注。

第三篇　气候服务

气候服务是现代气象业务的重要内容，是指为满足用户需求制作并提供气候信息的过程，能够赋予决策者管理气候变率和气候变化风险的能力。它提供涵盖过去、现在和未来气候及其对自然和人类系统及社会经济发展影响的气候信息服务，并可带来显著的社会、经济和环境效益。2009年在瑞士日内瓦召开的第三次世界气候大会上，国际社会决定建立全球气候服务框架(Global Framework For Climate Services,GFCS)。GFCS的愿景是促进社会更好地管理因气候变率和气候变化所引起的各种风险和机遇，目的是通过更好地提供气候服务，减少社会对气候相关灾害的脆弱性，促进全球关键发展目标的实现，体现气候服务在社会、经济、安全和可持续发展方面的价值。

在极端天气气候事件频发和气候变化问题日益凸显的背景下，面向决策、面向民生、面向生产，为国家防灾减灾、应对气候变化、生态文明建设和经济社会发展提供优质的气候服务，在认识气候、适应气候、利用和保护气候、保障气候安全中发挥了重要作用。本篇是湖北省气象局近年来在决策和公众气候服务、气候资源开发利用、宜居城市规划、农业保险、输电线路气象灾害、内陆核电极端气象、桥梁抗风设计气候可行性论证中的技术方法和流程及应用示例的总结。

气候服务作为多学科交叉融合的代表，具有较强的特殊性，主要表现为研究内容与本地区生产生活密切相关，研究成果往往也体现了很强的本地化特色，经验难以从一个地区简单复制到另一个地区，正因为如此，通过典型的服务案例，归纳出针对某一领域研发的技术流程、方法理论，是本手册希望探讨的。

第 9 章　决策气候服务和公众气候服务

9.1　主要内容

现代气候服务依托气候监测诊断、气候预测、气候影响评价以及气候变化工作，为经济社会发展和人民生活提供全方位的服务。中国气象局在《现代气候业务发展指导意见》（中气发〔2011〕1 号文）指出，气候服务是以实现为政府决策、灾害风险管理和气候风险管理为目标。湖北省气候服务主要分为三类：一是面向政府决策的气候服务；二是面向社会公众的气候服务；三是面向行业、区域的专业专项服务。本章主要讨论前两类。决策气候服务专业、客观、有深度，公众气候服务依托基本气候业务，根据公众关注的重点、热点问题适时展开，具有科学性、通俗性、及时性。

9.1.1　面向政府和部门决策的气候服务

主要面向各级党委、政府和有关部门决策层。决策气候服务是具有全局性、战略性、前瞻性的服务，是为决策部门制定经济发展规划、指挥生产、组织防灾减灾、应对气候变化、合理开发利用气候资源、保护环境、军事与国防建设以及重大社会活动保障、重大工程建设等方面科学决策所提供的气象信息服务，目标是在第一时间让决策者获得科学、及时、有决策价值的气象信息，将气象信息融入政府决策。由于决策服务对象的特殊性，决策服务信息可能直接影响关系国计民生的重大政策的决策，特别是在气象防灾减灾和应对气候变化过程中所做的决策。因此，决策气候服务是一项涉及社会稳定、经济发展和人民生命财产安全的气候服务。

9.1.2　面向社会公众的气候服务

公众服务是气象事业的重要组成部分，以人民群众的需求为牵引，在群众的生产生活以及其他与群众利益相关的方面发挥了重要作用。武汉区域气候中心公众气候服务内容丰富，主要包括气候影响评价、气候灾害监测评估、重大天气气候事件监测评估、农业气象服务以及气候、气候变化科普等，开展公众关心的热点问题资讯服务，为提高公众气象意识及防灾减灾知识提供宣传服务。

9.2　服务要点及思路

气候和气候变化服务思路综合性和政策性要求高，在具体服务中需要考虑到以下几点。

9.2.1 把握需求，增强服务的敏感性和主动性

（1）认真研究党委、政府事关发展全局的大政方针和重大战略以及政府、部门中心工作，实时跟踪政府决策部门重点和相关行业以及社会公众关注的热点、新点，挖掘需求，提出服务重点。

（2）围绕重大关键性和转折性天气过程、气候预测、重大天气气候事件，及时地从中提炼出面向防御和减轻自然灾害、适应和减缓气候变化、开发利用气候资源等服务需求，提出服务思路。

（3）建立与发改委、水利、农业、民政、媒体等相关部门的多渠道沟通协作机制，通过部门联动会商和座谈等形式了解需求，确定气象服务关注重点，提高服务针对性。

9.2.2 加强研发，提高服务的内涵

为了提升服务产品的内涵，要加强科研开发，及时将灾害评估、气候变化、应用气象、遥感应用的研究成果转化，为高质量的决策服务提供科技支撑。

9.2.3 加强凝练，使服务内容精简通俗

加强框架凝练、内容组织，分析总结要做到归纳精简，内容和用语要通俗易懂，标题和结论要高度凝练。

9.2.4 加强思考，提高建议的针对性和操作性

不同类型的服务产品，其建议的针对性是不同的。

气候预测和评估分析类：主要根据预测和分析结果，提出防范气象灾害、气候事件对水利、农业、交通、人体健康、公众工作出行等的措施和建议。

气候变化类：调研和查阅所提出问题的现状，根据分析总结的结论，加强思考琢磨，提出需要从哪些方面采取措施进行改进和完善，如管理政策层面（体制、机制、法律法规）、科学研究层面、科普教育层面，提高对策建议针对性和可操作性。

9.2.5 多途径服务，提高服务的影响力

除了气象部门常规的服务产品类型外，要熟悉掌握对外服务党政部门产品类别及属性，尽可能多途径开展服务，提高服务的影响力。以湖北为例，气候服务产品可以通过《湖北政务信息》、《专报信息》、新华社高管信息《湖北领导参考》、《湖北日报》“内部参考”等产品类别向决策者提供服务，为领导决策提供科学依据。公众气象服务主要通过广播、电视、网络、报纸、微信、APP等多媒体向社会公众提供重大气候事件和高影响天气事件等关注热点的实况监测信息、成因解析、历史比较、影响评估和灾害防御措施及应对建议，为提高公众气象意识及防灾减灾知识提供科普宣传服务。

9.3 服务关注重点

气候服务可以在减少气候风险、减缓与适应气候变化、疾病预防、环境保护、农业增产、水

资源管理等方面发挥独特作用。多年来，湖北省气候服务的关注重点可以归纳为几下几点：

(1)汛期、梅雨期、盛夏期、秋汛期降水趋势；

(2)极端天气气候事件(如短时强降水、强对流等灾害性天气，干旱、高温热浪、连阴雨、持续雾霾和低温雨雪冰冻过程等)的监测、影响评估以及变化趋势分析和对策建议；

(3)重大气象灾害(干旱、洪涝、大风、低温、冻害、连阴雨、高温等)的评估及对农业、林业、能源、交通等行业带来的影响和对策建议；

(4)重大社会活动以及重点工程建设的气候背景分析和气候趋势展望；

(5)关键农事季节(春播期、夏收、秋收、秋播期等)农业气象条件预报、分析、评估；

(6)气象条件对粮食作物产量影响分析、生态安全、环境安全的影响评估及对策；

(7)重大农业气象灾害(含病虫害)监测预报评估；

(8)气候变化对地方经济布局、农业生产、社会建设、生态环境等的影响及应对建议；

(9)森林火灾、大雾、洪涝、干旱、植被、积雪等卫星遥感监测及评估；

(10)大气成分监测、影响分析及预估；生态质量评价；

(11)对社会经济发展产生重大影响的突发事件、热点问题分析。

9.4 服务工作流程

确定主题—任务启动—任务分解—产品制作—产品审核—产品签发—产品发送—产品反馈—研究开发。

9.4.1 确定主题

每月月末中心召开会议讨论并确定下个月气候服务产品主题；如遇省委、省政府、中国气象局和有关厅局需要提供气候服务材料或未来有重大气候事件发生或已经出现了重大气象灾害和气候事件且社会影响很大，临时召开会议，讨论并确定气候服务产品主题。

9.4.2 任务启动

服务主题确定后，编制服务任务单，服务首席负责签发，迅速启动服务任务。

9.4.3 任务分解

各相关科室根据任务单要求，确定专人准备服务素材，本科室首席或关键岗审核后，在规定时间内传至汇总人。

9.4.4 产品制作

对各科室提交的素材进行整理加工、提炼包装，撰写服务产品。

9.4.5 产品审核和签发

将服务产品初稿提交服务首席初审，中心领导审核把关，准备对外发布。

9.4.6　产品发送

《重大气象信息专报》《长江流域重要气象报告》《气象服务快报》由省局决策气象服务中心报送省委、省政府，通过 Notes 系统发送中国气象局领导、中国气象局相关单位、省局领导、省局相关单位、武汉区域气候中心领导、湖北公告栏。

信息、约稿由省局办公室报送省委办公厅《每日汇报》《要情快报》《湖北信息》《决策参考》《参阅件》《工作简报》和省政府办公厅《湖北政务信息》《专报信息》《湖北快报》以及新华社《高管信息》《国内动态清样》《湖北日报内参》或者相关厅局。

根据中国气象局决策服务任务单完成的决策服务产品由省局决策气象服务中心报送至中国气象局决策气象服务中心。

公众服务产品根据省局公众服务产品管理办法发送至公众气象服务中心对外发布。

9.4.7　产品反馈

设置专人负责收集领导批示、决策和公众反馈效益等信息，同时将决策服务材料正式稿、领导批示和媒体刊登情况等信息反馈给各有关业务科室，业务管理科每月制作信息反馈报表并且存档。

9.4.8　研究开发

通过分析反馈信息，加强针对性产品的开发，改进决策和公众气候服务水平。

9.5　气候服务产品类型和服务案例

9.5.1　气候服务产品类型

随着气象现代化水平的不断提高和服务手段改进，气候服务方式已由纸质材料、广播、电视、网络、报纸服务发展到微信、APP 等新媒体。

湖北省气象局气候决策服务产品(表 9.1)以《重大气象信息专报》《长江流域重要气象报告》《雨情快报》《气象服务快报》四种产品为主，其他包括省局领导出席省委、省政府和相关部门会议的汇报材料、约稿、手机短信等形式的决策服务材料，中国气象局决策服务任务单要求提供的决策服务材料，以信息的形式报送《湖北政务信息》《湖北省委信息专报》《每日要情》《要情快报》等党政信息刊物和《湖北领导参考》《湖北日报内参》等综合性高端媒体的决策服务材料。

公众气候服务产品(表 9.1)主要从《气候公报》《气候影响评价》《气象灾害影响评估》《重大天气气候事件分析》等业务服务产品中提炼，接受主流媒体的采访、访谈和约稿，并且关注社会热点问题，加强气候科普服务。主要通过广播、电视、网络、报纸、微信、APP 等多种渠道向社会传播。

表 9.1 气候服务产品表

服务产品类别	产品名称	发布频次	服务方式	服务对象
决策服务	重大气象信息专报	不定期	专人送达、传真、邮件、专线传输、手机短信	省委、省人大、省政府、省政协、省农办、省应急办、省防办、省减灾办、省直有关部门、中国气象局减灾司
	长江流域重要气象报告	不定期	专人送达、传真、邮件、专线传输、手机短信	省委、省政府、长江防总、中国气象局、长江水利委员会、长江航务管理局、三峡总公司、长江流域各省气象局
	雨情快报	不定期	传真、邮件、专线传输	省委、省政府、省防办、省减灾办、省直有关部门
	气象服务快报	不定期	传真、邮件、专线传输、手机短信	省委、省政府、省防办、省减灾办、省直有关部门
	会议、汇报材料	不定期	专人送达	相关领导、相关会议
	信息	不定期	传真、邮件、专线传输	《湖北政务信息》《湖北省委信息专报》《每日要情》《要情快报》《湖北领导参考》《湖北日报内参》
	约稿	不定期	专人送达、传真、邮件	相关领导、相关部门
	决策气象手机短信	不定期	手机短信	相关联系人
	决策服务任务单	不定期	邮件	中国气象局决策气象服务中心气象服务室和气候服务室
公众服务	主流媒体采访、访谈、约稿	不定期	广播、电视、网络、报纸、微信、APP	社会公众
	气候公报	月、年	广播、电视、网络、报纸	社会公众
	月(季、年)气候评价	月、季、年	广播、电视、网络、报纸	社会公众
	气象灾害影响评估	不定期	广播、电视、网络、报纸	社会公众
	重大天气气候事件分析	不定期	广播、电视、网络、报纸、微信、APP	社会公众
	社会关注热点问题	不定期	广播、电视、网络、报纸、微信、APP	社会公众
	气候科普服务	不定期	广播、电视、网络、报纸、微信、APP	社会公众
	农事天气及对策建议	每天	短信	社会公众

9.5.2 服务案例

9.5.2.1 决策服务(1)——预测类

“超强厄尔尼诺事件将对湖北省产生严重影响”

(1)材料起源:2014 年开始的超强厄尔尼诺事件持续影响湖北省。根据前期气候因子分析，2016 年仍将出现异常天气气候，造成极端事件频发、持续，对湖北省经济发展、粮食安全、社会稳定带来严重不利影响。为此，武汉区域气候中心 2016 年初及时组织编写材料，通过对比分析 1982/1983 年、1997/1998 年历史上两次超强厄尔尼诺事件，认为此次超强厄尔尼诺很有可能突破极值，对湖北省将产生严重影响，为省委、省政府相关部门提前做好防范和应对准备提供科学依据。

(2)服务效果：材料分析了此次超强厄尔尼诺事件很有可能突破极值，成为历史最强，并可能导致湖北 2016 年气候年景整体差，降水明显偏多，长江中下游出现洪涝灾害的可能性较大。湖北省委、省政府高度重视此项工作，材料以湖北省人民政府办公厅《湖北政务信息》专稿形式发布，省领导亲笔批示，为湖北省提前科学做出抗御“98＋” 防汛决策提供了重要依据，取得了明显的社会经济效益。

(3)全文

超强厄尔尼诺事件将对我省产生严重影响

2014 年开始的超强厄尔尼诺事件持续影响我省。根据前期气候因子分析，今年仍将出现异常天气气候，造成极端事件频发、持续，对我省经济发展、粮食安全、社会稳定带来严重不利影响。相对 1982/1983、1997/1998 年历史上两次超强厄尔尼诺事件，此次超强厄尔尼诺很有可能突破极值，成为历史最强。因此，应引起极度重视，提前做好防范和应对准备。

一、超强厄尔尼诺事件监测情况

厄尔尼诺是指赤道东太平洋海水温度大范围、长时间、不间断的异常增温现象，一般 2 至 7 年发生一次，厄尔尼诺现象发生会造成全球和区域气候异常，是当前气候预测的重要因子。

最新气象资料监测显示，从 2014 年 5 月开始发展起来的超强厄尔尼诺事件在 2015 年 11 月海温偏高距平已达峰值，截至 2015 年 12 月累积距平值已经达到 23.0℃。根据赤道太平洋海气环流现状，以及国内外多家气候动力模式及统计方法预测表明，本次厄尔尼诺事件将持续到 2016 年 5 月结束。普查表明，近 60 年历史上超强厄尔尼诺事件分别发生在 1982/1983 和 1997/1998 年，目前，本次厄尔尼诺事件强度已超过 1982/1983 年，逼近史上最强的 1997/1998 年(累积距平值为 23.5℃)，很有可能成为历史上最强的一次厄尔尼诺事件。

二、超强厄尔尼诺事件影响情况

2015 年，受超强厄尔尼诺事件影响，全球各地极端天气气候事件频发，主要表现为：一是气温明显偏高。2015 年全球成为有记录以来最暖一年；欧洲多地夏季屡遭高温天气袭击，多国高温创纪录。二是洪涝灾害频发。南美洲巴拉圭、阿根廷、巴西和乌拉圭部分地区也发生数十年来最严重的水灾；12 月中下旬英国北部多个地区遭遇严重水灾；圣诞节前后美国中南部暴雨和洪水泛滥侵袭。三是干旱异常严重。美国加利福尼亚持续干旱致史上首次强制性限水；朝鲜遭遇百年一遇干旱；非洲多国遭遇严重旱灾，面临粮食危机。四是暴风雪超强。近期欧洲多国气温骤降，遭遇了严寒和冰雪天气。

该事件对我国也造成了明显影响：一是气温明显偏高，2015 年全国平均气温创历史新高。二是南方冬汛罕见，11 月至 12 月上旬，广西、湖南、江西、浙江降水量异常偏多，江西、湖南和广西境内 30 余条河流发生超警洪水。三是登陆台风超强，6 个登录台风中有 4 个达到超强台风级别，造成直接经济损失 600 多亿元，明显重于多年平均值。四是强对流天气频发，全国有 2000 余个县(市)次出现冰雹或龙卷等强对流天气。4 月 27—29 日，江苏省最大冰雹直径 50 毫米，为历史同期罕见；6 月 1 日晚，“东方之星”号客轮航行至湖北省荆州市监利县长江大马洲水道时，遭遇罕见强对流天气(飑线伴有下击暴流带来的强风暴雨)导致瞬间翻沉。

三、几点建议

资料显示，1982/1983 年和 1997/1998 年超强厄尔尼诺事件对湖北省和长江流域的气候影响主要在翌年，易引发持续性暴雨、洪水、低温冷害、干旱等多种极端天气气候事件。预计本次超强厄尔尼诺事件可能导致湖北 2016 年气候年景整体偏差，降水明显偏多，长江流域出现洪涝灾害的可能性较大，为此建议：

一是做好应对暴雨洪涝灾害的准备。1983 年和 1998 年均为超强厄尔尼诺翌年，湖北省和长江流域夏季降水均异常偏多，发生了流域性洪涝灾害。综合目前各种气象因素分析，今年长江流域发生集中强降水和流域性洪涝灾害的可能性极大，建议提前做好防大汛抗大灾的准备工作。

二是密切关注对粮食安全的影响。超强厄尔尼诺事件可能导致包括我国在内的多数国家和地区粮食产量下降，1982/1983 年和 1997/1998 年全球粮食减产达 20% 左右。湖北省 1983 年和 1998 年农田成灾 1214 千公顷和 1464 千公顷，平均每公顷粮食单产分别较上年减少 60 公斤和 105 公斤。建议密切关注农业生产关键时期气象灾害的不利影响，提前安排农业生产措施，确保粮食生产安全。

三是密切关注对经济发展的影响。超强厄尔尼诺事件可能直接造成较大的经济损失，1982/1983 年，全球经济损失 130 亿美元，1997/1998 年全球损失 340 亿美元，1998 年洪涝导致湖北省经济损失 500 多亿元。在目前经济下行压力较大的情况下，建议密切关注超强厄尔尼诺事件可能对全省经济发展造成的影响，积极采取应对措施。

我们将继续加强对超强厄尔尼诺事件发展趋势的监测和研判，及时开展气候异常和灾害影响分析，做好滚动气候趋势预测与服务。

9.5.2.2　决策服务(2)——气候变化类

“研究预测南水北调中线水源区受水区同旱概率偏高应提前防范”

(1)材料起源：南水北调中线工程水源区水资源的丰枯变化影响可调水量，受水区水资源量丰枯变化影响需调水量，水源区和受水区的丰枯遭遇直接影响南水北调中线工程所需调水量和调水效益。为此，依据气候变化专项“丹江口水库水源区和受水区旱涝配置特征及调水适应对策研究”的项目成果，编写决策材料，为南水北调中线工程水资源调度在时空调配上适应气候变化能力提供科学依据和对策建议。

(2)服务效果：材料揭示了丹江口水库水源区与受水区历史旱涝配置特征和调水有利及不利概率，解析了气候变化和人类活动对入库流量的影响，根据水源区与受水区历史、未来降水变化和旱涝配置特征，提出了中线工程水资源调度适应气候变化对策建议。材料以湖北省人民政府办公厅《湖北领导专供》等多种形式发布，引起了省委、省政府领导的重视，并获省领导亲笔批示，为南水北调中线工程应对未来气候变化、保障社会经济可持续发展提供了科学依据。

(3)全文

研究预测南水北调中线水源区受水区同旱概率偏高应提前防范

气象部门一项最新研究显示，在全球气候变暖的背景下，南水北调中线工程水源区和受水区降水年际变幅增大，呈现旱涝极端事件交替出现的特征，在2050年前水源区和受水区干旱事件偏多，调水不利因素概率增加。

一、近55年来中线工程水源区和受水区最长连续无雨日呈增加趋势

丹江口水库水源区和受水区旱涝配置特征及调水适应项目由武汉区域气候中心、河南省气候中心联合承担。项目组为了深入剖析水源区与受水区降水变化规律，利用长年代的气象和水文数据，解析气候变化和人类活动对入库流量的影响，构建起丹江口水库入库水量预测预估模型。

数据表明，水源区和受水区降水量年际变率较大。项目组介绍，中线工程水源区和受水区降水年际变率较大，均呈略减少趋势。水源区和受水区分别以9.1mm/(10a)和9.3mm/(10a)的速率减少；1983年是水源区降水最多的年份，降水量为最少年份的2倍。1964年是受水区最多年份，其降水量是最少年份降水量的4倍多。

与此同时，最长连续无雨日数呈现增加趋势，平均每10年增加8天。在丹江口水库源区和汉江中下游一带最长连续无降雨日在50天以下。河南大部分地区在50～70天，北部地区在70～80天。河北、北京、天津大部分地区一般在70～90天，局部在90天以上，比如河北容城和高碑店1974年连续113天无降水，是有历史记录以来最长连续无雨日数的最大值。

从年平均温度变化看，近50年来水源区和受水区年平均气温分别以0.13℃/(10a)和0.17℃/(10a)的速率增加。监测表明，水源区、受水区在20世纪90年代后期开始增温显著。受水区＜0℃日数有显著减少趋势。

二、水源区与唐白河、淮河流域同旱概率较高

通过模型，项目组发现20世纪以来水源区和受水区同旱出现概率均处于历史高位。水源区降水正常年份占60%，旱年占21.8%，涝年占18.2%。旱涝有着较明显的年代际特征，20世纪90年代以前，旱涝年份出现频率相对较低，但近20多年来，旱涝概率均明显增加，且易出现极端旱涝事件，旱涝急转的概率也加大，1961年以来水源区有15年出现了旱涝急转的情况。

数据显示，水源区与唐白河、淮河及海河3个受水区同时出现干旱的频率分别为10.9%、10.9%和3.6%。水源区发生干旱与唐白河、淮河及海河3个受水区降水正常的遭遇概率分别为10.9%、10.9%和14.5%。1961年以来，水源区、唐白河及淮河流域共出现6年同旱的情形，占同旱事件一半以上。

采用气候模式预估21世纪水源区和受水区降水变化，结果显示，2021—2100年，水源区和受水区降水呈不显著的增加趋势。2021—2100年，水源区与唐白河、淮河及海河3个受水区同旱或水源区旱、受水区正常的频率分别为12.3%、12.3%和11.1%；水源区对唐白河、淮河、海河调水有利的概率在88%左右。

但是年际变幅仍然较大，2050年前以水源区和受水区同旱或水源区旱受水区正常为主，约占总数的近八成，水源区和受水区干旱事件偏多。而2050—2100年，大部分年份将以偏涝为主，调水朝有利方向发展。

三、应对气候变化加强水源区水资源调度管理

根据水源区和受水区气候变化趋势，项目组建议相关地区和相关部门加强水源区水资源调度管理，减轻气候变化对南水北调中线工程带来的不利影响。

其具体建议包括：首先，根据水源区未来气候预估、实时天气气候预报预测意见，统筹考虑南水北调供水和汉江中下游供水、生态、航运、发电等各方面需求，做好水资源调度管理工作，科学合理、量水而调，减少因降水年际及季节变化可能导致的水资源供需矛盾的发生，确保南水北调中线和汉江中下游供水安全。

其次，加强中线水源区和受水区同旱遭遇的风险和应急管理。2050年以前水源区与受水区的同旱遭遇的可能性较大，这将在汉江上游水量不足而受水区调水量的需求又增加的情况下，对南水北调中线工程调水效益的发挥产生较大不利影响。建议要加强风险和应急管理，一是加强气候模式预估未来气候变化的不确定性分析，为风险决策提供技术支撑；二是应制定应对严重干旱事件的应急预案和相应对策措施，制定应急预警评估指标体系；三是加快推进水量水质监控预警系统的建设，实时监测评估水量、水质发展动态，确保最大限度地减轻极端气候事件的影响，提高中线工程的供水保障程度。

与此同时，建议受水区应实行严格的水资源管理制度，采取工程和非工程措施加强水资源生态环境建设和生态扶贫，保障水资源可持续利用。在未来气候变化和经济快速发展的共同作用下，虽然2050年后期降水增幅加大，但气温增幅也较大，中线受水区水资源短缺形势仍然严峻，必须实行严格的水资源管理制度，充分利用经济手段和节水措施，坚持节水与调水并举，在增加外调水量的同时，还需要加强京津冀三地水资源的联合调度及循环利用，以更好地保障社会经济可持续发展。

9.5.2.3　公众服务(1)——城市热岛

(1)材料起源：随着城市化进程的加快，武汉市城区面积不断扩大，不少湖泊被填埋造成水域面积不断减少，一些林地、草地被改成工商业用地致使城区植被覆盖率逐步降低。由于水体、绿地等易降温的土地利用类型面积不断减少，同时道路、工商业用地等易增温的土地利用类型面积不断扩大，导致城市热岛不断加剧，同时人们的体感温度总是觉得比预报值高，认为最高气温预报不准。为此，通过卫星遥感技术手段，编写公众服务材料，提高公众的科学认知。

(2)服务效果：通过卫星遥感地表高温监测，反演了近3年武汉市城市热岛空间分布格局变化，向公众解析了为什么总觉得天气比预报的热的原因，为消除公众疑问提供科普宣传服务。

(3)主流媒体服务情况：见图9.1。

9.5.2.4　公众服务(2)——霾

(1)材料起源：2013年1月我国中东部地区因霾天气造成重度空气污染，对人民群众生活和健康造成多种不良影响，成为国内外新闻媒体热议的话题。针对这个热点问题，组织专班，对湖北省霾天气发生特点和变化趋势进行分析，发现2012年冬季湖北省霾日达52年来最高值且近年来湖北省霾日呈增加的趋势，揭示了2012/2013年冬季霾天气频发是静稳天气多及大气污染物浓度高等因素共同作用的结果，并提出对策建议。

(2)服务效果：针对2012/2013年冬季湖北省霾天气频发造成严重影响这一热点问题，利用地面、卫星遥感等观测数据，通过成因解析、历史比较、影响评估，为公众认识了解当前热点事件提供科学依据。

(3)主流媒体服务情况：见图 9.2。

楚天金报

热天热事　2016.8.17 星期三

未来10天我省迎高温“大满贯”　记者实地探访天气预报“出生地”

图文：为啥总觉得天气比预报的热？

关注武汉城区哪里最热

随着近年来城市面积的拓展，武汉市的热岛面积不断扩大，与3年前相比，武汉市总热岛面积由1298.26平方公里增加到1981.49平方公里，增加了683.23平方公里。

武汉区域气候中心高级工程师黄靖介绍，2013年，武汉市总热岛面积中，强热岛面积为528.68平方公里、较强热岛为319.77平方公里、弱热岛为449.81平方公里；到2016年，三个面积分别为708.82平方公里、455.13平方公里、817.54平方公里，总热岛面积占武汉市总面积的23.33%。

武汉市卫星遥感地表高温检测图（7月24日-26日）显示，青山武钢集团、武昌杨园、楚河汉街、司门口沿江、汉口火车站、解放大道与建设大道之间、古田四路至古田五路、古田一路宜家购物中心、东西湖吴家山投资区、沌口东风汽车公司、武汉开发区民营科技工业园等地点都属于地表温度高于55℃的强热岛地带。

武汉未来10天持续高温热浪

武汉晨报

— 热天热事 —

时隔7年，武汉消失4个热岛 新增5个热岛

看看，你家住在热岛上吗

武汉 12 个热岛地点

本报讯 （记者陈永权）7年内，武汉城区11个“热岛”，有4个从卫星监测上消失，5个新“热岛”正在形成。昨天，湖北省气象局通过中国风云3号气象卫星监测发现，武汉城市热岛效应呈逐步增强趋势，城郊最大地表温差达20℃。

图 9.1　公众服务(1)——城市热岛主流媒体服务情况

长江日报 报业集团

数字报纸

民生

冬雨今天转停 后天再来“报到”

除夕夜低温可能跌破冰点

湖北 1月之霾 52年来同期最多 武汉重度及以上污染 22 天

归元禅寺首推“微信祈福”

2013年2月5日　星期二

湖北1月之霾52年来同期最多　武汉重度及以上污染22天

本报讯（记者符樱 通讯员陆铭 刘敏）今年1月，湖北有霾的日子是近52年1月同期最多的。气象专家表示，冬季为霾天气高发季节，2月里可能还会有霾出现。

昨天，武汉区域气候中心发布数据称，1月，湖北在全省范围出现了霾的日数为7天左右，比常年同期偏多4天，是1961年以来同期的最高值。

气象专家介绍，1月席卷我省的霾天气，持续时间长、影响范围广，而且强度大、危害重。全省共有42县市霾天气超过5天，其中30县市超过11天，15县市超过14天，黄梅、大冶、宜都和武汉的江夏超过20天，黄梅最高达24天。全省有48县市霾日数是1961年以来同期前5位，其中27县市是同期第1位。在武汉，1月份有22天的空气质量为重度以上污染，其中5天严重污染。

气象专家提醒，2月份能还会有霾，大家请注意收听收看霾天气预警；遇到霾时，体弱多病者与老人、孩子减少出门，行车走路多加小心，锻炼身体讲究方法，采取措施加强车辆和交通安全。

第8版：民生·资讯　上一版　下一版　下载本版PDF

图 9.2　公众服务(2)——霾主流媒体服务情况

第 10 章　气候资源开发利用

气候资源是指可以被人类生产和生活利用的太阳辐射、热量、风、云水、大气成分等自然物质和能量。气候资源与人类生活息息相关，是一种基础性的自然资源、战略性的经济资源和公共性的社会资源，具有突出的生态、经济和社会三重效益，对人类的生活、生产发挥着重要的作用。首先，太阳能、热量、降水、大气成分等是生命现象赖以产生、存在和发展的基本条件，是人类生存和发展的基本物质和能量，对于维护环境和生态平衡起着基础性作用，具有良好的生态效益。其次，太阳能、风能等气候资源的清洁、无污染和可再生的特性，决定了它们在我国能源结构中处于优先发展的地位；同时，各行各业合理保护和利用气候资源，趋利避害，有利于避免或者减少损失，提高经济效益，促进经济高质量发展。

10.1　风能资源开发利用

10.1.1　风能详查和评估

风能资源综合评估，即采用测风塔测风资料及台站气象资料开展风能资源评估，为能源企业提供某一区域的风能资源评价报告，以全面了解拟评价区域风能资源状况，同时为政府部门提供风电开发决策服务。

湖北省风能资源综合评估业务技术流程见图 10.1。

10.1.1.1　技术内容及方法

(1)主要技术内容

分为前期准备、现场观测、综合评估三个阶段。

1)前期准备

①评价区域确定

根据辖区内风能普查成果、风电开发动态及服务需求，选取风能拟评价区域。

②测风塔选址与观测

根据风电拟评价区域的地形地貌、气流走向及风能资源分布状况，选择能够代表该区域平均风能资源状况的测风点。

③背景站(参证站)选取

根据现有气象观测网，在风电拟评价区域选取观测序列长、资料完整性高、区域代表性好的气象站，开展区域背景风场、气候特征、主要气象灾害(雷暴、覆冰)等分析。其中距离测风塔较近、与测风塔具有相似的地形条件且观测序列在 30 年以上的台站可确定为参证站。

2)现场观测

测风塔建成后开展测风资料动态监控，观测时限须满 1 年以上，编制测风资料质量评价月

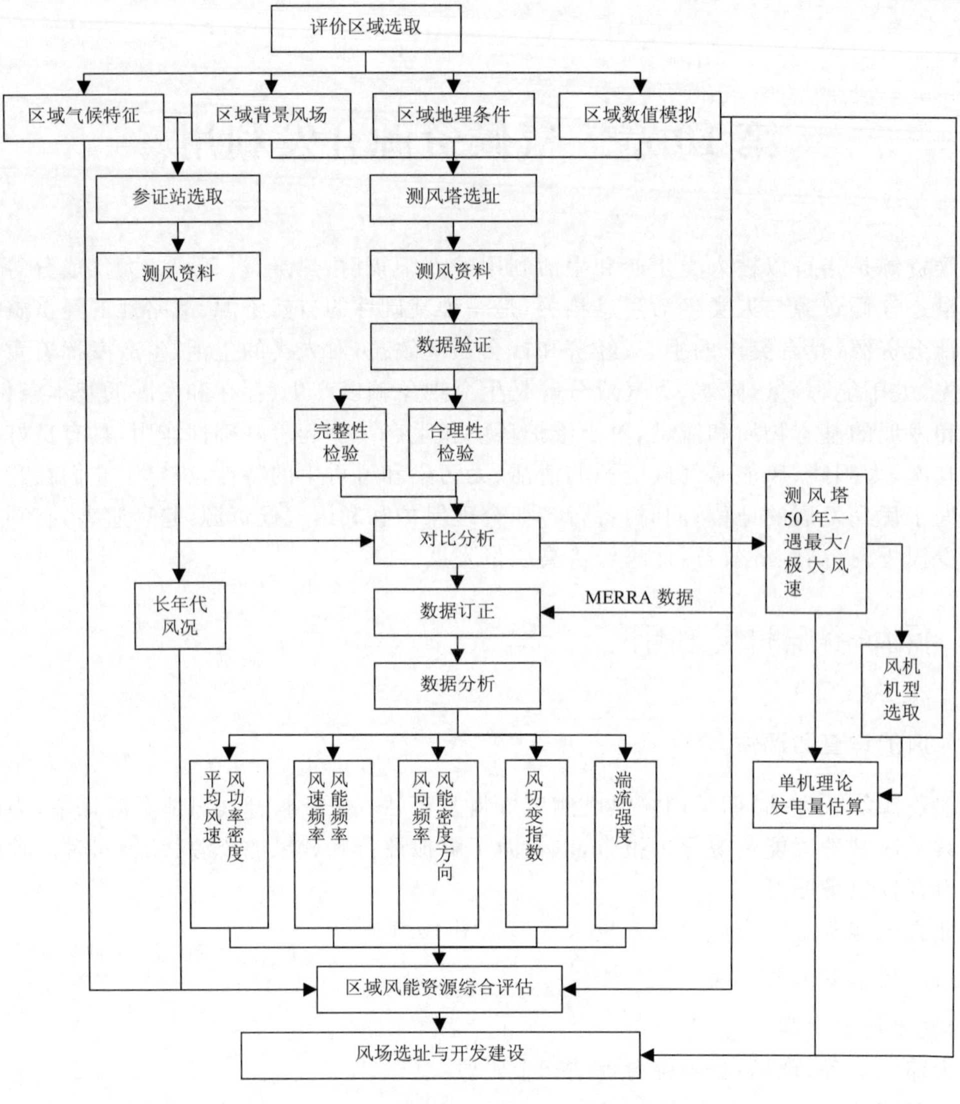

图 10.1　湖北省风能资源综合评估业务技术流程

报，跟踪评价区域风能资源状况。

收集整理参证站同期观测资料，对比分析同期风况及区域风能资源变化规律。

3）综合评估

①测风塔测风数据处理

检查测风塔原始数据，对其完整性和合理性进行判断，检验出不合理的数据和缺测的数据，经过处理，整理出至少连续一年完整的风场逐小时测风数据。测风有效数据完整率应达到 90%。

利用评价区域参证站观测数据或 NASA MERRA（The Modern Era Retrospective analysis for Research and Apphcation）大气再分析资料，采用相关关系法，将测风塔检验后的测风数据进行长序列（或观测期间）插补订正，获得测风塔各高度上代表年的逐小时风速风向数据。

②测风塔风能资源评估参数计算

在对测风数据进行检验和订正的基础上分析风能各项参数，主要有平均风速、最大与极大风速、风功率密度、风速与风能频率、风向频率、风能方向频率、湍流强度、风切变指数、风频曲线及威布尔分布等。

③评价区域长年代风能资源评估

采用参证气象站近 20 年的平均风速观测资料，评价观测年的风资源在长年代中的资源状况。

④评价区域风能资源数值模拟

综合运用中尺度气象模式（MM5、WRF 等）＋小尺度诊断模式（CALMET）或风能资源评估软件（WindFarmer，WasP，WT，WindSim，WindPRO 等）相结合的风能资源评估方式，模拟评价区域的年平均风速分布状况，再结合测风塔实测资料，由“点”到“面”评价区域风资源整体状况。

⑤风电场风机机型选取

结合风电场 50 年一遇最大风速及极大风速推算与单机理论发电量估算结果，为风电场风力发电机组机型的选取提供参考建议。

风电场 50 年一遇最大风速及极大风速推算：利用参证气象站历年年最大风速序列，采用国家规范推荐的极值 I 型分布函数，计算气象站 50 年一遇最大风速，再使用测风塔和气象站同期观测风速，将气象站 50 年一遇最大风速推算至测风塔处，并采用阵风系数推算 50 年一遇极大风速。极值风速的推算可用于风机选型。

单机理论发电量估算：以某一风机为参考机型，根据测风塔观测年度实测风数据，估算测风塔处单机理论年发电量、实际可能年发电量及满负荷运行小时数。

⑥风电场风能资源评估

综合上述各项分析，根据《GB/T 18710—2002 风电场风能资源评估方法》，给出风电场风能资源评估结论。

（2）主要技术方法

1）《GB/T 18709—2002 风电场风能资源测量方法》

2）《GB/T 18710—2002 风电场风能资源评估方法》

3）《国家发展改革委关于印发风电特许权项目前期工作管理办法及有关技术规定的通知》（发改能源〔2003〕1403 号）

内含如下附件：

附件 1《风电特许权项目前期工作管理办法》

附件 2《风电场预可行性研究报告编制办法》

附件 3《风电场场址选择技术规定》

附件 4《风电场风能资源测量和评估技术规定》

附件 5《风电场场址工程地质勘察技术规定》

附件 6《风电场工程投资估算编制办法》

4）《国家发展改革委关于印发全国风能资源评价技术规定的通知》（发改能源〔2004〕865 号）

5）《国家发展改革委办公厅关于印发风电场工程前期工作有关规定的通知》（发改办能源

〔2005〕899 号)

内含如下附件:

附件 1《风电场工程前期工作管理暂行办法》

附件 2《风电场工程规划报告编制办法》

附件 3《风电场工程可行性研究报告编制办法》

附件 4《风电场工程可行性研究报告设计概算编制办法及计算标准》

10.1.1.2　湖北省风能资源特征

(1)风能资源分布

湖北省风能资源较丰富区域主要集中在“三带一区”。

1)鄂北的枣阳—英山的东西向风带:该区域模拟的年平均风速为 6.0～7.5m/s,年平均风功率密度为 250～350W/m²。

2)汉江中游荆门—荆州的南北向风带:该区域模拟的年平均风速为 5.0～6.5m/s,年平均风功率密度为 200～300W/m²。

3)部分湖岛及沿湖地带:该区域模拟的年平均风速为 5.0～6.0m/s,年平均风功率密度为 150～250W/m²。

4)鄂西南和鄂东南的部分高山地区:该区域模拟的年平均风速为 6.0～7.0m/s,年平均风功率密度为 250～300W/m²。

(2)风能资源特征

1)山区风速变化特征

山区风速随高度变化比较复杂,不同高度变化规律不一致,一般 10～30m 随高度增加风速增加幅度比较大,但在 30～70m 或 50～70m 高度有等风层或风速随高度减小的情况(图 10.2)。

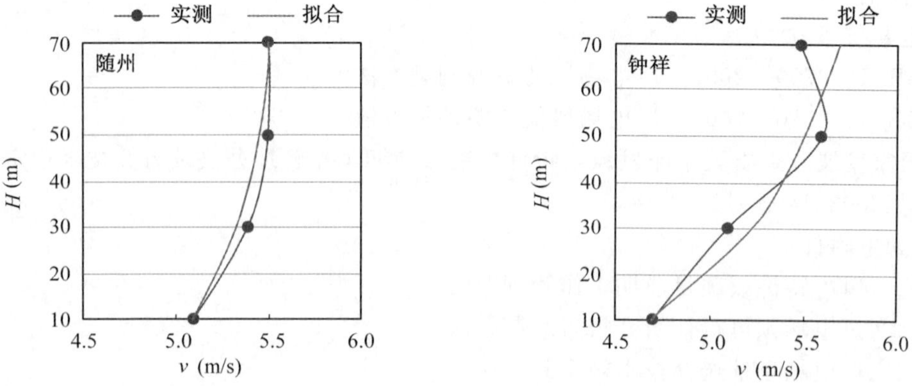

图 10.2　(左)随州大风口 50～70m 高度“等风层”、(右)钟祥华山观 50～70m 高度风速随高度增加而减小

2)风能分布较集中

风能资源较丰富区域的风向分布与风能方向分布一致,即风向频率多的风向,其风能频率也大,且风能分布比风向更为集中(图 10.3)。

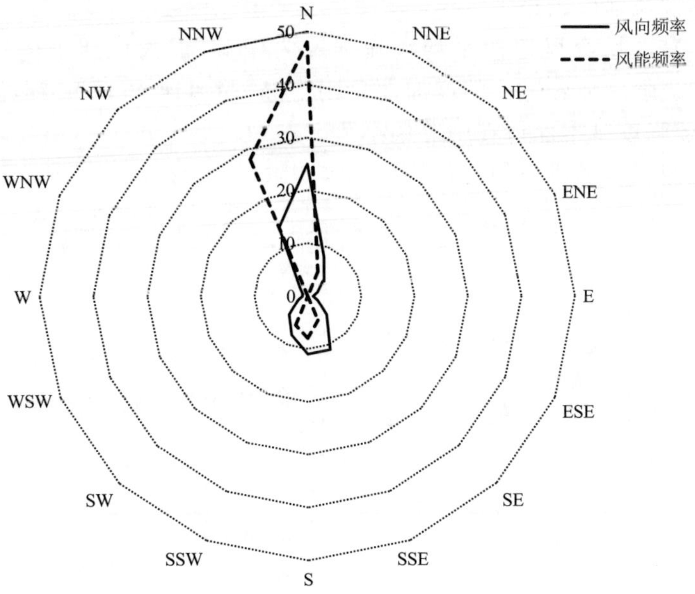

图 10.3　荆门子陵铺测风塔 70m 高度风向频率、风能频率分布

3)夜间风速比白天大,中午前后最小

山区风速日变化与平原地区相反，夜间风速比白天大,尤其中午前后风速最小([彩]图 10.4)。

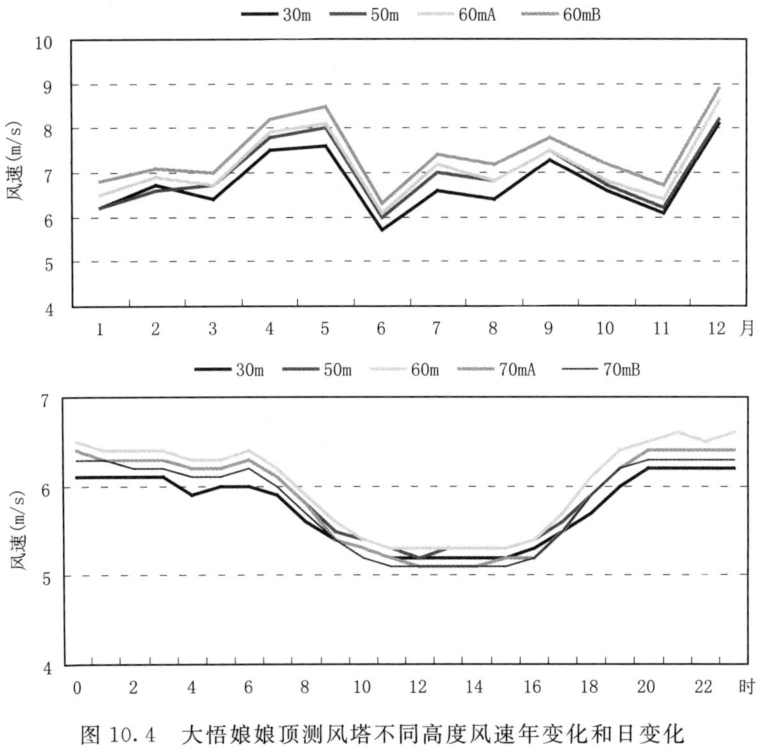

图 10.4　大悟娘娘顶测风塔不同高度风速年变化和日变化

4)大风速下的湍流强度较小

风能资源较丰富区域全风速段平均湍流强度为中等,但大风速下的湍流强度较小。在3～7m/s风速段湍流强度随着风速的增加而急剧下降,当风速大于7m/s,湍流随风速的增加变化幅度很小,湍流强度基本保持在中等偏小状态。

不同地形下湍流强度随风速的变化特征基本一致([彩]图10.5)。

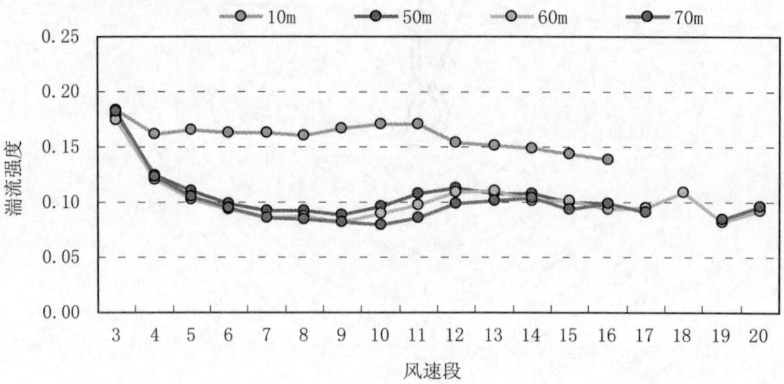

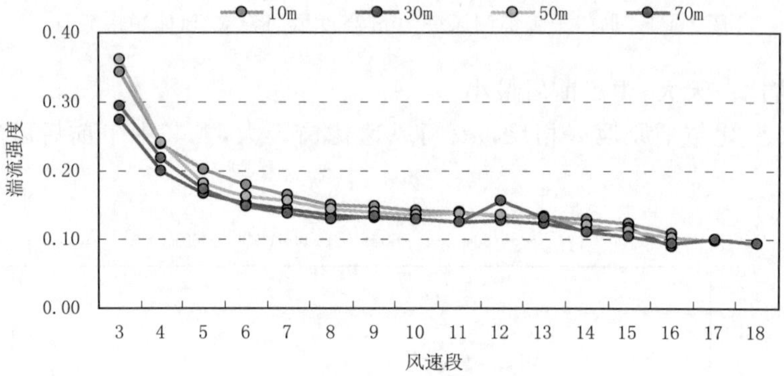

图10.5　不同海拔高度湍流强度随风速(m/s)变化

上:石首桃花山(海拔220m);下:利川齐岳山(海拔1700m)

5)破坏性风速少

目前已有的测风塔观测到的10分钟平均最大瞬时风速22m/s以上的时数很少,年最大风速大多在25m/s以下。按目前1500kW机型的切出风速22m/s或25m/s,破坏性风速的出现频率很低。风机安全等级见表10.1。

表10.1　风机安全等级

风力发电组等级	一级	二级	三级	四级
50年一遇10分钟平均风速(m/s)	50	42.5	37.5	30
50年一遇3秒钟风速(m/s)	70	59.5	52.5	42

上述湖北省风能资源分布特征对风能的利用和风机的排列布局以及风电场安全运行具有重要指导意义,特别是在山区进行风机选型时,同等功率的风机可选择轮毂高度低的风机,以节约成本。

10.1.2　风功率预报

由于风、辐射具有明显的波动特征，所产生的电力也是瞬息万变，为一种不可控电源，当其占比达到电网电力总量 10％以上时，将对电网产生较大冲击。充分利用气象科技，开展风电、太阳能发电预报，变不可控为可控，从而极大增加可再生能源入网和调度的科学性，不但有利于保障电网安全，还可减少备用旋转容量，提高电站发电量，最大程度满足能源和电力部门的需求。

10.1.2.1　技术流程与方法

风电功率预报基于气象部门高分辨率数值模式开展。每日为风电场提供高分辨率数值预报结果，风电功率预报系统自动采集数值预报结果及实测风速资料，再根据电力调度中心的调度指令及风电场运行检修计划，最终做出整个风电场的风电功率预报，包括短期和超短期功率预报(图 10.6，图 10.7)。

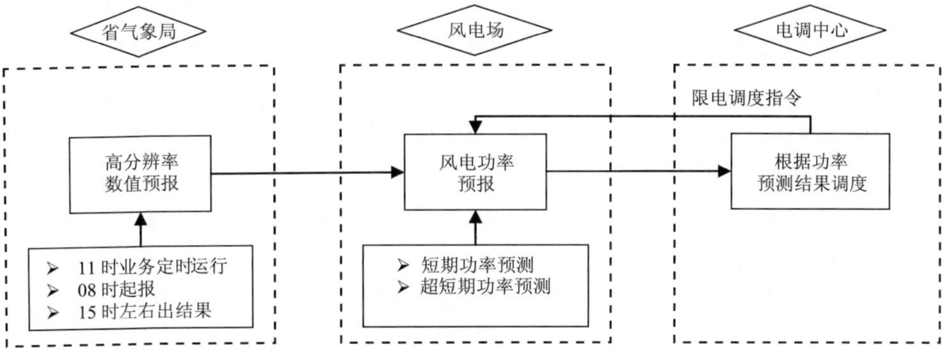

图 10.6　风电功率预报流程

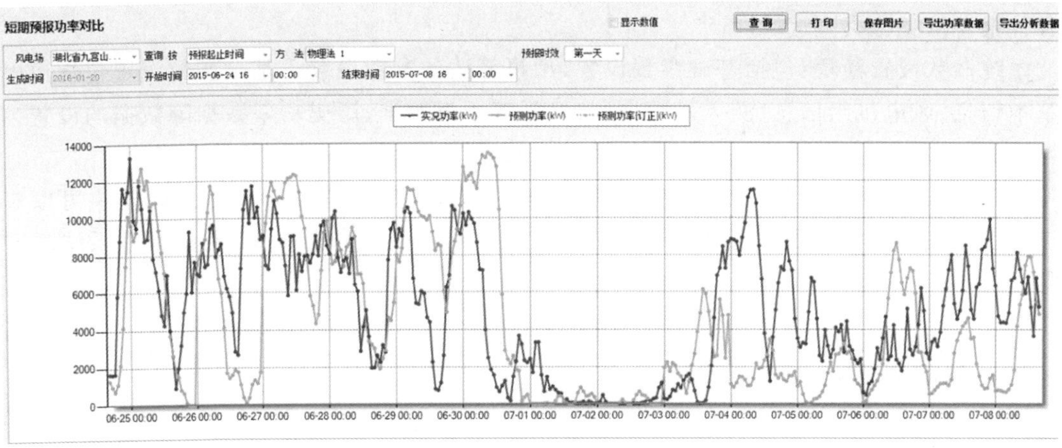

图 10.7　风电功率预报系统预报结果查询界面

10.1.2.2　风电功率预报系统介绍

风电场风电功率预报系统分为五大部分：数据库子系统、资料采集处理与查询子系统、预报制作子系统、数据通信子系统及辅助管理系统，又可按功能划分为九大模块，其主要功能模块划分如图 10.8 所示。

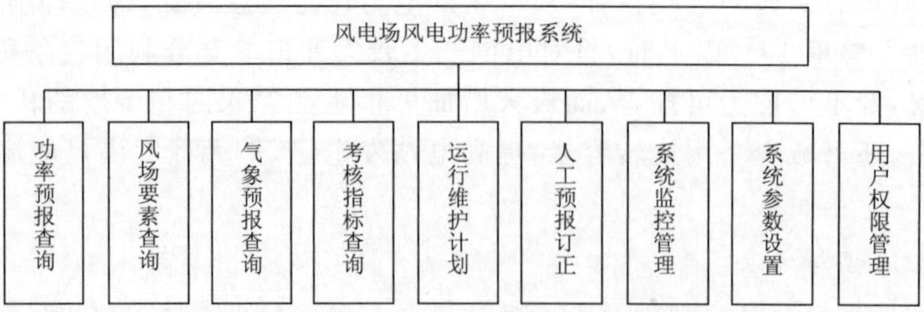

图 10.8　风电功率预报系统功能模块划分

功率预报查询模块：以 WRF 模式预报数据为基础，对风电功率进行未来 3d 的短期预报和未来 4h 的超短期预报，另外，还可以实现风电功率预报与实时的对比查询。

风场要素查询模块：对风电场的气象要素查询，如风电场的风速、风向、气温、气压等气象要素的查询。包括风电场风速对比查询、测风塔数据查询、数值天气数据查询、风向玫瑰图及风廓线查询等功能。

气象预报查询模块：可查询风电场的天气预报，包括短期天气预报、中期天气预报、长期天气预报及重要天气预警信息。

考核指标查询模块：对预报准确率、合格率、上报率及误差进行统计查询。通过该模块可以查看和检测该系统的性能。

运行维护计划模块：包括风电机组的运行维护计划及电网公司下达的限电计划。

人工预报订正模块：为短期预报和超短期预报的自动预报的一种补充，通过此模块可以实现短期预报和超短期预报的人工预报，预报结果可以导出为 Excel 格式。

系统监控管理模块：实现对系统运行状态的监控，可以对系统运行过程中的历史的、实时的各种报警信息分类查询。

系统参数设置模块：包括基础参数设置、预报算法的参数设置。基础参数设置包括风电场的基本信息、风电机组信息、测风塔数据、数值天气预报数据、历史功率数据等数据的设置。预报算法的设置包括短期预报与超短期预报方法的设置，功率曲线的设置等功能。

用户权限管理模块：对用户的权限进行管理，可以增加、删除用户。通过此模块可以对用户进行各模块的授权。用户登录后可以通过所授权限对系统进行操作，从而保证系统的安全稳定运行。

10.2　太阳能资源开发利用

10.2.1　太阳能资源评估

太阳能资源综合评估，即根据各级政府出台的相关政策及能源企业需求，综合考虑气候资源、地理环境、土地利用、交通、电网接入、电接纳能力等因素开展资源评估，以全面了解该区域太阳能资源状况。

10.2.1.1　技术内容及方法

(1)主要技术内容

分为前期准备、综合评估两个阶段。

1)前期准备

①评价区域确定

根据辖区内太阳能资源分布现状、太阳能开发动态及能源企业需求，选取太阳能拟评价区域。

②代表站与参证站选取

根据现有气象观测网，依托评价需求，结合区域气候特征、地理条件等因素，在太阳能拟评价区域选取观测要素多(优先选取辐射、日照等)、观测序列长、资料完整性高、区域代表性好的气象站。

选取相距较近(200km以内)、与代表站气候、地形条件相似且辐射观测序列在20年以上的台站可确定为参证站。

③代表站辐射推算

根据气候学推算法，利用参证站多年的辐射观测资料建立逐月太阳总辐射、直接辐射与日照百分率关系的推算方程，推算代表站逐月太阳总辐射、直接辐射、散射辐射的历史序列，作为评价区域太阳能资源分析和评价的依据。

2)综合评估

在对代表站辐射数据推算的基础上分析太阳能各项参数，主要有日照时数、日照百分率、水平面总辐射、直接辐射、散射辐射、直射比及总辐射稳定性等。综合分析上述各项参数，根据《QX/T 89—2008　太阳能资源评估方法》，给出评价区域太阳能资源评估结论。对后期光伏电站的选址与开发建设提供客观、可靠的科学依据。

(2)主要技术方法

主要技术方法是《QX/T 89—2008　太阳能资源评估方法》《GB/T 31155—2014　太阳能冷源等级　总辐射》《GB/T 31156—2014　太阳能冷源测量　总辐射》《GB/T 31163—2014　太阳能资源术语》。综合评估业务技术流程见图10.9。

10.2.1.2　湖北省太阳能资源特征

(1)空间分布特征

湖北省太阳能资源空间分布特征呈现出三大特点：整体上从鄂西南向鄂东北逐步增多；同纬度相比，东多西少，或者平原多，山区少。

目前我国国家级的业务地面辐射观测站为98个，其中湖北省仅武汉(一级站)、宜昌(三级站)2站，以现有地面辐射观测资料不能进行有效的评估，需要根据其他地面观测要素进行太阳能资源的气候学统计推算。目前常用的是日照观测资料(图10.10)。

利用武汉1971—2000年辐射站辐射资料和日照资料，建立基于月平均日照百分率的气候学推算方程，推算得到全省气象台站观测资料，采用气候模型推算得到：湖北省各地年太阳总辐射大部为4380～4800MJ/(m^2·a)。其中鄂东北最多，广水、孝感、安陆、新州、黄冈、麻城均在4700MJ/(m^2·a)以上；其次为鄂西北、鄂北岗地，总辐射为4400～4700MJ/(m^2·a)；再次为鄂东南、江汉平原，为4000～4400MJ/(m^2·a)；鄂西南山区最少，为3000～4000MJ/(m^2·a)，除三峡河谷外，大部在3780MJ/(m^2·a)以下。根据气象行业标准，除鄂西南大部外，湖北

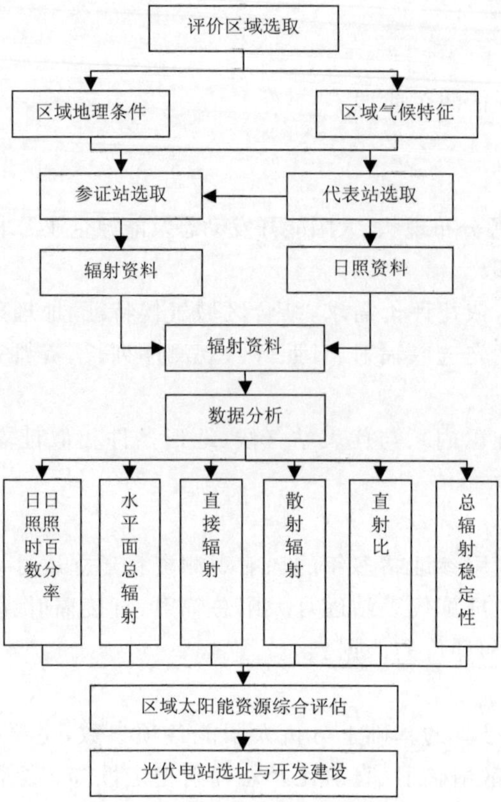

图 10.9　湖北省太阳能资源综合评估业务技术流程

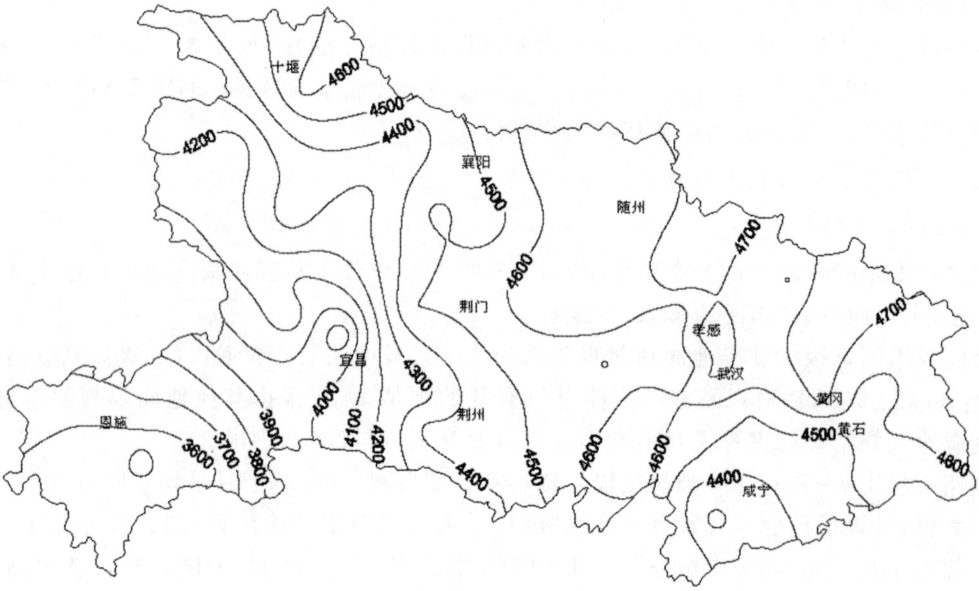

图 10.10　湖北省年太阳总辐射空间分布(1971—2000 年,单位:MJ/(m^2 · a))

省广大地区属于太阳能资源丰富区(3780～5040MJ/(m^2 · a))。湖北省每年接收的太阳辐射能相当于 535 亿吨标准煤的能量,超过全省 2011 年能源消耗的 320 倍以上。

根据湖北省实际,又可将湖北省太阳能资源状况划分为三级利用区:一级优先利用区、二级持续利用区、三级季节利用区(图 10.11)。

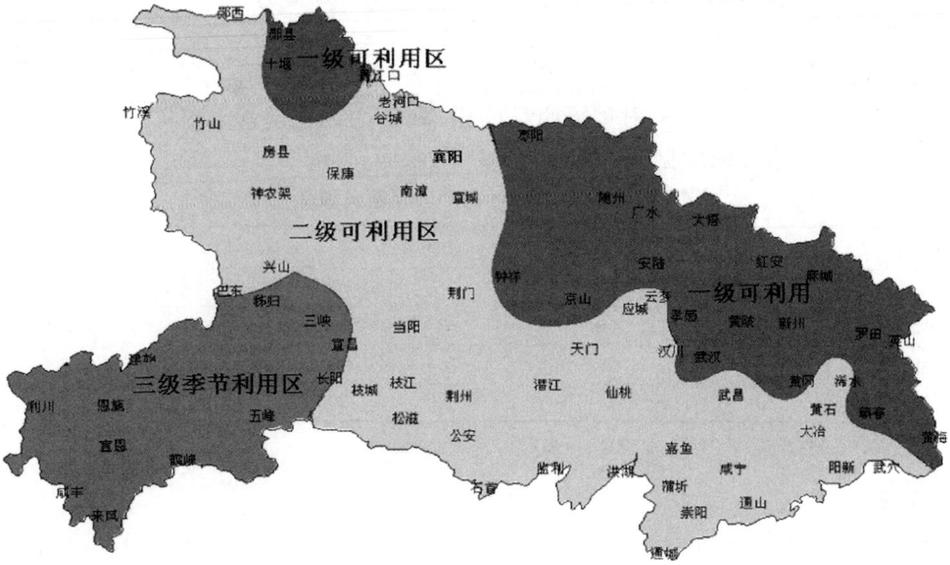

图 10.11　湖北省太阳能资源区划(1971—2000 年)

一级优先利用区:包括鄂东北、鄂北及鄂西北部分地区("三北"地区),年太阳总辐射大于 4600MJ/(m^2 · a),日照时数为 1900～2100h,年晴天日数为 155～180d,是湖北省太阳能最佳地区;相对而言,该区各月的日照时数及晴天日数均较多;鄂东北 7—12 月、鄂西北十堰 5—12 月(9 月除外)每月有近一半的晴天,年变化较稳定,这一时期不亚于我国光能资源很丰富区中的光能资源,对于光电直接利用非常有利,应优先开发利用。

二级持续利用区:包括江汉平原、鄂东南以及鄂北岗地南部、鄂西北部分地区,年太阳总辐射为 4200～4600MJ/(m^2 · a),日照时数为 1400～1900h,年晴天日数为 130～155d。该区 7—8 月有半数以上为晴天。另外,该区是湖北的粮棉重点生产区域,也是光合产物的农业副产品—生物质能的重点产区,是光电与光—生物质能综合利用的最佳区域。

三级季节利用区:主要包括鄂西南、三峡河谷。本区北部三峡河谷地区太阳总辐射相对较多,其中春夏季太阳总辐射与峡外相当;南部太阳辐射、日照时数则相对较少,如恩施全年日照时数 1259h,全年晴天日数不足 90d。

(2)时间分布特征

湖北省太阳总辐射以夏季 7 月和 8 月最丰富,其次是春季,再次为秋季,冬季 12 月和 1 月最少,武汉、宜昌 7 月和 8 月的实测总辐射均在 500MJ/m^2 以上,是 12 月和 1 月的 2 倍多。受华西秋雨影响,西部山区秋季日照时数明显少于春季;中东部地区则相反,日照时数为春多秋少。晴天日数夏季最多,春季最少(鄂西南冬季最少),秋季略高于冬季。阴天日数与晴天日数相反,夏季最少,冬季最多。

湖北省太阳能资源各项目指标的气候变化趋势基本一致。受全球气候变化的影响，年太阳总辐射、日照时数以及晴天日数有减少的趋势；阴天日数呈增加趋势，但连阴(雨)过程持续的时间有缩短趋势。

(3)太阳能资源综合分析

我国国家和行业标准中一般采用三个指标对太阳能资源进行分级：太阳总辐射年辐照量、稳定度和直射比。

1)总量等级

太阳能资源总量以太阳总辐射年辐照量度量，划分为四个等级：最丰富(A)、很丰富(B)、丰富(C)、一般(D)。划分标准见表10.2。

表10.2 太阳总辐射年辐照量等级

等级名称	分级阈值[(kW·h/(m²·a)]	分级阈值[(MJ/(m²·a)]	等级符号
最丰富	$G \geqslant 1750$	$G \geqslant 6300$	A
很丰富	$1400 \leqslant G < 1750$	$5040 \leqslant G < 6300$	B
丰富	$1050 \leqslant G < 1400$	$3780 \leqslant G < 5040$	C
一般	$G < 1050$	$G < 3780$	D

注：G 表示总辐射年辐照量，采用多年平均值(一般取30年平均)。

2)稳定度等级

稳定度划分为四个等级：很稳定(A)、稳定(B)、一般(C)、欠稳定(D)。划分标准见表10.3。

表10.3 太阳总辐射稳定度等级

等级名称	分级阈值	等级符号
很稳定	$R_W \geqslant 0.47$	A
稳定	$0.36 \leqslant R_W < 0.47$	B
一般	$0.28 \leqslant R_W < 0.36$	C
欠稳定	$R_W < 0.28$	D

注：R_W 表示太阳总辐射稳定度，计算时，首先计算多年平均(一般取30年平均)的总辐射各月平均日辐照量，然后求最小值与最大值之比。

3)太阳直射比等级

太阳直射比分为四个等级：很高(A)、高(B)、中(C)、低(D)。划分标准见表10.4。

表10.4 太阳直射比等级

等级名称	等级符号	分级阈值	等级说明
很高	A	$R_D \geqslant 0.60$	直接辐射主导
高	B	$0.50 \leqslant R_D < 0.60$	直接辐射较多
中	C	$0.35 \leqslant R_D < 0.50$	散射辐射较多
低	D	$R_D < 0.35$	散射辐射主导

注：R_D 表示年直射比，计算时，首先计算水平面直接辐射和总辐射年辐照量的多年平均值(一般取30年平均)，然后求二者之比。

光伏发电主要利用总辐射量，而聚光光伏和聚光光热主要利用直接辐射量。湖北省各站直接辐射量为950～2050MJ/(m²·a)(表10.5)，其空间分布趋势与总辐射资源分布类似，也是鄂东北、鄂北及鄂西北部分地区等“三北”地区最多，鄂西南最少，其他地区居中。除鄂西南部分地区处于“一般”的 D 等级以外，湖北省大部太阳能资源状况处于“丰富”的 C 等级。

表 10.5　湖北省各站水平面总辐射和直接辐射年总量(1971—2000 年)(单位：MJ/(m^2 · a))

站名	总辐射量	直接辐射量	站名	总辐射量	直接辐射量	站名	总辐射量	直接辐射量
竹溪	3978.3	1596.6	大悟	4439.7	1974.1	鄂州	4438.0	1983.6
郧西	4286.8	1857.9	红安	4254.3	1821.8	黄冈	4455.8	2002.6
郧县	4411.3	1950.9	麻城	4520.0	2046.7	大冶	4166.2	1748.9
十堰	4424.9	1961.1	利川	3279.4	1019.9	咸丰	3198.0	951.1
竹山	3935.7	1561.1	建始	3457.4	1179.3	宣恩	3146.6	912.0
房县	4030.5	1625.0	恩施	3326.1	1071.1	鹤峰	3241.0	981.0
丹江口	4298.2	1848.8	五峰	3607.7	1278.8	来凤	3241.6	993.7
老河口	4063.0	1655.0	当阳	4111.7	1702.9	石首	4090.5	1693.2
谷城	4044.5	1639.4	宜昌	3843.7	1480.8	监利	4319.3	1888.5
襄阳	4214.4	1779.9	长阳	3773.7	1418.2	洪湖	4403.1	1960.8
枣阳	4349.9	1899.2	宜都	3953.9	1574.9	赤壁	4070.9	1673.1
巴东	3779.9	1442.8	枝江	4013.6	1627.8	嘉鱼	4156.7	1750.6
秭归	3874.2	1528.3	松滋	4148.7	1743.2	崇阳	3952.0	1573.4
兴山	3794.8	1448.3	潜江	4251.3	1828.4	通城	4187.2	1778.7
保康	3986.6	1580.7	荆州	4105.0	1702.7	咸宁	4046.2	1648.6
神农架	4110.1	1693.0	公安	4161.6	1754.9	通山	4070.2	1673.3
南漳	4320.8	1869.7	应城	4228.4	1804.4	罗田	4301.2	1860.7
远安	4233.2	1803.0	孝感	4439.0	1985.5	英山	4283.2	1844.7
宜城	4165.3	1742.9	天门	4180.9	1769.4	浠水	4266.0	1835.9
荆门	4182.4	1761.4	仙桃	4375.7	1935.2	黄石	4231.9	1807.9
钟祥	4349.5	1901.8	汉川	4312.6	1878.9	蕲春	4421.5	1972.0
随州	4314.0	1863.7	蔡甸	4459.8	2004.6	黄梅	4305.5	1872.3
广水	4428.0	1964.5	黄陂	4365.1	1918.5	阳新	4202.0	1782.4
京山	4424.6	1963.4	新洲	4544.2	2069.3	武穴	4227.9	1811.5
安陆	4479.3	2012.6	江夏	4203.2	1785.4			
云梦	4322.3	1887.1	武汉	4406.3	1958.2			

湖北省直射比空间分布与总辐射分布类似(图 10.12)，范围为 0.30～0.45，除鄂西南属于散射辐射主导的 D 等级外，大部地区属于散射辐射较多的 C 等级(0.35～0.50)。稳定度指数北大南小，鄂西南地区最小，跨越 3 个等级，范围为 0.25～0.45，鄂西南部分地区属于欠稳定的 D 等级(<0.28)，湖北省南部属于一般的 C 等级(0.28～0.36)，其余大部地区属于年变化稳定的 B 等级(0.36～0.47)(图 10.13)。

综合来看，虽然受云、水汽等条件影响，湖北省太阳能资源在全国算不上最佳，但除鄂西南属于太阳能资源一般区外，其他地区均属于资源丰富区。因此，如果能提高以武汉为代表的湖北省中东部地区散射辐射利用效率，加大湖北省的“三北”地区资源利用能力，可大大提高本地对太阳能的利用效率。

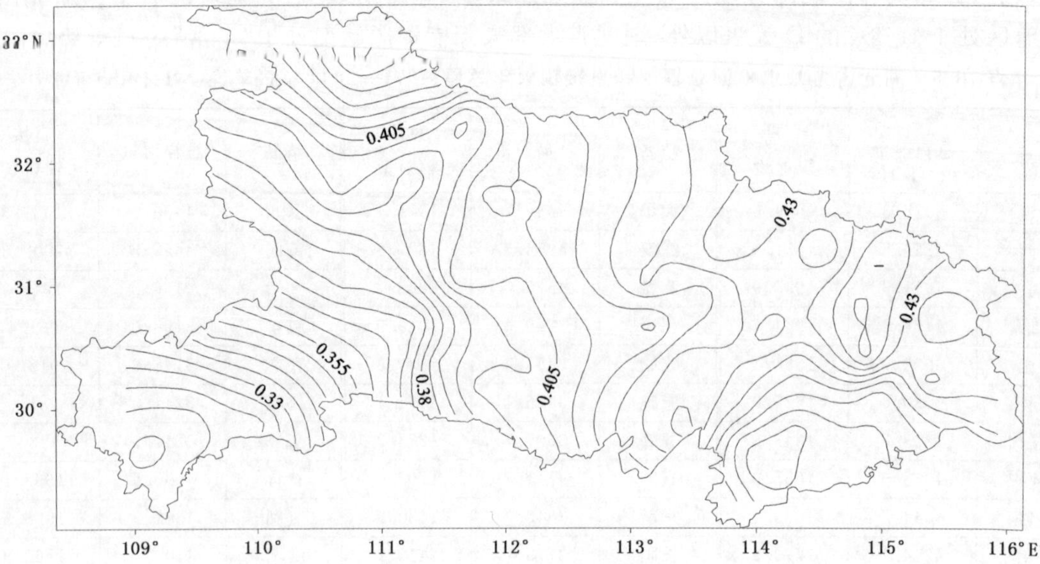

图 10.12　湖北省太阳直射比分布(1971—2000 年)

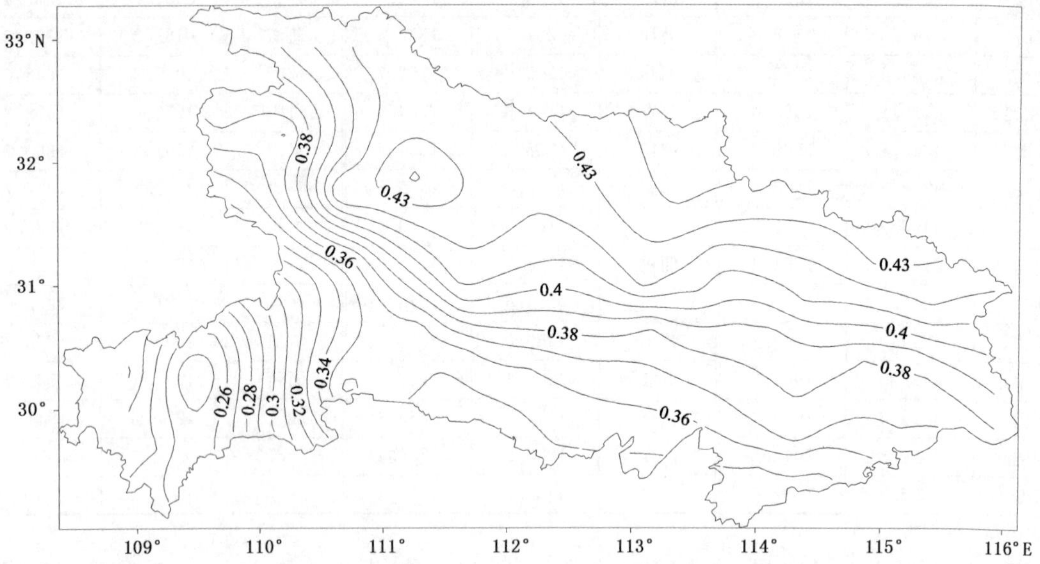

图 10.13　湖北省稳定度指数分布(1971—2000 年)

10.2.2　太阳能光伏发电预报

10.2.2.1　技术路线及方法

光伏发电功率预测预报系统基于中尺度数值天气预报模式进行光伏发电功率预测，能够通过多种预报方法实现短期(未来 3d)、超短期(未来 4h)的逐 15min 光伏发电功率预报或太阳辐照度预报。其中，选用的数值预报在模式中同化了卫星、雷达、地面等多种资料，具有较高的分辨率和准确性。此外，系统中还提出了斜面总辐射模式预报的新方法，在光电转换模型和参数中充分考虑了气象条件的影响，并采用原理法和动力统计法开展系统预报方法的研究。

系统短期预报原理结构：基于中尺度数值预报模式产品，采用两种预报方法进行光伏发电功率短期预报：一是利用水平面的辐射观测数据完成对模式输出辐射预报的统计订正（MOS方法），再通过斜面辐射及光电物理模型的转换，建立光伏发电功率的动力统计预报模型进行原理法预报。二是利用历史（实时）光伏发电功率数据，直接建立模式输出要素与发电功率之间的动态统计模型进行动力统计预报。两种预报方法基于不同的预报思路，采用不同的输入资料，既可以选择一种应用，也可以互为补充，适合不同条件的光伏电站应用。

系统短期预报原理结构见图 10.14。

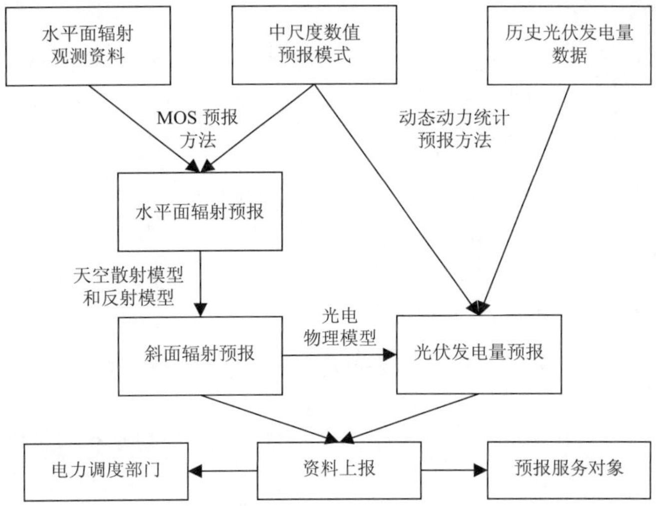

图 10.14　光伏发电功率预报流程

系统超短期预报原理结构：依赖于实时功率数据，采用短期预报订正或纯粹统计外推法，后者不依赖于数值天气预报而进行光伏发电功率预报系统运行于光伏电站，通过 Internet 或专线方式获取气象部门的数值天气预报数据、光伏电站的辐射及其他气象要素观测数据、光伏阵列实时运行信息及电网下达的限电调度指令，根据一定的算法对光伏发电功率进行预报，预报结果存储到数据库服务器上，预报结果采用国家电网 E 格式上传到电网安全Ⅱ/Ⅲ区。其预报系统物理框架结构如图 10.15 所示。

10.2.2.2　光伏发电功率预报系统介绍

光伏发电功率预报系统见图 10.16，图 10.17。

中尺度模式模块：以 WRF 模式为基础，以 NCEP/GFS 资料为初始场和边界条件，实现地面短波辐射和其他相关要素的逐时（15min）预报。两种预报方法均以中尺度模式产品为起始数据。

数据处理模块：以数据库系统为核心，具有读取模式预报结果并进行空间插值、积分等计算和入库功能；自动下载辐射观测资料、常规天气预报功能；对于动态动力统计预报，还具有自动更新下载电站光伏发电量资料功能。

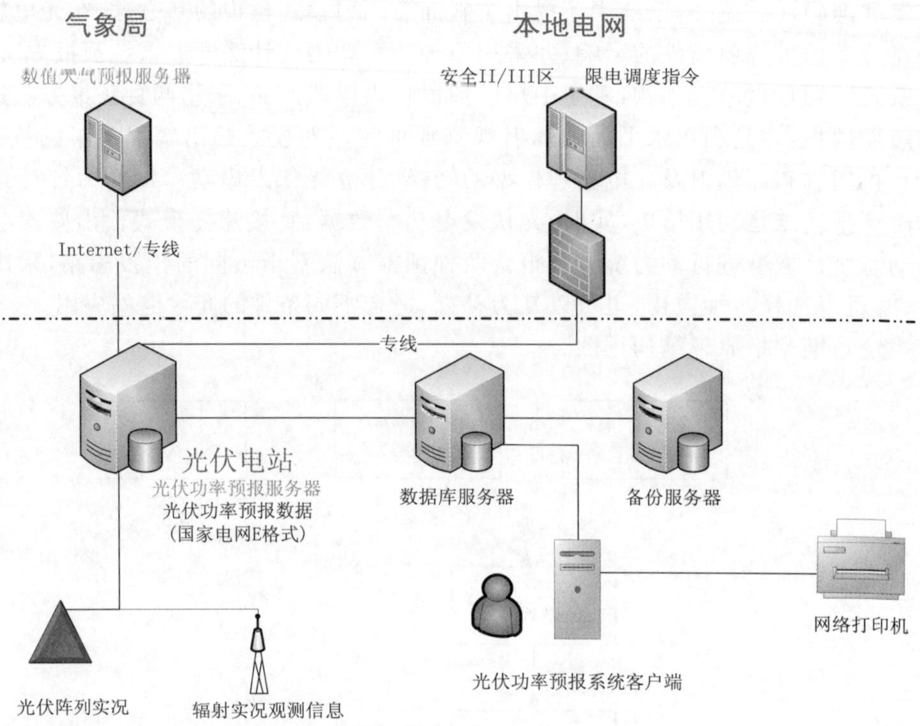

图 10.15 光伏发电功率预报系统物理框架

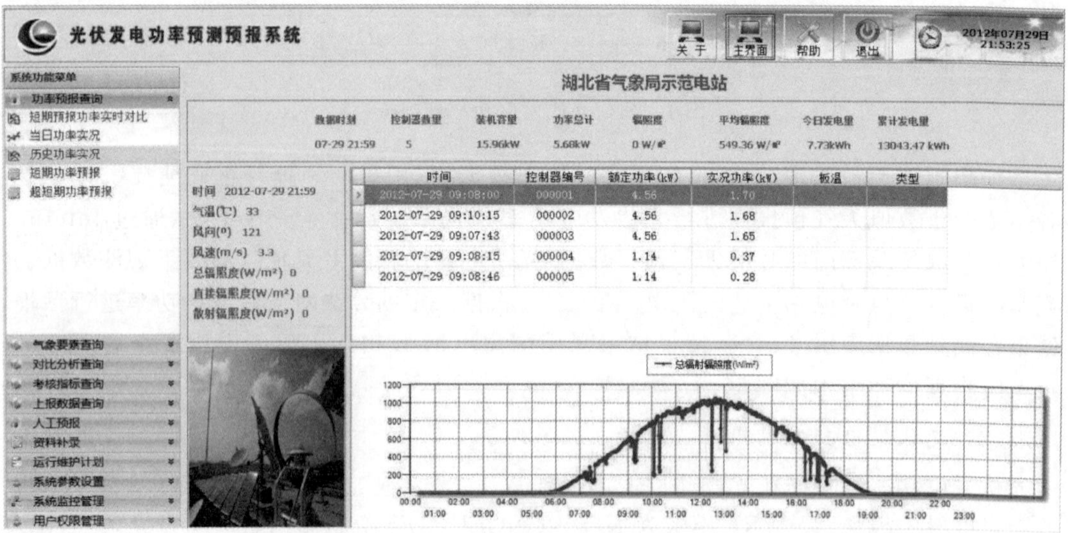

图 10.16 光伏发电功率预报系统主界面

MOS 预报方法模块:以太阳辐射的 MOS 预报方程为基础,实现低通滤波、去除天文辐射影响,因子选择、降维、主成分提取,多元回归预报、预报结果还原等功能。

斜面辐射计算模块:以清晰度指数和直射比相关关系为核心,建立直射比预报方法,以各向同性天空散射辐射和反射辐射模型为基础,实现水平面辐射向斜面辐射的转换。

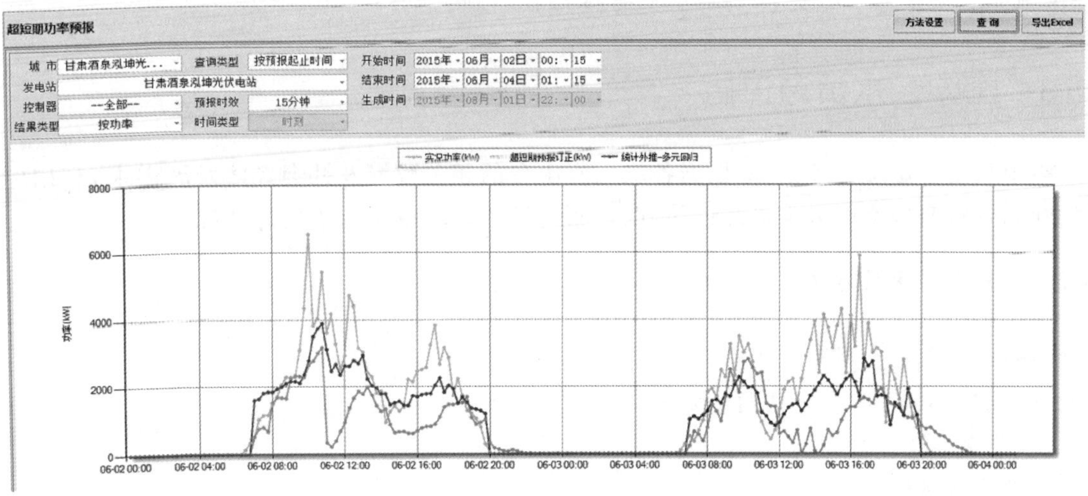

图 10.17　光伏发电功率预报预报结果查询界面

光电转换物理模块：充分考虑光电转换过程和直流/交流转换过程中的光电物理过程及其与辐射条件的关系，建立基于光电物理原理的计算模型，以斜面辐射预报和板温等其他要素预报为输入条件，最终实现光伏并网发电功率的预报。

动态动力统计预报模块：以动态多元线性回归方法为核心，利用中尺度数值预报产品及历史(实时)光伏发电功率数据，建立二者之间的动态统计模型，用滚动样本的方式每天对预报方程的待定系数进行更新，本方法可以更好地适应季节气候变化的影响以及光伏电站长期出力而产生的衰退效应。

固定系数预报模块：以多元线性回归方法为核心，利用中尺度数值预报产品及历史光伏发电功率数据，建立二者之间的静态统计模型，用固定样本的方式对预报方程的待定系数进行建模，本方法可以更好地适应实况资料无法及时更新的情况。

结果展示和查询模块：采用不需要进行终端用户部署的 C/S 模式(客户端/服务器模式)，开发预报产品查询显示系统。

风电、光伏预报系统具有以下特点：一是实现了跨电力和气象行业的数据采集与应用，将数值预报、灾害预警、现场观测、发电功率、调度指令等跨行业数据进行充分融合与应用，用于预报建模等，有效提高了预报预警等服务产品的准确率和针对性。例如采用相关电力通信协议，自动获取新能源电站实况功率、测风塔、环境监测仪等信息，并定时上报气象要素和功率预报结果等到电网调度中心。二是采用了智能化自动化的预报预警技术，如采用神经网络人工智能方法建立滚动订正功能模块，对预报要素进行订正和功率预测，将短期和超短期预报准确率提高了 5%以上。通过互联网定时向光伏电站和风电场推送数值预报，并通过反向隔离装置将数据传入到电站“安全二区”，并每日自动调用滚动订正模块，生成未来 3～7d 的短期功率预报，每 15min 自动生成未来 4h 的超短期功率预报。三是实现了多电站的集中监测预报，自动对风电、光伏等多个新能源电站进行并行预报计算，并可同时显示多个电站的实况和预测功率曲线。

目前已在新疆、宁夏、内蒙古、吉林、安徽等 10 多个省(区)40 多家电站推广应用，具有广阔的市场前景。在全国的广泛应用表明，本系统可有效提高新能源电站发电量，降低“弃风弃光”比例。

10.3　空中云水资源评估

空中云水资源综合评估，即根据各级政府出台的相关政策及社会经济发展需求，利用气象台站观测资料开展空中云水资源评估，以全面了解该区域空中云水资源状况。

10.3.1　技术内容及方法

10.3.1.1　主要技术内容

分为前期准备、综合评估两个阶段。

(1)前期准备

1)评价区域确定

根据工农业生产、生态保护等社会需求，结合辖区内空中云水资源分布现状，选取空中云水拟评价区域。

2)代表站选取

根据现有气象观测网，依托评价需求，结合区划、区域气候特征等因素，基于降水或探空、GPS 微波等观测资料，在空中云水资源拟评价区域选取观测序列长、资料完整性高、区域代表性好的气象站。

(2)综合评估

根据《空中水汽资源计算方法》，选取合适方法，分析代表站空中云水资源各项参数，主要有水汽含量、大气可降水量、空中水汽资源量及降水转化率等。经综合分析，给出评价区域空中云水资源评估结论(图 10.18)。为提高人工影响天气作业水平与效益、提升空中云水资源开发能力提供客观、可靠的科学依据。

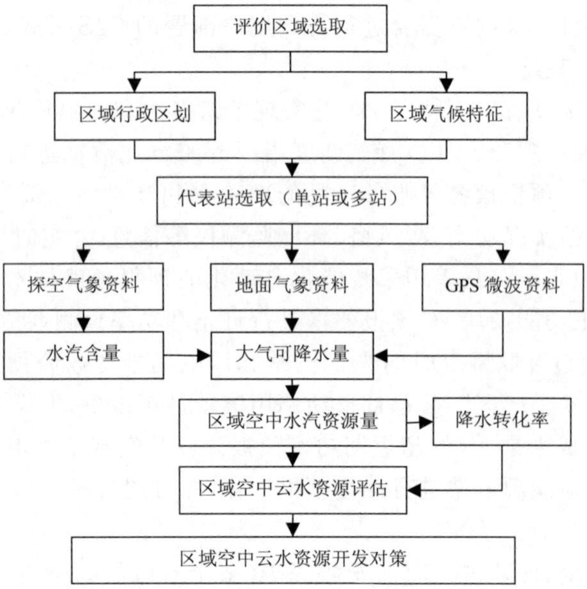

图 10.18　湖北省空中云水资源综合评估业务技术流程

10.3.1.2　主要技术方法

《GB/T 35573—2017　空中水汽资源计算方法》。

10.3.2　湖北省空中云水资源特征

(1)空间分布特征

湖北省空中云水资源空间分布特征呈整体上从鄂西北向鄂东南逐步增多;南部多于北部,东部多于西部。

1)年平均空中云水资源量的空间分布特征

根据多年气象台站观测资料,计算分析整层大气可降水量得到(图 10.19):湖北省各地年空中云水资源量为 815～1253cm,多年平均最大可降水量为 1131cm。鄂东南及鄂西南是两个高值中心,鄂东南在 1190cm 以上,鄂西南南部在 1100cm 以上;鄂西北值最低,大部在 1000cm 以下。但在竹溪和竹山有一个次高值区。

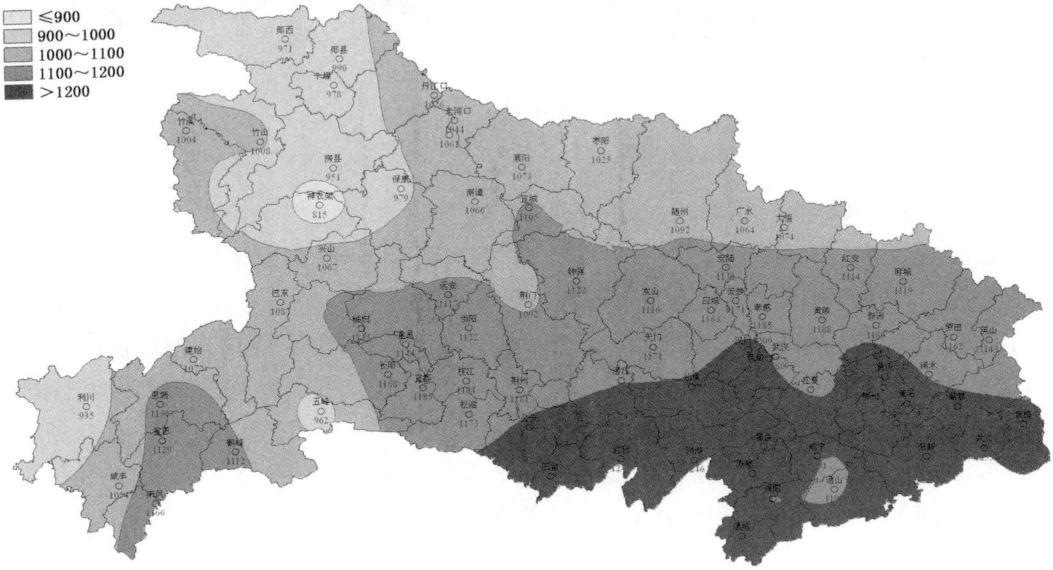

图 10.19　湖北省年平均空中云水资源量的空间分布特征(1981—2010 年,单位:cm)

这种分布特点与湖北省主要水汽来源通道密切关联。湖北省主要水汽来源于南海、印度洋、太平洋等南方洋面,在水汽由南向北输送途中,含量渐渐减少,形成水汽南多北少。处于北亚热带湿润区北界的鄂西北北部,受北方干冷空气控制时间较长,来自南方洋面的暖湿空气至此,强度已减弱,所以水汽含量在全省范围内属低值区。

2)各季节空中云水资源量的空间分布特征

湖北省各地空中云水资源的季节性差异明显(图 10.20)。季节的空间分布和年平均分布趋势相同,都为南多北少。季节差异形成的主要原因,是由于湖北所处的地理位置和主要影响天气系统所致。全省空中云水资源量冬季为 82～139cm,量值最小,在隆冬季节,湖北主要受冬季风影响,冬季风强而稳定。在强大的冬季风控制下,高空、地面的天气系统稳定少变,水汽含量明显减少。春季是冬夏季风交替的过渡季节,这时夏季风开始活跃加强,即南方洋面上的

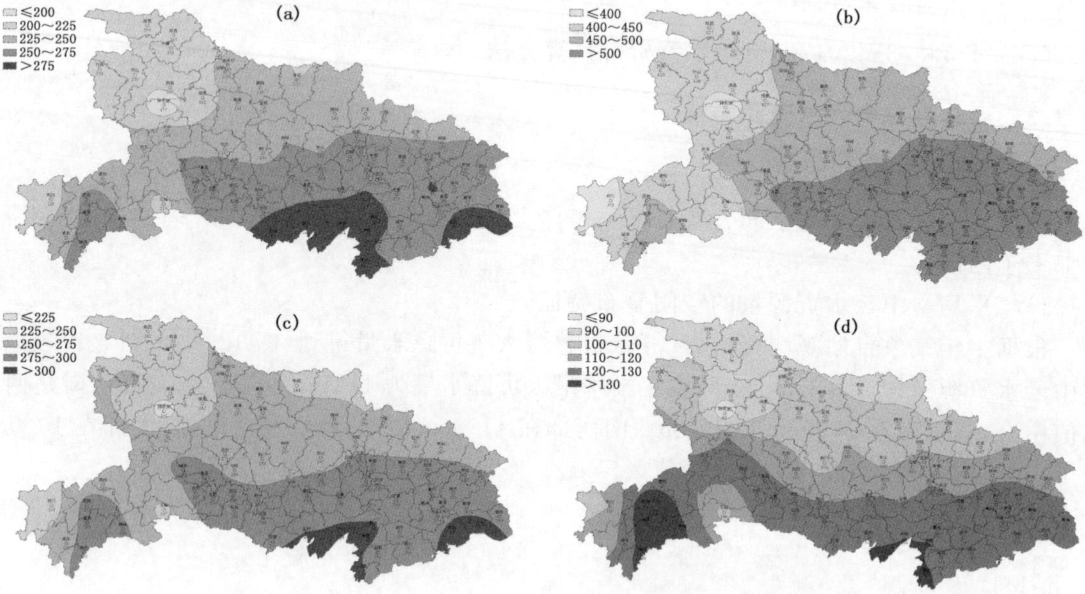

图 10.20　湖北省各季平均空中云水资源量的空间分布特征(1981—2010 年,单位:cm)
(a 春季,b 夏季,c 秋季,d 冬季)

气流带着既暖又湿的空气向北移动,空中含水量随之而增多,空中云水资源量为 175～284cm。夏季为 356～534cm,量值最大,是由于夏季时,夏季风最为强盛,因而水汽含量最大。秋季为 202～308cm,与春季相比,最低值与最高值差异较小,也就是说,东西差异缩小,这主要是由于湖北省秋季的鄂西山地,仍受青藏高原东侧强劲的西南季风的影响,西南暖湿气流仍较活跃。

(2)时间分布特征

1)年际分布特征

如图 10.21,湖北省空中云水资源量年际间差异不是很大,一般为 1100～1200cm。1986 年、1992 年为两个谷点,值在 1100cm 以下;峰值点在 1998 年,为 1197cm。

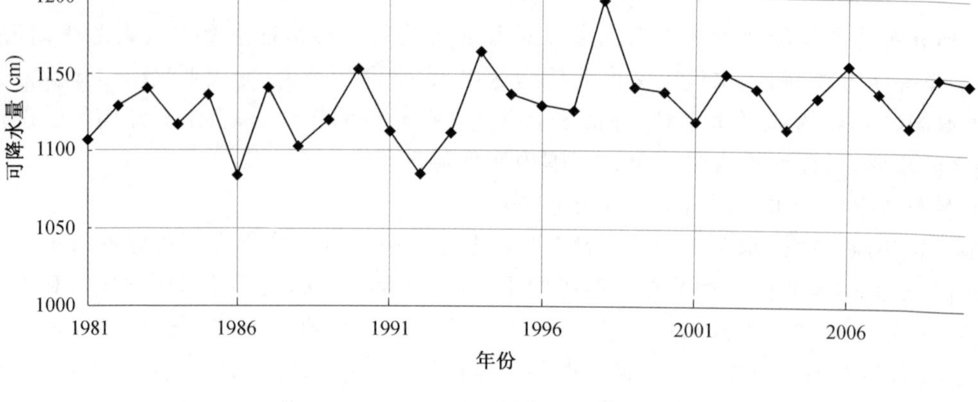

图 10.21　湖北省空中云水资源量逐年变化图(1981—2010 年)

2)月际分布特征

5—9 月是湖北省空中云水资源量最多的月份(图 10.22),占全年的 64%,夏季 7 月和 8 月最多,均在 160cm 以上。冬季 1 月和 2 月份最少,约为 40cm。

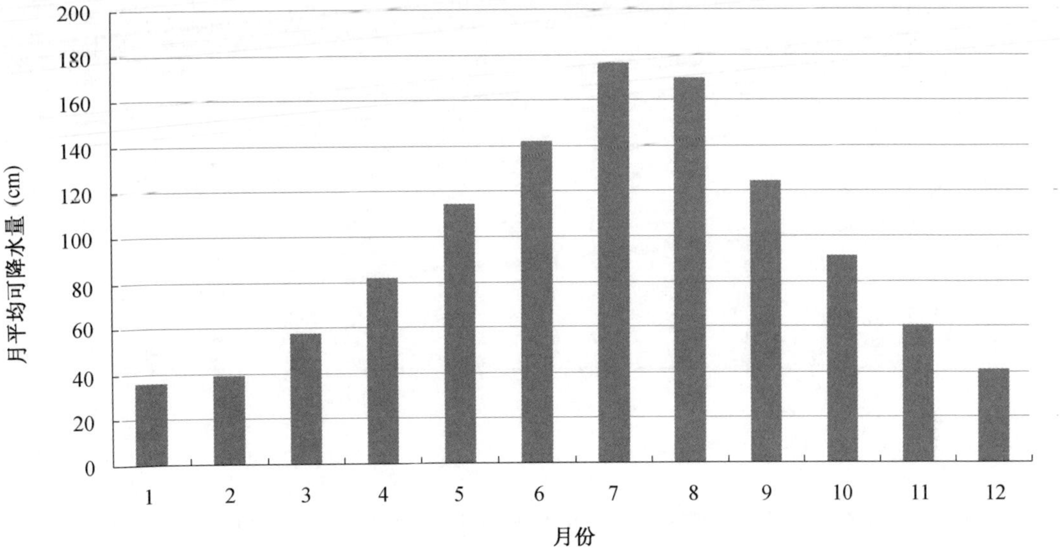

图 10.22　湖北省空中云水资源量逐月分布特征(1981—2010 年)

(3)水汽输送特征

根据 2005—2010 年恩施、宜昌、武汉、南阳 4 个探空站的逐日探空资料,利用平均水汽输送量计算公式,得到湖北省东、西、南、北 4 个方向的逐月平均水汽输送量(表 10.6,[彩]图 10.23)。

表 10.6　湖北省 2005—2010 年逐月平均水汽输送量(单位:亿吨)

月份	东		西		南		北	
	输入	输出	输入	输出	输入	输出	输入	输出
1	8.56	743.49	805.77	31.72	390.01	44.14	71.49	90.22
2	9.86	927.15	942.11	44.73	529.64	6.93	17.10	192.76
3	7.63	840.30	939.99	57.13	242.40	29.86	19.09	91.74
4	6.73	916.80	1040.53	58.51	171.62	115.58	68.58	56.76
5	05.71	1137.99	1441.01	54.84	244.81	439.44	5.84	333.63
6	2.80	1050.10	1159.50	55.47	234.23	783.94	34.44	263.43
7	2.36	1585.80	1046.41	7.71	639.72	619.21	10.17	921.00
8	53.92	517.31	506.18	64.53	84.84	529.25	68.14	514.65
9	141.45	658.82	928.60	110.64	302.61	611.91	12.38	499.18
10	116.60	906.90	1421.70	136.09	99.70	178.13	134.87	155.61
11	11.69	712.94	950.21	35.34	302.12	30.74	111.70	59.53
12	8.83	603.63	667.89	34.13	115.11	44.09	65.85	41.55
合计	376.14	10601.24	11849.91	690.83	3356.82	3433.21	619.67	3220.06

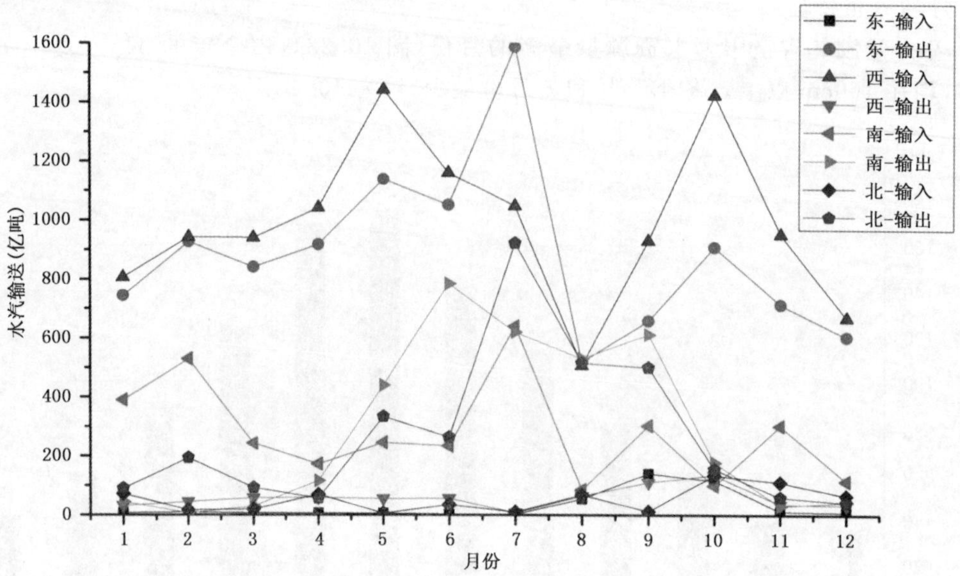

图 10.23　湖北省 2005—2010 年逐月平均水汽输送量

从总体上可以看出，湖北省常年水汽输送东西走向有相当一部分(900 多亿吨)滞留在湖北省，而南北走向呈现向北输送。相对来说，水汽输送在夏季更为突出，且东西向的水汽滞留更明显。

对每个月平均水汽输送量进行分析，湖北省 1—5 月水汽输送相对较少；6 月和 7 月受西南暖湿气流影响很大，向东和向北的水汽输入量大于输出量，增雨潜力很大；8 月份受副热带高压控制，水汽的输送量减少；到 9 月又略有上升，10—12 月又呈下降趋势。

10.4　农业气候资源及农作物分布

10.4.1　农业气候资源

农业气候资源是指能为农业生产所利用的气候要素中的物质和能量的总称。农业气候资源是农业自然资源的组成部分，也是农业生产的基本立地条件，由光照、热量、水分等组成。湖北省大部地区水资源较丰富，作物熟制主要受热量条件制约。热量条件是农作物生命活动所不可缺少的环境因子，作物的生长发育需要在一定的温度条件下进行，而且只有当热量累积到一定程度，作物才能完成其全生育期过程并获得产量。热量条件还在很大程度上决定了一地的自然景观、所能栽培的作物种类、耕作制度以及各种农事活动，它是农业生产中最重要的环境因子之一。由于光照和水资源在 10.2 和 10.3 中已有分析，这里重点就湖北省农业热量资源的分布状况进行分析。

10.4.1.1　无霜期

全省初霜时间大致在 11 月初至 12 月中旬(图 10.24)，一般鄂北及鄂西南二高山以上发生时间较早，一般在 11 月 20 日之前；江汉平原南部、鄂西南三峡河谷到恩施东部、鄂东南偏晚，一般在 11 月末至 12 月中旬前出现初霜冻。全省终霜在 3 月前后，鄂东南及江汉平原在 3

月10—15日，鄂北地区3月10—20日，鄂西三峡河谷终霜在2月中下旬；全省无霜期230～296d，鄂西南三峡河谷为全省无霜期最长的地区，达到280～296d，鄂北大部、鄂西南中南部最少，为230～250d，其他地区在250～280d(图10.25)。

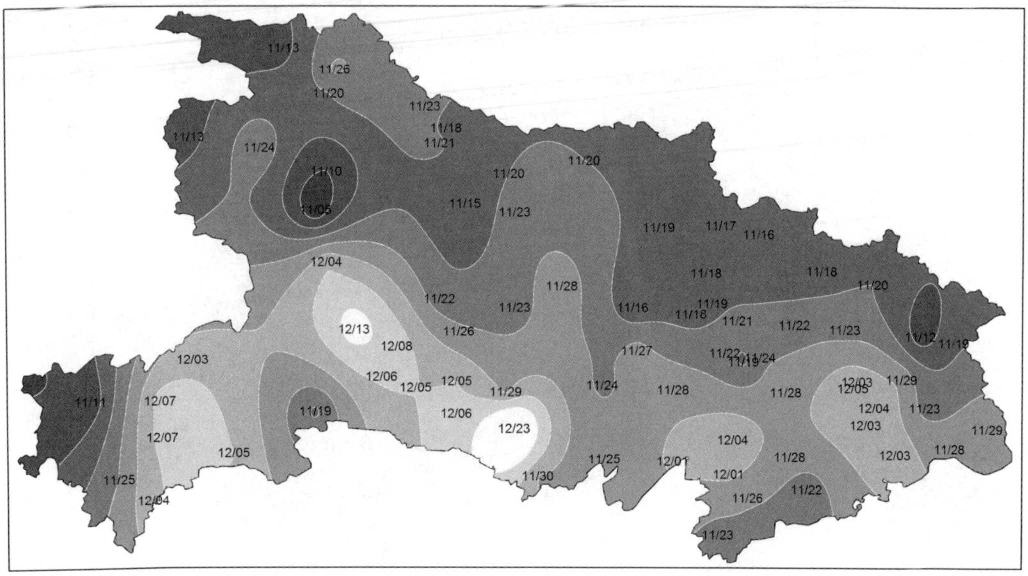

图10.24　湖北省1961—2016年平均初霜日

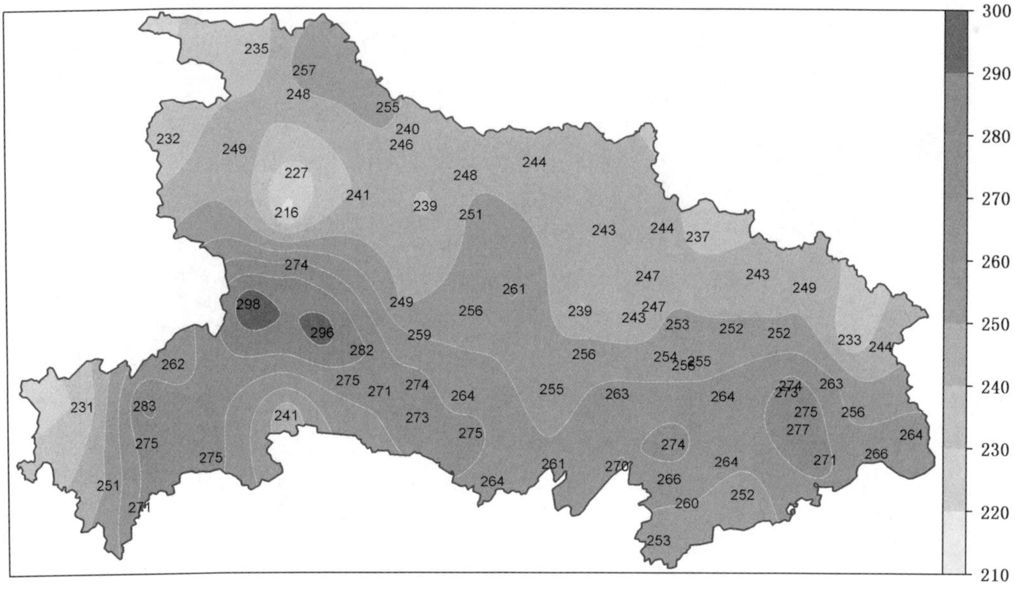

图10.25　湖北省1961—2016年平均无霜期日数(单位:d)

10.4.1.2　积温

通常以日平均气温≥3℃的时期为农作物生长期。全省≥3℃活动积温5562～6755℃·d，鄂西北大部、鄂北岗地为5562～6200℃·d，其他大部在6200℃·d以上，其中鄂东南、江汉平原南部、鄂西南三峡河谷 6300～6755℃ · d(图 10.26)。湖北省除高山外,生长期均在 334d 以上。鄂北生长期稍短,为 335～350d;南部地区较长,在 350d 以上,其中三峡河谷和恩施几乎全年均为生长期,巴东、兴山、秭归、恩施、来凤均在 360d 以上(图 10.27)。

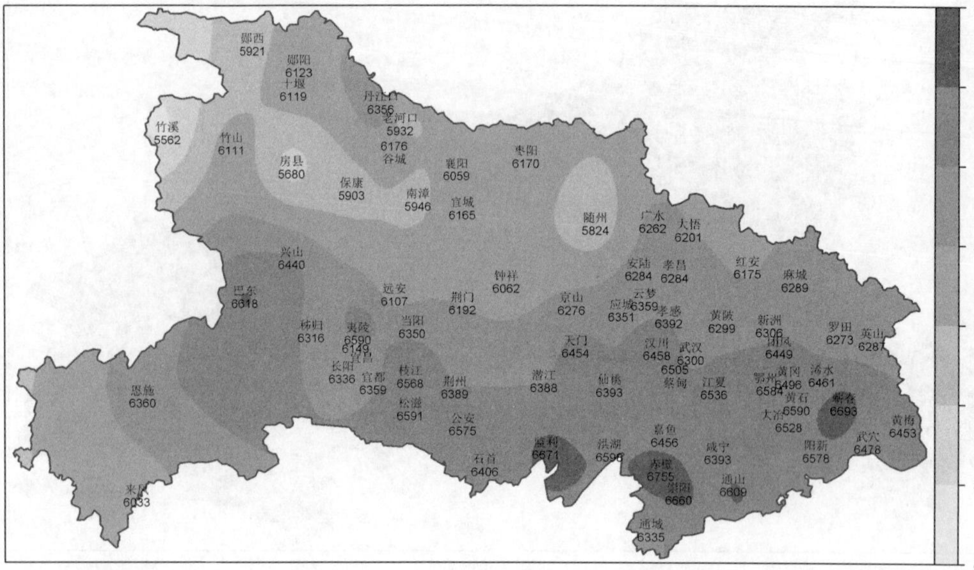

图 10.26　湖北省 1961—2016 年日平均气温≥3℃活动积温(单位:℃ · d)

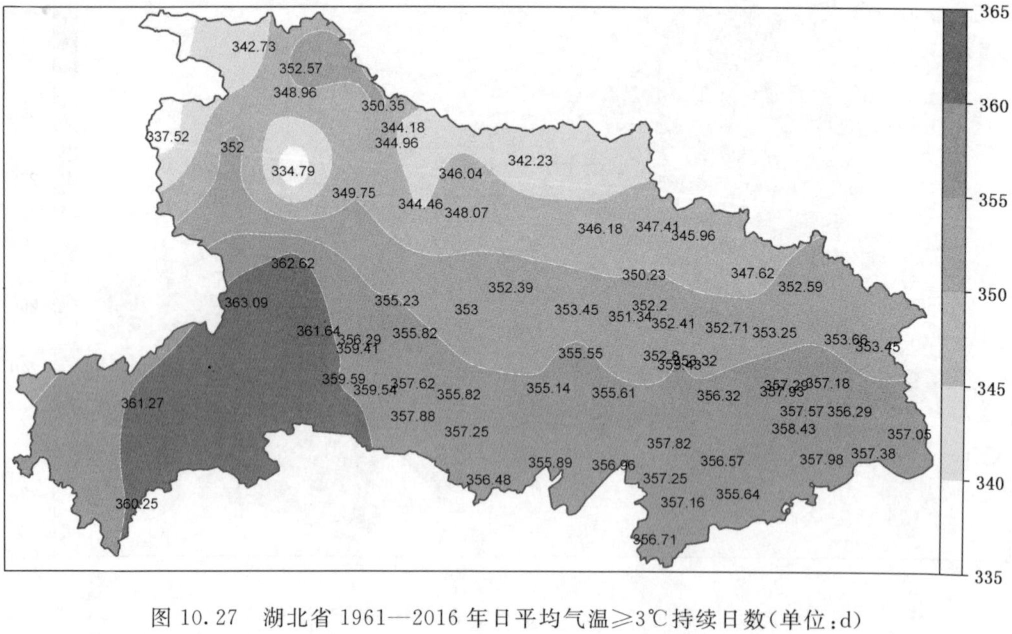

图 10.27　湖北省 1961—2016 年日平均气温≥3℃持续日数(单位:d)

日平均气温≥10℃时,大多数喜温作物如水稻、棉花、玉米、大豆、花生等开始发芽生长,喜凉作物开始快速生长,乔木树种发芽。湖北日均温通常在 3 月上旬稳定上升到 10℃以上,而在 11 月下旬至 12 月上旬降到 10℃以下;其中鄂东南及江汉平原南部日均温上升到 10℃以上时间最早，大约 2 月 23—28 日；而日均温下降到 10℃以下时间最晚，大约在 12 月 5—12 日；与 10℃初日出现最晚和 10℃终日出现最早的鄂北相比，分别提早了 19～24d 和 18～21d。日平均气温≥10℃积温以鄂东南和江汉平原南部最多，达 5800～6246℃ · d，鄂西北大部、鄂北岗地、鄂西南恩施州 4987～5600℃ · d，其他地区 5600～5800℃ · d(图 10.28)。日平均气温≥10℃持续日数鄂北大部在 238～260d，鄂东南、江汉平原南部、鄂西南东部 270～289d，其中秭归、巴东、大冶最多，在 280d 以上，其他地区 260～270d(图 10.29)。

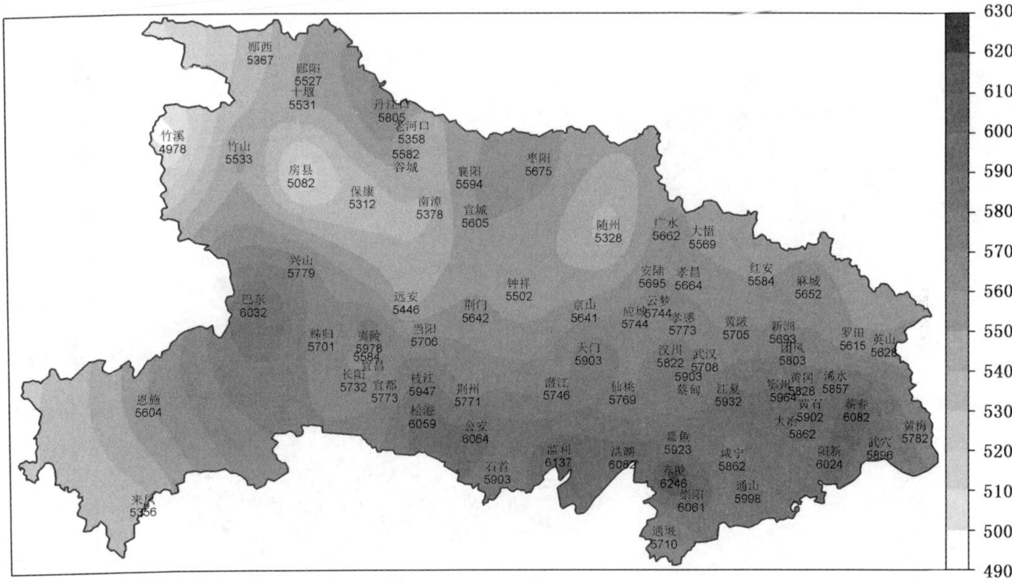

图 10.28　湖北省 1961—2016 年日平均气温≥10℃活动积温(单位：℃ · d)

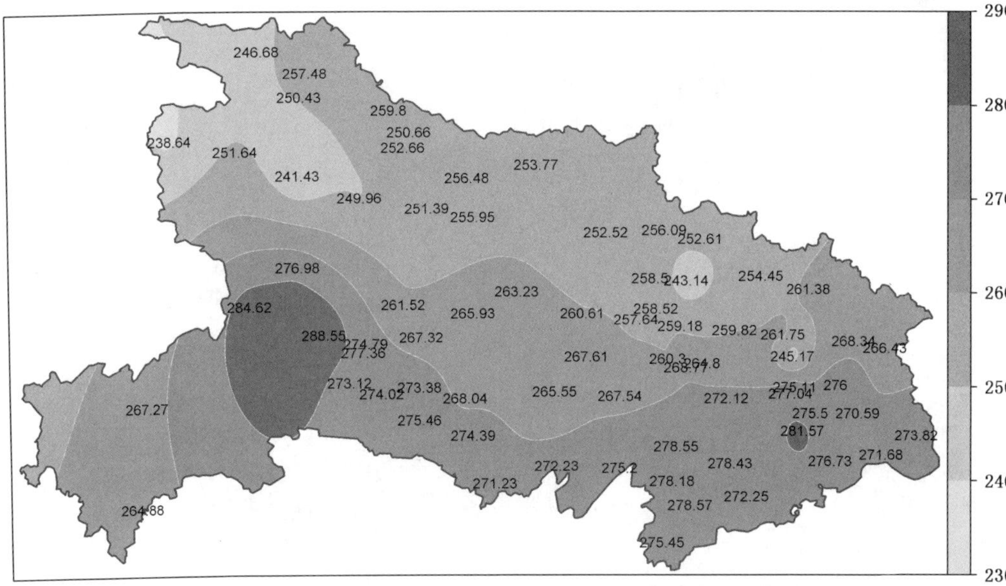

图 10.29　湖北省 1961—2016 年日平均气温≥10℃持续日数(单位：d)

日平均气温 10℃初日至 15℃终日活动积温 3602～5650℃ · d,其中鄂西北大部、鄂西南除三峡河谷的大部地区 5000℃ · d 以下,其他大部地区均在 5000℃ · d 以上,鄂东南、江汉平原南部和三峡河谷 5400～5650℃ · d(图 10.30)。

日平均气温 10℃初日至 20℃终日活动积温为 3110～5215 ℃ · d,与 10℃初日至 15℃终日活动积温分布类似,也是鄂西北大部和鄂西南除三峡河谷外的大部地区活动积温最低,在 4600 ℃ · d 以下,二高山以上的高海拔地区低至 4000 ℃ · d 以下,鄂东南和江汉平原东南部最多,在 5000 ℃ · d 以上(图 10.31)。

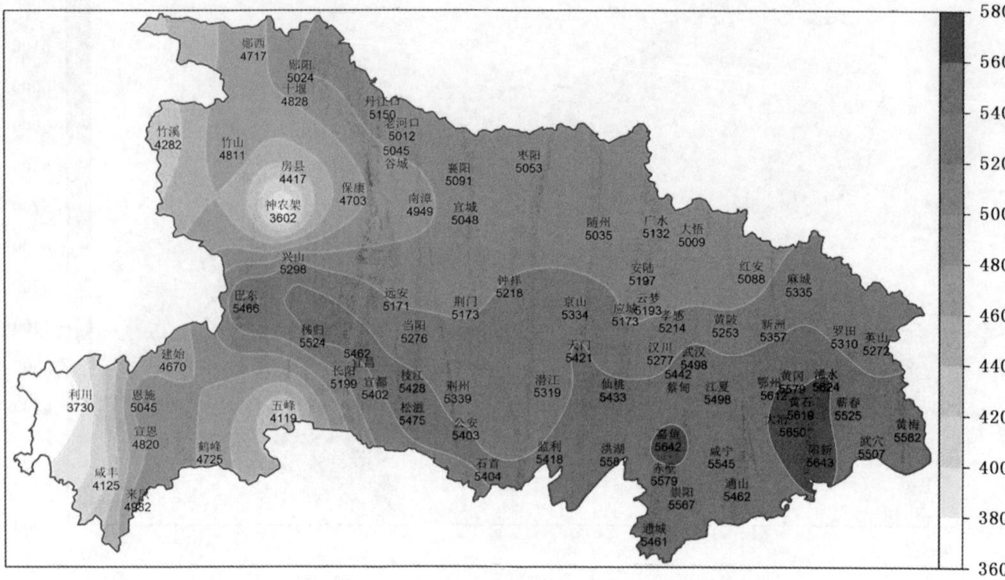

图 10.30　湖北省 1961—2016 年日平均气温 10～15℃活动积温(单位:℃ · d)

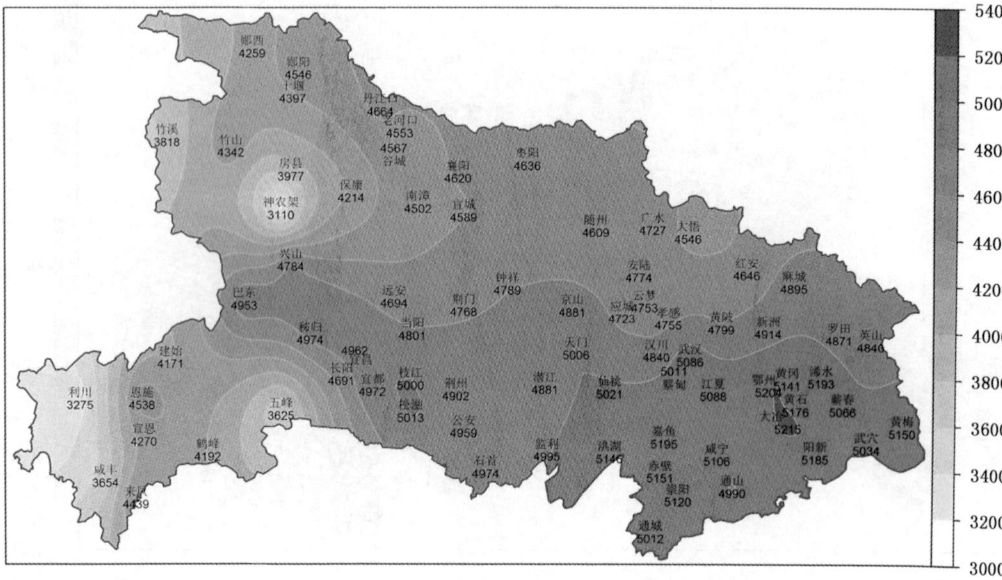

图 10.31　湖北省 1961—2016 年日平均气温 10～20℃活动积温(单位:℃ · d)

日平均气温 15℃以上积温是喜温作物活跃生长期。鄂东南、鄂东北南部、江汉平原南部和三峡河谷一带 15℃以上活动积温在 4800℃·d 以上，其中鄂东南局部为 5000～5100℃·d，其他地区 4800℃·d 以下，鄂西北、鄂北岗地、鄂西南随海拔高低，积温差异较差，为 3078～4600℃·d(图 10.32)。除鄂西南中南部的南部大部地区≥15℃初日在 3 月下旬至 4 月上旬初，终日在 11 月上旬到中旬前期，持续日数在 210～228d，其中秭归最多 228d；而鄂北大部、鄂西南中南部≥15℃初日则在 4 月上中旬，终日大部在 10 月中下旬，持续日数约 166～210d，其中二高山以上地区在 190d 以下。

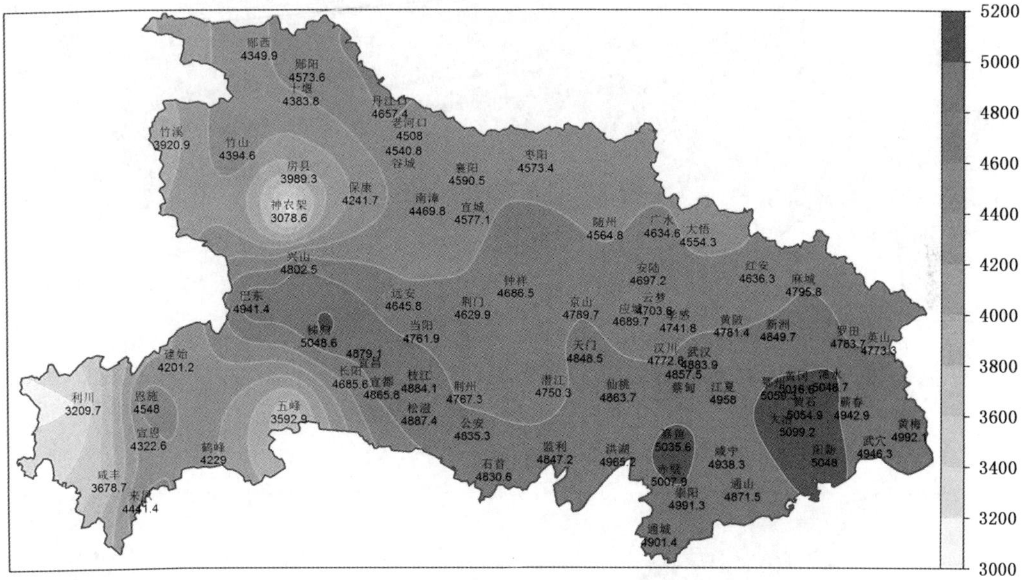

图 10.32　湖北省 1961—2016 年日平均气温≥15℃活动积温(单位：℃·d)

日平均气温≥20℃是粳稻的安全扬花授粉温度。鄂西北大部、鄂西南中南部≥20℃终日最早在 9 月中旬至下旬，鄂东南、鄂东北南部、江汉平原南部及鄂西南三峡河谷一带≥20℃终日最晚在 10 月上旬后期，鄂东北及江汉平原北部、鄂北岗地则在 10 月上旬前期(图 10.33)。

日平均气温≥22℃是杂交籼稻的安全扬花授粉温度，鄂西北、鄂北岗地、鄂西南中南部 22℃终日最早在 9 月上中旬，鄂东南最晚在 9 月下旬后期，其他地区在 9 月下旬前期(图 10.34)。

10.4.1.3　日平均气温≥10℃期间降水量

日平均气温≥10℃期间的降水呈显著的南多北少分布，鄂西北北部最少，在 715～800mm，鄂西南大部、鄂东南最多达到 1100～1558mm，其中鄂西南鹤峰最多 1558mm，其他地区为 800～1100mm(图 10.35)。日平均气温≥10℃期间的降水变率比年的要大一些，鄂东沿江达到 20%～25%；江汉平原也达 16%～22%；鄂西和鄂北约 15%～20%，因此，造成湖北省农作物主要生长期旱涝灾害比较频繁。

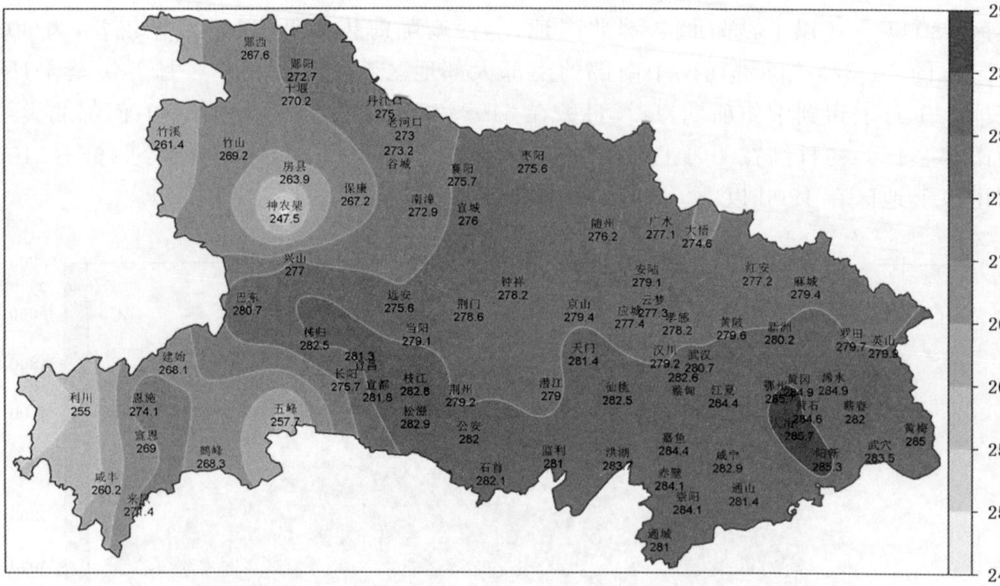

图 10.33　湖北省 1961—2016 年日平均气温≥20℃终日(单位:日序)

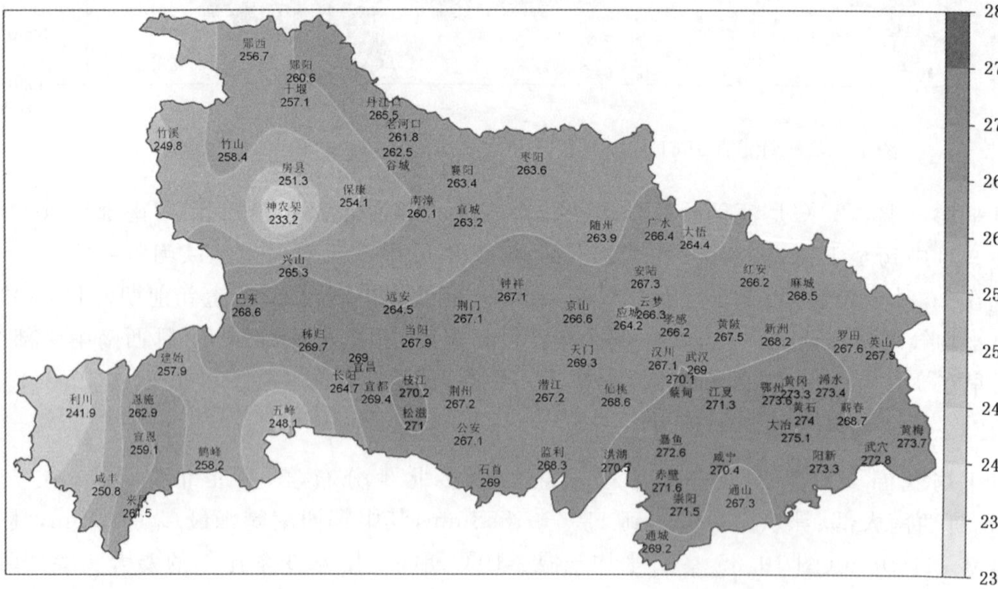

图 10.34　湖北省 1961—2016 年日平均气温≥22℃终日(单位:日序)

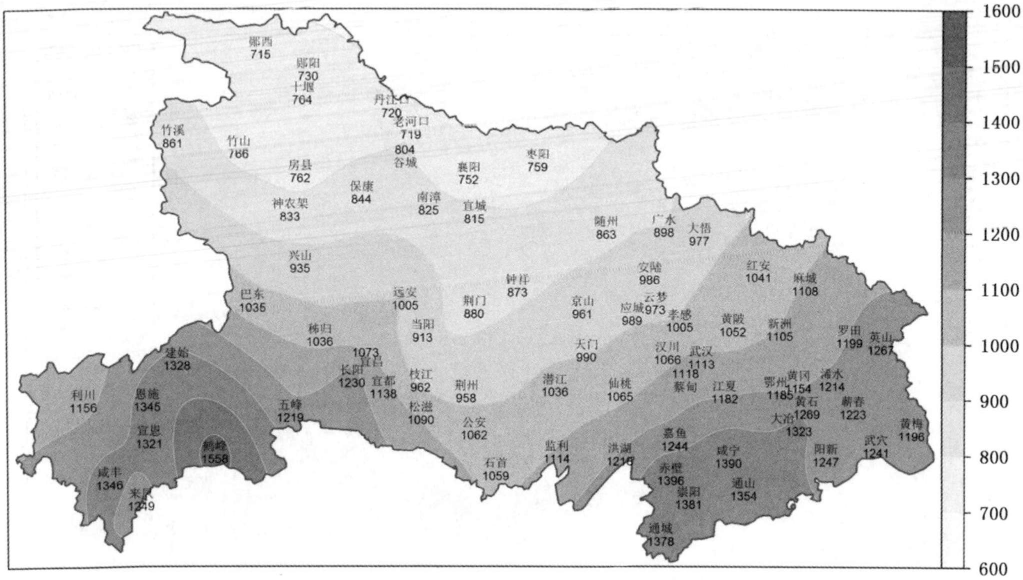

图 10.35　湖北省 1961—2016 年日平均气温≥10℃期间平均降水量(单位:mm)

10.4.2　光温水资源配置与主要农作物种植分布

10.4.2.1　农作物种植分布

除鄂西南大部外,湖北省大部属于太阳能资源丰富区,年太阳总辐射大部为 4380～4800MJ/(m^2 · a),整体上从鄂西南向鄂东北逐步增多,北多南少。16℃等温线是一条重要特征线,它沿 31°N 纬线穿过,把湖北省分成南北两部,在此线两边,气候和农业生产都有明显差异。≥10℃积温自鄂西向鄂东南逐步增多,大部地区在 5200℃ · d 以上(高海拔除外),≥5500℃ · d 的区域面积占全省国土总面积的 1/3 以上,大部分地区≥10℃日数为 200～250d。热量资源的季节变化十分明显,农事活动依赖节气的更迭十分敏感。夏季高温期与多雨期一致,雨热同季,温高雨多,6—8 月≥10℃积温和降水量均占全年的 30%～40%,为农林业和特色生产提供了得天独厚的气候条件。湖北省种植业具有水、旱作物各占一半的过渡性结构特征;种植制度多样,作物构成多种。综合考虑光温水资源匹配、种植习惯,湖北省主要作物分布区域如下:双季稻主要种植区域分布在鄂东北东部、鄂东南、江汉平原南部及东部地区(图 10.36);中稻全省都有种植(图 10.37);小麦除鄂西南少量种植外,其他地区均有种植,其中鄂西北岗地和江汉平原北部为主产区(图 10.38);油菜全省都有种植,江汉平原地区为主产区(图 10.39);玉米种植分布较为零散,主要分布在鄂西山区、鄂北岗地(图 10.40)。

10.4.2.2　农作物立体种植分布

湖北省山地丘陵约占全省面积的 4/5,境内地形复杂,较大山脉的走向、地形起伏、加上离海远近等因素的影响,造成了光、热、水资源的重新分配与组合,使得有些区域非地带性的影响超过地带性影响。大型水体(湖泊、水库),对周围有调温效应。山区垂直气候带差异明显,中亚热带、暖温带、中温带、寒温带叠置,立体气候资源丰富。

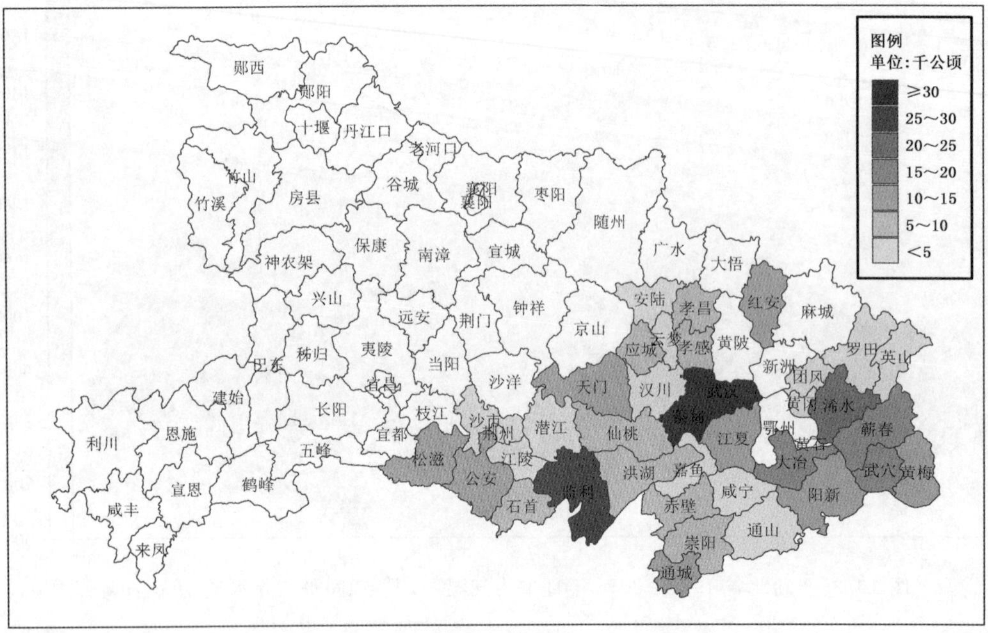

图 10.36　湖北省双季稻主要种植区域及面积分布

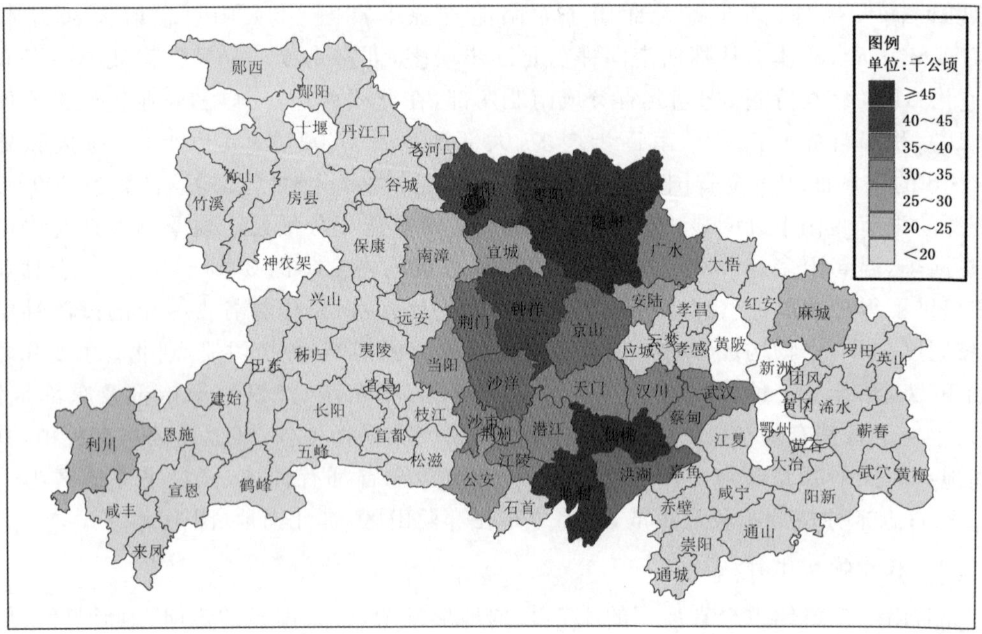

图 10.37　湖北省中稻主要种植区域及面积分布

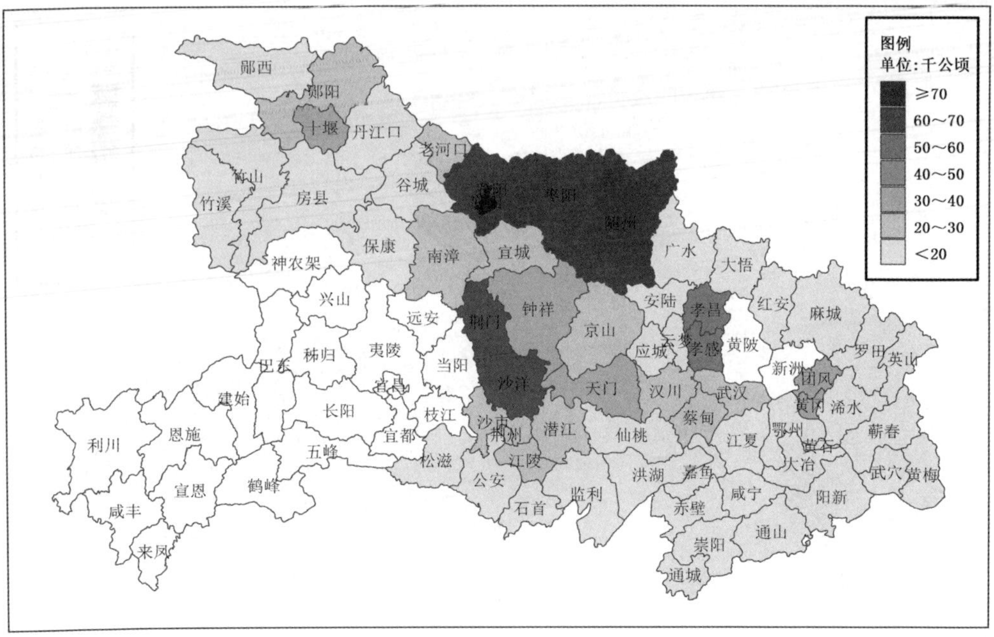

图 10.38　湖北省冬小麦主要种植区域及面积分布

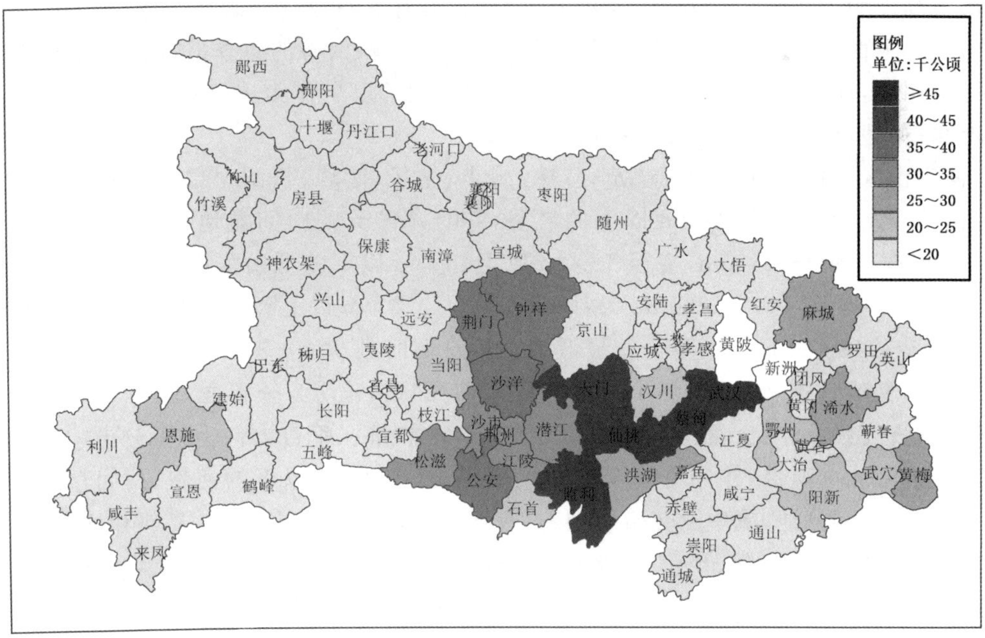

图 10.39　湖北省油菜主要种植区域及面积分布

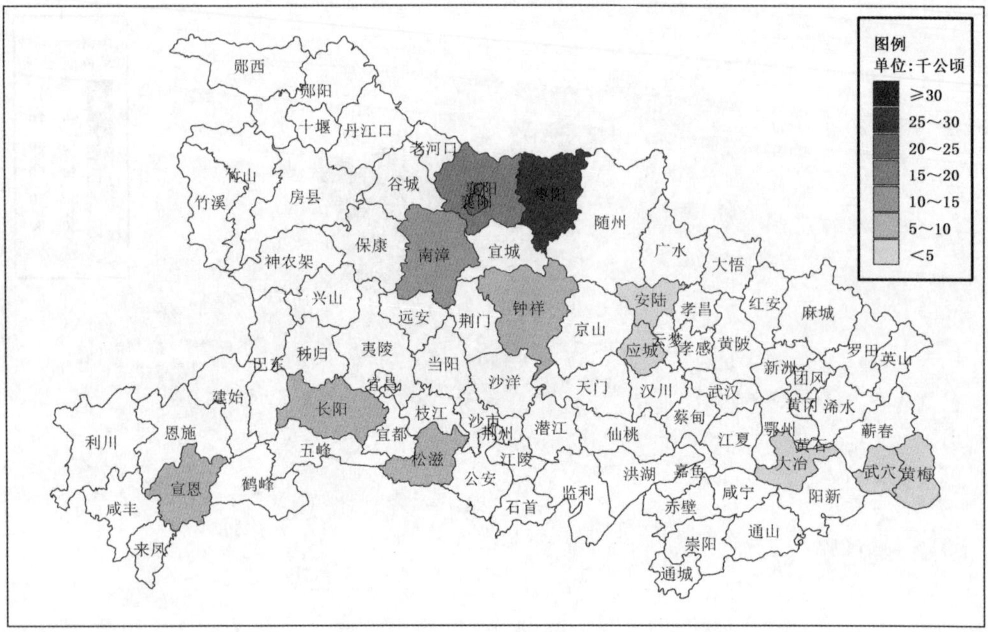

图 10.40　湖北省玉米主要种植区域及面积分布

长江三峡河谷,包括秭归、巴东、兴山、宜昌、当阳,沿江峡谷一带,其北岸有大巴山东段和荆山,海拔高度为 1000～2000m,呈东西走向,对冬季南下的冷空气有一定阻挡作用。山脉的屏蔽作用,加上西南暖槽的保护,使得汉江上游河谷和三峡河谷的冬季最暖。尽管本区热量丰富,但因日照少,加之坡陡耕地少,不宜发展双季稻,大部以旱作为主。耕制以二熟制为主,该区是湖北省柑橘最优产区,这与河谷的冬暖有关。

鄂西南山区包括利川、恩施、建始、宣恩、咸丰、来凤、鹤峰、长阳全部及宜都、松滋西部地区。境内地形复杂,有海拔 200m 以下的峡谷,400～500m 的山间盆地,还有千米以上的“山原”,相对高差达 500～1000m,甚至 1500m 以上,500m 以下的低山河谷面积占 6.9%,500～800m 低山占 23.4%,800～1200m 二高山占 48.2%,1200m 以上高山占 21.5%。本区年辐射总量 3642.5～4186.8MJ/m^2,是全省最低值。年日照时数 1200～1400h,日照百分率 26%～37%,也是最低值。降水充沛,9—10 月秋雨占全年 24%,秋涝为全省之冠。

本区垂直气候差异大,农、林、特经营类多。本区热量在垂直方向上,可分为中亚热带,北亚热带,暖温带和中温带,并伴有四个农业气候层。(1)500m 以下的河谷、山间盆地:指清江流域的谷地和山间盆地,属中亚热带气候,具有四季分明,冬暖、春来早,夏热和活跃生长期长等特点。其年辐射总量为 3650.9～3994.2MJ/m^2,年均温 15.9～16.7℃,1 月均温 4.1～4.6℃,80%保证率≥10℃积温 5044.6～5337.4℃ · d,≥15℃积温 4226.2～4523.4℃ · d,活跃生长期 243～250d,无霜期 273～294d,除 1977 年外,没出现过－9℃低温,充分显示出冬暖特点;年降水量 1240.0～1499.3mm,雨日 150～180d,年变率较小,降水较稳定,无明显春旱和春夏旱。春、夏、秋、冬降水各占年总量的 29%、41%、24%和 6%,故干旱轻,伏旱 2～4a 一遇,时段短,一般为 5～11d,9—10 月多秋雨绵绵。≥10℃期间的降水 1034.2～1348.6mm,占全年的 87%；该层是一年二熟制区，适宜双季稻，柑橘和其他粮经作物生长。(2)500～800m 低山：年辐射量 35332.4～38070.6MJ/m^2，年日照时数 1154.5～1381.5h，年日照百分率 26%～31%，宣恩这三个值分别是 843.9km/cm^2，1154.5h 和 26%，都是全省最小值；年平均气温 13.5～15.4℃，1 月均温 2.3～3.8℃，无霜期 262～268d，80%保证率≥10℃积温 4336.6～4987.4℃·d，≥15℃积温 3471.6～4166.0℃·d，活跃生长期 223～244d；年雨量 1461.6～1735.6mm，≥10℃期间为 1319.4～1567.0mm，其中鹤峰年雨量 1735.6mm，为全省最多，9 月降水 177.5～189.3mm，为全省高值区，反映出秋雨多的特征，该层属北亚热带湿润气候，水田以油稻两熟为主，旱地实行间作套种，一年可以三种三收，如麦苞豆间杂三熟。适宜烟叶、茶叶、弥猴桃等经济林果木及杜仲等药材。(3)800～1200m 二高山：年均温 12.7～13.1℃，1 月均温 1.2℃，无霜期 235～248d，可能出现霜冻时段为 11 月至翌年 4 月；80%保证率≥10℃积温 3858.2～3959.0℃·d，≥15℃积温 2946.8～3070.0℃·d，活跃生长期 207d；年降水 1317.0～1412.8mm，≥10℃期间为 1096.4～1155.1mm，属暖温带湿润气候，春迟秋早，作物生长期为 7 个月，水稻只适宜中稻，旱地为两年三熟或一年一熟，适宜食用菌等土特产和核桃、生漆等经济林木的发展。(4)1200m 以上高山：属中温带至寒温带，气候凉冷，冬长基本无夏，春秋相连，风大雨频，雾障重重，多涝无旱，农作物只有5～6个月生长期，适宜马铃薯生长，玉米用地膜覆盖，可以获得高产，地膜农业为一年一熟；在经济作物中，特别适宜黄连、党参、当归等药材生长。

第11章　气候与农业

11.1　农业气候区划

农业气候区划的目的在于揭示一个地区农业气候资源、灾害的分布变化规律，划出具有不同农业意义的农业气候区域。一方面，它为农业的综合发展、农业生产避灾减灾、农业结构调整、作物或畜牧业、特色农业等合理布局提供气候依据；另一方面，也为农业生产领导者在指导农业生产和进行农业规划时起着重要的参谋作用。因此，做好农业气象灾害风险区划和以特色农业生产和优势农产品带合理布局气候可行性论证为主要内容的农业气候区划工作，为当地政府农业结构调整提供针对性强直观的图文并茂的区划产品，在新时期的气象为农业服务工作中，是大有可为的。

农业气候区划是在农业气候分析(气候资源、灾害发生规律以及对农业生产对象生育过程、产量形成与气候的相互关系进行深入分析)的基础上，以对农业地理分布有决定意义的农业气候指标为依据，遵循农业气候相似原理和地域分布规律，将一个地区划分为若干个不同的农业气候区域，区域内部有着共同的农业和农业气候特征，区域之间则存在着一定程度量和质的差异。

农业气候区划包括综合农业气候区划和专题农业气候区划两大类，其中专题农业气候区划又分为：作物气候区划、种植制度气候区划、果林农业气候区划、农业气象灾害风险区划等等。

一个完整的农业气候区划的主要内容一般包括：(1)概述：简述该地区地理位置、自然地理条件(地形、土壤、水文、气候等)、农业生产结构、主要作物类型及种植制度、生产中存在的农业气候问题，以及本区划的主要目的和任务等；(2)农业气候分析：包括农业气候资源和灾害分析，农业生产对象与气候条件关系等方面的分析与评价，并附有关分布图；(3)确定农业气候各级分区指标；(4)农业气候区划图制作；(5)分区评述和措施建议等。其中最关键、也是最难点之处在于农业气候要素分析和指标的确定。

下面以几个典型例子介绍农业气候区划的方法和制作流程。

11.1.1　气候条件分析法

以仙桃油菜适宜性区划为例，介绍气候条件分析法确定区划指标，并完成区划的方法。其具体区划流程图如图11.1。

11.1.1.1　油菜适宜生态气候条件分析

油菜是喜冷凉、湿润的长日照植物，生育期可分为发芽出苗期、苗期、现蕾抽薹期、开花期和角果发育成熟期五个生育阶段，根据生态型，可分为甘蓝型、白菜型和芥菜型三大类，全生育

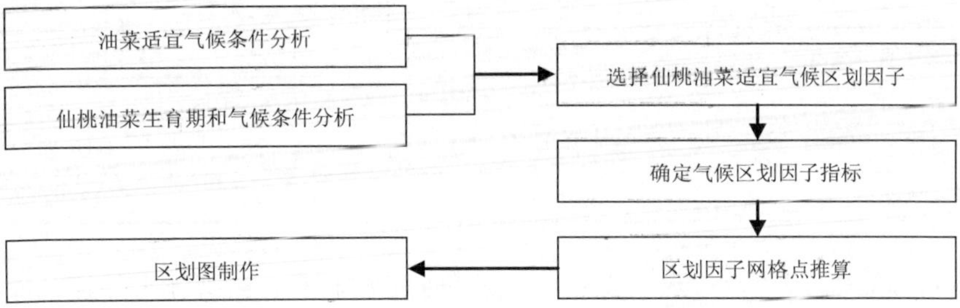

图 11.1　仙桃油菜适宜性区划方法流程图

期日照时数 1000h 左右，≥0℃积温 1800～2500℃·d，需水量 500mm 左右，完成整个生育过程即可正常成熟。

11.1.1.2　油菜生育期气候条件分析

根据历年农气报表，仙桃油菜全生育期 210～240d，一般 9 月中旬至 10 月上旬播种，10 月中旬至翌年 1 月中旬处于苗期，1 月下旬现蕾抽薹，3 月上中旬开花，4 月上旬至 5 月中旬为角果成熟期。

根据仙桃站历年气象资料，仙桃 9 月中旬至翌年 5 月中旬≥0℃积温 2766.4～3550.3℃·d，降水量 357.1～1008mm，90%以上的年份油菜生长季降水量在 480mm 以上；日照时数 873.6～1326.2h，86%以上的年份油菜生长季日照时数在 1000h 以上。

根据仙桃市油菜各生育期气温分析，油菜在苗期、现蕾抽薹期、开花期、角果成熟期都可能受到低温影响，角果成熟期还可能遭受高温热害(图 11.2)。

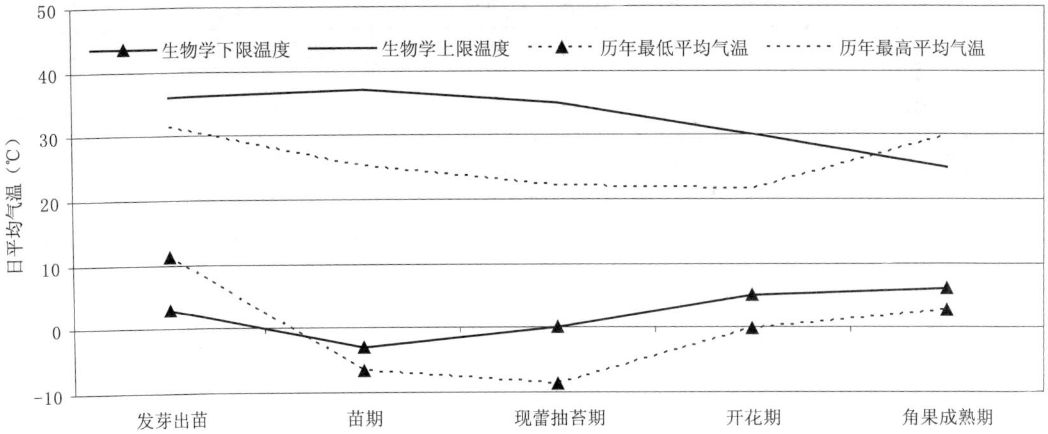

图 11.2　仙桃油菜各生育期最高平均气温、最低平均气温和生物学上下限温度(单位:℃)

根据历年仙桃市降水情况，油菜各生育期间降水量和降水日数情况如表 11.1。

表 11.1　仙桃油菜各生育期常年降水量和降水日数范围

生育期	常年降水量(mm)	常年降水日数(d)
播种发芽期	1.1～237.8	2～17
苗期	31.3～338.9	18～45

续表

生育期	常年降水量(mm)	常年降水日数(d)
蕾薹期	15.9～226.6	6～30
开花期	7.6～173	4～19
角果成熟期	50.5～605.1	12～33

由于仙桃市境内河湖密布，水系发达，一般可通过人工手段和措施来保证油菜的不同生育期需水，相比而言，仙桃市油菜生产中由于降水量或降水日数过多导致油菜容易出现渍涝灾害和连阴雨对油菜生产危害更大。往往一日雨量大于 30mm 降水可形成透雨，可以此作为较高强度的集中降水，而一场降水超过 30mm、相邻两场降水过程不超过 7d 的多场降水称为一般连续性降水，两种情况都可导致渍涝。

仙桃站日照时数的变化规律与油菜生长所需的日照条件基本一致，既能满足前期壮苗的培育和植株的生长的需求，又有利于后期油菜的开花、结荚和成熟收割。

总言之，仙桃市光热水资源基本能满足油菜生长的需求；由于年际间变化比较大，在现蕾抽薹期常常容易出现冻害。开花结荚期常出现阴雨寡照，引起植株早衰，花蕾大量脱落，使角果数减少，每粒角果数下降，籽粒不饱满，秕粒、瘪粒增多，千粒重下降，从而造成减产，同时田间湿度大，连阴雨天气容易导致菌核病暴发，进一步影响油菜生产。

因此，以蕾薹期降水、角果期降水、角果期降水日数、角果期日照、全生育期降水作为因子与仙桃油菜产量进行相关分析，从中选中相关性最好的因子，作为区划指标。选定的区划因子和等级区分如表 11.2。

表 11.2 仙桃油菜适宜气候区划因子和指标

区划因子	最适区	较适区	一般区
全生育期(9 月中旬至翌年 5 月中旬)雨量(mm)	600～650	650～700	700～750
角果成熟期(4 月上旬至 5 月中旬)雨日数(d)	22～22.5	22.5～23.0	23.0～23.5
单因子分级赋值	3	2	1
综合因子分级标准	5～6	3～5	2～3

11.1.1.3 区划因子推算

统计仙桃周边台站全生育期(9 月中旬至翌年 5 月中旬)雨量、角果成熟期(4 月上旬至 5 月中旬)雨日数，利用反距离插值法，插值得到各因子 1km×1km 网格点的值。

11.1.1.4 区划图制作

根据分析确定的油菜种植气候区划指标，对各因子格点图层中最适宜、较适宜和一般适宜区分别赋值 3,2,1，利用 ARCGIS 生成 2 个区划因子专题图，再考虑到角果成熟期影响更大，将 2 个因子权重分别取 1,2 累加，并按综合因子分级标准分级生成油菜适宜性气候区划专题图(图 11.3)。

11.1.2 文献指标法

与气候条件分析法相比，文献指标法直接利用参考文献中的区划指标，制作区划更为简

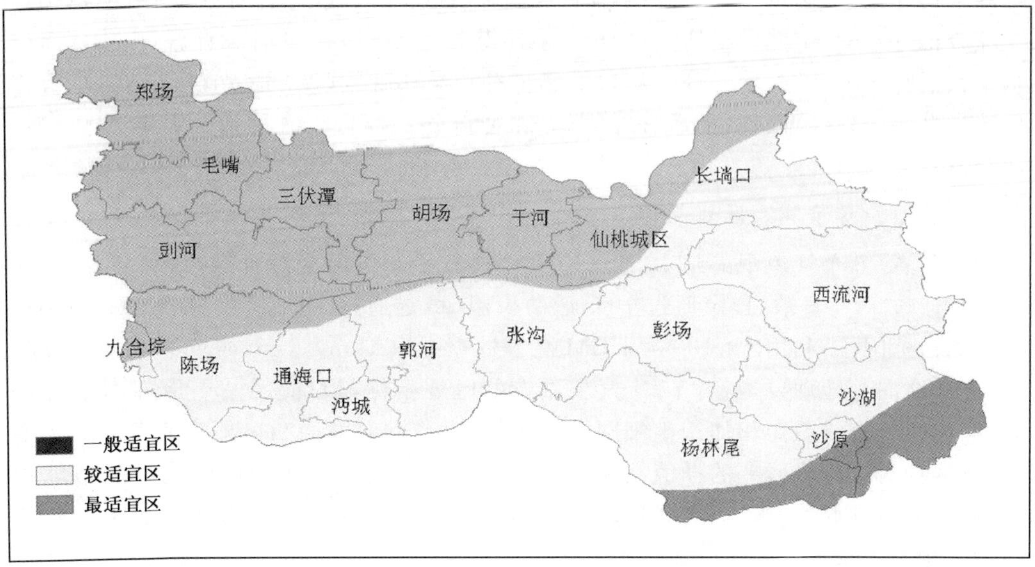

图 11.3　仙桃油菜适宜性气候区划图

单，其具体区划方法流程如图 11.4。

图 11.4　文献指标法区划制作流程图

以湖北省水稻种植布局气候区划为例，介绍利用文献指标法开展水稻种植布局精细化气候区划的方法。

11.1.2.1　区划指标确定

选择稳定通过 10℃活动积温、水稻生长期长度（稳定通过 10～15℃日数）、安全生育期天数（籼稻稳定通过 10～22℃日数、粳稻稳定通过 10～20℃日数）等 3 个影响水稻种植布局的关键气候因子作为水稻种植布局气候区划指标，通过对区划指标因子进行分级打分（表 11.3）。

表 11.3　水稻气候适宜性区划指标因子等级划分及打分

活动积温(℃·d)	生长期长度(d)	安全生育期天数(d)	得分赋值
＜3200	＜130	＜90	0
3200～3600	130～150	90～110	1
3600～4000	150～170	110～130	2
4000～4400	170～190	130～150	3
4400～4800	190～210	150～170	4
4800～5200	210～230	170～190	5
5200～5600	230～250	190～210	6
＞5600	＞250	＞210	7

对各项区划分级指标分数值进行累加，根据总分数的大小，并结合考虑必须同时满足的各

项区划等级指标，综合确定如下气候适宜性等级：不适宜种植区（综合得分<3）、早熟中稻适宜区（3≤综合得分<6）、中熟中稻适宜区（6≤综合得分<9）、迟熟中稻适宜区（9≤综合得分<12）、再生稻适宜区（12≤综合得分<15）、早熟早籼＋早熟晚籼（粳）稻适宜区（15≤综合得分<18）、早熟早籼＋中熟晚籼（粳）稻适宜区（18≤综合得分<21）、早熟早籼＋迟熟晚籼（粳）稻适宜区（综合得分≥21）。

11.1.2.2　区划指标推算和区划制作

利用湖北省 76 个气象观测站 1981—2010 年逐日平均气温观测资料，计算各站点 80%保证率下稳定通过 10℃日数，稳定通过 10℃活动积温，稳定通过 10～15℃、10～20℃、10～22℃日数等区划指标因子；利用 1∶100 万 DEM 高程数据提取 1km×1km 格点的经度、纬度、海拔高度、坡度和坡向等地理要素，对 76 个气象站点的区划指标与对应的站点地理因子进行主成分回归，并与回归直线截距相加产生细网格的区划指标，同时对回归多项式的残差运用普通克立金法进行空间插值，将残差的插值结果与细网格的区划指标值相加得到最终的精细化的区划指标，按照上述气候适宜性等级指标，给出区划结果（[彩]图 11.5，[彩]图 11.6）。

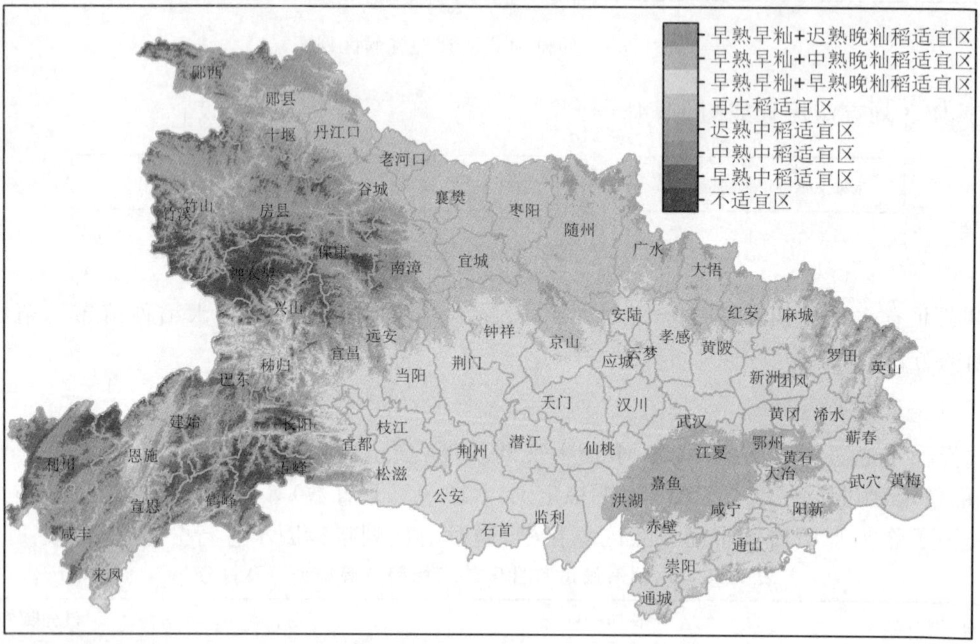

图 11.5　湖北省籼稻种植布局区划结果图

11.1.3　基于气象灾害指标的适宜区划方法

以湖北省春玉米种植适宜性区划为例，介绍基于气象灾害指标的春玉米适宜性区划方法。其区划方法流程图如图 11.7。

11.1.3.1　区划指标选择

根据湖北省春玉米种植期间主要气候特点，制约湖北省春玉米稳产和高产的主要因素是不同生育期的气象灾害，尤其是出苗期的低温连阴雨、拔节—抽雄期的“卡脖子旱”、灌浆成熟

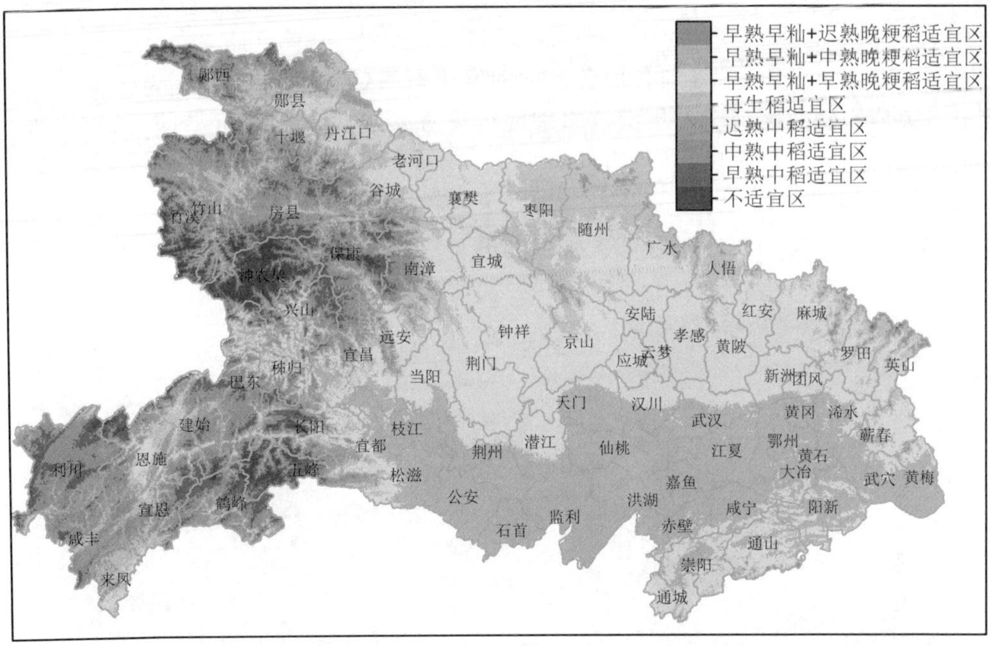

图 11.6　湖北省籼、粳稻种植布局区划结果图

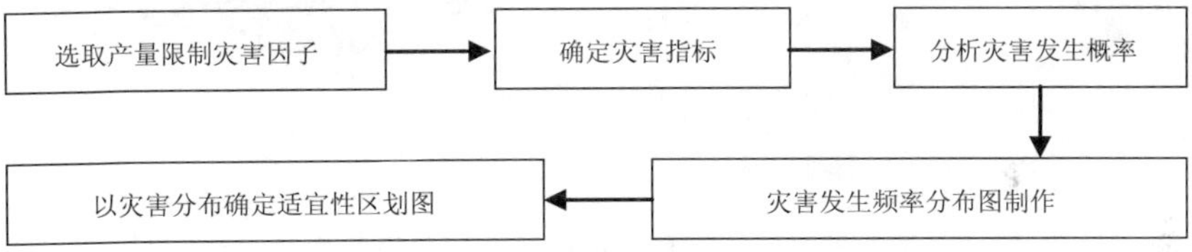

图 11.7　基于气象灾害指标法的适宜区划方法流程图

期的高温热害。因此，从气象灾害的角度对以上气象灾害因子进行系统分析，利用各灾害概率作为区划指标对湖北省春玉米种植区进行区划。

春季低温连阴雨：3 月中旬至 4 月中旬出现连续 3 天以上日降水量 $P \geqslant 0.1$mm 的降水过程且至少 3 天日平均气温 $\bar{t}_{日} \leqslant 10$℃，或者连续 5 天以上阴雨（允许其中一天阴天无雨即当日日照时数 $s < 2$h）且至少有 3 天 $\bar{t}_{日} \leqslant 10$℃。

拔节—抽雄期干旱：采用农业缺水率指标来评价春玉米营养生长期干旱状况，即拔节—抽雄期（5 月下旬至 6 月下旬）降水量（R）少于农作物需水量（E）称为干旱，干旱程度用缺水量（D）与需水量（E）之比表示。其中，作物需水量：$E = 0.16\sum t$，作物缺水量：$D = R - E$，式中，$\sum t$ 是拔节—抽雄期积温。当 $E > R$ 时，$D < 0$，干旱发生，营养生长期缺水率（K_1）：$K_1 = D/E$。

灌浆期高温热害：7 月上旬至 8 月中旬出现连续 5 天 $\bar{t}_{日} \geqslant 28$℃或者日最高气温 $t_{max} \geqslant 35$℃。

11.1.3.2　指标统计计算

在统计概率前，需采用偏度—峰度检验法对气候样本序列进行正态分布检验，对于满足检验的序列，采用正态分布密度函数来揭示该地区春玉米种植适宜性等级，概率密度函数公式为：

$$f(x)=\frac{1}{\sigma\sqrt{2\pi}}\exp(-\frac{(x-\mu)^2}{2\sigma^2}) \tag{11.1}$$

对概率密度函数求积分，得到各地各指标的发生概率(图 11.8—图 11.10)。

对于不满足检验的序列引入年次概率来进行灾害发生频率的评价。即：某灾害发生的年次数与统计资料的总年数之比，公式为：

$$P=N/n\times 100\% \tag{11.2}$$

式中，P 为年次概率，N 为统计时段某灾害出现的总年数，n 为统计时段年数。

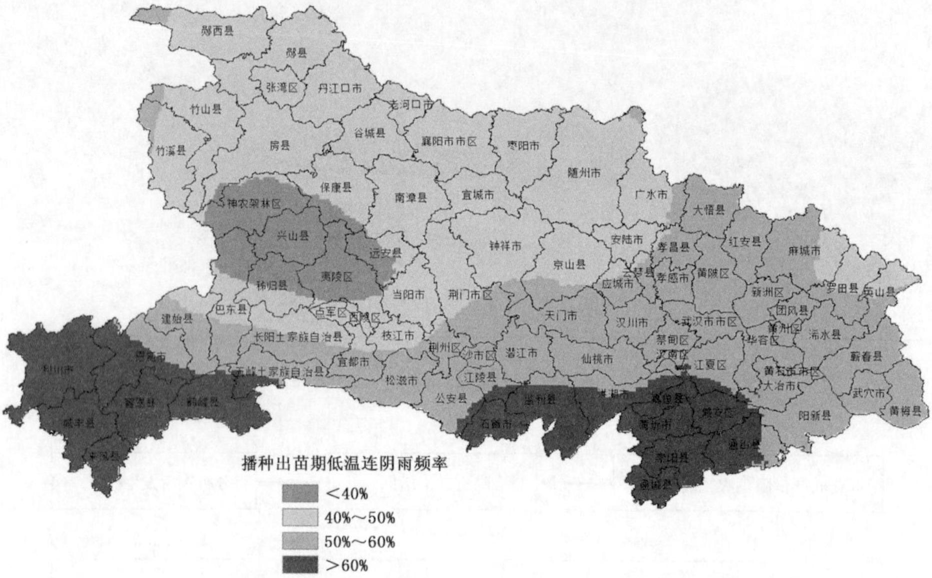

图 11.8　湖北省春玉米播种出苗期低温连阴雨发生频率分布图

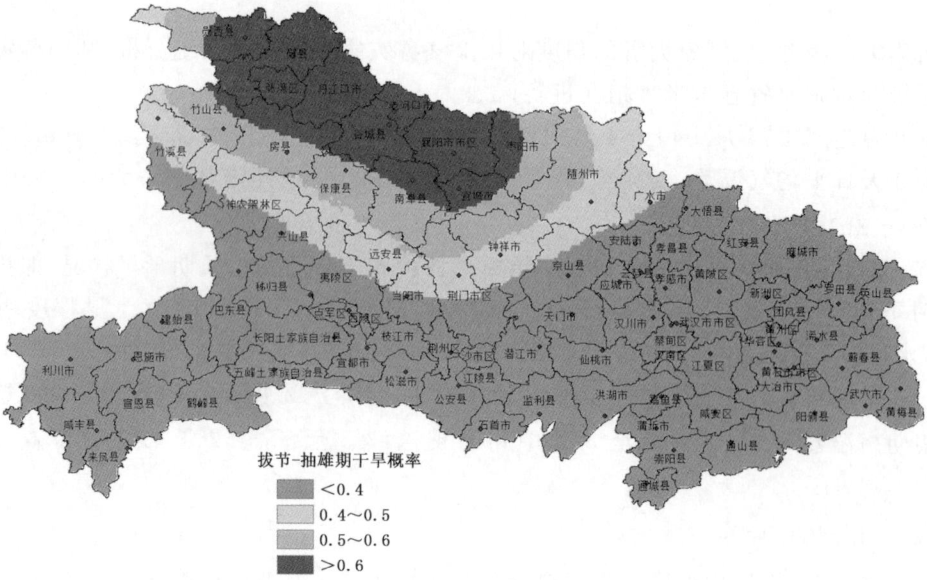

图 11.9　湖北省春玉米拔节—抽雄期干旱发生概率分布图

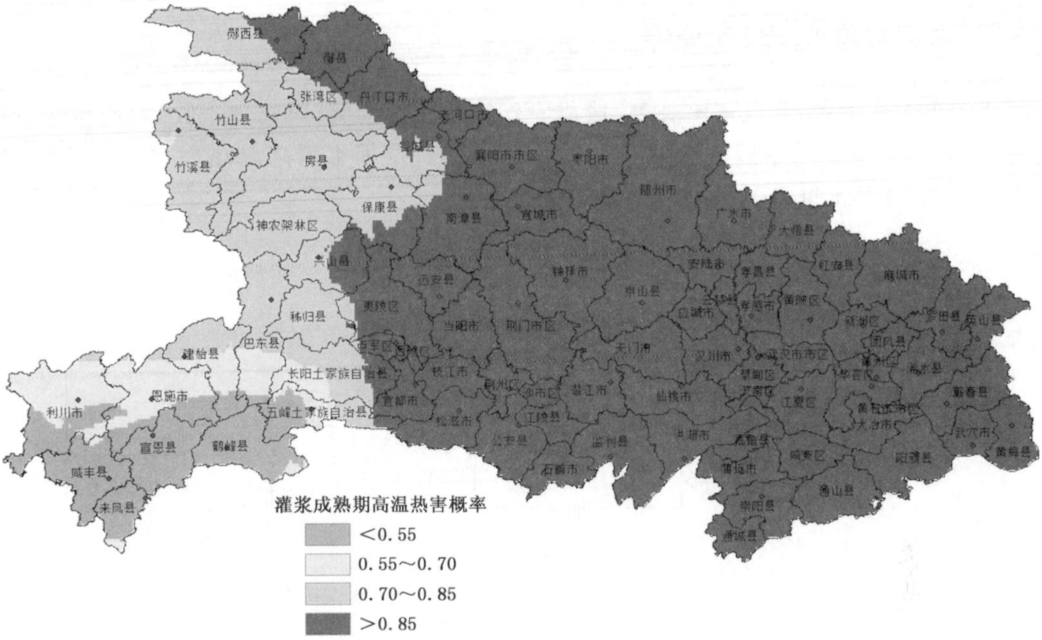

图 11.10　湖北省春玉米灌浆成熟期高温热害发生概率分布图

11.1.3.3　区划方法和结果

运用聚类分析方法，将湖北省分成 4 个春玉米种植气候适宜性区域，如图 11.11。

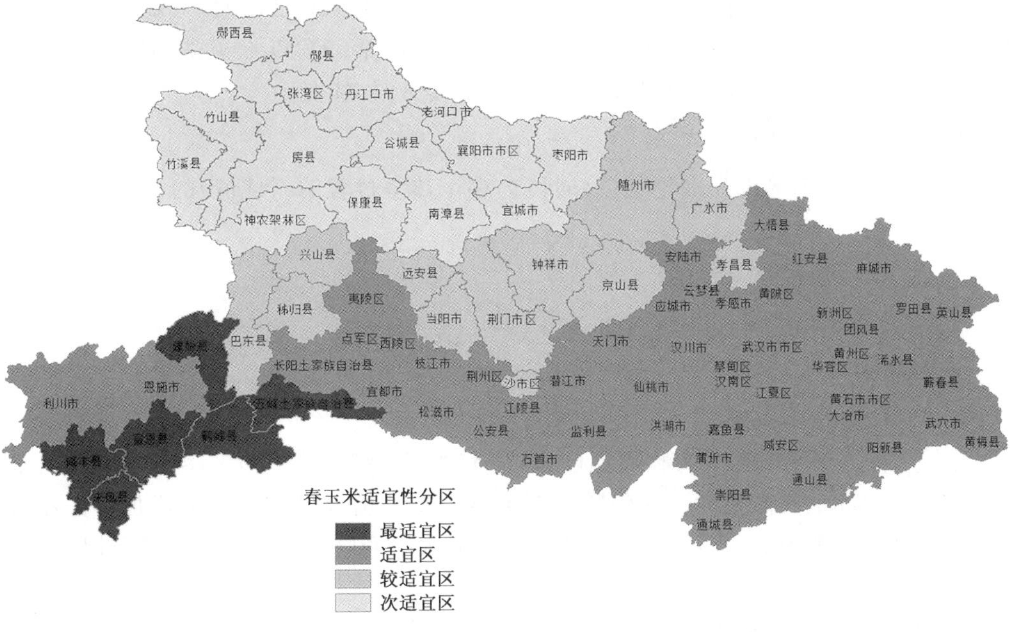

图 11.11　湖北省春玉米种植气候适宜性区划图

11.2 农作物保险天气指数

湖北省是农业大省，气象灾害频繁，造成农作物产量波动大，对农民增收、农业持续发展影响较大。2015 年以来，与中国人保湖北省分公司合作研发了水稻高温热害、暴雨洪涝等保险天气指数，在部分县市进行了试点推广。

11.2.1 中稻高温热害天气保险指数开发

中稻高温热害天气保险指数的开发技术路线如图 11.12。

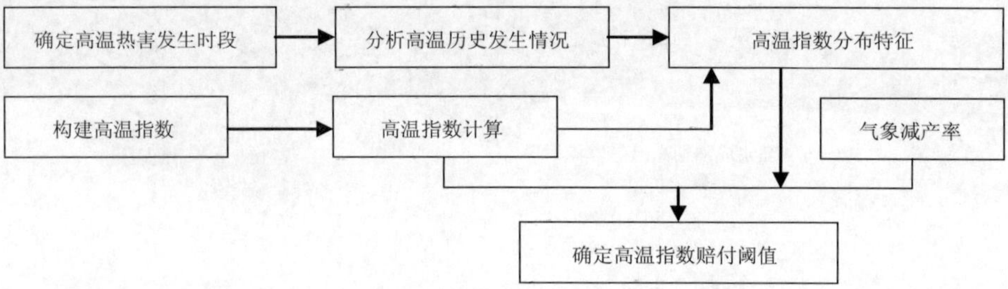

图 11.12 中稻高温热害天气保险指数开发技术路线

11.2.1.1 分析中稻高温热害发生特点

根据对各地农业气象观测站中稻历史发育期观测资料分析，湖北省大部地区正常播种的一季中稻一般在 7 月上旬进入孕穗期，9 月上中旬收获，这是中稻遭受高温热害减产的主要时段。其中，对高温热害最敏感的抽穗扬花期主要处于 8 月 1—20 日。而 7—8 月长江中下游地区被副热带高压所控制，是一年之中最热的时期，是湖北省 35℃以上极端高温发生频率最高的时段。因此，确定高温热害分析时段为 7 月 10 日至 8 月 31 日。

11.2.1.2 高温热害指数确定方法

单过程热害强度和热害强度指数（该时段内多个热害过程的累计值）的计算为

$$h=\sum_{i=1}^{m}(T_i-T_0) \tag{11.3}$$

$$h=\sum_{i=1}^{m}\frac{T_i-T_0}{c+RH_i} \tag{11.4}$$

$$H=\sum_{j=1}^{n}h_j \tag{11.5}$$

式中，h 为单过程热害强度；T_0 为临界温度，本研究取 $T_0=35$℃；T_i 为高温过程第 i 日最高气温；由于湖北省北部地区高温时往往伴随相对湿度偏低的情况，因此，北部增加考虑相对湿度影响因子，北部地区考虑 $c=0.4$，且当空气相对湿度大于 60%时，取 $\mathrm{RH}_i=60\%$；H 为热害强度指数。

11.2.1.3 分析历年高温发生情况

分析各站历年≥35℃高温日数、≥37℃高温日数、≥39℃高温日数，以此统计各站不同强度高温热害发生情况和频次，根据高温热害指数计算公式，计算各站历年热害指数（图 11.13）。

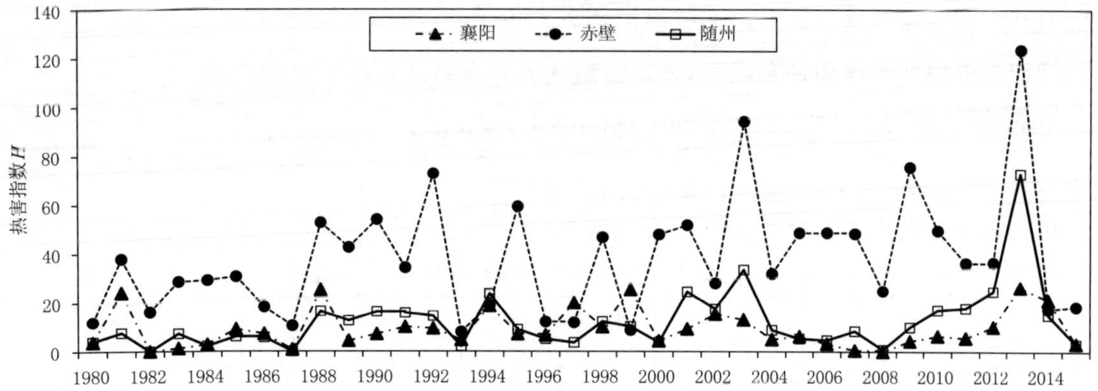

图 11.13　代表站历年中稻高温热害指数变化图

11.2.1.4　分析热害指数分布特点

选用威布尔分布(Weibull distribution)模型,以较好地模拟高温热害的分布,其概率分布函数为

$$F(X)=1-\exp\left[-\left(\frac{x}{\beta}\right)^{\alpha}\right] \tag{11.6}$$

式中,$F(X)$为热害指数的发生概率,x 为热害指数,α 为威布尔分布的形状参数,β 为尺度参数,参数计算采用极大似然估计法(MLE)。

根据各站威布尔分布函数,可分别计算得到各县市高温热害概率分布表(表 11.6)和概率分布(图 11.14)。

表 11.6　中稻代表站气象减产率分布统计

统计值	襄阳	随州	赤壁
均值	6.1	4.9	4.7
最大值	15.5	14.5	11.2
最小值	1.2	0.2	0.1
标准误	1.2	1.1	0.9
偏度	1.0	1.0	0.6
峰度	−0.6	−0.6	−0.6

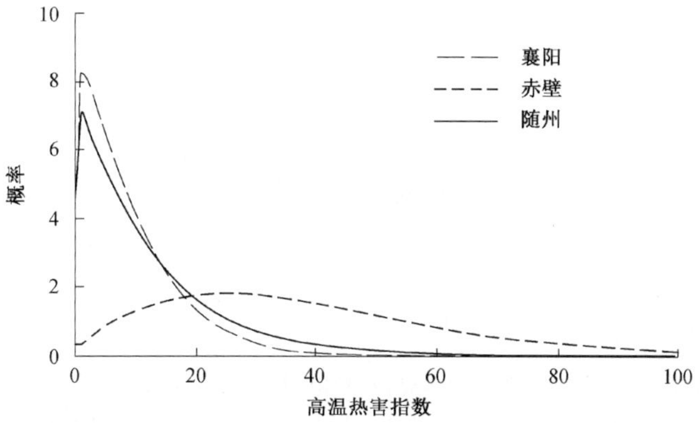

图 11.14　代表站中稻热害指数分布概率图

11.2.1.5　分析高温热害对水稻产量损失率的影响

利用气象减产率作为评定因子，分析高温热害对水稻产量损失率的影响。

$$y_r = -\frac{y - y_t}{y_t} \times 100\% \quad (y > y_t \text{ 时}, y_r = 0) \tag{11.7}$$

式中，y_r 为气象减产率；y 为实际产量；y_t 为趋势产量。

将历年气象减产率划分为 4 个等级如表 11.7。

表 11.7　中稻气象减产率分级

	轻度减产	中度减产	较重减产	严重减产
等级	1	2	3	4
减产率范围	0～3	3～6	6～10	>10

根据不同高温等级的概率，轻度热害概率 47%、中度热害概率 25%、较强热害概率 17%、超强热害概率 11%，确定各地各等级高温热害的热害指数值。按照农业保险设计要求，轻度热害属于中稻热害保险的免赔部分，因此，取达到中度以上热害等级的热害指数临界值作为开始启动赔付的触发值。

11.2.2　水稻暴雨洪涝灾害保险气象指数设计

以仙桃为试点，在暴雨洪涝灾害危险性、脆弱性分析基础上，基于 GIS 技术进行仙桃市中稻暴雨洪涝灾害精细区划，为开展差异性区域中稻保险提供依据；在历史典型暴雨洪涝灾情调查和不同发育期淹没灾损试验基础上，建立中稻关键发育期暴雨洪涝淹没水深、历时与中稻减产率的关系模型；利用暴雨洪涝淹没模型反演各级减产率致灾临界雨量，设计中稻暴雨洪涝灾害保险产品。其具体方法流程如图 11.15。

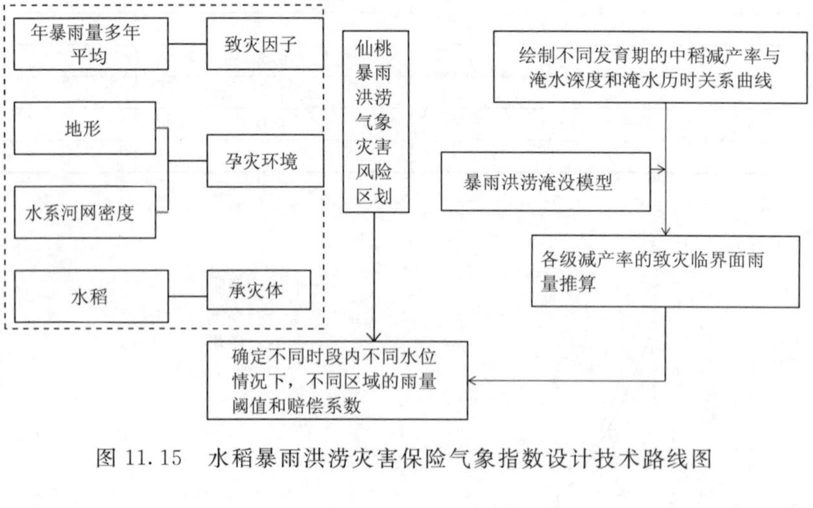

图 11.15　水稻暴雨洪涝灾害保险气象指数设计技术路线图

11.2.2.1　仙桃暴雨洪涝灾害风险区划

在分析仙桃市暴雨洪涝灾害孕灾环境(地形因子、河网水系密度)、承灾体(乡镇洪涝灾害成灾面积)、致灾因子(暴雨量)等因子基础上，利用 GIS 的空间分析功能，制作仙桃市洪涝灾害风险区划图(图 11.16,[彩]图 11.17)。

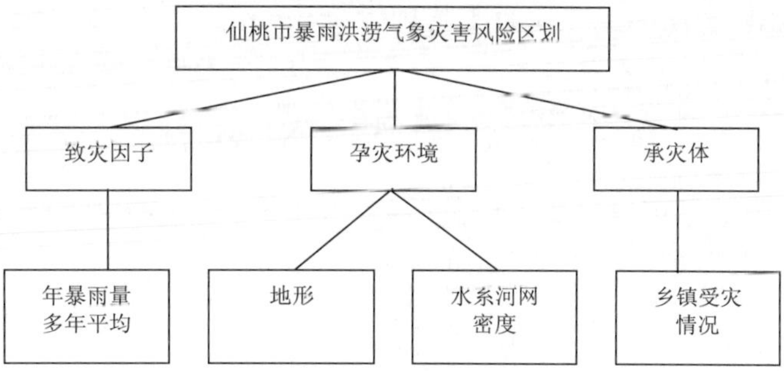

图 11.16　仙桃市暴雨洪涝灾害风险区划流程图

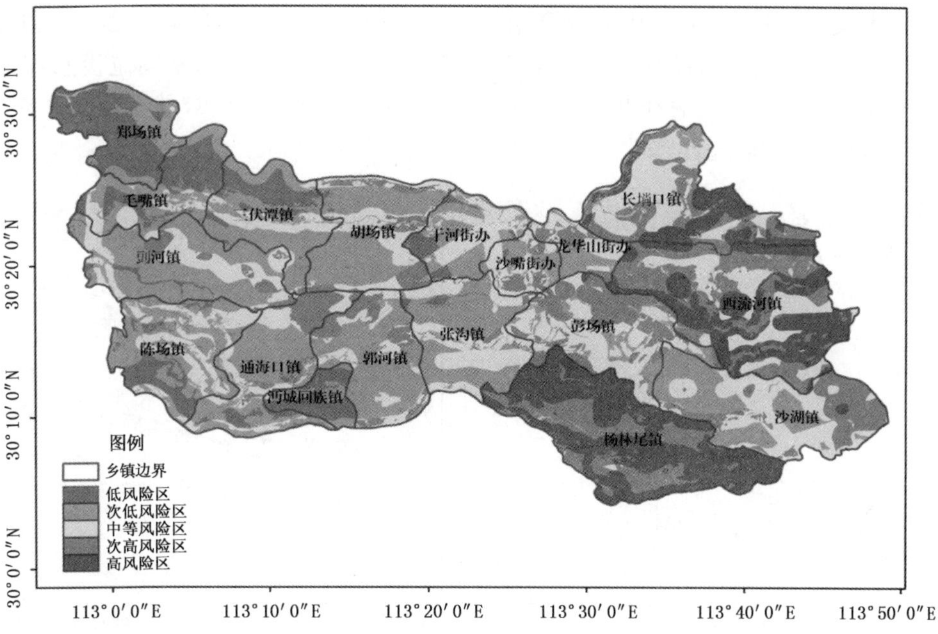

图 11.17　仙桃市暴雨洪涝灾害风险区划图

11.2.2.2　中稻暴雨洪涝灾害保险气象指数设计

保险时段为中稻大田生长期，从 6 月 1 日至 9 月 20 日。根据生育期划分为 4 个主要时段(表 11.8)。

表 11.8　中稻暴雨洪涝灾害保险指数保险设计时段

发育期	时段	天数
分蘖—拔节	6 月 01 日—6 月 30 日	30
拔节—孕穗	7 月 01 日—7 月 31 日	31
孕穗—抽穗	8 月 01 日—8 月 20 日	20
抽穗—乳熟	8 月 21 日—9 月 20 日	31

定义中稻暴雨洪涝灾害指数为:仙桃市某一强降水过程乡镇雨量站逐日平均雨量之和。期间允许有1日平均雨量为0,至少1日平均雨量≥30mm。

暴雨洪涝灾害指数 R_Z 定义为:

$$R_Z = (\sum_{i=1}^{m} R_i) = [\sum_{i=1}^{m} (\sum_{j=1}^{N} R_{ij}/N)] \tag{11.8}$$

式中,$j=1,2,\cdots,N$,为仙桃市境内乡镇雨量站数;$i=1,2,\cdots,m$,为某一次降水过程持续日数,R_{ij} 为第 j 个乡镇某一次降水过程中第 i 日的雨量。

$$R_i = (\sum_{j=1}^{N} R_{ij}) / N \tag{11.9}$$

为仙桃市某一次降水过程中第 i 日的平均雨量。

11.2.2.3 中稻不同发育期减灾率与淹水深、淹水历时曲线

根据参考文献和调查,确定中稻分蘖期(6月1—30日)、拔节孕穗期(7月1—31日)、抽穗开花期(8月1—20日)、乳熟期(8月21日至9月20日)四个时段内,不同淹没水深 h、淹没持续时间 t 与减产率 y 的关系曲线及方程([彩]图11.18),得到三种发育期不同减产率下对应的暴雨洪涝灾害淹没指标(淹没水深、淹没历时)。

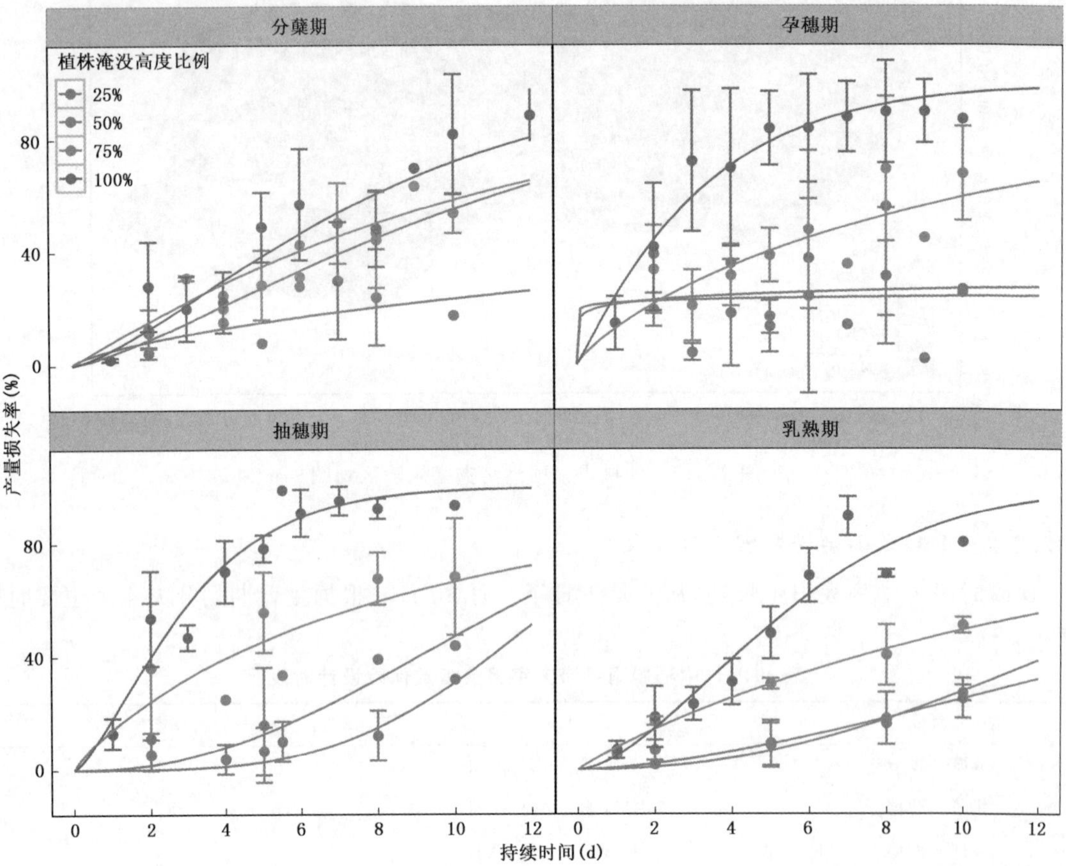

图11.18 中稻不同发育期减产率与淹水深度、淹水历时曲线

11.2.2.4　推算各级减产率的临界致灾面雨量

通过暴雨洪涝淹没模型分析和水稻洪涝灾害脆弱性评估(图 11.19),确定采用一次降水过程的面雨量作为暴雨洪涝保险指数,具体定义如下。

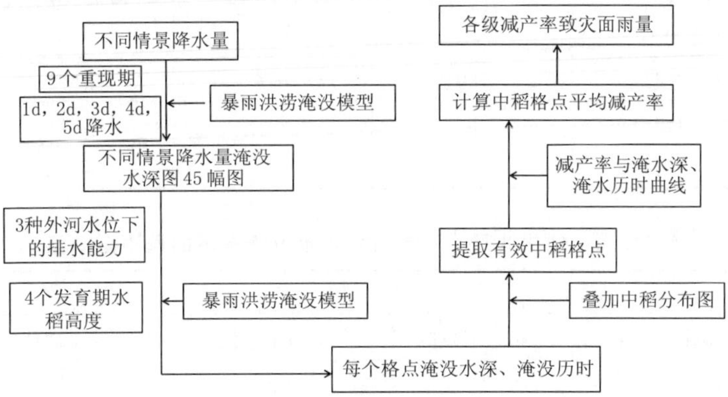

图 11.19　中稻产量损失临界致灾面雨量的推算流程图

暴雨指数:指一次降雨过程的总雨量,其中一次降雨过程是指连续数日平均雨量≥0.1mm(其中允许 1 日平均降水量<0.1mm)。降水过程逐日平均降水量之和为该次过程的总雨量(R_Z)

$$R_Z=(\sum_{i=1}^{m} R_i)Y=[\sum_{i=1}^{m}(\sum_{j=1}^{21} R_{ij}/j)]Y \tag{11.10}$$

式中,$j=1,2,\cdots,21$,为仙桃市境内乡镇雨量站数;$i=1,2,\cdots,m$,为某一次降水过程持续日数;R_{ij} 为第 j 个乡镇某一次降水过程中第 i 日的雨量,即单站日雨量;R_i 为第 i 日仙桃市日平均雨量,即日平均雨量;Y 为校正系数,范围为 0.8～1.2,由气象、水文和农业等部门根据保险水稻最近的气象站实测雨量进行综合评估确定。

式(11.11)中:雨量单位均为毫米(mm),精度 0.1;

单站日雨量:气象观测的日降水量(晚 20 时至次日晚 20 时,24 小时雨量);

日平均雨量:投保区域内多个气象自动观测站某一日雨量的平均值;

当两次降水过程间隔≤3 天,若任意一次降水过程总雨量 R_Z 大于 30mm,则将两次过程合并为一次过程,相应地,过程雨量为两次过程雨量之和。

降水过程开始日或者结束日在保险时段内,且过程总雨量达到起赔条件,则该降水过程纳入保险范围。

结合仙桃市水稻生产实际,确定保险时段为 7 月 1 日至 8 月 15 日,并根据水稻不同生育期对洪涝的敏感性差异分为两个时段,即分蘖期(7 月 1—31 日)和孕穗期(8 月 1—15 日),赔偿金额按生育期分别计算,公式为:

$$\text{每亩赔偿金额}=(\text{降雨量}\times\text{系数 }A+\text{系数 }B)\times\text{保险金额} \tag{11.11}$$

式中,系数 A 和系数 B 的确定依据不同雨量上下限阈值、不同水位条件分别确定。

赔偿金额＝每亩赔偿金额×保险面积

不同时段不同水位情况下的雨量阈值如表 11.9(7 月 1—31 日)和表 11.10(8 月 1—15 日)。

表 11.9　仙桃 7 月 1—31 日各种水位情况下的面雨量阈值

低水位		中水位		高水位	
雨量下限值（不含）	雨量上限值（含）	雨量下限值（不含）	雨量上限值（含）	雨量下限值（不含）	雨量上限值（含）
216	269	190	252	168	231
269	420	252	401	231	375
420		401		375	

表 11.10　仙桃 8 月 1—15 日各种水位情况下的面雨量阈值

低水位		中水位		高水位	
雨量下限值（不含）	雨量上限值（含）	雨量下限值（不含）	雨量上限值（含）	雨量下限值（不含）	雨量上限值（含）
216		195		174	

说明：上述低水位是指汉江水位和长江水位同时低于设防水位，即汉江水位（仙桃站）和长江水位（纯良岭站）水位分别低于 28.5m 和 23.0m；高水位是指汉江水位和长江水位同时高于设防水位，即汉江水位（仙桃站）和长江水位（纯良岭站）水位分别高于 28.5m 和 23.0m；中水位是指其中任一一个水位低于设防水位。

11.2.3　两系杂交稻制种天气保险指数设计

两系杂交稻制种天气指数研发和应用的思路方法如图 11.20。

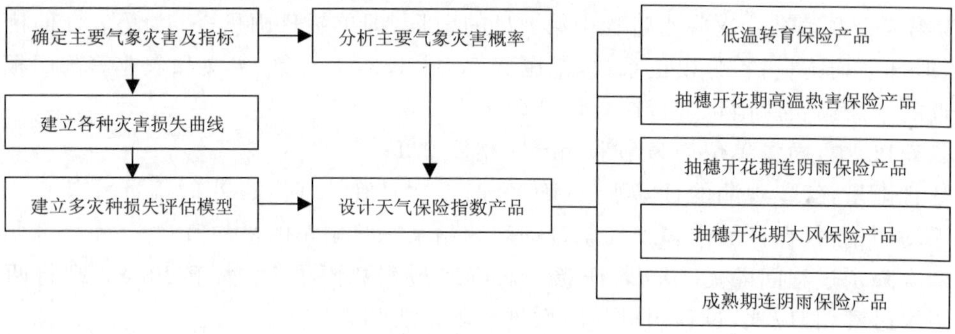

图 11.20　两系杂交稻制种天气保险指数设计流程示意图

11.2.3.1　确定影响两系杂交稻制种的主要气象灾害

根据文献及实地调研，确定影响两系杂交稻制种的主要气象灾害为育性敏感期低温转育、抽穗扬花期高温热害、抽穗扬花期连阴雨、抽穗扬花期大风、收获期连阴雨。各灾害定义如下：

低温转育：在杂交稻制种时，不育系的育性敏感期间如果出现了温光要素值低于育性转换临界指标的天气条件，不育系的雄性就会部分恢复或全部恢复可育，造成制种失败，育性敏感期要求不出现连续 3d 日均温低于不育起点温度的天气。

抽穗扬花期高温：连续 3d 以上（含）日平均气温 30℃或日最高气温 35℃以上高温致使颖壳不能完全闭合，结实率降低，影响产量。

抽穗扬花连阴雨：抽穗扬花期连续 3d(含)以上降雨将导致无法施用“920”(赤霉素)和人工赶粉，导致结实率降低。

抽穗扬花期大风：5 级(8.0m/s)以上大风导致花粉吹散，不利于授粉，导致结实率降低。

成熟期连阴雨：蜡熟期以后连续 5d 以上(含)降雨将引起穗上发芽，导致穗芽率高于 10%以上，导致种子不达标。

11.2.3.2　分析灾害指数与减产率关系

根据灾害标准，统计各项灾害气象指标，得到灾害指数序列，分析典型灾害年，灾害指数与减产率的关系，建立灾害损失曲线(图 11.21)。

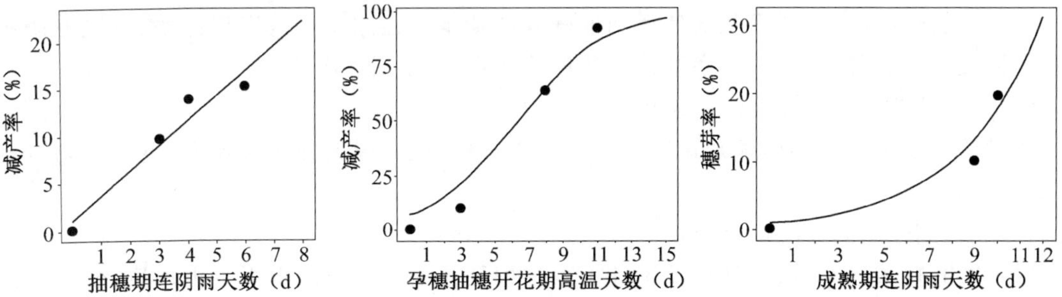

图 11.21　不同时期水稻因气象灾害造成的损失曲线

多灾种损失评估模型：某年同时出现多种灾害造成的减产率为：

$$Y_i = 1-(1-\ y_i)\prod_{k=1}^{m}(1-y_{ki}) \tag{11.12}$$

$$Y_i = 1-(1-\ y_i)\sum_{k=1}^{m}y_{ki} \tag{11.13}$$

式中，i 表示年份，Y_i 为转育造成的损失，当出现连续 3d 或以上日平均气温低于临界温度时，$y_i=1$，否则 $y_i=0$；$k=1,2,3,4$ 分别代表抽穗开花期高温、连阴雨、大风、收获期连阴雨，y_{ki} 为第 i 年第 k 种灾害造成的减产率。

11.2.3.3　试点区气象灾害概率分析

确定试点区早稻的始穗期、育性敏感期和成熟收获期，并由此统计两系杂交早稻的低温转育概率、抽穗开花期高温出现概率、抽穗开花期连阴雨出现概率、抽穗开花期大风出现概率。

11.2.3.4　试点区天气保险指数产品设计

天气保险指数产品设计的核心是纯保险费率的厘定，纯保险费率计算方法为：

$$R=\frac{E[\text{loss}]}{\gamma\mu}=\int_F^1 P(x)\ f(x)\mathrm{d}x \tag{11.14}$$

式中，R 为纯保险费率，$E[\text{loss}]$为产量损失的数学期望，x 为表征灾害的天气指数，$P(x)$为灾害指数的概率函数，$f(x)$为灾害指数对应的减产率，F 为起赔减产率。

(1)低温转育保险产品设计

根据试点县的历史气候资料，统计不同临界转育温度的品种不转育保证率可选育性转换时段。

转育保险产品可按两种方案设计，①固定时段的保险产品；②推荐时段保险产品。其中固定时段的保险产品为常年进入育性转换时段计算近30年转育概率（按30年统计保险费率过高，可能导致投保积极性不高，可考虑用近20年、近10年资料统计结果），由于转育损失为100%，因此纯费率即转育概率。推荐时段保险产品指出不同的转育临界温度下的敏感期，可以引导农民科学安排生产，避免在不适宜时段安排生产。

(2)抽穗开花期高温热害保险产品设计

取不同起赔减产率，计算和统计得到抽穗开花期不同高温热害持续天数出现概率、不同高温天数对应损失，得到不同起赔减产率下近30年高温赔偿情况及纯保险费率。

(3)抽穗开花期连阴雨保险产品设计

取不同起赔减产率，计算及统计得到抽穗开花期不同连阴雨天数出现概率、不同连阴雨天数对应损失，得到不同起赔减产率抽穗开花期连阴雨的纯保险费率。

(4)抽穗开花期大风保险产品设计

通过计算及统计得到抽穗开花期大风天数出现概率、大风天数对应损失，近30年减产率、纯保险费率。

(5)成熟期连阴雨保险产品设计

取不同起赔减产率，通过计算及统计得到抽穗开花期不同连阴雨天数出现概率、不同连阴雨天数对应损失，得到不同免赔额的纯保险费率。

第 12 章 气候与电力

12.1 输电线路气象灾害区划和预报

随着电力设施建设区域的不断拓展、设施现代化进程的不断深入以及对电网安全运行的要求越来越高,气象灾害对电力设施和系统安全造成的影响也越来越严重,但传统电力设备状态评价仍处于依靠电力设施自身监测系统来实现的现状,仅能监测到设备实时运行状态,无法对来自大自然等外界因素的动态变化对设备运行造成的风险情况进行动态评估,这种被动的局面对电网安全运行提出了巨大的挑战,针对日益频繁的气象灾害对电力安全的影响,如何从被动抢险转换为主动防御,从事后分析到事前预测,是电力及气象行业共同面临的技术瓶颈,也是现阶段国家电网所面临的最关键问题之一。

通过对典型电力气象灾害(覆冰、覆冰舞动、雷击风险)的成因进行解析,结合 GIS 和高分辨率气象数值模式,研究电力气象灾害监测及预警的模型指标,可实现基于输变电设备的电力气象灾害风险评估和预警,以满足电网针对电力气象灾害监测评估的需求。

12.1.1 雷电灾害

12.1.1.1 雷电易发风险区划

(1) 技术路线和方法

根据近 10 年的 ADTD 型二维闪电定位系统的雷电监测资料绘制而成,省界附近因为探测效率问题会有一定误差,根据《GB/T 21714.1—2015 雷电防护 第 1 部分:总则》《GB/T 21714.2—2015 雷电防护 第 2 部分:风险管理》《GB 50057—2010 建筑物防雷设计规范》中雷击大地密度与雷暴日数关系,参照《GB 50343—2012 建筑物电子信息系统防雷技术规范》标准,将湖北省雷电易发区域划分为三级:高发区、中发区、低发区。

(2)湖北省雷电易发风险区划

湖北省雷电高发区,主要位于宜昌市、江汉平原西部及鄂东中东部区域,面积占比为 22.2%([彩]图 12.1)。湖北省雷电中发区分散在全省各地,面积占比达 53.5%。湖北省雷电低发区主要分布在鄂西南、鄂西北的中西部、鄂东东北部范围内,面积占比为 24.3%。

12.1.1.2 雷击风险预警

雷击放电过程往往是重复发生的,雷击对输电线路的危害主要包括:①雷击的机械效应。击毁杆塔和建筑,伤害人畜。②雷击的热效应。烧毁导线和设备,造成火灾。③雷击的电热效应。产生过电压,击穿电器绝缘,绝缘子闪络、开关跳闸、线路停电或者引起火灾、人员伤亡等。

目前国内外的雷击的观测手段主要包括二(三)维闪电定位系统、多普勒天气雷达、卫星等

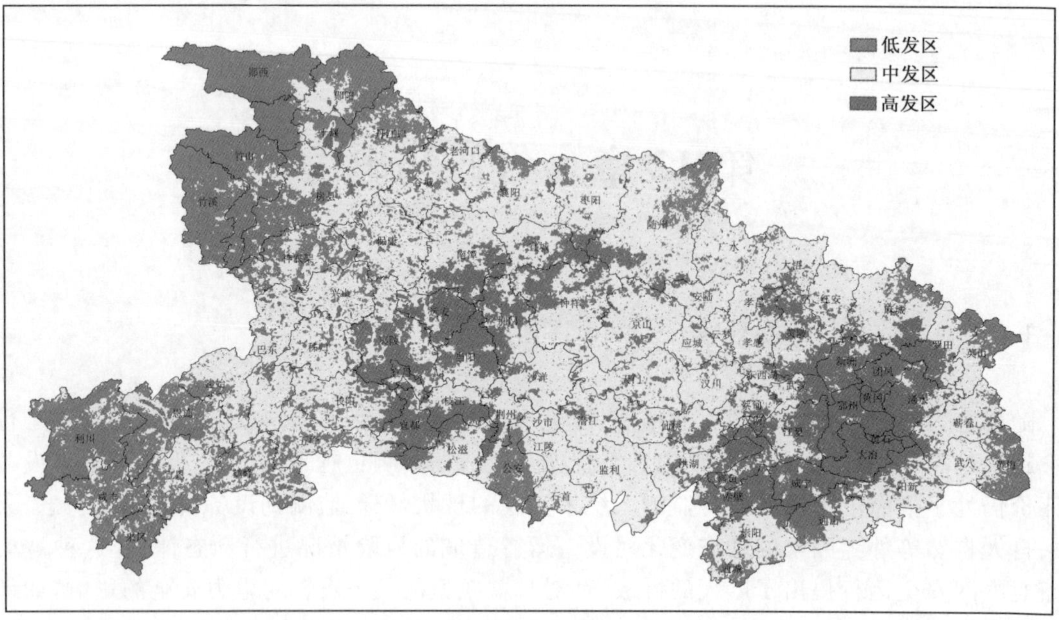

图 12.1　湖北省雷电易发区分布图

观测手段。本项目采用了目前国内最先进的雷击探测分析技术，结合本地的地理特征以及对电力设备的影响特点，通过参数调整，建立了不同预警时效的预警评估模型，并建立了相应的产品制作流程、发布流程，实现了雷击灾害的实时监测，为输变电设备雷击灾害风险评估和防御提供技术支撑。

(1)技术路线和方法

在对大量历史雷击个例分析的基础上，选择与雷击发生关系密切的环境因子，采用高分辨率的数值预报产品结合高频次的实时多普勒天气雷达和闪电定位仪等资料，通过在后续过程中不断增加样本，调整初始选取的预报因子和权重系数，建立适合湖北本地地域特征的雷击潜势预报模型，对未来 12 小时的雷击落区进行展望；进一步结合高分辨的实时观测资料，使用图形外推方法，对未来 30 分钟的雷击落区进行预报，从时间精度和空间精度上逐步提高雷击的监测、预报、预警能力。

1)提前 12 小时的雷击高发区监测预报方法

从雷击发生的环境条件出发，经过对湖北省雷暴日的普查分析和电力部门的雷击故障案例，分析湖北省雷暴发生发展相关系数较高的高空环流形势、水汽条件、对流稳定度 3 个条件的配置情况，选取反映雷暴发生发展的环境对流参数，建立多参数综合预报模型，结合预报员经验，实现短期 0～12 小时雷击潜势预报。

2)提前 0～1 小时的雷击临近预警方法

运用图形识别技术开发闪电区域识别方法，跟踪雷暴单体，结合环境场信息和闪电定位仪资料，提取反映闪电机制的雷达特征量，研究雷击预警因子，建立未来 1 小时雷击有无预报。

(2)湖北省雷击风险预警服务

1)监测产品开发

①基于多普勒雷达的雷击灾害实时监测产品

多普勒天气雷达具有超高的时间分辨率和空间分辨率，是监测雷暴天气最有效的工具，特别是对风暴而言。可利用雷达对风暴的监测和预报路径信息结合雷电的实况资料对雷击的移动趋势进行临近外推预报。

监测资料：新一代多普勒天气雷达资料。

监测内容：雷暴强度、速度和谱宽。

产品名称：组合反射率产品（CR）、回波顶高（ET）、径向速度（V）和垂直积分液态水含量（VIL）。

产品时效：实时监测（产品每 6 分钟更新一次）。

产品制作发布流程如图 12.2 所示。

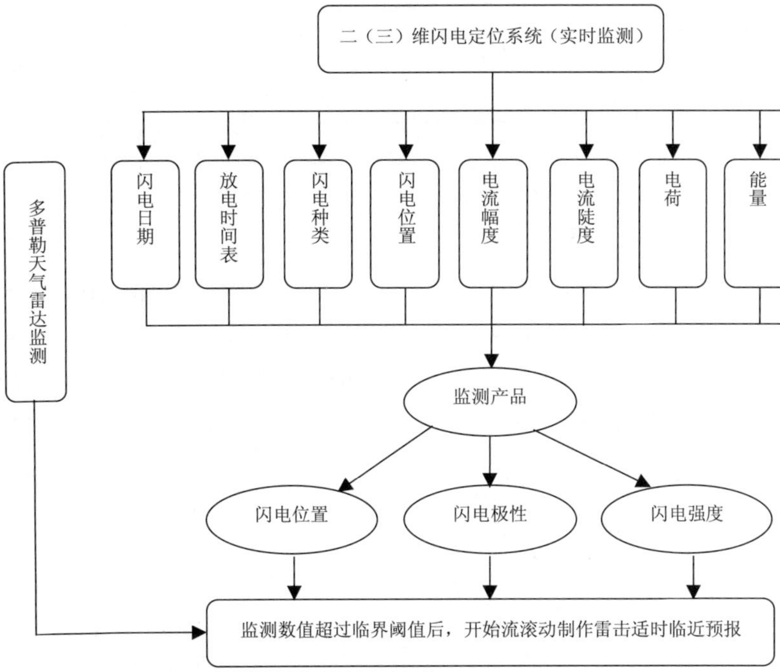

图 12.2　基于闪电定位仪的雷击灾害监测流程图

②基于雷达和闪电定位仪融合雷击灾害监测产品

近年来利用雷达和雷电定位资料对雷暴的研究表明，雷电频数与雷暴的生消演变过程有直接关系，特别是闪电特征与强对流天气的关系，使用多普勒天气雷达和闪电定位仪融合监测是本项目的特色之一。

监测资料：多普勒天气雷达资料、闪电定位系统资料。

监测内容：多普勒雷达数据、闪电定位数据。

产品名称：多普勒雷达产品、闪电定位产品。

产品时效：实时更新。

产品制作发布流程如图 12.3 所示。

2)预警预报产品开发

雷击预警主要分为以下两个部分，短期潜势预报和短时临近预报。

①0～6 小时短期雷击潜势预报产品

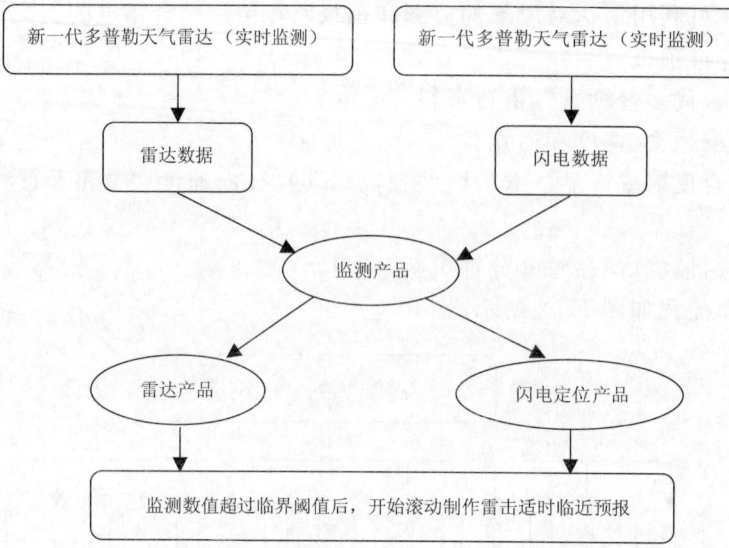

图 12.3　基于雷达和闪电定位仪融合的雷击灾害监测流程图

利用 NCEP 数值预报输出的上一日 20 时起报的 24h 预报产品（MICAPS 第 3 类、4 类数据格式）和当日 08 时起报的 24h 预报产品（MICAPS 第 3 类、4 类数据格式），选取呈显著相关的物理量作为预报因子，以 ADTD 闪电定位仪监测到的闪电频数为预报对象，在历史雷暴样本的前提下使用数学统计方法使二者之间建立统计关系，建立概率预报方程。计算得到的雷击潜势预报方程为

$$Y = 0.1X_1 + 0.1X_2 + 0.1X_3 + \cdots + 0.1X_{10} \tag{12.1}$$

式中，Y 为预报量，X_1—X_{10} 为预报因子，具体如图 12.4 所示。

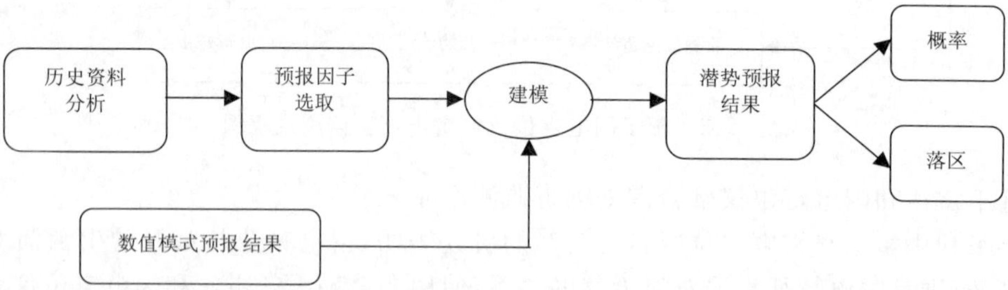

图 12.4　基于数值预报的雷击潜势预报流程图

②0～1 小时短时临近预报产品

如图 12.5 所示，在确定雷暴落区（第 1 步中 0～6 小时预报结果）的基础上，获取全省气象雷达逐 6 分钟更新的实时监测气象信息（新一代多普勒天气雷达拼图，实时从武汉中心气象台获取），综合闪电定位仪等资料（湖北省闪电定位系统资料，实时从武汉中心气象台获取），使用图形识别技术（TREC 风场外推）对临近 1 小时可能发生雷击的输电线路（显示为 MICAPS 第 4 类数据格式）重点监测，对于这些区域的线路发出灾害预警信息，输出产品为 MICAPS 第 4 类数据格式。

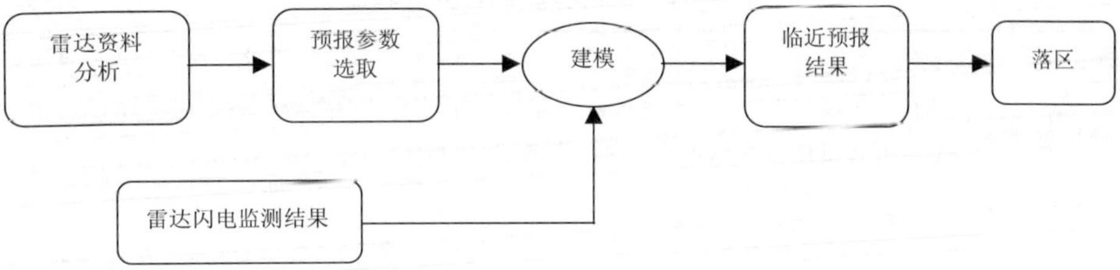

图 12.5　基于雷达和闪电定位仪的雷击临近预报流程图

(3)典型案例

使用雷击临近预报模型对 2016 年 7 月 19 日大暴雨(伴有强雷电)进行的实时预报显示([彩]图 12.6),在 0～1 小时的临近预报中,模型提前 30 min 预报未来强雷击落区。

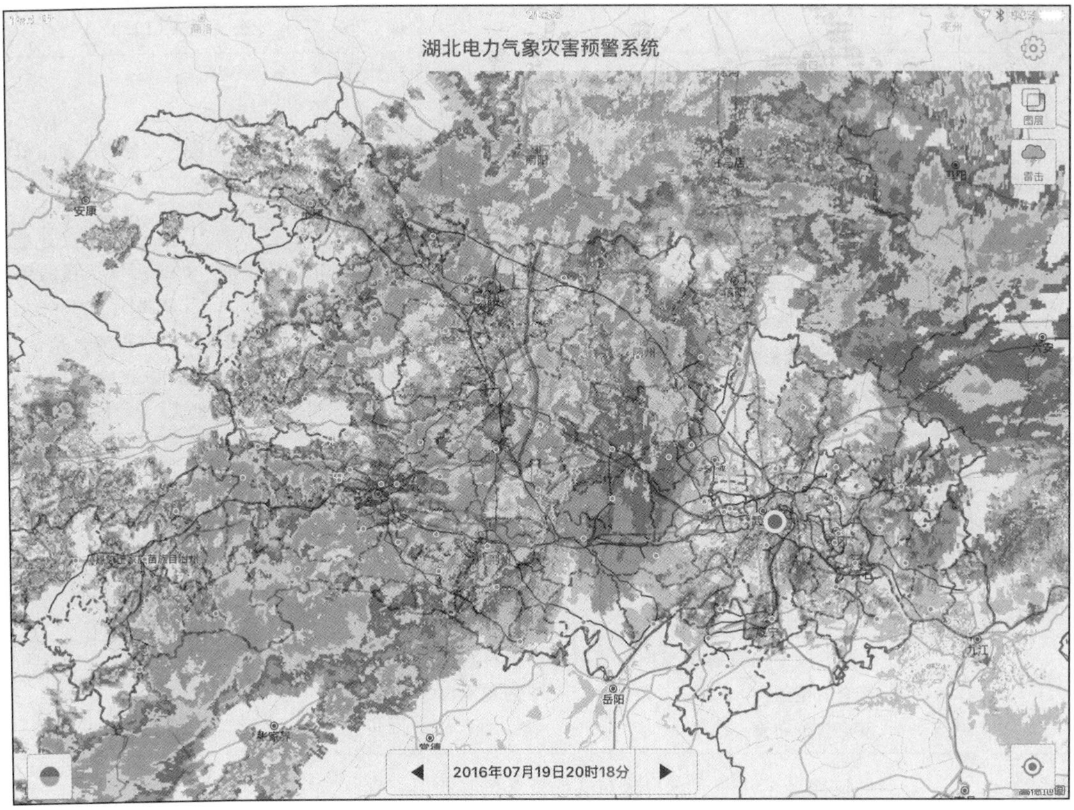

图 12.6　基于雷达和闪电定位仪的雷击临近预报
(2016 年 7 月 19 日 20:00 预报未来 30 分钟短时临近预报结果)

12.1.2　导线覆冰

12.1.2.1　导线覆冰风险区划

(1)技术路线和方法

根据国网公司企业标准《Q/GDW 11004—2013　冰区分级标准和冰区分布图绘制规则》的规定,冰区图的绘制流程如表 12.1 所示。

表 12.1 冰区分布图绘制流程

步骤	说明	涉及的具体公式或算法等
(1)有效观冰资料的整理	从当地气象部门获取所有台站的覆冰观测资料，选取具有长短径或冰重观测记录的有效观冰资料作为今后分析的样本	
(2)标准冰厚的换算	利用公式将覆冰样本换算为标准冰厚，方便统一比较，湖北省可使用长短径换算公式，换算密度建议取值 $0.38g/cm^3$	换算公式利用电力行业标准的《电力工程气象勘测技术规程》中 6.3.3 节的公式进行换算
(3)气象模型的建模	分析冰厚与气象要素之间的相关关系，根据散点图的分布状况用合适的公式进行拟合，得到可通过信度检验的气象模型	散点图如以线性趋势为主，可以选择线性逐步回归方法进行分析，若以曲线、抛物线之类的形式为主，需考虑二次项方程进行拟合，这类拟合可在统计分析软件中完成，如 Matlab 或 SPSS 等，具体公式见式(12.2)
(4)差值序列的获取	通过气象模型计算得到的模拟值与观测值不会完全相同，这两者之间的差值 ΔICE 可认为是由于除气象条件外其他因素造成的影响，最主要的应该是地形因素，因此，用 ΔICE 与地形因子进行相关分析，以找出其关系模型	ΔICE＝标准冰厚观测值－气象模型模拟值
(5)地形参数订正模型的建立	利用数理统计方法，找出 ΔICE 与地形因子的关系，建立地形参数的订正模型	散点图如以线性趋势为主，可以选择线性逐步回归方法进行分析，若以曲线、抛物线之类的形式为主，需考虑二次项方程进行拟合，这类拟合可在统计分析软件中完成，如 Matlab 或 SPSS 等，具体公式见式(12.3)
(6)重建气象台站历史覆冰序列	利用气象建模所得的方程，计算气象台站历史覆冰序列	计算公式为式(12.2)
(7)计算各台站 30 年、50 年、100 年一遇的重现期		
(8)格点覆冰资料的获取	将各台站不同时段重现期的覆冰厚度资料插值至全省范围内，获取在气象模型反演下的覆冰厚度全省分布图	站点插值至格点，可利用 GIS 软件中自带的功能模块，如 Arcmap 中的 IDW 插值模块
(9)海拔高度订正计算	仅对 200～2000m 范围海拔高度的格点覆冰进行订正计算，并将计算的覆冰值代替上一步中站点插值的覆冰值，而对 200m 以下及 2000m 以上的格点不进行订正，使用插值得到的覆冰值	订正公式见式(12.4)
(10)地形订正	针对上一步骤所获取的全省覆冰格点资料，利用地形参数订正模型进行订正，以获取最终的覆冰厚度模拟结果	计算公式为式(12.3)
分布图的绘制	根据国网标准文件中对分级及颜色的要求，绘制 30 年、50 年和、100 年一遇的标准冰厚分布图	绘图功能可利用 GIS 软件中自带的绘图程序 Arcmap 来完成

表 12.1 中提到的计算公式如下：

$$ICE_{气象模拟}=0.58+0.0026\,x_1+0.0011\,x_2-0.0604\,x_3+0.0017\,x_3{}^2+0.003\,x_4 \quad (12.2)$$

式中，x_1 为当天最高气温，x_2 为前 2 天水汽压，x_3 为前 2 天蒸发，x_4 为前 1 天风速。

$$\Delta ICE=0.19+0.0014\,x_1-0.0035\,x_2+0.045\,x_3 \quad (12.3)$$

式中，ΔICE 为地理信息因子对冰厚的订正值，x_1 为坡向，x_2 为起伏度，x_3 为坡度变率。

$$Y_{覆冰}=0.0082X+6.5851 \quad (12.4)$$

式中，$Y_{覆冰}$ 为估算覆冰厚度，X 为格点海拔高度。

但在实际绘制过程中，因为最近几年观测资料的引入，还是可能对模型的参数造成影响，因此在具体的计算分析中，针对最新的资料集，逐步完成上述绘制流程，并观察具体的差异进行分析。

(2)湖北省导线覆冰风险区划

根据绘制流程，完成 30 年、50 年和 100 年一遇的标准冰厚计算，并按照如下标准进行分级后绘图。

根据《DL/T 5440—2009　重覆冰架空输电线路设计技术规程》的规定，覆冰区域划分原则见表 12.2。

表 12.2　覆冰区域等级划分

冰区分类	轻冰区		中冰区		重冰区			
冰厚范围(mm)	0～5	5～10	10～15	15～20	20～30	30～40	40～50	50 以上

当进行色斑图绘制时，冰区色彩层必须位于第一层图面，且冰区色标要求如表 12.3。

表 12.3　覆冰分布图色标要求

冰区分类	冰厚范围(mm)	填充颜色 颜色模式 RGB	图例
轻冰区	0～5	R=255,G=255,B=255	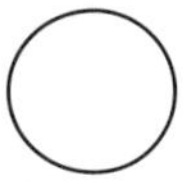
	5～10	R=220,G=220,B=220	
中冰区	10～15	R=255,G=255,B=0	
	15～20	R=255,G=200,B=150	
重冰区	20～30	R=200,G=0,B=255	
	30～40	R=200,G=100,B=0	

续表

冰区分类	冰厚范围(mm)	填充颜色 颜色模式 RGB	图例
重冰区	40～50	R=200,G=0,B=100	
	50 以上	R=255,G=0,B=0	

R:英文 red 的缩写,红色成分的含量;G:英文 green 的缩写,绿色成分的含量;B:英文 blue 的缩写,蓝色成分的含量。

绘制的湖北省不同重现期标准冰厚分布图如[彩]图 12.7—[彩]图 12.9 所示。

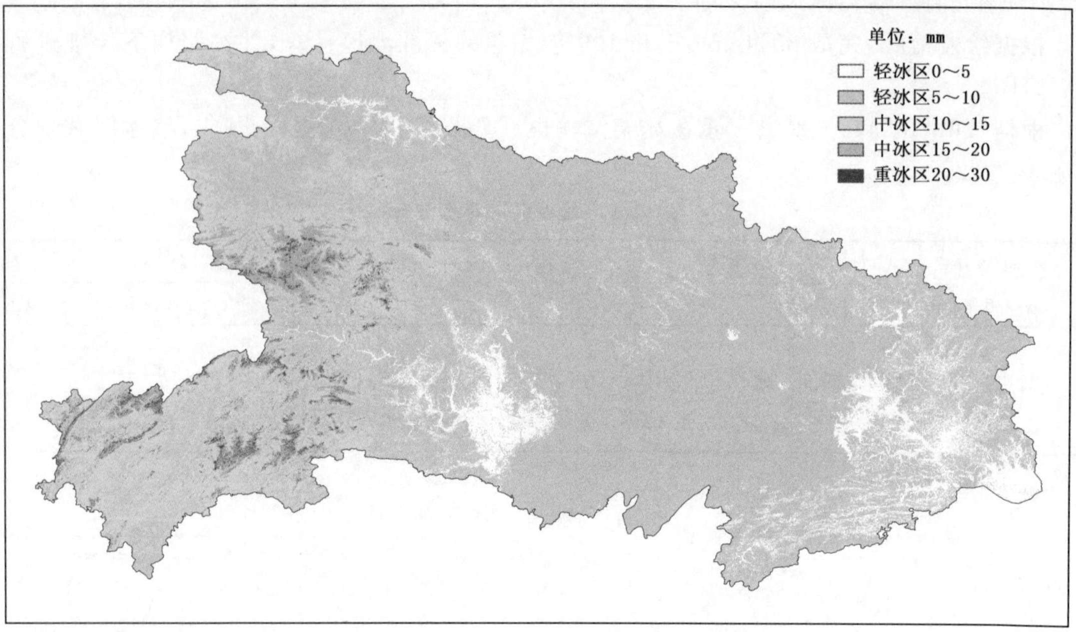

图 12.7　湖北省 30 年一遇标准冰厚分布图

12.1.2.2　导线覆冰风险监测预警

近年来气候变化的加剧,使得局地的天气背景出现了明显的改变,因此,利用实测和预报的气象资料结合地形特征对覆冰厚度进行监测和预报具有更好的有效性和实用性,可以为相关线路设计提供参考,为提高线路覆冰厚度设防标准,有针对性的采取线路防冰差异化设计和改造,增强电网抗击覆冰灾害的能力,减少覆冰灾害对电网的损害。尤为重要的是,对覆冰发生及冰厚大小的预报,可以为有关部门提前制定应急预案提供指导性意见,准备好应对覆冰灾害的应急预案,一旦覆冰出现,能立即采取应对措施,减少覆冰灾害造成的损失。

(1)技术路线和方法

输电线路覆冰监测评估系统以独立开发的基于气象和地形特征规律的覆冰模型为核心,依托湖北省均匀分布的气象台站监测资料以及高时空分辨率的预报结果,实现对覆冰发生有无及冰厚大小的实时监测和预报。主要包含以下两方面:

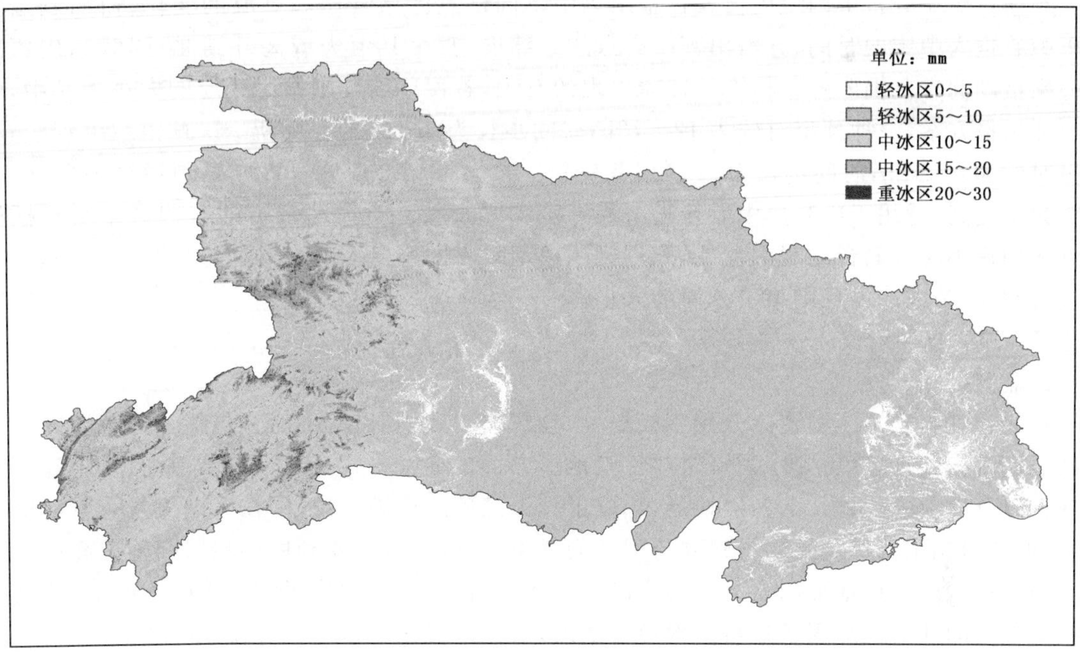

图 12.8　湖北省 50 年一遇标准冰厚分布图

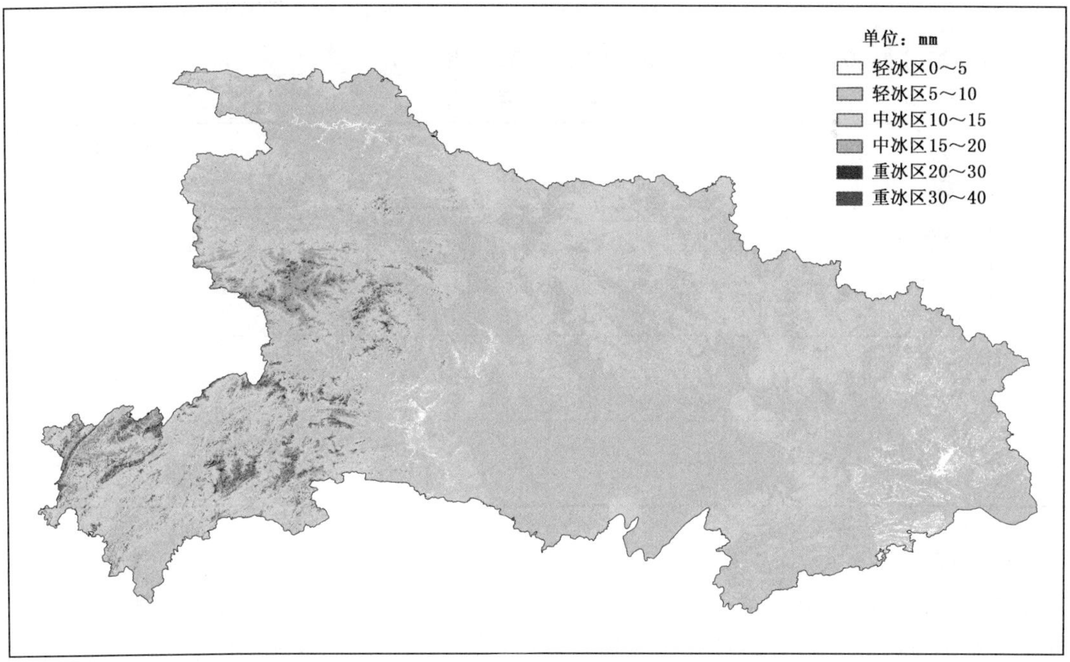

图 12.9　湖北省 100 年一遇标准冰厚分布图

1)对于模式预报结果的应用，由于其已经进行了相关气象资料的同化和插值，因此，直接使用其预报结果的空间精度大小。对于气象台站观测资料的应用，选取能够综合反映气象和地形要素特征的插值方法将气象台站的观测数据插值为空间精度为 1km×1km 格点数据。

2)通过对比分析中国境内模式预报结果中不同格点区域气压和气温的变化特征，判断冷高压中心进入中国的时间，并给出其中心点的经纬度，直至其消失或离开湖北；同时利用覆冰模型预报湖北省范围内各个格点处覆冰出现的有无，若覆冰出现则给出冰厚的大小。其中，使用2种预报方案，一种预报时效为12～72h，时间步长为3h，每12h更新一次预报结果；另一种预报时效为0～12h，时间步长为3h，每6h更新一次预报结果。后一种方案预报结果更准确、更新频次更高，适用于冷高压中心接近湖北省范围时查看。对覆冰灾害的监测则是基于插值格点化的逐小时气象台站观测资料，利用覆冰模型对不同格点区域、不同输电线路段的覆冰有无进行判断，若覆冰出现则给出冰厚的大小。

(2) 湖北省导线覆冰预警服务

1)监测产品开发

湖北省气象台站观测覆冰开始年代较早，且观测站点相对较多，而且包括了绿葱坡这样子的高山高海拔站点，其历史序列资料对于微地形方面的研究非常有用，因此，考虑湖北省的资料现状以及湖北省较复杂的各类地形，选取了较为完备的建模方法，即在考虑气候背景的情况下，选取有影响机制的气象因子建立与覆冰的气象关系模型(主要利用逐步回归筛选高相关因子)，同时也考虑局地地形因素的影响机制，在全面分析各类微地形影响因子的基础上，找出影响权重最大的几类地形因子进行微地形方面的订正，最终完成覆冰综合模型的建立。

①气象模型

$$Y = -0.11x_1 - 0.49x_2 - 0.34x_3 - 0.335x_4 + 0.00x_5 - 0.013x_6 + 0.27x_7 + 1.75x_8 \tag{12.5}$$

式中，Y 为标准冰厚，x_i 代表的为表12.4中各气象要素。

表 12.4　气象要素

要素	当天	前1天	前2天
平均气温			x_1
最高气温		x_2	
最低气温			x_3
水汽压	x_4		
相对湿度		x_5	
最小相对湿度			x_6
降雨量			x_7
平均风速			x_8

②地形订正模型

经过气象模型的拟合后，覆冰厚度仍不能较好地与实测值相吻合，由于拟合的模型仅考虑了气象要素本身的影响，因此，可以近似地认为，未能拟合的这一部分是由地形因子的影响造成的，如果令 Y 为实测值，$\hat{Y}$ 为气象资料模型模拟值，以标准差来描述样本中数据以均值为中心平均振动幅度的特征量，则可认为 ΔY 为气象资料模拟值偏离实测值的振动幅度，这部分振动幅度主要是由地形因子的差异造成的，可以用地形因子加以模拟，并最终订正气象因子建模后的模拟值，亦即

$$\Delta Y = Y - \hat{Y} \tag{12.6}$$

采用的方法为多元线性回归方法，最终建立的地形订正模型如下

$$\Delta Y' = 0.19 + 0.0014\,x_1 - 0.0035\,x_2 + 0.045\,x_3 \tag{12.7}$$

式中，$\Delta Y'$为 ΔY 的拟合值，x_1 为坡向，x_2 为起伏度，x_3 为坡度变率。

对于海拔高度超过 200m 的站点，其积冰结果利用下面的公式进行进一步地订正计算。

$$Y_{覆冰} = 0.0082x + 6.5851 \tag{12.8}$$

式中，$Y_{覆冰}$为估算覆冰厚度，X 为格点海拔高度。

2)预警预报产品开发

利用天气形势分析、预报结果应用、覆冰模型计算和输出结果订正相结合的方法，实现对覆冰状况的判断和预报。

特定天气形势的配置对覆冰的出现可以起到预判的作用，通过对大范围雨雪冰冻灾害的分析，发现以下 5 种天气形势特征极易导致覆冰灾害的出现：(a)大气环流持续异常，中高纬阻塞高压长时间位于西西伯利亚，副热带高压偏西偏北；(b)环流系统较为深厚；(c)西风带南支槽稳定维持且十分活跃，将大量水汽输送至我国南方地区；(d)一条准静止锋长期稳定维持于长江流域；(e)上空存在逆温层并有暖鼻配合。

EC 细网格预报结果具有较高的时空分辨率，且预报频次高和预报物理量种类多的特征可以为覆冰模型提供足够的物理参数。

覆冰模型是通过大量覆冰观测数据统计得到的物理模型，能够较好地反映覆冰的发生和增长过程。

输出结果订正则是利用冻雨出现的边界层特征和覆冰出现的气象要素阈值对预报结果进行订正，尽量减少错误估计覆冰出现的现象。

①冷高压影响范围的预报

对不同格点区域的气压和气温变化进行分析，当出现区域性增压和降温明显出现时，即认为冷高压开始影响我国，对比该区域气压大小，得到冷高压中心的经纬度，并实时对其进行预报，给出冷高压中心的移动路径，预估其影响湖北的时间。

选用 EC 细网格资料中的气压数据，采用相减的方法(03 时的变压为 03 时的预报值减去 00 时的初始值；06 时的变压为 06 时的预报值减去 03 时的预报值，以此类推)来判断各个格点处 3h 变压(2hPa 以上)；选用地面气温资料，与气压一样采用相减的方法，不过计算的是 24h 变温。当 3h 变压大于 2hPa，24h 变温小于－5℃时，认为受冷高压影响。

②覆冰过程预报

对覆冰是否出现和冰厚大小的预报主要通过 2 种预报方案，一种预报时效为 12～72h，时间步长为 3h，每 12h 更新一次预报结果；另一种预报时效为 0～12h，时间步长为 3h，每 6h 更新一次预报结果，更新频次的增加能够有效提高 0～12h 预报时效相应结果的准确率。与此同时，分别利用模式预报数据和气象站监测数据，结合覆冰模型对湖北省的覆冰可能出现区域及冰厚的大小进行判断，直至冷空气完全消散或移出湖北境内。

当平均气温大于 3℃，格点的冰厚取值为 0cm，小于 0℃，则覆冰可能出现，各个时刻，相应格点计算得到的冰厚要进行累加，不过一旦出现气温大于 3℃，则该格点的冰厚归 0。当日 08 时开始预报未来 72h 的覆冰情况所使用的是前一天 20 时的初始场。模型中前一天是指前 2 天 20 时的 8 个数值进行比较(得到最大或者最小值)；前两天是指前 3 天 20 时的 8 个数值进行比较(得到最大或者最小值)；当天是指前 1 天 20 时的 8 个数值进行比较(得到最大或者最

小值),如果没有比较的情况,例如:当天的水汽压,则直接用对应时次预报场的露点温度来进行计算。

获得覆冰预报结果后需要利用冻雨出现的边界层特征和气象要素阈值进行预报数据的筛选,对于不符合覆冰出现条件的地区,需要将覆冰厚度预估结果订正为0。

3)预警产品制作流程

覆冰风险预报预警服务业务的主要时段为每年的冬季,其他时段内,可根据服务需要,适时开展此项业务。预报预警服务业务流程图详见图12.10。

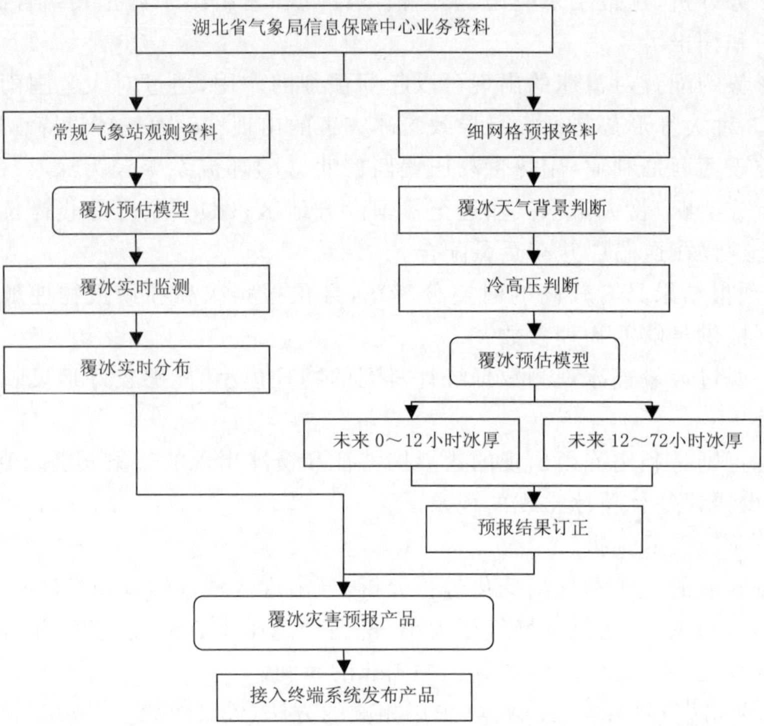

图12.10　覆冰灾害预报预警产品制作流程图

当灾害预警产品制作出来后,进入产品发布流程,表12.5列出了产品发布所涉及的产品名称、发布时间、发布途径和发布对象。

表12.5　覆冰灾害预警产品发布相关信息清单

产品名称	发布时间	发布途径	发布对象
覆冰灾害预报	提前2～3天	系统弹窗提示	所有业务值班人员
覆冰灾害预警	24小时以内	系统弹窗提示 短信息发布	所有业务值班人员 各级决策与负责人员

注:短信息发布可根据预警时效和级别进行差异化发布定制,如提前时段较长的灾害预报产品,考虑其准确性略差,可只发给业务值班人员和主要决策值班人员,当进入到24小时范围内的预警时,对灾害发生的把握较大,可将短信息发布给除上述人员外的各级负责和决策人员,以实现信息利用的最大化。

(3)典型案例

湖北省在2016/2017年冬季已对覆冰和覆冰舞动灾害进行了全国范围内的预报试验,

[彩]图 12.11 是其中某一时次的预报产品截图。

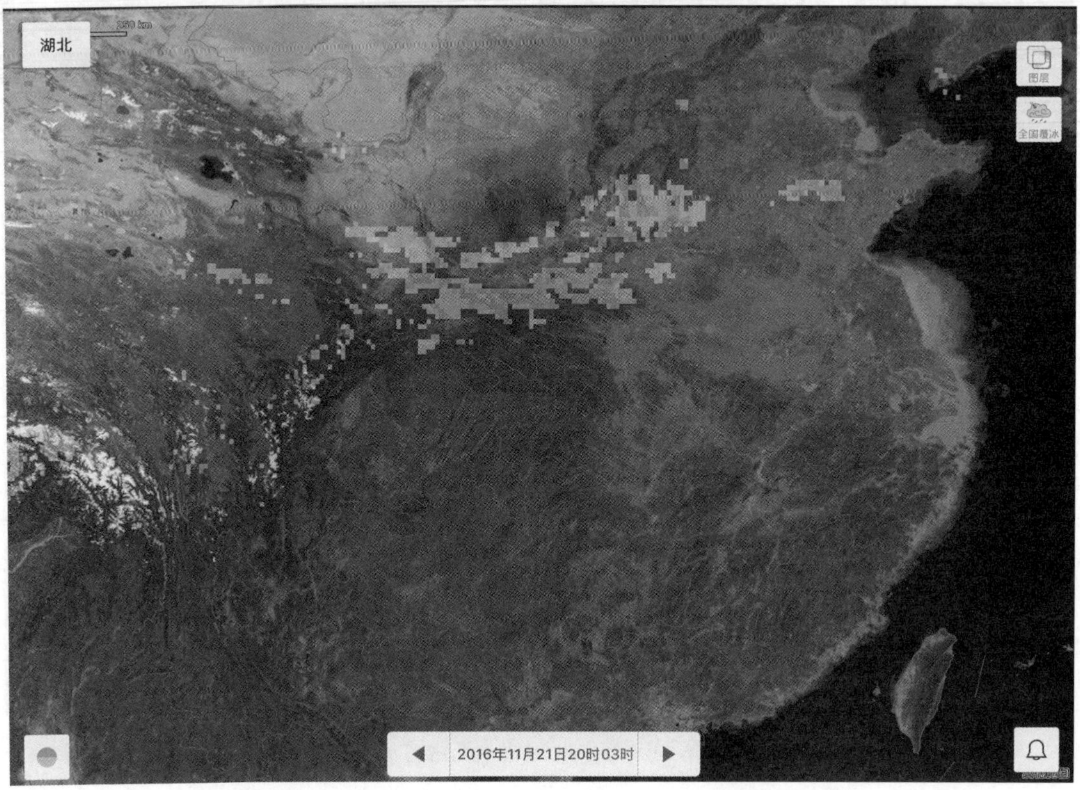

图 12.11　2016 年 11 月 21 日 20 时湖北省标准冰厚分布图

[彩]图 12.11 中所用的数值预报模式是 EC 细网格预报产品，经过覆冰厚度评估模型计算得到格点上的标准冰厚，该产品并未经过局地地形订正，[彩]图 12.12 给出了湖北省该预报某一时次 100m 格点精度的标准冰厚预报。

12.1.3　覆冰舞动

12.1.3.1　覆冰舞动风险区划

(1)技术路线和方法

输电线路覆冰舞动既受大范围的天气形势和风速、冻结条件等气象因素控制，又与具体线路所处实际微地形因素以及输电线路本身架设高度等线路特性密切相关。所以，覆冰舞动风险区划过程中，必须对电力线路故障资料及气象、地形要素资料进行质量控制和标准换算，使最终的区划图可以在统一标准下进行工程应用。

经过质量控制后的电力和气象数据可进行覆冰舞动建模分析，由于覆冰舞动是在特定天气系统背景下发生的一种气象灾害，因此，需找出论证区域发生覆冰舞动的天气背景，在此基础下分析主要影响天气系统和影响因子，利用这些因子确定论证区域发生覆冰舞动的气象因子阈值区间，并进行地形因子订正分析，最终完成覆冰舞动频次估算模型的建立。

根据上述技术路线，绘制了绘制流程图(图 12.13)。

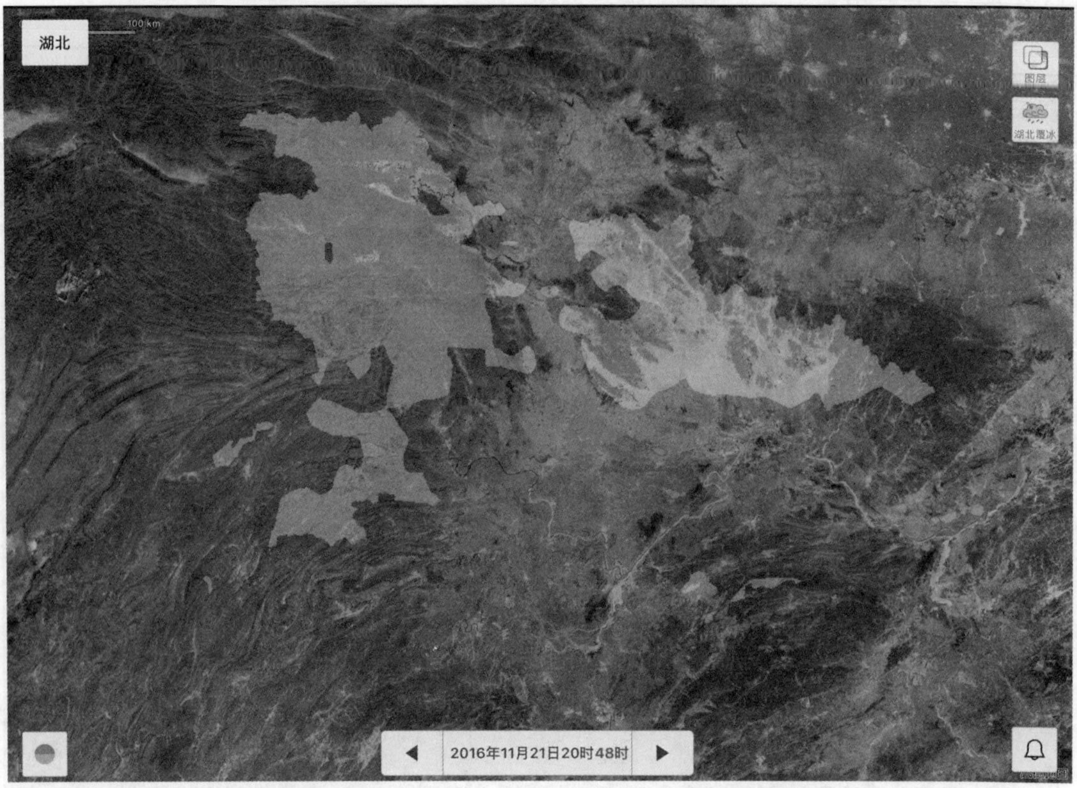

图 12.12　2016 年 11 月 21 日 20 时湖北省覆冰风险等级预报图

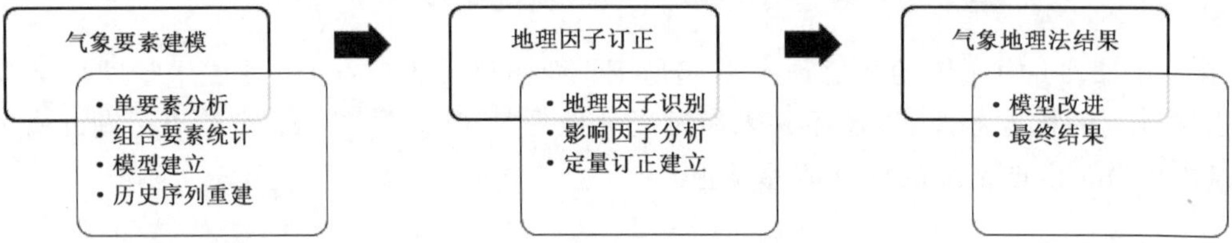

图 12.13　覆冰舞动风险区划技术流程

(2)湖北省覆冰舞动风险区划

根据覆冰舞动风险区划绘制的技术流程，开展湖北省覆冰舞动风险区划，具体如下。

1)天气背景分析

对论证区域内覆冰舞动资料进行整理，将同一日内发生多处覆冰舞动的日期归结为一个覆冰舞动日，之后利用 HySplit 模式对覆冰舞动日的气流轨迹进行模拟，以找出发生覆冰舞动时的主要气流来向和主导天气系统。

以湖北省为例，湖北省覆冰舞动故障资料共有 146 条次，将同一日内不同地点发生多条次覆冰舞动的日期归为同一个覆冰舞动日，共得到覆冰舞动日数 34 天，表 12.6 是覆冰舞动发生时间的统计表。

表 12.6　湖北省覆冰舞动发生日期分布表

年	月				
	1	2	3	11	12
2010	8	10,11			
2009		10		11,12	
2008	12,13,14,15,16	24			
2006		27,28			
2005	24,26	5,6,7			
2004					20,21,22,24,26
2003		10	5		
2001	23,24,25				
1998					2
1996		16			
1993				19,21	
1988					26
合计日数	11	11	1	4	7

对表中 34 个覆冰舞动日的气流轨迹做聚类分析,可得到如图 12.14 所示的两类造成湖北省覆冰舞动的主导天气系统移动路径,从中可以判断,东北路冷空气是造成覆冰舞动的主要天气系统,因此,在做覆冰舞动建模分析时,对于气象要素阈值判别首先应满足主导风向为东北风。

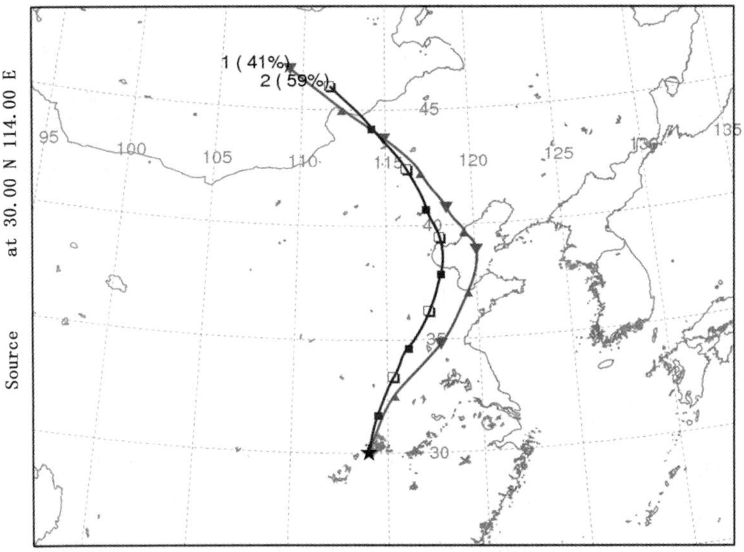

图 12.14　两类覆冰舞动主导气流轨迹分布图

其他论证区域的天气背景分析可参考湖北省分析方法进行，通过试点省对该方法的试用，对于覆冰舞动资料较少的省份，由于无法完成聚类分析，主导风向可选为北风，以表征冷空气南下造成的大风降温天气系统。

2)气象要素阈值区间分析

根据覆冰舞动发生的机理，可选取日最低温度、日平均相对湿度和主导风向下日最大风速作为判别覆冰舞动是否可能发生的气象判别因子。

统计当覆冰舞动发生时上述三个气象要素的数值分布区间，作为判断论证区域覆冰舞动发生与否的阈值分布区间，考虑到舞动发生时故障点处不一定有气象观测记录，因此，可选取具有同期观测记录的最近气象站点观测数据替代。

以湖北省为例，通过对湖北省146条次的故障记录进行统计分析，可得到如下三要素阈值区间分布，如表12.7所示。

表12.7 湖北省覆冰舞动发生时三类气象要素阈值分布区间

要素	阈值区间
日最低温度	−4.0～0.5℃
日平均相对湿度	70%～100%
主导风向下日最大风速	5.8～13.7m/s

覆冰舞动作为一种自然天气现象，在不同区域其发生的机理大体是相同的，因此，若论证区域内覆冰舞动故障资料较少，可考虑采用以下三类气象要素阈值区间进行替代（表12.8），该阈值分布区间经过湖北、河南和辽宁省的试用，所得结果能够较好反映当地覆冰舞动发生情况，具有较好的概括性。

表12.8 覆冰舞动发生时三类气象要素参考阈值分布区间

要素	阈值区间
日最低温度	−4.0～1.0℃
日平均相对湿度	70%～100%
主导风向下日最大风速	6～14m/s

利用上面两个表中的主导风向和三类气象要素阈值分布区间共四类气象要素的判别特征，可对气象观测台站逐日历史资料序列进行反演，当满足上述四要素时，记为该站点该日可能出现一次覆冰舞动，通过对论证区域内逐台站的历史逐日资料进行判别，可统计出该台站历史可能发生覆冰舞动的总次数，然后将其换算为10年出现的频次，湖北省部分台站10年覆冰舞动频次如表12.9所示。

3)地形订正

通过对湖北省覆冰舞动资料的分析，可以得到影响覆冰舞动的主要地形因子是地形起伏度，地形起伏度的定义是在选定的区域范围内（即其计算半径），最高点海拔与最低点海拔的高度数值差，它是描述一个区域地形特征的宏观性指标，地形起伏度越小，表示该区域地形越平坦，反之则表示越不平坦。通过对湖北省覆冰舞动个例的研究，发现地形起伏度的计算半径在2000m左右代表性较好，该计算半径的适用性在河南省和辽宁省也得到验证。

表 12.9 湖北省部分台站 10 年覆冰舞动频次表

台站号	站名	纬度(°N)	经度(°E)	10 年频次
57249	竹溪	32.32	109.68	145.4
57251	郧西	33.01	110.42	5.4
57253	郧县	32.85	110.82	2.3
57256	郧阳	32.65	110.78	2.3
57257	竹山	32.23	110.23	37.7
57259	房县	32.03	110.77	96.9
57260	丹江口	32.57	111.52	96.9
57265	老河口	32.38	111.67	129.2
57268	谷城	32.27	111.63	3.1
……	……	……	……	……

在 ArcMap 中，加载计算得到的地形起伏度数据，通过菜单上 Identify(图标 ❶)可以查看所需经纬度点的地形起伏度数值，将论证区域内具有 10 年覆冰舞动频次数据的台站所对应的地形起伏度数据依次读出，建立覆冰舞动 10 年频次与地形起伏度的拟合关系，拟合关系即覆冰舞动的地形订正模型。

以湖北省为例，覆冰舞动 10 年频次与对应地形起伏度关系如图 12.15 所示，在实际建立拟合关系时，可选取拟合效果较好、相关性较高的拟合方程，同时应注意，若地形起伏度较低时，舞动频次数据较分散，可考虑仅对地形起伏度达到某一级别的数据进行建模，在进行实际分析时，湖北省和河南省选取了仅对地形起伏度大于 100m 的数据进行建模，辽宁省选取了仅对地形起伏度大于 150m 的数据进行建模。

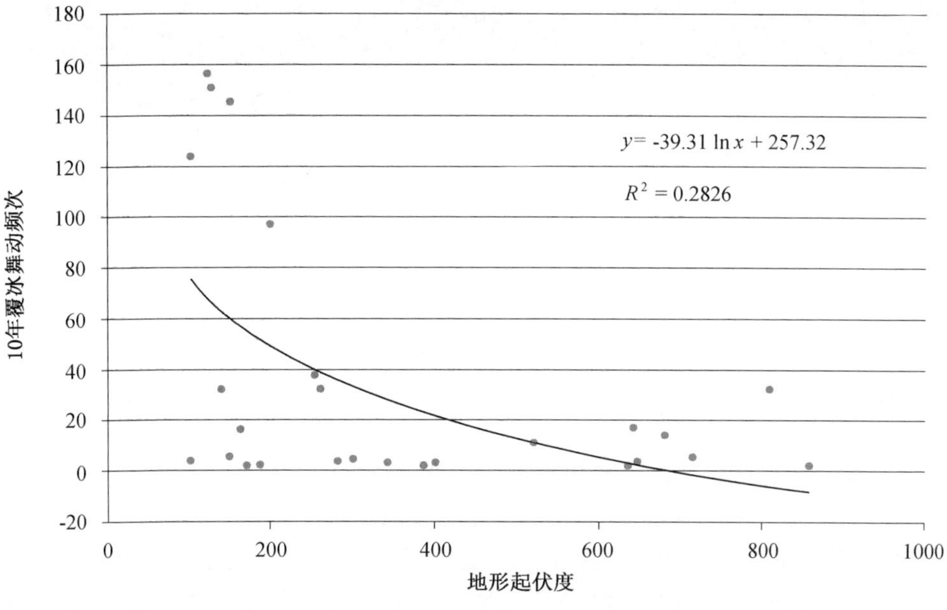

图 12.15 湖北省覆冰舞动频次与地形起伏度(m)拟合关系图

4)综合模型计算

利用上述方法,可得到论证区域内观测台站10年覆冰舞动的频次数据,通过在论证区域内的平面插值即可得到通过气象四要素模拟出的覆冰舞动频次数据层,在此基础上,利用地形订正模型,结合需进行地形订正的初始地形起伏度高度,在ArcGIS系统的支持下,可完成覆冰舞动综合模型的计算工作。

以湖北省为例,将所有台站10年覆冰舞动频次进行空间插值,之后利用地形订正模型,即:

若地形起伏度≤100m,覆冰舞动频次=气象四要素模拟得到的数据

若地形起伏度>100m,覆冰舞动频次$=-39.31\ln(x)+257.32$

其中x表示该点的地形起伏度数值,将上述公式在ArcMap中输入计算,即可得到最终的覆冰舞动频次分布图,在此不再赘述。

计算完成后,得到的湖北省覆冰舞动频次分布图([彩]图12.16)。

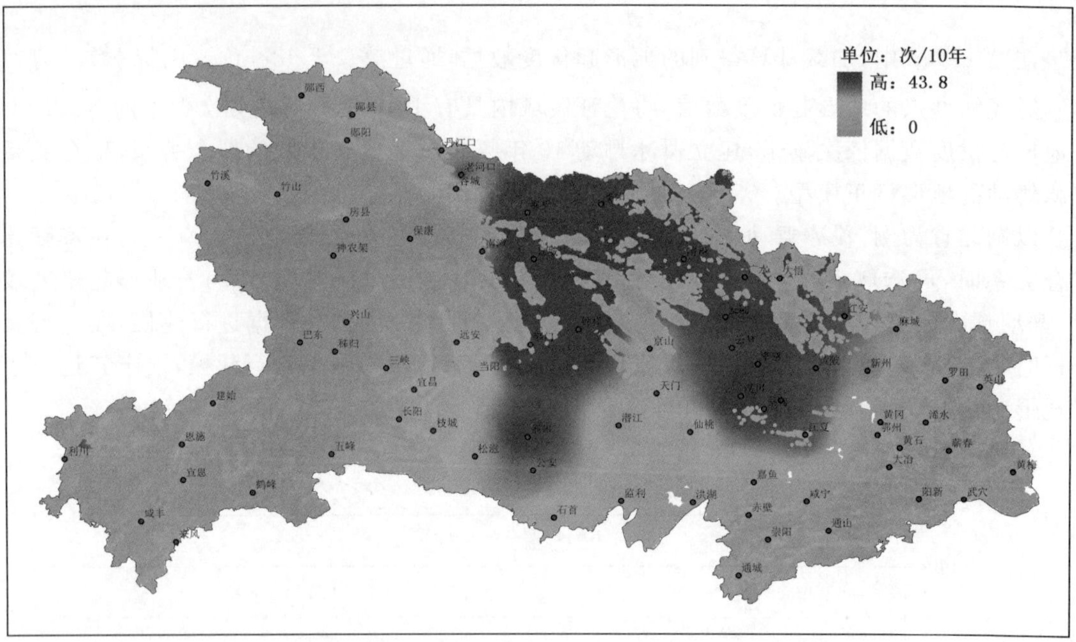

图12.16　湖北省覆冰舞动频次分布图

12.1.3.2　*覆冰舞动监测预警*

舞动是输电线路由于偏心覆冰改变了导线截面特性,在风激励下产生的一种低频、大振幅自激振动。输电线路覆冰舞动具有发生机理复杂、防治难度大和破坏力强的特点,是架空输电线路领域国际公认的难题。

由于舞动风险预警能够实现对输电线路灾害的预报预警,可以为线路设计、电网建设、运行维护等部门的防舞工作提供指导,一定程度上减少了防舞工作的盲目性,舞动风险预警工作的开展,是提高电网抵御覆冰舞动事故能力的重要组成部分,可以为输电线路安全运行规划提供参考,为运行和管理部门提供有效依据,因此,增强电网抗击舞动灾害的能力,减少舞动灾害对电网的损害,开展舞动风险预警工作,意义重大。

(1)技术内容和方法

输电线路覆冰舞动灾害监测预警模块主要用来实现针对湖北省输电线路覆冰舞动风险的实时监测以及未来可能发生覆冰舞动风险区域的评估和预警，该功能模块的实现，在风险监测上依托的是湖北省常规气象观测台站的实时监测数据，在评估和预警上依托的是针对东亚地区的细网格天气预报场，在上述要素监测和预报场资料的支撑下，通过自主研发的湖北省覆冰舞动评估模型，计算得到客观化的覆冰舞动风险评估结果，结合输电线路的信息，实现针对输电线路的覆冰舞动风险预警。

(2)湖北省覆冰舞动风险预警服务

1)监测产品开发

根据覆冰舞动发生的机理，在主导风向为东北风向的基础上，可选取日最低温度、日平均相对湿度和主导风向下日最大风速作为判别覆冰舞动是否可能发生的气象判别因子。通过对湖北省覆冰舞动的故障记录进行统计分析，可得到如下三要素阈值区间分布，如表 12.10 所示。

表 12.10　湖北省覆冰舞动发生时三类气象要素阈值分布区间

要素	阈值区间
最低温度	−4.0～0.5℃
相对湿度	70%～100%
风速	5.8～13.7m/s

覆冰舞动作为一种自然天气现象，在不同区域其发生的机理大体是相同的，因此，若监测区域内覆冰舞动故障资料较少，可考虑采用表 12.11 的气象三要素阈值区间进行替代，该阈值分布区间经过湖北、河南和辽宁省的试用，所得结果能够较好反映当地覆冰舞动发生情况，因此具有较好的概括性，这次的覆冰舞动实况监测模拟也是采用表 12.11 所列的气象要素参数区间。

表 12.11　覆冰舞动发生时三类气象要素参考阈值分布区间

要素	阈值区间
最低温度	−4.0～1.0℃
相对湿度	70%～100%
风速	5～14m/s

根据表 12.11 中列出的气象要素阈值区间，通过逐小时更新的台站要素监测信息，即可判断台站所在点覆冰舞动发生的可能性，如果将尺度放宽一些，可以认为台站所在点附近的区域范围内均有覆冰舞动发生的可能性，因此通过平面插值，可以得到覆冰舞动发生范围的大致状况，亦即实现对覆冰舞动的实时监测的模拟。

2)预警预报产品开发

灾害监测时，考虑计算时效性的问题，并未实现高精度的舞动灾害监测，但在进行风险预警评估时，由于要实现线路走廊级别的评估，因此，精细化的工作必须实现，精细化的实现，则依托于与覆冰舞动相关联的局地地形订正来完成。

覆冰舞动风险预警结果的计算共需经过两个流程，一是基于气象要素预报场的趋势性风险计算，二是经过局地地形要素订正后的精细化预报结果，分述如下：

①基于气象要素预报场的趋势性风险计算

所谓趋势性风险，是指较大范围内某种风险发生的可能性，其空间尺度较粗，优势在于计算分析所需时间较短，可以较快地对结果进行预览，覆冰舞动的预警所需的第一层次计算分析就是趋势性风险计算分析。

首先通过获取不同时次的预报场资料，读取相应的格点要素数值，建立与覆冰舞动风险分析模型相关的气象要素预报场数据矩阵，根据气象要素场的更新频率和时间步长，该计算每天进行两次计算分析，分别是每天的08时和20时，气象要素场的时间步长间隔分别是预报到达时刻后的3h、6h、12h、24h、48h和72h，在读取相应时次的预报场数据后，根据表12.12所列的要素阈值区间，判断每一个预报格点的要素是否符合阈值区间的范围，若均在上述区间范围内，则该点输出为有覆冰舞动风险，该格点数值标记为1，若无覆冰舞动风险，则该格点标记为0，通过对每一个预报格点的数据进行循环，便可以得到该时次所有预报网格点的舞动风险趋势分析数据。

表12.12　覆冰舞动发生时三类气象要素参考阈值分布区间

要素	阈值区间
最低温度	−4.0～1.0℃
相对湿度	70%～100%
风速	5～14m/s

②局地地形要素订正后的精细化预报结果

在上述趋势性风险计算分析数据的基础上，对其进行平面插值，插值的空间精度与地形订正所需的精度相一致(譬如地形精度为100m格网，则趋势性风险分析数据也插值为100m的格网精度)，以保证二者在计算分析判断时保持较高的计算效率。

在完成上述数据计算分析的基础上，开始进行局地地形的订正分析计算，计算依据表12.13的规则进行，并对每个格点的计算结果进行标识，最终得到经过地形订正后的覆冰舞动风险等级预报结果，将预报结果与输电线路所在位置进行缓冲分析，即可提取出具有覆冰舞动风险的输电线路。

表12.13　地形订正计算规则

趋势性风险数值	0.7～1.0		
起伏度数值	小于50m	50～200m	大于200m
预警风险等级	高	中	低
趋势性风险数值	0.5～0.7		
起伏度数值	小于50m	50～200m	大于200m
预警风险等级	中	低	无
趋势性风险数值	0～0.5		
起伏度数值	小于50m	50～200m	大于200m
预警风险等级	低	无	无

(3)典型案例

根据预报,2016年1月20日开始湖北省自西向东会出现一次轻到中等强度的导线覆冰天气过程([彩]图12.17),虽然预报图中有重度覆冰风险等级,但因其影响区域未落在输电线路上,因此,本次覆冰过程仅给出了轻到中度的风险等级预警,最终电力部门反馈的实况数据上显示,在恩施地区和江汉平原区域,出现了导线覆冰,大部分仅为较薄的覆冰,没有出现导线覆冰引发的倒塔断线故障。

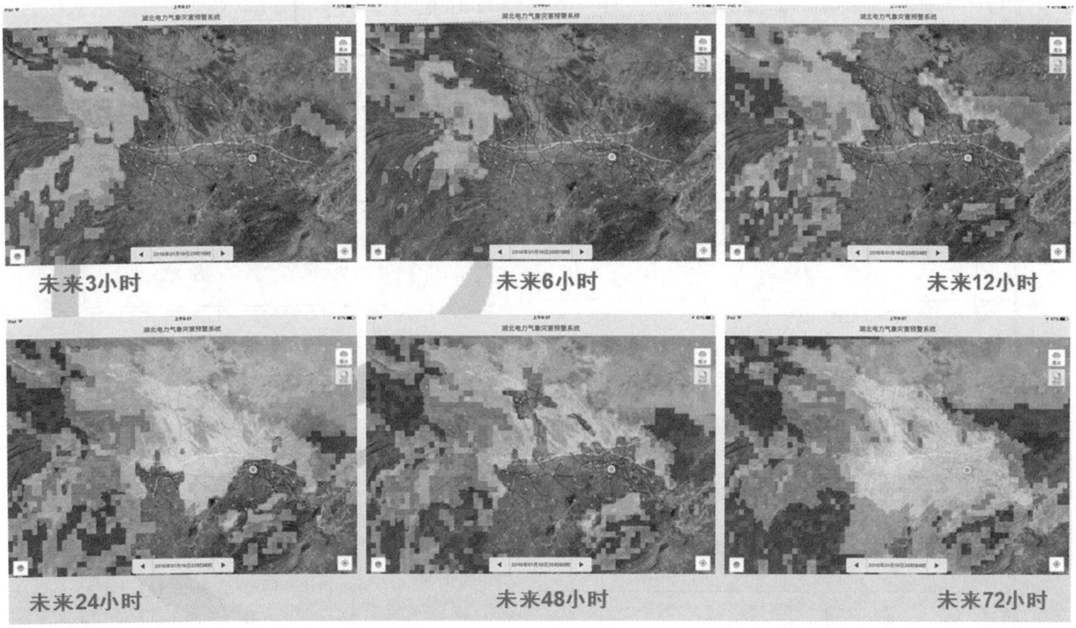

图12.17　2016年1月20日08时报未来72小时覆冰灾害风险区域

12.2　内陆核电极端气象可行性论证

本节内容主要针对核电厂厂址区域气候要素特征、主要灾害性天气和极端天气现象进行调查和分析,最后给出龙卷、风、积雪、气温的设计基准值及室外空气计算参数值(袁业畅,2012)。

12.2.1　技术路线和方法

12.2.1.1　技术方法参考依据

《HAD101/10　核电厂厂址选择的极端气象事件(不包括热带气旋)》;

《HAD101/11　核电厂设计基准热带气旋》;

《HAF101　核电厂厂址选择规定》;

《GBJ 5009—2012　建筑结构荷载规范》;

《GB 50019—2015　工业建筑供暖通风与空气调节设计规范》;

《全国积雪密度分布图》。

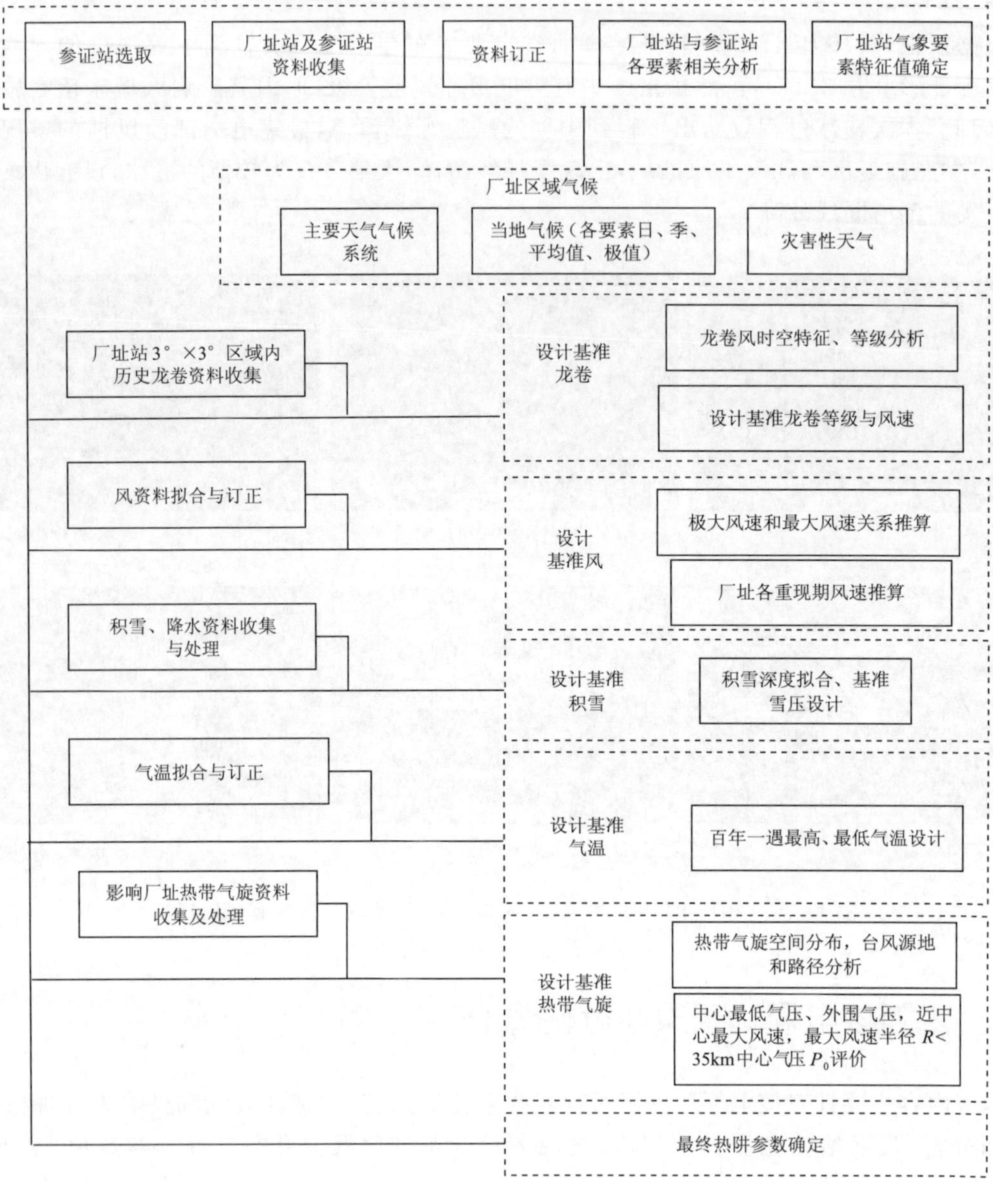

图 12.18　内陆核电极端气象可行性论证技术流程

12.2.1.2　资料来源

气象资料：湖北省气象档案馆；

龙卷资料：《中国灾害大典》各省分卷、地方志、气候影响评价、新闻报道、民政灾情通报；

热带气旋资料：《西太平洋台风路径》《热带气旋年鉴》以及上海台风研究所部分台风资料等。

12.2.1.3　技术流程

内陆核电极端气象可行性论证技术流程如图 12.18 所示。

12.2.2　湖北省内陆核电极端气象可行性论证报告编制

12.2.2.1　概述

(1)参证站确定

根据核电厂址气象站现场观测成果(至少一年)，选取厂址周围100km范围内所有国家气象观测站，并说明台站历史沿革情况(表12.14)。

表12.14　台站沿革一览表

站名	起日	终日	北纬	东经	高度	地点	时次	备注

对厂址站和周围100km范围内国家气象观测站同期观测要素(一般包含风向、风速、气温、地温、相对湿度、气压、水汽压、降水量及日照时数等)进行相关分析，可选用线性回归，x代表参证站，y代表厂址站，取两者观测期内同步的各要素资料作为样本资料，建立相应要素回归方程$y=ax+b$，检验结果如表12.15。根据结果确定相关性最好的站作为参证站。

表12.15　厂址站与周围各站同期各要素相关分析结果

要素站点	风速	风向	气温	相对湿度	气压	降水

(2)各要素相关性分析

具体给出厂址站与所选参证站各要素(气温、气压、降水量、相对湿度等)之间相关结果(图12.19和表12.16)，风向频率及风速需给出玫瑰图，最后进行简要分析描述。

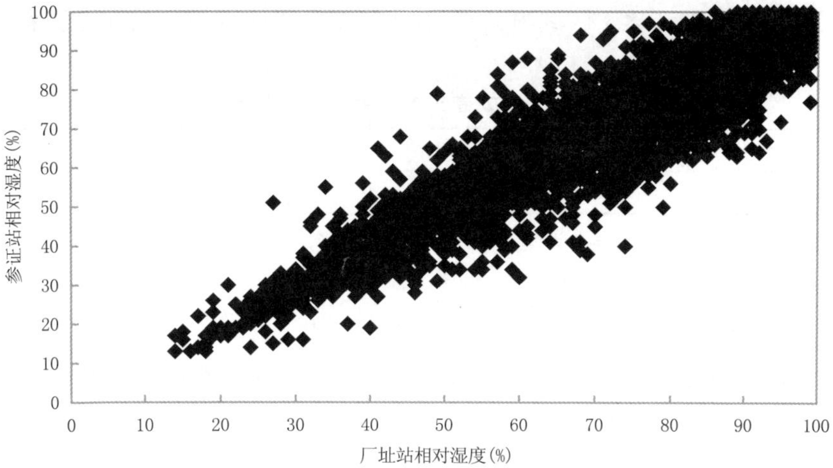

图12.19　厂址站与参证站逐时相对湿度相关图

表 12.16 厂址站与参证站相对湿度对照表(%)

项目		月份												年
		4	5	6	7	8	9	10	11	12	1	2	3	
厂址	平均													
	最小													
	平均													
	最小													

(3)确定厂址区气象要素特征值

列出厂址及各参证站各要素出现极值(表 12.17)。

表 12.17 厂址与各参证站观测同期各要素极值一览表

站点	最大风速	极大风速		最高气压	最低气压	最高气温	最低气温	降水
	风速(m/s)	风速(m/s)	风向	(hPa)	(hPa)	(℃)	(℃)	(mm)
厂址								

12.2.2.2 厂址区域气候

该部分主要对核电厂所处地理位置、主要影响系统、环流特征进行描述，依据参证站统计给出当地各种气象要素平均值和极端值、各种天气现象(雨淞、雾淞、电线积冰等)出现频次、灾害性天气(霜冻、雾、冰雹、寒潮大风、雷暴、沙尘暴、飑线等)出现频次。

12.2.2.3 设计基准龙卷

(1)龙卷资料收集

确定以厂址为中心的 3°×3°区域内县市，收集历史上影响区域内的龙卷资料，给出记录表(表 12.18)。

表 12.18 龙卷灾情记录及等级划分

序号	台站	年份	区域	季节	时间	灾害记录	风力等级	最大风速	F 等级

注:F 等级为藤田-皮尔逊(Fujita-Pearson)强度等级)

(2)龙卷特征分析

①龙卷区域分布

按照龙卷出现次数给出以厂址为中心至少 3°×3°区域的龙卷区域分布图，并进行简要分析，分布区至少精确到县一级行政区划。

②龙卷的强度分布

将各地历史上曾经发生过的最强龙卷的 F 等级作为基本资料，制成如表 12.19，并简要分析龙卷强度分布情况。

表 12.19　××××—××××年各县(市)各月出现龙卷强度等级

地点	1月	2月	3月	4月	5月	6月	7月	8月	9月	10月	11月	12月
某地				2个F0			F1					

龙卷的时间分布特征

可从月变化(表 12.20,图 12.20)、日变化(图 12.21)、持续时间(图 12.22)、年代变化(图 12.23)几方面进行分析。

表 12.20　龙卷的月分布

月份	1	2	3	4	5	6	7	8	9	10	11	12	合计
次数													

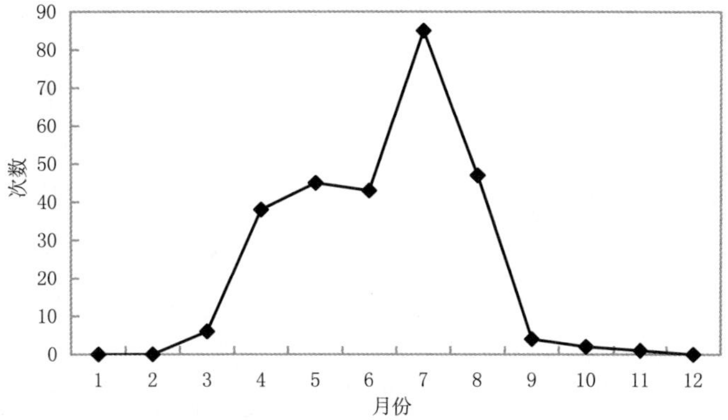

图 12.20　厂址区域龙卷记录次数的逐月变化情况

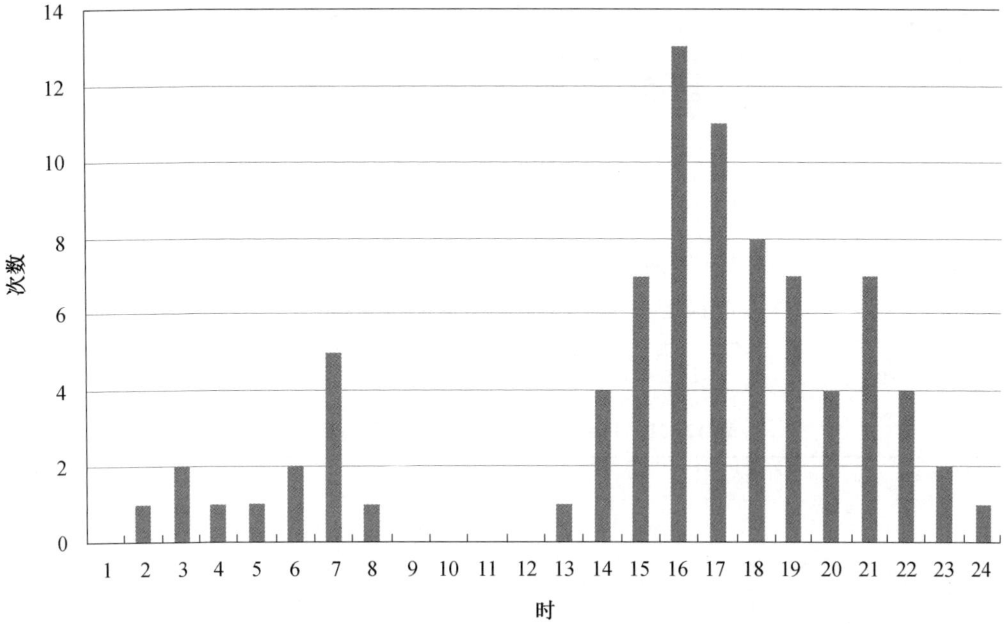

图 12.21　厂址区域龙卷风记录次数的日变化情况

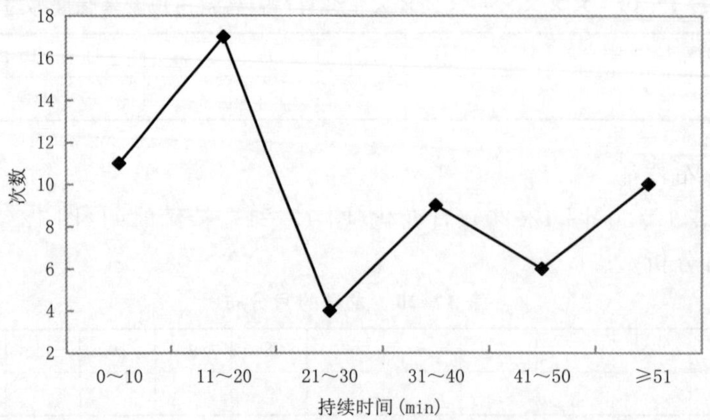

图 12.22　厂址区域龙卷记录次数的持续时间分布

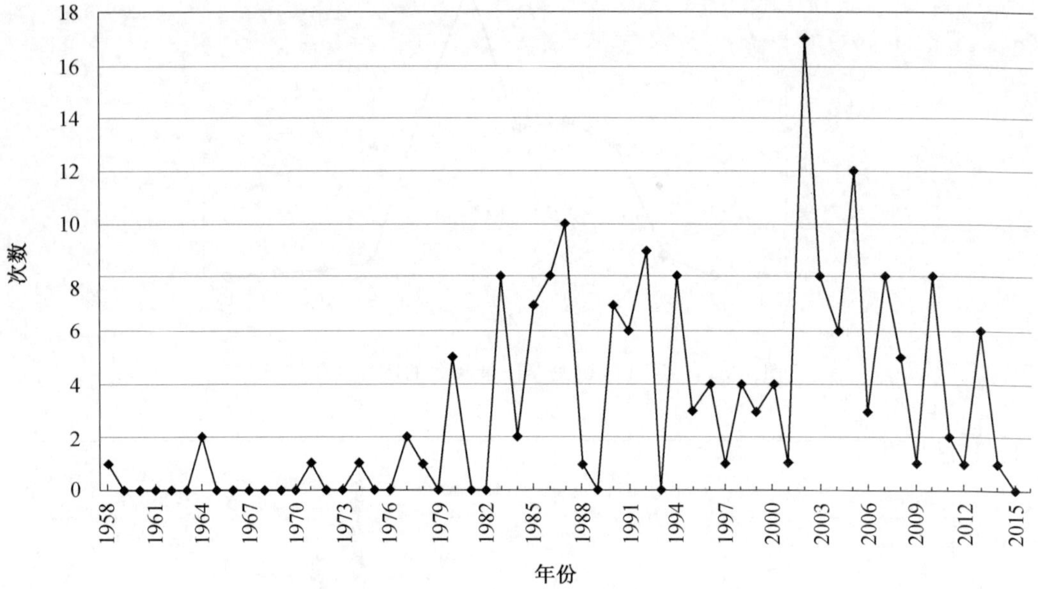

图 12.23　厂址区域龙卷记录次数逐年变化图

③灾害与风力分级(同时采用两种分级法)

对评价区域内有具体灾情描述的龙卷记录，分别使用富士达 F 等级法、蒲福风力等级法对龙卷等级进行统计(表 12.21)，并分别给予简要描述，可选择 1～2 个破坏力很大的个例进行具体描述。

表 12.21　174 次破坏性龙卷两种分级情况

蒲福风力等级	中值风速(m/s)	次数	累积频次	富士达 F 等级	次数
8	19	47	174	F0	125
9	23	25	127	F1	42
10	26	37	102	F2	6
11	31	16	65	F3	1

续表

蒲福风力等级	中值风速(m/s)	次数	累积频次	富士达 F 等级	次数
12	35	23	49	F4	0
13	39	11	26	F5	0
14	44	7	15	合计	174
15	49	2	8		
16	54	2	6		
17	59	4			
合计		174			

④影响宽度、长度和移动方向

对收集的龙卷资料进行宽度、长度和移动方向的记录,列于表 12.22,并给出具体描述。

表 12.22　部分龙卷影响宽度、长度

序号	地点	年份	时间	宽度(m)	长度(km)	移动方向
1	汉川	1958 年	4 月 22 日	—	—	NW→SE
2	黄冈	1964 年	4 月 6 日	50	4	W→E
3	天门	1992 年	7 月 6 日	3000	50	NW→SE
4	天门	1992 年	7 月 22 日	2000	20	

⑤灾情及抛射物

对因为龙卷出现的灾情及抛射物进行描述。

⑥龙卷灾害调查

对部分记录灾情十分严重的,对这类记载应进行核实。本部分主要介绍核实情况。

⑦特征小结

(3)龙卷设计基准

给出表 12.23 中最后设计值。

表 12.23　龙卷设计基准值

要素	基准值
最大设计风速(m/s)	
最大旋转风速(m/s)	
最大平移风速(m/s)	
最大旋转风速半径(m)	
总压力降(hPa)	
最大压降速率(hPa/s)	
最大飞射物速度(m/s)	

12.2.2.4　设计基准风

(1)风资料来源

简述各参证站风速资料系列情况(最好具有 30 年以上的风速序列资料),给出参证站 10 分钟平均最大风速年际变化图,并简要描述。

(2)风资料处理

对于最大风速频率计算,采用耿贝尔(Gumbel)分布和皮尔逊(Pearson)-Ⅲ(P-Ⅲ)型分布计算。

利用参证站各自30年及以上10分钟平均年最大风速计算频率为3.33%、2.0%、1%、0.5%和0.1%最大风速。结果见表12.24。

给出最后推荐值，依据站点的10分钟平均最大风速样本排序（表12.25），给出最大风速耿贝尔分布、P-Ⅲ分布拟合曲线（图12.24和图12.25）。

表12.24　10分钟平均最大风速各频率拟合值(m/s)

站名	项目			
	设计频率(%)	耿贝尔分布	P-Ⅲ分布	资料年代
参证站	3.33			
	2.00			
	1.00			
	0.50			
	0.10			
推荐值	3.33			
	2.00			
	1.00			
	0.50			
	0.10			

表12.25　参证站10分钟平均最大风速样本排序

年份	风速(m/s)	年份	风速(m/s)

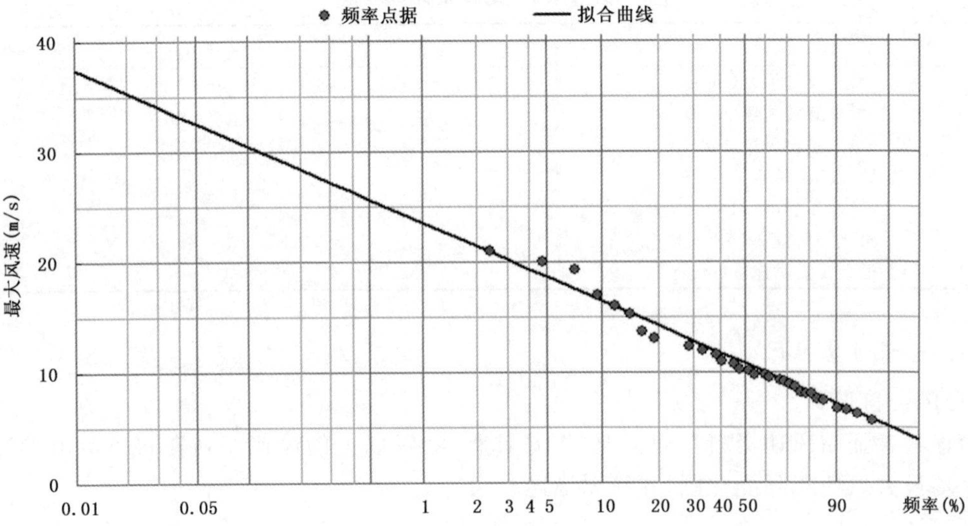

图12.24　参证站10分钟平均最大风速耿贝尔分布曲线拟合

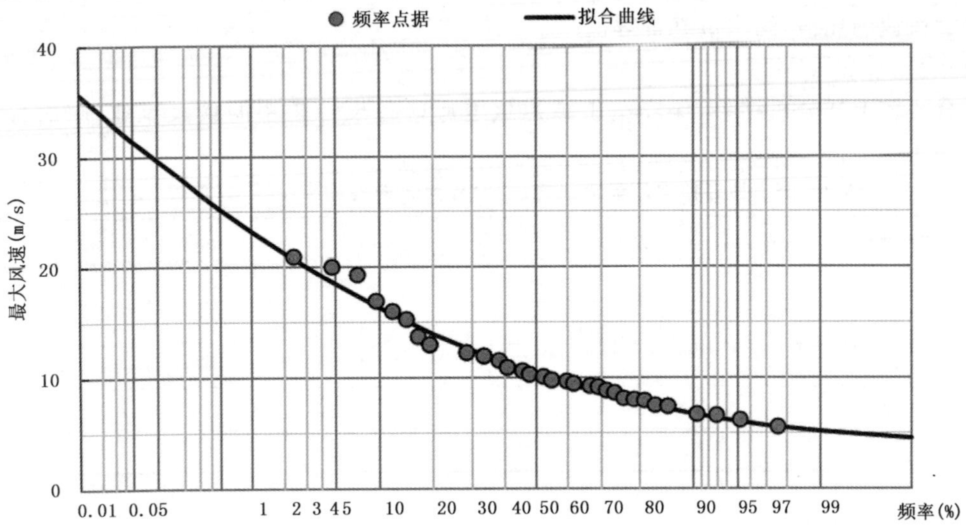

图 12.25　参证站 10 分钟平均最大风速 P-Ⅲ分布曲线拟合

若参证站风速序列随年份增加或减少趋势非常显著，可采用以下方法消除趋势，并对序列进行订正：

首先找出该序列的不连续年份第 N 年，这样将该序列分为两个子序列。基于以下两个假设，对序列进行订正：①两个子序列订正后的平均值相等；②第 N 年后的子序列无趋势变化。这样在满足上述 2 个假设的前提下，对后面子序列进行订正。

给出订正后序列各频率下 P-Ⅲ分布和耿贝尔分布拟合值，参照图 12.24 和图 12.25 给出图示，列出表 12.26，并和订正前结果进行比较分析。

表 12.26　参证站 10 分钟订正后平均最大风速各频率拟合值(m/s)

设计频率(%)	耿贝尔分布	P-Ⅲ分布
3.33		
2		
1		
0.5		
0.1		

(3)最大风速与极大风速的关系

利用厂址站至少一年观测期间每天 10 分钟平均最大风速与瞬时风速样本，推算厂址最大风速和极大风速的关系，给出表 12.27，并进行简要描述。

表 12.27　厂址站逐月极大风速与最大风速及其比值一览表(单位:m/s)

项目	月											
	4	5	6	7	8	9	10	11	12	1	2	3
最大风速												
极大风速												
极大/最大												

利用参证站10分钟平均最大风速与瞬时极大风速的同频率分析结果，进一步论证瞬时风速与最大风速的比值，给出最终推荐值。

(4)设计基准风速

综合比较上述分析结果，保守给出拟建核电厂区各设计频率的最大风速、瞬时极大风速(表12.28)。

表12.28 拟建核电厂最大风速、瞬时极大风速各频率设计值(单位:m/s)

设计频率	10分钟平均最大风速	瞬时极大风速
3.33		
2		
1		
0.5		
0.1		

12.2.2.5 设计基准积雪

(1)积雪资料来源

说明积雪资料来源，可通过雪压及雪深计算积雪密度。给出拟建核电厂周围相同气候区内气象站的积雪密度(表12.29)。将拟建核电区域的积雪密度与全国积雪密度分布图上查的数据比较，给出推荐值。

表12.29 拟建核电厂周围各气象站积雪密度(单位:g/cm³)

气象站													
积雪密度													

(2)积雪资料处理

①最大积雪深度

参证站历年最大积雪深度系列资料中，若有部分年份的最大积雪深度为0cm，可采用比例法来进行频率转换，转换公式为：

$$P_k = P_n(n+1)/(k+1) \tag{12.9}$$

式中，P_k，P_n 分别为积雪深度大于0cm年数频率和降雪总年数频率；k 为积雪深度大于0cm的年数，n 为总年数。

表12.30 设计频率为1%最大积雪深度(单位:cm)和雪压(单位kN/m²)

	实测最大雪深	耿贝尔分布	P-Ⅲ分布	资料年代
推荐值				
雪压	雪压＝积雪密度×最大积雪深度×重力加速度			

给出参证站最大积雪深度的耿贝尔分布、P-Ⅲ分布拟合曲线(表12.30、图12.26及图12.27)，并简要描述。

②冬季最大48h降水

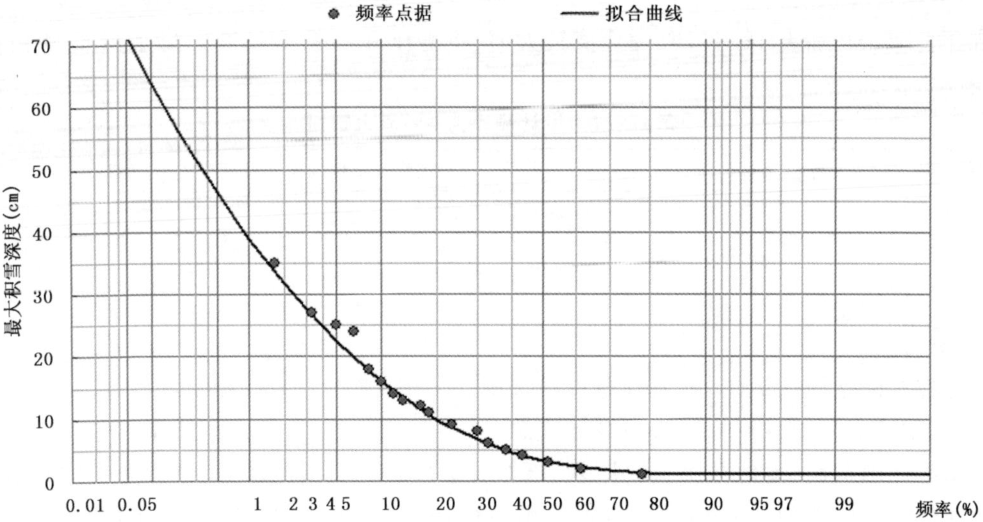

图 12.26　参证站冬季最大积雪深度 P-Ⅲ分布曲线拟合

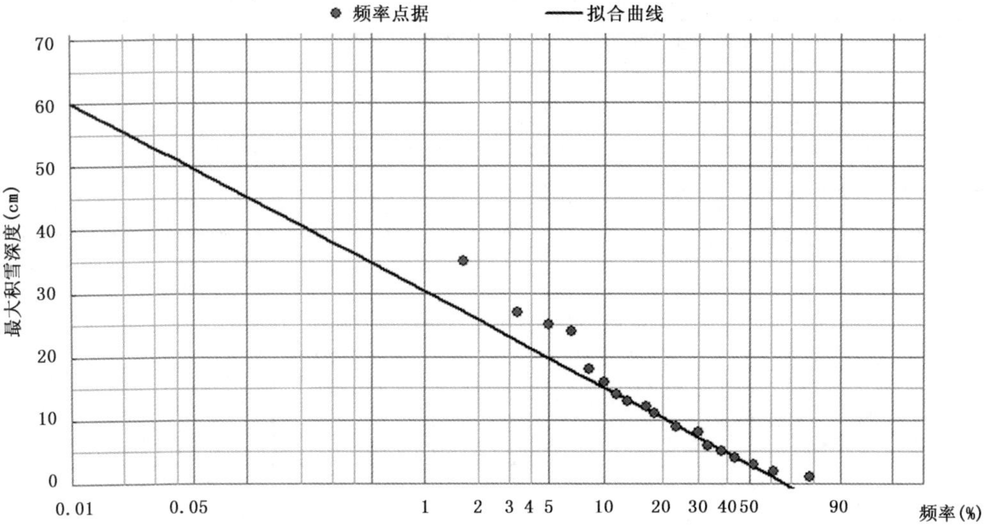

图 12.27　参证站冬季最大积雪深度耿贝尔分布曲线拟合

在设计雪压时还需考虑冬季(12 月至翌年 2 月)48h 可能最大降水。给出各站冬季 48h 设计频率为 1%的最大降水(表 12.31)及参证站冬季 48h 降水频率分布及拟合曲线,并进行简要描述。

表 12.31　设计频率为 1%的冬季 48 小时最大降水(mm)

站名	实测最大值	耿贝尔分布	P-Ⅲ分布	资料年代
推荐值				
冬季最大降水重量(kN/m²)				

(3)设计基准积雪

结合表 12.30 和表 12.31，取设计值较大值，将雪压和冬季 48h 最大降水量重量和作为最后值(表 12.32)。

表 12.32　设计频率为 1%最大雪压

项目	雪压(kN/m²)	冬季 48h 最大降水重量(kN/m²)	最后值(kN/m²)
设计值			

12.2.2.6　设计基准气温

(1)资料来源

简述各参证站极端最高、最低气温资料来源。

(2)拟建核电厂址百年一遇最高最低气温

利用参证站最高、最低气温资料序列，根据耿贝尔分布、P-Ⅲ极值概率分布曲线拟合，分别计算参证站设计频率为 1%的最高、最低气温，给出表 12.33 及图 12.28—图 12.31，并分别进行简要描述。

表 12.33　参证站极端最高气温(极端最低气温)样本排序

年份	极端高温(℃)	年份	极端高温(℃)

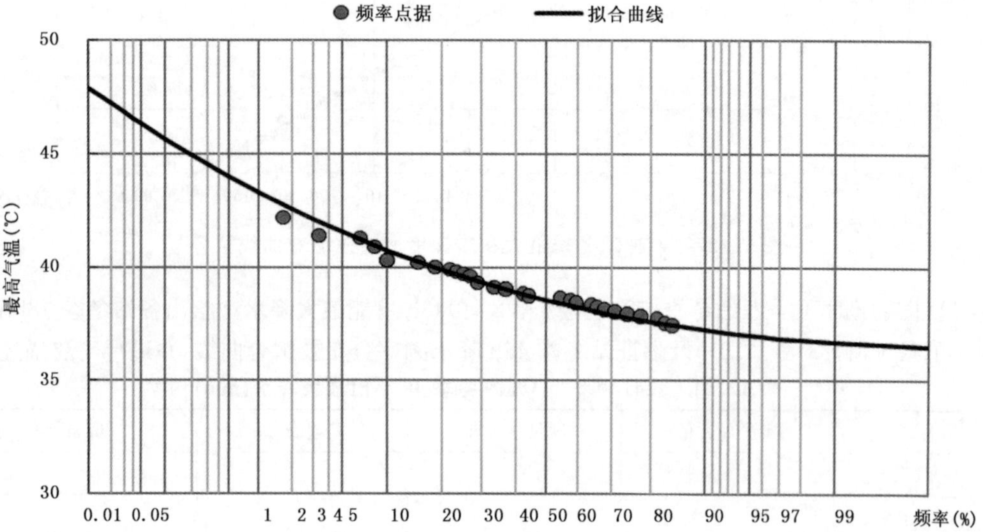

图 12.28　参证站极端最高气温 P-Ⅲ分布曲线拟合

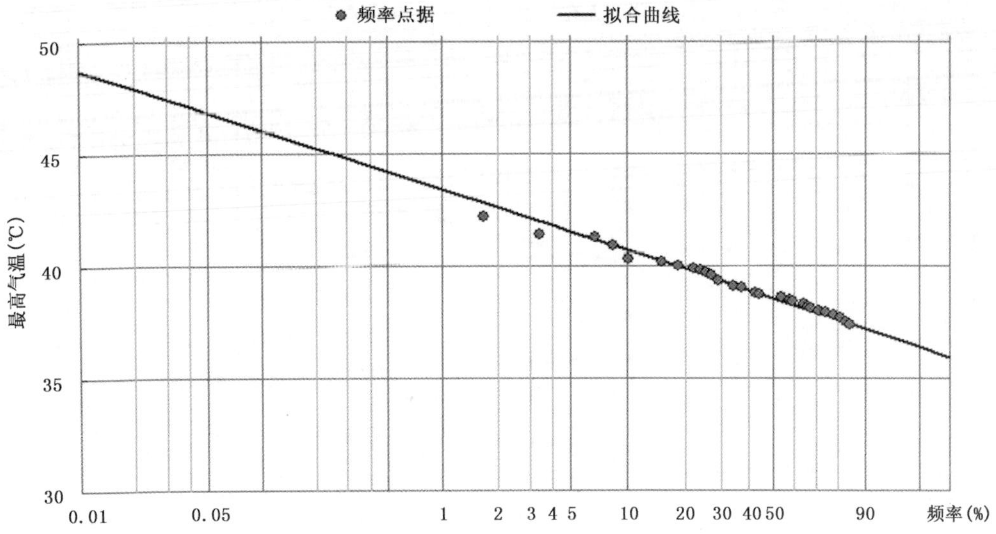

图 12.29 参证站极端最高气温耿贝尔分布曲线拟合

参证站最高气温耿贝尔拟合方程为

$$T_{\max}=a\times\ln(-\ln(1-1/P))+b \tag{12.10}$$

式中，$T_{\max}$为最高气温(℃)；P 为 N 年一遇值，如 50 年一遇，$P=50$；a、b 为拟合常数。

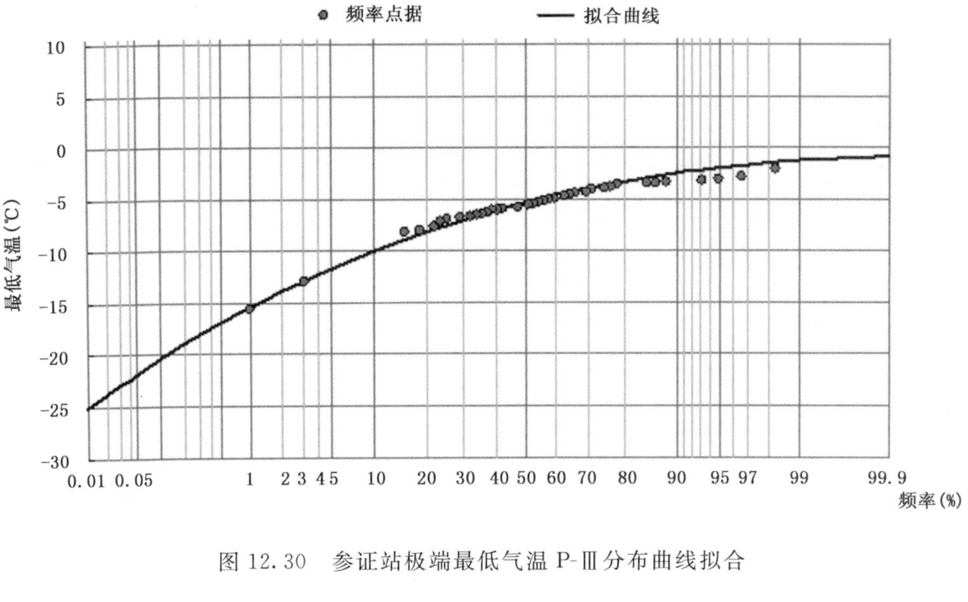

图 12.30 参证站极端最低气温 P-Ⅲ分布曲线拟合

最低气温耿贝尔拟合方程为：

$$T_{\min}=a\times\ln(-\ln(1-1/P))+b \tag{12.11}$$

式中，$T_{\min}$为最低气温(℃)；P 为 N 年一遇值，如 50 年一遇，$P=50$；a、b 为拟合常数。

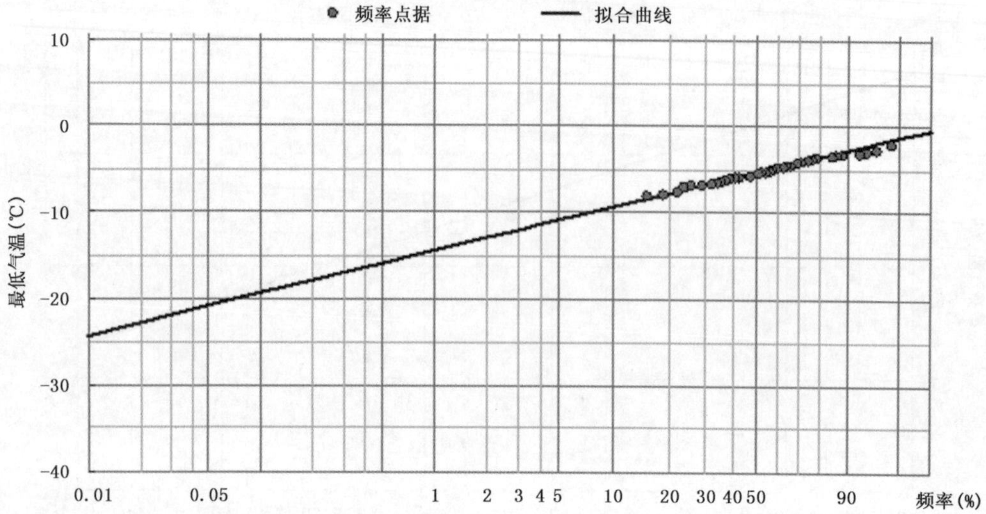

图 12.31　参证站极端最低气温耿贝尔分布曲线拟合

从安全出发，保守推荐，参照表 12.34 列出拟建核电厂址百年一遇极端最高、最低气温。

表 12.34　最高(最低)温度百年一遇设计值(℃)

站名	实测极端最高(最低)气温	耿贝尔分布	P-Ⅲ分布	资料年代
推荐值				

12.2.2.7　热带气旋

(1)资料来源与处理

说明热带气旋资料来源，活动范围、资料年代等。

说明拟建核电厂址距离我国海岸最近的地点及直线距离。针对项目地理位置特征，研究热带气旋对拟建核电厂厂址的影响，采用逐步缩小研究区域范围的方式，考察地形摩擦影响和陆上填塞影响作用，给出以拟建核电厂址为中心，半径 400km 范围，统计该区间内热带气旋活动并填写表 12.35，同时进行简要描述。

表 12.35　拟建核电厂厂址中心区域范围内活动的热带气旋特征值

年	月	日	编号	时次	纬度	经度	最小气压	最大风速

(2)热带气旋空间分布特征

以拟建核电厂厂址所跨 1 个经纬度为中心区域、半径 400km 范围内活动的区域为热带气旋评价区域，分别描述厂址周围 3 个经纬度、2 个经纬度、1 个经纬度(即中心区域)出现的热带气旋特征，重点描述热带气旋经过时的最大风速、中心最低气压。

(3)影响厂址的台风源地和路径

给出出现在厂址中心区域1°×1°范围内的热带气旋路径(图12.32)，并进行简要描述。

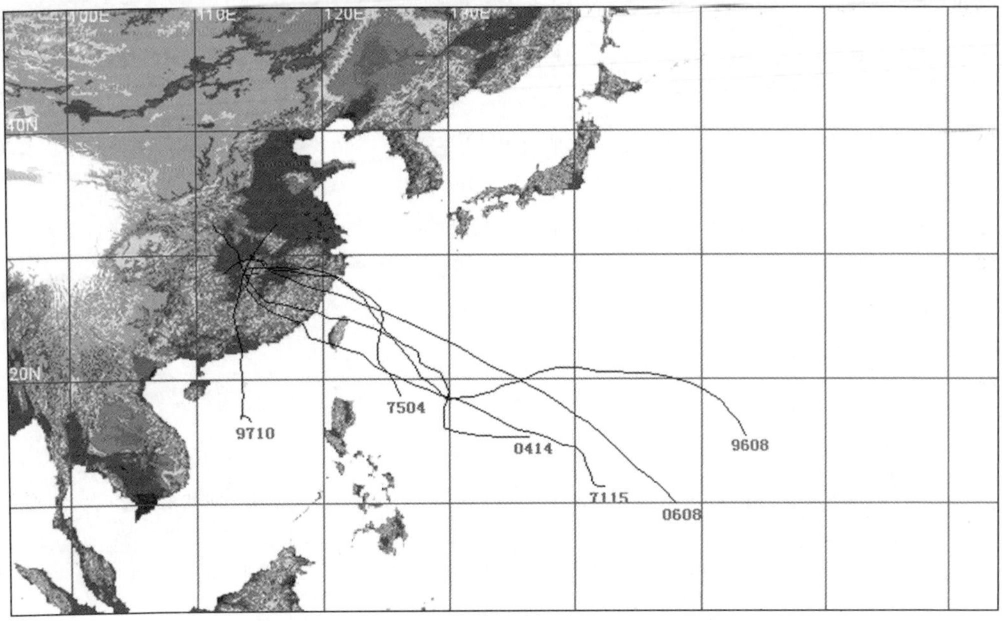

图12.32　影响厂址中心区的台风路径图

12.2.2.8　最终热阱参数

核电厂址所在环境的安全性评价中一个重要方面就是极端气象现象和极端气象参数的推算，其中包括最终热阱气象参数。最终热阱，是指可以排入核电站余热的大气或水体或它们的组合体。在内陆地区，大气是内陆核电站的最终热阱。《HAD 102/09 核电厂最终热阱及其直接有关的输热系统》要求，确定最终热阱系统的容量时，必须规定设计基准环境参数。

参照国家标准《GB 50019—2015　工业建筑供暖通风与空气调节设计规范》中"室外空气计算参数"，最后给出表12.36—表12.39中结果。

表12.36　室外空气计算参数一览表

参数	计算方法
采暖室外计算温度(℃)	采用累年平均每年不保证5d的日平均温度。将每年日平均温度从小到大排列，从365×30个样本中取第5×30=150位的数据
冬季通风室外计算温度(℃)	采用历年最冷月月平均温度的平均值。将30年每年最冷月平均温度共30个样本算术平均
夏季通风室外计算温度(℃)	采用历年最热月14时的平均温度的平均值。将30年每年最热月14时的月平均温度共30个样本算术平均
夏季通风室外计算相对湿度(%)	采用历年最热月14时的平均相对湿度的平均值。将30年每年最热月14时的月平均相对湿度共30个样本算术平均

续表

参数	计算方法
冬季空气调节室外计算相对湿度(%)	采用累年平均每年不保证 1 天的日平均温度。将每年日平均温度从小到大排列，从 365×30 个样本中取第 1×30=30 位的数据
冬季空气调节室外计算温度(℃)	采用历年最冷月月平均相对湿度的平均值。将 30 年每年最冷月平均相对湿度共 30 个样本算术平均
夏季空气调节室外计算干球温度(℃)	采用累年平均每年不保证 50h 的干球温度。将每年每日 4 次观测的干球温度从大到小排列，从 365×30×4 个样本中取第 50/6×30=250 位的数据
夏季空气调节室外计算湿球温度(℃)	采用累年平均每年不保证 50h 的湿球温度。将每年每日 4 次观测的湿球温度从大到小排列，从 365×30×4 个样本中取第 50/6×30=250 位的数据
夏季空气调节室外计算日平均温度(℃)	采用累年平均每年不保证 5 天的日平均温度。将每年每日平均温度从大到小排列，从 365×30 个样本中取第 5×30=150 位的数据
冬季室外平均风速(m/s)	采用累年最冷 3 个月各月平均风速的平均值。将 30 年每年最冷 3 个月平均风速共 30×3 个样本算术平均
冬季室外最多风向的平均风速	采用累年最冷 3 个月最多风向(静风除外)的各月平均风速的平均值
夏季室外平均风速	采用累年最热 3 个月各月平均风速的平均值。将 30 年每年最热 3 个月平均风速共 30×3 个样本算术平均
冬季最多风向及其频率	采用累年最冷 3 个月的最多风向及其平均频率
夏季最多风向及其频率	采用累年最热 3 个月的最多风向及其平均频率
年最多风向及其频率	采用累年最多风向及其平均频率
冬季日照百分率	采用累年最冷 3 个月各月平均日照百分率的平均值。将 30 年每年最冷 3 个月平均日照百分率共 30×3 个样本算术平均
冬季室外大气压力(hPa)	采用累年最冷 3 个月各月平均大气压力的平均值。将 30 年每年最冷 3 个月平均大气压共 30×3 个样本算术平均
夏季室外大气压力(hPa)	采用累年最热 3 个月各月平均大气压力的平均值。将 30 年每年最热 3 个月平均大气压共 30×3 个样本算术平均
设计计算用供暖期天数	累年日平均温度稳定低于或等于 5℃的总日数
极端最高气温	累年极端最高气温
极端最低气温	累年极端最低气温
历年极端最高气温平均值	历年极端最高气温的平均值
历年极端最低气温平均值	历年极端最低气温的平均值
累年最低日平均温度	累年日平均温度中的最低值
累年最最热月平均相对湿度	累年月平均温度最高的月份的平均相对湿度

夏季空气调节室外逐时计算焓值：采用 24 个时刻累年平均每年不保证 7h 的空气焓值。

表 12.37　夏季空气调节室外逐时计算焓值(kJ/kg)

时间	0	1	2	3	4	5	6	7	8	9	10	11
逐时焓值												
时间	12	13	14	15	16	17	18	19	20	21	22	23
逐时焓值												

夏季空气调节室外计算逐时温度可按照以下公式确定

$$t_{sh}=t_{wp}+\beta\Delta t_r \tag{12.12}$$

式中，t_{sh}为室外计算逐时温度(℃)(表 12.38)；t_{wp}为夏季空气调节室外计算日平均温度(℃)；β为室外温度逐时变化系数(表 12.39)；Δt_r 为夏季室外计算平均日较差，有

$$\Delta t_r=\frac{t_{wg}-t_{wp}}{0.52} \tag{12.13}$$

式中，t_{wg}为夏季空气调节室外计算干球温度(℃)。

表 12.38　夏季空气调节室外计算逐时温度(℃)

时间	1	2	3	4	5	6	7	8	9	10	11	12
逐时温度												
时间	13	14	15	16	17	18	19	20	21	22	23	24
逐时温度												

表 12.39　室外温度逐时变化系数

时间	1	2	3	4	5	6	7	8	9	10	11	12
β												
时间	13	14	15	16	17	18	19	20	21	22	23	24
β												

引自:《GB 50019—2015　工业建筑供暖通风与空气调节设计规范》。

第 13 章　气候与城市规划

13.1　通风廊道设计

城市通风廊道的构建是提升城市空气流通能力、缓解城市热岛、改善人体舒适度、降低建筑物能耗的有效措施，对局地气候环境的改善有着重要的作用。为应对气候变化和适应可持续发展的需求，促进城市通风廊道规划的科学性和适宜性，规范城市通风廊道规划的气候可行性论证工作，根据相关法规和标准，归纳总结该项工作的流程和技术方法，为气象部门和城市规划部门开展相关工作提供参考。

13.1.1　技术路线及方法

13.1.1.1　技术方法和工作流程

城市通风廊道规划的技术方法详见《城市通风廊道规划气候可行性论证技术指南》(中国气象局，2015)。其工作流程包含需求分析、实地调研与资料收集、论证内容的计算分析、通风廊道规划及方案完善四部分，具体见图 13.1。

13.1.1.2　需求分析

在论证工作初期，应与规划编制及管理部门做好沟通，掌握城市规划编制的背景、目标和内容，了解通风廊道规划需关注的重点气象和大气环境问题，诸如城市热岛效应较强、局地小气候舒适性较差等，以保证通风廊道的规划具有较强的针对性。

13.1.1.3　实地调研与资料收集

(1)实地调研

实地考察市域内的大型水体、绿地、林地、主要城市道路、河流、工业区、重点污染企业等，了解基本状况；并与城市规划、气象、环保以及相关管理部门座谈，收集有关资料，深入了解当地气候和环境问题，确定城市通风廊道规划的范围和重点。

(2)资料收集

①城市规划和土地利用资料

收集城市用地类型现状图和规划用地类型图，将其作为绘制城市通风廊道的基础底图，同时将其处理成气象数值模式所需的用地类型数据。

②气象资料

历史数据：规划城市范围内所有国家级地面气象观测站逐时风速、风向资料，以近 30 年数据为宜，应不小于 10 年；规划城市范围内区域自动气象站建站以来至少一整年观测的逐小时或逐分钟风向、风速、气温、相对湿度资料；规划城市典型年和典型天气条件下的全球再分析气

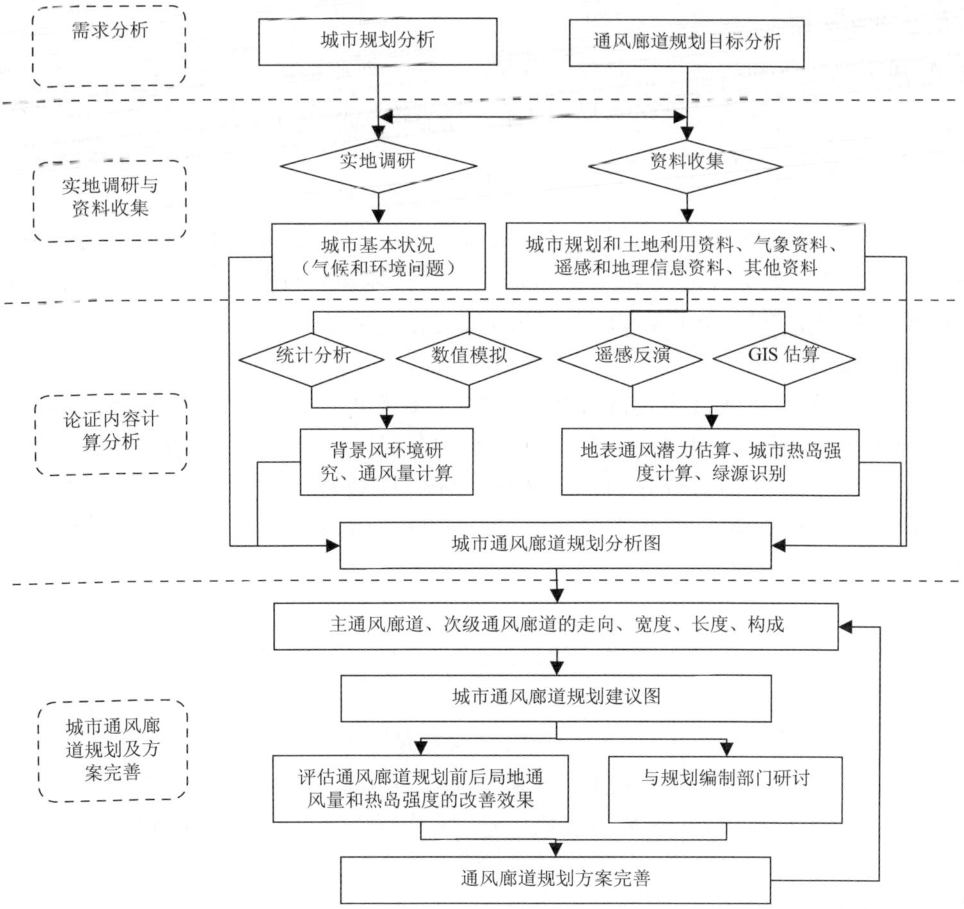

图 13.1　城市通风廊道规划的气候可行性论证工作流程图

象资料。

观测数据：针对廊道周围无气象站点分布，或下垫面较为复杂、局地风环境与背景风可能存在明显差异的情况，必要时选择典型区域开展观测实验，增加实地观测数据的对比分析。

③遥感和地理信息资料

a)覆盖规划城市的中高分辨率的卫星遥感数据，空间分辨率不应大于 100m；

b)覆盖规划城市的中高分辨率的建筑物信息数据，包括建筑物高度、建筑物密度，空间分辨率不应大于 100m；

c)覆盖规划城市的 1∶250000 的地形数据，或 30″(秒)空间分辨率的 SRTM(航天飞机雷达地形测绘)地形资料；或规划方提供的更高分辨率的地形高度资料。

④其他资料

与城市通风廊道规划气候可行性论证有关的其他资料，如近 5 年的环境质量报告书、统计年鉴以及从网络或相关数据库中查找已发表的关于规划城市的通风廊道、气候、生态环境、产业发展、规划等方面的资料。

13.1.1.4　论证内容的计算分析

(1)背景风环境研究

1)软轻风下的主导和次主导风向统计分析

统计全年及不同季节软轻风在各风向上的频率,绘制风频率玫瑰图,分析得到全年及不同季节的软轻风主导风向和次主导风向。

2)风速时空分布

利用规划城市范围内区域自动气象站建站以来至少一整年观测的逐小时或逐分钟风向、风速资料,计算出各站的累年年平均风速和累年月平均风速,空间插值生成相应的风速栅格分布,通过用自然断点法将风速分级,分析风速的时空分布特征。

3)背景风场数值模拟

使用中尺度气象模式通过多重嵌套或中尺度气象模式耦合小尺度气象模式进行降尺度,模拟得到规划城市典型月份和典型天气条件下水平分辨率不大于 1km 的风场,模拟结果应科学地体现地形和城市下垫面对背景风场的影响。针对规划城市气候特点,选择不同季节下的平均风速为软轻风且主导风向为软轻风主导或次主导风向的天气条件作为典型天气条件进行数值模拟。

4)局地环流风场分析

基于规划城市范围内区域自动气象站建站以来至少一整年观测的逐小时或逐分钟风向、风速资料,对全年及不同季节山谷风、海陆风及河陆风/湖陆风等局地环流风场的主导风向和起止时间进行统计分析。参考山体、水体走向以及数值模拟结果,综合确定属于山(谷)风、海(陆)风、河(陆)风、湖(陆)风的风向范围;将某一时段内站点频率最大的风向作为该时段该站点局地环流风场的主导风向;并确定山谷风、海陆风及河陆风/湖陆风的影响范围。

(2)通风量计算

推荐采用国家标准《制定地方大气污染物排放标准的技术方法》中推荐的方法,以大气混合层厚度乘以混合层内的平均风速来表示,计算公式为

$$V_E = \int_0^H u\ (z)\mathrm{d}z = u \cdot H \tag{13.1}$$

式中,V_E 为通风量,单位为 m^2/s;H 为大气混合层厚度,单位为 m;u 为垂直方向上高度 z 所对应的风速,单位为 m/s;u 为大气混合层内的平均风速,单位为 m/s。通常以数值模拟和气象观测的方法获取大气混合层厚度和混合层内的平均风速。

依据此方法计算规划城市范围内的通风量,得到其大小的空间分布图,根据分布图可进行规划城市通风能力强弱的辨识。

(3)地表通风潜力估算

该指数由天空开阔度和粗糙度长度获得,受建筑物、植被覆盖影响。其中建筑覆盖是降低空气流通的主要因素,而自然植被和接近周边开敞区域则是增加空气流动的因素。

根据粗糙度长度和天空开阔度的计算,按表 13.1 进行地表通风潜力等级划分,该等级划分适合于城市总体规划或区域规划,不适合于详细规划及街区尺度规划。

表 13.1　地表通风潜力等级划分

通风潜力类型	一级	二级	三级	四级	五级
粗糙度长度(m)	>0.05	0.01～0.05	≤0.1	0.1～0.5	≤0.1
天空开阔度	—	0.75～0.90	0.75～0.90	≥0.9	≥0.9
含义	无	一般	较高	高	很高

依据此计算结果进行绘图分析，得到规划城市地表通风潜力等级空间分布图，根据分布图可进行规划城市通风潜力高低的辨识。

(4)城市热岛强度计算

采用卫星影像反演得到的地表温度来计算城市热岛强度。将研究区内地表温度与郊区温度(郊区农田平均地表温度)的差定义为热岛强度，并依照表 13.2 中的标准对不同等级热岛强度进行划分。

表 13.2　热岛强度等级划分

类	热岛强度范围(日)(℃)	热岛强度范围(季、年)(℃)	热岛强度等级
1	≤−7.0	≤−5.0	强冷岛
2	−7.0～−5.0	−5.0～−3.0	较强冷岛
3	−5.0～−3.0	−3.0～−1.0	弱冷岛
4	−3.0～3.0	−1.0～1.0	无热岛
5	3.0～5.0	3.0～5.0	弱热岛
6	5.0～7.0	3.0～5.0	较强热岛
7	>7.0	>5.0	强热岛

依据此计算结果进行绘图分析，得到热岛强度空间分布图，根据分布图可进行规划城市热岛强弱的辨识。

(5)绿源识别

城市陆地表面温度具有水体<林地<农田<草地<裸地<城镇的规律，且相比较硬化下垫面，水体、林地、农田等植被地区少人为排放，是相对清洁空气源地，即绿源。其对城市局地小气候具有一定的改善效果，可以起到降温、增湿、降尘作用。利用 Landsat-TM 卫星资料估算水体、林地、农田等地区的面积，以此确定绿源的强弱(表 13.3)。

表 13.3　绿源等级划分

类型	一级	二级	三级	四级
土地利用类型	水体	林地	林地	农田或林地
面积(m^2)	—	≥20000	12000～16000	农田≥16000 或 林地 12000～16000
含义	强绿源	较强绿源	一般绿源	弱绿源

依据此计算结果进行绘图分析，得到规划城市绿源强度空间分布图，根据分布图可进行规划城市绿源强弱的辨识。

13.1.1.5　城市通风廊道规划及方案完善方案

(1)通风廊道规划

根据上面的研究,在城市用地类型现状或规划分布图上叠加背景风环境、地表通风潜力、通风量、城市热岛、绿源空间分布图,依据此结果展开进一步分析,构建出通风廊道。在城市总体/区域规划层面,可构建城市主通风廊道和次级通风廊道,具体如下:

1)主通风廊道

城市主通风廊道应与软轻风下的主导风向基本平行,在现有用地覆盖无法完全满足的情况下,两者夹角应小于30°。城市主通风廊道的宽度应不小于200m,长度大于5000m为宜,如能形成以贯穿整个城市的廊道为最优。

在规划时,主通风廊道应沿着通风潜力较大的狭长地区构建。在构建过程中,要连通绿源与城市中心,打通重点弱通风量分布区,达到阻隔城市热岛连片、集中发展的目的。

此外,在用地上,除增加可行的通风廊道用地外,可依托城市现有主要交通干道、天然河道、绿化带、已有高压线走廊、相连的休憩用地、非建筑用地等空旷地作为廊道的载体。

2)次级通风廊道

城市次级通风廊道应与软轻风下的次主导风向平行,在现有用地覆盖无法完全满足的情况下,两者的夹角应小于30°。城市次级通风廊道的宽度应不小于50m。同时,廊道内障碍物垂直于气流流动方向的宽度应尽量小于廊道宽度的10%。其长度1000m以上为宜。

在规划时,次级通风廊道应沿着通风潜力较大的地区构建。在构建过程中,要使其连通绿源与建成密集区,达到降低城市热岛强度的目的。除此之外,尽量弥补城市主通风廊道在现有用地覆盖下无法保证的“断头”廊道区域,特别是局地弱通风量区域,且次级通风廊道方向应利于与城市主通风廊道相连成网络,辅助和延展主通风廊道通风效能以及沟通、连接局地绿源和风环境较差区域的功能。

此外,在用地上,除增加可行的通风廊道用地外,可依托城市现有街道、公园、河渠、建筑线后移地带及低矮楼宇群等作为廊道的载体。

(2)通风廊道规划方案完善

通风廊道规划构建完后,由于用地布局、建筑布局/高度等发生了改变,可对比评估通风廊道规划前后的环境改善效果。常用具体分析指标是廊道规划前后局地通风量大小的改变、热岛强度的变化。

将分析结果和规划编制部门进行研讨,以便进一步完善廊道规划。此评估可借助数值模拟、现场观测或风洞试验等技术完成。

除此之外,廊道规划过程中,在通风潜力差、强热岛的区域出现现状用地无法满足通风廊道构建时,应提出改善此区域通风环境的其他规划建议,如旧城改造时改变用地性质、新建建筑物控高、楼宇绿化等。

13.1.2　襄阳市城市通风廊道设计

以襄阳市即将启动的新一轮城市总体规划(2020—2030年)修编工作为契机,以对城市通风廊道规划的需求为牵引,开展襄阳市城市通风廊道研究。

13.1.2.1　资料及来源

选取襄阳城区及周边共计14个气象站用于背景风环境研究;中高等空间分辨率遥感数

据、土地覆盖类型产品和叶面积指数产品，用于土地利用分类、通风潜力评估、城市热岛分析及绿源识别；30m 空间分辨率 ASTER GDEM 数字高程模型数据，用于地形特征分析及通风潜力评估；襄阳市区建筑规划矢量图层、城市用地类型现状图和规划用地类型图、乡镇行政边界等图层，均由襄阳市城乡规划编制研究中心提供，用于边界层模式模拟、城市用地粗糙度长度计算；气候中心农业气象观测数据，用于襄阳市郊区植被粗糙度长度计算；河南南阳逐日高空探测气象观测数据，用于边界层模式模拟。

13.1.2.2　内容与方法

用襄阳市境内长年代气象历史数据并结合城市尺度气象数值模拟，分析襄阳市风环境，重点研究对通风廊道起作用的“软轻风”；利用多年份卫星遥感资料，分析城市热岛与城市建设间的关系，利用卫星反演结果及气象站数据，研究襄阳市热环境现状和演变特征；在城市尺度，计算和分析通风潜力，结合软轻风环境背景、软轻风条件下襄阳市风频分析以及热岛分布，对通风廊道进行筛选，并为后面的不同等级通风廊道划分提供基础成果；利用中尺度数值模式模拟襄阳大气流场，利用自动站实况数据分析襄阳实况风场；综合城市尺度和重点区域尺度下的观测、模拟和评估结果，分析襄阳通风现状。

13.1.2.3　结果

襄阳站不同季节主导风向差异明显。不同风向下的风速差异较大，南风向的风速明显偏大于其他风向的风速。软轻风条件的主导风向与全风速的主导风向存在明显差异。基于近 10 年襄阳城区区域自动气象站风向风速资料分析表明，同一季节不同区域主导风向明显不同。

襄阳市区强绿源主要由汉江及其支流、米庄镇和张湾镇零星湖泊组成；较强绿源主要分布在襄城区南部和尹集乡北部交汇及东津镇南部的山地林区、樊城区西北城郊和东津镇东部城郊的局部林区及汉江沿岸林区；而张湾镇北部和东部城郊、东津镇大部地区均属于弱绿源区。

城市热岛强度：夏季襄阳市强热岛、较强热岛区域主要分布在米庄镇、张湾镇、团山镇、樊城区、襄城区的中北部、东津镇东南沿江地区及尹集乡中部，其中大面积成片强热岛区域位于米庄镇的中南部、团山镇南部及樊城区的西部，热岛空间分布基本与襄阳城市建成区的轮廓相一致。强冷岛、较强冷岛区域主要分布在汉江沿线及东津镇东北东南部、襄城区南部。结合襄阳市土地利用分布图来看，夏季热岛区主要是城市建筑密集区，而夏季冷岛区主要以水体、大面积林地覆盖的地区组成。

城市边界层模式模拟发现：当城市处于风速较大、大范围背景风向一致的环流形势下，城市建筑对风向的影响较小，近地层风向比较一致；当城市处于风速较小的环流形势下，城市建筑对风向的影响较大，城市内风向受局地地形及建筑影响较大，出现多个局地环流。

城市通风潜力：襄阳市天空开阔度数值范围为 0.22～1.0；由于地形的相互遮挡作用，山地林区天空开阔度明显小于平原地区；受高层建筑的阻挡影响，大部分城区建设用地天空开阔度值小于 0.7。建筑密度樊城区、团山镇、米庄镇及张湾镇局部地区超 80%；建筑密度超 50% 以上的建筑群相对集中地聚集在樊城区东部及襄城区东北；东津新区大部分建筑密度为 5%～30%，相对较低。建筑高度襄阳市城区主要集中在 5～30m 范围，樊城区、张家湾、东津新区有部分建筑高度超 90m。粗糙度长度襄阳市城区受高建筑密度和高楼层的共同影响，樊城区、襄城区和张湾镇西部城市用地地表粗糙度长度集中大于 0.5m，其他地区地表粗糙度普遍低于

0.3m;襄阳城区西南部森林年平均粗糙度长度大于1.0m,其余林地区年平均粗糙度长度约为0.5～0.8m,平原农田地区年平均粗糙度长度基本小于0.1m。

综合城市用地和郊区植被区的地表粗糙度分布得到研究区地表粗糙度长度完整分布结果。根据粗糙度长度和天空开阔度的计算结果和通风潜力等级划分指标,进行地表通风潜力等级划分和绘图分析,得到2016年襄阳市地表通风潜力等级空间分布和襄阳市城市用地通风潜力等级空间分布([彩]图13.2),可进行通风潜力高低的辨识。

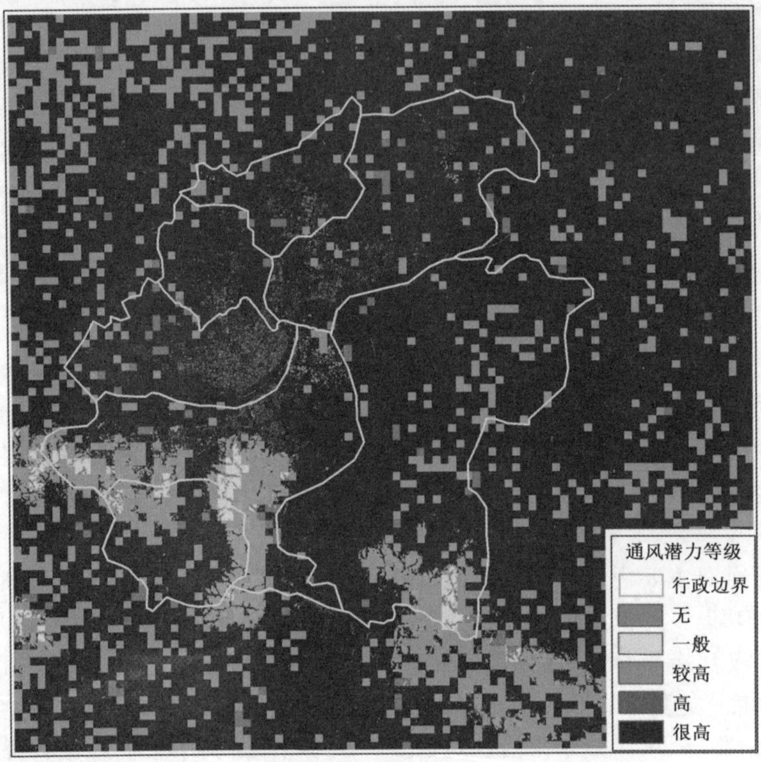

图13.2　襄阳地区2016年通风潜力等级分布图

13.2　城市暴雨内涝风险区划

随着我国城市化进程加快和气候变化的影响,城市极端暴雨趋于频繁,由此带来的城市暴雨内涝风险增大,暴雨内涝已成为我国许多城市的主要气象灾害之一,严重影响城市运行及市民生活。城市内涝是由于强降雨或连续性降雨形成的地表径流超过城市管网排水能力而致城市产生积水灾害的现象。由于城市单位面积人员、交通、财产的密集性,与城郊相比,城市对暴雨内涝表现出高脆弱性。开展城市暴雨内涝风险区划有利于更好地开展城市暴雨内涝风险预警和评估,有利于城市规划部门开展城市排水管网规划设计,有利于为相关部门组织开展内涝防治提供技术支撑。

13.2.1 技术路线及方法

开展城市内涝风险区划技术流程：资料收集、分析整理；模型模拟、结果验证；风险区划、结果验证（中国气象局，2014）。其工作流程见图 13.3。

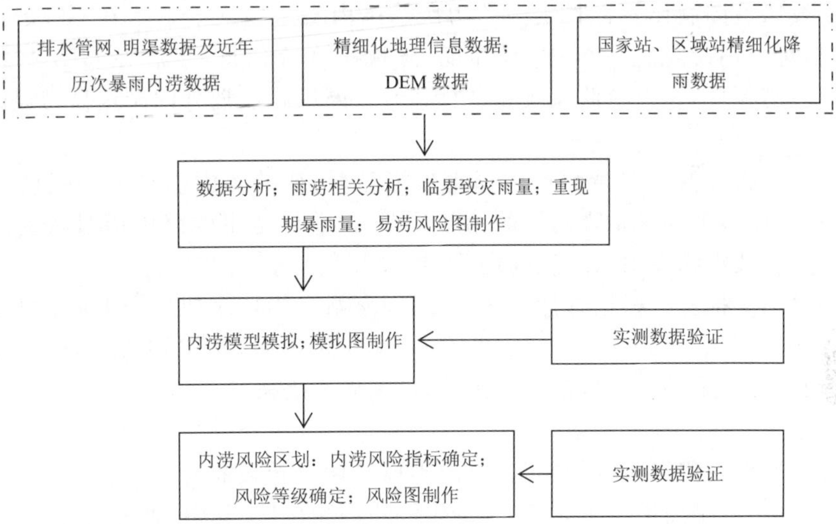

图 13.3 城市暴雨内涝风险区划工作流程

13.2.1.1 资料及来源

用于城市内涝模拟和区划的资料包括：精细化城市地理信息数据；较新的排水泵站及管网明渠参数及空间分布数据，泵站排水调度数据，近年来（5 年内）历次暴雨内涝区（点）数据；城市国家气象观测站、区域加密雨量站雨量观测数据。

城市地理信息数据：土地利用数据、较新的高分辨 DEM 数据、路网数据、湖泊江河道矢量数据、隧道、立交、涵洞位置数据。来源：城市规划部门、城建部门、城市管理局、水务部门、测绘部门。

排水泵站及管网明渠数据及排水调度数据：一级、二级（市级、区级）排水泵站分布、设计抽排能力、汇水区域及面积、区域内管网最大容积、直径、明渠平均截面积；排水调度数据包括：调度方式，应急措施等。数据来源：市水务局、排水泵站管理处、区水务局等。

近年来（5 年内）历次暴雨内涝区（点）数据：近 5 年内历次暴雨内涝数据，越详细越好，包括内涝位置（含经纬度、海拔高度）、面积、平均深度、最大深度等。数据来源：市水务局、交管局、媒体上发布的信息、小区居民调查信息、内涝普查数据、暴雨内涝时现场采集数据等。对内涝点信息逐个核实，内涝机理初步分析。

降雨数据：近 60 年或建站以来国家气象观测站长序列年降雨极值数据，包括 3h、6h、12h、24h 年降雨极值、次极值数据。近年来历次暴雨内涝日城市加密雨量站逐时雨量数据。数据来源：各级气象部门、水务部门布设的位于内涝点附近雨量站可作为补充。

13.2.1.2 区划方法

区划方法包括数据分析法，模型模拟法，风险区划法，以及结果验证。

(1)数据分析

1)基础图层制作。基于 GIS 和 DEM 数据制作城市高程底图图层，制作路网、隧道、立交、涵洞图，江河湖网图，一级、二级泵站及汇水区域、重点排水明渠、管网图，城市边界图。

2)内涝易发风险图制作。将收集到的历次暴雨内涝点验证确认后在 Google 或 Baidu 地图上定位，包括每个内涝点位置名称、经纬度、海拔高度等信息，然后在 GIS 上制作内涝图。统计各内涝点内涝频率，按内涝低风险点、中风险点、高风险点划分内涝点易涝风险等级，制成等级图。

3)雨涝相关分析。根据内涝数据和降雨数据序列，统计各内涝点内涝强度(以水深为因子)与最近的一个或多个加密站降雨量的相关关系，大致确定主要降雨历时致灾临界雨量，以及雨涝关系曲线。致灾临界雨量大致确定后，要与当地水务部门确认。

4)重现期暴雨量推算。根据统计方法，利用国家站多年长序列降雨极值数据，推算城市 1 年、3 年、5 年、10 年、20 年、30 年、50 年、100 年一遇的短历时(3h/6h/12h/24h)暴雨量，降水极值呈非正态分布，一般采用广义极值分布函数，结果做成表格。

(2)模型模拟

内涝模拟是开展内涝风险区划的基础，内涝风险两个重要指标：一是内涝灾害强度，一般以内涝水深为指标，二是内涝发生频率(多少年一遇的频率)。其中，确定内涝水深最理想方法是水文或水动力模型模拟，设计不同强度暴雨，可以根据基于历史降雨资料统计方法推算重现期暴雨量，在考虑排水管网抽排和蓄纳、内河湖泊河道蓄纳基础上，模拟重现期暴雨致涝过程，得到不同重现期暴雨内涝区位置、最大水深、面积等内涝参数。

1)内涝模型简介

城市内涝模拟模型分为 2 类典型模型：

①第一类是基于水文模型改进的城市内涝模拟模型。典型代表是 SWMM 改进模型(刘俊等，2006)。SWMM 模型适合于水文水力条件复杂的、以管渠排水为主的城市区域，改进后适用于城市区排水及地面淹水过程的模拟，包括地面径流和排水系统中的水流。计算主要是把城市划分为不同的汇水区域，每一个汇水区域相当于水文学上的子流域，降雨在汇水区中一般是通过单位线计算汇水区域出口处的流量过程，并通过流量演算方法将各子流域的出流组合起来。水文模型建模简单，计算方便，理论成熟，所需资料的时间和空间精度要求不高，发展时间比较长，但是由于城市汇水区域不同于流域汇水区域，难于准确划分，同时在计算过程中是假定汇水区域之间相互独立的，之间并无水力联系，无水量交换，这与实际情况是有出入的，尤其在内涝积水计算过程中；其次，这种模型相当于系统模型、黑箱模型，输入降雨过程得到出口处的流量过程，不能反映水流在内涝期间城市地表的流动过程。

②第二类是水动力学模型。典型代表是国内天津市暴雨沥涝仿真模型(解以扬等，2005)，多年来已广泛应用于全国多个城市(郑传新等，2007)。该模型是建立在水动力学方程的基础上，地表径流计算采用二维简化的圣维南方程，管道排水计算采用一维非恒定流方程，方程的求解一般采用离散网格差分的方法，把城市地表划分为若干网格，网格的划分依据求解方程的需要，以及实际的地表类型、地形和管网分布，有规则网格和不规则网格之分，网格各边定义成通道。取网格单元为控制体，在网格中心处计算水位 H，在网格周边通道的中点处计算流量

Q,水位具有网格平均值的含义,流量具有通道平均值的含义,水位和流量在时间上采取时间交错计算方式。在网格上进行产汇流计算,网格与排水管网的水量交换采用简化的堰流公式,进行流量的演算。可以模拟网格的直观水流动态演进、网格最大水深、面积等。实际模拟表明,模型对 20cm 以上的积水模拟效果较好(解以扬等,2004)。该模型对地表网格的划分要求较高,需要大量精度较高的基础数据,模拟误差主要来源于两方面:一是由于计算稳定性的需要,网格尺度不能过小,网格中地表类型复杂,且一般都包含若干支管与干管,管道参数成为概化值,从而影响计算精度;二是网格尺度大,网格内地形高程通常取地势的平均值,计算出的水深值不能反映局部低洼点的实际积水深度。水动力学模型物理意义清晰,随着计算机计算技术发展,结合 GIS 技术强大的空间表达能力,水动力模型更适合于城市内涝的模拟,这里仅对水动力模型方法进行介绍。

2)模型模拟方法一

在前述基础数据完整前提下,采用水动力模型模拟内涝过程。以国内天津市暴雨沥涝仿真模型为例:该暴雨内涝仿真模型以城市地表与明渠河道水流运动为模拟对象,基本控制方程以平面二维非恒定流的基本方程为骨架,并在模型的源汇项中考虑了城市不透水面积与排水系统的影响。同时针对城市特点,对小于离散化网格尺度的排水明渠仍采用一维非恒定流方程的算法。基本方程为二维非恒定流方程组,表达形式如下:

连续方程:

$$\frac{\partial H}{\partial t}+\frac{\partial M}{\partial x}+\frac{\partial N}{\partial y}=q \tag{13.2}$$

动量方程:

$$\frac{\partial M}{\partial t}+\frac{\partial(uM)}{\partial x}+\frac{\partial(vM)}{\partial y}+gH\frac{\partial Z}{\partial x}+g\frac{n^2u\sqrt{u^2+v^2}}{H^{\frac{1}{3}}}=0 \tag{13.3}$$

$$\frac{\partial N}{\partial t}+\frac{\partial(uN)}{\partial x}+\frac{\partial(vN)}{\partial y}+gH\frac{\partial Z}{\partial y}+g\frac{n^2u\sqrt{u^2+v^2}}{H^{\frac{1}{3}}}=0 \tag{13.4}$$

式中,H 为水深,Z 为水位,q 为源汇项,模型中代表暴雨的产汇流,即单位时间内的自然降雨量和管道排水量之和(扣除了降雨的自然渗透量);M,N 分别为 x,y 方向的单宽流量;u,v 分别为流速在 x,y 方向的分量;n 为粗糙率系数;g 为重力加速度。

地下排水管网内的水流采用一维非恒定流基本方程计算,自成体系,地下排水管网与地面单元的水量交流通过连续方程的源汇项控制,即将源汇项分解为有效降雨强度和单元排水强度两部分,当降雨强度小于单元最大排水能力且单元积水较浅时,降雨量全部转化为排水量进入地下管网,单元的排水强度为降雨强度;反之,当降雨强度大于单元最大排水能力时或单元积水较深时,单元的排水强度达到最大排水强度,降雨强度与单元最大排水强度之差转化为地表径流量,一维非恒定流基本方程如下:

$$\frac{\partial Q}{\partial t}+\frac{\partial}{\partial l}\left(\frac{Q^2}{A}\right)+gA\frac{\partial H}{\partial l}=-gA\,S_1 \tag{13.5}$$

式中,Q 为流量,A 为计算断面的过水面积,l 为通道长度,S_1 为摩阻坡降。

根据城市不透水面积增加的特点,对暴雨产汇流做了专门处理,降雨产汇流系数 CIM 的基本计算公式如下:

$$CIM=0.4+0.4AXY \tag{13.6}$$

式中，AXY 为不透水面积百分比。

在平面浅水运动中，对流项作用很小，通常可忽略不计，根据域内的自然水流条件及不同通道类型，分为河道型、路面型、特殊通道型等分类处理，根据不同类型简化动量方程，采用不同的离散格式计算流量。

模型的调试和验证：通常用最大积水深度来衡量内涝灾害强度，因此，模型的验证方法是选取不同的历史暴雨内涝个例，代入模型中进行计算，将模型的计算结果和实测结果进行比较，分析二者的绝对误差及误差，对模型进行调试。

调试完成后选取典型暴雨内涝个例进行验证，选取市区国家气象站和区域自动站降雨过程资料作为降雨边界条件，将计算结果与实测内涝数据比较分析，计算最大水深模拟的绝对误差和相对误差，评估模拟效果。

重现期暴雨内涝模拟。将城市不同重现期暴雨量（强度）代入模型，模拟 7 个重现期暴雨内涝，获取不同暴雨重现期内涝数据，将最大水深作为各格点的内涝水深，获取最终内涝数据。

3)模型模拟方法二

在前述基础数据完整前提下，采用水动力模型模拟内涝过程。以基于 GIS 的二维水动力暴雨淹没模型为例：基于 GIS 的暴雨淹没模型是基于 GIS 栅格数据的二维水动力学暴雨洪涝演进模型，运用最大坡降算法(deterministic eight node，D8)及曼宁公式计算水流方向及流量(郭生练等，2000；孙艳玲等，2004；贾界峰等，2010)，能较好地模拟流域栅格不同强度暴雨淹没范围、水深分布等，并通过与淹没区的承灾体数据进行空间拓扑叠置，通过 GIS 技术以图形、图像和表格的可视化方式，准确、直观地显示淹没地点、水深、淹没栅格面积等灾害参数。

模型初值数据包括流域面平均致涝降雨速度、降雨历时、流域范围边界数据、流域 DEM 数据等，不考虑城区外的径流输入，城区基本为不透水地面，因此，不考虑地面入渗。假设降雨同时，城区排水管网同步抽排，则输入模型的流域致涝面平均降雨速度为重现期暴雨强度转换的平均降雨速度减去同期管网平均雨水抽排速度，重现期暴雨强度按表 4.4(洪国平等，2018)推算的 3 年一遇、5 年一遇、10 年一遇、20 年一遇、30 年一遇、50 年一遇及 100 年一遇的暴雨强度，降雨历时可选 3h，6h，12h，24h，管网平均雨水抽排参数按表 13.4 给出的各历时致灾临界雨量的雨强。

表 13.4 武汉城区 7 个重现期短历时暴雨量(mm)

历时(h)	重现期(a)						
	1	5	10	20	30	50	100
6	48.6	118.1	143.6	172.2	190.8	216.5	256.0
12	73.6	138.1	168.1	205.6	231.9	270.8	336.2

将预处理的初值数据输入模型，启动模型模拟，模型积分运算输出 tiff 格式的逐时栅格平均内涝水深和内涝淹没总面积等内涝参数，模拟出 7 个重现期暴雨的内涝数据。

城市内涝对交通、市民生活及商业活动的影响以内涝水深为主要致灾因子，因此，以内涝水深为指标，根据影响程度，将内涝灾害等级划分为 4 级：Ⅰ级——0～5cm 为湿区；Ⅱ级——5～30cm 为轻涝区；Ⅲ级——30～60cm 为中涝区；Ⅳ级——60cm 以上为重涝区，也可以结合各地实际设置灾害等级。Ⅰ级积水深度在 5cm 以内，考虑地面蒸发和少量的渗透等，基本不影响交通和生活，Ⅱ级及以上积水深度对交通和生活开始产生影响。在 MapGIS 中对模型输出的栅格内涝水深数据以不同色标分级处理成内涝灾害等级，并叠置城区边界、江湖水网、道路等地理信息图层，最后得到 3 年、5 年、10 年、20 年、30 年、50 年、100 年共 7 个重现期，每个重现期分 3h，6h，12h，24h 共 4 个历时的暴雨内涝模拟图。

将前期制作的实际内涝点 GIS 图层叠置到所有模拟图，分析各等级实际内涝易发点与模拟的内涝区吻合匹配情况，评估模拟效果。

(3)风险区划

1)区划指标

基于灾害评估原理，城市暴雨内涝以内涝水深和内涝发生频率为致灾重要因子，基于此，以内涝水深和发生频率作为基本因子建立内涝风险区划指标 K，该指数物理意义清晰，K 值越大，表明该处内涝越深、发生频率越高，内涝灾害等级越高，设计内涝风险系数为

$$K = \sum_{i=1}^{n} (P_i \cdot h_i) \tag{13.7}$$

式中，K 为内涝风险指数；P_i 为内涝发生频率，以重现期倒数表示，分别为 1/3、1/5、1/10、1/20、1/30、1/50、1/100；h_i 为重现期暴雨内涝水深；i 为灾害类别，为不同暴雨重现期。

2)区划等级

在 MAPGis 里完成 K 的计算和分级。根据模拟计算的多个短历时 7 个重现期内涝栅格数据及对应的重现期频率，在 MAPGis 里完成对给个网格点 K 值计算，对 K 值进行归一化处理，按自然断点法(nature break)将 K 分成 3 级，K 值从低到高分别为低风险点、中风险点、高风险点，赋予不同色标等级，叠置地理信息图层，输出最终城市内涝风险等级区划图。

3)结果验证

按等投影方式，将实际内涝易发风险等级图层叠置到内涝风险区划图中，评估内涝风险区划效果。

收集后续实际发生的不同强度暴雨内涝过程内涝数据，对模型模拟效果和风险区划结果进行评估，修正模拟参数，不断完善风险区划结果。

13.2.2　武汉市暴雨内涝风险区划研究

以武汉市暴雨内涝模拟和风险区划为例。

利用基于 GIS 的二维水动力暴雨淹没模型，在考虑排水管网抽排的基础上，模拟了武汉城区短历时 6 个重现期暴雨内涝过程，基于 MapGIS 绘制了重现期暴雨内涝图，分析了内涝特征，并用近年实际暴雨内涝点对模拟内涝区进行了验证，结果表明模拟效果较好。在此基础上，对业务中常用短时预报暴雨量进行了内涝模拟。设计武汉市暴雨内涝风险区划指标，绘制短历时暴雨内涝风险区划图。结果可用于武汉城区暴雨内涝高风险区(点)预警、内涝灾害评估及防治。

13.2.2.1　资料及来源

1982—2012 年武汉市国家气象观象台短历时(6h、12h)年降雨极值数据，来源于湖北省气象信息与保障中心。2011—2015 年武汉市主城区历次暴雨内涝数据，武汉市城区边界、路网、江河水网矢量数据等来源于武汉市水务及交通部门。武汉市 1∶50000DEM 数据(约 25m×25m 栅格分辨率)来源于武汉区域气候中心。

13.2.2.2　方法及流程

采用广义极值分布模型模拟重现期暴雨强度，将管网抽排能力转化为降雨期间的动态均匀雨水抽排，超出抽排部分雨水转化成匀速降雨速度。连同其他初值数据输入淹没模型，启动模拟，模型输出 tiff 栅格格式的内涝水深数据。设置基于内涝水深的内涝灾害等级，在 MapGIS 软件和其他城市地理信息数据支持下绘制不同重现期、不同短历时暴雨内涝图，用近年实际内涝数据验证模拟效果。进一步对业务中常用短时预报暴雨雨量进行内涝模拟，绘制模拟图。以暴雨内涝水深和内涝频率为因子设计暴雨内涝风险评估指标，基于 MAPGis 绘制暴雨内涝风险区划图。

13.2.2.3　结果

[彩]图 13.4 为武汉城区 6 个重现期暴雨内涝淹没图，叠置了近年实际暴雨内涝点。

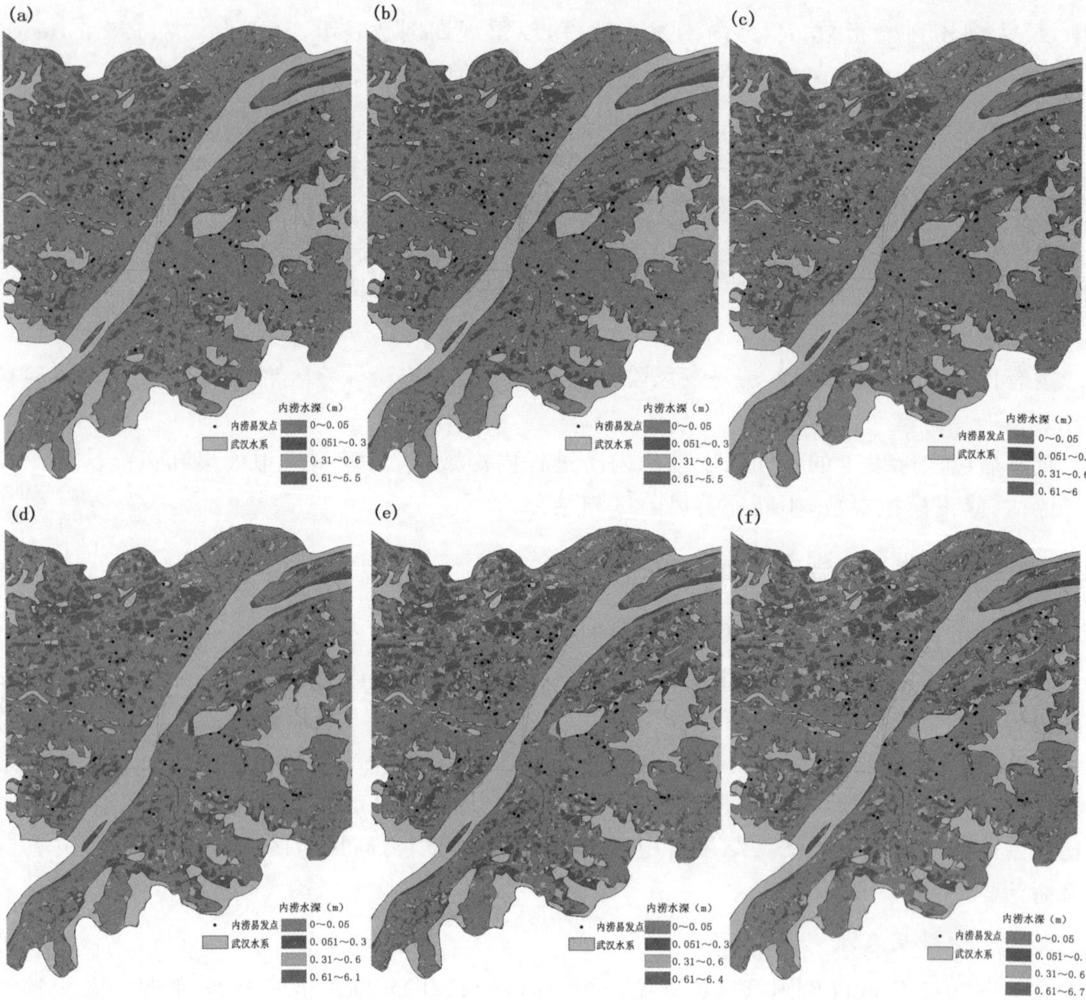

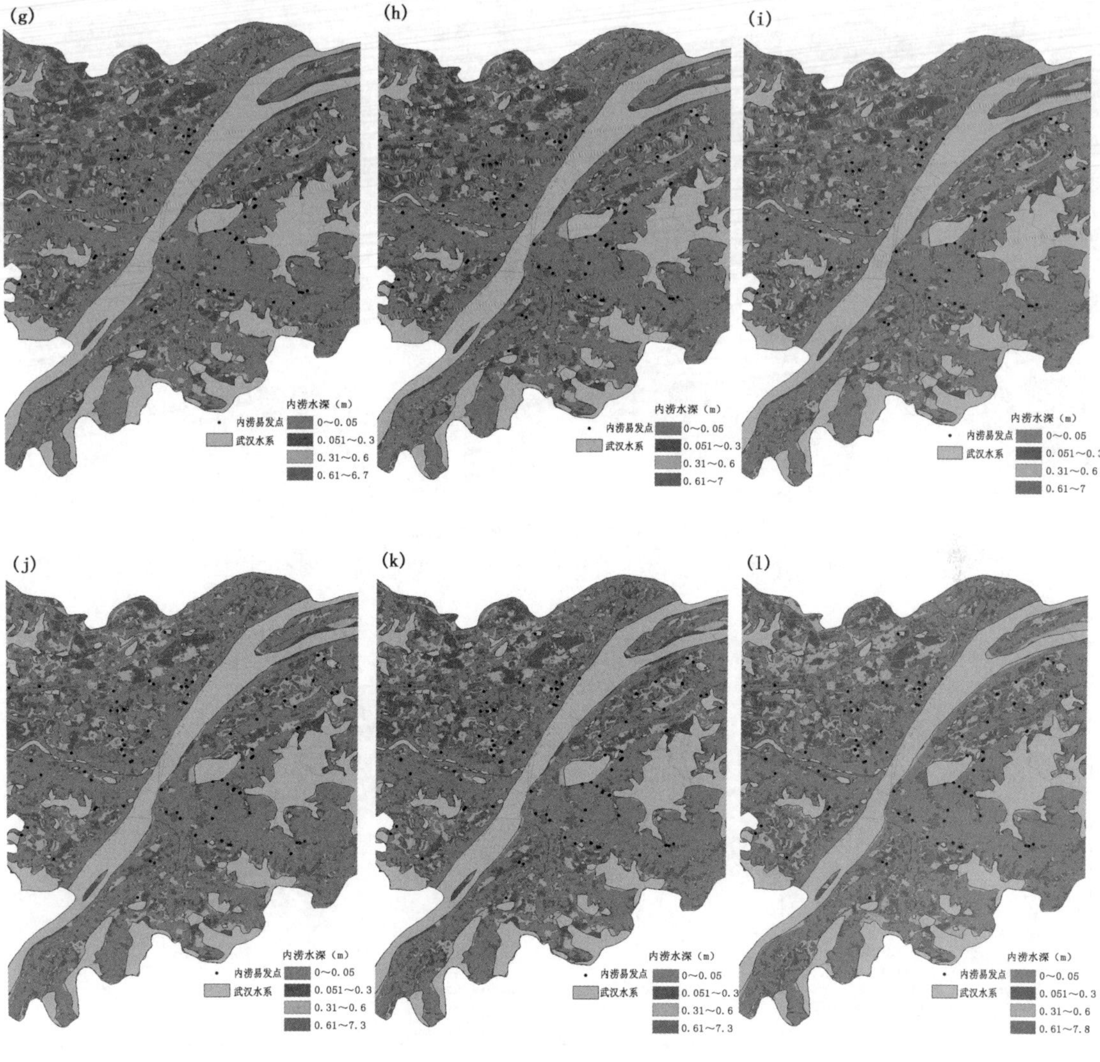

图 13.4　武汉城区重现期暴雨内涝模拟

(a)5 年一遇 6h,(b)5 年一遇 12h,(c)10 年一遇 6h,(d)10 年一遇 12h,(e)20 年一遇 6h,(f)20 年一遇 12h,(g)30 年一遇 6h,(h)30 年一遇 12h,(i)50 年一遇 6h,(j)50 年一遇 12h,(k)100 年一遇 6h,(l)100 年一遇 12h

[彩]图 13.5 为日常短时暴雨预报常用暴雨量内涝情景模拟。[彩]图 13.6 为武汉市暴雨内涝风险点等级图。

13.3　暴雨强度计算

国家标准《GB 50014—2006　室外排水设计规范》(2016 年版)规定,在进行城市排水工程规划设计时,雨水管网的规划设计排水量应用当地的暴雨强度公式进行计算。所谓暴雨强度公式,是能反映一定频率的暴雨在规定时段最不利时程分配的平均强度的计算公式,它对优化城市排水渠道和地下管网规划、预防大面积渍涝灾害有非常重要的作用。因此,合理编制暴雨

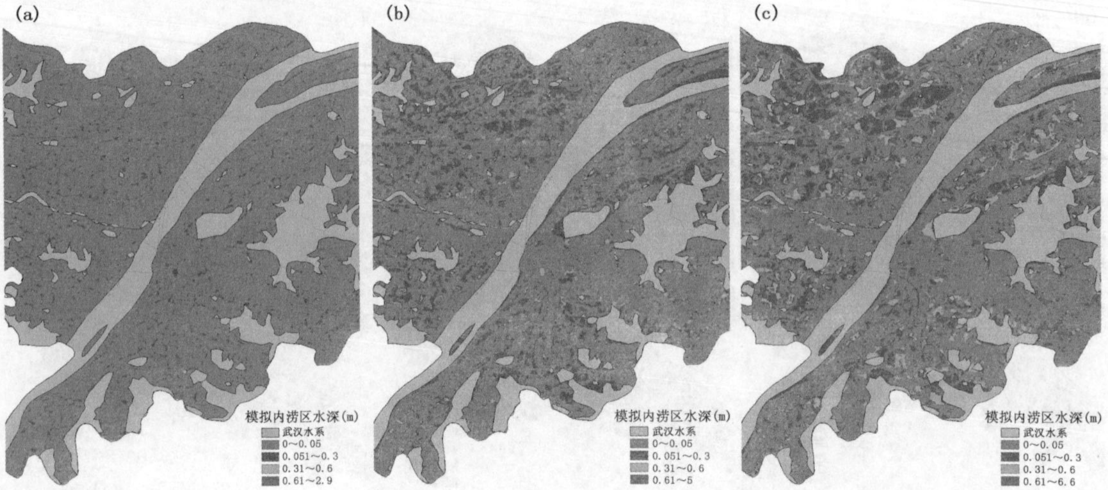

图 13.5　武汉城区短时暴雨内涝模拟

(a)3h 降雨量 50mm,(b)6h 降雨量 100mm,(c)12h 降雨量 200mm

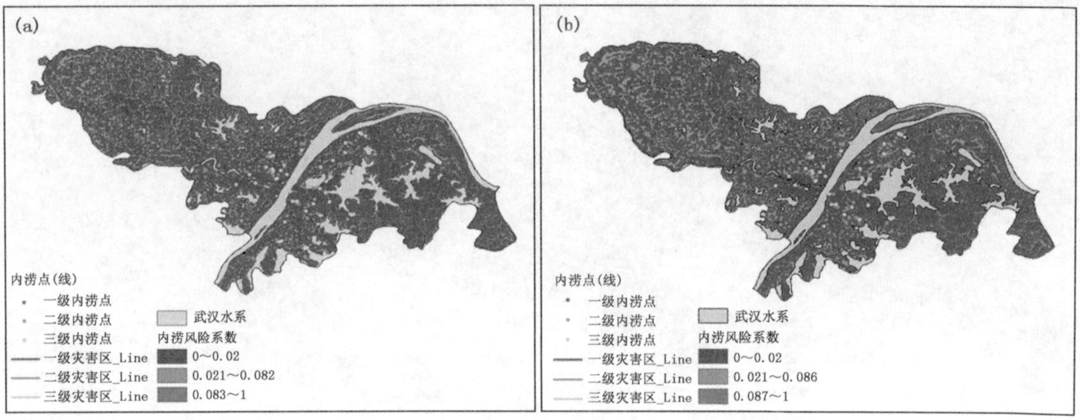

图 13.6　武汉市暴雨内涝风险点等级图

(a)3h 暴雨内涝风险区,(b) 6h 暴雨内涝风险区

强度公式是提高城市防洪排涝能力和防灾减灾的现实需要。

13.3.1　技术路线及方法

暴雨强度计算工作共分为三个阶段,分别是前期准备、公式计算和综合评估。

13.3.1.1　前期准备

(1)资料收集

收集公式编制需用的城市气象站建站至今雨量自记纸信息化分钟数据、自动站分钟雨量数据、年、月、日雨量数据等。

(2)资料分析

降水资料的三性分析(可靠性、一致性、代表性)、公式编制城市降水气候特征分析。

(3)资料选样

根据《GB 50014—2006　室外排水设计规范》(2016 年版)要求，具有 20 年以上自动雨量记录的地区，排水系统设计暴雨强度公式应采用“年最大值法”进行选样。

13.3.1.2　公式计算

(1)曲线拟合

根据《GB 50014—2006　室外排水设计规范》(2016 年版)，“年最大值法”计算降水重现期宜按 2 年、3 年、5 年、10 年、20 年、30 年、50 年、100 年等 8 个重现期计算。由于设计采用的重现期(100 年一遇)大于资料年限，故采用理论频率分布曲线进行调整，国家规范推荐采用指数分布、耿贝尔分布和 P-Ⅲ型分布曲线。

(2)公式计算

最小二乘法、高斯牛顿法。

13.3.1.3　综合评估

(1)误差分析

根据《GB 50014—2006　室外排水设计规范》(2016 年版)要求，采用“年最大值法”计算抽样误差和暴雨公式误差，应统计的重现期为 2～20a，在一般强度的地方，平均绝对均方差不宜大于 0.05mm/min。在降水强度较大的地方，相对均方根误差不宜大于 5%。采用“年多个样法”计算抽样误差和暴雨公式误差，应统计的重现期为 2～10a，其精度要求同“年最大值法”。

均方根误差：

$$\sigma = \sqrt{\frac{1}{N}\sum_{i=1}^{N}(x_i - x'_i)^2} \tag{13.8}$$

相对均方根误差：

$$f = \frac{\sigma}{x} \tag{13.9}$$

式中，x 为根据暴雨强度公式计算出来的雨强，x' 为 $i-t-P$ 三联表对应的降水强度 i 值，N 为参与误差计算的样本数。

(2)合理性分析

将暴雨强度公式编制结果与城市现用暴雨强度公式、临近城市暴雨强度公式、近 30 年降水资料编制成果等进行比较以及相关分析。

13.3.1.4　技术指南及相关政策文件

(1)《GB 50014—2006　室外排水设计规范》(2016 年版)

(2)《住房和城乡建设部　中国气象局关于做好暴雨强度公式修订有关工作的通知》(建城〔2014〕66 号)

附件 2:《城市暴雨强度公式编制和设计暴雨雨型确定技术导则》

(3)《城市排水工程设计——暴雨强度公式编制技术指南》(中国气象局，2013 年 5 月)

(4)《给水排水设计手册　第 5 册：城镇排水(第二版)》(北京市市政工程设计研究院，2004. 北京：中国建筑工业出版社.)

(5)《地面气象观测规范》(中国气象局，2003. 北京：气象出版社.)

(6)《QX/T 22—2004　地面气候资料 30 年整编常规项目及其统计方法》

(7)《气象资料的整理和统计方法》(王树廷，等，1984.北京：气象出版社)

(8)国务院办公厅《关于做好城市排水防涝设施建设工作的通知》(国办发〔2013〕23号)

(9)中国气象局预报司《关于加强城市排水气候可行性论证工作的通知》(便函，2012年9月7日)

(10)住房城乡建设部办公厅《关于加强2013年城市排水防涝汛期检查工作的通知》(建办城函〔2013〕197号)

(11)住房城乡建设部《城市排水(雨水)防涝综合规划编制大纲》(2013年7月12日)

(12)《住房城乡建设部　中国气象局关于联合开展城市内涝预报预警与防治工作的合作框架协议》(2013年8月12日)

(13)湖北省住房和城乡建设厅、省气象局联合下发的《关于做好暴雨强度公式修订和内涝防治等工作的通知》(鄂建文〔2014〕34号)

13.3.1.5　公式编制相关应用软件

(1)降水自记纸彩色扫描数字化处理系统

对以自记纸形式保存的国家气象站历史降水资料，使用中国气象局组织编制的"降水自记纸彩色扫描数字化处理系统"(图13.7)进行信息化处理得到分钟雨量数据。该系统通过计算机扫描、图像处理、数据处理，将气象站降水自记纸图像进行信息化转换成为逐分钟降水量，并需要经人工审核或修正后，录入数据库。

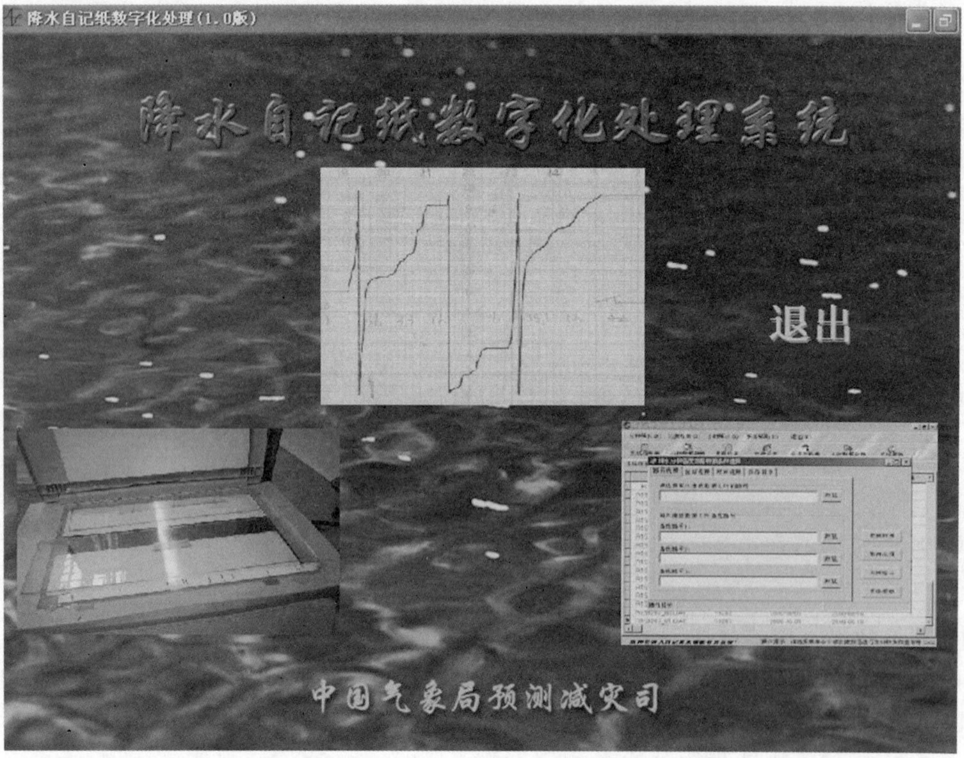

图13.7　"降水自记纸彩色扫描数字化处理系统"界面

(2)短历时暴雨雨型分析系统

雨量自记纸经过“降水自记纸彩色扫描数字化处理系统”处理成分钟数据后，利用“短历时暴雨雨型分析系统”（图 13.8），从分钟数据中分别滑动提取 5min，10min，15min，20min，30min，45min，60min，90min，120min，150min，180min 历时的每年最大降水量数据。

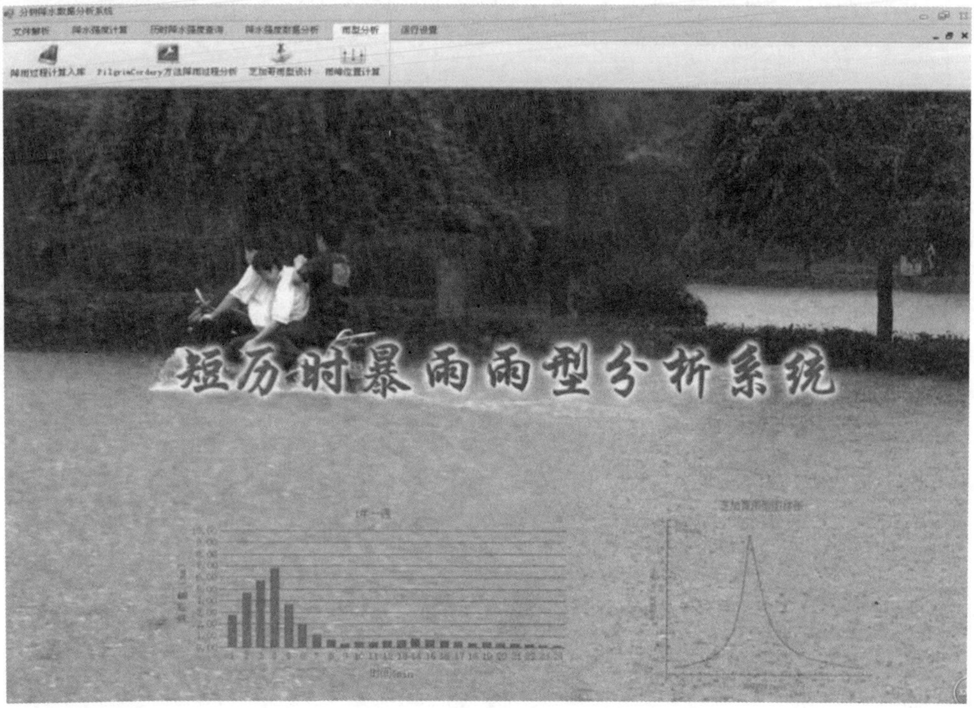

图 13.8　“短历时暴雨雨型分析系统”界面

(3)暴雨强度计算系统

暴雨强度公式计算系统按功能分为暴雨数据采集、暴雨数据选样、理论频率曲线拟合及误差分析、暴雨公式参数估计及误差分析、结果输出等 5 大模块和计算步骤。“暴雨强度计算系统”(图 13.9)已通过中国气象局、住建部联合组织的技术验收，可直接进行资料处理、暴雨强度公式拟合、结果输出和精度检验等，具体流程如图 13.10 所示。

13.3.2　黄冈市暴雨强度公式编制

利用“降水自记纸彩色扫描数字化处理系统”将黄冈市国家基本气象站 1980—2007 年共 28 年的雨量自记纸(合计约 4700 张)处理成分钟数据；结合黄冈市自动气象站 2008—2015 年共 8 年分钟降水量资料，得到黄冈市共 36 年的分钟降水数据。采用“年最大值法”进行资料选样，利用“短历时暴雨雨型分析系统”对这 36 年的分钟雨量数据进行滑动提取。分别利用指数分布、耿贝尔分布和 P-Ⅲ分布对降水样本进行曲线拟合，得到 $i-t-P$ 三联表，再采用最小二乘法、高斯牛顿法两种方法求解分公式和总公式各参数，在此基础上得到 6 套分公式和 6 个总公式，根据误差分析选择最优得到暴雨强度总公式、分公式。

图 13.9　“暴雨强度计算系统”界面

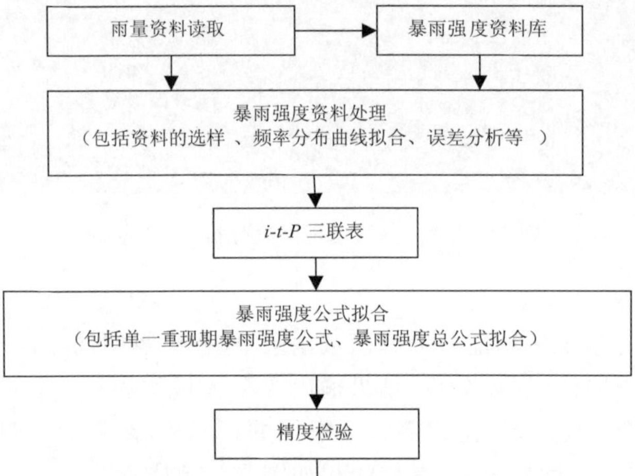

图 13.10　暴雨强度公式编制流程图

13.3.2.1　资料及来源

黄冈市国家气象观象站 1980—2015 年分钟雨量数据、1960—2014 年年、月、日降水量数据、黄冈市区路口等 17 个区域自动站 2009—2015 年小时雨量数据，以上资料均来源于湖北省气象信息与技术保障中心。

13.3.2.2　方法及流程

利用“短历时暴雨雨型分析系统”，从黄冈气象站 1980—2015 年 36 年分钟雨量数据中分别滑动提取 5min,10min,15min,20min,30min,45min,60min,90min,120min,150min,180min 历时的每年最大降水量数据。利用"暴雨强度计算系统",选用指数分布、耿贝尔分布以及 P-Ⅲ分布曲线对黄冈气象站 36 年降水样本资料进行频率调整,分别计算各降水历时下曲线拟合误差,选取最佳拟合结果,得到 $i-t-P$ 三联表数据后。再分别用最小二乘法、高斯牛顿法计算暴雨强度总公式、分公式各参数及相应的公式精度误差。

13.3.2.3　结果

(1)曲线拟合结果(图 13.11)

P-Ⅲ分布曲线拟合在 11 个历时的相对均方根误差为 3.23%,各个降水历时下的相对均方根误差均小于 5%;耿贝尔分布曲线拟合 2～20a 重现期的绝对均方根误差为 0.045,相对均方根误差为 3.70%,通过《GB 50014—2006　室外排水设计规范》(2014 年版)提出的精度检验要求。

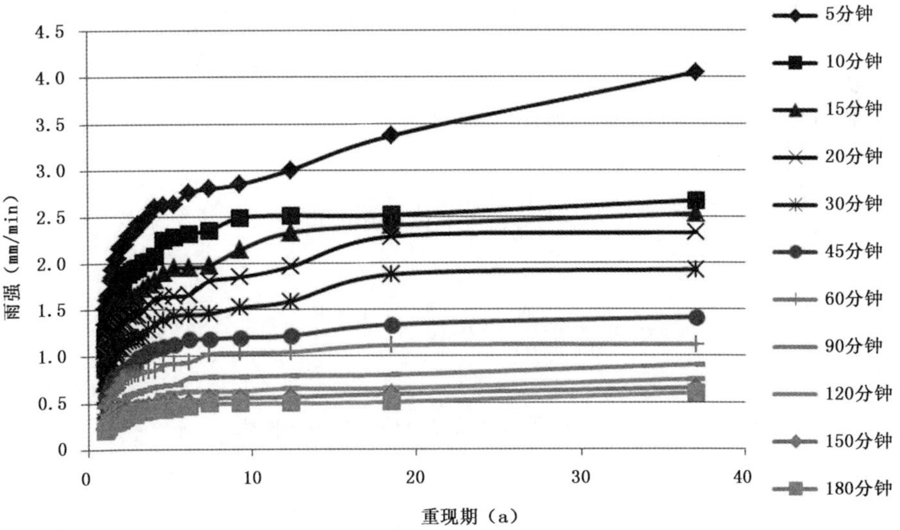

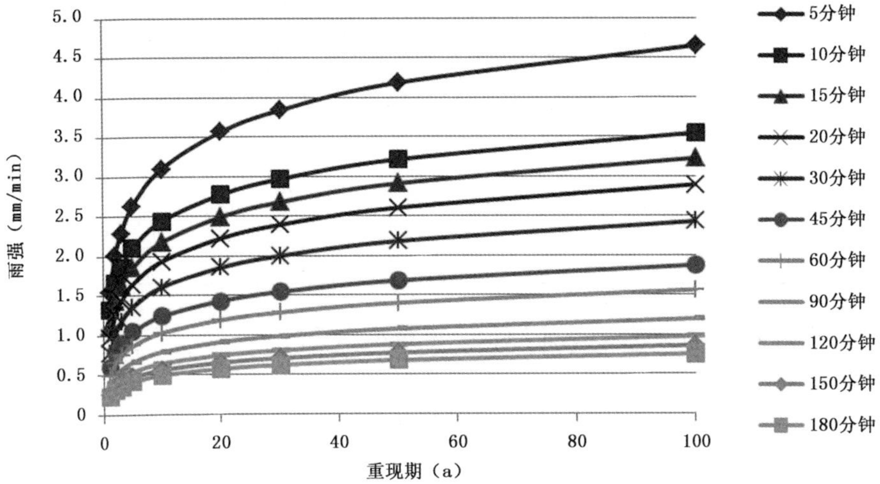

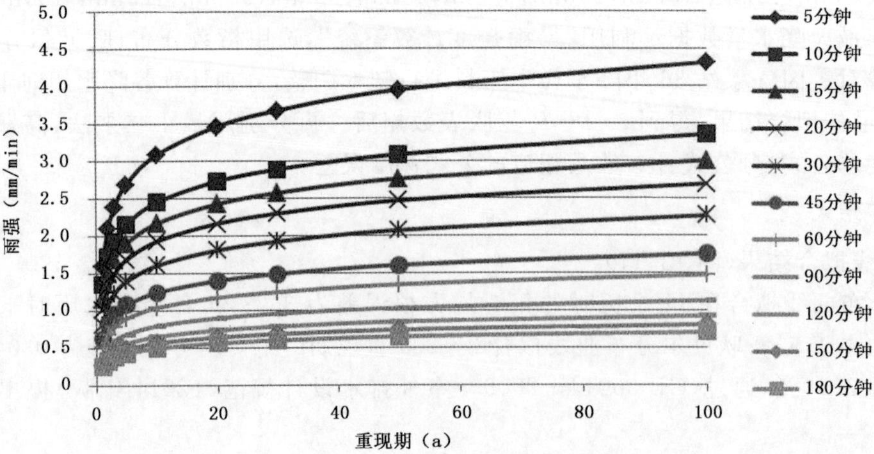

图 13.11　不同历时降水强度随重现期的变化曲线

上：样本（1980—2015 年），中：指数分布，下：耿贝尔 P-Ⅲ曲线

（2）分公式推求方法：P-Ⅲ分布＋最小二乘法

分公式结果：

$$i=\frac{A}{(t+b)^{n}}\text{（单位：mm/min）} \tag{13.10}$$

或

$$q=\frac{167A}{(t+b)^{n}}\text{（单位：L/(s·hm}^{2}\text{)）} \tag{13.11}$$

黄冈暴雨强度分公式参数见表 13.5。

表 13.5　黄冈暴雨强度分公式参数一览表

P(年)	单位：mm/min			单位：L/(s·hm²)		
	A	b	N	167A	b	n
2	21.221	15.526	0.857	3536.893	15.526	0.857
3	24.887	14.844	0.823	4147.779	14.844	0.823
5	26.185	14.503	0.81	4364.211	14.503	0.81
10	27.582	14.1	0.794	4597.009	14.1	0.794
20	25.478	12.362	0.751	4246.309	12.362	0.751
30	23.242	10.36	0.713	3873.732	10.36	0.713
50	22.347	9.557	0.695	3724.434	9.557	0.695
100	21.358	8.671	0.675	3559.605	8.671	0.675

（3）总公式推求方法：耿贝尔分布曲线拟合＋最小二乘法

总公式结果：

$$i=\frac{16.829\times(1+0.724\lg P)}{(t+13.503)^{0.774}}\text{（单位：mm/min）} \tag{13.12}$$

或

$$q=\frac{2804.754\times(1+0.724\lg P)}{(t+13.503)^{0.774}}\text{（单位：L/s/hm}^{2}\text{）} \tag{13.13}$$

根据计算，在 P-Ⅲ分布曲线拟合结果下，利用最小二乘法计算得到的暴雨强度分公式在 2～20a重现期下的绝对均方根误差为 0.021mm/min、相对均方根误差为 1.652%；在耿贝尔分布曲线拟合结果下，利用最小二乘法计算得到的暴雨强度总公式在 2～20a 重现期下的绝对均方根误差为 0.031mm/min，相对均方根误差为 2.427%，均满足《GB 50014—2006　室外排水设计规范》(2016 年版)提出的精度要求。

13.4　桥梁建设抗风设计

近年来，我国大跨径桥梁建设发展迅猛，悬索桥、斜拉桥、连续刚构桥等桥型的跨度都已步入世界先进行列。现代大型桥梁的结构特点是大、轻、柔，对风的作用更为敏感，风荷载已成为支配性荷载。我国是受强台风和强烈季节风经常侵袭的国家，为了防止历史上像苏格兰的泰(Tay)桥和美国的塔科马(Tacoma)悬索桥那样的风毁事故重演，进行桥梁建设抗风设计已成为桥梁建设者十分关心的问题。

13.4.1　技术路线及方法

13.4.1.1　技术流程

桥梁建设气候可行性论证的主要内容包括桥址处气候特征分析(重点是风的气候特征分析)、主要气象灾害的调查(重点是大风灾害)、设计基准风速的推算、大气湍流参数计算分析等。工作流程如图 13.12。

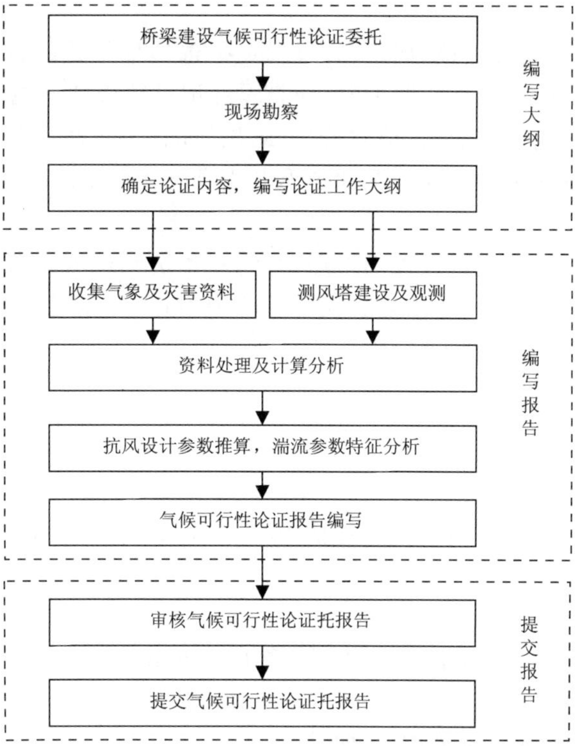

图 13.12　桥梁建设气候可行性论证工作流程

13.4.1.2 测风塔建设及观测

现代大桥具有长、高、轻、柔的结构特点,对风的影响非常敏感,风荷载在大桥设计、施工、营运过程中至关重要,尤其是桥面高度处风速的估计要科学、合理、客观。而大桥所处的地形地貌一般比较特殊,桥位邻近气象站的风资料不能完全代表桥位风况,仅仅根据邻近气象站数据推算大桥的设计风速是欠科学的。因此,为了全面准确掌握桥位处的风况,为大桥抗风设计提供可靠的气象基础资料,必须开展现场气象观测,以全面掌握桥址处风况特征。

(1)观测点选址

1)选址原则

代表性好。选择在桥位附近代表性较好的地点,四周应开阔,不受遮挡,能代表桥位区域大风情况,并不受桥梁建设工程施工与运行的影响。

施工可行。在保证代表性的条件下,测风塔位置的选择应适当考虑人员比较容易到达、无线传输信号较好等环境条件,以使观测活动具备较好的可操作性。

2)现场踏勘准备

组建选址踏勘小组:现场踏勘小组由委托方、地方政府或市县相关部门以及村镇等熟悉桥址处地形条件的有关人员、项目承担单位技术人员等组成。

准备现场踏勘设备和资料:包括大比例尺地形图、交通图、遥感图、项目规划图、手持GPS、指南针、手持测风仪、照相机(或摄像机)、越野车、必要的野外防护装备等。

图上初选:根据桥址所在处的地理位置,分析地形对风速风向的影响,并结合参证气象站累年平均风速及盛行风向,在1∶50 000地形图上,根据地形状况,确定多个备选测风塔位置。

(2)现场踏勘

根据图上初步选址方案,进行现场踏勘,以确定拟选站址位置的合理性,同时兼顾工程可操作性、观测实施的可行性等。现场踏勘时,应查看并记录预选站址地形、地貌特点,测量经纬度及海拔高度;查看河流或山体走向、植被特征、遮挡情况、无线通信信号情况、土地的可用性等;了解并记录踏勘区域的雷电活动情况和冬季电线或塔架结冰情况

(3)测风塔位置确定

在现场踏勘的基础上,根据桥址处的地形特征,对备选测风塔位置进行仔细评估和筛选,最后确定出测风塔的位置。测风塔应建在大桥的跨中附近,特别是对跨海大桥,或跨越峡谷,地形很复杂的大桥,需要在跨中附近和大桥两岸都建立测风塔进行现场观测。

13.4.1.3 观测设计技术要求

(1)测风塔高度及层次设置

测风塔高度应根据桥梁结构或结构构件基准高度而定,一般塔高为70～100m。观测层次根据需要而定,一般可为5～6层,其中应包括10m层和桥面高度附近层。三维超声风速仪安装在与桥面高度相当的位置处。

(2)观测内容

1)观测项目:逐时10min平均风速及风向;逐日10min平均最大风速及风向;逐日极大风速及风向。

2)超声风速仪观测三维瞬时风速、风向。

(3)观测时间

在桥位至少进行一年的现场观测。观测期间如果没有出现当地强风事件，则需要延期观测。

(4)测风塔的技术要求

1)测风塔建设前，需对现场进行地质勘测，根据实际情况进行设计和施工建设，确保塔基建设质量。

2)测风塔拉线要求采用钢质材料，地锚基础要求按照各地的地质条件进行设计。

3)测风塔基础及塔体应符合国家有关建筑设计标准，能够适应当地全年气候及环境要求。

4)塔体垂直度应≤1/1000。

5)防腐蚀，测风塔表面应采用热镀镀锌；沿海等盐碱严重的地区应采取更为合适的抗腐蚀措施。

(5)观测仪器性能要求

应选择取得国家或国际相应行业质量认证和计量认证的观测仪器。

(6)防雷技术要求

测风塔防雷工程应符合《GB 50057—94　建筑物防雷设计规范》(2010)要求。测风塔需要配备标准的避雷装置，测风塔要安装有独立引下线的防雷击接地装置和避雷针，接地电阻要求小于 4Ω。

13.4.1.4　观测运行管理和数据分析

(1)设备维护

设备维护应采用定期和不定期维护相结合。

1)每周至少安全巡检一次，灾害天气发生前后应及时巡检测风塔情况。巡查的主要内容包括查看传感器是否正常，风向、风速传感器是否转动灵活等。并填写巡查记录。

2)按照有关规定，定期对测风塔地基、地锚、拉线和紧固件，测风塔垂直度、拉线，测风塔周围地形地貌的变化情况，测风塔底座平台等进行检查、维护，及时采取相应保障措施。

(2)数据采集方式

1)对通信条件好的地区，采用无线传输的方式。如果通信条件不好，至少一个月去现场读取一次数据。

2)因超声风资料量太大，应定期去现场读取数据，并且对运行情况进行实时监控。

3)强风事件出现后，应立即去现场读取超声风数据。

测风数据应进行初步质量检验和预处理后及时入库。

(3)数据质量控制

在测风资料使用前，应对数据的合理性及完整性进行判断，剔除由于仪器故障、传输错误、特殊天气等原因造成的不真实数据。

(4)数据完整性检验

对观测记录进行完整性审查，给出数据的完整性描述，以数据完整率表示，在一个完整年度内，数据完整率不应小于 90%。

(5)数据合理性检验

合理性检验包括数据极值范围检查、一致性和相关性检验：

①一般检验：0m/s≤风速≤75m/s；

0°≤逐时风向≤360°，或者以 16 个方位之一表示。

②一致性检验：

各高度风速的一致性：$|V_{50}-V_{30}|<4.0\mathrm{m/s}$ 和 $|V_{50}-V_{10}|<8.0\mathrm{m/s}$

各高度风向的一致性：$|D_{50}-D_{30}|<30°$或$|D_{50}-D_{30}|>330°$

③各要素的相关性：极大风速≥最大风速，逐时风速≤日最大风速

由于各地气候条件和风况变化很大，在数据超出上述范围时，应根据当地风况特点进行分析判断。

13.4.1.5　参证气象站选取及资料收集

(1)参证气象站选取

参证气象站的选取应从其可靠性、代表性、一致性三方面综合分析后确定。

1)可靠性

选择的参证气象站应在基础建设、观测仪器选型和安装、观测方法等方面均按照中国气象局制定的《地面气象观测规范》执行，其观测资料均经过严格审核。一般应从桥址周边的国家气象站中选取。若考虑非国家气象站作为参证气象站，则需要从上述各方面进行考察，以确定是否选用，从而保证参证气象站观测资料的可靠性。

2)代表性

参证气象站的代表性一方面指其对桥址区域的气候代表性，应从各个参证气象站与核电厂址之间的距离、相对关系、地形、下垫面特征以及区域气候特点等方面综合分析后确定，一般应选择与桥址距离较近(80km 以内)，地理条件较为相近的气象站作为参证气象站，参证气象站与桥址之间最好没有高大山体阻隔。

另一方面，参证气象站资料系列的代表性，是指现有资料系列的统计特性能否较好地反映总体的统计特性，可通过长短系列均值对比等方法分析，当参证气象站资料系列长于 30 年时，可认为其统计值具有气候代表性。

3)一致性

参证气象站资料系列的一致性是指气象条件有无根本变化，观测仪器设备和观测方法、观测环境有无变化，如明显影响系列一致性，需统一换算到同一基础上。应对气象台站历史沿革(包括观测场的变迁、观测仪器设备的更替、观测环境变化，以及观测项目、观测高度等)情况进行考证，一般应选择观测场址一直保持不变或变迁次数较少的国家气象站。气象资料的一致性可通过气象要素逐年变化图、多站差值或比值序列的比较、多站距平序列的比较以及相关图等方法审查，若气象资料系列一致性受到明显影响，可通过平行观测资料对比分析或通过断点 t 检验等技术方法进行资料系列的一致性订正。

(2)资料收集

1)气象资料收集

①收集参证气象站的基本信息，包括气象站经度、纬度、海拔高度、建站时间、迁站时间、测风高度变化、测风仪器型号、观测方式(是定时还是逐时)台站周围环境变化等情况，以及距离桥址最短距离和相对位置。

②收集气象站建站以来逐年及月平均风速、逐年及月 10min 平均最大风速、风向、逐年极大风速及风向、逐年及月大风日数、逐年及月各风向频率及各风向平均风速。

③收集气象站年极端最高温度、年极端最低温度、年雷暴日、年最大降水量、年最小降水量、年平均降水量、月最大降水量、日最大降水量。

2)气象灾害收集、调查

①收集典型大风(包括雷雨大风、寒潮大风、飑线大风、龙卷、超低空急流)危害情况,包括风速、风向及陆面建筑物和水面船只等毁坏情况。

②收集当地其他主要气象灾害危害的典型事例情况,包括暴雨、高温、雷电、霜冻、冰凌、冰雹、大雾等。

③对近几年出现的极端大风危害情况进行现场调查。

13.4.1.6　桥址区域主要气候特征分析

(1)主要气候特征

1)分析桥址区域主要气候特征,包括影响的主要天气系统、大风概况,年及四季的基本气候特征。

2)分析主要气象灾害特征。

(2)风的统计特征

1)统计风的累年及月平均风速,累年风向频率,绘制风向频率玫瑰图。

2)统计累年逐月最大风速、极大风速及出现的风向,逐年最大风速、极大风速及出现风向。

3)统计累年及月大风日数。

4)统计累年各风向下的平均风速及最大风速,绘制风速玫瑰图。

13.4.1.7　设计风速推算

(1)气象站百年一遇年最大风速

1)资料处理

①首先根据参证气象站历史沿革情况,对历年最大风速进行高度和时次订正。对订正后的序列采用滑动 t 检验法进行均一性检验。方法如下。

检验假设 H_0:

$$\overline{X_1} = \overline{X_2} \tag{13.14}$$

计算统计量:

$$t = \frac{\overline{X_1} - \overline{X_2}}{\sqrt{(m_1 - 1)S_1^2 + (m_2 - 1)S_2^2}} \sqrt{\frac{m_1 m_2 (m_1 + m_2 - 2)}{m_1 + m_2}} \tag{13.15}$$

式中,$\overline{X_1}$,$\overline{X_2}$ 分别为前后两段要素的平均值,m_1,m_2 分别为对应的样本数,S_1,S_2 分别为对应的标准差。当$|r|>r_\alpha$ 时拒绝原假设,反映在给定信度 α 条件下两段的平均值差异的显著程度。

②如果年最大风速序列存在不均一性,应通过实地考察和调查,确定是否由测风环境变化引起,若因测风环境变化引起风速突变,则采取比值法对测风资料进行订正。

③最终建立符合设计规范要求的离地 10m 高的 10min 平均年最大风速序列(要求资料序列在 30 年以上)。

2)最大风速的概率计算

利用经过均一性检验和订正的离地 10m 高的 10min 平均年最大风速资料,采用极值分析方法,推算气象站不同重现期(10 年、30 年、50 年、100 年)年最大风速。常用的极值分析方法有极值Ⅰ型(耿贝尔)分布,极值Ⅲ型等,各地区应根据当地年最大风速分布特点,采用柯氏拟合适度指标、剩余方差、拟合相对偏差对拟合效果进行检验,选择最适合该地的推算方法。

剩余方差、拟合相对偏差和柯尔莫哥洛夫检验进行拟合优度检验计算公式如下。

①剩余方差

$$S_f^2 = \frac{1}{n-1}\sum_{i=1}^{n}(x_i - \hat{x}_i)^2 \tag{13.16}$$

式中，n 为样本容量，x_i 为有序样本：$x_1 \leqslant x_2 \leqslant \cdots \leqslant x_n$，$\hat{x}_i$ 为拟合值，按下式计算：

$$\hat{x}_i = u - \frac{1}{a}\ln(-\ln(F^*(x_i))) \tag{13.17}$$

②拟合相对偏差

$$R_f = 100 \times \frac{1}{n}\sum_{i=1}^{n}\frac{|x_i - \hat{x}_i|}{x_i} \tag{13.18}$$

③柯尔莫哥洛夫拟合适度检验指标

$$K_f = D_n\sqrt{n} \tag{13.19}$$

式中，n 为样本容量，D_n 按下式计算

$$D_n = \max\{|F^*(x_i) - F(x_i)|\} \tag{13.20}$$

式中，x_i 为有序样本，D_n 表示在所有各点上，经验分布与假设的理论分布之差的最大值。取信度为 0.05，查表得只要 $K_f < 1.35$，则认为样本序列服从该型概率分布。

显然，以上指标均是越小，表示拟合效果越好。

(2)桥位设计风速

1)风速订正系数计算

由于桥位处没有长序列 10min 平均年最大风速资料，不具备作概率统计的条件。因此，必须将气象站百年一遇的 10min 平均年最大风速值，通过风速订正，推算到桥位处。

①风速订正应采取相关比值法，而不应采用线性回归法。

②利用桥位测风塔与参证气象站至少一年同步 10min 平均日最大风速资料，采用相关比值法计算风速订正系数。

方法如下：

桥位处风速 y 与参证气象站风速 x 之间构成以下关系：

$$\frac{y}{x} = a - bx = k(x) \tag{13.21}$$

式中，a，b 为经验系数。k 是参照观测点风速 x 的线形函数。

由于工程抗风设计关注大风，当 x 较大时，k 的变化很小，趋于常数。因此，在计算风速订正系数时，在满足统计样本数量的前提下，选取大风样本(10min 平均日最大风速≥某阈值，阈值的选取可根据当地大风情况及样本数来确定)进行相关分析，相关显著性检验信度不宜低于 0.05，计算大风情况下桥位处与参证站风速的比值，即为风速订正系数，用于桥位处设计风速的推算。

2)设计风速的推算

根据参证气象站资料计算得到的不同重现期最大风速，及桥位风速订正系数，计算可得到桥位处的设计风速。并计算其他不同重现期(10 年、30 年、50 年)10 分钟平均年最大风速。

(3)设计基准风速

1)风廓线指数的计算

利用风随高度变化的指数公式，根据桥位风梯度实测资料，选取测风塔各层逐日的日大风样本资料（即日最大风速≥某阈值的样本），采用最小二乘法，计算可得到大风情况的风廓线指数 α。并与表 13.6 中的地表分类进行比较，综合分析后取值。

表 13.6　地表粗糙度分类

地表类别	地表状况	地表粗糙度系数 α
A	海上、海岸、开阔水面、沙漠	0.12
B	农地、田园、平坦开阔地；树木及地层建筑物稀少地区	0.16
C	树木及低层建筑物密集地区；中、高层建筑物稀少地区；平缓的丘陵地	0.22
D	中、高层建筑物较密集地区；起伏较大的丘陵山地	0.30

在近地层内，风速随高度变化的指数公式为：

$$u = u_1\left(\frac{z}{z_1}\right)^{\alpha} \tag{13.22}$$

式中，u 为 z 高度处的风速（m/s）；u_1 为 z_1 高度处的风速（m/s）；α 为风速随高度变化幂指数，其值的大小即表明了风速垂直切变的强度。对式（13.22）作变换并等号两边取对数，即得

$$\ln\left(\frac{u}{u_1}\right) = \alpha\ln\left(\frac{z}{z_1}\right) \tag{13.23}$$

令

$$y = \ln\left(\frac{u}{u_1}\right), \quad x = \ln\left(\frac{z}{z_1}\right) \tag{13.24}$$

则得到线性方程

$$y=\alpha x \tag{13.25}$$

将实测资料序列代入（13.24）式，得到序列 $y_1, y_2, \cdots, y_i, \cdots, y_n; x_1, x_2, \cdots, x_i, \cdots, x_n$，用最小二乘法拟合回归系数，得到指数 α 的计算公式：

$$\alpha = \sum \bar{x}_i \bar{y}_i / \sum x_i^2 \tag{13.26}$$

2）设计基准风速推算

根据桥位设计风速，按照指数律公式计算可得到桥位处各设计基准高度的设计基准风速。设计基准高度一般由委托方确定，或者参照表 13.7。

表 13.7　桥梁结构或结构构件基准高度

基准高度（m）		悬索桥、斜拉桥	其他桥型
	主梁	主跨桥面距水面或地表面或海面的平均高度（河流以平均水位，即一年中有半年不低于该水位的水面为基准面，海面以平均海面或平均潮位为基准面）	取下列二条中的较大值： ①支点平均高度+（桥面最大标高－支点平均标高）×0.8 ②桥梁设计高度
	吊杆、索、缆	跨中主梁底面到塔顶的平均高度处	
	桥塔（墩）	水面或地面以上塔（墩）高 65%高度处	

（4）不同重现期极大风速推算

1）阵风系数计算

阵风系数是描述风的阵性特征的统计参数。将瞬时最大风速（即极大风速）与 10min 最

大平均风速的比值定义为阵风系数 G

$$G = V_{max} / \overline{V} \tag{13.27}$$

式中，V_{max} 为瞬时最大风速，这里时距取为 3s；$\overline{V}$ 为 10min 最大平均风速。

根据桥位测风塔实测资料，选取大风样本资料（根据当地大风情况选取风速在某值以上的大风样本），计算极大风速与 10min 平均最大风速的比值，即阵风系数。

2）极大风速的推算

利用不同重现期 10min 平均最大风速乘以阵风系数，即可得到不同重现期极大风速。

13.4.1.8　近地层大气湍流特征

（1）湍流强度

1）资料处理

采用超声测风仪观测取得的三维测风数据需要做无效和野点数据处理及脉动风样本数据提取。

2）无效和野点数据处理

无效和野点数据处理主要是判别和剔除由于降雨和其他原因（如因电源不稳定和其他不明原因）造成的可疑数据。超声风速仪具有自动判别由于降水影响而产生的无效数据的功能，在选取计算样本时，首先根据超声风速仪的数据判别码，剔除无效数据。然后采用以下方法判别数据中的其他野点。

实验数据的野点可归纳为如下几种类型：(a)孤立单野点：一般在时间序列中是一个很大的尖峰，而野点邻近的数据点都远小于（或大于）野点值；(b)孤立的连续野点：该类型野点一般在时间序列中也是一个很大的尖峰，且连续出现的几个野点的左邻和右邻的数据点都远小于（或大于）野点值；(c)阵发噪声型野点；这种野点类似噪声，在时间序列里像是有规律地发生，然而在每组野点内部却起伏很大，远离真实值的程度也大小不一。这样的野点如果很多，时间序列将会变得不可用。

对于(a)、(b)型野点，可以用下面的方法滤掉：构造一个新的时间序列：$S_n = a_n - a_{n-1}$，在野点的左邻和右邻必各有一大的跳跃点并且方向是相反的。(c)型野点不大容易去除，但由于野点都发生在高频区，可以用低通滤波的办法，结合与观测资料的比较来去除。去除水平风分量测量的野点，还要考虑风向和风速的连续变化。

对剔除野点后的序列，采用线性插值法对剔除的数据进行插补。

3）脉动风速的提取

由于实测三维风速 $u(t)$，$v(t)$，$w(t)$ 是超声风速仪坐标下 x，y，z 方向（其中仪器的 x 方向指东，z 方向垂直于地面）的 3 个实数序列，以某时间间隔为基本时距进行分析，则水平平均风速 U 和风向角 Φ 由下式计算

$$U = \sqrt{\overline{u(t)}^2 + \overline{v(t)}^2} \tag{13.28}$$

$$\Phi = \arctan \frac{\overline{v(t)}}{\overline{u(t)}} \tag{13.29}$$

垂直方向与仪器坐标 z 轴相同，因此垂直平均风速为：

$$W = \overline{w(t)} \tag{13.30}$$

将仪器坐标旋转 Φ 角，使仪器所测 u 与主风向一致。所得坐标 x，y，z 轴分别代表主导风

$u(t)$、侧风 $v(t)$ 和垂直风向 $w(t)$（与仪器坐标相同），则 $u(t)$，$v(t)$ 在 x，y 轴的投影 $u'(t)$ 即为纵向（主风向）脉动风速，$v'(t)$ 为横向（侧风向）脉动风速，分别由下式计算：

$$u'(t)=u(t)\cos\Phi+v(t)\sin\Phi-U \tag{13.31}$$

$$v'(t)=-u(t)\sin\Phi+v(t)\cos\Phi \tag{13.32}$$

垂直脉动风速 $w'(t)$ 由下式给出：

$$w'(t)=w(t)-W \tag{13.33}$$

$u'(t)$，$v'(t)$，$w'(t)$ 即为湍流统计分析的基础数据。

4）计算方法

湍流强度（I_i）为某时距的脉动风速标准方差与平均风速的比值

$$I_i=\sigma_i/U \tag{13.34}$$

式中，$i=u,v,w$；σ_i 表示 u,v,w 方向的脉动速度 u',v',w' 的标准差；U 为某时距的子样本中风的主流方向的平均风速。

对于普通桥梁结构，风的作用除必须考虑平均风（10min 平均风速）的影响外，还应考虑较短的周期成分即阵风效应。脉动风对桥梁的影响，主要应考虑周期为 1min 左右的谱峰值所产生的效应，因此，计算湍流特征参数变化的基本时距取为 3s、1min 和 10min。

5）计算分析

选取代表当地不同天气系统影响下的几次大风天气过程（如湖北，由于造成冬、夏季大风的天气系统有本质的不同，冬季大风由大尺度的强冷空气平流造成，而夏季大风由局地强对流天气形成，在垂直方向的湍流作用更为强烈，因此，应分别选取冬季、夏季具有代表性的大风天气过程），计算湍流强度。

利用大风过程中所测极值风速附近 1min（可根据实际情况确定）的连续风速样本，基本时距取为 3s（可根据实际情况确定），计算湍流特征参数 I_u，I_v，I_w。分析湍流强度的变化特征、大风和小风情况下湍流强度的差异，以及不同天气系统影响下大风天气过程湍流强度的差异。

同时对选取的大风过程，计算 24h 内 10min 平均的水平和垂直湍流强度，分析湍流强度的变化，以及不同天气系统影响下大风天气过程湍流强度的差异。

（2）湍流功率谱

1）计算方法

在风工程的应用中，除了需要了解湍流强度等一些总体量以外，还需要了解能量随频率的分布特征。湍流功率谱密度函数 $S_i(i=u,v,w)$ 能够准确地描述脉动风的这一特性，它们在频域上的全积分等于脉动对应方向上的湍流动能，即

$$\int_0^{\infty} i\,S_i(n)\,\mathrm{d}n=\sigma_i^2\,(i=u,v,w) \tag{13.35}$$

式中，n 为频率，S_i 在频域上的分布可以描述湍流动能在不同的尺度水平上的比例。

由《JTG/T D60－01—2004　公路桥梁抗风设计规范》，脉动风速在水平方向及垂直方向的功率谱密度函数可分别按下式取值：

$$\frac{nS_u(n)}{u_*^2}=\frac{200f}{(1+50f)^{5/3}} \tag{13.36}$$

$$\frac{nS_w(n)}{u_*^2}=\frac{6f}{(1+4f)^{5/3}} \tag{13.37}$$

$$f=\frac{nZ}{V(Z)} \tag{13.38}$$

$$u_*=\frac{KV(Z)}{\ln\frac{Z-z_d}{z_0}} \tag{13.39}$$

$$z_d=\overline{H}-z_0/K \tag{13.40}$$

式中，$S_u(n)$，$S_w(n)$分别为脉动风在水平方向、垂直方向的功率谱密度函数；n为风的脉动频率(Hz)；u_*为气流的摩擦速度(m/s)；K为无量纲常数，$K\approx0.4$；Z为地面或水面以上的高度(根据实际情况取值)；$V(Z)$为高度Z处的平均风速(m/s)；$\overline{H}$为周围建筑物的平均高度(根据实际情况取值)；z_0为地面粗糙度高度。

2)计算分析

大气中的实际观测表明，湍流的能谱曲线可分成三个区域，即含能区、惯性副区和耗散区。由于惯性副区的脉动对建筑结构有直接影响，所以测量和分析主要是针对惯性副区的谱特性。

选取代表当地不同天气系统影响下的几次大风天气过程，以1min为基本时距(可根据实际情况定)，计算大风时段和小风时段水平方向和垂直方向的湍流速度谱。

分析水平方向与垂直方向湍流速度谱变化特征，不同风速情况下湍流速度谱的变化，以及系统影响下的大风过程湍流速度谱的变化。并重点计算分析对不同类型桥梁结构较为敏感的频域上，水平垂直方向的湍流谱密度特征。

(3)风攻角

风攻角对建筑结构物特别是柔性结构物的影响比较突出，其长期作用会加速或加重结构的疲劳损坏，强风时，风攻角的改变可能对结构造成突然损伤甚至破坏。在桥梁动力抗风设计中，应考虑大风速时风的平均攻角。

1)计算方法

风攻角按下式计算：

$$U=\sqrt{\overline{u(t)^2}+\overline{v(t)^2}} \tag{13.41}$$

$$W=\overline{w(t)} \tag{13.42}$$

$$W_{AA}=\arctan\frac{W}{U} \tag{13.43}$$

式中，W，U为某一时距垂直方向和水平方向的平均风速。

2)计算分析

选取大风时的三维测风资料，计算大风过程中风速极值时段瞬时风攻角以及平均风攻角，并分析风攻角的变化特征。

计算大风时段不同风向的风攻角，分析不同风向强风出现时风攻角的变化情况，以及最大风攻角的出现风向。

13.4.2　××大桥桥梁抗风设计气候可行性论证报告大纲

《××大桥桥梁抗风设计气候可行性论证报告》

1　概况

1.1　项目概况

1.2　编制依据
1.3　术语
1.4　现场观测情况
2　气象资料来源和气象观测有关情况
2.1　参证气象站选取
2.2　气象观测有关情况简介
2.3　气象资料和灾害资料来源
3　桥位区附近气候特征分析
3.1　基本气候概况
3.1.1　气温的气候特征分析
3.1.1.1　年、月平均气温
3.1.1.2　平均最高、最低气温
3.1.1.3　极端最高、最低气温
3.1.1.4　高温日数
3.1.2　降水的气候特征分析
3.1.2.1　降水年变化
3.1.2.2　降水月变化
3.1.2.3　降水日数
3.1.2.4　相对湿度
3.1.2.5　暴雨特征
3.1.2.6　暴雪特征
3.1.3　雾的气候特征分析
3.1.3.1　雾日的月际和年际变化
3.1.4　雷暴气候特征分析
3.2　风的气候特征分析
3.2.1　平均风速
3.2.2　平均最大风速及其风向
3.2.3　极大风速
3.2.4　大风日数
3.2.5　最多风向及频率
3.2.6　各风向平均风速及频率
4　主要大风灾害个例
5　桥位区域自动气象站风特征分析
5.1　桥位区长期区域自动气象站风特征分析
5.1.1　资料与方法
5.1.2　结果分析
5.1.2.1　平均风速月际变化特征
5.1.2.2　各风向下的平均风速及频率(风速、风向玫瑰图)
5.1.2.3　月际、年际最多风向及频率

5.1.2.4　年、月最大、极大风速

5.1.2.5　各区域站与××气象站最大风速对比分析

5.1.3　小结

5.2　桥位区测风塔风特征分析

5.2.1　资料与方法

5.2.2　平均风速、风向特征

5.2.2.1　逐小时平均风速日变化特征

5.2.2.2　平均风速

5.2.2.3 风向频率

5.2.3　最大风速、极大风速对比分析

5.2.3.1　最大风速

5.2.3.2　极大风速

6　桥位区设计风速的推算研究

6.1　气象站百年一遇年最大风速的推算

6.1.1　参考气象站的选取

6.1.2　对××站(1959—1978 年)年最大风速的时距订正

6.1.3　年最大风速的概率计算

6.1.3.1　极值Ⅰ型分布计算基本风速

6.1.3.2　广义极值分布计算基本风速

6.1.3.3　拟合适度检验

6.2　××大桥桥位区设计风速的估算

6.2.1　新建测风塔与××气象站最大风速相关分析

6.2.2　从气象站到桥位区基本风速的推算

6.3　桥位区近地层各高度设计基准风速的估算

6.3.1　××铁塔近地层风速垂直变化规律研究

6.3.1.1　不同等级风速的垂直变化

6.3.1.2　最大风速的垂直变化

6.3.1.3　风廓线指数 α 的求取

6.3.2　查阅和参考国家有关建筑规范

6.3.3　桥面高度不同重现期 10 分钟平均最大风速

6.3.4　与前期结果比较

7　桥位近地层大气紊流特征观测研究

7.1　紊流强度和阵风系数

7.2　紊流速度谱

7.3　风攻角

8　结论与建议

8.1　结论

8.1.1　桥位周边地区气候背景

8.1.2　沿江自动站风的特征

8.1.3　桥位区设计风速的推算
8.1.4　桥位区近地层大气紊流特征观测研究
8.2　建议

参考文献

陈波，冯光柳，2008. 武汉城市强降水内涝仿真模拟系统研制[J]. 暴雨灾害，27(4)：330-333.

陈伯民，信飞，沈愈，等. 2013. 月内重要天气过程与气候趋势预测系统及应用进展[J]. 气象科技进展，3(1)：46-51.

陈海山，孙照渤，倪东鸿，2002. NINOC 区秋季海温异常对东亚冬季大气环流的影响[J]. 热带气象学报，18(2)：148-156.

陈丽娟，李维京，1999. 月动力延伸预报产品的评估和解释应用[J]. 应用气象学报，10(4)：486-490.

陈正洪，史瑞琴，李松汉，等，2008. 改进的武汉中暑气象模型及中暑指数等级标准研究[J]. 气象，34(8)：82-86.

陈正洪，王海军，张小丽，2007. 深圳市新一代暴雨强度公式的研制[J]. 自然灾害学报，16(3)：29-34.

陈正洪，王海军，张小丽，等. 2007. 水文学中雨强公式参数求解的一种最优化方法[J]. 应用气象学报，18(2) 237-241.

成丹，陈正洪，方怡，2015. 宜昌市短历时暴雨雨型特征[J]. 暴雨灾害，34(3)：249-253.

崔讲学，2014. 湖北省公共气象服务手册[M]. 北京：气象出版社.

邓德培，2006. 城市暴雨两种选样方法的概率关系与应用评述[J]. 给水排水，32(6)：39-42.

丁裕国，江志红，2009. 极端气候研究方法导论[M]. 北京：气象出版社.

杜良敏，柯宗建，2013. 一种适用于延伸期过程的事件预报检验方法[J]. 应用气象学报，24(6)：686-694.

方怡，陈正洪，孙朋杰，等，2016. 临近地区(黄石、大冶)设计雨强结果差异成因的诊断分析[J]. 气象，42(3)：364-370.

封国林，赵俊虎，支蓉，等，2013. 动力-统计客观定量化汛期降水预测研究新进展[J]. 应用气象学报，24(6)：656-665.

高素华，王培娟，2008. 长江流域水稻高温热害研究[M]. 北京：气象出版社.

高正旭，高雅琦，2017. 一次输电线路覆冰舞动事故灾害性天气分析[J]. 气象科技，45(1)，189-194.

龚道溢，王绍武，2000. 南半球中高纬大气环流年代际变率的研究[J]. 气象学报，58(3)：297-308.

郭生练，熊立华，杨井，等，2000. 基于 DEM 的分布式流域水文物理模型[J]. 武汉水利电力大学学报，33(6)：2-5.

国家气候中心，等. 暴雨洪涝灾害风险普查技术规范. 2013.

国家气候中心，等. 冷空气过程监测业务规定(试行). 2014.

国家气候中心，等. 中小河流洪水、山洪、泥石流、滑坡灾害致灾临界(面)雨量确定技术指南(0.1 版本). 2013.

韩素芹，夏祥鳌，黎贞发，等，2004. 天津市城区暴雨沥涝动态仿真模拟系统[J]. 灾害学，16(1)：18-22.

何激光. 2011. 渍害对油菜生理特性及农艺性状的影响[M]. 长沙：湖南农业大学.

洪国平，胡宗海，等，2013. 夏季湖北电网气象敏感服务预测模型研究[J]. 气象科学，33(4)：424-429.

洪国平，万君，柳晶辉，等，2018. 武汉城区短历史暴雨内涝数值模拟研究[J]. 暴雨灾害，37(1)：83-89.

洪国平，王苗，方思达，等，2018. 近 55 年湖北省凉夏气候事件及其大气环流特征[J]. 气象科技，46(2)：352-359.

湖北省质量技术监督局. DB 42/T 1197—2016　凉夏等级[S].

湖北省质量技术监督局. DB 42/T 805—2012　冷冬等级[S].

黄寿波，2009. 果树气象与茶树气象研究//黄寿波论文选集[M]. 杭州：浙江大学出版社.

黄毓华,武金岗,高苹,2000.淮河以南春季三麦阴湿害的判别方法[J].中国农业气象,21(1):23-26.

贾界峰,赵井卫,陈客贤,2010.曼宁公式及其误差分析[J].山西建筑,36(7),313-314.

建设部.GB 50014—2006 室外设计排水规范[S].北京:中国计划出版社,2016.

琚建华,吕俊梅,谢国清,等,2011.MJO和AO持续异常对云南干旱的影响研究[J].干旱气象,29(4):401-406.

李江明,2009.基于SWMM模型的城市暴雨内涝模拟——以东莞市典型小区为例[D].广州:中山大学.

李兰,陈正洪,刘敏,等,2011.2008年低温雨雪冰冻对武汉城市公共交通的影响评估[J].长江流域资源与环境,20(11):119-123.

李兰,彭涛,叶丽梅,等,2017.暴雨诱发富水流域洪涝灾害风险研究[J].暴雨灾害,36(1):60-65.

李兰,周月华,叶丽梅,等,2013.基于GIS淹没模型的流域暴雨洪涝风险区划方法[J].气象,39(39):112-117.

李婷,魏军,俞海洋,等,2016.河北省城市内涝仿真模拟预警系统研制——以石家庄为例[J].防汛与抗旱,(10):11-14.

李维京,2012.现代气候业务[M].北京:气象出版社.

李维京,郑志海,孙丞虎,2013.近年来我国短期气候预测中动力相似预测方法研究与应用进展[J].大气科学,37(2):341-350.

李倬,贺龄萱,2005.茶与气象[M].北京:气象出版社.

梁益同,陈正洪,夏智宏.2010.基于RS和GIS的武汉城市热岛效应年代演变及其机理分析[J].长江流域资源与环境,19(8):910-918.

梁益同,柳晶辉,李兰,等.2017.基于土壤侵蚀模型的滑坡临界雨量估算探讨[J].长江流域资源与环境,24(3):464-468.

梁益同,周月华,高伟,等,2017.暴雨洪涝灾情采集手机APP设计与应用[J].暴雨灾害,36(3):276-280.

刘舸,宋文玲,朱艳峰.2013.一个反映中国大陆冬季气温变化的东亚冬季风指数的统计预测方法[J].气象学报,71(2):275-285.

刘俊,郭亮辉,张建涛,等,2006.基于SWMM模拟上海市区排水及地面淹水过程[J].中国给水排水,22(21):64-66,70.

刘可群,杨文刚,刘志雄,等,2011.冬季大棚蔬菜低温冰雪灾害评估与预警研究[J].湖北农业科学,50(22):4617-4621.

刘实,布和朝鲁,陶诗言,等,2010.东亚冬季风强度的统计预测方法研究[J].大气科学,34(1):35-44.

刘长征,杜良敏,柯宗建,等,2013.国家气候中心多模式解释应用集成预测[J].应用气象学报,24(6):677-685.

柳艳菊,赵振国,朱艳峰,2008.2000年以来夏季长江流域降水异常研究[J].高原气象,27(4):807-813.

吕俊梅,张庆云,陶诗言,等,2007.东亚夏季风强弱年大气环流和热源异常对比分析[J].应用气象学报,18(4):442-451.

马德栗,李兰,鞠英芹,2013.1961—2009年湖北省柑橘冻害等级及其特征分析[J].湖北农业科学,52(14):3313-3319.

马德栗,刘敏,李兰,等,2011.湖北省倒春寒发生程度评估模型[J].中国农业气象,32(1):134-138.

秦鹏程,刘敏,2015.气象干旱诊断评估方法及其在长江中下游地区的应用[J].长江流域资源与环境,24(11):1969-1976.

秦鹏程,刘敏,李兰,2016.有效降水指数在暴雨洪涝监测和评估中的应用[J].中国农业气象,37(1):84-90.

秦鹏程,刘敏,刘志雄,等,2014.湖北省潜在蒸散估算模型对比[J].干旱气象,32(3):334-339.

秦鹏程,刘敏,万素琴,等.2014.气象干旱综合监测指数在湖北的本地化应用及其适用性分析[J].气象科技,42(2):341-347.

秦鹏程,刘志雄,万素琴,等,2018.基于权重湿润指数的作物湿渍害监测与检验[J].长江流域资源与环境,27

(2):290-292.

全国气候与气候变化标准化技术委员会. GB/T 20481—2006　气象干旱等级[S]. 北京:中国标准出版社.

全国气象防灾减灾标准化技术委员会,2017. GB/T 34816—2017　倒春寒气象指标[S]. 北京:中国标准出版社.

全国气象防灾减灾标准化技术委员会. GB/T 29457—2012　高温热浪等级[S]. 北京:中国标准出版社.

全国气象防灾减灾标准化技术委员会. QX/T 152—2012　气候季节划分[S]. 北京:气象出版社.

全国气象防灾减灾标准化技术委员会. QX/T 341—2016　降雨过程强度等级[S]. 北京:气象出版社.

全国气象基本信息标准化技术委员会. QXT 113—2010　霾的观测和预报等级[S]. 北京:气象出版社.

史瑞琴,李兰,温泉沛,等,2013. 华中三省秋季连阴雨时空变化特征及风险分析[J]. 华中农业大学学报,32(6):91-98.

史瑞琴,刘宁,李兰,等,2013. 暴雨洪涝淹没模型在洪灾损失评估中的应用[J]. 暴雨灾害,32(4):379-384.

宋迎波,王建林,杨霏云,2006. 粮食安全气象服务[M]. 北京:气象出版社.

孙国武,李震坤,信飞,等,2013. 延伸期天气过程预报的一种新方法——低频天气图[J]. 大气科学,37(4):945-954.

孙艳玲,刘洪斌,谢德体,等,2004. 基于 DEM 流域河网水系的提取研究[J]. 资源调查与环境,25(1),18-22.

万素琴,周月华,李兰,等,2008. 低温雨雪冰冻极端气候事件的多指标综合评估技术[J]. 气象,34(11):40-46.

王建鹏,薛春芳,解以扬,等,2008. 基于内涝模型的西安市区强降水内涝成因分析[J]. 气象科技,36(6):772-775.

王凯,等,2018. Standardized statistical dataset of haze weather in Hubei Province, China(1961—2013) [J]. Journal of Global Change Data & Discovery,2(1):84-88.

王凯,方思达,李兰,2016. 基于序列重建对湖北省大范围持续性霾过程的特征分析[J]. 气象与环境学报,32(1):40-45.

王礼先,等,2001. 山洪及泥石流灾害预报[M]. 北京:中国林业出版社:11-15,125-126.

王莉莉,李致家,包红军,2007. 基于 DEM 栅格的水文模型在沂河流域的应用[J]. 水利学报,38(增刊 1):417-422.

王仁乔,周月华,王丽,等,2006. 湖北省山洪灾害临界雨量及降雨区划研究[J]. 高原气象,25(2):330-334.

温克刚,2007. 中国气象灾害大典(湖北卷)[M]. 北京:气象出版社.

吴兑,2005. 关于霾与雾的区别和灰霾天气预警的讨论[J]. 气象,31(4):1-7.

吴兑,2006. 再论都市霾与雾的区别[J]. 气象,32(4):9-15.

吴兑,毕雪岩,邓雪娇,等. 2006. 珠江三角洲大气灰霾导致能见度下降问题研究[J]. 气象学,(04):510-517,538.

吴捷,任宏利,张帅,等,2017. 二代气候系统模式的季节预测评估和可预报性分析[J]. 大气科学,41(6):1300-1315.

吴瑶,杜良敏,2016. 副高脊线的月内振荡对汉江上游秋汛的影响[J]. 气象,42(11):1379-1386.

肖华东,孙婧,孙朝阳,等,2017. 中国气象局 S2S 数据归档中心设计及关键技术[J]. 应用气象学报,28(5):632-640.

肖莺,杜良敏,2015. 湖北省近年 11 次典型霾过程的气象要素和大气环流特征分析[J]. 长江流域资源与环境,24(增刊 1):191-196.

肖莺,杜良敏,任永建,2013. 汉江流域秋汛期典型旱涝年与前期海温的关系研究[J]. 暴雨灾害,32(2):182-187.

肖莺,任永建,杜良敏,2014. 中国春季降水与南印度洋偶极子的关系研究[J]. 长江流域资源与环境,23(4):559-565.

肖莺,任永建,杜良敏,2017. 湖北省夏季不同阶段强降水及其大气低频特征[J]. 气象,43(1):77-83.

解以扬，李大鸣，李培彦，等，2005. 城市暴雨内涝数据模型的研究与应用[J]. 水科学进展，16(3)：384-390.
熊开国，赵俊虎，封国林，2012. 汛期降水动力预报——模式误差主分量相似预报方法[J]. 物理学报，61(14)：551-561.
许小峰，2012. 现代气象业务丛书——气象防灾减灾[M]. 北京：气象出版社：37.
杨辉，李崇银，2003. 江淮流域夏季严重旱涝与大气季节内振荡[J]. 大气科学进展(英文版)，20(4)：540-553.
杨义文，2003. 夏季东亚阻塞高压指数研究[J]. 气象，29(9)：3-7.
叶丽梅，周月华，李兰，等，2013. 通城县一次暴雨洪涝淹没个例的模拟与检验[J]. 气象，39(6)：721-725.
叶丽梅，周月华，向华，等，2016. 基于 GIS 淹没模型的城市道路内涝灾害风险区划研究[J]. 长江流域资源与环境，25(6).
袁业畅，2012. 内陆核电极端气象可行性论证内容与方法[M]. 北京：气象出版社.
张春雷，李俊，张学昆，2011. 油菜渍害防治技术措施[J]. 农药市场信息，(6).
张礼平，张乐飞，2013. 应用 MJO 制作长江流域月降水预测的试验研究[J]. 气象，39(9)：1217-1220.
张丽文，梁益同，李兰，2018. 基于高分一号影像的武汉市洪涝遥感监测与分析[J]. 气象科技进展，(5)：51-57.
张丽文，刘志雄，肖玮钰，万素琴，2017. RS 和 GIS 支持下的全天候气温构建在湖北水稻低温冷害监测中的应用[J]. 湖北农业科学，56(24)：52-56.
张灵，杜良敏，陈丽娟，等，2014. 武汉异常强降水水汽来源输送路径分析[J]. 气象环境与科学，37(1)：69-74.
张灵，周月华，2015. 湖北异常初雪日的成因分析及预测[J]. 气象，41(3)，346-352.
张萍萍，王丽，张宁，2010. 武汉市城市积涝预警系统及其仿真模拟效果[J]. 暴雨灾害，29(1)：71-75.
张强，潘学标，马柱国，等，2009. 干旱[M]. 北京：气象出版社.
张子贤，拜存有，2008. 工程水文及水利计算[M]. 北京：中国水利水电出版社：132-177.
章基嘉，葛玲，孙照渤，1994. 中长期天气预报基础[M]. 北京：气象出版社：34.
郑传新，米浦强，陈剑兵，等，2007. 柳州市积涝过程模拟及灾害风险评估[J]. 气象，33(11)：72-75.
中国气象局政策法规司. GB/T 21983—2008 暖冬等级[S]. 北京：中国标准出版社.
中国气象局政策法规司. QX/T 45—2007 地面气象观测规范 第 1 部分：总则[S]. 北京：气象出版社.
周广生，朱旭彤，2002. 湿害后小麦生理变化与品种耐湿性的关系[J]. 中国农业科学，35(7)：777-783.
周悦，等，2013. The influence of freezing drizzle on wire icing during freezing fog events[J]. Advances in Atmospheric Sciences，30(4)：1053-1069.
周悦，等，2018. Research to the influence factors on shedding processes of three-types icing[J]. Cold Regions Science and Technology，(155)：300-307.
住房和城乡建设部，中国气象局，2014. 城市暴雨强度公式编制和设计暴雨雨型确定技术导则.
Flueck J A, 1987. A study of some measures of forecast verification[C]// 10th Conf. Probability and Statistics in Atmospheric Sciences, Edmonton, AB, Canada, Amer. Meteor. Soc：69-73.
Japan Meteorological Agency, 2007. Outline of operational numerical weather prediction at the Japan Meteorological Agency[R]. Appendix to WMO numerical weather prediction progress report.
Madden R A, Julian P R, 1971. Detection of a40-50 day oscillation in the zonal wind in the tropical Pacific[J]. J Atmos Sci, 28(5): 702-708.
Saha S, Moorthi S, Pan H L, el at, 2010. The NCEP Climate Forecast System Reanalysis[J]. Bull Amer Meteorol Soc，91(8)：1015-1057.
Saha S, Nadiga S, Thiaw C, et al, 2006. The NCEP Climate Forecast System[J]. J Climate, 19(15): 3483-3517.
Yasunari T, 1979. Cloudiness fluctuation associated with the Northern Hemisphere summer monsoon[J]. J Meteor Soc Japan，57：227-242.

附录 A　常用动力模式产品地址

A.1　延伸期过程预测

NCC/BCC(单站过程预测)：

http://cmdp.ncc-cma.net/station/cn_cfsv2.php

NCC/BCC(冷空气过程预测)：

http://cmdp.ncc-cma.net/station/ex_ta_fluct_area.php

NCC/BCC(其他)：

http://cmdp.ncc-cma.net/station/extension.php

A.2　延伸期趋势预测

NCC/BCC：http://cmdp.ncc.cma.gov.cn/pred/md.php

CPC_CFSv2：http://origin.cpc.ncep.noaa.gov/products/people/mchen/CFSv2FCST/weekly/

TCC：http://ds.data.jma.go.jp/tcc/tcc/products/model/index.html

MODES：http://cmdp.ncc-cma.net/MODES/MODES_product_derf_pred_Img.php?PredObj=temp

A.3　月趋势预测

NCC/BCC：http://cmdp.ncc.cma.gov.cn/pred/md.php

CPC_CFSv2：

http://origin.cpc.ncep.noaa.gov/products/people/mchen/CFSv2FCST/monthly/

TCC：http://ds.data.jma.go.jp/tcc/tcc/products/model/index.html

APCC：http://www.apcc21.org/eng/service/6mon/ps/japcc030703.jsp

CPC：http://www.cpc.ncep.noaa.gov/products/NMME/

MODES：http://cmdp.ncc-cma.net/MODES/MODES_product_pred_Img.php? Area=china&TimeType=month&PredType=determ

A.4 季节趋势预测

NCC/BCC：http://cmdp. ncc. cma. gov. cn/pred/cs. php

CPC_CFSv2：http://www. cpc. ncep. noaa. gov/products/people/wwang/cfsv2fcst/

APCC：http://www. apcc21. org/eng/service/6mon/ps/japcc030703. jsp

ECMWF：http://www. ecmwf. int/en/forecasts/charts

TCC：http://ds. data. jma. go. jp/tcc/tcc/products/model/index. html/

MODES：http://cmdp. ncc-cma. net/MODES/MODES_product_pred_Img. php? Area=china&TimeType=season&PredType=determ

IRI：http://iri. columbia. edu/our-expertise/climate/forecasts/seasonal-climate-forecasts/

Frontier：http://www. jamstec. go. jp/frsgc/research/d1/iod/e/seasonal/outlook. html

CPC：http://www. cpc. ncep. noaa. gov/products/NMME/

WMO：http://www. wmo. int/pages/prog/wcp/wcasp/gpc/gpc. php

A.5 MJO

CPC：http://www. cpc. ncep. noaa. gov/products/precip/CWlink/MJO/CLIVAR/clivar_wh. shtml

Australian：http://cawcr. gov. au/staff/mwheeler/maproom/RMM/

A.6 ENSO

IRI：http://iri. columbia. edu/our-expertise/climate/forecasts/enso/

CPC：http://www. cpc. ncep. noaa. gov/products/precip/CWlink/MJO/enso. shtml

Australian：http://www. bom. gov. au/climate/ahead/ENSO-summary. shtml

WMO：http://www. wmo. int/pages/prog/wcp/wcasp/enso_updates. html

A.7 AO

CPC：http://www. cpc. ncep. noaa. gov/products/precip/CWlink/daily_ao_index/ao. shtml

附录B　湖北省梅雨历史序列*

年	台站数	入梅日期	出梅日期	梅雨期长度(d)	梅雨雨量(mm)	梅雨强度	是否为空梅年	南海夏季风爆发候	南海夏季风结束候
1981—2010		6月17日	7月10日	23.8	273.4				
1951	1	7月11日	7月17日	6	227.9	0.36		26	54
1952	2	7月10日	7月14日	4	107.85	−0.70	空梅	29	54
1953	3	6月22日	6月30日	8	112.8	−1.06		29	56
1954	5	6月12日	8月3日	52	750.16	3.48		31	55
1955	6	6月21日	7月1日	10	286.27	0.36		29	53
1956	8	6月3日	7月2日	29	231.32	0.09		31	54
1957	20	6月29日	7月10日	11	111.7	−1.11		27	54
1958	26	6月20日	6月23日	3	50.504	−1.42	空梅	29	54
1959	35	6月26日	7月4日	8	133.75	−0.87		30	53
1960	48	6月7日	7月14日	37	363.27	1.06		30	54
1961	48	6月7日	6月16日	9	118.77	−1.04		28	56
1962	48	6月14日	7月10日	26	274.09	0.23		28	51
1963	48	7月3日	7月21日	18	134.19	−0.82		31	53
1964	48	6月17日	7月2日	15	295.01	0.23		28	54
1965	49	7月4日	7月11日	7	47.092	−1.70		29	55
1966	49	6月11日	7月13日	32	235.16	0.21		25	54
1967	49	6月14日	6月29日	15	192.17	−0.49		29	55
1968	49	6月28日	7月22日	24	298.63	0.33		29	56
1969	49	6月7日	7月21日	44	719.19	3.08		28	56
1970	49	6月18日	7月22日	34	289.13	0.57		32	54
1971	49	6月9日	6月27日	18	139.38	−0.79		31	52
1972	49	5月27日	6月29日	33	137.39	−0.28		26	53
1973	50	6月15日	8月3日	49	390.55	1.62		32	51
1974	50	7月6日	7月21日	15	124.49	−0.96		30	52
1975	50	6月24日	7月12日	18	179.21	−0.53		29	55
1976	50	6月21日	7月18日	27	150.75	−0.43		28	55
1977	50	6月13日	6月20日	7	88.356	−1.27		28	54
1978	50	6月9日	6月28日	19	147.91	−0.71		29	58
1979	50	6月18日	7月3日	15	214.66	−0.33		27	55

* 梅雨序列根据《GB/T 33671—2017 梅雨监测指标》计算。

续表

年	台站数	入梅日期	出梅日期	梅雨期长度(d)	梅雨雨量(mm)	梅雨强度	是否为空梅年	南海夏季风爆发候	南海夏季风结束候
1980	50	6月5日	7月22日	47	515.09	2.16		28	53
1981	50	6月22日	7月3日	11	137.07	−0.90		30	56
1982	50	7月10日	8月1日	22	168.82	−0.49		31	54
1983	50	6月9日	7月17日	38	556.12	2.08		29	55
1984	50	6月6日	7月7日	31	292.08	0.48		28	50
1985	50	7月2日	7月8日	6	87.13	−1.24		30	53
1986	50	6月9日	7月23日	44	464.57	1.81		27	53
1987	50	7月1日	7月9日	8	144.48	−0.76		32	52
1988	50	6月10日	6月23日	13	174.74	−0.62		29	57
1989	50	6月3日	6月23日	20	217.1	−0.25		32	53
1990	50	6月19日	7月3日	14	168.27	−0.66		28	53
1991	50	6月8日	7月15日	37	561.82	2.09		32	55
1992	50	6月13日	7月21日	38	280.16	0.66		28	54
1993	50	6月11日	7月26日	45	331.95	1.18		30	57
1994	50	6月4日	6月13日	9	98.124	−1.22		25	54
1995	50	5月28日	7月10日	43	430.07	1.60		27	54
1996	50	5月27日	7月22日	56	740.17	3.57		26	55
1997	50	6月29日	7月25日	26	280.82	0.27		28	55
1998	50	6月23日	8月4日	42	512.31	1.98		28	53
1999	50	6月22日	7月29日	37	437.4	1.44		30	54
2000	50	5月29日	7月8日	40	191.96	0.28		27	52
2001	50	6月8日	6月13日	5	57.182	−1.54	空梅	26	55
2002	50	6月19日	6月29日	10	120.47	−1.03		27	53
2003	50	6月20日	7月12日	22	389.58	0.83		29	52
2004	50	7月7日	7月21日	14	205.95	−0.39		28	52
2005	50	6月25日	6月28日	3	60.788	−1.23	空梅	30	54
2006	50	7月5日	7月12日	7	90.992	−1.25		28	56
2007	50	6月18日	7月27日	39	381.53	1.22		29	57
2008	50	6月7日	6月14日	7	86.348	−1.29		25	56
2009	50	6月28日	7月1日	3	135.56	0.18	空梅	30	57
2010	50	7月4日	7月27日	23	397.42	0.89		29	59
2011	50	6月9日	6月26日	17	309.61	0.31		26	57
2012	50	6月25日	7月1日	6	117.45	−0.89		28	56
2013	50	6月20日	6月28日	8	94.094	−1.24		27	58
2014	50	6月25日	7月20日	25	217.35	−0.12		32	54
2015	50	6月1日	7月2日	31	271.28	0.37		29	56
2016	50	6月19日	7月21日	32	707.2	2.75		29	60
2017	50	6月9日	7月11日	32	261.2	0.15		28	59

附录C　武汉市气温、降水多年均值及极值

使用的资料为湖北省77个观测站资料，基本气候要素常年值统计时段为1981—2010年，基本要素极端值统计时段为台站建站正式观测年份至2018年。统计湖北省及各区域平均气温、降水量时，定义汛期为5—9月，主汛期为6—8月，梅雨期为6月1日—7月20日，盛夏期为7月21日—8月31日，春季为3—5月，夏季为6—8月，秋季为9—11月，冬季为12月—翌年2月。

表C.1　年及特殊时段气温、降水极值

指标		日数/降水量	出现日期(年份)
气温	最大夏季高温日数	44	1959,1961
	最长连续高温日数	27	1966/07/16—1966/08/11
降水	年最大降水量	2058	1954
	汛期最大降水量	1447	1954
	主汛期最大降水量	1221	1969
	梅雨期最大降水量	1036	2016
	盛夏期最大降水量	582	1998
	最大连续降水量	720(12)	1991/07/01—1991/07/12
	最长连续有雨日数	16(174)	1992/03/13—1992/03/28
	最长连续无雨日数	35	1979/09/30—1979/11/03
	最大年暴雨日数	12	1991
其他	年最大霾日数	141	2014
	冬季最大霾日数	64	2013

注：降水量单位：mm；日数单位：d；最大连续降水量()外为累计降水量，()内为持续日数；最长连续有雨日数()外为持续日数，()内为过程累计降水量。

表 C.2　气温、降水常年值(1981—2010 年)

要素	指标	1月	2月	3月	4月	5月	6月	7月	8月	9月	10月	11月	12月	全年
气温	平均气温(℃)	4.0	6.6	10.9	17.4	22.6	26.1	29.1	28.4	24.0	18.2	11.9	6.2	17.2
	最高气温(℃)	8.0	10.7	15.2	22.0	27.0	30.1	32.9	32.4	28.5	22.9	16.8	10.7	21.5
	最低气温(℃)	1.0	3.4	7.4	13.6	18.8	22.9	26.0	25.2	20.7	14.7	8.3	2.8	13.8
	高温日数(d)	0.0	0.0	0.0	0.0	0.4	2.1	10.3	7.2	1.2	0.0	0.0	0.0	21.2
降水	月、年降水量(mm)	49	68	90	136	167	220	225	117	74	81	59	30	1316
	汛期降水量(mm)													803
	主汛期降水量(mm)													562
	梅雨期降水量(mm)													389
	盛夏期降水量(mm)													173
	降水日数(d)	9.5	9.8	13.1	12.4	12.2	11.8	11.6	9.6	7.5	9.0	8.0	6.9	121.4
	暴雨日数(d)	0.0	0.0	0.0	0.5	0.7	1.3	1.4	0.6	0.3	0.4	0.0	0.0	5.1
其他	相对湿度(%)	76	75	75	75	74	76	76	77	75	75	75	72	75
	大风日数(d)	1.3	1.4	1.6	1.5	1.5	1.5	1.7	1.6	1.5	1.2	1.2	1.2	1.4
	大雾日数(d)	3.2	1.6	1.4	1.6	0.9	0.5	0.1	0.1	0.6	1.9	2.5	2.9	17.3
	雷暴日数(d)	0.1	0.8	2.6	4.1	3.0	3.6	6.3	5.6	1.1	0.4	0.3	0.0	27.9
	霾日数(d)	1.9	1.2	0.9	0.5	0.6	0.6	0.2	0.3	0.4	1.0	1.4	2.6	11.7

注:气温单位:℃;降水量单位:mm;日数单位:d。

表 C.3 气温、降水逐月极值

指标			1月	2月	3月	4月	5月	6月	7月	8月	9月	10月	11月	12月
气温	极端最高气温	气温	25.4	29.1	32.4	35.1	36.1	37.8	39.3	39.7	37.6	34.4	30.4	23.3
		出现日期	2014/01/31	2009/02/12	2007/03/30	2004/04/20	2000/05/14 2011/05/19	1961/06/23	2017/07/27	2003/08/01	1995/09/06 1995/09/07	1951/10/18	2003/11/02	1955/12/04
	极端最低气温	气温	−18.1	−14.8	−5.0	−0.3	7.2	13.0	17.3	16.4	10.1	1.3	−7.1	−10.1
		出现日期	1977/01/30	1969/02/01	1951/03/03	1963/04/08 1969/04/05	1961/05/04	1987/06/07	1967/07/06	2009/08/30	1966/09/24	1978/10/29	1971/11/30	1973/12/25
	最多高温日数	日数	—	—	—	1	2	10	24	27	7	—	—	—
		出现年份	—	—	—	2004	1982,1988 1997,2000 2011,2018	2006 2009	1961	1959	1995	—	—	—
降水	月最大降水量	降水量	107.7	183.1	225.0	333.6	354.9	522.8	758.4	482.5	219.4	409.2	166.8	107.3
		出现年份	2000	1990	1992	2002	1954	1959	1998	1969	1973	1983	1967	1968
	日最大降水量	降水量	49.2	51.9	64.9	110.1	148.6	317.4	285.7	261.7	111.9	99.7	66.3	42.6
		出现日期	1967/01/27	1959/02/16	1960/03/24	1990/04/29	2007/05/31	1959/06/09	1998/07/21	1969/08/23	1988/09/09	1958/10/14	1957/11/10	1968/12/07
	3日最大降水量	降水量	60.5	88.8	95.4	155.3	158.7	392.7	466.2	261.7	171.7	185.0	98.5	61.4
		开始日期	2001/01/06	1990/02/20	2002/03/02	1998/04/22	2008/05/02	1982/06/19	1998/07/21	1969/08/21	1993/09/18	1983/10/20	1957/11/09	1984/12/13
	7日最大降水量	降水量	81.2	130.7	128.3	174.8	212.2	582.3	576.6	244.0	186.5	197.3	131.3	74.3
		开始日期	1993/01/08	2002/02/26	2015/03/31	1990/04/27	1954/05/19	2016/06/30	2016/07/01	1962/08/21	2000/09/24	1983/10/19	2014/11/23	1984/12/09
其他	最多霾日数	日数	23	17	28	10	10	8	12	11	8	17	15	28
		出现年份	2014,2015	2015	2014	1952,2015	1982	1973	2014	2014	1978	2014	2013	2013

注：气温单位：℃；降水量单位：mm；日数单位：d。

附录D 气候极值推算

气候极值概率及其分布规律具有重要经济价值和社会意义。在国民经济建设中，许多大型工程勘测、设计、施工到建成后运行管理的各个环节都必须考虑气候极值发生的可能性以及它们对于社会经济和环境所造成的影响，它往往是决定工程规模、造价和总体布局等的重要因素。例如，在建造高层建筑物时，必须考虑大风的破坏作用，设计时要估计今后若干年内可能出现的最大风速和风压；在水库建设中，必须考虑流域内降水和暴雨的极值，估计今后若干年内可能出现最大降水或特大暴雨，以便既保证安全可靠又能节省投资。三峡水利、青藏铁路、南水北调、西气东输等重大工程中，都充分评估和考虑了气候和气候变化对工程可能的影响，并通过在工程中采用新的技术克服或适应气候变化对工程可能的影响。尽管当今动力气候数值模拟已有相当高的技巧水平，一般也只能在消去气候噪声的基础上模拟出平均气候状况的变化，而极端气候则难以模拟。但是，从概率意义上讲，人们可以借助于统计推断的手段寻求气候极值的概率分布模型，从而推估具有小概率的可能气候极端值。

表D.1、表D.2分别是基于AM抽样的广义极值分布模式(GEV) 推算的湖北日降水量重现期表和最大积雪深度重现期表。

表D.1 基于AM抽样的广义极值分布模式推算的湖北日降水量重现期表(mm)

站名	重现期								
	3a	5a	10a	15a	20a	30a	40a	50a	100a
武汉	126.7	152.4	190	214.1	232.5	260.2	281.3	298.6	358
竹溪	83.7	99.7	121.5	134.7	144.2	158.2	168.5	176.6	203.3
郧西	71.8	85.7	107	121.4	132.6	150	163.6	175	215.6
郧县	76.3	89.7	107.9	118.8	126.7	138.1	146.5	153.2	174.7
十堰	76.4	90.8	111.5	124.6	134.4	149.1	160.3	169.3	199.9
竹山	61.7	69.8	80.1	86.1	90.3	96.2	100.4	103.7	114
房县	66.8	76.9	90.5	98.6	104.4	112.9	119	123.9	139.7
丹江口	74.6	87.7	104.8	114.8	122	132.3	139.7	145.5	164.1
老河口	78.4	92.6	112.9	125.8	135.4	149.7	160.6	169.4	199.1
谷城	87.9	98.6	110.3	116	119.7	124.6	127.7	130	136.4
襄樊	80.5	96.1	118.9	133.6	144.7	161.5	174.4	184.9	221
枣阳	102.7	125	155.5	174	187.5	207.3	221.9	233.5	271.6
巴东	88.2	104.2	127	141.4	152.1	168.2	180.3	190.1	223.1
秭归	92	107.6	127.5	139	147.1	158.6	166.7	173.1	193.2
兴山	81.4	94.3	111.1	120.9	128	138	145.2	150.9	169

续表

站名	重现期								
	3a	5a	10a	15a	20a	30a	40a	50a	100a
保康	75.6	85.4	97.7	104.5	109.3	116	120.7	124.3	135.4
神农架	63.8	71.5	81.4	87.2	91.3	97.1	101.3	104.6	114.9
南漳	87.3	98.9	113	120.7	126	133.3	138.3	142.2	153.8
远安	96.9	117.9	149.9	171.1	187.5	212.8	232.5	248.8	306.3
宜城	89	106.6	131.2	146.5	157.9	174.7	187.2	197.4	231.2
荆门	109.9	130.1	156.2	171.3	182	197.3	208.2	216.7	243.7
钟祥	106.8	126.3	152.2	167.5	178.5	194.4	206	215.1	244.3
随州	105.1	126.5	155.9	173.8	187	206.2	220.4	231.7	269
广水	115.7	137.5	166.3	183.2	195.4	212.8	225.4	235.3	267.1
京山	118	142.8	176.6	197.1	212.1	233.9	250	262.9	304.9
安陆	127.7	150.3	178	193.4	204	218.6	228.8	236.5	260.3
云梦	124.7	149.2	182.4	202.3	216.9	238	253.4	265.8	305.8
大悟	116.7	136	161.7	177.1	188.2	204.3	216	225.3	255.3
红安	128.7	152.7	183.8	201.9	214.7	233	246.1	256.3	288.8
麻城	128	148.3	173.5	187.4	197	210.4	219.7	226.8	248.7
利川	91.2	104.5	122.1	132.4	139.7	150.2	157.8	163.8	182.8
建始	127.6	145.9	167.7	179.4	187.4	198.2	205.7	211.3	228
恩施	117.3	135.9	158.8	171.5	180.3	192.5	201	207.6	227.5
绿葱坡	116.6	134.2	156.9	170.1	179.4	192.6	202	209.4	232.7
五峰	112	130.4	154.3	168.1	178	192	202	209.8	234.6
当阳	97.9	112.8	130.3	139.6	145.9	154.3	160	164.4	177.1
宜昌	100.3	117.9	141.9	156.5	167.1	182.7	194.1	203.2	233.2
三峡	84.7	98.5	118.9	132.1	142.2	157.4	169.1	178.7	211.7
长阳	98.6	112.2	131.9	144.3	153.7	167.7	178.3	187	216.3
枝城	99.2	113.2	130.7	140.5	147.5	157.1	163.9	169.2	185.5
枝江	91	107.4	131.1	146.1	157.4	174.3	187.2	197.6	233.1
松滋	108.9	126.9	151.1	165.5	176	191.2	202.3	211.1	239.6
潜江	109.6	129.8	157	173.2	184.9	201.9	214.3	224.1	256
荆州	94.5	109.6	129.5	141.1	149.4	161.2	169.8	176.5	197.8
公安	109.5	129.1	155.6	171.5	183	199.8	212.1	221.8	253.5
应城	122.5	145.4	176.8	195.9	210	230.5	245.6	257.7	297.3
孝感	111.5	131.7	157.8	173	183.7	199	210	218.6	245.7
天门	108	123.8	144.4	156.4	164.9	176.9	185.5	192.3	213.6
仙桃	107.9	125	147.9	161.5	171.3	185.6	195.9	204.1	230.5
汉川	116.3	138.3	169.6	189.3	204	225.9	242.3	255.7	300.7

续表

站名	重现期								
	3a	5a	10a	15a	20a	30a	40a	50a	100a
蔡甸	124.1	145.7	175.2	193.2	206.3	225.4	239.5	250.8	287.7
黄陂	121.8	145.3	177	196.1	210.1	230.3	245.1	256.9	295.2
新洲	122.5	146.6	177.8	195.9	208.7	226.8	239.8	250	282.1
江夏	128.5	149.2	175.6	190.7	201.3	216.4	227	235.3	261.2
鄂州	115.4	136.3	167.1	187	202.2	225.4	243.2	257.8	308.3
黄冈	113.6	135.2	166.3	186	200.8	222.9	239.7	253.3	299.6
大冶	114.4	137.3	170.3	191.2	206.9	230.4	248.2	262.7	311.9
咸峰	102.6	123.4	155.3	176.7	193.3	219	239.2	256	315.6
宣恩	98.4	115.4	140.5	156.8	169.3	188.3	202.9	215	256.7
鹤峰	142.1	168.5	204.2	225.7	241.4	264.1	280.8	294.1	337.2
来凤	111	128.9	151.6	164.4	173.4	186.1	195.1	202	223.6
石首	109.2	130.5	158.8	175.6	187.7	205.1	217.7	227.7	259.9
监利	104.4	122.4	148.4	164.8	177.1	195.6	209.5	220.9	259.3
洪湖	119.9	138.7	161.9	174.9	183.8	196.2	204.9	211.5	231.9
蒲圻	120.5	142.8	173.4	191.9	205.5	225.3	239.9	251.6	289.8
嘉鱼	107.1	124.8	149.9	165.5	177.1	194.4	207.3	217.7	252.5
崇阳	125.2	144.8	168.6	181.6	190.5	202.8	211.2	217.7	237.2
通城	118.6	140.9	172	191.2	205.4	226.3	241.9	254.4	295.8
咸宁	115.3	133.3	156.8	170.4	180.1	194	203.9	211.6	236.2
通山	102.9	118.1	139	151.8	161.2	175.1	185.4	193.6	220.8
罗田	120.7	141.1	167.6	183	194.1	209.8	221	229.9	257.9
英山	121.6	139.3	162.2	175.4	184.9	198.2	207.8	215.3	238.9
浠水	113.9	134.6	164.3	183	197	218	233.8	246.6	290.1
黄石	114.1	137	170.6	192.3	208.7	233.6	252.6	268.3	321.9
蕲春	113.9	132.7	157	171.1	181.2	195.4	205.6	213.6	238.7
黄梅	105.1	122.6	147	162.2	173.5	190.2	202.7	212.8	246.5
阳新	99.8	120.8	155.6	180.4	200.5	233	259.4	282.1	367
武穴	109.4	130.1	160	179.1	193.5	215.1	231.5	244.9	290.6

表 D.2 基于 AM 抽样的广义极值分布模式推算的湖北年最大积雪深度重现期表(cm)

站名	重现期								
	3a	5a	10a	15a	20a	30a	40a	50a	100a
武汉	8	11	15.5	18.5	20.7	24.1	26.7	28.9	36.4
竹溪	5	7	10.2	12.3	14	16.7	18.8	20.6	27.1
郧西	6.2	8	10.2	11.4	12.3	13.5	14.3	15	17

续表

站名	重现期								
	3a	5a	10a	15a	20a	30a	40a	50a	100a
郧县	9.2	12.2	16	18.1	19.7	21.9	23.5	24.7	20.6
十堰	8.8	11.9	16.4	19.2	21.3	24.5	27	29	35.7
竹山	4.3	6.1	8.7	10.5	11.9	14.1	15.7	17.1	22.1
房县	6	7.7	10.1	11.5	12.6	14.2	15.4	16.4	19.7
丹江口	8.7	11.1	14	15.7	16.8	18.4	19.6	20.5	23.2
老河口	9.8	12.8	16.8	19.2	20.8	23.2	24.9	26.3	30.6
谷城	10.6	14	18.7	21.5	23.6	26.6	28.9	30.7	36.7
襄樊	7.9	10.3	13.6	15.5	16.9	18.9	20.3	21.5	25.2
枣阳	7.3	9.4	12.4	14.2	15.5	17.3	18.7	19.8	23.4
巴东	1.7	2.7	4.5	5.8	6.9	8.7	10.1	11.4	16.2
秭归	1.9	3.2	5.6	7.3	8.8	11.2	13.2	15	22
兴山	2.3	3.8	6.4	8.3	9.8	12.4	14.6	16.5	23.7
保康	7	9.4	12.9	15.2	17	19.7	21.8	23.5	29.4
神农架	8.7	11.4	15.6	18.6	20.9	24.6	27.6	30.1	39.3
南漳	7.7	10.4	14.5	17.1	19.1	22.1	24.4	26.3	32.8
远安	5.6	8.1	11.7	14	15.7	18.4	20.4	22	27.7
宜城	7.2	9.6	12.8	14.7	16.1	18.2	19.7	21	25
荆门	5.6	7.4	9.7	11.1	12.1	13.5	14.5	15.3	17.9
钟祥	8.4	11.7	16.7	20.1	22.8	26.9	30.1	32.8	42.4
随州	8.4	11	14.2	16.1	17.4	19.3	20.6	21.7	24.9
广水	5.1	7	9.5	10.9	12	13.5	14.6	15.5	18.3
京山	4.3	6.1	8.6	10.3	11.5	13.3	14.7	15.8	19.7
安陆	6.5	8.9	12	13.9	15.3	17.3	18.8	19.9	23.7
云梦	6.8	9.4	13.1	15.4	17.1	19.6	21.5	23.1	28.2
大悟	6.5	8.6	11.5	13.2	14.4	16.3	17.6	18.7	22.2
红安	5.2	7.3	10.3	12.3	13.7	15.9	17.6	18.9	23.5
麻城	6	9	13.6	16.7	19.1	23	26	28.5	37.6
利川	7.1	9.3	12.3	14.1	15.4	17.4	18.9	20.1	24
建始	2.6	4.1	6.4	8.1	9.4	11.5	13.2	14.7	20.1
恩施	1.2	2.2	3.9	5.2	6.4	8.4	10.1	11.7	18
绿葱坡	7.7	10	13.2	15.2	16.6	18.7	20.3	21.5	25.6
五峰	4.6	6.6	9.5	11.3	12.7	14.8	16.4	17.7	22.2
当阳	5.1	7.4	10.8	13	14.6	17.1	19	20.6	25.9
宜昌	0.9	1.6	2.6	3.5	4.1	5.2	6.1	6.9	9.9
三峡	4.5	6.9	10.7	13.5	15.7	19.2	22.1	24.5	33.7

续表

站名	重现期								
	3a	5a	10a	15a	20a	30a	40a	50a	100a
长阳	4.5	6.7	10.3	12.8	14.8	18	20.6	22.9	31.1
枝城	4.2	6.1	9.1	11.3	13	15.7	17.8	19.6	26.3
枝江	5.3	7.5	11	13.3	15.1	18	20.3	22.2	29.1
松滋	6	8.3	11.7	13.9	15.6	18.2	20.2	21.8	27.4
潜江	7.2	9.6	12.8	14.7	16.1	18.2	19.7	21	25
荆州	6.4	9	13.1	15.7	17.7	20.8	23.2	25.2	32.1
公安	4.4	6.4	9.5	11.6	13.2	15.8	17.9	19.6	25.7
应城	6.2	8.7	12.1	14.3	15.9	18.3	20.1	21.6	26.4
孝感	5.8	8.3	12.2	14.8	16.8	19.8	22.2	24.2	31.1
天门	6.5	9.6	14.5	17.8	20.4	24.6	27.9	30.7	40.7
仙桃	5.8	8	11.3	13.4	15	17.4	19.3	20.8	26.2
汉川	5.8	8.1	11.4	13.6	15.2	17.7	19.7	21.2	26.6
蔡甸	6.5	8.9	12.5	14.8	16.6	19.4	21.5	23.3	29.4
黄陂	5	7.2	10.4	12.5	14.1	16.6	18.5	20	25.5
新洲	6.6	9	12.2	14.2	15.5	17.6	19	20.2	24
江夏	7.1	9.6	13	15	16.5	18.6	20.2	21.4	25.5
鄂州	5.2	7.4	10.7	12.8	14.4	16.8	18.6	20.1	25.2
黄冈	6	8.3	11.6	13.8	15.4	17.8	19.6	21.2	26.3
大冶	5.9	8.3	12.1	14.7	16.8	20	22.5	24.6	32.1
咸峰	7.2	8.9	10.9	12	12.7	13.6	14.2	14.7	16.1
宣恩	3.5	5.2	7.9	9.7	11	13.2	14.9	16.3	21.3
鹤峰	4	5.8	8.3	9.9	11.1	13	14.3	15.5	19.3
来凤	3.7	5.6	8.8	11.1	13	16	18.5	20.6	28.7
石首	5.6	8	11.7	14	15.9	18.7	20.8	22.6	28.9
监利	7.1	9.7	13.5	15.9	17.7	20.4	22.4	24.1	29.7
洪湖	6.7	9.2	12.7	14.9	16.6	19	20.8	22.3	27.2
蒲圻	6.9	9.8	14.3	17.3	19.6	23.2	26	28.4	36.8
嘉鱼	7	9.5	13.2	15.5	17.2	19.7	21.7	23.2	28.5
崇阳	5.7	8.5	12.9	16	18.4	22.2	25.2	27.8	37
通城	6.1	9.2	14.2	17.7	20.5	24.9	28.4	31.4	42.3
咸宁	7.3	10.1	14.3	17.1	19.2	22.5	25	27.1	34.4
通山	6.3	9.3	14.1	17.4	20	24.1	27.4	30.2	40.3
罗田	5.3	7.7	11.1	13.3	15	17.5	19.4	21	26.4
英山	5.2	7.6	11.1	13.4	15.1	17.8	19.9	21.7	27.7
浠水	5.6	7.9	11.2	13.2	14.8	17.1	18.8	20.2	25

续表

站名	重现期								
	3a	5a	10a	15a	20a	30a	40a	50a	100a
黄石	6.9	9.3	12.7	14.8	16.2	18.4	20	21.2	25.3
蕲春	4.8	7	10.4	12.6	14.3	16.8	18.7	20.3	25.9
黄梅	4.1	6.3	9.9	12.4	14.4	17.5	20.1	22.2	30.1
阳新	6.1	9	13.6	16.9	19.4	23.6	26.8	29.6	39.9
武穴	3.9	6.4	10.5	13.6	16.1	20.2	23.7	26.7	38.3

附录 E　湖北省月气温图集(1961—2018 年)

附录 E—附录 H 所使用的资料为湖北省 76 个观测站资料，基本气候要素常年值统计时段为 1981—2010 年。

1 月气温距平图(℃)

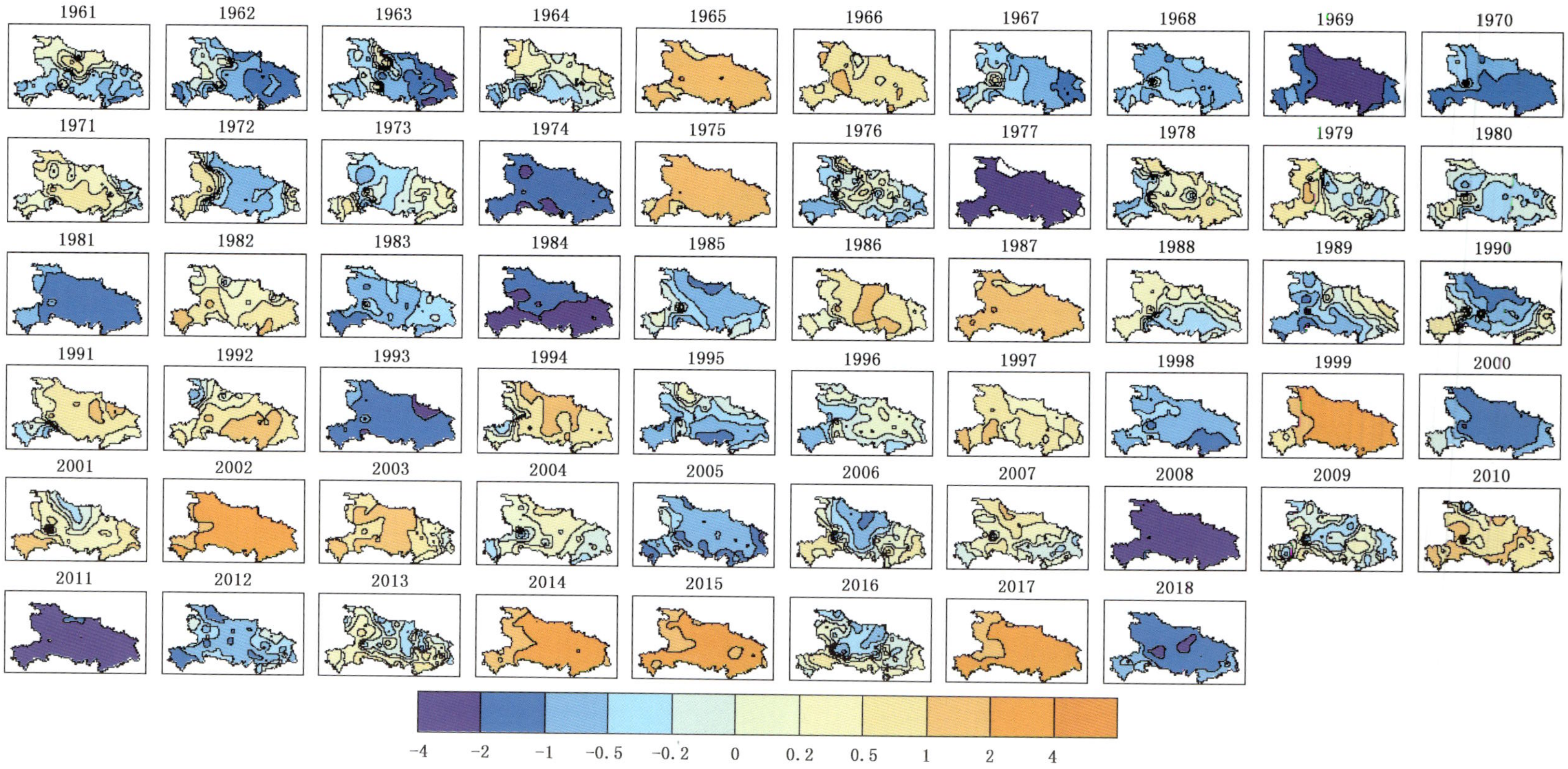

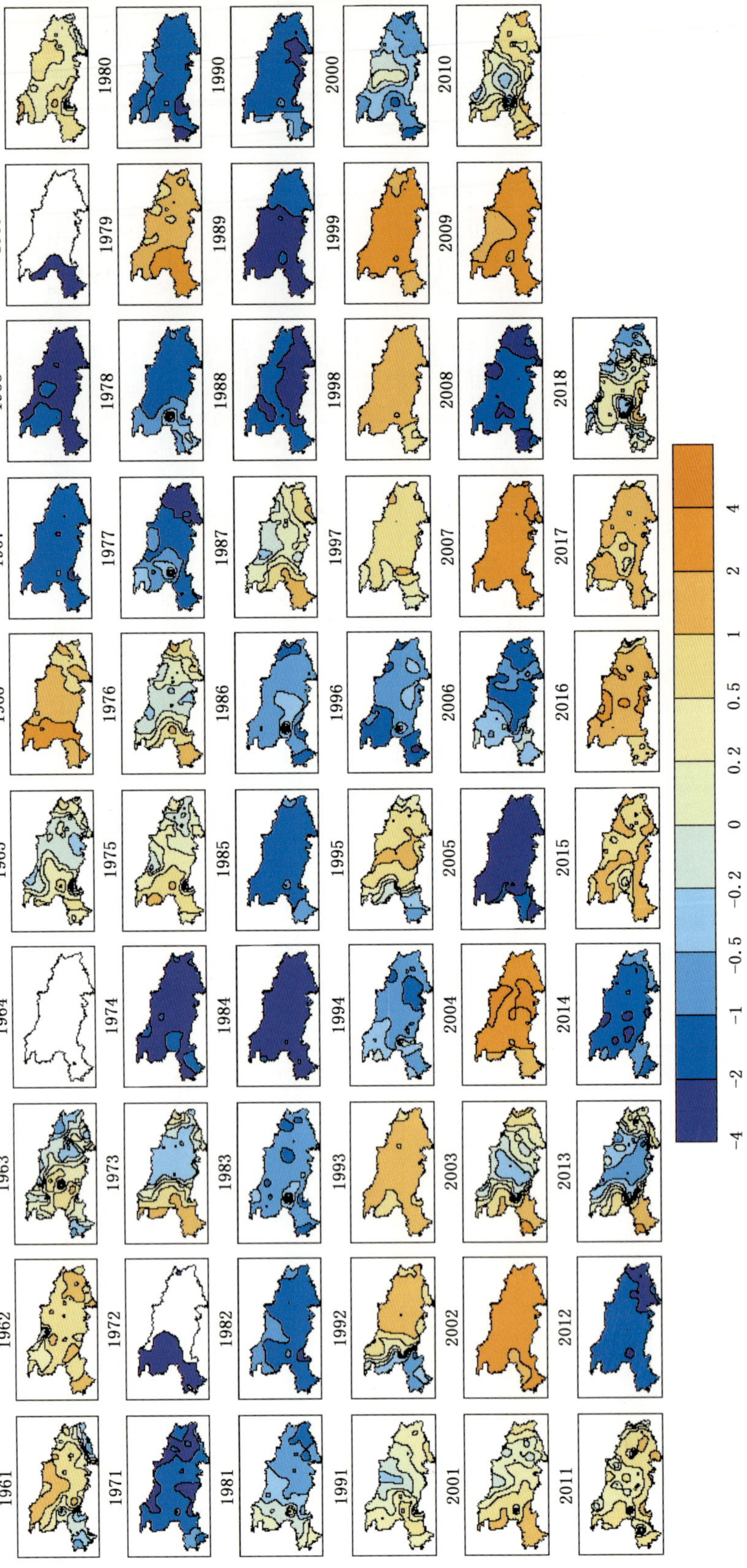
1961
1962
1963
1964
1965
1966
1967
1968
1969
1970
1971
1972
1973
1974
1975
1976
1977
1978
1979
1980
1981
1982
1983
1984
1985
1986
1987
1988
1989
1990
1991
1992
1993
1994
1995
1996
1997
1998
1999
2000
2001
2002
2003
2004
2005
2006
2007
2008
2009
2010
2011
2012
2013
2014
2015
2016
2017
2018
-4
-2
-1
-0.5
-0.2
0
0.2
0.5
1
2
4

2月气温距平图(℃)

3月气温距平图(℃)

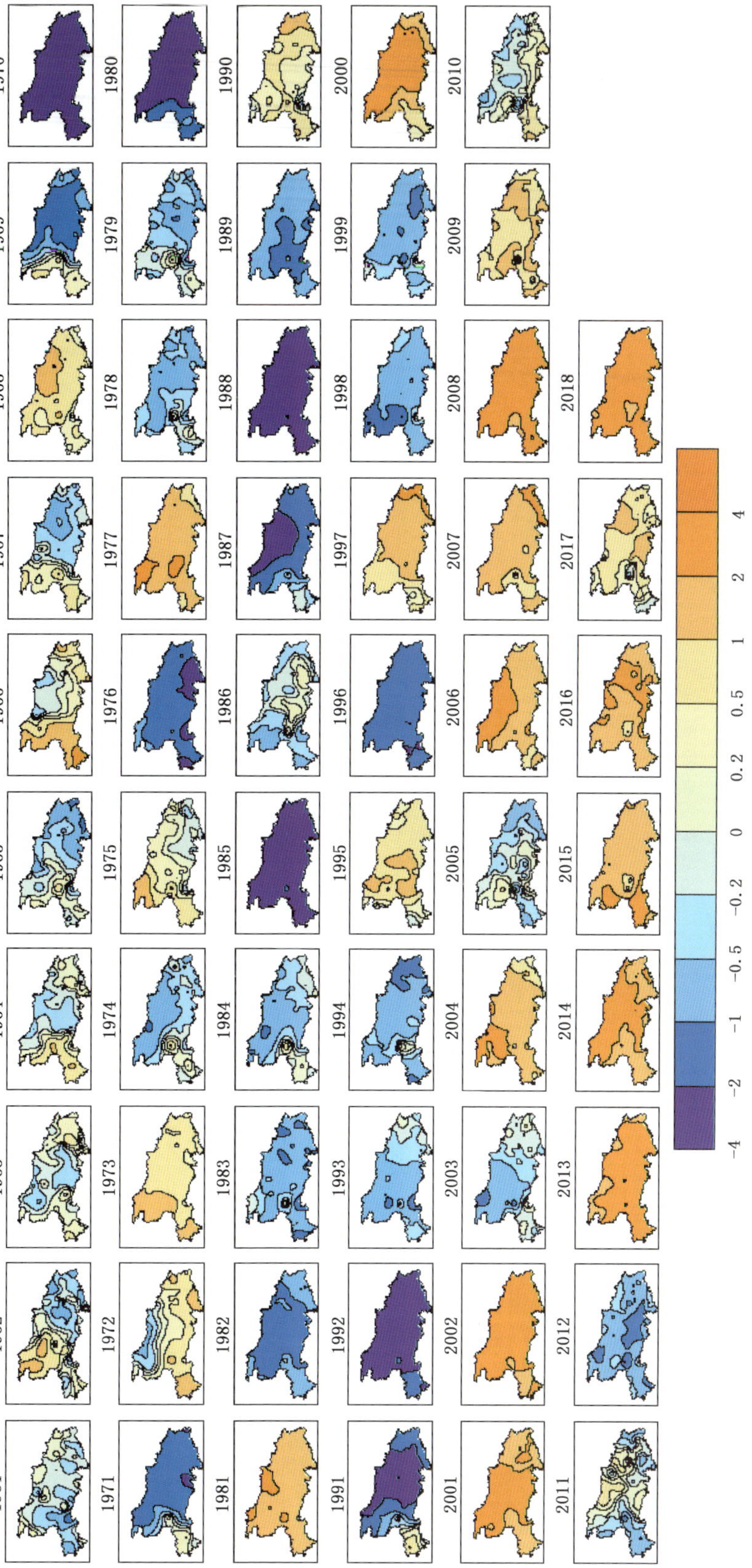
1961
1962
1963
1964
1965
1966
1967
1968
1969
1970
1971
1972
1973
1974
1975
1976
1977
1978
1979
1980
1981
1982
1983
1984
1985
1986
1987
1988
1989
1990
1991
1992
1993
1994
1995
1996
1997
1998
1999
2000
2001
2002
2003
2004
2005
2006
2007
2008
2009
2010
2011
2012
2013
2014
2015
2016
2017
2018
-4
-2
-1
-0.5
-0.2
0
0.2
0.5
1
2
4

4月气温距平图(℃)

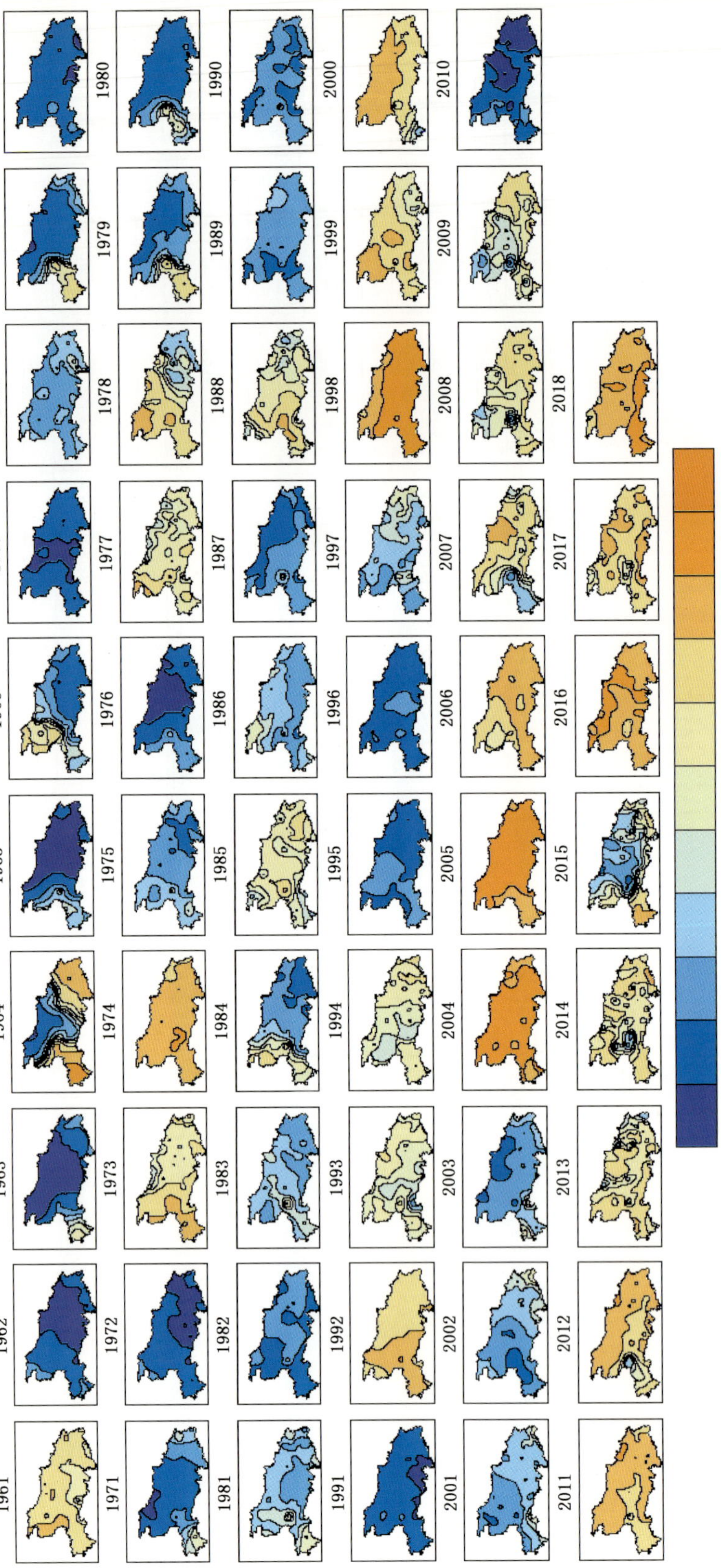
1961
1962
1963
1964
1965
1966
1967
1968
1969
1970
1971
1972
1973
1974
1975
1976
1977
1978
1979
1980
1981
1982
1983
1984
1985
1986
1987
1988
1989
1990
1991
1992
1993
1994
1995
1996
1997
1998
1999
2000
2001
2002
2003
2004
2005
2006
2007
2008
2009
2010
2011
2012
2013
2014
2015
2016
2017
2018
-4
-2
-1
-0.5
-0.2
0
0.2
0.5
1
2
4

5月气温距平图(℃)

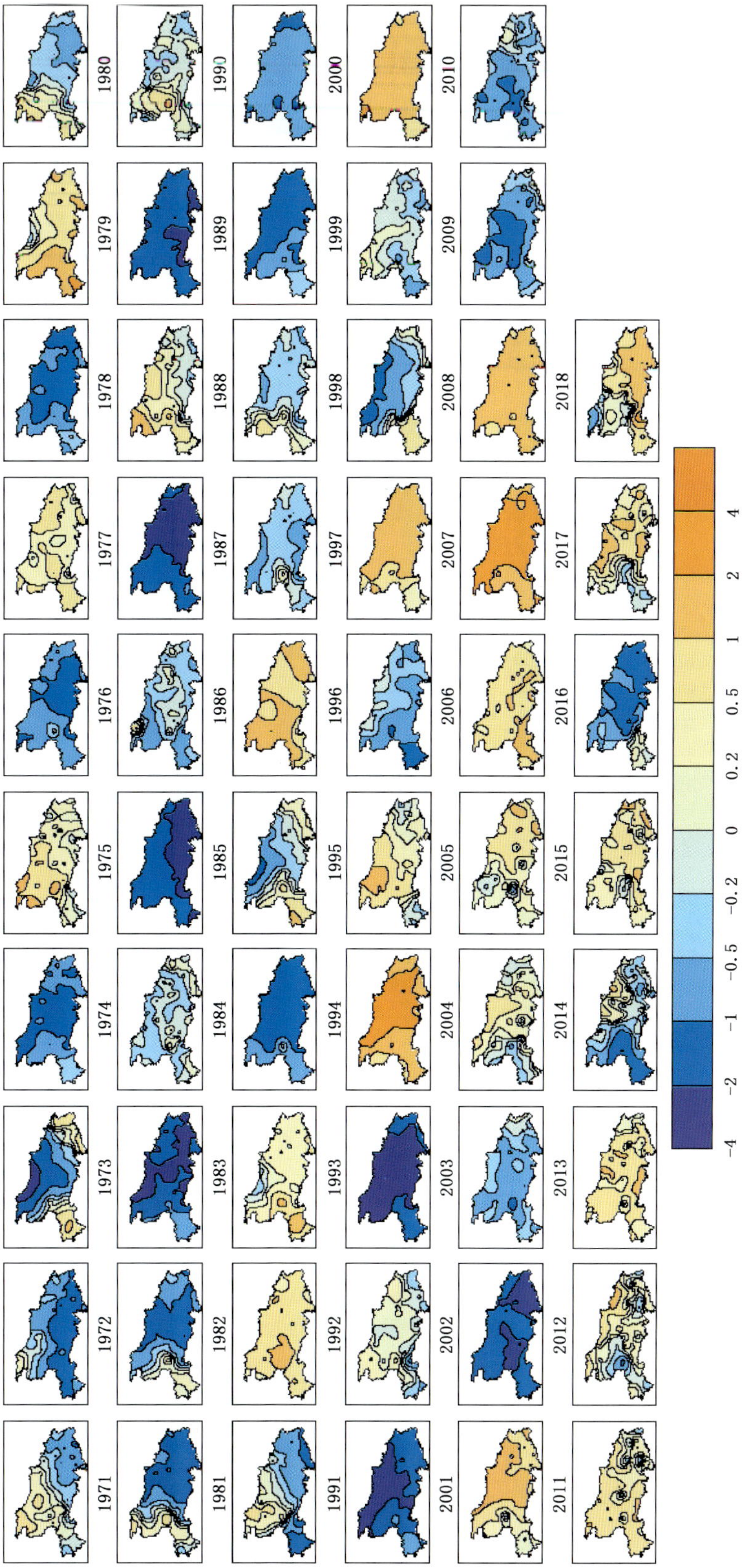
1961
1962
1963
1964
1965
1966
1967
1968
1969
1970
1971
1972
1973
1974
1975
1976
1977
1978
1979
1980
1981
1982
1983
1984
1985
1986
1987
1988
1989
1990
1991
1992
1993
1994
1995
1996
1997
1998
1999
2000
2001
2002
2003
2004
2005
2006
2007
2008
2009
2010
2011
2012
2013
2014
2015
2016
2017
2018
-4
-2
-1
-0.5
-0.2
0
0.2
0.5
1
2
4

6 月气温距平图(℃)

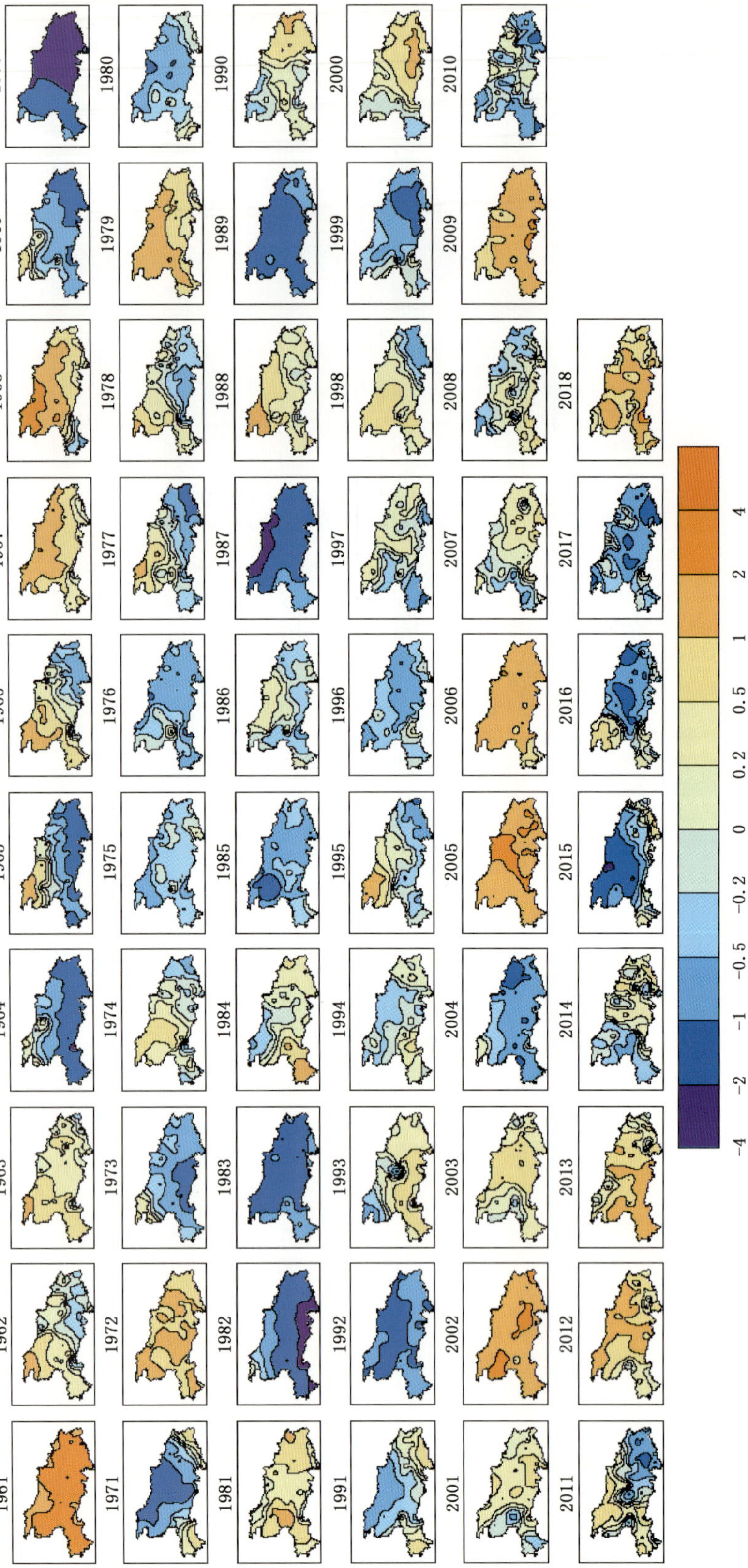
1961
1962
1963
1964
1965
1966
1967
1968
1969
1970
1971
1972
1973
1974
1975
1976
1977
1978
1979
1980
1981
1982
1983
1984
1985
1986
1987
1988
1989
1990
1991
1992
1993
1994
1995
1996
1997
1998
1999
2000
2001
2002
2003
2004
2005
2006
2007
2008
2009
2010
2011
2012
2013
2014
2015
2016
2017
2018
-4
-2
-1
-0.5
-0.2
0
0.2
0.5
1
2
4

7 月气温距平图(℃)

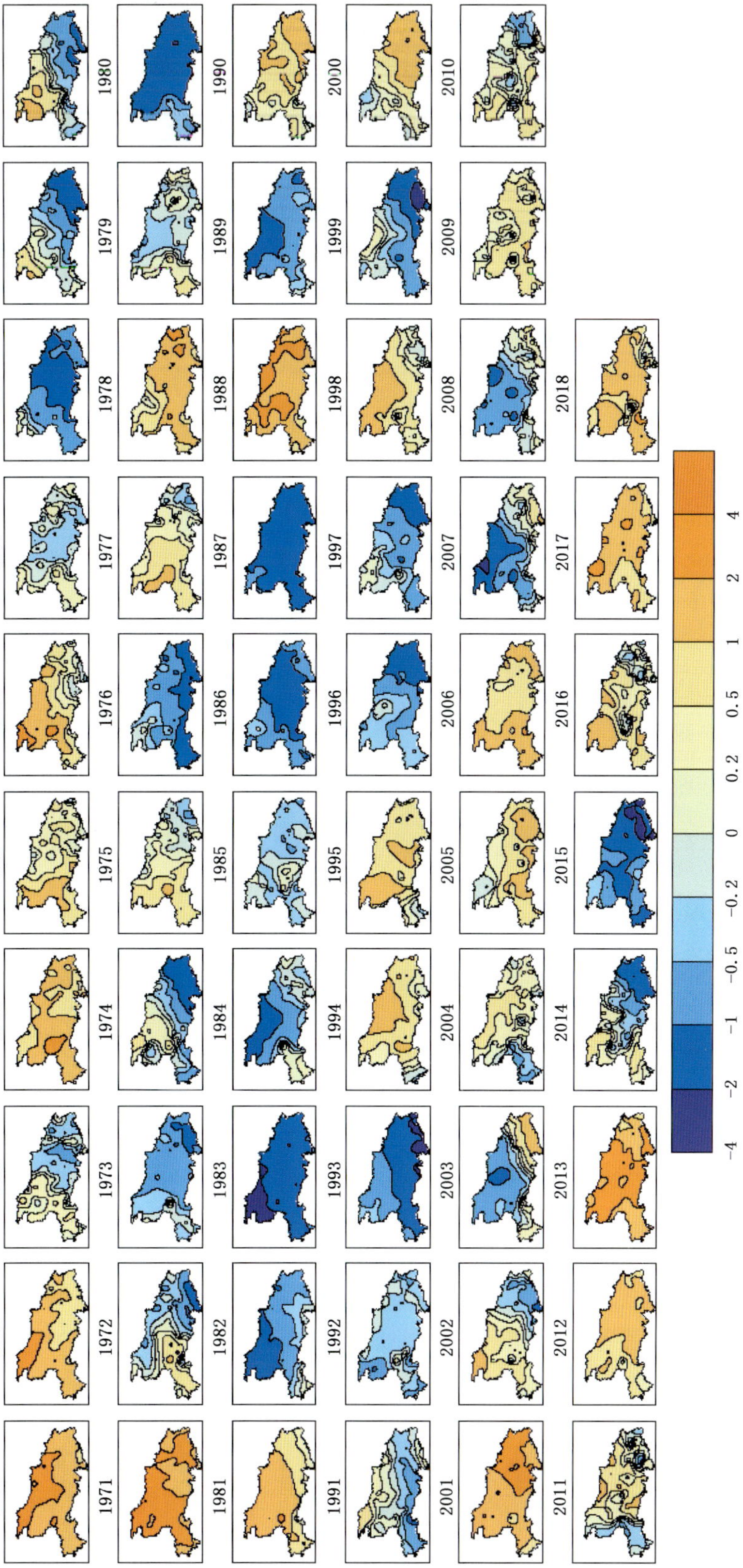
1961
1962
1963
1964
1965
1966
1967
1968
1969
1970
1971
1972
1973
1974
1975
1976
1977
1978
1979
1980
1981
1982
1983
1984
1985
1986
1987
1988
1989
1990
1991
1992
1993
1994
1995
1996
1997
1998
1999
2000
2001
2002
2003
2004
2005
2006
2007
2008
2009
2010
2011
2012
2013
2014
2015
2016
2017
2018
−4
−2
−1
−0.5
−0.2
0
0.2
0.5
1
2
4

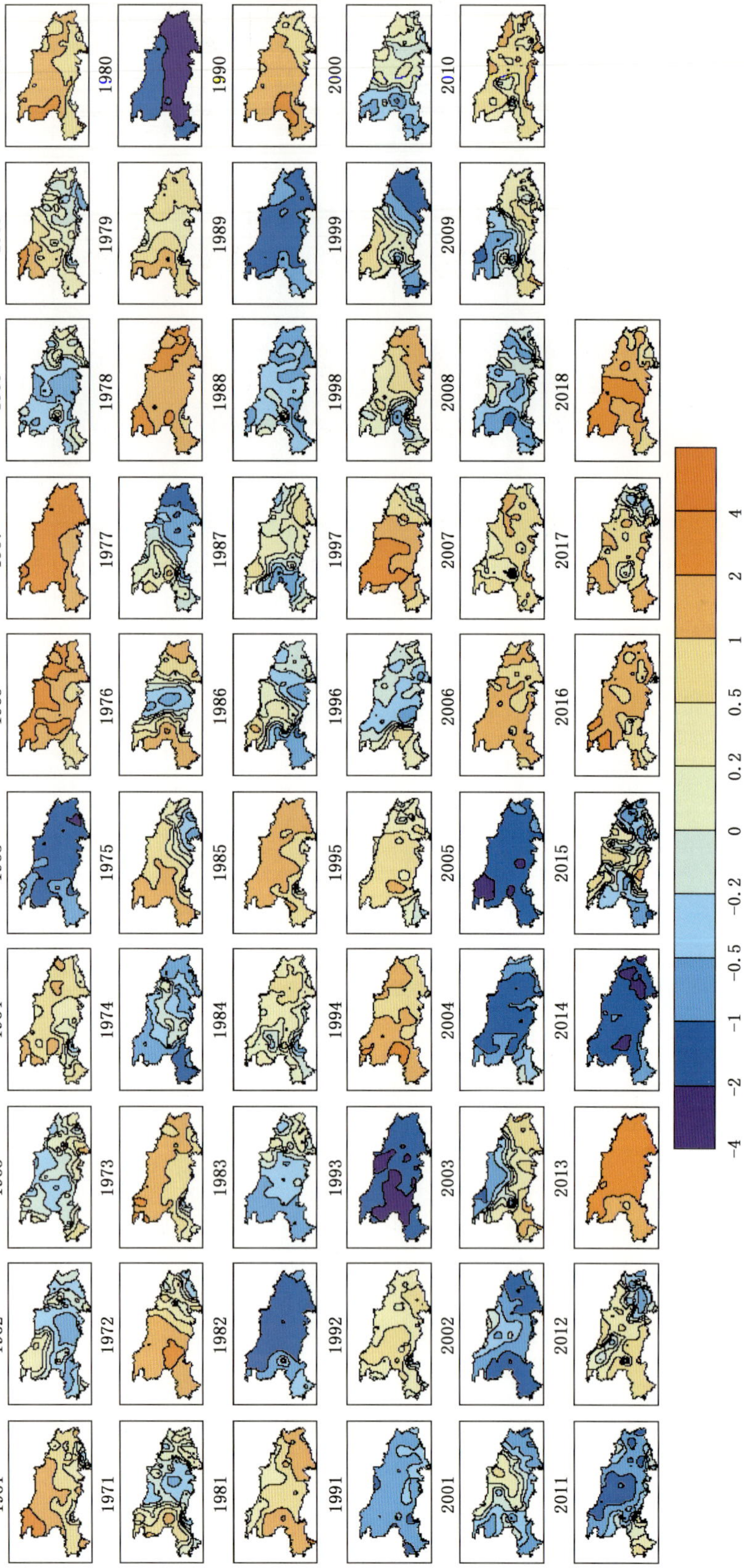
1961
1962
1963
1964
1965
1966
1967
1968
1969
1970
1971
1972
1973
1974
1975
1976
1977
1978
1979
1980
1981
1982
1983
1984
1985
1986
1987
1988
1989
1990
1991
1992
1993
1994
1995
1996
1997
1998
1999
2000
2001
2002
2003
2004
2005
2006
2007
2008
2009
2010
2011
2012
2013
2014
2015
2016
2017
2018
−4
−2
−1
−0.5
−0.2
0
0.2
0.5
1
2
4

8月气温距平图(℃)

9 月气温距平图(℃)

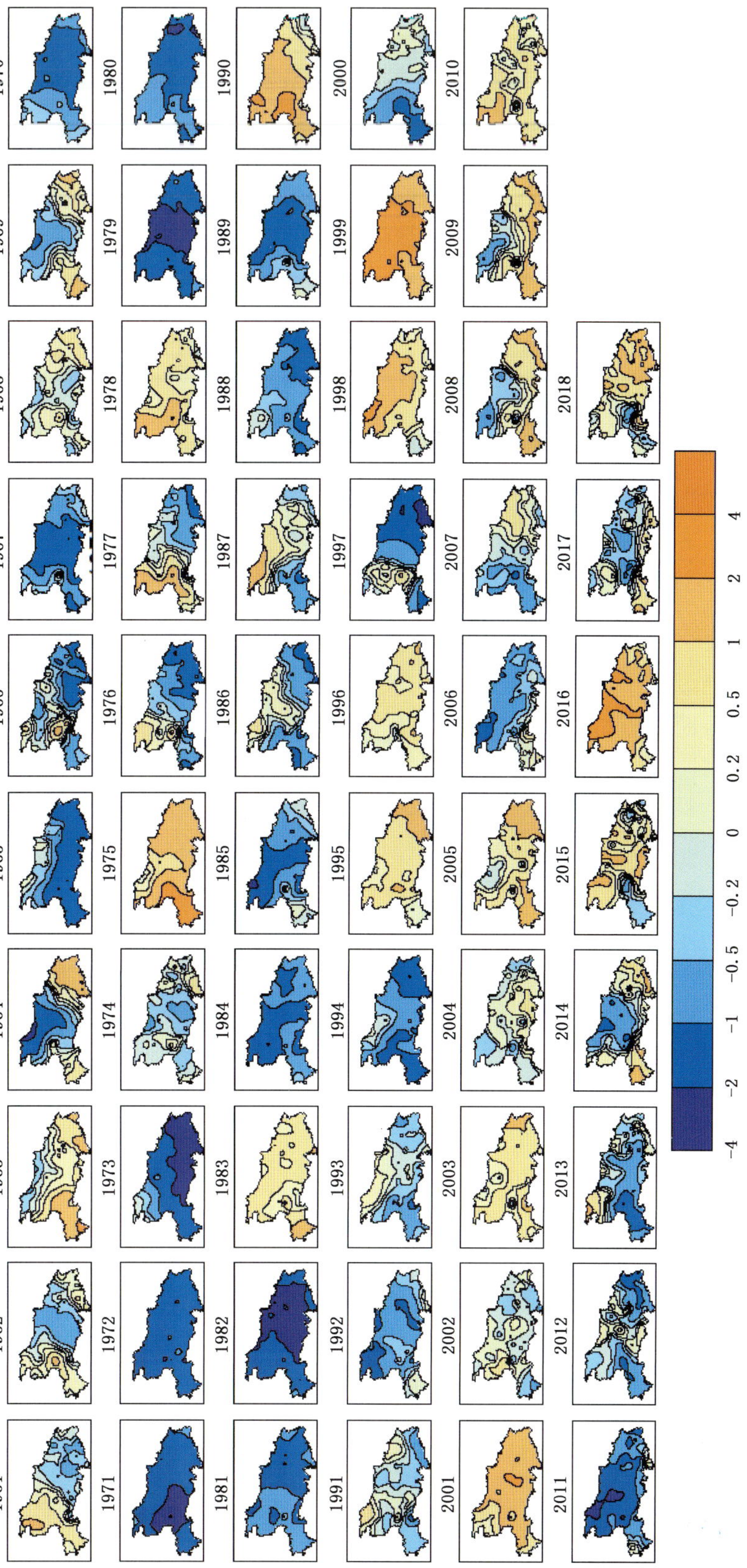
1961
1962
1963
1964
1965
1966
1967
1968
1969
1970
1971
1972
1973
1974
1975
1976
1977
1978
1979
1980
1981
1982
1983
1984
1985
1986
1987
1988
1989
1990
1991
1992
1993
1994
1995
1996
1997
1998
1999
2000
2001
2002
2003
2004
2005
2006
2007
2008
2009
2010
2011
2012
2013
2014
2015
2016
2017
2018
−4
−2
−1
−0.5
−0.2
0
0.2
0.5
1
2
4

10月气温距平图(℃)

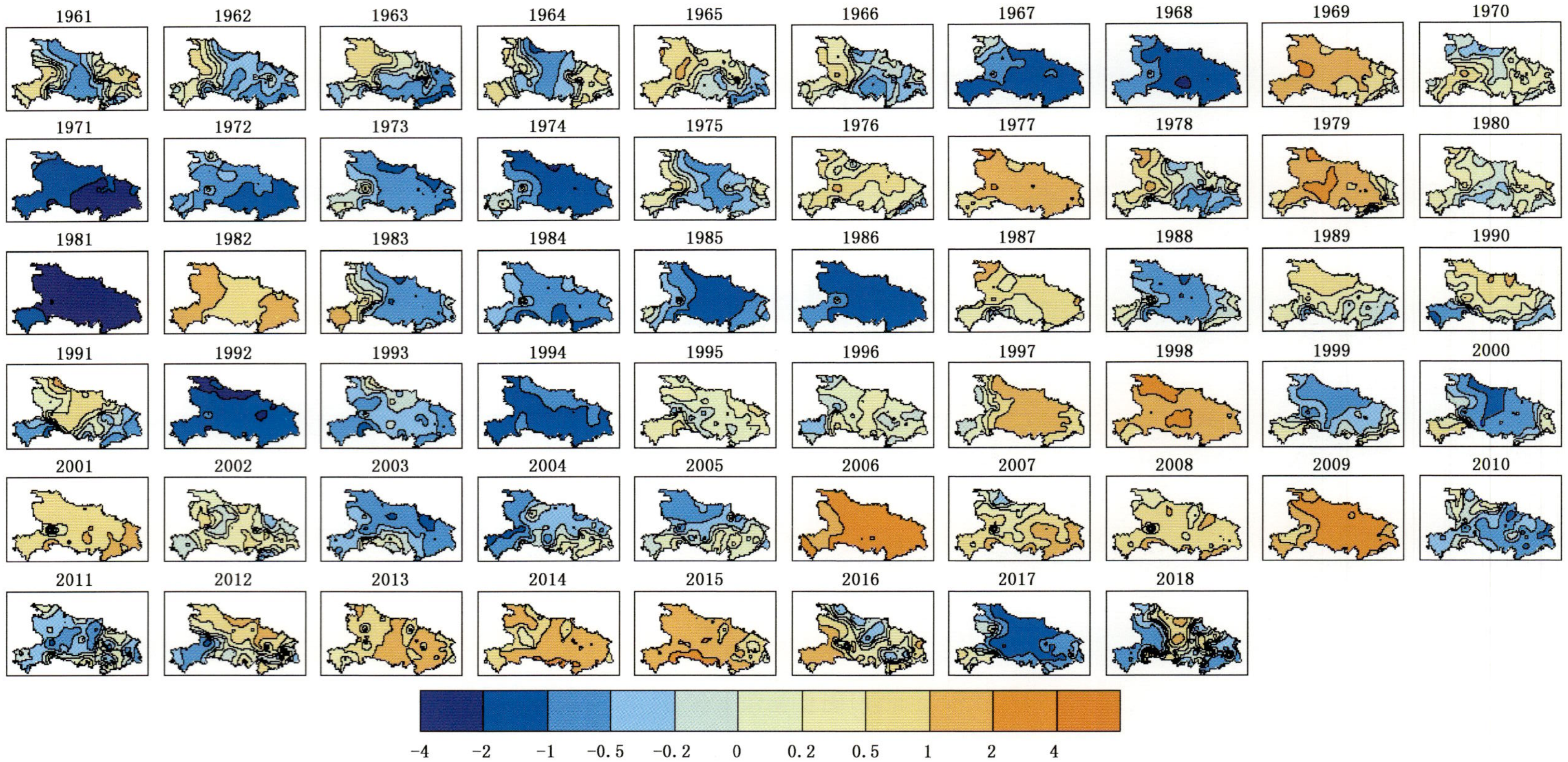
1961
1962
1963
1964
1965
1966
1967
1968
1969
1970
1971
1972
1973
1974
1975
1976
1977
1978
1979
1980
1981
1982
1983
1984
1985
1986
1987
1988
1989
1990
1991
1992
1993
1994
1995
1996
1997
1998
1999
2000
2001
2002
2003
2004
2005
2006
2007
2008
2009
2010
2011
2012
2013
2014
2015
2016
2017
2018
-4
-2
-1
-0.5
-0.2
0
0.2
0.5
1
2
4

11 月气温距平图(℃)

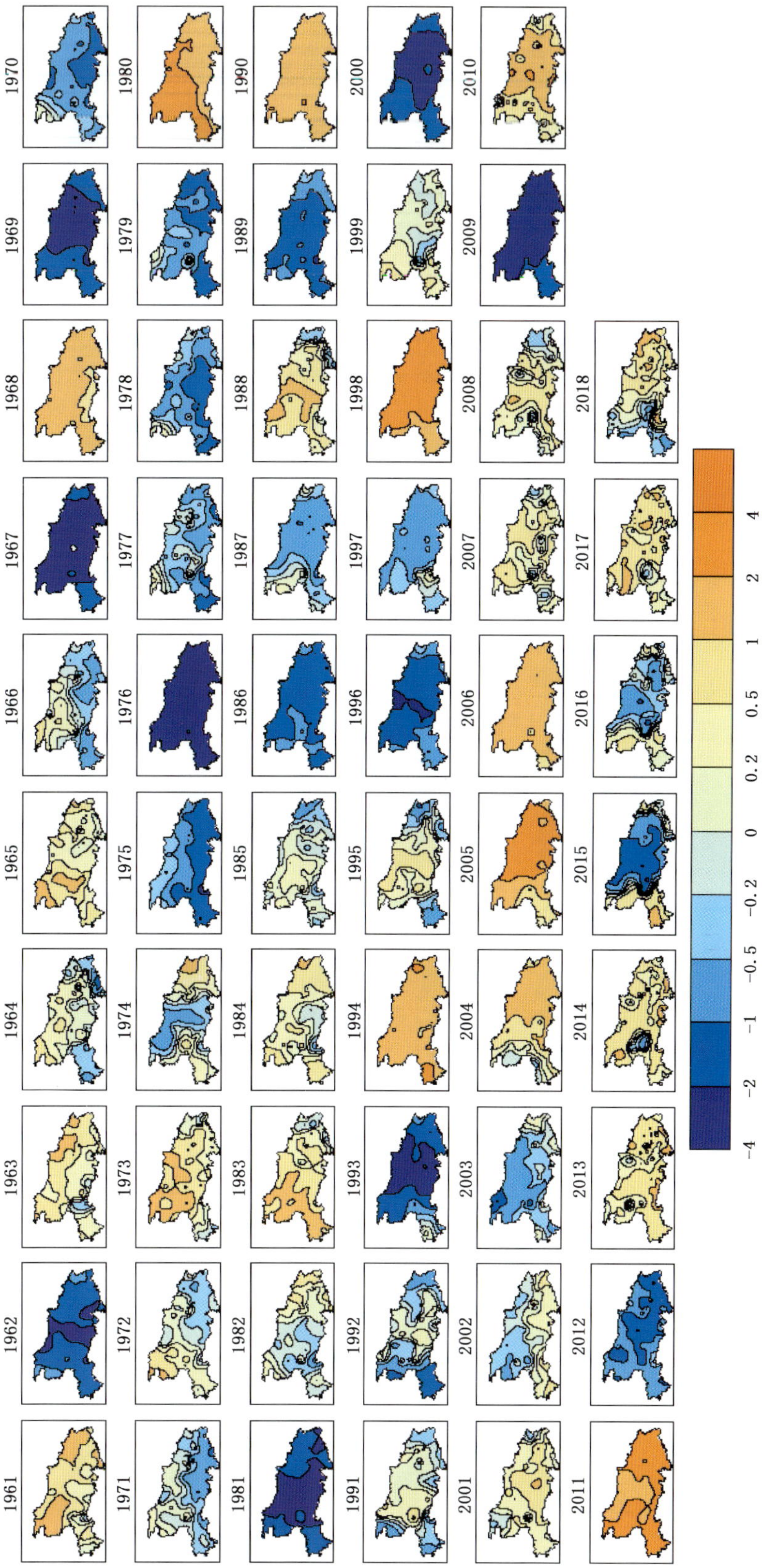
1961
1962
1963
1964
1965
1966
1967
1968
1969
1970
1971
1972
1973
1974
1975
1976
1977
1978
1979
1980
1981
1982
1983
1984
1985
1986
1987
1988
1989
1990
1991
1992
1993
1994
1995
1996
1997
1998
1999
2000
2001
2002
2003
2004
2005
2006
2007
2008
2009
2010
2011
2012
2013
2014
2015
2016
2017
2018
−4
−2
−1
−0.5
−0.2
0
0.2
0.5
1
2
4

12月气温距平图(℃)

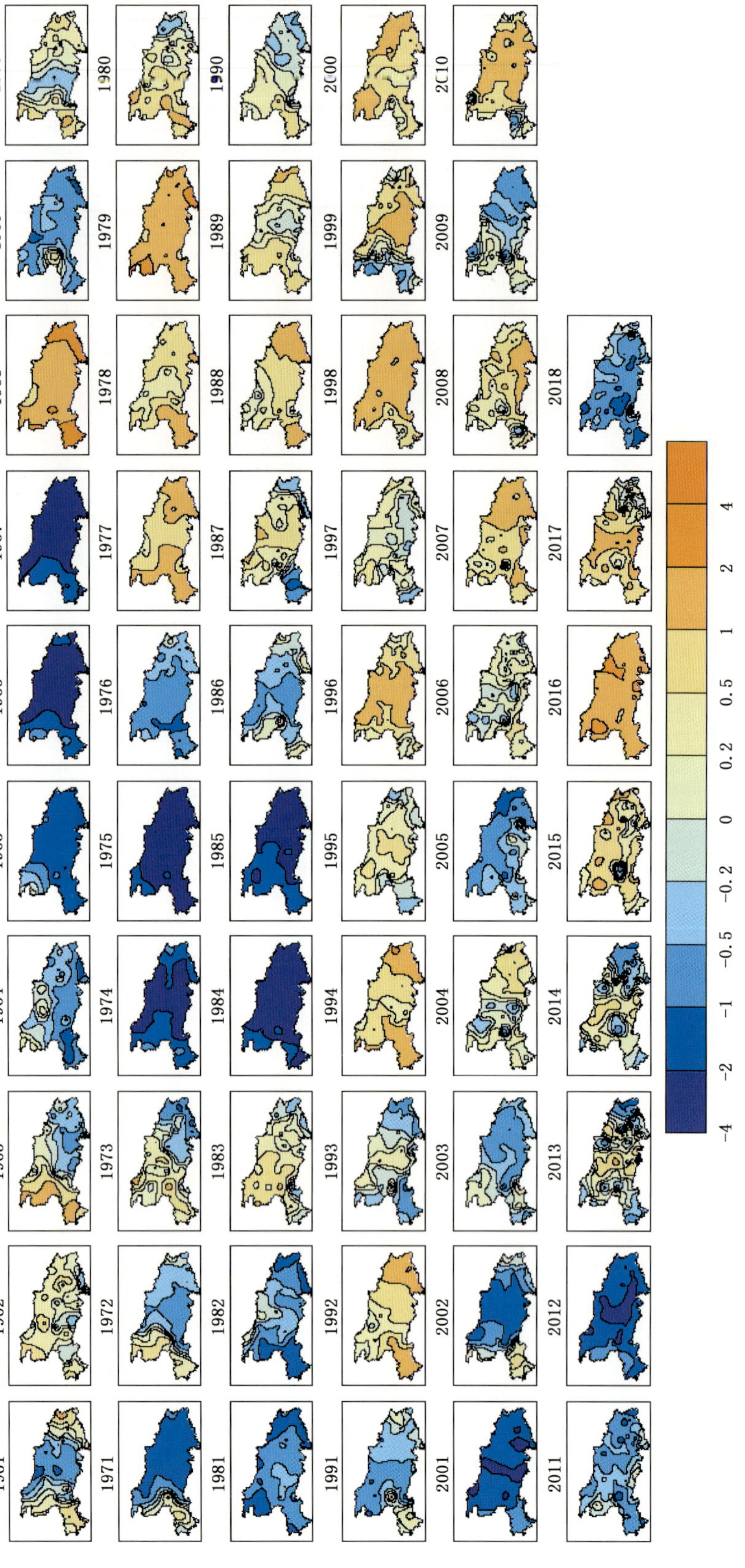
1961
1962
1963
1964
1965
1966
1967
1968
1969
1970
1971
1972
1973
1974
1975
1976
1977
1978
1979
1980
1981
1982
1983
1984
1985
1986
1987
1988
1989
1990
1991
1992
1993
1994
1995
1996
1997
1998
1999
2000
2001
2002
2003
2004
2005
2006
2007
2008
2009
2010
2011
2012
2013
2014
2015
2016
2017
2018
−4
−2
−1
−0.5
−0.2
0
0.2
0.5
1
2
4

附录 F　湖北省月降水图集(1961—2018 年)

1 月降水距平百分率图(%)

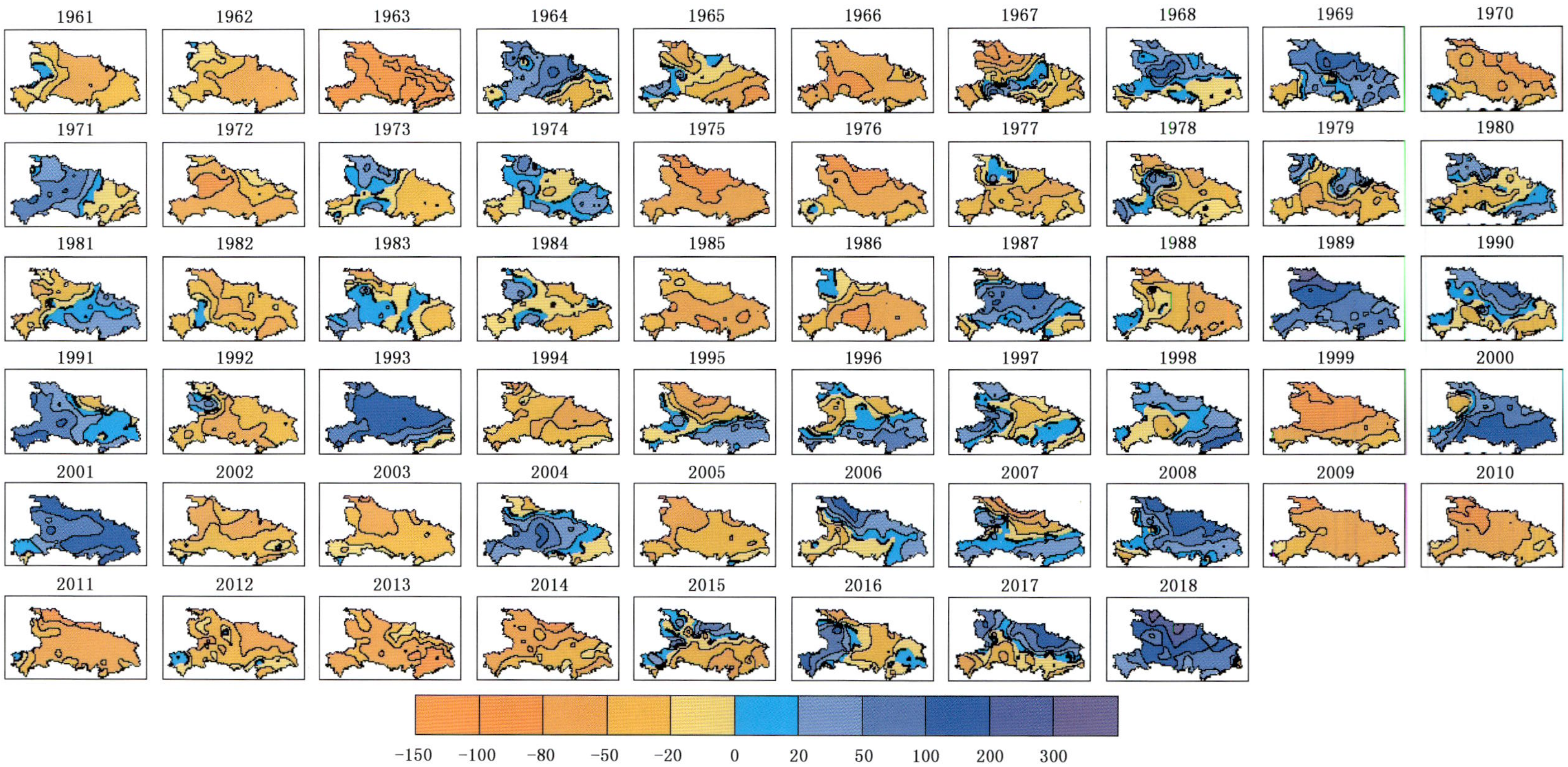

2 月降水距平百分率图(%)

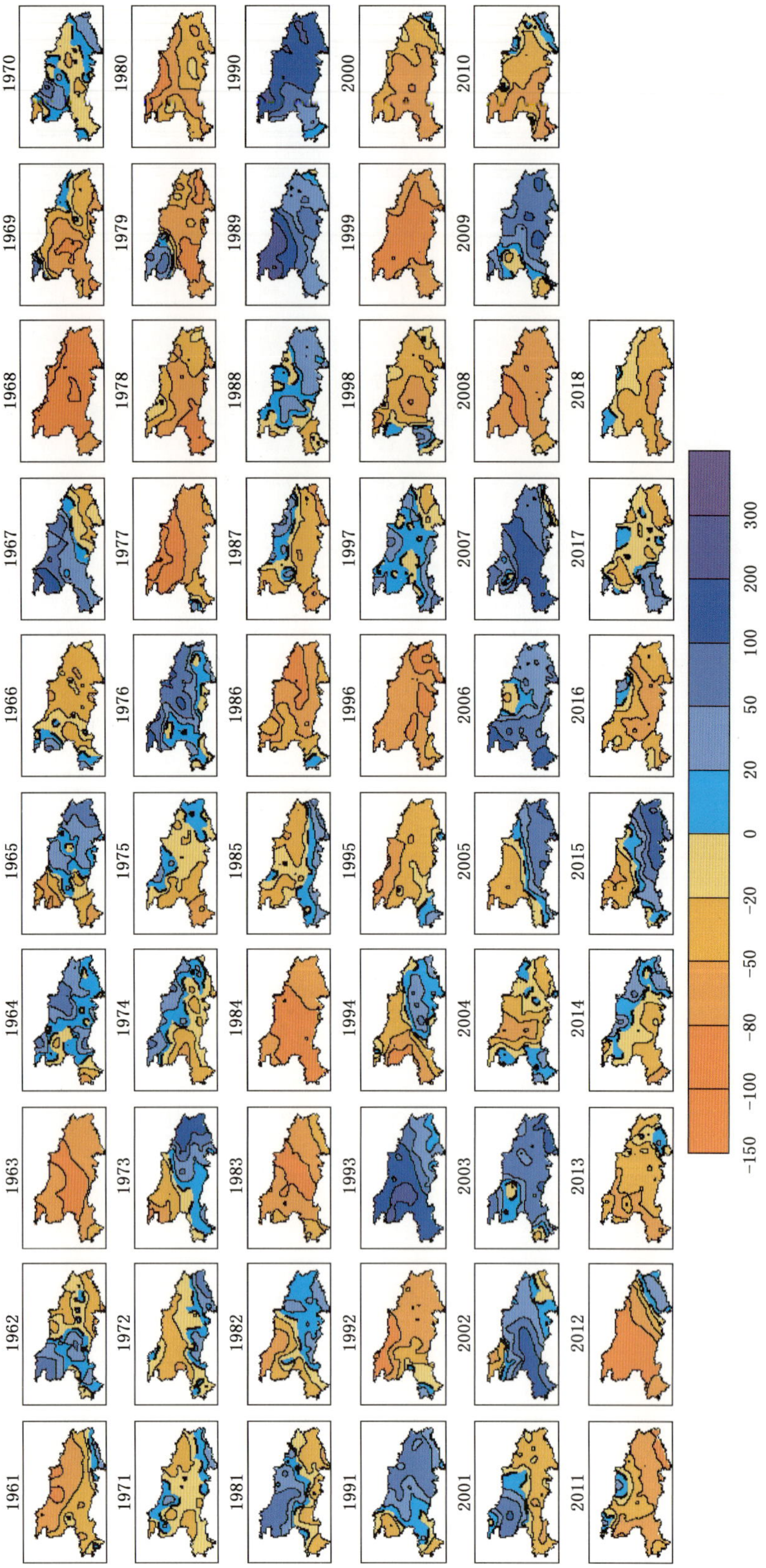
1961
1962
1963
1964
1965
1966
1967
1968
1969
1970
1971
1972
1973
1974
1975
1976
1977
1978
1979
1980
1981
1982
1983
1984
1985
1986
1987
1988
1989
1990
1991
1992
1993
1994
1995
1996
1997
1998
1999
2000
2001
2002
2003
2004
2005
2006
2007
2008
2009
2010
2011
2012
2013
2014
2015
2016
2017
2018
−150
−100
−80
−50
−20
0
20
50
100
200
300

3 月降水距平百分率图(%)

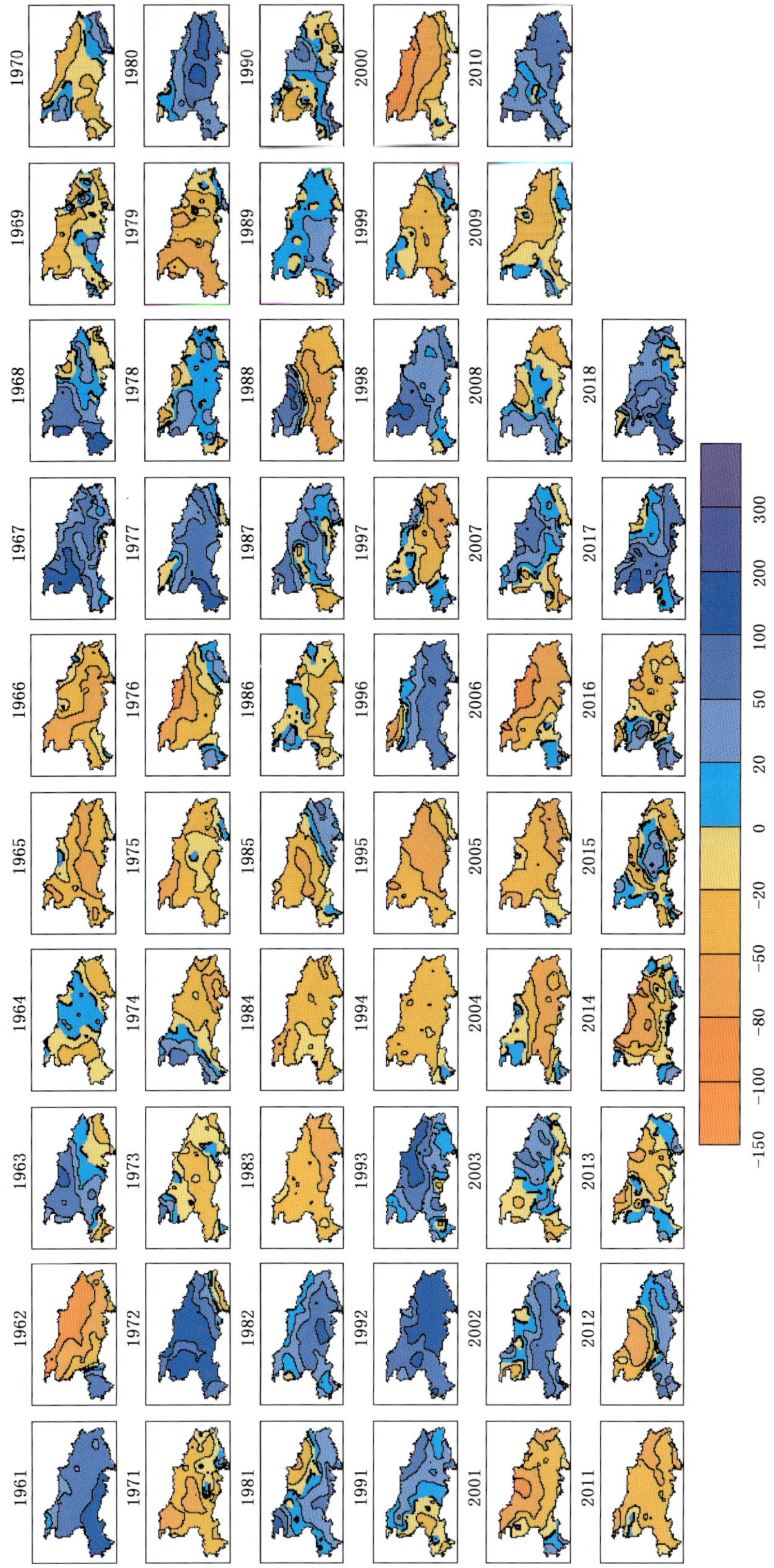
1961
1962
1963
1964
1965
1966
1967
1968
1969
1970
1971
1972
1973
1974
1975
1976
1977
1978
1979
1980
1981
1982
1983
1984
1985
1986
1987
1988
1989
1990
1991
1992
1993
1994
1995
1996
1997
1998
1999
2000
2001
2002
2003
2004
2005
2006
2007
2008
2009
2010
2011
2012
2013
2014
2015
2016
2017
2018
−150
−100
−80
−50
−20
0
20
50
100
200
300

4 月降水距平百分率图(%)

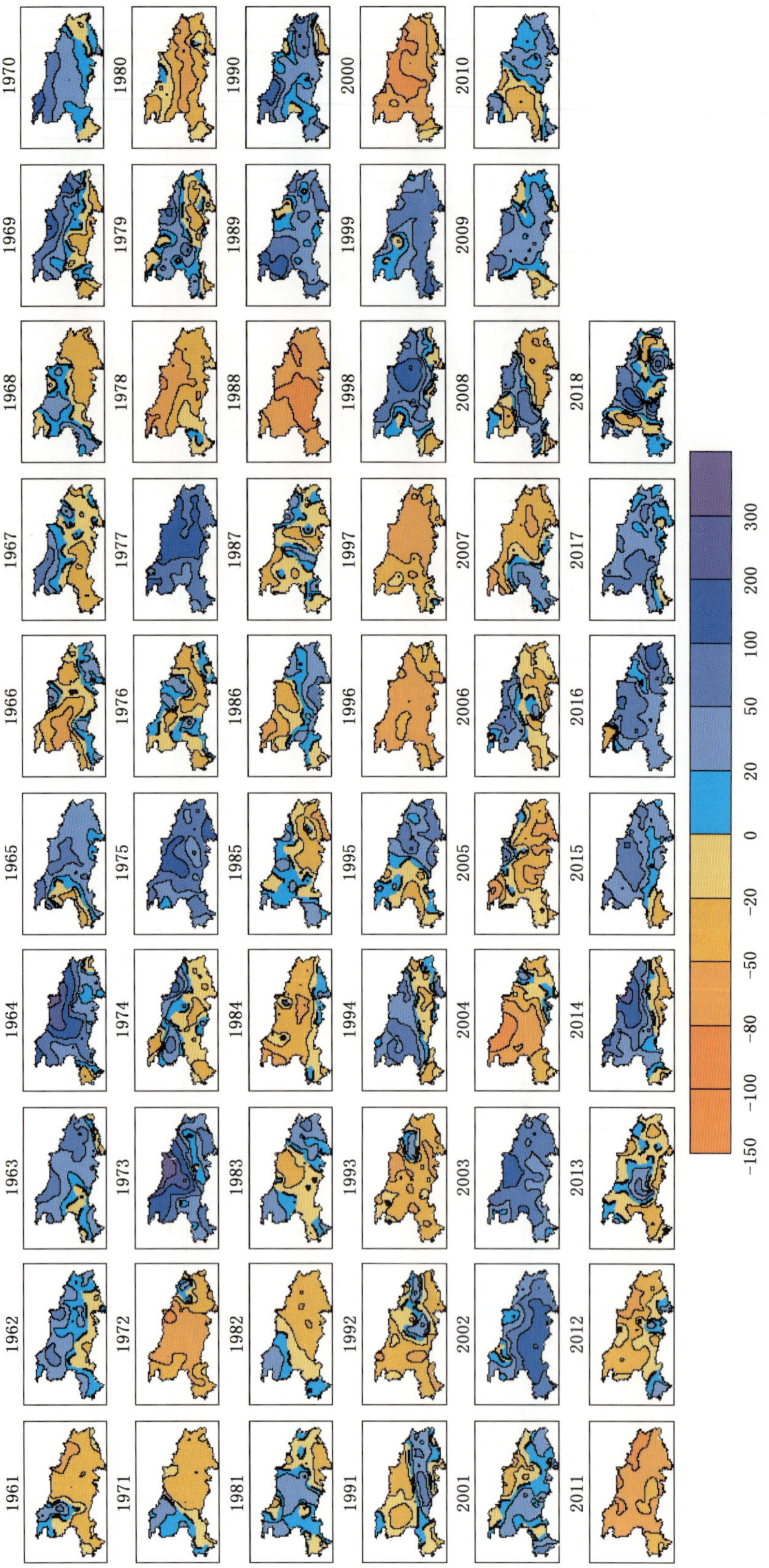
1961
1962
1963
1964
1965
1966
1967
1968
1969
1970
1971
1972
1973
1974
1975
1976
1977
1978
1979
1980
1981
1982
1983
1984
1985
1986
1987
1988
1989
1990
1991
1992
1993
1994
1995
1996
1997
1998
1999
2000
2001
2002
2003
2004
2005
2006
2007
2008
2009
2010
2011
2012
2013
2014
2015
2016
2017
2018
−150
−100
−80
−50
−20
0
20
50
100
200
300

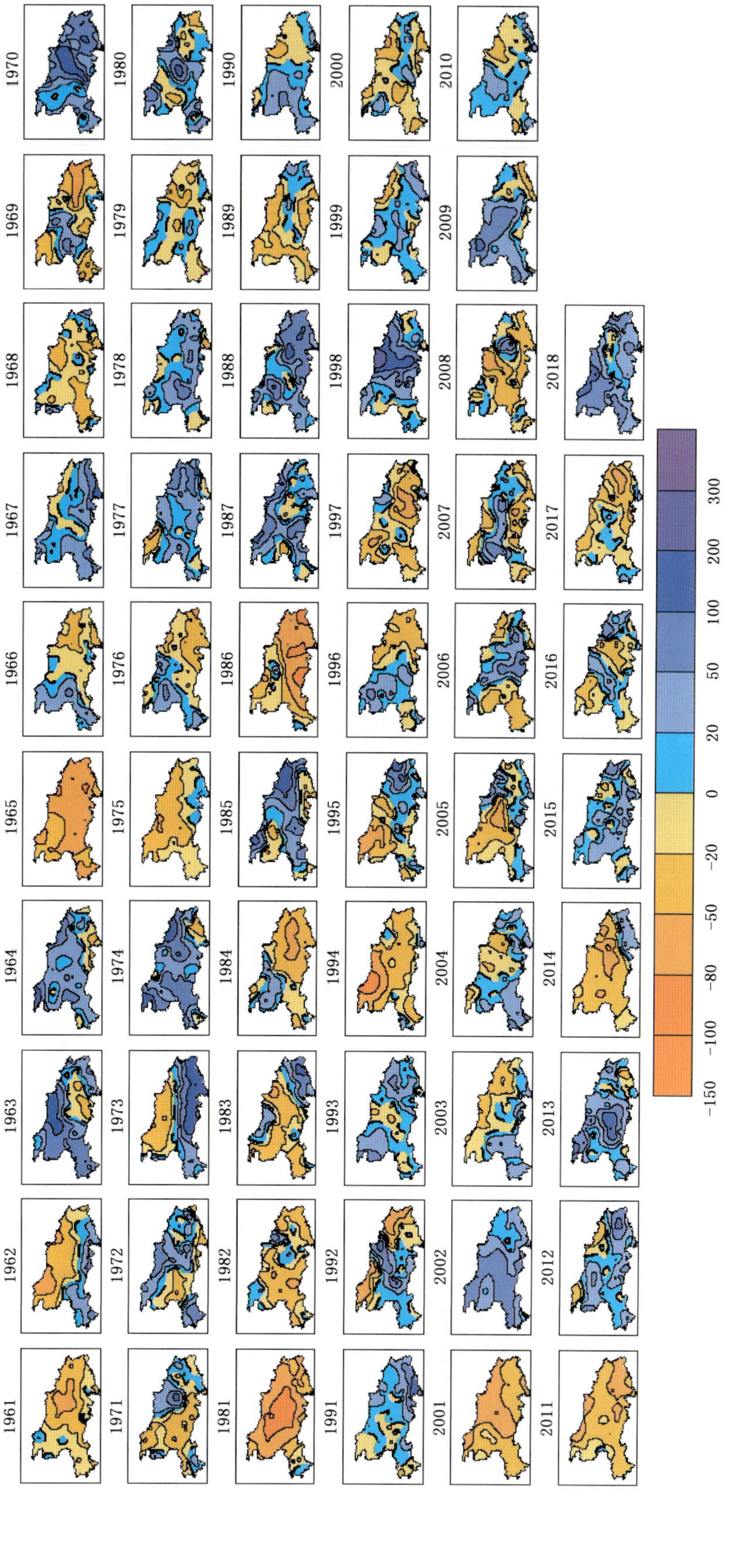
1961
1962
1963
1964
1965
1966
1967
1968
1969
1970
1971
1972
1973
1974
1975
1976
1977
1978
1979
1980
1981
1982
1983
1984
1985
1986
1987
1988
1989
1990
1991
1992
1993
1994
1995
1996
1997
1998
1999
2000
2001
2002
2003
2004
2005
2006
2007
2008
2009
2010
2011
2012
2013
2014
2015
2016
2017
2018
−150
−100
−80
−50
−20
0
20
50
100
200
300

5 月降水距平百分率图(%)

6 月降水距平百分率图(%)

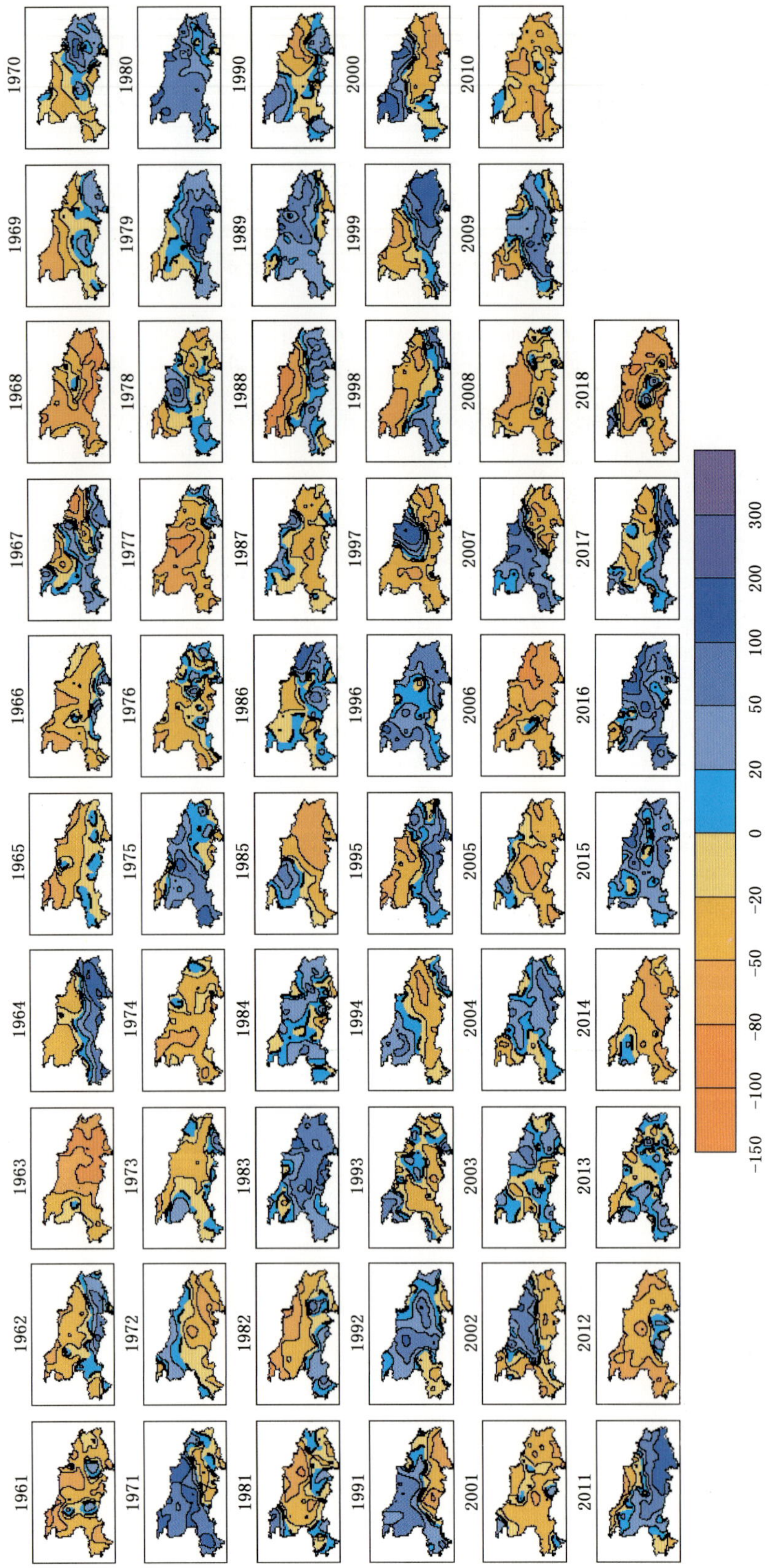
1961
1962
1963
1964
1965
1966
1967
1968
1969
1970
1971
1972
1973
1974
1975
1976
1977
1978
1979
1980
1981
1982
1983
1984
1985
1986
1987
1988
1989
1990
1991
1992
1993
1994
1995
1996
1997
1998
1999
2000
2001
2002
2003
2004
2005
2006
2007
2008
2009
2010
2011
2012
2013
2014
2015
2016
2017
2018
−150
−100
−80
−50
−20
0
20
50
100
200
300

7 月降水距平百分率图(%)

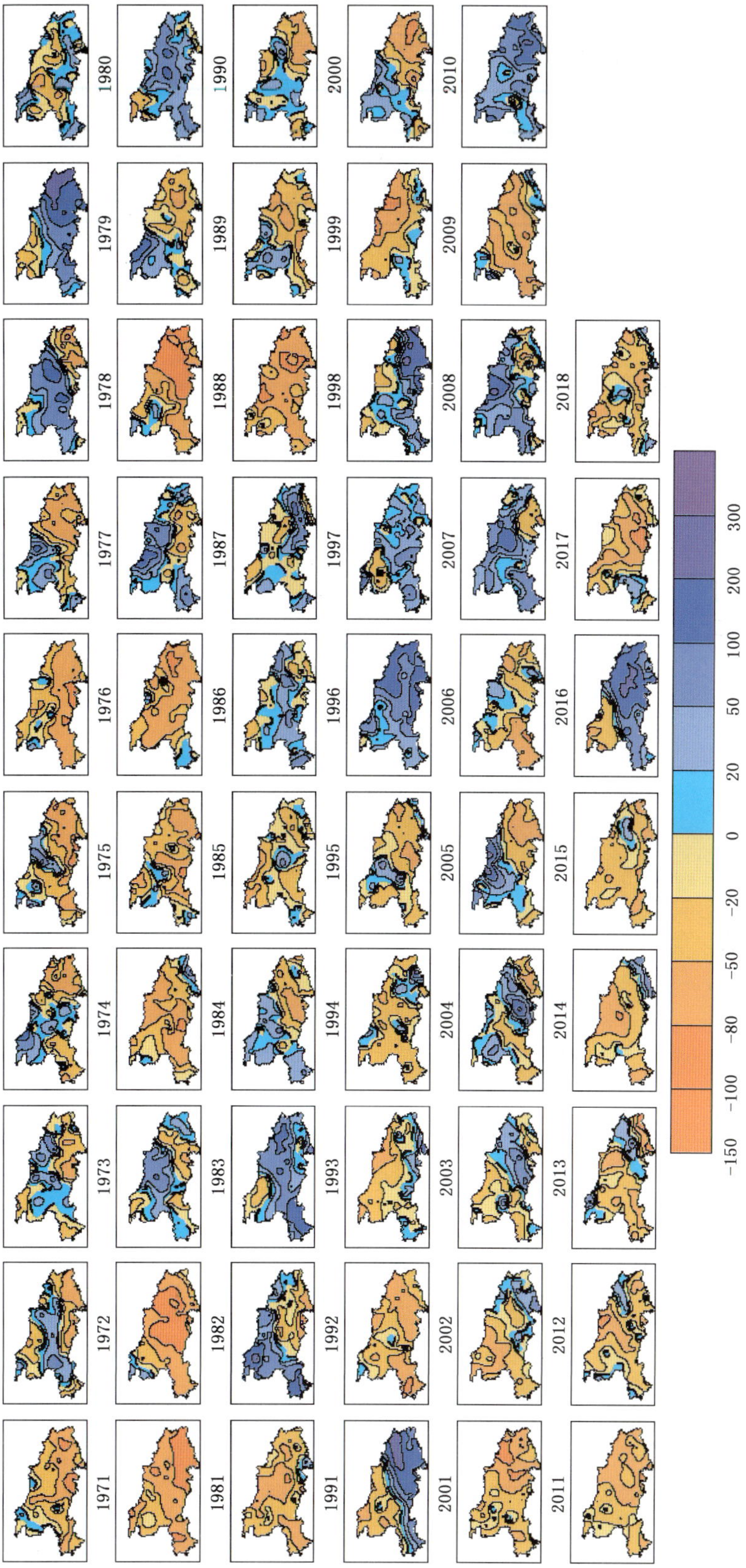
1961
1962
1963
1964
1965
1966
1967
1968
1969
1970
1971
1972
1973
1974
1975
1976
1977
1978
1979
1980
1981
1982
1983
1984
1985
1986
1987
1988
1989
1990
1991
1992
1993
1994
1995
1996
1997
1998
1999
2000
2001
2002
2003
2004
2005
2006
2007
2008
2009
2010
2011
2012
2013
2014
2015
2016
2017
2018
−150
−100
−80
−50
−20
0
20
50
100
200
300

8 月降水距平百分率图(%)

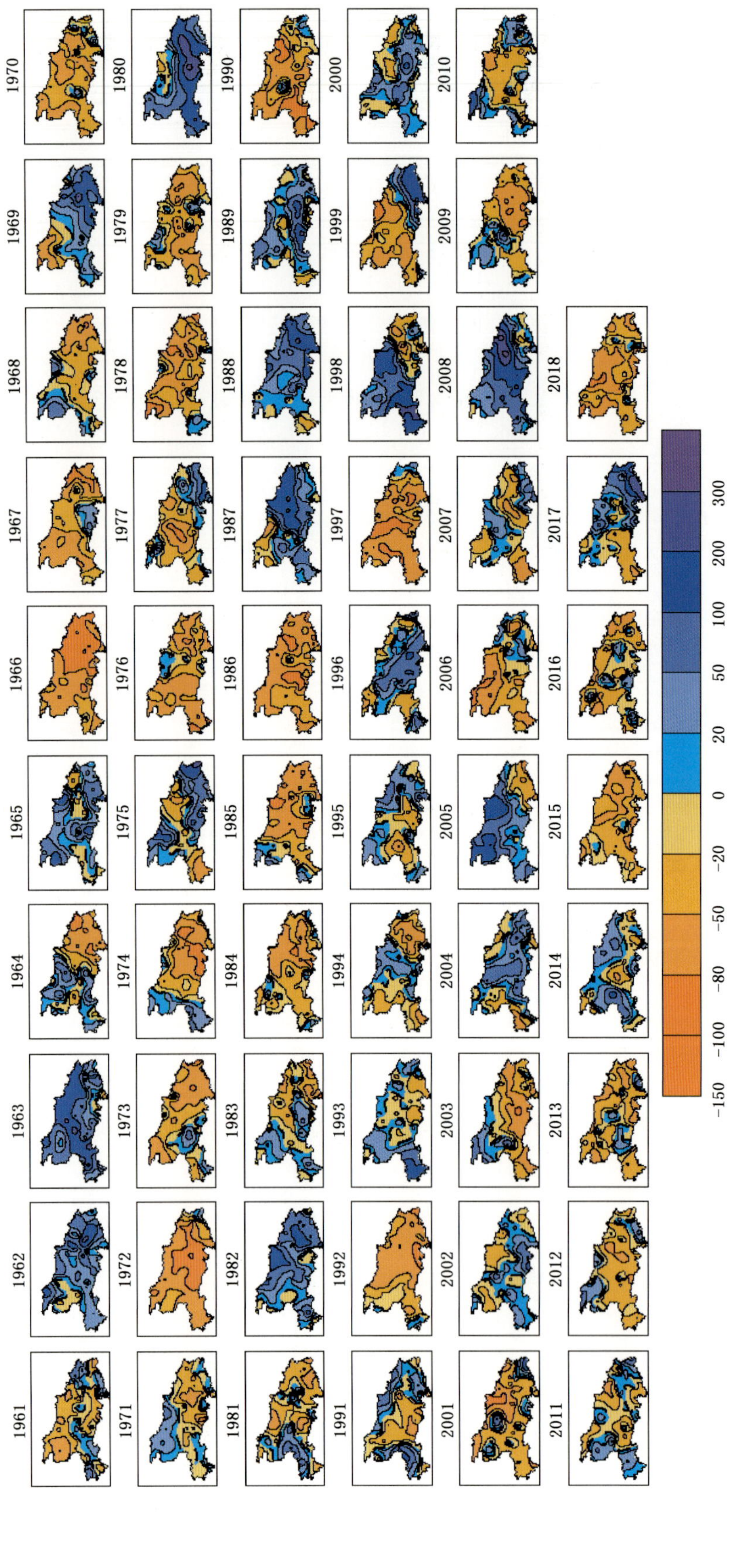
1961
1962
1963
1964
1965
1966
1967
1968
1969
1970
1971
1972
1973
1974
1975
1976
1977
1978
1979
1980
1981
1982
1983
1984
1985
1986
1987
1988
1989
1990
1991
1992
1993
1994
1995
1996
1997
1998
1999
2000
2001
2002
2003
2004
2005
2006
2007
2008
2009
2010
2011
2012
2013
2014
2015
2016
2017
2018
−150
−100
−80
−50
−20
0
20
50
100
200
300

9月降水距平百分率图(%)

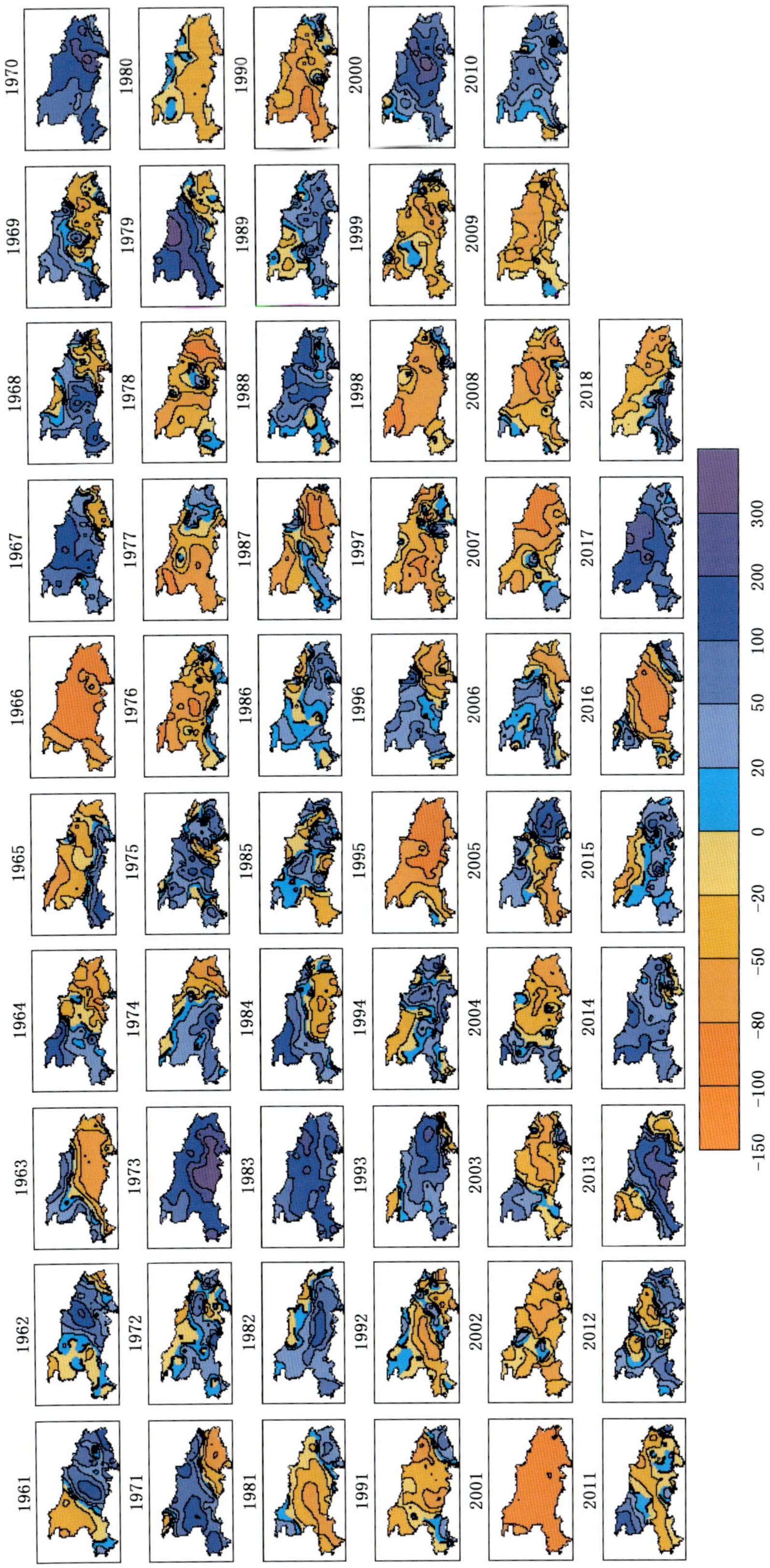
1961
1962
1963
1964
1965
1966
1967
1968
1969
1970
1971
1972
1973
1974
1975
1976
1977
1978
1979
1980
1981
1982
1983
1984
1985
1986
1987
1988
1989
1990
1991
1992
1993
1994
1995
1996
1997
1998
1999
2000
2001
2002
2003
2004
2005
2006
2007
2008
2009
2010
2011
2012
2013
2014
2015
2016
2017
2018
-150
-100
-80
-50
-20
0
20
50
100
200
300

10 月降水距平百分率图(%)

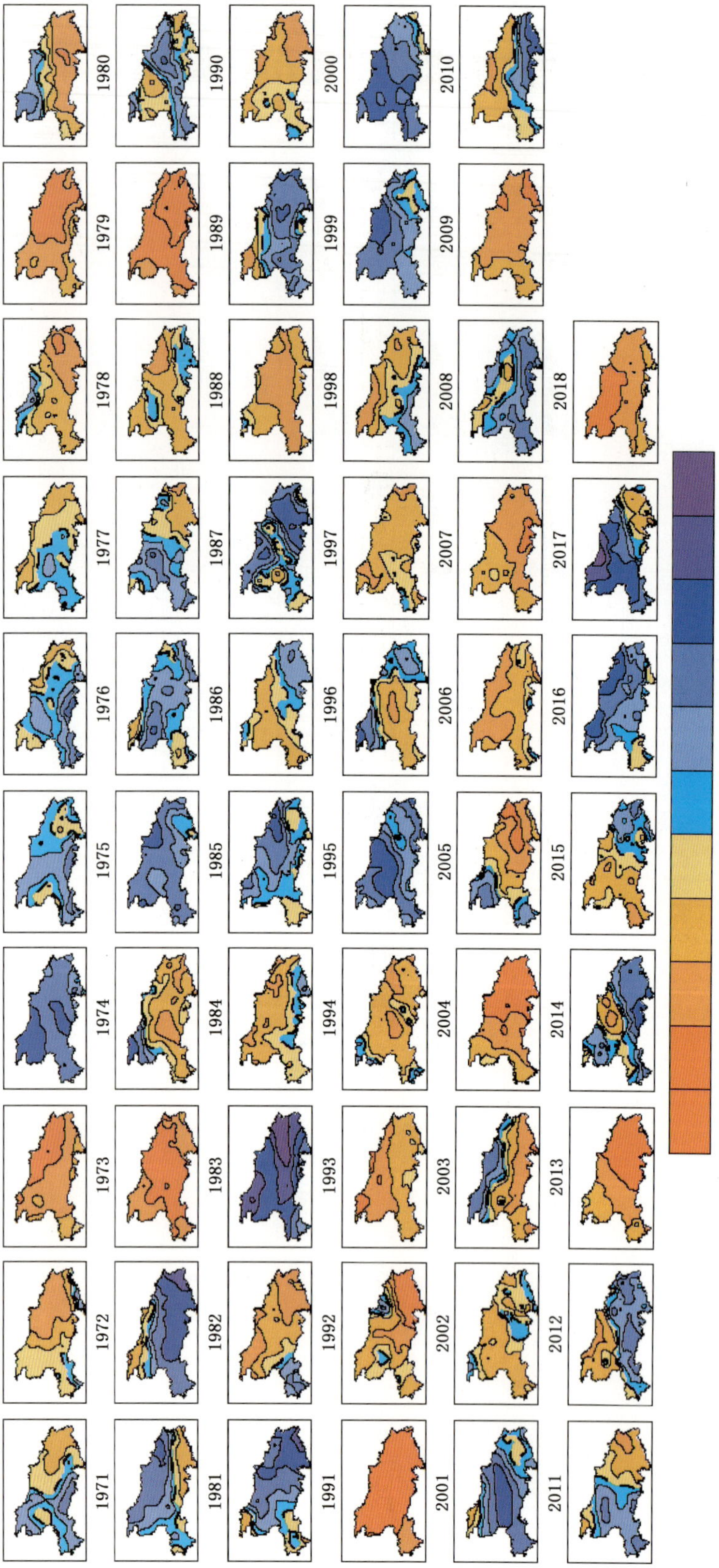

11月降水距平百分率图(%)

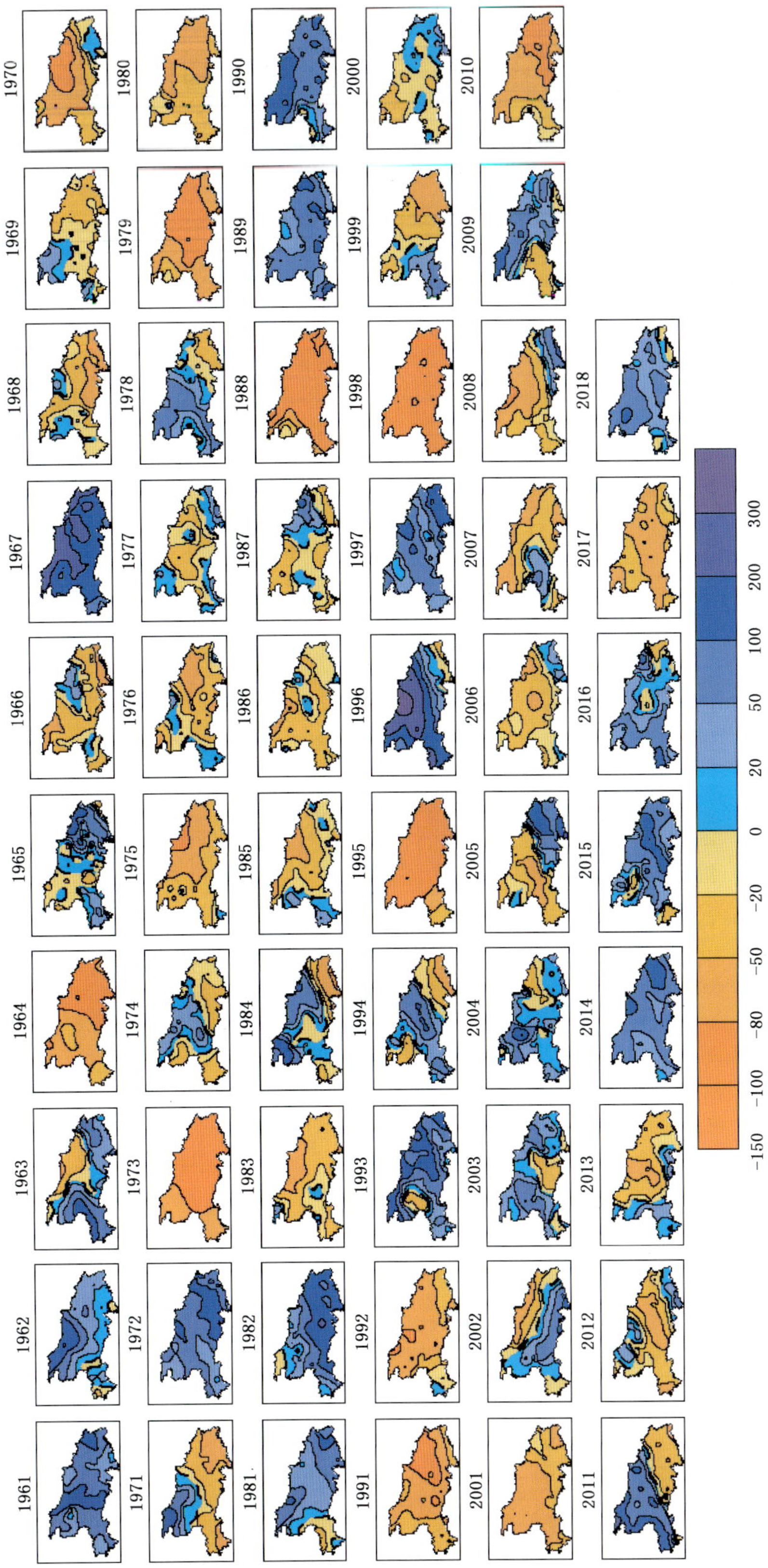

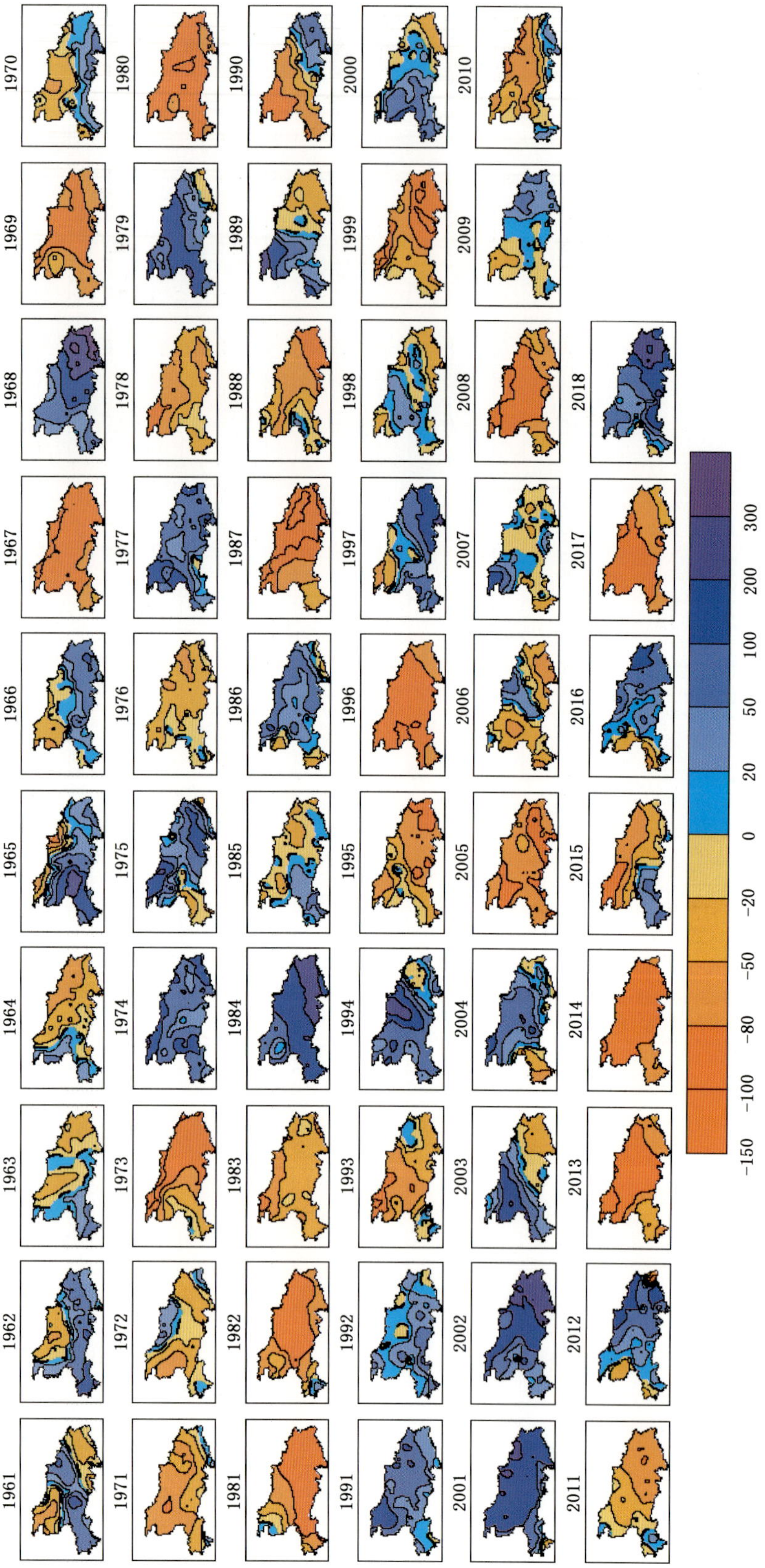

12月降水距平百分率图(%)

附录G　湖北省季节气温图集(1961—2018年)

春播期(3—4月)气温距平图(℃)

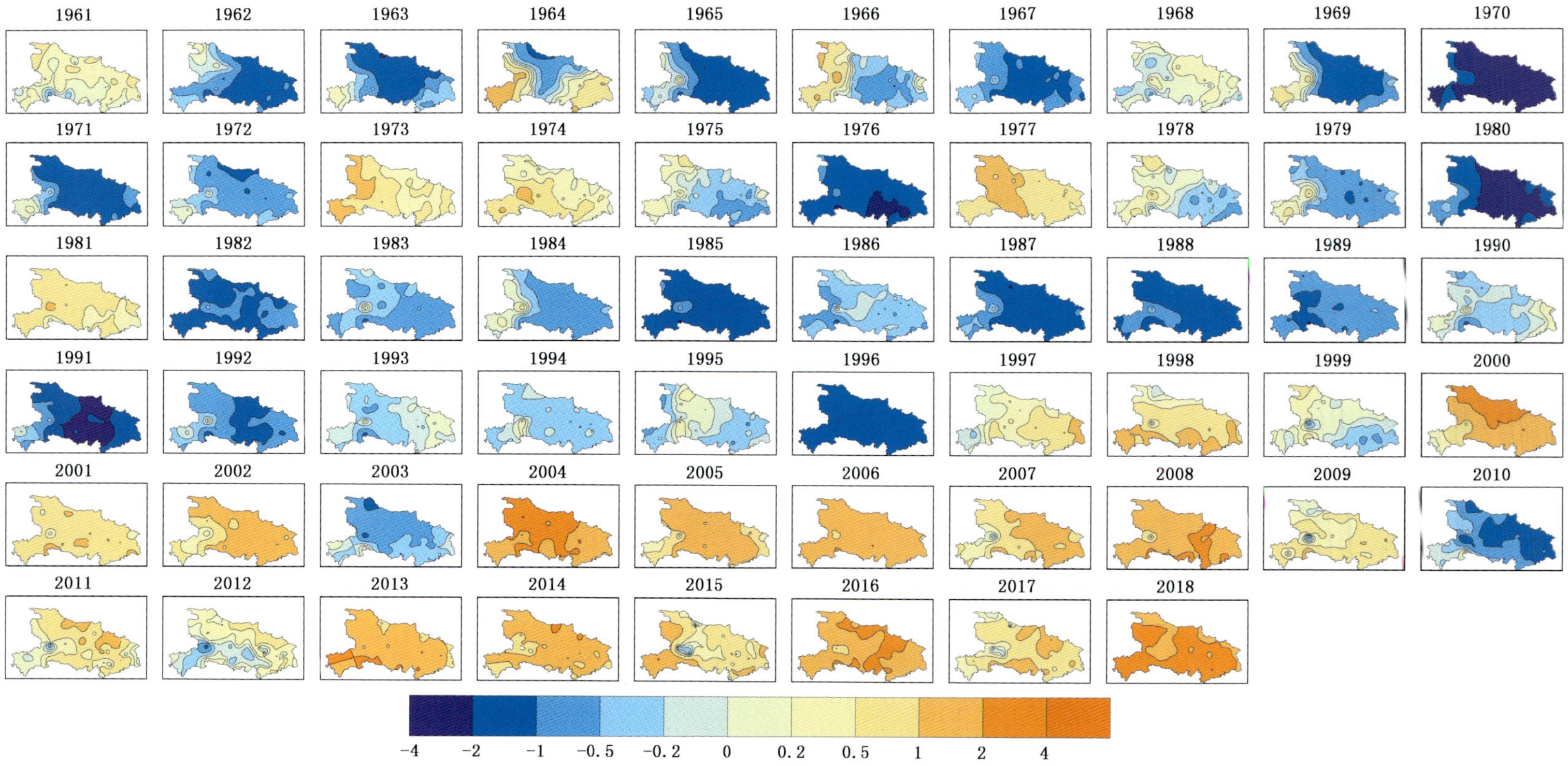

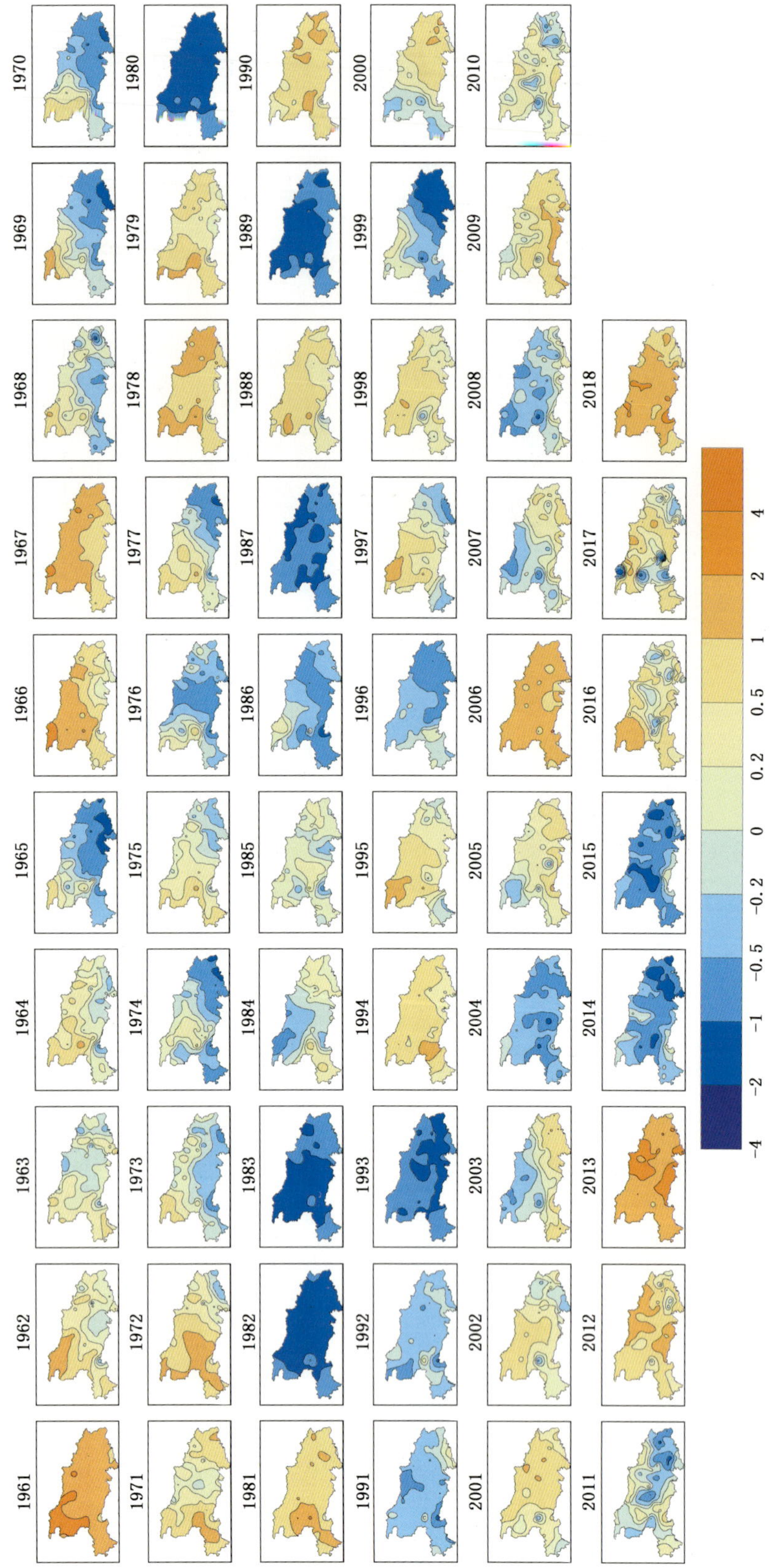
1961
1962
1963
1964
1965
1966
1967
1968
1969
1970
1971
1972
1973
1974
1975
1976
1977
1978
1979
1980
1981
1982
1983
1984
1985
1986
1987
1988
1989
1990
1991
1992
1993
1994
1995
1996
1997
1998
1999
2000
2001
2002
2003
2004
2005
2006
2007
2008
2009
2010
2011
2012
2013
2014
2015
2016
2017
2018
−4
−2
−1
−0.5
−0.2
0
0.2
0.5
1
2
4

夏季(6—8月)气温距平图(℃)

秋汛期(9—10月)气温距平图(℃)

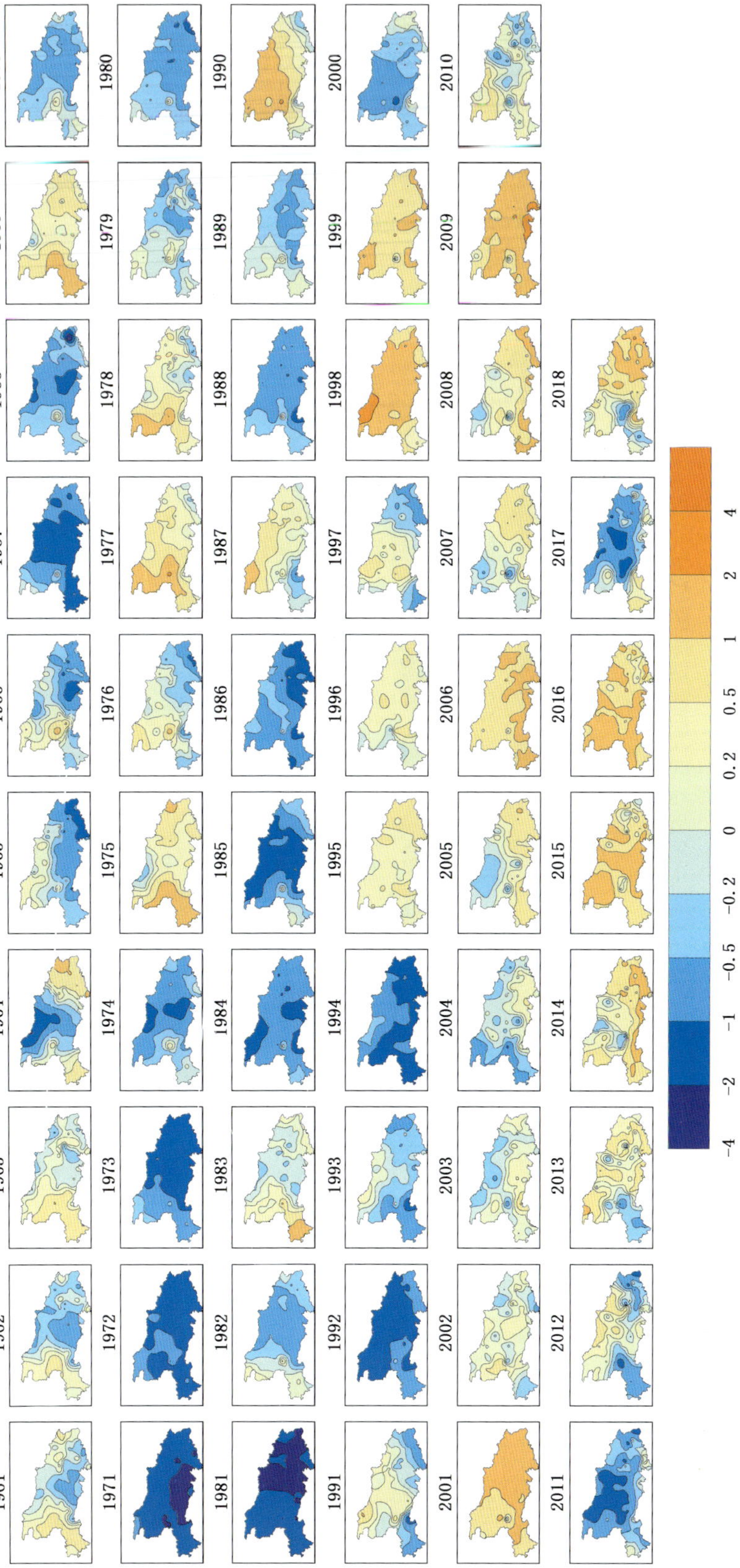

冬季(12 月—翌年 2 月)气温距平图(℃)

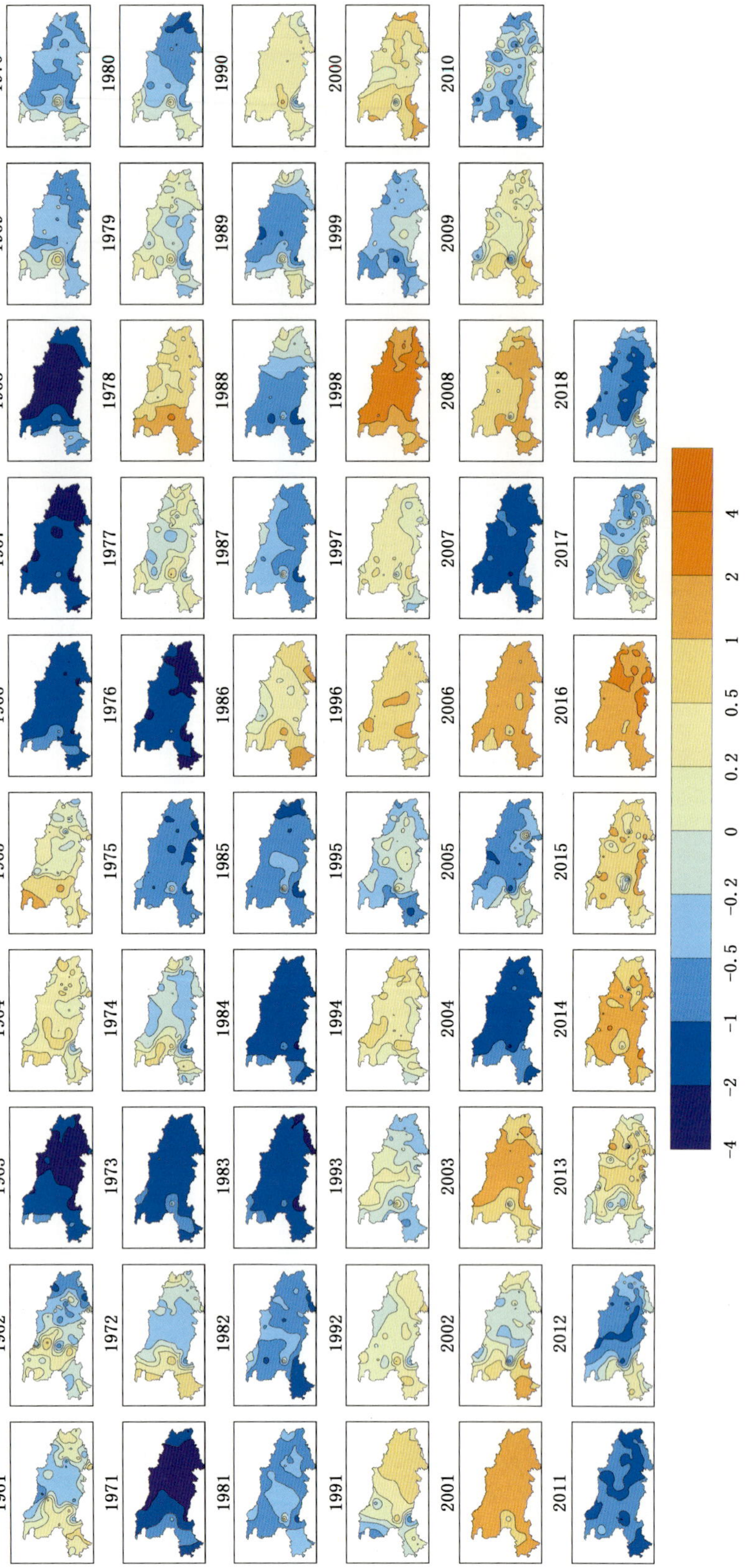

附录 H 湖北省季节降水图集(1961—2018 年)

春播期(3—4 月)降水距平百分率图(%)

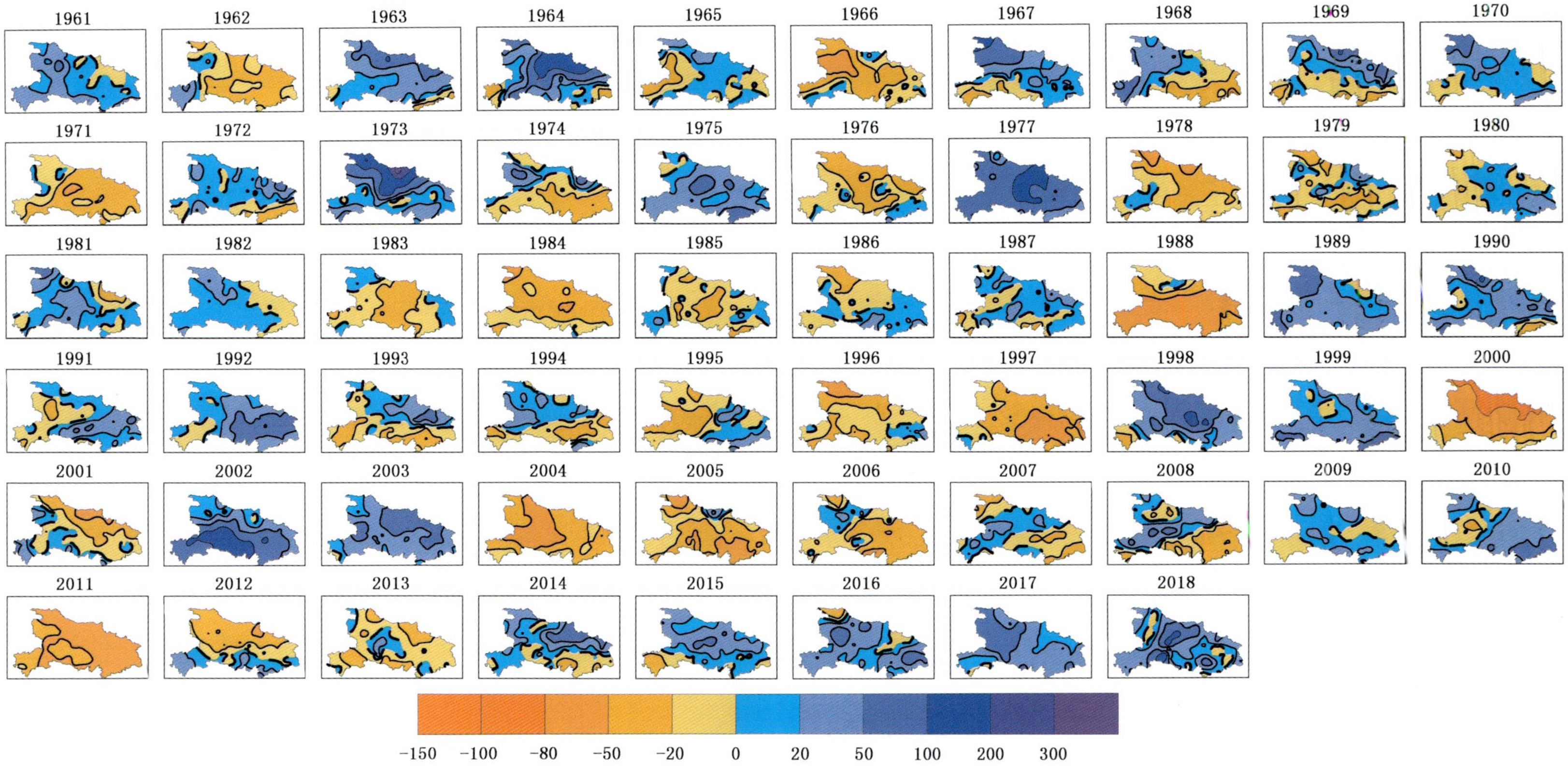

夏季(6—8月)降水距平百分率图(%)

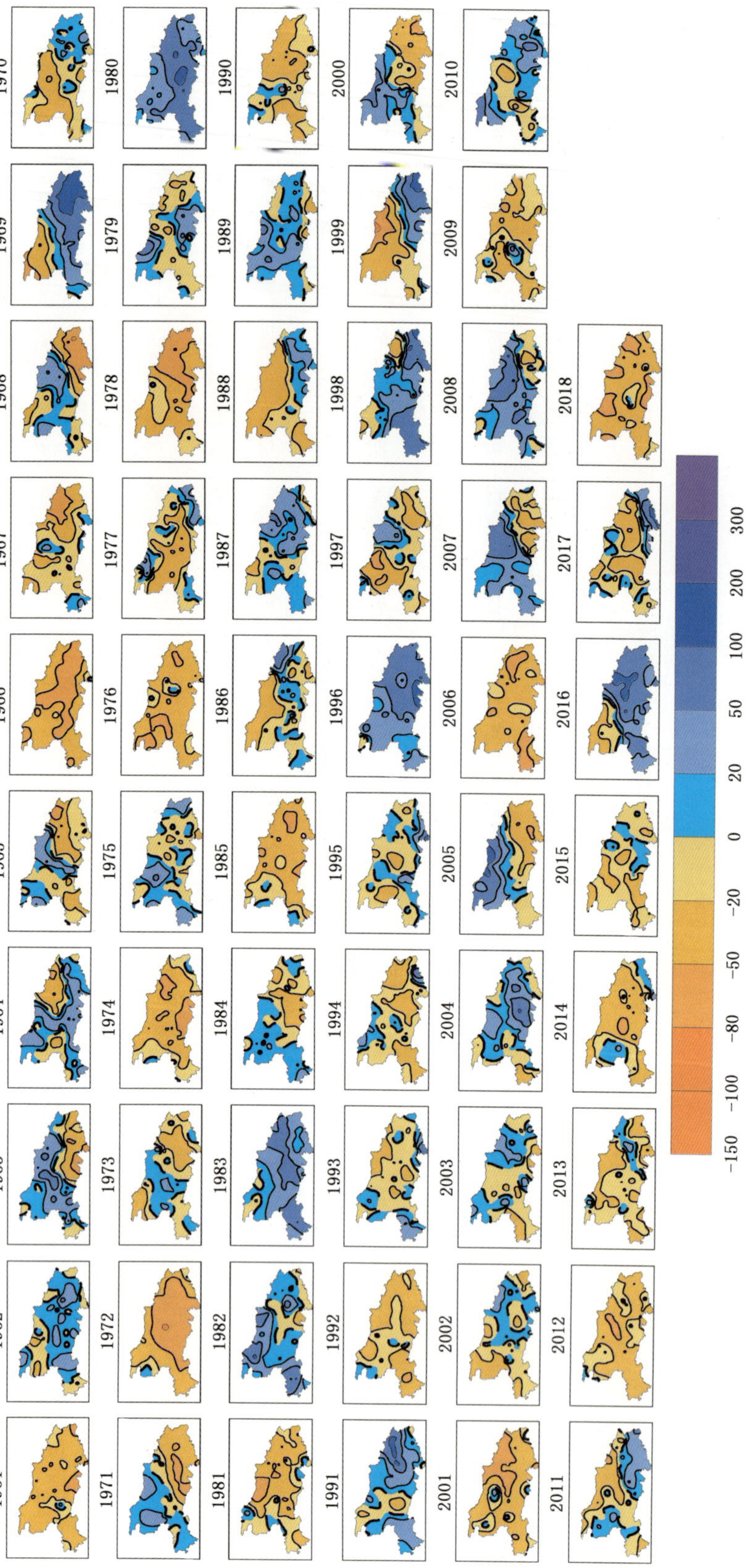

秋汛期(9—10 月)降水距平百分率图(%)

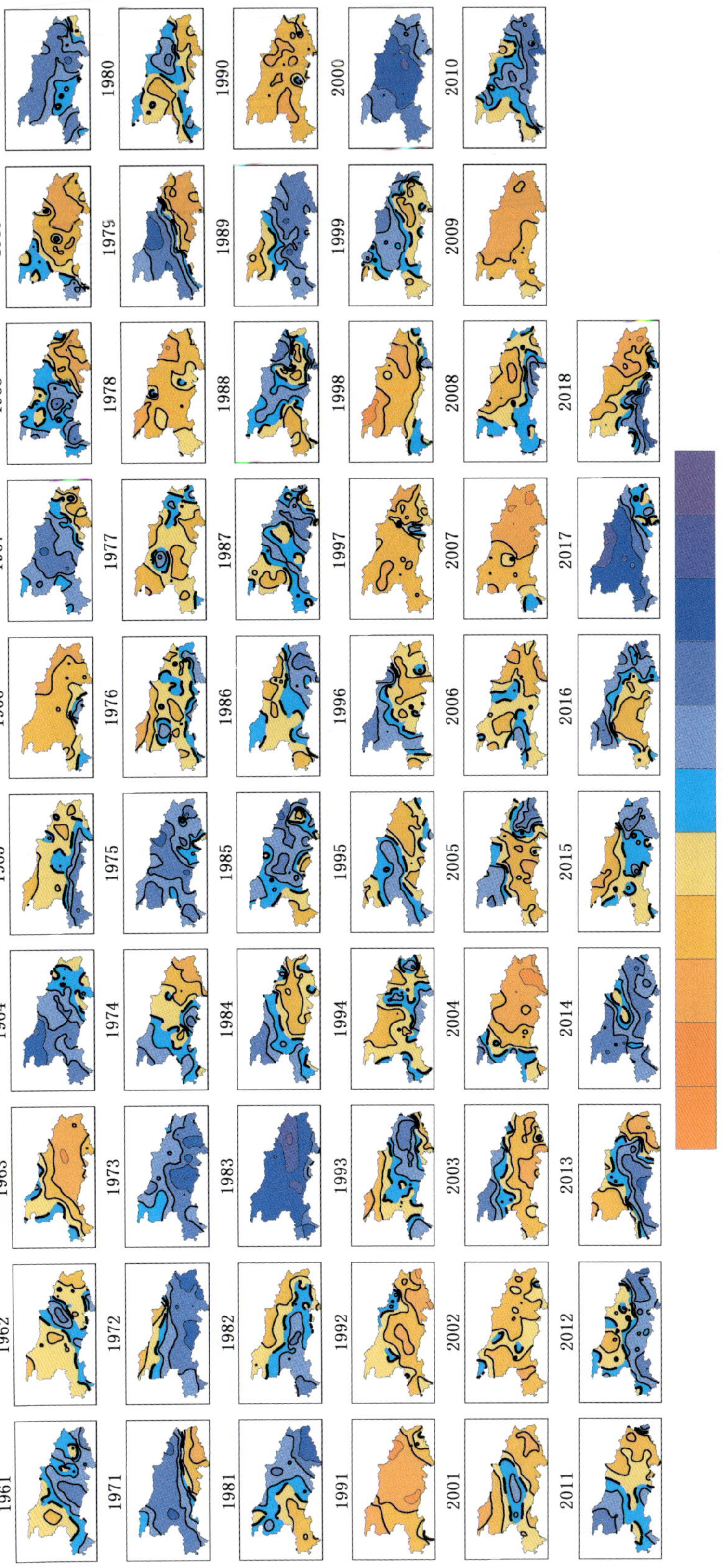

冬季(12月—翌年2月)降水距平百分率图(%)

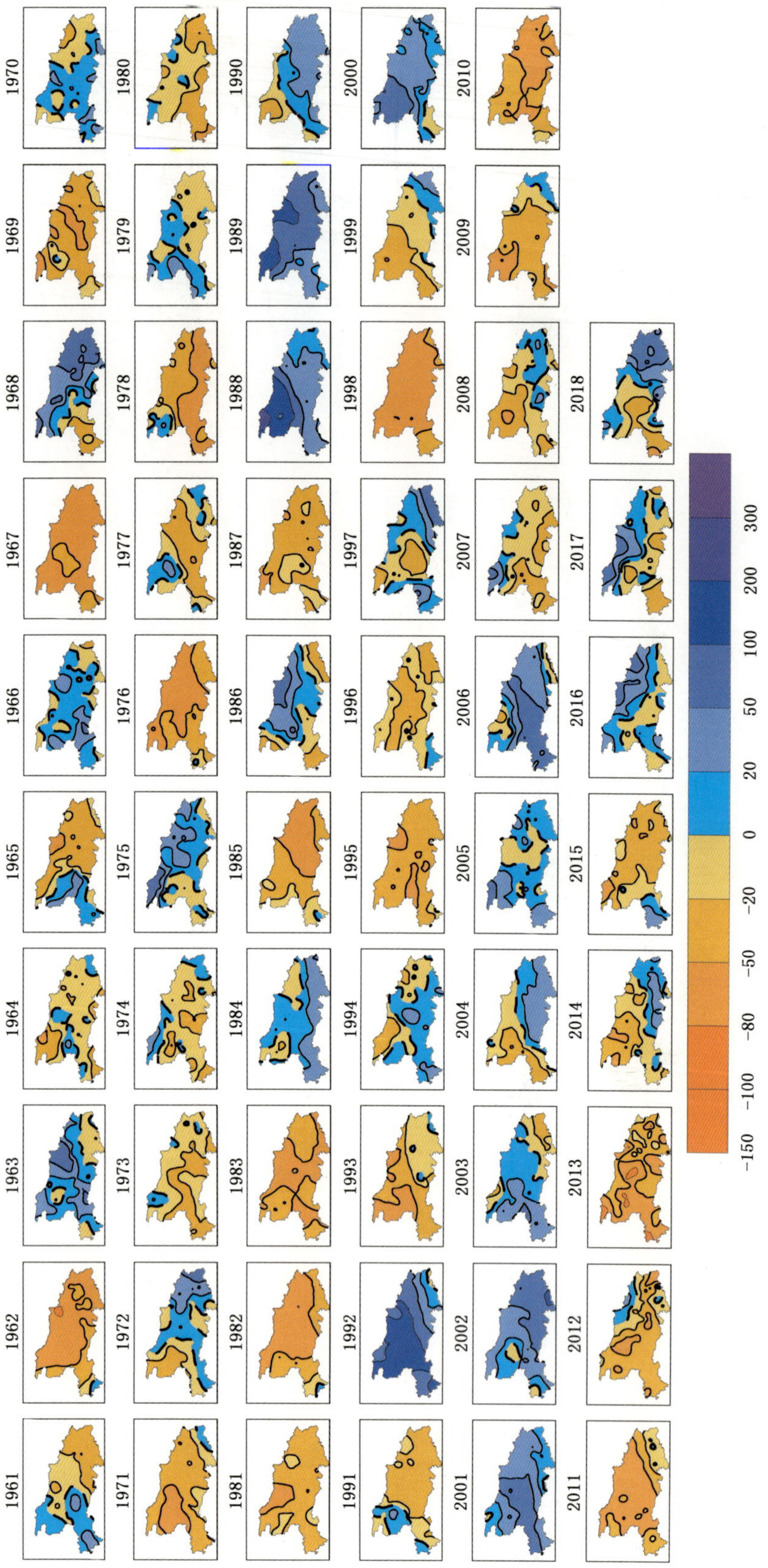

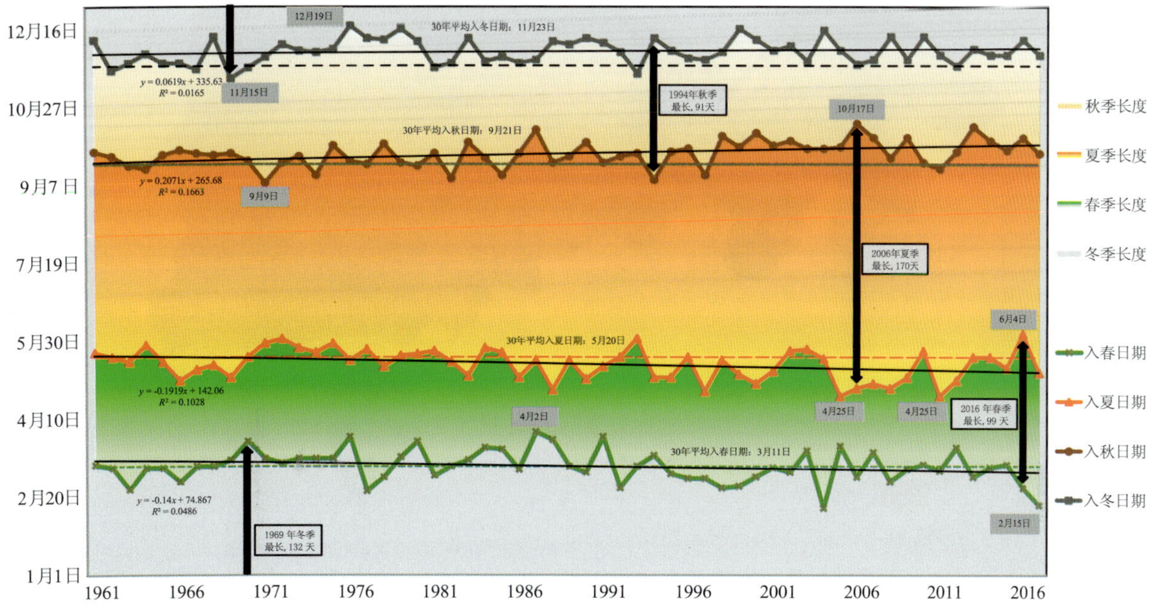

图 2.1　1961—2017 年湖北省四季入季时间和季节长度逐年变化曲线

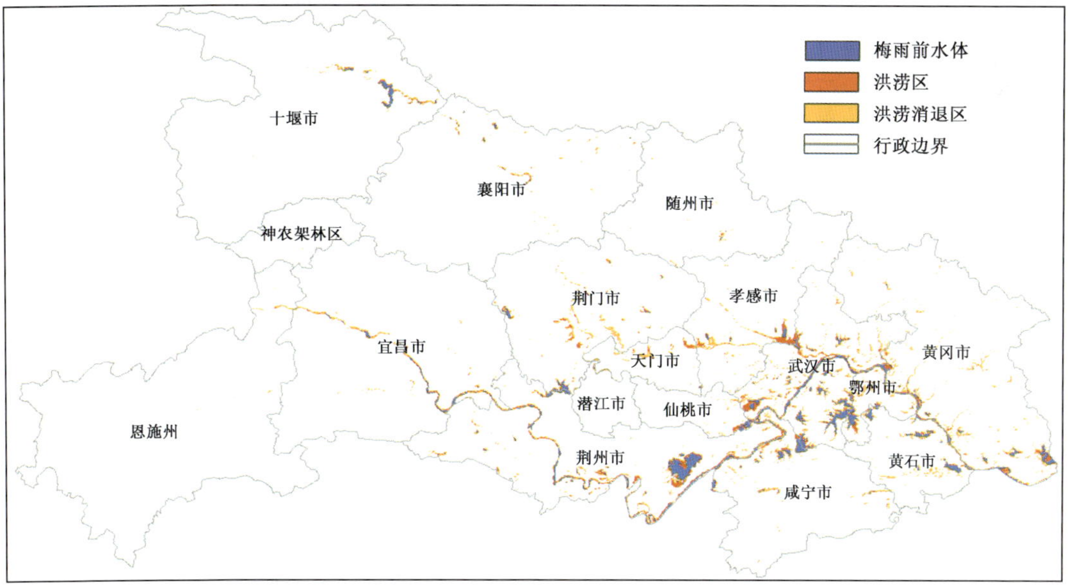

图 4.6　2016 年 7 月 28 日湖北省梅雨期洪涝面积变化卫星遥感监测空间分布图

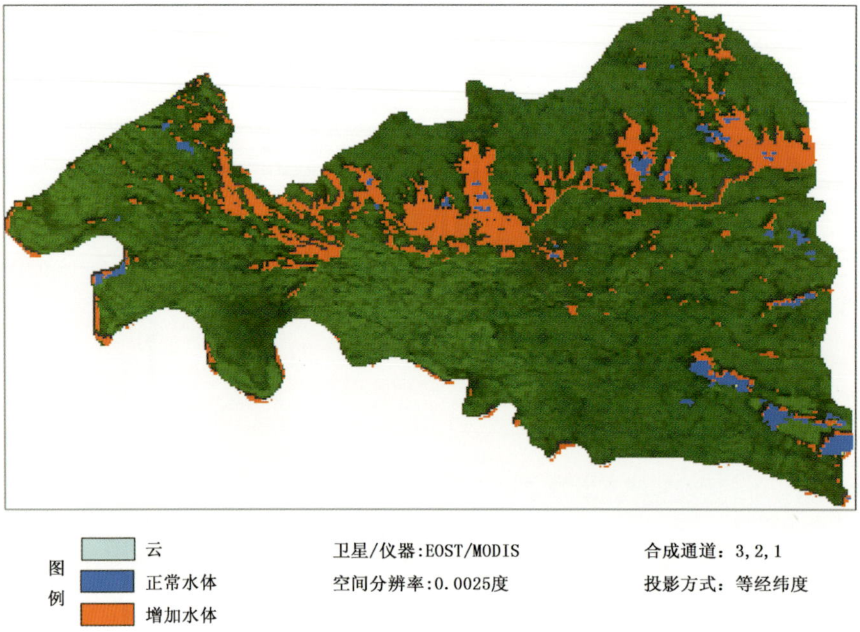

图 4.7　2016 年 7 月 22 日天门市洪涝面积卫星遥感监测空间分布图

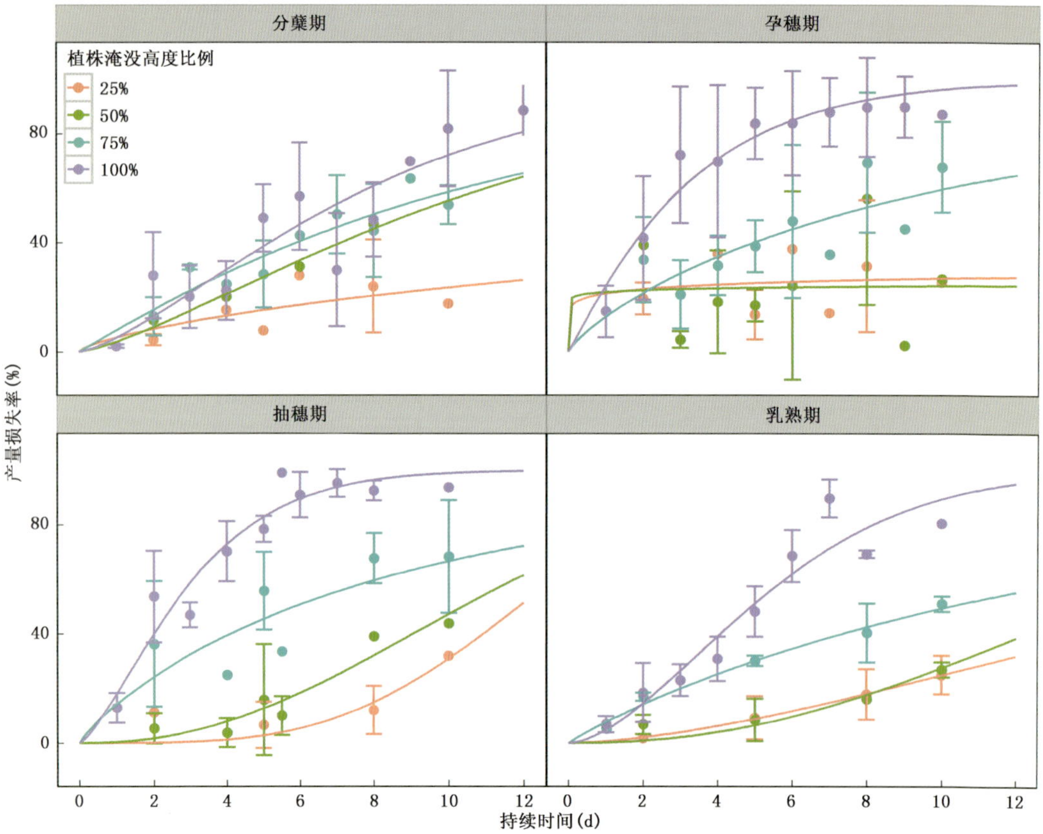

图 4.9　水稻暴雨洪涝淹没水深、历时与减产率的关系(脆弱性曲线)

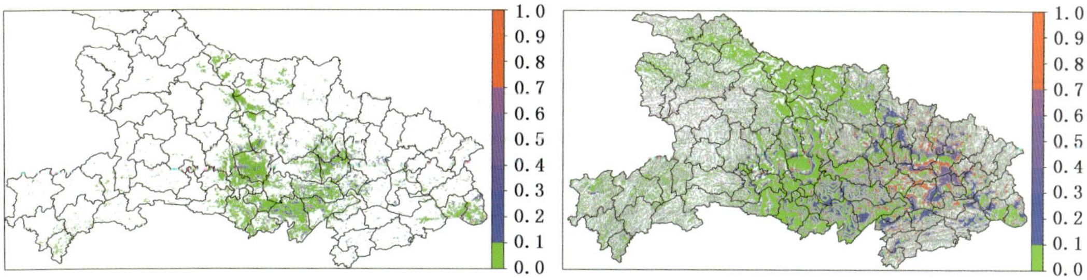

图 4.10　6 月 30 日至 7 月 6 日降水过程全省农作物受淹减产率估算

(左)水稻,(右)旱作物

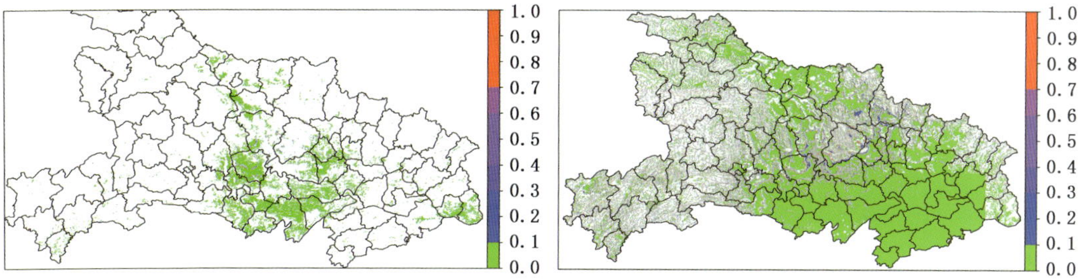

图 4.11　7 月 17—20 日降水过程全省农作物受淹减产率估算

(左)水稻,(右)旱作物

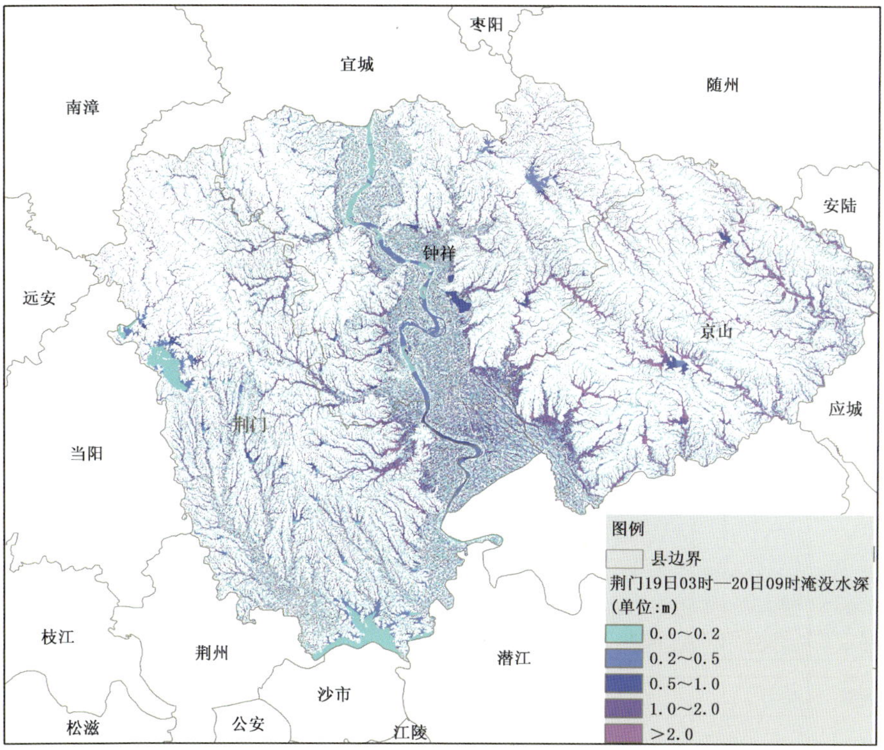

图 4.14　2016 年 7 月 19—20 日荆门淹没水深分布图

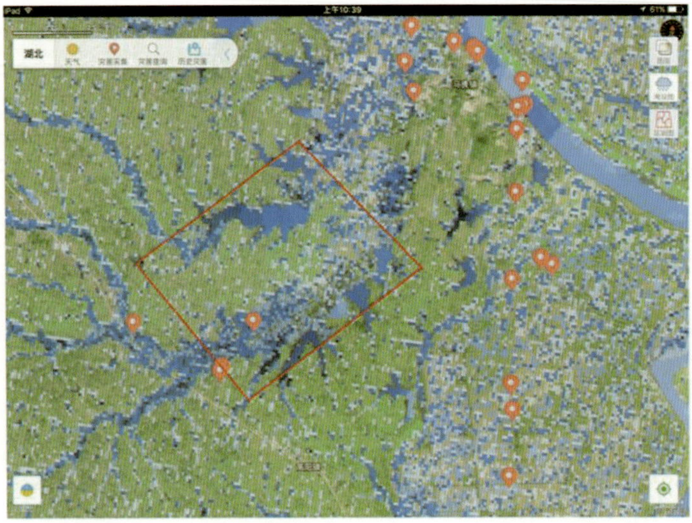

图 4.24　2016 年 7 月 19—20 日荆门沙洋县高阳镇、马良镇淹没水深叠加实际调查点分布图
（绿色为高德地表影像，蓝色为淹没水深，红色点为灾情调查系统 APP 传回的灾情点，
红色区域为黄荡湖附近区域）

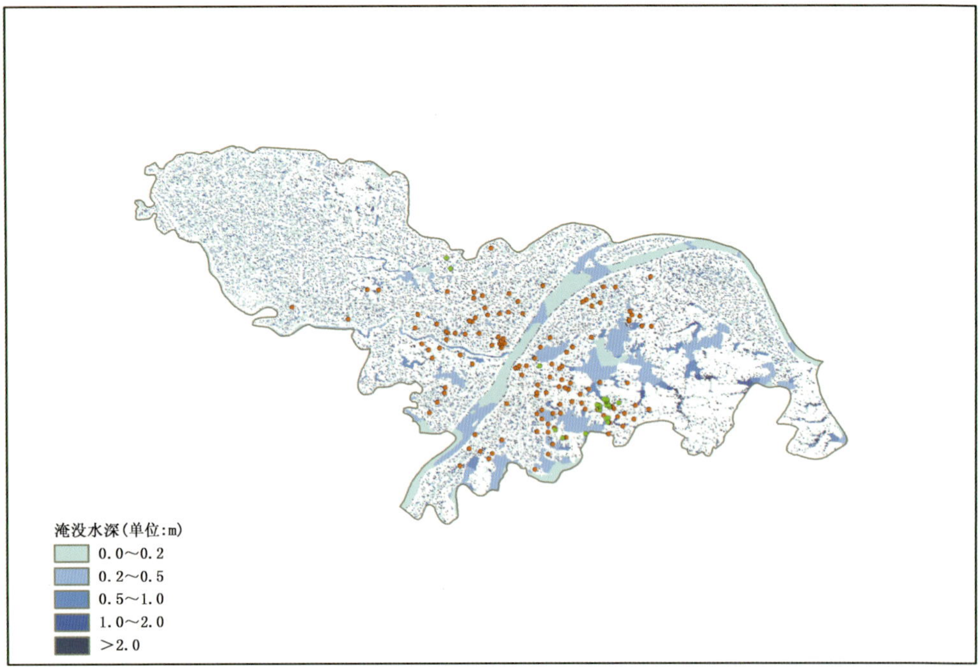

图 4.28　2016 年 7 月 6 日武汉城区淹没水深空间分布图

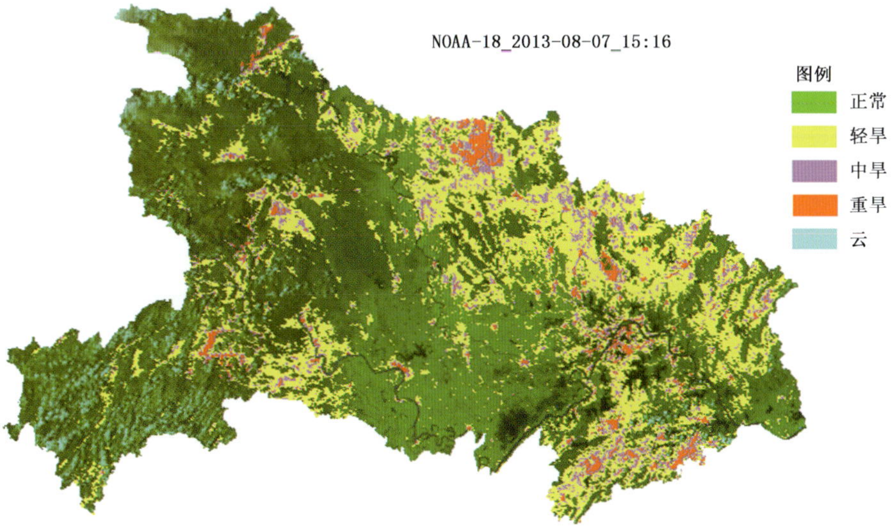

图 4.35　2013 年 8 月 7 日湖北干旱程度遥感监测图

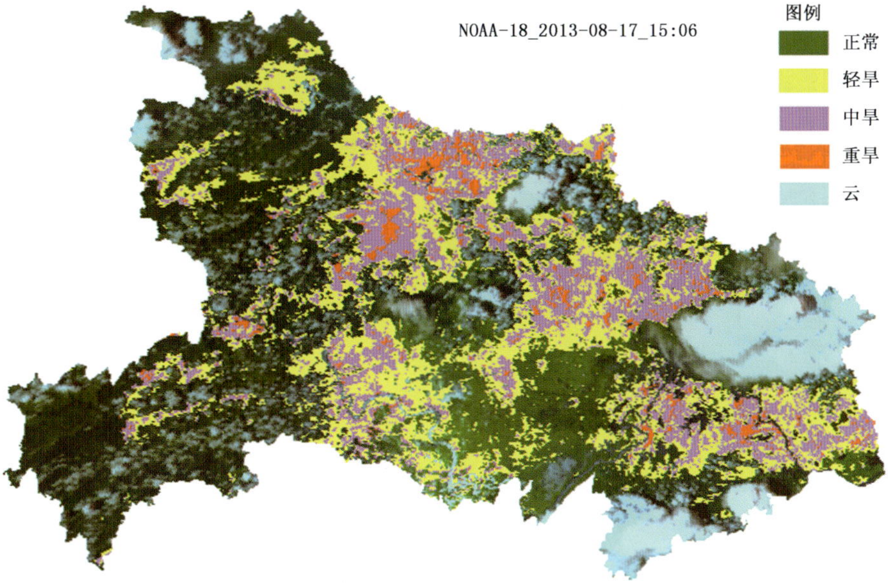

图 4.36　2013 年 8 月 17 日湖北干旱程度遥感监测图

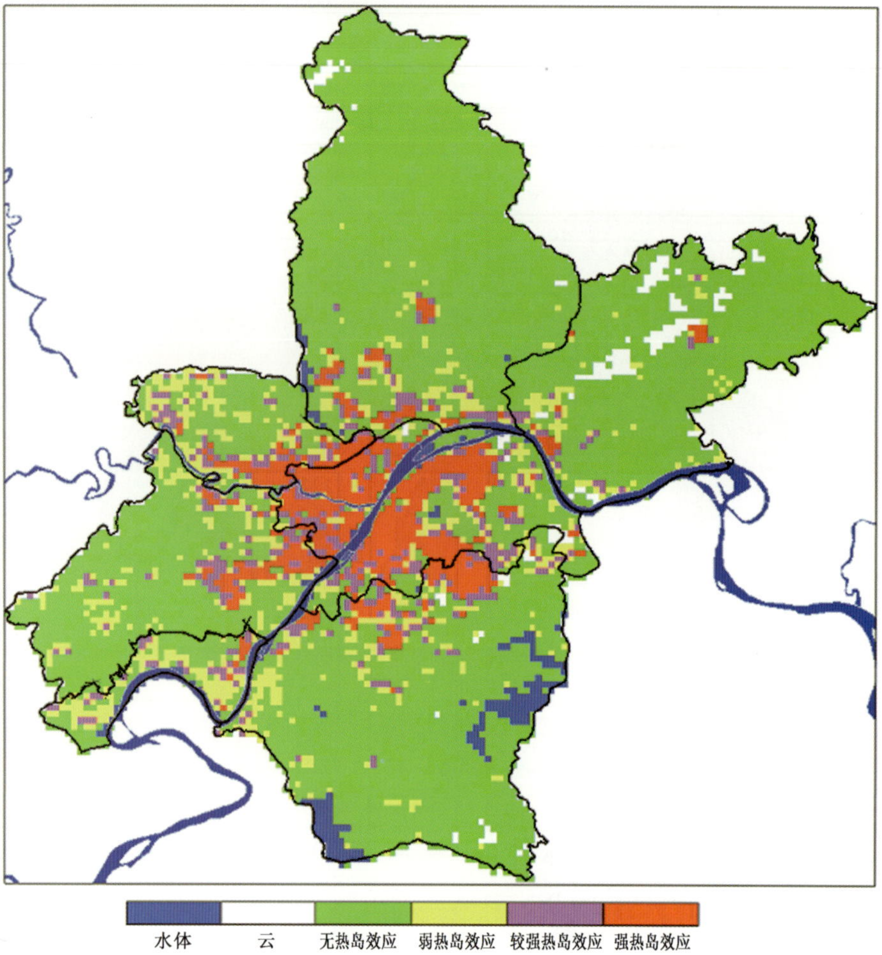

图 4.43　2016 年武汉市夏季热岛强度分布

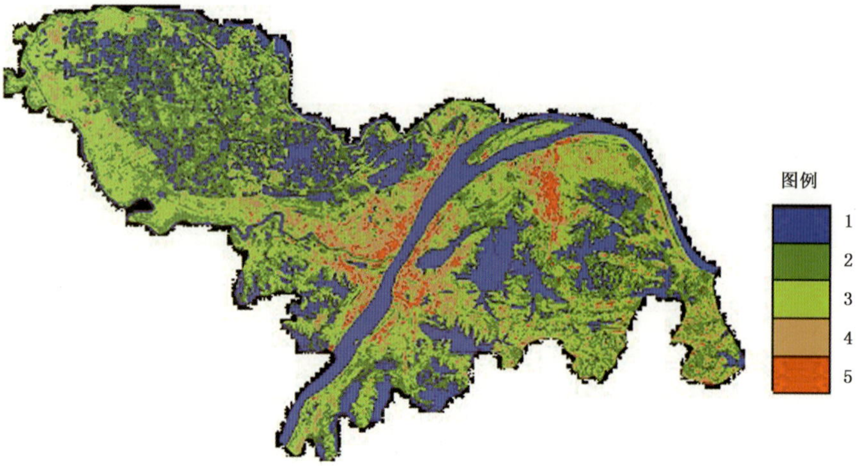

图 4.44　1987 年 Landsat 卫星武汉市主城区热岛强度等级分布卫星遥感反演图

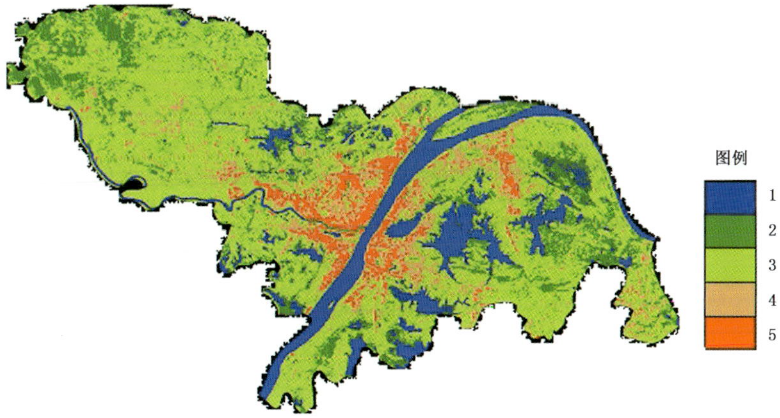

图 4.45　1994 年 Landsat 卫星武汉市主城区热岛强度等级分布卫星遥感反演图

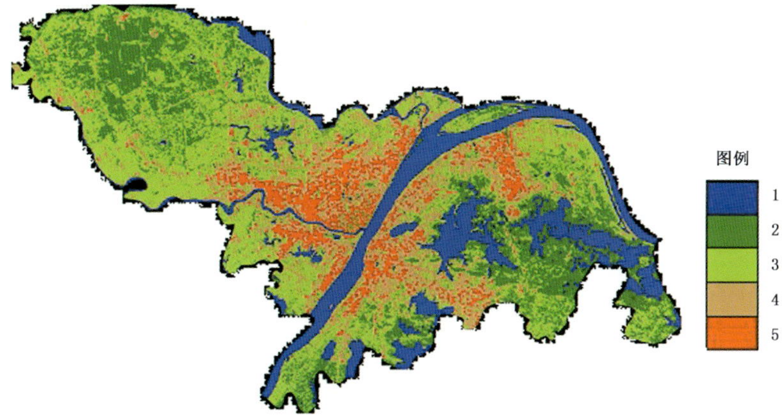

图 4.46　2005 年 Landsat 卫星武汉市主城区热岛强度等级分布卫星遥感反演图

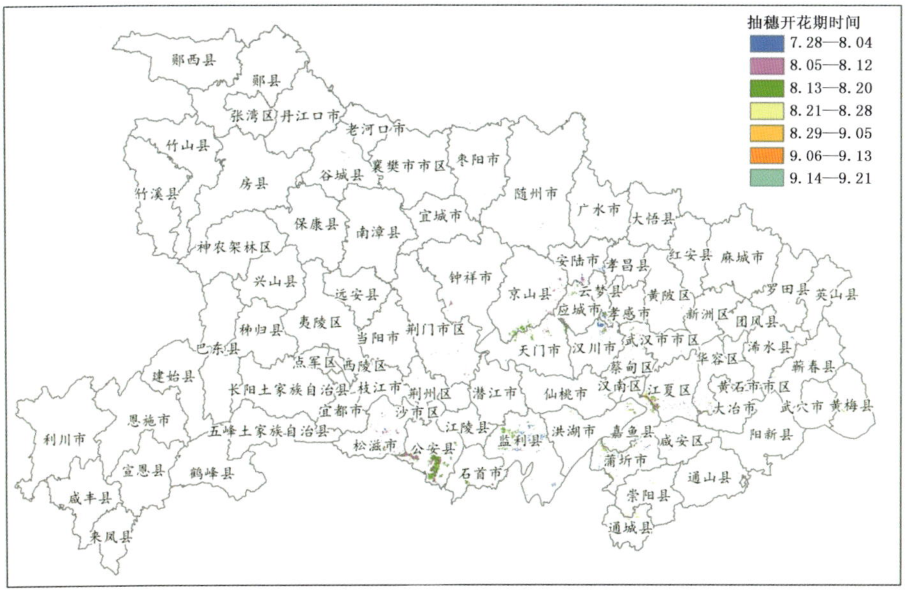

图 4.71　2013 年晚稻生育期监测

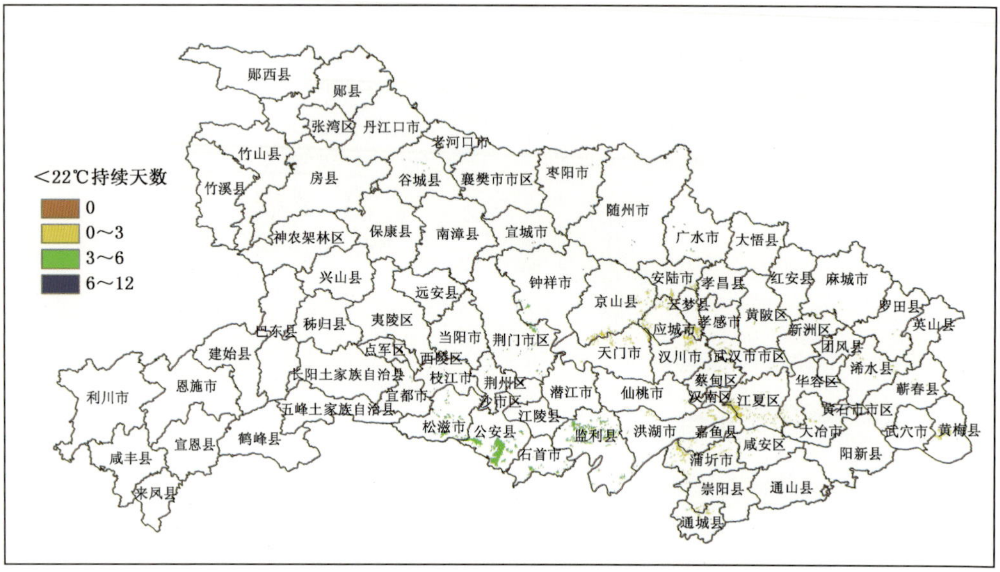

图 4.72　2013 年晚稻种植区抽穗扬花期遭遇寒露风天数(d)

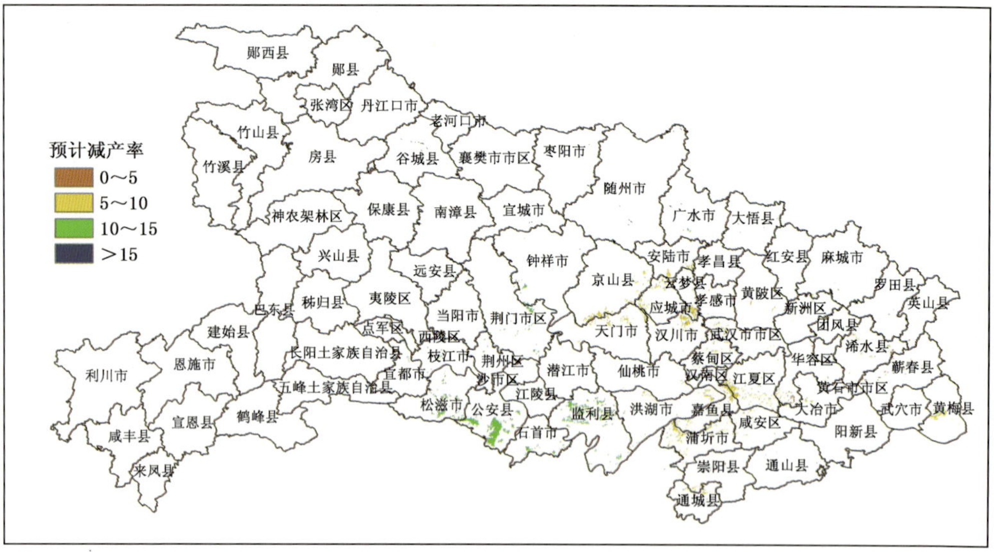

图 4.73　2013 年寒露风评估结果

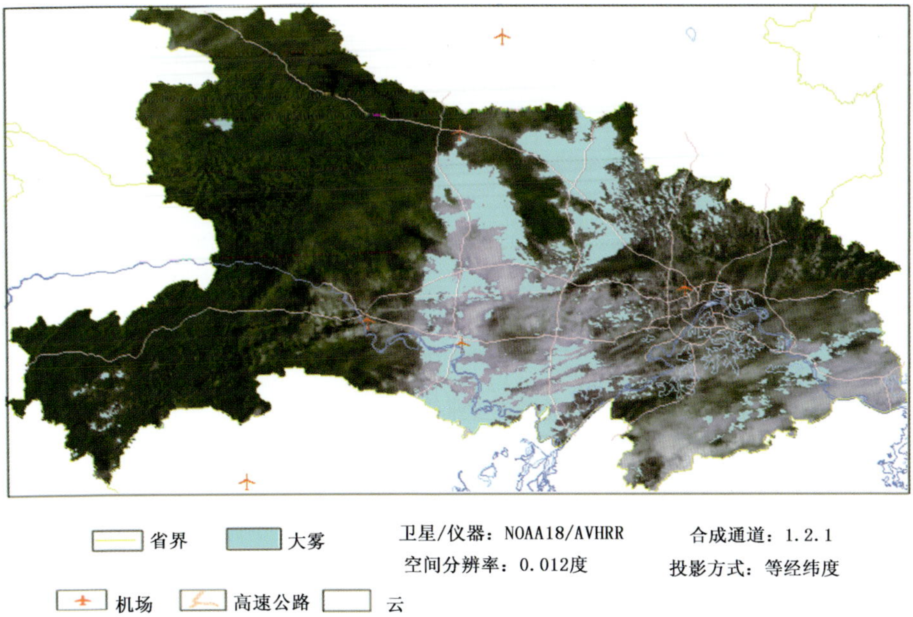

图 4.118　2018 年 4 月 30 日湖北省大雾遥感监测图

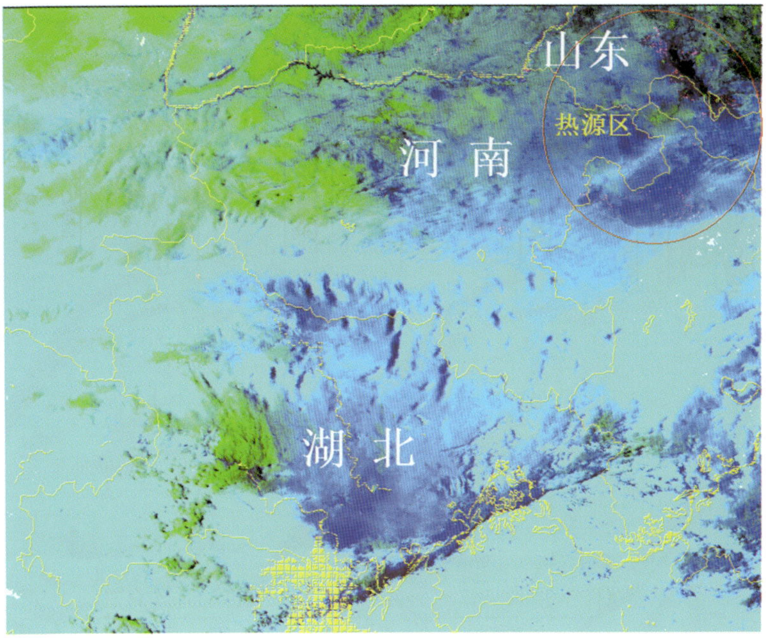

图 4.124　2012 年 6 月 11 日 08:57 热源点卫星遥感监测图

图 4.125　2012 年 6 月 11 日 11:04 周边省秸秆焚烧造成鄂东北至江汉平原烟霾遥感监测图

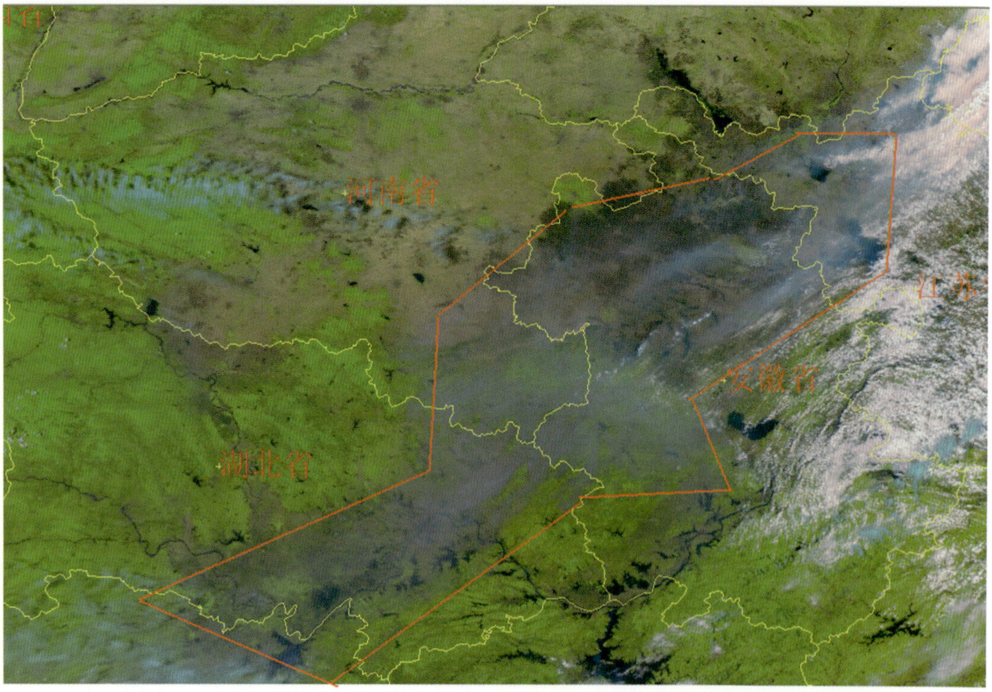

图 4.126　2012 年 6 月 15 日 10:34 TERRA 卫星湖北省烟霾遥感监测图

图 8.4　湖北省春季主要影响系统概念模型

图 8.27　湖北省夏季降水主要影响系统概念模型

图 8.56　湖北秋季影响系统概念模型

图 8.85　影响冬季气候的主要环流

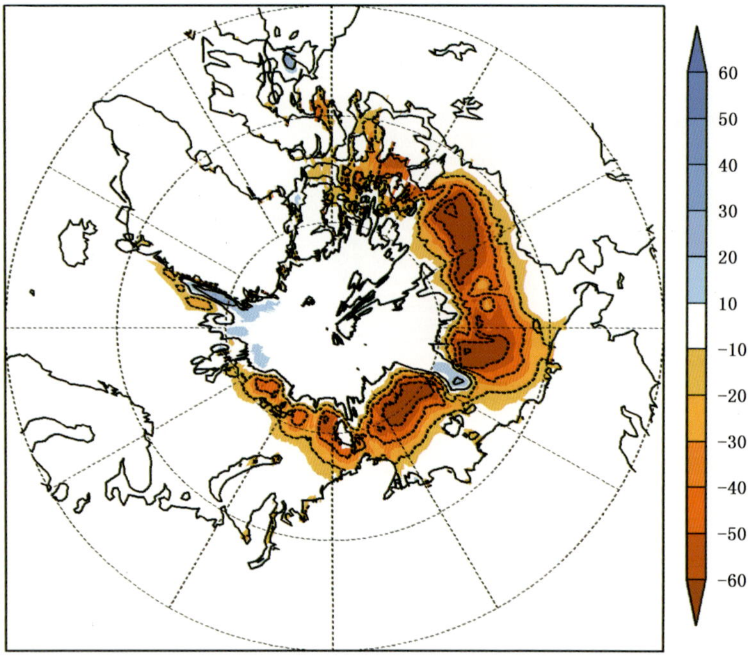

图 8.93　2015 年 9 月北极海冰密集度距平
（资料来源：国家气候中心气候与气候变化监测预测系统）

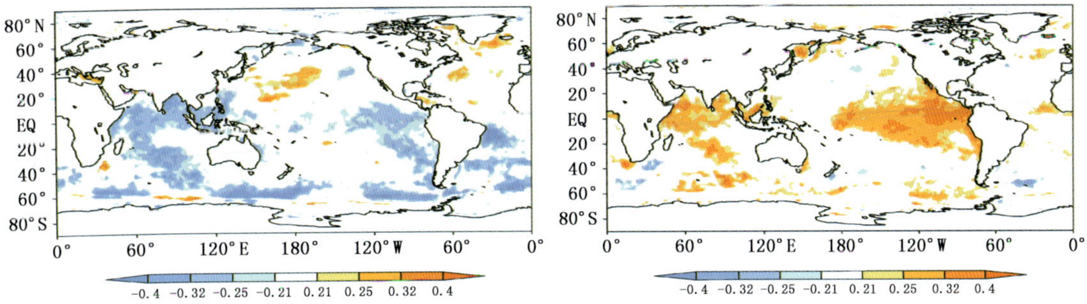

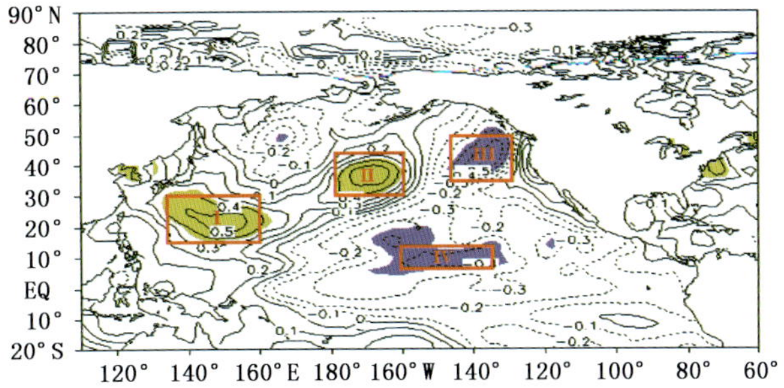

图 8.95　东冬季西伯利亚高压(左上)、冬季东亚槽(右上)、东亚冬季风指数(下)与前期秋季海温相关场

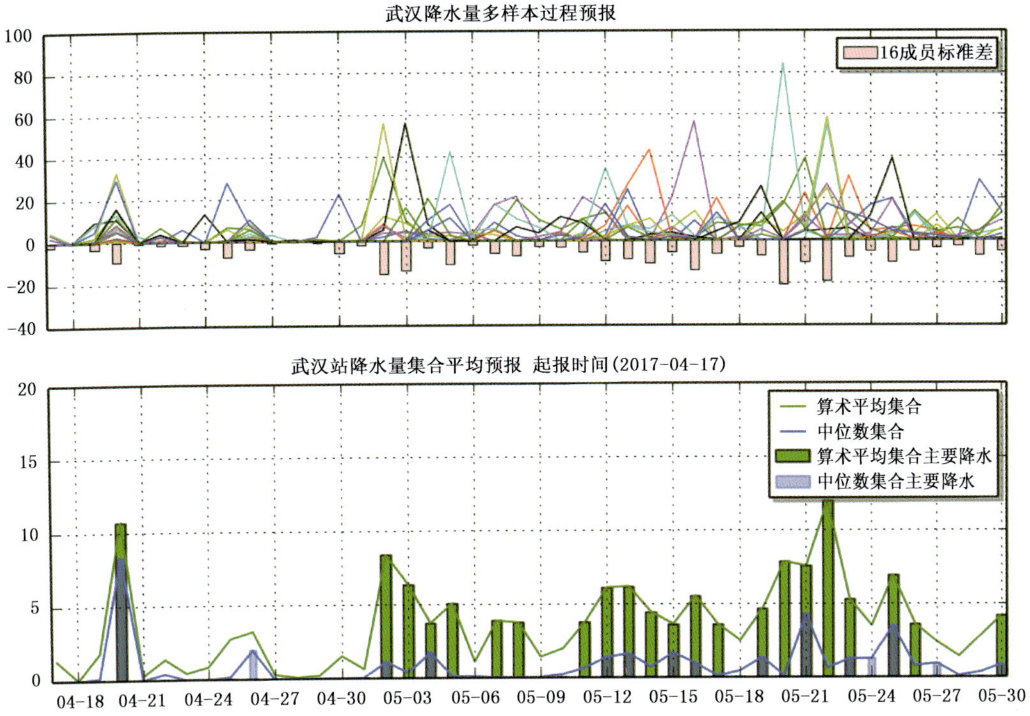

图 8.123　武汉站降水过程延伸期集合预报示例

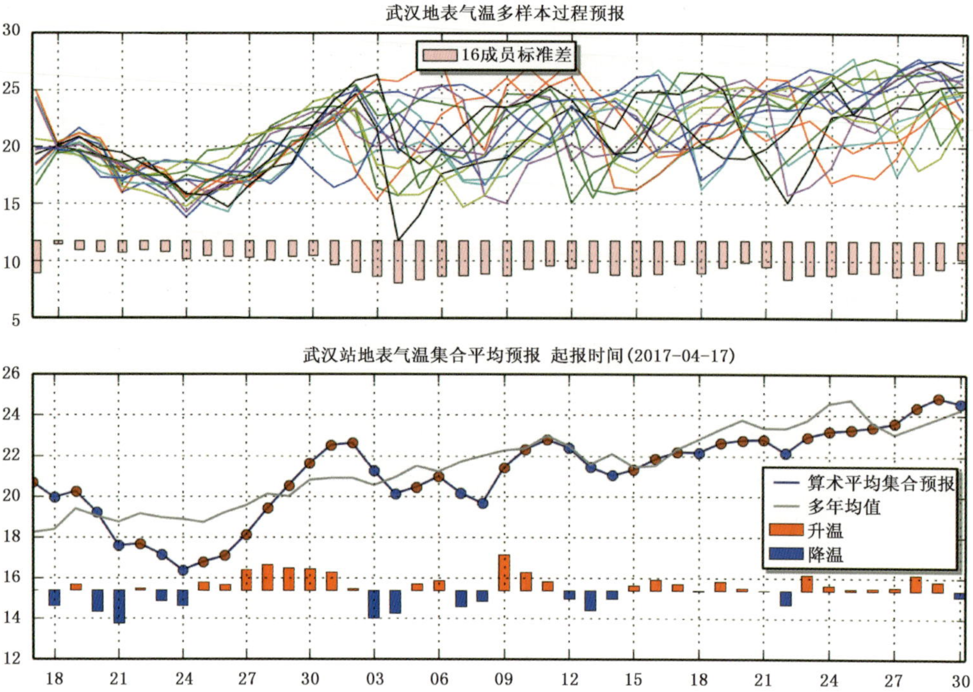

图 8.124　武汉站气温过程延伸期集合预报示例

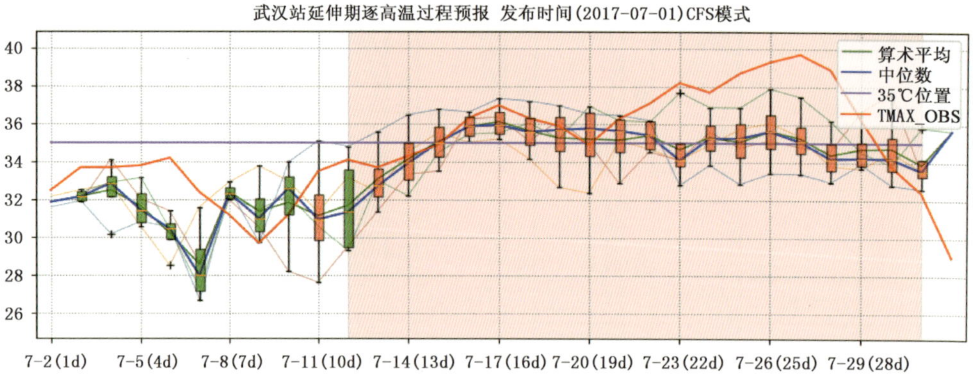

图 8.125　武汉站高温过程延伸期集合预报示例

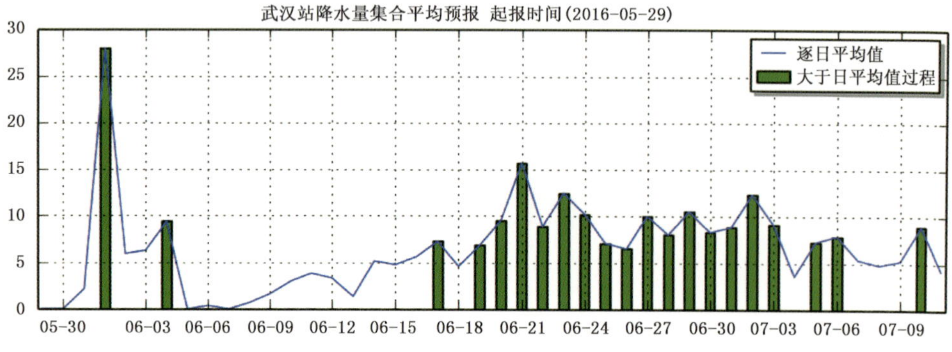

图 8.126　武汉站 2016 年 5 月 29 日起报的 CFSv2 降水过程预报产品

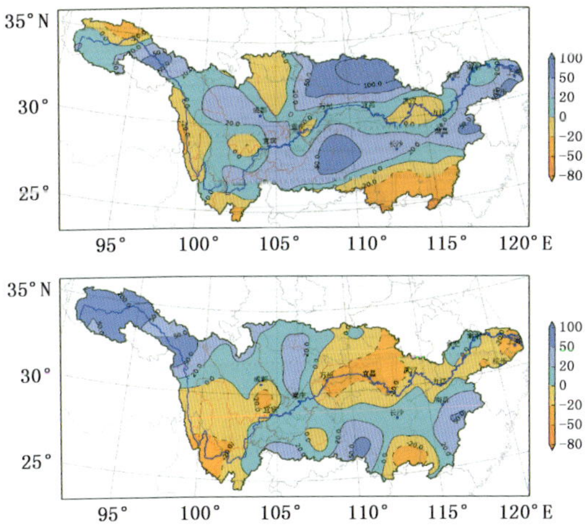

图 8.127　长江流域 1～10d 降水距平百分率预测(上左)、11～20d 的降水距平百分率预测(上右)、21～30d 降水距平百分率预测(下左)、1～30d 的降水距平百分率预测(下右)(%)

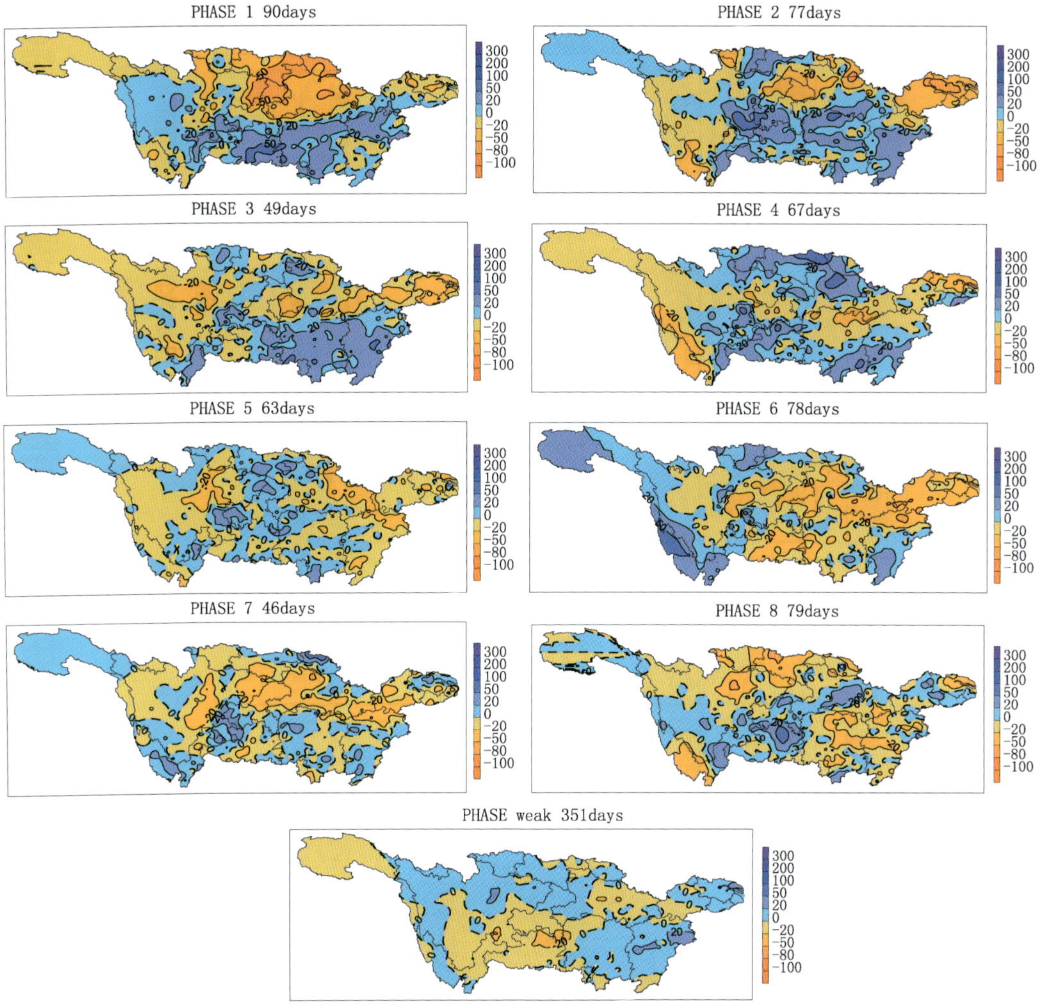

图 8.130　不同 MJO 位相下 6 月降水距平百分率(%)合成(同气候态的百分率)

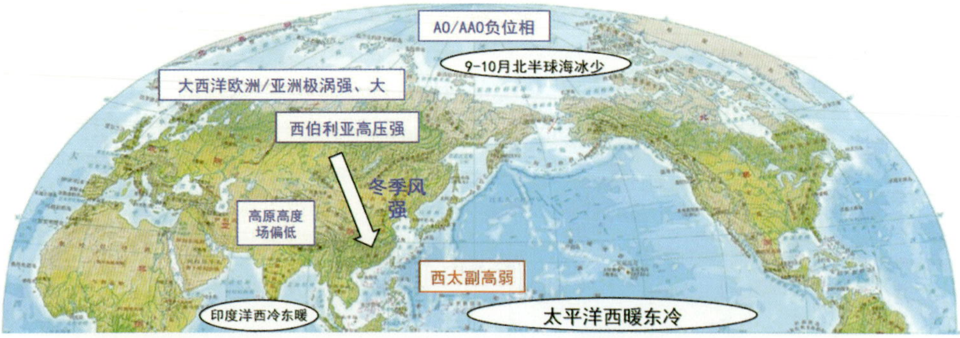

图 8.131　冷冬预测概念模型

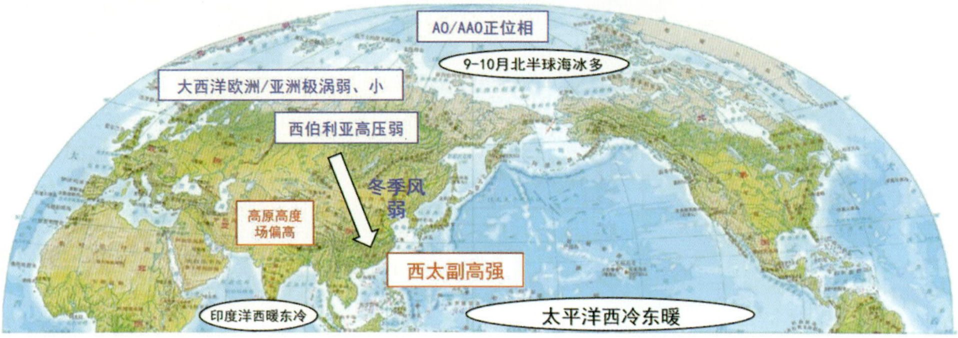

图 8.132　暖冬预测概念模型

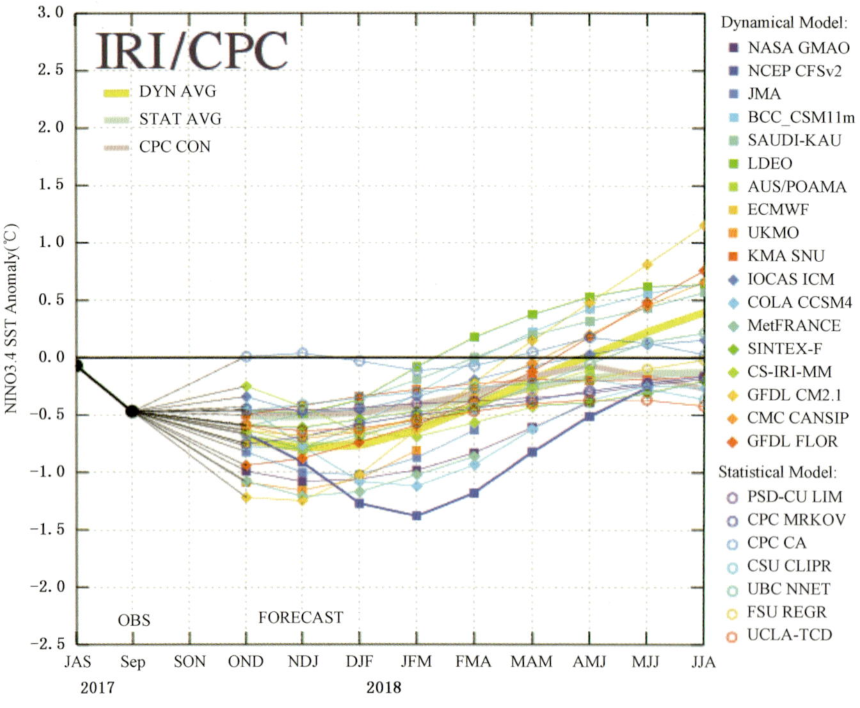

图 8.134　多模式 ENSO 预测(图片来源:CPC 网站)

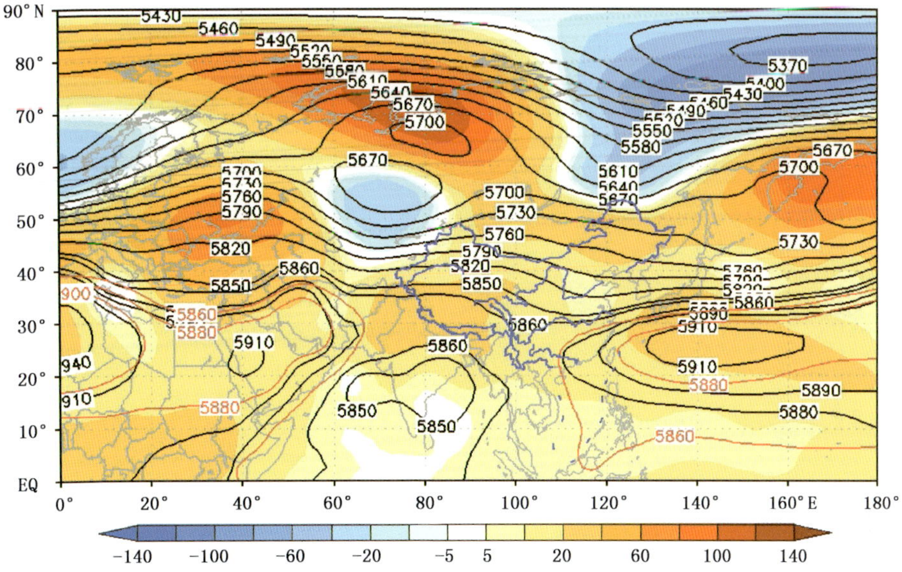

图 8.177　2016 年 6 月 19 日至 7 月 20 日 500hPa 高度场及距平场

（黑色等值线为高度场，红色等值线为历史平均，填色区为距平，单位：gpm）

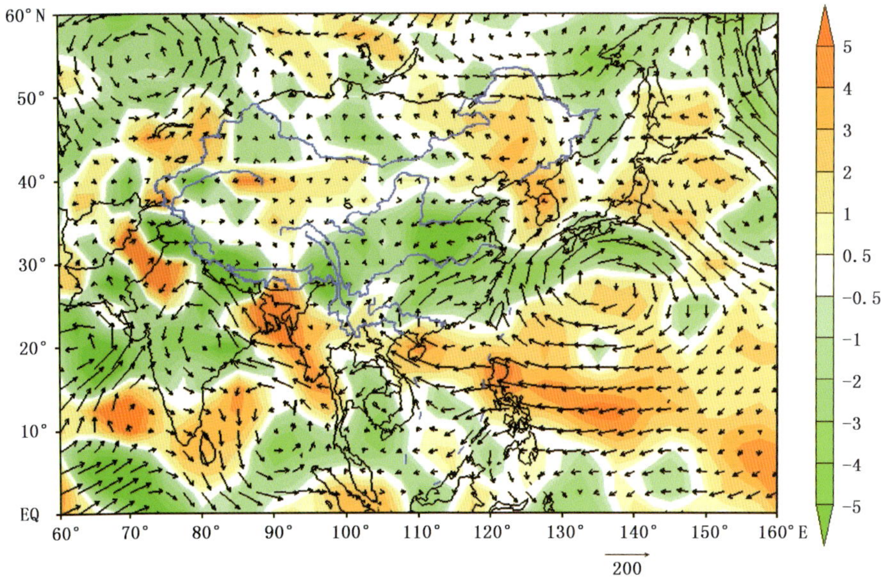

图 8.178　2016 年 6 月 19 日至 7 月 20 日 1000—300hPa 整层积分水汽输送及辐合辐散距平场

（矢量为水汽输送 qV 距平，单位：kg/s · m；阴影区为水汽输送辐合辐散 div(qu,qv)的距平场，单位：10^{-5} kg/s · m^2）

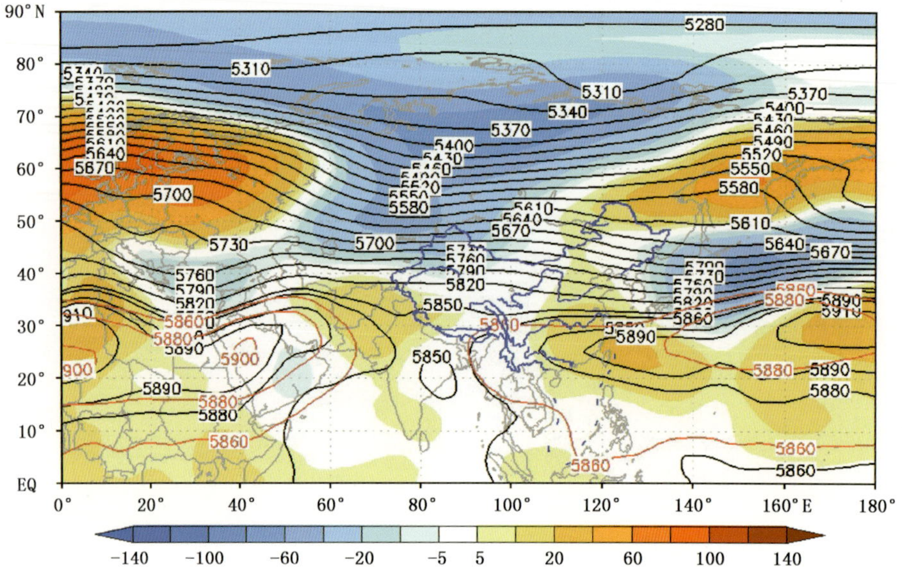

图 8.181　2014 年 9 月东北半球 500hPa 高度距平场

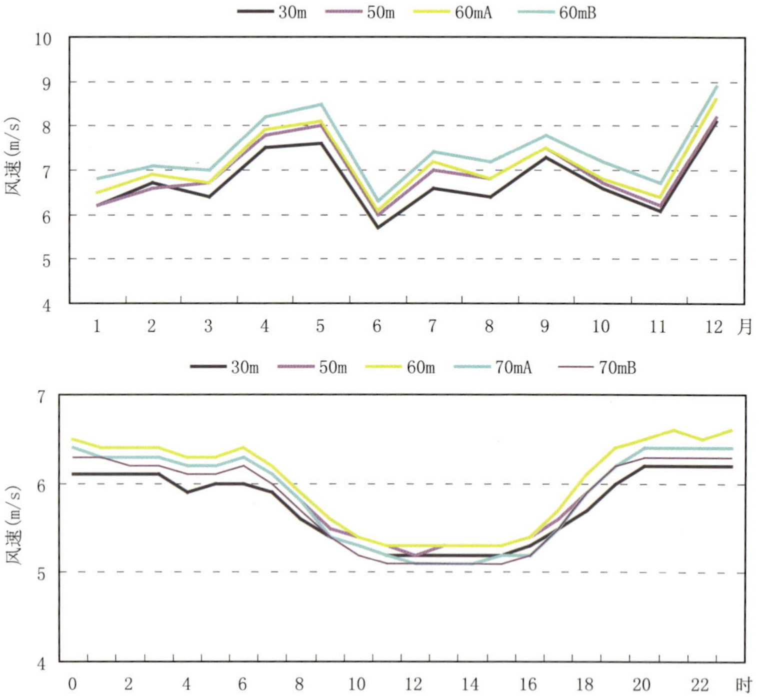

图 10.4　大悟娘娘顶测风塔不同高度风速年变化和日变化

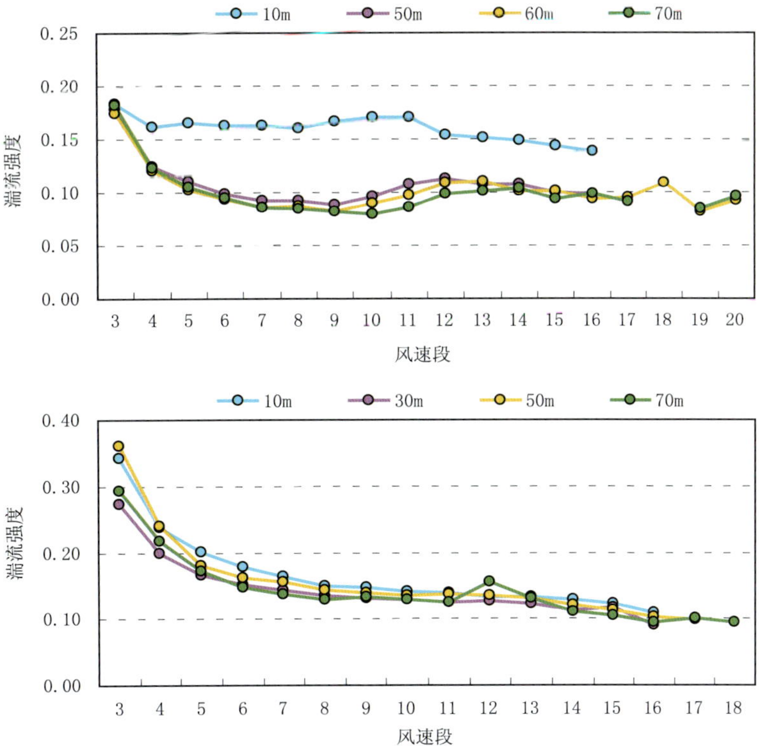

图 10.5　不同海拔高度湍流强度随风速(m/s)变化

上:石首桃花山(海拔 220m);下:利川齐岳山(海拔 1700m)

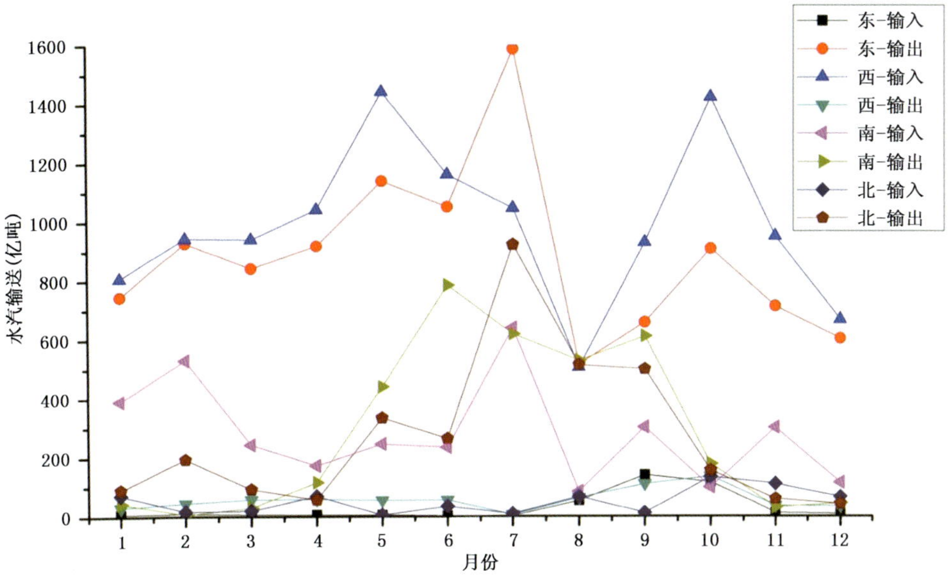

图 10.23　湖北省 2005—2010 年逐月平均水汽输送量

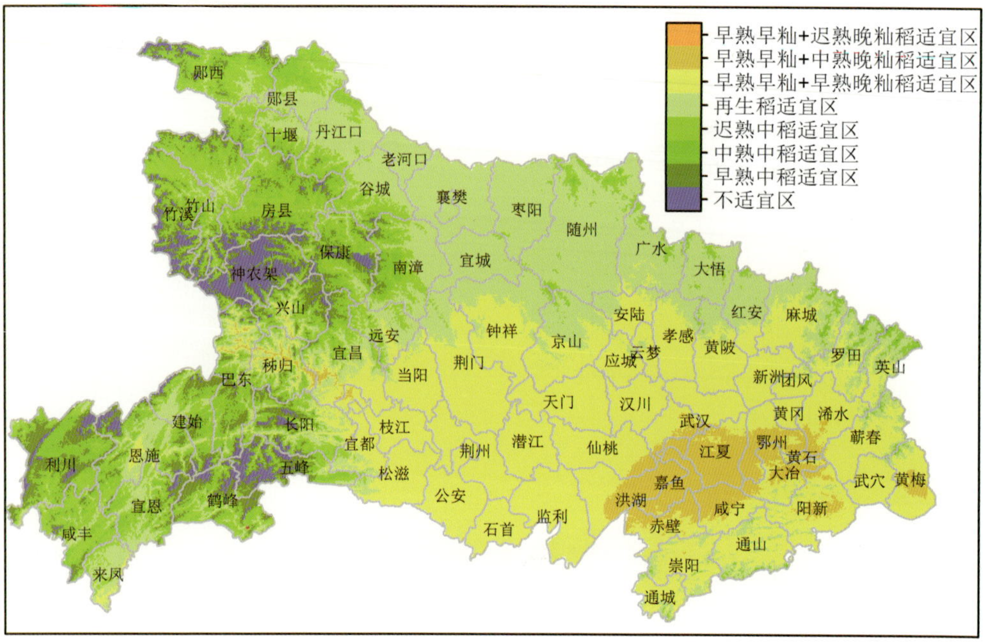

图 11.5　湖北省籼稻种植布局区划结果图

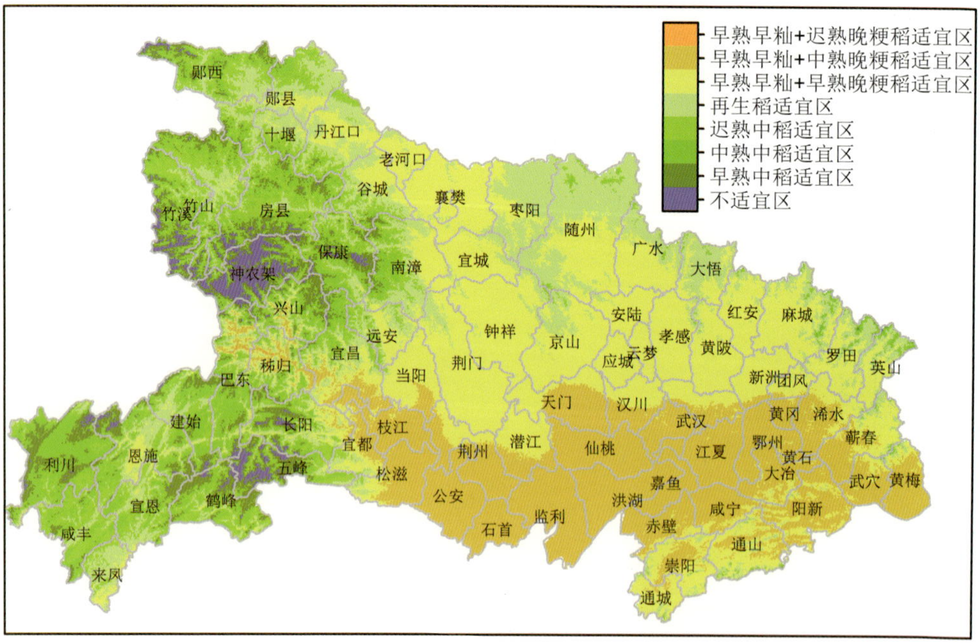

图 11.6　湖北省籼、粳稻种植布局区划结果图

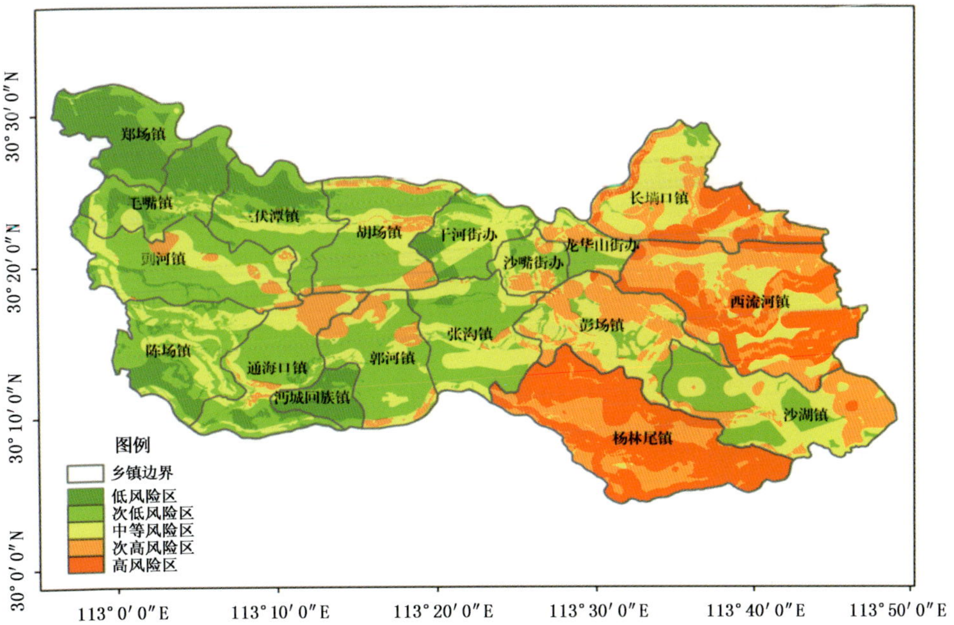

图 11.17　仙桃市暴雨洪涝灾害风险区划图

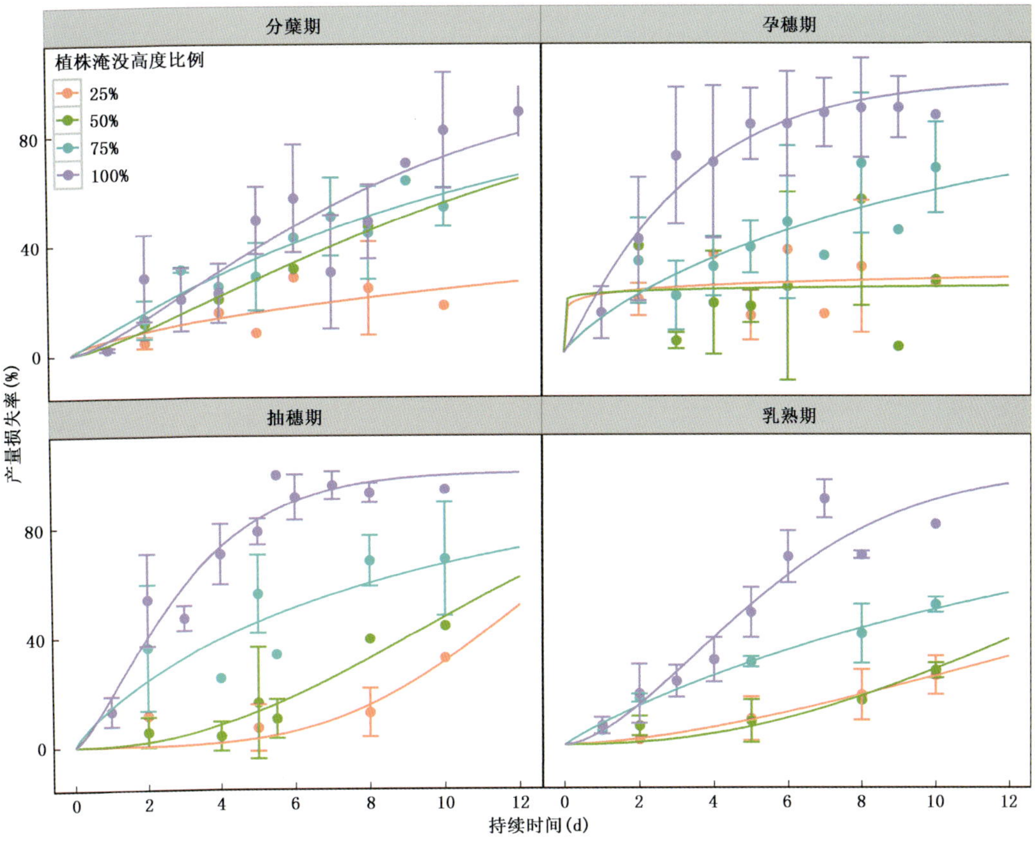

图 11.18　中稻不同发育期减产率与淹水深度、淹水历时曲线

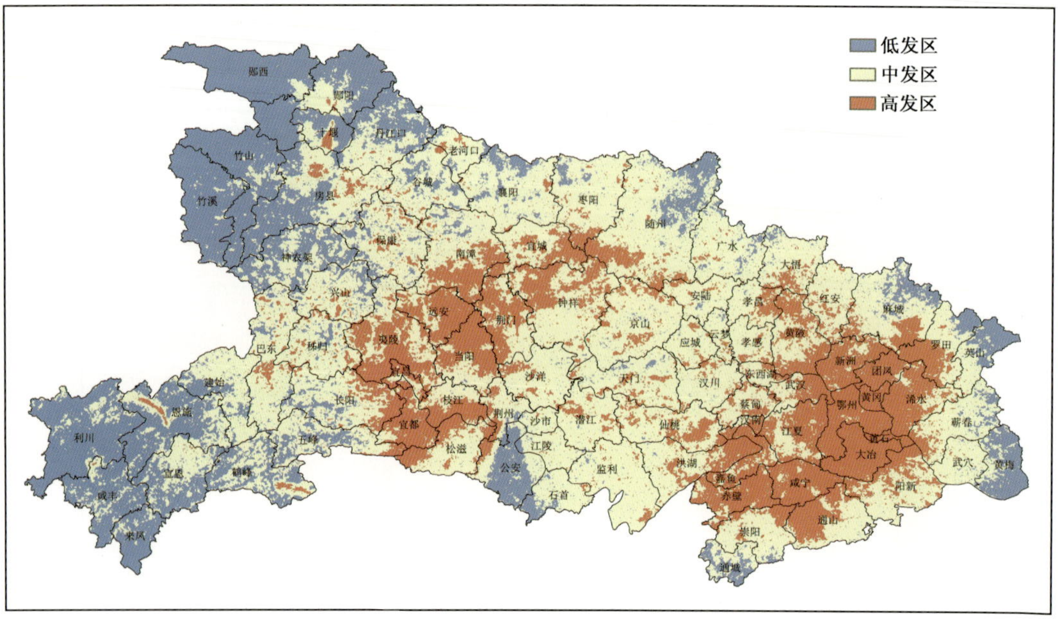

图 12.1　湖北省雷电易发区分布图

图 12.6　基于雷达和闪电定位仪的雷击临近预报

（2016 年 7 月 19 日 20:00 预报未来 30 分钟短时临近预报结果）

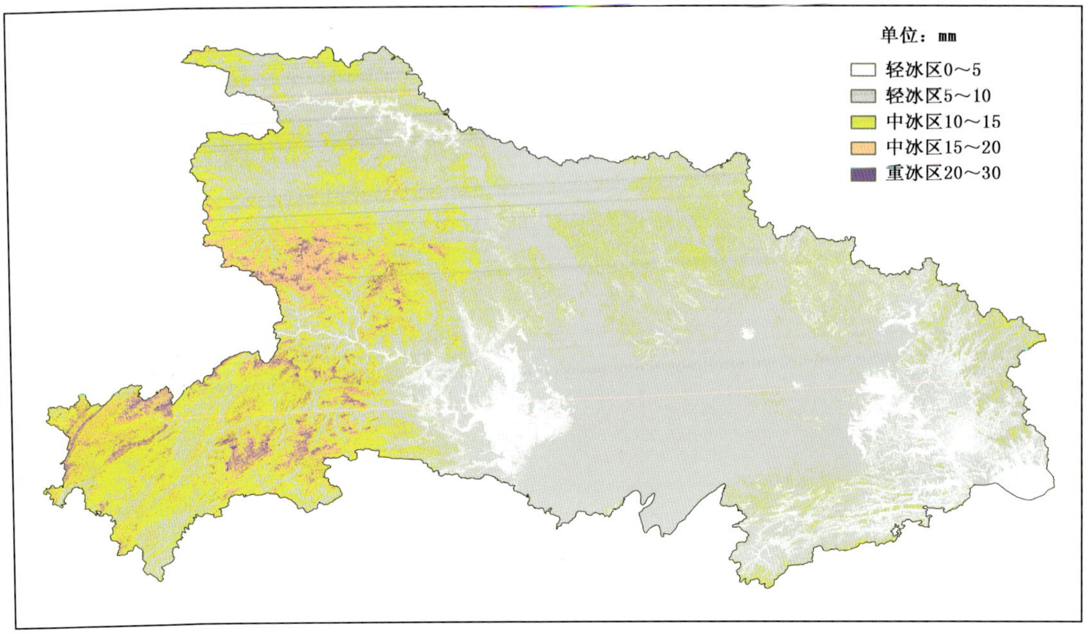

图 12.7　湖北省 30 年一遇标准冰厚分布图

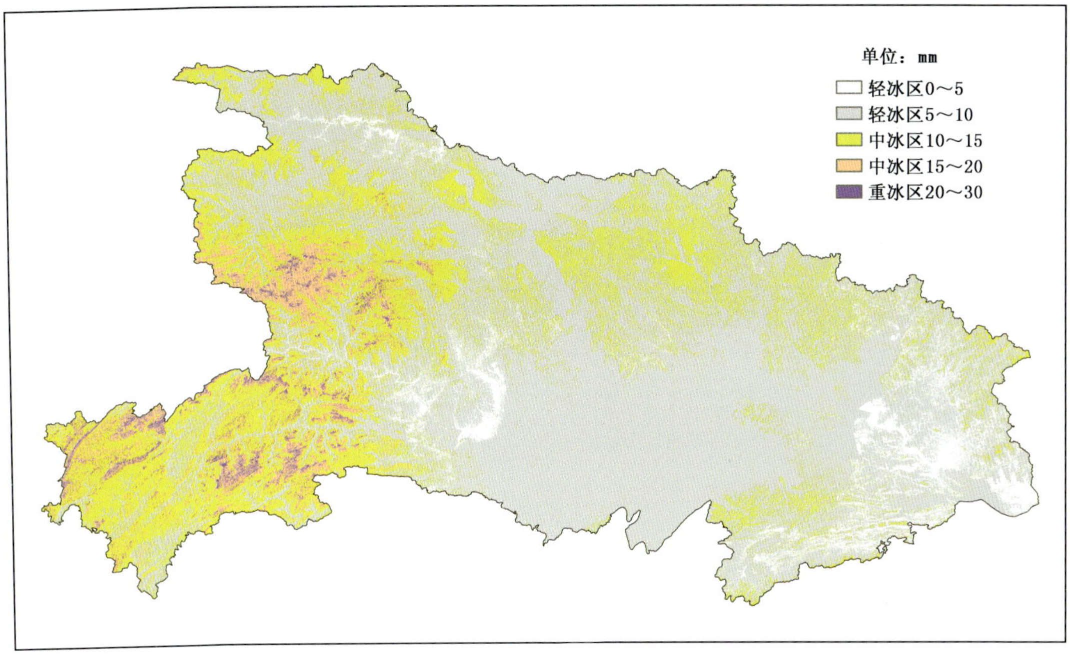

图 12.8　湖北省 50 年一遇标准冰厚分布图

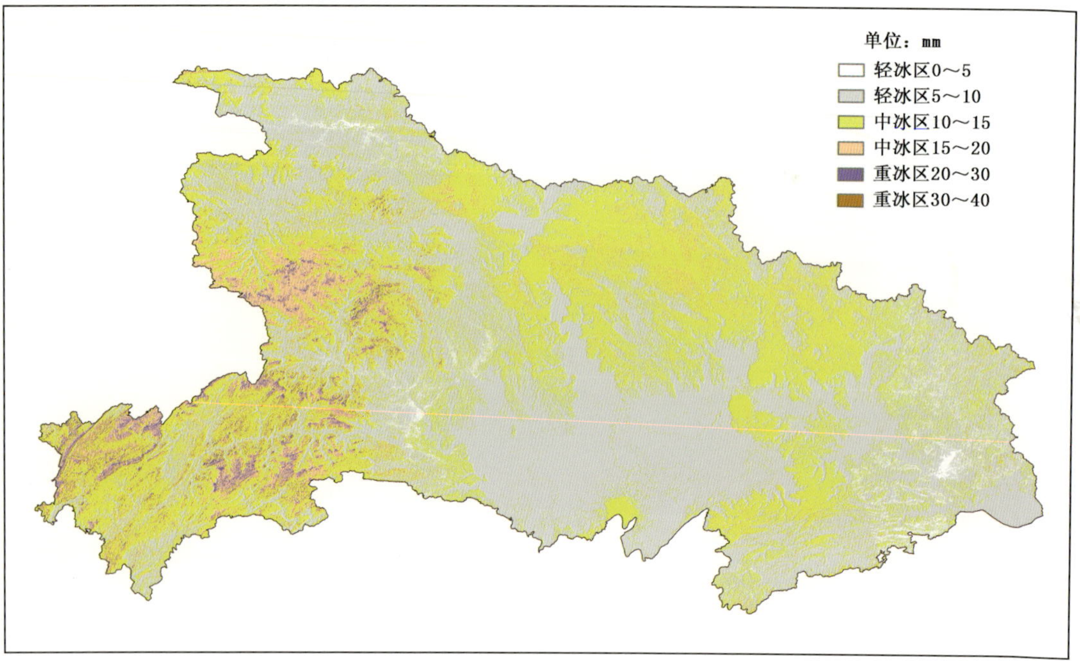

图 12.9　湖北省 100 年一遇标准冰厚分布图

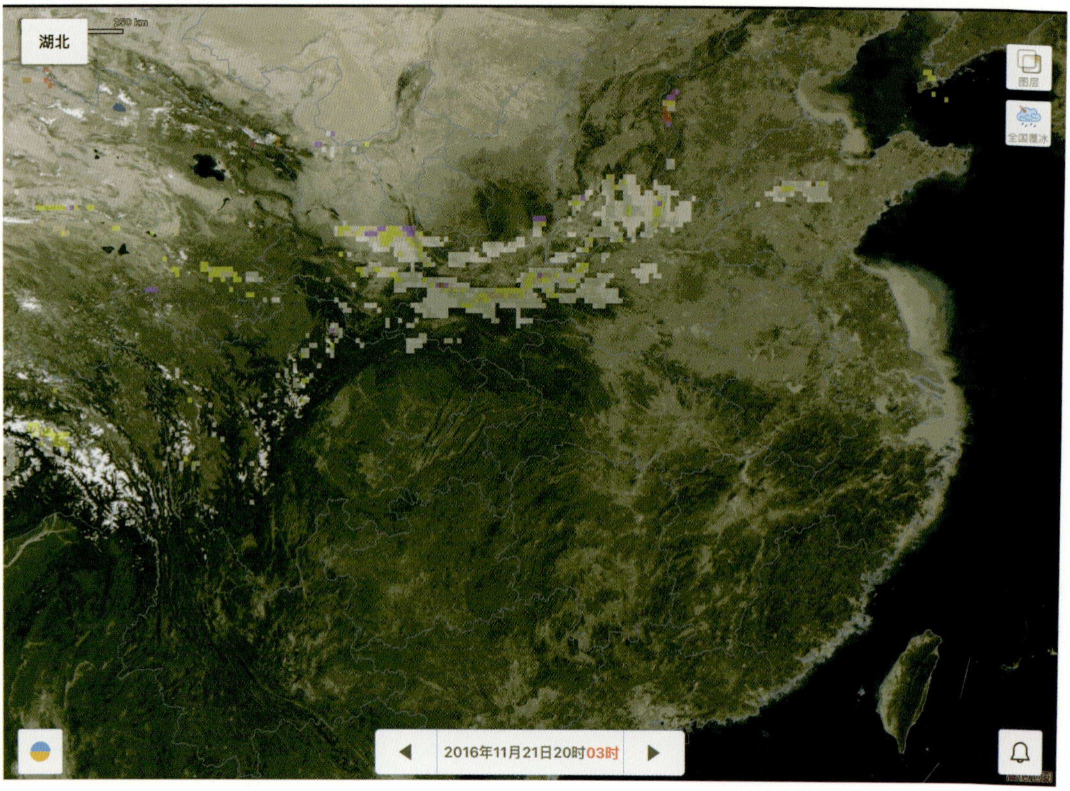

图 12.11　2016 年 11 月 21 日 20 时湖北省标准冰厚分布图

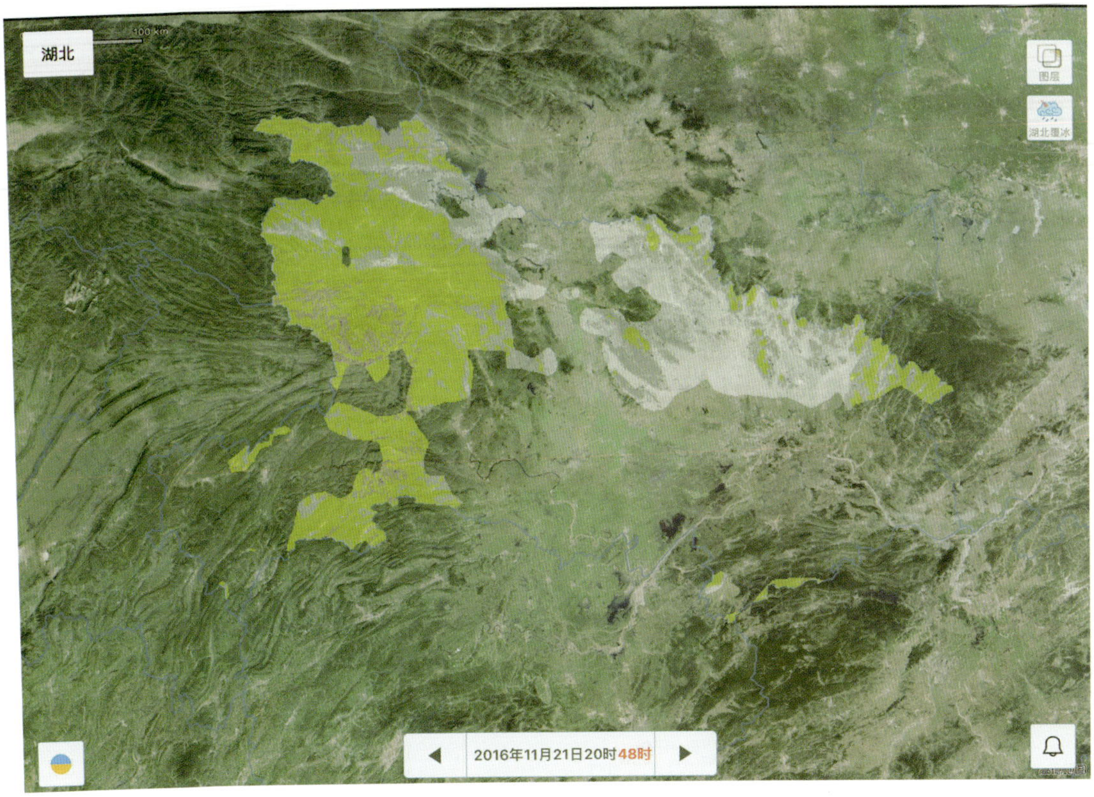

图 12.12　2016 年 11 月 21 日 20 时湖北省覆冰风险等级预报图

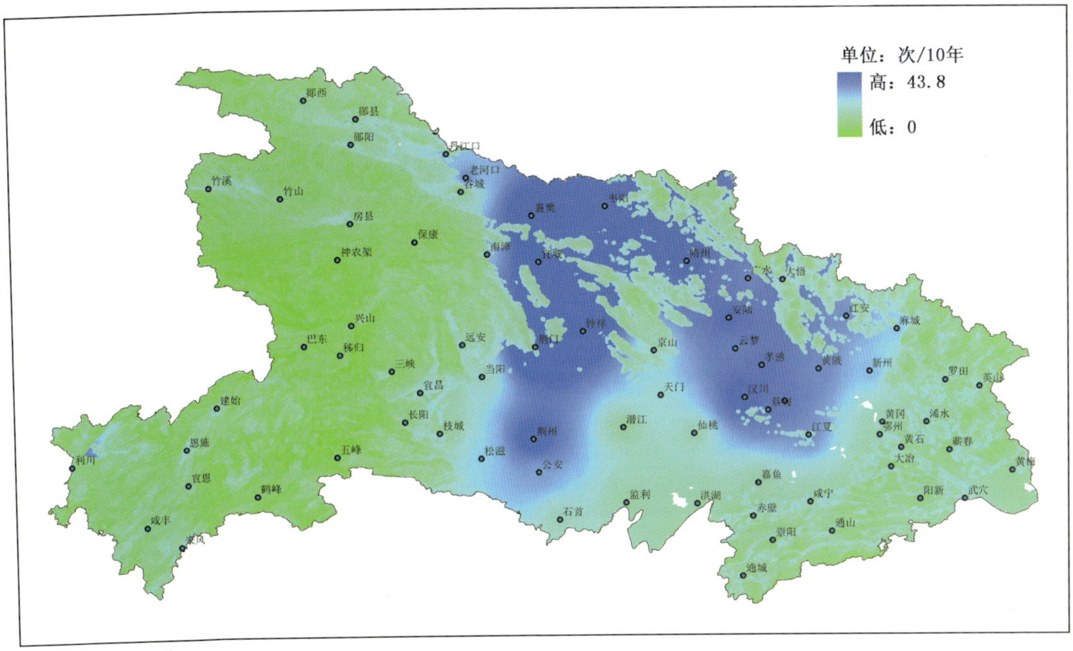

图 12.16　湖北省覆冰舞动频次分布图

图 12.17　2016 年 1 月 20 日 08 时报未来 72 小时覆冰灾害风险区域

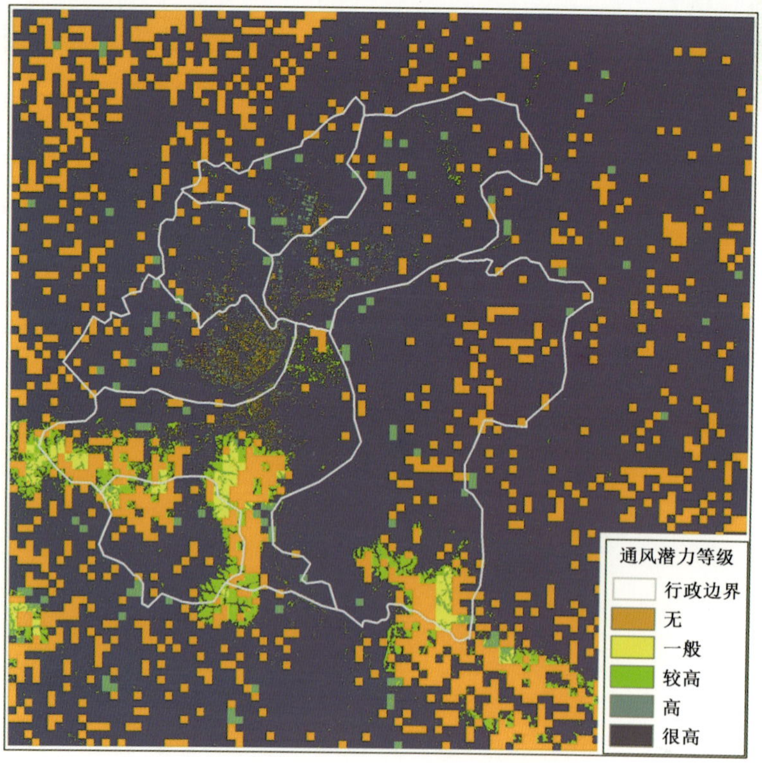

图 13.2　襄阳地区 2016 年通风潜力等级分布图

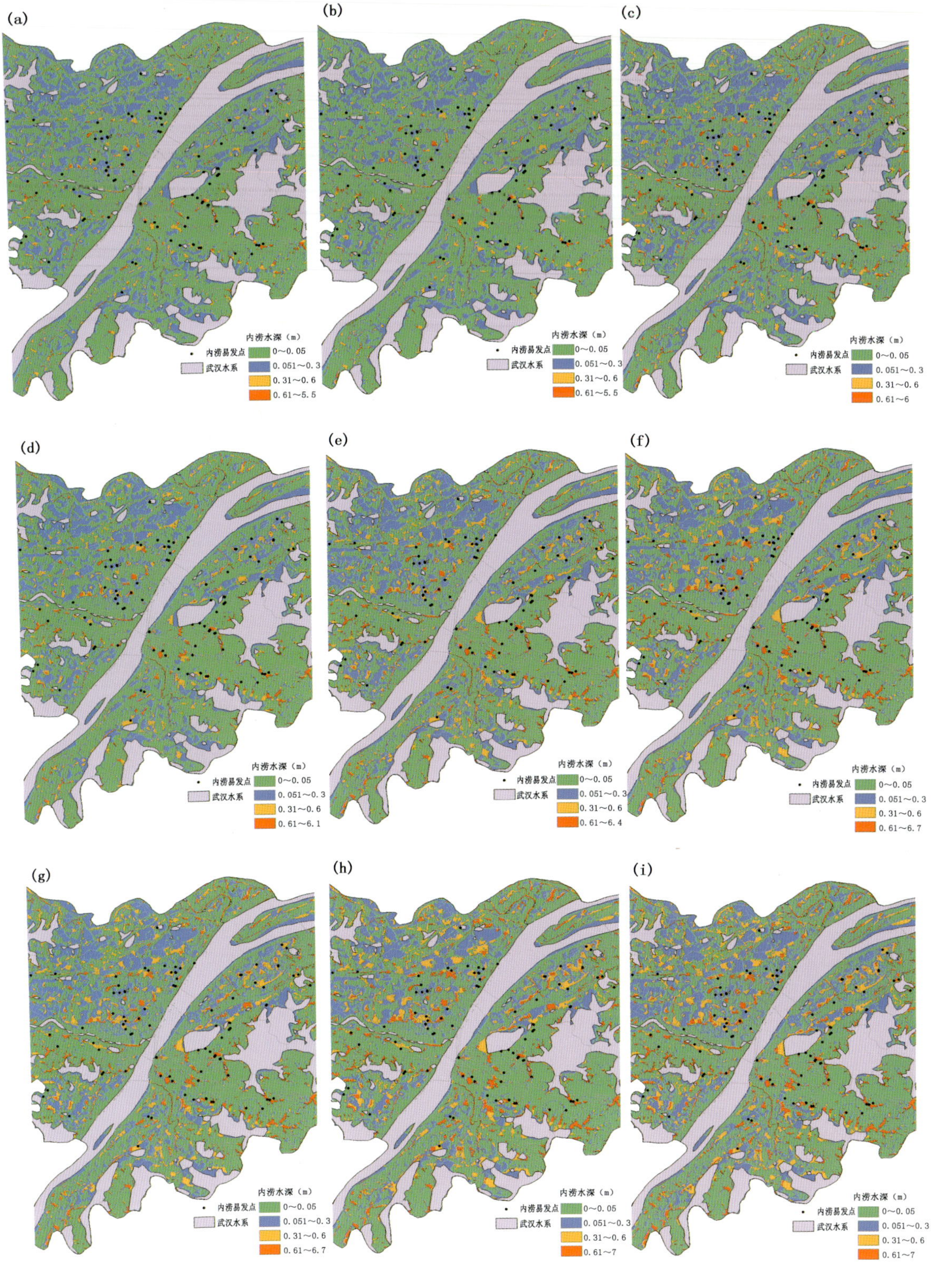
(a)
内涝水深（m）
内涝易发点
武汉水系
0～0.05
0.051～0.3
0.31～0.6
0.61～5.5
(b)
内涝水深（m）
内涝易发点
武汉水系
0～0.05
0.051～0.3
0.31～0.6
0.61～5.5
(c)
内涝水深（m）
内涝易发点
武汉水系
0～0.05
0.051～0.3
0.31～0.6
0.61～6
(d)
内涝水深（m）
内涝易发点
武汉水系
0～0.05
0.051～0.3
0.31～0.6
0.61～6.1
(e)
内涝水深（m）
内涝易发点
武汉水系
0～0.05
0.051～0.3
0.31～0.6
0.61～6.4
(f)
内涝水深（m）
内涝易发点
武汉水系
0～0.05
0.051～0.3
0.31～0.6
0.61～6.7
(g)
内涝水深（m）
内涝易发点
武汉水系
0～0.05
0.051～0.3
0.31～0.6
0.61～6.7
(h)
内涝水深（m）
内涝易发点
武汉水系
0～0.05
0.051～0.3
0.31～0.6
0.61～7
(i)
内涝水深（m）
内涝易发点
武汉水系
0～0.05
0.051～0.3
0.31～0.6
0.61～7

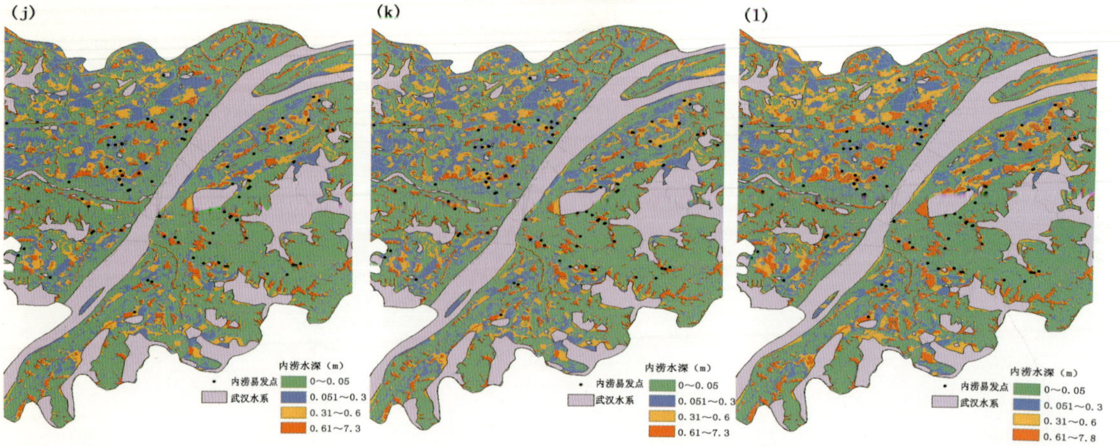

图 13.4　武汉城区重现期暴雨内涝模拟

(a)5 年一遇 6h,(b)5 年一遇 12h,(c)10 年一遇 6h,(d)10 年一遇 12h,(e)20 年一遇 6h,(f)20 年一遇 12h,(g)30 年一遇 6h,(h)30 年一遇 12h,(i)50 年一遇 6h,(j)50 年一遇 12h,(k)100 年一遇 6h,(l)100 年一遇 12h

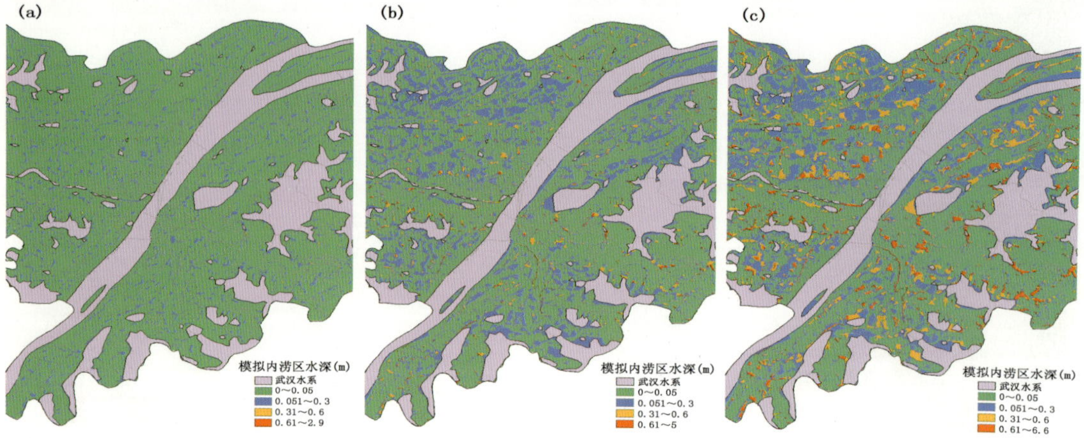

图 13.5　武汉城区短时暴雨内涝模拟

(a)3h 降雨量 50mm,(b)6h 降雨量 100mm,(c)12h 降雨量 200mm

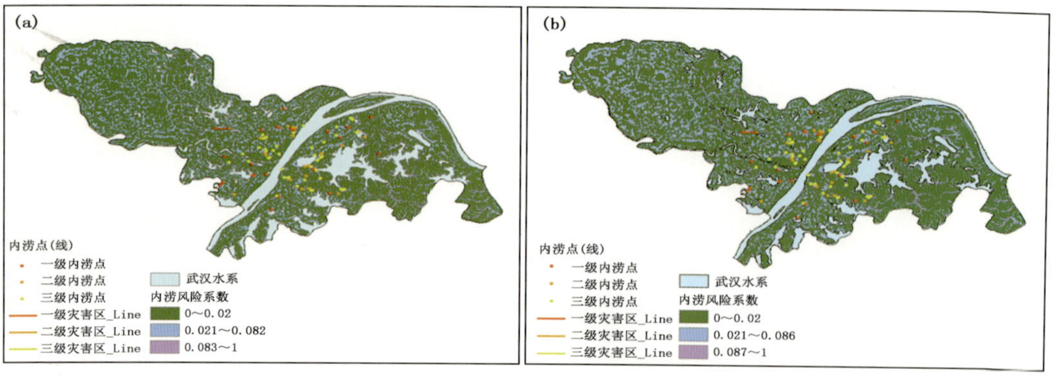

图 13.6　武汉市暴雨内涝风险点等级图

(a)3h 暴雨内涝风险区，(b) 6h 暴雨内涝风险区